"十二五"江苏省高等学校重点教材

编号：2013-2-051

物理化学 上册

总主编　姚天扬　孙尔康

主　编　柳闽生　王南平

副主编　王　坚　周　泊　张贤珍

编　委　(按姓氏笔画为序)

　　　　王新红　孙冬梅　宋　洁

　　　　单　云　葛　明

主　审　沈文霞

南京大学出版社

图书在版编目(CIP)数据

物理化学(全2册)/柳闽生,王南平主编. —南京:
南京大学出版社,2014.5
高等院校化学化工教学改革规划教材
ISBN 978-7-305-13220-9

Ⅰ.①物… Ⅱ.①柳… ②王… Ⅲ.①物理化学—高
等学校—教材 Ⅳ.①O64

中国版本图书馆 CIP 数据核字(2014)第 100559 号

出版发行	南京大学出版社
社　　址	南京市汉口路22号　　邮编 210093
出 版 人	金鑫荣
丛 书 名	高等院校化学化工教学改革规划教材
书　　名	物理化学(上册)
总 主 编	姚天扬　孙尔康
主　　编	柳闽生　王南平
责任编辑	贾　辉　吴　汀　　　编辑热线　025-83686531
照　　排	江苏南大印刷厂
印　　刷	常州市武进第三印刷有限公司
开　　本	787×960　1/16　印张 19.5　字数 426 千
版　　次	2014年5月第1版　2014年5月第1次印刷
ISBN	978-7-305-13220-9
总 定 价	75.00 元(上、下册)

网　　址:http://www.njupco.com
官方微博:http://weibo.com/njupco
官方微信号:njupress
销售咨询热线:(025)83594756

* 版权所有,侵权必究
* 凡购买南大版图书,如有印装质量问题,请与所购
 图书销售部门联系调换

高等院校化学化工教学改革规划教材

编委会

总 主 编 姚天扬(南京大学) 　　　　　孙尔康(南京大学)

副总主编 (按姓氏笔画排序)

　　王　杰(南京大学) 　　　　　左晓兵(常熟理工学院)
　　石玉军(南通大学) 　　　　　许兴友(淮阴工学院)
　　邵　荣(盐城工学院) 　　　　周诗彪(湖南文理学院)
　　郎建平(苏州大学) 　　　　　钟　秦(南京理工大学)
　　赵宜江(淮阴师范学院) 　　　赵　鑫(苏州科技学院)
　　姚　成(南京工业大学) 　　　姚开安(南京大学金陵学院)
　　柳闽生(南京晓庄学院) 　　　唐亚文(南京师范大学)
　　曹　健(盐城师范学院)

编　　委 (按姓氏笔画排序)

马宏佳	王济奎	王龙胜	王南平
许　伟	朱平华	华万森	华　平
李　琳	李心爱	李巧云	李荣清
李玉明	沈玉堂	吴　勇	汪学英
陈国松	陈景文	陆　云	张莉莉
张　进	张贤珍	罗士治	周益明
赵朴素	赵登山	宣　婕	夏昊云
陶建清	缪震元		

序

  教材建设是高等学校教学改革的重要内容,也是衡量教学质量提高的关键指标。高校化学化工基础理论课教材在近几年教学改革中取得了丰硕成果,编写了不少有特色的教材或讲义,但就其内容而言基本上大同小异,在编写形式和介绍方法以及内容的取舍等方面不尽相同,充分体现了各校化学基础理论课的改革特色,但大多数限于本校自己使用,面不广、量不大。由于各校化学基础课教师相互交流、相互讨论、相互学习、相互取长补短的机会少,各校教材建设的特色得不到有效推广,不能实施优质资源共享;又由于近几年教学经验丰富的老师纷纷退休,年轻教师走上教学第一线,特别是江苏高校广大教师迫切希望联合编写有特色的化学化工理论课教材,同时希望在编写教材的过程中,实现教师之间相互教学探讨,既能实现优质资源共享,又能加快对年轻教师的培养。

  为此,由南京大学化学化工学院姚天扬、孙尔康两位教授牵头,以地方院校为主,自愿参加为原则,组织了南京大学、南京理工大学、苏州大学、南京师范大学、南京工业大学、南京邮电大学、南通大学、苏州科技学院、南京晓庄师院、淮阴师范学院、盐城工学院、盐城师范学院、常熟理工学院、淮海工学院、淮阴工学院、江苏第二师范学院、南京大学金陵学院、南理工泰州科技学院等18所江苏省高等院校,同时吸收了解放军第二军医大学、湖北工业大学、华东交通大学、湖南文理学院、衡阳师范学院、九江学院等6所省外院校,共计24所高等学校的化学专业、应用化学专业、化工专业基础理论课一线主讲教师,共同联合编写"高等院校化学化工教学改革规划教材"一套,该系列教材包括《无机化学(上、下册)》、《无机化学简明教程》、《有机化学(上、下册)》、《有机化学简明教程》、《分析化学》、《物理化学(上、下册)》、《物理化学简明教程》、《化工原理(上、下册)》、《化工原理简明教程》、《仪器分析》、《无机及分析化学》、《大学化学(上、下册)》、

《普通化学》、《高分子导论》、《化学与社会》、《化学教学论》、《生物化学简明教程》、《化工导论》等18部。

该系列教材适合于不同层次院校的化学基础理论课教学任务需求,同时适应不同教学体系改革的需求。

该系列教材体现如下几个特点:

1. 系统介绍各门基础理论课的知识点,突出重点,突出应用,删除陈旧内容,增加学科前沿内容。

2. 该系列教材将基础理论、学科前沿、学科应用有机融合,体现教材的时代性、先进性、应用性和前瞻性。

3. 教材中充分吸取各校改革特色,实现教材优质资源共享。

4. 每门教材都引入近几年相关的文献资料,特别是有关应用方面的文献资料,便于学有余力的学生自主学习。

该系列教材的编写得到了江苏省教育厅高教处、江苏省高等教育学会、相关高校化学化工系以及南京大学出版社的大力支持和帮助,在此表示感谢!

该系列教材已被评为"十二五"江苏省高等学校重点教材。

该系列教材是由高校联合编写的分层次、多元化的化学基础理论课教材,是我们工作的一项尝试。尽管经过多次讨论,在编写形式、编写大纲、内容的取舍等方面提出了统一的要求,但参编教师众多,水平不一,在教材中难免会出现一些疏漏或错误,敬请读者和专家提出批评和指正,以便我们今后修改和订正。

编委会
2014年5月于南京

前　言

　　物理化学是化学科学的一个重要分支,对本科化学学科各专业前期所学的基础知识的深入理解和后续课程的知识点的构建,起着中间桥梁作用。物理化学主要是研究化学变化和相变化的平衡规律、变化的速率规律以及物质的微观结构与性能的关系,其课程内容富有严密的系统性和逻辑性,注重培养学生的科学思维能力和运用基础知识分析与解决实际问题的能力,是化学化工、轻工食品、生物制药、材料科学和化学教育等专业的一门必修专业基础课,也是研究生入学必考的课程之一。通过完整的物理化学理论体系的学习,学生不仅可以掌握物理化学的基本理论和研究方法,还能学习到科学的思维方法,培养创新思维和创新能力。

　　本教材的编写目标是更新教学理念,体现近年来物理化学课程教学改革的成就,编写以应用型本科为主的基础化学理论教材,实现理论教学方法的讨论与交流,以适应高校教学改革的需求。编写本教材的总体指导思想是培养基础厚、知识新、素质高、能力强的创新型人才。内容体现"重视基础、淡化专业、强调综合、因材施教"的一体化原则,其特点如下:

　　1. 按照应用型本科院校实用、适用、够用的特点,并结合化学化工、环境工程、生物制药、材料化学和化学教育等专业对物理化学知识的不同需要,强化与有关专业相关的基本理论、基本概念、基本方法的知识介绍,适当删减复杂的数学推导和论证。

　　2. 突破历来《无机化学》和《物理化学》教材中分别讲述相同内容的重复编排模式,在保证所授知识的系统性与完整性的基础上,从高起点讲述物理化学内容体系,减少不必要的重复,以达到知识点的有机融合与提升。

　　3. 创新教学理念的实际应用,将相平衡、电极过程热力学和界面现象等看作是化学热力学的具体应用来组织教材的编写,以强化本教材相关章节之间的联系,使学生易于理解,善于应用。本书在内容的取舍、深度与广度,以及教学学时数方面根据大专业(化学类专业和近化学类专业)的要求作了全面的考虑,但不包括结构化学部分。

　　4. 教材的编写注重适应以课堂讲授和专题讨论相结合,传统教学和多媒体教学相结合等方式组织教学。在教学中可以采取教师讲授、学生自学及学生进行探究性学习相结合的教学方法,各章中较复杂的内容(如各种复杂的公式推导等)以及需要相应扩展的新知识、新技术和新进展均列入到课外参考读物中去,便于学生在其他专业书刊和期刊网上查阅,积极开展课堂讨论,拓展学生学习的知识范围,提升学生的学习兴趣。

　　5. 本书在例题和习题的选编上力求避免简单化,注重启发性。对于基本规律的进一步扩充及应用性、综合性例题及习题给予较大的重视,以提高学生分析问题、解决问题的能力,启发学生的创新思维。本书于每章末列出引用的主要参考资料和易于查找的课外阅读资料,以期活跃思维、开阔思路,扩大学生的知识面和反映本学科的新进展。

考虑到"理工兼用"的目的,本书包含的物理化学体系与知识点比较系统和完整,这对某些工科专业的教学来说可能显得内容较多。使用本书的教师可根据相关专业的教学要求酌情选择内容,教材中涉及到的有关高等数学知识,以应用为主,适当删减复杂的数学推导和论证。建议教师多引导学生了解理论公式推导的前提,理解和掌握由理论公式所得出的结论,不要过多地讲授推导细节。可以结合学生身边熟悉与常见的生产例子,积极开展课堂讨论,开阔学生的眼界,扩充学生的知识面,调动学生深入研究的积极性。

本书力求简单明了地阐述物理化学的重要定律、基本概念、基本原理和方法及其应用;限于篇幅,课外参考读物统一列于附录之前。全书尽量采用以国际单位制(SI)为基础的国家法定计量单位和国家标准所规定的符号。

全书共12章,是参编各院校长期从事物理化学教学的教师集体智慧的结晶,参与本书编写的有南京师范大学周泊、孙冬梅,南京晓庄学院柳闽生、单云,南通大学王南平、葛明,九江学院张贤珍,盐城师范学院王坚、王新红和淮阴师范学院宋洁,全书由柳闽生教授、王南平教授统稿和定稿。

本书在编写过程中得到了南京大学物理化学教学的前辈姚天扬教授和孙尔康教授的大力支持与帮助,尤其是南京大学沈文霞教授对本书进行了通审,提出了许多宝贵的意见和建议。此外,本书编写过程中还参考了部分国内外物理化学教材和相关资料。在此,编者谨向所有支持者表示衷心的感谢!

编者真诚欢迎读者对书中存在的不当甚至错误之处提出批评和指正,以利进一步改进和提高。

编　者

2014 年 5 月

目 录

第 0 章 绪 论 ··· 1
　§0.1　物理化学的主要内容 ··· 1
　§0.2　物理化学的研究方法 ··· 2
　§0.3　物理化学的学习方法 ··· 3
　§0.4　物态方程 ·· 4
　　0.4.1　理想气体状态方程 ··· 5
　　0.4.2　实际气体的行为 ·· 7
　　0.4.3　实际气体的等温线及临界点 ······································· 8
　　0.4.4　实际气体物态方程 ··· 10
　　0.4.5　对应状态原理与压缩因子图 ····································· 12

第 1 章 热力学第一定律 ·· 17
　§1.1　热力学概论 ··· 18
　　1.1.1　热力学的研究对象 ··· 18
　　1.1.2　热力学方法的特点 ··· 18
　　1.1.3　热力学的基本概念 ··· 19
　§1.2　热力学第一定律 ·· 23
　　1.2.1　热力学第一定律 ·· 23
　　1.2.2　热和功 ··· 24
　　1.2.3　热力学能 ·· 24
　§1.3　体积功、可逆过程与最大功 ··· 25
　　1.3.1　体积功 ··· 25
　　1.3.2　准静态过程与可逆过程 ·· 26
　§1.4　焓与热容 ··· 29
　　1.4.1　恒容热、恒压热与焓 ··· 29
　　1.4.2　热容 ··· 30
　　1.4.3　C_p 与 C_V 的关系 ·· 31
　　1.4.4　理想气体的热容 ·· 32

1.4.5 相变焓 ·· 33
§1.5 热力学第一定律对理想气体的应用 ·· 36
    1.5.1 理想气体的热力学能和焓——Gay-Lussac-Joule 实验 ················ 36
    1.5.2 绝热过程 ·· 38
    1.5.3 理想气体的卡诺循环 ·· 43
§1.6 实际气体 ·· 46
    1.6.1 焦耳-汤姆逊效应 ·· 46
    1.6.2 实际气体的 ΔH 和 ΔU ·· 50
§1.7 热化学 ·· 51
    1.7.1 反应进度 ·· 51
    1.7.2 关于物质的热力学标准态的规定 ·································· 53
    1.7.3 热化学方程式 ·· 54
    1.7.4 化学反应的 Q_p 和 Q_V 的关系 ···································· 55
    1.7.5 Hess 定律 ·· 56
§1.8 化学反应焓 ··· 57
    1.8.1 标准摩尔生成焓 ·· 58
    1.8.2 标准摩尔燃烧焓 ·· 59
    1.8.3 离子的标准摩尔生成焓 ·· 61
    1.8.4 由键焓估算反应的焓变 ·· 62
§1.9 反应焓变与温度的关系 ·· 65
    1.9.1 Kirchhoff 定律 ··· 65
    1.9.2 绝热反应——非等温反应的焓变 ·································· 68
§1.10 热化学与生命运动之能量 ··· 70

第 2 章 热力学第二定律 ·· 76

§2.1 热力学第二定律 ·· 77
    2.1.1 自发变化是单向、不可逆的 ······································ 77
    2.1.2 自发变化的不可逆性是相互关联的 ······························ 78
    2.1.3 热力学第二定律的典型说法 ······································ 79
§2.2 变化的方向及限度的一般判据——ΔS_{iso} ···································· 80
    2.2.1 Carnot 定理 ·· 80
    2.2.2 熵的概念 ·· 82
    2.2.3 Clausius 不等式与熵增加原理 ···································· 84
§2.3 熵变的计算 ··· 87
    2.3.1 熵变计算的基本思路 ·· 87

  2.3.2 典型过程熵变的计算 ·· 87
§2.4 熵的意义 ··· 91
  2.4.1 熵与可逆热的关系及 T-S 图 ··· 91
  2.4.2 熵与能量退降 ··· 92
  2.4.3 熵的统计意义及热力学第二定律的本质 ······························ 93
§2.5 特殊情况下变化方向及限度的判据——ΔA 和 ΔG ················· 96
  2.5.1 Helmholtz 自由能及相关判据 ·· 97
  2.5.2 Gibbs 自由能及相关判据 ·· 98
§2.6 重要热力学函数间的关系 ·· 100
  2.6.1 基本公式 ·· 100
  2.6.2 特性函数 ·· 101
  2.6.3 Maxwell 关系式及其应用 ·· 102
§2.7 ΔG 的计算 ·· 106
  2.7.1 Gibbs 自由能与压力和温度的关系——状态变化的 ΔG ············ 106
  2.7.2 等温化学反应的 ΔG——van't Hoff 等温式 ······················· 106
  2.7.3 化学反应的 ΔG 与温度和压强的关系 ····························· 109
  2.7.4 相变过程的 ΔG ·· 110
§2.8 热力学第三定律与规定熵 ·· 112
  2.8.1 热力学第三定律 ··· 112
  2.8.2 规定熵 ··· 113
  2.8.3 化学反应的熵变计算 ·· 113
§2.9 不可逆过程热力学简介 ··· 115
  2.9.1 局域平衡假设 ··· 116
  2.9.2 广义的力和流 ··· 116
  2.9.3 近平衡区和远平衡区 ·· 117
  2.9.4 耗散结构的形成 ··· 118
  2.9.5 耗散结构的实例 ··· 119
§2.10 信息熵浅释 ··· 120
  2.10.1 信息熵 ·· 120
  2.10.2 Maxwell 妖与信息 ··· 121

第3章 多组分系统热力学 ··· 124
 §3.1 引言 ·· 124
 §3.2 组成表示法 ·· 125

§3.3 Raoult 定律与 Henry 定律 ………………………………………………… 126
    3.3.1 Raoult 定律 ……………………………………………………………… 126
    3.3.2 Henry 定律 ……………………………………………………………… 127
§3.4 偏摩尔量 ……………………………………………………………………… 128
    3.4.1 偏摩尔量(partial molar quantity)的定义 …………………………… 129
    3.4.2 偏摩尔量的加和公式 …………………………………………………… 130
    3.4.3 Gibbs-Duhem 公式——系统中偏摩尔量之间的关系 ……………… 131
§3.5 化学势(chemical potential) ……………………………………………… 132
    3.5.1 化学势的定义 …………………………………………………………… 132
    3.5.2 化学势与温度、压力的关系 …………………………………………… 134
    3.5.3 化学势在相平衡中的应用 ……………………………………………… 135
§3.6 气体混合物中各组分的化学势 ……………………………………………… 135
    3.6.1 理想气体及其混合物的化学势 ………………………………………… 135
    3.6.2 非理想气体混合物的化学势 …………………………………………… 137
§3.7 液体混合物中各组分的化学势 ……………………………………………… 138
    3.7.1 理想液体混合物 ………………………………………………………… 138
    3.7.2 理想液态混合物的通性 ………………………………………………… 139
    3.7.3 理想稀溶液中任一组分的化学式 ……………………………………… 141
    3.7.4 非理想溶液中各组分的化学势 ………………………………………… 143
§3.8 稀溶液的依数性 ……………………………………………………………… 143
    3.8.1 溶剂蒸气压下降 ………………………………………………………… 143
    3.8.2 凝固点降低 ……………………………………………………………… 144
    3.8.3 沸点升高 ………………………………………………………………… 146
    3.8.4 渗透压 …………………………………………………………………… 147
§3.9 分配定律 ……………………………………………………………………… 150

第4章 相平衡 ……………………………………………………………………… 154

§4.1 引言 …………………………………………………………………………… 154
    4.1.1 热平衡条件 ……………………………………………………………… 154
    4.1.2 压力平衡条件 …………………………………………………………… 155
    4.1.3 相平衡条件(或异相间的传质平衡) …………………………………… 155
§4.2 基本概念 ……………………………………………………………………… 156
§4.3 相律 …………………………………………………………………………… 157
§4.4 单组分系统相图 ……………………………………………………………… 160
    4.4.1 水的相图 ………………………………………………………………… 160

4.4.2　硫的相图 ·· 161
　　4.4.3　超临界流体 ·· 162
　　4.4.4　Clapeyron 方程 ·· 163
　　4.4.5　外压与蒸气压的关系——不活泼气体对液体蒸气压的影响 ············ 164
§4.5　二组分系统相图 ·· 165
　　4.5.1　完全互溶的双液系 ·· 165
　　4.5.2　杠杆规则 ·· 167
　　4.5.3　蒸馏(或精馏)的基本原理 ·· 167
　　4.5.4　理想的二组分液态混合物 ·· 169
　　4.5.5　部分互溶的双液系 ·· 172
　　4.5.6　不互溶的双液系——蒸汽蒸馏 ··· 173
　　4.5.7　简单的低共熔二元相图 ·· 174
　　4.5.8　形成化合物的系统 ·· 176
　　4.5.9　液、固相都完全互溶的相图 ··· 177
　　4.5.10　固态部分互溶的二组分相图 ··· 179
§4.6　三组分系统相图 ·· 180
§4.7　二级相变 ··· 182

第5章　化学平衡 ·· 188

§5.1　化学反应的限度和化学反应的吉布斯函数 ·· 188
　　5.1.1　化学反应的限度 ·· 188
　　5.1.2　化学反应的吉布斯函数 ·· 189
§5.2　反应标准吉布斯函数变化 ·· 192
　　5.2.1　化学反应的 $\Delta_r G_m$ 与 $\Delta_r G_m^\ominus$ ·································· 192
　　5.2.2　物质的标准摩尔生成吉布斯函数 ·· 192
§5.3　标准平衡常数和等温方程式 ·· 194
　　5.3.1　化学反应的等温方程 ··· 194
　　5.3.2　标准平衡常数 ·· 195
§5.4　平衡常数的各种表示法 ··· 196
§5.5　平衡常数的实验测定 ·· 198
§5.6　复相平衡 ··· 199
§5.7　温度对平衡常数的影响 ··· 201
§5.8　其他因素对平衡常数的影响 ·· 203
　　5.8.1　压力对化学平衡的影响 ·· 203
　　5.8.2　惰性气体对化学平衡的影响 ··· 205

§5.9 同时平衡及反应的耦合 ·· 206
    5.9.1 同时平衡 ·· 206
    5.9.2 反应的耦合 ·· 207
§5.10 计算的应用 ··· 211
    5.10.1 $\Delta_r G_m^\ominus(T)$的估算 ··· 211
    5.10.2 估计反应的有利温度 ·· 213

第6章 统计热力学基础 ·· 218

§6.1 统计热力学常用术语和基本概念 ·· 219
    6.1.1 统计系统的分类 ··· 219
    6.1.2 分子的运动形式和能级公式 ·· 219
    6.1.3 微观态(microscopic state)和分布(distribution) ·· 223
    6.1.4 概率(probability)和最概然分布(most probable distribution) ···················· 224
§6.2 麦克斯韦-玻兹曼统计 ·· 225
§6.3 配分函数与热力学函数 ·· 229
    6.3.1 独立可辨粒子系统的热力学函数 ·· 231
    6.3.2 独立不可辨粒子系统的热力学函数 ·· 234
§6.4 配分函数的计算 ·· 237
    6.4.1 平动配分函数 ·· 237
    6.4.2 转动配分函数 ·· 239
    6.4.3 振动配分函数 ·· 241
§6.5 统计热力学的若干应用 ·· 243
    6.5.1 理想气体的摩尔热容 ··· 243
    6.5.2 理想气体的混合熵 ··· 246
    6.5.3 统计熵的计算 ·· 248
    6.5.4 统计熵与量热熵的简单比较 ··· 250
    6.5.5 理想气体反应的平衡常数 ··· 251

习题参考答案 ··· 258

附录 ·· 262
    附录Ⅰ 国际单位制 ··· 262
    附录Ⅱ 压力、体积和能量单位及其换算关系 ·· 266
    附录Ⅲ 基本常数及希腊字母表 ·· 268

第 0 章 绪 论

本章基本要求
1. 了解物理化学学科的主要任务和研究方法。
2. 了解理想气体的微观模型,能熟练使用理想气体状态方程。
3. 了解实际气体与理想气体有何不同,产生差别的原因何在?van der Waals 是如何提出实际气体状态方程式的。
4. 了解什么是对比状态?为什么要引入对比状态的概念。
5. 学会使用压缩因子图,了解对实际气体的计算方法。

关键词:物理化学;状态方程;理想气体;van der Waals 方程

化学变化与物理变化有着紧密的相互联系,人们在考察、研究这种联系的过程中,逐步形成了物理化学这门学科。作为化学学科的一个重要分支,物理化学就是从研究化学现象和物理现象之间的相互联系去寻找化学变化规律的学科。物理化学是化学学科的理论基础,是研究化学体系行为最一般的宏观和微观规律以及理论问题。物理化学的主要理论支柱是热力学、统计力学和量子力学。热力学适用于宏观系统,量子力学适用于微观系统,统计力学则为两者的桥梁。正是由于它所研究的内容普遍适用于无机、有机、分析等各个化学分支,所以物理化学亦被称之为理论化学。

§0.1 物理化学的主要内容

物理化学的研究目的,是为了解决生产实际和科学实验向化学提出的理论问题,从而使化学能更好地为生产实际服务。那么生产实际和科学实验不断地向化学提出了哪些理论问题呢?大体说来,主要有以下三个方面的问题。

(1) 化学反应的方向和限度问题。在指定的条件下一个化学反应能否进行,向什么方向进行,进行到什么程度为止,反应进行时的能量变化究竟是多少,外界条件的改变对反应方向和限度(即平衡的位置)有什么影响等等。这些问题的研究,属于物理化学的一个分支,称之为化学热力学。

(2) 化学反应的速率和机理问题。一个化学反应的速率有多快,反应究竟是如何进行的(即反应的机理),外界条件(如浓度、强度、催化剂等)对反应速度有何影响,如何能控制反应进行的速率,这些问题的研究,属于物理化学的另一个分支,称之为化学动力学。

化学热力学的研究可以解决反应可能性的问题,化学动力学的研究则解决反应的现实性问题。

(3) 物质结构和性能之间的关系问题。物质的化学行为及物理行为本质上是由物质内部的结构所决定的。从微观角度探讨物质的性质及变化的规律性,不仅可以理解物质变化的内因,还可以预见物质变化的方向和限度、能量关系及变化的速率和机理。因而要了解化学热力学和化学动力学的本质问题,亦必须了解物质内部的结构。这些问题的研究,是属于物理化学的又一个分支,称之为结构化学。本书不包括这部分内容,有需要者可查阅物质结构、量子化学等教材。

因此,物理化学的基本内容就是化学热力学(包括统计热力学)和化学动力学两大部分。用这两部分的基本理论及部分结构化学的知识来处理各种特殊对象的特殊规律,就构成了物理化学的具体内容。而物理化学中涉及到的热化学、电化学、光化学、催化和胶体化学等许多分支,它们研究的方法也都是以物理化学的理论支柱为基础,针对特殊的研究对象,分别探讨其各自体系的特殊规律,它们的基本原理和研究方法仍属于化学热力学、化学动力学和结构化学的范畴。

§0.2 物理化学的研究方法

物理化学由于其特殊的研究对象,也就有其特殊的研究方法,按照所处理的问题的性质不同,通常可采用以下三类不同的研究方法。

(1) 热力学方法。它建立在由大量质点构成的宏观物质系统所必须遵循的规律的基础上,以热力学定律为基本内容。在处理问题时,采用宏观的办法,研究在一定的宏观条件(如温度、压强、浓度等)下整个系统所发生的过程的方向和限度。它不考虑系统内部的结构,不考虑个别分子的行为,也不考虑过程的机理和阻力。它能通过外部状态的变化推断系统性质的变化,但不能确定过程进行的速率,也就是不考虑时间因素。物理化学中有关平衡问题的研究(如化学平衡、相平衡、可逆电极电势、表面现象等)都可以用热力学方法有效地加以处理。模型化方法、理想化方法、标准态方法等都属于热力学方法,这类方法是物理化学中的主要研究方法。

(2) 统计学方法。它也用以研究大量质点构成的宏观系统,但所采用的是微观方法,即首先由系统的微观结构入手,将概率的定理应用到大量质点所构成的系统。例如,气体分子运动学说首先对气体的结构、分子的运动进行一定的设想,然后利用统计方法来探讨系统对外所表现的宏观物理性质。这一方法与热力学方法常能互相说明、互相补充,对物质聚集状态的各种性质如化学平衡、溶液理论、化学动力学等的研究都有一定的作用。

(3) 量子论方法。它以能量具有一个很小的基本单位为基础,在研究分子低温时的热容、光谱、光电现象、分子结构等方面均有很重要的作用。量子学说有很大的发展,它已成为很复杂的一门学科,本书不拟进行讨论。

上述三类不同的研究方法在讨论同一问题时应给出一致的结论,客观规律是不会因研究方法的不同而改变的。但三类方法各有不同的特点、不同的应用范围,任何一类方法都不能用以处理所有问题。

§0.3 物理化学的学习方法

物理化学是化学类专业的一门重要基础课,通过学习物理化学课程,应当培养一种理论思维的能力,具备用物理化学的观点和方法来看待化学中一切问题的能力,亦就是说要用热力学观点分析其有无可能,用动力学观点分析其能否实现,用分子和原子内部结构的观点分析其内在原因,这种能力的获取只有通过物理化学(包括结构化学)课程的学习才能培养,是其他课程所不能替代的。因此,如何学好物理化学这门课程,我们给大家提出如下建议:

物理化学的逻辑推理性较强,学习时要注意各类函数及公式之间的逻辑联系,物理化学中涉及的公式很多,切忌死记硬背,必须掌握公式的物理意义与运用条件,通过练习和习题,学会准确、灵活地运用这些公式。要知道公式是怎么来的,在公式导出时引进了什么条件。因为引进的条件就是该公式的适用条件,不注意公式的适用条件可能会导致错误的结论。物理化学所论述的所有规律,无非都是关于分子、原子相互作用及相对运动的规律,因而,初学者随时都应在头脑中保持有关分子、原子相互作用及相对运动的清晰而生动的图像。理清理论体系的主次关系,这时如再运用所学理论解释客观现象,创造性地解决实际问题,就会对理论的实质产生更深层的认识,这对于物理化学理论的理解是十分有益的。

在学习物理化学时要用到一定的数学和物理知识,初学者开始会感到有一点难度,因此对常用的微积分要做简单的复习,这样就容易理解公式的推导过程。在学习物理化学时,数学只是工具,在推导公式时主要记住公式的物理意义和适用条件,并不一定要记住每一个推导过程。无机化学、分析化学、有机化学和物理学是学习物理化学的先修课程,在学习物理化学时,必须熟练、综合地运用这些先修课程的知识,并加深对这些课程的理解。

实验是物理化学课程的重要环节。通过实验,不仅要掌握一些基本方法和基本技能,还要学习提出问题、考虑问题和解决问题的方法。学生学好物理化学课程,不仅是在知识上的积累和加强,而且在素质和能力上也会得到较大的提高,为此,必须掌握物理化学的基本实验技能。

习题是培养独立思考问题和解决问题能力的重要环节之一。学习物理化学的目的在于要运用它,而做习题是将所学的物理化学内容联系实际的第一步。一般说来,物理化学习题大致有几方面的内容:一是巩固所学的内容和方法;二是有些正文中所没有介绍,但运用所学的内容可以推理出来而进一步得到某些结论;三是从前人的研究论文和生产实际中抽提出来的一些问题,如何用所学的知识去解决它。做习题不是为了完成任务,应该先复习课本内容,在理解的基础上再做。做完后再想一想这道习题用了什么概念,解决了什么问题。所以习题并不是做得越多越好,每通过做一道题,就要学会掌握一类题的解题方法,从中亦就在培养自己思维能力方面获得益处。

要逐步建立一套适合于自己的学习方法,要在教师讲授的基础上学会自己去获取和扩展知识,学会看参考书。在学习中要注意了解教材中的主要内容,认真消化课堂上教师所讲授的知识要点,尤其要深刻领会物理化学解决实际问题的科学方法,例如从实际中抽象出理想气体、卡诺循环、朗格缪尔单分子层吸附等理想模型的方法,就是一种常用的科学方法。这些理想模型巧妙地排除了错综复杂的次要矛盾的干扰,突出了事物的主要矛盾,揭示了事物的本质,因而是最简单、最有代表意义的科学模型。研究理想模型的变化规律,然后再进一步找出理想与实际的偏差,针对此偏差做适当的修正,使对事物的认识前进一步,实际问题就可以逐渐解决。在知识快速更新的时代,只有学会自己获取知识,提高自学能力,才能拓宽和延伸在学校所学的知识。

§0.4 物态方程

物质的状态也称相态,是指一定条件下物质的聚集状态,如气态、液态、各种晶形的固态、超临界态、超导态等。在一定条件下物质的状态可以发生转变,即相变。物质状态的变化属于物理变化,但物质的状态对物质的化学性质有很大的影响,化学变化过程中也常伴随着物质的状态变化。因此,对物质聚集状态内在规律的认识,有助于众多化学问题的解决。

在通常情况下物质的聚集状态为气体、液体和固体,其中气体是物理化学所研究的重要物质对象之一,而且在研究液体和固体所服从的规律时也往往借助于它们与气体的关系进行研究,因此,气体在物理化学中占有重要的地位。

某物质均相平衡态宏观参量间存在的函数关系称为物态方程。准确可靠的物态方程都只能由实验确定,由可测量的宏观量得出具体的物态方程,如 p、V、T、n 间的关系方程。

通常纯气体所处的状态可以用压力、体积、温度、物质的量四个宏观物理量来描述。大量实验表明,当其中任意三个物理量确定时,第四个物理量就确定了。也就是说,我们可以用一个方程式将这四个表示气体状态的物理量相互关联。这个联系压力、体积、温度和物质

的量四者之间关系的方程称为状态方程。状态方程通常的表示形式为
$$p = f(T, V, n) \tag{0.1}$$
由式(0.1)知,对于确定的某种气体,如果知道它在某个状态下的 n、T、V 的值,那么在此状态下气体的压力也就确定了。

0.4.1 理想气体状态方程

低压下气体的行为,科学家根据实验归纳总结出了一系列经验定律。如波义耳(Boyle)定律、盖·吕萨克(Gay-Lussac)定律和阿伏伽德罗(Avogadro)定律,以及道尔顿(Dalton)分压定律等。从三个经验定律(波义耳定律、盖·吕萨克定律和阿伏伽德罗定律)可以导出理想气体的状态方程。

波义耳定律和盖·吕萨克定律考察的都是在气体的体积 V、压力 p、温度 T 三者之一为定值时,其他两个变量之间的关系,那么当 T、V、p 均发生改变,这三者之间的关系又遵循什么规律呢?

气体的体积随压力、温度以及气体分子的物质的量(n)而变,写成函数的形式是
$$p = f(T, V, n)$$
或写成微分的形式
$$\mathrm{d}p = \left(\frac{\partial p}{\partial T}\right)_{V,n} \mathrm{d}T + \left(\frac{\partial p}{\partial V}\right)_{T,n} \mathrm{d}V + \left(\frac{\partial p}{\partial n}\right)_{T,V} \mathrm{d}n$$
对于一定量的气体,n 为常数,$\mathrm{d}n=0$,故有
$$\mathrm{d}p = \left(\frac{\partial p}{\partial T}\right)_{V,n} \mathrm{d}T + \left(\frac{\partial p}{\partial V}\right)_{T,n} \mathrm{d}V$$
根据波义耳定律,有
$$p = C/V$$
于是有
$$(\partial p/\partial V)_{T,n} = -C/V^2 = -p/V$$
根据盖·吕萨克定律,有
$$p = C''T$$
于是有
$$(\partial p/\partial T)_{V,n} = C'' = p/T$$
由以上各式,可得
$$\frac{\mathrm{d}p}{p} = -\frac{\mathrm{d}V}{V} + \frac{\mathrm{d}T}{T}$$

将上式积分,得

$$\ln V + \ln p = \ln T + 常数$$

若取气体的量是 1 mol,则体积写作 V_m(摩尔体积),常数写作 R,得

$$pV_m = RT$$

上式两边同乘以物质的量 n,得

$$pV = nRT \qquad (0.2)$$

这就是著名的理想气体状态方程。

式(0.2)中,n 为气体物质的量,单位是 mol;p 为一定量气体在某一确定状态下所具有的压力,单位是 Pa;V 为气体体积,单位是 m^3;T 为热力学温度,单位是 K;R 为摩尔气体常量,由于 T、V、p、n 的单位不同,其值也不同。在 SI 制中,R 的值等于 8.314 J·mol^{-1}·K^{-1}。

式(0.2)还有其他的表现形式,如果将 n 用 m/M 代替(m 为气体的质量,M 为该气体的摩尔质量),结合密度的定义 $\rho = m/V$,可得

$$\rho = m/V = pM/(RT)$$

或

$$M = \rho RT/p \qquad (0.3)$$

式(0.3)反映了低压下气体密度变化的规律,它表达了质量、体积、温度、压力以及气体化学组成之间的函数关系。气体的化学组成由气体的摩尔质量 M 来反映。

式(0.2)称为理想气体状态方程,是因为在高压低温下,由该式计算所得的结果与实验测定值有较大偏差,只有理想气体才能在任何压力和温度范围内服从式(0.2)。从微观分子模型的角度看,理想气体与实际气体的不同在于,实际气体分子间有相互作用且分子本身具有一定的体积,而理想气体则没有,分子被当成质点。在低温和压力趋于零的情况下,上述两个因素均可忽略,因此实际气体在低压下均能较好地遵循式(0.2)。

原则上,理想气体状态方程中摩尔气体常量 R 的测定可以通过对一定量的气体直接测定 T、V、p 的数值,然后用 $R = pV/(nT)$ 来计算。但这个公式是理想气体的状态方程,真实气体只有在压力很低时才接近理想气体的行为。而当压力很低时,一定量气体的体积很大,实验上不易操作,得不到精确的实验数据。实际中常采用外推法,在温度不变的条件下,测定一定量气体的 V、p,绘出 $pV/(nT) - p$ 图,如图 0.1 所示,然后外推到 $p = 0$ 处,求出 $\lim\limits_{p \to 0}[pV/(nT)]$,此时的极限值就是摩尔气体常量 R。

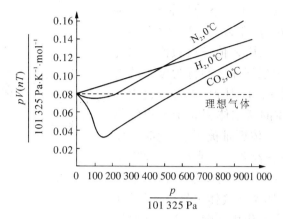

图 0.1　同一温度下,不同气体压力趋于零时,$pV/(nT)$ 趋于共同极限值 R

【例 0.1】　让 20 ℃、20 dm³ 的空气在 101 325 Pa 下缓慢通过盛有 30 ℃ 溴苯液体的饱和器,经测定从饱和器中带出 0.950 g 溴苯,试计算 30 ℃ 时溴苯的饱和蒸气压。设空气通过溴苯之后即被溴苯蒸汽所饱和;又设饱和器前后的压力差可以略去不计。(溴苯 C_6H_5Br 的摩尔质量为 157.0 g·mol⁻¹)

解:$n_1 = \dfrac{pV}{RT} = \left[\dfrac{101\,325 \times (20 \times 10^{-3})}{8.314\,5 \times (20+273.15)}\right]$ mol $= 0.832$ mol

$n_2 = \dfrac{m}{M} = \dfrac{0.950}{157.0}$ mol $= 0.006\,05$ mol

$p_2 = py_2 = p\dfrac{n_2}{n_1+n_2} = 101\,325$ Pa $\times \dfrac{0.006\,05}{0.832+0.006\,05} = 732$ Pa

0.4.2　实际气体的行为

实际气体的 p、V、T 行为并不服从理想气体状态方程。特别在高压和低温条件下,实际气体的行为偏离理想气体很多。这是由于在低温高压下,气体的相对密度增大,分子之间的距离缩小,分子间的相互作用以及分子自身的体积不能忽略,不能再把气体分子看成自由运动的弹性质点,理想气体的分子模型需要修正。实验证明,实际气体只有在低压下近似地符合理想气体定律。而在高压低温下,一切实际气体均出现了明显偏差。为了衡量实际气体与理想气体之间的偏差大小,定义压缩因子 Z 以衡量偏差的大小。压缩因子为处于相同温度和压力下的真实气体的摩尔体积 V_m 与理想气体的摩尔体积 V_m^0 之比:

$$Z = V_m/V_m^0 \quad (0.4a)$$

对于理想气体,其摩尔体积 V_m^0 等于 RT/p,因此压缩因子可表示为

$$Z = pV_m/(RT) \quad (0.4b)$$

温度恒定时,对于任意压力下的理想气体,乘积 pV_m 是一个常数(RT),那么 $Z=1$。对于实际气体却不是这样的。可以用 Z 值偏离数值 1 的程度来衡量实际气体与理想气体之间行为偏差的大小。对于实际气体,若 $Z>1$,则 $pV_m>RT$,这表示同温同压下,实际气体的摩尔体积大于理想气体的摩尔体积,表明实际气体更难被压缩,此时气体分子间斥力起主要作用;若 $Z<1$,则 $pV_m<RT$,这表示在同温同压下,实际气体的摩尔体积小于理想气体摩尔体积,表明实际气体更易被压缩,此时气体分子间引力起主要作用。图 0.2 表示的是不同种类的实际气体在 0 ℃时的 Z-p 等温线示意

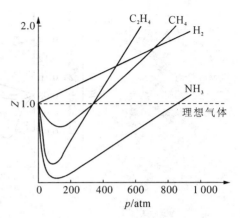

图 0.2　0 ℃时几种气体的 Z-p 曲线

图。平直的虚线是理想气体的 Z 值随压力变化的情况。在任何压力下,理想气体的 Z 都是定值 1,实际气体(NH_3、CH_4、C_2H_4、H_2)却偏离直线。从图 0.2 中还可看出,Z 的变化有两种类型:如 H_2 分子的 Z 随压力增加而增大,且总是大于 1;而对于其他实际气体,当压力开始增加时,Z 值先是减小,压力再增加,经过一个最低点,Z 值又开始变大。事实上,如果在更低的温度下,H_2 的 Z-p 曲线也会像 NH_3、CH_4 一样出现一个最低点。但是,不管是何种实际气体,当压力 $p\to 0$ 时,Z 值总是近似等于 1,真实气体行为符合理想气体状态方程。

0.4.3　实际气体的等温线及临界点

对实际气体的 p、V、T 行为进行更完整的测定,就能进一步了解实际气体的液化过程及另一个重要的物理性质——临界点。1869 年,安德鲁斯(Andrew.)根据实验得到 CO_2 的 p-V-T 图,又称为 CO_2 的等温线,如图 0.3 所示,它与理想气体的等温线截然不同。对于理想气体,p-V_m 图上的等温线均应为 $pV_m=RT=$常数的曲线,不同温度只是对应不同的常数而已。然而,图 0.3 中 CO_2 的等温线却可分成三种情况,即 $t>31.04$ ℃、$t=31.04$ ℃、$t<31.04$ ℃。对于 CO_2,31.04 ℃称为其临界温度,以 T_c 表示。

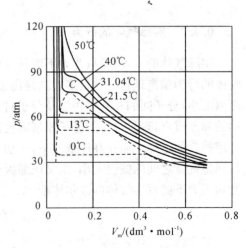

图 0.3　CO_2 的 p-V_m 等温线

(1) 在温度高于临界温度时,每一条等温线都是光滑曲线。实验中发现 CO_2 在 T_c 以上的任何压力都不会出现液化现象。温度越高,等温线也越接近理想气体的等温线。

(2) 温度低于 T_c 的等温线可以分成三段。在低压时,体积随着压力的增大而减小,与理想气体的等温线基本相似,实验可以观察到各温度下在此压力范围内 CO_2 保持气体状态。当压力增大到某一数值时,CO_2 开始液化,体积持续缩小,压力却保持不变,等温线呈水平。此时的压力就是该温度下液态 CO_2 的饱和蒸气压。水平等温线右端对应的摩尔体积就是该温度下 CO_2 气体刚刚开始液化时的饱和蒸汽的摩尔体积,左端对应的摩尔体积就是该温度下 CO_2 气体恰好完全液化时的饱和液体的摩尔体积。继续加压,体积变化很小,压力却急速上升,等温线变为一条斜率极陡的曲线,这反映了液体很难压缩的特性。

(3) 在图 0.3 中,将各个温度下的等温线上水平段的两端以虚线连接起来,在虚线以内是气体与液体在一定温度和压力下平衡共存的状态,在虚线以外是气态或液态。随着温度的升高,水平段的长度就缩短,当温度升高至 T_c 时,等温线的水平部分变成一点(图 0.3 中的 C 点)。等温线在此出现拐点。

如前所述,CO_2 气体在超过 31.04 ℃ 时无法使之液化。临界温度 T_c 实际是气体能够液化所允许的最高温度,只有在气体的温度降低到 T_c 之下,施加压力才能够将气体液化。如果温度高于该数值,则无论加多大的压力,气体均不能够被液化。在临界温度时,气体液化所需要的最小压力称为临界压力 p_c。在临界温度、临界压力时的体积称为临界体积 V_c,T_c、p_c、V_c 统称为临界常数,它们是各物质的特性常数。表 0.1 列出了一些常见气体的临界常数。

表 0.1 一些常见气体的临界常数

气体	$p_c/10^{-3}$ kPa	T_c/K	$V_c/(dm^3 \cdot mol^{-1})$
H_2	12.17	33.23	0.065 0
He	2.29	5.3	0.057 6
N_2	33.9	126.1	0.090 0
O_2	50.3	153.4	0.074 4
CH_4	46.2	190.2	0.098 8
NH_3	113.0	405.6	0.072 4
CO_2	73.9	304.1	0.095 7
H_2O	220.6	647.2	0.045 0

气态物质处于临界温度、临界压力和临界体积的状态下,我们说它处于临界状态。临界

状态下,气体和液体之间的性质差别将消失,两者之间的界面也消失。

0.4.4 实际气体物态方程

实际气体的分子间存在吸引力,与理想气体定律有一定偏差,但不同实际气体之间往往有较好的规律性,因此适合实际气体的物态方程非常多,普遍应用的有以下几种。

(1) 范德华(van der Waals)方程

范德华方程是对理想气体物态方程的修正,即

$$\left(p+\frac{n^2a}{V^2}\right)(V-ab)=nRT \tag{0.5}$$

或

$$p=\frac{RT}{V_m-b}-\frac{a}{V_m^2} \tag{0.6}$$

式中,a、b 为与物质本性有关但不依赖于 p、V、T 的经验常数,可从手册上查找。b 又相当于 1 mol 气体分子本身体积及由排斥力引起的使分子向由运动空间减少的体积。实际气体分子间存在吸引力,因而有一指向气体内部的压力,称为内聚压力(a/V_m^2),与垂直于器壁的动压力 $RT/(V_m-b)$ 方向相反。范德华方程是一个应用十分广泛的气体物态方程。

式(0.5)、式(0.6)均称为范德华方程。式中,a 为与分子间引力有关的常数;b 为与分子自身体积有关的常数。a、b 统称为范德华常量,其值可由实验测定。表 0.2 列出了一些气体的范德华常量。

表 0.2 一些气体的范德华常量

气体	$a/(\text{Pa}\cdot\text{m}^6\cdot\text{mol}^{-2})$	$b/(10^{-4}\text{m}^3\cdot\text{mol}^{-1})$	气体	$a/(\text{Pa}\cdot\text{m}^6\cdot\text{mol}^{-2})$	$b/(10^{-4}\text{m}^3\cdot\text{mol}^{-1})$
H_2	0.024 7	0.266	C_2H_2	0.445	0.514
NO	0.135	0.283	H_2S	0.452	0.437
O_2	0.138	0.318	HBr	0.452	0.443
N_2	0.141	0.391	C_2H_4	0.453	0.571
CO	0.151	0.393	NO_2	0.535	0.442
CH_4	0.228	0.427	Cl_2	0.658	0.562
CO_2	0.366	0.428	SO_2	0.686	0.568
HCl	0.372	0.408	C_6H_6	1.90	1.21
NH_3	0.423	0.371	CCl_4	1.98	1.27

与理想气体状态方程相比,范德华方程在较为广泛的温度和压力范围内可以更精确地描述实际气体的行为。符合范德华方程的实际气体称为范德华气体。当 $p \to 0$ 时,$V \to \infty$,范德华方程还原成理想气体状态方程。

从表 0.2 可看出,不同气体有不同的 a、b 值,它们是与气体性质有关的常数。可以证明,临界参数与范德华常量间存在 $V_{c,m}=3b$、$T_c=8a/(27Rb)$、$p_c=a/(27b^2)$ 的关系。实际中,常由实验测定物质的临界参数求算常数 a、b。在 T_c、p_c、$V_{c,m}$ 中,$V_{c,m}$ 的准确度较差,因此应从 T_c 和 p_c 来求得 a 和 b,有 $a=27R^2T_c^2/(64p_c)$、$b=RT_c/(8p_c)$。

【例 0.2】 试用范德华方程计算 1 000 g CH_4 在 0 ℃、40.5 MPa 时的体积(可用 p 对 V 作图求解)。

解:由表 0.2 查得 CH_4 的 $a=0.228\ \text{Pa}\cdot\text{m}^6\cdot\text{mol}^{-2}$,$b=0.042\,8\times10^{-3}\ \text{m}^3\cdot\text{mol}^{-1}$。

假设 CH_4 的摩尔体积 $V_m=0.064\,0\times10^{-3}\ \text{m}^3\cdot\text{mol}^{-1}$,则

$$p = \frac{RT}{V_m-b} - \frac{a}{V_m^2}$$

$$= \left[\frac{8.314\,5\times273.15}{(0.064\,0-0.042\,8)\times10^{-3}} - \frac{0.228}{(0.064\,0\times10^{-3})^2}\right]\text{Pa}$$

$$= 51.5\times10^6\ \text{Pa} = 51.5\ \text{MPa}$$

再假设一系列的 V_m 数值,同样求出相应的一系列压力 p,结果如下:

$V_m\times10^3/\text{m}^3\cdot\text{mol}^{-1}$	0.064 0	0.066 0	0.068 0	0.070 0	0.072 0
p/MPa	51.5	45.6	40.8	37.0	33.8

以 p 对 V_m 作图,求得 $p=40.5$ MPa 时 CH_4 的摩尔体积 $V_m=0.068\,1\times10^{-3}\ \text{m}^3\cdot\text{mol}^{-1}$,得

$$V = nV_m = \frac{m}{M}V_m$$

$$= \left(\frac{1\,000}{16.04}\times0.068\,1\times10^{-3}\right)\text{m}^3 = 4.25\times10^{-3}\ \text{m}^3 = 4.25\ \text{dm}^3$$

(2) 维里(virial)方程

$$\frac{pV_m}{RT}=1+\frac{B}{V_m}+\frac{C}{V_m^2}+\frac{D}{V_m^3}+\cdots \quad \text{或} \quad \frac{pV_m}{RT}=1+B'p+C'p^2+D'p^3+\cdots$$

式中:B、C、D、B'、C'、D' 称为维里系数,只是温度的函数。

(3) 贝特洛(Berthelot)方程

$$\left(p+\frac{a}{TV_m^2}\right)(V_m-b)=RT$$

它是对范德华方程的修正,认为内聚压力与温度有关。

0.4.5 对应状态原理与压缩因子图

实际气体的性质不同,其 p、V、T 行为也有差异,其临界参数的不同也反映了这种性质的差别。我们知道,在临界点处各气体反映了一个共同的特性,即气、液不分。临界常数能够反映出各物质在临界点时具有气体和液体无差别的共同特性。因此,可将实际的压力、温度、体积分别以相应的临界参数为基准,定义对比状态参数,即

$$p_r = p/p_c, \quad T_r = T/T_c, \quad V_r = V_m/V_{c,m} \tag{0.7}$$

式中:p_r 为对比压力;T_r 为对比温度;V_r 为对比摩尔体积。如果知道某一实际气体的对比状态参数,通过式(0.7)可计算出其实际状态参数(T、p、V)。

大量实验表明,当不同气体在所处状态下有两个对比状态参数彼此相等时,那么它的第三个对比状态参数基本上具有相同的数值,这个关系称为对应状态原理。这表明对比状态参数之间存在着一个基本能普遍适用于各种真实气体的函数关系,用数学函数关系表示为

$$f(p_r, T_r, V_r) = 0 \tag{0.8}$$

也就是说,尽管各种物质的 T、p、V 不同,当各种气体的 p_r、T_r 值相等时(当两种实际气体对比状态参数彼此相等时,称此两种气体处于对应状态),就具有相似的性质。

前面我们定义了压缩因子 Z 以衡量实际气体与理想气体之间的偏差程度。可将压缩因子引入理想气体状态方程作为一个校正因子来反映实际气体的性质,于是对任意气体,其状态方程仍可保留理想气体状态方程的形式,即有

$$pV_m = ZRT \tag{0.9}$$

Z 的数值与温度、压力有关,需从实验获得。将式(0.7)代入式(0.9),得

$$Z = pV_m/(RT) = [p_c V_{c,m}/(RT_c)] \cdot (p_r V_r/T_r)$$

令

$$Z_c = p_c V_{c,m}/(RT_c)$$

那么

$$Z = Z_c \cdot (p_r V_r/T_r) \tag{0.10}$$

式中:Z_c 为临界压缩因子。实验数据表明,大多数实际气体的 Z_c 值大体上接近,为 0.27~0.29,可近似作为常数。又根据对应状态原理,不同气体在相同的对比状态下也应有相同的压缩因子 Z。

20世纪40年代,霍根(Hougen)和沃森(Watson)用许多种气体实验数据的平均值,将 Z 对 p_r 作图得到不同 T_r 的许多曲线,称为压缩因子图,如图0.4所示。由于压缩因子图能在相当大的压力范围内对实际气体的 p、V、T 进行计算,故在化工计算中很有实用价

值。例如,要求某种气体在指定温度、压力下的 V_m,可首先查出该气体的临界温度、临界压力,将温度和压力转换成 T_r、p_r 值,再从压缩因子图中查出 Z,然后通过式(0.9)计算出 V_m。

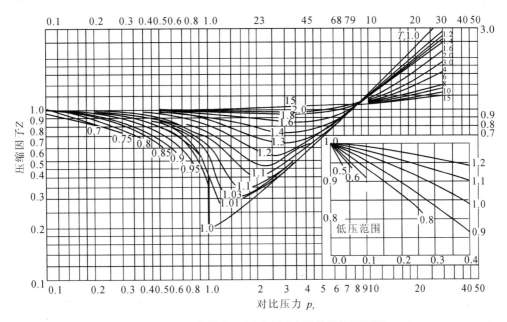

图 0.4 实际气体在不同对比温度下的压缩因子图

【例 0.3】 计算 1 000 g CO_2 在 100 ℃、5.07 MPa 下的体积:(1) 用理想气体状态方程;(2) 用压缩因子图。

解:(1) $V = \dfrac{nRT}{p}$

$= \left[\dfrac{(1\,000/44.01) \times 8.314\,5 \times (100+273.15)}{5.07 \times 10^6}\right] \text{m}^3$

$= 13.9 \times 10^{-3} \text{m}^3 = 13.9 \text{dm}^3$

(2) 查得 $T_c = 304.2$ K,$p_c = 7.39$ MPa,则

$$T_r = \frac{T}{T_c} = \frac{100+273.15}{304.2} = 1.23, \quad p_r = \frac{p}{p_c} = \frac{5.07}{7.39} = 0.69$$

由压缩因子图得 $Z = 0.88$,故

$$V = \frac{ZnRT}{p} = 0.88 \times 13.9 \text{ dm}^3 = 12.2 \text{dm}^3$$

【例 0.4】 1 mol N_2 在 0 ℃ 时体积为 70.3 cm^3,计算其压力,并与实验 40.5 MPa 比较:(1) 用理想气体状态方程;(2) 用范德华方程;(3) 用压缩因子图。

解：(1) $p = \dfrac{RT}{V_m}$

$\qquad = \left(\dfrac{8.3145 \times 273.15}{70.3 \times 10^{-6}}\right) \text{Pa} = 32.3 \times 10^6 \text{Pa} = 32.3 \text{ MPa}$

(2) 由表 0.2 查得，$a = 0.141 \text{ Pa} \cdot \text{m}^6 \cdot \text{mol}^{-2}$，$b = 0.0391 \times 10^{-3} \text{ m}^3 \cdot \text{mol}^{-1}$，则

$$p = \dfrac{RT}{V_m - b} - \dfrac{a}{V_m^2}$$

$\qquad = \left[\dfrac{8.3145 \times 273.15}{(70.3 - 39.1) \times 10^{-6}} - \dfrac{0.141}{(70.3 \times 10^{-6})^2}\right] \text{Pa} = 44.3 \times 10^6 \text{ Pa}$

$\qquad = 44.3 \text{ MPa}$

(3) 查得 $T_c = 126.2 \text{ K}$，$p_c = 3.39 \text{ MPa}$，则

$$T_r = \dfrac{T}{T_c} = \dfrac{273.15}{126.2} = 2.16$$

$$Z = \dfrac{pV_m}{RT} = \dfrac{p_r p_c V_m}{RT}$$

$\qquad = \dfrac{p_r \times (3.39 \times 10^6) \times (70.3 \times 10^{-6})}{8.3145 \times 273.15} = 0.105\, p_r$

在压缩因子图上经点 $(p_r = 1, Z = 0.105)$ 作与横坐标夹角为 $45°$ 的直线，该直线与 $Z = 2.16$ 的曲线交于一点，该点之 $p_r = 12$。故

$$p = p_r p_c = 12 \times 3.39 \text{ MPa} = 41 \text{ MPa}$$

课外参考读物

1. 梁毅，陈杰. 非理想气体和实际气体. 大学化学，1996，11(2)：58.
2. Eberhart J G. The many faces of var der Waal's equation of state. J. Chem. Educ，1989，66：906.
3. Pauley J L, Davis E, H. P-V-T isotherms of real gases, experimental versus calculated values. J. Chem. Educ，1986，63：466.
4. 翁长武. 压缩因子图和分子位能曲线的对应关系. 化学通报，1992，4：53.
5. 天津大学物理化学教研室编，王正烈，周亚平修订. 物理化学. 北京：高等教育出版社，2001.
6. 陈六平，童叶翔. 物理化学. 北京：科学出版社，2011.
7. 傅献彩，沈文霞，姚天扬，候文华. 物理化学. 北京：高等教育出版社，2005.
8. 沈文霞. 物理化学核心教程. 北京：科学出版社，2009.
9. 陈启元，刘士军. 物理化学. 北京：科学出版社，2012.
10. 印永嘉，奚正楷，张树永. 物理化学简明教程. 北京：高等教育出版社，2007.

思考题

1. 在两个密封、绝热、体积相等的容器中,装有压力相等的某种理想气体。这两个容器中气体的温度是否相等?

2. 当某个纯物质的气、液两相处于平衡时,不断升高平衡温度,这时处于平衡状态的气、液两相的摩尔体积将如何变化?

3. 有一种气体的状态方程为 $pV_m = RT + bp$(b 为大于零的常数),试分析这种气体与理想气体有何不同? 将这种气体进行真空膨胀,气体的温度会不会下降?

4. 如何定义气体的临界温度和临界压力? 当各种物质都处于临界点时,它们有哪些共同特性?

5. van der Waals 对实际气体做了哪两项校正? 如果把实际气体看作刚球,则其状态方程的形式应该如何?

6. 在同温、同压下,某实际气体的摩尔体积大于理想气体的摩尔体积,则该气体的压缩因子 Z 是大于 1 还是小于 1?

习题

1. 两个体积相同的烧瓶中间用玻管相通,通入 0.7 mol 氮气后,使整个系统密封,开始时,两瓶的温度相同,都是 300 K,压力为 50 kPa,今若将一个烧瓶浸入 400 K 的油浴内,另一烧瓶的温度保持不变,试计算两瓶中各有氮气的物质的量和温度为 400 K 的烧瓶中气体的压力。

2. 有 2.0 dm³ 潮湿空气,压力为 101.325 kPa,其中水气的分压为 12.33 kPa。设空气中 $O_2(g)$ 和 $N_2(g)$ 的体积分数分别为 0.21 和 0.79,试求:

(1) $H_2O(g)$,$O_2(g)$,$N_2(g)$ 的分体积;

(2) $O_2(g)$,$N_2(g)$ 在潮湿空气中的分压力。

3. 在一个容积为 0.5 m³ 的钢瓶内,放有 16 kg 温度为 500 K 的 $CH_4(g)$,试计算容器内的压力。(1) 用理想气体状态方程;(2) 用 van der Waals 方程。已知 $CH_4(g)$ 的常数 $a = 0.228$ Pa·m⁶·mol⁻²,$b = 0.427 \times 10^{-4}$ m³·mol⁻¹,$M(CH_4) = 16.0$ g·mol⁻¹。

4. 在 273 K 时,1 mol $N_2(g)$ 的体积为 7.03×10^{-5} m³,试用下述几种方法计算其压力,并比较所得数值的大小。

(1) 用理想气体状态方程式;

(2) 用 van der Waals 气体状态方程式;

(3) 用压缩因子图(实测值为 4.05×10^4 kPa)。

5. 研究人员在格陵兰收集到 20.0 ℃、1.01 atm、20.6 dm³ 的"纯净"空气,然后将它充入 1.05 dm³ 的瓶子中带回实验室。

(1) 计算瓶子内的压力;

(2) 假如实验室的温度为 21.0 ℃,求此时瓶内的压力。

6. 在实验室和医院,氧气都储存在钢瓶中。通常,钢瓶的内部容积为 28 dm³,储存 6.80 kg 氧气。应用范德华方程,计算 20 ℃时钢瓶内的压力。

7. 室温下一高压釜内有常压的空气,进行实验时为确保安全,采用同样温度的纯氮进行置换,步骤如下:向釜内通氮气直到 4 倍于空气的压力,然后将釜内混合气体排出直至恢复常压。重复三次。求釜内最后排气至恢复常压时其中气体含氧的摩尔分数(空气中氧、氮比取 1:4)。

8. 已知某一气体的临界参数为 $p_c = 4\,123.9$ kPa 和 $T_c = 385.0$ K,分别用压缩因子图和理想气体状态方程计算 $T = 366.5$ K、$p = 2\,067$ kPa 条件下该气体的摩尔体积,并加以比较(文献值为 1.109×10^{-3} m³·mol^{-1})。

9. 用电解水的方法制备氢气时,氢气总是被水蒸气饱和,现在用降温的方法除去部分水蒸气。现将在 298 K 条件下制得的饱和了水蒸气的氢气通入 283 K、压力恒定为 128.5 kPa 的冷凝器中,试计算在冷凝前后混合气体中水蒸气的摩尔分数。已知在 298 K 和 283 K 时,水的饱和蒸气压分别为 3.167 kPa 和 1.227 kPa。混合气体近似作为理想气体。

10. 某气柜内储存氯乙烯 $CH_2=CHCl(g)$ 300 m³,压力为 122 kPa,温度为 300 K。求气柜内氯乙烯气体的密度和质量。若提用其中的 100 m³,相当于氯乙烯的物质的量为多少?已知氯乙烯的摩尔质量为 62.5 g·mol^{-1},设气体为理想气体。

第 1 章 热力学第一定律

> **本章基本要求**
> 1. 熟悉热力学常用的基本概念:系统和环境、状态和性质、过程和途径及热力学平衡态等。
> 2. 正确理解状态函数、热力学能和焓等概念;掌握可逆过程和最大功的概念;熟悉热力学第一定律,掌握热力学第一定律的数学表达式及应用。
> 3. 掌握系统在纯 p、V、T 状态变化、相变化及化学变化过程中的热、体积功、热力学能变、焓变等的计算;熟练掌握常温和高温反应焓变的计算方法;学会用热力学方法解决一些实际问题。
> 4. 掌握经典热力学简明的逻辑推理和唯象的方法。
>
> **关键词**:状态函数;可逆过程;焓;热效应;热力学第一定律

热力学是研究能量的基础学科,具体一点讲,热力学研究热能和其他形式的能量、研究它们之间的转换以及能量与物质特性之间的关系。它是从实验规律出发的宏观唯象理论,热力学第一定律、第二定律几乎同时建立于 1850 年,主要工作来自 William Rankine, Rudolph Clausius 和 Lord Kelvin(原名:William Thomson)。"热力学"首次被提出是在 Lord Kelvin 于 1849 年发表的出版物中,第一本热力学的教科书于 1859 年由 William Rankine(University of Glasgow)教授编写。

从热力学的经验定律出发,通过演绎、推理可以预言系统宏观性质之间的关系,这是一种宏观的研究方法,不涉及物质的微观模型,所以热力学的结论具有普遍性和广泛的应用。热力学的原理几乎可以应用到所有的领域,比如在能源方面有:热能、能量转换与应用和热机效率等;在生命及天体科学中有:温度在宇宙演化中的作用、恐龙灭绝新说、大爆炸宇宙模型学说、天体密度的涨落理论和引力系统的热力学等。Albert Einstein 曾经这样评论热力学理论:"一种理论的前提的简单性越大,它所涉及的事物的种类越多,它的应用范围越广,它给人们的印象也就越深,因此经典热力学给我留下了深刻的印象。我确信,这是在它的基本概念可以应用的范围内绝不会被推翻的唯一具有普遍内容的物理理论。"

把热力学的基本原理用于研究化学变化过程以及与之相伴随的物理现象,就构成了化学热力学,它是物理化学的重要组成部分。

§1.1 热力学概论

1.1.1 热力学的研究对象

热力学是研究自然界中与热现象有关的各种状态变化和能量转化规律的一门科学,它是自然科学中建立最早的学科之一,对现今人类解决所面临的能源问题是一个法宝。

虽然热力学的原理在宇宙诞生之日起就一直存在并发挥着作用,但作为一门科学,直到英国人 Thomas Savery 于 1697 年和 Thomas Newcomen 于 1712 年成功研制出空气蒸汽机才逐步建立起来。随着蒸汽机的发明和广泛使用,热和功的转换关系成为人们关注的焦点,从而激起科学家对热能的系统研究,并在大量实验事实的基础上,建立了热力学四大定律,其中,热力学第一和第二定律是热力学的主要理论基础。有人形象地将热力学第一、第二和第三定律归纳为:① You can't win;② You can't break even;③ You can't get out of the game。

经典热力学的研究对象是大量质点的集合体,热力学的理论是从实验规律出发的宏观唯象理论,它不涉及个别粒子的特性,忽略物质的微观模型,把物质看作连续介质,用连续函数反映物质的宏观性质。热力学不能揭示热力学基本规律及其结论的微观本质,也无法解释像宏观性质上的涨落现象以及熵的微观本质等。

1.1.2 热力学方法的特点

热力学的方法是建立在实验定律基础上的一种宏观的演绎、推理的方法。它不涉及物质的微观模型,以大量质点构成的集合体为具体研究对象,从基本的经验定律出发,通过严密的演绎和逻辑推理而得出物质各种宏观性质之间的关系,所得结论具有统计意义,是统计平均的结果,只能反映出大量质点的平均行为,不适用于个别质点的行为或微观体系中单个粒子或少量粒子的行为。

经典热力学是解决工程问题比较容易和较为直接的途径,其数学方面的复杂性往往较少,抽象概念也不多。利用热力学可预言宏观量间的一些关系,从而预知在某种条件下,某个变化能否发生,如果能发生,可以进行到什么程度。对化学反应而言,热力学可以对反应的方向和限度做出理论上的判断,为我们提高反应效率、降低生产成本、探明研究的方向、缩短研究周期提供理论指导。例如日常生活和化工生产中常用的乙醇的制备,可设计如下的途径来实现:

(1) $H_2C = CH_2 \xrightarrow{HCl} CH_3CH_2Cl \xrightarrow{H_2O} CH_3CH_2OH$

(2) $H_2C=CH_2 \xrightarrow{O_2} CH_3CHO \xrightarrow{H_2} CH_3CH_2OH$

(3) $H_2C=CH_2 \xrightarrow{H_3PO_4} CH_3CH_2OH$

(4) $CH_3CH_3 \xrightarrow{O_2} CH_3CH_2OH$

在常温、常压下,通过热力学的计算能判断反应(1)、(2)、(3)(4)都是可以进行的。其中反应(1)、(2)、(3)的制备途径已经被工业生产实践所证实,但是反应(4)还未能实现。此外,通过有关热力学计算,还能得出反应的最大限度即理论产率,为挖潜增产提供理论依据。

由于热力学的研究方法不涉及个别粒子的特性,忽略物质的微观结构和变化的机理,只考虑平衡问题,只计算变化前后的净结果,而不考虑反应进行中的细节,所以,热力学的方法也有一定的局限性,它只能对现象之间的联系作宏观的了解,而不能作微观的说明;不能给出系统宏观性质的具体数值或指出宏观性质的微观本质;不能回答过程变化发生的具体细节以及完成变化所需的时间。总之,它只是解决了过程变化的可能性问题,如何使这种可能性转变为现实性,需要动力学的知识来解决。尽管如此,由于热力学定律有着极其牢固的实验基础,以这些基本定律为基础通过严密的逻辑推理和计算,不涉及物质的微观结构和粒子的微观性质,热力学得出的结论具有高度的普遍性和可靠性,是非常有用的理论工具,对生产实践和科学研究具有重要指导意义。

1.1.3 热力学的基本概念

1. 系统与环境

热力学把研究的对象从与其相关的周围的其他部分分开,将感兴趣的研究对象及其空间称为系统(system),系统以外且与系统密切相关的其他部分称为环境(surroundings)。热力学中的系统与环境具有如下特点:

(1) 系统与环境是根据研究的需要人为划分的,是相对的,随研究的角度不同可以不同,但一经确定,在研究过程中不能随意变更;

(2) 系统与环境间的界面可以是实际存在的,也可以是想象的。环境必须是与系统有相互影响的有限部分;

(3) 热力学中定义的系统与环境,它们是宏观的(macroscopic)系统与环境,既无统计涨落又非无限大的情况。

根据系统与环境之间的相互关系,可以把系统分为以下三类:

(1) 敞开系统(open system) 系统不受任何限制,与环境之间既有能量交换又有物质交换;

(2) 封闭系统(closed system) 系统与环境之间只有能量的交换而没有物质的交换;

(3) 孤立系统(isolated system) 系统完全不受环境的影响,与环境之间既没有能量的交换也没有物质的交换。

事实上,自然界中一切事物总是有机地互相联系、互相依赖和互相制约着,因此,严格地讲,不可能有绝对的孤立系统(又称隔离系统),它只是一种假想的系统,是为了研究问题的方便,在某些条件下将某些与环境联系相当微弱的系统近似地看成孤立系统。

【例 1.1】 将适量的水盛放于一个封闭的绝热容器中,现有一电炉丝浸于水中,接上电源,通以电流一段时间。试分析以下几种情况的系统和环境。

解:(1) 若选取水作为系统,则水中的电炉丝、盛水的绝热容器、其中的空气以及外接的电源为环境。因环境中原来无水蒸气,水必然会部分蒸发为水蒸气逸入绝热容器上方的空间内,同时水与环境间也有能量的交换,比如:电炉丝通电发热,温度升高,水与电炉丝之间有热的交换,所以水为敞开系统。

(2) 若选取水及绝热容器内的水蒸气作为系统,则该系统为封闭系统。虽然水吸收热量后会变成水蒸气,但由于水蒸气包含在系统内,属于系统的一部分,所以说系统与环境间无物质交换,只有能量的交换。

(3) 若选取电炉丝、水、绝热容器、电源以及其他一切有影响的部分为系统,则绝热容器外的空气为环境。显然,该系统与环境之间既没有物质交换也没有能量交换,此系统为孤立系统。

2. 状态、状态函数与状态方程

系统的物理性质和化学性质的综合表现称为系统的状态。通常用系统的宏观可测性质如体积、压力、温度、热容、密度、黏度和表面张力等来描述系统的热力学状态,这些描述系统状态的宏观物理量称为热力学性质或热力学变量,它们是系统的属性。

物质的性质可分为宏观性质和微观性质,在热力学中讨论的是系统的宏观性质,简称性质。根据性质的数值是否与系统中物质的数量有关,可将其分为两类:

(1) 广度性质(extensive property) 又称容量性质,与系统的数量成正比,如质量、体积、热力学能、熵等。广度性质具有加和性,即整个系统的某种广度性质是系统中各部分该性质的总和。广度性质在数学上是一次齐函数。

(2) 强度性质(intensive property) 强度性质与系统的数量无关,不具有加和性,其数值取决于系统自身的特性,比如:压力、温度、密度和黏度等。强度性质在数学上是零次齐函数。

系统的广度性质与广度性质之比是强度性质。例如 $\dfrac{C_p}{n}=C_{p,m}$,恒压热容 C_p 是广度性质,但除以物质的量后得到的摩尔恒压热容 $C_{p,m}$ 就是强度性质。显然,广度性质与强度性质的乘积为广度性质。

当系统的所有宏观性质都不随时间而改变,则系统就处于热力学平衡状态。热力学平衡系统必须同时满足：

(1) 热动平衡　系统的各个部分温度相等。若系统内有绝热壁将其隔开成两个均匀的部分，则即使绝热壁两侧的温度不同，也能保持热动平衡。

(2) 力学平衡　系统各部分之间，没有不平衡的力存在。在不考虑重力场影响的情况下，就是指系统中各个部分的压力都相等。若系统内有固定耐压的刚性壁隔开时，当刚性壁两侧压力不同时，也能保持力学平衡。

(3) 相平衡　当系统中存在两相或两个以上的相时，物质在各相之间的分布达到平衡，宏观上观察不到相和相之间的净的物质转移。

(4) 化学平衡　当系统内各物质之间存在化学反应，达到化学平衡时，宏观上系统的组成不随时间而改变。

当系统的温度、压力、几个相中各组分的物质的量均不随时间变化时，系统即处于平衡态。以下在讨论系统状态时，若无特别说明，都是指系统处于一定的热力学平衡状态。

当系统处于热力学平衡状态时，系统的广度性质和强度性质都具有确定的数值。但是系统的这些性质彼此之间是相互关联和制约的，它们之间的关系通常可用连续函数来表达。当系统中某几个性质确定后，其他所有的性质随之而确定，也就是说，在这些性质之中只有部分是独立的，所以描述一个系统的状态，只需指定其中的一些性质而并不需要知道系统所有的性质。例如，对于理想气体，可以把描述状态性质的方程式 $p=nRT/V$，用函数关系式 $p=f(n,T,V)$ 来表示。也就是说，对于一定量的由理想气体构成的封闭系统，只要温度和压力两个强度性质确定后，系统的体积也随之确定，再结合与气体物性有关的公式，还可以进一步确定此时气体的密度、折射率、黏度、导热系数等其他属性。仅从热力学，我们无法知道最少需要指定哪几个性质，系统才能处于一定的热力学平衡状态。但是广泛的实验事实证明，对于没有化学变化，且只含有一种物质的均相封闭系统，一般只要指定两个强度性质，系统的状态就确定了。当系统处于一定状态时，把描述系统性质的有确定值的物理量叫做状态函数。状态函数有如下特点：① 系统处于定态时，状态函数有定值。比如对于 1 mol 理想气体，当温度为 0.0 ℃，压力为 10^5 Pa 标准态压力时，其体积总是等于 22.71 dm³，这完全由系统此时所处的状态决定，而与其过去的历史无关；即无论此前变化经历的途径是加热、降温、膨胀或压缩等，只要 1 mol 理想气体恢复到了 0 ℃ 和标准态压力，它的体积就是 22.71 dm³。② 系统的始、终态确定后，状态函数的改变量是一定的。也就是说，状态函数的改变值只取决于系统的始态和终态，而与变化所经历的途径无关。例如，把上述理想气体所处的状态(称为始态或初态)变化到 25.0 ℃ 和 0.1 标准态压力的状态(称为终态或末态)，其温度的改变值一定是 25.0－0.0＝25.0(℃)。所以，系统从指定的始态出发，不论经过怎样的途径，只要到达同一状态，其状态函数的改变值总是一定的。③ 系统恢复到原来的状态，状态函数也恢复到原来的数值，即状态函数的改变值等于零。④ 状态函数是单值、连续、可微函数；在数学上具有全微分的性质，其微量变化冠以"d"，如 dT、dp 和 dV 等。状态函数的集合(和、差、积、商)也是状态函数。状态函数的特性可以用 16 个字描述：异途同归，值变相等；周而复始，数值还原。

系统状态函数之间的定量关系式称为状态方程。例如：理想气体的状态方程为 $pV=nRT$。仅从经典热力学不能导出系统的具体的状态方程，它只能通过实验来确定。对于复相系统，每一相有各自的状态方程，多组分系统的状态还与组成有关。

3. 过程和途径

在一定的条件下，当系统从一种状态(状态Ⅰ,始态)变化到另一种状态(状态Ⅱ,终态)，我们称系统发生了一个热力学过程，简称为过程(process)。热力学上把系统的状态所发生的一切变化称之为过程。在系统状态发生变化时从同一始态到同一终态可以有不同的方式，经历不同的具体步骤，这种不同的方式、具体的步骤就称为途径(path)。

例如，在 25 ℃和标准态压力下，有

$$2CO(g) + 4H_2(g) \xrightarrow{途径\text{Ⅰ}} H_2O(l) + C_2H_5OH(l)$$
$$\downarrow +O_2(g) \quad \downarrow +2O_2(g)$$
$$2CO_2(g) + 4H_2O(l) \xrightarrow{途径\text{Ⅱ}} H_2O(l) + C_2H_5OH(l) + 3O_2(g)$$

途径Ⅱ生成物中多出的氧气正好与开始时添加的氧气相抵消，所以这两组反应从相同反应物质的相同状态开始，完成反应后最终得到相同产物的相同状态，同属于化学过程，但显然是相同的始态和终态，经历了两种不同的途径。在这一过程中，状态函数的变化值仅决定于系统的始终态，而与中间具体的变化步骤无关。

热力学中常见的过程可分为三类：单纯的简单状态变化(纯 p、V、T 变化)、聚集状态变化即相变化和化学变化。实际系统所经历的变化可以是其中的一类或兼而有之。单纯的 p、V、T 变化的过程主要有以下几种：

(1) 等温过程(isothermal process) 系统由状态Ⅰ变化到状态Ⅱ，始终态的温度与环境温度相同的变化过程，即 $T_1=T_2=T_环$，变化过程中系统的温度可以不恒定。

(2) 等压过程(isobaric process) 系统的始态和终态的压力与环境压力相同的变化过程，即 $p_1=p_2=p_环$，过程中系统的压力可以不恒定。

(3) 等容过程(isochoric process) 系统在变化过程体积保持恒定的过程。在刚性容器中发生的变化一般是等容过程。

(4) 绝热过程(adiabatic process) 系统与环境间无热的交换的变化过程。实际过程很少是绝对绝热的，通常将过程变化太快，系统与环境间来不及进行热交换，或热交换量极少的过程，近似认为是绝热过程。例如：一铝制筒中装有压缩空气，突然打开筒盖，使气体冲出，当压力与外界相等时，立即盖上筒盖，可看作是绝热过程。大气对流层中，大气压强随高度增加而减小，空气在垂直地面方向的对流也可近似为绝热过程，并据此可对一些现象作出满意的解释。当系统中有绝热壁存在时，可将其中的过程视为绝热过程。

(5) 循环过程(cyclic process)　系统从某一状态出发,经过一系列变化又回到原始状态的过程。经此过程,所有状态函数的变化值都等于零。

需要说明的是,实际过程远不止上述五种,例如:理想气体 p/V 为定值的过程也是单纯的状态变化。

§1.2　热力学第一定律

1.2.1　热力学第一定律

19 世纪,随着蒸汽机的发明和使用,人们开始关注热和功的转换关系。热力学第一定律的基础是 19 世纪初期的大量实验,其中非常著名且有趣的是由英国物理学家焦耳(J. P. Joule)设计完成的"桨轮实验",具体描述如下:将一个重物与一根细绳相连,细绳的另一端是一串可以转动的桨轮,桨轮浸没在水中。当重物从高空自由降落时,细绳带动桨轮在水中转动,水的温度会因此而上升。实验结果表明:下落的重物释放的机械能通过桨轮可以转化为水的热力学能,并且水温升高值与重物释放的动能直接相关。焦耳的这一实验证实了能量可以从一种形式转化为另一种形式,并且两种形式的能量之间的相互转化存在定量关系。热力学在发展的初期主要研究热和机械功之间的相互转化关系,后来的研究逐渐将电能、化学能和辐射能等也纳入热力学体系。

从 1840 年~1848 年间,焦耳历经 20 多年,先后用各种不同的实验方法,证实了热与功之间相互转化时有严格的定量关系,他的测量结果是 1 cal(卡)＝4.154 J(焦耳),这就是著名的热功当量。之后,对热功当量更准确的测定结果为 1 cal＝4.184 J。到 1850 年,科学界已经公认能量守恒是自然界的普遍规律,即所谓能量守恒与转化定律:自然界的一切物质都具有能量,能量有各种不同形式,能够从一种形式转化为另一种形式,在转化中,能量的总值不变。热力学第一定律是能量守恒与转化定律在涉及热现象宏观过程中的具体表述。在热力学第一定律正式建立之前,有一些人曾企图设计一种不靠外界供给能量,本身也不减少能量,却能不断地对外做功的机器——第一类永动机。显然,它违背了能量守恒与转化定律,所以经多次尝试均告失败,热力学第一定律的建立,对制造永动机的幻想做了最后的判决,热力学第一定律也可以表述为:"第一类永动机是不可能造成的。"

能量守恒与转化定律最初是由迈尔(J. R. Mayer)第一个提出,而此定律得到物理学界的确认,却是在焦耳的实验工作发表以后。恩格斯曾对能量守恒与转化定律给予很高的评价,将它和细胞学说及进化论相提并论,称它们是揭示自然界辩证发展过程的自然科学的三大发现。

1.2.2 热和功

系统与环境间能量的传递有两种方式,一种是热(heat),另一种是功(work)。

热是系统与环境间因存在温度差而交换或传递的能量。当相互接触的两物体温度不同时,热会自发地从高温物体传递给低温物体。热用符号 Q 表示,单位 J。规定:$Q>0$,表示系统吸热;$Q<0$,表示系统放热。热力学中的热是一种传递中的能量,与通常物体的"冷"与"热"中的"热"具有不同的含义,也不同于系统的"热能"。前者用来比较物体温度的高或低,在很大程度上受到主观感觉的影响;后者则指系统中所有粒子的热运动(包括平动、转动和振动)能量的总和。

在热力学中,把除热以外其他各种形式被传递的能量称为功。功用符号 W 表示,单位 J。规定:$W<0$,表示系统对环境做功;$W>0$,表示环境对系统做功。功可以分为体积功和非体积功,非体积功一般用符号 W' 表示。热力学中讨论的体积功,是指系统因体积变化反抗外压所做的功。物理化学中常见的非体积功有:机械功、电功和表面功等。

功和热都是被传递的能量,都具有能量的单位,但都不是状态函数,它们的变化值与具体的途径有关,这好比下雨是天空云层中的水降落到地球表面的过程,当雨落到河里后,我们从来不说"河中有多少雨",雨量针对降雨过程而言才有意义。功和热的微小变化值用符号"δ"表示,以示区别状态函数用的全微分符号"d"。从微观角度来说,功是大量质点以有序运动而传递的能量,热是大量质点以无序运动而传递的能量。

与机械功进行类比,一般说来,各种形式的功都可以表示为强度因素与广度因素变化量的乘积。即

$$\delta W = -f(x)dx$$

其中 $f(x)$ 为强度因素,对于非机械功可以看成是广义的力,它的大小决定了能量的传递方向。dx 为广度因素,可以看成是力的方向上的广义位移,它决定了功的大小。比如当电池的电动势大于外加的对抗电压时,则电池放电做出电功,这里的外加电势差,用符号"E"表示,是强度因素(广义的力),而通过的电量,用符号"dQ"表示,是广度性质(广义的位移),功的表示式:$\delta W = -EdQ$

热力学中的功 W 包括体积功和非体积功,在以后讨论功时,除有特别说明外,一般是指体积功。体积功通常用符号 W_e 表示,非体积功通常用符号 W_f 或 W' 表示。又因为本章中所讨论的问题一般不包括其他功,所以习惯上将体积功写为 W。

1.2.3 热力学能

通常,系统的总能量包含系统整体运动的动能、系统在外力场中的位能和系统内部的能量。系统内部能量的总和称为热力学(thermodynamic energy)或内能(internal energy),单位 J。在化学热力学中,通常是研究宏观静止的系统,无整体运动,也没有特殊的外力场存

在,所以化学热力学中主要研究的是热力学能。

热力学系统是由大量粒子组成的集合体。系统的热力学能是指系统内部所有粒子全部能量的总和。它包括系统内分子运动的平动能、转动能、振动能、电子与核的能量以及分子间相互作用的势能等能量的总和。显然,热力学能不包括系统的整体动能和整体势能。

设想一个封闭系统,从状态Ⅰ变化到状态Ⅱ,若在过程中,系统与环境间以热的形式交换的能量为 Q,以功的形式交换的能量为 W,则根据能量守恒与转化定律,有:

$$\Delta U = U_2 - U_1 = Q + W \tag{1.1}$$

若系统的状态仅发生一无限小变化,则

$$dU = \delta Q + \delta W \tag{1.2}$$

式(1.1)、式(1.2)为封闭系统热力学第一定律的数学表达式,也适用于孤立系统,它们表明了热力学能、热和功之间相互转化的定量关系。可以认为,热力学第一定律是能量守恒与转化定律在热现象领域内的特殊形式。

对于物质的量和组成确定的封闭系统,如前所述,确定系统的状态只需两个独立变量。通常把 U 写成 T、V 的函数,$U = f(T, V)$,则

$$dU = \left(\frac{\partial U}{\partial T}\right)_V dT + \left(\frac{\partial U}{\partial V}\right)_T dV \tag{1.3}$$

热力学能是系统自身的性质,只决定于其状态,是系统状态的单值函数,在定态下有定值,它的改变值也只决定于系统的始终态,而与变化的途径无关。热力学能的绝对值是无法确定的,但这并不影响利用热力学解决实际问题,因为热力学只关心过程中系统状态函数的改变值,这也是热力学解决问题的特点。热力学能是系统的广度性质,具有加和性。

§1.3 体积功、可逆过程与最大功

1.3.1 体积功

体积功是指当系统的体积发生变化时,系统对环境所做的功(膨胀功)或环境对系统所做的功(压缩功)。体积功本质上就是机械功,可用力与在力的方向上的位移的乘积来求算。

如图1.1所示,有一汽缸的截面积为 A,筒内有一无质量无摩擦力的理想活塞,汽缸内气体的体积为 V,压力为 p,汽缸外环境气体的压力为 p_e(下标"e"是 external 的缩写),若 $p_e < p$,则气体膨胀,设活塞向上移动了 dl 距离,那么,系统膨胀时对抗外压所做的膨胀功为

$$\delta W = -f_e \cdot dl \tag{1.4}$$

其中
$$f_e = p_e A \quad dl = dV/A$$

故 $\delta W = -p_e dV$ (1.5)

由式(1.4)可知，外压 $p_e \neq 0$ 且体积变化 $dV \neq 0$ 是产生体积功的充分必要条件。当气体向真空自由膨胀时，由于 $p_e=0$，所以 $\delta W=0$，系统与环境间没有体积功的交换。

对于有限过程，当体积由 V_1 变化到 V_2 时，系统与环境间交换的体积功为

$$W = -\sum_i p_e dV \xrightarrow{\text{(体积连续变化的过程)}} \int_{V_1}^{V_2} p_e dV \quad (1.6)$$

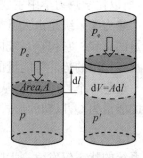

图 1.1 体积功计算图示

当外压恒定时，有：$W = -p_e\Delta V = -p_e(V_2-V_1)$。显然，当体积变化 $\Delta V > 0$ 时，则 $W<0$，表示系统膨胀对环境做功；当 $\Delta V<0$ 时，则 $W>0$，表示系统体积被压缩，环境对系统做功。对于理想气体的等温可逆膨胀过程，系统对环境所做的功为

$$W = -\int_{V_1}^{V_2} p_e dV = -\int_{V_1}^{V_2} p dV = -\int_{V_1}^{V_2} \frac{nRT}{V} dV = -nRT\ln\frac{V_2}{V_1} \quad (1.7)$$

需要特别提醒的是，在计算体积功时，代入式(1.5)的只能是系统对抗的外压 p_e，而非系统的压力 p。换句话说，无论系统的压力有多大，总是以系统对抗的外压为计算功的广义力。系统压力 p 与外压 p_e 的相对大小，可以用于判断系统发生的是膨胀过程还是压缩过程。正如举重时衡量举重运动员做功的大小，总是以其能对抗外压(杠铃的重量)的大小来衡量，而不是凭其有多大"力气"；又如，气体向真空膨胀(也称自由膨胀)过程，外压 $p_e=0$，无论系统的压力有多大，功 W 总是等于零。

1.3.2 准静态过程与可逆过程

1. 准静态过程

如图 1.2 所示，带有活塞的汽缸中封有一定量的理想气体，理想气体经等温膨胀过程从同一始态出发，沿不同途径到达同一终态。以理想气体为系统，气体始态的压力为 p_1(设与之平衡的物体是五个砝码或一堆细沙)、体积为 V_1，终态的压力为 p_2(设与之平衡的物体是 1 个砝码或细沙)、体积为 V_2。若气体从始态反抗恒外压 p_2 一次膨胀到终态，相当于一次性移走四个砝码，则 $W_1 = -p_e(V_2-V_1) = -p_2(V_2-V_1)$，功值如图 1.3(a)，在 $p\sim V$ 图上相当于阴影部分的面积。

若将 p_2、V_2 作为始态，逆向进行上述过程，反抗恒外压 p_1 一次压缩到终态，相当于一次性加上四个砝码，则

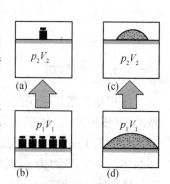

图 1.2 理想气体的等温膨胀过程图示

$$W'_1 = -p_e(V_1 - V_2) = -p_1(V_1 - V_2)$$

功值如图 1.3(a′)中阴影部分的面积。设想系统从始态经一次膨胀到达终态,又经一次压缩回到始态,系统复原了,其所有的状态函数都回到原来的初始值,看上去似乎状态的变化是"可逆的",但是经过这一循环后,环境的状态是否也复原了呢?如果活塞是非理想的,那么,活塞与汽缸间会有摩擦,膨胀时活塞与汽缸摩擦产生的热释放给了环境;同时压缩时,摩擦所产生的热也释放到环境中了,显然,能量没有"可逆",最终在环境中留下了变化。即使活塞与汽缸间没有摩擦,比较图 1.3(a)和图 1.3(a′)中阴影部分的面积可知,系统复原后,环境对系统做了净功,环境没有复原,循环过程后,环境的状态发生了变化。

若经多步膨胀,从图 1.3(b)可以看出,系统从始态到终态,做功 W_2;若再经多步压缩,从终态回到始态,则做功 W'_2 如图 1.3(b′)所示;显然,$|W'_2| > |W_2|$。说明经过一个循环后,就有 $|W'_2| - |W_2|$ 的能量转化为热,即环境对系统做了 $|W'_2| - |W_2|$ 的功,系统向环境释放了相同数量的热,该过程在环境中留下不可消除的痕迹。

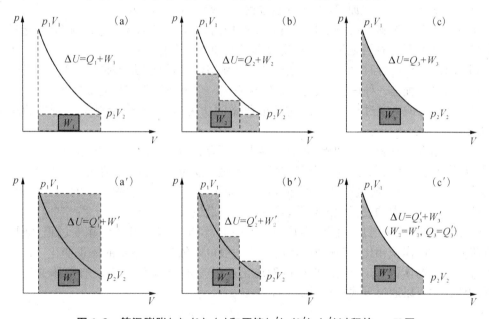

图 1.3 等温膨胀(a),(b),(c)和压缩(a′),(b′),(c′)过程的 p-V 图

若设想活塞是无质量的理想活塞,而且膨胀或压缩的过程进行得无限缓慢。例如,上述膨胀过程如图 1.3(c)所示,若每次膨胀时只移去一粒沙子,则每次膨胀的推动力为无穷小,膨胀过程进行得极其缓慢,在过程进行的任一时刻,系统状态与平衡态的偏离无限小,可近似看作是平衡态。这种进行得无限缓慢,整个过程可以看成是由一系列极接近于平衡的状态所构成的过程,称为准静态过程(quasistatic process)。若经历准静态过程膨胀,则系统从

始态(p_1, V_1)变化到终态(p_2, V_2)所做的功，$W_3 = -\int_{V_1}^{V_2} p_e dV = -\int_{V_1}^{V_2} p dV$，功值如图 1.3(c)中阴影部分的面积。若再经准静态过程压缩，从终态回到始态，则做功W_3'如图 1.3(c')所示，显然，$|W_3'| = |W_3|$。根据热力学第一定律，在这个循环过程中，$\Delta U = 0$，$W = (W_3 + W_3') = 0$，所以 $Q = 0$。这说明，系统经历一个由准静态过程构成的循环过程之后，系统与环境之间，既无功的交换，又无热的交换，系统复原，环境也复原，没有留下任何痕迹。这就引出了热力学中一个重要的概念——可逆过程。

2. 可逆过程

系统以某种途径经过某一过程发生了状态变化，如果能以相反方向，经过与原来相同的途径回到其原始状态，而且环境也同时恢复其原始状态，则任一方向的状态变化都是可逆的，相应过程称为可逆过程(reversible process)。即能通过原来过程的反方向变化而使系统和环境都同时复原，不留下任何痕迹的过程称为可逆过程。反之，如果用任何方法都不可能使系统和环境完全复原，称为不可逆过程(irreversible process)。

上述的准静态膨胀和准静态压缩过程没有任何耗散，例如没有因摩擦而引起能量的散失等的情况下就是一种可逆过程。可逆过程具有如下三个特征：

(1) 可逆过程进行时，系统始终无限接近平衡态，过程的推动力和阻力只相差无穷小。

(2) 可逆过程是一种理想化过程的极限，完成一个可逆过程需耗时无穷长。

(3) 在等温的可逆过程中，系统对环境所做的功为最大功；环境对系统所做的功为最小功。

可逆过程是一种科学的抽象，客观世界中并不存在，自然界的一切宏观过程都是不可逆过程，实际过程只能无限地趋近于可逆过程。但是可逆过程的概念却很重要，通过与可逆过程的比较，可以明确实际过程的不可逆程度，从而预知提高实际过程效率的潜力。此外，一些重要的热力学函数的变化值的求算，往往需要借助设计一个可逆途径才能完成。

若系统在恒温、恒压且远离临界状态的条件下，经历蒸发或升华的相变过程，则与蒸发或升华后气体的体积相比，液体或固体的体积一般可以忽略，即系统的体积变化 ΔV 可以近似地等于气体的体积 V_g，若气体也可以看成是理想气体，则恒温恒压下有气体参与的相变过程的体积功可以通过下式进行计算：

$$W = -p_e \Delta V \approx -p_e V_g = -p_e \frac{nRT}{p_e} = -nRT$$

【例 1.2】 1 mol 水从 373 K，$p^{\ominus}$ 下的液态(始态)经过下列一些途径，汽化为相同温度、相同压力下的水蒸汽(终态)，求各途径中系统对外所做的功。假设水蒸汽可以视作理想气体。

(1) 系统从始态向真空蒸发到达终态；

(2) 液态水在外压为 $0.5 p^{\ominus}$、373 K 时汽化为水蒸汽，再将此水蒸汽等温可逆压缩为 373 K，$p^{\ominus}$ 的水蒸汽；

(3) 液态水在 373 K、$p^{\ominus}$ 时，等温等压汽化为相同温度、相同压力下的水蒸汽。

解:按题意,过程的变化途径可以用如下的方框图表示:

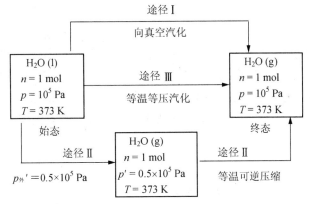

(1) 向真空汽化(自由蒸发),$p_e=0$,系统对外不做功,即 $W_1=0$。

(2) 从始态出发分两步到达终态,先是在 373 K 时,将液态水在外压为 $0.5p^\ominus$ 时汽化为水蒸汽,再将此水蒸汽等温可逆压缩为 373 K、$p^\ominus$ 的水蒸汽,该途径系统对外所做的功为

$$W_2 = -p'_{\text{外}}(V_g - V_1) - \int_{V_1}^{V_2} p\,dV = -p'_{\text{外}}(V_g - V_1) - nRT\ln\frac{p_1}{p_2}$$

$$\approx -p'_{\text{外}}V_g - nRT\ln\frac{p_1}{p_2}$$

$$= -0.5p^\ominus \times \frac{nRT}{0.5p^\ominus} - nRT\ln\frac{0.5p^\ominus}{p^\ominus}$$

$$= -nRT(1+\ln 0.5) = [-1\times 8.314\times 373\times(1+\ln 0.5)]\text{ J}$$

$$= -951.6\text{ J}$$

(3) 液态水在可逆条件下汽化,过程中系统对外所做的功为

$$W_3 = -p_{\text{外}}(V_g - V_1) \approx -p^\ominus V_g = -nRT = (-1\times 8.314\times 373)\text{ J} = -3\,101\text{ J}$$

比较上例中同一过程不同途径系统对外所做的功,结果表明,三种途径系统对外做功的大小顺序为:$|W_1| < |W_2| < |W_3|$。由此可见,恒温条件下,系统对环境做的可逆功最大。不难证明,逆过程中环境对系统所做的可逆功最小。

§1.4 焓与热容

1.4.1 恒容热、恒压热与焓

假设封闭系统在变化过程中只做体积功而不做非体积功,即其他功 $W' = 0$。

当系统的变化是等容过程,则 $\Delta V=0$,因此 $W=0$,由热力学第一定律可得:

$$\Delta U = Q_V \quad \text{或} \quad dU = \delta Q_V \tag{1.8}$$

这里 Q_V 称为恒容热,它是指系统经历恒容的过程中,与环境间交换的热。上式表明,封闭系统在不做其他功的过程中,恒容热 Q_V 在数值上等于系统的热力学能变 ΔU,而 ΔU 只取决于系统的始终态,故恒容热 Q_V 也只取决于系统的始终态而与变化的途径无关。

恒压热,用符号 Q_p 表示,是指系统经历恒压的过程中,与环境间交换的热。若用下标 1、2 分别表示系统的始态和终态,当系统的变化是等压过程并只做体积功时,由热力学第一定律可知:

$$Q_p = \Delta U - W = \Delta U + p_e \Delta V = (U_2 - U_1) + p_e(V_2 - V_1) \tag{1.9}$$

因为等压过程,$p_1 = p_2 = p_e$,上式可表示为

$$Q_p = U_2 - U_1 + p_2 V_2 - p_1 V_1 = (U_2 + p_2 V_2) - (U_1 + p_1 V_1) \tag{1.10}$$

定义:

$$H = U + pV \tag{1.11}$$

其中:H 为新定义函数焓(enthalpy)。由于 U、p 和 V 均为状态函数,故 H 也是状态函数。它具有能量单位(J),属于广度性质。

将 H 的定义式代入式(1.8)可得:

$$Q_p = H_2 - H_1 = \Delta H, \text{或写成} \quad \delta Q_p = dH \tag{1.12}$$

从式(1.8)和式(1.10)可知,虽然系统的热力学能和焓的绝对值目前还无法知道,但是在一定条件下,我们可以从系统和环境间交换的热来衡量系统的热力学能与焓的变化值。在不做非体积功的条件下,系统在等容过程中所吸收的热全部用来增加热力学能;系统在等压过程中所吸收的热,则全部用来增加系统的焓。由于一般的化学反应大多是在等压条件下进行的,所以对化学反应系统,焓的实用性更强。

孤立系统中,热力学能有确定值。当系统内发生一定变化时,热力学能变 $\Delta U=0$,而系统的焓变 ΔH 不一定等于零。例如,在恒容的绝热容器(可以看作为孤立系统)中发生一个化学反应,系统不做体积功,$W=0$,又因绝热,$Q=0$,所以系统的热力学能变 $\Delta U=0$,由于该反应器中发生了化学反应,虽然系统的体积不变,但是系统的压力会有变化,故系统的焓变 $\Delta H = \Delta U + V\Delta p = V\Delta p \neq 0$。此例说明,焓变不是系统变化过程的能量变化,焓没有明确的物理意义。虽然焓本身没有确切的物理意义,但是定义出的新函数 H,非常实用,在处理热化学的问题时用函数 H 很方便。

1.4.2 热容

热容是热力学中很重要的基础热数据。当系统发生单纯 p、V、T 变化时,过程中的热效

应可以通过热容来进行求算。

对没有相变和化学变化且不做非体积功的均相封闭系统,若温度升高 dT 时,系统所需要吸收的热为 δQ,则定义 $\dfrac{\delta Q}{dT}$ 为系统的热容,用符号 C 表示,单位是 $J \cdot K^{-1}$。热容的定义式可以表示为

$$C = \lim_{\Delta T \to 0} \frac{Q}{\Delta T} = \frac{\delta Q}{dT} \tag{1.13}$$

式中:Q 为当温度升高 ΔT 时,系统所吸收的热;$\dfrac{Q}{\Delta T}$ 代表温度区间 ΔT 内系统的平均热容(mean heat capacity),用符号 $\bar{C}$ 表示;当温度区间缩小到无穷小量时,系统升高单位温度时所吸收的热定义为热容 C。

热容是一个广度量,与系统所含的物质的量有关。单位质量物质的热容称为质量热容或比热,单位为 $J \cdot K^{-1} \cdot kg^{-1}$。单位物质的量的热容称为摩尔热容,用符号 C_m 表示,单位为 $J \cdot K^{-1} \cdot mol^{-1}$。比热和摩尔热容均是强度量。

由于热与变化途径有关,式(1.11)中的 δQ 不是全微分,所以若不指定具体变化途径,热容是一个不确定的物理量。把在等容或等压过程中的热容分别定义为恒容热容 C_V 和恒压热容 C_p。对于单位物质的量,则分别称为恒容摩尔热容 $C_{V,m}$ 和恒压摩尔热容 $C_{p,m}$。

$$C_V = \frac{\delta Q_V}{dT} = \left(\frac{\partial U}{\partial T}\right)_V \quad \Delta U = Q_V = \int_{T_1}^{T_2} C_V dT = n\int_{T_1}^{T_2} C_{V,m} dT \tag{1.14}$$

$$C_p = \frac{\delta Q_p}{dT} = \left(\frac{\partial H}{\partial T}\right)_p \quad \Delta H = Q_p = \int_{T_1}^{T_2} C_p dT = n\int_{T_1}^{T_2} C_{p,m} dT \tag{1.15}$$

应用式(1.12)或式(1.13)求取 ΔU 或 ΔH 时,需要特别注意它们的使用条件,系统在该温度变化范围内只发生单纯的 p、V、T 状态变化,既无相变化,也无化学变化。

系统的热容是温度 T 的函数,这种函数关系因物质、物质聚集状态和温度的不同而不同。实际应用中,C_p 比 C_V 更常用,根据实验常常将物质的恒压摩尔热容写成如下的两种经验方程式:

$$C_{p,m}(T) = a + bT + cT^2 + \cdots \tag{1.16}$$

或

$$C_{p,m}(T) = a' + b'T^{-1} + c'T^{-2} + \cdots \tag{1.17}$$

式中 a、b、c、a'、b'、c' 为经验常数,由各种物质自身的特性决定,可以通过实验的方法测得。一些物质的恒压摩尔热容已经录入书末的附录中或热力学数据手册中,需要时可查找获取。

1.4.3 C_p 与 C_V 的关系

从式(1.9)可知,组成不变的均匀封闭系统,在等压、不做体积功的过程中,系统吸收

的热一部分用来增加系统的热力学能,还有一部分转化为反抗外压所做的体积功;相比较而言等容过程所吸收的热全部用来增加系统的热力学能,所以一般情况下 C_p 与 C_V 是不相等的。

由 C_p 与 C_V 的定义式,可以导出两者之间的关系:

$$C_p - C_V = \left(\frac{\partial H}{\partial T}\right)_p - \left(\frac{\partial U}{\partial T}\right)_V = \left[\frac{\partial}{\partial T}(U+pV)\right]_p - \left(\frac{\partial U}{\partial T}\right)_V \qquad (1.18)$$
$$= \left(\frac{\partial U}{\partial T}\right)_p + p\left(\frac{\partial V}{\partial T}\right)_p - \left(\frac{\partial U}{\partial T}\right)_V$$

式中 $\left(\frac{\partial U}{\partial T}\right)_p$ 与 $\left(\frac{\partial U}{\partial T}\right)_V$ 的关系可以从式(1.3)导出。

因为
$$dU = \left(\frac{\partial U}{\partial T}\right)_V dT + \left(\frac{\partial U}{\partial V}\right)_T dV$$

在等压下,等式两边同时除以 dT,得:

$$\left(\frac{\partial U}{\partial T}\right)_p = \left(\frac{\partial U}{\partial T}\right)_V + \left(\frac{\partial U}{\partial V}\right)_T \left(\frac{\partial V}{\partial T}\right)_p \qquad (1.19)$$

将式(1.19)代入式(1.18),得:

$$C_p - C_V = \left[\left(\frac{\partial U}{\partial V}\right)_T + p\right]\left(\frac{\partial V}{\partial T}\right)_p \qquad (1.20a)$$

或
$$C_{p,m} - C_{V,m} = \left[\left(\frac{\partial U_m}{\partial V_m}\right)_T + p\right]\left(\frac{\partial V_m}{\partial T}\right)_p \qquad (1.20b)$$

应当指出,式(1.18)、式(1.20a)、式(1.20b)表示的关系适用于任何封闭系统。

1.4.4 理想气体的热容

理想气体的热力学能 U 仅仅是温度的函数,从式(1.3)可知:$(\partial U/\partial V)_T = 0$;又由理想气体的状态方程有:$V = nRT/p$,所以 $(\partial V/\partial T)_p = nR/p$ 或 $(\partial V_m/\partial T)_p = R/p$。将这两个关系式代入式(1.20a)或式(1.20b),可得:

$$C_p - C_V = nR \qquad (1.21a)$$

或
$$C_{p,m} - C_{V,m} = R \qquad (1.21b)$$

分子的热力学能是它内部能量的总和,其中包括平动(t)、转动(r)、振动(v)以及电子(e)和核(n)的能量。对于单原子分子,除去电子和原子核的能量外,它只有平动。结合气体分子运动理论以及 Maxwell 的速率分布公式,1 mol 单原子理想气体分子的热力学能可以表示为

$$U_m = E + \frac{3}{2}RT$$

其中 E 代表电子和原子核的能量的总和,在通常温度下,它们都处于基态,并且一般不会发生跃迁,所以不受温度的影响(核反应与热核反应除外),因而:

$$\left(\frac{\partial U_m}{\partial T}\right)_V = \frac{3}{2}R \tag{1.22}$$

即单原子理想气体分子的 $C_{V,m} = \frac{3}{2}R$。

对于双原子和多原子分子,它的平动实际上是质心的平动,所以它的平动能以及平动对热容的贡献和单原子分子是一样的。

双原子分子除了整体的平动以外,还有转动和振动。由于分子振动的能级间隔比较大,一般在常温下,大多数分子的振动状态都处于基态,只具有零点振动能,分子的振动能级被激发的可能性较少(光化学或激光化学反应除外),振动状态不会发生显著的变化,对热容 $C_{V,m}$ 的贡献可以略而不计。考虑转动因素,双原子或线型多原子分子 $C_{V,m} = (5/2)R$,非线型多原子分子的 $C_{V,m} = (6/2)R$。显然理想气体的摩尔热容是与温度无关的常数。

在比较高的温度下,双原子及多原子分子的 $C_{V,m}$ 会增大,这是因为在相当高的温度时,分子的平均动能已经相当大,分子间的碰撞足以使振动运动被激发到第一激发态或更高的激发态。而且温度愈高,这种激发的可能性愈大,其结果是分子振动的平均能量随温度升高而不断增大。例如,气体 $O_2(CO_2)$ 在不同温度时 $C_{V,m}$ 的实验值如表 1-1。

表 1-1 $O_2(CO_2)$ 不同温度下的 $C_{V,m}$ 实验值

T/K	298.15	600	800	1 000	1 500	2 000
$C_{V,m}/J \cdot K^{-1} \cdot mol^{-1}$	21.05 (28.81)	23.78 (39.00)	25.43 (43.11)	26.56 (45.98)	28.25 (40.05)	29.47 (52.02)

以上实验数据证实了在比较高的温度下,双原子及多原子分子的 $C_{V,m}$ 确实如理论推测的会增大。经典理论的缺点是不能说明 $C_{V,m}$ 与温度的关系。$C_{V,m}$ 与 T 的关系需要通过量子理论来解释(参见统计热力学的有关内容)。

把恒压热容与恒容热容之比 C_p/C_V,称为热容比,用符号 γ 表示,即

$$\gamma = C_p/C_V$$

显然,γ 也是温度的函数,随着气体分子的复杂性的增加而减小。理想气体的热容比是个常数,单原子理想气体 $\gamma = \frac{5}{3}$,双原子理想气体 $\gamma = \frac{7}{5}$,三原子非线性理想气体 $\gamma = \frac{3}{4}$。

1.4.5 相变焓

系统中物理性质和化学性质完全相同的均匀部分称为相(phase),相与相之间存在界

面。系统中物质从一种相转变成另一种相的过程称为相变化(phase transition)。当相变过程是在热力学平衡条件下,即在无限接近两相平衡时的温度和压力下进行的相变称为可逆相变。例如,液态水在平衡温度 100 ℃ 和平衡压力 $p^{\ominus}$ 时蒸发为气态的水蒸气的过程。在指定温度下,压力不是相应的饱和蒸汽压,或在指定压力下,而温度不是相应的平衡温度下发生的相变称为不可逆相变。例如,在标准大气压 $p^{\ominus}$ 下,-5 ℃ 过冷水的结冰过程。

对于纯物质,一般常见的相变过程有:液体的蒸发(evaporation)与凝固、固体的熔化(fusion)与升华(sublimation)、气体的凝结与凝华等,如图 1.4(a)所示。固体的晶形转变(crystal transition)也是相变化过程的一种,如图 1.4(b)所示。

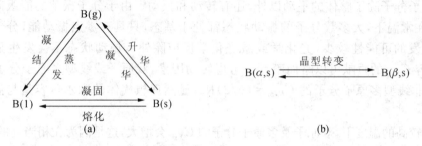

图 1.4 物质相变过程图示

把单位物质的量的物质在某恒定温度及该温度平衡压力下发生相变时的焓变称为摩尔相变焓,记作 $\Delta_{\alpha}^{\beta}H_m$($\alpha,\beta$ 分别指相变的始态和终态)或 $\Delta_{相变}H_m$,单位为 $J \cdot mol^{-1}$ 或 $kJ \cdot mol^{-1}$。具体的摩尔熔化焓、摩尔蒸发焓、摩尔升华焓和摩尔转变焓分别用 $\Delta_{fus}H_m$、$\Delta_{vap}H_m$、$\Delta_{sub}H_m$ 和 $\Delta_{trs}H_m$ 表示。在有关手册上可以查到常见物质在标准大气压及相变温度时的摩尔相变焓。在讨论相变焓时需要注意:同一种物质,在相同条件下方向相反的两种相变过程,其摩尔相变焓数值相等,符号相反。例如,物质的摩尔凝固焓 $\Delta_l^s H_m = -\Delta_s^l H_m = -\Delta_{fus}H_m$,摩尔凝结焓 $\Delta_g^l H_m = -\Delta_l^g H_m = -\Delta_{vap}H_m$,摩尔凝华焓 $\Delta_g^s H_m = -\Delta_s^g H_m = -\Delta_{sub}H_m$。

如前所述,系统在恒温、恒压且远离临界状态的条件下,经历蒸发或升华等有气体参与的相变过程时,系统的体积变化 ΔV 可以近似地等于气体的体积 V_g,则过程的热力学能变为

$$\Delta U = \Delta H - \Delta(pV) = \Delta H - p\Delta V \approx \Delta H - pV_g \approx \Delta H - nRT$$

或
$$\Delta U = Q_p + W \approx \Delta H - nRT$$

由于相变过程的条件满足封闭系统不做非体积功且过程中压力保持不变,所以相变过程的 $Q_p = \Delta H$,即相变过程的恒压热在数值上等于相变焓。

纯物质熔化和晶型转变是凝聚态之间的相变化过程,过程中系统的体积变化可以忽略不计,则相变过程中的体积功:$W = -p\Delta V \approx 0$,$Q_p \approx \Delta U$,$\Delta U \approx \Delta H$。所以,恒温恒压下,纯凝聚态物质之间相变过程的热力学能变近似等于相变焓。

显然，物质的相变焓是温度和压力的函数。与温度相比，压力对相变焓的影响较小，在通常情况下可以忽略；而较精确的计算中，需要考虑相变焓与压力的关系。若相变过程不是在恒压下进行的，需要注意：此时 $Q_p \neq \Delta H$。

【例 1.3】 已知在 100 ℃ 和标准大气压 $p^\ominus$ 下，1 mol 液态水完全转变成相同温度、相同压力下的水蒸气需要吸热 40.44 kJ。试计算在标准大气压下，110 ℃ 的过热的水蒸发为同温下的水蒸气需要吸热多少？已知水蒸气和液态水的恒压摩尔热容分别为 33.59 J·mol^{-1}·K^{-1} 和 75.31 J·mol^{-1}·K^{-1}。

解：由于题中的相变过程是在恒温、恒压下进行的，且系统没有非体积功，所以该过程中系统吸收的热 $Q_p = \Delta H$。又过热水蒸发为相同条件下的水蒸气是不可逆的相变过程，ΔH 的值无法直接求取，需要设计合适的途径，根据 H 的状态函数的特性来求算过程的焓变。设计途径的方框图如下所示：

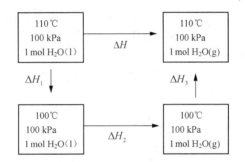

$$\Delta H_1 = \int_{383}^{373} nC_{p,m}(H_2O,l)dT = 1 \times 75.31 \times (373.15 - 383.15)(J) = -0.7531(kJ)$$

$$\Delta H_2 = 40.44 \text{ kJ}$$

$$\Delta H_3 = \int_{373}^{383} nC_{p,m}(H_2O,g)dT = 1 \times 33.59 \times (383.15 - 373.15)(J) = 0.3359(kJ)$$

根据状态函数的性质，有

$$\Delta H = \Delta H_1 + \Delta H_2 + \Delta H_3 = -0.7531 + 40.44 + 0.3359 = 40.02(kJ)$$

$$Q_p = \Delta H = 40.02 \text{ kJ}$$

【例 1.4】 在标准大气压下，将液态水煮沸。今通过一内置电阻丝给系统加热，当电阻丝两端的电压为 12 V，通过的电流为 0.50 A，通电时间为 300 s 时，若通电电阻丝产生的热量全部以等温热传递的形式传递给了系统，测得该过程中有 0.798 g 的液态水蒸发为水蒸气，求该过程的摩尔热力学能变和摩尔焓变。

解：$\Delta H = Q_p = (12 \text{ V}) \times (0.5 \text{ A}) \times (300 \text{ s}) = 1800 \text{ J}$

$$\Delta H_m = \frac{\Delta H}{n} = \frac{1800}{(0.798/18.02)} = 40.65(kJ \cdot mol^{-1})$$

$$W = -p(V_g - V_l) \approx -pV_g = -nRT$$

$$\Delta U_m = Q'_p + W' = \Delta H_m - RT = 40.65 - 8.314 \times 373.15 \times 10^{-3} = 37.54 (\text{kJ} \cdot \text{mol}^{-1})$$

由上例可知：系统吸收的热只有一部分用来增加系统的热力学能，还有一部分用于系统对外做功，所以系统的热力学能的改变值小于焓变。

§1.5 热力学第一定律对理想气体的应用

1.5.1 理想气体的热力学能和焓——Gay-Lussac-Joule 实验

1843年，焦耳设计了如下的实验：将两个较大的金属容器浸没于水浴中，两容器之间通过旋塞连通，其中一个容器中装有 22 atm 的空气，另一个容器抽为真空，利用精密温度计测量水浴的温度（图 1.5）。打开旋塞后，气体由装满气体的容器自由膨胀到抽成真空的容器中，最后系统达到平衡，整个过程中没有观察到水浴温度的变化。盖-吕萨克（Gay-Lussac）在早些时候于 1807 年也做过相似的实验，观察到相同的现象。

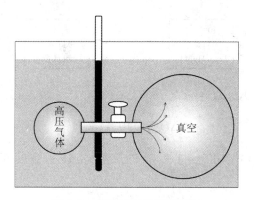

图 1.5 焦耳实验装置示意图

以空气作为系统对这一实验进行分析：在向真空膨胀的过程中 $W=0$；过程中水浴温度未改变，说明气体在膨胀过程中温度也没有发生变化，系统与环境间没有热交换，即 $Q=0$；所以根据热力学第一定律 $\Delta U = Q + W$，在实验的测量精度范围内，系统的 $\Delta U = 0$，即气体在自由膨胀的过程中温度不变，热力学能也不变。

对于定量的纯物质，根据式(1.3)得：

$$dU = \left(\frac{\partial U}{\partial T}\right)_V dT + \left(\frac{\partial U}{\partial V}\right)_T dV \tag{1.23}$$

在上述焦耳实验中温度不变，$dT=0$，又 $dU=0$，故

$$\left(\frac{\partial U}{\partial V}\right)_T \mathrm{d}V = 0$$

因为 $\mathrm{d}V > 0$，所以

$$\left(\frac{\partial U}{\partial V}\right)_T = 0 \tag{1.24a}$$

实验中采用的是低压气体，可以看成是理想气体。上式表明：在温度恒定时改变理想气体的体积，理想气体的热力学能不变。同法若将 U 表示成 (T,p) 的函数，也可以证明：

$$\left(\frac{\partial U}{\partial p}\right)_T = 0 \tag{1.24b}$$

式(1.24a)和式(1.24b)都称为焦耳定律，它表明理想气体的热力学能仅仅是温度的函数，与气体的体积和压力无关，即

$$U = f(T) \tag{1.25}$$

严格地说，式(1.25)仅适用于理想气体。从微观上看，对于一定量有确定组成的理想气体，在状态变化中，气体热力学能的变化是由气体分子的动能和分子间的势能变化引起的。分子的热运动仅与温度有关，分子间相互作用的位能与分子间的距离有关，即与气体的体积有关。而理想气体分子间没有相互作用力，在 p、V、T 变化中，其热力学能的改变只是反映了分子动能的改变，与温度有关，与理想气体的体积和压力无关。

需要指出的是，焦耳实验的设计是不够精确的。因为焦耳实验中水浴的热容量较大，即使气体膨胀后与环境水交换了少量的热，水温的变化也未必能用精密温度计观测出来。尽管如此，焦耳实验的结论对理想气体是完全正确的，即"理想气体的热力学能仅仅是温度的函数"。

理想气体的焓的变化为

$$\Delta H = \Delta U + \Delta(pV) = \Delta U + p_2 V_2 - p_1 V_1$$

在等温条件下，$p_2 V_2 = p_1 V_1$，又有 $\Delta U = 0$，故 $\Delta H = 0$。

又因为类似于 U，H 可以写成 $H = H(T,p)$，即

$$\mathrm{d}H = \left(\frac{\partial H}{\partial T}\right)_p \mathrm{d}T + \left(\frac{\partial H}{\partial p}\right)_T \mathrm{d}p \tag{1.26}$$

已证明等温条件下，$\mathrm{d}T = 0$，$\mathrm{d}H = 0$，且又因为 $\mathrm{d}p \neq 0$，所以

$$\left(\frac{\partial H}{\partial p}\right)_T = 0 \tag{1.27a}$$

同理还可证明

$$\left(\frac{\partial H}{\partial V}\right)_T = 0 \tag{1.27b}$$

所以理想气体的焓也仅是温度的函数，即

$$H = f(T) \tag{1.28}$$

总之,理想气体的热力学能和焓都仅为温度 T 的函数,而与 p,V 无关。

1.5.2 绝热过程

1. 绝热过程的功与过程方程式

在绝热系统中发生的过程称为绝热过程(adiabatic process)。对于理想气体,若经历一绝热压缩过程,由于系统与环境之间没有热交换,环境对系统做功所增加的能量不能以热的形式释放给环境,而只是增加了自身的热力学能,所以系统的温度必然升高;反之,在绝热膨胀过程中,系统的热力学能将减少,系统的温度会降低。

对于封闭系统,在不做非体积功时,由热力学第一定律,得:

$$dU = \delta Q + \delta W = \delta Q - pdV \tag{1.29}$$

根据式(1.3):

$$dU = \left(\frac{\partial U}{\partial T}\right)_V dT + \left(\frac{\partial U}{\partial V}\right)_T dV$$

对理想气体,由于 $\left(\frac{\partial U}{\partial V}\right)_T = 0$,故得:

$$dU = \left(\frac{\partial U}{\partial T}\right)_V dT = C_V dT, \quad \Delta U = \int_{T_1}^{T_2} C_V dT \tag{1.30}$$

所以

$$\delta Q = C_V dT + pdV \tag{1.31a}$$

由焓的定义

$$H = U + pV$$

微分可得:

$$dH = dU + pdV + Vdp \tag{1.32}$$

根据式(1.26):

$$dH = \left(\frac{\partial H}{\partial T}\right)_p dT + \left(\frac{\partial H}{\partial p}\right)_T dp$$

对理想气体,由于 $\left(\frac{\partial H}{\partial p}\right)_T = 0$,故得:

$$dH = \left(\frac{\partial H}{\partial T}\right)_p dT = C_p dT \quad \Delta H = \int_{T_1}^{T_2} C_p dT \tag{1.33}$$

将式(1.29)、式(1.33)代入式(1.32)可得:

$$C_p dT = \delta Q + Vdp \quad 或 \quad \delta Q = C_p dT - Vdp \tag{1.31b}$$

由于绝热过程中,$\delta Q = 0$,由式(1.31a)和式(1.31b),分别可得:

$$pdV = -C_V dT \tag{1.34a}$$

$$Vdp = C_p dT \tag{1.34b}$$

将上述两式相除,整理可得:

$$\frac{\mathrm{d}p}{p} = -\frac{C_p}{C_V} \cdot \frac{\mathrm{d}V}{V}$$

或

$$\frac{\mathrm{d}p}{p} + \gamma \frac{\mathrm{d}V}{V} = 0 \tag{1.35}$$

式(1.35)为理想气体绝热过程的微分方程。热容比 γ 虽然是温度的函数,但受温度的影响不大,如 CO_2 从 0 ℃ 变化到 2 000 ℃,γ 只是从 1.4 变化到 1.3,故在温度变化不很大的范围内,可视 γ 为常数。将式(1.35)进行不定积分,可得:

$$\ln p + \gamma \ln V = K$$

或

$$pV^\gamma = K_1 \text{(常数)} \tag{1.36a}$$

此式称为泊松(Poisson)方程。将式 $p = \dfrac{nRT}{V}$ 代入式(1.36a),整理可得:

$$TV^{\gamma-1} = K_2 \text{(常数)} \tag{1.36b}$$

将式 $V = \dfrac{nRT}{p}$ 代入式(1.36b),整理可得:

$$p^{1-\gamma}T^\gamma = K_3 \text{(常数)} \tag{1.36c}$$

式(1.36a)、式(1.36b)、式(1.36c)是理想气体在绝热可逆过程中的过程方程式。与理想气体的状态方程式 $pV = nRT$ 表示任意状态时 p,V,T 之间的关系不同,它们表明的是理想气体在特定的绝热可逆过程中 p,V,T 之间的关系。从理想气体的 p,V,T 关系的图解示意图,可以更加形象地说明两者之间的区别,如图 1.6 所示。

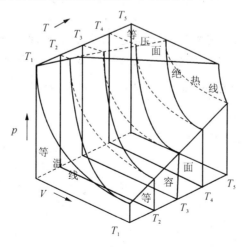

图 1.6 过程方程式图解示意图

在以 p、V、T 为三个互相垂直的坐标轴系中,根据理想气体的状态方程 $pV=nRT$,可以绘制出一个曲面,曲面上的任一点,都代表系统的一个状态,符合理想气体状态方程式,而曲面上的任一条线,则代表一个过程。对于绝热可逆过程(图中实线),用 $pV^\gamma=K$ 表示;对于等温可逆过程(图中虚线),用 $pV=K'$ 表示;对于等容可逆过程(图中实线),用 $p/T=K''$ 表示;对于等压可逆过程(图中实线),用 $V/T=K'''$ 表示。这四个等式中的常量 K 显然是不相等的。

根据理想气体绝热可逆过程的 p、V、T 三者之间的关系,可以计算理想气体绝热可逆过程的体积功为:

$$W = -\int_{V_1}^{V_2} p\,\mathrm{d}V = -\int_{V_1}^{V_2} \frac{K}{V^\gamma}\mathrm{d}V = \frac{-K}{(1-\gamma)}\left(\frac{1}{V_2^{\gamma-1}} - \frac{1}{V_1^{\gamma-1}}\right)$$

又因为 $p_1V_1^\gamma = p_2V_2^\gamma = K$,所以上式又可写为

$$W = \frac{p_2V_2 - p_1V_1}{\gamma - 1} = \frac{nR(T_2 - T_1)}{\gamma - 1} \tag{1.37}$$

此外,理想气体的绝热变化过程的功,无论是否可逆都可以利用下式求算:

$$W = \Delta U = \int_{T_1}^{T_2} C_V\,\mathrm{d}T = \int_{T_1}^{T_2} nC_{V,m}\,\mathrm{d}T$$

若视 $C_{V,m}$ 为常量,则

$$W = nC_{V,m}(T_2 - T_1) \tag{1.38}$$

对于理想气体,由式(1.38)利用理想气体 $\dfrac{nR}{C_V} = \gamma - 1$ 也可推得式(1.37),所以,式(1.37)虽然是从绝热可逆过程推得,但是既适用于气体的绝热可逆过程也适用于绝热不可逆过程。

【例 1.5】 1 mol 单原子理想气体,从始态 27 ℃、1 dm³,经(1)绝热可逆膨胀,(2)绝热不可逆恒外压一步膨胀,均达到终态压力为 101.325 kPa,分别求出两种过程终态的 V 和 T,以及 Q、W、ΔU 和 ΔH。已知 $C_{V,m} = \dfrac{3}{2}R$,$C_{p,m} = \dfrac{5}{2}R$,$\gamma = \dfrac{5}{3}$。

解:(1) 绝热可逆膨胀过程
系统变化过程的方框图可表示如下:

$$\boxed{\begin{array}{l} n=1\ \mathrm{mol} \\ p_1 = nRT_1/V_1 \\ T_1 = 300\ \mathrm{K} \\ V_1 = 1\ \mathrm{dm}^3 \end{array}} \xrightarrow{\text{绝热可逆膨胀}} \boxed{\begin{array}{l} n=1\ \mathrm{mol} \\ p_2 = 101.325\ \mathrm{kPa} \\ T_2 = ? \\ V_2 = ? \end{array}}$$

$$p_1 = \frac{nRT_1}{V_1} = \frac{1 \times 8.314 \times 300}{1} = 2\,494.2\,(\mathrm{kPa})$$

由式(1.36a)得 $p_1V_1^\gamma = p_2V_2^\gamma$,代入已知数据,则

$$2\,494.2\text{ kPa} \times V_1^{\frac{5}{3}} = 101.325\text{ kPa} \times V_2^{\frac{5}{3}}$$

解得 $\qquad V_2 = 6.808(\text{dm}^3)$

所以 $\qquad T_2 = \dfrac{p_2V_2}{nR} = \dfrac{101.325 \times 6.808}{1 \times 8.314} = 83.0(\text{K})$

绝热过程 $Q=0$,用式(1.38)计算过程的功:

$$W = \Delta U = nC_{V,m}(T_2 - T_1) = 1 \times \frac{3}{2} \times 8.314 \times (83.0 - 300) = -2\,706.2(\text{J})$$

$$\Delta H = nC_{p,m}(T_2 - T_1) = 1 \times \frac{5}{2} \times 8.314 \times (83.0 - 300) = -4\,510.3(\text{J})$$

(2) 绝热不可逆过程,反抗恒外压 101.325 kPa 一步膨胀到终态,即

$n=1$ mol	绝热不可逆膨胀	$n=1$ mol
$p_1 = nRT_1/V_1$	$\longrightarrow$	$p_2 = 101.325$ kPa
$T_1 = 300$ K		$T_2' = ?$
$V_1 = 1$ dm³		$V_2' = ?$

绝热过程,$Q=0$,$\Delta U = W$,由关系式:

$$W = -p_e(V_2' - V_1) \text{ 和 } \Delta U = nC_{V,m}(T_2' - T_1)$$

可得:

$$nC_{V,m}(T_2' - T_1) = -p_2(V_2' - V_1) = -p_2\left(\frac{nRT_2'}{p_2} - V_1\right)$$

整理可得:

$$T_2' = \frac{nC_{V,m}T_1 + p_2V_1}{nC_{V,m} + nR}$$

$$= \frac{1 \times \dfrac{3}{2} \times 8.314 \times 300 + 101.325 \times 10^3 \times 10^{-3}}{1 \times \dfrac{3}{2} \times 8.314 + 1 \times 8.314} = 184.9(\text{K})$$

$$V_2' = \frac{nRT_2'}{p_2} = \frac{1 \times 8.314 \times 184.9}{101.325} = 15.2(\text{dm}^3)$$

绝热过程,$Q=0$,则

$$W = \Delta U = nC_{V,m}(T_2' - T_1) = 1 \times \frac{3}{2} \times 8.314 \times (184.9 - 300) = -1\,435.4(\text{J})$$

$$\Delta H = nC_{p,m}(T'_2 - T_1) = 1 \times \frac{5}{2} \times 8.314 \times (184.9 - 300) = -2\,392.4\,(J)$$

计算结果表明,系统自同一始态出发,分别经绝热可逆和绝热不可逆过程,是不能到达同一终态的。

2. 绝热可逆过程与等温可逆过程的比较

绝热可逆过程和等温可逆过程的状态变化如图 1.7 所示。

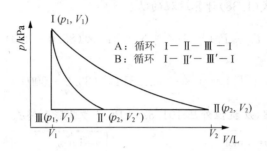

图 1.7 绝热可逆过程和等温可逆过程的比较图示

图中:状态Ⅰ→状态Ⅱ是等温可逆过程,曲线的斜率为

$$\left(\frac{\partial p}{\partial V}\right)_T = -\frac{p}{V} \tag{1.39a}$$

而状态Ⅰ→状态Ⅱ′是绝热可逆过程,曲线的斜率通过对式(1.36a)微分,可得:

$$\left(\frac{\partial p}{\partial V}\right)_S = -\gamma \frac{p}{V} \tag{1.39b}$$

因为绝热可逆过程是等熵过程,所以下标用符号"S"表示(见热力学第二定律)。比较式(1.39a)和式(1.39b),由于热容比 $\gamma > 1$,所以绝热可逆过程曲线的坡度较大。原因是:在等温膨胀时,气体的体积变大做膨胀功,这是导致系统压力降低的唯一因素;而在绝热膨胀时,除了气体体积膨胀会导致系统压力降低外,由于系统不能从外界吸收热,只能依靠降低自身的热力学能来对抗外压做功,所以气体的温度会下降,这也将导致系统压力的降低,也就是说在绝热膨胀过程中有两个因素都使气体的压力降低。

显然,系统从相同的始态出发,分别经等温可逆和绝热可逆过程,不能到达相同的终态。从 $p\text{-}V$ 曲线下的面积可以得到系统经历绝热可逆或等温可逆过程所做的体积功,由图不难看出,等温过程系统所做的功大。

实际过程既非完全绝热又非完全等温,而是介于两者之间,即

$$pV^n = 常数$$

表示实际过程的状态变化,这种过程称为多方过程。当 $n=1$ 时,为等温过程;当 $n=\gamma$ 时,为

绝热可逆过程。通常情况下 $\gamma > n > 1$。

1.5.3 理想气体的卡诺循环

卡诺循环(Carnot cycle)是法国的青年工程师卡诺(N. L. S. Carnot)于 1824 年设计的一个由四个可逆过程构成的最简单有效的理想循环。具体包括：(1) 恒温可逆膨胀由 $A \to B$；(2) 绝热可逆膨胀由 $B \to C$；(3) 恒温可逆压缩由 $C \to D$；(4) 绝热可逆压缩由 $D \to A$；如图 1.8 所示。这一研究成果为提高热机效率指明了方向，对热力学理论的发展起到了非常重要的推动作用。

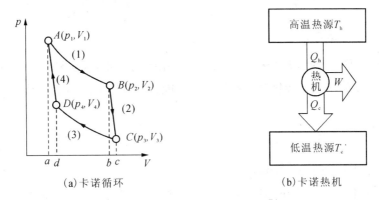

(a) 卡诺循环　　　　　(b) 卡诺热机

图 1.8　卡诺循环和卡诺热机

按卡诺循环工作的热机是最理想的，通常称为卡诺热机。现在推导以 n mol 理想气体为工作介质，工作于高温热源(T_h)和低温热源(T_c)之间的卡诺热机的热机效率。

1. 恒温可逆膨胀过程

系统与高温热源(T_h)接触，发生状态变化的过程为：$A(p_1, V_1, T_h) \to B(p_2, V_2, T_h)$。此过程为理想气体的恒温过程，所以 $\Delta U_1 = 0$。在此过程中，系统从温度为 T_h 的高温热源吸收热量 Q_h，并将其全部转化为对外所做的功 W_1。

$$W_1 = -\int_{V_1}^{V_2} p dV = -nRT_h \ln \frac{V_2}{V_1}$$

$$Q_h = -W_1$$

W_1 在 p-V 图上等于曲线 AB 下的面积 S_{ABba}。

2. 绝热可逆膨胀过程

系统状态变化过程为：$B(p_2, V_2, T_2) \to C(p_3, V_3, T_1)$，由于过程绝热，$Q = 0$，所以系统消耗自身的热力学能对外做功，系统温度由 T_h 降至 T_c，所做的功为

$$W_2 = \Delta U_2 = \int_{T_h}^{T_c} nC_{V,m}dT = nC_{V,m}(T_c - T_h)$$

W_2 相当于曲线 BC 下面的面积 S_{BCcb}。

3. 恒温可逆压缩过程

系统与低温热源 T_c 接触，状态变化过程为：$C(p_3, V_3, T_c) \to D(p_4, V_4, T_c)$ 的。此过程为理想气体的恒温压缩过程，$\Delta U_3 = 0$。系统所得功，全部转化为热 Q_c 并传给温度 T_c 的低温热源，压缩功 W_3 相当于曲线 CD 下的面积 S_{CDdc}。

$$W_3 = -Q_c = -\int_{V_3}^{V_4} p dV = -nRT_c \ln\frac{V_4}{V_3}$$

4. 绝热可逆压缩过程

系统状态从 $D(p_4, V_4, T_1) \to A(p_1, V_1, T_2)$，系统回到始态，恢复原状。由于过程绝热，$Q = 0$，系统所得的功全部转化为系统的热力学能，使系统的温度由 T_c 升至 T_h。环境对系统所做的功为

$$W_4 = \Delta U_4 = \int_{T_c}^{T_h} nC_{V,m}dT = nC_{V,m}(T_h - T_c)$$

压缩功 W_4 相当于曲线 DA 下的面积 S_{DAad}。

以上四个过程构成一个可逆循环，系统又回到了始态。根据状态函数的特性和热力学第一定律，可得整个循环的

$$\Delta U = 0, \quad Q = -W$$
$$Q = Q_h + Q_c \quad (Q_c < 0)$$
$$W = W_1 + W_2 + W_3 + W_4$$
$$= W_1 + W_3 \qquad (W_2 + W_4 = 0)$$
$$= -nRT_h \ln\frac{V_2}{V_1} - nRT_c \ln\frac{V_4}{V_3}$$

系统对环境所做的功 W 是经一个循环后，系统所做的总功，在 p-V 图上相当于闭合曲线 $ABCD$ 所围成的面积。

由于过程(2)和(4)是绝热可逆过程，应用理想气体绝热可逆过程方程式，分别可得：

$$T_h V_2^{\gamma-1} = T_c V_3^{\gamma-1}$$
$$T_h V_1^{\gamma-1} = T_c V_4^{\gamma-1}$$

两式相除得：
$$\frac{V_2}{V_1} = \frac{V_3}{V_4}$$

所以理想气体经历一个卡诺循环过程所做的功 W 可简化为

$$W = -nR(T_h - T_c)\ln\frac{V_2}{V_1}$$

在整个卡诺循环过程中,系统从环境所吸收的热为

$$Q = Q_h + Q_c = -W = nR(T_h - T_c)\ln\frac{V_2}{V_1}$$

因为 $T_h > T_c, V_2 > V_1$,所以 $W < 0, Q > 0$,表明卡诺循环过程是系统从高温热源吸收热,一部分用于对环境做功,另一部分以热的形式释放给了低温热源。

热机在循环过程中所做的功 W 与它从高温热源所吸收的热 Q_h 的比值称为热机效率,用符号 η 表示:

$$\eta = \frac{|W|}{Q_h} = \frac{Q_c + Q_h}{Q_h}$$

在上式中代入 Q_c、Q_h,可得卡诺热机的热机效率为

$$\eta = \frac{Q_c + Q_h}{Q_h} = \frac{nR(T_h - T_c)\ln\frac{V_2}{V_1}}{nRT_h\ln\frac{V_2}{V_1}} = \frac{T_h - T_c}{T_h}$$

即
$$\eta = \frac{T_h - T_c}{T_h} \tag{1.40}$$

从式(1.40)可知,卡诺热机的效率与工作物质的性质无关,而只与两个热源的温度有关,两热源的温度差越大,热机效率越高,热的利用也越完全。实际上,低温热源通常是大气或冷却水,通过降低它来提高 η 往往不经济,常用的提高 η 的方法是设法提高热机高温热源的温度 T_h。

卡诺通过理论证明:工作于相同高温热源和低温热源之间的所有热机中,卡诺热机(可逆热机)的效率最高,这就是著名的卡诺定理(Carnot theorem)。

由于卡诺循环为可逆循环,所以当上述所有四步都逆向进行时,即将可逆的卡诺热机倒开,系统经历由 $A \to D \to C \to B \to A$ 构成的循环,W 和 Q 仅改变符号,绝对值不变,故 η 也不变,只是需要环境对系统做功。这样,则可将热从低温物体传递给高温物体,这就是冷冻机的工作原理,也就是卡诺热机倒开就变成可逆制冷机。若系统自低温热源 T_c 吸热 Q_c',给高温热源 T_h 放热 Q_h',则该制冷机的冷冻系数 β 为

$$\beta = \frac{Q_c'}{W} = \frac{T_c}{T_h - T_c} \tag{1.41}$$

【例 1.6】 假设有一冰箱是反 Carnot 机,冰箱外室温为 298 K,冰箱内部温度为 273 K,冰箱的电功率为 300 W,现将 10 kg 298 K 的水放入冰箱使其全部结成冰,问需要多少时间?(已知 273 K 时,冰的融化焓为 334.7 kJ·kg^{-1})

解: 反 Carnot 机即为制冷机,可逆制冷机的制冷效率 β 可表示为

$$\beta = \frac{Q'_c}{W} = \frac{T_c}{T_h - T_c}$$

式中 W 为环境对制冷机所做的功。时间 = $\frac{功}{功率}$，要求时间，需求过程中环境对系统所做的功 W，即

$$W = \frac{Q'_c}{\beta} = \frac{Q'_c}{\dfrac{T_c}{T_h - T_c}}$$

当液态水从 298 K 冷却至 273 K 的过程中，高温热源 T_h 为 298 K，低温热源 T_c 在冷却过程中不断降低，因而冷冻系数 β 也在不断变化，且 W 也在随着 T_c 的变化而变化；当液态水在 273 K 结冰时，低温热源 T_c 和高温热源 T_h 均保持不变，β 有定值。因而功的计算必须分步进行：

$$\delta W_1 = \frac{\delta Q'_c}{\beta} = \frac{C_p \mathrm{d}T}{\dfrac{T}{T_h - T}}$$

$$W_1 = C_p \int_{T_c}^{T_h} \left(\frac{T_h}{T} - 1 \right) \mathrm{d}T = C_p \left[T_2 \ln \frac{T_h}{T_c} - (T_h - T_c) \right]$$

$$= 10 \times 10^3 \times 4.184 \times \left[298 \ln \frac{298}{273} - (298 - 273) \right]$$

$$= 4.650 \times 10^4 \,(\mathrm{J})$$

$$W_2 = \frac{Q_{吸}}{\beta} = \frac{\Delta_{fus} H (冰)}{\beta} = \frac{10 \times 334.7 \times 10^3}{273/(298 - 273)} = 3.065 \times 10^5 \,(\mathrm{J})$$

$$W = W_1 + W_2 = 4.650 \times 10^4 + 3.065 \times 10^5 = 3.530 \times 10^5 \,(\mathrm{J})$$

$$t = \frac{W}{P} = \frac{3.530 \times 10^5}{300} = 1\,177\,(\mathrm{s}) = 19.6\,(\mathrm{min})$$

§1.6 实际气体

1.6.1 焦耳-汤姆逊效应

1852 年，焦耳和汤姆逊（W. Thomson）设计了一个新的实验，比较精确地观察了实际气体由于膨胀而发生的温度变化。这个实验使我们对实际气体的 U 和 H 等性质有所了解，并且在获得低温及气体的液化工业中有着重要的应用。

从这个实验可以证明：实际气体的 U 和 H 不仅仅是温度的函数，而且还与压力或体积

有关,这是由于实际气体分子间存在相互作用力的缘故。

图 1.9 是焦耳和汤姆逊实验装置的示意图。在一个绝热圆形筒的中部,有一个固定的多孔塞,这个多孔塞起着阻碍气体畅流的作用,从而在多孔塞两边维持一定的压力差。

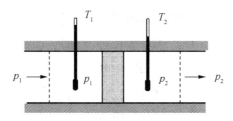

图 1.9 焦耳-汤姆逊实验示意图

实验时,把温度和压力恒定在 p_1 和 T_1 的实验气体连续地压过多孔塞产生膨胀,并且保持膨胀后气体的压力维持在 $p_2(p_1>p_2)$,从 p_1 到 p_2 的压力降低过程基本上发生在多孔塞内。开始未达到稳定状态时,右方膨胀气流的温度不稳定,此因绝热筒本身有一定的热容以及实验装置不可能完全绝热所致。只要维持通入气体的压力为 p_1 和温度为 T_1,经多孔塞后气体的压力为 p_2,则经过一段时间后,当热交换达到平衡后,系统能达到稳定的状态,右边气流的温度会稳定在 T_2。这种在绝热条件下,气体始态的压力和温度以及终态的压力和温度在整个过程中保持不变的膨胀过程称为节流过程(throttling process)①。

在节流过程中,多孔塞两边的压力差总是小于零,即 $\Delta p=(p_2-p_1)<0$。从节流过程可以比较准确地观察到一定量的气体膨胀前后的变化。实验表明:当始态为室温、常压时,多数实际气体如 O_2、N_2、CO_2 和空气等经多孔塞膨胀后温度下降($T_2<T_1$),产生制冷效应;而氢气、氦气等在通过多孔塞后温度升高($T_2>T_1$),产生致热效应。例如 0 ℃时,当压力差 $p_1-p_2=1\text{ bar}(10^5\text{Pa})$时,$O_2$、$N_2$ 和空气的温度分别降低 0.3 ℃左右,CO_2 降低 1.3 ℃,但是 H_2 却升高 0.03 ℃。实验还发现,各种气体在压力足够低时,经节流膨胀后温度基本不变。气体在一定的压力差下通过多孔塞进行绝热膨胀而发生温度变化的效应,称为焦耳-汤姆逊效应。若气体"变冷"($T_2<T_1$),称为正焦耳-汤姆逊效应;若气体"变热"($T_2>T_1$),称为负焦耳-汤姆逊效应。

设某时间内有一定量气体在 p_1 和 T_1 的条件下通过,在多孔塞左侧该气体的体积为 V_1;这些气体被压过多孔塞后,右方气体的压力、温度和体积分别为 p_1、T_1 和 V_1。

在左方,环境对气体所做的功为

$$W_1 = -p_1\Delta V = -p_1(0-V_1) = p_1V_1$$

在右方这部分气体会对环境做功为

---

① 节流过程是不可逆过程,因为 p_1 比 p_2 大有限量,不是相差无限小,一个无限小的压力变化不能使过程倒过来。

$$W_2 = -p_2\Delta V = -p_2(V_2 - 0) = -p_2V_2$$

因此,气体所做的净功为

$$W = W_1 + W_2 = p_1V_1 - p_2V_2$$

由于整个过程是绝热的,即 $Q=0$,所以根据热力学第一定律,可以得到:

$$U_2 - U_1 = p_1V_1 - p_2V_2$$

即

$$\Delta U = W$$

移项后得

$$U_2 + p_2V_2 = U_1 + p_1V_1$$

所以

$$H_2 = H_1 \text{ 或 } \Delta H = 0$$

上式表明实际气体经节流膨胀过程后,气体的焓不变。

显然,节流过程是一个复杂、不可逆、非平衡的等焓过程。气体通过小孔受到较大的阻力,在小孔处会产生漩涡并有摩擦热产生;气体的性质、起始温度 T、压力差(p_1-p_2)等会影响节流过程中能量的转换。

节流过程在实际工作中经常遇到。例如,打开阀门后,气体由压缩机中逸出,蒸汽轮机中蒸汽由喷嘴喷出等过程。

根据实验所测温度和压力的变化,可求得节流过程中温度对压力的变化率:

$$\lim_{\Delta p \to 0}\left(\frac{\Delta T}{\Delta p}\right)_H = \lim_{\Delta p \to 0}\left(\frac{T_2 - T_1}{p_2 - p_1}\right)_H = \left(\frac{\partial T}{\partial p}\right)_H$$

定义焦耳-汤姆逊系数为

$$\mu_{\text{J-T}} = \left(\frac{\partial T}{\partial p}\right)_H \tag{1.42}$$

$\mu_{\text{J-T}}$ 是系统的强度性质,它是 T,p 的函数。由于气体经节流过程后压力会降低,即 $\mathrm{d}p$ 是负值,所以 $\mu_{\text{J-T}}$ 的正、负号取决于温度的变化。若 $\mu_{\text{J-T}}>0$,则表示随着压力的降低,节流后气体的温度下降,气体发生制冷效应;反之,若 $\mu_{\text{J-T}}<0$,则压力的降低后,气体的温度反而升高,气体发生致热效应;若 $\mu_{\text{J-T}}=0$,则气体的温度不随压力的降低而改变,气体的温度无变化,我们将 $\mu_{\text{J-T}}=0$ 的温度称为转化温度。

要得到某种气体的 $\mu_{\text{J-T}}$,即 $\left(\frac{\partial T}{\partial p}\right)_H$ 的值,必须绘制等焓线。方法是在节流实验的左方,选定一个固定的始态,如图 1.10 曲线 a,调节右方的压力 p_2,做一次节流实验后测得温度 T_2 在 T-p 图上标出点 $1(T_2,p_2)$,显然,状态 1 与始态具

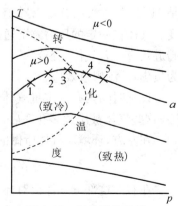

图 1.10 气体的等焓线与转化曲线示意图

有相同的焓值。保持始态不变,调节右方的压力分别为 $p_2', p_2'', \cdots$,重复做节流实验,分别测得相应的温度 $T_2', T_2'', \cdots$,在 T-p 图上标出点 $2(T_2', p_2')$,点 $3(T_2'', p_2'')$,$\cdots$,点连成线,即得到一条光滑的等焓线。改变始态的温度和压力,可得到不同条件下的该气体的等焓线,如图 1.10 实线所示。从任一等焓线上任一点作切线求斜率,可得该温度和压力下的 $\left(\dfrac{\partial T}{\partial p}\right)_H$ 值。显然,同一气体在不同条件下 $\mu_{\text{J-T}}$ 的值不同。任一等焓线最高点的切线的斜率为 0,即此条件下 $\mu_{\text{J-T}}=0$,是给定条件下该气体的转化温度。把各等焓线的最高点连接起来,所得曲线称为转化曲线,如图 1.10 虚线所示。转化曲线把气体的 T-p 图划分成两个区,在转化曲线以内,$\mu_{\text{J-T}}>0$,是制冷区;在转化曲线以外,$\mu_{\text{J-T}}<0$,是致热区。欲通过绝热膨胀而降温,必须保证工作时气体的 T,p 均处于 $\mu_{\text{J-T}}>0$ 的区域内。

为何气体在不同的条件下 $\mu_{\text{J-T}}$ 的值可以大于零、小于零或等于零呢?

根据式(1.26),得:

$$dH = \left(\dfrac{\partial H}{\partial T}\right)_p dT + \left(\dfrac{\partial H}{\partial p}\right)_T dp$$

对节流过程,$dH=0$,所以

$$\left(\dfrac{\partial T}{\partial p}\right)_H = -\dfrac{(\partial H/\partial p)_T}{(\partial H/\partial T)_p}$$

即

$$\mu_{\text{J-T}} = \left(\dfrac{\partial T}{\partial p}\right)_H = -\dfrac{[\partial(U+pV)/\partial p]_T}{C_p}$$

$$= \left[-\dfrac{1}{C_p}\left(\dfrac{\partial U}{\partial p}\right)_T\right] + \left\{-\dfrac{1}{C_p}\left[\dfrac{\partial(pV)}{\partial p}\right]_T\right\} \tag{1.43}$$

由式(1.43)可知,对于理想气体,因为

$$\left(\dfrac{\partial U}{\partial p}\right)_T = 0 \text{ 及 } \left[\dfrac{\partial(pV)}{\partial p}\right]_T = 0$$

所以 $\mu_{\text{J-T}}=0$,说明理想气体无焦耳-汤姆逊效应。而实际气体的 $\mu_{\text{J-T}}$ 不一定等于 0,这是由于:① 实际气体的热力学能 U 不仅是温度的函数,而且还与 p 或 V 有关。由于实际气体分子间有引力,在等温的条件下,当压力降低,气体发生膨胀时,必须从外界吸收能量以克服分子间的引力,这些能量使气体的热力学能增加,即 $\left(\dfrac{\partial U}{\partial p}\right)_T<0$。又 $C_p>0$,因此(1.43)式中,等式右边第一项 $\left[-\dfrac{1}{C_p}\left(\dfrac{\partial U}{\partial p}\right)_T\right]$ 总是大于零。② 实际气体并不服从波义耳定律,即 $\left[\dfrac{\partial(pV)}{\partial p}\right]_T$ 不一定等于 0。实际气体在式(1.43)右边第二项可正可负。因为 $C_p>0$、$\partial_p<0$,所以第二项的正、负号,取决于 pV 的符号,而 pV 的变化受实际气体分子间引力和气体分

子的体积两个因素的影响,与气体自身的性质及所处的温度和压力有关。总之 μ_{J-T} 的正、负号取决于第一项和第二项的相对大小。

同一气体在不同条件下的转化温度不同,气体的转化温度与气体的压力有关,不同气体有不同的转化曲线,如图1.11所示。由图可知:每一种气体在某一压力下对应有高、低两个转化温度。当气体的 p 趋于零时,可得最高和最低转化温度。随着 p 的增加,高、低两个转化温度逐渐接近,p 增大到一定值时,就只有一个转化温度,这一压力就是能使该气体通过节流膨胀制冷的最高压力。如欲使气体通过节流膨胀降温或液化,必须在该气体的制冷区内进行。工业上常利用气体的节流膨胀过程获得低温或使气体的液化。

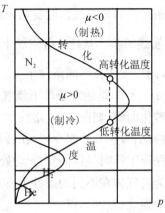

图 1.11 N_2、H_2、He 的转化曲线

1.6.2 实际气体的 ΔH 和 ΔU

将实验测得的 μ_{J-T},C_p 及 $\left[\dfrac{\partial(pV)}{\partial p}\right]_T$ 代入式(1.43),可计算出实际气体的 $\left(\dfrac{\partial U}{\partial p}\right)_T$。又 $\left(\dfrac{\partial U}{\partial V}\right)_T = \dfrac{(\partial U/\partial p)_T}{(\partial V/\partial p)_T}$,式中的 $\left(\dfrac{\partial V}{\partial p}\right)_T$ 可由状态方程式求得或实验直接测定,最终可求出 $\left(\dfrac{\partial U}{\partial V}\right)_T$。事实上,实际气体的 $\left(\dfrac{\partial U}{\partial p}\right)_T$ 和 $\left(\dfrac{\partial U}{\partial V}\right)_T$ 均不等于零,说明实际气体的热力学能不仅与温度有关,还与压力或体积有关,即 $U=f(T,p)$ 或 $U=f(T,V)$。又由于 $H=U+pV$,所以焓也不仅与温度有关,还与压力或体积有关,可以表示为:$H=f(T,p)$ 或 $H=f(T,V)$。

在下一章中,利用热力学的基本方程和 Maxwell 关系式,通过热力学推导可以得出:

$$\left(\dfrac{\partial U}{\partial V}\right)_T = T\left(\dfrac{\partial p}{\partial T}\right)_p - p$$

$$\left(\dfrac{\partial H}{\partial p}\right)_T = V - T\left(\dfrac{\partial V}{\partial T}\right)_p$$

根据这两个公式,只要知道实际气体的状态方程式,就能求出实际气体的 $\left(\dfrac{\partial U}{\partial V}\right)_T$、$\left(\dfrac{\partial H}{\partial p}\right)_T$ 的值,也可借助节流过程的 μ_{J-T} 及 C_p 等,直接计算实际气体的 ΔU 和 ΔH。

【例 1.7】 1 mol 实际气体 CO_2 在焦耳-汤姆逊实验中,当压力从 $3p^{\ominus}$ 经节流膨胀降至 $p^{\ominus}$ 时,温度从 20 ℃ 下降至 17.72 ℃,试估算实际气体 CO_2 在 20 ℃ 时,压力从 $3p^{\ominus}$ 经等温膨胀过程下降至 $p^{\ominus}$ 时的焓变 ΔH。(已知 CO_2 在 20 ℃ 时的平均摩尔热容 $C_{p,m}=37.07$ J·K^{-1}·mol^{-1})

解: $\mu_{J-T} = \left(\dfrac{\Delta T}{\Delta p}\right)_H = \dfrac{17.72-20}{(1-3)\times 10^5} = 1.14\times 10^{-5}(\text{K}\cdot\text{Pa}^{-1})$

由 $\mu_{J-T} = \left(\dfrac{\partial T}{\partial p}\right)_H \quad \left(\dfrac{\partial H}{\partial T}\right)_p \left(\dfrac{\partial T}{\partial p}\right)_H \left(\dfrac{\partial p}{\partial H}\right)_T = -1$

所以 $\mu_{J-T} = -\dfrac{\left(\dfrac{\partial H}{\partial p}\right)_T}{\left(\dfrac{\partial H}{\partial T}\right)_p} = -\dfrac{1}{C_p}\left(\dfrac{\partial H}{\partial p}\right)_T = 1.140\times 10^{-5}(\text{K}\cdot\text{Pa}^{-1})$

得 $\left(\dfrac{\partial H}{\partial p}\right)_T = -1.140\times 10^{-5}\times 37.07 = 4.226\times 10^{-4}(\text{J}\cdot\text{Pa}^{-1})$

所以 $\Delta H = \int_{p_1}^{p_2}\left(\dfrac{\partial H}{\partial p}\right)_T \mathrm{d}p \approx \left(\dfrac{\partial H}{\partial p}\right)_T\cdot(p_2-p_1)$
$= -4.226\times 10^{-4}\times(1-3)\times 10^5 = 84.52(\text{J})$

§1.7 热化学

热化学(thermochemistry)是物理化学的一个分支,它研究物理和化学过程中的热效应。热化学的实验数据同时具有实用和理论上的价值。大量热化学数据的测定为化学热力学的建立奠定了基础;另一方面,反应热的数据,在计算平衡常数和其他热力学量时很有用,特别是对于热力学基本常数的测定;热化学还为冶金、能源、化工生产过程的设计提供必要的理论依据。例如,人们把液态的氧气和氢气作为火箭的高能燃料,就是通过测定大量不同物质的燃烧热而发现的。显然,热化学的方法十分重要。

在没有非体积功的情况下,当系统发生了化学变化之后,系统的温度回到反应前始态的温度,系统放出或吸收的热量,称为该反应的热效应,通常也称为反应热。反应热效应一般分为两种:若反应在等容条件下进行,其热效应称为等容反应热,用 Q_V 表示;若反应在等压条件下进行,其热效应称为等压反应热,用 Q_p 表示。

化学反应热与系统中所发生反应的物质的量有关。为了确切地描述化学反应进程中热力学量的变化,需引进一个重要的物理量——反应进度。

1.7.1 反应进度

任一反应

$$d\text{D} + e\text{E} \longrightarrow f\text{F} + g\text{G}$$

它的化学计量方程式的通式为:

$$0 = \sum_B \nu_B B$$

式中：B 表示反应计量方程式中的任一组分；ν_B 为组分 B 的化学计量数，并规定反应物的化学计量数为负，生成物的化学计量数为正，它们都是量纲一的量。上式中：

$$\nu_D = -d, \nu_E = -e, \nu_F = f, \nu_G = g$$

若反应前系统中各物质的量分别为 n_D^0、n_E^0、n_F^0 和 n_G^0，反应进行到某一时刻各组分相应的物质的量为 n_D、n_E、n_F 和 n_G，则系统中某组分物质的量的改变值：$\Delta n_B = n_B - n_B^0$，与其相应的化学计量数 ν_B 的比值对任一组分都相等，即

$$(n_D - n_D^0)/\nu_D = (n_E - n_E^0)/\nu_E = (n_F - n_F^0)/\nu_F = (n_G - n_G^0)/\nu_G$$

由于对反应系统中的任一组分该比值都相同，且随着反应的进行而逐渐增大，所以该比值可对反应系统进行的程度作定量描述，定义它为反应进度（extent of reaction），并用符号 ξ 表示：

$$\xi = \frac{n_B - n_B^0}{\nu_B} \tag{1.44a}$$

或表示为

$$\Delta \xi = \frac{n_B - n_B^0}{\nu_B} = \frac{\Delta n_B}{\nu_B} \tag{1.44b}$$

对式(1.44a) 微分可得：

$$d\xi = \frac{dn_B}{\nu_B} \tag{1.44c}$$

从反应进度定义可知，反应进度的单位是 mol，当反应按所给反应式的计量系数比进行了一个单位的化学反应时，即 $\Delta n_B/\text{mol} = \nu_B$，此时反应完成了 1 mol 的反应进度。

显然，对同一化学反应计量式，当选用不同的组分表示反应进度 ξ 时，其值都是相同的；但是同一反应，当计量方程书写形式不同时，即使组分 B 的实际反应量 Δn_B 相同，计算出的反应进度 ξ 是不相同的，所以反应进度 ξ 与方程的书写形式有关，给出反应进度 ξ 的值时须同时指明化学计量方程式。

例如，$H_2(g)$ 和 $O_2(g)$ 反应生成 $H_2O(l)$ 的方程式可以用如下两种形式表示：

(1) $H_2(g) + \frac{1}{2} O_2(g) \longrightarrow H_2O(l)$

(2) $2H_2(g) + O_2(g) \longrightarrow 2H_2O(l)$

当一定量的 $H_2(g)$ 和 $O_2(g)$ 的混合气体反应进行到某时刻 t 时，测得各组分物质量的变化为：$\Delta n_{H_2} = -0.4$ mol，$\Delta n_{O_2} = -0.2$ mol，$\Delta n_{H_2O} = 0.4$ mol。

若计量方程写成(1)的形式，则反应进度 ξ_1 为：

$$\xi_1(H_2) = \frac{\Delta n_{H_2}}{\nu_{H_2}} = \frac{-0.4}{-1} \text{mol} = 0.4 \text{ mol}$$

$$\xi_1(O_2) = \frac{\Delta n_{O_2}}{\nu_{O_2}} = \frac{-0.2}{-\frac{1}{2}}\text{ mol} = 0.4\text{ mol}$$

$$\xi_1(H_2O) = \frac{\Delta n_{H_2O}}{\nu_{H_2O}} = \frac{0.4}{1}\text{ mol} = 0.4\text{ mol}$$

可见：$\xi_1(H_2) = \xi_1(O_2) = \xi_1(H_2O)$，对给定的反应计量方程式，反应进度 ξ 的数值与选择的物种无关。

同理，当计量方程写成(2)的形式，反应进行到相同时刻 t，则计算得到的反应进度 ξ_2 为

$$\xi_2 = \frac{\Delta n_{H_2}}{\nu_{H_2}} = \frac{\Delta n_{O_2}}{\nu_{O_2}} = \frac{\Delta n_{H_2O}}{\nu_{H_2O}} = \frac{-0.4}{-2}\text{mol} = \frac{-0.2}{-1}\text{mol} = \frac{0.4}{2}\text{mol} = 0.2\text{ mol}$$

可见：对同一计量方程式(2)，无论选择何种物种，反应进度 ξ 的数值都相同，即 $\xi_2(H_2) = \xi_2(O_2) = \xi_2(H_2O)$。但是 $\xi_1 \neq \xi_2$。

上述结果表明：反应进度 ξ 的数值与选择物种无关，而与反应计量方程式的书写形式有关。因为反应进度 ξ 等于 $\frac{\Delta n_B}{\nu_B}$，虽然 Δn_B 一定，但是 ν_B 不同，所以 ξ 当然不同。这就说明不能离开反应计量方程式谈反应进度。

一个化学反应的焓变，必然与反应进度有关，当反应进度不同时，显然有不同的反应焓变 $\Delta_r H(\xi)$，将 $\frac{\Delta_r H(\xi)}{\Delta \xi}$ 称为反应的摩尔焓变，用符号 $\Delta_r H_m$ 表示，即

$$\Delta_r H_m = \frac{\Delta_r H(\xi)}{\xi} = \frac{\nu_B \Delta_r H(\xi)}{\Delta n_B}$$

$\Delta_r H_m$ 表示在反应条件下，$\xi = 1$ mol 时反应的焓变。上述反应(1)的 $\Delta_r H_{m,1}(298\text{ K}) = -285.84\text{ kJ}\cdot\text{mol}^{-1}$，而反应(2)的 $\Delta_r H_{m,2}(298\text{ K}) = -571.68\text{ kJ}\cdot\text{mol}^{-1}$。

引入反应进度的最大优点是当反应进行到任意时刻时，用任一反应物或产物的物质的量的改变来计算反应进行的程度 ξ 时，其数值相同。

1.7.2　关于物质的热力学标准态的规定

物质的一些热力学量，如热力学能 U、焓 H 等的绝对值是无法测量的，只能计算或测量系统经历某一过程时，比如当温度、压力或组成发生变化时，这些热力学量的变化值，如 ΔU、ΔH 等。为了便于比较和计算，常常对物质规定一个参比状态，即标准状态（standard state）。目前采用的是国际纯粹与应用化学联合会推荐的规定：任何物质处在标准态时的压力为 $p^\ominus = 100$ kPa，右上角标"$\ominus$"表示标准态。在标准态的规定中，温度 T 是任意的，没

有给出规定。但是热力学函数表中列出的数据通常是在 298.15 K 时得到的。对三种常见的物质聚集状态的标准态的规定如下：

气体的标准态：纯气体 B 或混合气体中组分 B 在温度为 T、压力为 $p^{\ominus}$ 时，且具有理想气体特征的状态。

液体（或固体）的标准态：纯液体 B 或液体混合物中的组分 B 在温度为 T、压力 $p^{\ominus}$ 下液体（或固体）纯物质 B 的状态。

有关溶液中溶剂和溶质的标准态将在本书第 3 章中详述。

若参加化学反应的各物质均处于标准态，则此时反应的摩尔焓变称为标准摩尔反应焓变，或简称标准摩尔反应焓，以 $\Delta_r H_m^{\ominus}(T)$ 表示。今后的学习中还会遇到反应的标准摩尔熵（变）$\Delta_r S_m^{\ominus}(T)$，标准摩尔吉布斯自由能（变）$\Delta_r G_m^{\ominus}(T)$ 等。

1.7.3 热化学方程式

表示化学反应与热效应关系的方程式称为热化学方程式（thermochemical equation）。它就是在详细描述的普通化学方程式后面加写此反应的 $\Delta_r H_m$ 或 $\Delta_r U_m$。

例如，在 298.15 K、标准状态下，$H_2(g)$ 与 $O_2(g)$ 反应生成 $H_2O(l)$ 的热化学方程式可以表示为

$$2H_2(g) + O_2(g) \longrightarrow 2H_2O(l), \quad \Delta_r H_m^{\ominus}(298.15\ K) = -571.68\ kJ \cdot mol^{-1}$$

从上述热化学方程式可知：若在 298.15 K、各物质都处在标准状态下，按上述计量方程完成上述反应的标准摩尔反应焓为 $-571.68\ kJ \cdot mol^{-1}$。常见的热化学方程式中，若不标明反应的温度和压力，通常提供的是 298.15 K 时的标准摩尔反应焓的数据。

关于热化学反应方程式，需要注意以下几个方面：

(1) 注明物质的状态（物态、温度、压力和组成等），对于固态注明晶型。

因为当某一条件不同时，即使是相同的反应，焓变也不相同。例如同样是 C 和 O_2 反应生成 CO_2 的反应，若其他条件都相同，只是 C 的晶型不同，其生成焓也有差异。

$$C(金刚石) + O_2(g) \longrightarrow CO_2(g), \quad \Delta_r H_m^{\ominus}(298.15\ K) = -395.39\ kJ \cdot mol^{-1}$$

$$C(石墨) + O_2(g) \longrightarrow O_2(g), \quad \Delta_r H_m^{\ominus}(298.15\ K) = -393.51\ kJ \cdot mol^{-1}$$

显然，两者的差值恰巧是晶型转变过程的焓变。

(2) 反应物或产物中若有溶液状态的，需注明物质的浓度。若在无限稀溶液中，则用 (∞, aq) 表示，此水溶液进一步稀释时，不再有焓变发生。

(3) 热化学中书写的方程式都是表示一个已经按反应方程式完成的反应。例如：

$$2SO_2(g) + O_2(g) \longrightarrow 2SO_3(g), \quad \Delta_r H_m^{\ominus}(298.15\ K) = -197.8\ kJ \cdot mol^{-1}$$

表示在 298.15 K、压力为标准压力 $p^{\ominus}$ 时，2 mol 二氧化硫气体与 1 mol 氧气完全反应生成 2 mol 三氧化硫气体时放热 197.8 kJ；或者说 2 mol 三氧化硫气体的焓与 2 mol 二氧化硫气

体、1 mol 氧气的焓的加和值之差为 -197.8 kJ。虽然根据化学平衡的知识，事实上在封闭系统中 SO_2 与 O_2 并不能完全反应。不论反应能否真正完成，热化学反应方程式中的反应焓变都是指按反应的化学计量方程式完全反应，发生了 1 mol 反应的焓变。

（4）反应的摩尔焓变与计量方程的书写形式有关，因为同样是发生了 1 mol 反应，即 $\xi=1$ mol，当方程的书写形式不同时，表示参与反应的物质的量不同。

$$H_2(g)+\frac{1}{2}O_2(g) \longrightarrow H_2O(l), \quad \Delta_r H_m^\ominus(298.15 \text{ K})=-285.8 \text{ kJ}\cdot\text{mol}^{-1}$$

$$2H_2(g)+O_2(g) \longrightarrow 2H_2O(l), \quad \Delta_r H_m^\ominus(298.15 \text{ K})=-571.6 \text{ kJ}\cdot\text{mol}^{-1}$$

所以，$\Delta_r H_m^\ominus$ 必须与化学反应方程式相对应。

1.7.4 化学反应的 Q_p 和 Q_V 的关系

通常所说的反应热如不特别注明，都是指等压热效应 Q_p。对于不做非体积功的封闭系统：$Q_p=\Delta H$，而等容热效应 $Q_V=\Delta U$，所以 Q_p，Q_V 两者的关系可以利用状态函数的特性求得，如图 1.12 所示。

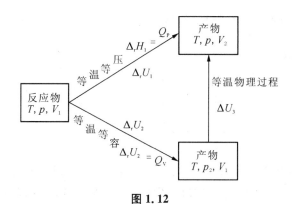

图 1.12

由于 U 是状态函数，所以

$$\Delta_r U_1 = \Delta_r U_2 + \Delta U_3$$

式中 ΔU_3 是产物在等温状态变化过程的热力学能变。若产物为液体或固体，当压力变化不太大时，可以忽略压力对系统热力学能的影响，即 $\Delta U_2 \approx 0$；若产物为理想气体，由于理想气体的热力学能仅仅是温度的函数，则 $\Delta U_2=0$。因此可得：

$$\Delta_r U_1 = \Delta_r U_2$$

又 $\Delta_r U_1 = \Delta_r H_1 - p(V_2-V_1)$，$\Delta_r H_1 = Q_p$，$\Delta_r U_2 = Q_V$，所以

$$Q_p = Q_V + p\Delta V \tag{1.45a}$$

对于反应系统中的凝聚相而言,反应前后的体积变化不大,可略而不计。因此只需考虑其中的气体组分反应前后体积的变化值。若假定气体为理想气体,则

$$Q_p = Q_V + \Delta n_g RT \tag{1.45b}$$

式中:Δn_g 表示反应前后理想气体物质的量变化。下标 r 表示 reaction。若规定发生了 1 mol 反应,即反应进度 $\xi = 1$ mol,则式(1.45b)还可以表示为

$$Q_p = Q_V + RT\sum_B \nu_{B(g)} \quad \text{或} \quad \Delta_r H_m = \Delta_r U_m + RT\sum_B \nu_{B(g)} \tag{1.45c}$$

式中:$RT\sum_B \nu_{B(g)}$ 为反应计量方程式中气态物质化学计量数的代数和。例如:

$$C_6H_8O_7(柠檬酸,s) + \frac{9}{2}O_2(g) \longrightarrow 6CO_2(g) + 4H_2O(l) \quad \sum_B \nu_{B(g)} = 1.5$$

$$C_6H_{12}O_6(葡萄糖,s) \longrightarrow 2C_2H_5OH(l) + 2CO_2(g) \quad \sum_B \nu_{B(g)} = 2$$

$$2H_2(g) + O_2(g) \longrightarrow 2H_2O(l) \quad \sum_B \nu_{B(g)} = -3$$

若反应系统中反应物和产物都是凝聚相,则:$Q_p \approx Q_V$。

1.7.5 Hess 定律

19 世纪中叶,俄国化学家盖斯(G. H. Hess)从大量的量热实验中发现:不管化学反应是一步完成的,还是分几步完成的,该反应的热效应相同。即反应热只与反应的始、终态有关,而与反应所经历的途径无关,这就是 Hess 定律。Hess 定律只对等容过程或等压过程,且系统不做非体积功条件下才是正确的。

盖斯于 1840 年提出该定律,先于热力学第一定律,具有很大的理论意义。在热力学第一定律建立之后,Hess 定律就成为必然的结果了。因为等温等压(或等温等容)下发生的化学反应,在不做非体积功时,反应热等于反应的焓变(或热力学能的变化值),而焓(或热力学能)是状态函数,只要化学反应的始态和终态确定了,那么反应的焓变(或热力学能变)就有定值,与经过怎样的具体途径来完成反应是无关的。

根据 Hess 定律,热化学方程式可以相互加减,利用热化学方程式的线性组合,可由已知反应的焓变,求未知反应的焓变。应用 Hess 定律进行计算时需注意:① 进行线性组合的已知的热化学方程式反应条件必须相同,都是在等温、等压或等温、等容且不做非体积功的条件下进行;② 参与反应的某物种在不同的方程中应都处于完全相同的状态,包括温度、压力及各物质的相态等。

Hess 定律有着广泛的应用。对于某些化学反应,反应进行时常伴随有副反应的发生,反应的焓变不能直接用实验测定,可以利用 Hess 定律进行间接求算。例如:C(石墨) +

$\frac{1}{2}O_2(g)\longrightarrow CO(g)$ 的反应,记着③,产物中总伴随有 $CO_2(g)$ 的生成,该反应的焓变可由下列反应①和②,借助于 Hess 定律求得:

① $C(石墨)+O_2(g)\longrightarrow CO_2(g)$,　　$\Delta_r H_{m,1}^{\ominus}=-393.51(kJ\cdot mol^{-1})$

② $CO(g)+\frac{1}{2}O_2(g)\longrightarrow CO_2(g)$,　　$\Delta_r H_{m,2}^{\ominus}=-282.99(kJ\cdot mol^{-1})$

因为反应③可以由反应①、②组合而成,即③=①-②,所以

$\Delta_r H_{m,3}^{\ominus}=\Delta_r H_{m,1}^{\ominus}-\Delta_r H_{m,2}^{\ominus}=-393.51-(-282.99)=-110.52(kJ\cdot mol^{-1})$

还有一些化学反应,反应速率很慢,而且化学反应由于存在平衡,并不都是完全反应的;另外,在实验过程中量热器会因辐射而散失热量,产生误差。又如某些化学变化的热效应还没有较合适的方法直接测量,在遇到这些情况时通常也可以利用 Hess 定律间接计算。

【例 1.8】 试计算在 25 ℃时,反应 $2NaCl(s)+H_2SO_4(l)\longrightarrow Na_2SO_4(s)+2HCl(g)$(记着方程⑤)的 $\Delta_r H_m^{\ominus}$ 和 $\Delta_r U_m^{\ominus}$。已知下列反应在 25 ℃、标准状态下的热化学方程式为:

① $Na(s)+\frac{1}{2}Cl_2(g)\longrightarrow NaCl(s)$,　　$\Delta_r H_{m,1}^{\ominus}=-411.2\ kJ\cdot mol^{-1}$

② $H_2(g)+S(s)+2O_2(g)\longrightarrow H_2SO_4(l)$,　　$\Delta_r H_{m,2}^{\ominus}=-811.3(kJ\cdot mol^{-1})$

③ $2Na(s)+S(s)+2O_2(g)\longrightarrow Na_2SO_4(s)$,　　$\Delta_r H_{m,3}^{\ominus}=-1\,382.8(kJ\cdot mol^{-1})$

④ $\frac{1}{2}H_2(g)+\frac{1}{2}Cl_2(g)\longrightarrow HCl(g)$,　　$\Delta_r H_{m,4}^{\ominus}=-92.30(kJ\cdot mol^{-1})$

解:因为目标方程⑤与已知方程①、②、③、④关系为:

$$⑤=-2\times①-②+③+2\times④$$

根据 Hess 定律可得:

$$\Delta_r H_{m,5}^{\ominus}=-2\times\Delta_r H_{m,1}^{\ominus}-\Delta_r H_{m,2}^{\ominus}+\Delta_r H_{m,3}^{\ominus}+2\times\Delta_r H_{m,4}^{\ominus}$$
$$=-2\times(-411.2)-(-811.3)+(-1\,382.8)+2\times(-92.3)$$
$$=66.3(kJ\cdot mol^{-1})$$

$$\Delta_r U_m^{\ominus}=\Delta_r H_m^{\ominus}-RT\sum_B\nu_{B(g)}$$
$$=66.3-2\times8.314\times298.15\times10^{-3}$$
$$=61.34(kJ\cdot mol^{-1})$$

§1.8　化学反应焓

对于等温、等压且不做非体积功的化学反应系统,因为 $Q_p=\Delta_r H_m$,所以反应热的大小

可以用反应的摩尔焓变来衡量。在等温、等压下，化学反应的摩尔焓变 $\Delta_r H_m$，等于按计量方程发生 1 mol 反应后，生成物焓的总和与反应物焓的总和之差，即

$$\Delta_r H_m = \sum_B \nu_B H_B(B, 相态, T) \tag{1.46}$$

若能知道反应系统中各物种焓的绝对值，则只要把焓的绝对值直接代入式(1.46)，就可计算出反应的摩尔焓变。但是实际上，焓的绝对值是无法知道的。为了解决这一问题，人们通常采用一个相对的标准，给出焓的相对值，再通过式(1.46)方便地求算出反应的 $\Delta_r H_m$，因为只要相对标准一致，就可以准确地求算出变化值的大小，变化值与选取的相对标准无关。

1.8.1 标准摩尔生成焓

人们规定：在标准状态、指定温度下，由最稳定的单质生成 1 mol 的物质 B 的反应焓变，称为物质 B 的标准摩尔生成焓(standard molar enthalpy of formation)，用符号 $\Delta_f H_m^\ominus(B, 相态, T)$ 表示，单位为 $kJ \cdot mol^{-1}$。下标"f"表示"生成"，下标"m"表示反应进度为 1 mol。常见物种在 25 ℃时的标准摩尔生成焓 $\Delta_f H_m^\ominus(B, 相态, 298.15 K)$ 可以查表得到。对于最稳定单质的选取，有时选定的单质并不一定是最稳定的，例如碳的稳定单质取的是石墨而不是金刚石，磷的稳定单质取的是白磷而不是红磷等。

根据标准摩尔生成焓的定义，选定的最稳定的单质的标准摩尔生成焓等于零。实际上是把最稳定单质的标准摩尔生成焓选为比较的基准，某化合物的生成焓是相对于合成它的单质的相对焓，而不是这个化合物焓的绝对值。

有很多化合物是不能直接由单质合成的，这些物质的标准摩尔生成焓可以利用已知反应的焓变，根据 Hess 定律间接求算。例如：$C_2H_5OH(l)$ 实际上并不能通过下述反应制备得到：

① $2C(石墨) + 3H_2(g) + \frac{1}{2}O_2(g) \longrightarrow C_2H_5OH(l)$, $\Delta_r H_{m,1}^\ominus(298.15 K)$

但是，这并不影响通过下列已知反应在 298.15 K 时的标准摩尔焓变求上述反应方程的 $\Delta_r H_{m,1}^\ominus(298.15 K)$，而该反应方程的标准摩尔焓变即为 $C_2H_5OH(l)$ 在相同温度下的标准摩尔生成焓 $\Delta_f H_m^\ominus(C_2H_5OH, l, 298.15 K)$。已知：

② $C(石墨) + O_2(g) \longrightarrow CO_2(g)$, $\quad \Delta_r H_{m,2}^\ominus(298.15 K) = -393.5 \; kJ \cdot mol^{-1}$

③ $H_2(g) + \frac{1}{2}O_2(g) \longrightarrow H_2O(l)$, $\quad \Delta_r H_{m,3}^\ominus(298.15 K) = -285.8 \; kJ \cdot mol^{-1}$

④ $C_2H_5OH(l) + 3O_2(g) \longrightarrow 2CO_2(g) + 3H_2O(l)$, $\Delta_r H_{m,4}^\ominus(298.15 K) = -1367 \; kJ \cdot mol^{-1}$

由 ① = 2×② + 3×③ − ④ 得：

$$\Delta_r H_{m,1}^\ominus(298.15 K) = 2 \times \Delta_r H_{m,2}^\ominus + 3 \times \Delta_r H_{m,3}^\ominus - \Delta_r H_{m,4}^\ominus$$

$$= 2 \times (-393.5) + 3 \times (-285.8) - (-1367)$$
$$= -277.4 (\text{kJ} \cdot \text{mol}^{-1})$$

所以求得： $\Delta_f H_m^\ominus (C_2H_5OH, l, 298.15 \text{ K}) = \Delta_r H_{m,1}^\ominus (298.15 \text{ K}) = -277.4 (\text{kJ} \cdot \text{mol}^{-1})$

如果在一个反应中各个物质的标准摩尔生成焓 $\Delta_f H_m^\ominus (B)$ 都已知,则可以把 $\Delta_f H_m^\ominus (B)$ 看着是物质 B 焓的相对值,代入式(1.46)求得整个化学反应的 $\Delta_r H_m^\ominus$。

一般地,对于任意反应 $0 = \sum\limits_B \nu_B B$,$\Delta_r H_m^\ominus$ 的计算公式可写为:

$$\Delta_r H_m^\ominus = \sum_B \nu_B \Delta_f H_m^\ominus (B, 相态, T) \tag{1.47}$$

利用式(1.47)计算反应的 $\Delta_r H_m^\ominus$ 是基于反应方程式两侧反应物和生成物由单质化合生成时,所需单质的量相同,例如反应:

$$Al_2O_3(s) + 3SO_3(g) \longrightarrow Al_2(SO_4)_3(s)$$

形成反应物[$Al_2O_3(s) + 3SO_3(g)$]和生成物[$Al_2(SO_4)_3(s)$]有共同的起点,都是[$2Al(s) + 3S(s)_2 + 6O_2(g)$]。

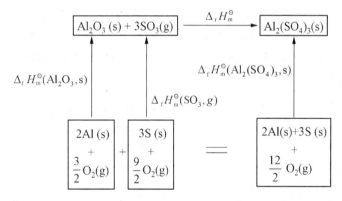

根据状态函数的性质,所以

$$\Delta_r H_m^\ominus = \sum_B \nu_B \Delta_f H_m^\ominus (B)$$
$$= \Delta_f H_m^\ominus (Al_2(SO_4)_3, s) - \Delta_f H_m^\ominus (Al_2O_3, s) - 3\Delta_f H_m^\ominus (SO_3, g)$$

也就是说,一定温度下,化学反应的标准摩尔反应焓变 $\Delta_r H_m^\ominus$,等于同温度下产物的标准摩尔生成焓之和减去反应物的标准摩尔生成焓之和,或者说等于参与反应的各物质的标准摩尔生成焓与其化学计量数乘积之和。

1.8.2 标准摩尔燃烧焓

可燃物质 B 的标准摩尔燃烧焓是指在温度为 T 的标准状态下,1 mol 物质 B 与氧气完全反应,生成同温下的指定产物时的标准摩尔反应焓变,称为物质 B 的标准摩尔燃烧焓(standard molar enthalpy of combustion)。用 $\Delta_c H_m^\ominus(B,相态,T)$ 表示,单位为 $kJ \cdot mol^{-1}$。下标"c"表示"燃烧",下标"m"表示反应进度为 1 mol。常见物种在 25 ℃时的标准摩尔燃烧焓 $\Delta_c H_m^\ominus(B,相态,298.15\ K)$ 可以查表得到。燃烧指定产物为:燃烧物中的 C 转变为 $CO_2(g)$、H 转变为 $H_2O(l)$、S 转变为 $SO_2(g)$、N 转变为 $N_2(g)$ 等。

例如,298.15 K,100 kPa 时,反应

$$C(石墨)+O_2(g) \longrightarrow CO_2(g), \quad \Delta_c H_m^\ominus(C,石墨,298.15\ K)=-393.5\ kJ \cdot mol^{-1}$$

从燃烧焓也可以计算反应的焓变。如果已知参与反应的各物种的标准摩尔燃烧焓,则反应的焓变等于各反应物标准摩尔燃烧焓的总和减去各产物的标准摩尔燃烧焓的总和,计算公式如下:

$$\Delta_r H_m^\ominus = -\sum_B \nu_B \Delta_c H_m^\ominus(B,相态,T) \tag{1.48}$$

利用式(1.48)计算反应的 $\Delta_r H_m^\ominus$ 是基于反应方程式两侧反应物和生成物的燃烧产物都是相同的。从燃烧焓也可以求生成焓,尤其是一些通常不能直接由单质合成的有机化合物。

【例 1.9】 已知 25 ℃时,丙烯腈 $CH_2CHCN(l)$ 的摩尔蒸发焓为 32.84 $kJ \cdot mol^{-1}$,$CH_2CHCN(l)$、$C(石墨)$ 和 $H_2(g)$ 的 $\Delta_c H_m^\ominus(298.15\ K)$ 分别为 $-1\ 759.5\ kJ \cdot mol^{-1}$、$-393.5\ kJ \cdot mol^{-1}$、$-285.9\ kJ \cdot mol^{-1}$。求 25 ℃时,$CH_2CHCN(g)$ 的标准摩尔生成焓。

解: 根据标准摩尔生成焓的定义,反应

① $3C(石墨)+\frac{3}{2}H_2(g)+\frac{1}{2}N_2(g) \longrightarrow CH_2CHCN(g)$ 的 $\Delta_r H_{m,1}^\ominus(298.15\ K)$ 就是 $CH_2CHCN(g)$ 标准摩尔焓变 $\Delta_f H_m^\ominus(CH_2CHCN,g,298.15\ K)$。

由已知条件,根据式(1.48),可直接求取的是反应

② $3C(石墨)+\frac{3}{2}H_2(g)+\frac{1}{2}N_2(g) \longrightarrow CH_2CHCN(l)$ 的 $\Delta_r H_{m,2}^\ominus(298.15\ K)$,它是液态 CH_2CHCN 的标准摩尔焓变 $\Delta_f H_m^\ominus(CH_2CHCN,l,298.15\ K)$,则

$$\Delta_r H_{m,2}^\ominus(298.15\ K)=3\Delta_c H_m^\ominus(C,石墨)+\frac{3}{2}\Delta_c H_m^\ominus(H_2,g)+\frac{1}{2}\Delta_c H_m^\ominus(N_2,g)-$$
$$\Delta_c H_m^\ominus(CH_2CHCN,l)$$
$$=3\times(-393.5)+\frac{3}{2}\times(-285.9)+\frac{1}{2}\times 0-(-1\ 759.5)$$
$$=150.2(kJ \cdot mol^{-1})$$

而要求取 $\Delta_r H_{m,1}^\ominus(298.15\ K)$ 还需借助于方程

③ $CH_2CHCN(l) \longrightarrow CH_2CHCN(g)$,由题目可知:$\Delta_{vap} H_{m,3}^\ominus(298.15\ K)=32.84\ kJ \cdot mol^{-1}$

因为①＝②＋③，所以在温度为 298.15 K 的条件下：

$$\Delta_f H_m^\ominus(CH_2CHCN, g, 298.15\ K) = \Delta_r H_{m,1}^\ominus = \Delta_r H_{m,2}^\ominus + \Delta_{vap} H_{m,3}^\ominus$$
$$= 150.2 + 32.84 = 183.04(kJ \cdot mol^{-1})$$

1.8.3 离子的标准摩尔生成焓

对于有离子参加的反应，若能知道离子的摩尔生成焓，则同样可以按式(1.47)计算这一类反应的摩尔焓变。但是由于溶液中正负离子总是同时存在，溶液呈电中性，因此得不到单一离子的生成焓。

例如 298.15 K 时，电离过程：

$$H_2O(l) \longrightarrow H^+(\infty, aq) + OH^-(\infty, aq), \quad \Delta_r H_m^\ominus(298.15\ K) = 55.84\ kJ \cdot mol^{-1}$$

$$\Delta_r H_m^\ominus(298.15\ K) = \Delta_f H_m^\ominus\{H^+(\infty, aq)\} + \Delta_f H_m^\ominus\{OH^-(\infty, aq)\} - \Delta_f H_m^\ominus\{H_2O(l)\}$$

查表知 $H_2O(l)$ 的标准摩尔生成焓 $\Delta_f H_m^\ominus(H_2O, l, 298.15\ K) = -285.8\ kJ \cdot mol^{-1}$，所以

$$\Delta_f H_m^\ominus\{H^+(\infty, aq)\} + \Delta_f H_m^\ominus\{OH^-(\infty, aq)\} = \Delta_r H_m^\ominus(298.15\ K) + \Delta_f H_m^\ominus\{H_2O(l)\}$$
$$= 55.84 + (-285.8) = -229.96(kJ \cdot mol^{-1})$$

所得结果为 H^+ 和 OH^- 标准摩尔生成焓之和。可见，通过实验测定或设计辅助反应方程计算，只能求得正、负两种离子生成焓之和。如果人为规定某种离子的标准摩尔生成焓为零，以此作为一种基准，可以得到其他各种离子在无限稀释时的相对生成焓。利用相对值也可以计算有离子参与反应的标准摩尔反应焓。现在公认的标准是规定 $H^+(\infty, aq)$ 的标准摩尔生成焓为零。因此，上例中，OH^- 的标准摩尔生成焓为

$$\Delta_f H_m^\ominus\{OH^-(\infty, aq)\} = -229.96 - 0 = -229.96(kJ \cdot mol^{-1})$$

附录中列出了一些离子的标准摩尔生成焓。

【例 1.10】 25 ℃，标准大气压下，向含有 1 mol Ca^{2+} 浓度很稀的溶液中，通入过量 $CO_2(g)$，求产生 $CaCO_3$ 沉淀反应的标准摩尔焓变。

解：系统中发生的化学反应为

$$Ca^{2+}(\infty, aq) + CO_2(g) + H_2O(l) \longrightarrow CaCO_3(s) + 2H^+(\infty, aq)$$

$$\Delta_r H_m^\ominus(298.15\ K) = [\Delta_f H_m^\ominus\{CaCO_3(s)\} + 2\Delta_f H_m^\ominus\{H^+(\infty, aq)\}$$
$$\quad - [\Delta_f H_m^\ominus\{Ca^{2+}(\infty, aq)\} + \Delta_f H_m^\ominus\{CO_2(g)\} + \Delta_f H_m^\ominus\{H_2O(l)\}]$$
$$= (-1\ 206.9 + 0) - (-542.83 - 393.51 - 285.83)$$
$$= 15.3(kJ \cdot mol^{-1})$$

此外，还有溶解焓和稀释焓。将一定量的溶质 B 溶于一定量的溶剂 A 中所产生的热效应称为物质 B 的溶解焓。将一定量的溶剂 A 加入到一定量的溶液中，使之稀释所产生的热效应称为稀释焓。物质的溶解现象是一个复杂的过程，它包括溶质分子或离子的离散，溶质

分子与溶剂分子间的结合,即"溶剂化过程",以及溶剂化的溶质(可以是中性分子、离子或基团等)的扩散过程等。在这些过程中,需要克服粒子间的作用力而引起系统的能量变化,从而制约整个过程是放热还是吸热,体积是增大还是减小。显然溶解焓或稀释焓的大小除了与溶质和溶剂的性质和数量有关外,还与系统所处的温度及压力有关。若不注明,通常是指 25 ℃和 10^5 Pa。

1.8.4 由键焓估算反应的焓变

化学变化过程只涉及参与反应的各原子的部分外层电子之间的结合方式的改变,或者说发生了化学键的改组。由于化学键的改组,也就是旧化学键拆散和新化学键的形成过程,都伴随着能量的变化,所以化学变化的过程会产生热效应。以此为线索,可提出反映化学键强度属性的键焓的概念,用以计算反应过程的焓变。键焓从微观角度阐明了反应热的实质,这是从物质结构的角度解决反应焓变的根本途径。但是,人们对物质微观结构的认识还有待于不断深化,实验技术仍落后于剖析微观世界的要求,现有的键焓的数据还很不完善;并且只是平均的近似值,不够准确;而且只限于气态物质。所以由键焓估算反应热是有一定局限性的,它只是一种近似的方法。

热化学中所用的键焓与从光谱数据所得的键的分解能在意义上有所不同。后者键能是指拆散气态化合物中某一具体化学键生成气态原子或原子团时所需的能量,而键焓是指拆散一类化学键所需能量的平均值。例如,根据光谱数据,断开气态 H_2O 中的第一个 O—H 键和第二个 O—H 键所需的能量是不同的,

$$H_2O(g) \longrightarrow H(g) + OH(g), \quad \Delta_r H_m^\ominus (298.15 \text{ K}) = 502.1 \text{ kJ} \cdot \text{mol}^{-1}$$

$$OH(g) \longrightarrow H(g) + O(g), \quad \Delta_r H_m^\ominus (298.15 \text{ K}) = 423.4 \text{ kJ} \cdot \text{mol}^{-1}$$

也就是说,同样是 O—H 键,当化学环境不同时,键能并不相同。为了便于应用,热化学中取 $H_2O(g)$ 中两个 O—H 的键能的平均值,并将其定义为 O—H 的键焓,即 298.15 K 时,

$$\Delta H_m^\ominus (\text{O—H}) = \frac{502.1 + 423.4}{2} = 462.8 (\text{kJ} \cdot \text{mol}^{-1})$$

由此可见,键焓不是实验的直接结果,只是为了方便估算反应焓变而定义的各类化学键的键能的平均值。

键焓的定义可以表述为:在温度 T 与标准压力时,气态分子断开 1 mol 化学键的焓变。键焓用符号 $\Delta H_m^\ominus$ 表示,单位为 $\text{kJ} \cdot \text{mol}^{-1}$。

键焓的计算一般需要结合光谱和量热的数据,利用 Hess 定律进行计算,单纯用量热法一般得不到断开化合物中某一化学键所需的能量。当求取键能平均值所选择的基准物质不同时,键焓的数据会出现差异。另外,同一种键的键焓,当情况不同时,也可能稍有出入。下面以 C—H 键的键焓的计算为例来加以说明。从光谱和量热法可得,

298.15 K时：

① $CH_4(g)+2O_2(g) \longrightarrow CO_2(g)+2H_2O(l)$, $\Delta_r H_{m,1}^{\ominus} = -890.36 \text{ kJ} \cdot \text{mol}^{-1}$

② $CO_2(g) \longrightarrow C(石墨)+O_2(g)$, $\Delta_r H_{m,2}^{\ominus} = 393.51 \text{ kJ} \cdot \text{mol}^{-1}$

③ $2H_2O(l) \longrightarrow 2H_2(g)+O_2(g)$, $\Delta_r H_{m,3}^{\ominus} = 571.70 \text{ kJ} \cdot \text{mol}^{-1}$

④ $2H_2(g) \longrightarrow 4H(g)$, $\Delta_r H_{m,4}^{\ominus} = 877.00 \text{ kJ} \cdot \text{mol}^{-1}$

⑤ $C(石墨) \longrightarrow C(g)$, $\Delta_r H_{m,5}^{\ominus} = 716.68 \text{ kJ} \cdot \text{mol}^{-1}$

将上述五式相加，得 ⑥＝①＋②＋③＋④＋⑤

⑥ $CH_4(g) \longrightarrow C(g)+4H(g)$, $\Delta_r H_{m,6}^{\ominus} = 1\,668.53 \text{ kJ} \cdot \text{mol}^{-1}$

其中
$$\Delta_r H_{m,6}^{\ominus} = \Delta_r H_{m,1}^{\ominus} + \Delta_r H_{m,2}^{\ominus} + \Delta_r H_{m,3}^{\ominus} + \Delta_r H_{m,4}^{\ominus} + \Delta_r H_{m,5}^{\ominus}$$
$$= -890.36 + 393.51 + 571.70 + 877.00 + 716.68$$
$$= 1\,668.53 (\text{kJ} \cdot \text{mol}^{-1})$$

所以，在298.15K，C—H的键能 $\Delta H_m^{\ominus}(\text{C—H}) = \dfrac{1\,668.53}{4} = 417.1 (\text{kJ} \cdot \text{mol}^{-1})$。

此数据与$CH_4(g)$中C—H键的分解能（426.8 kJ·mol^{-1}）稍有差别。显然，对于多原子分子键焓与键的分解能不一定相同。

而对于双原子分子，键焓与键的分解能是等同的，例如：298.15 K时，

$H_2(g) \longrightarrow 2H(g)$, $\varepsilon(\text{H—H}) = \Delta H_m^{\ominus}(\text{H—H}) = 436 \text{ kJ} \cdot \text{mol}^{-1}$

$O_2(g) \longrightarrow 2O(g)$, $\varepsilon(\text{O=O}) = \Delta H_m^{\ominus}(\text{O=O}) = 498.3 \text{ kJ} \cdot \text{mol}^{-1}$

表1.2中是一些平均键焓数据。

表1.2　298.15 K时一些平均键焓数据

键	$\Delta H_m^{\ominus}/\text{kJ} \cdot \text{mol}^{-1}$	键	$\Delta H_m^{\ominus}/\text{kJ} \cdot \text{mol}^{-1}$	键	$\Delta H_m^{\ominus}/\text{kJ} \cdot \text{mol}^{-1}$
H—H	436.0	C—H	414.0	P—Cl	326.0
Li—Li	105.0	N—H	390.0	S—Cl	−255.0
N≡N	944.7	O—H	463.0	K—Cl	423.0
O—O	139.0	F—H	565.0	Ca—Cl	368.0
O=O	498.3	Na—H	197.0	As—Cl	293.0
F—F	155.0	Si—H	318.0	Se—Cl	243.0
Na—Na	71.0	P—H	322.0	Br—Cl	217.0
Si—Si	222.0	S—H	347.0	Rb—Cl	427.0
P—P	200.0	Cl—H	431.4	Ag—Cl	301.0

(续表)

键	$\Delta H_m^\ominus$/kJ·mol^{-1}	键	$\Delta H_m^\ominus$/kJ·mol^{-1}	键	$\Delta H_m^\ominus$/kJ·mol^{-1}
S—S	225.0	K—H	180.0	Sn—Cl	318.0
Cl—Cl	242.3	Cu—H	276.0	Sb—Cl	310.0
K—K	49.0	As—H	247.0	I—Cl	209.0
Ge—Ge	188.0	Se—H	276.0	Cs—Cl	423.0
As—As	188.0	Br—H	366.0	C—N	292.0
As≡As	381.0	Rb—H	163.0	C≡N	890.0
Se—Se	209.0	Ag—H	243.0	C—O	350.0
Se=Se	272.0	C≡C	835.1	C=O	745.0
Br—Br	193.0	N—N	163.0	C—S	272.0
Rb—Rb	45.2	Te—H	239.0	C=S	536.0
Sn—Sn	163.0	I—H	299.0	P—N	577.0
Sb—Sb	121.0	Cs—H	175.7	S—O	498.0
Sb≡Sb	288.7	Li—H	481.0	C≡O	1 046.0
C—C	344.0	C—Cl	329.0	C—F	328.0
C=C	610.0	N—Cl	192.0	C—Br	276.0
Te—Te	222.0	O—Cl	218.0	C—I	240.0
I—I	150.9	F—Cl	253.0	C—Si	290.0
Cs—Cs	43.5	Na—Cl	410.0	N—O	175.0
Li—H	243.0	Si—Cl	380.0		

  L. Pauling(美国化学家)假定一个分子的总键焓是其中各个单键键焓之和,这些键焓只是由键的类型所决定。利用键焓的数据可得气态原子合成气态化合物的 $\Delta_r H_m^\ominus$,但要注意这并不是该化合物的标准摩尔生成焓 $\Delta_f H_m^\ominus$,因为 $\Delta_f H_m^\ominus$ 是以最稳定的单质作为计算起点,要得到 $\Delta_f H_m^\ominus$,还需知道各元素的气态单原子自身的标准摩尔生成焓。

  对于某些无法直接测量或用生成焓数据求算的反应热,可利用键焓数据估算。化学反应的焓变等于生成物成键时所放出的热量和反应物断键时所吸收的热量的代数和。计算通式可表示如下:

$$\Delta_r H_m = -\left\{\sum_B \varepsilon(\text{生成物}) - \sum_B \varepsilon(\text{反应物})\right\}$$

其中 ε 代入键焓的数据。对于涉及液态和固态物种的化学反应,就不能用键焓简单地估算

反应的 $\Delta_r H_m^\ominus$ 值,因为分子间更为复杂的相互作用也对反应热有贡献。

【例 1.11】 试由键焓数据估算下列反应在 298.15 K 时的标准焓变。

$$2C(石墨) + 3H_2(g) + \frac{1}{2}O_2(g) \longrightarrow H-\underset{\underset{H}{|}}{\overset{\overset{H}{|}}{C}}-\underset{\underset{H}{|}}{\overset{\overset{H}{|}}{C}}-O-H(g)$$

解:将目标反应编为①,反应①的标准焓变记着 $\Delta_r H_{m,1}^\ominus$,它实际上就等于 $C_2H_5OH(g)$ 的标准摩尔生成焓 $\Delta_f H_m^\ominus (C_2H_5OH, g, 298.15 \text{ K})$。

反应①可由下列反应②和③组合而来,

② $C(石墨) \longrightarrow C(g)$, $\Delta_r H_{m,2}^\ominus = 716.68 \text{ kJ} \cdot \text{mol}^{-1}$

③ $2C(g) + 3H_2(g) + \frac{1}{2}O_2(g) \longrightarrow H-\underset{\underset{H}{|}}{\overset{\overset{H}{|}}{C}}-\underset{\underset{H}{|}}{\overset{\overset{H}{|}}{C}}-O-H(g)$ $\Delta_r H_{m,3}^\ominus$

$\Delta_r H_{m,3}^\ominus$ 的值可由键焓估算,反应物中有 3 个 H—H 键,$\frac{1}{2}$ 个 O=O 键;生成物中有 5 个 C—H 键,1 个 C—C 键,1 个 C—O 键,1 个 O—H 键。

$$\begin{aligned}
\Delta_r H_{m,3}^\ominus &= -\left[\sum_B \varepsilon(生成物) - \sum_B \varepsilon(反应物)\right] \\
&= \left[3\varepsilon(H-H) + \frac{1}{2}\varepsilon(O=O)\right] - [5\varepsilon(C-H) + \varepsilon(C-C) + \varepsilon(C-O) + \varepsilon(O-H)] \\
&= (3 \times 436 + \frac{1}{2} \times 498.3) \text{kJ} \cdot \text{mol}^{-1} - (5 \times 414 + 344 + 350 + 463) \text{kJ} \cdot \text{mol}^{-1} \\
&= -1669.9 \text{ kJ} \cdot \text{mol}^{-1}
\end{aligned}$$

又因为 ① = 2×② + ③,所以

$$\begin{aligned}
\Delta_r H_{m,1}^\ominus &= 2 \times \Delta_r H_{m,2}^\ominus + \Delta_r H_{m,3}^\ominus \\
&= 2 \times 716.68 \text{ kJ} \cdot \text{mol}^{-1} + (-1669.9) \text{kJ} \cdot \text{mol}^{-1} \\
&= -236.5 \text{ kJ} \cdot \text{mol}^{-1}
\end{aligned}$$

§1.9 反应焓变与温度的关系

1.9.1 Kirchhoff 定律

等温等压下的化学反应,反应的焓变 $\Delta_r H_m$ 与反应进行时的压力 p 和温度 T 有关。

焓变与压力的关系较复杂，对于只有凝聚相参与的化学反应或气体满足理想气体的特性的系统，在通常条件下，压力对反应焓变的影响很小，甚至可以忽略。相比较而言，温度对反应焓变的影响规律更简单、直接些，符合 Kirchhoff 定律（基尔霍夫，1824—1887，德国化学家）。

设等压下，某反应分别在两个不同的温度 T_1 和 T_2 下进行，反应产生的热效应分别为 $\Delta_r H_m(T_1)$ 和 $\Delta_r H_m(T_2)$。利用 H 是状态函数的特点，通过设计反应途径，可以很方便地获得两者之间的定量关系，也就是温度与反应焓变 $\Delta_r H_m$ 的关系——Kirchhoff 定律。

$$T_1: \quad dD + eE \xrightarrow{\Delta_r H_m(T_1)} fF + gG$$
$$\downarrow \Delta H(1) \qquad\qquad \uparrow \Delta H(2)$$
$$T_2: \quad dD + eE \xrightarrow{\Delta_r H_m(T_2)} fF + gG$$

因为 H 是状态函数，所以有：

$$\Delta_r H_m(T_1) = \Delta H(1) + \Delta_r H_m(T_2) + \Delta H(2)$$

又

$$\Delta H(1) = \int_{T_1}^{T_2} dC_{p,m}(D) dT + \int_{T_1}^{T_2} eC_{p,m}(E) dT + \cdots$$

$$\Delta H(2) = \int_{T_2}^{T_1} fC_{p,m}(F) dT + \int_{T_2}^{T_1} gC_{p,m}(G) dT + \cdots$$

若令

$$\Delta_r C_{p,m} = \{fC_{p,m}(F) + gC_{p,m}(G) dT + \cdots\} - \{dC_{p,m}(D) + eC_{p,m}(E) dT + \cdots\}$$
$$= \sum_B \nu_B C_{p,m}(B)$$

则

$$\Delta H(1) + \Delta H(2) = -\int_{T_1}^{T_2} \Delta_r C_{p,m} dT$$

所以

$$\Delta_r H_m(T_2) = \Delta_r H_m(T_1) + \int_{T_1}^{T_2} \Delta_r C_{p,m} dT \qquad (1.49)$$

式(1.49)称为 Kirchhoff 定律，它是该定律的积分式。若已知某一温度时反应的 $\Delta_r H_m(T_1)$ 和参与反应的各物种的 $C_{p,m}(B)$，就可以利用 Kirchhoff 定律求得相同压力下，另一温度时该反应的 $\Delta_r H_m(T_2)$ 的值。习惯上我们常选择 T_1 为 298.15 K，因为此温度、标态时反应的焓变 $\Delta_r H_m^\ominus(298.15\ K)$ 可从手册上提供的数据计算得到。在使用式(1.49)时，应注意在所讨论的温度范围内（T_1 到 T_2 的温度区间内），反应物或产物应没有聚集状态的变化，即没有相变化发生。若反应系统中有一种或几种物质发生相变化，由于 $C_{p,m}(B)$ 不连续，因此应该分段计算 $\Delta H(1)$ 和 $\Delta H(2)$。

Kirchhoff 定律还可以由下述方法，更方便地导出。反应的焓变实际上是指产物的焓的总和与反应物的焓的总和的差值，即

$$\Delta_r H_m = \{fH_m(F) + gH_m(G) + \cdots\} - \{dH_m(D) + eH_m(E) + \cdots\}$$

将上式两侧在压力保持不变的条件下,对 T 求偏微商,则

$$\left(\frac{\partial \Delta_r H_m}{\partial T}\right)_p = \left\{f\left[\frac{\partial H_m(F)}{\partial T}\right]_p + g\left[\frac{\partial H_m(G)}{\partial T}\right]_p + \cdots\right\}$$
$$- \left\{d\left[\frac{\partial H_m(D)}{\partial T}\right]_p + e\left[\frac{\partial H_m(E)}{\partial T}\right]_p + \cdots\right\}$$
$$= \Delta_r C_{p,m}$$

即
$$\left(\frac{\partial \Delta_r H_m}{\partial T}\right)_p = \Delta_r C_{p,m} \tag{1.50a}$$

其中
$$\Delta_r C_{p,m} = \sum_B \nu_B C_{p,m}(B) \tag{1.50b}$$

式(1.50a)移项并在 T_1 到 T_2 的温度区间内进行定积分就得到式(1.49)。式(1.50a)称为微分形式的 Kirchhoff 定律。显然,反应的焓变 $\Delta_r H_m$,在等压下随温度 T 的变化率取决于反应系统的等压热容差 $\Delta_r C_{p,m}$。通常反应系统的 $\Delta_r C_{p,m} \neq 0$,所以反应的焓变随温度而变。

对式(1.50a)作不定积分,得:

$$\Delta_r H_m(T) = \int \Delta_r C_{p,m} dT + 常数$$

若已知反应系统中各物质的等压热容 $C_{p,m}(B)$ 与 T 的函数关系式为:

$$C_{p,m} = a + bT + cT^{-2} + \cdots$$

则
$$\Delta_r C_{p,m} = \Delta a + \Delta b T + \Delta c T^{-2} + \cdots$$

式中,$\Delta a = \sum_B \nu_B a(B), \Delta b = \sum_B \nu_B b(B), \Delta c = \sum_B \nu_B c(B)\cdots$

将 $\Delta_r C_{p,m}$ 代入上式,作不定积分,得:

$$\Delta_r H_m(T) = \Delta_r H_m(0) + \Delta a T + \frac{1}{2}\Delta b T^2 - \Delta c \frac{1}{T} + \cdots \tag{1.51}$$

式(1.51)为 Kirchhoff 定律的不定积分形式。若反应是在标准压力下进行,查表可求得 $T = 298.15$ K 时,反应的标准焓变 $\Delta_r H_m^{\ominus}(298.15 \text{ K})$,代入上式,可求得 $\Delta_r H_m^{\ominus}(0)$。只要给定一个温度 T,就能求出标准压力、给定温度下的反应焓变。

式(1.51)把反应焓变表示为温度的函数,对同一反应,只要求出反应压力下的 $\Delta_r H_m(0)$,则由此式可求任意给定温度 T 时反应的焓变 $\Delta_r H_m(T)$。

【例 1.12】 已知下列物质的恒压摩尔热容与温度的关系式分别为:

$C_{p,m}(N_2, g) = [27.3 + 6.226 \times 10^{-3}(T/K) - 0.9502 \times 10^{-6}(T/K)^2] \text{ J} \cdot \text{K}^{-1} \cdot \text{mol}^{-1}$,

$C_{p,m}(H_2, g) = [26.88 + 4.347 \times 10^{-3}(T/K) - 0.3265 \times 10^{-6}(T/K)^2] \text{ J} \cdot \text{K}^{-1} \cdot \text{mol}^{-1}$

$$C_{p,m}(NH_3, g) = [27.43 + 33.00 \times 10^{-3}(T/K) - 3.046 \times 10^{-6}(T/K)^2] \text{J} \cdot \text{K}^{-1} \cdot \text{mol}^{-1}$$

反应 $\frac{1}{2}N_2(g) + \frac{3}{2}H_2(g) \longrightarrow NH_3(g)$ 的标准摩尔反应焓 $\Delta_r H_m^\ominus(298.15 \text{ K}) = -46.11 \text{ kJ} \cdot \text{mol}^{-1}$，求 500 K 时的反应的标准摩尔焓变 $\Delta_r H_m^\ominus(500 \text{ K})$。

解：物质的恒压摩尔热容与温度的关系采用 $C_{p,m} = a + bT + cT^2$ 的形式。由已知数据可求得该反应的摩尔恒压热容的变化值为

$$\Delta_r C_{p,m} = 1 \times C_{p,m}(NH_3, g) - \frac{1}{2}C_{p,m}(N_2, g) - \frac{3}{2}C_{p,m}(H_2, g)$$

$$= \sum_B \nu_B a(B) + T\sum_B \nu_B b(B) + T^2 \sum_B \nu_B c(B)$$

$$= \Delta a + \Delta bT + \Delta cT^2$$

$$= [-26.55 + 23.37 \times 10^{-3}(T/K) - 2.081 \times 10^{-6}(T/K)^2] \text{J} \cdot \text{K}^{-1} \cdot \text{mol}^{-1}$$

代入 Kirchhoff 定律的定积分公式得：

$$\Delta_r H_m(T_2) = \Delta_r H_m(T_1) + \int_{T_1}^{T_2} \Delta_r C_{p,m} dT$$

$$= -46.11 + \left[\int_{298.15}^{500}(-26.55 + 23.37 \times 10^{-3}T - 2.081 \times 10^{-6}T^2)dT\right] \times 10^{-3}$$

$$= -46.11 + \left[(-26.55) \times (500-298.15) + \frac{23.37}{2} \times 10^{-3}(500^2 - 298.15^2) - \frac{2.081}{3} \times 10^{-6} \times (500^3 - 298.15^3)\right] \times 10^{-3}$$

$$= -46.11 - 3.544 = -49.65 (\text{kJ} \cdot \text{mol}^{-1})$$

所以 $\Delta_r H_m^\ominus(500 \text{ K}) = -49.65 \text{ kJ} \cdot \text{mol}^{-1}$

1.9.2 绝热反应——非等温反应的焓变

以上所讨论的都是在等温、等压下进行的反应，即反应系统的始、终态处于相同的温度，且整个过程是在一定压力下进行的反应。实际化学化工生产中，情况往往复杂得多。如果反应系统的始、终态处于不同温度就属于非等温反应。典型的非等温反应是反应完全在绝热情况下进行的绝热反应。实际反应如果进行得很快，可以看作为绝热过程，研究绝热反应中的能量转换关系可以计算系统所能达到的最高温度或最高压力。例如：

(1) 计算物质恒压燃烧所能达到的最高火焰温度。这里的"最高"意味着没有热损失，即绝热。对于不做非体积功的系统，计算依据为：$Q_p = \Delta_r H_m = 0$(恒压、绝热)。

(2) 计算恒容燃烧爆炸反应的最高温度和最高压力。因燃烧爆炸反应往往瞬间完成，所以可以把反应过程看着是没有热损失的绝热过程；而要出现最高压力，反应只有在恒容容器中进行。若系统不做非体积功，过程的计算依据为：$Q_V = \Delta_r H_m = 0$(恒容、绝热)。

对于恒压绝热反应,反应的最终温度的计算方法一般为:将绝热反应系统与该反应在等温(一般选择 298.15 K)、等压(选择与绝热过程相同的压力)下进行的过程组合,设计为如下的一个循环,利用 H 是状态函数的特性,且 $Q_p = \Delta_r H_m = 0$,计算反应的最终温度 T_2。

$$p, T_1: \qquad d\text{D} + e\text{E} \xrightarrow[\Delta_r H_m = Q_p = 0]{dp=0, Q=0} f\text{F} + g\text{G} \qquad p, T_2$$

$$\downarrow \Delta H(1) \qquad\qquad\qquad \uparrow \Delta H(2)$$

$$p, 298.15 \text{ K}: \quad d\text{D} + e\text{E} \xrightarrow{\Delta_r H_m(298.15 \text{ K})} f\text{F} + g\text{G} \quad p, 298.15 \text{ K}$$

由于焓是状态函数,所以 $\Delta_r H_m = \Delta H(1) + \Delta_r H_m(298.15 \text{ K}) + \Delta H(2)$

又:

$$\Delta H(1) = \int_{T_1}^{298.15 \text{ K}} d C_{p,m}(\text{D}) dT + \int_{T_1}^{298.15 \text{ K}} e C_{p,m}(\text{E}) dT + \cdots = \int_{T_1}^{298.15 \text{ K}} \sum_{\text{B}} \nu_{\text{B}} C_{p,m}(\text{反应物}) dT$$

$$\Delta H(2) = \int_{298.15 \text{ K}}^{T_2} f C_{p,m}(\text{F}) dT + \int_{298.15 \text{ K}}^{T_2} g C_{p,m}(\text{G}) dT + \cdots = \int_{298.15 \text{ K}}^{T_2} \sum_{\text{B}} \nu_{\text{B}} C_{p,m}(\text{生成物}) dT$$

$$\Delta_r H_m = Q_p = 0$$

$\Delta_r H_m(298.15 \text{ K})$ 可以通过 $\Delta_r H_m^{\ominus}(298.15 \text{ K})$ 求算。若反应压力 $p = p^{\ominus}$ 则 $\Delta_r H_m(298.15 \text{ K}) = \Delta_r H_m^{\ominus}(298.15 \text{ K})$,直接根据参与反应物种的标准摩尔生成焓的表值求算;若反应压力 $p \neq p^{\ominus}$,计算过程会麻烦些,可视具体情况,作近似计算。

代入上式,方程中只有一个未知数 T_2,因而可以解出反应的终态温度 T_2。

【例 1.13】 在 25 ℃、标准压力下,将甲烷与过量的空气(O_2 和 N_2 的物质的量之比为 1:4)充分混合,求燃烧所能达到的最高温度(即最高火焰温度)。假设燃烧时所放出的热量全部用于提高反应产物的温度,且不考虑产物的解离。

已知甲烷在 25 ℃ 的标准摩尔燃烧焓为 $-890.4 \text{ kJ} \cdot \text{mol}^{-1}$;25 ℃、标准态压力下,液态水的汽化热为 $44.02 \text{ kJ} \cdot \text{mol}^{-1}$;在 298~2 000 K 的范围内,各产物 $C_{p,m}$ 可以看作是与温度无关的常数,其值 $C_{p,m}(CO_2, g)$、$C_{p,m}(N_2, g)$ 和 $C_{p,m}(H_2O, g)$ 分别为 28.66 $\text{J} \cdot \text{K}^{-1} \cdot \text{mol}^{-1}$、27.87 $\text{J} \cdot \text{K}^{-1} \cdot \text{mol}^{-1}$ 和 30.00 $\text{J} \cdot \text{K}^{-1} \cdot \text{mol}^{-1}$。

解:由于要求最高火焰温度,所以将甲烷在空气中的燃烧反应:

$$CH_4(g) + 2O_2(g) \longrightarrow CO_2(g) + 2H_2O(g)$$

看作是绝热过程。设甲烷的量为 1 mol,其与足量的空气($2 \text{ mol } O_2 + 8 \text{ mol } N_2$)完全反应,产物中含有[$1 \text{ mol } CO_2(g) + 2 \text{ mol } H_2O(g) + 8 \text{ mol } N_2(g)$]。$N_2(g)$ 虽未参与反应,但它的温度会随着改变,因此也会吸收热量。

为了便于计算,设计如下方框图所示循环反应路径。

$$\text{CH}_4(g)+2\text{O}_2(g)+8\text{N}_2(g) \xrightarrow[\Delta_r H_m = Q_p = 0]{dp=0, Q=0} \text{CO}_2(g)+2\text{H}_2\text{O}(g)+8\text{N}_2(g)$$

始态 $(p^\ominus, 298.15\ \text{K})$ → 终态 $(p^\ominus, T)$

(1) $dT=0, dp=0$, $\Delta_r H_m(1)$ ↘ ↗ (2) $dp=0$, $\Delta H(2)$

$$\text{CO}_2(g)+2\text{H}_2\text{O}(g)+8\text{N}_2(g)$$
$(p^\ominus, 298.15\ \text{K})$

由 Hess 定律，$\Delta_r H_m = \Delta_r H_m(1) + \Delta H(2)$，其中 $\Delta_r H_m = 0$

又由于方程(1)与下列两个方程(3)和(4)有关，(1)=(3)+(4)

(3) $\text{CH}_4(g)+2\text{O}_2(g) \longrightarrow \text{CO}_2(g)+2\text{H}_2\text{O}(l)$，$\Delta_c H_m^\ominus(298.15\ \text{K}) = -890.4\ \text{kJ}\cdot\text{mol}^{-1}$

(4) $2\text{H}_2\text{O}(l) \longrightarrow 2\text{H}_2\text{O}(g)$，$\Delta_{vap} H_m^\ominus(298.15\ \text{K}) = 44.02\ \text{kJ}\cdot\text{mol}^{-1}$

所以 $\Delta_r H_m(1) = \Delta_c H_m^\ominus(298.15\ \text{K}) + 2\Delta_{vap} H_m^\ominus(298.15\ \text{K})$
$= (-890.4) + 2\times 44.02 = -802.36\ (\text{kJ}\cdot\text{mol}^{-1})$

而 $\Delta H(2) = \int_{298.15\ \text{K}}^{T_2} \sum_B \nu_B C_{p,m}(B) dT$
$= [C_{p,m}(\text{CO}_2, g) + 2C_{p,m}(\text{H}_2\text{O}, g) + 8C_{p,m}(\text{N}_2, g)](T-298.15)$
$= (28.66 + 2\times 30.00 + 8\times 27.87)\times (T-298.15)$
$= 311.62\times (T-298.15)\ (\text{J}\cdot\text{K}^{-1}\cdot\text{mol}^{-1})$

则 $(-802.36\times 10^3) + 311.62\times (T-298.15) = 0$

解得： $T = 2\,873\ \text{K}$

实际上反应常常既不是完全的等温也不是完全的绝热。另外，在绝热反应中，由于温度改变还有可能发生一些副反应，但是这两种极端情况的计算，其结果对实际系统有很高的参考价值。

§1.10 热化学与生命运动之能量

生物体中存在着复杂的反应系统，以提供生命活动所需要的能量，完成呼吸、循环、运动和神经等系统的功能。食物是提供能量的主要来源。通常用每克食物的标准燃烧焓来讨论食物的热化学性质。若某化合物的摩尔质量为 M，其标准摩尔燃烧焓为 $\Delta_c H_m^\ominus$，那么每克该物种的标准燃烧焓值就等于 $\Delta_c H_m^\ominus / M$。例如：葡萄糖的单位质量标准燃烧焓 $\Delta_c H_m^\ominus / M = 16\ \text{kJ}\cdot\text{g}^{-1}$。

一个 18~20 岁的成年男人每天通常需摄入 12 MJ 的能量，而相同年纪的成年女人大约需 9 MJ。假定热量都来自葡萄糖,那么男人每天需消耗 750 g 葡萄糖,而女人为 560 g。与葡萄糖相比,可消化的碳水化合物 $\Delta_c H_m^\ominus/M$ 值要稍大点,大约为 17 kJ·g^{-1},所以碳水化合物的食物比纯葡萄糖让人觉得更舒服些,并且更容易以纤维的形式存在。不容易消化的纤维素有助于消化产物通过肠道,进行二次吸收或作为废弃物排出体外。

脂肪是一种长链的酯,比如说啤酒中的脂肪,三硬脂酸甘油酯。脂肪的标准燃烧焓大约 38 kJ·g^{-1},远远大于碳水化合物的,只比碳氢化合物的 48 kJ·g^{-1} 略低。脂肪主要用来储存能量。只有当容易获得的碳水化合物缺乏时,才会被利用。在北极圈,北极熊储存的脂肪也被用作隔离层,起保温或抗击外力的作用等;而在沙漠地区,比如骆驼身上的脂肪,可以作为水源,因为水是脂肪氧化的产物之一。

蛋白质也是生命运动中的能量来源之一。但是蛋白质的组成成分氨基酸与碳水化合物和脂肪相比要贵重得多,所以仅仅作为提供能量的物质会显得很浪费,它们通常用来构建具有不同功能的蛋白质。如果蛋白质被氧化生成尿酸、CO(NH$_2$)$_2$,释放能量,其能量密度,即 $\Delta_c H_m^\ominus/M$ 值与碳水化合物相当。

为了维持体温在 35.6~37.8 ℃ 的范围内,需要调节食物氧化释放的热量。有机体通过生理响应对抗环境的变化,即具有自我平衡的调节能力,调节的机理有很多种。机体温度保持基本不变,主要通过流动的血液调节。当多余的热需要快速散发掉时,温度较高的血液就会流经皮肤周围的毛细血管,使流经的皮肤发热,比如出现脸红的现象。热辐射是排解多余热量的一种方法,另一种方法是通过水分的蒸发。散发的热量可以通过水的热焓计算。汗液中的每克水蒸发大约可以带走 2.4 kJ 的热量。剧烈运动一小时产生的汗液中水分大约有 1~2 dm^3,水分蒸发大约可以带走 2.4~5.0 MJ·h^{-1} 的热量。

总之,热化学对于探索机体生理活动机制、揭示生命之谜有重要的作用。

课外参考读物

1. 傅鹰. 化学热力学导论. 北京:科学出版社,1981.
2. 姚允斌,朱志昂. 物理化学教程(上、下). 湖南:湖南教育出版社,1984.
3. McGlashan M L. 著,刘天和等译. 化学热力学. 北京:中国计量出版社,1989.
4. 韩德刚,高执棣. 化学热力学. 北京:高等教育出版社,1997.
5. 赵凯华,罗蔚茵. 热学. 北京:高等教育出版社,1999.
6. 胡英,吕瑞东,刘国杰,叶汝强. 物理化学(第四版). 北京:高等教育出版社,1999.
7. 韩德刚,高执棣,高盘良. 物理化学. 北京:高等教育出版社,2001.
8. 天津大学物理化学教研室. 物理化学(上、下)(第五版). 北京:高等教育出版社,2007.
9. 孙德坤,沈文霞,姚天扬,侯文华. 物理化学学习指导. 北京:高等教育出版社,2007.
10. 沈文霞. 物理化学电子教案(第二版). 北京:高等教育出版社,2007.
11. 印永嘉,奚正揩,李大珍. 物理化学简明教程(第四版). 北京:高等教育出版社,2007.

12. Moore W J. Physical Chemistry(4th ed.). Prentice-Hall, Inc. New York, 1998.

13. Levine I N. Physical Chenistry(5th ed.). McGraw Hill Higher Education Companies, New York, 2002.

14. Tinoco I, Jr [et]. Physical chemistry/Principles and Applications in Biological Sciences(4th ed.). Prentice Hall, New York, 2002.

15. Silbey R J, Alberty R A, Bawendi M G. Physical chemistry(4th ed.). Wiley, Hoboken, New York, 2005.

16. Atkins P W, Paula J D. Physical Chemistry(9th ed.). Oxford University Press, Oxford, 2010.

17. Brown T L, LeMay H E, Jr., Bursten B E. Chemistry—The Central Science(8th ed.). Pearson Education North Asia Limited and China Machine Press, Beijing, 2003.

18. Erné B H, Snetsinger P. Thermodynamics of water superheated in the microwave oven. J. Chem. Educ., 2000, 77:1309.

19. Gislason E A. Thermodynamics and Chemistry(DeVoe, Howard). J. Chem. Educ., 2001, 78:1186.

20. Minderhout V. Thermodynamics and Kinetics for the Biological Sciences(Hammes, Gordon G.). J. Chem. Educ., 2001, 78:457.

21. Holman J, Pilling G. Thermodynamics in Context: A Case Study of Contextualized Teaching for Undergraduates. J. Chem. Educ., 2004, 81:373.

22. Barrie P J. JavaScript Programs to Calculate Thermodynamic Properties Using Cubic Equations of State. J. Chem. Educ., 2005, 82:960.

23. Leonard H E. Chemical Thermodynamics in the Real World. J. Chem. Educ, 2006, 83:39.

24. Hantsaridou A P, Polatoglou H M. Geometry and Thermodynamics: Exploring the Internal Energy Landscape. J. Chem. Educ., 2006, 83:1082.

25. Draves J A. Exploring Thermodynamics Using Non-Traditional Systems: Elastomers and DNA. J. Chem. Educ., 2007, 84:1887.

26. Battino R. "Mysteries" of the First and Second Laws of Thermodynamics. J. Chem. Educ., 2007, 84:753.

27. Harris H. Introduction to Molecular Thermodynamics(Robert M. Hanson and Susan Green). J. Chem. Educ., 2008, 85:1349.

28. Hadfield L C, Wieman C E. Student Interpretations of Equations Related to the First Law of Thermodynamics. J. Chem. Educ., 2010, 87:750.

29. Rosenberg R M. From Joule to Caratheodory and Born: A Conceptual Evolution of the First Law of Thermodynamics. J. Chem. Educ., 2010, 87:691.

30. Gislason E A, Craig N C. The "Global" Formulation of Thermodynamics and the First Law: 50 Years On. J. Chem. Educ., 2011, 88:1525.

31. Wang C Y, Hou C H. Teaching Differentials in Thermodynamics Using Spatial Visualization. J. Chem. Educ., 2012, 89:1522.

32. Knuiman J T, Barneveld P A, Besseling N A M. On the Relation between the Fundamental Equation of Thermodynamics and the Energy Balance Equation in the Context of Closed and Open Systems. J. Chem. Educ., 2012, 89: 968.

33. 吕申壮. 热力学关系的图形记忆法. 大学化学, 2011, 26(3): 77.

34. 居学海, 周素芹. 如何理解热力学基本公式适用条件. 大学化学, 2011, 26(1): 77.

35. 郭玉鹏. 类比法在物理化学热力学函数关系式记忆中的应用. 大学化学, 2011, 26(6): 67.

36. 陈良坦. 热力学平衡中的假想态浅议. 大学化学, 2012, 27(3): 59.

思考题

1. 热力学第一定律 $\Delta U = Q + W$ 的适用范围是什么？

2. 什么是热力学可逆过程？它有什么意义？基本特征是什么？化学反应中的可逆反应，是否就是热力学中的可逆过程？

3. 对于物质的量和组成确定的封闭系统，任何过程的 dU 都可以表示为

$$dU = \left(\frac{\partial U}{\partial T}\right)_V dT + \left(\frac{\partial U}{\partial V}\right)_T dV = C_V dT + \left(\frac{\partial U}{\partial V}\right)_T dV$$

这句话是否正确？由此可以推导出：

$$dU = (\partial U/\partial T)_V dT + (\partial U/\partial V)_T dV = C_V dT + (\partial U/\partial V)_T dV = \delta Q + (\partial U/\partial V)_T dV$$

与 $dU = \delta Q - p_e dV$ 相比较，所以：$\left(\frac{\partial U}{\partial V}\right)_T = -p_e dV$，该结论正确否？为什么？

4. 如下图所示，系统从状态 A 出发分别经过等温可逆膨胀(压缩)或绝热可逆膨胀(压缩)到达终态。其中图(a)、(b)是可逆膨胀过程，图(c)、(d)是可逆压缩过程，图(a)、(c)终态的压力相同，图(b)、(d)终态的体积相同。试答：(1) 标出各图中的等温线和绝热线；(2) 若系统从 A 出发，经过的是绝热不可逆膨胀(压缩)到达终态，当终态的压力或体积与绝热可逆过程相同时，则其终态的体积或压力将落在图(a)的 $p'CBE$，图(b)的 $V'CBE$，图(c)的 $p'BCE$ 及图(d)的 $V'BCE$ 线上的什么位置？为什么？

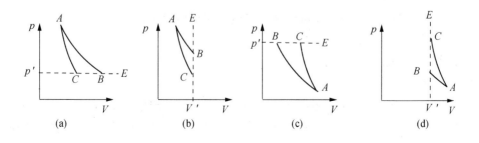

(a)　　　(b)　　　(c)　　　(d)

5. 什么是可逆相变？什么是不可逆相变？举例说明两者的区别以及如何区分。

6. 试用两种方法将如下不可逆过程设计成可逆过程：在 298.15 K，101.325 kPa 压力下，液态水蒸发为同温同压下的水蒸汽。比较两种可逆途径，并计算过程中的焓变。

7. 由焦-汤系数可以导出关系式：

$$\mu_{\mathrm{J-T}} = \left(\frac{\partial T}{\partial p}\right)_H = -\frac{1}{C_p}\left(\frac{\partial U}{\partial p}\right)_T - \frac{1}{C_p}\left[\frac{\partial (pV)}{\partial p}\right]_T$$

试回答：(1) 为什么绝热过程可以用等温过程的 U 及 pV 随压力变化来讨论？

(2) 在节流过程中，当 $\partial(pV) > 0$ 时，气体对外做功，因为绝热 $Q = 0$，必须降低热力学能，则 $dU < 0$，这一结论错在哪里？

8. 什么是化学反应的热效应？化学反应的热效应与什么有关？若某反应的方程式为：$\frac{1}{2}H_2(g) + \frac{1}{2}I_2(g) = HI(g)$，已知该反应事实上是不能进行到底的，问：这是否影响反应热的计算？

习题

1. 某双原子理想气体 1 mol 从始态 350 K，200 kPa 经过如下五个不同过程达到各自的平衡态，求各过程的功 W。

(1) 恒温可逆膨胀到 50 kPa；

(2) 恒温反抗 50 kPa 恒外压下不可逆膨胀；

(3) 恒温向真空膨胀到 50 kPa；

(4) 绝热可逆膨胀到 50 kPa；

(5) 绝热反抗 50 kPa 恒外压不可逆膨胀。

2. 在 200 K 时，固体汞的等压热膨胀系数 α 为 $1.43 \times 10^{-4}\,\mathrm{K}^{-1}$，压缩系数 $k = 3.45 \times 10^{-11}\,\mathrm{Pa}^{-1}$，摩尔体积为 $14.14 \times 10^{-6}\,\mathrm{m}^3 \cdot \mathrm{mol}^{-1}$，$C_{p,m} = 27.11\,\mathrm{J \cdot K^{-1} \cdot mol^{-1}}$。固体汞在 200 K 时，求 (1) $C_{p,m} - C_{V,m}$；(2) $C_{V,m}$。

3. 把 100 kPa，20 ℃时的 1 dm³ 氢气绝热压缩到温度为 80 ℃。试计算：

(1) 终了时的体积；

(2) 终了时的压力；

(3) 环境对气体所做的功。(已知 $C_{p,m} = 28.87\,\mathrm{J \cdot K^{-1} \cdot mol^{-1}}$)

4. 某弹式热量计，开始时盛有 780.4 mg 苯甲酸和一定量的硼、过量的水以及氧气，温度约在 25 ℃左右。用电火花使混合物燃烧，电火花加入了 92.0 J。反应后热量计的温度升高了 2.328 ℃。在所得到的硼酸溶液中加入了过量的甘露醇，它与 1 mol 的 H_3BO_3 生成一种强的一元酸,该溶液能被 34.54 cm³、浓度为 110.6×10⁻³ mol·dm⁻³ 的 NaOH 所中和。已知热量计及其内部所含各物的热容共为 10 096.0 J·K⁻¹。25 ℃时,1 mol 苯甲酸燃烧成 CO_2 及水的 ΔU 为 $-3\,230.9$ kJ,1 mol B_2O_3 溶于水中放热为 45.2 kJ。求在 25 ℃时从单质生成 1 mol B_2O_3 的 ΔH。

5. 25 ℃,100 kPa 下,由单质生成 1 mol 的 $CO_2(g)$ 放热 394 434 J。参与反应各物的摩尔热容为

$C(石墨,s):C_{p,m}=[5.02+0.020\,9T/K-5.0\times10^{-6}(T/K)^2]$ J·K⁻¹·mol⁻¹;

$O_2(g):C_{p,m}=(27.2+0.004\,2T/K)$ J·K⁻¹·mol⁻¹;

$CO_2(g):C_{p,m}=[30.96+0.027\,6T/K-6.28\times10^{-6}(T/K)^2]$ J·K⁻¹·mol⁻¹。

(1) 把生成 CO_2 反应的 ΔH 表示为 T 的函数;

(2) 计算 1 000 ℃时的 ΔH。

6. 将 1 mol 金属 Na 投入水中,若反应温度维持在 25 ℃,试求体系对外所做的功是多少?

7. 已知 298.15 K 时,C_{60} 燃烧反应的热力学能改变值 $\Delta_c U_m^\ominus = -259\,68$ kJ·mol⁻¹ (Kolesov,etal,J. chem. Thermo,28,1121,1996),试求:

(1) 298.15 K 时,C_{60} 的燃烧焓 $\Delta_c H_m^\ominus$;

(2) $\Delta_f H_m^\ominus (298.15\,K)$;

(3) 固态 $C_{60}(s)$ 转变为 1 mol 气态 $C(g)$ 原子的蒸发焓;

(4) 将(3)的数据与石墨和金刚石的蒸发焓进行比较。

8. 酵母和其他一些微生物可以将葡萄糖($C_6H_{12}O_6$)转化为乙醇或乙酸,试计算298 K 时,通过下列途径将 1 mol 葡萄糖氧化为(1) 乙醇或(2) 乙酸时的焓变 ΔH。

忽略反应物或生成物的熔解热,总反应方程如下:

$$C_6H_{12}O_6(s)\longrightarrow 2CH_3CH_2OH(l)+2CO_2(g)$$

$$2O_2(g)+C_6H_{12}O_6(s)\longrightarrow 2CH_3COOH(l)+2CO_2(g)+2H_2O(l)$$

(3) 计算葡萄糖完全燃烧生成 $CO_2(g)$ 和 $H_2O(l)$ 的摩尔焓变 ΔH_m。

已知葡萄糖($C_6H_{12}O_6$)转化为乙醇或乙酸的途径如下:

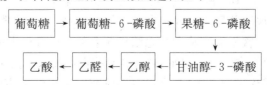

第 2 章 热力学第二定律

本章基本要求
1. 了解热力学第二定律与卡诺循环的联系,理解克劳修斯不等式的重要性。
2. 理解热力学第二、第三定律的叙述及数学表达式。
3. 熟记热力学函数 U,H,S,A,G 的定义,了解其物理意义。
4. 明确 G 在特殊条件下的物理意义,如何利用它来判别过程的方向和平衡条件。
5. 较熟练地计算一些简单过程中的 ΔS、ΔH 和 ΔG,以及利用范霍夫等温式来判别化学变化的方向。
6. 较熟练地运用吉布斯-亥姆霍兹公式、克拉贝龙和克劳修斯-克拉贝龙方程式。
7. 掌握熵增原理和各种平衡判据。
8. 初步了解不可逆过程热力学关于熵流和熵产生等基本内容。

关键词:热力学第二定律;过程的方向和限度;熵;热力学基本公式;热力学第三定律

热力学第一定律指出了在任何变化过程中,可能发生能量的传递或不同形式的能量的互相转化,但能量的总值保持不变。然而,对于另外一个同样具有重大实际意义的问题,热力学第一定律却无法解答。这个问题是,对某一变化过程的自发方向及变化进行的限度该如何判断,即如何判断某一过程会向哪个方向进行,以及进行到什么程度为止。例如:两个不同温度的物体间的热传导,不管方向如何,能量是守恒的,但仅从热力学第一定律却无法判断出热量会自发地从高温物体传导到低温物体,直至两物体温度相等,而其逆过程即热从低温物体传到高温物体却不会自动发生。变化的方向和限度问题要有赖于热力学第二定律来解决。

历史上关于变化的方向和限度问题的研究很多。例如,19 世纪中叶关于化学反应的方向问题,Thomson 和 Berthelot 曾把反应热看作是反应的策动力,认为只有放热反应才能自发地进行。事实上这种说法并不具有普遍意义,因此不能作为一般性的准则。而关于化学平衡的问题,Le Chatelier 曾根据实验事实总结出著名的 Le Chatelier 原理,指出了平衡移动的方向,但这个原理停留在定性的水平,缺乏准确的定量关系。真正解决这一问题的热力学第二定律的建立,却是受了 19 世纪蒸汽机效率研究中提出的卡诺(Carnot)定理的启发,由克劳修斯(Clausius)在 1850 年和开尔文(Kelvin)在 1851 年分别提出的。

热力学第二定律提出了具有普遍意义的熵判据,一般性地解决了变化的方向和限度问题,意义重大。

§2.1 热力学第二定律

人们所关心的变化的方向和限度的问题,往往主要是指自发变化的方向和限度。在这一节,我们将首先阐明自发变化是单向、不可逆的,接着说明各种自发变化的不可逆性之间是相互关联的,从而可以用某种典型自发变化的不可逆性来概括其他自发变化的不可逆性,即给出热力学第二定律的几种典型说法。

2.1.1 自发变化是单向、不可逆的

所谓"自发变化"乃是指能够自动发生的变化,即无需外力帮助,任其自然,即可发生的变化。人们对自发过程之所以感兴趣,是因为一切自发过程在适当的条件下都可以对外做功,而非自发过程则必须依靠外力,即环境要消耗功才能进行。例如以下是 5 个典型的自发变化:

(1) 热功转换:在 Joule 的热功当量实验中,重物下降,带动搅拌器,量热器中的水被搅动,从而使水温上升;

(2) 气体膨胀:气体的真空膨胀;

(3) 热传导:热量由高温物体传入低温物体;

(4) 扩散:各部分浓度不同的溶液自动扩散,最后浓度均匀;

(5) 化学反应:锌片投入硫酸铜溶液引起置换反应。

而上述自发变化各自的逆过程(如下)则不能自动进行。

(1) 水的温度自动降低而重物自动举起;

(2) 气体的压缩过程;

(3) 热量自低温物体流入高温物体;

(4) 浓度已经均匀的溶液变成浓度不均匀的溶液;

(5) 铜置换出锌的反应。

从这些例子及人类的经验中可以看出,一切自发变化都有一定的变化方向,是单向的,都是不会自动逆向进行的。

自发变化不会自动逆向进行,这并不意味着它们根本不可能倒转。借助于外力可以使一个自动变化后的系统再逆向返回原态,但无法使环境也同时复原。简单地说,自发变化乃是"热力学的不可逆过程"。例如,理想气体真空膨胀是一个自发过程,过程中 $Q=0, W=0$, $\Delta U=0$;如用活塞等温压缩,能使气体恢复原状,但其结果是环境付出了功,并且热储器(也

是环境的一部分)得到了热,环境发生了功转变为热的变化。

单向性、不可逆性是自发变化的共同特征。这个结论是经验的总结,也是热力学第二定律的基础。

2.1.2 自发变化的不可逆性是相互关联的

在上述理想气体自发真空膨胀的例子中,已经指出如用活塞等温压缩,能使气体恢复原状,但其结果是环境发生了付出功 W(推动活塞)得到热 Q(热储器得到热)的变化。如果我们假设"能够从单一热源(热储器)中取出热,使其完全转变为功而不产生其他变化",则我们可以把环境得到的热 Q 取出并完全转变为功 W 而不留下其他影响,然后用功 W 把压缩活塞的重物举到原来的高度,则环境和系统就都回到原来的状态了。但是实际经验证明这一假设是不能成立的,因此气体的真空膨胀是不可逆过程,不能使环境和系统都回到原来的状态。

在热传导的例子中,热由高温物体 A 流入低温物体 B,直至温度均衡,这是一个自发变化。如果我们仍然假设"能够从单一热源(热储器)中取出热,使其完全转变为功而不产生其他变化",则我们可以从 B 物体吸出热使其降到原来的温度,将所吸的热完全转化为功而不留下其他影响,然后把这些功再全部变成热(例如用电产生热等),从而使 A 物体的温度升高到原来的温度,即两者都完全恢复原状。但是由于这一假设是不能成立的,所以这个设想的过程不可能实现,即热传导是不可逆过程。

同样,对于其他的自发变化也有相同的结论。可见,自发变化是否可逆的问题,即是否可以使系统和环境都完全复原而不留下任何影响的问题,都可以转换为"能够从单一热源吸热,全部转化为功,而不引起其他变化"这一假设能否成立的问题。而经验证明,这一假设是不能成立的。也就是说,自发变化的不可逆性是相互关联的,从某一个自发过程的不可逆性可以推断出另一个自发过程的不可逆性。因此人们逐渐总结出反映同一客观规律的典型说法,即用某种典型的不可逆过程来概括其他不可逆过程,这就是热力学第二定律(second law of thermodynamics)。

任何自发的不可逆过程,都像热传导和热功转换过程一样,其不可逆性都是相互关联的。设想我们有一个非常巨大的恒温热储器(heat reservoir),用 R 表示,它可以提供(或接受)热而保持恒温。我们还有一个弹簧(spring),用 S 表示,通过弹簧的被压缩和松弛,可以无限地对外做功或接收外来的功。S 和 R 构成了一个理想的 S-R 系统。当任何一个系统发生了变化,即进行了一个过程后,我们都可以借助于理想的 S-R 系统,接受系统在变化过程中的功和热。然后借助于 S-R 使系统复原。复原过程中所需的功和热也由 S-R 提供。当已发生了变化的系统借助于 S-R 完全复原后,通过考查 S-R 的变化来判断过程可逆与否:如果 S-R 系统也没有变化,一切都复原了,则系统原来的变化就是可逆过程;如果系统复原了,而在 S-R 中发生了功转变为热的变化(即 R 做了功,而 S 得了热,S-R 没有复原),则系统原来发生的变化就是不可逆的。换言之,我们把系统所发生的变化和复原过程中的热和功都转移到 S-R 上,以 S-R 上的热、功得失来判断系统原来发生的变化是可逆的还是不可逆的。S-R好像一块"试金石",把所有的不可逆过程都联系起来了(读者可以借助于S-R系统证明理想气体的真空膨胀是不可逆过程)。

2.1.3 热力学第二定律的典型说法

反映自发过程的不可逆性的热力学第二定律有两种最为典型的说法,Clausius说法和Kelvin说法。两种说法都指明某件事情是"不可能"的,即指出某种自发过程的逆过程是不能自动进行的。

Clausius的说法:"不可能把热从低温物体传到高温物体,而不引起其他变化。"这一说法是指明热传导的单向性和不可逆性。

Kelvin的说法:"不可能从单一热源取出热使之完全变为功,而不发生其他变化。"这一说法是指明摩擦生热(即功转变为热)的热功转换过程的单向性和不可逆性。

有必要再次强调:自发变化不会自动逆向进行,并不意味着它们根本不可能倒转,只是无法同时使系统和环境复原。因此不能把Kelvin的说法简单地理解为"功可以完全变为热,而热不能完全变为功",而是在"不引起其他变化(或不产生其他影响)"的条件下,不能从单一热源取热完全变为功。这个条件是决不可少的(理想气体的等温膨胀,从热源所吸的热就全部变为功,但附带的另一变化是气体的体积变大,即系统的状态改变了)。

Kelvin说法也可表达为:"第二类永动机是不可能造成的。"所谓第二类永动机乃是一种能够从单一热源吸热,并将所吸收的热全部变为功而无其他影响的机器。它并不违反能量守恒定律,但却永远造不成。为了区别于第一类永动机,所以称为第二类永动机(second kind of perpetual motion machine)。

前已述及,自发变化的不可逆性是相互关联的,热力学第二定律的这两种典型说法是等效的。即若Clausius的表述成立,Kelvin的表述也一定成立;反之,若Clausius的表述不成立,则Kelvin的表述也不能成立。

Clausius说法和Kelvin说法等效性的证明:

我们采用反证法来证明两种表述的等同性,即证明若Clausius的表述不成立,则Kelvin的表述也不能成立。参看图2.1。假定与Clausius的说法相反,热量Q_c能够从温度为T_c的低温热源自动地传给温度为T_h的高温热源。今令一个Carnot机在T_h和T_c间工作,从高温热源吸取Q_h的热量,部分用于做功(W),并使它传给低温热源的热量恰等于Q_c,最后在循环过程的终了,低温热源得失的热量相等,没有变化,净的结果是Carnot机从单一热源(即温度为T_h的高温热源)吸取(Q_h-Q_c)的热量,全部变为功而没有其他变化。这违反了Kelvin的说法。

同样,若Kelvin说法不成立,则Clausius说法也不能成立(读者试自证之)。

热力学第二定律和热力学第一定律一样,是建立在迄今所有已知事

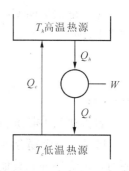

图 2.1 Clausius说法和Kelvin说法等效性的说明

实的基础上,是人类长期经验的总结,它不能从其他更普遍的定律推导出来。整个热力学的发展过程也令人信服地表明,它的推论都符合于客观实际,由此也证明热力学第二定律是真实地反映了客观规律。

§2.2 变化的方向及限度的一般判据——ΔS_{iso}

在上一节中已经说明了热力学第二定律实际上就是通过某些典型过程指明自发过程是单向不可逆的。但是面对一个具体的过程,该如何判断其是否可逆或其自发方向呢？是否存在某个具有普遍性的一般判据呢？这要从 Carnot 定理讲起。

2.2.1 Carnot 定理

热力学第二定律的 Kelvin 说法,"不可能从单一热源取出热使之完全变为功,而不发生其他变化",否定了第二类永动机的存在,明确指出效率为1(从单一热源取出热使之完全变为功)的热机是不可能实现的。那么热机的最高效率可以达到多少呢？Carnot 定理认为:"所有工作于同温热源与同温冷源之间的热机,其效率都不可能超过可逆机",换言之,即"可逆机的效率最大"。虽然 Carnot 发表这个定理是在热力学第二定律提出之前,但要正确地证明这个定理却需要依据热力学第二定律。

设在两个热源之间,有可逆机 R(即 Carnot 机)和任意的热机 I 在工作(图 2.2),调节两个热机使其所做的功相等:可逆机 R 从高温热源吸热 Q,做功 W;另一任意热机 I,从高温热源吸热 Q',做功 W,两热机效率分别为:

$$\eta_R = \frac{|W|}{|Q|}, \eta_I = \frac{|W|}{|Q'|}$$

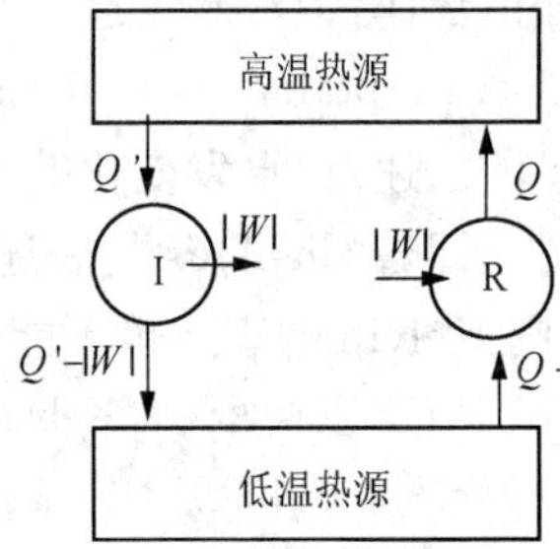

用反证法证明 Carnot 定理。假设热机 I 的效率大于可逆机 R,即

$$\eta_I > \eta_R \quad \text{或} \quad \left|\frac{W}{Q'}\right| > \left|\frac{W}{Q}\right|$$

图 2.2 Carnot 定理的证明

则可得:
$$|Q| > |Q'|$$

设以热机 I 带动卡诺可逆机 R,使 R 逆向转动,卡诺机成为制冷机,所需要的功 W 由热机 I 提供。整个复合机循环一周后,在两机中工作的物质均恢复原态,总功为零,最后除热源有热量交换外无其他变化。

低温热源的热效应为:$(|Q'|-|W|)-(|Q|-|W|)=(|Q'|-|Q|)<0$,放热;

高温热源的热效应为:$(|Q|-|Q'|)>0$,吸热。

即净结果是热从低温热源传到高温热源而没有发生其他变化。这违反了热力学第二定律的 Clausius 说法,所以最初的假设不成立,即任意热机的效率都不可能超过可逆机,因此有

$$\eta_I \leqslant \eta_R \tag{2.1}$$

这就证明了 Carnot 定理。

根据 Carnot 定理,还可以得到如下的推论:"所有工作于同温热源与同温冷源之间的可逆机,其热机效率都相等。"可以证明如下:假设两个可逆机 R_1 和 R_2 在同温热源与同温冷源之间工作,若以 R_1 带动 R_2,使其逆转,则由 Carnot 定理的证明可得

$$\eta_{R_1} \leqslant \eta_{R_2}$$

反之,若以 R_2 带动 R_1,使其逆转,则有

$$\eta_{R_2} \leqslant \eta_{R_1}$$

R_1 和 R_2 均为可逆机,因此上述两种情况都可成立,则必有

$$\eta_{R_1} = \eta_{R_2} \tag{2.2}$$

由此可知,不论参与 Carnot 循环的工作物质是什么,只要是可逆机,在两个温度相同的低温热源和高温热源之间工作时,热机效率都相等。在明确了热机效率与工作物质的本性无关后,我们就可以引用理想气体 Carnot 循环的结果了。

根据 Carnot 定理及其推论,当任意热机 I 是可逆机时,式(2.1)中要用等号;I 不是可逆机时,要用不等号。

Carnot 定理虽然讨论的是热机效率问题,但它绝不仅仅只是在原则上确定了热机效率的极限值,而是具有非常重大的意义:根据公式中的等号或不等号可以区别热机的可逆与不可逆。而根据我们前面已讨论的,所有的不可逆过程都是互相关联的,由一个过程的不可逆性可以推断出另一个过程的不可逆性,因而对所有的不可逆过程就可以找到一个共同的判别准则。因此,由于热功交换的不可逆而在公式(2.1)中引入的不等号,对于其他过程(包括化学过程)同样可以使用。在此基础上导出的 Clausius 不等式以及熵增加原理,将从根本上解决变化的方向和限度(即平衡)的问题。

Carnot 定理的提出(约在 1824 年)在时间上比热力学第一定律的建立(约在 1842 年)早约 20 年,当时热质论盛行。热质论认为"热质"是一种没有质量、没有体积的物质,它存在于物质之中,热质越多,温度越高。热的传导就是热质从高温物体流动到低温物体。Carnot 虽然对热质论有所怀疑,但他在证明他的定理时,仍旧使用了热质论的观点。他认为在热机中热从高温传到低温,正如水从高处流向低处一样,"热质"没有损失。在热质论被彻底推翻之后,依靠热力学第一定律又不能证明他的定理,因此 Carnot 定理成为"无源之水,无本之木"了。显然,要证明 Carnot 定理需要一个新的原理。Clausius(1850 年)和 Kelvin(1851年)就是从这里提出他们关于热力学第二定律的两种说法的。

2.2.2 熵的概念

仍然从 Carnot 循环的讨论出发,在 Carnot 循环中,我们曾得到过一个重要的关系式:

$$\frac{Q_c}{T_c} + \frac{Q_h}{T_h} = 0$$

而对于任意的可逆循环,能够证明其可以被分割为一连串小的 Carnot 循环,因此可得

$$\sum_i \left(\frac{\delta Q_i}{T_i}\right)_R = 0 \quad \text{或} \quad \oint \left(\frac{\delta Q}{T}\right)_R = 0$$

这说明被积分项是某个状态函数的全微分,从而引出一个新的热力学状态函数——熵 S。

$$dS = \left(\frac{\delta Q}{T}\right)_R$$

并由此得到变化的方向和限度的一般判据。

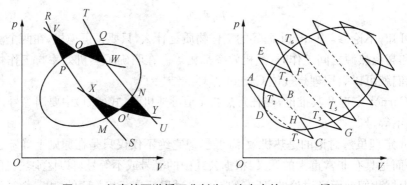

图 2.3 任意的可逆循环分割为一连串小的 Carnot 循环

把任意的可逆循环分割为一连串小的 Carnot 循环,可依如图 2.3 所示的方法进行:考虑其中的任意过程 PQ(P、Q 两点实际上可取得很近,只是为了说明问题才把图形夸大),通过 P、Q 两点作两条可逆绝热线 RS 和 TU,然后在 PQ 间通过 O 点画一条等温线 VW,使 PVO 的面积等于 OWQ 的面积。折线所经过的过程 $PVOWQ$ 与沿原过程曲线由 P 到 Q 的过程中所做的功相同;同时,由于这两个过程的始终状态相同,热力学能的变化也相同,所以这两个过程中的热效应也一样。同理在弧线 MN 上也可以作类似的处理(即折线 $MXO'YN$ 所经的过程等同于沿原弧线 M 到 N 的过程,两者功相同,ΔU 相同,热效应也一样),$VWYX$ 构成一个 Carnot 循环。如果每一个 Carnot 循环都取得非常小,并且前一个循环的可逆绝热膨胀线在下一个循环里成为可逆绝热压缩线(参阅图中虚线部分),在每一条绝热线上,过程都沿正、反方向各进行一次,过程中的功也恰好彼此抵消。因此,在极限情况下,这些众多

的小 Carnot 循环的总效应与图中原来可逆过程的封闭曲线相当。即可以用一连串的 Carnot 循环来代替任意的可逆循环。

对于每个小的 Carnot 循环都有下列的关系：

$$\frac{Q_1}{T_1}+\frac{Q_2}{T_2}=0 \quad \frac{Q_3}{T_3}+\frac{Q_4}{T_4}=0 \quad \frac{Q_5}{T_5}+\frac{Q_6}{T_6}=0 \quad \cdots$$

上列各式相加，则得

$$\frac{Q_1}{T_1}+\frac{Q_2}{T_2}+\frac{Q_3}{T_3}+\frac{Q_4}{T_4}+\frac{Q_5}{T_5}+\frac{Q_6}{T_6}+\cdots=0$$

或

$$\sum_i \left(\frac{\delta Q_i}{T_i}\right)_{\mathrm{R}}=0 \tag{2.3}$$

式中：下标 R 代表可逆；$T_1,T_2,\cdots$ 是热源的温度，在可逆过程中也是系统的温度。极限情况下，也可写为

$$\oint \left(\frac{\delta Q}{T}\right)_{\mathrm{R}}=0 \tag{2.4}$$

即在任意的可逆循环过程中，工作物质从各温度热源所吸的热（δQ）与该热源温度之比——热温商——的总和（或环程积分）等于零。

我们还可以换个角度来讨论可逆过程中的热温商。如图 2.4，用一个闭合的曲线代表任意的可逆循环。在曲线上任取两点 A 和 B，这样就把可逆循环分为两段 A—B 和 B—A，这两段都是可逆过程。式（2.4）中的环程积分可拆写成两项积分之和，即

$$\int_A^B \left(\frac{\delta Q}{T}\right)_{\mathrm{R}_1}+\int_B^A \left(\frac{\delta Q}{T}\right)_{\mathrm{R}_2}=0$$

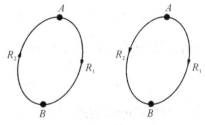

图 2.4 任意可逆循环过程的拆分

移项后得

$$\int_A^B \left(\frac{\delta Q}{T}\right)_{\mathrm{R}_1}=\int_A^B \left(\frac{\delta Q}{T}\right)_{\mathrm{R}_2}$$

这表明，从 A 到 B 经由两个不同的可逆过程 R_1 和 R_2，它们各自的热温商的总和相等。

由于我们所选用的可逆循环以及曲线上 A,B 两点都是任意的，因此对于其他的可逆过程也可得到同样的结论。所以 $\int_B^A \left(\frac{\delta Q}{T}\right)_{\mathrm{R}}$ 的值与 A,B 之间的可逆途径是哪条无关，而仅由始终状态所决定。这种变化量与途径无关，只由始末态决定的性质，显然是状态函数的特点。Clausius 据此定义了一个热力学状态函数称为熵（entropy），并用符号"S"表示。如令 S_B 和 S_A 分别代表状态 A 和 B 的熵，则

$$\int_A^B \left(\frac{\delta Q}{T}\right)_{\mathrm{R}}=\Delta S_{A\to B}=S_B-S_A \quad \text{或} \quad \Delta S=\sum_i \left(\frac{\delta Q_i}{T_i}\right)_{\mathrm{R}} \tag{2.5}$$

对于微小的变化(A,B 两个平衡状态非常接近),则可写作微分的形式:

$$dS = \left(\frac{\delta Q}{T}\right)_R \tag{2.6}$$

式(2.5)和式(2.6)就是熵的定义,即熵的变化值可用可逆过程的热温商值来衡量。根据熵的定义式,熵的单位是 $J \cdot K^{-1}$。

"entropy"一词最初是由 Clausius 于 1865 年创造的,字尾"tropy"源于希腊文,是转变之意。字头"en"是源于 energy 的字头。1923 年,I. R. Planck 来南京第四中山大学(即中央大学前身)讲学,我国著名物理学家胡刚复教授(时任南京第四中山大学自然科学院院长)担任翻译。胡刚复教授首次创造了在中国字典上前所未有的新字"熵",表示 entropy 具有热温之商之意,含义极其妥帖,沿用至今。

2.2.3 Clausius 不等式与熵增加原理

1. Clausius 不等式——热力学第二定律的数学表达式

以上根据可逆过程的热温商定义了熵函数,下面我们再来将不可逆过程的情况与可逆过程的情况进行一下比较。

首先,设在温度相同的低温热源和高温热源之间有一个不可逆热机和一个可逆热机,不可逆热机的效率为

$$\eta_I = \frac{|W|}{Q_h} = \frac{Q_h + Q_c}{Q_h} = 1 + \frac{Q_c}{Q_h}$$

而可逆热机的效率,根据 Carnot 定理的推论,可直接引用理想气体 Carnot 循环的结果:

$$\eta_R = \frac{|W|}{|Q_h|} = \frac{T_h - T_c}{T_h} = 1 - \frac{T_c}{T_h}$$

根据 Carnot 定理

$$\eta_I < \eta_R$$

所以

$$1 + \frac{Q_c}{Q_h} < 1 - \frac{T_c}{T_h}$$

移项后,得

$$\frac{Q_c}{T_c} + \frac{Q_h}{T_h} < 0$$

在此基础上,对于任意的不可逆循环,设系统在循环过程中与 n 个热源接触,吸取的热量分别为 $Q_1, \cdots, Q_n$,则上式可以推广为

$$\sum_i \left(\frac{\delta Q_i}{T_i}\right)_I < 0 \tag{2.7}$$

将此式与式(2.3)对比,可见任意可逆循环与任意不可逆循环的结果不同。

那么，对于任意始末态 A、B 间的可逆或不可逆过程，比较结果如何呢？我们可以设计如下循环：如图 2.5 所示，系统经过不可逆过程由 A 到 B，然后经过可逆过程由 B 到 A。因为前一步是不可逆的，所以，就整个循环来说仍旧是一个不可逆循环，根据式(2.7)得

$$\left(\sum_i \frac{\delta Q_i}{T_i}\right)_{I,A\to B} + \left(\sum_i \frac{\delta Q_i}{T_i}\right)_{R,B\to A} < 0$$

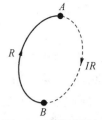

图 2.5 可逆过程与不可逆过程的比较

也可写为

$$\left(\sum_i \frac{\delta Q_i}{T_i}\right)_{I,A\to B} + \int_B^A \left(\frac{\delta Q}{T}\right)_R < 0$$

根据式(2.5)，$\int_B^A \left(\frac{\delta Q}{T}\right)_R = \Delta S_{B\to A} = S_A - S_B = -\Delta S_{A\to B} = -\int_A^B \left(\frac{\delta Q}{T}\right)_R$

所以有

$$\Delta S_{A\to B} = \int_A^B \left(\frac{\delta Q}{T}\right)_R = \left(\sum_i \frac{\delta Q_i}{T_i}\right)_{R,A\to B} > \left(\sum_i \frac{\delta Q_i}{T_i}\right)_{I,A\to B} \quad (2.8)$$

由式(2.8)知，因为熵是状态函数，当始态终态一定时，ΔS 有定值；它的数值为始态 A 到末态 B 的可逆过程的热温商之和；而对于在同样的始末态 A、B 之间的任意的不可逆过程，其热温商之和总是小于可逆过程的热温商之和(即系统的熵变)。显然，始末态 A、B 之间的熵变有定值，而从 A 到 B 的各种不可逆途径中的热温商之和很可能互不相同；只有可逆过程中的热温商才能用以求算 ΔS。因此往往需要在始终态之间设计可逆过程。

式(2.8)也可以写为

$$\Delta S_{A\to B} \geqslant \sum_A^B \frac{\delta Q}{T} \quad \text{或} \quad \Delta S_{A\to B} - \left(\sum_i \frac{\delta Q_i}{T_i}\right)_{A\to B} \geqslant 0 \quad (2.9)$$

这个公式称为 Clausius 不等式(Clausius inequality)。在不可逆过程中不等号成立，δQ 是实际过程中的热效应，T 是环境的温度；在可逆过程中等号成立，此时环境的温度等于系统的温度，δQ 是可逆过程中的热效应。式(2.9)可以用来判别过程是否可逆，也可以作为热力学第二定律的一种数学表达形式。

如果把式(2.9)应用到微小的过程上，则得

$$dS \geqslant \frac{\delta Q}{T_{环}} \quad \text{或} \quad dS - \frac{\delta Q}{T} \geqslant 0 \quad (2.10)$$

这是热力学第二定律的最普遍的表示式。因为这个式子所涉及的过程是微小的变化，它相当于组成其他任何过程的基元过程(也简称为元过程)。

2. 熵增加原理——自发变化的方向和限度的一般判据

尽管利用 Clausius 不等式可以通过过程的热温商来判别过程是否可逆，但如何判断自发变化的方向和限度，仍需进一步讨论。

让我们先来看看绝热系统中所发生的变化。对于绝热系统，$\delta Q = 0$，所以根据 Clausius

不等式,可得

$$dS \geqslant 0 \text{ 或 } \Delta S \geqslant 0 \tag{2.11}$$

不等号适用于不可逆过程,等号适用于可逆过程。也就是说在绝热系统中,只可能发生 $\Delta S>0$ 的变化。在绝热可逆过程中,系统的熵不变;在绝热不可逆过程中,系统的熵增加,绝热系统不可能发生 $\Delta S<0$ 的变化。即一个封闭系统从一个平衡态出发,经过绝热过程到达另一个平衡态,它的熵不会减少。这个结论是热力学第二定律的一个重要结果,它在绝热条件下,明确地用系统熵函数的增加和不变来判别不可逆过程和可逆过程。换句话说,在绝热条件下,趋向于平衡的过程使系统的熵增加,这就是熵增加原理(principle of entropy increasing)。

应该指出,不可逆过程可以是自发的,也可以是非自发的。在绝热封闭系统中,系统与环境无热的交换,但可以用功的形式交换能量。若在绝热封闭系统中发生一个依靠外力(即环境对系统做功)进行的非自发过程,则系统的熵值也是增加的。

上述结论可再推进一步:一个隔离系统当然也是绝热的,因此熵增加原理同样适用,即"一个隔离系统的熵永不减少",这是熵增加原理的另一种说法。对于一个隔离系统,外界对系统不进行任何干扰,而只是"任其自然",在这种情况下,如果系统发生不可逆的变化,则必定是自发的。因此,可以用下式来判断自发变化的方向:

$$dS_{iso} \geqslant 0$$

但是,通常系统都与环境有着相互的联系。这时我们可以把与系统密切相关的部分(环境)与系统放在一起考虑,当作一个隔离系统,则应有

$$dS_{iso} = dS_{sys} + dS_{sur} \geqslant 0 \text{ 或 } \Delta S_{iso} = \Delta S_{sys} + \Delta S_{sur} \geqslant 0 \tag{2.12}$$

可见,任何自发过程都是由非平衡态趋向平衡态,同时熵值增加,最终到达平衡态时熵函数达到最大值。因此,自发的不可逆过程进行的方向和限度,就是向熵增加的方向进行并以熵函数增到最大值为限度;而过程中某时刻的熵值与此最大值之间的差值,可以表征系统接近平衡态的程度。同时,对于一个熵已经达到最大值的平衡状态的系统,不可能再发生任何会导致熵增加的自发过程,而只可能发生等熵的可逆过程。(2.12)式可作为自发变化的方向和限度的一般判据。

有了熵的概念和熵增加原理及其数学表达式(2.9~2.12),则热力学第二定律就以定量的形式被表示出来了,而且涵盖了热力学第二定律的几种文字表述。例如,假定实现了Clausius 所禁戒的那种过程,即有一定的热量从低温热源 T_c 传到了高温热源 T_h 而没有引起其他变化,则两热源构成一个隔离系统,即

$$dS = \frac{\delta Q}{T_h} + \frac{-\delta Q}{T_c} = \delta Q \left(\frac{1}{T_h} - \frac{1}{T_c} \right) < 0$$

熵值减小,显然这是不可能发生的。同样,假定出现了 Kelvin 所禁戒的那种过程,也会导致与熵增加原理相矛盾的结果,因而也是不可能的。

随着科学的发展,熵的概念扩大应用于许多学科,例如形成了非平衡态热力学(参见§2.9),在信息领域里也引用了熵的概念(参见§2.10)等等,这是 Clausius 始料所不及的。

§2.3 熵变的计算

要利用熵判据判别过程的方向和限度,或者判别过程是否可逆,首要的前提当然是熵变的计算。本节我们将讨论熵变计算的基本思路,并计算一些典型的基本过程的熵变。

2.3.1 熵变计算的基本思路

熵的定义式(2.5)或式(2.6),即

$$\mathrm{d}S = \left(\frac{\delta Q}{T}\right)_R \quad \text{或} \quad \Delta S = \int \left(\frac{\delta Q}{T}\right)_R$$

为我们提供了熵变计算的基本思路,即:由于熵是状态函数,熵变值只与始、终状态有关,与途径无关,因此可以在给定的始末态间设计可逆过程,通过可逆热温商计算始末态间的熵变。所以,熵变的计算问题可以分解为两个问题:如何设计可逆过程? 以及如何计算可逆过程的热温商? 我们将以一些典型的基本过程为例进行讨论,以此为基础,大家可以进一步解决一些更为复杂的过程的熵变计算问题。这些过程主要涉及单纯状态变化和相变,至于化学反应的熵变的求算,我们将在介绍了热力学第三定律和规定熵的概念之后,再来讨论。

另外,使用熵判据时需考虑系统与环境的总熵变,系统熵变的讨论详列于后,而对环境熵变的计算需在此先做说明:通常情况下,会对系统产生影响的环境是很大的,在热效应有限的情况下,我们可将其视为保持恒温的;同时,传热在系统与环境间进行,环境的热效应为系统实际热效应的相反数。因此环境熵变可如下求得:

$$\Delta S_{环} = \frac{Q_{环}}{T_{环}} = \frac{-Q_{实际}}{T_{环}}$$

2.3.2 典型过程熵变的计算

1. 等压变温过程

等压变温过程是实际中常见的过程。对于定量的单组分系统的等压变温(从 T_1 变为 T_2)过程,我们可在相同始末态间设计如下可逆过程:始终保持压强不变,使系统依次与温度分别为 $T_1+\mathrm{d}T, T_1+2\mathrm{d}T, \cdots, T_2$ 的恒温热源进行热接触(相邻热源的温度差 $\mathrm{d}T$ 无限小),直至终态。则始末态间的熵变可由此可逆过程的热温商求得:

$$\Delta_p S = \int_{T_1}^{T_2} \frac{\delta Q_p}{T} = \int_{T_1}^{T_2} \frac{C_p dT}{T} = \int_{T_1}^{T_2} \frac{nC_{p,m} dT}{T} \tag{2.13}$$

2. 等容变温过程

类似地,对于定量的单组分系统的等容变温(从 T_1 变为 T_2)过程,可得

$$\Delta_V S = \int_{T_1}^{T_2} \frac{\delta Q_V}{T} = \int_{T_1}^{T_2} \frac{C_V dT}{T} = \int_{T_1}^{T_2} \frac{nC_{V,m} dT}{T} \tag{2.14}$$

3. 等温过程

对于等温条件下改变压强及体积的过程,我们也可以设想在相同的始末态间,以无限小的步长(dp 或 dV),极为缓慢地进行一个可逆过程(比如逐粒增/减活塞上的沙粒,而沙粒无限小)。同样地,始末态间的熵变可由此可逆过程的热温商求得:

$$\Delta S = \int \left(\frac{\delta Q}{T}\right)_R$$

而在此可逆过程中,由于 T 保持不变,所以

$$\Delta S = \int \left(\frac{\delta Q}{T}\right)_R = \frac{\int \delta Q_R}{T} = \frac{Q_R}{T}$$

这类等温过程对气体的影响显然比对凝聚态物质的影响要大得多,如以定量的理想气体为例,根据 Joule 定律和热力学第一定律,即

$$\Delta_T U = 0, \quad Q_R = -W_R$$

若再假设没有非体积功,则

$$W_R = -\int p dV = -\int \frac{nRT}{V} dV = -nRT \int \frac{dV}{V} = -nRT \ln \frac{V_2}{V_1}$$

所以

$$\Delta_T S = \frac{Q_R}{T} = nR \ln \frac{V_2}{V_1} = nR \ln \frac{p_1}{p_2} \tag{2.15}$$

4. p, V, T 均改变的过程

仍以定量的理想气体为例,式(2.13)~(2.15)已分别给出了等压、等容及等温过程的熵变计算,而对于 p, V, T 均改变的过程,可借助这几种过程的组合,在始末态间设计可逆路径。这样的可逆路径不止一条,但显然,因为始末态相同,求出的熵变必然相同。图 2.6 显示了其中两种可逆路径的设计。

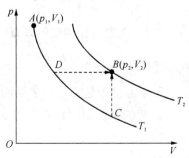

图 2.6 p, V, T 均改变时可逆路径的设计

途径(1):在 T_1 时由 A 至 C 等温可逆膨胀,再等容可逆变温至 B,则

$$\Delta S = \Delta S_1 + \Delta S_2 = nR\ln\frac{V_2}{V_1} + \int_{T_1}^{T_2} \frac{nC_{V,m}dT}{T} \tag{2.16}$$

途径(2):在 T_1 时由 A 至 D 等温可逆膨胀,再等压可逆变温至 B,则

$$\Delta S = \Delta S_1 + \Delta S_2 = nR\ln\frac{p_1}{p_2} + \int_{T_1}^{T_2} \frac{nC_{p,m}dT}{T} \tag{2.17}$$

式(2.16)与式(2.17)显然应该是等同的(读者试自证之,并试试找出其他可逆途径,例如先等压至 V_2,再等容至 T_2 等)。

5. 混合过程

在此我们讨论理想气体的等温、等压混合过程,即每种气体单独存在时的压力都相等,并等于混合气体的总压力,这时符合分体积定律,即 $x_B = V_B/V_总$。则对于每种气体 B 来说,都是一个等温变体积的过程,且其他理想气体对其无相互作用,因此其熵变为

$$\Delta S_B = \Delta_T S_B = n_B R\ln\frac{V_总}{V_B}$$

而熵是容量性质,所以总熵变为

$$\Delta_{mix} S = \sum_B \Delta S_B = \sum_B n_B R\ln\frac{V_总}{V_B} = -R\sum_B n_B \ln x_B \tag{2.18}$$

6. 相变过程

相变过程可以分为几种不同的情况来讨论。

(1) 等温等压可逆相变

这是最简单的相变过程。因为等温,所以 $\Delta S = \dfrac{Q_R}{T}$

又因为是等压可逆过程,所以 $Q_R = Q_p = \Delta H$

于是可得

$$\Delta_{相} S = \frac{\Delta_{相} H}{T_{相}} \tag{2.19}$$

(2) 等温等压不可逆相变

当某物质发生相变的温度和压强并非该物质两相平衡时相对应的平衡温度和压强时,该相变是不可逆相变。例如,水在 101 325 Pa 时的沸点是 100 ℃,这是水-汽相平衡时相对应的一对平衡压强和温度,此时两者间可发生可逆相变;如果温度是 100 ℃ 而压强是其他值,或者压强是 101 325 Pa 而温度是其他值,则水-汽未达相平衡,其间的相变为不可逆相变。这时首先要在相同的始末态间设计可逆路径。

图 2.7 所示的两条可逆路径是很容易想到的。图中 T,p 为发生不可逆相变的温度和

压强，T_p 为与压强 p 对应的平衡温度，p_T 为与温度 T 对应的平衡压强。这两条路径只涉及前面已讨论过的等压变温过程、等温变压过程及可逆相变，因此，利用前面的结果可求出等温等压不可逆相变过程的熵变。

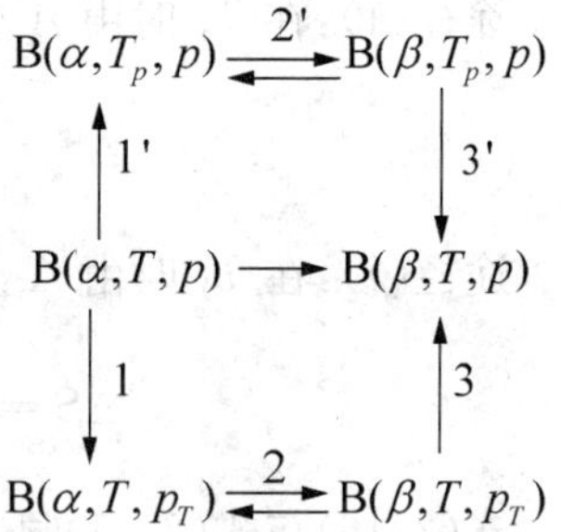

可逆路径 1：
$$\Delta S = \Delta S_1 + \Delta S_2 + \Delta S_3$$
$$= \frac{Q_{R,1}}{T} + \frac{\Delta H_2}{T} + \frac{Q_{R,3}}{T}$$

可逆路径 2：
$$\Delta S = \Delta S_{1'} + \Delta S_{2'} + \Delta S_{3'}$$
$$= \int_T^{T_p} \frac{nC_{p,m}(B,\alpha)dT}{T} + \frac{\Delta H_{2'}}{T_p} + \int_{T_p}^T \frac{nC_{p,m}(B,\beta)dT}{T}$$

图 2.7 相变过程可逆路径的设计

显然，路径 2 中所需数据均易得到，可求算出相变熵变。

（3）温度及/或压强改变的不可逆相变

用上面的思路也可类似地求出温度及/或压强改变的不可逆相变过程（即图 2.7 中的相变终态为 $B(\beta, T', p')$）的熵变。（读者可自试之）

【例题 2.1】 1 mol 理想气体在等温下通过(1) 可逆膨胀或(2) 真空膨胀，使体积增加到 10 倍，分别求两个过程的系统及环境的熵变，并判断过程的可逆性。

解：(1) 等温可逆膨胀。对理想气体，可直接引用式(2.15)，得

$$\Delta_T S = \frac{Q_R}{T} = nR\ln\frac{V_2}{V_1} = nR\ln 10 = 19.14 \text{ J} \cdot \text{K}^{-1}$$

$$\Delta_T S_{环} = \frac{-Q_R}{T} = -19.14 \text{ J} \cdot \text{K}^{-1}$$

$$\Delta S_{iso} = 0$$

与过程(1)为可逆过程相吻合。

(2) 等温真空膨胀。因为熵是状态函数，始终态相同，系统熵变也相同，所以

$$\Delta_T S_{系统} = 19.14 \text{ J} \cdot \text{K}^{-1}$$

但环境没有熵变，由于 $\quad dT = 0, \Delta U = 0$（理想气体）

同时，对于真空膨胀，则 $\quad W = 0$

所以 $\quad Q = 0$

$$\Delta S_{环} = \frac{Q_{环}}{T_{环}} = \frac{-Q_{实际}}{T_{环}} = 0$$

$$\Delta S_{iso} = \Delta_T S_{系统} = 19.14 \text{ J} \cdot \text{K}^{-1} > 0$$

所以过程(2)为不可逆过程。

【例题 2.2】 在 268.2 K 和 100 kPa 压力下，1.0 mol 液态苯凝固，放热 9 874 J，求苯凝固过程的熵变。已知苯的正常熔点为 278.7 K，标准摩尔熔化热为 9 916 J·mol^{-1}，$C_{p,m}(l)$ = 126.8 J·K^{-1}·mol^{-1}，$C_{p,m}(s)$ = 122.6 J·K^{-1}·mol^{-1}。

解：由所给数据可知：100 kPa 压力下，268.2 K 的液态苯温度低于其相应的正常熔点，为过冷液体，其凝固是不可逆过程。因等压热容已知，可仿照图 2.7 中的路径 2，在相同始终态间设计一个可逆过程来计算熵变：

$$\Delta S = \Delta S_{1'} + \Delta S_{2'} + \Delta S_{3'} = \int_T^{T_p} \frac{nC_{p,m}(B,\alpha)dT}{T} + \frac{\Delta H_{2'}}{T_p} + \int_{T_p}^T \frac{nC_{p,m}(B,\beta)dT}{T}$$

$$= \int_{268.2}^{278.7\,\text{K}} \frac{nC_{p,m}(l)dT}{T} + \frac{-9\,916\,\text{J}}{278.7\,\text{K}} + \int_{278.7\,\text{K}}^{268.2\,\text{K}} \frac{nC_{p,m}(s)dT}{T}$$

$$= -35.4\ \text{J·K}^{-1}$$

环境熵变：$\Delta S_{环} = \dfrac{Q_{环}}{T_{环}} = \dfrac{-Q_{实际}}{T_{环}} = \dfrac{9\,874\,\text{J}}{268.2\,\text{K}} = 36.8\ \text{J·K}^{-1}$

$\Delta S_{iso} = \Delta S_{系统} + \Delta S_{环} = -35.4\ \text{J·K}^{-1} + 36.8\ \text{J·K}^{-1} = 1.4\ \text{J·K}^{-1} > 0$

可见该过程为不可逆过程。

§2.4 熵的意义

通过前面的讨论，我们对于熵函数应该已经有了如下的理解：

(1) 熵是系统的状态函数，是容量性质。整个系统的熵是各个部分的熵的总和。熵的变化值仅与始末状态有关，而与变化的途径无关。

(2) 可以用 Clausius 不等式来判别过程的可逆性：对于可逆过程，式中等号成立；对于不可逆过程，式中不等号成立。

(3) 在绝热过程中，若过程是可逆的，则系统的熵不变；若过程是不可逆的，则系统的熵增加。绝热不可逆过程向熵增加的方向进行，当达到平衡时，熵达到最大值。

(4) 在任何一个隔离系统中(这种系统必然也是绝热的)，若进行了不可逆过程，系统的熵就要增大。所以在隔离系统中，一切能自动进行的过程都引起熵的增大。若系统已处于平衡状态，则其中的任何过程皆一定是可逆的。

基于这些基本性质，在本节中，我们将对熵的意义做进一步的探究，讨论熵与可逆热效应的关系、熵与能量退降的关系，以及熵的统计意义等。

2.4.1 熵与可逆热的关系及 T-S 图

根据热力学第二定律的基本公式 $dS = \left(\dfrac{\delta Q}{T}\right)_R$

所以系统在可逆过程中所吸收的热量为

$$Q_R = \int T dS \tag{2.20}$$

此式显示了熵与可逆热的关系。根据式(2.20),如果我们分别以状态函数温度 T 和熵 S 作为纵、横坐标,则任何可逆过程都可以在这种温-熵图或称 T-S 图上用一条曲线表示出来,而曲线下的面积即为相应的 $\int T dS$,也就是该可逆过程的热效应 Q_R。由于有这样的意义,所以在热工计算中,广泛使用 T-S 图。

在图 2.8 中,$ABCDA$ 表示任意的可逆循环过程。从循环曲线的左右端点 A 和 C 分别作垂直线 EM 和 GN。则 ABC 段是吸热过程,所吸收的热量可用曲线 ABC 下的面积表示。CDA 段是放热过程,所放出的热量可由曲线 CDA 下的面积表示。整个可逆循环过程所做的功(绝对值),则由闭合曲线 $ABCDA$ 表示(因为循环过程 $\Delta U = 0$)。而闭合曲线 $ABCDA$ 面积与曲线 ABC 下的面积之比就是循环的热机效率。

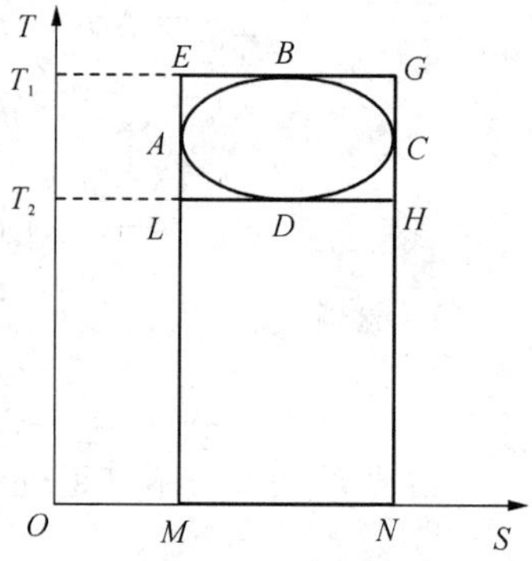

该环程的最高温度和最低温度点分别为 B 点和 D 点,从 B 点和 D 点分别画水平线 EG 和 LH,这两条线是等温可逆线。

图 2.8 T-S 图

EL 和 GH 则为两条等熵可逆线,根据式(2.20),可逆等熵过程的热效应为零,即为绝热可逆过程。闭合长方形 $EGHLE$ 即为由两条绝热可逆线和两条等温可逆线所构成的,在 T_2 和 T_1 间进行的 Carnot 循环过程。

以前在体积功的计算中,我们已经知道在 p-V 图上可以表示出系统的体积功,但不能表示出系统所吸的热。现在可以看到,在 T-S 图上能同时表示系统所吸的热以及所做的功,故而在热工计算中,T-S 图更为有用。

系统所吸收的热量,也可以根据热容来计算,即

$$Q = \int C dT \tag{2.21}$$

但应注意:热容的概念是与"吸/放热导致物体温度升高/降低"这一过程相关的,对于等温过程的热效应(如相变潜热)就无法求算。而式(2.20)对任何可逆过程都适用,是一个更具普遍性的公式。在等温过程中,从式(2.20)可得

$$Q_R = T \Delta S$$

2.4.2 熵与能量退降

热力学第二定律表明,自发过程的方向是熵增加的方向,而其限度则是熵达到最大值;

在自发过程向着其限度进行时,过程的"推动力"会逐渐减小至零。同时,我们也知道,自发过程的这种"推动力"可以用来做功,"推动力"的逐渐减小也就意味着做功能力的减小。另一方面,热力学第一定律表明,不管发生什么过程,能量的总值是守恒的。因此我们可以得出一个结论:在自发的不可逆过程中,能量的总值不变,但其做功能力下降了,这就称为"能量退降"(energy degradation)。同时还应注意到:能量退降与熵增加是相伴发生的。那么,这两者间是否有关联呢?下面的讨论可以说明这个问题。

如图 2.9 所示,设有温度分别为 T_A、T_B 和 T_C 的大热源,且 $T_A > T_B > T_C$。今利用 Carnot 机 R_1 在 T_A 和 T_C 间工作,当从 T_A 热源吸取热量 Q 时,所做的功为

$$|W_1| = |Q|\left(1 - \frac{T_C}{T_A}\right)$$

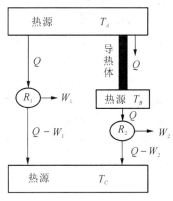

图 2.9 熵与能量退降

另一个过程是先使等量的热量 Q 从 T_A 热源直接流向 T_B 热源,然后借助于在 T_B 和 T_C 之间工作的 Carnot 机 R_2,从 T_B 热源吸取热量 Q 并做功,则这时所做的功为

$$|W_2| = |Q|\left(1 - \frac{T_C}{T_B}\right)$$

两种情况所做功的差值为

$$|W_1| - |W_2| = |Q|T_C\left(\frac{1}{T_B} - \frac{1}{T_A}\right) = T_C\left(\frac{|Q|}{T_B} + \frac{-|Q|}{T_A}\right) = T_C\Delta S > 0$$

上式中 ΔS 即为热量 Q 从 T_A 热源传导到 T_B 热源的热传导过程(典型的不可逆过程)的熵变。可见当发生不可逆过程(热传导)后,能量的值并不减少,但其做功能力降低了,即发生了能量退降(能量的"质量"/"品位"降低);且降低的值与该不可逆过程(热传导)的熵增加成正比。这种能量退降的现象在生产过程中普遍存在,因此,如何合理地利用能源,是实际生产中非常重要的问题。

功和热都是被传递的能量,能量是守恒的。但功变为热是无条件的,而热不能无条件地全部变为功——从一个热源吸热只能部分转变为功,另一部分热要转移到低温热源中去——所以热和功"不等价",功的"质量"/"品位"高于热。

2.4.3 熵的统计意义及热力学第二定律的本质

熵是宏观物理量,热力学是探讨宏观变化过程中温度、压力、能量和熵等宏观物理量之间的规律的宏观理论。由于热力学理论是以实验事实为依据,所以涉及的都是宏观物理量,因而其结论具有广泛的普适性和高度的可靠性,这是热力学的优点所在。但由于它不过问物质的微观结构和粒子的运动状态,显然是不完备的。如果不探讨其微观机制,则许多问题只能停留在"知其然而不知其所以然"的阶段。将物质的微观状态和性质与系统的宏观性质

联系起来的是统计热力学。为了更深刻地理解熵的意义和热力学第二定律的本质,我们将再从微观和统计的角度上进行一些讨论。

1. 熵的统计意义

如果从统计的角度来看,很容易理解:系统不同的状态出现的可能性是不同的,而自发变化总是从出现的可能性较小的状态向出现的可能性较大的状态进行。系统某种状态出现的可能性,即概率,又与其热力学概率密切相关。所以,在讨论之初,首先要明确热力学概率(thermodynamic probability)的概念,及其与数学概率的关系。

为便于理解,我们用一个简单的例子来进行说明。设有四个不同颜色的小球 a,b,c,d,今欲将其分装在两个体积相同的盒子中(盒 1、盒 2),可有下列几种分配方式(见表 2.1)。总的微观状态数(有时也简称为花样数或微态数)是 16 种:属于(4,0)或(0,4)分布者各一种,属于(3,1)或(1,3)分布者各 4 种,属于(2,2)分布者 6 种。由于小球的无规则运动,每一种微态出现的概率是相同的(这是由大量质点所构成的统计系统中的基本假设——等概率假定),都是 1/16。但是不同类型分布出现的概率却不一样,均匀分布类型即(2,2)分布的概率最大,为 6/16。

表 2.1 小球分布状况

分配方式	分配的微态数 Ω	盒1	盒2
(4,0)	1	a,b,c,d	0
(3,1)	4	a,b,c a,b,d a,c,d b,c,d	d c b a
(2,2)	6	a,b a,c a,d b,c b,d c,d	c,d b,d b,c a,d a,c a,b
(1,3)	4	a b c d	b,c,d a,c,d a,b,d a,b,c
(0,4)	1	0	$abcd$

对于由大量质点所构成的统计系统,它的某种状态(宏观状态)就相当于上例中的某种分配方式或分布,它的微观状态则相当于上例中的微态。所谓某种状态的热力学概率就是可实现该状态的微观状态总数,通常用 Ω 表示。而某状态出现的数学概率 P 等于该状态的

热力学概率除以在该情况下所有可能的微观状态的总和,即

$$P = \frac{\Omega}{\sum \Omega} \tag{2.22}$$

例如上例中,实现(2,2)分布的 $\Omega=6$,$P=6/16$。

数学概率总是从 0~1,而热力学概率却是一个很大的数目。而且随着分子数目的增加,均匀分布的热力学概率比不均匀分布的热力学概率要大得多。

对于由大量质点所构成的统计系统,其宏观状态实际上是大量微观状态的平均。当我们对系统进行观测时,即使在宏观看来经历的时间很短,但从微观看来却是很长很长的。在这个"宏观短微观长"的时间之内,各种可能的微观状态都将等概率地出现,而且多次出现,所以宏观状态乃是各种微观状态的平均。但由于不同宏观状态的热力学概率不同,它们出现的数学概率也不同,其中均匀分布出现的概率最大(即它对宏观平均值中所提供的贡献最大),所以观察到的宏观状态实际上是均匀分布的。如果设想对每一个微观状态都能拍一个照片,则把这些底片叠加起来看就是宏观状态,它是各种微观状态的平均。从分子微观运动的角度看,与气体自由膨胀相反的过程,即分子集中的过程,从理论上讲并不是不可能的。只是当分子数目很多时,它出现的机会微乎其微,以致实际上观察不到,从宏观意义上说就是不可能的。因此,我们说自发变化的方向性(总是向概率增大的方向进行)也具有统计意义,它是大数量分子平均行为的体现。

在自发过程中,系统的热力学概率和系统的熵有相同的变化方向,即都趋向于增加;同时这两者又都是状态函数,两者之间必有一定的联系。是怎样的联系呢?一方面,熵是容量性质,具有加和性,如 $S=S_A+S_B$;另一方面,根据概率定理,复杂事件的概率等于各个简单的、互不相关事件的概率的乘积,如 $\Omega=\Omega_A\Omega_B$。所以两者之间应是对数的关系:

$$S = k_B \ln \Omega \tag{2.23}$$

上式就称为 Boltzmann(玻兹曼)公式。式中 k_B 称为 Boltzmann 常数,$k_B=R/L$(参见思考与讨论)。这是一个非常重要的公式。因为熵是宏观物理量,而概率是一个微观量。这个公式成为宏观量与微观量联系的一个重要桥梁,通过这个公式使热力学与统计热力学发生了联系,也奠定了统计热力学的基础。

综上所述,从微观的角度来看,熵具有统计意义,它是系统微观状态数的一种量度。而系统微观状态数的大小即反应了系统花样数的多少或混乱度即无序程度的大小。熵值小的状态,对应于比较有秩序的状态;熵值大的状态,对应于混乱度较大比较无序的状态。即熵可作为系统混乱度的一种量度。

以上我们说明了熵和热力学概率的关系,并获得了 Boltzmann 公式。但仅从空间位置的排列来说明不同的微态显然是不够的,各个分子所处的能级不同、运动状态不同也构成不同的微态,除了分子的外部运动之外,还要考虑分子的内部运动。我们将在"统计热力学基

础"一章中,讨论不同的运动状态(包括平动、振动、转动等)所构成的微态。

2. 热力学第二定律的本质

从熵的统计意义可以进一步说明热力学第二定律的本质,即自发变化的方向是向熵增加即混乱度增加的方向进行。我们将以热力学第二定律提到的典型过程(热功转换等)为例,从微观的角度说明这一点。

我们知道热是分子混乱运动的一种表现。因为分子互撞导致混乱的程度只会增加,直到混乱度达到最大限度为止(即达到在给定情况下所允许的最大值)。而功则是与有方向的运动相联系,是有秩序的运动。所以功转变为热的过程是规则运动转化为无规则的运动,是向混乱度增加的方向进行的。有秩序的运动会自动地变为无秩序的运动,而无秩序的运动却不会自动地变为有秩序的运动。

对于气体的混合过程,例如,设在一盒内有用隔板隔开的两种气体,将隔板抽去之后,气体迅即自动混合,最后成为均匀的平衡状态,无论再等多久,系统也不会自动分开恢复原状。自发的混合过程是由比较有序的状态变到比较混乱的状态,即混乱程度增加的过程。

对于热的传递过程,从微观角度看,系统处于低温时,分子相对集中于低能级上。当热从高温物体传递到低温物体时,低温物体中部分分子将从低能级转移到较高能级,分子在各能级上的分布较为均匀,即从相对有序变为相对无序。

由上述几个例子及不可逆过程的相关性,可见自发过程都是不可逆过程,都是熵增加过程,也都是混乱度增加的变化过程,而熵函数则可以作为系统混乱度的一种量度。这就是热力学第二定律所阐明的不可逆过程的本质。

Boltzmann公式赋予热力学第二定律以统计意义。热力学第二定律所禁止的过程并非绝对不能发生,只是出现的概率极少极少而已。而通常用以描述系统状态的宏观物理量是相应的微观状态的统计平均值,也是概率最大时的值。当然,系统也可能在某些条件下出现与平均值有偏差的那种状态,这就是涨落(fluctuation)。由于统计、概率等概念只能使用于大数量分子所构成的系统,从热力学第二定律所得到的结论也只能适用于这样的系统。对于粒子数不够多的系统,则热力学第二定律不能适用,这就是热力学第二定律的统计特性。

§2.5 特殊情况下变化方向及限度的判据——ΔA 和 ΔG

当我们用熵增加原理作为一般判据来判别自发变化的方向以及平衡条件时,必须将系统与其环境组成一个隔离系统,也就是说必须同时考虑环境的熵变,这很不方便。同时,很多反应往往是在一些特定的条件下(如等温、等压或等温、等容)进行的。如果在这些特定的条件下,能有某些特殊判据,可仅从系统自身的状态函数的变化值来判别变化的方向,而无需再考虑环境,那将是非常方便的。正是出于这样的考虑,亥姆霍兹(Helmholtz)和吉布斯(Gibbs)分别定义了两个新的状态函数,Helmholtz 自由能和 Gibbs 自由能。

2.5.1 Helmholtz 自由能及相关判据

根据热力学第二定律的基本公式

$$dS \geqslant \frac{\delta Q}{T_{环}}, \quad \delta Q \leqslant T_{环} \, dS$$

再根据热力学第一定律

$$dU = \delta Q + \delta W, \quad \delta Q = dU - \delta W$$

得 $\quad dU - \delta W \leqslant T_{环} \, dS, \; -\delta W \leqslant -(dU - T_{环} \, dS)$

在等温条件下 $\quad T_{环} \, dS = d(TS)$

所以 $\quad -\delta W \leqslant -d(U - TS) \quad (2.27)$

式中 $(U-TS)$ 是状态函数的组合,显然也是一个状态函数,而且具有能量的量纲,因此被定义为 Helmholtz 自由能(Helmholtz free energy)A,亦称 Helmholtz 函数(Helmholtz function):

$$A \stackrel{\text{def}}{=\!=\!=} U - TS \quad (2.28)$$

因此可得 $\quad -\delta W \leqslant -dA \quad 或 \quad -W \leqslant -\Delta A \quad (2.29)$

可见,在等温过程中,一个封闭系统对外所做的功不可能大于其 Helmholtz 自由能的减少。若过程是不可逆的,则系统所做的功小于 Helmholtz 自由能的减少;若过程是可逆的,则系统所做的功等于 Helmholtz 自由能的减少,这是系统可能做的最大功(绝对值最大),因此 Helmholtz 自由能可以理解为等温条件下系统做功的本领,这就是 Helmholtz 自由能也曾被叫做功函(work function)的原因。A 是状态函数,所以 ΔA 只决定于始末态,而与变化的途径无关。比较一个过程的功与相应始末态间的 ΔA,即可根据式(2.29)判断过程的可逆性。因此式(2.29)可作为等温条件下过程可逆性的判据。

如果涉及的等温过程的功为零,如等温等容且无其他功的情况,或无其他功的等温真空膨胀情况下,显然

$$0 \leqslant -dA \quad 或 \quad dA \leqslant 0 \quad 或 \quad \Delta A \leqslant 0 \quad (2.30)$$

同样地,对于可逆过程式中等号成立,对于不可逆过程式中不等号成立。即在上述条件下,系统发生的变化总是朝向 Helmholtz 自由能 A 减少的方向进行,直到 A 减至该情况下所允许的最小值,系统达到平衡为止。在这个意义上,Helmholtz 自由能 A 也被称为"等温、等容

位"。式(2.30)是等温且无功的情况下,过程的方向与限度的判据。

2.5.2 Gibbs自由能及相关判据

前面我们已经得到,在等温条件下,式(2.27)成立:

$$-\delta W \leqslant -\mathrm{d}(U-TS)$$

式中的功 W 包括一切功。可把功分为两类,膨胀功(体积功)和除膨胀功以外的其他功(非体积功,如电功、表面功等),两者分别用 W_e 和 W_f 表示。所以

$$\delta W = \delta W_e + \delta W_f = -p_e\mathrm{d}V + \delta W_f$$

$$p_e\mathrm{d}V - \delta W_f \leqslant -\mathrm{d}(U-TS)$$

若再引入等压条件,则

$$p_e\mathrm{d}V = \mathrm{d}(pV)$$

上式可写作

$$-\delta W_f \leqslant -\mathrm{d}(U+pV-TS)$$

$$-\delta W_f \leqslant -\mathrm{d}(H-TS)$$

与 Helmholtz 自由能类似,上式中 $(H-TS)$ 也是状态函数的组合,是一个状态函数,而且具有能量的量纲,因此被定义为 Gibbs 自由能(Gibbs free energy)G,亦称 Gibbs 函数(Gibbs function):

$$G \xlongequal{\mathrm{def}} H - TS \tag{2.31}$$

则得

$$-\delta W_f \leqslant -\mathrm{d}G \quad \text{或} \quad -W_f \leqslant -\Delta G \tag{2.32}$$

此式的意义是:在等温、等压条件下,一个封闭系统所能做的非膨胀功不可能大于其 Gibbs 自由能的减少。若过程是不可逆的,则系统所做的非膨胀功小于 Gibbs 自由能的减少;若过程是可逆的,则系统所做的非膨胀功等于 Gibbs 自由能的减少,这是系统可能做的最大非膨胀功(绝对值最大),因此 Gibbs 自由能可以理解为等温条件下系统做非膨胀功的本领。G 是状态函数,所以 ΔG 只决定于始末态,而与变化的途径无关。比较一个过程的非膨胀功与相应始末态间的 ΔG,即可根据式(2.32)判断过程的可逆性。因此式(2.32)可作为等温等压条件下过程可逆性的判据。

如果涉及的过程除了等温、等压条件,还没有其他功,则

$$0 \leqslant -\mathrm{d}G \quad \text{或} \quad \mathrm{d}G \leqslant 0 \quad \text{或} \quad \Delta G \leqslant 0 \tag{2.33}$$

同样地,对于可逆过程式中等号成立,对于不可逆过程式中不等号成立。即在上述条件下,系统发生的变化总是朝向 Gibbs 自由能 G 减少的方向进行,直到 G 减至该情况下所允许的最小值,系统达到平衡为止。在这个意义上,Gibbs 自由能 G 也被称为"等温、等压位"。式

(2.33)是等温等压且无其他功的情况下,过程的方向与限度的判据。研究化学反应时,由于化学反应通常都是在等温、等压下进行的,所以 Gibbs 自由能判据比 Helmholtz 自由能判据更有用。

应该注意,如果外界予以帮助,输入非体积功,则过程可能向 G 增大的方向进行。例如,等温、等压不做其他功的条件下,氢和氧可以自发地起反应变成水,这一反应的 $\Delta G < 0$;其逆反应的 $\Delta G > 0$,不能自动发生;但若输入电功,则可使水电解而得到氢和氧。

在等温、等压可逆电池反应中,非膨胀功即为电功,故

$$\Delta_r G = W_{f,R} = -nEF \tag{2.34}$$

式中:E 是可逆电池的电动势;n 是电池反应中得失电子的物质的量;F 是 Faraday(法拉第)常数,等于 96 485 C·mol^{-1}(C 代表库仑)。

Gibbs 自由能是状态函数,在给定始态和终态间,ΔG 为定值;但系统在给定始末态间变化时,是否做出非膨胀功,则与对反应的安排及具体进行的过程有关。例如某个自发的化学反应,若安排它在电池中进行反应,则可做电功;若直接在烧杯中进行反应,则不做电功(显然这两个过程中的热效应是不同的)。

从上述讨论可见,与熵判据不同,在其各自的适用条件下使用 Gibbs 自由能判据和 Helmholtz 自由能判据时,不需考虑环境,而只需要考虑系统自身的性质就够了。

应该注意到,当用热力学函数判断变化的方向性时,没有涉及速率的问题,实际速率要由外界的具体条件以及对系统所施的阻力如何而定。例如,热自动从高温物体流向低温物体,温差越大,流动的趋势也越大;但是实际上若用绝热的间壁使这两个物体隔开,绝热条件越完善,则热量的传递就越困难;当完全绝热时,尽管流动的趋势还存在,但实际上热量并不流动。又如,在通常的情况下,氢和氧混合在一起,有生成水的可能性,而实际上却观察不到水的生成;若要使其反应,需要加入催化剂或改变反应的条件。由此可见,热力学的判断只是给我们一个启示,指示一种可能性,至于如何把可能性变为现实性,使反应按我们所要求的最恰当的方式进行,往往要具体问题具体分析,既要考虑平衡问题,也要考虑反应的速率问题;既要考虑可能性问题,又要考虑如何创造条件去实现这种可能性。

【例 2.3】 动物是在近恒压条件下活动的(潜游类例外)。维持生命的大多数过程具有电性质(从广义上来说)。动物从 1 mol 葡萄糖中可以得到多少有效能以维持其神经和肌肉活动?

解:题意所指即为在等温(体温)等压(大气压)条件下,动物消化 1 mol 葡萄糖(转化为二氧化碳和水)最多可获得多少非膨胀功。可通过该反应的 ΔG 求得。

取 $T=310.0$ K,实验测得该反应的 $\Delta H = -2\,808$ kJ·mol^{-1},$\Delta S = 182.4$ J·K^{-1}·mol^{-1}。

$$\Delta G = \Delta H - T\Delta S = -2\,865 (\text{kJ·mol}^{-1})$$

即动物从 1 mol 葡萄糖中可获得的有效能为 2 865 kJ。

§2.6 重要热力学函数间的关系

至此我们已经介绍了 U, H, S, A, G 等多个热力学函数,而描述某系统所需的独立的状态参量数是很有限的,这些状态函数间必然存在多种相互联系。因此,仔细研究热力学函数之间的关系,对于确定系统状态、进行相关热力学计算和判断,显然意义重大。

2.6.1 基本公式

根据定义,几个热力学函数之间的关系见图 2.10。

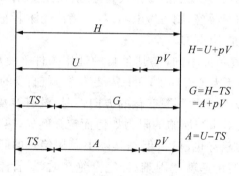

图 2.10 几个热力学函数之间的关系

对于封闭系统、无非体积功的可逆过程,热力学第一、第二定律可分别表示为

$$dU = \delta Q + \delta W_e = \delta Q - pdV \quad 及 \quad dS = \frac{\delta Q}{T}$$

所以
$$dU = TdS - pdV \tag{2.35}$$

这是热力学第一定律与第二定律的联合公式,是热力学的基本方程。上式的重要性通过以下对于其适用条件所做的进一步探讨,充分地显示出来。

首先,在导出此式时,曾引用了可逆条件,但是这个公式中的物理量都是系统的性质,皆为状态函数。因此,无论过程是否可逆,上式都成立。但应注意,只有在可逆过程中上式中的两项才分别代表热效应和体积功。

其次,热力学能显然与物质的本性及其数量有关,但上式不含表示系统组成的变量,所以它仅适用于组成不变的封闭系统,若系统内部组成改变,则需增加 $n_1, n_2, \cdots, n_B, \cdots$(系统中不同组分的物质的量)等变量(参见多组分系统热力学)。但在下一章可以证明:若系统组成的改变是可逆的,如发生可逆相变或可逆的化学变化,则此两变量公式仍可适用。

所以此基本公式的适用条件为:内部平衡的(可有可逆的组成改变),只有体积功的封闭系统。可见其适用范围很广,并且是进一步研究复杂系统的基础,因此有很重要的意义,称为热力学基本方程。

根据焓的定义,有
$$H = U + pV, \quad dH = dU + pdV + Vdp$$

将式(2.35)代入得
$$dH = TdS + Vdp \tag{2.36}$$

同法还可得到
$$dA = -SdT - pdV \tag{2.37}$$

$$dG = -SdT + Vdp \tag{2.38}$$

式(2.35)至式(2.38)四个公式都是热力学的基本方程,它们的运用条件和式(2.35)一样,适用于内部平衡且只有体积功的封闭系统。

从这些基本公式可以导出很多有用的关系式。例如,式(2.35)可看作是以 S 和 V 作为独立变量的 U 的全微分,而这一意义也可直接写为

$$dU = \left(\frac{\partial U}{\partial S}\right)_V dS + \left(\frac{\partial U}{\partial V}\right)_S dV \tag{2.35'}$$

比较两式可得
$$T = \left(\frac{\partial U}{\partial S}\right)_V, \quad -p = \left(\frac{\partial U}{\partial V}\right)_S \tag{2.39}$$

从其他三个基本公式相应可得
$$T = \left(\frac{\partial H}{\partial S}\right)_p, \quad V = \left(\frac{\partial H}{\partial p}\right)_S \tag{2.40}$$

$$-p = \left(\frac{\partial A}{\partial V}\right)_T, \quad -S = \left(\frac{\partial A}{\partial T}\right)_V \tag{2.41}$$

$$V = \left(\frac{\partial G}{\partial p}\right)_T, \quad -S = \left(\frac{\partial G}{\partial T}\right)_p \tag{2.42}$$

2.6.2 特性函数

热力学基本方程可分别视为 U, H, A, G 等热力学量的两变量函数式,而对于任意热力学状态函数,用哪两个独立变量(状态参数)来描述它是可以有不同的选择的。马休(Massieu)于 1869 年指出,对于 U, H, S, A, G 等热力学函数,只要其独立变量选择适当,就可以从一个已知的热力学函数,以及此函数对其两个相应变量的偏微商,求得其他热力学函数,从而可以把一个均匀系统的平衡性质完全确定下来。这种情况下,此已知函数就叫做特性函数(characteristic function),所选择的独立变量就称为该特性函数的特征变量。这对概念的主要意义及用途也就在于此。

例如,当我们选择 T、p 为函数 G 的独立变量,如果已知 $G=f(T,p)$ 的具体函数形式,

则其他热力学函数只需通过 G 及其对 T, p 的微分就可求得，即可把其他热力学函数都表示成 (T, p) 的函数。所以 T, p 就是特性函数 G 的特征变量。

已知
$$G = f(T, p) \quad dG = -SdT + Vdp$$

则
$$V = \left(\frac{\partial G}{\partial p}\right)_T \quad S = -\left(\frac{\partial G}{\partial T}\right)_p$$

$$H = G + TS = G - T\left(\frac{\partial G}{\partial T}\right)_p$$

$$U = H - pV = G - T\left(\frac{\partial G}{\partial T}\right)_p - p\left(\frac{\partial G}{\partial p}\right)_T$$

$$A = G - pV = G - p\left(\frac{\partial G}{\partial p}\right)_T$$

常用的特性函数及其特征变量有：
$$U(S,V), H(S,p), A(T,V), G(T,p), S(H,p), S(U,V)$$

从前四者可见，热力学基本方程中，各热力学函数的独立变量都是其特征变量。读者可试从任一个特性函数及其特征变量求出其他热力学函数及其表示式。

特性函数的概念还有一个重要意义，即当相应的特征变量固定不变时，特性函数的变化量可以用来判断变化过程的可逆性和变化的方向性。对于组成不变的封闭系统，在不做非体积功时，可以作为判据的有：

$$(dS)_{U,V} \geqslant 0 \quad (dA)_{T,V} \leqslant 0 \quad (dG)_{T,p} \leqslant 0$$
$$(dU)_{S,V} \leqslant 0 \quad (dH)_{S,p} \leqslant 0 \quad (dS)_{H,p} \geqslant 0$$

其中前三个使用较多，并与我们前面讨论的结果相一致。由于 U, H, A, G 均具有能量量纲，这些判据可简单概括为"熵增能减"。当然要注意每个判据都有自己的使用条件。

2.6.3 Maxwell 关系式及其应用

热力学基本方程均可视为热力学函数的全微分的表达式。而全微分在数学上具有如下性质：
$$z = z(x, y)$$

$$dz = \left(\frac{\partial z}{\partial x}\right)_y dx + \left(\frac{\partial z}{\partial y}\right)_x dy = Mdx + Ndy$$

式中 $M = \left(\frac{\partial z}{\partial x}\right)_y, N = \left(\frac{\partial z}{\partial y}\right)_x$，它们也是 x 和 y 的函数，

$$\left(\frac{\partial M}{\partial y}\right)_x = \frac{\partial^2 z}{\partial x \partial y}, \quad \left(\frac{\partial N}{\partial x}\right)_y = \frac{\partial^2 z}{\partial x \partial y}$$

所以
$$\left(\frac{\partial M}{\partial y}\right)_x = \left(\frac{\partial N}{\partial x}\right)_y \tag{2.43}$$

将上述关系式用到四个基本公式中,就得到 Maxwell 关系式(Maxwell's relations):

$$\left(\frac{\partial T}{\partial V}\right)_S = -\left(\frac{\partial p}{\partial S}\right)_V \tag{2.44}$$

$$\left(\frac{\partial T}{\partial p}\right)_S = \left(\frac{\partial V}{\partial S}\right)_p \tag{2.45}$$

$$\left(\frac{\partial S}{\partial V}\right)_T = \left(\frac{\partial p}{\partial T}\right)_V \tag{2.46}$$

$$-\left(\frac{\partial S}{\partial p}\right)_T = \left(\frac{\partial V}{\partial T}\right)_p \tag{2.47}$$

这些式子表示简单系统在平衡时,几个热力学函数之间的关系。这些式子的一个用处是,可用容易由实验测定的偏微分来代替那些不易直接测定的偏微分。例如在最后两个公式中,可以根据状态方程求出熵随 V,p 的变化关系。下面介绍 Maxwell 关系式的某些应用。

1. 求 U 随 V 的变化关系

已知基本公式: $\mathrm{d}U = T\mathrm{d}S - p\mathrm{d}V$

等温对 V 求偏微分: $\left(\frac{\partial U}{\partial V}\right)_T = T\left(\frac{\partial S}{\partial V}\right)_T - p$

$\left(\frac{\partial S}{\partial V}\right)_T$ 不易测定,但根据 Maxwell 关系式(2.46): $\left(\frac{\partial S}{\partial V}\right)_T = \left(\frac{\partial p}{\partial T}\right)_V$

可得
$$\left(\frac{\partial U}{\partial V}\right)_T = T\left(\frac{\partial p}{\partial T}\right)_V - p \tag{2.48}$$

此式称为热力学状态方程,因为根据此式,只要知道物质的状态方程,就可求得 $\left(\frac{\partial p}{\partial T}\right)_V$ 并进而求得 $\left(\frac{\partial U}{\partial V}\right)_T$,即等温时热力学能随体积的变化。$\left(\frac{\partial U}{\partial V}\right)_T$ 的量纲为压强,对于气体系统(如范德华气体),可以证明它就是气体的内压 $p_内$;对于理想气体,此值显然为零。

利用热力学状态方程,只要知道状态方程,就可以求出气体在 p,V,T 状态变化时的 ΔU。

$$U = U(T,V)$$
$$\mathrm{d}U = \left(\frac{\partial U}{\partial T}\right)_V \mathrm{d}T + \left(\frac{\partial U}{\partial V}\right)_T \mathrm{d}V$$
$$= C_V \mathrm{d}T + \left[T\left(\frac{\partial p}{\partial T}\right)_V - p\right]\mathrm{d}V \tag{2.49}$$

$$\Delta U = \int C_V dT + \int \left[T\left(\frac{\partial p}{\partial T}\right)_V - p \right] dV \tag{2.49'}$$

2. 求 H 随 p 的变化关系

与上面的讨论类似,根据热力学基本公式:$dH = TdS + Vdp$

$$\left(\frac{\partial H}{\partial p}\right)_T = T\left(\frac{\partial S}{\partial p}\right)_T + V$$

利用 Maxwell 关系式(2.47): $-\left(\frac{\partial S}{\partial p}\right)_T = \left(\frac{\partial V}{\partial T}\right)_p$

可得
$$\left(\frac{\partial H}{\partial p}\right)_T = V - T\left(\frac{\partial V}{\partial T}\right)_p \tag{2.50}$$

此式亦称为热力学状态方程,根据此式,只要知道物质的状态方程,就可求得等温时焓随压强的变化。$\left(\frac{\partial H}{\partial p}\right)_T$ 的量纲为体积,与气体分子自身的体积有关;对于理想气体,此值显然为零。

利用式(2.50),只要知道状态方程,就可以求出气体在 p、V、T 状态变化时的 ΔH。

$$H = H(T, p)$$

$$dH = \left(\frac{\partial H}{\partial T}\right)_p dT + \left(\frac{\partial H}{\partial p}\right)_T dp \tag{2.51}$$
$$= C_p dT + \left[V - T\left(\frac{\partial V}{\partial T}\right)_p\right] dp$$

$$\Delta H = \int C_p dT + \int \left[V - T\left(\frac{\partial V}{\partial T}\right)_p\right] dp \tag{2.51'}$$

因为有两个热力学状态方程可以利用,所以常分别取 (T,V) 和 (T,p) 为 U 和 H 的变量。

3. 求 S 随 p 或 V 的变化关系

根据 Maxwell 关系式(2.47):

$$-\left(\frac{\partial S}{\partial p}\right)_T = \left(\frac{\partial V}{\partial T}\right)_p$$

以及等压热膨胀系数(isobaric thermal expansivity)的定义:

$$\alpha = \frac{1}{V}\left(\frac{\partial V}{\partial T}\right)_p$$

即可求得等温变压过程中的熵变:

$$\Delta_T S = \int -\left(\frac{\partial V}{\partial T}\right)_p dp = -\int \alpha V dp \tag{2.52}$$

类似地,从 Maxwell 关系式(2.46): $\left(\dfrac{\partial S}{\partial V}\right)_T = \left(\dfrac{\partial p}{\partial T}\right)_V$

可得等温变体积过程中的熵变:

$$\Delta_T S = \int \left(\dfrac{\partial p}{\partial T}\right)_V \mathrm{d}V \tag{2.53}$$

状态方程已知时,根据式(2.52)或式(2.53)可求得等温过程的熵变。对于理想气体,所得结果与式(2.15)相同,读者可自证之。

4. 求 Joule‑Thomson 系数

利用式(2.50)可从状态方程求出 $\mu_{\mathrm{J-T}}$ 值,并可解释为何此值有时为正,有时为负,有时为零。

$$\mu_{\mathrm{J-T}} = \left(\dfrac{\partial T}{\partial p}\right)_H = -\dfrac{1}{C_p}\left(\dfrac{\partial H}{\partial p}\right)_T = -\dfrac{1}{C_p}\left[V - T\left(\dfrac{\partial V}{\partial T}\right)_p\right] \tag{2.54}$$

5. 求 C_p 与 C_V 的关系

$$\begin{aligned} C_p - C_V &= \left(\dfrac{\partial H}{\partial T}\right)_p - \left(\dfrac{\partial U}{\partial T}\right)_V = \left[\dfrac{\partial (U+pV)}{\partial T}\right]_p - \left(\dfrac{\partial U}{\partial T}\right)_V \\ &= \left(\dfrac{\partial U}{\partial T}\right)_p + p\left(\dfrac{\partial V}{\partial T}\right)_p - \left(\dfrac{\partial U}{\partial T}\right)_V \end{aligned} \tag{2.55}$$

根据复合函数偏微分的公式可得 $\left(\dfrac{\partial U}{\partial T}\right)_p = \left(\dfrac{\partial U}{\partial T}\right)_V + \left(\dfrac{\partial U}{\partial V}\right)_T \left(\dfrac{\partial V}{\partial T}\right)_p$

代入式(2.55)得 $C_V = \left[p + \left(\dfrac{\partial U}{\partial V}\right)_T\right]\left(\dfrac{\partial V}{\partial T}\right)_p$

再根据热力学状态方程(2.48): $\left(\dfrac{\partial U}{\partial V}\right)_T = T\left(\dfrac{\partial p}{\partial T}\right)_V - p$

即可得到

$$C_p - C_V = T\left(\dfrac{\partial p}{\partial T}\right)_V \left(\dfrac{\partial V}{\partial T}\right)_p \tag{2.56}$$

根据上式,可直接由状态方程求得 $C_p - C_V$ 的值。若是理想气体,容易求得 $C_p - C_V = nR$。

根据等温压缩系数的定义 $\beta = -\dfrac{1}{V}\left(\dfrac{\partial V}{\partial p}\right)_T$

以及偏微分的循环关系式 $\left(\dfrac{\partial p}{\partial T}\right)_V \left(\dfrac{\partial V}{\partial p}\right)_T \left(\dfrac{\partial T}{\partial V}\right)_p = -1$

容易得到

$$C_p - C_V = -T\left(\dfrac{\partial p}{\partial V}\right)_T \left(\dfrac{\partial V}{\partial T}\right)_p^2 = \dfrac{\alpha^2 T V}{\beta} \tag{2.57}$$

由式(2.56)和式(2.57)可见:

(1) T 趋近于零时,$C_p = C_V$;

(2) 因 β 总是正值，所以 C_p 不可能小于 C_V；

(3) 液态水在标准大气压和 277.15 K 时，密度有极大值，这时 $\alpha=0$，$C_p=C_V$。

§2.7 ΔG 的计算

等温等压且无非体积功的过程是很常见的，尤其是在研究化学反应时。因此，在这种条件下适用的 Gibbs 自由能判据就显得很重要了。相应地，ΔG 的求算就是必须解决的前提。因为 G 是状态函数，所以 ΔG 只决定于始末态，而与途径无关。因此，与 ΔS 的求算类似，我们在给定的始末态间设计可逆路径，利用这条易于计算的可逆路径，把始末态间的 ΔG 求出。

我们所讨论的过程可以做如下分类：组成不变的单纯状态变化过程、发生组成改变的过程。对于封闭系统，组成的改变有两条途径——相变和化学变化，它们可以可逆地进行，也可以不可逆地进行。对于组成不变或仅含可逆相变或可逆化学变化的系统，热力学基本方程式(2.35)~(2.38)成立，即相关热力学函数的变化仅由其两个特征变量的变化引起，如 G 的变化仅由 T,p 的变化引起。对于组成发生了不可逆的变化的过程，不能直接引用上述热力学基本方程，它们的相关热力学计算较为复杂，需设计可逆路径。本节我们就将讨论 T,p 对 G 的影响，以及各种典型过程中 ΔG 的求算。

2.7.1 Gibbs 自由能与压力和温度的关系——状态变化的 ΔG

根据基本公式(2.38)： $\mathrm{d}G = -S\mathrm{d}T + V\mathrm{d}p$

等温过程中 $\qquad \mathrm{d}G = V\mathrm{d}p \qquad \Delta_T G = \int V\mathrm{d}p \qquad (2.58)$

对于凝聚相物质，除非在极高压强下，通常此项压强对 G 值的影响可略；而对于理想气体，此项影响不可略。

$$\Delta_T G = \int V\mathrm{d}p = nRT\ln\frac{p_2}{p_1} = nRT\ln\frac{V_1}{V_2} \qquad (2.59)$$

对于等压变温过程，则 $\qquad \mathrm{d}G = -S\mathrm{d}T \qquad \Delta G = \int -S\mathrm{d}T$

2.7.2 等温化学反应的 ΔG——van't Hoff 等温式

为简单起见，我们以理想气体的反应为例，来讨论定温下的化学反应的 ΔG。随后将讨论温度变化对其影响，至于更复杂的化学反应的讨论，将放在"化学平衡"一章中进行。

对于定温下理想气体的化学反应，因其未必都是可逆的，所以首先要在给定始末态间设计可逆过程：

$$\begin{array}{ccccccc}
d\mathrm{D} & + & e\mathrm{E} & \xrightarrow{\Delta_r G_m} & f\mathrm{F} & + & g\mathrm{G} \\
p_\mathrm{D} & & p_\mathrm{E} & & p_\mathrm{F} & & p_\mathrm{G} \\
\downarrow \Delta G_1 & & & & \uparrow \Delta G_3 & & \\
d\mathrm{D} & + & e\mathrm{E} & \xrightleftharpoons[\text{在平衡箱中}]{\Delta_r G_{m,2}} & f\mathrm{F} & + & g\mathrm{G} \\
p'_\mathrm{D} & & p'_\mathrm{E} & & p'_\mathrm{F} & & p'_\mathrm{G}
\end{array}$$

整个过程都在给定温度下进行。过程中的第二步,是给定的化学反应在可逆情况下进行,此时反应处于平衡态,所有物质的分压均为其平衡分压。这一步的实现可通过一个虚拟的 van't Hoff 平衡箱来完成。而过程 1 和过程 3 是等温状态变化过程,可通过前述的式(2.58)或式(2.59)来求其 ΔG。

假设有一个非常大的 van't Hoff 平衡箱如图 2.11 所示,其中放有 D,E,F,G 气体,这些气体在温度 T 下,已经在箱内达到平衡。各气体的平衡分压分别为 p'_D、p'_E、p'_F 和 p'_G。箱子上面有带活塞的唧筒,每一种气体都占用一个唧筒,唧筒底部有半透膜可与反应箱连通。设想每一个半透膜只允许相应的那一种气体通过。并且我们想象半透膜不用时,可以随时换成不透性的板壁。整个平衡箱与温度为 T 的大热储器接触,以保持恒温。

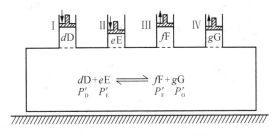

图 2.11 van't Hoff 平衡箱

上述可逆过程可通过以下几个步骤实现:

(1) 实验开始时,设平衡箱内各气体已达到平衡,唧筒的底部是不透性间壁,在唧筒Ⅰ、Ⅱ中分别放入气体 D 和 E(其物质的量分别为 d mol 和 e mol),其压力分别为 p_D 和 p_E。

首先把唧筒中各反应物的压力,以极慢的方式从开始的压力可逆地变到平衡箱中该反应物的平衡压力 p'_D 和 p'_E,此过程的 Gibbs 自由能变化为

$$\Delta G_1 = \int V \mathrm{d}p = dRT \ln \frac{p'_D}{p_D} + eRT \ln \frac{p'_E}{p_E}$$

(2) 把Ⅰ、Ⅱ、Ⅲ、Ⅳ各唧筒的底部都换成半透膜,然后缓缓下推Ⅰ、Ⅱ的活塞,使气体 D 和 E(其压强分别为 p'_D 和 p'_E)以 d mol:e mol 的比例同时缓慢地进入平衡箱,与此同时,利用唧筒Ⅲ、Ⅳ缓缓从平衡箱里以 f mol:g mol 的比例同时缓慢地抽出 F 和 G(其压强分别为 p'_F 和 p'_G)。由于反应物和生成物都按反应式所示的化学计量比同时缓慢地进/出平衡箱,所以在很大的平衡

箱里，各物质的平衡分压不受影响，反应在箱内可逆地进行，直至唧筒Ⅰ、Ⅱ中的 D 和 E（其物质的量分别为 d mol 和 e mol，压强分别为 p'_D 和 p'_E），完全变为唧筒Ⅲ、Ⅳ中的 F 和 G（其物质的量分别为 f mol 和 g mol，压强分别为 p'_F 和 p'_G），而平衡箱中各物质的数量和平衡分压都不变。即在平衡箱内完成了等温等压（箱内压强不变）可逆的化学反应。根据 Gibbs 自由能判据或热力学基本方程，无非体积功时，此过程的 Gibbs 自由能变化为

$$\Delta_r G_{m,2} = 0$$

（3）把Ⅰ、Ⅱ、Ⅲ、Ⅳ各唧筒的底部均换为不透性的间壁，移动活塞Ⅲ和Ⅳ，使唧筒中气体的压力分别由 p'_F 和 p'_G 变为 p_F 和 p_G。与过程 1 类似，在一定温度下，可得其 Gibbs 自由能变化为

$$\Delta G_3 = \int V dp = fRT \ln \frac{p_F}{p'_F} + gRT \ln \frac{p_G}{p'_G}$$

综上所述，对于所给的化学反应，可得

$$\Delta_r G_m = \Delta G_1 + \Delta_r G_{m,2} + \Delta G_3$$
$$= dRT \ln \frac{p'_D}{p_D} + eRT \ln \frac{p'_E}{p_E} + 0 + fRT \ln \frac{p_F}{p'_F} + gRT \ln \frac{p_G}{p'_G}$$

该式可针对化学反应的通式 $0 = \sum_B \nu_B B$，推广为

$$\Delta_r G_m = \sum_{B,反应物} (-\nu_B) RT \ln \frac{p'_B}{p_B} + 0 + \sum_{B,产物} \nu_B RT \ln \frac{p_B}{p'_B}$$
$$= \sum_B \nu_B RT \ln \frac{p_B}{p'_B} = \sum_B RT \ln \frac{p_B^{\nu_B}}{p_B^{'\nu_B}} = \sum_B RT \ln p_B^{\nu_B} - \sum_B RT \ln (p'_B)^{\nu_B}$$
$$= -RT \ln (\prod_B (p'_B)^{\nu_B}) + RT \ln (\prod_B p_B^{\nu_B})$$

上式中的 $\prod_B (p'_B)^{\nu_B} = K_p$，是平衡压力商，也就是平衡常数（关于平衡常数存在的普遍化证明，将在化学平衡一章中给出），而对于任意给定的始末态压力，我们定义实际压力商 $Q_p = \prod_B p_B^{\nu_B}$，则上式可写为

$$\Delta_r G_m = -RT \ln K_p + RT \ln Q_p \tag{2.60}$$

这个公式就称为 van't Hoff 等温式（van't Hoff isotherm），也叫做化学反应的等温式。根据此式，只要知道某温度时反应的平衡常数，就可计算同样温度下，任意给定压力的始末态间，化学反应的 ΔG，并进而判断反应的方向及限度。

当 $Q_p < K_p$ 时，$\Delta_r G_m < 0$，反应正向进行；

当 $Q_p = K_p$ 时，$\Delta_r G_m = 0$，反应处在平衡状态，能可逆地进行，这也是反应的限度；

当 $Q_p > K_p$ 时，$\Delta_r G_m > 0$，反应不能正向进行，而逆向进行的反应是可能的。

2.7.3 化学反应的 ΔG 与温度和压强的关系

1. 化学反应的 ΔG 与温度的关系——Gibbs-Helmholtz 方程

以上我们解决了在某给定温度下化学反应的 ΔG 的求算问题，但在实际中，由于常常会遇到不同的反应温度，我们还需解决自某一反应温度的 $\Delta G(T_1)$ 求另一个温度时的 $\Delta G(T_2)$ 的问题。

根据热力学基本公式 $\mathrm{d}G = -S\mathrm{d}T + V\mathrm{d}p \quad -S = \left(\dfrac{\partial G}{\partial T}\right)_p$

则 $\left[\dfrac{\partial(\Delta G)}{\partial T}\right]_p = -\Delta S$（因为对化学反应，其广度热力学函数的变化为 $\Delta Z = \sum\limits_B Z_B$）

又因为在定温下，$\Delta G = \Delta H - T\Delta S$，所以可得

$$\left[\frac{\partial(\Delta G)}{\partial T}\right]_p = \frac{\Delta G - \Delta H}{T} \tag{2.61}$$

对上式作适当的数学推导可得

$$\frac{1}{T}\left[\frac{\partial(\Delta G)}{\partial T}\right]_p = \frac{\Delta G - \Delta H}{T^2}$$

$$\frac{1}{T}\left[\frac{\partial(\Delta G)}{\partial T}\right]_p - \frac{\Delta G}{T^2} = -\frac{\Delta H}{T^2}$$

$$\left[\frac{\partial\left(\dfrac{\Delta G}{T}\right)}{\partial T}\right]_p = -\frac{\Delta H}{T^2} \tag{2.62}$$

对式(2.62)进行移项积分得

$$\int \mathrm{d}\left(\frac{\Delta G}{T}\right)_p = \int -\frac{\Delta H}{T^2}\mathrm{d}T \tag{2.62'}$$

将 ΔH 与 T 的关系式代入上式积分（若忽略 T 对 ΔH 的影响则计算可简化），即可从某一反应温度的 $\Delta G(T_1)$ 求得另一个温度时的 $\Delta G(T_2)$。式(2.62)还表明可由反应焓预见反应温度对反应方向的影响（将在"化学平衡"一章中详细讨论）。

对 Helmholtz 自由能可进行类似的讨论，得到

$$\left[\frac{\partial(\Delta A)}{\partial T}\right]_V = \frac{\Delta A - \Delta U}{T} \tag{2.63}$$

$$\left[\frac{\partial\left(\dfrac{\Delta A}{T}\right)}{\partial T}\right]_V = -\frac{\Delta U}{T^2} \quad \int \mathrm{d}\left(\frac{\Delta A}{T}\right)_V = \int -\frac{\Delta U}{T^2}\mathrm{d}T \tag{2.64}$$

式(2.61)至式(2.64)统称为 Gibbs-Helmholtz 方程。

2. 化学反应的 ΔG 与压强的关系

有时,我们也会遇到反应压力发生改变的情况。压强改变对凝聚相反应影响不太大,尤其是压强变化不大时。但当压强变化很大时,就会产生明显影响。

与上面的讨论类似,根据热力学基本公式:

$$dG = -SdT + Vdp \quad V = \left(\frac{\partial G}{\partial p}\right)_T$$

则对化学反应有

$$\left[\frac{\partial(\Delta G)}{\partial p}\right]_T = \Delta V \quad \Delta(\Delta G) = \int \Delta V dp$$

【例题 2.4】 地球中心的压力或可达标准压力的 300 万倍,那里的温度约为 4 000 ℃。某化学反应的 $\Delta V_m = 1.0 \text{ cm}^3 \cdot \text{mol}^{-1}$,$\Delta S_m = 2.1 \text{ J} \cdot \text{K}^{-1} \cdot \text{mol}^{-1}$。若该反应由在地表进行改为在地球中心进行时,反应的 ΔG 改变多少?

解: 由

$$\left[\frac{\partial(\Delta G)}{\partial T}\right]_p = -\Delta S \quad \left[\frac{\partial(\Delta G)}{\partial p}\right]_T = \Delta V$$

设反应的 ΔV 和 ΔS 随 T、p 的变化可略,则

$$\begin{aligned}
\Delta(\Delta G_m) &= \Delta G_{m,\text{地心}} - \Delta G_{m,\text{地表}} = \int_{p_{\text{地表}}}^{p_{\text{地心}}} \Delta V_m dp + \int_{T_{\text{地表}}}^{T_{\text{地心}}} -\Delta S_m dT \\
&= \Delta V_m(p_{\text{地心}} - p_{\text{地表}}) - \Delta S_m(T_{\text{地心}} - T_{\text{地表}}) \\
&= 3.0 \times 10^5 \text{ J} \cdot \text{mol}^{-1} - 8.3 \times 10^3 \text{ J} \cdot \text{mol}^{-1} \\
&= 2.9 \times 10^5 \text{ J} \cdot \text{mol}^{-1}
\end{aligned}$$

可见,此处压力的影响是显著的。

2.7.4 相变过程的 ΔG

1. 相变过程 ΔG 的求算

(1) 等温、等压可逆相变

$$dG = -SdT + Vdp = 0$$

(2) 等温、等压不可逆相变

与相应过程熵变的计算类似,设计图 2.11 所示的两条可逆路径,其中只涉及前面已讨论过的等压变温过程、等温变压过程及可逆相变,因此,利用前面的结果可求出等温等压不可逆相变过程的 ΔG。

可逆路径 1: $\Delta G = \Delta G_1 + \Delta G_2 + \Delta G_3 = \int_p^{p_T} V_\alpha dp + 0 + \int_{p_T}^{p} V_\beta dp$

可逆路径 2: $\Delta G = \Delta G_{1'} + \Delta G_{2'} + \Delta G_{3'} = \int_T^{T_p} -S_\alpha dT + 0 + \int_{T_p}^{T} -S_\beta dT$

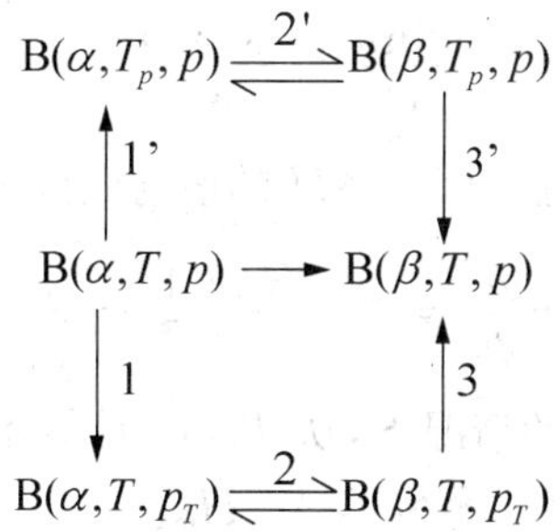

$$B(\alpha, T_p, p) \xrightleftharpoons{2'} B(\beta, T_p, p)$$
$$\uparrow 1' \qquad \qquad \downarrow 3'$$
$$B(\alpha, T, p) \longrightarrow B(\beta, T, p)$$
$$\downarrow 1 \qquad \qquad \downarrow 3$$
$$B(\alpha, T, p_T) \xrightleftharpoons{2} B(\beta, T, p_T)$$

图 2.11 相变过程可逆路径的设计

(3) 任意不可逆相变

与(2)的计算类似，只是始末态的温度或压强可能并不相同。

2. 纯物质两相平衡时温度与压强的关系——Clapeyron 方程

根据等温等压可逆相变时 $\Delta G = 0$，可得到任何纯物质达到两相平衡时的蒸气压与温度是有一定的关系的。

设在一定温度 T 和压力 p 下，某物质的相(1)和相(2)达到平衡；当温度或压强稍微改变时，又在新的条件 $(T+\mathrm{d}T, p+\mathrm{d}p)$ 下达到平衡，如下图所示：

		相(1)	相(2)
T	p	G_1	G_2
$T+\mathrm{d}T$	$p+\mathrm{d}p$	$G_1+\mathrm{d}G_1$	$G_2+\mathrm{d}G_2$

则对于两次平衡均有 $\Delta G = 0$，即 $G_1 = G_2, G_1 + \mathrm{d}G_1 = G_2 + \mathrm{d}G_2$，所以

$$\mathrm{d}G_1 = \mathrm{d}G_2$$

根据
$$\mathrm{d}G = -S\mathrm{d}T + V\mathrm{d}p$$

可得
$$-S_1\mathrm{d}T + V_1\mathrm{d}p = -S_2\mathrm{d}T + V_2\mathrm{d}p$$

所以
$$\frac{\mathrm{d}p}{\mathrm{d}T} = \frac{S_2 - S_1}{V_2 - V_1} = \frac{\Delta S}{\Delta V} = \frac{\Delta H}{T\Delta V} \tag{2.65}$$

上式中，ΔH 和 ΔV 分别为相变时的焓与体积的变化值（Δ 所指的相变方向要一致）。这就是克拉贝龙方程(Clapeyron equation)。表明纯物质两相平衡时的压强（饱和蒸气压）与相变温度是有一定的关系的。

对于气相与凝聚相间的两相平衡，假设气体为理想气体，并忽略凝聚相体积，则

$$\frac{\mathrm{d}p}{\mathrm{d}T} = \frac{\Delta_{\text{气化}} H_\mathrm{m}}{T[V_\mathrm{m}(\mathrm{g}) - V_\mathrm{m}(\mathrm{l})]} = \frac{\Delta_{\text{气化}} H_\mathrm{m}}{T(RT/p)}$$

$$\frac{\mathrm{d}\ln p}{\mathrm{d}T} = \frac{\Delta_{\text{气化}} H_m}{RT^2} \tag{2.66}$$

这就是 Clausius - Clapeyron 方程。假定 ΔH 的值与温度无关，上式积分得

$$\ln \frac{p_2}{p_1} = \frac{\Delta_{\text{vap}} H_m}{R}\left(\frac{1}{T_1} - \frac{1}{T_2}\right) \tag{2.66'}$$

利用这个公式，可以在已知 ΔH 的情况下，从 T_1, p_1 计算不同温度 T_2 下的蒸气压 p_2；或者从测得的 T_1, p_1 及 T_2, p_2 计算摩尔蒸发焓 $\Delta_{\text{vap}} H_m$。

摩尔蒸发焓还可以从 Trouton 规则进行估算。这是楚顿(Trouton)根据大量的实验事实，总结出的近似规则：对于多数非极性液体，在正常沸点 T_b 时蒸发，熵变近似为常数，摩尔蒸发焓变与正常沸点之间有如下近似的定量关系：

$$\frac{\Delta_{\text{vap}} H_m}{T_b} \approx 88 \text{ J} \cdot \text{K}^{-1} \cdot \text{mol}^{-1} \tag{2.67}$$

对极性液体、有缔合现象的液体以及 T_b 小于 150 K 的液体，该规则不适用。

§2.8 热力学第三定律与规定熵

在用以判断变化的方向和限度的几个判据中，熵判据是最根本的一般性判据。如果我们知道各种物质的熵的绝对值，并把它们列表备查，求 ΔS 就很方便了。但实际上熵的绝对值也是不知道的。热力学第二定律只能告诉我们如何测算熵的变化值，而不能提供某一状态下熵的绝对值。但如果我们能找到合理的参考点作为零点，来求熵的相对值，则利用这些相对值同样可以方便地计算 ΔS。这些相对值就称之为规定熵(conventional entropy)，而参考零点的确定就是热力学第三定律所要解决的问题。

2.8.1 热力学第三定律

热力学第三定律是在非常低的温度下研究凝聚系统的熵变所外推出来的结果。

1902 年雷查德(T. W. Richard)研究了一些低温下电池反应的 ΔH 和 ΔG 与温度的关系，发现当温度逐渐降低时，ΔH 和 ΔG 有逐渐趋于相等的趋势(如图 2.12 所示)。用公式表示可写为

$$\lim_{T \to 0}(\Delta G - \Delta H) = 0$$

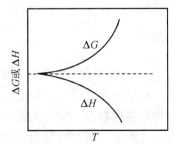

图 2.12 凝聚系统的 ΔH 和 ΔG 与温度的关系(示意图)

1906 年能斯特(H. W. Nernst)系统地研究了低温下凝聚

系统的化学反应,从实验数据及 ΔH 和 ΔG 与温度的关系的图形(图 2.12),合理地推想:在 $T\to 0$ K 时,ΔH 和 ΔG 与温度的关系曲线有公共的切线,并且该切线与温度的坐标平行,即

$$\lim_{T\to 0}\left(-\frac{\partial \Delta G}{\partial T}\right)_p = \lim_{T\to 0}(\Delta S)_T = 0$$

也就是说,当温度趋于 0 K 时,在等温过程中凝聚态反应系统的熵不变。此式通常被称为 Nernst 热定理(Nernst heat theorem)。但 Nernst 并没有明确提出 0 K 时纯物质的熵的绝对值是多少。

普朗克(M. Planck)在 1912 年把热定理推进了一步,他假定 0 K 时,纯凝聚态的熵值等于零,即

$$\lim_{T\to 0} S = 0 \tag{2.68}$$

承认 Planck 的假定,则热定理就成为必然的结果了。路易士(Lewis)和吉普逊(Gibson)在 1920 年将 Planck 的假定修正为:"在 0 K 时,任何完整晶体(晶体中的原子或分子只有一种有序排列方式,$\Omega=1$)的熵等于零。"(例如 NO 可以有 NO 和 ON 两种排列形式,所以不能认为是完整晶体)。这一假定也符合 Boltzmann 公式 $S=k\ln\Omega$。至此热力学第三定律可以表示为:"在 0 K 时,任何完整晶体的熵等于零。"

1912 年,Nernst 根据他的 Nernst 热定理,提出了"绝对零度不能达到原理",即"不可能用有限的手续使一个物体的温度冷到热力学温标的零度"。后来这被认为是热力学第三定律的另一种表述方法。

2.8.2 规定熵

有了在 0 K 时完整晶体的熵值为零的规定,物质任一状态(T,p)下的熵值,就可在压强 p 下,从 0 K 到温度 T,经等压变温过程求得。这样求得的熵值称为规定熵,可通过如下的积分求得

$$S_T = S_{0K} + \int_{0K}^{T}(C_p/T)\mathrm{d}T = \int_{0K}^{T} C_p \mathrm{d}\ln T \tag{2.69}$$

若 0 K 到 T 之间有相变,则必须考虑相变过程的熵变,积分不连续。

$$S(T) = S(0) + \int_0^{T_f}\frac{C_p(\text{固})}{T}\mathrm{d}T + \frac{\Delta_{\text{melt}}H}{T_f} + \int_{T_f}^{T_b}\frac{C_p(\text{液})}{T}\mathrm{d}T + \frac{\Delta_{\text{vap}}H}{T_b} + \int_{T_b}^{T}\frac{C_p(\text{气})}{T}\mathrm{d}T$$
$$\tag{2.70}$$

在极低的温度范围内,热容难以测量,可以用 Debye(德拜)公式来计算热容。

2.8.3 化学反应的熵变计算

上面讨论了任意物质 B 处在某一状态(T,p)下的熵(规定熵)值可根据热力学第三定律

进行计算。实际上一些物质处于标准压力和 298.15 K 时的摩尔熵值 $S_m^\ominus$(298.15 K, $p^\ominus$)，已经作为热力学基本数据列表备查，其中部分列于附录中。同时，我们在前面也已经讨论过可以根据物质的 $C_{p,m}$ 值及其状态方程来计算等压变温及等温变压过程的熵变，即

$$\Delta_p S = \int_{T_1}^{T_2} \frac{nC_{p,m}\mathrm{d}T}{T}$$

$$\Delta_T S = \int -\left(\frac{\partial V}{\partial T}\right)_p \mathrm{d}p$$

因此，从查表所得的 $S_m^\ominus$(298.15 K, $p^\ominus$)，即可计算其在任意温度或压力下的熵值，从而可用来计算等温等压化学反应的熵变，即

$$\Delta_r S_m = \sum_B \nu_B S_m(B) \tag{2.71}$$

(1) 在标准压力下，298.15 K 时，化学反应的熵变。此时各物质的标准摩尔熵值有表可查。根据化学反应计量方程，可以计算反应进度为 1 mol 时的熵变值。

$$\Delta_r S_m^\ominus(298.15\text{ K}) = \sum_B \nu_B S_m^\ominus(B, 298.15\text{ K})$$

(2) 在标准压力下，任意反应温度 T 时，化学反应的熵变值。

$$\Delta_r S_m^\ominus(T) = \Delta_r S_m^\ominus(298.15\text{ K}) + \int_{298.15\text{K}}^T \frac{\sum_B \nu_B C_{p,m}(B)\mathrm{d}T}{T}$$

(3) 在 298.15 K 时，任意压力 p 时，化学反应的熵变值。

$$\Delta_r S_m(p, 298.15\text{ K}) = \Delta_r S_m^\ominus(p^\ominus, 298.15\text{ K}) + \int_{p^\ominus}^p -\left(\frac{\partial V}{\partial T}\right)_p \mathrm{d}p$$

【例题 2.5】 冶金过程中，用碳还原 Fe_2O_3 的反应是 $2Fe_2O_3 + 3C =\!=\!= 4Fe + 3CO_2$，已知有关物质的热力学数据如下表，计算该反应在 1 000.15 K 时的标准摩尔反应熵。

物质	$S_m^\ominus$(298.15 K) /(J·K^{-1}·mol^{-1})	$C_{p,m}$(298.15～1 000.15 K) /(J·K^{-1}·mol^{-1})
Fe_2O_3(s)	90.0	104.6
C(石墨)	5.694	8.66
Fe(s)	27.15	25.23
CO_2(g)	213.76	37.120

解：$\Delta_r S_m^\ominus(298.15\text{ K}) = \sum_B \nu_B S_m^\ominus(B, 298.15\text{ K}) = -552.80\text{ J·K}^{-1}\text{·mol}^{-1}$

$$\sum_B \nu_B C_{p,m}(B) = -22.90\text{ J·K}^{-1}\text{·mol}^{-1}$$

$$\Delta_r S_m^\ominus(T) = \Delta_r S_m^\ominus(298.15 \text{ K}) + \int_{298.15K}^{1000.15K} \frac{\sum_B \nu_B C_{p,m}(B) dT}{T} = -580.52 \text{ J} \cdot \text{K}^{-1} \cdot \text{mol}^{-1}$$

【例题 2.6】 光合作用是将 $CO_2(g)$ 和 $H_2O(l)$ 转化成葡萄糖的复杂过程,其总反应方程式为:$6CO_2(g) + 6H_2O(l) \Longrightarrow C_6H_{12}O_6(s) + 6O_2(g)$。求该反应在 298.15 K、100 kPa 时的 ΔG,并判断此条件下反应是否自发。

解:由热力学函数表可查得:

	$CO_2(g)$	$H_2O(l)$	$C_6H_{12}O_6(s)$	$O_2(g)$
$\Delta_f H_m^\ominus(298.15 \text{ K})/(\text{kJ} \cdot \text{mol}^{-1})$	−393.51	−285.85	−1 274.45	0
$S_m^\ominus(298.15 \text{ K})/(\text{J} \cdot \text{K}^{-1} \cdot \text{mol}^{-1})$	213.8	69.96	212.13	205.2

$$\Delta_r H_m^\ominus(298.15 \text{ K}) = \sum_B \nu_B \Delta_f H_m^\ominus(B, 298.15 \text{ K}) = 2\,801.71 \text{ kJ} \cdot \text{mol}^{-1}$$

$$\Delta_r S_m^\ominus(298.15 \text{ K}) = \sum_B \nu_B S_m^\ominus(B, 298.15 \text{ K}) = -259.23 \text{ J} \cdot \text{K}^{-1} \cdot \text{mol}^{-1}$$

$$\Delta_r G_m^\ominus(298.15 \text{ K}) = \Delta_r H_m^\ominus(298.15 \text{ K}) - T\Delta_r S_m^\ominus(298.15 \text{ K}) = 2\,879.0 \text{ kJ} \cdot \text{mol}^{-1} > 0$$

显然,该反应在 298.15 K、100 kPa 时是不能自发进行的。实际上,此反应是在叶绿素和阳光作用下进行的,系统吸收了光能使反应得以进行。可参考"微观反应动力学"中的光化学反应部分。

§2.9 不可逆过程热力学简介

本书此前所涉及的热力学都是平衡态热力学(即经典热力学),主要讨论的是平衡态或可逆过程热力学的问题,对不可逆过程只是在始态和终态是平衡态的情况下,根据热力学第二定律建立了一些热力学不等式,借以判断过程进行的方向,至于不可逆过程本身并未涉及。经典热力学认为:系统总是自发地趋向于平衡,趋向于无序。Clausius 将热力学第二定律推广到整个宇宙,得出了"热寂说":宇宙将最终到达熵最大的极限平衡态,从而失去继续变化的动力,处于某种惰性的死的状态中。但是实际上趋向平衡、趋向无序并不是自然界的普遍规律。达尔文的进化论指出:自然界将变得越来越有序,组织化程度越来越高。这两者的矛盾最终在普利高津(Prigogine)的耗散结构(dissipative structure)理论中得到统一。

耗散结构理论认为:一切隔离系统的自发变化总是向混乱度增大的方向进行,直至平衡;但活的生物不是隔离系统,而是远离平衡态的敞开系统,它通过与外界环境不断地进行物质和能量的交换,有可能维持自身的有序组织结构而不向平衡态变化,还可能进行自组织向更加有序的方向进化。Prigogine 把一切在远离平衡条件下,因系统与环境间不断地进行物质和能量的交换而形成和维持的有序结构称为耗散结构。

系统演化方向的问题实际上包含两个基本内容:系统所处的状态,以及该状态的系统会如何变化。前者以局域平衡假设为基础,后者涉及变化过程的推动力,以广义的力和流的概念为基础。

2.9.1　局域平衡假设

一个非平衡系统可能是不均匀的,即它的某个状态参数(如压强)可能处处不同,这样就使问题变得很复杂。因此,布鲁塞尔(Brussel)学派的 Prigaogine 等人提出了局域平衡的假设(as sumption of local equilibrium),使经典热力学的一些变量和关系式可以延伸应用于非平衡态热力学。

设想把所讨论的系统划分成许多体积很小的子系(或称为体积元),每个子系在宏观上看是足够小,小到子系内部的性质是均匀的,因而可以用该子系内的某一点的性质来"代表";但同时所有的子系从微观上看又是足够大的,大到每个子系内部都包含有足够多的分子能满足统计处理的需要,仍然可以看作是一个宏观的热力学系统。子系统靠其内部粒子间的相互碰撞而达到平衡,而子系统之间并不平衡,这样就系统整体而言,它只是近平衡而不是平衡的,这就是局域平衡的假设。有了这个假设,就把一个非平衡态的不可逆过程化为许多局部平衡的子系统的问题来研究,平衡态热力学中一些变量和关系式就可以用到线性非平衡态热力学中来了。

但是把一个非平衡系统分解成许多具有平衡态性质的子系,要求系统的弛豫时间满足一定的条件。弛豫时间(relaxation time)即系统弛豫过程(relaxation process)所经历的时间。弛豫过程是指当系统与平衡态稍有偏离时,由于分子间的相互作用,系统自发地由非平衡状态向平衡态趋近的过程。局域平衡假设所要求的条件是

$$\tau \ll \Delta t \ll t$$

式中:τ 为小子系的弛豫时间;t 为整个系统的弛豫时间;Δt 为对系统的观察时间。意即在对系统观察时间的范围内,因整个系统的弛豫时间很长,来不及发生什么变化,仍是非平衡状态;而小子系的弛豫时间很短,在这观察时间范围内可能已进行了很多次的变化,对小子系来说观察到的就是它的平均值,可近似认为是处于平衡状态,这就是局域平衡。对每一个平衡的子系都可应用平衡态热力学的关系式,但它们不适用于整个的非平衡系统。

2.9.2　广义的力和流

要引起系统发生不可逆变化需要有推动力,如温度梯度、活度梯度、化学势梯度等,称为广义力。广义力所引起的不可逆变化可用某物理量的变化速率来表示,如热流、物质扩散流、化学反应流等,称为广义流。广义力和其相应的广义流总是正负号相同的。系统处于平

衡态时，是均匀的，广义力和相应广义流为零；若广义力和相应广义流不为零，则系统处于非平衡态。

系统熵的变化可以分为两部分：一部分是由系统与外界环境间的相互作用而引起的(即由物质和能量的交流而引起的)，这一部分熵变称为熵流(entropy flux)，用 d_eS 表示；另一部分是由系统内部的不可逆过程产生的(包括系统内部的扩散和化学反应等)，这部分熵变称为熵产生(entropy production)，用 d_iS 表示。即

$$dS = d_eS + d_iS \quad \frac{dS}{dt} = \frac{d_eS}{dt} + \frac{d_iS}{dt} \tag{2.72}$$

式中：t 为时间；d_iS/dt 为熵产生率。熵产生率是系统所有不可逆过程的广义力与相应的广义流的乘积之和。因为广义力和广义流总是同号的，所以熵产生率必然大于或等于零。即

$$\frac{d_iS}{dt} \geqslant 0 \quad d_iS \geqslant 0 \tag{2.73}$$

d_eS 的值可大于零、等于零或小于零，而 d_iS 永远不会有负值：当系统内经历可逆变化时其为零，而当系统内经历不可逆变化时则其大于零。这是热力学第二定律的最一般的数学表达式。

对于隔离系统，$d_eS=0$，因而

$$dS_{iso} = d_eS + d_iS = d_iS \geqslant 0$$

这正是经典的热力学第二定律的数学表达式，也就是熵增加原理。而对于封闭系及敞开系，由于 d_eS 的值可大于零或小于零，所以系统的总熵变有可能小于零。对于非平衡的敞开系统，当环境提供足够的负熵流时，有可能出现有序的稳定状态。

对于一个成熟的生物体，基本上处于非平衡的稳态(正像一个流动系统的反应器一样，物料有进有出，反应器中不断进行着反应，是非平衡的，但整个反应器又处于稳定态)。在稳态期间 $\Delta S \approx 0$，但熵产生 $d_iS > 0$(体内的化学反应、扩散、血液流动等均为不可逆过程)，故一定有负熵流与之抵消。动物摄入食品中高度有序的低熵大分子，如蛋白质、淀粉等，在体内经过消化后，排泄出较无序的高熵小分子，即相当于摄入了"负熵流"。

根据热力学第二定律的(2.73)式，熵产生不可能为负。但如果在系统中的同一区域内同时还发生着另一个熵产生为正且绝对值更大的不可逆过程(2)，则某个熵产生为一绝对值较小的负值的过程(1)是有可能发生的，因为该区域内总的熵产生大于零。这称为不可逆过程之间的耦合。此时

$$d_iS_1 < 0，但 d_iS = d_iS_1 + d_iS_2 \geqslant 0$$

2.9.3 近平衡区和远平衡区

前已述及，当广义力和相应广义流不为零时，则系统处于非平衡态。非平衡系统中不可

逆过程的流是由相应的力引起的。当力不是很大时,流与力之间是线性关系,两者乘积较小,即熵产生率较小,系统离平衡态较近,称为近平衡区,或非平衡线性区。当力很大时,流与力之间是非线性关系,熵产生率较大,系统离平衡态较远,称为远平衡区,或非平衡非线性区。非平衡态的这两区的稳定性是不同的,因而可能导致不同的变化结果。

用于判断某区稳定性的位函数,可由李雅普诺夫(Lyapounov)稳定性理论得到。系统的状态可看作是相关微分方程组的某个特解,其稳定性可如下判断:如果能找到一个函数 V,当状态稍微偏离特解时,总有 $V>0$,且 $dV/dt \leqslant 0$,则此特解是稳定的;如果当状态稍微偏离特解时,有 $V<0$,且 $dV/dt>0$,则此特解是稳定的;如果当状态稍微偏离特解时,$VdV/dt>0$,则此特解是不稳定的。

在平衡态热力学中,隔离系统的熵 S 是 Lyapounov 函数。因为平衡态附近 $S>0$,且当状态发生对平衡态的偏离时,$dS/dt<0$(因为平衡态熵最大,发生偏离必然导致熵减小),所以平衡态是稳定的。在近平衡区,熵产生率 P 是 Lyapounov 函数。在近平衡区的某个定态,$P>0$,同时由于近平衡区存在最小熵产生原理($dP/dt \leqslant 0$,P 也称为熵产生,参见图 2.13),在不可逆过程中,$dP/dt<0$,所以近平衡区的定态是稳定的。在远平衡区,熵的二级偏离 $\delta^2 S$ 是 Lyapounov 函数,其值为负,其对时间的变化率为超熵产生,超熵产生的值可正可负可为零,所以远平衡区的定态可能是稳定的,也可能是不稳定的,而当超熵产生的值为零时,其处于临界状态,扰动态既不进一步偏离定态也不回到定态。

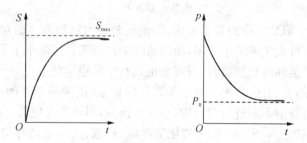

图 2.13 在平衡态熵随时间的变化和在线性区熵产生率随时间的变化

可见,平衡态和近平衡定态都是稳定的,若状态发生偏离时,会自动回复到稳定态;而远平衡区定态有可能是不稳定的,这时就可能产生新的更有序的结构——耗散结构。

2.9.4 耗散结构的形成

在远平衡区有形成耗散结构的可能,但其形成还需要由涨落来触发。

由于系统内分子的无规则热运动,系统的状态在局部上经常与宏观统计平均态有暂时的偏离。这种系统的各宏观平均值的瞬时值与平均值的偏差就称为涨落(fluctuation)。涨落是偶然的、随机的。涨落对系统的影响有时大有时小。当系统处于稳定态时,其对涨落发生负反馈,使涨落减小,系统状态回复;当系统处于远平衡区时,有可能会发生正反馈,使涨落越来越大，系统状态偏离越来越远，有可能形成耗散结构。如果系统在远离平衡态时有多种可能的耗散结构，系统处于哪种结构完全是随机的，系统的瞬时状态不可预测，这时系统即处于混沌状态。

Prigogine 的耗散结构理论是直接从平衡态热力学延伸发展起来的，是通过热力学和动力学的结合，并把对宏观过程的决定论分析与对微观组成元素的随机过程分析结合起来，全面地描述了有序结构形成和维持的机制。耗散结构理论对人们理解自然界及人类社会产生了很大影响。因其对非平衡不可逆过程热力学的贡献，Prigogine 于 1977 年获诺贝尔化学奖。

2.9.5　耗散结构的实例

为了说明耗散结构先举一个实例，即贝纳特（J. Bernard）的对流实验。在敞口的容器中放一薄层液体，底部保持温度为 T_2，液体上部的温度为 T_1，$T_2 > T_1$，热量将不断地通过液体从下部传到上部。当温差较小时，传热以导热的方式平稳进行，液体从宏观上是静止的。但若增大上下温度的差别，当差别大于某一极限值时，液体发生突变，变得不稳定，出现对流，并可发展成为排列非常整齐的六边形对流原胞（convection cell），如图 2.14 所示。每个原胞中心液体向上流动，边缘液体向下运动，这种规则的结构称为 Bernard 花样（Bernard patten，或称为 Bernard 图案），这就是耗散结构。Bernard 花样一旦形成，只要温差

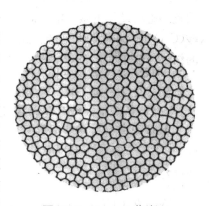

图 2.14　Bernard 花纹

保持不变，即使系统受到微小的扰动，不久系统仍能恢复到原来的花样，这表示 Bernard 花样是稳定的。此时液体内亿万分子的运动步调非常一致，整个液体各处都出现相同的对流原胞，这表示花样的形成是一种高度有组织的自组织行为（self-organization）。但如果温差继续增大，则对流花样可发生多次分合。

生命体不断地从外界摄入食物、水分以及空气，同时不断排泄废物，这是一个敞开系统，也是一个耗散结构，它的形成和维持要靠不断地吸入负熵流，并不断地进行自组织行为。例如，每一个生物细胞中至少含有一个 DNA 或 RNA，它们都是长链分子，可能由 $10^8 \sim 10^{10}$ 个原子组成，先是由糖基和磷酸基交替组成两条长链，然后由 4 种不同的核苷酸碱基即腺嘌呤、胸腺嘧啶、鸟嘌呤和胞嘧啶，按不同的方式把两条长链连接起来，形成一种双螺旋的结构，而这种复杂神奇的结构竟是由食物中那些混乱无序的原子所组成，整个从无序到有序的过程都是在生物体内进行。又例如，许多树叶、花朵、动物的皮毛乃至蝴蝶翅膀上的花纹等，都呈现出美丽的颜色和规则的图案。生物有序不仅表现在空间的特点上，也表现在时间的特点上。例如生物体内的新陈代谢，同样的反应反复进行，在代谢过程中有些中间产物以及

酶等,它们的浓度会随时间而进行周期性的振荡。生物钟也是由于生物化学反应随时间而有规则的周期性振荡的结果。周期交替,显然是一种有序现象。

不仅生物系统,对于无生命系也有许多自发形成的宏观有序的现象。例如水蒸气凝结成排列非常有序的雪花;天空中的云有时呈现出鱼鳞状或条状的有序排列;木星的大气层中有大规模的漩涡状有序结构;某些有颜色变化的化学反应,可以在两种不同的颜色之间做周期性的振荡,这种化学振荡也是耗散结构。

人们用耗散结构的基本原理和基本方法研究了生物体新陈代谢中极为重要的糖酵解过程。根据实验数据、引入一些合理的假设后,列出了 14 个相关动力学方程,求解它们,得出糖酵解过程中一些物质浓度会出现周期性振荡,与实验结果相当吻合。对于盘基杆菌类阿米巴虫由独立运动均匀分布的单细胞状态聚集成由 10 万个单细胞组成的、有一定空间结构的复细胞的过程也做了深入研究。发现这种自组织现象是阿米巴虫体内振荡合成环状腺苷酸(CAMP),并周期性地释放到环境中所致。根据相关周期合成的模型及动力学方程,得出的结果与聚集中心的 CAMP 的浓度周期性变化十分一致。

§2.10 信息熵浅释

2.10.1 信息熵

1864 年 Clausius 在热力学中引入了熵的概念(也称为热力学熵或 Clausius 熵),根据 Clausius 不等式,可以判断自发的不可逆过程进行的方向和限度,并以熵达到最大值为准则,所以熵的数值,可以表明系统接近平衡态的程度。1889 年 Boltzmann 把熵(也称为 Boltzmann 熵)与系统的微观状态数联系起来,建立了 Boltzmann 关系式,阐明了熵的统计意义,把熵作为系统混乱度的量度。1948 年,仙农(C. E. Shannon)把 Boltzmarm 熵的概念引入信息论中,把熵(称为信息熵或 Shannon 熵)作为一个随机事件的不确定性或信息量的量度,从而奠定了现代信息论的科学理论基础,也促进了信息论的发展。信息熵是一个独立于热力学熵的概念,但具有热力学熵的基本性质。

信息,例如实验数据、语言和文字资料、商业信息等等,其涵盖面极其广泛。用信息论来量度信息的基本出发点,把信息看作是可以用来消除"不确定性"。因此信息数量的多少,可以用被清除的不确定性的多少来衡量。下面的例子可以说明信息和不确定性之间的关系。某人将一张扑克牌面朝下放在桌上,要你猜是什么牌。如果没有任何信息(或提示),则它可能是 52 张牌中的任何一张(对这件事来说,其不确定度最大);如果告诉你是"A",有了这个消息,则可以断定它必定是 4 个 A 中的一张(有了这个消息,不确定性大大减少了);如果告知你这是一张黑桃(又得到了一个信息),则你也肯定知道这张牌是什么了(其不确定性等于零)。所以增加信息量的效果就是减少情况的不确定性。信息量愈多,不确定程度愈少,所以信息量具有负熵的性质(在一些专著中,可以看到关于信息熵的详细论证,本书只作简要的定性说明)。

2.10.2 Maxwell 妖与信息

1867 年 Maxwell 曾提出一个设想,对热力学第二定律提出了挑战。他设有一个能观察并分辨所有分子运动速度和轨迹的小精灵,把守着装有气体的容器内隔板上一个小孔的闸门,看到左边来的高速运动的分子,就放开闸门让它到右边去,看到右边来了低速运动的分子就打开闸门让它到左边去。假定闸门是完全无摩擦力的,于是小精灵无需做功就可以使高速运动的分子集中到右边,低速运动的分子集中到左边,其结果是左边的气体愈来愈冷,右边的气体愈来愈热。冷者愈冷,热者愈热,这违反了热力学第二定律。人们把这个小精灵称为 Maxwell 妖(Maxwell demon)。

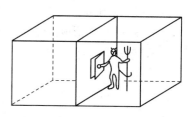

图 2.15　Maxwell 妖示意图

当时这一问题曾引起了热烈的讨论,但都没得到圆满的结论。直到 1929 年,匈牙利物理学家西拉德(L. Szilard)给出了满意的解答。他认为 Maxwell demon 具有非凡的分辨能力,具有智慧,他了解每一个分子运动速度的信息,为此,他可能需要利用一个微光学系统去照亮分子,以获取每个分子的运动信息,然后通过大脑的活动,去识别干扰它们,这就需要耗费一定的能量,并产生额外的熵,它就是以此为代价来获得分子运动的信息。他依靠信息来干预系统,使它逆着自然界的自发方向进行。其实有了 Maxwell demon 的存在,系统就成为敞开系统,他将负熵输入系统,降低了系统的熵。因此,从整体看,气体分子的反向集中并不违反热力学第二定律。从信息论的观点看,信息就是负熵,Maxwell 所提出的设想实际上是负熵的引入。

课外参考读物

1. 任新尼. 混沌之美. 化学通报,1992,(11):50.
2. 高盘良. 现代熵理论与物理化学教学. 大学化学,1994,9(2):21.
3. 赵凯华. 热寂说的终结. 北京大学学报(哲学社会科学版),1990,(4):117-123.
4. 赵叔晞,伏义路. 从热力学研究进程的两种方法讨论基本关系式及全微分式的应用条件. 物理化学数学文集(二). 北京:高等教育出版社,1993,58.
5. 孙德坤. 负热力学温度. 大学化学,2001,10(3):16.
6. 高文颖,刘义,屈松生. 生命体系与熵. 大学化学,2002,17(5):24.
7. 高文颖,刘义,李伟等. 耗散结构理论在生命科学研究中的应用. 大学化学,2004,19(4).
8. 冯端,冯步云著. 熵. 北京:科学出版社,1992.

思考题

1. 无需携带燃料的远航?
2. 试用熵判据说明热传导的不可逆性。
3. Boltzmann 常数 $k_B = R/L$ 可以简略地用一个特例说明。
4. 耗散结构形成的条件是什么?
5. 宇宙为何不热死?

习题

1. 某蛋白质由天然折叠态变到张开状态的变性过程的 $\Delta_r H_m^\ominus$ 和 $\Delta_r S_m^\ominus$ 分别为 251.04 kJ·mol^{-1} 和 753 J·K^{-1}·mol^{-1},计算:

   (1) 298 K 时蛋白质变性过程的 $\Delta_r G_m^\ominus$;

   (2) 发生变性过程的最低温度。

2. 298 K,$p^\ominus$ 下,1 mol 铅与乙酸铜在可逆原电池内反应可得电功 9 183.87 kJ,吸热 216.35 kJ,试计算 ΔU、ΔH、ΔS 和 ΔG。

3. 活细胞内谷酰胺是由谷氨酸盐酰胺化而合成的,谷氨酸盐 $+ NH_4^+ \Longrightarrow$ 谷酰胺,反应的 $\Delta_r G_m^\ominus$ 为 15.69 kJ·mol^{-1}。实际生物合成是在 ATP 参与下完成的。测得 ATP 在 37 ℃ 中性溶液中水解时的 $\Delta_r H_m^\ominus$ 和 $\Delta_r S_m^\ominus$ 分别为 -20.08 kJ·mol^{-1} 和 35.21 J·K^{-1}·mol^{-1},反应式为 ATP $\Longrightarrow$ ADP + Pi(无机磷酸盐)。请写出总反应方程式,并求出其 $\Delta_r G_m^\ominus$。

4. 生物合成天冬酰胺的 $\Delta_r G_m^\ominus$ 为 -19.25 kJ·mol^{-1},反应式为

   天冬氨酸 $+ NH_4^+ + ATP \Longrightarrow$ 天冬酰胺 $+ AMP + PPi$(无机焦磷酸盐)

   已知此反应由下面四步组成:

   天冬氨酸 $+ ATP \Longrightarrow \beta$-天冬氨酰腺苷酸 $+ PPi$ (1)

   β-天冬氨酰腺苷酸 $+ NH_4^+ \Longrightarrow$ 天冬酰胺 $+ AMP$ (2)

   β-天冬氨酰腺苷酸 $+ H_2O \Longrightarrow$ 天冬氨酸 $+ AMP$ (3)

   $ATP + H_2O \Longrightarrow AMP + PPi$ (4)

   已知反应(3)和(4)的 $\Delta_r G_m^\ominus$ 分别为 -41.84 kJ·mol^{-1} 和 -33.47 kJ·mol^{-1},求反应(2)的 $\Delta_r G_m^\ominus$。

5. 在人体和蛙体中进行的三磷酸循环中有反应:延胡索酸盐$^{2-}$ $+ H_2O \Longrightarrow$ 苹果酸盐$^{2-}$,298 K 时,此反应的 $\Delta_r G_m^\ominus$ 和 $\Delta_r H_m^\ominus$ 分别为 -3.68 kJ·mol^{-1} 和 14.89 kJ·mol^{-1}。计算在人体(310 K)和蛙体(280 K)中的 $\Delta_r G_m^\ominus$。

6. 工业上将钢件锻造后常常需要淬火,有一次将一块质量为 3.8 kg,温度为 427 ℃ 的

铸钢放在 13.6 kg,温度为 21 ℃的油中淬火。已知油和钢的热容分别为 2.51 J·K^{-1}·g^{-1} 和 0.502 J·K^{-1}·g^{-1},试计算:(1) 钢的 ΔS;(2) 油的 ΔS;(3) 总的 ΔS。

7. 某蛋白质在 323.2 K 时变性并达平衡态,即:天然蛋白质=变性蛋白质。已知该变性过程的 $\Delta_r H_m(323.2\text{ K})=29.288$ kJ·mol^{-1},求该反应的熵变 $\Delta_r S_m(323.2\text{ K})$。

8. 氨基酸是构成蛋白质的砖块。试从热力学观点证明从简单分子 NH_3,CH_4 和 O_2 在 298 K,$p^\ominus$ 下生成甘氨酸的可能性:

$$NH_3(g)+2CH_4(g)+5/2\,O_2(g) = C_2H_5O_2N(s)+H_2O(l)$$

所需数据请查表。

9. 燃料的燃烧反应可以通过燃料电池进行以获得电功。25 ℃时,甲烷与氧气燃烧反应的 $\Delta_r G_m^\ominus$ 为 -802.8 kJ·mol^{-1}。25 ℃、$p^\ominus$ 下由此反应可得的最大功和最大电功分别为多少?

第 3 章 多组分系统热力学

> **本章基本要求**
> 1. 熟悉多组分系统的组成表示法及其相互之间的关系。
> 2. 掌握 Roult 定律和 Henry 定律的用处,了解它们的运用条件和不同之处。
> 3. 掌握偏摩尔量和化学势的定义,了解它们之间的区别和在多组分系统中引入偏摩尔量和化学势的意义。
> 4. 掌握理想气体化学势的表示式及其标准态的含义,了解理想气体和非理想气体化学势的表示式,知道它们的共同之处,了解逸度的概念。
> 5. 了解理想液态混合物的通性及化学势的表示方法。
> 6. 了解理想稀溶液中各组分化学势的表示法。
> 7. 熟悉稀溶液的依数性,会利用依数性计算未知物的摩尔质量。
> 8. 了解相对活度的概念,知道如何描述溶剂的非理想程度。
>
> **关键词**:混合物;溶液;化学势;偏摩尔量;依数性

§3.1 引 言

热力学第一定律、第二定律通过引入内能、焓、熵、亥姆霍兹自由能和吉布斯自由能,以及系统自身的物理性质(压强、温度与体积等),就可以处理简单系统的热力学问题,诸如:单纯 p、V、T 变化,相变化等。

然而在实际情况中大多为多组分系统(两种或两种以上物质形成的系统)。系统中各组分的热力学性质与自身的本性、在系统中所占的比例有关。多组分系统可以是单相的,也可能是多相的。多相的情况可以把它看成几个单相系统来对待。本章仅讨论单相系统。

依据国家标准,单相多组分系统又有混合物、溶液和稀溶液等形式,不同形式在讨论热力学问题时,又有不同的处理方法。

混合物是指含有两种或两种以上组分的系统,分为气相、液相和固相混合物。在热力学中,对混合物中各组分的标准态、化学势的表示式等都按相同的方法来处理。

溶液是含有两种或两种以上组分的液相或固相。通常将其中一种组分称为溶剂，其他组分称为溶质。热力学中对溶剂、溶质会按不同的方法来处理。溶质有电解质与非电解质之分，本章只讨论非电解质溶液。

对于多组分的气相只能称为气体混合物。

§3.2 组成表示法

对多组分系统状态的描述，除标明温度、压强与体积外，还需要明确系统中不同组分的含量（或浓度）。在课程中通常会用到以下几种组成的表述方法：

1. 质量分数 ω_B

$$\omega_B \stackrel{\text{def}}{=\!=} m_B / \sum_A m_A \tag{3.1}$$

式中：ω_B 为组分 B 的质量分数；m_B 为 B 组分的质量；$\sum_A m_A$ 为混合物的总质量。ω_B 为量纲一的量，单位为 1。

2. 物质的量分数（摩尔分数）x_B

$$x_B \stackrel{\text{def}}{=\!=} n_B / \sum_A n_A \tag{3.2}$$

式中：x_B 为组分 B 的摩尔分数；n_B 为 B 组分的物质的量；$\sum_A n_A$ 为混合物总的物质的量。x_B 为量纲一的量，单位为 1。

3. 物质的量浓度 c_B

$$c_B \stackrel{\text{def}}{=\!=} n_B / V \tag{3.3}$$

式中：c_B 为组分 B 的物质的量浓度；n_B 为 B 组分的物质的量；V 为混合物的体积。c_B 的单位是 $\mathrm{mol \cdot m^{-3}}$，通常用 $\mathrm{mol \cdot dm^{-3}}$。

4. 质量摩尔浓度 b_B

在热力学中，对溶液里的组分处理方式因溶质、溶剂而不同。故而，溶液里的组成表示方法也略有不同。

$$b_B \stackrel{\text{def}}{=\!=} n_B / m_A \tag{3.4}$$

式中：b_B 为组分 B 的质量摩尔浓度；n_B 为 B 组分的物质的量；m_A 为溶剂的质量。b_B 的单位是 $\mathrm{mol \cdot kg^{-1}}$。

【例 3.1】 在 298.15 K 时，9.47%（质量分数）的硫酸溶液密度为 $1.060\ 3\times 10^3$ kg·m^{-3}。试计算该溶液中：(1) 质量摩尔浓度 b_B；(2) 物质的量浓度 c_B；(3) 硫酸的物质的量分数 x_B。（该温度下纯水的密度为 997.1 kg·m^{-3}）

解：假设取该硫酸溶液 1 kg，则

(1) $b_{H_2SO_4} = \dfrac{n_{H_2SO_4}}{m_{H_2O}} = \dfrac{\dfrac{(1\ \text{kg}\times 9.47\%)}{M_{H_2SO_4}}}{1\ \text{kg}\times (1-9.47\%)}$

$= \dfrac{\dfrac{0.094\ 7\ \text{kg}}{(98.08\times 10^{-3})\ \text{kg}\cdot\text{mol}^{-1}}}{0.905\ 3\ \text{kg}} = 1.067\ \text{mol}\cdot\text{kg}^{-1}$

(2) $c_{H_2SO_4} = \dfrac{n_{H_2SO_4}}{V} = \dfrac{\dfrac{(1\ \text{kg}\times 9.47\%)}{M_{H_2SO_4}}}{\dfrac{1}{1.060\ 3\times 10^3\ \text{kg}\cdot\text{m}^{-3}}} = \dfrac{\dfrac{0.094\ 7\ \text{kg}}{(98.08\times 10^{-3})\ \text{kg}\cdot\text{mol}^{-1}}}{\dfrac{1}{1.060\ 3\times 10^3\ \text{kg}\cdot\text{m}^{-3}}}$

$= 1\ 023.8\ \text{mol}\cdot\text{m}^{-3}$

$\approx 1.024\ \text{mol}\cdot\text{dm}^{-3}$

(3) $x_{H_2SO_4} = \dfrac{n_{H_2SO_4}}{n_{H_2SO_4}+n_{H_2O}} = \dfrac{\dfrac{(1\ \text{kg}\times 9.47\%)}{M_{H_2SO_4}}}{\dfrac{(1\ \text{kg}\times 9.47\%)}{M_{H_2SO_4}}+\dfrac{1\ \text{kg}\times(1-9.47\%)}{M_{H_2O}}}$

$= \dfrac{\dfrac{0.094\ 7\ \text{kg}}{(98.08\times 10^{-3})\ \text{kg}\cdot\text{mol}^{-1}}}{\dfrac{0.094\ 7\ \text{kg}}{(98.08\times 10^{-3})\ \text{kg}\cdot\text{mol}^{-1}}+\dfrac{0.905\ 3\ \text{kg}}{(18.02\times 10^{-3})\ \text{kg}\cdot\text{mol}^{-1}}}$

$= 0.018\ 86$

§3.3 Raoult 定律与 Henry 定律

考察液体混合物中的各组分热力学性质时，经常要用到两个经验定律：Roult 定律和 Henry 定律。

3.3.1 Raoult 定律

1887 年拉乌尔(Raoult)发现"在指定的温度，稀溶液中溶剂的蒸气压等于纯溶剂的蒸气压与溶液中溶剂摩尔分数的乘积"，即 Raoult 定律(Raoult's law)。可用公式表示为

$$p_A = p_A^* x_A \tag{3.5}$$

式中：p_A^* 为该温度时纯溶剂 A 的蒸气压；x_A 为溶液中 A 的摩尔分数。

若溶液中仅有 A，B 两个组分，则 $x_A + x_B = 1$，上式又可写为：

$$p_A = p_A^*(1 - x_B)$$
$$p_A^* - p_A = p_A^* x_B \tag{3.6}$$

即溶液中溶剂蒸气压的降低值与溶质的摩尔分数成正比。换句话讲，溶剂的蒸气压因加入溶质而降低。

将任一组分在全部组成范围内（$0 \leqslant x_B \leqslant 1$）都遵循 Raoult 定律的液态混合物定义为理想溶液。

使用 Raoult 定律时必须注意，在计算溶剂物质的量时，其摩尔质量应该用气态时的摩尔质量。例如，水虽有缔合分子，但摩尔质量仍应以 $18.01 \text{ g} \cdot \text{mol}^{-1}$ 计算。

Raoult 定律是溶液的最基本的经验定律之一，溶液的其他性质如凝固点降低、沸点升高等都可以用溶剂蒸气压降低来解释。Raoult 最初是从不挥发的非电解质的稀溶液中总结出这条规律的，后推广至双液系。即 $p_A = p_A^* x_A$，$p_B = p_B^* x_B$。

3.3.2 Henry 定律

1803 年亨利（Henry）依据实验，总结出"在一定温度和平衡状态下，气体在液体里的溶解度（用摩尔分数表示）和该气体的平衡分压成正比"，即 Henry 定律（Henry's Law）。可用公式表示为

$$p_B = k_{x,B} x_B \tag{3.7}$$

式中：x_B 为挥发性溶质 B（即所溶解的气体）在溶液中的摩尔分数；p_B 为平衡时液面上该气体的压力；$k_{x,B}$ 为一个常数，其数值决定于温度、压力及溶质和溶剂的性质。

当组成用其他方法表示时上式又可写成：

$$p_B = k_{b,B} b_B \tag{3.8}$$
$$p_B = k_{c,B} c_B \tag{3.9}$$

$k_{x,B}$，$k_{b,B}$，$k_{c,B}$ 均称为 Henry 定律常数（Henry's Law constant）。

使用 Henry 定律时必须注意几点：

(1) 式中的 p_B 是该气体 B 在液面上的分压力。对于气体混合物，在总压力不大时，Henry 定律能分别适用于每一种气体，可以近似地认为与其他气体的分压无关。

(2) 溶质在气体和在溶液中的分子状态必须是相同的。例如氯化氢气体溶于苯或 $CHCl_3$ 中，在气相和液相里都是呈 HCl 的分子状态，系统服从 Henry 定律。但是如果氯化氢气体溶在水里，在气相中是 HCl 分子，在液相中则为 H^+ 和 Cl^-，这时 Henry 定律就不适

用。使用 Henry 定律时,必须注意公式中所用的浓度应该是溶解态的分子在溶液中的浓度。例如 NH_3 溶于水,只有在 NH_3 的压力十分低的情况下才能适用。因为 NH_3 在水中有解离平衡 $NH_3 \cdot H_2O \rightleftharpoons NH_4^+ + OH^-$,一部分 NH_3 以 NH_4^+ 的形式存在。

(3) 对于大多数气体溶于水时,溶解度随温度的升高而降低,因此升高温度或降低气体的分压都能使溶液更稀,更能服从于 Henry 定律。

§3.4 偏摩尔量

不论在什么系统中,质量和物质的量总是具有加和性的,即系统的质量(或物质的量)等于组成该系统的各个部分的质量(或物质的量)总和。但是除此以外,其他容量性质一般都不具有加和性。以体积为例,293.15 K 时 1 g 乙醇的体积是 1.267 cm^3,1 g 水的体积是 1.004 cm^3。若将乙醇与水以不同的比例混合,使溶液的总量为 100 g。实验所得结果如表 3.1 所示。

表 3.1 298.15 K 时乙醇与水混合液的体积与浓度的关系

乙醇的质量分数	$V_{乙醇}^*/cm^3$	$V_{水}^*/cm^3$	混合前的总体积/cm^3	混合后溶液的体积/cm^3	$\Delta V/cm^3$
0.10	12.67	90.36	103.03	101.84	1.19
0.20	25.34	80.32	105.66	103.24	2.42
0.30	38.01	70.28	108.29	104.84	3.45
0.40	50.68	60.24	110.92	106.93	3.99
0.50	63.35	50.20	113.55	109.43	4.12
0.60	76.02	40.16	116.18	112.22	3.96
0.70	88.69	36.12	118.81	115.25	3.56
0.80	101.36	20.08	121.44	118.56	2.88
0.90	114.03	10.04	124.07	122.25	1.82

注:上标"*"表示纯物质。

从表中最后一栏可以看出,溶液的体积并不等于各组分在纯态时的体积之和。也就是说,对两种物质形成的溶液,其

$$V(溶液) \neq n_1 V_{m,1}^* + n_2 V_{m,2}^*$$

由此可见,在讨论两种或两种以上物质所构成的均相系统时,必须引用新的概念来代替对于纯物质所用的摩尔量的概念。

3.4.1 偏摩尔量(partial molar quantity)的定义

设有一个均相系统是由组分 $1,2,3,\cdots,i$ 所组成的，系统的任一种容量性质 Z(例如 V, G, S, U, H 等)除了与温度、压力有关外，还与系统中各组分的数量即物质的量 $n_1, n_2, n_3, \cdots, n_i$ 有关，写作函数的形式为 $Z = Z(T, p, n_1, n_2, n_3, \cdots, n_i)$，如果温度、压力以及组成有微小的变化，则 Z 亦相应地有微小的改变。

$$dZ = \left(\frac{\partial Z}{\partial T}\right)_{p,n_1,n_2,n_3,\cdots,n_i} dT + \left(\frac{\partial Z}{\partial p}\right)_{T,n_1,n_2,n_3,\cdots,n_i} dp + \left(\frac{\partial Z}{\partial n_1}\right)_{p,T,n_2,n_3,\cdots,n_i} dn_1$$
$$+ \left(\frac{\partial Z}{\partial n_2}\right)_{p,T,n_1,n_3,\cdots,n_i} dn_2 + \cdots + \left(\frac{\partial Z}{\partial n_k}\right)_{p,T,n_1,n_2,\cdots,n_{i-1}} dn_i \tag{3.10}$$

在等温等压下，上式可写为

$$dZ = \sum_{B=1}^{i} \left(\frac{\partial Z}{\partial n_B}\right)_{T,p,n_C(C \neq B)} dn_B \tag{3.11}$$

定义
$$Z_B = \left(\frac{\partial Z}{\partial n_B}\right)_{T,p,n_C(C \neq B)} \tag{3.12}$$

则式(3.11)可写作:

$$dZ = Z_1 dn_1 + Z_2 dn_2 + \cdots + Z_i dn_i = \sum_{B=1}^{i} Z_B dn_B \tag{3.13}$$

Z_B 称为物质 B 的某种容量性质 Z 的偏摩尔量。它的物理意义是在等温、等压条件下，在大量的系统中，保持除 B 以外的其他组分的数量不变(即 n_C 等不变，C 代表除 B 以外的其他组分)，加入 1 mol B 时所引起该系统容量性质 Z 的改变。或者是在有限量的系统中加入 dn_B 后，系统容量性质改变了 dZ，dZ 与 dn_B 的比值就是 Z_B(由于只加入 dn_B，所以实际上系统的浓度可视为不变)。

常见的偏摩尔量有：偏摩尔体积 V_B，偏摩尔热力学能 U_B，偏摩尔焓 H_B，偏摩尔熵 S_B，偏摩尔 Helmholtz 自由能 A_B 和偏摩尔 Gibbs 自由能 G_B 等，它们相应的定义式为

$$V_B = \left(\frac{\partial V}{\partial n_B}\right)_{T,p,n_C(C \neq B)} \qquad U_B = \left(\frac{\partial U}{\partial n_B}\right)_{T,p,n_C(C \neq B)}$$
$$H_B = \left(\frac{\partial H}{\partial n_B}\right)_{T,p,n_C(C \neq B)} \qquad S_B = \left(\frac{\partial S}{\partial n_B}\right)_{T,p,n_C(C \neq B)}$$
$$A_B = \left(\frac{\partial A}{\partial n_B}\right)_{T,p,n_C(C \neq B)} \qquad G_B = \left(\frac{\partial G}{\partial n_B}\right)_{T,p,n_C(C \neq B)} \tag{3.14}$$

如果系统中只有一种组分(即纯组分)，则偏摩尔量 Z_B 就是摩尔量 $Z_{m,B}^*$ (右上角星号代表纯物质)。

使用偏摩尔量时必须注意：只有广度性质才有偏摩尔量，偏微商外的下角标均为 T, p,

$n_{C(C \neq B)}$,即只有在等温、等压、除 B 以外的其他组分的量保持不变时,某广度性质对组分 B 的物质的量的偏微分才称为偏摩尔量。

3.4.2 偏摩尔量的加和公式

偏摩尔量是强度性质,与混合物的浓度有关,而与混合物的总量无关。如果我们按照原始系统中各物质的比例,同时加入物质 $1, 2, \cdots, i$,由于是按原比例同时加入的,所以在过程中系统的浓度保持不变,因此各组分的偏摩尔量 Z_B 的数值也不改变。根据偏摩尔量定义及式(3.13)在定温下应有:

$$dZ = Z_1 dn_1 + Z_2 dn_2 + \cdots + Z_i dn_i = \sum_{B=1}^{i} Z_B dn_B$$

对上式积分,当加入 $n_1, n_2, n_3, \cdots, n_i$ 后,系统的总 Z 为

$$\begin{aligned} Z_1 &= Z_1 \int_0^{n_1} dn_1 + Z_2 \int_0^{n_2} dn_2 + \cdots + Z_i \int_0^{n_i} dn_i \\ &= n_1 Z_1 + n_2 Z_2 + \cdots + n_i Z_i = \sum_{B=1}^{i} n_B Z_B \end{aligned} \tag{3.15}$$

式(3.15)称为偏摩尔量的加和公式。

若系统只含有两个组分,以体积为例,则有

$$V = n_1 V_1 + n_2 V_2$$

此式表明系统的总体积等于两个组分偏摩尔体积 V_1 和 V_2 与其物质的量的乘积之和。

此时,似乎可以把 $n_1 V_1$ 看作是组分 1 在系统中所贡献的部分体积。但是这种看法,严格地讲是不恰当的。因为在某些例子中 V_B 可为负值。例如在大量无限稀释的 $MgSO_4$ 的溶液中,加入 1 mol $MgSO_4$ 时,溶液的体积缩小了 1.4 cm^3,此时溶质 $MgSO_4$ 的 V_B 也就等于负值,即 $V_{MgSO_4} = -1.4 \ cm^3 \cdot mol^{-1}$。而实际上 $MgSO_4$ 在溶液中的体积当然绝不可能是负值。因此最好只用式(3.12)作为偏摩尔量的定义,并根据这个式子来理解它的意义。

实际上,在处理热力学问题时,亦无须知道在系统中各组分所占有的体积(或其他容量因素)的绝对值,只要知道当物质溶入溶液时这些量的改变值就够了。

Z 代表系统的任何容量性质,因此应有:

$$V = \sum_{B=1}^{i} n_B V_B \qquad U = \sum_{B=1}^{i} n_B U_B$$

$$H = \sum_{B=1}^{i} n_B H_B \qquad S = \sum_{B=1}^{i} n_B S_B$$

$$A = \sum_{B=1}^{i} n_B A_B \qquad G = \sum_{B=1}^{i} n_B G_B \tag{3.16}$$

其中,以 Gibbs 自由能的表达式用得最多。上述公式表明在多组分系统中,各组分的偏摩尔量并不是彼此无关的,它们必须满足偏摩尔量的加和公式。

【例 3.2】 在常温常压下,1.0 kg $H_2O(A)$ 中加入 NaBr(B),水溶液的体积(以 cm^3 表示)与溶质 B 的质量摩尔浓度 b_B 的关系可用下式表示:

$$V = 1\,002.93 + 23.189 b_B + 2.197 b_B^{\frac{3}{2}} - 0.178 b_B^2$$

求:当 $b_B = 0.25\ mol \cdot kg^{-1}$ 和 $b_B = 0.50\ mol \cdot kg^{-1}$ 时,在溶液中 NaBr(B) 和 $H_2O(A)$ 的偏摩尔体积。

解:$V_B = \left(\dfrac{\partial V}{\partial b_B}\right)_{T,p,n_A} = 23.189 + \dfrac{3}{2} \times 2.197 b_B^{\frac{1}{2}} - 2 \times 0.178 b_B$

以 $b_B = 0.25\ mol \cdot kg^{-1}$ 和 $b_B = 0.50\ mol \cdot kg^{-1}$ 代入,分别得到在两种浓度时,NaBr 的偏摩尔体积分别为

$$V_B = 24.668\ cm^3 \cdot mol^{-1} \text{ 和 } V_B = 25.350\ cm^3 \cdot mol^{-1}$$

根据偏摩尔量加和公式,则

$$V = n_A V_A + n_B V_B$$

$$V_A = \frac{V - n_B V_B}{n_A}$$

计算得出两种溶液中 $H_2O(A)$ 的偏摩尔体积分别为

$$V_A = 18.067\ cm^3 \cdot mol^{-1} \text{ 和 } V_A = 18.045\ cm^3 \cdot mol^{-1}$$

这个例子也进一步说明,在不同浓度中偏摩尔体积是不同的。

用这个方法首先必须要有很多准确的数据,才能整理出 b_B 与 V 的经验方程式。

除例题中的求解方法外,其他偏摩尔量的求解方法,诸如,图解法、截距法等,参见(傅献彩主编的《物理化学》等)教科书相关内容。

3.4.3 Gibbs-Duhem 公式——系统中偏摩尔量之间的关系

在均相系统中,各组分的偏摩尔量除了遵从偏摩尔量的加和公式外,偏摩尔量之间还有一个重要的关系式,即 Gibbs-Duhem(吉布斯-杜亥姆)关系式。

若在系统中不是按比例地同时添加各组分,而是分批地依次加入 $n_1, n_2, \cdots, n_i$,则在这过程中系统的浓度将有所改变。此时不但 $n_1, n_2, \cdots, n_i$ 等改变,系统的任何一个容量性质的偏摩尔量 $Z_1, Z_2, \cdots, Z_i$ 等也同时改变。在等温、等压下,将式(3.15)微分,得

$$dZ = n_1 dZ_1 + Z_1 dn_1 + \cdots + n_i dZ_i + Z_i dn_i$$

与式(3.13)比较,得

$$n_1 dZ_1 + n_2 dZ_2 + \cdots + n_i dZ_i = 0$$

或

$$\sum_{B=1}^{k} n_B Z_B = 0 \tag{3.17}$$

如除以混合物的总的物质的量,则得

$$x_1 dZ_1 + x_2 dZ_2 + \cdots + x_i dZ_i = 0$$

或

$$\sum_{B=1}^{i} x_B dZ_B = 0 \tag{3.18}$$

式中 x_B 是组分 B 的摩尔分数。

式(3.17)和式(3.18)均称为 Gibbs-Duhem 公式,这些公式都只在 T、p 恒定时才能使用。

这些式子表明偏摩尔量之间不是彼此无关的,而是具有一定的联系,表现为互为盈亏的关系。即当一个组分的偏摩尔量增加时,另一个的偏摩尔量必将减少,并符合(3.18)式。

§3.5 化学势

3.5.1 化学势的定义

为了处理敞开系统或组成发生变化的封闭系统的热力学关系式。Gibbs 和 Lewis 引进了化学势(chemical potential)的概念。

当均相系统含有不止一种物质时,影响其热力学性质的变量还要加入系统的组成 n_B。热力学四个基本公式也会发生相应的改变。

1. 热力学能

如果系统中含有物质 $1, 2, \cdots, i$,其物质的量分别为 $n_1, n_2, \cdots, n_i$,则 $U = U(S, V, n_1, n_2, \cdots, n_i)$。

热力学能的变化量为

$$dU = \left(\frac{\partial U}{\partial S}\right)_{V, n_B} dS + \left(\frac{\partial U}{\partial V}\right)_{S, n_B} dV + \sum_{B=1}^{i} \left(\frac{\partial U}{\partial n_B}\right)_{S, V, n_C} dn_B \tag{3.19}$$

下角标 n_B 表示所有各组分的物质的量 $n_1, n_2, \cdots, n_i$ 均不变,最后一项中的下角标 n_C 表示除了组分 B 以外其余各组分的物质的量均不变。令

$$\mu_B \xrightarrow{\text{def}} \left(\frac{\partial U}{\partial n_B}\right)_{S, V, n_C} \tag{3.20}$$

μ_B 称为物质 B 的化学势。当熵、体积及除 B 组分以外其他各物质的量(n_C)均不变的条件下，若增加 dn_B 的 B 种物质，则相应地热力学能变化为 dU，dU 与 dn_B 的比值就等于 μ_B。

对于组成不变的系统，四个热力学基本公式及由其导出的关系式在这里仍然适用，即

$$\left(\frac{\partial U}{\partial S}\right)_{V,n_B} = T, \quad \left(\frac{\partial U}{\partial V}\right)_{S,n_B} = -P$$

故式(3.19)可写成

$$dU = TdS - pdV + \sum_{B=1}^{i}\mu_B dn_B \tag{3.21}$$

2. Gibbs 自由能

从定义：$G = U - TS + pV$ 或 $G = H - TS$，则

$$dG = dU - TdS - SdT + pdV + Vdp$$

将式(3.21)代入后，得

$$dG = -SdT + Vdp + \sum_{B=1}^{i}\mu_B dn_B \tag{3.22}$$

若选 $T, p, n_1, n_2, \cdots, n_k$ 为独立变量，$G = G(T, p, n_1, n_2, \cdots, n_k)$，$G$ 的全微分为

$$dG = \left(\frac{\partial G}{\partial T}\right)_{p,n_B} dT + \left(\frac{\partial G}{\partial p}\right)_{T,n_B} dp + \sum_{B=1}^{i}\left(\frac{\partial G}{\partial n_B}\right)_{T,p,n_C} dn_B$$

$$= -SdT + Vdp + \sum_{B=1}^{i}\left(\frac{\partial G}{\partial n_B}\right)_{T,p,n_C} dn_B$$

与式(3.22)比较，得

$$\left(\frac{\partial G}{\partial n_B}\right)_{T,p,n_C} = \mu_B \tag{3.23}$$

根据上述的方法，对焓 H 和 Helmholtz 自由能 A 作相似处理(H 选 $S, p, n_1, n_2, \cdots, n_i$ 为独立变量，对于 A 选 $T, V, n_1, n_2, \cdots, n_i$ 为独立变量)，于是得到化学势的另一些表示式。即

$$\mu_B = \left(\frac{\partial U}{\partial n_B}\right)_{S,V,n_C} = \left(\frac{\partial H}{\partial n_B}\right)_{S,p,n_C} = \left(\frac{\partial A}{\partial n_B}\right)_{T,V,n_C} = \left(\frac{\partial G}{\partial n_B}\right)_{T,p,n_C} \tag{3.24}$$

式(3.24)中，四个偏微商都叫做化学势。应该注意的是每个热力学函数所选择的独立变量不同。如果变量选择不当，常常会引起错误。不能把任意热力学函数对 n_B 的偏微商都叫做化学势。

实际处理问题的过程中最后一个表达式使用得最多。如果没有特别强调，化学势一般是指 $\mu_B = \left(\frac{\partial G}{\partial n_B}\right)_{T,p,n_C}$。

考虑系统组成变化的影响，热力学基本公式表示为

$$dU = TdS - pdV + \sum_{B=1}^{i} \mu_B dn_B \tag{3.25a}$$

$$dH = TdS + Vdp + \sum_{B=1}^{i} \mu_B dn_B \tag{3.25b}$$

$$dA = -SdT - pdV + \sum_{B=1}^{i} \mu_B dn_B \tag{3.25c}$$

$$dG = -SdT + Vdp + \sum_{B=1}^{i} \mu_B dn_B \tag{3.25d}$$

3.5.2 化学势与温度、压力的关系

1. 化学势与压力的关系

$$\left(\frac{\partial \mu_B}{\partial p}\right)_{T,n_B,n_C} = \left[\frac{\partial}{\partial p}\left(\frac{\partial G}{\partial n_B}\right)_{T,p,n_C}\right]_{T,n_B,n_C} = \left[\frac{\partial}{\partial n_B}\left(\frac{\partial G}{\partial p}\right)_{T,n_B,n_C}\right]_{T,p,n_C} = \left(\frac{\partial V}{\partial n_B}\right)_{T,p,n_C} = V_B$$

即

$$\left(\frac{\partial \mu_B}{\partial p}\right)_{T,n_B,n_C} = V_B \tag{3.26}$$

V_B 就是物质 B 的偏摩尔体积。我们在前面曾证明过，对于纯物质来说，$\left(\frac{\partial G}{\partial p}\right)_T = V$，与式 (3.26) 比较，如果把 Gibbs 自由能 G 换为 μ_B，则体积 V 也要换成偏摩尔体积 V_B。

2. 化学势与温度的关系

$$\left(\frac{\partial \mu_B}{\partial T}\right)_{p,n_B,n_C} = \left[\frac{\partial}{\partial T}\left(\frac{\partial G}{\partial n_B}\right)_{T,p,n_C}\right]_{p,n_B,n_C} = \left[\frac{\partial}{\partial n_B}\left(\frac{\partial G}{\partial p}\right)_{p,n_B,n_C}\right]_{T,p,n_C}$$

$$= \left[\frac{\partial}{\partial n_B}(-S)\right]_{T,p,n_C} = -S_B$$

即

$$\left(\frac{\partial \mu_B}{\partial T}\right)_{p,n_B,n_C} = -S_B \tag{3.27}$$

S_B 就是物质 B 的偏摩尔熵。

在等温、等压下，$G = H - TS$ 式两边对 n_B 微分，得

$$\left(\frac{\partial G}{\partial n_B}\right)_{T,p,n_C} = \left(\frac{\partial H}{\partial n_B}\right)_{T,p,n_C} - T\left(\frac{\partial S}{\partial n_B}\right)_{T,p,n_C}$$

即

$$\mu_B = H_B - TS_B \tag{3.28}$$

同理可证

$$\left[\frac{\partial\left(\frac{\mu_B}{T}\right)}{\partial T}\right]_{p,n_B,n_C} = \frac{T\left(\frac{\partial \mu_B}{\partial T}\right) - \mu_B}{T^2} = -\frac{TS_B + \mu_B}{T^2} = -\frac{H_B}{T^2} \quad (3.29)$$

把这些公式与对于纯物质的公式相比较,可以发现,在多组分系统中的热力学公式与纯物质的公式具有相似的表述形式,不同的只是用偏摩尔量代替相应的摩尔量而已。对于纯物质来说,它不存在偏摩尔量,而只有摩尔量。

3.5.3 化学势在相平衡中的应用

在等温、等压下,设系统有 α 和 β 两相,且均为多组分。相 β 中有 dn_B^β 的 B 种物质转移到 α 相中,此时系统 Gibbs 自由能的变化根据式(3.25d)为

$$dG = dG^\alpha + dG^\beta = \mu_B^\alpha dn_B^\alpha + \mu_B^\beta dn_B^\beta$$

α 相得到的就是 β 相失去的,即

$$dn_B^\alpha = -dn_B^\beta$$

如果上述转移是在平衡情况下进行的,则

$$dG = 0, \quad dn_B^\alpha = -dn_B^\beta$$

所以
$$(\mu_B^\alpha - \mu_B^\beta) dn_B^\alpha = 0 \quad (3.30)$$

因 $dn_B^\alpha \neq 0$,故

$$\mu_B^\alpha = \mu_B^\beta \quad (3.31)$$

这表示,组分 B 在 α,β 两相中,达平衡的条件是该组分在两相中的化学势相等。

如果上述的转移过程是自发进行的,则$(dG)_{T,p} < 0$,因此式(3.30)可写成

$$(\mu_B^\alpha - \mu_B^\beta) dn_B^\alpha < 0$$

又因为已假设第 B 种物质是由 β 相转移到 α 相,即 $dn_B^\alpha > 0$,故

$$\mu_B^\alpha < \mu_B^\beta$$

由此可见,自发变化的方向是物质 B 从 μ_B 较大的相流向 μ_B 较小的相,直到物质 B 在两相中的 μ_B 相等时为止。

§3.6 气体混合物中各组分的化学势

3.6.1 理想气体及其混合物的化学势

若只有一种理想气体,已知$\left(\frac{\partial \mu}{\partial p}\right)_T = V_m$,移项积分,从标准压力 $p^\ominus$ 积分到任意的压力

p,则得

$$\mu(T,p) = \mu^{\ominus}(T,p^{\ominus}) + RT\ln\frac{p}{p^{\ominus}} \qquad (3.32)$$

μ 是 T,p 的函数,式(3.32)中 $\mu^{\ominus}$ 是在标准压力 $p^{\ominus}$、温度为 T 时理想气体的化学势,因为压力已经给定,所以它仅是温度的函数。这个状态就是气体的标准状态(standard state)。

由于理想气体混合物的分子模型和纯理想气体是相同的,即分子自身的体积相对于容器体积而言可以忽略不计,分子间没有相互作用。因此,把几种纯组分的理想气体混合组成混合气体时,混合焓等于零,并在宏观上遵循 Dalton 分压定律,即

$$p = p_1 + p_2 + \cdots = \sum_B p_B$$

$$p_B = px_B$$

式中 $p_1, p_2, \cdots, p_B$ 分别为组分 $1, 2, \cdots, B$ 的分压。

混合理想气体中某一种气体 B 的化学势 μ_B,可以用想象的半透膜平衡实验来求得(如图 3.1)。图中左方为理想气体混合物,右方为气体 B。

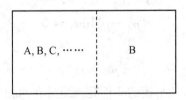

图 3.1 气体 B 在半透膜两边平衡的示意图

设中间的半透膜只允许 B 种气体通过。在恒温条件下,左右两方平衡。左方 B 气体的化学势是 μ_B,分压是 p_B;右方的纯 B 气体的化学势为 μ_B^*,压力是 p_B^*。平衡时:

$$\mu_B = \mu_B^*, \qquad p_B = p_B^*$$

由式(3.32),右方气体的化学势为

$$\mu_B^* = \mu_B^{\ominus}(T) + RT\ln(p_B^*/p^{\ominus})$$

所以左方气体的化学势为

$$\mu_B = \mu_B^{\ominus}(T) + RT\ln(p_B/p^{\ominus}) \qquad (3.33)$$

将 Dalton 分压定律 $p_B = px_B$ 代入上式,得

$$\mu_B = \mu_B^{\ominus}(T) + RT\ln(p/p^{\ominus}) + RT\ln x_B$$

把等式右方的前两项合并,于是得

$$\mu_B = \mu_B^*(T,p) + RT\ln x_B \qquad (3.34)$$

式中：x_B 为理想气体混合物中 B 组分的摩尔分数；$\mu_B^*(T,p)$ 为纯 B 气体在指定 T,p 时的化学势；p 为理想气体混合物的总压。显然这个状态不是标准态。

3.6.2 非理想气体混合物的化学势

与理想气体混合物的一样，依然先讨论只有一种非理想气体的情况，然后再推及非理想气体混合物。

对于单组分的非理想气体来说，它不遵循理想气体的状态方程，其化学势与压力的关系就不像式(3.32)那样简单，通常很难得到一个简单的表达式。为了能用简单式子表示非理想气体的化学势来解决实际问题，1901 年 Lewis 引入了称为逸度(fugacity)的 f，其定义为

$$f = \gamma \cdot p \tag{3.35}$$

f 可看作是校正过的压力(或称有效压力，effective pressure)，γ 是压力的校正因子，称为逸度因子(fugacity factor)，也称为逸度系数(fugacity coefficient)。当 $p \to 0$ 时，$\gamma = 1, f = p$。

于是，非理想气体也就有了与理想气体类似的化学势表达式：

$$\mu(T,p) = \mu^*(T) + RT \ln\left(\frac{f}{p^\ominus}\right) \tag{3.36}$$

或

$$\mu(T,p) = \mu^*(T) + RT \ln\left(\frac{p\gamma}{p^\ominus}\right) \tag{3.37}$$

对于非理想气体混合物中任一组分的化学势，由于各种组分的状态方程不同，其化学势的表示式较为复杂。在引进了逸度的概念后，则非理想气体混合物中任一组分的化学势原则上可表示为一种形式，即

$$\mu_B = \mu_B^*(T) + RT \ln\left(\frac{f_B}{p^\ominus}\right) \tag{3.38}$$

余下的问题是如何计算实际气体的逸度或逸度因子。

对于只有一种气体其逸度因子的求法，可通过图解法、对比状态法以及近似法等方法求得(这些方法可参阅傅献彩的《物理化学》等教科书)。

对于混合非理想气体，Lewis - Randoll(路易斯-兰道尔)提出一个近似规则，即

$$f_B = f_B^* x_B \tag{3.39}$$

式中：x_B 为 B 组分在混合气体中的摩尔分数；f_B^* 为同温度时，纯 B 组分在其压力等于混合气体总压时的逸度，而纯 B 的逸度可用前述方法求得。这个规则对一些常见的气体，可近似使用到压力为标准压力 $p^\ominus$ 的 100 倍左右。

§3.7 液体混合物中各组分的化学势

3.7.1 理想液体混合物

1. 单组分理想液体的化学势

对于纯液体,已知 $\left(\dfrac{\partial \mu}{\partial p}\right)_T = V_m$。由于我们不知道液体的摩尔体积与压力的关系(即液体的状态方程),故此无法通过对此事积分来求解液体的化学势。但我们可以设想在温度 T 时,液体与其蒸气达到平衡,液体的化学势与蒸气的化学势相等来求得(右上标的星号表示纯物质):

$$\mu_B^*(l) = \mu_B^*(g) = \mu_B^*(T, p^\ominus) + RT\ln\dfrac{p_B^*}{p^\ominus} \tag{3.40}$$

式中:$\mu_B^*(l)$ 为纯 B 液体在温度 T 和压力 p 时的化学势;p_B^* 为温度 T 时纯 B 的蒸气压。

2. 理想液态混合物中任一组分的化学势

理想液态混合物中的任一组分都遵循 Raoult 定律。也就是说,理想液态混合物中各组分的处理方法是一样的。同处理单组分相似,我们一样设想温度 T 时,当理想液态混合物与其蒸气达平衡时,理想液态混合物中任一组分 B 与气相中该组分的化学势相等,即

$$\mu_B(l) = \mu_B(g)$$

由于平衡的蒸气压力不大,可认为是理想气体的混合物,故有

$$\mu_B(l) = \mu_B(g) = \mu_B^*(g) + RT\ln\dfrac{p_B}{p^\ominus} \tag{3.41}$$

由于液相中任一组分都遵从 Raoult 定律,$p_B = p_B^* x_B$,式中 p_B^* 是纯 B 的蒸气压。将 p_B 代入式(3.41),得

$$\mu_B(l) = \mu_B^*(g) + RT\ln\dfrac{p_B^*}{p^\ominus} + RT\ln x_B \tag{3.42}$$

比较等号右边的前两项和式(3.40),可得

$$\mu_B(l) = \mu_B^*(l) + RT\ln x_B \tag{3.43}$$

式中 $\mu_B^*(l)$ 并非是纯 B 液体的标准态化学势。

为得到液体纯 B 的标准态化学势 $\mu_B^*(l)$,可对式 $\left(\dfrac{\partial \mu_B}{\partial p}\right)_{T,n} = V_B$ 从标准压力 $p^\ominus$ 压力 p

进行积分,得

$$\mu_B(l) = \mu_B^*(l) + \int_{p^\ominus}^{p} \left(\frac{\partial \mu_B}{\partial p}\right)_{T,n} dp = \mu_B^*(l) + \int_{p^\ominus}^{p} V_B(l) dp \tag{3.44}$$

通常 p 与 $p^\ominus$ 的差别不是很大,故可以将积分项忽略,于是式(3.44)可写作

$$\mu_B(l) = \mu_B^*(l) + RT\ln x_B \tag{3.45}$$

式(3.45)就是理想液态混合物中任一组分 B 的化学势表示式,在全部浓度范围内都能使用,此式也可以作为理想液态混合物化学势的热力学定义。

3.7.2 理想液态混合物的通性

通过式(3.45)很容易导出理想液态混合物的基本特性:

(1) $\Delta_{mix}V = 0$,即混合物的体积等于未混合前各纯组分的体积之和,总体积不变。

$$\Delta_{mix}V = V_{混合后} - V_{混合前} = V_{sln} - \sum_B V_m^*(B)$$

$$= \sum_B n_B V_B - \sum_B n_B V_{m,B}^*$$

由于

$$V_B = \left(\frac{\partial \mu_B}{\partial p}\right)_{T,n_B,n_C} = \left\{\frac{\partial \mu_B^*(T,p)}{\partial p}\right\}_{T,n_B,n_C} = V_{m,B}^*$$

即理想液态混合物中某组分的偏摩尔体积等于该组分(纯组分)的摩尔体积,所以混合前后体积不变。即

$$\Delta_{mix}V = 0 \tag{3.46}$$

(2) $\Delta_{mix}H = 0$,即混合过程中没有热效应。

$$\Delta_{mix}H = H_{混合后} - H_{混合前} = H_{sln} - \sum_B H^*(B)$$

由式(3.43),得

$$\frac{\mu_B(l)}{T} = \frac{\mu_B^*(l)}{T} + R\ln x_B$$

两边对 T 微分后得

$$\left[\frac{\partial\left(\frac{\mu_B(l)}{T}\right)}{\partial T}\right]_{p,n_B,n_C} = \left[\frac{\partial\left(\frac{\mu_B^*(l)}{T}\right)}{\partial T}\right]_{p,n_B,n_C}$$

根据 Gibbs-Helmholtz 公式,得

$$H_B = H_{m,B}^*$$

即在混合过程中物质 B 的摩尔焓没有变化。所以混合前后总焓不变,不产生热效应,可表

示为

$$\Delta_{mix}H = \sum_B n_B H_B - \sum_B n_B H_{m,B}^* = 0 \tag{3.47}$$

(3) 具有理想的混合熵。

$$\Delta_{mix}S = S_{混合后} - S_{混合前} = \sum_B n_B S_B - \sum_B n_B S_{m,B}^*$$

式(3.43)两边对 T 微分后,得

$$\left(\frac{\partial \mu_B(T,p)}{\partial T}\right)_{p,n_B,n_C} = \left(\frac{\partial \mu_B^*(T,p)}{\partial T}\right)_{p,n_B,n_C} + R\ln x_B$$

所以 $\quad -S_B = -S_{m,B}^* + R\ln x_B$

同理 $\quad S_{m,A}^* - S_A = R\ln x_A, \quad S_{m,C}^* - S_C = R\ln x_C \quad \cdots$

因此在形成理想液态混合物时,

$$\Delta_{mix}S = -R\sum_B n_B \ln x_B \tag{3.48}$$

由于 $x_B<1$,故 $\Delta_{mix}S>0$,混合熵恒为正值。

(4) 混合 Gibbs 自由能。等温下,根据

$$\Delta G = \Delta H - T\Delta S$$

应有 $\quad \Delta_{mix}G = \Delta_{mix}H - T\Delta_{mix}S$

$$= 0 - T\Delta_{mix}S = R\sum_B n_B \ln x_B$$

(5) 对于理想液态混合物,可以证明 Raoult 定律和 Henry 定律这两个定律是没有区别的。

设在定温、定压下,某理想液态混合物的气相与液相达到平衡:

$$\mu_B(液态混合物) = \mu_B(蒸气)$$

若蒸气是理想气体混合物,液相是理想液态混合物,则

$$\mu_B^*(T,p) + R\ln x_B = \mu_B^{\ominus}(T) + RT\ln(p_B/p^{\ominus})$$

移项后得

$$\frac{p_B/p^{\ominus}}{x_B} = \exp\left[\frac{\mu_B^*(T,p) - \mu_B^{\ominus}(T)}{RT}\right]$$

在定温、定压下,等式右方是常数,令其等于 k_B,得

$$\frac{p_B}{x_B} = k_B p^{\ominus} = k_{x,B} \quad (令 k_B p^{\ominus} = k_{x,B})$$

所以
$$p_B = k_{x,B} x_B$$

这就是 Henry 定律。又因理想液态混合物中任意组分 B 在全部浓度范围都能符合上式,故当 $x_B = 1$ 时,$k_{x,B} = p_B^*$,所以
$$p_B = p_B^* x_B$$

这就是 Raoult 定律。由此可见,从热力学的观点看来,对于理想液态混合物,Henry 定律与 Raoult 定律没有区别。

通常,理想液态混合物(也可简称为理想混合物)除了光学异构体的混合物、同位素化合物的混合物、立体异构体的混合物以及紧邻同系物的混合物等可以(或近似地)看作理想液态混合物外,一般液态混合物大都不具有理想液态混合物的性质。但是由于理想液态混合物所服从的规律比较简单,并且实际上,许多液态混合物在一定的浓度区间的某些性质常表现得很像理想液态混合物,所以引入理想液态混合物的概念,不仅在理论上有价值,而且也有实际意义。以后可以看到,从理想液态棍合物所得到的公式只要作适当的修正,就能用之于实际溶液。

3.7.3 理想稀溶液中任一组分的化学式

理想稀溶液是溶质相对含量趋于零的溶液。在溶液中,溶质分子之间相距很远,每个溶剂分子或溶质分子周围几乎全是溶剂分子。

在理想稀溶液中溶剂服从 Raoult 定律,溶质服从 Henry 定律。因此在理想稀溶液中,溶剂与溶质的化学势表述略有不同。

以二组分系统为例。设 A 为溶剂,B 为溶质,所以理想稀溶液中溶剂 A 的化学势为
$$\mu_A = \mu_A^*(T,p) + RT\ln x_A \tag{3.49}$$

这个公式的导出方法和理想液态混合物一样,式中 μ_A^* 的物理意义是在 T,p 时纯 A(即 $x_A=1$)的化学势。

溶质 B 平衡时其化学势为
$$\mu_B(l) = \mu_B(g) = \mu_B^*(T) + RT\ln\left(\frac{p_B}{p^*}\right)$$

在理想稀溶液中,溶质服从 Henry 定律,$p_B = k_{x,B} x_B$ 代入后,得
$$\mu_B = \mu_B^*(T) + RT\ln(k_{x,B}/p^\ominus) + RT\ln x_B$$

令:$\mu_B^*(T) + RT\ln(k_{x,B}/p^\ominus) = \mu_B^*(T,p)$,得
$$\mu_B = \mu_B^*(T,p) + RT\ln x_B \tag{3.50}$$

式(3.49)与式(3.50)具有相同的形式,式中的 μ_B^* 是 T、p 的函数,可看作是 $x_B=1$,且服从于 Henry 定律的那个假想状态的化学势(因为符合 Henry 定律,且在 $x_B=1$ 的状态,是图中

的 R 点,而 R 点客观上并不存在,参阅图 3.2)。

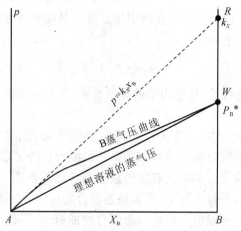

图 3.2　溶液中溶质的标准态(浓度为摩尔分数)

将 $p_B = k_{x,B} x_B$ 的直线延长得 R 点。这个由引申而得到的状态(R)实际上并不存在。在图中纯 B 的实际状态由 W 点表示。这个假想的状态(R)是外推出来的,因为不可能在 x_B 从 0～1 的整个区间内,溶质都服从 Henry 定律。引入这样一个想象的标准态,并不影响 $\Delta \mu$ 的计算,因为在求这些值时,有关标准态的项都消去了。

因此从形式上看,在理想稀溶液中,无论溶剂和溶质,其化学势在外形上有着相同的表示形式。但标准态的意义不同。式(3.49)和式(3.50)也可以看作是理想稀溶液的热力学定义。

若 Henry 定律写作 $p = k_{b,B} b_B$,可以得到

$$\mu_B = \mu_B^*(T) + RT \ln \frac{k_{b,B} \cdot b^\ominus}{p^\ominus} + RT \ln \frac{b_B}{b^\ominus}$$
$$= \mu^*(T, p) + RT \ln \frac{b_B}{b^\ominus} \tag{3.51}$$

$\mu^*(T, p)$ 是 $b_B = 1\ \mathrm{mol \cdot kg^{-1}}$,且服从 Henry 定律的状态的化学势,这个状态也是假想的标准态。

若 Henry 定律写作 $p_B = k_{c,B} c_B$,则

$$\mu_B = \mu_B^*(T) + RT \ln \frac{k_{c,B} \cdot c^\ominus}{p^\ominus} + RT \ln \frac{c_B}{b^\ominus}$$
$$= \mu^*(T, p) + RT \ln \frac{c_B}{b^\ominus} \tag{3.52}$$

$\mu^*(T, p)$ 是 $c_B = 1\ \mathrm{mol \cdot kg^{-1}}$,且服从 Henry 定律的状态的化学势,这个状态也是假想

的标准态。

3.7.4 非理想溶液中各组分的化学势

为处理非理想溶液，Lewis 引入了活度的概念。

对于非理想溶液，Raoult 定律 $\dfrac{p_A}{p_A^*}=x_A$ 应修正为

$$\frac{p_A}{p_A^*} = \gamma_{x,A} \cdot x_A = \alpha_{A,x} \tag{3.53}$$

Henry 定律 $p_B = k_{x,B} x_B$ 修正为

$$p_B = k_{x,B}\gamma_{x,B}x_B = k_{x,B}\alpha_{B,x} \tag{3.54}$$

两式中，$\alpha_{A,x}$，$\alpha_{B,x}$ 分别是 A 组分和 B 组分用摩尔分数表示的活度(activity)，为量纲一的量，单位为 1。γ 称为组成用摩尔分数表示的活度因子(activity factor)，以前称为活度系数(activity coefficient)。

于是，非理想溶液的各组分化学势也就表示成(A 代表溶剂，B 代表溶质)：

$$\mu_A = \mu_A^*(T,p) + RT\ln\alpha_A \tag{3.55}$$

$$\mu_B = \mu_B^*(T,p) + RT\ln\alpha_B \tag{3.56}$$

由于溶液的组成可以用不同的表示方法，故采用不同组成表示法的数据来计算溶液中组分的活度时，其活度因子肯定是不相等的。

§3.8　稀溶液的依数性

稀溶液中溶剂的蒸气压下降、凝固点降低、沸点升高和渗透压的产生等，在指定溶剂的种类和数量后，这些性质只取决于所含溶质分子的数目，而与溶质的本性无关。所以称之为依数性质(colligative properties)。以下只讨论非挥发性溶质二组分稀溶液的依数性。

3.8.1　溶剂蒸气压下降

溶液中溶剂的蒸气压比同温度下纯溶剂的蒸气压低。稀溶液的溶剂蒸气压降低值可通过 Rauolt 定律求得：

$$\Delta p_A = p_A^* - p_A = p_A^* - p_A^* x_A = p_A^*(1-x_B)$$

故

$$\Delta p_A = p_A^* x_B \tag{3.57a}$$

或

$$\frac{\Delta p_A}{p_A^*} = x_B \tag{3.57b}$$

即稀溶液溶剂的蒸气压降低值与溶质的摩尔分数成正比，与溶质的种类无关。

溶液中溶剂蒸气压下降的原因是溶剂的物质的量分数 $x_A < 1$。于是溶液中溶剂的化学势 $\mu_B(l) = \mu_B^*(l) + RT\ln x_B$ 必然比同温度下的纯溶剂化学势小，这也是造成溶液中溶剂凝固点降低、沸点升高和产生渗透压的原因。

3.8.2 凝固点降低

固态纯溶剂与溶液成平衡时的温度称为溶液的凝固点（这里我们假定溶剂和溶质不生成固溶体，固态是纯的溶剂）。在图 3.3 中，aoo^* 是固态纯溶剂的蒸气压曲线。o^*c^* 和 oc 分别是纯溶剂和溶液的蒸气压曲线。平衡时，固相与液相的蒸气压相等，所以 o^* 点所对应的温度 T_f^* 是纯溶剂的凝固点，o 点所对应的温度 T_f 是溶液的凝固点，显然 $T_f^* > T_f$，所以溶液的凝固点下降。

设在压力 p 时，溶液的凝固点为 T_f，此时液相与固相两相平衡（下角 A 代表溶剂），在温度 T 时

$$\mu_{A(l)}(T, p, x_A) = \mu_{A(s)}(T, p)$$

在定压下，若使溶液的浓度有 dx_A 的变化（即浓度自 $x_A \to x_A + dx_A$），则凝固点相应地由 T 变到 $T + dT$ 而重新建立平衡，即

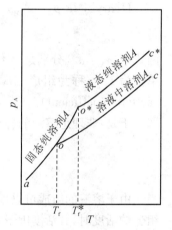

图 3.3 稀溶液的凝固点降低

在温度 $T + dT$ 时 $\quad \mu_{A(l)} + d\mu_{A(l)} = \mu_{A(s)} + d\mu_{A(s)}$

因为 $\quad \mu_{A(l)} = \mu_{A(s)}$

所以 $\quad d\mu_{A(l)} = d\mu_{A(s)}$

展开得 $\quad \left(\dfrac{\partial \mu_{A(l)}}{\partial T}\right)_{p, x_A} dT + \left(\dfrac{\partial \mu_{A(l)}}{\partial x_A}\right)_{T, p} dx_A = \left(\dfrac{\partial \mu_{A(s)}}{\partial T}\right)_p dT$

对于稀溶液，$\mu_A = \mu_A^* + RT\ln x_A$，又已知 $\left(\dfrac{\partial \mu_B}{\partial T}\right)_{p, n_B, n_C} = -S_B$，代入上式得

$$-S_{A(l)} dT + \frac{RT}{x_A} dx_A = -S_{m, A(s)}^* dT \tag{3.58}$$

因为 $\quad S_{A(l)} - S_{m, A(s)}^* = \dfrac{H_{A(l)} - H_{m, A(s)}^*}{T} = \dfrac{\Delta H_{m, A}}{T}$

式中 $\Delta H_{m, A}$ 是在凝固点时，1 mol 固态纯 A 熔化进入溶液时所吸的热，对于稀溶液 $\Delta H_{m, A}$ 近似地等于纯 A 的摩尔熔化焓 $\Delta_{fus} H_{m, A}^*$，代入式(3.58)后，得

$$\frac{RT}{x_A}\mathrm{d}x_A = \frac{\Delta_{\mathrm{fus}}H_{\mathrm{m,A}}^*}{T}\mathrm{d}T$$

设纯溶剂($x_A=1$)的凝固点为 T_f^*,浓度为 x_A 时溶液的凝固点为 T_f。对上式积分为

$$\int_1^{x_A}\frac{\mathrm{d}x_A}{x_A} = \int_{T_f^*}^{T_f}\frac{\Delta_{\mathrm{fus}}H_{\mathrm{m,A}}^*}{RT^2}\mathrm{d}T$$

若温度改变不大,$\Delta_{\mathrm{fus}}H_{\mathrm{m,A}}^*$ 可看成与温度无关,则得

$$\ln x_A = \frac{\Delta_{\mathrm{fus}}H_{\mathrm{m,A}}^*}{R}\left(\frac{1}{T_f^*}-\frac{1}{T_f}\right)$$

$$= \frac{\Delta_{\mathrm{fus}}H_{\mathrm{m,A}}^*}{R}\left(\frac{T_f-T_f^*}{T_f^* T_f}\right)$$

如令
$$\Delta T_f = T_f^* - T_f, \quad T_f^* T_f \approx (T_f^*)^2$$

就可以得到
$$-\ln x_A = \frac{\Delta_{\mathrm{fus}}H_{\mathrm{m,A}}^*}{R(T_f^*)^2}\cdot\Delta T_f$$

将对数项展开(当 x 很小时,把 $\ln(1-x)$ 展开成级数,只取第一项,所以 $\ln(1-x)\approx -x$)得

$$-\ln x_A = -\ln(1-x_B)\approx x_B \approx \frac{n_B}{n_A}$$

式中 n_A,n_B 分别为溶液中 A 和 B 的物质的量,上式则可写成

$$\Delta T_f = \frac{R(T_f^*)^2}{\Delta_{\mathrm{fus}}H_{\mathrm{m,A}}^*}\cdot\frac{n_B}{n_A} \tag{3.59}$$

这就是稀溶液的凝固点降低公式。

设在质量为 m_A 的溶剂中溶有 m_B 溶质(单位均为 kg),并以 M_A 和 M_B 分别表示 A 和 B 的摩尔质量(单位:kg·mol^{-1}),则式(3.59)又可写作

$$\Delta T_f = \frac{R(T_f^*)^2}{\Delta_{\mathrm{fus}}H_{\mathrm{m,A}}^*}\cdot M_A\left(\frac{m_B}{M_B m_A}\right) \tag{3.60}$$

$$= K_f\left(\frac{m_B}{M_B m_A}\right) = K_f b_B$$

式中 $K_f = \frac{R(T_f^*)^2}{\Delta_{\mathrm{fus}}H_{\mathrm{m,A}}^*}\cdot M_A$ 称为质量摩尔凝固点降低常数,简称凝固点降低常数(cryoscopic constant),其数值只与溶剂的性质有关。若已知 K_f,又测定了 ΔT_f,就可求出溶质的摩尔质量。式中 b_B 是溶质 B 的质量摩尔浓度(单位:mol·kg^{-1})。式(3.60)只能用于稀溶液。表 3.2 列出一些溶剂的 K_f 值(单位:K·kg·mol^{-1})。

表 3.2　几种溶剂的 K_f 和 K_b 值

溶剂	水	醋酸	苯	二硫化碳	萘	四氯化碳	苯酚
$\dfrac{K_f}{\text{K·kg·mol}^{-1}}$	1.86	3.90	5.12	3.80	6.94	30	7.27
$\dfrac{K_b}{\text{K·kg·mol}^{-1}}$	0.51	3.07	2.53	2.37	5.8	4.95	3.04

可以用以下几种方法求 K_f 值：

(1) 作 $\left(\dfrac{\Delta T_f}{b_B}\right) - b_B$ 图，然后外推求 $\left(\dfrac{\Delta T_f}{b_B}\right)_{b_B \to 0}$ 的极限值；

(2) 用量热法求 $\Delta_{\text{fus}} H_{m,A}^*$，然后代入 $K_f = \dfrac{R(T_f^*)^2}{\Delta_{\text{fus}} H_{m,A}^*} \cdot M_A$ 来计算 K_f；

(3) 从固态的蒸气压与温度的关系求 K_f。因为 $\dfrac{\text{d}\ln p}{\text{d}T} = \dfrac{\Delta_{\text{sub}} H_m^*(A)}{RT^2}$，所以

$$K_f = \dfrac{\text{d}T}{\text{d}\ln p} \cdot M_A$$

不同的方法所得的数值可能略有不同。

在以上的讨论中，平衡时的固相是纯溶剂。如果平衡时固态是固溶体（即溶剂-溶质形成了固态溶液），则情况有所不同（参见傅献彩《物理化学》等教学参考书）。

3.8.3　沸点升高

沸点是指液体的蒸气压等于外压时的温度。根据 Raoult 定律，在定温时当溶液中含有不挥发性溶质时，溶液的蒸气压总是比纯溶剂低，所以溶液的沸点比纯溶剂高（见图 3.4）。AB 线和 CD 线分别为实测的纯溶剂和溶液的蒸气压随温度变化的关系曲线。由于溶液的蒸气压较纯溶剂低，所以 CD 线在 AB 线之下。当外压为 p^0 时，纯溶剂的沸点为 T_b^*，而溶液的沸点则为 T_b，显然 $T_b > T_b^*$，所以溶液的沸点升高。

当气-液两相平衡时

$$\mu_{A(l)}(T, p, x_A) = \mu_{A(g)}(T, p)$$

若溶液浓度有 $\text{d}x_A$ 的变化，沸点相应地有 $\text{d}T$ 的变化。用上节相同的方法处理，可得

$$\Delta T_b = \dfrac{R(T_b^*)^2}{\Delta_{\text{vap}} H_{m,A}^*} \cdot \dfrac{n_B}{n_A} \approx K_b b_B \qquad (3.61)$$

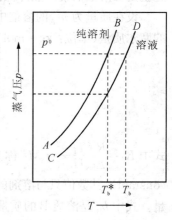

图 3.4　溶液沸点上升

式中:$\Delta T_b = T_b - T_b^*$;T_b^* 是纯溶剂沸点;T_b 是溶液沸点;$\Delta_{vap} H_{m,A}^*$ 是溶剂的摩尔蒸发焓。$K_b = \dfrac{R(T_b^*)^2}{\Delta_{vap} H_{m,A}^*} \cdot M_A$ 称为沸点升高常数(ebullioscopic constant),它只与溶剂的性质有关,在式(3.61)的推导过程中,曾假定溶液是稀溶液,并且 $\Delta_{vap} H_{m,A}^*$ 与温度无关。若已知 K_b,则测定 ΔT_b 后,就可求得溶质的摩尔质量。表 3.2 列出几种溶剂的 K_b 值(单位:K·mol^{-1}·kg)。同样有几种方法来求 K_b 的值。

3.8.4 渗透压

如图 3.5 所示,在定温下,在一个 U 形的容器内,用半透膜 aa' 将纯溶剂和溶液分开,半透膜只允许溶剂分子通过。

在未发生渗透之前,设纯溶剂的化学势为 μ_A^*,溶液中溶剂的化学势为 μ_A,则

$$\mu_A^* = \mu_A(g) = \mu_A^*(g) + RT\ln\frac{p_A^*}{p^\ominus} \tag{3.62}$$

$$\mu_A = \mu_A(g) = \mu_A^*(g) + RT\ln\frac{p_A}{p^\ominus} \tag{3.63}$$

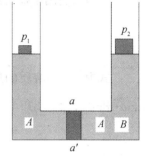

图 3.5 渗透压示意图

式中:p_A^* 和 p_A 分别为纯溶剂和溶液中溶剂的蒸气压。由于 $p_A^* > p_A$,因而 $\mu_A^* > \mu_A$。所以溶剂分子有自纯溶剂的一方进入溶液一方的倾向。为了阻止溶剂分子由纯溶剂一方进入溶液,需要在溶液上方施加额外的压力,以增加其蒸气压,使半透膜双方溶剂的化学势相等而达到平衡。这个额外的压力就定义为渗透压(osmotic pressure),用 Π 表示。若令 p_1 和 p_2 分别代表平衡时溶剂和溶液上的外压,换言之,Π 代表维持平衡时双方的压力差,即

$$\Pi = p_2 - p_1 \tag{3.64}$$

平衡时

$$\mu_A^* = \mu_A + \int_{p_1}^{p_2} \left(\frac{\partial \mu_A}{\partial p}\right)_T dp$$

$$= \mu_A + \int_{p_1}^{p_2} V_A dp \tag{3.65}$$

式中 V_A 是溶液中溶剂的偏摩尔体积。假定压力对体积的影响略而不计,则上式可写作:

$$\mu_A^* = \mu_A + V_A(p_2 - p_1)$$

将式(4.69)、式(4.70)代入上式,得

$$\Pi V_A = RT\ln\frac{p_A^*}{p_A} \tag{3.66}$$

稀溶液服从于 Raoult 定律,于是

$$\Pi V_A = -RT\ln x_A = -RT\ln(1-x_B)$$

$$\approx RT x_B \approx RT\frac{n_B}{n_A}$$

式中 n_A, n_B 分别是溶剂和溶质的物质的量，在稀溶液中 $V_A \approx V_{m,A}$，并且 $n_A V_{m,A}$ 可以近似地看作等于溶液的体积 V，所以

$$\Pi V = n_B RT \tag{3.67}$$

式(3.67)只适用于稀溶液，称为 van't Hoff(范霍夫)公式。这个公式也可以写作：

$$\Pi = \frac{m_B}{V M_B} RT \tag{3.68}$$

式中：m_B 为溶质的质量；M_B 为溶质的摩尔质量，如令 $\frac{m_B}{V} = \rho_B$（其单位为 kg·m^{-3} 或 kg·dm^{-3}，称为物质 B 的质量浓度），则得

$$\frac{\Pi}{\rho_B} = \frac{RT}{M_B} \tag{3.69}$$

这是 van't Hoff 公式的另一写法。溶液愈稀，van't Hoff 公式愈准确。

1945 年麦克米兰(Mc Millan)和麦耶尔(Mayer)对于非电解质高分子溶液的渗透压曾提出一个更精确的公式：

$$\Pi = RT\left(\frac{\rho}{\overline{M}} + B\rho^2 + D\rho^3 + \cdots\right) \tag{3.70}$$

式中：B, D 为常数；C 为质量浓度（用 g·cm^{-3} 表示）；$\overline{M}$ 为高分子的平均摩尔质量。在稀溶液中，可略去第三项，得到

$$\frac{\Pi}{\rho} = \frac{RT}{\overline{M}} + RTB\rho \tag{3.71}$$

若以 $\frac{\Pi}{\rho}$ 对 ρ 做图，可得一直线，将直线外推到 $\rho = 0$ 时，从截距 $\left(\frac{RT}{\overline{M}}\right)$ 就能求得平均摩尔质量。

测定渗透压的主要用途是求大分子(如人工合成的高聚物或天然产物、蛋白质等)的摩尔质量。以上的讨论，溶液中的溶质都是非电解质，若溶液中含有电解质，需考虑渗透过程中离子的电中性平衡，这将在下册的有关章节中讨论。

在如图 3.5 的示意图中，当施加于溶液与纯溶剂上的压力差大于溶液的渗透压时，则溶液中的溶剂将通过半透膜渗透到纯溶剂一方，这种现象称为反渗透(或称为逆向渗透，reverse osmosis)。反渗透可用于海水淡化，或工业废水处理，反渗透的关键问题是要有性能良好的半透膜。在人体中肾就具有反渗透的作用，血液中的糖分远高于尿中的糖分，肾的反渗透功能可以阻止血液中的糖分进入尿液。如果肾功能有缺陷，血液中的糖分将进入尿

液而形成糖尿病。

【例 3.3】 293 K 时,0.50 kg 水(A)中溶有甘露糖醇(B)2.597×10^{-2} kg,该溶液的蒸气压为 2 322.4 Pa。已知在该温度时,纯水的蒸气压为 2 334.5 Pa。求甘露糖醇的摩尔质量。

解:由 Raoult 定律可知:

$$\Delta p = p_A^* - p_A = p_A^* x_B = p_A^* \left(\frac{n_B}{n_B + n_A}\right) \approx p_A^* \left(\frac{n_B}{n_A}\right)$$

代入所给数据

$$(2\,334.5 - 2\,322.4)\,\text{Pa} = 2\,334.5\,\text{Pa} \times \frac{2.597\times10^{-2}\,\text{kg}/M_B}{0.50\,\text{kg}/18.02\times10^{-3}\,\text{kg}\cdot\text{mol}^{-1}}$$

解得 $M_B = 0.181\,\text{kg}\cdot\text{mol}^{-1}$ 或 $M_B = 181\,\text{g}\cdot\text{mol}^{-1}$

【例 3.4】 在 5.0×10^{-2} kg CCl$_4$(A)中,溶入 5.126×10^4 kg 萘(B)($M_B=0.12816$ kg·mol^{-1}),测得溶液的沸点较纯溶剂升高 0.402 K。若在同量的溶剂 CCl$_4$ 中溶入 6.216×10^{-4} kg 的未知物,测得沸点升高约 0.647 K。求该未知物的摩尔质量。

解:根据 $\Delta T_b = K_b b_B = K_b \dfrac{n_B}{m_A} = K_b \dfrac{m_B/M_B}{m_A}$,即代入所给数据得

$$0.402\,\text{K} = K_b \frac{5.126\times10^{-1}/0.12816\,\text{kg}\cdot\text{mol}^{-1}}{5.0\times10^{-2}\,\text{kg}}$$

$$0.647\,\text{K} = K_b \frac{6.216\times10^4\,\text{kg}/M_B}{5.0\times10^{-2}\,\text{kg}}$$

两式相除,消去 K_b 解得 $M_B = 9.66\times10^2$ kg·mol^{-1}(或 $M_B = 96.6$ g·mol^{-1})。

据第一式可解得 $K_b = 5.03$ K·kg·mol^{-1},但在本题中可不必求解。

【例 3.5】 假定萘(A)与苯(B)形成理想的混合物。萘的熔点是 353.2 K。熔化焓是 19.246 kJ·mol^{-1}。问在 333.2 K 时,萘溶在苯中所形成的饱和溶液中,萘的物质的量分数应为若干?

解:此题中的平衡是:

$$\text{萘(固)} \rightleftharpoons \text{萘(溶解在苯中,饱和溶液)}$$

根据下式:

$$\ln x_A = \frac{\Delta_{\text{fus}} H_m(A)}{R}\left(\frac{1}{T_f^*} - \frac{1}{T_f}\right)$$

得

$$\ln x_A = \frac{19\,246\,\text{J}\cdot\text{mol}^{-1}}{8.314\,\text{J}\cdot\text{mol}^{-1}\cdot\text{K}^{-1}}\left(\frac{1}{353.2\,\text{K}} - \frac{1}{333.2\,\text{K}}\right)$$

由上式解得 $x_A = 0.675$。

【例 3.6】 用渗透压法测得胰凝乳阮酶原(chymtrysinogen)的平均摩尔质量为 25.00

kg·mol^{-1}。今在298.2 K时有含该溶质B的溶液,测得其渗透压为1 539 Pa。试问:每0.10 dm^{3}溶液中含该溶质多少?

解:由于溶液极稀,故可引用van't Hoff公式,得

$$\frac{\Pi}{\rho_B} = \frac{RT}{M_B} \quad \rho_B = \frac{m(B)}{V}$$

$$m(B) = \rho_B V = \frac{\Pi M_B V}{RT}$$

$$= \frac{1\,539\,\text{Pa} \times 25.00\,\text{kg·mol}^{-1} \times 0.10\,\text{dm}^3 \times 10^{-3}}{8.314\,\text{J·mol}^{-1}\text{·K}^{-1} \times 298.2\,\text{K}} = 1.552 \times 10^{-3}\,\text{kg}$$

§3.9 分配定律

实验考察一种溶质在互不相容的两种溶剂中的行为,表明:"在定温、定压下,如果一种物质溶解在两个同时存在的互不相溶的液体里,达到平衡后,该物质在两液相中的浓度之比为定值。"这就是通常所说的分配定律(distribution law)。

分配定律可用公式表示为

$$\frac{b_B(\alpha)}{b_B(\beta)} = K \quad \text{或} \quad \frac{c_B(\alpha)}{c_B(\beta)} = K \tag{3.72}$$

式中:$b_B(\alpha)$,$b_B(\beta)$分别为溶质B在溶剂α和β相中的质量摩尔浓度;K为分配系数(distribution coefficient)。影响K的因素有:温度,压力,溶质的性质和两种溶剂的性质等。当溶液的浓度不大时,该式能很好地与实验结果相符。

这个经验定律也可以从热力学得到证明。

令:$\mu_B(\alpha)$,$\mu_B(\beta)$分别代表α和β两相中溶质B的化学势,在定温、定压下,当达到平衡时

$$\mu_B(\alpha) = \mu_B(\beta)$$

因为
$$\mu_B(\alpha) = \mu_B^*(\alpha) + RT\ln a_B(\alpha)$$
$$\mu_B(\beta) = \mu_B^*(\beta) + RT\ln a_B(\beta)$$

所以
$$\mu_B^*(\alpha) + RT\ln a_B(\alpha) = \mu_B^*(\beta) RT\ln a_B(\beta)$$

则
$$\frac{a_B(\alpha)}{a_B(\beta)} = \exp\left[\frac{\mu_B^*(\beta) - \mu_B^*(\alpha)}{RT}\right] = K(T,p)$$

如果溶质B在溶剂α和β相中的质量摩尔浓度不大,则可看作活度与浓度在数值上相等,就得到式(3.72)。

应用分配定律时应注意,如果溶质在任一溶剂中有缔合现象或解离现象,则分配定律仅能适用于在溶剂中分子形态相同的部分。

例如,以苯甲酸(C_6H_5COOH)在水和$CHCl_3$间的分配为例,C_6H_5COOH在水中部分解离,解离度为α,而在$CHCl_3$层中则形成双分子。如以c_w代表C_6H_5COOH在水中的总浓度,c_e代表C_6H_5COOH在$CHCl_3$层中呈双分子状态存在的总浓度,m为C_6H_5COOH在$CHCl_3$层中呈单分子状态存在的浓度(浓度单位均为$mol \cdot dm^{-3}$),则

在水层中

$$C_6H_5COOH \rightleftharpoons C_6H_5COO^{-1} + H^+$$
$$c_w(1-\alpha) \qquad c_w\alpha \qquad c_w\alpha$$

在$CHCl_3$层中

$$(C_6H_5COOH)_2 \rightleftharpoons 2C_6H_5COOH$$
$$c_e - m \qquad\qquad m$$

$$K_1 = \frac{m^2}{c_e - m}$$

在两层中的分配

$$(C_6H_5COOH)_2(在 CHCl_3 层中) \rightleftharpoons 2C_6H_5COOH$$
$$m \qquad\qquad\qquad c_w(1-\alpha)$$

$$K = \frac{c_w(1-\alpha)}{m}$$

若在$CHCl_3$层中缔合度很大,即单分子的浓度很小,$c_e \gg m$,$c_e - m \approx c_e$,则

$$K_1 = \frac{m^2}{c_e} \quad 或 \quad m = \sqrt{K_1 c_e}$$

若在水层中解离度很小,$1-\alpha \approx 1$,则

$$K = \frac{c_w}{m} = \frac{c_w}{\sqrt{K_1 c_e}} \quad 或 \quad K' = \frac{c_w}{\sqrt{c_e}}$$

如以$\ln c_e$对$\ln c_w$作图,可得一直线,其斜率等于2。

利用分配定律可以计算有关萃取效率的问题。

课外参考读物

1. 杨成祥. 关于"逸度""活度"问题的几点浅见. 化学通报,1981,(9):52.
2. 姚允斌. 热力学标准态和标准热力学函数. 大学化学,1988,3(4).
3. 许海涵. 浅释GB的逸度与活度的定义. 化学通报,1987(4):51.
4. Nash L K 著. 谢高阳译. 稀溶液的依数性定律. 化学通报,1982(10):49.

5. 姚天扬. 热力学标准态. 大学化学,1995,10(1):18.

思考题

1. 溶液的化学势等于溶液中各组分的化学势之和。对不对？为什么？
2. 纯物质的化学势就等于它的 Gibbs 自由能。对不对？为什么？
3. 推导理想稀溶液的基本特性：$\Delta_{mix}V$，$\Delta_{mix}H$，$\Delta_{mix}S$，$\Delta_{mix}G$。
4. 吃冰棒时，边吃边吸，感觉甜味越来越淡。为什么？
5. 每年北方城市下雪时总要在街上撒盐。等到来年春天，街道两旁的灌木都枯萎了。有记者在报纸上呼吁开发出"绿色融雪剂"。试问有没有"绿色融雪剂"，为什么？

习题

1. 溶剂 A 与溶质 B 形成溶液。溶液中 B 的浓度为 c_B，质量摩尔浓度为 b_B，溶液的密度为 ρ，M_A、M_B 分别为 A、B 的摩尔质量。推导出 B 的物质的量分数 x_B 与 c_B，x_B 与 b_B 之间的关系。

2. 液体 A 与液体 B 能形成理想液态混合物。在 343.15 K 时，1 mol 纯 A 与 2 mol 纯 B 形成的理想液态混合物的总蒸气压为 50.663 kPa。若在液态混合物中再加入 3 mol 纯 A，则液态混合物的总蒸气压为 70.928 kPa。试求：
   (1) 纯 A 与纯 B 的饱和蒸气压；
   (2) 对第一种理想液态混合物，在对应的气相中 A 与 B 各自的摩尔分数。

3. 298.2 K 时，纯 A 与纯 B 可形成理想的混合物，试计算如下两种情况的 Gibbs 自由能的变化值。
   (1) 从大量的等物质量的 A 与 B 形成的理想混合物中，分出 1 mol 纯 A 的 ΔG。
   (2) 从 A 与 B 各为 2 mol 的理想混合物中，分出 1 mol 纯 A 的 ΔG。

4. 已知 0 ℃，101.325 kPa 时，O_2 在水中的溶解度为 4.49 cm^3/100 g，N_2 在水中的溶解度为 2.35 cm^3/100 g。试计算 101.325 kPa，体积分数 $\varphi(N_2)=0.79$，$\varphi(O_2)=0.21$ 的空气所饱和了的水的凝固点较纯水降低了多少？

5. 将 12.2 g 苯甲酸溶于 100 g 乙醇中，使乙醇的沸点升高了 1.13 K。若将这些苯甲酸溶于 100 g 苯中，则苯的沸点升高了 1.36 K。计算苯甲酸在这两种溶剂中的摩尔质量。计算结果说明了什么问题？已知在乙醇中的沸点升高常数为 $K_b=1.19$ K·mol^{-1}·kg，在苯中为 $K_b=2.60$ K·mol^{-1}·kg。

6. (1) 人类血浆的凝固点为 -0.5 ℃(272.65 K)，求在 37 ℃(310.15 K)时血浆的渗透压。已知水的凝固点降低常数 $K_f=1.86$ K·mol^{-1}·kg，血浆的密度近似等于水的密度，为

1×10^3 kg·m^{-3}。

(2) 假设某人在 310.15 K 时其血浆的渗透压为 729.54 kPa，试计算葡萄糖等渗溶液的质量摩尔浓度。

7. 在 300 K 时，液态 A 的蒸气压为 37.33 kPa，液态 B 的蒸气压为 22.66 kPa，当 2 mol A 与 2 mol B 混合后，液面上蒸气的总压为 50.66 kPa，在蒸气中 A 的摩尔分数为 0.60。假定蒸气为理想气体，试求：

(1) 溶液中 A 和 B 的活度；
(2) 溶液中 A 和 B 的活度系数；
(3) 混合过程的 Gibbs 自由能变化值 $\Delta_{mix}G^{re}$；
(4) 如果溶液是理想的，求混合过程的 Gibbs 自由能变化值 $\Delta_{mix}G^{id}$。

8. 在 1.0 dm^3 水中含有某物质 100 g，在 298 K 时，用 1.0 dm^3 乙醚萃取一次，可得该物质 66.7 g。试求：

(1) 该物质在水与乙醚之间的分配系数；
(2) 若用 1.0 dm^3 乙醚分 10 次萃取，可萃取出该物质的质量。

第4章 相平衡

本章基本要求
1. 了解相、组分数和自由度等相平衡中的基本概念。
2. 了解相律的推导过程,熟练掌握相律在相图中的应用。
3. 能看懂各种类型的相图,并进行简单分析,理解相图中各相区、线和特殊点所代表的意义,了解其自由度的变化情况。
4. 在双液系相图中,了解完全互溶、部分互溶和完全不互溶相图的特点,掌握如何利用相图进行有机物的分离提纯。
5. 学会用步冷曲线绘制二组分低共熔相图,会对相图进行分析,并了解二组分低共熔相图在冶金、分离、提纯等方面的应用。
6. 了解三组分系统相图中正三角形的表示方法,了解其在有机物萃取中的应用。

关键词:相律;相图;Clapeyron 方程;分离

§4.1 引 言

工业生产中诸如溶解、蒸馏、结晶、萃取等分离方法都需要有关相平衡的知识。相平衡是热力学平衡的条件之一。所谓热力学平衡,是指在通常情况下(系统只有体积功而没有其他功),系统的诸性质不随时间而改变所处的状态,实际上包括了热平衡、压力平衡、相平衡和化学平衡。关于化学平衡条件则留待下一章中介绍,这里只讨论其他几种平衡条件。

4.1.1 热平衡条件

设系统由 α 和 β 两相所构成,在系统的组成、总体积及热力学能均不变的条件下,若有微量的热量 δQ 自 α 相流入 β 相。系统的总熵等于两相的熵之和,即

$$S = S^\alpha + S^\beta$$

$$dS = dS^\alpha + dS^\beta$$

若系统已达到平衡,则 $dS = 0, dS^\alpha + dS^\beta = 0$,得

$$-\frac{\delta Q}{T^\alpha}+\frac{\delta Q}{T^\beta}=0$$

故
$$T^\alpha = T^\beta \tag{4.1}$$

即平衡时两相的温度相等,这就是系统的热平衡条件。

4.1.2 压力平衡条件

设系统的总体积为 V,系统的温度、体积及组成都保持不变的条件下,设 α 相膨胀 $\mathrm{d}V^\alpha$,β 相收缩了 $\mathrm{d}V^\beta$,若系统是在平衡状态下,则

$$\mathrm{d}A = \mathrm{d}A^\alpha + \mathrm{d}A^\beta = 0$$

或
$$\mathrm{d}A = -p^\alpha \mathrm{d}V^\alpha - p^\beta \mathrm{d}V^\beta = 0$$

因为
$$\mathrm{d}V^\alpha = -\mathrm{d}V^\beta$$

所以
$$p^\alpha = p^\beta \tag{4.2}$$

这就是系统的压力平衡(或力学平衡)条件。

4.1.3 相平衡条件(或异相间的传质平衡)

在多组分系统中,仅有 α 和 β 两相且彼此处于平衡状态。定温、定压下,有 $\mathrm{d}n_\mathrm{B}$ 的物质 B 从 α 相转移到 β 相(就 α 和 β 相而言,它们之间是敞开的,而对整个系统来讲,依然是封闭的),根据偏摩尔量加和公式,即

$$\mathrm{d}G = \mathrm{d}G_\mathrm{B}^\alpha + \mathrm{d}G_\mathrm{B}^\beta = \mu_\mathrm{B}^\alpha \mathrm{d}n_\mathrm{B}^\alpha + \mu_\mathrm{B}^\beta \mathrm{d}n_\mathrm{B}^\beta$$

因为
$$-\mathrm{d}n_\mathrm{B}^\alpha = \mathrm{d}n_\mathrm{B}^\beta$$

则
$$\mathrm{d}G = -\mu_\mathrm{B}^\alpha \mathrm{d}n_\mathrm{B}^\alpha + \mu_\mathrm{B}^\beta \mathrm{d}n_\mathrm{B}^\beta = (\mu_\mathrm{B}^\beta - \mu_\mathrm{B}^\alpha)\mathrm{d}n_\mathrm{B}^\beta$$

$\mathrm{d}n_\mathrm{B}^\beta$ 为正值,即 $\mathrm{d}n_\mathrm{B}^\beta > 0$,如此 $\mu_\mathrm{B}^\alpha > \mu_\mathrm{B}^\beta$,则 $\mathrm{d}G < 0$。即物质从 α 相转移到 β 相是自发的(反之,物质从 β 相到 α 相的转移是非自发的),平衡时 $\mathrm{d}G = 0$,则

$$\mu_\mathrm{B}^\beta = \mu_\mathrm{B}^\alpha \tag{4.3}$$

这就是相平衡条件。推而广之,如系统有 $\alpha, \beta, \gamma, \delta, \cdots$ 等相存在,则任一物质 B 在各相中的化学势均相等。即

$$\mu_\mathrm{B}^\alpha = \mu_\mathrm{B}^\beta = \mu_\mathrm{B}^\gamma = \cdots$$

对于具有 Φ 个相的多相平衡系统,上述结论可以推广,即

$$\begin{aligned} T_\mathrm{B}^\alpha &= T_\mathrm{B}^\beta = \cdots = T_\mathrm{B}^\Phi \\ p_\mathrm{B}^\alpha &= p_\mathrm{B}^\beta = \cdots = p_\mathrm{B}^\Phi \\ \mu_\mathrm{B}^\alpha &= \mu_\mathrm{B}^\beta = \cdots = \mu_\mathrm{B}^\Phi \end{aligned} \tag{4.4}$$

总之,对于多相平衡系统,不论是由多少种物质和多少个相所构成,平衡时系统具有相同的温度和压力,并且任一种物质在含有该物质的各个相中的化学势都相等。

§4.2 基本概念

多相系统的研究在工业生产中具有非常重要的地位。譬如金属冶炼中的相变化,陶瓷、水泥的生产以及井盐、岩盐的提取等。为便于了解相变过程,这里先介绍一下有关相平衡的基本概念。

1. 相(phase)

相是系统中物理性质和化学组成完全均匀的部分,称为一个"相"。系统内相数用符号 Φ 表示。在一定的条件下相与相之间有明显的界面。

通常气体均能无限混合,所以系统内不论有多少种气体都只有一个气相, $\Phi=1$。液体则按其互溶程度通常可以是单相、双相或三相共存。如乙醇与水可以完全互溶, $\Phi=1$;四氯化碳与水完全不互溶, $\Phi=2$ 等。对于固体,一般是有几种固体便有几个相(而不论它们的质量和形状:一整块 $CaCO_3$ 的结晶是一个相,如果把它们粉碎为小颗粒,它依然是一个相,因为它们的物理和化学性质是一样的)。但固态溶液(solid solution)是一个相,因为这时粒子都是以分子形式相互均匀分散,它们是固态的溶液。

没有气相的系统称为"凝聚系统"(condensed system)。有时气体虽然存在,但可以不予考虑(即不作为讨论对象,不划入系统的范围之内),例如讨论合金系统时,就可以不考虑其相应的气相。

2. 物种(constituent)和组分(component)

物种是指系统中的化学物种,即用化学式来衡量,不考虑其存在状态。通常用 S 来表示系统中的物种数。例如冰、水混合物, $S=1$。而系统的组分是指系统的独立化学组成。通常用 C 来表示系统的独立组分数。

当系统中不存在化学反应时,物种数和组分数相同,因此,纯水就是单组分系统($C=1$),乙醇与水的混合物就是二组分系统($C=2$)。若系统中发生化学反应,物种数与组分数就不一定相等。它们的关系我们在相律中讨论。

3. 自由度(degree of freedom)

确定平衡系统的状态所需要的独立的强度变量数称为系统的自由度,用符号 f 表示。例如对于单相的液态水来说,我们可以在一定的范围内(请注意,"在一定的范围内"一语,不能省略),任意改变液态水的温度,同时任意地改变其压力,而仍能保持水为单相(液相)。因此,我们说该系统有两个强度可变的因素,或者说它的自由度 $f=2$。当水与水蒸气两相平衡时,则在温度和压力两个变量之中只有一个是可以独立变动的,指定了温度就不能再指定压力,压力即平衡蒸气压由温度决定而不能任意指定。反之,指定了压力,温度就不能任意指定,而只能由平衡系统自己决定。此时系统只有一个独立可变的因素,因此自由度 $f=1$。

由此可见,系统的自由度是指系统的独立可变因素(如温度、压力、浓度等)的数目,这些因素的数值,在一定的范围内,可以任意地改变而不会引起相的数目的改变。既然这些因素在一定范围内是可以任意变动的,所以,如果不指定它,则系统的状态便不能固定。

4. 相图(phase diagram)

用来表示多相系统的状态如何随温度、压力和浓度等变量的改变而发生变化的图形,这种图就叫做相图。

在相图中表示系统的组成的点简称为"物系点",表示某一个相的状态的点简称为"相点"。区别相点与物系点有利于理解当系统温度发生变化时系统中各相的变化情况。

本章将介绍一些基本的典型相图,期望通过这些相图能拓展看懂其他相图并了解其应用。

5. 相律(phase rule)

相律讨论多相平衡系统中相数、独立组分数与自由度之间的关系。它是 Gibbs 根据热力学原理推导得来的,是物理化学中最具有普遍性的规律之一。其具体推导见本章下一节内容。

§4.3 相 律

任一多相平衡系统,设有 Φ 个相,S 种不同的化学物种。当其他外力如电场、磁场、重力场等因素不考虑的情况下,描述该平衡系统的状态,最少需要给定多少强度因素(如温度、压力、化学势或摩尔分数等)?

首先假定系统中没有发生化学变化,且每种化学物种在每个相中都存在。

对任一相来讲,要表示其组成需要 $(S-1)$ 个浓度变量(浓度可以用质量分数或摩尔分数来表示,若用摩尔分数表示,所需的变量数最少,因为有 $\sum_B x_B = 1$ 的关系存在)。因此,整个系统所有各相的组成共需 $\Phi(S-1)$ 个浓度变量,再加上温度和压力两个变量(对于平衡系统,$T_B^\alpha = T_B^\beta = \cdots = T_B^\Phi = T, p_B^\alpha = p_B^\beta = \cdots = p_B^\Phi = p$),描述系统状态的变量总数就可表示为

$$\Phi(S-1)+2$$

但这些变量并不是独立的,根据相平衡条件:

$$\mu_1^\alpha = \mu_1^\beta = \cdots = \mu_1^\Phi$$
$$\mu_2^\alpha = \mu_2^\beta = \cdots = \mu_2^\Phi$$

$$\mu_S^\alpha = \mu_S^\beta = \cdots = \mu_S^\Phi \tag{4.5}$$

化学势是 T、p 和 x_B 的函数(如对理想气体:$\mu_B(T,p) = \mu_B^\ominus(T) + RT\ln x_B$)。在式(4.5)中,每一个等号就能建立两个摩尔分数之间的关系。例如从 $\mu_1^\alpha = \mu_1^\beta$ 可求得 x_1^α 和 x_1^β 间的关系。对于 Φ 个相中的每一种物质来说,可以建立 $(\Phi-1)$ 个关系式,现共有 S 种物质,分布于 Φ 个相中,因此根据化学势相等的条件可导出联系浓度变量的方程式 $S(\Phi-1)$ 个。

根据系统自由度的定义:

$$f = \text{描述平衡系统的总变数} - \text{平衡时变量之间必需满足的关系式的数目}$$

所以
$$f = \{\Phi(S-1) + 2\} - \{S(\Phi-1)\} \tag{4.6}$$

即
$$\Phi + f = S + 2 \tag{4.7}$$

式(4.7)就是相律的一种表示形式。

对于此式我们还要作几点说明:

(1) 如果系统中有化学变化发生,对于每一个独立的化学反应,都应该满足 $\sum\limits_B \nu_B \mu_B = 0$ 的条件(参见化学平衡一章。或者理解为每一个化学平衡都有一个平衡常数,而平衡常数则联系了参加反应物质的浓度关系),如令系统中各物种之间所必需满足的化学平衡关系式的个数为 R,则在式(4.7)中就应该减去 R。

应注意系统中的化学反应并不全是独立的,例如系统中若有

① $CO + H_2O \rightleftharpoons CO_2 + H_2$

② $CO + \frac{1}{2}O_2 \rightleftharpoons CO_2$

③ $H_2 + \frac{1}{2}O_2 \rightleftharpoons H_2O$

三个反应同时存在,但只有两个是独立的,因为②=③+①,故 $R=2$。

(2) 如果除了化学平衡关系式外,系统的强度因素还要满足 R' 个附加的条件,则也应该从式(4.6)中扣除 R'。例如,$NH_3(g)$ 的分解平衡:

$$2NH_3(g) \rightleftharpoons N_2(g) + 3H_2(g)$$

平衡后
$$\sum_B \nu_B \mu_B = 0$$

即
$$\mu(N_2,g) + 3\mu(H_2,g) = 2\mu(NH_3,g)$$

如果系统是由纯 $NH_3(g)$ 开始分解,没有额外引入 $N_2(g)$ 或 $H_2(g)$,则 $N_2(g)$ 与 $H_2(g)$ 的比例总是 $1:3$,即

$$n(N_2,g) = 3n(H_2,g) \text{ 或 } x(N_2,g) = 3x(H_2,g)$$

这就为强度因素之间提供了一个关系式(在数学上每提供一个变量的关系式就可以解决一个未知数)。又如,在含有离子的溶液中,电中性条件也提供了一个关系式。例如,在 HCN 的水溶液中,有五个物种(即 $S=5$):H_2O,OH^-,H^+,CN^- 和 HCN;有两个化学平衡条件(即 $R=2$):

$$H_2O \rightleftharpoons H^+ + OH^-$$

$$HCN \rightleftharpoons H^+ + CN^-$$

还有一个电中性条件(即 $R'=1$)为 $[H^+]=[OH^-]+[CN^-]$

考虑到上述两种情况,则式(5.7)应为

$$f + \Phi = (S - R - R') + 2$$

如令

$$C \stackrel{\text{def}}{=\!=\!=} S - R - R' \tag{4.8}$$

式中 C 称为独立组分数(number of independent component)。则相律的表示式可写成

$$f + \Phi = C + 2 \tag{4.9}$$

(3) 在上述推导中,我们曾假定每一相中都含有 S 种物质。如果某一相中不含某种物质,并不会影响相律的形式。

设在第 α 相中不含第一种物质,则总变量中应少去一个变量。同样在式(4.5)的相平衡条件中(第一行中)也少了一个变量,相当于在式(4.6)等号右方的两个花括号中各减去 1,所以 f 的数目不变。推广而言,当一相或几相中不含某一种(或几种)物质时,相律的形式不变。

(4) 对浓度的限制条件,必须是在某一个相中的几种物质的浓度之间存在着某种关系,能有一个方程式把它们的化学势联系起来,才能作为限制条件。例如:

由 $CaCO_3(s)$、$CaO(s)$ 和 $CO_2(g)$ 三种物种所构成的系统,系统有一个化学平衡,即

$$CaCO_3(s) \rightleftharpoons CaO(s) + CO_2(g)$$

在定温下平衡常数 $K_p = p_{(CO_2)}$,有定值。因此,系统的独立组分数为:$3-1=2$。这个系统的几个物种之间不存在浓度限制条件。即使系统是由 $CaCO_3(s)$ 分解而来的,$CaO(s)$ 和 $CO_2(g)$ 的物质的量一样多,但 $CaO(s)$ 处于固相,$CO_2(g)$ 处于气相,在 $CO_2(g)$ 的分压和 $CaO(s)$ 的饱和蒸气压之间,没有公式把它们联系起来,所以该系统的组分数仍旧是二组分系统,即 $C=S-R=3-1=2$。对于 $NH_4Cl(s)$ 分解为 $HCl(g)$ 和 $NH_3(g)$ 的系统,由于分解产物均为气相,存在 $x(HCl,g)=x(NH_3,g)$ 的关系,所以该系统是单组分系统。

式(4.9)是相律的最普遍形式。它描述了系统的自由度、相数和独立组分数之间的关系。式中数字"2"是由于假定外界条件只有温度和压力可以影响系统的平衡状态而来的(通常情况下确是如此)。对于凝聚系统,外压对相平衡系统的影响不大,此时可以看作只有温

度是影响平衡的外界条件(或者在压力和温度两个变量中,又指定了某个变量为定值),则相律可以写作

$$f^* + \Phi = C + 1 \tag{4.10}$$

$f^* = f - 1$。可以把 f^* 称为"条件自由度"(conditional degree of freedom)。在有些系统中,除 T, p 外,考虑到其他因素(如磁场、电场、重力场等)的影响,因此可以用"n"代替"2",n 是能够影响系统平衡状态的外界因素的个数,则相律公式可写作最一般的形式。

$$f + \Phi = C + n \tag{4.11}$$

相律只能对系统作出定性的表述,只讨论"数目"而不讨论"数值",例如根据相律可以确定有几个因素能对复杂系统中的相平衡发生影响,在一定的条件下有几个相同时存在等。但相律却不能告诉我们这些数目具体代表哪些变量或代表哪些相,也不知道各个相的数量是多少,正如我们研究气、液两相平衡时,只需要知道平衡时两相的温度、压力和任一组分在两相中的化学势相等,而 T, p, μ 都是系统的强度性质,系统的平衡位置取决于系统的强度因素。

§4.4 单组分系统相图

依据 Gibbs 相律公式:$f + \Phi = C + 2$,单组分系统 $C = 1$,因此 $f + \Phi = 3$。当 $\Phi = 1$ 时,$f = 2$,称为单组分双变量平衡系统,简称为双变量系统;当 $\Phi = 2$ 时,$f = 1$,称为单变量系统;当 $\Phi = 3$ 时,$f = 0$,称为无变量系统;单组分系统不可能有四个相同时共存,并且 f 最多等于 2。故此单组分系统的相平衡可以用平面图来表示。

4.4.1 水的相图

图 4.1 是水的相图的示意图。由线 OA、OB、OC 大体上把相图分成三个部分,分别为水蒸气、冰和水。在三个区域内,系统都是单相,$\Phi = 1$,所以 $f = 2$。在该区域内可以有限度地独立改变温度和压力,而不会引起相的改变。因此必须同时指定温度和压力,系统的状态才能确定。图中 OA、OB、OC 三条实线是两个区域的交界线。当物系点落在在线上表示此时两相共存,即两相平衡 $\Phi = 2$,$f = 1$,指定了温度,压力就由系统自定,反之亦然。

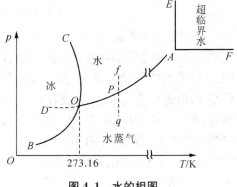

图 4.1 水的相图

OA 是水蒸气和水的平衡曲线,即水在不同温度下的蒸气压曲线,OA 线不能任意延长,它终止于临界点 $A(647.4\text{ K}, 2.2\times 10^7\text{ Pa})$。在临界点,液体的密度与蒸气的密度相等,液态和气态之间的界面消失。

OB 是冰和水蒸气两相的平衡线(即冰的升华曲线,冰的蒸气压曲线),OB 线在理论上可延长到 0 K 附近。

OC 为冰和水的平衡线,OC 线不能无限向上延长,大约从 2.03×10^8 Pa 开始,相图变得比较复杂,有不同结构的冰生成。如从 A 点向上对 T 轴作垂线 AE,从 A 点向右作水平线 AF,则 EAF 区为超临界流体区。在 AO,OB 线以下所包围的区域叫做汽相区,而在临界温度以右的区域则叫做气相区,因为它高于临界温度,不可能用加压的办法使气相液化。虚线 OD 是 AO 的反向延长线,是过冷水和水蒸气的介稳平衡线,是液体的过冷现象。OD 线在 OB 线之上,它的蒸气压比同温度下处于稳定状态的冰的蒸气压大,因此过冷的水处于不稳定状态,外界对系统稍有干扰,就极易回到 OB 线上。

在任一分界线上的点,例如 P 点,在该点可能有三种情况:① 从 f 点起,在恒温下减小压力,在无限趋近于 P 点之前,气相尚未生成,系统仍是单液相,$f=1+2-1=2$,P 点是液相区的一个边界点;② 当有气相出现,系统是气、液两相平衡,$f=1+2-2=1$;③ 当液体全部变为蒸气时,P 点成为气相区的边界点。在 P 点虽有上述三种情况,但由于通常我们只注意相的转变过程,所以常以第二种情况来代表边界线上的相变过程。

O 点是三条线的交点,称为三相点(triple point),此时三相共存。$\Phi=3$,$f=0$。三相点的温度和压力皆由系统自身的性质确定,不能任意给定。水的三相点的温度为 273.16 K,压力为 610.62 Pa。1967 年第十三届国际计量大会(CGPM)确定,把热力学温度的单位"1 K"定义为是水的三相点温度的 1/273.16。

4.4.2 硫的相图

硫有四种不同的存在状态:液态 S(l)、气态 S(g) 和两种固态——单斜硫(monoclinic sulfur),用 S(M) 表示,和正交硫(rhombic sulfur),用 S(R) 表示。

对单组分系统而言,同时最多只能有三个相共存。硫有四个三相点。图 4.2 是硫的相图(示意图)。

B 点:$S(R) \rightleftharpoons S(M) \rightleftharpoons S(g)$
C 点:$S(M) \rightleftharpoons S(g) \rightleftharpoons S(l)$
E 点:$S(R) \rightleftharpoons S(M) \rightleftharpoons S(l)$
AB 线:$S(R) \rightleftharpoons S(g)$
BC 线:$S(M) \rightleftharpoons S(g)$
CD 线:$S(l) \rightleftharpoons S(g)$

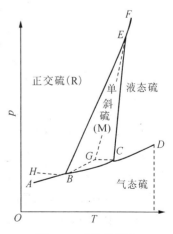

图 4.2 硫的相图

CE 线：$S(M) \rightleftharpoons S(l)$
BE 线：$S(R) \rightleftharpoons S(M)$

虚线 BG：是 AB 的延长线，是 $S(R) \rightleftharpoons S(g)$ 的介稳平衡，即过热正交硫的蒸气压曲线。

虚线 CG：是 DC 的延长线，是 $S(l) \rightleftharpoons S(g)$ 的介稳平衡，即过冷液态硫的蒸气压曲线。

虚线 GE：是 G,E 点的连线，是 $S(R) \rightleftharpoons S(l)$ 的介稳平衡，即过热正交硫的熔化曲线。

虚线 BH：是 $S(M) \rightleftharpoons S(g)$ 的介稳平衡，即过冷单斜硫的蒸气压曲线。

G 点：是 BG 线与 CG 线的交点，$S(R) \rightleftharpoons S(l) \rightleftharpoons S(g)$，是三相的介稳平衡。

D 点为临界点，温度在 D 点以上，只有气相存在。

EF 线止于何处，尚不太清楚，在实验所及的范围内，EF 线总是连续的，还没有发现有固-液的临界点或新的固相出现。

4.4.3 超临界流体

CO_2 的相图与水的相图比较相似。但其三相点的压强和温度都高于水的三相点，临界压强和临界温度都低于水的。在常压下（1atm），CO_2 不可能以液态存在，像冰一样的固态 CO_2 将直接变成气体，故此固态 CO_2 叫做"干冰"。

CO_2 的临界点具有较低的临界温度和临界压强，很容易通过加压升温来达到。所以通常使用 CO_2 来作超临界流体。

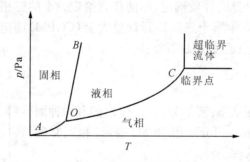

图 4.3 二氧化碳的相图

超临界流体（supercritical fluid）是指温度及压力均处于临界点以上的流体。它基本上仍是一种气态，但又不同于一般气体，是一种稠密的气态。它的密度比一般气体要大两个数量级，与液体相近。它的黏度比液体小，但扩散速度比液体快（黏度系数一般比液体小一个数量级，扩散系数比液体大两个数量级），所以有较好的流动性和传递性能（例如热传导等）。它的介电常数随压力而急剧变化。介电常数增大，有利于溶解一些极性物质。

物质在超临界流体中的溶解度，受压力和温度的影响很大，可以利用升温、降压手段（或两者兼用）将超临界流体中所溶解的物质分离出来，达到分离提纯的目的（它兼有精馏和萃取两种作用)。例如,在高压条件下,使超临界流体与物料接触,使物料中的有效成分(即溶质)溶于超临界流体中(即萃取),分离后,降低溶有溶质的超临界流体的压力,使溶质析出。如果有效成分(溶质)不止一种,若采取逐级降压,则可使多种溶质分步析出。在分离过程中没有相变,能耗低。

4.4.4　Clapeyron 方程

相图中的两相平衡线不是随意画出来的。它体现了两相平衡时温度和压力之间的关系。

设在一定的压力 p 和温度 T 下,某物质的两相平衡。若温度改变为 $T+\mathrm{d}T$,相应的压力改变成 $p+\mathrm{d}p$ 后,两相保持平衡。

依据等温等压下系统平衡的条件 $\Delta G=0$,则

系统的温度和压力		相(1)　相(2)
T	p	$G_1=G_2$
$T+\mathrm{d}T$	$p+\mathrm{d}p$	$G_1+\mathrm{d}G_1=G_2+\mathrm{d}G_2$

因为 $G_1=G_2$,所以

$$\mathrm{d}G_1 = \mathrm{d}G_2$$

又根据热力学的基本方程,$\mathrm{d}G=-S\mathrm{d}T+V\mathrm{d}p$,得

$$-S_1\mathrm{d}T+V_1\mathrm{d}p = -S_2\mathrm{d}T+V_2\mathrm{d}p$$

或

$$\frac{\mathrm{d}p}{\mathrm{d}T} = \frac{S_2-S_1}{V_2-V_1} = \frac{\Delta H}{T\Delta V} \tag{4.12}$$

式(4.12)即称为克拉贝龙(Clapeyron)方程式。这一公式可应用于任何纯物质的两相平衡系统。

例如,对于气-液两相平衡,设有 1 mol 物质发生了相的变化,则

$$\frac{\mathrm{d}p}{\mathrm{d}T} = \frac{\Delta_{\mathrm{vap}}H_{\mathrm{m}}}{T\Delta_{\mathrm{vap}}V_{\mathrm{m}}}$$

同理,对于液-固两相平衡为

$$\frac{\mathrm{d}p}{\mathrm{d}T} = \frac{\Delta_{\mathrm{fus}}H_{\mathrm{m}}}{T\Delta_{\mathrm{fus}}V_{\mathrm{m}}}$$

对于有气相参加的两相平衡,固体或液体的体积与气体相比,前者可以忽略不计,Clapeyron 方程式可以进一步简化。以气-液两相平衡为例,并假定蒸气为理想气体,则

$$\frac{\mathrm{d}p}{\mathrm{d}T} = \frac{\Delta_{\mathrm{vap}}H}{TV(\mathrm{g})} = \frac{\Delta_{\mathrm{vap}}H}{T\left(\dfrac{nRT}{p}\right)}$$

移项后得

$$\frac{d\ln p}{dT} = \frac{\Delta_{vap}H_m}{RT^2} \tag{4.13}$$

式(5.13)称为 Clausius-Clapeyron 方程式。式中 $\Delta_{vap}H_m$ 是该液体的摩尔蒸发焓。

若假定 $\Delta_{vap}H_m$ 与温度无关，或因温度变化范围很小，$\Delta_{vap}H_m$ 可以作为常数。对式(4.13)做定积分，则得

$$\ln\frac{p_2}{p_1} = \frac{\Delta_{vap}H_m}{R}\left(\frac{1}{T_1} - \frac{1}{T_2}\right) \tag{4.14}$$

自 Clausius-Clapeyron 公式还可以求得液体的蒸发焓。关于摩尔蒸发焓，有一个近似的规则称为 Trouton(楚顿)规则(Trouton's Rule)，即

$$\frac{\Delta_{vap}H_m}{T_b} \approx 88 \text{ J} \cdot \text{K}^{-1} \cdot \text{mol}^{-1} \tag{4.15}$$

式中 T_b 是正常沸点(指在大气压力 101.325 kPa 下液体的沸点)。在液态中若分子没有缔合(association)现象，则能较好地符合此规则。此规则对极性大的液体或在 150 K 以下沸腾的液体因误差较大而不适用。

4.4.5 外压与蒸气压的关系——不活泼气体对液体蒸气压的影响

一定温度下，把液体放入真空容器中，液体开始挥发成气体，气体中分子也可通过碰撞液体表面而重新回到液体中。渐渐液体与气体就达到平衡。此时，通过液体表面进出的分子数相等。此时，液体与其自身的蒸气达到平衡，其上方蒸气的压强就是此温度下该液体的饱和蒸气压。同时在液体上面除了液体的蒸气外别无他物，其外压就是平衡时蒸气的压力。

但是如果将液体放在惰性气体中，例如在空气中(并设空气不溶于液体)，则外压就是大气的压力，此时液体的蒸气压将会发生改变。即液体的蒸气压与它所受到的外压有关。

设在一定的温度 T 和外压 p_e 下，液体与其蒸气呈平衡。设蒸气压力 p_g(倘若没有其他物质存在，则 $p_e = p_g$)，此时 $G_l = G_g$。然后在液面上增加惰性气体，使外压由 p_e 改变为 $p_e + dp_e$，则液体的蒸气压相应地由 p_g 改变为 $p_g + dp_g$。重建平衡后，液体与其蒸气的 Gibbs 自由能仍应相等。

外压	液体=气体	蒸气压
T, p_e	$G_l = G_g$	T, p_g
$T, p_e + dp_e$	$G_l + dG_l = G_g + dG_g$	$T, p_g + dp_g$

因为 $G_l = G_g$，所以 $dG_l = dG_g$。

已知,在等温下,$dG = Vdp$,得

$$V_1 dp_e = V_g dp_g \quad \text{或} \quad \frac{dp_g}{dp_e} = \frac{V_1}{V_g} \tag{4.16}$$

若把气相看作是理想气体,$V_m(g) = \dfrac{RT}{p_g}$,代入式(4.16)后,得

$$d\ln p_g = \frac{V_m(l)}{RT} dp_e$$

$V_m(l)$可看作不受压力的影响,与压力无关,上式积分后得

$$\ln \frac{p_g}{p_g^*} = \frac{V_m(l)}{RT}(p_e - p_g^*) \tag{4.17}$$

式中:p_g^*为没有惰性气体存在时液体的饱和蒸气压;p_g为在有惰性气体存在,即外压为p_e时的饱和蒸气压。若外压增加,$(p_e - p_g^*) > 0$,则$p_g > p_g^*$,液体的蒸气压随外压的增加而增大(外压增大,也增加了液体中分子的逃逸倾向)。

但在通常情况下,由于$V_g \gg V_1$,根据式(4.16),外压对蒸气压的影响不大,故常可忽略不计。

§4.5 二组分系统相图

二组分系统,$C=2$,$f=4-\Phi$。系统的自由度最大等于3(系统至少有一个相存在),即系统的状态可以由三个独立变量(通常采用温度、压力和组成)所决定。因此二组分系统相图可以用具有三个坐标轴的立体图来表示。

为了直观考察相图中的变化关系,通常会保持一个变量为常量,把三维的立体相图变成二维的平面相图。根据常量的不同,这种平面图有三种形式:p-x图,T-x图和T-p图。常用的是前两种。在平面图上最大的自由度是2,同时共存的相数最多是3。

二组分系统相图的类型很多,本节只介绍一些典型的类型:双液系的① 完全互溶的双液系,② 部分互溶的双液系,③ 不互溶的双液系;固-液系统的① 简单的低共熔混合物,② 有化合物生成的系统,③ 完全互溶的固溶体,④ 部分互溶的固溶体等。

实际指导生产的相图大多比较复杂,但都不外乎是简单类型相图的组合。

4.5.1 完全互溶的双液系

一般说来,结构相似和极性(或偶极矩)相似的两种化合物(例如苯和甲苯、正己烷和正庚烷、邻二氯苯和对二氯苯或同位素的混合物、立体异构体的混合物等),大都能以任意的比例混溶,形成接近于理想的液态混合物。

1. p-x 图

温度 T 下，液体 A 和液体 B 形成理想的液态混合物。根据 Raoult 定律：

$$p_A = p_A^* x_A = p_A^*(1-x_B) \tag{4.18a}$$

$$p_B = p_B^* x_B \tag{4.18b}$$

式中：p_A^*，p_B^* 分别为在该温度时纯 A、纯 B 的蒸气压；x_A 和 x_B 分别为溶液中组分 A 和 B 的摩尔分数。溶液的总蒸气压为 p，则

$$p = p_A + p_B = p_A^* x_A + p_B^* x_B = p_A^* + (p_B^* - p_A^*) x_B \tag{4.18c}$$

此时，以 x_A 为横坐标，以蒸气压为纵坐标，在 p-x 图上可分别表示出分压与总压。根据 Raoult 定律和式 (4.18)，p_A，p_B，p 与 x_B 的关系均是直线(见图 4.4)。

由于液体 A，B 的蒸气压不同，当气、液两相平衡时，气相的组成与液相的组成也不相同。蒸气压较大的组分，它在气相中的成分应比它在液相中多。设蒸气遵守 Dolton 分压定律，气相的摩尔分数用 y 表示，则

$$y_B = \frac{p_B}{p} = \frac{p_B^* x_B}{p_A^* + (p_B^* - p_A^*) x_B} \tag{4.19}$$

$$y_A = 1 - y_B$$

图 4.4 理想液态混合物的 p-x 图

因此，只要知道一定温度下纯组分的 p_A^* 和 p_B^*，就能从溶液的组成(x_A 或 x_B)求出和它平衡共存的气相的组成(y_A 或 y_B)。

又因为

$$y_A = \frac{p_A}{p} = \frac{p_A^* x_A}{p}$$

所以

$$\frac{y_A}{y_B} = \frac{p_A^*}{p_B^*} \cdot \frac{x_A}{x_B} \tag{4.20}$$

设 A 为易挥发组分，$p_A^* > p_B^*$，故从上式得

$$\frac{y_A}{y_B} > \frac{x_A}{x_B}$$

由于 $x_A + x_B = 1$，$y_A + y_B = 1$，由此可导出

$$y_A > x_A$$

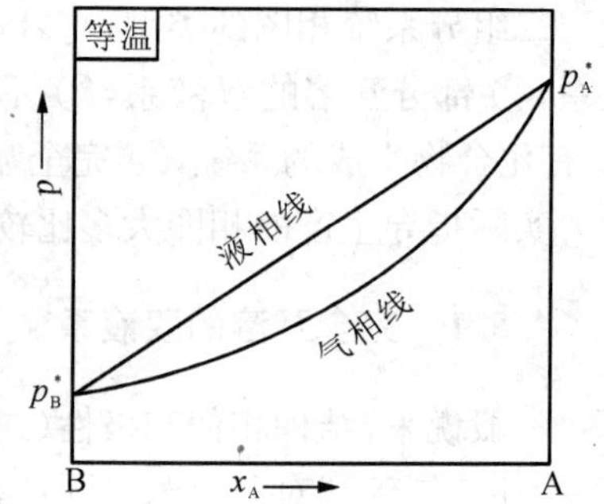

即易挥发组分在气相中的摩尔分数 y_A 大于它在液相中的摩尔分数 x_A(同理可证，不易挥发的组分，在液相中的摩尔分数比它在气相中大)。如果把气相和液相的组成

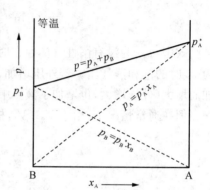

图 4.5 理想液态混合物的 p-x-y 图

画在一张图上,就得到图 4.5,图中气相线总是在液相线的下面。

2. T-x 图

在一定的压力下,当混合物的蒸气压等于外压时,混合物开始沸腾。此时的温度即为该混合物的沸点。蒸气压越高的混合物,其沸点越低;反之,蒸气压越低的混合物,其沸点越高。

T-x 图可以直接从实验绘制,如图 4.6 中,组成为 x_1 的混合物加热到 T_1 时,液体开始起泡沸腾,故 T_1 又称为泡点(bubbling point)。当组成为 F 的气相混合物恒压降温到达 E 点时,开始凝结出如露珠的液体,故 E 点也称为露点(dew point)。把不同组分的泡点连起来,就是液相组成线,也称为泡点线。把不同组分的露点连起来,就是气相组成线,也称为露点线(这种称谓在化学工程中用得较多)。气相组成线与液相组成线之间的梭形区是气液两相区,这样就得到如图 4.6 所示的 T-x 图。

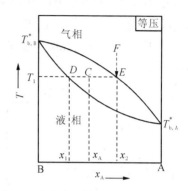

图 4.6　杠杆规则在 T-x 图中的应用

4.5.2　杠杆规则

图 4.6 是定压下一个典型的 T-x 图。在梭形区中气-液两相平衡,两相的组成可分别由水平线(DE)的两端给出。DE 线为连接线(tie line)。设把 n_A mol 液体 A 和 n_B mol B 混合,B 的摩尔分数为 x_B。当温度为 T_1 时,物系点 C 的位置落在梭形的气-液两相平衡区中,此时气、液两相中 A 的组成分别为 x_2 和 x_1。气-液两相的总物质的量分别为 n_g 和 n_l。就组分 B 来说,它既存在于气相中,也存在于液相之中,混合物中 B 的总的物质的量为 $(n_l+n_g)x_B$,应等于气、液两相中 B 物质的量 $n_g x_B$ 和 $n_l x_B$ 的和。即

$$(n_l+n_g)x_B = n_l x_1 + n_g x_2$$

整理后得

$$n_l(x_B - x_1) = n_g(x_2 - x_B)$$

或

$$n_l \cdot CD = n_g \cdot CE \tag{4.21}$$

换句话讲,把图中的 DE 看作一个以 C 点为支点的杠杆,液相的物质的量乘以 CD,等于气相的物质的量乘以 CE。这个关系就叫做杠杆规则(lever rule)。对于液-气、液-固、液-液、固-固的两相平衡区,杠杆规则都可以使用。如果作图时横坐标用质量分数,可以证明杠杆规则仍然可以适用,只是上式中气、液两相的量改用质量而不用物质的量。

4.5.3　蒸馏(或精馏)的基本原理

通常蒸馏或精馏都是在恒定的压力下进行的,所以 T-x 图对讨论蒸馏更为有用(以下

将理想液态混合物简称为理想混合物或混合物)。

在有机化学实验中常常使用简单的蒸馏。如图 4.7 所示,若原始混合物是由 A 和 B 两种物质混合而成,且其组成为 x_1,加热到 T_1 时开始沸腾,此时共存气相的组成为 y_1,由于气相中含沸点低的组分较多,一旦有气相生成,液相中含沸点高的组分必增多,液相的组成将沿 OC 线上升,相应的沸点也要升高。当升到 T_2 时,共存气相的组成为 y_2。如果我们用一个容器接收 $T_1 \sim T_2$ 区间的馏分,则馏出物的组成当在 y_2 和 y_1 之间,其中含组分 B 较原始混合物中多。显然留在蒸馏瓶中所剩的混合物其中含沸点较高,即不易挥发的组分 A 比原溶液多。

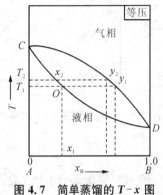
图 4.7 简单蒸馏的 T-x 图

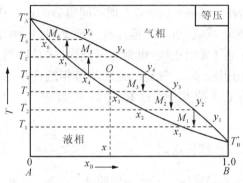
图 4.8 精馏过程的 T-x 图

这种简单的一次蒸馏只能粗略地把多组分系统相对分离,但不能分得很好。要使混合液得到较为完全的分离,需要采用精馏的方法。

精馏实际上是多次简单蒸馏的组合。如图 4.8,设原始混合物的组成为 x,系统温度已达到 T_4,物系点的位置为 O 点,此时气、液两相的组成分别为 x_4 和 y_4。

将气、液两相分开,先考虑气相部分,如果把组成 y_4 的气相冷到了 T_3,此时物系点是 M_3,则气相中沸点较高的组分将部分地冷凝为液体,得到组成为 x_3 的液相和组成为 y_3 的气相。再将气、液两相分开,使组成为 y_3 的气相再冷凝到 T_2,就得到组成为 x_2 的液相和组成为 y_2 的气相,依此类推。从图可见,$y_4 < y_3 < y_2 < y_1$。如果继续下去,反复把气相部分冷凝,气相组成沿气相线下降,最后所得到的蒸气的组成可接近纯 B,冷凝后即得纯液体 B。再考虑液相部分,对 x_4 的液相加热到 T_5,液相中沸点较低的组分部分汽化,此时,气、液的平衡组成为 y_5 和 x_5。把浓度为 x_5 的液相再部分汽化,则得到组成为 y_6 的气相和组成为 x_6 的液相,显然,$x_6 < x_5 < x_4 < x_3$。即液相组成沿液相线上升,最后靠近纵轴,得到纯 A。

总之,多次反复部分蒸发和部分冷凝的结果,使气相组成沿气相线下降,最后蒸出来的是纯 B,液相组成沿液相线上升,最后剩余的是纯 A。在工业上这种反复的部分汽化与部分冷凝是在精馏塔中进行的。塔中有很多塔板,物料在塔釜(即相当于最下面的蒸馏器)经加热后,蒸气通过塔板上的浮阀(或泡罩)和塔板上的液体接触。蒸气中的高沸点物就冷凝为液体并放出冷凝热,使液体中的低沸点物蒸发为蒸气,然后升入高一层的塔板。所以在上升的蒸气中低沸点物的含量总是比由下一块塔板上来的蒸气中含量大。而下降到下一块塔板的液体,其中高沸点物的含量就增加。在每一块塔板上都同时发生着由下一块塔板上来的蒸气的部分冷凝和由上一块塔板下来的液体的部分汽化过程。具有 n 块塔板的精馏塔中发生了 n 次的部分冷凝和部分汽化,相当于 n 次的简单蒸馏,因此精馏比简单蒸馏的效率大大地提高了。关键问题是如何根据需要设计蒸馏塔中的塔板数,在工业生产中不仅要考虑产品的质量要求,还要考虑设备、能源等生产成本问题。

4.5.4 理想的二组分液态混合物

实际中常遇到的二组分系统绝大多数是非理想混合物,它们的行为与 Raoult 定律有一定的偏差。对此,根据正负偏差的大小,通常可分为三种类型:

1. 正偏差(或负偏差)都不是很大的系统

如图 4.9,这是发生微小正偏差的情况。图(a)中,虚线(直线)是符合 Raoult 定律的情况,实线代表实际情况。图(b)同时画出了气相线和液相线,图(c)则是相应的 T-x 图。

对于有负偏差的系统,其情况与此类似。但实际所遇到的图形以正偏差类型居多。非理想系统产生偏差的原因,因具体情况各有不同,但通常可有如下几种解释:① 若组分 A 原为缔合分子(associated molecule),在组成混合物后发生解离或缔合度

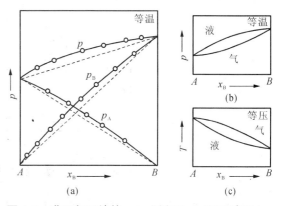

图 4.9 非理想系统的 p-x 图和 T-x 图(示意图)

减小,由于混合物中 A 分子的数目增加,蒸气压增大,因而产生正偏差。发生解离时常吸收热量,所以形成这类混合物时常伴有温度降低和体积增加的效应。② 如果两个组分混合后,部分分子形成化合物,溶液中 A,B 的分子数都要减少,其蒸气压要比依据 Raoult 定律计算出的结果小,因而发生负偏差。在生成化合物时常有热量放出,所以一般说来,形成这类混合物时常伴有温度升高和体积缩小的效应。③ 由于各组分的引力不同,如 B-A 间的引力小于 A-A 或 B-B 间的引力,则把 B 分子掺入后就会减少 A 分子或 B 分子所受到的引力,A 和 B 都变得容易逸出,所以 A 或 B 分子的蒸气压都产生正偏差。

2. 正偏差很大,在 p-x 图上可产生最高点的系统

如图 4.10(a)中,虚线代表理想情况,实线代表实际情况。由于 p_A,p_B 偏离 Raoult 定律都较大,因而在 p-x 图上可形成最高点. 在图(b)中同时画出了液相线和气相线。图(c)

是 $T\text{-}x$ 图。蒸气压高,沸点就低,因此在 $p\text{-}x$ 图上有最高点者,在 $T\text{-}x$ 图上就有最低点。这个最低点称为最低恒沸点(minimum azeotropic point)。图 4.10(c)可以看成是由两个类似于简单的图 4.9(c)所组合起来的。在最低恒沸点时组成为 x_1 的混合物称为最低恒沸混合物(minimum boiling azeotrope)。若原先混合物的组成在 $0\sim x_1$ 之间[参阅图(c)],则分馏的结果可以得到纯 A 和浓度为 x_1 的恒沸混合物。若原先混合物的组成介于 $x_1\sim 1$ 之间,则分馏的结果可以得到纯 B 和恒沸混合物。这种系统不可能通过一次分馏同时将纯 A 和纯 B 分开。属于此类的系统有:$H_2O\text{-}C_2H_5OH$,$CH_3OH\text{-}C_6H_6$,$C_2H_5OH\text{-}C_6H_6$ 等。在压力为 101.325 kPa 时,$H_2O\text{-}C_2H_5OH$ 系统的最低恒沸点为 351.28 K,恒沸混合物中乙醇的质量分数为 0.955 7,所以开始时如用乙醇质量分数小于 0.955 7 的混合物进行分馏,则得不到无水乙醇(或称为绝对乙醇,absolute ethyl alcohol)。

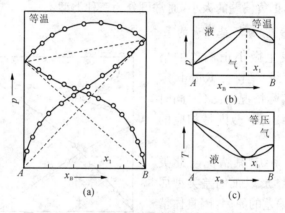

图 4.10 $p\text{-}x$ 图上具有最高点的系统(示意图)

3. 负偏差很大,在 $p\text{-}x$ 图上可产生最低点的系统

如图 4.11,在 $p\text{-}x$ 图上有最低点,在 $T\text{-}x$ 图上则相应地有最高点,此点称为最高恒沸点。这类系统与前相同,不能通过一次分馏得到纯 A 和纯 B。根据原始混合物的组成,只能把混合物分离成一个纯组分和一个最高恒沸温合物(maximum boiling point azeotrope)。属于这一类的系统有:$H_2O\text{-}HNO_3$,$HCl\text{-}(CH_3)_2O$,$H_2O\text{-}HCl$ 等。其中 $H_2O\text{-}HCl$ 的最高恒沸点在压力 101.325 kPa 时 381.65 K,恒沸物的组成含 HCl 的质量分数为 0.202 4。

上述的恒沸物是混合物而不是化合物,因为恒沸混合物的组成在一定的范围内随外压的连续改变而改变。图 4.11(c)中的最高点,在三维空间中(垂直于纸面的坐标是压力),它实际上是空间曲线上的一个截点。在一定的压力下恒沸混合物的组成有定值。例如盐酸和水的恒沸混合物甚至可以用来作为定量分析的标准溶液。

在以上所列出的几种非理想的二组分液态混合物中,大多是:若组分 A 为正(负)偏差,则组分 B 亦为正(负)偏差。但也有些系统一个组分是正偏差,另一组分却为负偏差。

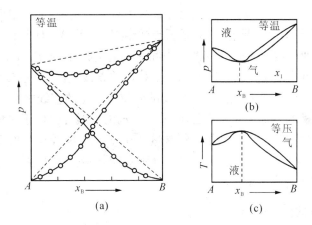

图 4.11 p-x 图上具有最低点的系统(示意图)

图 4.12 列出了二组分完全互溶系统各种类型的气-液平衡相图(示意图)。

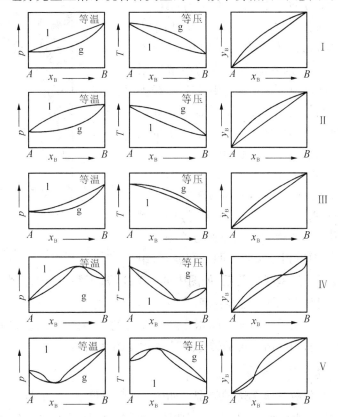

图 4.12 各种类型二组分完全互溶双液系的 p-x，T-x 和气液组成图

图中包括 p-x，T-x 和 y_B-x_B 的示意图，其中有理想情况（如Ⅰ组所示），有正、负偏差的情况（如Ⅱ，Ⅲ组所示）以及具有最高、最低点的情况（如Ⅳ，Ⅴ组所示）。

图中左边一竖列是定温下的 p-x 图。中间一列是定压下的 T-x 图，右边一列是定温下气相组成与液相组成的 y_B-x_B 图。图中，在对角的直线上的任一点，都代表气相与液相的组成相同，即 y_B=x_B。如果 y_B-x_B 的曲线部分位于对角的直线之上，则表示气相中物质 B 的含量大于它在液相中的含量。反之，如果 y_B-x_B 的曲线部分位于对角的直线之下，则表示液相中物质 B 的含量大于它在气相中的含量。在 y_B-x_B 曲线与对角线的交点处，则表示气相的组成与液相的组成相同。这两个交点分别对应与最大偏差系数的最高点和最低点。在讨论分馏问题时，常使用 y_B-x_B 图。

4.5.5 部分互溶的双液系

1. 具有最高会溶温度的类型

如图 4.13 是 H_2O-$C_6H_5NH_2$ 的溶解度图。

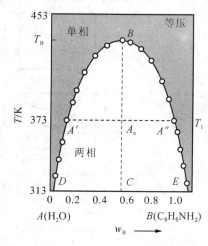

图 4.13 H_2O-$C_6H_5NH_2$ 的溶解度图

在低温下二者部分互溶，分为两层，一层是水中饱和了苯胺（左半支），另一层是苯胺中饱和了水（右半支）。如果温度升高，则苯胺在水中的溶解度沿 $DA'B$ 线上升，水在苯胺中的溶解度沿 $EA''B$ 线上升。两层的组成逐渐接近，最后会聚于 B 点。此时两层的浓度一样而成为单相系统。在 B 点以上的温度，水与苯胺能以任何比例均匀混合。B 点对应的温度（T_B）称为会溶温度（consolute temperature）。如图在帽形区内，系统分为两相，称为共轭层（conjugate layer）（有时称 A' 和 A'' 点为共轭配对点）。例如，在 T_1（约 373 K）时，两相的组成分别为 A' 和 A''。在帽形区以外，系统为单相。实验证明，两共轭层组成的平均值与温度近似地呈线性关系，如图中的 CA_nB 线（不一定是垂直线），该线与平衡曲线的交点所对应的温度 T_B 即为会溶温度（B 点）。

会溶温度的高低反映了一对液体间相互溶解能力的强弱。会溶温度越低，两液体间的互溶性越好。因此可利用会溶温度的数据来选择优良的萃取剂。

2. 具有最低会溶温度的类型

水和三乙基胺的双液系属于这种类型。如图 4.14，最低点 T_B 的温度约为 291 K，在此温度以下，能以任意比例互溶；在 T_B 以上，则温度增加反而使两液体的互溶度减低，并出现两相，图形上出现最低的会溶温度。

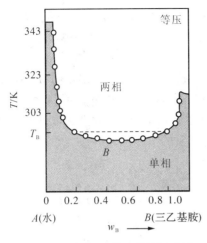
图 4.14 水-三乙基胺的溶解度图

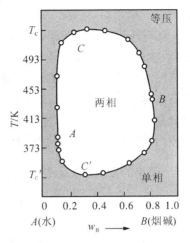
图 4.15 水-烟碱的溶解度图

3. 同时具有最高、最低会溶温度

图 4.15 是水和烟碱(nicotine)的溶解度曲线。这一对液体有完全封闭式的溶解度曲线。在最低点的温度 T_C 约为 334 K，最高点的温度 $T_{C'}$ 约为 481 K。在 T_C 以下和 $T_{C'}$ 以上，两液体能以任何比例互溶。在 T_C 和 $T_{C'}$ 之间，根据不同的浓度区间，系统分为两层。

4. 不具有会溶温度

一对液体在它们存在的温度范围内，不论以何种比例混合，一直是彼此部分互溶的。例如乙醚和水就没有会溶温度。

4.5.6 不互溶的双液系——蒸汽蒸馏

如果两种液体彼此互溶的程度非常小，以致可以忽略不计，则可近似地看成是不互溶的。

当两种不互溶的液体 A 和 B 共存时，各组分的蒸气压与单独存在时一样，含两种液体系统的液面上总的压力等于两纯组分蒸气压之和，即 $p = p_A^* + p_B^*$。

在这种系统中，只要两种液体共存，不管其相对数量如何，系统的总蒸气压恒高于任一纯组分的蒸气压，而沸点则恒低于任一纯组分的沸点。

如图 4.16，QM 为溴苯的蒸气压随温度的变化曲线，若将 QM 延长，使与压力 p(101.325 kPa)的水平线相交，就得到溴苯的正常沸点，其温度约为 429 K（沸点应在 QM 的延长线与 $p^\ominus$ 线的交点，图中未画出）。QN 是水的蒸气压曲线，T_b 点是压力为 101.325 kPa 时水的沸点，等于 373.15 K。如果把每一温度时

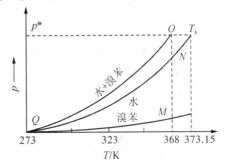
图 4.16 不互溶液体水-溴苯的蒸气压

溴苯和水的蒸气压相加,则得到 QO 线,在 QO 线上所代表的压力为 $p=p^*_{H_2O}+p^*_{溴苯}$。QO 线与压力为 101.325 kPa 的水平线相交于 O 点,所对应的温度约为 368 K。也就是说当水蒸气通入溴苯,加热到 368 K 时,系统即开始沸腾,此时溴苯与水同时馏出。含完全不互溶的二液相系统的沸点既低于溴苯的沸点,也低于水的沸点。由于水和溴苯两者互不相溶,所以很容易从馏出物中将它们分开,这种蒸馏法则称为蒸汽蒸馏(steam distillation)。

随着真空技术的发展,实验室及生产中已广泛采用减压蒸馏的方法来提纯有机物质,但是由于水蒸汽蒸馏的设备操作简单,所以仍具有重要的实际意义。

4.5.7 简单的低共熔二元相图

对于固液系相图的绘制通常有两种简单方法——热分析法和溶解度法(实验都是在恒压下进行的)。本节只介绍热分析法,溶解度法可参考其他教学参考书。

热分析法(thermal analysis)的基本原理通常是将熔融的系统缓慢而均匀地冷却,如果系统内不发生相的变化,则温度将随时间而均匀地(或线性地)慢慢改变时,当系统内有相的变化发生时,由于相变时伴随的吸热或放热现象,所以,温度-时间图上就会出现转折点或水平线段(前者表示温度随时间的变化率发生了变化,后者表示在水平线段内,温度不随时间而变化)。

以 Cd-Bi 二元系统为例,该系统的特点是:在高温区,Cd 和 Bi 的熔液可以无限混溶,形成液体混合物。在低温区 Cd(s) 和 Bi(s) 两者完全不互溶,形成两个固相的机械混合物。在图 4.17(a) 中,a 线是纯 Bi 的步冷情况。将纯 Bi 熔融后,停止加热。然后任其缓慢冷却,每隔一定的时间记录一次温度。然后以温度为纵坐标,时间为横坐标。画出温度-时间曲线,这种线就称为步冷曲线(cooling curve)。图 4.17(a) 中 OA 段相当于纯 Bi 熔化物冷却的过程(单相冷却)。到 546 K 时,开始有固态 Bi 从熔化物中结晶出来。此时系统为两相平衡,根据相律,单组分系统两相平衡时,$f=1+2-2=1$,所以当压力给定时有一定的熔点。由于在析出固态 Bi 的过程中,有热量放出,可以抵消系统散热的损失,因而在步冷曲线上出现水平线段 AA',待 Bi 全部凝固,系统成为单相后,温度才继续下降(图中为 $A'B$)纯 Cd 的步冷曲线 e 与纯 Bi 的相似,也有一水平线段。纯 Bi(s) 和纯 Cd(s) 的熔点在图 4.17(b) 中分别用 A 和 H 点来表示。图 4.17(a) 中,b 线是含 Cd 和 Bi 的质量分数分别为 0.2 和 0.8 的二元系统的步冷曲线。将熔化物冷却时,温度沿着平滑的曲线 bC 下降。当冷到相当于 C 点的温度时,熔化物对于组分 Bi 来说已达到饱和,所以从熔化物中开始有纯 Bi 的晶体析出。同样由于放出凝固热,使系统的冷却速度变慢,步冷曲线的坡度改变,在 C 点出现了转折。转折点 C 的虚线引线也标在图 4.17(b) 上。由于 Bi(s) 的析出,使熔液中 Cd 的成分增高,当温度一直降到 413 K(D 点),固态 Cd 也开始析出。此时 Bi(s) 与 Cd(s) 同时析出,两者同时放出凝固热,所以在步冷曲线上出现了水平线段。在 413 K 以下,系统完全凝固。从实验知道,在 CD 段只有纯 Bi 晶体自熔化物中析出。根据相律 $C=2,\Phi=2$,所以 $f^*=(C+$

1)-Φ=1,此时系统仍有一个自由度,因此在结晶过程中温度逐渐下降。并且由于晶体 Bi 不断析出,所以剩下的熔化物中 Cd 的相对含量增加,其组成沿着液相区的边界曲线 AE 向 E 点的方向移动[参阅图 4.17(b)]。当系统冷却到相当于 D 点的温度时,Bi(s)与 Cd(s)同时析出,温度保持不变(步冷曲线上的 DD' 段),此时三相同时共存,$f^* = 0$,在图 4.17(b)中 D 点是物系点,熔液的组成用 E 点表示。一直到液相完全凝固后,温度才继续下降(E 点虽是三相共存,但此时系统的自由度 $f = 1$,在以 T-p-x 为变量的立体坐标系中(x 坐标线垂直于纸面),它实际上是三相平衡系统的低共熔线在某一压力下的一个截点)。含 Cd 的质量分数为 0.7 的系统的步冷曲线 d 和上述步冷曲线 b 相似,主要的不同是在 F 点先析出的固体是纯 Cd。如果开始取含 Cd 的质量分数为 0.4 的二元系统,将其熔化物逐步冷却,其步冷曲线为 c 线。直到 E 点时两种金属同时析出,步冷曲线上出现水平线段,在此以前并不先析出纯 Bi 或纯 Cd。

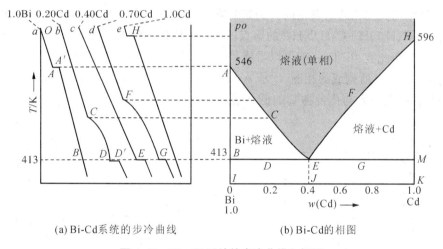

(a) Bi-Cd 系统的步冷曲线　　(b) Bi-Cd 的相图

图 4.17　Bi–Cd 系统的步冷曲线和相图

把上述五条步冷曲线中固体开始析出与全部凝固的温度绘在方格纸上(即把图 4.17(a)中的转折点用虚线表示在图 4.17(b)中)。然后把开始有固态析出的点(A,C,E,F,H)和结晶终了的点(D,E,G)分别连接起来,便得 Bi–Cd 的相图[图 4.17(b)]。

图中 AEH 线以上是熔液的单相区,AE 线代表纯固态 Bi 与熔液呈平衡时,熔液的组成与温度的关系曲线,简称液相线。EH 线为纯固态 Cd 与熔液呈平衡时的液相线,E 点是三相共存。因为它比纯 Cd、纯 Bi 的熔点都低,所以又称为低共熔点(eutectic point)。在该点析出的混合物称为低共熔混合物(eutecticmixture),有时也用 E_{Bi}^{Cd} 表示。在 BEM 线以下没有液相,是 Bi 和 Cd 两种固体同时存在的区域。

如果物系点落在 ABE(或 HEM)的两相共存区,则固相与液相的相对数量可以由杠杆规则求得。BEM 是三相线,落在这条线上的系统,三个相的状态由 B,E,M 三点来描述。

在图 4.17(b)中,AE 线和 EH 线是边界线,标志着一个区的终结和另一个区的开始,是一种极限,它并不代表整个系统的状态。例如含 Cd 为 0.2 的熔化物从高温下冷却,在析出固体 Bi 的前一瞬间,系统仍处于单相区,而当第一颗 Bi 的微晶出现后,系统的物系点就进入 ABE 的两相共存区,系统中的液相的状态由 AE 线上的某一点来表示。如果忽略了 AB 线,而仅只谈 AE 线上的自由度是多少,这是没有意义的,原因很简单,因为 AE 线不代表整个系统的状态。

4.5.8 形成化合物的系统

可以分为形成稳定化合物和不稳定化合物两种类型来讨论。

1. 形成稳定的化合物

A 和 B 形成稳定的化合物,这种化合物一直到其熔点以下都是稳定的。化合物熔化时所生成的液相与其固相的组成相同。例如苯酚(A)与苯胺(B)的相图(图 4.18)。图中 R 点为化合物 $C(C_6H_5OH \cdot C_6H_5NH_2)$ 的熔点。当在此化合物中加入组分 A 或 B 时,都会使熔点降低。在分析此类相图时一般可以看成是由两个简单低共熔二元相图合并而成。左边一半是化合物 C 与 A 所构成的相图,L 是 A 与 C 的低共熔点。右边一半,是化合物 C 与 B 所构成的相图,L' 点是 B 与化合物 C 的低共熔点。

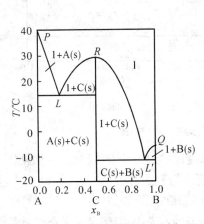

图 4.18 苯酚(A)-苯胺(B)系统相图

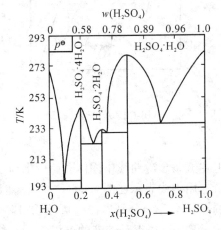

图 4.19 $H_2SO_4 - H_2O$ 的相图

有时两组分之间能形成几种化合物。例如 H_2O 与 H_2SO_4 能形成三种化合物,如图 4.19。

通常质量分数为 0.98 的浓硫酸常用于炸药业、医药工业等,但是从图中可以看到 0.98 浓硫酸的结晶温度约为 273 K,作为产品在冬季很容易冻结,输送管道也容易堵塞,无论运输和使用都会遇到困难,因此冬季常以 0.925 的硫酸作为产品(有时简称为 0.93 酸),这种酸的凝固点大约在 238 K(相当于-35 ℃)左右。在一般的地区存放或运输都不至于冻结，但是从运输的费用看，运输浓酸总是比较经济一些。从图 4.19 还可以看到 0.925 左右的 H_2SO_4 的结晶温度对浓度的变化较为显著，例如 0.93 的硫酸如果因故变成 0.91，则结晶温度将从 238 K 升到 255.9 K，如果浓度降到 0.89，则结晶温度升到 269 K，在冬季也是很容易有晶体析出的，所以在冬季不能用同一条管道来输送不同浓度的 H_2SO_4 以免因浓度改变而引起管道堵塞。

2. 形成不稳定的化合物

如图 4.20，A 和 B 所形成的固态化合物 C，将固态化合物 C 加热，系统点由 C 上升，达到 S'_1 点对应的温度时发生分解，生成固体 B 和溶液(固相点为 S'_2，液相点为 L'，两者之间的量遵循杠杆规则)：

$$C(s) \xrightleftharpoons[\text{冷却}]{\text{加热}} l + B(s)$$

分解反应所对应的温度称为异成分熔点(incongruent melting point)或称为转熔温度(peritectic temperature)，即相当于图 4.20 中 S'_1 点所对应的温度，该点平衡时三相共存，$f^* = 0$，温度、组成都不能变动。温度升高反应向右移，C 全部分解，温度降低反应向左移，生成化合物 C。

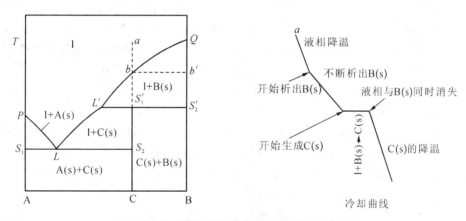

图 4.20 生成不稳定化合物系统相图及步冷曲线

图中系统点 a 的样品的步冷曲线见图 4.20 的右边，其中相的变化与化合物 C 在加热过程中的相变化正好相反。相图属于这一类的系统还有：金-锑，氯化钾-氧化铜，钾-钠等。

4.5.9 液、固相都完全互溶的相图

这类相图与以前所讨论的气-液平衡相图完全相似。两个组分在固态与液态时彼此能够以任意的比例互溶而不生成化合物，并且没有低共熔点。

图 4.21 为 Ag-Au 液固完全互溶相图。图中上方熔化物是 Ag(l)与 Au(l)的液态混合物，下方是 Ag(s)与 Au(s)固态混合物。习惯上称为固溶体(solid solution)。当组成相当于 A 的熔液冷却时，在 A 点开始析出组成为 B 的固溶体。液态中 Ag 的相对含量增大。当温度继续下降时，液相的组成沿 AA_1A_2 线变化，对应的固相的组成沿 BB_1B_2 线变化。如果冷却过程进行得相当慢，液、固两相可始终保持平衡。在达到 B_2 点所对应的温度时，最后极少量组成为 A_2 的熔液将逐渐消失，物系在 B_2 点所对应的温度之下全部进入固相区。

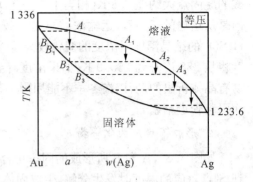

图 4.21 二组分液固完全互溶相图及结晶过程

实际上在晶体析出时，由于扩散作用在晶体内部进行得很慢，所以较早析出来的晶体形成"枝晶"，不易与熔液建立平衡。枝晶中含高熔点的组分较多。干枝之间的空间被后来析出的晶体所填充，其中含低熔点的组分较多。这种现象称为"枝晶偏析"。

由于固相组织的不均匀性，常常会影响合金的性能。为了使固相的组成能较均匀，可将固体的温度升高到接近熔化温度，并在此温度保持一定的时间，使固体内部各组分进行扩散，趋于均匀和平衡。这种方法通称为金属的热处理，它是金属工件在制造工艺过程中的一个重要工序，通常称为退火(annealing)。退火不好的金属材料处于介稳状态，在长期的使用过程中，可能由于系统内部的扩散而引起金属强度的变化，虽然这个扩散过程可能是漫长的，但作为使用这种金属材料的设计者，他必须考虑这一因素，以及由于这一因素所可能引起的危害。淬火(quenching)即快速冷却，也属于热加工处理，目的是使金属突然冷却，来不及发生组成扩散，虽温度降低，但系统仍能保持高温时的结构状态。

从结构的不均匀性看，枝晶偏析现象是不好的。但有时这种快速的冷却却常常能用来浓缩混合物中某一组分的浓度。当快速冷却时，固体组成的变化滞后。例如在 Au-Ag 的相图中，组成为 A 点的熔液，快速冷却时，液相的组成可以超过 A_3 点而继续下降，使液相中含较丰富的 Ag，相对来说固相中就含有较丰富的 Au。

像 Au-Ag 在全部浓度范围内都能形成混合物的例子并不多见。一般说，只有当两个组分的粒子大小(即原子半径的大小)和晶体结构都非常相似的条件下，在晶格内一种质点可以由另一种质点来置换而不引起晶格的破坏时，才能构成这种系统。

固态完全互溶的二组分相图，也有出现最低点(图 4.22)或最高点(图 4.23)。符合图 4.23 的比较少见。

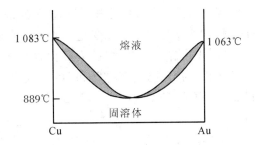

图 4.22 有最低点的固态完全互溶的二组分相图

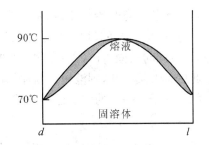

图 4.23 有最高点的固态完全互溶的二组分相图

4.5.10 固态部分互溶的二组分相图

两个组分在液态可无限混溶,而固态在一定的浓度范围内形成互不相溶的两相。对于这一类相图,择其中的两种类型来讨论。

1. 系统有一低共熔点

如图 4.24,AEB 线以上是熔液单相区;AE、BE 是液相组成曲线。$AHFJ$ 区是 B 溶解于 A 中形成的固态溶液(solid solution),是单相区,称为固溶体(Ⅰ),AJ 是固溶体(Ⅰ)的组成曲线。$BCGI$ 区是 A 溶于 B 中形成的固态溶液,也是单相区,称为固溶体(Ⅱ),BC 是固溶体(Ⅱ)的组成曲线。AJE 区是固溶体(Ⅰ)和熔液的两相平衡区,ECB 区是固溶体(Ⅱ)与熔液的两相平衡区,$FJECG$ 区为固溶体(Ⅰ)、(Ⅱ)两相共存的平衡区,在该区内系统分成两相,这是两个互相共轭的固相(conjugate solid phase),其组成可分别从 JF 和 CG 线上读出。

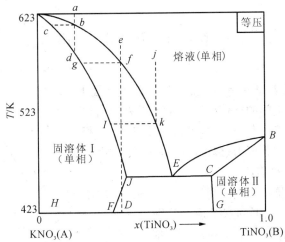

图 4.24 KNO_3-$TiNO_3$ 的相图

若系统从 a 点开始冷却,则在 d 点后全部凝固。若从 j 点开始冷却,最初析出的是固溶体(Ⅰ),在继续冷却的过程中,固相与液相的组成分别沿 lJ 和 kE 线变化。到达 E 点的温度时,熔液同时被固溶体(Ⅰ)和(Ⅱ)所饱和,E 点是低共熔点,此时由 E,J,C 代表的三相平衡。此后若继续冷却,则液相干涸,固溶体(Ⅰ)和(Ⅱ)的组成分别沿 JF 和 CG 线变化。

相图属于这一类的体系还有 KNO_3-$NaNO_3$,$AgCl$-$CuCl$ 等。

2. 系统有一转熔温度

图 4.25 是 Hg-Cd 二组分相图。图中 BCE 区是固溶体(Ⅱ)与熔液的两相共存区,CDA 区是固溶体(Ⅰ)与熔液的两相共存区,$FDEG$ 区是固溶体(Ⅰ)与(Ⅱ)的两相共存区。在 455 K 时三相共存。称温度即为转熔温度(peritectic temperature 或 incongruent melting point),在此点有下述平衡存在:

$$\text{固(Ⅰ)} \rightleftharpoons \text{固(Ⅱ)} \rightleftharpoons \text{熔液}$$
$$\text{(组成为}D\text{)} \quad \text{(组成为}E\text{)} \quad \text{(组成为}C\text{)}$$

从 Hg-Cd 的相图可知,为什么在镉标准电池中,镉汞齐电极中含 Cd 的质量分数要在 0.05~0.14 之间。在常温下,此时系统是处于熔液与固溶体(Ⅰ)的两相平衡区,就组分 Cd 而言,它在两相中均有一定的浓度(这两相也是共轭的)。此时,即使系统中 Cd 的总量发生微小的变化,也只不过改变两相的相对质量,而不会改变两相的浓度。而标准电池的电动势只与镉汞齐的浓度有关,因此电极电势在定温下可保持恒定的数值。

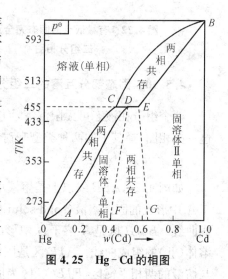

图 4.25 Hg-Cd 的相图

§4.6 三组分系统相图

三组分系统 $C=3$,$f+\Phi=5$,$f_{max}=4$(即温度、压力和两个浓度项),三维空间的立体模型已不足以表示这种相图。若维持压力不变,$f'+\Phi=4$,f' 最多等于 3,其相图可用立体模型表示。若压力、温度同时确定,则自由度最多为 2,可用平面图来表示。

通常在平面图上是用等边三角形来表示各组分的浓度。如图 4.26,等边三角形的三个顶点分别代表纯组分 A,B 和 C。AB 线上的点代表 A 和 B 所形成的二组分系统,BC 线和 AC 线上的点分别代表 B 和 C,A 和 C 所形

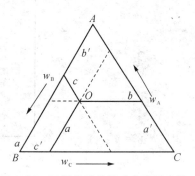

图 4.26 三组分系统的成分表示方法

成的二组分系统。三角形内任一点 O 都代表三组分系统。过 O 点分别作三边的平行线。O 点的组成可由这些平行线在各边上的截距 a',b',c' 来表示。

分析相图可知：

(1) 平行三角形某边的直线上的系统，所含由顶角所代表的组分的质量分数都相等。

(2) 通过顶点 A 的任一直线上的系统，A 的含量不同(离 A 越近，A 的含量越高)，但其他两组分 B 和 C 的质量分数之比相同。

(3) 如果有两个三组分系统 D 与 E (图 4.27)以任何比例混合所构成的一系列新系统，其物系点必位于 D,E 两点之间的连线上。E 的量愈多，则代表新系统的物系点 O 的位置愈接近于 E 点。杆杠规则在这里仍可使用，即 $m_D \times \overline{OD} = m_E \times \overline{OE}$。

(4) 设 S 为三组分液相系统，如果从液相 S 中析出纯组分 A 的晶体时(图 4.27)，则剩余液相的组成将沿 AS 的延长线变化。假定在结晶过程中，液相的浓度变化到 b 点，则此时晶体 A 的量与剩余液体体量之比，等于 bS 线段与 SA 线段之比(杠杆规则)。反之，倘若在液相 b 中加入组分 A，则物系点将沿 bA 的连线向接近 A 的方向移动。

下面结合石油工业上芳烃和烷烃的分离，介绍三组分系统的相图在液-液萃取中的应用。

石油原油在常减压装置中初馏至 418 K，得到轻汽油馏分。然后进行铂重整来获得较多的芳烃。处理后，其中含芳烃($C_6 \sim C_8$)的质量分数约为 0.3~0.5，非芳烃($C_6 \sim C_9$)约为 0.5~0.7。这些产品的沸点相差不大，且有共沸现象，用蒸馏的方法难以分开。工业上一般采用二乙二醇醚(其中含水 0.05~0.08)作溶剂萃取。

无论芳烃、非芳烃以及溶剂都是混合溶液，它的组分数实际上大于 3。但为了讨论简便，以苯作为芳烃的代表，以庚烷作为非芳烃的代表，以二乙二醇醚为溶剂。用三组分相图来说明工业上的连续多级萃取过程。

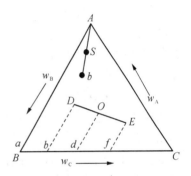

图 4.27 三组分系统的杠杆规则

如图 4.28 是苯(A)-正庚烷(B)-二乙二醇醚(S)在标准压力和 397 K 时的相图(示意图)。由图可见，A 与 B、A 与 S，在给定的温度下都能完全互溶，B 与 S 则部分互溶。

设原始 A 与 B 组分的组成在 F 点，加入溶剂 S 后，系统沿 FS 线向 S 方向变化。当总组成为 O 点时，原料液与所用溶剂 S 的数量比可按杠杆规则计算。此时系统分为两相，两相的组成可由经过 O 点的共轭线指示出来，分别为 x_1 和 y_1。如果把这两层溶液分开，

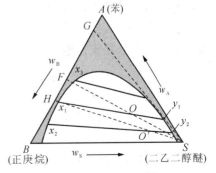

图 4.28 萃取过程示意图

分别蒸去溶剂，则得到由 G, H 点所代表的两个溶液（G 点在 Sy_1 的延长线上, H 在 Sx_1 的延长线上）。这就是说经过一次萃取并除去溶剂后，就能把 F 点的原溶液分成 H 和 G 两个溶液，G 中含苯比 F 多，H 中含正庚烷比 F 多。

如果对浓度为 x_1 层的溶液再加入溶剂进行第二次萃取，此时的物系点将沿 x_1S 向 S 方向而变化，设到达 O' 点，此时系统呈两相，其组成分别为 x_2 和 y_2 点，此时 x_2 点所代表的系统中所含正庚烷又较 x_1 中的含量多。

如此反复多次，最后可得基本上不含苯的正庚烷，从而实现了分离。工业上，上述过程是在萃取塔中进行（如图 4.29 所示，在塔中有多层筛板），萃取剂二乙二醇醚从塔上部进料，混合原料液从塔下部进料，依靠比重的不同，在塔内上升和下降的液相充分混合，反复萃取，最后芳烃就不断地溶解在二乙二醇醚中，在塔底作为萃取相排出，脱除芳烃的烷烃则作为萃取相从塔顶送出。

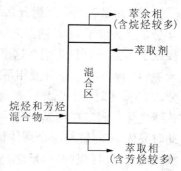

图 4.29　芳烃和烷烃的萃取分离示意图

相图的类型很多。通过以上对简单相图的分析，应了解绘制相图的方法，能看懂一些相图，并能初步了解如何利用相图来解决一些实际问题。

实际工作中，相图都是根据一定的实验数据绘制出来的。到目前为止，根据理论的计算来绘制多组分系统相图的工作做得还不多。对于多组分的问题比较复杂，相图只是从宏观的角度反映了系统某些性质之间的一些联系，而要真正了解现象的本质，单靠现象之间的外部联系还不够，还必须在详细占有资料的基础上，根据物质结构的知识进一步深入探讨组分间的相互作用关系。

§4.7　二级相变

相变有多种类型，像在本章前面所讲的相变如气相、液相和固相间的转变过程中（如蒸发、熔化、升华等），伴随着焓变（即相变焓）、体积的变化和熵的变化，即 $\Delta_{trs}H \neq 0$, $\Delta_{trs}V \neq 0$, $\Delta_{trs}S \neq 0$。据此，系统发生从 α 相向 β 相转变时，会有：

$$\left(\frac{\partial \mu_\beta}{\partial p}\right)_T - \left(\frac{\partial \mu_\alpha}{\partial p}\right)_T = V_{\beta,m} - V_{\alpha,m} = \Delta_{trs}V$$

$$\left(\frac{\partial \mu_\beta}{\partial T}\right)_p - \left(\frac{\partial \mu_\alpha}{\partial T}\right)_p = -S_{\beta,m} + S_{\alpha,m} = \Delta_{trs}S = -\frac{\Delta_{trs}H}{T_{trs}}$$

由此可知，此类相变中化学势对温度的一级偏微分是不连续的。Ehrenfest（埃伦菲斯特）称之为一级相变（first order phase transition）。这类相变过程中压力与温度的关系可由 Clapeyron 方程式表示,即 $\dfrac{\mathrm{d}p}{\mathrm{d}T}=\dfrac{\Delta H}{T\Delta V}$。

实验中发现还有一类相变,在相变过程中,既没有焓变,体积也不改变。也就是说,化学势的一级偏微分是连续的,二级偏微分是不连续的。Ehrenfest(埃伦菲斯特)称之为二级相变(second order phase transition)。在二级相变过程中,$\Delta H=0$,$\Delta V=0$,Clapeyron 方程式失去意义。

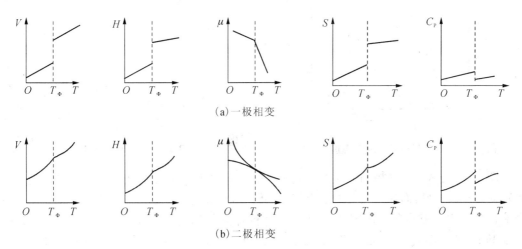

图 4.30 相变过程中化学势及其一级偏微分的变化

这两类相变的主要区别是(参见图 4.30):在第一类相变过程中两相的化学势相等,但其偏微分不等。而在第二类相变过程中两相的化学势相等,化学势的一级偏微分也相等,但化学势的二级偏微分不相等。

二级相变常见的有流体-超流体的转变、超导金属与普通金属之间的转变、铁磁体与顺磁体的转变以及合金的有序和无序相变等。这里我们以氦的相图为例介绍流体-超流体的相变,其余的参见傅献彩《物理化学》等教科书。

液氦(^{4}He)的正常沸点是 4.2 K,其汽化曲线的斜率 $\left(\dfrac{\mathrm{d}p}{\mathrm{d}T}\right)$ 与多数的液体一样是正值,即蒸气压随温度的降低而降低。若用真空泵抽去液氦上的蒸气,则沸点下降(类似于减压蒸馏)。在压力降低过程中,可以观测到液氦(^{4}He)的蒸发和沸腾(蒸发一般是指液面上的汽化,而沸腾则是指液面下内部的液体也开始汽化,在液面及液体内部产生许多气泡而呈激烈的沸腾状态)。但当液氦的沸点降低到 2.17 K 时,发现液氦的沸腾突然停止,整个液体变得非常平静,而沸腾与静止状态之间的温差仅仅在 0.01 K 之内。这是一个突变,测定在这个温度附近系统的其他物理性质,如压缩系数、热膨胀系数和比热容等,发现这些量在 2.17 K 附近都发生突变。如图 4.31 是氦(^{4}He)的 C_p-T 图,曲线的形状很像希腊字母"λ",故称为

λ 点，也称为 λ 相变（λ transition）。在 λ 相变中，没有体积的变化，也没有相变热（即无焓变）。这种相变不同于一般相变，故称为二级相变。在高于 λ 点的液氦称为液氦（Ⅰ），低于 A 点的液氦称为液氦（Ⅱ）。进一步发现，在常压下即使温度接近 0 K，氦（^{4}He）也不会变成固体，只有加压到大气压力的 25 倍以上 ^{4}He 才有可能被固化。

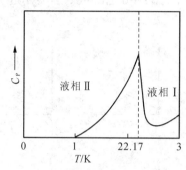

图 4.31　液体 ^{4}He 的比热容-温度示意图

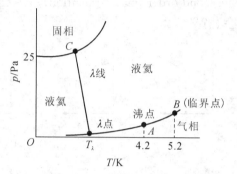

图 4.32　He 的相图示意图

图 4.32 是氦 ^{4}He 的相图。从 C 点（图中上面的三相点）沿 λ 线从液态（Ⅰ）到液态（Ⅱ）的转变是一级相变，而在 λ 点上两个液相间的转变是二级相变（$\Delta V=0$，$\Delta S=0$），在 λ 点上两个液相和气相三相共存。在图 4.32 中，几个特殊点的温度和压力分别为：λ 点，2.17 K，5 036 Pa；A 点（正常沸点），4.22 K，101.325 kPa；B 点（临界点），5.20 K，228 kPa；C 点（上三相点），1.76 K，3×10^3 kPa。在温度低于 T_λ 时，液态氦（Ⅱ）的黏度几乎为零，有特殊的流动性，故称之为超流体（super fluid）。流体（包括气体和液体）都具有黏度，通常液体的黏度大于气体的黏度。Poiseuille（泊肃叶）定律指出，流过管径较小的流体，流速与管径的平方成正比，与管子两端的压差成正比，而与液体的黏度成反比。即管子越细，流速越小，黏度越大，流体的流速越小。而一般液体的黏度随温度的降低而增加。但在用管径为 7×10^{-5} cm 的毛细管测量液氦的流速时，发现在 λ 点以上，流速随温度的下降而下降，这符合一般规律。但当温度降到 λ 点时，流速突然增大，并且随着温度的降低而迅速增大，并且流速不仅不随毛细管管径的减小而减小，反而流速更大，即使容器壁有非常细微的裂纹也能畅通无阻。此时液氦（Ⅱ）的黏度几乎等于零，故称之为具有超流动性。

课外参考读物

1. 印永嘉，袁云龙. 关于相律中自由度的概念. 大学化学，1989.4(1)：39-40.
2. 赵善成. 相律中有关独立组分的若干问题. 见：物理化学教学文集(1). 北京：高等教育出版社，1986：141.
3. 赵慕愚. 相律中独立组元数的确立. 化学教育，1981.(5)：1.
4. 褚德莹. 水的三相点与国际实用温标 IDTS-68. 化学通报，1981，(11)：700.

5. 张云龙.相图的计算方法与展望.化学通报,1987,(1):42.
6. 周公度.谈谈水的结构化学.大学化学,2002,17(1):54.
7. 高正虹,崔志娱.用相律指导分析固体物质分解反应的同时平衡.大学化学,2001,16(2):50.
8. 蔡文娟.丰富并深化相平衡图的热力学内涵.大学化学,1993.18(3):15.
9. 刘艳,刘大壮,曾涛.超临界化学反应的研究进展.化学通报,1997,(6):1.
10. 胡红旗,陈鸣才等.超临界CO_2液体的性质及其在高分子科学中的应用.化学通报,1997,(13):20.

思考题

1. 判断下列说法是否正确,为什么?
 (1) 在一个密封的容器内,装满了 373.2 K 的水,一点空隙也不留,这时水的蒸气压等于零。
 (2) 小水滴与水汽混在一起成雾状,因为它们都有相同的化学组成和性质,所以是一个相。
 (3) 面粉和米粉混合得十分均匀,肉眼已无法分清彼此,所以它们已成为一相。
 (4) 纯水在三相点和冰点时,都是三相共存,根据相律,这两点的自由度都应该等于零。
2. 指出下列平衡系统中的物种数、组分数、相数和自由度数。
 (1) $NH_4Cl(s)$在真空容器中,分解成$NH_3(g)$和$HCl(g)$达平衡;
 (2) $NH_4Cl(s)$在含有一定量$NH_3(g)$的容器中,分解成$NH_3(g)$和$HCl(g)$达平衡;
 (3) $CaCO_3(s)$在真空容器中,分解成$CO_2(g)$和$CaO(s)$达平衡;
 (4) $NH_4HCO_3(s)$在真空容器中,分解成$NH_3(g)$,$CO_2(g)$和$H_2O(g)$达平衡。
3. 为什么把固态CO_2叫做干冰? 什么时候能见到液态CO_2?
4. 能否用市售的 60°烈性白酒,经多次蒸馏后,得到无水乙醇?
5. 在相图上,哪些区域能使用杠杆规则,在三相共存的平衡线上能否使用杠杆规则?
6. 在相图上,请分析如下特殊点的相数和自由度:熔点,低共熔点,沸点,恒沸点和临界点。

习 题

1. 已知 $Na_2CO_3(s)$ 和 $H_2O(l)$ 可以生成如下三种水合物:$Na_2CO_3 \cdot H_2O(s)$,$Na_2CO_3 \cdot 7H_2O(s)$和$Na_2CO_3 \cdot 10H_2O(s)$,试求:
 (1) 在大气压力下,与Na_2CO_3水溶液和冰平衡共存的水合盐的最大值;
 (2) 在 298 K 时,与水蒸气平衡共存的水合盐的最大值。
2. 通常在大气压力为 101.3 kPa 时,水的沸点为 373 K,而在海拔很高的高原上,当大气压力降为 66.9 kPa 时,这时水的沸点为多少?已知水的标准摩尔汽化焓为 40.67 kJ·mol^{-1},并设其与温度无关。

3. 在 298 K 时,纯水的饱和蒸气压为 3 167.4 Pa,若在外压为 101.3 kPa 的空气中,求水的饱和蒸气压为多少?空气在水中溶解的影响可忽略不计。

4. 在 360 K 时,水(A)与异丁醇(B)部分互溶,异丁醇在水相中的摩尔分数为 $x_B=0.021$。已知水相中的异丁醇符合 Henry 定律,Henry 系数 $k_{x,B}=1.58\times10^6$ Pa。试计算在与之平衡的气相中,水与异丁醇的分压。已知水的摩尔蒸发焓为 40.66 kJ·mol^{-1},且不随温度而变化。设气体为理想气体。

5. 在 273 K 和 293 K 时,固体苯的蒸气压分别为 3.27 kPa 和 12.30 kPa,液体苯在 293 K 时的蒸气应为 10.02 kPa,液体苯的摩尔蒸发焓为 341.17 kJ·mol^{-1}。试求:

(1) 303 K 时液体苯的蒸气压;
(2) 固体苯的摩尔升华焓;
(3) 固体苯的摩尔熔化焓。

6. 在 298 K 时,水(A)与丙醇(B)二组分液相系统的蒸气压与组成的关系如下表所示,总蒸气压在 $x_B=0.4$ 时出现极大值。

x_B	0	0.05	0.20	0.40	0.60	0.80	0.90	1.00
p_B/Pa	0	1 440	1 813	1 893	2 013	2 653	2 584	2 901
p_g/Pa	3 168	4 533	4 719	4 786	4 653	4 160	3 668	2 901

(1) 请画出 p-x-y 图,并指出各点、线和面的含义和自由度;
(2) 将 $x_B=0.56$ 的丙醇水溶液进行精馏。精馏塔的顶部和底部分别得什么产品?
(3) 若以 298 K 时的纯丙醇为标准态,$x_B=0.2$ 的水溶液中丙醇的相对活度和活度因子为多少?

7. 画出生成不稳定化合物系统液-固平衡相图中状态点为 a,b,c,d,e,f,g 的样品的步冷曲线。

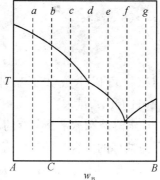

8. 分别指出下列三个二组分系统相图中,各区域的平衡共存的相数、相态和自由度。

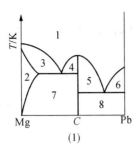
(1)

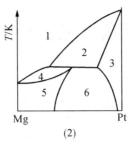
(2)

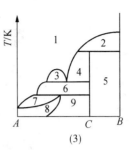
(3)

第 5 章 化学平衡

本章基本要求
1. 了解化学反应等温式的导出及其利用。
2. 掌握均相和多相反应的平衡常数表示式方法。
3. 理解 $\Delta G_m^\ominus$ 的意义,掌握由 $\Delta G_m^\ominus$ 估计反应的可能性。
4. 熟悉 $K_p^\ominus$、K_p、K_x 和 K_c 的表达式及它们间的关系。
5. 掌握平衡常数与温度、压力的关系和惰性气体对平衡组成的影响,并掌握其计算方法。
6. 能根据标准热力学函数的表值计算平衡常数。
7. 了解对同时平衡、反应耦合、近似计算等的处理方法。
8. 了解实际气体化学反应的平衡常数的表达式。
9. 了解实际气体平衡常数与逸度和逸度系数的关系。

关键词:化学平衡;平衡常数;化学反应等温方程;同时平衡

§5.1 化学反应的限度和化学反应的吉布斯函数

5.1.1 化学反应的限度

化学反应可以同时向正反两个方向进行,在一定的条件下,当正反两个方向的反应速率相等时,系统就达到了平衡状态。不同的系统,达到平衡所需的时间各不相同,但其共同的特点是平衡后系统中各物质的数量均不再随时间而改变,产物和反应物的数量之间具有一定的关系,只要外界条件不变,这个状态不随时间而变化。平衡状态从宏观上看表现为静态,而实际上是一种动态平衡。而且外界条件一经改变,平衡状态就必然要发生变化。但是,在通常条件下,有不少反应正向进行和逆向进行均有一定的程度。例如,在一密闭容器中盛有氢气和碘蒸气的混合物,即使加热到 450℃,氢和碘亦不能全部转化为碘化氢气体,这就是说,氢和碘能生成碘化氢,但同时碘化氢亦可以在相当程度上分解为氢和碘。所有的此类反应在进行一定时间以后均会达到平衡状态,此时的反应进度达到极限值,以 ξ_{eq} 表示。

若温度和压力保持不变，ξ_{eq} 亦保持不变，即混合物的组成不随时间而改变，这就是化学反应的限度。

在实际生产中需要知道，如何控制反应条件，使反应按我们所需要的方向进行，在给定的条件下反应进行的最高限度是什么等等。这些问题是很重要的，尤其是在开发新的反应时，例如研究石油产品的综合利用，新药的合成中耦合反应的选择，如何选择最适宜的反应条件等等，都有赖于热力学的基本知识。把热力学基本原理和规律应用于化学反应可以从原则上确定反应进行的方向、平衡的条件、反应所能达到的最高限度，以及导出平衡时物质的数量关系，并用平衡常数来表示。解决这些问题的重要性是不言而喻的。例如在预知反应不可能进行的条件下或理论产率极低的情况下，就不必再耗费人力、物力和时间去进行探索限度，也不可能借添加催化剂来改变这个限度，只有改变反应的条件，才能在新的条件下达到新的限度。

5.1.2 化学反应的 Gibbs 函数

为什么化学反应总有一定的限度？这是由反应系统的 Gibbs 函数变化规律所决定的。设有一个任意的封闭体系，当系统发生微小变化时

$$dG = -SdT + Vdp + \sum_B \mu_B dn_B \tag{5.1}$$

根据反应进度 ξ 的定义可得

$$d\xi = \frac{dn_B}{\nu_B}, \quad dn_B = \nu_B d\xi \tag{5.2}$$

如果变化是等温等压下进行的，则

$$\left(\frac{\partial G}{\partial \xi}\right)_{T,p} = \sum_B \nu_B \mu_B = (\Delta_r G_m)_{T,p} \tag{5.3}$$

或

$$(dG)_{T,p} = \sum_B \mu_B dn_B = \sum_B \nu_B \mu_B d\xi \tag{5.4}$$

式中 μ_B 是参与反应的各物质的化学势，在反应过程中，保持 μ_B 不变的条件是：在有限量的系统中，反应的进度 ξ 很小，系统中各物质数量的微小变化，不足以引起各物质浓度的变化，因而其化学势不变。或设想在很大的系统中发生一个单位的化学反应，此时各物质的浓度也基本没有变化，相应的化学势可以看作不变，即讨论化学反应进度在 $0 \sim 1$ mol 范围内的变化。G-ξ 的变化关系如图 5.1 所示。

当 $\left(\frac{\partial G}{\partial \xi}\right)_{T,p} < 0$，则 $(\Delta_r G_m)_{T,p} < 0$，表示反应右向自发进行；

$\left(\frac{\partial G}{\partial \xi}\right)_{T,p} > 0$，则 $(\Delta_r G_m)_{T,p} > 0$，表示反应右向不能自发进行；

$\left(\frac{\partial G}{\partial \xi}\right)_{T,p} = 0$,则 $(\Delta_r G_m)_{T,p} = 0$,表示系统达到了平衡状态。

由图 5.1 可以看出,系统到达图中最低点时,系统达到平衡,此时的反应进度用 ξ_e 表示。

在等温等压下,当反应物化学势的总和大于产物化学势的总和时,反应自发向右进行。既然产物的化学势较低,为什么反应通常不能进行到底,而且进行到一定程度达到平衡后就不再前进。为了解答这一问题,试举理想气体混合物的反应 $D+E \rightleftharpoons 2F$ 为

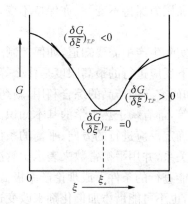

图 5.1 系统的 Gibbs 自由能与 ξ 的关系

例。在起始时,D,E,F 的物质的量分别为 n_D^0, n_E^0 和 n_F^0,而在反应过程中 D,E,F 的物质的量分别为 n_D, n_E 和 n_F,此时系统的 Gibbs 自由能为

$$\begin{aligned}
G &= \sum_B n_B \mu_B \\
&= n_D \mu_D + n_E \mu_E + n_F \mu_F \\
&= n_D \left(\mu_D^\ominus + RT\ln \frac{p_D}{p^\ominus}\right) + n_E \left(\mu_E^\ominus + RT\ln \frac{p_E}{p^\ominus}\right) + n_F \left(\mu_F^\ominus + RT\ln \frac{p_F}{p^\ominus}\right) \\
&= \left[(n_D \mu_D^\ominus + n_E \mu_E^\ominus + n_F \mu_F^\ominus) + (n_D + n_E + n_F)RT\ln \frac{p}{p^\ominus}\right] \\
&\quad + RT(n_D \ln x_D + n_E \ln x_E + n_F \ln x_F)
\end{aligned} \tag{5.5}$$

式中:p 为总压;x_B 为各气体的摩尔分数($p_B = p x_B$)。等式右方中括号中的数值相当于反应前各气体单独存在且各自的压力均为总压 p 时的 Gibbs 自由能之和,最后一项则相当于混合 Gibbs 自由能。由于 $x_B < 1$,所以该项数值小于零。

设反应从 D,E 开始,各为 1 mol,则在任何时刻

$$n_D = n_E$$
$$n_F = 2(1\text{ mol} - n_D) \quad n_F = 2(1\text{ mol} - n_D)$$

所以

$$n_D + n_E + n_F = 2\text{ mol}$$

代入式(5.5),从式中消去 n_E, n_F,得

$$G = \left[n_D(\mu_D^\ominus + \mu_E^\ominus) + 2(1\text{ mol} - n_D)\mu_F^\ominus + 2RT\ln \frac{p}{p^\ominus}\right]$$
$$+ 2RT\left[n_D \ln\left(\frac{n_D}{2\text{ mol}}\right) + (1\text{ mol} - n_D)\ln \frac{1\text{ mol} - n_D}{1\text{ mol}}\right]$$

若 $p = p^\ominus$，重排后得

$$G = [n_D(\mu_D^\ominus + \mu_E^\ominus - 2\mu_F^\ominus) + 2\mu_F^\ominus] \\ + 2RT\left[n_D \ln\left(\frac{n_D}{2\,\text{mol}}\right) + (1\,\text{mol} - n_D)\ln\frac{1\,\text{mol} - n_D}{1\,\text{mol}}\right] \quad (5.6)$$

如以 n_D 为横坐标，以 G 为纵坐标，根据公式(5.6)绘图，得图 5.2。

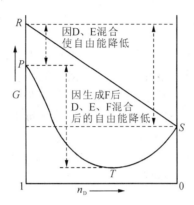

图 5.2　系统的 Gibbs 自由能在反应过程中的变化（示意图）

系统初始时，$n_D = 1\,\text{mol}$，则

$$G = 1\,\text{mol} \times (\mu_D^\ominus - \mu_E^\ominus) + 2RT\ln\frac{1}{2}$$

图中用 P 点表示，它相当于 1 mol D 和 1 mol E 刚刚混合但尚未进行反应时系统的 Gibbs 自由能，而纯 D 和纯 E 未混合前 Gibbs 自由能的总和则相当于 R 点。把 1 mol D 和 1 mol E 混合后，尚未开始反应，系统的 Gibbs 自由能就由 R 点降到 P 点，式中的 $2RT\ln\frac{1}{2}$ 则相当于 D 和 E 的混合 Gibbs 自由能。

加入 D，E 能全部进行反应而生成 F，即根据式(5.6)得

$$G = 2\,\text{mol} \times \mu_F^\ominus$$

这相当于图中 S 点。而当 n_D 在 1～0 mol 之间，根据式(5.6)绘图得到曲线 PTS。这个曲线有一个最低点。其所以有最低点，主要是由于式(5.6)中的第二项（即混合 Gibbs 自由能项）。反应一经开始，一旦有产物生成，它就参与混合，产生了具有负值的混合 Gibbs 自由能，根据等温等压下 Gibbs 自由能有最低值的原则，最低的 T 点就是平衡点。反之，如果反应从纯 F 开始，反应左向进行后系统的 Gibbs 自由能也将由 S 点降到 T 点。

如何使一个化学反应可逆地进行时，在第 3 章中我们曾介绍过 van't Hoff 平衡箱所设想的过程，系统的状态是由纯 D，纯 E 变为纯 F，此时系统的 Gibbs 自由能将沿 RS 直线变化。活塞中的 D 和 E 在反应前并未混合，反应后生成的 F 也没有和 D，E 混合。

§5.2 反应标准 Gibbs 函数变化

5.2.1 化学反应的 $\Delta_r G_m$ 与 $\Delta_r G_m^\ominus$

任意化学反应的等温方程为

$$\Delta_r G_m = \Delta_r G_m^\ominus + RT \ln Q_p$$

$\Delta_r G_m$ 表示反应的 Gibbs 函数变化，$\Delta_r G_m^\ominus$ 表示反应的标准 Gibbs 函数变化，很显然，两者的含义是不相同的。在温度和压力一定的条件下，任何化学反应的 $\Delta_r G_m^\ominus$ 都是常数，但 $\Delta_r G_m$ 不是常数，它还与各物质所处的状态——分压或浓度有关，即与 Q_p 有关。一般说来，$\Delta_r G_m^\ominus$ 的正负不能指示化学反应进行的方向，但是，实际工作中又经常应用 $\Delta_r G_m^\ominus$ 值来估计反应的方向。当 $\Delta_r G_m^\ominus$ 的绝对值很大时，一般情况下，$\Delta_r G_m$ 的正负能够与 $\Delta_r G_m^\ominus$ 一致，除非 Q_p 很大或者很小，这就意味着反应物的数量与产物的数量十分悬殊，这在实际工作中往往难以实现。例如反应：

$$Zn(s) + \frac{1}{2}O_2(g) \Longrightarrow ZnO(s)$$

25℃时，该反应的 $\Delta_r G_m^\ominus = -318.2 \text{ kJ}\cdot\text{mol}^{-1}$，欲使此反应不能进行，$Q_p$ 必须大于 6×10^{55}，即 O_2 的分压必须小于 2.8×10^{-107} Pa，才能使得反应的 $\Delta_r G_m > 0$，实际上这是不可能实现的。所以，根据此 $\Delta_r G_m^\ominus$ 的数值很容易估计到该反应能够正向进行，而且能够反应得很彻底。

同理，如果 $\Delta_r G_m^\ominus$ 为很大的正值，则在一般情况下，$\Delta_r G_m$ 大致也为正值，这就是说，在一般条件下反应不能正向进行。

如果 $\Delta_r G_m^\ominus$ 的数值不是很大时，则不论其符号如何都不能判别反应的方向，此时只有通过 Q_p 和 $K^\ominus$ 的比较，最终根据反应的 $\Delta_r G_m$ 的符号，判断反应的方向。那么，究竟 $\Delta_r G_m^\ominus$ 的数值负到多少，反应就能正向进行，正到多少，反应就不能正向进行呢？这没有严格的标准，一般说来，大约以 40 kJ·mol^{-1} 为界限，即 $\Delta_r G_m^\ominus < -40$ kJ·mol^{-1} 时，反应可以正向进行；$\Delta_r G_m^\ominus > 40$ kJ·mol^{-1} 时，反应不能正向进行。应当注意的是，上述规则都是近似的。

5.2.2 物质的标准摩尔生成 Gibbs 函数

由于 $\Delta_r G_m^\ominus$ 直接与化学平衡常数相联系，所以讨论化学平衡问题时，$\Delta_r G_m^\ominus$ 值有着特别重要的意义，现列举 $\Delta_r G_m^\ominus$ 的一些用途如下：

1. 计算反应的标准平衡常数

根据 $\Delta_r G_m = -RT\ln K_p^\ominus$，求算反应的标准平衡常数。

【例 5.1】 求算反应：

$$CO(g) + Cl_2(g) \Longrightarrow COCl_2(g)$$

在 298 K 及标准压力下的 $\Delta_r G_m^\ominus$ 和 $K^\ominus$。

解：查表可得，298 K 时，$\Delta_f G_m^\ominus(CO,g) = -137.3 \text{ kJ} \cdot \text{mol}^{-1}$，$\Delta_f G_m^\ominus(COCl,g) = -210.5 \text{ kJ} \cdot \text{mol}^{-1}$。

$Cl_2(g)$ 是稳定单质，其 $\Delta_f G_m^\ominus = 0$。所以，反应的

$$\Delta_r G_m^\ominus = [(-210.5) - (-137.3 + 0)] \text{kJ} \cdot \text{mol}^{-1} = -73.2 \text{ kJ} \cdot \text{mol}^{-1}$$

由 $\Delta_r G_m^\ominus = -RT \ln K^\ominus$，则

$$K^\ominus = \exp\left(\frac{-\Delta_r G_m^\ominus}{RT}\right) = \exp\left(\frac{73.2 \times 10^3 \text{ J} \cdot \text{mol}^{-1}}{8.314 \text{ J} \cdot \text{K}^{-1} \cdot \text{mol}^{-1} \times 298 \text{ K}}\right) = 6.78 \times 10^{12}$$

2. 从某一些反应的 $\Delta_r G_m^\ominus$ 计算另一些反应的 $\Delta_r G_m^\ominus$

例如反应：

$$C(s) + O_2(g) \longrightarrow CO_2(g) \qquad \Delta_r G_m^\ominus(1)$$

$$CO(g) + \frac{1}{2}O_2(g) \longrightarrow CO_2(g) \qquad \Delta_r G_m^\ominus(2)$$

由(1)−(2)得

$$C(s) + \frac{1}{2}O_2(g) \longrightarrow CO(g) \qquad \Delta_r G_m^\ominus(3)$$

故 $\Delta_r G_m^\ominus(3) = \Delta_r G_m^\ominus(1) - \Delta_r G_m^\ominus(2)$

反应(3)的平衡常数很难直接测定，因为在碳的氧化过程中，很难控制使碳只氧化到 CO 而不生成 CO_2。但如已知 $\Delta_r G_m^\ominus(1)$ 和 $\Delta_r G_m^\ominus(2)$ 就能求出 $\Delta_r G_m^\ominus(3)$，从而求出反应(3)的平衡常数。

值得注意的是，$\Delta_r G_m^\ominus$ 的加减关系，反映到平衡常数上就成为乘除的关系。由式

$$\Delta_r G_m^\ominus(3) = \Delta_r G_m^\ominus(1) - \Delta_r G_m^\ominus(2)$$

得

$$-RT \ln K_3^\ominus = -RT \ln K_1^\ominus - (-RT \ln K_2^\ominus)$$

所以

$$K_3^\ominus = \frac{K_1^\ominus}{K_2^\ominus}$$

$\Delta_r G_m^\ominus$ 直接联系着平衡常数和反应所能够达到的最高限度，因此，如何获得某一个反应的 $\Delta_r G_m^\ominus$ 是至关重要的。

一般说来，可有如下的几种方法：

(1) 热化学的方法：由 $\Delta_r G_m^\ominus = \Delta_r H_m^\ominus - T \Delta_r S_m^\ominus$ 来计算。我们通过热化学的方法可以测定反应的热效应，从而获得 $\Delta_r H_m^\ominus$，再通过 C_p 的测定或直接从热力学第三定律所得到的规

定熵,可以获得 $\Delta_r S_m^\ominus$,然后就能求得 $\Delta_r G_m^\ominus$。

(2) 有些反应的平衡常数易于由实验测定,从 $K^\ominus$ 可以推算 $\Delta_r G_m^\ominus$;有一些反应的 $\Delta_r G_m^\ominus$ 可以通过代数运算,求得另一些反应的 $\Delta_r G_m^\ominus$。

(3) 通过电化学的方法,设计可逆电池,使该反应在电池中进行。然后根据 $\Delta_r G_m^\ominus = -zE^\ominus F$ 来计算(式中 $E^\ominus$ 是可逆电池在标准状态时的电动势,F 是法拉第常数,z 是电池反应式中电子得失系数)这将在电化学一章中讨论。

(4) 通过标准摩尔生成 Gibbs 自由能来计算,这将在下节讨论。

(5) 由物质的微观数据,利用统计热力学提供的有关的配分函数的知识来计算 $\Delta_r G_m^\ominus$,这种方法也将在后几节中讨论。

§5.3 标准平衡常数和等温方程式

5.3.1 化学反应的等温方程

我们先以理想气体为例,推导出化学平衡的基本方程。假设反应系统中所有的反应物和产物都是气体,并且符合理想气体的行为,已知多组分理想气体中组分 B 的化学势为

$$\mu_B = \mu_B^\ominus + RT \ln \frac{p_B}{p^\ominus}$$

因为

$$\Delta_r G_m = \sum_B \nu_B \mu_B$$

所以

$$\Delta_r G_m = \sum_B \nu_B \left(\mu_B^\ominus + RT \ln \frac{p_B}{p^\ominus}\right) = \sum_B \nu_B \left(\mu_B^\ominus + RT \ln \prod_B \left(\frac{p_B}{p^\ominus}\right)^{\nu_B}\right) \quad (5.7)$$

令

$$\Delta_r G_m^\ominus = \sum_B \nu_B \mu_B^\ominus \qquad Q_p = \prod_B \left(\frac{p_B}{p^\ominus}\right)^{\nu_B}$$

则式(5.7)可以改写为

$$\Delta_r G_m = \Delta_r G_m^\ominus + RT \ln Q_p \quad (5.8)$$

式(5.8)称为理想气体反应的等温方程。$\Delta_r G_m^\ominus$ 称为化学反应的标准摩尔反应 Gibbs 函数,由于 $\mu_m^\ominus$ 只是温度的函数,因此 $\Delta_r G_m^\ominus$ 也只是温度的函数。Q_p 是给定状态下的压力熵,它与参加反应各组分的分压 p_B 有关。若参加反应的各组分都处于温度 T 的标准态,即 $p_B = 100 \text{ kPa}$,则

$$Q_p = 1, \quad \Delta_r G_m = \Delta_r G_m^\ominus$$

由此可见，$\Delta_r G_m^\ominus$ 表示参加反应的各组分都处于温度为 T 的标准态时，进行 1 mol 反应引起系统的 Gibbs 函数的变化。根据式(5.8)可以计算给定条件下的 $\Delta_r G_m$，从而可以判断在该条件下理想气体化学反应的方向以及是否达到了平衡。

已知多组分非理想气体中组分 B 的化学势为

$$\mu_B = \mu_B^\ominus + RT \ln \frac{f_B}{p^\ominus}$$

因为
$$\Delta_r G_m = \sum_B \nu_B \mu_B$$

所以
$$\Delta_r G_m = \Delta_r G_m^\ominus + RT \ln Q_f \tag{5.9}$$

式中：$\Delta_r G_m^\ominus$ 同样仅是温度的函数；Q_f 是给定状态下的逸度熵，它与参加反应各组分的逸度 f_B 有关，即

$$Q_f = \prod_B \left(\frac{f_B}{p^\ominus}\right)^{\nu_B} \tag{5.10}$$

由上式可计算给定条件下的 $\Delta_r G_m$，从而可以判断在该条件下非理想气体化学反应的方向以及是否达到平衡。

5.3.2 标准平衡常数

标准平衡常数 $K^\ominus$ 的定义如下：

$$K^\ominus \xrightarrow{\text{def}} e^{-\Delta_r G_m^\ominus / RT} \tag{5.11}$$

或
$$-RT \ln K^\ominus = \Delta_r G_m^\ominus \tag{5.12}$$

将式(5.12)代入式(5.8)中，得

$$\Delta_r G_m = -RT \ln K^\ominus + RT \ln Q_p \tag{5.13}$$

若 $K^\ominus > Q_p$，则 $\Delta_r G_m < 0$，反应自发向右进行；
若 $K^\ominus < Q_p$，则 $\Delta_r G_m > 0$，反应自发向左进行；
若 $K^\ominus = Q_p$，则 $\Delta_r G_m = 0$，反应达平衡。

由此可以看出，通过比较 $K^\ominus$ 和 Q_p 的相对大小可以判断化学反应的方向和平衡。当反应达到平衡时，$\Delta_r G_m = 0$，由式(5.13)可得

$$-RT \ln K^\ominus + RT \ln (Q_p)_{\text{平衡}} = 0$$

或

$$K^\ominus = (Q_p)_{\text{平衡}} = \left[\prod_B \left(\frac{p_B}{p^\ominus}\right)^{\nu_B}\right]_{\text{平衡}} \tag{5.14}$$

即理想气体反应的标准平衡常数等于平衡时的分压商。因 $\Delta_r G_m^\ominus$ 只与温度有关,故理想气体反应的标准平衡常数也只与温度有关。

从非理想气体反应的等温方程(5.9)式出发,同样可以推导出非理想气体反应的标准平衡常数:

$$K_f^\ominus = (Q_f)_{平衡} = \left[\prod_B \left(\frac{f_B}{p^\ominus}\right)^{\nu_B}\right]_{平衡} \tag{5.15}$$

§5.4 平衡常数的各种表示法

当系统到达平衡时,各种物质的量不再变化,对于气体的反应系统,其"逸度熵"应有定值,对于理想气体,"逸度熵"等于"压力熵",则有 $K_p^\ominus = K_f^\ominus$,即

$$K_p^\ominus = K_f^\ominus = \frac{\left(\frac{p_G}{p^\ominus}\right)^g \left(\frac{p_H}{p^\ominus}\right)^h}{\left(\frac{p_D}{p^\ominus}\right)^d \left(\frac{p_E}{p^\ominus}\right)^e} = \frac{p_G^g p_H^h}{p_D^d p_E^e}(p^\ominus)^{-\sum_B \nu_B} \tag{5.16}$$

式中 $\sum_B \nu_B$ 是反应前后计量系数的代数和。如令

$$K_p = \frac{p_G^g p_H^h}{p_D^d p_E^e} \tag{5.17}$$

则式(5.16)可写为 $K_p = (p^\ominus)^{-\sum_B \nu_B}$。

$K_p^\ominus$ 是标准平衡常数,是量纲为1的量,而 K_p 称为经验平衡常数,并非总是量纲一的量,只有当 $\sum_B \nu_B = 0$ 时,其单位为1。根据标准热力学函数所算得的平衡常数则是前者,书写时在右上角加符号"$\ominus$"以示区别。除了单位之外,标准平衡常数与经验平衡常数在 $\sum_B \nu_B \neq 0$ 时,数值不同。因为标准态的压力 $p^\ominus$ 的数值并不等于1,而是 100 kPa,所以当 $\sum_B \nu_B \neq 0$ 时,$K_p^\ominus$ 与 $K_f^\ominus$ 的数值也不相等。

气相反应的经验平衡常数有下列几种表示方法:

1. 用压力表示的平衡常数 K_p

已知 $K_f^\ominus = \dfrac{\left(\frac{f_G}{p^\ominus}\right)_e^g \left(\frac{f_H}{p^\ominus}\right)_e^h \cdots}{\left(\frac{f_D}{p^\ominus}\right)_e^d \left(\frac{f_E}{p^\ominus}\right)_e^e \cdots} = \dfrac{\left(\frac{p_G}{p^\ominus}\right)^g \left(\frac{p_H}{p^\ominus}\right)^h \cdots}{\left(\frac{p_D}{p^\ominus}\right)^d \left(\frac{p_E}{p^\ominus}\right)^e \cdots} \dfrac{\gamma_G^g \gamma_H^h \cdots}{\gamma_D^d \gamma_E^e \cdots} = K_p \cdot K_\gamma (p^\ominus)^{-\sum_B \nu_B}$ (5.18)

式中
$$K_p = \frac{K_f^\ominus}{K_\gamma (p^\ominus)^{-\sum_B \nu_B}} \quad (5.19)$$

$$K_p = \prod_B p_B^{\nu_B} \quad K_\gamma = \prod_B \gamma_B^{\nu_B} \quad (5.20)$$

由于
$$\sum_B \nu_B \mu_B^\ominus(T) = \Delta_r G_m^\ominus(T) = -RT\ln K_f^\ominus$$

式中 $\mu_B^\ominus(T)$ 仅是温度 T 的函数,所以气相反应的 $K_f^\ominus$ 也只是温度的函数,但由于 K_γ 与 T, p 有关,所以 K_p 也与温度、压力有关。但在压力不大的情况下,$\gamma_B \approx 1$,所以 K_p 也可以看作只与温度有关。

2. 用摩尔分数表示平衡常数 K_x

对于理想气体混合物,$p_B = px_B$,因此

$$K_x = \frac{x_G^g x_H^h \cdots}{x_D^d x_E^e \cdots} = \frac{\left(\dfrac{p_G}{p}\right)^g \left(\dfrac{p_H}{p}\right)^h \cdots}{\left(\dfrac{p_D}{p}\right)^d \left(\dfrac{p_E}{p}\right)^e \cdots} = K_p \cdot p^{-\sum_B \nu_B} \quad (5.21)$$

由式(5.21)可见,即使把 K_p 看成只是温度的函数,K_x 一般仍与 T, p 有关。

3. 用物质的量浓度表示平衡常数 K_c

$$K_c = \frac{c_G^g c_H^h \cdots}{c_D^d c_E^e \cdots} \quad (5.22)$$

对于理想气体 $p = cRT$,所以

$$K_p = \frac{p_G^g p_H^h \cdots}{p_D^d p_E^e \cdots} = \frac{(c_G RT)^g (c_H RT)^h \cdots}{(c_D RT)^d (c_E RT)^e \cdots} = K_c (RT)^{\sum_B \nu_B} \quad (5.23)$$

由此可知,对于理想气体 K_c 也只是温度的函数。

液相(或固相)反应的平衡常数表示式与气相反应类似,但由于液体的标准态和气体不同,所以平衡常数的表示式也略有差异,有如下几种表示式。

$$K_a = \prod_B a_B^{\nu_B} \quad (5.24)$$

严格地说,液相反应的 K_a 应是 T, p 的函数,只是由于忽略了压力对液体化学势的影响,才近似看作 K_a 只是温度的函数,它也是量纲一的量。

液相反应的平衡常数也可用 K_c, K_m 或 K_x 表示,例如:

$$K_c = \prod_B c_B^{\nu_B}$$

$$K_m = \prod_B m_B^{\nu_B}$$

$$K_x = \prod_B x_B^{\nu_B}$$

这些平衡常数除 K_x 外，K_c 和 K_m 也并非总是量纲一的量。

应该指出，平衡常数的数值与反应式的写法有关。例如：

$$\frac{1}{2}H_2(g) + \frac{1}{2}I_2(g) \rightleftharpoons HI(g)$$

设其平衡常数为 K_p，若写作

$$H_2(g) + I_2(g) \rightleftharpoons 2HI(g)$$

则平衡常数为 K'_p。显然

$$K'_p = K_p^2$$

因此，对于同一平衡反应，反应式写法不同，其 K_p 值也不同。

§5.5 平衡常数的实验测定

运用热力学数据求算标准平衡常数，再根据标准平衡常数进而求算平衡系统混合物的组成，这是平衡常数最常见的应用，反过来，通过平衡系统混合物组成的实验测定，可以计算标准平衡常数，进而求算热力学数据，这也是平衡常数的重要应用之一。由标准平衡常数求算反应的 $\Delta_r G_m^\ominus$ 并不困难，关键在于如何通过实验测定标准平衡常数。

实验测定平衡常数的方法可分为物理方法和化学方法两大类：物理方法是测定平衡系统的物理性质，如折光率、电导率、颜色、密度、压力和体积等，然后导出平衡常数；化学方法是直接测定平衡系统的组成，然后根据平衡常数表达式计算平衡常数。无论采用哪种方法，首先都应判明反应系统是否确已达到平衡，而且在实验测定过程中必须保持平衡不会受到扰动。

【例 5.2】 某体积可变的容器中放入 1.564 g N_2O_4 气体，此化合物在 298 K 时部分解离。实验测得在标准压力下，容器的体积为 0.485 dm³。求 N_2O_4 的解离度 α 及解离反应的 $K^\ominus$ 和 $\Delta_r G_m^\ominus$。

解：N_2O_4 解离反应为

$$N_2O_4(g) \rightleftharpoons 2NO_2(g)$$

设反应前的物质的量：　　　n　　　　　0
平衡时的物质的量：　　$n(1-\alpha)$　　　$2n\alpha$

其中 α 为 N_2O_4 的解离度，N_2O_4 的摩尔质量 $M = 92.0 \text{ g} \cdot \text{mol}^{-1}$，所以反应前 N_2O_4 的物质的量为

$$n = \frac{1.564}{92.0} = 0.017(\text{mol})$$

解离平衡时系统内总的物质的量为 $n_\text{总}=n(1-\alpha)+2n\alpha=n(1+\alpha)$

设系统内均为理想气体,由其状态方程:

$$pV = n_\text{总} RT = n(1+\alpha)RT$$

所以,N_2O_4 的解离度:

$$\alpha = \frac{pV}{nRT} - 1 = \frac{101325 \times 0.485 \times 10^{-3}}{0.017 \times 8.314 \times 298} - 1 = 0.167$$

$$K_n = \frac{n_{NO_2}^2}{n_{N_2O_4}} = \frac{(2n\alpha)^2}{n(1-\alpha)} = \frac{4n\alpha^2}{1-\alpha}$$

$$K^\ominus = K_n \left(\frac{p}{n_\text{总} p^\ominus}\right)^{\Delta\nu} = \frac{4n\alpha^2}{1-\alpha} \cdot \frac{1}{n(1+\alpha)} = \frac{4\alpha^2}{1-\alpha^2}$$

$$= \frac{4 \times (0.167)^2}{1-(0.167)^2} = 0.115$$

$$\Delta_r G_m^\ominus = -RT\ln K^\ominus = (-8.314 \times 298 \times \ln 0.115)\text{J} \cdot \text{mol}^{-1}$$

$$= 5.36 \times 10^3 \text{ J} \cdot \text{mol}^{-1}$$

查表可得,298 K 时,$\Delta_f G_m^\ominus(NO_2,g)=51.84 \text{ kJ} \cdot \text{mol}^{-1}$,$\Delta_f G_m^\ominus(N_2O_4,g)=98.286 \text{ kJ} \cdot \text{mol}^{-1}$。由标准生成 Gibbs 函数 $\Delta_f G_m^\ominus$ 计算解离反应:

$$\Delta_r G_m^\ominus = (2 \times 51.84 - 98.286)\text{kJ} \cdot \text{mol}^{-1} = 5.394 \times 10^3 \text{ J} \cdot \text{mol}^{-1}$$

由标准平衡常数算得的 $\Delta_r G_m^\ominus$ 与此值吻合甚好。

由此可见,对于反应前后分子数不同的气相反应,可以通过定压条件下体积或密度的变化,或者定容条件下的压力变化来测定平衡常数。但是,对于反应前后分子数不变的气相反应,或者溶液中的反应,就不能够依据体积或者压力的变化来测定平衡常数。总之,平衡常数的实验测定方法是各式各样的,究竟使用哪一种,这要分析具体反应的特点,选择最适当最简便的方法。

§5.6 复相平衡

设有某一化学反应,已知其平衡条件是

$$\sum_{B=1}^{N} \nu_B \mu_B = 0$$

在 N 种参加反应的物质中,设有 n 种是气体,其余的是凝聚相(纯固体或纯液体),并且如果

凝聚相均处于纯态，不形成固溶体或溶液。若把气态物质与凝聚相分开书写，则平衡条件可以写为

$$\sum_{B=1}^{n} \nu_B \mu_B + \sum_{B=n+1}^{N} \nu_B \mu_B = 0$$

其中，$(1-n)$ 为气相，$(n+1-N)$ 为凝聚相。若气体的压力不大，可当作理想气体，则 $\mu_B = \mu_B^{\ominus}(T) + RT\ln\left(\dfrac{p_B}{p^{\ominus}}\right)$，代入上式后得

$$\sum_{B=1}^{n} \nu_B \mu_B^{\ominus} + RT \sum_{B=1}^{n} \ln\left(\dfrac{p_B}{p^{\ominus}}\right)^{\nu_B} + \sum_{B=n+1}^{N} \nu_B \mu_B = 0$$

或

$$\sum_{B=1}^{n} \nu_B \mu_B^{\ominus} + RT \prod_{B=1}^{n} \ln\left(\dfrac{p_B}{p^{\ominus}}\right)^{\nu_B} + \sum_{B=n+1}^{N} \nu_B \mu_B = 0$$

令 $K'_p \equiv \prod\limits_{B=1}^{n} \left(\dfrac{p_B}{p^{\ominus}}\right)^{\nu_B}$，得

$$-RT\ln K'_p = \sum_{B=1}^{n} \nu_B \mu_B^{\ominus} + \sum_{B=n+1}^{N} \nu_B \mu_B$$

等式右方的第一项是指温度 T 时的标准状态下气体的化学势；第二项是凝聚相在指定 T,p 下的化学势，由于凝聚相的化学势随压力的变化不大，并且如果凝聚相均处于纯态，不形成固溶体或溶液，则 $\mu_B \approx \mu_B^{\ominus}$（$\mu_B^{\ominus}$ 是纯凝聚相在标准压力 $p^{\ominus}$ 下的化学势），所以上式可写为

$$-RT\ln K_p^{\ominus} = \Delta_r G_m^{\ominus} = \sum_{B=1}^{N} \nu_B \mu_B^{\ominus} \tag{5.25}$$

上式等号右方中的 $\mu_B^{\ominus}$ 全部是纯态在标准状态下的化学势（其中包括气态和凝聚态），在定温下有定值，即

$$K_p^{\ominus}(T) = \prod_{B} \left(\dfrac{p_B}{p^{\ominus}}\right)^{\nu_B} = 常数 \tag{5.26}$$

例如，对于反应

$$CaCO_3(s) \Longrightarrow CaO(s) + CO_2(g)$$

$$K_p^{\ominus} = \dfrac{p_{CO_2}}{p^{\ominus}}$$

其经验平衡常数可写为

$$K_p = p_{CO_2} \tag{5.27}$$

由此可见，当有凝聚相参加反应时，经验平衡常数的表示式更为简单。在平衡常数的表

示式中均不出现凝聚相。但如根据 $\Delta_r G_m^\ominus$ 计算反应的平衡常数时,则应把凝聚相考虑进去。上述讨论只限于各凝聚相处于纯态者,倘若有固溶体或溶液生成,则其 μ_B 不仅与 T、p 有关,并且还需要考虑到所形成固溶体的浓度因素。

式(5.27)中的压力又称为解离压力(dissociation pressure),在定温下有定值。当环境中的 CO_2 的分压小于解离压力时,反应正向进行;当 CO_2 的分压大于解离压力时,反应逆向进行。若分解产物不止一种,则产物的总压称为解离压力。例如 NH_4HS 的分解:

$$NH_4HS(s) \rightleftharpoons NH_3(g) + H_2S(g)$$

总压 $p = p_{NH_3} + p_{H_2S}$,因为 $p_{NH_3} = p_{H_2S}$,所以

$$K_p = p_{NH_3} \cdot p_{H_2S} = \left(\frac{p}{2}\right)\left(\frac{p}{2}\right) = \frac{p^2}{4}$$

设气体为理想气体,则有

$$K_p^\ominus = \frac{p_{NH_3}}{p^\ominus} \cdot \frac{p_{H_2S}}{p^\ominus} = \frac{1}{4}\left(\frac{p}{p^\ominus}\right)^2$$

§5.7 温度对平衡常数的影响

根据第 3 章中曾讨论过的 Gibbs-Helmholtz 方程,若参加反应的物质均处于标准态,则应有

$$\frac{d\left(\frac{\Delta_r G_m^\ominus}{T}\right)}{dT} = -\frac{\Delta_r H_m^\ominus}{T^2} \tag{5.28}$$

把 $\Delta_r G_m^\ominus = -RT\ln K^\ominus$ 代入上式,得

$$\frac{d\ln K^\ominus}{dT} = \frac{\Delta_r H_m^\ominus}{RT^2} \tag{5.29}$$

式中 $\Delta_r H_m^\ominus$ 是个物质均处于标准态,反应进度为 1 mol 时的焓变值。

由此可见,对于吸热反应,$\Delta_r H_m^\ominus > 0$,$\frac{d\ln K^\ominus}{dT} > 0$,即 $K^\ominus$ 随温度的上升而增大,增加温度对正反应有利。对于放热反应,$\Delta_r H_m^\ominus < 0$,$\frac{d\ln K^\ominus}{dT} < 0$,即 $K^\ominus$ 随温度上升而减小,升温对正向反应不利。

式(5.29)的积分,可分两种情况:

(1) 若温度的变化不大，$\Delta_r H_m^\ominus$ 可以看作与温度无关的常数，由此得

$$\ln \frac{K^\ominus(T_2)}{K^\ominus(T_1)} = \frac{\Delta_r H_m^\ominus}{R}\left(\frac{1}{T_1} - \frac{1}{T_2}\right) \tag{5.30}$$

若作不定积分

$$\ln K^\ominus = \frac{-\Delta_r H_m^\ominus}{RT} + I' \tag{5.31}$$

式中 I' 是积分常数，只要知道某一个温度的 $K^\ominus$ 及 $\Delta_r H_m^\ominus$ 就能求出常数 I'。

(2) 若温度的变化间隔较大，则必须考虑 $\Delta_r H_m^\ominus$ 与 T 的关系。

已知

$$\Delta_r H_m^\ominus(T) = \Delta H_0 + \int \Delta C_P \mathrm{d}T$$

$$= \Delta H_0 + \Delta a T + \frac{1}{2}\Delta b T^2 + \frac{1}{3}\Delta c T^3 + \cdots \tag{5.32}$$

ΔH_0 是积分常数，代入式(5.29)后得

$$\frac{\mathrm{d}\ln K^\ominus}{\mathrm{d}T} = \frac{\Delta H_0}{RT^2} + \frac{\Delta a}{RT} + \frac{\Delta b}{2R} + \frac{\Delta c}{3R}T + \cdots$$

移项积分，得

$$\ln K^\ominus = \left(\frac{-\Delta H_0}{R}\right)\frac{1}{T} + \frac{\Delta a}{R}\ln T + \frac{\Delta b}{2R}T + \frac{\Delta c}{6R}T^2 + \cdots + I \tag{5.33}$$

式中 I 是积分常数。把 $\Delta_r G_m^\ominus = -RT\ln K^\ominus$ 的关系式代入上式，又可得 $\Delta_r G_m^\ominus$ 与温度关系的公式：

$$\Delta_r G_m^\ominus = \Delta H_0 - \Delta a T\ln T - \frac{\Delta b}{2}T^2 - \frac{\Delta c}{6}T^3 + \cdots - IRT \tag{5.34}$$

在 298.15 K 时反应的 $\Delta_r G_m^\ominus$ 由摩尔生成 Gibbs 自由能的表得到，代入式(5.34)，就能求出积分常数 I。若已知 I 和 ΔH_0，则自式(5.33)和式(5.34)可以求得在一定温度范围内任何温度时的 $\Delta_r G_m^\ominus$ 或 $K^\ominus$。

对于低压下的气相反应来说 $K^\ominus = K_p^\ominus$，所以式(5.33)也代表 $K_p^\ominus$ 与温度的关系。又因 $K_p^\ominus = K_c^\ominus \left(\frac{c^\ominus RT}{p^\ominus}\right)^{\sum_B \nu_B}$，所以

$$\frac{\mathrm{d}\ln K^\ominus}{\mathrm{d}T} = \frac{\mathrm{d}\ln K_c^\ominus}{\mathrm{d}T} + \frac{\sum_B \nu_B}{T}$$

代入式(5.29)还可得到

$$\frac{\mathrm{d}\ln K^\ominus}{\mathrm{d}T} = \frac{\Delta_r U_m}{RT^2} \tag{5.35}$$

§5.8 其他因素对平衡常数的影响

5.8.1 压力对化学平衡的影响

在本节中仅以理想气体混合物系统为例，讨论压力对化学平衡的影响。对于理想气体混合物，已知 $K_f^\ominus = K_p^\ominus$，且

$$\ln K_p^\ominus = -\frac{\sum\limits_B \nu_B \mu_B^\ominus(T)}{RT}$$

$$K_p^\ominus = K_c^\ominus \left(\frac{c^\ominus RT}{p^\ominus}\right)^{\sum\limits_B \nu_B} = K_x \left(\frac{p}{p^\ominus}\right)^{\sum\limits_B \nu_B}$$

所以

$$\left(\frac{\partial \ln K_p^\ominus}{\partial p}\right)_T = 0, \quad \left(\frac{\partial \ln K_c^\ominus}{\partial p}\right)_T = 0$$

$$\left(\frac{\partial \ln K_x}{\partial p}\right)_T = -\frac{\sum\limits_B \nu_B}{p} = -\frac{\Delta V_m}{RT} \tag{5.36}$$

由此可见，定温下 $K_p^\ominus$ 和 $K_c^\ominus$ 均与压力无关。但 K_x 随压力而改变，也就是说平衡点随压力而移动。当 $\sum\limits_B \nu_B < 0$ 时，$\left(\frac{\partial \ln K_x}{\partial p}\right)_T > 0$，$K_x$ 随 p 的增加而增加，即加压时反应将右移；反之，若 $\sum\limits_B \nu_B > 0$ 时，则加压反应左移。总之压力增加时，反应向体积缩小的方向进行。

对于凝聚相中进行的反应，若凝聚相彼此没有混合，都处于纯态（固相反应常是如此），则由

$$\left(\frac{\partial \mu_B^*}{\partial p}\right)_T = V_m^*(B)$$

得

$$\left(\frac{\partial \Delta \mu_B^*}{\partial p}\right)_T = \Delta V_m^*(B)$$

因此

$$\left(\frac{\partial \ln K_a}{\partial p}\right)_T = -\frac{\Delta V_m^*(B)}{RT} \tag{5.37}$$

若 $\Delta V_m^* > 0$，则增加压力对于正向反应不利；若 $\Delta V_m^* < 0$，则增加压力对于正向反应有利。

对于凝聚相来说，由于 ΔV_m^* 的数值一般不大，所以在一定温度下，当压力变化不大时，反应的 K_a 可以看作与压力无关，但如压力变化很大，压力的影响就不能忽略（参阅下面例题）。

【例 5.3】 在某温度及标准大气压 $p^\ominus$ 下 $N_2O_4(g)$ 有 0.5（摩尔分数）分解成 $NO_2(g)$，若压力扩大 10 倍，则 $N_2O_4(g)$ 的解离分数为多少？

解：
$$N_2O_4(g) \Longrightarrow 2NO_2(g)$$
$$1-0.50 \qquad 2\times 0.50 \qquad n_{总}=1+0.50$$

因为 $\sum_B \nu_B = 1$，对式(5.36)做移项积分后，得

$$\ln \frac{K_x(10)}{K_x(1)} = \ln \frac{1}{10}$$

已知 $K_x(1) = 1.33$，则

$$K_x(10) = 0.133$$

设 α 为增加压力后 N_2O_4 的解离度，则

$$0.133 = \frac{4\alpha^2}{1-\alpha^2}$$

解得

$$\alpha = 0.188$$

可见增加压力不利于 N_2O_4 的解离。

【例 5.4】 已知 C(金刚石)与 C(石墨)在 298.15 K 时的 $\Delta_f G_m^\ominus$ 分别为 $2.87\ \text{kJ}\cdot\text{mol}^{-1}$ 和 0，又已知 298.15 K 及标准压力 $p^\ominus$ 时两者的密度分别为 $3.513\times 10^3\ \text{kg}\cdot\text{m}^{-3}$ 和 $2.260\times 10^3\ \text{kg}\cdot\text{m}^{-3}$，试问：

(1) 在 298.15 K 和 $p^\ominus$ 压力下，石墨与金刚石何者较为稳定？

(2) 在 298.15 K 时需要多大的压力才能使石墨转变为金刚石？

解：(1) C(石墨) $\Longrightarrow$ C(金刚石)

$$\Delta_{trs} G_m^\ominus(298.15\ \text{K}) = (2.87-0)\ \text{kJ}\cdot\text{mol}^{-1} = 2.87\ \text{kJ}\cdot\text{mol}^{-1}$$

这说明，在室温及常压下，石墨较为稳定。下标"trs"（是 transiting 的缩写）表示晶型转化。

(2) $\left(\dfrac{\partial \Delta G_m}{\partial p}\right)_T = \Delta V_m$

$$\Delta G_m(p) - \Delta G_m(p^\ominus) = \int_{p^\ominus}^{p} \Delta V_m \mathrm{d}p = \Delta V_m(p-p^\ominus)$$

$$\Delta_{trs} G_m(p) = \Delta_{trs} G_m(p^\ominus) + \Delta V_m(p-p^\ominus)$$

$$= 2.87\ \text{kJ}\cdot\text{mol}^{-1} + \left[\left(\frac{12.011}{3.513} - \frac{12.011}{2.260}\right)\times 10^{-6}\ \text{m}^3\cdot\text{mol}^{-1}\right]$$

$$\times (p-100\ \text{kPa})$$

如令 $\Delta_{trs}G_m(p)<0$,则解得 $p>1.52\times10^9$ Pa,约相当于大气压力的 15 000 倍,这表明在高压下,石墨有可能变为金刚石,这一预测现在已成为现实。

5.8.2 惰性气体对化学平衡的影响

惰性气体的存在并不影响平衡常数,但却能影响气相反应中的平衡组成,即可使平衡组成发生移动。

在实际生产过程中,原料气中常混有不参加反应的惰性气体,例如在合成氨的原料气中常含有 Ar,CH_4 等气体,在 SO_2 的转化反应中,需要的是氧气,而通入的是空气,多余的 N_2 不参加反应,就成为反应系统中的惰性气体,这些惰性气体虽不参加反应,但却常能影响平衡的移动。

当温度和压力都一定时,由

$$K^{\ominus} = K_n \cdot \left(\frac{p}{p^{\ominus}\Sigma n_B}\right)^{\Delta\nu}$$

$\Delta\nu=0$,充入惰性气体即增大 $n_{总}$,不影响 K_n;

$\Delta\nu>0$,充入惰性气体,K_n 增大,产物的物质的量增大;

$\Delta\nu<0$,充入惰性气体,K_n 减小,产物的物质的量减小。

【例 5.5】 工业上乙苯脱氢制苯乙烯

$$C_6H_5CH_2CH_3(g) \Longleftrightarrow C_6H_5CHCH_2(g) + H_2(g)$$

已知 627℃时,$K^{\ominus}=1.49$。试求算在此温度及标准压力时乙苯的平衡转化率;若用水蒸气与乙苯的物质的量之比为 10 的原料气,结果又将如何?

解:取 1 mol 乙苯为系统,设平衡转化率为 x,平衡时系统的组成为

$$C_6H_5CH_2CH_3(g) \Longleftrightarrow C_6H_5CHCH_2(g) + H_2(g) \quad H_2O(g)$$

物质的量 $\quad 1-x \quad\quad\quad\quad x \quad\quad\quad\quad x \quad\quad\quad n$

$n_{总}=1+x+n$, $\Delta\nu=1$

$$K^{\ominus} = K_n\left(\frac{p}{n_{总}p^{\ominus}}\right)^{\Delta\nu}$$

$$= \frac{x^2}{1-x} \cdot \frac{1}{1+x+n} = 1.49$$

不充入水蒸气时,$n=0$,所以 $\dfrac{x^2}{1-x^2}=1.49$

$$x = 0.774 = 77.4\%$$

当 $x=10$ mol 时,则

$$\frac{x^2}{(1-x)(11+x)} = 1.49$$

$$x = 0.949 = 94.9\%$$

显然，在常压下充入水蒸气可以明显地提高乙苯的平衡转化率。

§5.9 同时平衡及反应的耦合

5.9.1 同时平衡

当包含多个化学反应的系统达到平衡时，所有的化学反应达到平衡，这称为化学反应的同时平衡。在处理包含多个化学反应的系统同时平衡问题时，首先必须确定系统内有多少个独立的化学反应。例如，已知一个反应系统中有两个化学反应：

$$CH_3Cl(g) + H_2O(g) \Longrightarrow CH_3OH(g) + HCl(g) \qquad (1)$$

$$2CH_3OH(g) \Longrightarrow (CH_3)_2O(g) + H_2O(g) \qquad (2)$$

由(1)+(2)还可以得出反应(3)：

$$CH_3Cl(g) + CH_3OH(g) \Longrightarrow (CH_3)_2O(g) + HCl(g) \qquad (3)$$

上面的反应系统看起来有三个反应，但若把反应(1)和(2)作为独立反应，则反应(3)可由反应(1)+(2)线性组合得到，因此反应(3)就不是独立的，也就是说系统只有两个反应是独立的。在同时平衡系统内，每一个独立反应有一个反应进度，一个组分无论参加多少个化学反应，在反应系统内只有一个浓度。当反应系统达到化学平衡时，每个独立反应达到平衡，而每个组分的平衡浓度必须同时满足各个独立反应的平衡常数表达式。

【例5.6】若在抽空的容器中放入固态NH_4I，并加热到402.5℃，开始仅有NH_3和HI生成，并且压力在94 kPa时停留一段时间保持不变，然后HI逐渐地离解为$H_2(g)$和$I_2(g)$。试求最后的平衡压力及NH_3、HI、I_2和H_2的分压。已知纯HI的解离度为21.5%，容器内一直有固态NH_4I存在。

解：最后平衡时系统内有两个独立的化学反应：

$$NH_4I(s) \Longrightarrow NH_3(g) + HI(g) \qquad ①$$

$$2HI(g) \Longrightarrow H_2(g) + I_2(g) \qquad ②$$

先求这两个反应单独达到平衡时的$K^\ominus$。平衡时反应①有$p_{NH_3} = p_{HI} = \dfrac{p}{2}$，得

$$K_1^\ominus = \left(\dfrac{p_{NH_3}}{p^\ominus}\right)\left(\dfrac{p_{HI}}{p^\ominus}\right) = \left(\dfrac{p}{2p^\ominus}\right)^2 = \left(\dfrac{94}{2\times 100}\right)^2 = 0.221$$

平衡时设反应②的解离度为α，得

$$K_2^\ominus = K_n = \frac{\alpha^2}{[2(1-\alpha)]^2} = \frac{0.215^2}{[2(1-0.215)]^2} = 0.0188$$

两个反应同时平衡时,设平衡时 $NH_3(g)$ 的分压为 x,$H_2(g)$ 的分压为 y,得

$$NH_4I(s) \rightleftharpoons NH_3(g) + HI(g)$$
$$ x x-2y$$

$$2HI(g) \rightleftharpoons H_2(g) + I_2(g)$$
$$x-2y y y$$

$$K_1^\ominus = \left(\frac{x}{p^\ominus}\right)\left(\frac{x-2y}{p^\ominus}\right) \qquad ③$$

$$K_2^\ominus = \frac{y^2}{(x-2y)^2} \qquad ④$$

将③两边同时平方再乘以④,得

$$x^2 y^2 = K_1^{\ominus 2} K_2^\ominus p^{\ominus 4}$$

即

$$x = K_1^\ominus p^{\ominus 2} \sqrt{K_2^\ominus}/y \qquad ⑤$$

将⑤代入③,得

$$x = p^\ominus (K_1^\ominus + 2K_1^\ominus \sqrt{K_2^\ominus})^{1/2} = 53.06 \text{ kPa}$$

将 $x=53.06$ kPa 代入③,解出 $y=8.81$ kPa,所以

$p_{NH_3} = 53.06$ kPa,$p_{HI} = x-2y = 35.44$ kPa,$p_{H_2} = p_{I_2} = 8.81$ kPa

$p = p_{NH_3} + p_{HI} + p_{H_2} + p_{I_2} = x + (x-2y) + 2y = 2x = 106.12$ (kPa)

5.9.2 反应的耦合

设系统中发生两个化学反应,若一个反应的产物在另一个反应中是反应物之一,则我们说这两个反应是耦合的(coupling)。在耦合反应(coupled reaction)中某一反应可以影响另一个反应的平衡位置,甚至使原先不能单独进行的反应得以通过另外的途径而进行,如

反应(1) $A + B \rightleftharpoons C + D$

反应(2) $C + E \rightleftharpoons F + H$

如果反应(1)的 $\Delta_r G_{m,1}^\ominus \gg 0$,则平衡常数 $K_1 \ll 1$,设若 D 是我们所要的产品,则从上述反应所得到的 D 必然很少(甚至在宏观上可以认为反应是不能进行的)。若反应(2)的 $\Delta_r G_{m,2}^\ominus \ll 0$,甚至可以抵消 $\Delta_r G_{m,1}^\ominus$ 而有余,则反应(3)[反应(1)+反应(2)]是可以进行的(应该注意,这里讨论的都是 $\Delta_r G_m^\ominus$ 而不是 $\Delta_r G_m$)。

反应(3) $A + B + E \rightleftharpoons F + H + D$

$$\Delta_r G_{m,3}^{\ominus} = \Delta_r G_{m,1}^{\ominus} + \Delta_r G_{m,2}^{\ominus} < 0$$

好像是由于反应(2)的 $\Delta_r G_m^{\ominus}$ 有很大的负值,把反应(1)"带动"起来了。

例如,若用下式从 TiO_2 来制备 $TiCl_4$。

$$TiO_2(s) + 2Cl_2(g) = TiCl_4(l) + O_2(g) \qquad ①$$

$$\Delta_r G_m^{\ominus}(298\ K) = 161.94\ kJ \cdot mol^{-1}$$

$\Delta_r G_m^{\ominus}(298\ K)$ 是很大的正值,说明生成 $TiCl_4$ 的可能性是极小的或产量几乎是可以忽略不计的。提高温度虽有利于右向反应,但也不会有多大的改进。如果与反应②耦合,即

$$C(s) + O_2(g) = CO_2(g) \qquad ②$$

$$\Delta_r G_m^{\ominus}(298\ K) = -394.38\ kJ \cdot mol^{-1}$$

则反应①+②得

$$C(s) + TiO_2(s) + 2Cl_2(g) = TiCl_4(l) + CO_2(g) \qquad ③$$

$$\Delta_r G_m^{\ominus}(298\ K) = -232.44\ kJ \cdot mol^{-1}$$

反应③的 $\Delta_r G_m^{\ominus}(298\ K) \ll 0$,因此这个反应在宏观上就是可能的了。

又例如,乙苯脱氢反应:

$$C_8H_{10}(g) = C_8H_8(g) + H_2(g) \qquad ④$$

在 298 K 时, $\qquad K_p^{\ominus} = 2.7 \times 10^{-15}$

$$C_8H_{10}(g) + \frac{1}{2}O_2(g) = C_8H_8(g) + H_2O(g) \qquad ⑤$$

在 298 K 时, $\qquad K_p^{\ominus} = 2.9 \times 10^{25}$

由此可见,反应④几乎觉察不出苯乙烯的出现,而反应⑤则可以几乎完全反应为苯乙烯,试分析下面的反应:

$$H_2(g) + \frac{1}{2}O_2(g) = H_2O(g) \qquad ⑥$$

这个反应的 $\Delta_r G_m^{\ominus}(298\ K) = -228.59\ kJ \cdot mol^{-1}$, $K_p^{\ominus} = 1.26 \times 10^{40}$。

反应⑤可以看作是反应④和反应⑥耦合的结果。

这种方法在尝试设计新的合成路线时,常常是很有用的。类似的例子很多,如从丙烯生产丙烯腈的反应:

$$CH_2=CH-CH_3 + NH_3 = CH_2=CH-CN + 3H_2$$

这个反应的产率是很低的,但丙烯氨氧化制丙烯腈的产率却很高。

$$CH_2=CH-CH_3 + NH_3 + \frac{3}{2}O_2 = CH_2=CH-CN + 3H_2O$$

这可以看成是前一个反应与反应 $3H_2 + \frac{3}{2}O_2 \Longrightarrow 3H_2O$ 耦合的结果,这是当前制取丙烯腈最经济的方法。烯烃氧化脱氢制二烯烃,烷烃氧化脱氢制烯烃和二烯烃也都可以看成是耦合反应的运用。

耦合反应在生物体中占有重要的位置。糖类物质是自然界中分布最广的有机物之一,作为能源和碳源,是生物体内的重要成分,一切生物都有使糖类化合物在体内最终分解为 $CO_2(g)$ 和 $H_2O(l)$,并放出能量的代谢化学过程,其反应步骤达十余步之多,大致为:

$$C_6H_{12}O_6(在体液内) + O_2 \rightarrow \cdots \rightarrow 丙酮酸 \rightarrow \cdots \rightarrow 乙烯辅酶 A \rightarrow \cdots \rightarrow CO_2 + H_2O$$

其中就有 ATP 和 ADP 参加的耦合反应(ATP 是 adenosine triphosphate 的缩写,中文名称为三磷酸腺苷,ADP 是 adenosine diphosphate 的缩写,中文名称为二磷酸腺苷),仅举其中的一步反应为例:

(1) $\qquad C_6H_{12}O_6 + H_3PO_4(l) \longrightarrow 6\text{-磷酸葡萄糖} + H_2O(l)$

$$\Delta_r G_{m,1}^{\ominus}(298\ \text{K}) = 13.8\ \text{kJ} \cdot \text{mol}^{-1}$$

(2) $\qquad ATP + H_2O(l) \longrightarrow ADP + H_3PO_4(l)$

$$\Delta_r G_{m,2}^{\ominus}(298\ \text{K}) = -30.5\ \text{kJ} \cdot \text{mol}^{-1}$$

由(1)+(2)得(3),即

(3) $\qquad C_6H_{12}O_6 + ATP \longrightarrow 6\text{-磷酸葡萄糖} + ADP$

$$\Delta_r G_{m,3}^{\ominus}(298\ \text{K}) = -16.7\ \text{kJ} \cdot \text{mol}^{-1}$$

反应(1)不能直接反应,通过反应(2),使葡萄糖($C_6H_{12}O_6$)转化为 6-磷酸葡萄糖,在这过程中是通过 ATP 的反应,为最终的反应(3)提供了能源。在生物体中许多生化反应如蛋白质的代谢、核酸的合成乃至肌肉的收缩以及神经细胞中电子的传递等过程所需的能量,都可以由 ATP 的水解所释放的能量供给。

上述反应中生成的 ADP 可以通过另一个耦合反应使 ATP 再生,即

$$ADP + Pi \longrightarrow ATP + H_2O, \quad \Delta_r G_m^{\ominus}(298\ \text{K}) = 29.3\ \text{kJ} \cdot \text{mol}^{-1}$$

$$PEP + H_2O \longrightarrow 丙酮酸 + Pi, \quad \Delta_r G_{m,2}^{\ominus}(298\ \text{K}) = -53.5\ \text{kJ} \cdot \text{mol}^{-1}$$

两个反应耦合后,得

$$PEP + ADP \longrightarrow 丙酮酸 + ATP, \quad \Delta_r G_m^{\ominus}(298\ \text{K}) = -24.2\ \text{kJ} \cdot \text{mol}^{-1}$$

式中:PEP 是磷酸烯醇丙酮酸的缩写;Pi 则代表含磷的无机化合物,它可能是 PO_4^{3-}、HPO_4^{2-}、$H_2PO_4^-$ 等。

在代谢过程中通过耦合反应,由 ATP 的水解提供能量,生成的 ADP 又可以通过另外的耦合反应,使 ATP 再生,所以 ATP 有"生物能量的硬通货"之称。也有人把 ATP 比喻为体内的"活期存款",需要时可随时取用。

由于代谢过程极其复杂,所以也常用一种简单的方式略去中间过程,只表示反应的净结

果。如上述反应可以表示为

$$C_6H_{12}O_6 \searrow \nearrow ADP \searrow \nearrow PEP$$
$$\text{6-磷酸葡萄糖} \nearrow \searrow ATP \nearrow \searrow ATP+\text{丙酮酸}$$

在生物体中有许多耦合反应都是通过酶来完成的。

耦合(也称为耦联)这一词汇来源于物理学,其含义是两个(或两个以上)系统,其运动形式之间通过相互作用而彼此互相影响的现象。例如,两个或两个以上的电路构成一个网络,某一电路中的电流或电压发生变化,能影响到其他电路也发生相应的变化,这种现象就是电路的耦合。但实现耦合是有条件的,条件是电路之间必须有公共阻抗存在。化学反应的耦合,无论从热力学还是动力学的角度讲,也是有条件的,特别是其中一种物质必须是两个反应共同涉及的,即在前一个反应中是生成物,而在后一个反应中是反应物,共同涉及的物质称为耦合物质(coupling substance)。这种联系是必不可少的,耦合不是任意的,否则我们就可以任意找一个 $\Delta_r G_m^\ominus$ 负的绝对值很大的反应,作为万能"钥匙"去和任一不可能发生的反应"耦合",使其变为可能,这当然是不可能的。如前所述

$$H_2(g)+\frac{1}{2}O_2(g)\Longrightarrow H_2O(g)$$

反应的 $\Delta_r G_m^\ominus (298\text{ K})=-228.59\text{ kJ}\cdot\text{mol}^{-1}$,它绝不是一把"万能钥匙"。

甲、乙两个反应耦合在一起,实际上系统中已成为另一个新的反应系统,而两个反应如何重新组合,新的反应历程是需要研究的。耦合只是促成获得某产品的手段。特别是在生物体内的耦合作用,经典热力学并不能说明反应的机理,因此也很难设想在耦合系统中仍然独立地存在着甲和乙两个独立的反应,且并不影响其反应历程。

以上仅从经典热力学的角度,讨论了利用耦合反应,使原先不能进行的反应,在耦合另一反应后,可以获得我们所需要的产物。但这仍然只是一种可能性,这种可能性是否能实现,还必须结合反应的速率,从动力学的角度全面地对待这一问题。

在生物系统中所进行的反应有许多都是耦合反应,但由于生物系统是敞开系统而不是封闭系统,是非平衡态而不是平衡态,严格讲应该用非平衡态热力学的理论和非平衡态动力学来处理更为恰当。

经典热力学所涉及的都是平衡问题,几乎与化学动力学不发生关系。而研究非平衡化学反应必然要涉及到反应的历程问题,因此化学热力学再也不能与动力学分离,还必须同时考虑热力学因素和动力学因素,有时动力学因素甚至可能成为主要因素(例如对某些燃烧过程,若使用了催化剂,可以改变反应历程,打破原来的平衡系统,提高能量的利用率,使反应更完全等)。

§5.10 计算的应用

借助于前面几节中的一些公式，在原则上可以直接通过计算而求得一个化学反应的平衡常数或判断反应的可能性，这是化学热力学非常有价值的成就。例如，根据参加反应各物质在 298.15 K 时的标准摩尔生成 Gibbs 自由能来计算相同条件下的摩尔反应 Gibbs 自由能 $\Delta_r G_m^\ominus$。

$$\Delta_r G_m^\ominus = \sum_B \nu_B (\Delta_f G_m^\ominus)_B$$

或根据定义式求

$$\Delta_r G_m^\ominus = \Delta_r H_m^\ominus - 298.15\,\text{K} \times \Delta_r S_m^\ominus$$

式中：$\Delta_r H_m^\ominus$ 可由标准摩尔生成焓的表值求得；$\Delta_r S_m^\ominus$ 可由规定熵的表值求得，表值大多是 298.15 K 时的数据。有了 $\Delta_r G_m^\ominus$ 的值就能求得 298.15 K 时的平衡常数，然后通过式

$$\frac{\text{d}\ln K^\ominus}{\text{d}T} = \frac{\Delta_r H_m^\ominus}{RT^2}$$

再加上 $C_{p,m}$ 值就能求得另一个温度下的平衡常数。然而困难的是要获得完备的关于 $\Delta_f H_m^\ominus$，$\Delta_f G_m^\ominus$，$S_m^\ominus$，$C_{p,m}$ 等的标准数据表（特别是不常见的化合物的数据）常常比较困难。

有些学者提出各种估算这些标准数据的方法，有些是根据经验的，有些大体是根据物质的价键结构、原子数目以及官能团等来估算（例如用键能来估计生成焓等）。关于热力学数据的估算方法，已有不少专著可以参考。在本书中只择要介绍当数据不够齐全或虽数据具备，而不需要做精确计算时的某些近似计算方法。

5.10.1 $\Delta_r G_m^\ominus(T)$ 的估算

根据 Gibbs 自由能的定义式，在等温时有

$$\Delta_r G_m^\ominus(T) = \Delta_r H_m^\ominus(T) - T\Delta_r S_m^\ominus(T)$$

已知

$$\Delta_r H_m^\ominus(T) = \Delta_r H_m^\ominus(298\,\text{K}) + \int_{298\,\text{K}}^T \Delta C_p \text{d}T$$

$$\Delta_r S_m^\ominus(T) = \Delta_r S_m^\ominus(298\,\text{K}) + \int_{298\,\text{K}}^T \frac{\Delta C_p}{T} \text{d}T$$

代入前面的公式后，得

$$\Delta_r G_m^\ominus(T) = \Delta_r H_m^\ominus(298\,\text{K}) - T\Delta_r S_m^\ominus(298\,\text{K}) + \int_{298\,\text{K}}^T \Delta C_p \text{d}T - T\int_{298\,\text{K}}^T \frac{\Delta C_p}{T}\text{d}T \quad (5.38)$$

$\Delta_r H_m^\ominus(298\,\text{K})$ 和 $\Delta_r S_m^\ominus(298\,\text{K})$ 有表可查，若 $C_{p,m}$ 的数据齐全，则可用上式计算 $\Delta_r G_m^\ominus(T)$。如果 $C_{p,m}$ 的数据不全，或者不需要精确的计算时，则可作如下近似计算。

(1) 设若 $\Delta C_p =$ 常数 α，即各物质的热容皆采用平均热容，则式(5.38)成为

$$\Delta_r G_m^\ominus(T) = \Delta_r H_m^\ominus(298\text{ K}) - T\Delta_r S_m^\ominus(298\text{ K}) - \alpha T\left(\ln\frac{T}{298\text{ K}} - 1 + \frac{298\text{ K}}{T}\right) \quad (5.39)$$

若令

$$M_0 = \ln\frac{T}{298\text{ K}} - 1 + \frac{298\text{ K}}{T} \quad (5.40)$$

则上式可写作

$$\Delta_r G_m^\ominus(T) = \Delta_r H_m^\ominus(298\text{ K}) - T\Delta_r S_m^\ominus(298\text{ K}) - \alpha TM_0$$

不同温度下 M_0 的数值可根据式(5.39)事先制成图或表 5.1 备用。

表 5.1 不同温度下 M_0 的数值

T/K	M_0	T/K	M_0
298	0	800	0.359 7
400	0.039 2	900	0.436 1
500	0.113 3	1 000	0.508 8
600	0.196 2	1 100	0.576 5
700	0.299 4	1 200	0.641 0

但在较大的温度范围内不能认为 ΔC_p 是不变的常数，也可以把温度分为几个区间，每个区间 ΔC_p 具有不同的常数 α，由此得到 M_0、M_1、M_2 等，这些数据也可以列成表备用。

(2) 设若 $\Delta C_p = 0$，则式(5.38)简化为

$$\Delta_r G_m^\ominus(T) = \Delta_r H_m^\ominus(298\text{ K}) - T\Delta_r S_m^\ominus(298\text{ K}) \quad (5.41)$$

这个假定实际上是把 $\Delta_r H_m^\ominus$ 和 $\Delta_r S_m^\ominus$ 看作与温度无关。而 $\Delta_r G_m^\ominus$ 与温度有线性的关系，即

$$\Delta_r G_m^\ominus(T) = a - bT \quad (5.42)$$

式中 $a = \Delta_r H_m^\ominus(298\text{ K})$，$b = \Delta_r S_m^\ominus(298\text{ K})$，式(5.41)虽是一个极近似的公式，但当数据不全时，常可用 298.15 K 的数据来估算任意温度下的 $\Delta_r G_m^\ominus(T)$。

【例 5.7】当 $p_{NH_3} + p_{H_2O} + p_{CO_2} = 100$ kPa 时，计算如下反应的分解温度：

$$NH_4HCO_3(s) \Longrightarrow NH_3(g) + H_2O(g) + CO_2(g)$$

由表查得各物质在 298.15 K 时的 $\Delta_f H_m^\ominus$ 和 $S_m^\ominus$ 分别为

$$\Delta_r H_m^\ominus(298\text{ K}) = 171.3 \text{ kJ} \cdot \text{mol}^{-1}, \Delta_r S_m^\ominus(298\text{ K}) = 476.5 \text{ J} \cdot \text{K}^{-1} \cdot \text{mol}^{-1}$$

解：当 $p_{NH_3} + p_{H_2O} + p_{CO_2} = 100$ kPa 时，NH_4HCO_3 能开始显著地分解，所以

$$K_p^\ominus = \frac{p_{CO_2}}{p^\ominus} \cdot \frac{p_{H_2O}}{p^\ominus} \cdot \frac{p_{NH_3}}{p^\ominus} = \frac{1}{3} \times \frac{1}{3} \times \frac{1}{3} = \frac{1}{27}$$

$$-RT\ln K_p^\ominus = \Delta_r H_m^\ominus(298\text{ K}) - T\Delta_r S_m^\ominus(298\text{ K})$$

$$-RT\ln\frac{1}{27} = (171.3 \times 10^3 \text{ J} \cdot \text{mol}^{-1}) - T(476.5 \text{ J} \cdot \text{K}^{-1} \cdot \text{mol}^{-1})$$

由此解得 $T = 340$ K。

5.10.2 估计反应的有利温度

在 $\Delta_r G_m^\ominus = \Delta_r H_m^\ominus - T\Delta_r S_m^\ominus$ 一式中，$\Delta_r G_m^\ominus$ 由 $\Delta_r H_m^\ominus$ 和 $T\Delta_r S_m^\ominus$ 两项所构成。化学反应是原子或分子的重排过程，一些旧键拆散，一些新键形成。键能的大小决定了反应的 $\Delta_r H_m$ 数值。而系统混乱程度的变化则决定了 $\Delta_r S_m$ 的数值。当系统的焓减少（即放热）时，有利于 Gibbs 自由能的降低；当系统的熵增加时，也有利于 Gibbs 自由能的降低。前者相应于吸引，后者相应于排斥，这一对矛盾同时包含在 $\Delta_r G_m$ 之中，影响了变化的方向和系统的平衡点。这两个因素——焓因素和熵因素要同时考虑，如果只考虑到焓因素而忽略了熵因素，就有片面性。以前 Berthollet（贝塞罗）认为只有放热反应是可以自发进行的，即只用焓因素来判别变化的方向。实质上就是只注意到质点间相互吸引的一面，而忽视了必然存在的排斥运动的一方。因而 Berthollet 的说法具有片面性，不能作为一个一般性的准则。

$\Delta_r H_m^\ominus$ 与 $\Delta_r S_m^\ominus$ 的符号在大多数反应中是相同的，即吸热反应（如分解反应）往往是熵增加。而放热反应（如合成反应）往往是熵减少的。在这种情况下，焓因素和熵因素对 $\Delta_r G_m^\ominus$ 所起的作用相反，在这里温度 T 就起着突出的作用。

如果 $\Delta_r H_m^\ominus$ 和 $\Delta_r S_m^\ominus$ 都是正值，则高温对正向反应有利。如果 $\Delta_r H_m^\ominus$ 和 $\Delta_r S_m^\ominus$ 都是负值，则低温对正向反应有利。究竟一个反应在什么温度范围内进行有利，可以用 $\Delta_r G_m^\ominus = 0$（此时 $K_p^\ominus = 1$）时的温度来近似判断。在这个温度时，两个因素势均力敌，不相上下。这个温度在有些书上称为转折温度（conversion temperature）。可用下式表示：

$$T = \frac{\Delta_r H_m^\ominus}{\Delta_r S_m^\ominus}$$

若换用 298.15 K 的数据。即根据式(5.41)则得到

$$T = \frac{\Delta_r H_m^\ominus(298.15\text{ K})}{\Delta_r S_m^\ominus(298.15\text{ K})} \tag{5.43}$$

例如，对于一些单体的聚合反应，$\Delta_r G_m^\ominus = \Delta_r H_m^\ominus - T\Delta_r S_m^\ominus$，聚合反应是放热反应，$\Delta_r H_m^\ominus < 0$，聚合后无序度降低，$-T\Delta_r S_m^\ominus > 0$，所以低温有利于聚合，高温有利于解聚。一些聚合反应的转折温度见表 5.2。

表 5.2 298.15 K 时一些单体聚合反应的 $\Delta_r H_m^\ominus$ 和 $\Delta_r S_m^\ominus$ 以及转折温度

单体	$\dfrac{\Delta_r H_m^\ominus}{\text{kJ}\cdot\text{mol}^{-1}}$	$\dfrac{\Delta_r S_m^\ominus}{\text{J}\cdot\text{K}^{-1}\text{mol}^{-1}}$	转折温度 T/K
1-丁烯	83.68	112.6	740
苯乙烯	70.68	104.2	670
α-甲基苯乙烯	34.31	109.0	310
四氟乙烯	163.2	112.1	1 450
环丙烷	113.0	69.0	1 630

由此可见,1-丁烯、苯乙烯直到大约 700 K 左右还能够发生聚合反应,α-甲基苯乙烯在室温时聚合就比较困难。而聚四氟乙烯直到 1 450 K 以上也不会分解。从表中环丙烷的数据来看,它们的聚合在热力学上是可能的,至于如何把可能性变为现实性。还有待于进一步的科学实验。

对于有一个以上同时进行的反应来说,提高温度将有利于 $\Delta_r S_m^\ominus$ 增加较大的那一个反应。例如,ZrO_2 的氯化反应,可能发生如下两个反应:

$$ZrO_2(s) + 2Cl_2(g) + C(s) \Longrightarrow ZrCl_4(g) + CO_2(g)$$

$$ZrO_2(s) + 2Cl_2(g) + 2C(s) \Longrightarrow ZrCl_4(g) + 2CO(g)$$

可以预期提高温度将有利于后一个反应(但温度过高,反应混合物中 CO 的分压高,分离的后处理工作量大,同时焦炭的消耗也多。究竟采用什么温度,应根据生产的具体情况,其中包括经济效益和社会效益等因素来决定)。

【例 5.8】 请估算如下反应的有利温度:

$$\tfrac{1}{2}N_2(g) + \tfrac{1}{2}O_2(g) \Longrightarrow NO(g)$$

解:从热力学数据查出,在 298.15 K 时 $\Delta_r H_m^\ominus(298.15\text{ K}) = 90.37\text{ kJ}\cdot\text{mol}^{-1}$,$\Delta_r S_m^\ominus(298.15\text{ K}) = 12.36\text{ J}\cdot\text{K}^{-1}\cdot\text{mol}^{-1}$,所以

$$\Delta_r G_m^\ominus(T) = (90.37 \times 10^3 - 12.36 T/\text{K})\text{J}\cdot\text{mol}^{-1}$$

这个反应的有利温度约为

$$T = \frac{90.37 \times 10^3}{12.36}\text{ K} = 7\,311\text{ K}$$

以上说明,在一般情况下用空气中的 O_2,直接与 N_2 化合生成 NO 是不行的(只有在天空有雷电时才可能达到这样的温度)。

普通化学课程中,讨论溶解度时,曾提到结构相似者相溶的经验规律。所谓"相似"就是

指化学成分或结构相似,这类化合物彼此作用力相差不大,所以混合时焓的效应不大,但混合后系统的混乱度增加,ΔS 成为影响 ΔG 的主要因素。

分析化学中常常用到螯合剂(chelant),由于螯合物的结构复杂,对称性较低,排列混乱,熵值较大,所以螯合物具有比较大的稳定性。螯合作用也是熵增加较大的过程。

课外参考读物

1. 傅献彩,沈文霞,姚天扬,侯文华.物理化学(第五版).北京:高等教育出版社,2005.
2. 沈文霞.物理化学核心教程.北京:科学出版社,2004.
3. 印永嘉,奚正楷,张树永等.物理化学简明教程.北京:高等教育出版社,2007.
4. 周鲁等.物理化学教程(第二版).北京:科学出版社,2010.
5. 董元彦,路福绥,唐树戈等.物理化学(第四版).北京:科学出版,2008.
6. 孙德坤,姚天扬,沈文霞等.物理化学学习指导.北京:高等教育出版社,2007.
7. 沈文霞.物理化学学习及考研指导.北京:科学出版社,2007.

思考题

1. 为什么说化学反应的平衡态是反应进行的最大限度?
2. 由第 2 章知,只有在定温定压条件下,才能用 ΔG 判断过程的方向,有些气相反应的压力随反应进度而变化,但仍可用反应的 ΔG 判断反应自发进行的方向,如何理解?
3. 反应的 $\Delta_r G_m$ 和 $\Delta_r G_m^{\ominus}$ 有何异同? 如何理解它们各自的物理意义?
4. 影响化学平衡的因素有哪些?哪些因素不影响平衡常数?
5. 已知反应:
   ① $2NaHCO_3(s) \rightleftharpoons Na_2CO_3(s) + H_2O(g) + CO_2(g)$;
   $\Delta_r G_m^{\ominus}(1) = (129.1 - 0.3342\ T)$ kJ·mol^{-1}
   ② $NH_4HCO_3(s) \rightleftharpoons NH_3(g) + H_2O(g) + CO_2(g)$;
   $\Delta_r G_m^{\ominus}(2) = (171.5 - 0.4764\ T)$ kJ·mol^{-1}
   (1) 试求 298 K 时,当 $NaHCO_3$、Na_2CO_3 和 NH_4HCO_3 平衡共存时,NH_3 的分压;
   (2) 当 $p(NH_3) = 50$ kPa 时,欲使 $NaHCO_3$、Na_2CO_3 和 NH_4HCO_3 平衡共存,试求所需温度。如果温度超过此值,物相将发生何种变化?
   (3) 有人设想 298 K 时,将 $NaHCO_3$、Na_2CO_3 和 NH_4HCO_3 共同放在一密闭容器中,能否使 NH_4HCO_3 免受更多的分解?

1. $PCl_5(g)$ 的分解反应为 $PCl_5(g) \rightleftharpoons PCl_3(g) + Cl_2(g)$,在 523 K 和 100 kPa 达成平

衡,测得平衡混合物的密度 $\rho=2.695\ \mathrm{kg\cdot m^{-3}}$。试计算：

(1) $PCl_5(g)$ 的解离度；

(2) 该反应的 $K_p^{\ominus}$ 和 $\Delta_r G_m^{\ominus}$。

2. 合成氨反应为 $3H_2(g)+N_2(g) \rightleftharpoons 2NH_3(g)$,所用反应物氢气和氮气的摩尔比为 3∶1,在 673 K 和 1 000 kPa 压力下达成平衡,平衡产物中氨的摩尔分数为 0.038 5。试求：

(1) 该反应在该条件下的标准平衡常数；

(2) 在该温度下,若要使氨的摩尔分数为 0.05,应控制总压为多少？

3. 在 298 K 时,$NH_4HS(s)$ 在一真空瓶中的分解为:$NH_4HS(s) \rightleftharpoons NH_3(g)+H_2S(g)$。试求：

(1) 达平衡后,测得总压为 66.66 kPa,计算标准平衡常数 $K_p^{\ominus}$,设气体为理想气体；

(2) 若瓶中已有 $NH_3(g)$,其压力为 40.00 kPa,计算这时瓶中的总压。

4. 298 K 时,已知甲醇蒸气的标准摩尔 Gibbs 生成自由能 $\Delta_f G_m^{\ominus}(CH_3OH, g)$ 为 $-161.92\ \mathrm{kJ\cdot mol^{-1}}$,试求甲醇液体的标准摩尔 Gibbs 生成自由能 $\Delta_f G_m^{\ominus}(CH_3OH, l)$。已知该温度下甲醇液体的饱和蒸气压为 16.343 kPa。设蒸气为理想气体。

5. 已知反应 $(CH_3)_2CHOH(g) \rightleftharpoons (CH_3)_2CO(g)+H_2(g)$ 的 $\Delta_r C_{p,m}=16.72\ \mathrm{J\cdot K^{-1}\cdot mol^{-1}}$。在 457 K 时 $K_p^{\ominus}=0.36$,在 298 K 时 $\Delta_r H_m^{\ominus}=61.5\ \mathrm{kJ\cdot mol^{-1}}$。

(1) 写出 $\ln K_p^{\ominus}-T$ 的函数关系式；

(2) 计算 500 K 时的 $K_p^{\ominus}$ 值。

6. 已知 $Br_2(g)$ 的标准摩尔生成焓 $\Delta_f H_m^{\ominus}=30.91\ \mathrm{kJ\cdot mol^{-1}}$,标准摩尔生成 Gibbs 自由能 $\Delta_f G_m^{\ominus}=3.11\ \mathrm{kJ\cdot mol^{-1}}$。设 $\Delta_r H_m^{\ominus}$ 不随温度而改变,试计算：

(1) $Br_2(l)$ 在 298 K 时的饱和蒸气压；

(2) $Br_2(l)$ 在 323 K 时的饱和蒸气压；

(3) $Br_2(l)$ 在 100 kPa 时的沸点。

7. 在 448~688 K 的温度区间内,用分光光度计研究下面的气相反应：

$$I_2(g)+环戊烯(g) \rightleftharpoons 2HI(g)+环戊二烯(g)$$

得到标准平衡常数与温度的关系式为：$\ln K_p^{\ominus}=17.39-\dfrac{51\ 034\ K}{4.575 T}$,试计算：

(1) 在 573 K 时反应的 $\Delta_r G_m^{\ominus}$、$\Delta_r H_m^{\ominus}$ 和 $\Delta_r S_m^{\ominus}$；

(2) 若开始以等物质的 $I_2(g)$ 和环戊烯(g)混合,温度为 573 K,起始总压为 100 kPa,求达到平衡时 $I_2(g)$ 的分压；

(3) 起始总压为 1 000 kPa,求达到平衡时 $I_2(g)$ 的分压。

8. 设在某一温度下,有一定量的 $PCl_5(g)$ 在 100 kPa 压力下的体积为 1 dm³,在该条件下 $PCl_5(g)$ 的解离度 $\alpha=0.5$。用计算说明在下列几种情况下,$PCl_5(g)$ 的解离度是增大还是减小。

(1) 使气体的总压降低,直到体积增加到 2 dm^3;
(2) 通入 N$_2$(g),使体积增加到 2 dm^3,而压力仍保持为 100 kPa;
(3) 通入 N$_2$(g),使压力增加到 200 kPa,而体积仍保持为 1 dm^3;
(4) 通入 Cl$_2$(g),使压力增加到 200 kPa,而体积仍保持为 1 dm^3。

9. (1) 由甲醇可以通过脱氢反应制备甲醛,CH$_3$OH(g) $=$ HCHO(g) + H$_2$(g),试利用 $\Delta_r G_m^\ominus(298\ K) = \Delta_r H_m^\ominus(298\ K) - T\Delta_r S_m^\ominus(298\ K)$ 一式,近似估算反应的转折温度,估算 973 K 时的 $\Delta_r G_m^\ominus(973\ K)$ 和标准平衡常数 $K_p^\ominus(973\ K)$;

(2) 电解水是得到纯氢的重要来源之一,问能否用水的热分解反应制备氢气?

$$H_2O(g) = H_2(g) + \frac{1}{2}O_2(g)$$

请估算反应的转折温度。所需数据请查阅附录。

10. 试估计能否像炼铁那样,直接用碳来还原 TiO$_2$(s),即

$$TiO_2(s) + C(s) = Ti(s) + CO_2(g)$$

已知:$\Delta_f G_m^\ominus(CO_2, g) = -394.38\ kJ\cdot mol^{-1}$,$\Delta_f G_m^\ominus(TiO_2, s) = -852.9\ kJ\cdot mol^{-1}$。

第6章 统计热力学基础

本章基本要求
1. 掌握有关统计热力学的一些基本术语概念,如可辨粒子和不可辨粒子系统、独立粒子系统和相依粒子系统、宏观态和微观态、分布、最概然分布等。
2. 了解统计热力学的基本假设。
3. 理解波兹曼(Boltzmann)能量分布及其适用条件。
4. 理解配分函数的定义、物理意义和析因子性质。掌握双原子理想气体分子的平动、转动、振动、电子运动和核运动的配分函数计算方式。
5. 掌握从微观分子水平出发,通过配分函数计算平衡系统的宏观性质。
6. 理解定位系统与非定位系统的热力学函数的差别。

关键词:统计热力学;微观状态数;最概然分布;波兹曼统计;配分函数

经典热力学根据人类实践经验归纳得到的三条基本定律给出了系统宏观性质的经验性描述,并导出宏观系统各种状态性质之间的关系式,这些结论和规律具有高度的可靠性和普遍性。经典热力学的特点是宏观的和唯象的,这一研究方法并不涉及系统内部粒子的微观性质,其结论的正确性不受人们对物质结构认识深度的影响。但是,任何物质的宏观性质都是微观粒子运动的客观反映,人们不会满足于经典热力学对系统的经验性描述,希望从物质的微观结构出发来了解其宏观性质。

统计力学(statistical mechanics)的发展始于 19 世纪中期,计算机科学的发展极大地促进了量子力学的发展,也给统计力学的发展创造了良好的条件。统计力学的目标是从微观粒子所遵循的量子规律出发,推断出宏观物质的性质,因此被认为是连接宏观与微观的一座桥梁。由于系统所含的粒子数相当多(例如:6.02×10^{23} 个),因而计算必定具有统计性质,即所得的结果都只代表统计平均,然而这种平均是非常精确的。统计力学的方法就是求大量粒子平均性质的方法。将统计力学应用于处理热力学的平衡态问题,就构成了一个特殊的分支——统计热力学(statistical thermodynamics)。统计热力学正好补充了经典热力学的不足,它从分子的结构和统计规律性出发,说明了热力学规律性的本质,并且阐明了粒子结构的不同如何导致热力学性质上的差异。因此统计热力学比经典热力学更深刻地反映了宏观世界的规律,更深入地反映了人们对宏观规律的认识。目前统计热力学已经成为物理化学的三大组成部分之一,对阐述物质结构及其性能之间的关系、化学反应热力学和动力学甚至生命运动的规律等均具有极其重要的作用。

§6.1 统计热力学常用术语和基本概念

6.1.1 统计系统的分类

按照统计单位(粒子)是否可以分辨(或区分)把系统分为定位系统(localized system)和非定位系统(non-localized system),前者或称可辨粒子系统,后者或称不可辨粒子系统。

按照统计单位之间有无相互作用,又可把系统分为独立粒子系统(assembly of independent Particles)和相依粒子系统(assembly of interacting Particles)。

粒子间除了弹性碰撞外没有其他相互作用的系统称为独立粒子系统。如果粒子间无相互作用外,还可以通过粒子所处的位置来区分等同粒子,则称这样的系统为独立可辨粒子系统(distinguishable Particle system)。理想晶体属于这种系统,因为可以通过粒子处于不同的点阵来区分它。相反,若每个粒子都是一样的,或是在处理中数学上没法区分的系统,我们称之为独立不可辨粒子系统(indistinguishable Particle system)。理想气体属于这种系统,因为理想气体的分子在空间作自由运动,它们不固定在空间的某个位置上,不能通过所处的位置来辨别这种等同分子。

对于独立粒子系统,假如有 n_1 个粒子处在能级 ε_1 上,n_2 个粒子处在能级 ε_2 上,n_i 个粒子处在能级 ε_i 上,则体系的总能量 U 仅仅是各个粒子能量之和。即

$$U = n_1\varepsilon_1 + n_2\varepsilon_2 + \cdots + n_i\varepsilon_i = \sum_i^k n_i\varepsilon_i$$

对于相依粒子系统,系统的总能量不仅要考虑粒子所处的能级(ε_i)以及该能级上的粒子数目(n_i),还需要考虑由于粒子间相互作用所产生的势能($U_势$),因此其能量表达式为

$$U = \sum_i^k n_i\varepsilon_i + U_势$$

本章作为统计热力学基础,只讨论独立粒子系统,包括独立非定位系统,如理想气体,以及独立定位系统,如假设粒子作相互独立的简谐振动的晶体。

6.1.2 分子的运动形式和能级公式

分子的运动有平动、转动、振动、电子运动和核运动五种形式。平动是分子质量中心在空间的位移运动,转动是由作用于质量中心上净的角动量产生的转动运动,振动是分子中原

子相对位置的摆动运动,电子运动是电子绕原子核的运动,核运动包括核自旋等。通常把平动叫做分子的外部运动,其他几种运动形式叫做内部运动。

单原子分子没有转动和振动,固体中的粒子没有平动,主要是振动、电子运动和核运动,而液体与固体相比增加了转动,气体又比液体增加了平动。

设系统的组成粒子为 n 原子分子,其非相对论哈密顿算符包括电子运动、核运动及核子运动等。分子作为整体运动的平动(t)及核子的运动(n)可被分离出来。电子运动(e)及核运动可根据玻恩-奥本海默近似加以分离。如果分子转动和振动的耦合,则核运动又可分离为独立的转动(r)及振动(v)。这样分子的运动就被分离为上述各种独立运动,其能级为各种独立运动能级之和:

$$\varepsilon = \varepsilon_t + \varepsilon_r + \varepsilon_v + \varepsilon_e + \varepsilon_n$$

若不考虑电子及核运动,则分子的运动可分解为平动、转动和振动,它们的自由度分别为 3,2(线型分子)或 3(非线型分子),$3n-5$(线型分子)或 $3n-6$(非线型分子)。这三种运动可分别用三维势箱中粒子、刚性转子和谐振子模型加以描述。

1. 三维平动粒子

$$\varepsilon_t = \frac{h^2}{8m}\left(\frac{n_x^2}{a^2} + \frac{n_y^2}{b^2} + \frac{n_z^2}{c^2}\right) \quad (n_x, n_y, n_z = 1, 2, \cdots) \tag{6.1}$$

式中:m 为分子质量;a, b, c 为容器的三个边长。对应于最低能级($n_x = n_y = n_z = 1$)的量子态 $\psi_{1,1,1}$ 称为基态。

如果 $a = b = c$,即势箱为立方的,式(6.1)变为

$$\varepsilon_t = \frac{h^2}{8mV^{2/3}}(n_x^2 + n_y^2 + n_z^2) \quad (n_x, n_y, n_z = 1, 2, \cdots) \tag{6.2}$$

式中 $V = a^3$ 为立方容器的体积。在该情况下,对某一能级 ε_t(基态能级除外)有多个相互独立的量子态与之对应,这种现象称为简并,而将某一能级所对应的所有不同的量子态的数目称为该能级的简并度,又称为统计权重,用 g 表示。例如,对能级 $\varepsilon_t = \frac{6h^2}{8ma^2}$ 有三个独立的量子态 $\psi_{2,1,1}, \psi_{1,2,1}$ 和 $\psi_{1,1,2}$ 与之对应,该能级的简并度(统计权重)$g = 3$。

【例 6.1】 在 300 K,101.325 kPa 条件下,将 1 mol H_2 置于立方形容器中,试求其平动的基态能级的能量值 $\varepsilon_{t,0}$,以及第一激发态与基态的能量差 $\Delta\varepsilon$。

解:300 K,101.325 kPa 条件下的 H_2 可看成为理想气体,其体积为

$$V = \frac{nRT}{p} = \frac{1\,\text{mol} \times 8.314\,\text{J}\cdot\text{mol}^{-1}\cdot\text{K}^{-1} \times 300\,\text{K}}{101\,325\,\text{Pa}} = 0.024\,62\,(\text{m}^3)$$

H_2 的摩尔质量 $M = 2.015\,8 \times 10^{-3}$ kg·mol^{-1},H_2 分子的质量为

$$m = M/L = 2.015\,8 \times 10^{-3}\,\text{kg}\cdot\text{mol}^{-1}/6.022 \times 10^{23}\,\text{mol}^{-1} = 3.347 \times 10^{-27}\,\text{kg}$$

根据题给条件,适用式(6.2),将基态能级所对应的一套量子数(1,1,1)及有关数据代入,得

$$\varepsilon_{t,0} = \frac{h^2}{8mV^{2/3}} \times 3 = \frac{3 \times (6.626 \times 10^{-34})^2 \text{ J}^2 \cdot \text{s}^2}{8 \times 3.347 \times 10^{-27} \text{ kg} \times (0.024\ 62 \text{ m}^3)^{2/3}} = 5.811 \times 10^{-40} \text{ J}$$

第一激发态的一组量子数对应于 $n_x + n_y + n_z = 6$,故

$$\varepsilon_{t,1} = \frac{h^2}{8mV^{2/3}} \times 6 = 11.622 \times 10^{-40} \text{ J}$$

第一个激发态与基态的能量差为

$$\Delta\varepsilon = \varepsilon_{t,1} - \varepsilon_{t,0} = (11.622 - 5.811) \times 10^{-40} \text{ J} = 5.811 \times 10^{-40} \text{ J}$$

由上例可知,平动粒子相邻能级间的能量差 $\Delta\varepsilon$ 非常小,所以平动粒子很容易受到激发而处于各个能级上。此外,统计热力学的数学处理方法常与 $\Delta\varepsilon/kT$ 的大小有关,其中 k 为玻耳兹曼常数,由摩尔气体常数 R 除以阿伏伽德罗常数 L 而得,等于 1.381×10^{-23} J·K^{-1}。在通常温度下,平动粒子的 $\Delta\varepsilon/kT$ 值约在 10^{-19} 数量级左右,这种情况下平动粒子的能级常可近似为连续变化,即平动粒子的量子化效应不突出,可近似用经典力学方法处理。

由能级公式还可以看出,平动能与体积有关。当体积增大时,能级上的能量值及能量间隔都会变小,这是平动能级的特点。

2. 刚性转子

设构成分子的两个原子质量分别为 m_1 和 m_2,若原子间距离 r 不变,则两原子组成刚性转子,转子的折合质量

$$\mu = \frac{m_1 m_2}{m_1 + m_2}$$

转惯量 $I = \mu r^2$。由量子力学导出其转动能为

$$\varepsilon_r = \frac{j(j+1)h^2}{8\pi^2 I} \tag{6.3}$$

此式即称转动能级公式,其中 j 叫做转动量子数,j 取值为 $0,1,2,3,\cdots$ 整数。不同的 j 值,对应着不同的转动能级。例如 $j=0$ 时 $\varepsilon_r=0$,即基态的转动能为 0。

除基态外,各转动能级都是简并的。对于同一个转动能值,转动角动量在空间可用 $(2j+1)$ 个取向方位,因此各转动能级的简并度服从

$$g_r = 2j + 1$$

例如,最初几个能级:$j=0, g_r=1$;$j=1, g_r=3$;$j=2, g_r=5$;$j=3, g_r=7$ 等。

下面以 N_2 为例子说明转动的能级间隔。

【例 6.2】 已知 N_2 分子中两原子间的距离为 1.093×10^{-10} m,试估算其转动能级间隔 $\Delta\varepsilon_r$ 的数量级。

解：折合质量为 N 原子质量的 1/2，则

$$\mu = \frac{m}{2} = \frac{14.00 \times 10^{-3}/(6.023 \times 10^{23})}{2} \text{ kg}$$

$$= 1.162 \times 10^{-26} \text{ kg}$$

$$I = \mu r^2 = 1.162 \times 10^{-26} \times (1.093 \times 10^{-10})^2 \text{ kg} \cdot \text{m}^2$$

$$= 1.388 \times 10^{-46} \text{ kg} \cdot \text{m}^2$$

$$\Delta\varepsilon_r \approx \frac{h^2}{8\pi^2 I}$$

$$= \frac{6.626\,2^2 \times 10^{-68}}{8 \times 3.142^2 \times 1.388 \times 10^{-46}} \text{ J} \approx 10^{-23} \text{ J}$$

$$\Delta\varepsilon_t \approx 10^{-2}kT$$

将上例结果与通常温度下，平动粒子的 $\Delta\varepsilon/kT$ 值约在 10^{-19} 数量级左右相比，可以看出 $\Delta\varepsilon_r$ 比 $\Delta\varepsilon_t$ 大得多。因此相对平动来说，分子的转动须获得较多的能量才能跃迁到更高能级上去。

3. 振动能级

从双原子分子的简单情况出发，假如分子中只有沿化学键方向的振动，则可视为球和弹簧体系的简谐振动。原子在其平衡位置附近摆动时受力 f 与它离开平衡位置的距离 x 成正比，即 $f = K_x$，K 叫做弹力常数。经典力学指出，简谐振动的频率与弹力常数 K 有如下关系：

$$\nu = \frac{1}{2\pi}\sqrt{\frac{K}{\mu}}$$

μ 为谐振子的约化质量。量子力学给出了振动的能级公式：

$$\varepsilon_v = \left(\nu + \frac{1}{2}\right)h\nu \tag{6.4}$$

ν 叫做振动量子数，其值可取 $0, 1, 2, \cdots$ 整数。不同的 ν 值对应着不同的振动能级。当 $\nu = 0$ 时 $\varepsilon_V = \frac{1}{2}h\nu$，说明在基态时分子仍有振动。量子力学指出，振动能级是非简并的，即 $g_\nu = 1$。由振动能级公式可以看出，振动能级是等间隔的，都等于 $h\nu$。例如 N_2 分子，其振动频率 $\nu = 7.075 \times 10^{13}$ s^{-1}，于是

$$\Delta\varepsilon_v = 6.626 \times 10^{-34} \times 7.075 \times 10^{13} \text{ J} \approx 10^{-20} \text{ J}$$

在常温下 $\Delta\varepsilon_v \approx 10kT$，比转动能级间隔增大了三个量级。

4. 电子及原子核

电子运动及核子运动的能级差一般都很大，系统中各粒子的这两种运动一般均处于基态。例外情况是有的，如 NO 分子中的电子能级间隔较小，常温下部分分子将处于激发态。

本章为统计热力学基础,故对这两种运动形式只讨论最简单的情况,即认为系统中全部粒子的电子运动均处于基态。

不同物质电子运动基态能级的简并度 $g_{e,0}$ 及核运动基态能级的简并度 $g_{n,0}$ 可能有所差别,但对指定物质而言均应为常数。

6.1.3 微观态(microscopic state)和分布(distribution)

通常所谓系统处于一定的状态,都是指的宏观状态。宏观系统中存在大量的微观粒子,这些粒子按照一定的规律分布在各个能级上。例如系统中有 N 个粒子,其中 n_1 个粒子处在能级 ε_1 上,n_2 个粒子处在能级 ε_2 上,n_i 个粒子处在能级 ε_i 上,我们把具有相同 n_1, n_2, n_i 的分布状态称为一种宏观态,每一种宏观态对应于微观粒子的一种分布,其中 n_1, n_2, n_i 称为分布系数。当然,系统总粒子数必然为各能级上粒子数之和,即

$$N = \sum_i^k n_i$$

正如大家熟知的,对应于每一种宏观态,体系的各种宏观性质如 T, P, U, S 等均具有确定的数值。然而从微观角度考察,系统仍处于瞬息万变的运动之中。虽然每种分布具有相同的分布系数,但粒子可采取各种各样分布样式,每一种分布样式对应于一种微观态。例如,设有 a, b, c, d 四个可分辨粒子,每个粒子的许可能级为 $0, \omega, 2\omega, \cdots$,其中 ω 为某一能量单位。假若系统的总能量为 2ω 时,可设计出两种分布,分布系数分别为

$$\varepsilon_3 = 2\omega \quad n_3 = 1 \quad n_3 = 0$$
$$\varepsilon_2 = \omega \quad n_2 = 0 \quad n_2 = 2$$
$$\varepsilon_1 = 0 \quad n_1 = 3 \quad n_1 = 2$$

能级　　分布一　　分布二

由于四个粒子是可分辨的,因此每一种分布又对应于多种分布样式,其中分布一中共有四种分布样式:

能级	样式一	样式二	样式三	样式四
$\varepsilon_3 = 2\omega$	a	b	c	d
$\varepsilon_2 = \omega$				
$\varepsilon_1 = 0$	b,c,d	a,c,d	a,b,d	a,b,c

而分布二中有如下的六种分布样式:

能级	样式一	样式二	样式三	样式四	样式五	样式六
$\varepsilon_3 = 2\omega$						
$\varepsilon_2 = 2\omega$	a,b	b,c	c,d	a,c	a,d	b,d
$\varepsilon_1 = 0$	c,d	a,d	a,b	b,d	b,c	a,c

可见系统共有 2 种宏观状态，10 种微观状态。

虽然在粒子数较少时可通过上述方法求出系统的分布样式，但热力学宏观系统中通常是含有巨大数目的粒子系统（例如：6.02×10^{23}），当计算所有分布样式，即系统的微观状态数时，就需要采用代数中排列组合公式。设系统的粒子总数为 N，某一种分布的分布系数分别为 n_1, n_2, n_i，则其分布样式为

$$\Omega = \frac{N!}{n_1! n_2! \cdots n_i!} = \frac{N!}{\prod_{i}^{k} n_i!} \tag{6.5}$$

例如在上述例子中分布一和分布二的分布样式分别为

$$\Omega = \frac{4!}{1! 3!} = 4$$

$$\Omega = \frac{4!}{2! 2!} = 6$$

当能级出现简并时，情况就要复杂一些，此时需要考虑相同能级下不同简并态上粒子的分布。例如，在前面讨论的 a, b, c 和 d 四个粒子的分布，取分布二中的样式三，即 a 和 b 置于 ε_1 而 c 和 d 置于 ε_2。如考虑能级 ε_1 的简并度为 $2(g_1=2)$，则每两个粒子在 ε_1 能级上的放置方式就有 4 种，可表示为 ($\underline{ab}$ $\underline{\quad}$);($\underline{\quad}$ $\underline{ab}$);($\underline{a}$ $\underline{b}$);($\underline{b}$ $\underline{a}$) 即为原来的 $2^2(g_1^2)$ 倍，此时分布二的总分布样式数为：

$$\Omega = 4 \times 6 = 24$$

将上述例子推广至各个能级的简并度分别为 $g_1, g_2, \cdots, g_i$ 的情况：如果 ε_i 能级的简并度为 g_i，能级上的粒子数为 n_i，则每个粒子可能处于 g_i 简并度的任一量子态，分布样式数将为原来的 $g_i^{n_i}$ 倍，依此类推，则某一种分布的分布样式总数为

$$\Omega = \frac{N!}{n_1! n_2! \cdots n_i!} g_1^{n_1} g_2^{n_2} \cdots g_i^{n_i} = N! \prod_i \frac{g_i^{n_i}}{n_i!} \tag{6.6}$$

其中 $\prod$ 表示连乘运算。

6.1.4 概率(probability)和最概然分布(most probable distribution)

所谓概率就是指某一事件或状态出现的机会大小。假若在实验测量中，可能得到 N 个结果，而在全部结果中，具有相同特性 X 的结果为 n_i 个，那么出现 X 的概率可定义为

$$P(X) = \lim_{N \to \infty} \frac{n_i}{N}$$

显然

$$\sum P = 1$$

例如投掷一枚镍币,如果在 N 次投掷中出现正面的次数为 n_i(显然出现反面的次数为 $N-n_i$),则出现正面和反面的概率分别为

$$P(正面) = \lim_{N \to \infty} \frac{n_i}{N}$$

$$P(反面) = \lim_{N \to \infty} \frac{N-n_i}{N}$$

如果投掷次数 N 较少时,可发现出现正反面的概率变化很大,但随着投掷次数 N 的增加,概率的变化不断减小,并逐渐趋向于 1/2。数值 1/2 即代表镍币投掷过程中出现正面的可能性大小,称为概率。

在统计热力学中,由于没有什么特殊的理由说明某一微观状态出现的可能性与其他微观态有什么不同,因此有一个基本假设,各种微观状态出现的概率是相同的,称为"等概率原理"。既然一定的宏观态对应于确定数量的微观状态,而这些微观状态又是等概率的,因此每一种宏观态(即分布)的概率完全取决于该分布中出现的分布样式,考虑到微观态数非常大,因此概率可表示为

$$P = \frac{\Omega_i}{\Omega} \tag{6.7}$$

其中 Ω 为系统总的分布样式(微观态)数目,为分布所出现的分布样式数。概率最大的那种分布就称为最概然分布。例如在前面的例子中分布一的概率为 4/10,而分布二的概率为 6/10,故分布二为最概然分布。

§6.2 麦克斯韦-玻兹曼统计

热力学系统中往往包含巨大数目的粒子,其分布样式(微观态)也千变万化。考虑一个 N,U,V 均确定的系统(上述情况相当于热力学中的孤立系统),其总的微观态数即为各个分布微观态数(Ω)的总和,即

$$\Omega = \sum \Omega_i = \sum_j \frac{N!}{\prod_i n_i!} \tag{6.8}$$

上式适用于能级为非简并的情况,如果出现能级简并,则体系总的微观态数将是

$$\Omega = \sum N \prod_i \frac{g_i^{n_i}}{n_i!} \tag{6.9}$$

正如前面所讨论的,在各个分布中,其微观态的数目也有多有少。我们把微观态数目最多的那种分布称为麦克斯韦-玻兹曼最概然分布。最概然分布在统计热力学中占有极其重

要的地位,正如下面所要讨论的,许多热力学性质都是根据最概然分布而推导出来的。问题是如何求得最概然分布呢?这一过程实际上就是求对应于 Ω 为极大值时的那种分布的分布系数,即 $n_1, n_2, \cdots, n_i, \cdots$ 的值。

首先,在 N, U, V 均确定的系统所求出的 $n_1, n_2, \cdots, n_i, \cdots$ 值,必满足下列关系式

$$n_1 + n_2 + \cdots + n_i + \cdots = \sum n_i = N \tag{6.10}$$

$$n_1 \varepsilon_1 + n_2 \varepsilon_2 + \cdots + n_i \varepsilon_i + \cdots = \sum n_i \varepsilon_i = U \tag{6.11}$$

在最概然分布时,微观态 Ω 达到极大值,用 $\Omega_{概然}$ 表示,此时对于所有的 n_i 值来说

$$\frac{\partial \Omega_{概然}}{\partial n_i} = 0 \tag{6.12}$$

同样,当 Ω 达到极大值是其对数值 $\ln \Omega_{概然}$ 也必然取得极大值,此时有

$$\frac{\partial \ln \Omega_{概然}}{\partial n_i} = 0 \tag{6.13}$$

如果 $n_1, n_2, \cdots, n_i, \cdots$ 的数值发生微变 $\delta n_1, \delta n_2, \cdots, \delta n_i, \cdots$ 时,则 Ω 及其对数也将发生微小变化,可表示为

$$\delta \ln \Omega = \left(\frac{\partial \ln \Omega}{\partial n_1}\right) \delta n_1 + \left(\frac{\partial \ln \Omega}{\partial n_2}\right) \delta n_2 + \cdots \left(\frac{\partial \ln \Omega}{\partial n_i}\right) \delta n_i + \cdots \tag{6.14}$$

当 Ω 为极大值时,由分布系数微变而引起的函数变化应为零,所以有

$$\delta \Omega_{概然} = 0 \tag{6.15}$$

根据式(6.10)和式(6.11),同样可得到以下关系:

$$\delta n_1 + \delta n_2 + \cdots + \delta n_i + \cdots = \delta N = 0 \tag{6.16}$$

$$\varepsilon_1 \delta n_1 + \varepsilon_2 \delta n_2 + \cdots + \varepsilon_i \delta n_i + \cdots = \delta U = 0 \tag{6.17}$$

采用拉格朗日(Lagrange)不定乘数法,将待定常数 α 和 β 分别乘以式(6.16)和式(6.17),再由(6.14)减去这两式,得

$$\left(\frac{\partial \ln \Omega_{概然}}{\partial n_1} - \alpha - \beta \varepsilon_1\right) \delta n_1 + \left(\frac{\partial \ln \Omega_{概然}}{\partial n_2} - \alpha - \beta \varepsilon_2\right) \delta n_2 + \cdots$$
$$+ \left(\frac{\partial \ln \Omega_{概然}}{\partial n_i} - \alpha - \beta \varepsilon_i\right) \delta n_i + \cdots = 0 \tag{6.18}$$

由于需要满足式(6.16)和式(6.17),因此各个 δn_i 并非全部独立。假定我们任意选取 $\delta n_3, \delta n_4, \cdots$ 的值,那么 δn_i 和 δn_2 就必须选择使式(6.16)和(6.17)成立。因此,由于存在两个限制条件,必须有两个 δn_i 不是独立的。现假定 δn_1 和 δn_2 不是独立的,由于对任意常数 α 和 β 常数,使下列关系式成立:

$$\frac{\partial \ln \Omega_{\text{概然}}}{\partial n_1} - \alpha - \beta \varepsilon_1 = 0$$

$$\frac{\partial \ln \Omega_{\text{概然}}}{\partial n_2} - \alpha - \beta \varepsilon_2 = 0 \quad (6.19)$$

则式(6.18)变为

$$\left(\frac{\partial \ln \Omega_{\text{概然}}}{\partial n_3} - \alpha - \beta \varepsilon_3\right)\delta n_3 + \left(\frac{\partial \ln \Omega_{\text{概然}}}{\partial n_2} - \alpha - \beta \varepsilon_4\right)\delta n_4 + \cdots = 0 \quad (6.20)$$

在式(6.20)中的 $\delta n_3, \delta n_4, \cdots, \delta n_i, \cdots$ 全是独立变量，要使该式成立，则必然有

$$\frac{\partial \ln \Omega_{\text{概然}}}{\partial n_3} - \alpha - \beta \varepsilon_3 = 0$$

$$\frac{\partial \ln \Omega_{\text{概然}}}{\partial n_4} - \alpha - \beta \varepsilon_4 = 0$$

$$\cdots\cdots$$

$$\frac{\partial \ln \Omega_{\text{概然}}}{\partial n_i} - \alpha - \beta \varepsilon_i = 0$$

$$\cdots\cdots \quad (6.21)$$

由式(6.19)和(6.21)可以断定，使 $\ln \Omega$ 取得极大值的全部 n_i 值满足如下条件：

$$\frac{\partial \ln \Omega_{\text{D}}}{\partial n_i} - \alpha - \beta \varepsilon_i = 0 (i = 1, 2, \cdots) \quad (6.22)$$

可以看出，经过上述处理，常数 α 和 β 不再是任意常数，它们必须同时满足式(6.16)，式(6.17)，式(6.22)。接下来就是要通过式(6.22)来计算常数 α 和 β，先根据式(6.9)将 $\ln \Omega_{\text{概然}}$ 展开，当 N 很大时，可按斯特林公式

$$\ln N! = N \ln N - N \quad (6.23)$$

来处理，得

$$\ln \Omega_{\text{概然}} = \ln N! + \sum (n_i \ln g_i - \ln n_i!)$$

$$\ln \Omega_{\text{概然}} = N \ln N - N + \sum (n_i \ln g_i - n_i \ln n_i + n_i)$$

因此

$$\frac{\partial \ln \Omega_{\text{概然}}}{\partial n_i} = \ln g_i - (\ln n_i + 1) + 1 = \ln g_i - \ln n_i \quad (6.24)$$

将式(6.24)代入式(6.22)式，得到

$$\ln g_i - \ln n_i - \alpha - \beta \varepsilon_i = 0$$

即

$$\ln n_i = \ln g_i - \alpha - \beta \varepsilon_i$$

由此可得到

$$n_i = g_i e^{-\alpha} e^{-\beta \varepsilon_i} \quad (6.25)$$

上式称为麦克斯韦-玻兹曼分布定律。其中 n_i 为最概然分布时的分布系数。为方便起见，

仍采用一般分布时的 n_i 表示,因为通常讨论的均是热力学平衡态,即最概然分布的情况。根据

$$\sum n_i = N$$

得

$$N = \sum g_i e^{-\alpha} e^{-\beta \varepsilon_i} \tag{6.26}$$

$$e^{-\alpha} = \frac{N}{\sum g_i e^{-\beta \varepsilon_i}} \tag{6.27}$$

令分母为 q,则

$$q = \sum g_i e^{-\beta \varepsilon_i} \tag{6.28}$$

此时,式(6.25)可改写为

$$n_i = \frac{N g_i e^{-\beta \varepsilon_i}}{q} \tag{6.29}$$

q 称为分子配分函数。它反映了在最概然分布状态下,分子在所有能级及其简并态上的分配的总和(也可表示为系统总能量在各分子间的分布)。利用式(6.25)和式(6.26),可得到

$$\frac{n_i}{N} = \frac{g_i e^{-\beta \varepsilon_i}}{\sum g_i e^{-\beta \varepsilon_i}}$$

可见 $g_i e^{-\beta \varepsilon_i}$ 也反映了分子分配到各能级上的概率。例如,能级 ε_i 和 ε_k 上分子分配的数目(概率)比为

$$\frac{n_i}{n_k} = \frac{g_i e^{-\beta \varepsilon_i}}{g_k e^{-\beta \varepsilon_k}} = \frac{g_i}{g_k} e^{-\beta(\varepsilon_i - \varepsilon_k)} \tag{6.30}$$

利用配分函数的概念及其与概率的关系可以方便地求出任意微观量的统计平均值。设 x_i 为分子处于能及 ε_i 的一个任意微观量,则其统计平均值(也即宏观量) x 可表示为

$$x = \sum_i x_i \frac{n_i}{N} = \sum_i x_i g_i e^{-\beta \varepsilon_i}/q \tag{6.31}$$

这一关系式,在推导热力学函数时将反复使用。现在来考虑 β 值。首先, β 必须大于0,否则分子配分函数就要发散;其次, β 与系统的温度有关,根据式(6.30),如 $\varepsilon_i > \varepsilon_k$,则当 β 减小时,比值 n_i/n_k 必然增大。即 β 减小时导致处于高能级 ε_i 上配分子数相对增加,而低能级 ε_k 上配分子数相对减少,这种情况相当于系统平均能量的增加,而系统能量的升高往往是通过升高温度而实现的。所以 β 的减小相当于系统温度的升高,即 β 与温度的变化正好相反。可以由理想气体的性质(在下一节讨论)证明:

$$\beta = \frac{1}{kT} \tag{6.32}$$

其中 k 为玻耳兹曼常数。$k = R/L$,L 为阿伏伽德罗常数。将式(6.32)代入式(6.28),式(6.29),得到

$$q = \sum g_i e^{-\varepsilon_i/kT} \tag{6.33}$$

$$n_i = N g_i e^{-\varepsilon_i/kT}/q \tag{6.34}$$

【例 6.3】 设 ε_i 与 ε_k 的能级差为 10^{-21} J，计算温度分别为 273 K，373 K，473 K，1 073 K，2 073 K 时的两个能级上的分子数之比(假定两个能级均为非简并的)。

解： $k = R/L = 8.314/6.023 \times 10^{23} = 1.381 \times 10^{-23}$ (J·K^{-1})

由此可求得不同温度 T 时的 kT 值如下：

T/K	273	373	473	1 073	2 073
kT/J	3.77×10^{-21}	5.15×10^{-21}	6.53×10^{-21}	1.48×10^{-22}	2.86×10^{-22}

则根据式(6.30)求得不同能级上的分子数之比为：

n_i/n_k	0.76	0.82	0.86	0.93	0.97

从上述例子可见，随着温度的升高，n_i/n_k 之比逐渐趋向 1，如考虑 ε_i 与 ε_k 的简并度分别为 g_i 和 g_k，则当 T 极高时，可得到两能级的分子数之比为

$$\frac{n_i}{n_k} = \frac{g_i}{g_k}$$

即在温度极高时，能级上分子的分配比例数由能级的简并度决定。

§6.3 配分函数与热力学函数

分子配分函数式(6.28)反映了各能级上分子分配的特征。由配分函数出发，根据式(6.31)可计算系统的各种宏观量(统计平均值)。本节讨论配分函数与各热力学函数之间的关系。由于配分函数是由麦克斯韦-玻兹曼最概然分布状态下导出的。因此首先要考虑最概然分布是否可以代替系统的平衡分布，即是否可以忽略其他分布对宏观量的贡献。系统的总微观态数 Ω 为各种分布的微观态数的总和。

设 $\Omega = \Omega_{概然} + \Omega_1 + \Omega_2 + \cdots \Omega_i + \cdots$，则

$$\Omega = \Omega_{概然} \times \frac{\Omega}{\Omega_{概然}}$$

虽然 $\Omega_{概然}$ 数量要比 Ω 小，但 $\Omega_{概然}$ 却要比 $\dfrac{\Omega}{\Omega_{概然}}$ 大得多，而在以后的讨论中可以发现，我们所关心的只是 $\ln \Omega$，由上式得

$$\ln \Omega = \ln \Omega_{概然} + \ln \frac{\Omega}{\Omega_{概然}}$$

$\ln \dfrac{\Omega}{\Omega_{概然}}$ 与 $\ln \Omega_{概然}$ 相比可以忽略不计，因此就有 $\ln \Omega \approx \ln \Omega_{概然}$，可见，在一个粒子数很大

的系统中,最概然分布的 Ω 值($\Omega_{概然}$)占绝对的优势,而其他分布的 Ω_i 与之相比均可以忽略不计,下面的例子将进一步说明上述结论。

【例 6.4】 设系统中有 100 个可辨粒子,其许可能级分别为 $0, \omega, 2\omega, 3\omega, 4\omega, 5\omega, \cdots$,各能级均为非简并态,如系统的总能量为 5ω,计算各种分布的微观态数及其出现的概率大小。

解: 系统的能量为 5ω,因此只能有 7 种分布,根据 $\Omega = \dfrac{N}{\Pi n_i!}$ 可求得各种分布的 Ω 值如下:

分布	n_0	n_1	n_2	n_3	n_4	n_5	Ω_i	Ω_i/Ω
1	99	0	0	0	0	1	100	1.1×10^{-6}
2	98	1	0	0	1	0	9 900	1.1×10^{-4}
3	98	0	1	1	0	0	9 900	1.1×10^{-4}
4	97	2	0	1	0	0	485 100	5.3×10^{-3}
5	97	1	2	0	0	0	485 100	5.3×10^{-3}
6	96	3	1	0	0	0	15 684 900	0.17
7	95	5	0	0	0	0	75 287 520	0.82
总分布							91 962 520	1.00
能级(ε_i)	0	ω	2ω	3ω	4ω	5ω		

从表中可见,分布 7 为最概然分布,$\Omega/\Omega_{概然} = 1.22$,远远小于 $\Omega_{概然}$(75 287 520),这证实了前面的结论,即 $\ln \dfrac{\Omega}{\Omega_{概然}}$ 与 $\ln \Omega_{概然}$ 相比,可以忽略不计。另一方面,根据各种分布的概率,可以看出最概然分布的概率为 0.82,远远大于其他分布的概率,当改变系统的粒子数时,最概然的概率如下表:

N	Ω	$\Omega_{概然}/\Omega$
50	3.16×10^6	0.67
100	9.20×10^7	0.82
1 000	8.42×10^{12}	0.98
1 000 000	8.33×10^{27}	0.999 98

可见,随着粒子数 N 的增加,最概然分布的概率迅速增加,当粒子数达到 10^6 个时,最概然分布的概率已非常接近 1.00,因此,在粒子数目巨大(6.02×10^{23})的热力学宏观系统,完全可以用 $\Omega_{概然}$ 代替系统所有分布的总微观态数 Ω,而忽略其他分布的贡献。

6.3.1 独立可辨粒子系统的热力学函数

1. 热力学能

考虑到系统的热力学能 U、体积 V 和粒子数均确定的系统,根据式(6.11)和(6.28)得:

$$U = \sum n_i \varepsilon_i = \frac{N}{q} \sum \varepsilon_i g_i e^{-\beta \varepsilon_i} \tag{6.35}$$

将 q 进行展开得

$$q = \sum g_i e^{-\beta \varepsilon_i}$$
$$= g_1 e^{-\beta \varepsilon_1} + g_2 e^{-\beta \varepsilon_2} + \cdots + g_i e^{-\beta \varepsilon_i} + \cdots$$

则

$$\left(\frac{\partial q}{\partial \beta}\right)_V = -\varepsilon_1 g_1 e^{-\beta \varepsilon_1} - \varepsilon_2 g_2 e^{-\beta \varepsilon_2} - \cdots \varepsilon_i g_i e^{-\beta \varepsilon_i} - \cdots$$
$$= -\sum \varepsilon_i g_i e^{-\beta \varepsilon_i} \tag{6.36}$$

将式(6.36)代入式(6.35)得

$$U = -\frac{N}{q} \left(\frac{\partial q}{\partial \beta}\right)_V = -N \left(\frac{\partial \ln q}{\partial \beta}\right)_V \tag{6.37}$$

考虑 $\beta = \dfrac{1}{kT}$,其中 k 为常数,因此

$$U = NkT^2 \left(\frac{\partial \ln q}{\partial T}\right)_V \tag{6.38}$$

如果系统中物质的量为 1 mol,则 $N = n \cdot L = 6.02 \times 10^{23}$,代入得

$$U_m = RT^2 \left(\frac{\partial \ln q}{\partial T}\right)_V \tag{6.39}$$

此式将系统的内能与配分函数关联起来,下面还将看到,其他热力学函数均可通过配分函数描述。

2. 熵

在本书的第 2 章中,我们已经从统计的角度,对系统的宏观性质熵作了初步的讨论,说明了系统的微观状态数(Ω)与宏观熵之间存在内在的联系,即玻兹曼公式

$$S = k \ln \Omega \tag{6.40}$$

在本节开头,我们说明了在宏观热力学系统中,可以用 $\Omega_{概然}$ 代替总的微观态数 Ω,因此

$$S = k \ln \Omega_{概然} \tag{6.41}$$

假如系统粒子总数为 N,最概然分布状态时能级 $\varepsilon_1, \varepsilon_2, \cdots, \varepsilon_i, \cdots$ 上的分布系数分别为 $n_1, n_2, \cdots, n_i, \cdots$ 则利用式(6.6)得

$$\Omega_{概然} = N! \prod \frac{g_i^{n_i}}{n_i}$$

根据式(6.23)得到

$$\ln \Omega_{概然} = N\ln N - N + \sum (n_i \ln g_i - n_i \ln n_i + n_i)$$

考虑到 $\sum n_i = N$,则

$$\ln \Omega_{概然} = N\ln N + \sum n_i \ln g_i - \sum n_i \ln n_i \tag{6.42}$$

在最概然分布时,可采用麦克斯韦-玻兹曼分布式(6.29),两边取对数代入式(6.42),并利用 $\sum n_i = N$ 和 $\sum n_i \varepsilon_i = U$ 得到

$$\ln \Omega_{概然} = N\ln q + \beta U$$

利用式(6.41)可得

$$S = kN\ln q + k\beta U \tag{6.43}$$

注意 $\beta = \frac{1}{kT}$,则

$$S = kN\ln q + \frac{U}{T} \tag{6.44}$$

将式(6.42)代入得

$$S = kN\ln q + kNT \left(\frac{\partial \ln q}{\partial T}\right)_V \tag{6.45}$$

如果系统中物质的量为 1 mol,即 N 为 6.02×10^{23},则

$$S_m = R\ln q + RT \left(\frac{\partial \ln q}{\partial T}\right)_V \tag{6.46}$$

根据 U 与 S 的表达式(6.37)和式(6.44),可进一步推导得出 β 与 T 的关系。考虑 U,V 和 N 均固定的热力学系统,在温度 T 和压强 p 时处于热力学平衡态,设系统经一个无穷小的可逆过程从一个平衡态转为另一平衡态,吸收热量为 δQ,根据第 2 章对热力学第二定律的讨论,得

$$\delta Q = TdS$$

如果在上述过程中,系统只做膨胀功,则由热力学第一定律得到

$$dU = \delta Q - PdV$$

因为系统保持体积 V 不变(即恒容过程),所以有

$$dU = \delta Q = TdS$$

$$T = \frac{dU}{dS} = \frac{\left(\frac{\partial U}{\partial \beta}\right)_V}{\left(\frac{\partial S}{\partial \beta}\right)_V} \tag{6.47}$$

根据式(6.43)得

$$\left(\frac{\partial S}{\partial \beta}\right)_V = kN\left(\frac{\partial \ln q}{\partial \beta}\right)_V + kU + k\beta\left(\frac{\partial U}{\partial T}\right)_V$$

由式(6.37)得 $U=-N\left(\frac{\partial \ln q}{\partial \beta}\right)_V$ 代入,则

$$\left(\frac{\partial S}{\partial \beta}\right)_V = k\beta \left(\frac{\partial U}{\partial T}\right)_V$$

代入式(6.47)便得到

$$\beta = \frac{1}{kT}$$

3. Helmholtz 自由能

根据 Helmholtz 自由能的定义

$$A = U - TS = U - T\left(\frac{U}{T} + kNT\ln q\right) = -kNT\ln q \tag{6.48}$$

系统的摩尔 Helmholtz 自由能为

$$A_m = -RT\ln q \tag{6.49}$$

4. 压力

已知 $p = -\left(\frac{\partial A}{\partial V}\right)_T$,将式(6.48)代入便得

$$p = -kNT\left(\frac{\partial \ln q}{\partial V}\right)_T \tag{6.50}$$

如系统物质量为 1 mol,则

$$p = RT\left(\frac{\partial \ln q}{\partial V}\right)_T \tag{6.51}$$

5. 吉布斯自由能

$G = A + pV$ 将式(6.48)和式(6.50)代入便得到

$$G = -kNT\ln q + kNTV\left(\frac{\partial \ln q}{\partial V}\right)_T \tag{6.52}$$

摩尔吉布斯自由能则可表示为

$$G_m = -RT\ln q + RTV\left(\frac{\partial \ln q}{\partial V}\right)_T \tag{6.53}$$

6. 焓

$H = U + pV$ 将式(6.38)和式(6.50)代入便得到

$$H = kNT^2\left(\frac{\partial \ln q}{\partial T}\right)_V + kNTV\left(\frac{\partial \ln q}{\partial V}\right)_T \tag{6.54}$$

其摩尔焓可表示为

$$H_m = RT^2\left(\frac{\partial \ln q}{\partial T}\right)_V + RT\left(\frac{\partial \ln q}{\partial V}\right)_T \tag{6.55}$$

7. 热容

恒容热容的定义为

$$C_V = \left(\frac{\partial U}{\partial T}\right)_V$$

将式(6.38)代入得

$$C_V = 2NkT\left(\frac{\partial \ln q}{\partial T}\right)_V + kNT^2\left(\frac{\partial^2 \ln q}{\partial T^2}\right)_V \quad (5.56)$$

其摩尔热容为

$$C_{V,m} = 2RT\left(\frac{\partial \ln q}{\partial T}\right)_V + RT^2\left(\frac{\partial^2 \ln q}{\partial T^2}\right)_V \quad (6.57)$$

6.3.2 独立不可辨粒子系统的热力学函数

在前面的讨论中,都假定粒子是可辨的,对于理想气体,每个独立粒子并不固定在空间的某一个位置上,而是非定域的。因此理想气体的粒子是不可辨的,在这种情况下,各种分布的微观态数将有什么变化呢?

考虑 a、b、c 三个粒子的排列方式,如果是可辨粒子,可以有六种排列方法,即 (abc), (bca), (cab), (acb), (bac), (cba)。如果 a,b,c 三个粒子是不可辨的,则这六种排列实际上是一种,即多算了 $3!$ 次。对于 a,b 两种可辨粒子,其排列有 (a,b) 和 (b,a) 两种,但如果是不可辨粒子,则这两种排列实际上是相同的,相当于多算了 $2!$ 次。如此可推广至粒子数为 N 的系统,当这些粒子为独立不可辨时,采用式(6.2)就相当于多算了 $N!$ 次,由此得到不可辨粒子某一分布的微观态数为

$$\Omega = \prod \frac{g_i^{n_i}}{n_i!} \quad (6.58)$$

这里,须有 $g_i \geqslant n_i$,以保证 Ω 不会出现小于 1 的情况。

采用式(6.58),可推导不可辨粒子系统的麦克斯韦-玻兹曼分布关系式,同样根据式(6.22),得

$$\left(\frac{\partial \ln \Omega_{概然}}{\partial n_i}\right) - \alpha - \beta \varepsilon_i = 0$$

由于式(6.58)与式(6.6)只相差 $N!$ 倍,因此可分辨粒子系统和不可分辨粒子系统 $\Omega_{概然}$ 的对数只相差一个常数,并不影响 $\left(\frac{\partial \ln \Omega_{概然}}{\partial n_i}\right)$ 的值。由此可以得出与可分辨粒子系统完全相同的麦克斯韦-玻兹曼分布式,即

$$n_i = g_i e^{-\alpha - \beta \varepsilon_i}$$

这种等同性修正的方法称为修正的玻兹曼统计。

1. 熵

$S = k\ln \Omega_{概然}$,对于不可辨粒子系统,$\Omega_{概然}$ 便由式(6.58)计算,相当于式(6.6)除以 $N!$,所以

$$S = k\ln\left(\prod \frac{g_i^{n_i}}{n_i!}\right) = k\ln\left(N! \prod \frac{g_i^{n_i}}{n_i!}\right) - k\ln N! \quad (6.59)$$

其中 $k\ln\left(N!\prod\frac{g_i^{n_i}}{n_i}\right)$ 即为可辨粒子系统熵的计算公式，由式(6.44)得

$$k\ln\left(N!\prod\frac{g_i^{n_i}}{n_i}\right) = kN\ln q + \frac{U}{T} \tag{6.60}$$

$\ln N!$ 可以由式(6.23)展开

$$\ln N! = N\ln N - N = N\ln\frac{N}{e}$$

将此式和式(6.60)代入式(6.59)得

$$S = kN\ln q + \frac{N}{T} - kN\ln\frac{N}{e} = kN\ln\left(\frac{qe}{N}\right) + \frac{U}{T} \tag{6.61}$$

从上述推导可以看出，可辨粒子系统[式(6.44)]与不可辨粒子系统的熵[式(6.61)]只相差一个常数，即 $kN\ln q + \frac{e}{N}$，将此进行推广，则在计算不可辨粒子系统热力学函数时，只需将原有的配分函数乘上 $\left(\frac{e}{N}\right)$ 即可，即

$$Q = \frac{qe}{N} \tag{6.62}$$

2. 热力学能

利用式(6.38)关于热力学能的表达式，并以 Q 代替 q，则不可辨粒子系统的热力学能可表示为

$$U = kNT^2\left(\frac{\partial \ln Q}{\partial T}\right)_V$$

将式(6.42)代入，注意常数的偏微分为 0，则得

$$U = kNT^2\left(\frac{\partial \ln q}{\partial T}\right)_V \tag{6.63}$$

显然不可辨粒子系统的热力学能关系式完全等同于可辨粒子系统的热力学能关系式。

3. 其他热力学函数

以可辨粒子系统热力学函数的表达式为基础，采用与热力学能推导相似的处理方法，可以求得不可辨粒子系统的下列热力学函数。

$$S = kN\ln\left(\frac{qe}{N}\right) + \frac{U}{T}$$

$$U = kNT^2\left(\frac{\partial \ln q}{\partial T}\right)_V$$

$$A = -kNT\ln\left(\frac{q\mathrm{e}}{N}\right) \tag{6.64}$$

$$G = -kNT\ln\left(\frac{q\mathrm{e}}{N}\right) + kNTV\left(\frac{\partial \ln q}{\partial V}\right)_T \tag{6.65}$$

$$H = kNT^2\left(\frac{\partial \ln q}{\partial T}\right)_V + kNT\left(\frac{\partial \ln q}{\partial V}\right)_T \tag{6.66}$$

$$C_V = 2NkT\left(\frac{\partial \ln q}{\partial T}\right)_V + kNT^2\left(\frac{\partial^2 \ln q}{\partial T^2}\right)_V \tag{6.67}$$

【例 6.5】 推导理想气体状态方程式。

解：对纯物质来说，$G = n\mu$，其中 μ 为化学势，其定义为

$$\mathrm{d}U = T\mathrm{d}S - p\mathrm{d}V + \mu\mathrm{d}n$$

因为
$$A = U - TS$$
$$\mathrm{d}A = \mathrm{d}U - T\mathrm{d}S - S\mathrm{d}T$$

联系上述两式可得

$$\mathrm{d}A = S\mathrm{d}T - p\mathrm{d}V + \mu\mathrm{d}n$$

$$\left(\frac{\partial A}{\partial n}\right)_{T,V} = \mu$$

$$G = n\mu = n\left(\frac{\partial A}{\partial n}\right)_{T,V}$$

考虑到理想气体分子的不可辨特征，故 Helmholtz 自由能采用式(6.64)表示：

$$A = -kNT\ln\left(\frac{q\mathrm{e}}{N}\right)$$

注意 $N = nL$，其中 L 为阿伏伽德罗常数，N 为 n 摩尔的粒子，则

$$\mu = \left(\frac{\partial A}{\partial n}\right)_{T,V} = -kLT\ln\left(\frac{q\mathrm{e}}{nL}\right) + kLT$$

$$G = n\mu = -knLT\ln\left(\frac{q\mathrm{e}}{nL}\right) + nLkT = A + nLkT \tag{6.68}$$

根据第 2 章的讨论，对于任意系统 G 与 A 存在如下关系：

$$G = A + pV$$

对照式(6.68)可以得出

$$pV = nLkT = nRT \tag{6.69}$$

其中 $R = kL$，为摩尔气体常数。

§6.4 配分函数的计算

根据前面一节的讨论，系统各热力学函数均可表达为分子配分函数的函数。因此如能计算出分子的配分函数，就可以获得热力学函数的数值。

根据分子配分函数的定义式(6.28)，即

$$q = \sum_i g_i e^{-\beta \varepsilon_i}$$

因此要计算配分函数就必须要知道各能级的能量 ε_i 及其简并度 g_i。考虑一个分子运动，它可以有平动、转动(包括内转动)、振动、电子运动和核运动等，若设这些运动之间没有相互作用的影响，则分子的能量为所有这些运动能量的总和。

$$\varepsilon_i = \varepsilon_{平动} + \varepsilon_{转动} + \varepsilon_{振动} + \varepsilon_{电子} + \varepsilon_{核} \tag{6.70}$$

同时，简并度 g_i 是各种运动方式简并度的乘积，即

$$g_i = g_{平动} \cdot g_{转动} \cdot g_{振动} \cdot g_{电子} \cdot g_{核} \tag{6.71}$$

将式(6.70)和式(6.71)代入式(6.28)，得

$$q = \sum g_i e^{-\beta \varepsilon_i}$$
$$= \sum g_{i,平动} e^{-\beta \varepsilon_{i,平动}} \cdot \sum g_{i,转动} e^{-\beta \varepsilon_{i,转动}} \cdot \sum g_{i,振动} e^{-\beta \varepsilon_{i,振动}} \cdot$$
$$\sum g_{i,电子} e^{-\beta \varepsilon_{i,电子}} \cdot \sum g_{i,核} e^{-\beta \varepsilon_{i,核}}$$

显然

$$q = q_{平动} \cdot q_{转动} \cdot q_{振动} \cdot q_{电子} \cdot q_{核} = q_{平动} \cdot q_{内} \tag{6.72}$$

式中各项分别表示平动配分函数、转动配分函数、振动配分函数、电子配分函数和核配分函数。除平动外，其余运动均与分子的内部结构有关，因此称为内部运动。它们的能量总和称为内部结构能，而它们的配分函数的乘积总称为内配分函数。下面介绍各种配分函数的计算。

6.4.1 平动配分函数

分子配分函数是在玻兹曼分布的基础上建立的，它适用于分子间没有相互作用的系统(独立粒子系统)，主要是理想气体。因此在考虑平动时，通常把独立粒子系统当作理想气体来处理，即其运动规律可近似地用理想气体来模拟。

对于理想气体，量子力学的结果表明限制于立方体箱($a \cdot b \cdot c$)中的分子的平动能由 n_x，n_y 和 n_z 三个量子数决定，每个量子数都可以是任意一个正整数，平动能与上述量子数的关系式为

$$\varepsilon_{\text{平动}} = \frac{h^2}{8m}\left(\frac{n_x^2}{a^2} + \frac{n_y^2}{b^2} + \frac{n_z^2}{c^2}\right) \tag{6.73}$$

式中:h 为普朗克(Plank)常数,其数值为 6.626×10^{-34} J·S;m 为分子的质量。由于每一组 n_x,n_y,n_z 的值均对应于一个特定的平动量子态,将 $e^{-\beta\varepsilon_{\text{平动}}}$ 对所有 n_x,n_y,n_z 值求和,便得到平动配分函数。由式(6.73),设

$$\varepsilon_{\text{平动}(x)} = \frac{n_x^2 h^2}{8ma^2} \quad \varepsilon_{\text{平动}(y)} = \frac{n_y^2 h^2}{8mb^2} \quad \varepsilon_{\text{平动}(z)} = \frac{n_z^2 h^2}{8mc^2} \tag{6.74}$$

因此
$$\varepsilon_{\text{平动}} = \varepsilon_{\text{平动}(x)} + \varepsilon_{\text{平动}(y)} + \varepsilon_{\text{平动}(z)}$$

相应的配分函数可表示为独立因子的积,即

$$q_{\text{平动}} = q_{\text{平动}(x)} \cdot q_{\text{平动}(y)} \cdot q_{\text{平动}(z)}$$

其中 $q_{\text{平动}(x)} = \sum g_{i,\text{平动}(x)} \cdot e^{-\beta\varepsilon_{i,\text{平动}(x)}}$,$q_{\text{平动}(y)}$ 和 $q_{\text{平动}(z)}$ 可类推。

将式(6.74)代入(6.28),并考虑平动能级简并度 $g_i=1$,则

$$q_{\text{平动}(x)} = \sum e^{-k n_x^2}$$

其中 $k = \beta h^2/8ma^2$。

当 k 很小时,式(6.74)的求和可以用积分来计算,即

$$q_{\text{平动}(x)} = \int_0^\infty e^{-k n_x^2} dn_x = \frac{1}{2}\left(\frac{\pi}{A}\right)^{1/2} - 1$$

由于 k 很小,在 $\frac{1}{2}\left(\frac{\pi}{A}\right)^{1/2} \geqslant 1$,可忽略 1,所以

$$q_{\text{平动}(x)} = \frac{1}{2}\left(\frac{\pi}{A}\right)^{1/2} = \frac{(2\pi m/\beta)^{1/2}}{h}a$$

同理,$q_{\text{平动}(y)} = \frac{(2\pi m/\beta)^{1/2}}{h}b$ 及 $q_{\text{平动}(z)} = \frac{(2\pi m/\beta)^{1/2}}{h}c$,因此

$$q_{\text{平动}} = \frac{(2\pi m/\beta)^{1/2}}{h^3}a \cdot b \cdot c$$

注意 $\beta = \frac{1}{kT}$,$a \cdot b \cdot c$ 为立方体的体积 V,则

$$q_{\text{平动}} = \frac{(2\pi mkT)^{3/2}}{h^3}V$$

因为 $m = M/L$,$k = R/L$。其中 M 为分子的摩尔质量,L 为阿伏伽德罗常数,R 为摩尔气体常数,则

$$q_{\text{平动}} = \frac{(2\pi MRT)^{3/2}}{h^3 L}V \tag{6.75}$$

式中 V 表示一个粒子可能活动的空间,若该分子是 1 mol 分子中的一个,则代表在指定温度和压力下,1 mol 理想气体的体积。可见平动配分函数不仅与温度有关,而且还与分子活动的空间(体积)有关。

【例 6.6】 推导平动对气体摩尔热力学能、摩尔熵和摩尔 Helmholtz 自由能的贡献,并计算在 101.3 kPa 和 87.3 K 时,1 mol 氩(Ar)分子的平动配分函数、平动能、熵和 Helmholtz 自由能。

解:由式(6.75)

$$q_{平动} = \frac{(2\pi MRT)^{3/2}}{h^3 L} V$$

根据 U,S 和 A 与 q 的关系式(6.61)、式(6.63)和式(6.64),摩尔平动能、摩尔熵和摩尔 Helmholtz 自由能的表达式为

$$U_{m,平动} = RT^2 \left(\frac{\partial \ln q_{平}}{\partial T}\right)_V = RT^2 \left[\frac{\partial \left(\ln \frac{(2\pi MR)^{3/2}}{h^3 L} V + \ln T^{3/2}\right)}{\partial T}\right]_V$$

同理

$$S_{m,平动} = \frac{5}{2}R + R\ln \frac{(2\pi MPT)^{3/2} V}{h^3 L^4}$$

$$A_{m,平动} = -R - RT\ln \frac{(2\pi MPT)^{3/2} V}{h^3 L^4}$$

考虑 Ar 为单原子分子,有

$$M_m(Ar) = 39.944 \times 10^{-3} \text{ kg} \cdot \text{mol}^{-1}, R = 8.314 \text{ J} \cdot \text{K}^{-1} \cdot \text{mol}^{-1}$$

$$h = 6.626 \times 10^{-34} \text{ J} \cdot \text{s}, L = 6.023 \times 10^{23}$$

$$V = \frac{RT}{p} = \frac{0.08205 \times 87.3 \times 10^{-3}}{1} = 0.007\ 16 \text{ m}^3$$

将上述数据依次代入上述各式得

$$q_{平动} = 2.78 \times 10^{29} (注意配分函数是量纲一的量)$$

$$U_{m,平动} = 1\ 088.7 \text{ J} \cdot \text{mol}^{-1}$$

$$S_{m,平动} = 129.2 \text{ J} \cdot \text{K}^{-1} \cdot \text{mol}^{-1}$$

$$A_{m,平动} = -10\ 190.5 \text{ J} \cdot \text{mol}^{-1}$$

对照由热力学第三定律求得的摩尔熵值(129.1 J · K^{-1} · mol^{-1})发现两者的结果十分一致。

6.4.2 转动配分函数

转动能量不仅与分子中所含的原子数目有关,而且还与分子的构型有关,随着原子数目的增多,其处理过程变得越来越复杂,这里只讨论双原子分子的转动,并且假定分子是刚性转子。

由于是双原子分子,因此分子构型必定是线型的,线型分子转动能与转动量子数 J 的关系可以由薛定谔方程导出,对异核双原子分子有

$$\varepsilon_{转动} = J(J+1)\frac{h^2}{8\pi^2 I} \tag{6.76}$$

式中 I 为转动惯量,$I=\mu r^2$(μ 为折合质量,r 为核间距)由于转动能级是简并的,简并度 g_J 由转动量子数 J 决定

$$g_J = 2J+1 \tag{6.77}$$

因此

$$q_{转} = \sum (2J+1) e^{-J(J+1)h^2/8\pi^2 IkT} \tag{6.78}$$

对于温度不是过分低的气体,$h^2/8\pi IkT$ 都是很小的,在式(6.78)的求和中相邻各项的值非常接近,因此可以用积分近似地代替求和,则式(6.78)改写为

$$q_{转} = \int_0^\infty (2J+1) e^{-J(J+1)h^2/8\pi^2 IkT} dJ$$

对上式积分得到异核双原子分子转动配分函数的表达式:

$$q_{转动} = \frac{8\pi^2 IkT}{h^2} \tag{6.79}$$

由于配分函数是无量纲量,因此 $h^2/8\pi Ik$ 具有温度的量纲,用 $\theta_{转}$ 表示,则

$$\theta_{转} = \frac{h^2}{8\pi^2 Ik} \tag{6.80}$$

$\theta_{转}$ 称为转动的特性温度,此时转动配分函数的表达式可简化为

$$q_{转} = \frac{T}{\theta_{转}} \tag{6.81}$$

对于同核双原子分子,如 H_2,N_2 等,由于对称性对分子波函数的限制,J 的取值并不都是许可的,通常只能取 0,2,4,…,或 1,3,5,…,因此与异核双原子分子相比,J 的取值要减少一半,此时可以证明其转动配分函数为

$$q_{转动(同核)} = \frac{T}{2\theta_{转}} \tag{6.82}$$

综合式(6.81)和式(6.82),对任何双原子分子的转动配分函数可采用如下表达式:

$$q_{转动} = \frac{T}{\sigma \theta_{转}} \tag{6.83}$$

式中 σ 称为分子的对称数。对异核双原子分子,σ 取 1;对同核双原子分子,σ 取 2。

【例 6.7】 已知 N_2 的转动惯量 I 为 1.39×10^{-46} kg·m^2,计算 300 K 时 N_2 分子的转动配分函数。

解：根据式(6.80)，可求得 N_2 分子转动的特性温度

$$\theta_{转} = \frac{h^2}{8\pi^2 Ik} = \frac{(6.626\times 10^{-34})^2}{8\times 3.14^2 \times 1.39\times 10^{-46}\times 1.38\times 10^{-23}} = 2.863 \text{ (K)}$$

再利用式(6.83)，并注意 N_2 为同核双原子分子，$\sigma=2$，则

$$q_{转动} = \frac{T}{\sigma\theta_{转}} = \frac{300}{2\times 2.863} = 52.4$$

由此可见，转动惯量是计算的关键，通过转动惯量 I，可以计算转动的特性温度，并进一步获得分子的转动配分函数。一些双原子分子的转动惯量 I，转动特性温度 $\theta_{转}$ 以及 300 K 时的转动配分函数 $q_{转动}$ 列于表 6.1。

表 6.1 转动惯量、转动特性温度和转动配分函数

分子	$1\times 10^{47}/(\text{kg}\cdot\text{m}^2)$	$\theta_{转}/\text{K}$	$q_{转动}/300\text{ K}$
H_2	0.459	85.38	1.76
HD	0.612	64.27	4.67
D_2	0.920	43.03	3.49
N_2	13.9	2.863	52.41
O_2	19.3	2.069	72.51
CO	14.5	2.766	108.5
$^{35}Cl_2$	114.6	0.349 5	429.3
I_2	743	0.053 7	2 793

【例 6.8】 计算 500 K 时，HCl 分子的摩尔转动熵，已知 $I=2.66\times 10^{-47}\text{ kg}\cdot\text{m}^2$。

解：$$\theta_{转} = \frac{h^2}{8\pi^2 Ik} = \frac{(6.626\times 10^{-34})^2}{8\times 3.14^2 \times 2.66\times 10^{-46}\times 1.38\times 10^{-23}} = 14.73 \text{ (K)}$$

$$q_{转动} = \frac{T}{\theta_{转}} = \frac{500}{14.73} = 33.94$$

$$S_{m,转动} = R\ln q_{转动} + \frac{U_{m转动}}{T}$$

$$U_m = RT^2\left(\frac{\partial \ln q_{转动}}{\partial T}\right)_V = RT$$

所以 $S_{m,转动} = R\ln q_{转动} + R = R\ln e\cdot q_{转动} = 8.314\ln 2.718\times 33.94$
$\qquad = 37.62 \text{ (J}\cdot\text{K}^{-1}\cdot\text{mol}^{-1}\text{)}$

6.4.3 振动配分函数

对于双原子分子，量子力学求得振动能级与振动量子数 v 的关系式为

$$\varepsilon_{振动} = \left(v+\frac{1}{2}\right)h\nu \qquad 0,1,2,\cdots \tag{6.84}$$

式中:v 为振动量子数;ν 为振动特征频率,这些能级是非简并的,即对所有的 v 都有

$$g_{振动} = (v) = 1 \tag{6.85}$$

因此双原子分子的振动配分函数为

$$q_{振动} = \sum_{v=0}^{\infty} e^{-\left(v+\frac{1}{2}\right)h\nu/kT} = e^{-\frac{1}{2}h\nu/kT} \sum e^{-vh\nu/kT}$$

令 $e^{-h\nu/kT} = x$,则 $e^{-vh\nu/kT} = x^v$,所以

$$\sum_0^{\infty} e^{-vh\nu/kT} = 1 + x + x^2 + x^3 + \cdots$$

当 $|x| = 1$ 时,设无穷级数的值等于 $\dfrac{1}{1-x}$,因此

$$q_{振动} = \frac{e^{-\frac{1}{2}h\nu/kT}}{1-e^{-h\nu/kT}} \tag{6.86}$$

若忽略 $\dfrac{1}{2}h\nu$ 对振动能级的贡献,即把 $v=0$ 时的振动能量(零点能)规定为零,则

$$q_{振动} = \frac{1}{1-e^{-h\nu/kT}} = \frac{1}{1-e^{-\theta_{振}/T}} \tag{6.87}$$

式中 $\theta_{振} = h\nu/k$ 具有温度的量纲,称为振动特性温度,其值可从分子振动光谱得到。某些气体分子的振动特性温度列于表 6.2,其中括号内的数字表示简并态。

表 6.2 一些气体的振动特性温度 单位:K

气体	$\theta_{振}$	气体	$\theta_{振}(1)$	$\theta_{振}(2)$	$\theta_{振}(3)$	$\theta_{振}(4)$	$\theta_{振}(5)$
H_2	6 100	CO_2	954 127	1 890	3 360		
N_2	3 340	N_2O	850 127	1 840	3 200		
O_2	2 230	C_2H_4	911 127	1 044 127	2 820	4 690	4 830
CO	3 070	H_2O	2 290	5 160	5 360		
HCl	4 140	NH_3	1 360	2 330 127	4 780	4 880 127	
HBr	3 700	CH_3	1 870 137	2 180 127	4 170	4 320 137	
HI	3 200						
NO	2 690						

对于多原子分子,如分子是线型分子,则有 $3n-5$ 个振动自由度;如分子为非线型分子,则有 $3n-6$ 个振动自由度(n 为原子数)。每个振动自由度都有一个特征频率或特征温度,相应的配分函数为

$$q_{振动} = q_{振动(1)} \cdot q_{振动(2)} \cdots q_{振动(3n-6或3n-5)} = \left(\frac{1}{1-e^{-\theta_{振(1)}/T}}\right)\left(\frac{1}{1-e^{-\theta_{振(2)}/T}}\right)\cdots$$

$$= \prod_{i=1}^{3n-6或3n-5} \frac{1}{1-e^{\theta_{振(i)}/T}} \tag{6.88}$$

【例 6.9】 计算 $N_2(g)$ 在 500 K 时的振动配分函数 $q_{振动}$ 和摩尔振动熵 $S_{m,振动}$。

解: 由表 6.2 得,$\theta_{振} = 3\,340$ K,根据式(6.87),则

$$q_{振动} = \frac{1}{1-e^{-\theta_{振}/T}} = \frac{1}{1-e^{-3340/500}} = 1.00$$

$$S_{m,转动} = R\ln q_{振动} + \frac{U_{m,振动}}{T}$$

$$U_{m,振动} = RT^2\left(\frac{\partial \ln q_{振动}}{\partial T}\right)_V = \frac{R\theta_{振}}{e^{\theta_{振}/T}-1} \tag{6.89}$$

$$S_{m,振动} = R\ln\frac{1}{1-e^{-\theta_{振}/T}} + \frac{R\theta_{振}/T}{e^{\theta_{振}/T}-1} = R\left[\frac{\theta_{振}/T \cdot e^{\theta_{振}/T}}{e^{\theta_{振}/T}-1} - \ln(e^{\theta_{振}/T}-1)\right] \tag{6.90}$$

所以

$$S_{m,振动} = 8.314 \times \left[\frac{3\,340/500 \times e^{3\,340/500}}{e^{3\,340/500}-1} - \ln(e^{3\,340/500}-1)\right]$$

$$= 0.080\,6\,(J \cdot K^{-1} \cdot mol^{-1})$$

除了上述三种配分函数外,如果分子有内转动,还必须计算内转动的配分函数。此外,根据式(6.75),还要考虑电子配分函数和核配分函数。对于电子配分函数,由于电子能级差很大,因此在室温下,第一激发态 $e^{-\varepsilon_{电子(1)}/kT}$ 比基态项要小得多,是可以忽略的。因此只需要考虑基态就已足够,所以

$$q_{电子} = g_{电子(0)} \tag{6.91}$$

对于核配分函数,由于能级间的差距更大,因此不管在什么温度下,激发态对配分函数的贡献均可以忽略,即核配分函数完全由基态决定。

$$q_{核} = g_{核(0)} \tag{6.92}$$

§6.5 统计热力学的若干应用

6.5.1 理想气体的摩尔热容

恒容摩尔热容由式(6.67)给出

$$C_{V,m} = 2RT \left(\frac{\partial \ln q}{\partial T}\right)_V + RT^2 \left(\frac{\partial^2 \ln q}{\partial T^2}\right)_V$$

由于 $q = q_{平动} \cdot q_{转动} \cdot q_{振动} \cdot q_{电子} \cdot q_{核}$，所以

$$C_V = C_{V(平动)} + C_{V(转动)} + C_{V(振动)} + C_{V(核)} + C_{V(电子)}$$

因为前面已经指出，在大多数情况下，$q_{电子}$ 只与基态简并度 $g_{电子(0)}$ 有关，而 $q_{核}$ 则完全由基态的简并度 $g_{核(0)}$ 决定。因此 $q_{电子}$ 和 $q_{核}$ 可看作为常数，其微分为零，所以

$$C_V = C_{V(平动)} + C_{V(转动)} + C_{V(振动)} \tag{6.93}$$

对理想气体分子，平动配分函数由式(6.75)给出，即

$$q_{平动} = \frac{(2\pi mkT)^{3/2} V}{h^3}$$

因此

$$\left(\frac{\partial \ln q_{平动}}{\partial T}\right)_V = \frac{3}{2T}; \quad \left(\frac{\partial^2 \ln q_{平动}}{\partial T^2}\right)_V = -\frac{3}{2T^2}$$

代入式(6.75)得平动对摩尔热容的贡献为

$$C_{V,m(平动)} = \frac{3}{2} R \tag{9.94}$$

若考虑理想气体为双原子分子，则转动配分函数由式(6.83)给出，即

$$q_{转动} = \frac{T}{\sigma \theta_{转}}$$

其中同核双原子分子 $\sigma=2$，异核双原子分子 $\sigma=1$。不管 σ 取何值，都有

$$\left(\frac{\partial \ln q_{转动}}{\partial T}\right)_V = \frac{1}{T}; \quad \left(\frac{\partial^2 \ln q_{转动}}{\partial T^2}\right)_V = -\frac{1}{T^2}$$

于是

$$C_{V,m(转动)} = R$$

即无论是同核还是异核双原子分子，转动对摩尔热容的贡献均为 R。现在考虑振动对摩尔热容的贡献，根据热力学函数关系

$$C_{V,m(振动)} = \left(\frac{\partial U_{m(振动)}}{\partial T}\right)_V \tag{6.95}$$

$$U_{m(振动)} = RT^2 \left(\frac{\partial \ln q_{振动}}{\partial T}\right)_V$$

根据式(6.87)

$$q_{振动} = \frac{1}{1 - e^{-\theta_{振}/T}}$$

代入上式得

$$U_{m(振动)} = R\theta_{振} = \frac{1}{e^{\theta_{振}/T} - 1} \tag{6.96}$$

因此,由式(6.95)得

$$C_{V,\text{m(振动)}} = R\left(\frac{\theta_\text{振}}{T}\right)^2 \frac{\text{e}^{\theta_\text{振}/T}}{(\text{e}^{\theta_\text{振}/T}-1)^2} \tag{6.97}$$

当 $T \gg \theta_\text{振}$ 时,$\frac{\theta_\text{振}}{T} \to 0$,可以证明此时

$$C_{V,\text{m(振动)}} \approx R$$

当 $T \ll \theta_\text{振}$ 时,$\frac{\theta_\text{振}}{T} \to \infty$,可以证明此时振动对摩尔热容的贡献,即

$$C_{V,\text{m(振动)}} \approx 0$$

在温度比较适中时,振动对热容的贡献介于 0 和 R 之间,如图 6.1 所示。

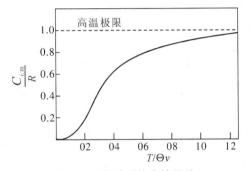

图 6.1 振动对热容的贡献

综合气体的平动、转动和振动对摩尔热容的贡献,则气体的摩尔热容可表示为

$$C_{V,\text{m}} = \begin{cases} \dfrac{5}{2}R & (T \ll \theta_\text{振}) \\ R\left(\dfrac{\theta_\text{振}}{T}\right)^2 \dfrac{\text{e}^{\theta_\text{振}/T}}{(\text{e}^{\theta_\text{振}/T}-1)^2} + \dfrac{5}{2}R & (T \text{ 适中}) \\ \dfrac{7}{2}R & (T \gg \theta_\text{振}) \end{cases} \tag{6.98}$$

【例 6.10】 证明当 $T \gg \theta_\text{振}$ 时,$C_{V,\text{m(振动)}} \approx R$;当 $T \ll \theta_\text{振}$ 时,$C_{V,\text{m(振动)}} \approx 0$。

证:根据式(6.97),并令 $\theta_\text{振}/T = u$,则有

$$C_{V,\text{m(振动)}} = Ru^2 \frac{\text{e}^u}{(\text{e}^u-1)^2} \tag{6.99}$$

设 $\tau = \dfrac{u}{\text{e}^u-1}\text{e}^{u/2}$,则 $C_{V,\text{m(振动)}} = R\tau^2$,即

$$\tau = \frac{u}{\text{e}^u-1}\text{e}^{u/2} = \frac{u}{\text{e}^{u/2}-\text{e}^{-u/2}}$$

$$= \frac{u}{\left[1+\frac{1}{2}u+\frac{1}{2!}\left(\frac{u}{2}\right)^2+\cdots\right]-\left[1-\frac{u}{2}+\frac{1}{2!}\left(\frac{u}{2}\right)^2-\cdots\right]}$$

$$= \frac{u}{2\left[\frac{u}{2}+\frac{1}{3!}\left(\frac{u}{2}\right)^3+\cdots\right]} = \frac{1}{1+\frac{u^2}{24}+\cdots}$$

当 $T \gg \theta_{振}$ 时，$u \to 0$，所以 $\tau \to 1$，则

$$C_{V,\text{m}(振动)} \approx R$$

当 $T \ll \theta_{振}$ 时，$u \to \infty$，所以 $\tau \to 0$，则

$$C_{V,\text{m}(振动)} \approx 0$$

【例 6.11】 计算 CO 分子分别在 300 K，1 000 K 和 10 000 K 时的摩尔热容。

解：由表 6.2 得，CO 的特性温度为 $\theta_{振} = 3\,070$ K。

根据式(6.97)，分别得到上述三种温度下的摩尔热容为

$$C_{V,\text{m}(300\,\text{K})} = R\left[\frac{5}{2}+\left(\frac{3\,070}{300}\right)^2 \frac{e^{3\,070/300}}{(e^{3\,070/300}-1)^2}\right] = R\left(\frac{5}{2}+0.004\right) \approx \frac{5}{2}R$$

$$C_{V,\text{m}(1\,000\,\text{K})} = R\left[\frac{5}{2}+\left(\frac{3\,070}{1\,000}\right)^2 \frac{e^{3\,070/1\,000}}{(e^{3\,070/1\,000}-1)^2}\right] = R\left(\frac{5}{2}+0.05\right) \approx 3R$$

$$C_{V,\text{m}(10\,000\,\text{K})} = R\left[\frac{5}{2}+\left(\frac{3\,070}{10\,000}\right)^2 \frac{e^{3\,070/10\,000}}{(e^{3\,070/10\,000}-1)^2}\right] = R\left(\frac{5}{2}+0.99\right) \approx \frac{7}{2}R$$

由此可见，当温度很低时，$C_{V,\text{m}} \approx \frac{5}{2}R$；温度很高时，$C_{V,\text{m}} \approx \frac{7}{2}R$；在中等温度时，$C_{V,\text{m}}$ 值介于 $\frac{5}{2}R$ 和 $\frac{7}{2}R$ 之间。

6.5.2 理想气体的混合熵

考虑理想气体 i 有 n_i mol 和 j 有 n_j mol 在等温等压下进行混合的过程。

| p, T n_i, V_i | p, T n_j, V_j | $\to$ | p, T, n_i, n_j $V_i + V_j$ |

显然混合熵 ΔS_{mix} 就等于混合后气体 i 和 j 的熵减去混合前气体 i 和 j 的熵，即

$$\Delta S_{\text{mix}} = (S'_i + S'_j)_{混合后} - (S_i + S_j)_{混合前} \quad (6.100)$$

根据熵与配分函数之间的关系，注意电子配分函数和核配分函数只由基态时能级的简并度 g_0 决定，混合前后不发生变化。同时，由于混合过程在等温等压下进行，因此混合前后振动和转动配分函数也不发生变化。所以，气体的混合熵变主要是由平动熵发生变化所致。

根据式(6.75)，平动对熵的贡献为

$$S_{平动} = \frac{5}{2}kN + kN\ln\frac{(2\pi mkT)^{3/2}V}{Nh^3}$$

$$= \left[\frac{5}{2}kN + kN\ln\frac{(2\pi mkN)^{3/2}}{Nh^3}\right] + kN\ln V \qquad (6.101)$$

混合前

$$S_{平动(i)} = \left[\frac{5}{2}kN_i + kN_i\ln\frac{(2\pi m_i kN)^{3/2}}{N_i h^3}\right] + kN_i\ln V_i$$

$$= C_1 + kN_i\ln V_i \qquad (6.102)$$

$$S_{平动(j)} = \left[\frac{5}{2}kN_j + kN_j\ln\frac{(2\pi m_j kT)^{3/2}}{N_j h^3}\right] + kN_j\ln V_j$$

$$= C_2 + kN_j\ln V_j \qquad (6.103)$$

混合后由于 N_i, N_j, m_i, m_j 及 T 均保持不变,所以 C_1 和 C_2 保持不变,但 V_i 和 V_j 均变为 $V_i + V_j$,所以有

$$S'_{平动(i)} = C_1 + kN_i\ln(V_i + V_j) \qquad (6.104)$$

$$S'_{平动(j)} = C_2 + kN_j\ln(V_i + V_j) \qquad (6.105)$$

将式(6.102)~(6.105)代入式(6.100)得

$$\Delta S_{mix} = kN_i[\ln(V_i+V_j)-\ln V_i] + kN_j[\ln(V_i+V_j)-\ln V_j]$$

$$= -kN_i\ln\frac{V_i}{V_i+V_j} - kN_j\ln\frac{V_j}{V_i+V_j} \qquad (6.106)$$

考虑到 $N_i = n_i \cdot L, N_j = n_j \cdot L, R = k \cdot L$ 及

$$x_i = \frac{V_i}{V_i+V_j}, x_j = \frac{V_j}{V_i+V_j}$$

式中:n_i 和 n_j 分别为气体 i 和 j 的物质的量;x_i 和 x_j 表示摩尔分数;L 为阿伏伽德罗常数。则式(6.106)改写为

$$\Delta S_{mix} = -R(n_i\ln x_i + n_j\ln x_j) \qquad (6.107)$$

可见理想气体的混合熵变主要由各气体的物质的量及混合气体的摩尔分数决定。上式可以推广到多种气体的混合过程,此时

$$\Delta S_{mix} = -R\sum_i n_i\ln x_i \qquad (6.108)$$

【例 6.12】 假定 O_2 和 N_2 是理想气体,计算在 298 K 和 101.3 kPa 下 0.10 mol O_2 和 0.20 mol N_2 混合时的熵变。

解:
$$\Delta S_{mix} = -R(n_{O_2}\ln x_{O_2} + n_{N_2}\ln x_{N_2})$$
$$= -8.314(0.10\ln 0.33 + 0.20\ln 0.67)$$
$$= 4.57 \text{ (J} \cdot \text{K}^{-1})$$

6.5.3 统计熵的计算

根据式(6.61)及式(6.72),就可以用统计热力学的方法计算系统的熵值。因核运动包括了核自旋及核内更深层次的微粒运动,人们的认识还很不充分,即使在核运动处于基态的情况下,q_n^0 仍是无法确定的数值。所以,不要误认为用统计热力学的方法就能求得 N,U,V 确定的系统中熵的绝对值。考虑到通常温度下粒子的电子运动及核运动确实处于基态的事实,而一般物理化学过程中 ΔS 常只是由于 S_t、S_r 及 S_v 发生变化而产生的。为此,通常把由统计热力学方法计算出系统的 S_t、S_r 及 S_v 之和称为统计熵。本章中统计熵仍用符号 S 表示,则

$$S = S_t + S_r + S_v \tag{6.109}$$

显然,在大多数情况下用式(6.109)对计算过程的 ΔS 是不会有影响的。计算统计熵时要用到物质的光谱数据,故又称光谱熵。在热力学中以第三定律为基础,根据量热实验测得各有关热数据计算出的规定熵则可称作量热熵,以示与统计熵的区别。

1. 平动熵 S_t 的计算

将式 $q_n^0 = q_t = \dfrac{(2\pi mkT)^{3/2}}{h^3} V$ 及式 $U_t^0 = \dfrac{3}{2} NkT$ 代入式(6.72)的 S_t 计算式中,即得

$$\begin{aligned} S_t &= Nk \ln \frac{q_t^0}{N} + \frac{U_t^0}{T} + Nk \\ &= Nk \ln \frac{(2\pi mkT)^{3/2} V}{Nh^3} + \frac{3}{2} \times \frac{NkT}{T} + Nk \\ &= Nk \ln \frac{(2\pi mkT)^{3/2} V}{Nh^3} + \frac{5}{2} Nk \end{aligned} \tag{6.110}$$

由上式可知,S_t 与粒子的质量 m、粒子数 N 及系统的温度 T、体积 V 有关。

对理想气体,每摩尔粒子数 $N = nL$,$m = M/L$,$V = nRT/p$,$n = 1$ mol,代入上式,经整理后可得理想气体的摩尔平动熵为

$$S_{m,t} = R\left[\frac{3}{2} \ln (M/\text{kg}\cdot\text{mol}^{-1}) + \frac{5}{2} \ln (T/K) - \ln (p/\text{Pa}) + 20.723 \right] \tag{6.111}$$

此式称为萨克尔-泰特洛德(Sackur-Tetrode)方程,是计算理想气体摩尔平动熵常用的公式。

【例 6.13】 试求 298.15 K 时氖气的标准统计熵,并与量热法得出的标准量热熵 146.6 J·mol^{-1}K^{-1} 进行比较。

解:氖 Ne 是单原子气体,其摩尔平动熵即其摩尔熵,故可用萨克尔-泰特洛德方程计算。

将氖的摩尔质量 $M = 20.179 \times 10^{-3}$ kg·mol^{-1},温度 $T = 298.15$ K 及标准压力 $p^\ominus =$

1×10^5 Pa 代入式(6.111),得

$$S_m^{\ominus} = R\left[\frac{3}{2}\ln(M/\text{kg}\cdot\text{mol}^{-1}) + \frac{5}{2}\ln(T/\text{K}) - \ln(p/\text{Pa}) + 20.723\right]$$

$$= R\left[\frac{3}{2}\ln(20.179\times10^{-3}) + \frac{5}{2}\ln 298.15 - \ln(1\times10^5) + 20.723\right]$$

$$= 146.3 \text{ (J}\cdot\text{mol}^{-1}\cdot\text{K}^{-1})$$

计算结果表明,298.15 K 下氖的标准摩尔统计熵与其量热熵 146.6 J·mol^{-1}·K^{-1} 非常接近,相对误差仅 0.2%。

2. 转动熵 S_r 的计算

在通常转动能级充分开放的情况下,将线型分子的 $q_r^0 = q_r = T/\theta_r\sigma$ 及 $U_r^0 = NkT$ 代入式(6.72)中 S_r 的计算式,得

$$S_r = Nk\ln q_r^0 + U_r^0/T$$
$$= Nk\ln(T/\theta_r\sigma) + Nk \tag{6.112}$$

可见,转动熵与粒子的性质 θ_r、σ 及系统的粒子数 N、温度 T 有关。

1 mol 物质的转动熵可由上式得出,为

$$S_{m,r} = R\ln(T/\theta_r\sigma) + R \tag{6.113}$$

3. 振动熵 S_v 的计算

将式 $q_v^0 = (1-e^{-\theta_v/T})^{-1}$ 及式 $U_v^0 = Nk\theta_v(e^{\theta_v/T}-1)^{-1}$ 代入式(6.72)中 S_v 的计算式,可得

$$S_v = Nk\ln q_v^0 + U_v^0/T$$
$$= Nk\ln(1-e^{-\theta_v/T})^{-1} + Nk\theta_v T^{-1}(e^{\theta_v/T}-1)^{-1} \tag{6.114}$$

可见,振动熵与粒子的性质 θ_v 及系统的粒子数 N、温度 T 有关。

1 mol 物质的振动熵可表示为

$$S_{m,v} = R\ln(1-e^{-\theta_v/T})^{-1} + R\theta_v T^{-1}(e^{\theta_v/T}-1)^{-1} \tag{6.115}$$

【例 6.14】 已知 N_2 分子的 $\theta_r = 2.89$ K,$\theta_v = 3\,353$ K,试求 298.15 K 时 N_2 的标准摩尔统计熵,并与其标准摩尔量热熵 $S_m^{\ominus} = 191.6$ J·mol^{-1}·K^{-1} 比较。

解: N_2 为双原子分子,其摩尔统计熵应用下式计算:

$$S_m = S_{m,t} + S_{m,r} + S_{m,v}$$

将题给条件 $T = 298.15$ K,$\theta_r = 2.89$ K,$\theta_v = 3\,353$ K 及 N_2 的摩尔质量 $M = 28.013\,4\times10^{-3}$ kg·mol^{-1},标准压力 $p^{\ominus} = 1\times10^5$ Pa,同核双原子分子的对称数 $\sigma = 2$ 代入式(6.111)、式(6.113)、式(6.115)中,分别得到

$$S_{m,t}^{\ominus} = R\left[\frac{3}{2}\ln(M/\text{kg}\cdot\text{mol}^{-1}) + \frac{5}{2}\ln(T/\text{K}) - \ln(p/\text{Pa}) + 20.723\right]$$

$$= R\left[\frac{3}{2}\ln(28.0134\times 10^{-3})+\frac{5}{2}\ln 298.15-\ln(1\times 10^5)+20.723\right]$$
$$= 150.4(\text{J}\cdot\text{mol}^{-1}\cdot\text{K}^{-1})$$
$$S_{m,r}=R\ln(T/\theta_r\sigma)+R=R\ln\{298.15/(2.89\times 2)\}+R$$
$$= 41.10(\text{J}\cdot\text{mol}^{-1}\cdot\text{K}^{-1})$$
$$S_{m,v}=R\ln(1-e^{-\theta_v/T})^{-1}+R=R\theta_v T^{-1}(e^{\theta_v/T}-1)^{-1}$$
$$= R\ln(1-e^{-3353/298.15})^{-1}+R(3353/298.15)(e^{3353/298.15}-1)^{-1}$$
$$= 0.00133(\text{J}\cdot\text{mol}^{-1}\cdot\text{K}^{-1})$$

所以

$$S_m^\ominus = S_{m,t}^\ominus + S_{m,r}^\ominus + S_{m,v}^\ominus$$
$$= (150.4+41.10+0.00133)\text{J}\cdot\text{mol}^{-1}\cdot\text{K}^{-1}$$
$$= 191.5\text{ J}\cdot\text{mol}^{-1}\cdot\text{K}^{-1}$$

显然，N_2 的标准摩尔统计熵 191.5 J·mol^{-1}·K^{-1} 与其标准摩尔量热熵 191.6 J·mol^{-1}·K^{-1} 相当吻合。

由于 0 K 到 298.15 K 时大多数物质的电子运动并不能受到激发，所以按式(6.109)计算的统计熵，如【例 6.12】和【例 6.13】所示，与量热熵相符。

6.5.4 统计熵与量热熵的简单比较

在表 6.3 中进一步列出了 298.15 K 时某些物质的标准统计熵 $S_{m,\text{统计}}^\ominus$ 及标准量热熵 $S_{m,\text{量热}}^\ominus$ 两种数值非常接近，差别可认为在实验的误差范围之内。

表 6.3 某些物质 298.15 K 的 $S_{m,\text{统计}}^\ominus$ 与 $S_{m,\text{量热}}^\ominus$

物质	$S_{m,\text{统计}}^\ominus$/J·mol^{-1}·K^{-1}	$S_{m,\text{量热}}^\ominus$/J·mol^{-1}·K^{-1}
Ne	146.34	146.6
O_2	205.15	205.14
HCl	186.88	186.3
HI	206.80	206.59
Cl_2	223.16	223.07

有些物质两种方法得出的标准熵差别较大，超出了实验的误差范围，如 CO、NO 及 H_2，它们的 $(S_{m,\text{统计}}^\ominus - S_{m,\text{量热}}^\ominus)$/J·$\text{mol}^{-1}\text{K}^{-1}$ 分别为 4.18、2.51 及 6.28。这两种熵的差别称为残余熵。残余熵的产生原因可归结为低温下量热实验中系统未能达到真正的平衡态。

从量热熵测定的原理来看，只有在 298.15 K→0 K 温度范围内降温时能够以热的形式吞吐的能量，才能在量热熵中得到相应的反映。像 CO 气体从 298.15 K、0.1 MPa 时开始降温、液化，至 66 K 时凝固成晶体，因分子的偶极矩很小，使凝固时分子的 CO 及 OC 两种取向的能量差 $\Delta\varepsilon$ 不大，则 $e^{-\Delta\varepsilon/kT}\approx 1$，即两种取向的玻兹曼因子近似相等，所以形成的晶体中两种取向的分子数几乎相同。随着温度继续下降，因 $\Delta\varepsilon$ 可认为保持不变，故 $e^{-\Delta\varepsilon/kT}$ 将任意增大。到 $T\to 0$ K 时，两种取向的玻兹曼因子的比值将趋于无穷大，表示 $T\to 0$ K 达到平衡分布中分子只能有一种取向，形成排列完全整齐的完整晶体。在此状态下，$\Omega=1$，对应 $S_0=0$。然而，CO 在已经凝固的晶体中转向是很难完成的，使更低温度时能测出分子转向相应的热，使量热熵中不可能包括相应的熵变。上述情况即量热实验在低温阶段中 CO 分子的取向并未达到真正的平衡，以致在 $T\to 0$ K 时实验中未能实现第三定律规定的完整晶体状态，即 $T\to 0$ K 时晶体未达到 $S_0=0$，相当于实验中测得的量热熵是以一个 $S>0$ 的不平衡态作基准的，当然就使量热熵的数值偏低，因而产生了残余熵。NO 的情况与此类似。

又如，H_2 在较高温度下正氢→仲氢的平衡比例约为 3∶1，随着温度下降，平衡组成中仲氢比例逐渐加大，到 0 K 时应当全部转变为仲氢。在量热实验中，这类转换也因动力学因素而难以达到平衡，正、仲氢的比例很可能始终冻结在高温时的平衡比值上。理应在量热实验中测得转换过程的热实际上未能测到，也就是 $T\to 0$ K 时 H_2 也未能达到完整晶体的状态，所以实验测得的量热熵偏低。

统计熵只需要求取熵值温度条件下的光谱数据，它不需要低温实验，不会因低温条件下实现平衡态的困难而使统计熵的计算中出现有规律的偏差。从这方面来说，统计熵应比量热熵更符合客观实际情况。

6.5.5 理想气体反应的平衡常数

量子力学证明，分子的各种运动均存在零点能效应，即在基态时的能量不为零。在前面计算分子配分函数时，我们把各种运动形式的基态能量定为零，对纯物质这是一种简便的方法。但是在处理像理想气体反应这样一些平衡系统时，由于涉及多种物质共存时，各种物质的零点能不同，因此必须规定一个公共的能量坐标原点，这样才能正确表示出各种物质间的能量差，如图 6.2 所示。

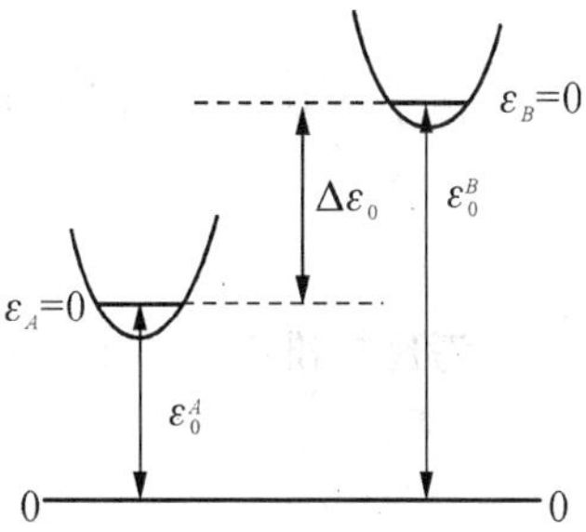

此时分子的配分函数可表示为：

图 6.2 粒子零点能差异

$$q' = \sum_i g_i e^{-(\varepsilon_0+\varepsilon_i)/kT} = e^{-\varepsilon_0/kT}\sum_i g_i e^{-\varepsilon_i/kT} \quad (6.116)$$

$$\ln q' = \ln q - \frac{\varepsilon_0}{kT} \quad (6.117)$$

根据上述关系，得

$$U = NkT^2 \left(\frac{\partial \ln q}{\partial T}\right)_V = NkT^2 \left(\frac{\partial \ln q}{\partial T}\right)_V + N\varepsilon_0$$

$$= NkT^2 \left(\frac{\partial \ln q}{\partial T}\right)_V + U_0 \tag{6.118}$$

同理得到

$$S = kNT \left(\frac{\partial \ln q}{\partial T}\right)_V + kN \ln \left(\frac{q\mathrm{e}}{N}\right) \tag{6.119}$$

$$H = kNT^2 \left(\frac{\partial \ln q}{\partial T}\right)_V + kNT \left(\frac{\partial \ln q}{\partial V}\right)_T + U_0 \tag{6.120}$$

$$A = -kNT \ln \left(\frac{q\mathrm{e}}{N}\right) + U_0 \tag{6.121}$$

$$G = -kNT \ln \left(\frac{q}{N}\right) + U_0 \tag{6.122}$$

$$C_V = 2NkT \left(\frac{\partial \ln q}{\partial T}\right)_V + kNT^2 \left(\frac{\partial^2 \ln q}{\partial T^2}\right)_V \tag{6.123}$$

对照式(6.61)~(6.67)可以发现,能量零点的选择除对 S 和 C_V 没有影响外,U,H,G,A 值均比原来的值增加了 U_0。U_0 代表 N 个粒子在最低能级(基态)的能量。在 0 K 时,粒子都处于最低能级,因此 U_0 表示绝对零度时系统的热力学能。

根据式(6.121)得

$$\frac{G - U_0}{T} = -kN \ln \left(\frac{q}{N}\right) \tag{6.124}$$

当系统处于标准态时,则有

$$\frac{G^{\ominus} - U_0^{\ominus}}{T} = -kN \ln \left(\frac{q^{\ominus}}{N}\right) \tag{6.125}$$

由于在 0 K 时,$RT=0$,根据 $H=U+pV=U+RT$,则 $U_0^{\ominus}$ 与 $H_0^{\ominus}$ 相等。故上式变为

$$\frac{G^{\ominus} - H_0^{\ominus}}{T} = -kN \ln \left(\frac{q^{\ominus}}{N}\right) \tag{6.126}$$

考虑标准态下 1 mol 分子,则式(6.125)为

$$\frac{G_m^{\ominus} - H_{m,0}^{\ominus}}{T} = -R \ln \left(\frac{q^{\ominus}}{L}\right) \tag{6.127}$$

$\dfrac{G_m^{\ominus} - H_{m,0}^{\ominus}}{T}$ 称为 Gibbs 自由能函数,其数值可以根据配分函数由式(6.126)计算。

在统计热力学中,为了计算方便,通常将各种物质在不同温度下的 Gibbs 自由能函数列成表格,表中同时列出绝对零度时的标准摩尔生成焓 $\Delta H_{m,f,0}^{\ominus}$,由此计算 $\Delta H_{m,0}^{\ominus}$。有时,也可根据 298.2 K 时获得的 $\Delta H_{m(298.2K)}^{\ominus}$,根据参加反应各物质的热容 $C_{p,m}$,由基尔霍夫方程式计算出 $\Delta H_{m,0}^{\ominus}$,因为

$$\Delta H_{m,T}^{\ominus} = \Delta H_{m,0}^{\ominus} + \int_0^T \sum_i \nu_i C_{p,m,i} dT$$

根据 $\Delta\left(\dfrac{G_m^{\ominus} - H_{m,0}^{\ominus}}{T}\right)$ 和 $\Delta H_{m,0}^{\ominus}$，可以求得 $\dfrac{\Delta G_m^{\ominus}}{T}$，并由下列关系式：

$$\Delta G_m^{\ominus} = -RT\ln K^{\ominus} \tag{6.128}$$

求得任何温度下的平衡常数。

【例 6.15】 计算丙烷脱氢生成丙烯反应：

$$C_3H_8 \longleftrightarrow C_3H_6 + H_2$$

在 800 K 时的平衡常数 $K^{\ominus}$。

解：查表得到下列数据：

		C_3H_6	H_2	C_3H_8
800 K	$\dfrac{G_m^{\ominus} - H_{m,0}^{\ominus}}{T}$ (J·mol^{-1}·K^{-1})	−286.2	−130.4	−287.3
0 K	$\Delta H_{m,0}^{\ominus}$ (J·mol^{-1})	35 396.2	0	−8 143.8

$$\begin{aligned}\dfrac{\Delta G_m^{\ominus}}{T} &= \Delta\left(\dfrac{G_m^{\ominus} - H_{m,0}^{\ominus}}{T}\right) + \dfrac{\Delta H_{m,0}^{\ominus}}{T} \\ &= (-287.2 - 130.4 + 286.3) + \dfrac{35\,396.2 - 0 - 81\,434.8}{800} \\ &= 16.74 \text{ (J·mol}^{-1}\text{·K}^{-1})\end{aligned}$$

$$K^{\ominus} = e^{-\Delta G_m^{\ominus}/RT} = e^{-2.013} = 0.133\,5$$

根据配分函数与 Gibbs 自由能的关系，可以从配分函数直接计算平衡常数。对于任意一个理想过程：

$$aA + bB \longleftrightarrow dD + eE$$

反应的标准摩尔 Gibbs 自由能变化为

$$\begin{aligned}\dfrac{\Delta G_m^{\ominus}}{T} &= \dfrac{dG_D^{\ominus} + eG_E^{\ominus} - (aG_A^{\ominus} + bG_B^{\ominus})}{T} \\ &= d\left(\dfrac{G_D^{\ominus} - H_{D,0}^{\ominus}}{T}\right) + e\left(\dfrac{G_E^{\ominus} - H_{E,0}^{\ominus}}{T}\right) - a\left(\dfrac{G_A^{\ominus} - H_{A,0}^{\ominus}}{T}\right) \\ &\quad - b\left(\dfrac{G_D^{\ominus} - H_{D,0}^{\ominus}}{T}\right) + \dfrac{dH_{D,0}^{\ominus} + eH_{E,0}^{\ominus} - aH_{A,0}^{\ominus} - bH_{B,0}^{\ominus}}{T}\end{aligned}$$

由式(6.127)得

$$\Delta G_m^{\ominus} = -RT\ln\dfrac{(q_D^{\ominus}/L)^d (q_E^{\ominus}/L)^e}{(q_A^{\ominus}/L)^a (q_B^{\ominus}/L)^b} + \Delta H_{m,0}^{\ominus} \tag{6.129}$$

代入式(6.127)得

$$K^\ominus = \frac{(q_D^\ominus/L)^d (q_E^\ominus/L)^e}{(q_A^\ominus/L)^a (q_B^\ominus/L)^b} \cdot e^{-\Delta H_{m,0}^\ominus/RT}$$

$$= \frac{(q_D^\ominus)^d (q_E^\ominus)^e}{(q_A^\ominus)^a (q_B^\ominus)^b} \cdot \left(\frac{1}{L}\right)^{\Delta\nu} \cdot e^{-\Delta H_{m,0}^\ominus/RT} \tag{6.130}$$

式中 $\Delta\nu = d+e-a-b$。由式(6.130)可见，平衡常数与产物及反应物分子的配分函数的比值及它们的基态能量有关。如果比值非常大，即产物分子可及的微观态远远多于反应物分子，则平衡向生成物的方向移动；反之，如果比值很小，即反应物分子可及的微观态数比产物分子多得多，则向生成反应物的方向移动。如果 $\Delta H_{m,0}^\ominus$ 很大，则对正反应方向不利，而 $\Delta H_{m,0}^\ominus$ 较小时有利于产物的生成。

理论上通过光谱数据或解离能数据，可以获得 $\Delta U_{m,0}^\ominus$，再根据配分函数就可以从式(6.130)计算出各种理想气体反应的平衡常数，但实际情况非常复杂，在计算配分函数时要同时考虑到平动、转动、振动、电子和核动配分函数，且当分子复杂时，这些配分函数的计算将变得极为困难。现考虑反应物与产物都是双原子分子的反应系统，对双原子分子系统，电子和核的配分函数均等于1，振动配分函数也非常接近1，因此在计算 $\Delta G_m^\ominus$ 时可以不考虑电子和核运动及振动对吉布斯自由能函数的贡献，而主要考虑平动和转动的贡献，根据式(6.75)，则

$$q_{\text{平动}} = \frac{(2\pi mkT)^{3/2}V}{h^3}$$

因为 $V=RT/p$，并注意标准态下 $p^\ominus = 100$ kPa，则

$$q_{\text{平动}} = \frac{(2\pi mkT)^{3/2}V}{h^3} = C'M^{3/2}$$

其中 $C' = \frac{(2\pi)^{3/2}(RT)^{5/2}}{p^\ominus L^3 h^3}$，当反应系统温度不变时，$C'$ 为常数，又根据式(6.83)，得

$$q_{\text{转动}} = \frac{T}{\sigma\theta_{\text{转}}}$$

将上述二式代入式(6.130)，得

$$K^\ominus = (C')^{\Delta\nu} \cdot \left(\frac{M_D^d M_E^e}{M_A^a M_B^b}\right) \cdot \left(\frac{\sigma_A^a \sigma_B^b}{\sigma_D^d \sigma_E^e}\right) \cdot \left(\frac{\theta_{\text{转},A}^a \theta_{\text{转},B}^b}{\theta_{\text{转},D}^d \theta_{\text{转},E}^e}\right) T^{-\Delta\nu} \cdot \left(\frac{1}{L}\right)^{\Delta\nu} \cdot e^{-\Delta H_{m,0}^\ominus/RT}$$

$$K^\ominus = C^{\Delta\nu} \cdot \left(\frac{M_D^d M_E^e}{M_A^a M_B^b}\right)^{3/2} \cdot \left(\frac{\sigma_A^a \sigma_B^b}{\sigma_D^d \sigma_E^e}\right) \cdot \left(\frac{\theta_{\text{转},A}^a \theta_{\text{转},B}^b}{\theta_{\text{转},D}^d \theta_{\text{转},E}^e}\right) \cdot e^{-\Delta H_{m,0}^\ominus/RT} \tag{6.131}$$

式中 $C = \frac{(2\pi)^{3/2}R^{5/2}T^{3/2}}{Lh^3}$，由于反应温度不变，可看作常数，因此平衡常数主要决定于各种理想气体的摩尔质量 M，各分子的对称数 σ 和各分子的转动特性温度 $\theta_{\text{转}}$，以及基态时的

能量差。如考虑下列理想气体的复分解反应：

$$A-B+C-D \Longleftrightarrow A-C+B-D$$

由于 $\Delta \nu=0$，则式(6.131)可简化为

$$K^{\ominus}=\left(\frac{M_{AC}M_{BD}}{M_{AB}M_{DC}}\right)^{3/2} \cdot \left(\frac{\sigma_{AB}\sigma_{CD}}{\sigma_{AC}\sigma_{BD}}\right) \cdot \left(\frac{\theta_{转,AB}\theta_{转,CD}}{\theta_{转,AC}\theta_{转,BD}}\right) \cdot e^{-\Delta H_{m,0}^{\ominus}/RT} \quad (6.132)$$

【例16】 计算 $H_2+I_2 \Longleftrightarrow 2HI(g)$ 在 800 K 时的平衡常数。已知 H_2、I_2 和 HI 的转动特性温度分别为 87.49 K、0.053 75 K 和 9.426 K，$\Delta H_{m,0}^{\ominus}=-8.17$ kJ。

解：$\Delta \nu=0$，故式(6.131)变为

$$K^{\ominus}=\left(\frac{M_{HI}^2}{M_{H_2}M_{I_2}}\right)^{3/2} \cdot \left(\frac{\sigma_{H_2} \cdot \sigma_{I_2}}{\sigma_{HI}^2}\right) \cdot \left(\frac{\theta_{转,H_2}\theta_{转,I_2}}{\theta_{转,HI}^2}\right) \cdot e^{-\Delta H_{m,0}^{\ominus}/RT}$$

H_2 和 I_2 为同核双原子分子，σ 均为 2，HI 为异核双原子分子，$\sigma=1$，$M_{HI}=127.9$，$M_{I_2}=253.8$，$M_{H_2}=2.016$。将上述数据及已知的 $\theta_{转}$ 和 $\Delta H_{m,0}^{\ominus}$ 代入，得

$$K^{\ominus}=\left(\frac{127.9^2}{2.016 \times 253.8}\right)^{3/2} \cdot \left(\frac{2 \times 2}{1^2}\right) \cdot \left(\frac{87.49 \times 0.053\,75}{9.426^2}\right) \cdot e^{8\,170/8.314\times 800}$$

$$=130.1$$

毫无疑问，统计热力学为探索宏观与微观之间的关系提供了一种极其重要的方法，但是，统计热力学还处在不断发展之中，随着计算机技术的不断发展以及各种学科的相互渗透，统计热力学也必将进一步发展，并在其他学科的发展以及实际应用中发挥越来越大的作用。

课外参考读物

1. B. J. 麦克莱兰著，龚少明译. 统计热力学. 上海：上海科学技术出版社，1980.
2. 朱文涛. 物理化学. 北京：清华大学出版社，1995.
3. 傅献彩，沈文霞，姚天扬，侯文华. 物理化学(第五版)，北京：高等教育出版社，2006.
4. 朱传证，许海涵. 物理化学. 北京：科学出版社，2000.
5. 傅献彩，姚天扬，沈文霞. 平衡态统计热力学. 北京：高等教育出版社，1994.
6. 王正烈，周亚平. 物理化学(第四版). 北京：高等教育教育出版社，2003.

思考题

1. 区别下列概念：
(1) 独立粒子系统和相依粒子系统；
(2) 可辨粒子与不可辨粒子体系；

(3) 分布和最概然分布；

(4) 宏观态和微观态。

2. 推导麦克斯韦-玻耳兹曼分布定律时，要求体系粒子数 N 很大，为什么？

3. 配分函数的含义是什么？为什么热力学平衡态体系中可以用最概然分布代替体系总的分布？

4. 假定一个体系只有二种能级，E_0 和 $-E_0$，且二能级均是非简并的，写出其配分函数的表达式。

5. 对于热力学函数 U, S, G, H 和 F：

(1) 当考虑粒子可辨与不可辨时，哪些函数会发生变化？

(2) 当考虑分子运动的零点能时，哪些函数发生变化？

6. 分子运动一般包括哪几种？电子配分函数和核配分函数一般由什么决定？为什么？

7. 理想气体混合时的熵变主要是由什么造成的？为什么？

8. 对双原子气体分子，如果温度很低时，其摩尔热容为 $2.5R$，如果理想气体是单原子分子，此时的摩尔热容为多少？

9. 由统计热力学方法计算理想气体反应平衡常数时，为什么必须考虑各物质运动的零点能？

10. CO 和 N_2 分子的质量相同，$\theta_v = 298$ K，电子均处于非简并的最低能级。两种分子的转动惯量相同，但两种分子的理想气体在 298 K，101.3 kPa 时的摩尔统计熵不同，原因何在？哪个熵较大？

习题

1. 设有 12 个可分辨粒子，其许可能级是 $0, \omega, 2\omega, 3\omega, \cdots$，其中每一能级均是非简并的，假定体系的总能量要求是 4ω，请问：

(1) 体系有多少种分布？

(2) 体系的分布样式数为多少？

(3) 最概然分布的概率为多少？

2. 根据麦克斯韦-玻耳兹曼统计分布，分别计算 (1) 100 K，(2) 1 000 K，(3) 10 000 K 时能级 ε_1 和 ε_2 上的可辨粒子数之比；假定 ε_1 和 ε_2 的简并度 g_1, g_2 分别为 20 和 10，$\Delta \varepsilon = \varepsilon_2 - \varepsilon_1 = 25.0$ K。从中可以得到什么结论？

3. 四种分子的有关参数如下：

	M	$\theta_{转}/K$	$\theta_{振}/K$
H_2	2	87.5	6 100
HBr	81	12.2	3 700
N_2	28	2.89	3 340
Cl_2	71	0.35	801

在同温同压下,求:

(1) 哪种气体的摩尔平动熵最大?

(2) 哪种气体的摩尔转动熵最大?

(3) 哪种气体的摩尔振动配分函数最大?

4. 根据习题 3 中的数据,计算 HBr 气体在 300 K 时的摩尔热容。

5. 在 298 K 时,F_2 的分子转动惯量为 $I=32.5\times10^{-40}$ g·cm^2,试求 F_2 分子的转动配分函数和 F_2 摩尔转动熵。(计算时应注意 I 的单位)

6. 计算 101.3 kPa 下理想气体的混合熵:

(1) 0.20 mol N_2 和 0.40 mol O_2

(2) 0.10 mol CO 和 0.30 mol NO

7. 计算 298 K 时 $H_2+2DI \longrightarrow 2HI+D_2$ 的 $K^{\ominus}$。已知反应的 $\Delta H_{m,0}^{\ominus}=3\,469.4$ J,各物质的转动惯量为

$I_{H_2}=0.46\times10^{-47}$ kg·m^2,$I_{HI}=4.284\times10^{-47}$ kg·m^2

$I_{DI}=8.55\times10^{-47}$ kg·m^2,$I_{D_2}=0.92\times10^{-47}$ kg·m^2

8. 已知 $CH_4(g)+H_2O(g) \Longleftrightarrow CO(g)+3H_2(g)$ 反应的 $\Delta U_m^{\ominus}(298.15\,K)=206.15$ kJ·mol^{-1},反应物和产物的自由能函数和热函函数为:

	CO	H_2	CH_4	H_2O
$\left(\dfrac{G_m^{\ominus}-U_{m,0}^{\ominus}}{T}\right)_{1\,000\,K}$	-204.3	-136.97	-199.36	-197.10
$\left(\dfrac{H_m^{\ominus}-U_{m,0}^{\ominus}}{T}\right)_{298.15\,K}$	29.084	28.339	33.635	33.195

试求反应在 1 000 K 时的平衡常数 $K^{\ominus}$。

习题参考答案

第 0 章

1. $p_2 = 57.14$ kPa;300 K 时 $n_1 = 0.40$ mol;400 K 时 $n_2 = 0.30$ mol
2. (1) $V_{H_2O} = 0.243$ dm^3;$V_{O_2} = 0.369$ dm^3;$V_{N_2} = 1.388$ dm^3
   (2) $p_{O_2} = 18.689$ kPa;$p_{N_2} = 70.306$ kPa
3. $p_{理} = 8.31 \times 10^6$ Pa;$p_{van} = 8.18 \times 10^6$ Pa
4. $p_{理} = 3.23 \times 10^4$ kPa;$p_{van} = 4.39 \times 10^4$ kPa;$p_{压} = 4.24 \times 10^4$ kPa
5. (1) $p = p'V'/V = (1.01 \times 20.6/1.05)$ atm $= 19.8$ atm
   (2) $n = pV/(RT) = 1.0$ mol,$p' = nRT/V = 23.0$ atm
6. 1.6×10^4 kPa
7. 0.313%
8. 压缩因子图,1.06 m$^3 \cdot$ mol^{-1};理想气体状态方程,1.47 m$^3 \cdot$ mol^{-1}
9. $x_1 = 0.025$;$x_2 = 0.009\,5$
10. $\rho = 3.06$ g $\cdot$ dm^{-3};$m = 918$ kg;$n = 4\,891$ mol

第 1 章

1. (1) -4.034 kJ (2) -2.182 kJ (3) 0 (4) -2.379 kJ (5) -1.559 kJ
2. (1) 1.678 J $\cdot$ K$^{-1} \cdot$ mol^{-1} (2) 25.44 J $\cdot$ K$^{-1} \cdot$ mol^{-1}
3. (1) 0.631 dm^3 (2) 194 kPa (3) 51.30 J
4. $-1\,406$ kJ
5. (1) $\Delta H = [-394\,162 - 1.26 T/K + 1.3 \times 10^{-3} (T/K)^2 - 4.2 \times 10^{-7} (T/K)^3]$ J
   (2) -394.59 kJ
6. -1.239 kJ
7. (1) $-25\,968$ kJ $\cdot$ mol^{-1} (2) $2\,357$ kJ $\cdot$ mol^{-1}
   (3) 677.4 kJ $\cdot$ mol^{-1} (4) 714.78 kJ $\cdot$ mol^{-1}
8. (1) -69.398 kJ $\cdot$ mol^{-1} (2) $-1\,054.678$ kJ $\cdot$ mol^{-1}
   (3) $-2\,803.034$ kJ $\cdot$ mol^{-1}

部分习题参考答案

第 2 章

1. (1) $26.6 \text{ kJ} \cdot \text{mol}^{-1}$ (2) 333 K
2. $\Delta U = -8967.52 \text{ kJ}$; $\Delta H = -8967.52 \text{ kJ}$; $\Delta S = 0.726 \text{ kJ} \cdot \text{K}^{-1}$; $\Delta G = -9183.87 \text{ kJ}$
3. 谷氨酸盐 $+ \text{NH}_4^+ + \text{ATP} \rightleftharpoons$ 谷酰胺 $+ \text{ADP} + \text{Pi}$; $\Delta_r G_m^{\ominus} = -15.36 \text{ kJ} \cdot \text{mol}^{-1}$
4. $-27.62 \text{ kJ} \cdot \text{mol}^{-1}$
5. $-4.43 \text{ kJ} \cdot \text{mol}^{-1}$; $-2.56 \text{ kJ} \cdot \text{mol}^{-1}$
6. -1.52×10^3; 2.41×10^3; $8.90 \times 10^2 \text{ J} \cdot \text{K}^{-1}$
7. $90.62 \text{ J} \cdot \text{K}^{-1} \cdot \text{mol}^{-1}$
8. $-973.173 \text{ kJ} \cdot \text{mol}^{-1}$
9. 最大功为 $797.8 \text{ kJ} \cdot \text{mol}^{-1}$; 最大比功为 $802.8 \text{ kJ} \cdot \text{mol}^{-1}$

第 3 章

1. $x_B = \dfrac{c_B M_A}{\rho + c_B(M_A - M_B)}$; $x_B = \dfrac{b_B M_A}{1 + b_B M_A}$
2. (1) 91.19 kPa; 30.40 kPa (2) 0.6; 0.4
3. (1) $1\,717 \text{ J} \cdot \text{mol}^{-1}$ (2) $2\,138 \text{ J} \cdot \text{mol}^{-1}$
4. $2.32 \times 10^{-3} \text{ K}$
5. $0.128 \text{ kg} \cdot \text{mol}^{-1}$; $0.233 \text{ kg} \cdot \text{mol}^{-1}$
6. (1) $6.93 \times 10^5 \text{ Pa}$ (2) $0.282\,9 \text{ mol} \cdot \text{kg}^{-1}$
7. (1) $0.814\,3$; $0.894\,3$ (2) 1.63; 1.79 (3) $-1\,582 \text{ J}$ (4) $-6\,915 \text{ J}$
8. $K = 0.5$; 83.85 g

第 4 章

1. (1) 1 (2) 2
2. 361.6 K
3. $3\,169.7 \text{ Pa}$
4. $3.32 \times 10^4 \text{ Pa}$; $6.15 \times 10^4 \text{ Pa}$
5. (1) 15.92 kPa (2) $44.05 \text{ kJ} \cdot \text{mol}^{-1}$ (3) $9.88 \text{ kJ} \cdot \text{mol}^{-1}$
6. (2) 恒沸物；纯丙醇 (3) 0.625; 3.125

7.

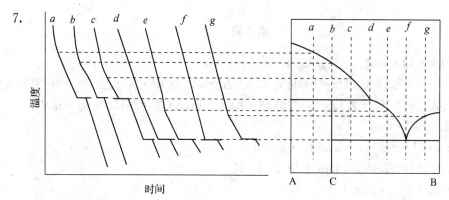

8. 第(1)图中：

1. $\Phi=1$,溶液(L), $f=2$；
2. $\Phi=1$,固溶体 α(S), $f=2$；
3. $\Phi=2$,溶液(L)+固溶体 α(S), $f=2$；
4. $\Phi=2$,溶液(L)+稳定化合物 C(S), $f=2$；
5. $\Phi=2$,稳定化合物 C(S)+溶液(L), $f=2$；
6. $\Phi=2$,溶液(L)+Pb(S), $f=2$；
7. $\Phi=2$,固溶体 α(S)+溶液(L), $f=2$；
8. $\Phi=2$,稳定化合物 C(S)+Pb(S), $f=2$；

第(2)图中：

1. $\Phi=1$,溶液(L), $f=2$；
2. $\Phi=2$,溶液(L)+固溶体 α(S), $f=2$；
3. $\Phi=1$,固溶体 α(S), $f=2$；
4. $\Phi=2$,溶液(L)+固溶体 β(S), $f=2$；
5. $\Phi=1$,固溶体 β(S), $f=2$；；
6. $\Phi=2$,固溶体 α(S)+固溶体 β(S), $f=2$；

第(3)图中：

1. $\Phi=1$,溶液(L), $f=2$；
2. $\Phi=2$,溶液(L)+B(S), $f=2$；

第 5 章

1. (1) $\alpha=0.777$ (2) $K_p^{\ominus}=1.52$; $\Delta_r G_m^{\ominus}=-1.82$ kJ·mol^{-1}
2. (1) $K_p^{\ominus}=1.64\times 10^{-4}$ (2) $p=1.332\times 10^6$ Pa
3. (1) $K_p^{\ominus}=0.111$ (2) $p_{总}=77.74$ kPa
4. $\Delta_f G_m^{\ominus}(CH_3OH, l)=-166.4$ kJ·mol^{-1}

5. (1) $\ln K_p^{\ominus}(T) = 1.533 + 2.011 \times \ln(T/K) - \dfrac{6\,797.86}{T/K}$ (2) $K_p^{\ominus}(500\ \text{K}) = 1.54$

6. (1) $p_{\text{Br}_2}(298\ \text{K}) = 28.5\ \text{kPa}$ (2) $p_{\text{Br}_2}(323\ \text{K}) = 74.85\ \text{kPa}$ (3) $T_b = 331.3\ \text{K}$

7. (1) $\Delta_r G_m^{\ominus} = 9.90\ \text{kJ}\cdot\text{mol}^{-1}$; $\Delta_r H_m^{\ominus} = 92.74\ \text{kJ}\cdot\text{mol}^{-1}$; $\Delta_r S_m^{\ominus} = 144.58\ \text{J}\cdot\text{mol}^{-1}\cdot\text{K}^{-1}$ (2) $p_{\text{I}_2} = 34.5\ \text{kPa}$ (3) $p_{\text{I}_2} = 418.2\ \text{kPa}$

8. (1) 增加 (2) 增加 (3) 不变 (4) 下降

9. (1) $\Delta_r G_m^{\ominus}(973\ \text{K}) = -14.59\ \text{kJ}\cdot\text{mol}^{-1}$; $K_p^{\ominus}(973\ \text{K}) = 6.07$ (2) $T_{\text{转}} = 5\,442.9\ \text{K}$

10. $\Delta_r G_m^{\ominus} = 458.5\ \text{kJ}\cdot\text{mol}^{-1} \gg 0$，反应不能正向进行

第6章

1. (1) 5 种分布 (2) 1 365 种样式 (3) 48%

2. (1) 2.56 (2) 2.05 (3) 2.005

3. (1) HBr (2) Cl_2 (3) Cl_2

4. $23.61\ \text{J}\cdot\text{mol}^{-1}\cdot\text{K}^{-1}$

5. 240.3; $53.89\ \text{J}\cdot\text{mol}^{-1}\cdot\text{K}^{-1}$

6. (1) $3.19\ \text{J}\cdot\text{K}^{-1}$ (2) $1.86\ \text{J}\cdot\text{K}^{-1}$

7. 1.21

8. 25.4

附 录

附录 I 国际单位制

国际单位制(Le Système International d'Unités)是我国法定计量单位的基础,一切属于国际单位制的单位都是我国的法定计量单位。国际单位制简称 SI。

国际单位制的构成:

国际单位制(SI) ⎰ SI 单位 ⎰ SI 基本单位(附表 1)
　　　　　　　　　　　　　⎱ SI 导出单位 ⎰ 包括 SI 辅助单位在内的具有专门名称的 SI 导出单位(附表 2,附表 3)
　　　　　　　　　　　　　　　　　　　　⎱ 组合形式的 SI 导出单位
　　　　　　⎱ SI 单位的倍数单位

国际单位制以附表 1 中的 7 个基本单位为基础。

附表 1　国际单位制基本单位

量的名称	单位名称	单位符号	单位定义
长度	米	m	等于 Kr-86 原子的 $2p_{10}$ 和 $5d_5$ 能级之间跃迁的辐射在真空中波长的 1 650 763.73 倍
质量	千克	kg	等于国际千克原器的质量
时间	秒	s	等于 Cs-133 原子基态的两个超精细能级之间跃迁的辐射周期的 9 192 631 770 倍的持续时间
电流	安[培]	A	安培是一恒定电流,指保持在处于真空中相距 1 m 的两无限长的圆截面极小的平行直导线间,每米长度上产生 $2×10^{-7}$ N 的力
热力学温度	开[尔文]	K	等于水的三相点热力学温度的 1/273.16
物质的量	摩[尔]	mol	等于物系的物质的量,该物系中所含基本单元数与 0.012 kg C-12 的原子数相等
发光强度	坎[德拉]	cd	等于在 101.325 N·m^{-1} 压力下,处于铂凝固温度的黑体的 1/600 000 m^2 表面在垂直方向上的发光强度

注:1. 圆括号中的名称是它前面的名称的同义词,下同。

2. 无方括号的量的名称与单位名称均为全称。方括号中的字,在不致引起混淆、误解的情况下,可以省略。去掉方括号中的字即为其名称的简称,下同。

3. 本标准所称的符号除特殊指明外,均指我国法定计量单位中所规定的符号以及国际符号,下同。

4. 人们生活贸易中,质量习惯称为重量。

5. 关于国家标准可以参看:国家技术监督局. 中华人民共和国国家标准,GB3100～3102—93 量和单位. 北京:中国标准出版社,1994。

附表 2　国际单位制辅助单位

量的名称	单位名称	单位符号	单位定义
平面角	弧度	rad	等于一个圆内两条半径之间的平面角,这两条半径在圆周上截取的弧长与半径相等
立体角	球面度	sr	等于一个立体角,其顶点位于球心,而它在球面上所截取的面积等于以球半径为边长的正方形面积

附表 3　具有专门名词的 SI 导出单位

量的名称	SI 导出单位		
	名称	符号	用 SI 基本单位和 SI 导出单位表示
力	牛[顿]	N	$1\,\text{N}=1\,\text{kg}\cdot\text{m}\cdot\text{s}^{-2}$
压力,压强,应力	帕[斯卡]	Pa	$1\,\text{Pa}=1\,\text{N}\cdot\text{m}^{-2}$
能[量],功,热量	焦[耳]	J	$1\,\text{J}=1\,\text{N}\cdot\text{m}$
功率,辐[射能]通量	瓦[特]	W	$1\,\text{W}=1\,\text{J}\cdot\text{s}^{-1}$
电荷[量]	库[仑]	C	$1\,\text{C}=1\,\text{A}\cdot\text{s}$
电压,电动势,电位,(电势)	伏[特]	V	$1\,\text{V}=1\,\text{W}\cdot\text{A}^{-1}$
电容	法[拉]	F	$1\,\text{F}=1\,\text{C}\cdot\text{V}^{-1}$
电阻	欧[姆]	Ω	$1\,\Omega=1\,\text{V}\cdot\text{A}^{-1}$
电导	西[门子]	S	$1\,\text{S}=1\,\Omega^{-1}$
磁通[量]	韦[伯]	Wb	$1\,\text{Wb}=1\,\text{V}\cdot\text{s}$
磁通[量]密度,磁感应强度	特[斯拉]	T	$1\,\text{T}=1\,\text{Wb}\cdot\text{m}^{-2}$
电感	亨[利]	H	$1\,\text{H}=1\,\text{Wb}\cdot\text{A}^{-1}$
摄氏温度	摄氏度	℃	$1\,\text{℃}=1\,\text{K}$
光通量	流[明]	lm	$1\,\text{lm}=1\,\text{cd}\cdot\text{sr}$
[光]温度	勒[克斯]	lx	$1\,\text{lx}=1\,\text{lm}\cdot\text{m}^{-2}$

附表4　由于人类健康安全防护需要而确定的具有专门名称的 SI 导出单位

量的名称	SI 导出单位		
	名称	符号	用 SI 基本单位和 SI 导出单位表示
[放射性]活度	贝克[勒尔]	Bq	1 By=1 s^{-1}
吸收剂量 比授[予]能 比释动能	戈[瑞]	Gy	1 Gy=1 J·kg^{-1}
剂量当量	希[沃特]	Sv	1 Sv=1 J·kg^{-1}

用 SI 基本单位和具有专门名称的 SI 导出单位或(和)SI 辅助单位以代数形式表示的单位称为组合形式的 SI 导出单位。

词头符号与所紧接的单位符号应作为一个整体对待,它们共同组成一个新单位(十进倍数或分数单位),并具有相同的幂次,而且还可以和其他单位构成组合单位。

附表5　SI 词头

因数	词头名称		符号
	英文	中文	
10^{24}	yotta	尧[它]	Y
10^{21}	zetta	泽[它]	Z
10^{18}	exa	艾[克萨]	E
10^{15}	peta	拍[它]	P
10^{12}	tera	太[拉]	T
10^{9}	giga	吉[咖]	G
10^{6}	mega	兆	M
10^{3}	kilo	千	K
10^{2}	hecto	百	H
10^{1}	deca	十	da
10^{-1}	deci	分	d
10^{-2}	centi	厘	c
10^{-3}	milli	毫	m
10^{-6}	micro	微	μ
10^{-9}	nano	纳[诺]	n
10^{-12}	pico	皮[可]	p
10^{-15}	femto	飞[母托]	f
10^{-18}	atto	阿[托]	a
10^{-21}	zepto	仄[普托]	z
10^{-24}	yocto	幺[科托]	y

附表 6　国家选定的非国际单位制单位

量的名称	单位名称	单位符号	换算关系和说明
时间	分	min	1 min＝60 s
	[小]时	h	1 h＝60 min＝3 600 s
	天(日)	d	1 d＝24 h＝86 400 s
平面角	[角]秒	(″)	$1''=(\pi/648\,000)$ rad (π 为圆周率)
	[角]分	(′)	$1'=60''=(\pi/10\,800)$ rad
	度	(°)	$1°=60'=(\pi/180)$ rad
旋转速度	转每分	r·min^{-1}	1 r/min＝(1/60) s^{-1}
长度	海里	nmile	1 nmile＝1 852 m ( )
速度	节	kn	1 kn＝1 nmile·h^{-1}
质量	吨	T	1 t＝10^3 kg
	原子质量单位	u	1 u≈1.660 565 5×10^{-27} kg
体积	升	L,(l)	1 L＝1 dm^3＝10^{-3} m^3
能	电子伏	eV	1 eV≈1.602 189 2×10^{-19} J
级差	分贝	dB	
线密度	特[克斯]	tex	1 tex＝1 g·km^{-1}

注：1. 周、月、年(年的符号为 a)，为一般常用时间单位。
2. 角度单位度、分、秒的符号不处于数字后时，用括弧。
3. 升的符号中，小写字母 l 为备用符号。
4. r 为"转"的符号。
5. 公里为千米的俗称，符号为 km。
6. 10^4 称为万，10^8 称为亿，10^{12} 称为万亿，这类数词的使用不受词头名称的影响，但不应与同头混淆。

附表 7　用于构成十进倍数和分数单位的词头

因数	词头名称 英文	词头名称 中文	符号
10^{24}	yotta	尧[它]	Y
10^{21}	zetta	泽[它]	Z
10^{18}	exa	艾[克萨]	E
10^{15}	peta	拍[它]	P
10^{12}	tera	太[拉]	T
10^9	giga	吉[咖]	G
10^6	mega	兆	M
10^3	kilo	千	K
10^2	hecto	百	H

续表

因数	词头名称 英文	词头名称 中文	符号
10^1	deca	十	da
10^{-1}	deci	分	d
10^{-2}	centi	厘	c
10^{-3}	milli	毫	m
10^{-6}	micro	微	μ
10^{-9}	nano	纳[诺]	n
10^{-12}	pico	皮[可]	p
10^{-15}	femto	飞[母托]	f
10^{-18}	atto	阿[托]	a
10^{-21}	zepto	仄[普托]	z
10^{-24}	yocto	幺[科托]	y

附录 II 压力、体积和能量单位及其换算关系

1. 压力

压力的定义是：体系作用于单位面积环境上的法向（垂直方向）力的大小，即

$$p = F/A$$

国际单位制是在米制的基础上发展起来的。在 c·g·s 制中压力的单位是：达因每平方厘米（dyn·cm^{-2}），在 SI 中，它们的单位是牛顿每平方米（N·m^{-2}），也称帕斯卡（pascal），缩写为"帕"（Pa），因为 1 N=10^5 dyn，所以

$$1 \text{ Pa} = 1 \text{ N} \cdot \text{m}^{-2} = 10^5 \text{ dyn} \cdot (10^2 \text{ cm})^{-2}$$
$$= 10 \text{ dyn} \cdot \text{cm}^{-2}$$

过去的文献中，也常用毫米汞柱（mmHg）或托（torr）来表示压力（1 torr=1 mmHg），它是以 0℃时当重力场的重力加速度具有标准值 g=980.665 cm·s^{-2} 时，1 mmHg 所施加的压力。当汞柱高度为 h，质量为 m，横截面积为 A，体积为 V，以及密度为 ρ 时，它所施加的压力 p 可按下式求出

$$p = mg/A = \rho Vg/A = \rho Agh/A = \rho gh$$

在 0 ℃ 和 1 atm 下汞的密度是 13.595 19 g·cm^{-3}，因此

$$1 \text{ torr} = (13.595\ 1 \text{ g} \cdot \text{cm}^{-3}) \times (980.66 \text{ cm}^2 \cdot \text{s}^{-2})(10^{-1} \text{ cm})$$
$$= 1\ 333.22 \text{ dyn} \cdot \text{cm}^{-2} = 133.322 \text{ N} \cdot \text{m}^{-2}$$

1 大气压(atm)定义为 760 torr

$$1 \text{ atm} = 760 \text{ torr} = 1.013\ 25 \times 10^6 \text{ dyn} \cdot \text{cm}^{-2} = 101\ 325 \text{ N} \cdot \text{m}^{-2} = 101.325 \text{ kPa}$$

但也有一些科学家推荐压力的单位用巴(bar)，因为 1 bar 与 1 atm 在数值上极为相近。

$$1 \text{ bar} = 10^6 \text{ dyn} \cdot \text{cm}^{-2} = 10^5 \text{ N} \cdot \text{m}^{-2} = 0.986\ 923 \text{ atm} = 10^5 \text{ Pa}$$

(参照压力的换算因数表)

常见的体积单位是立方厘米(cm^3)、立方分米(dm^3)、立方米(m^3)和升(L 或 l)。过去把升定义为 1 000 g 水在 3.98 ℃ 和 1 atm 压力下的体积，这样定义的升等于 1 000.028 cm^3，1964 年国际剂量大会重新定义升为 1 L = 1 dm^3。在两种定义内很容易引起混淆，所以最好避免用升，而用 dm^3 或 cm^3 表示。按新定义：1 L = 1 dm^3 = 1 000 cm^3。

2. 压力、体积和能量的单位及换算

附表 8　能量的单位及换算

	J	cal	erg	$cm^3 \cdot atm$	eV
1 J	1	0.239 0	10^7	9.869	6.242×10^{18}
1 cal	4.184	1	4.184×10^7	41.29	2.612×10^{19}
1 erg	10^{-7}	2.390×10^{-3}	1	9.869×10^{-7}	6.242×10^{11}
1 $cm^3 \cdot atm$	0.101 3	2.422×10^{-2}	1.013×10^5	1	6.325×10^{17}
1 eV	1.602×10^{-19}	3.829×10^{-20}	1.602×10^{-12}	1.581×10^{-18}	1

附表 9　压力的单位及换算

	Pa	atm	mmHg	bar (巴)	$dyn \cdot cm^{-2}$ (达因·厘米$^{-2}$)	$lbf \cdot in^{-2}$ (磅力·英寸$^{-2}$)
1 Pa	1	9.869×10^{-5}	7.501×10^{-3}	10^{-5}	10	1.450×10^{-4}
1 atm	1.013×10^{-5}	1	760.0	1.013	1.013×10^6	14.70
1 mmHg(Torr)	133.3	1.316×10^{-3}	1	1.333×10^{-3}	1 333	1.934×10^{-2}
1 bar	10^5	0.986 9	750.1	1	10^6	14.50
1 $dyn \cdot cm^{-2}$	10^{-1}	9.869×10^{-7}	7.501×10^{-4}	10^{-6}	1	1.450×10^{-5}
1 $lbf \cdot in^{-2}$	6 895	6.805×10^{-2}	51.71	6.895×10^{-2}	6.895×10^4	1

附录Ⅲ 基本常数及希腊字母表

附表 10 一些物理和化学基本常数(1986 年国际推荐值)

量	符号	数值	单位
光速	c	299 792 458	$m \cdot S^{-1}$
真空磁导率	μ	$4\pi \times 10^{-7}$	$N \cdot A^{-2}$
真空电容率,$1/(\mu_0 c^2)$	ε_0	8.854 187 817	$10^{-12} F \cdot m^{-1}$
牛顿引力常数	G	6.672 59	$10^{-11} m^3 \cdot kg^{-1} \cdot s^{-2}$
普朗克常量	h	6.626 075 5	$10^{-34} J \cdot s$
$h/(2\pi)$		1.054 572 66	$10^{-34} J \cdot s$
元电荷	e	1.602 177 33	$10^{-19} C$
电子质量	m_e	0.910 938 97	$10^{-30} kg$
质子质量	m_p	1.672 623 1	$10^{-27} kg$
质子电子质量比	m_p/m_e	1 836.152 701	
精细结构常数	α	7.297 353 08	10^{-3}
精细结构常数的倒数	α^{-1}	1 137.035 989 5	
里德伯常量	R_∞	10 793 731.534	m^{-1}
阿伏伽德罗常量	L, N_A	6.022 136 7	$10^{23} mol^{-1}$
法拉第常量	F	96 485.309	$c \cdot mol^{-1}$
摩尔气体常量①	R	8.314 510	$J \cdot mol^{-1} \cdot K^{-1}$
玻耳兹曼常量	k, k_B	1.380 658	$10^{-23} J \cdot K^{-1}$
斯式藩-玻耳兹曼常量,$2\pi^5 k^4/(15h^3 C^2)$	σ	5.670 51	$10^{-3} W \cdot m^{-2} \cdot K^{-4}$
电子伏特	eV	1.602 177 33	$10^{-19} J$
(统一)原子质量单位 原子质量常数,$(1/12)m(^{12}c)$	u	1.660 540 2	$10^{-27} kg$

① 摩尔气体常量 R 值的量纲换算(供参阅以前的文献书籍时参考):

$R = 8.314 J \cdot K^{-1} \cdot mol^{-1} = 8.314 \times 10^7 erg \cdot K^{-1} \cdot mol^{-1}$
$= 1.987 2 cal \cdot K^{-1} \cdot mol^{-1}$
$= 0.082 06 dm^3 \cdot atm \cdot K^{-1} \cdot mol^{-1}$
$= 62.364 dm^3 \cdot mmHg \cdot K^{-1} \cdot mol^{-1}$

附表 11　希腊字母表

名称	正体		斜体	
	大写	小写	大写	小写
alfa	A	α	A	α
bita	B	β	B	β
gama	Γ	γ	Γ	γ
delta	Δ	δ	Δ	δ
epsilon	E	ε	E	ε
zita	Z	ζ	Z	ζ
yita	H	η	H	η
sita	Θ	θ	Θ	θ
yota	I	ι	I	ι
kapa	K	κ	K	κ
lamda	Λ	λ	Λ	λ
miu	M	μ	M	μ
niu	N	ν	N	ν
ksai	Ξ	ξ	Ξ	ξ
omikron	O	o	O	o
pai	Π	π	Π	π
rou	P	ρ	P	ρ
sigma	Σ	σ	Σ	σ
tao	T	τ	T	τ
yupsilon	Υ	υ	Υ	υ
fai	Φ	φ	Φ	φ
hai	X	χ	X	χ
psai	Ψ	ψ	Ψ	ψ
omiga	Ω	ω	Ω	ω

附表 12 某些单质及化合物的热容、标准生成焓、标准生成吉布斯自由能及标准熵 (101.325 kPa, 298.15 K)

物质	方程 $C_{p,m} = \phi(T)$ 的系数			可用的温度范围/K	$C_{p,m}$	$\Delta_f H_m^\ominus$	$\Delta_f G_m^\ominus$	$S_m^\ominus$
	a $\mathrm{J\cdot mol^{-1}\cdot K^{-1}}$	$b\times 10^3$ $\mathrm{J\cdot mol^{-1}\cdot K^{-2}}$	$c'\times 10^{-5}$ $\mathrm{J\cdot mol^{-1}\cdot K}$	$c\times 10^6$ $\mathrm{J\cdot mol^{-1}\cdot K^{-3}}$		$\mathrm{J\cdot mol^{-1}\cdot K^{-1}}$	$\mathrm{kJ\cdot mol^{-1}}$	$\mathrm{kJ\cdot mol^{-1}}$	$\mathrm{J\cdot mol^{-1}\cdot K^{-1}}$
Ag(s)	23.97	5.284	−0.25	—	276～1234	25.489	0	0	42.705
Al(s)	20.67	12.38	—	—	273～931.7	24.338	0	0	28.702
As(s)	21.88	9.29	—	—	298～1100	24.98	0	0	35.1
Au(s)	23.68	5.19	—	—	298～1336	25.23	0	0	47.36
B(s)	6.44	18.41	—	—	298～1200	11.97	0	0	6.53
Ba(s)	—	—	—	—	—	26.36	0	0	66.9
Bi(s)	18.79	22.59	—	—	298～544	25.5	0	0	56.9
Br$_2$(g)	35.2410	4.0718	—	−4.4874	300～1500	35.98	30.71	3.142	245.346
C(s),金刚石	9.12	13.22	−6.19	—	298～1200	6.063	1.8962	2.8660	2.4389
C(s),石墨	17.15	4.27	−8.79	—	298～2300	8.644	0	0	5.694
Ca − α(s)	21.92	14.64	—	—	298～673	26.28	0	0	41.63
Cd − α(s)	22.84	10.318	—	—	273～594	25.90	0	0	51.5
Cl(g)	20.79	—	—	—	—	20.79	121.386	105.403	165.088
Br$_2$(l)	—	—	—	—	—	35.6	0	0	152.3
Cl$_2$(g)	36.90	0.25	−2.85	—	298～3000	33.93	0	0	222.949
Co(s)	19.75	17.99	—	—	298～718	25.56	0	0	28.5
Cr(s)	24.43	9.87	−3.68	—	298～1823	23.35	0	0	23.77
Cu(s)	22.64	6.28	—	—	298～1357	24.468	0	0	33.30
F$_2$(g)	34.69	1.84	−3.35	—	273～2000	31.46	0	0	203.3
Fe − α(s)	14.10	19.71	−1.80	—	273～1033	25.23	0	0	27.15
H(g)	20.790	—	—	—	—	20.79	217.940	203.68	114.60
H$_2$(g)	29.0658	−0.8364	—	2.0117	300～1500	28.836	0	0	130.587
Hg(l)	27.66	17.99	—	—	273～634	27.82	0	0	77.4
I$_2$(S)	40.12	49.79	—	—	298～386.8	54.98	0	0	116.7
I$_2$(g)	37.20	—	—	—	456～1500	36.86	62.249	19.37	260.58

续表

物质	方程 $C_{p,m} = \phi(T)$ 的系数			可用的温度范围/K	$C_{p,m}$ / J·mol^{-1}·K^{-1}	$\Delta_f H_m^{\ominus}$ / kJ·mol^{-1}	$\Delta_f G_m^{\ominus}$ / kJ·mol^{-1}	$S_m^{\ominus}$ / J·mol^{-1}·K^{-1}
	a / J·mol^{-1}·K^{-1}	$b \times 10^3$ / J·mol^{-1}·K^{-2}	$c' \times 10^{-5}$ / J·mol^{-1}·K	$c \times 10^6$ / J·mol^{-1}·K^{-3}					
K(s)	25.27	13.05	—	—	298~336.6	29.16	0	0	63.6
Mg(s)	25.69	6.28	—	—	298~923	23.89	0	0	32.51
Mn-α(S)	23.58	14.14	-3.26	—	298~1000	26.32	0	0	31.76
Mo(s)	22.93	5.44	-1.59	—	298~1800	23.41	0	0	28.58
N(g)	—	—	—	—	—	20.786	358.00	340.875	153.197
N$_2$(g)	27.87	4.27	—	—	298~2500	29.121	0	0	191.489
Na(s)	20.92	22.43	—	—	298~371	28.41	0	0	51.0
Ni-α(s)	16.99	29.46	—	—	298~633	25.77	0	0	297.9
O(g)	21.92	—	—	—	—	21.92	247.521	230.095	160.954
O$_2$(g)	36.162	0.845	-4.310	—	298~1500	29.359	0	0	205.029
O$_3$(g)	41.25	10.29	5.52	—	298~2000	38.20	142.3	163.43	238.78
P(s),黄磷	23.22	—	—	—	273~317	23.22	0	0	44.4
P(s),赤磷	19.83	16.32	—	—	298~800	23.22	-18.4	8.4	63.2
Pb(s)	25.82	6.69	—	—	273~600.5	26.82	0	0	64.89
Pt(s)	24.02	5.61	4.60	—	298~1800	26.57	0	0	41.84
S(s),单斜	14.90	29.12	—	—	368.6~392	23.64	0.297	0.096	32.55
S(s),斜方	14.98	26.11	—	—	298~368.6	22.59	0	0	31.88
S(g)	35.73	1.17	-3.31	—	298~2000	23.68	222.79	182.29	167.72
Sb(s)	23.05	7.28	—	—	298~903	25.44	0	0	43.9
Si(s)	23.225	3.6756	-3.7964	—	298~1600	20.179	0	0	18.70
Sn(s),白锡	18.49	28.45	—	—	298~505	26.36	0	0	51.5
Zn(s)	22.38	10.04	—	—	298~629.7	25.06	0	0	41.63

续表

物质	方程 $C_{p,m}=\phi(T)$ 的系数			可用的温度范围/K	$C_{p,m}$ J·mol⁻¹·K⁻¹	$\Delta_f H_m^\ominus$ kJ·mol⁻¹	$\Delta_f G_m^\ominus$ kJ·mol⁻¹	$S_m^\ominus$ J·mol⁻¹·K⁻¹
	a J·mol⁻¹·K⁻¹	$b\times 10^3$ J·mol⁻¹·K⁻²	$c'\times 10^{-5}$ J·mol⁻¹·K / $c\times 10^6$ J·mol⁻¹·K⁻³					
AgBr(s)	33.18	64.43	—	298~703	52.38	−99.50	−95.94	107.11
AgCl(s)	62.26	4.18	−11.30	298~728	50.79	−127.035	−109.721	96.11
AgI(s)	24.35	100.83	—	298~423	54.43	−62.38	−66.32	114.2
AgNO₃(S)	78.78	66.9	—	273~433	93.05	−123.13	−32.17	140.92
Ag₂CO₃(S)	—	—	—	—	112.1	−506.14	−437.14	167.4
Ag₂O(s)	—	—	—	—	65.56	−30.57	−10.820	121.71
AlCl₃(s)	55.44	117.15	—	273~465.6	89.1	−695.4	−636.8	167.4
Al₂O₃(α),刚玉 (S)	14.7	12.80	−35.44	298~1800	78.99	−1669.79	−1576.41	50.986
Al₂(SO₄)₃(S)	368.57	61.92	−113.47	—	259.41	−3434.98	−3091.93	293
As₂O₃(S)	35.02	203.3	—	—	95.65	−619	(−538.1)	107.1
Au₂O₃(S)	98.3	20.1	—	—	—	80.8	163.2	125
B₂O₃(S)	36.53	106.27	−5.48	298~723	62.97	−1263.6	−1184.1	53.85
BaCl₂(S)	71.1	13.97	—	273~1198	75.3	−860.06	−810.9	126
BaCO₃,毒重石 (s)	109.99	8.79	−24.27	298~1083	85.35	−1218.80	−1138.9	112.1
Ba(NO₃)₂(s)	125.73	149.37	−16.79	298~850	151.0	991.86	−796.6	213.8
BaO(s)	—	—	—	—	47.45	−558.1	−528.4	70.29
BaSO₄(S)	141.42	—	−35.27	298~1300	101.75	−1465.2	−1353.1	132.2
Bi₂O₃(S)	103.51	33.47	—	298~800	113.8	−576.9	−496.6	151.5
COI₄(g)	97.65	9.62	−15.06	298~1000	83.43	−106.7	−64.0	309.74
CO(g)	26.5366	7.6831	—	290~2500	29.142	−110.525	−137.269	197.907
CO₂(g)	28.66	35.702	—	300~2000	37.129	−393.514	−394.384	213.639
CoCl₂(g)	67.157	12.108	−9.033	298~1000	60.71	−223.01	−210.20	289.24
CS₂(s)	52.09	6.69	−7.53	298~1800	45.65	115.27	65.06	237.82

续表

物质	方程 $C_{p,m} = \phi(T)$ 的系数			可用的温度范围/K	$C_{p,m}$ J·mol⁻¹·K⁻¹	$\Delta_f H_m^\ominus$ kJ·mol⁻¹	$\Delta_f G_m^\ominus$ kJ·mol⁻¹	$S_m^\ominus$ J·mol⁻¹·K⁻¹
	a J·mol⁻¹·K⁻¹	$b \times 10^3$ J·mol⁻¹·K⁻²	$c' \times 10^{-5}$ J·mol⁻¹·K / $c \times 10^6$ J·mol⁻¹·K⁻³					
$CaC_2 - \alpha(S)$	68.62	11.88	−8.66	298~720	6.34	−62.8	67.8	70.3
$CaCO_3$,方解石(S)	104.52	21.92	−25.94	298~1 200	81.88	−1 206.87	−1 128.76	92.9
$CaCl_2(s)$	71.88	12.72	−2.51	298~1 055	72.63	−795.0	−750.2	113.8
$CaO(s)$	48.83	4.52	6.53	298~1 800	42.80	−635.5	−604.2	39.7
$Ca(OH)_2(s)$	89.5	—	—	276~373	84.5	−986.95	−896.76	76.1
$Ca(NO_3)_2(s)$	122.88	153.97	17.28	298~800	149.33	−937.22	−741.99	193.3
$CaSO_4(s)$	77.49	91.92	−6.561	273~1 373	99.6	−1 432.69	−1 320.30	106.7
$Ca_3(PO_4)_2 - \alpha(S)$	201.84	166.02	−2 092	298~1 373	231.58	−4 126.3	−3 889.9	240.9
$CdO(s)$	40.38	8.70	—	273~1 800	43.43	−254.64	−225.06	54.8
$CdS(s)$	54.0	3.77	—	273~1 273	54.89	−144.3	140.6	71
$CoCl_2(s)$	60.29	61.09	—	298~1 000	78.7	−325.5	−282.4	106.3
$Cr_2O_3(s)$	119.7	9.20	−15.65	298~1 800	118.74	−1 128.4	−1 046.8	81.2
$CuCl(s)$	43.93	40.58	—	273~695	(56.1)	−134.7	−118.8	84
$CuCl_2(s)$	70.29	35.56	—	273~773	(80.8)	−223.4	−166.5	65.3
$CuO(s)$	38.79	20.08	—	298~1 250	42.30	−155.2	−127.2	42.7
$CuSO_4(s)$	107.53	17.99	—	273~873	100.8	−769.86	−661.9	113.4
$Cu_2O(s)$	62.34	23.85	—	298~1 200	63.64	−166.69	−142.3	93.89
$FeCO_3$,菱铁矿(S)	48.66	112.1	—	298~885	82.13	−747.68	−673.88	92.9
$FeO(s)$	158.9	6.78	−3.088	48.12	−266.5	(−256.9)	(−256.9)	59.4
FeS_2,黄铁矿(s)	44.77	55.90	—	273~773	61.9	−177.90	−166.69	53.1
Fe_2O_3,赤铁矿(s)	977.4	72.13	−12.89	298~1 100	104.6	−822.2	−740.9	90.0
Fe_3O_4,磁铁矿(s)	167.0	78.91	−41.88	298~1 100	143.43	−1 117.1	−1 014.2	146.4
$HBr(g)$	26.77	5.86	1.09	298~1 600	29.12	−36.23	−53.22	198.24

续表

| 物质 | 方程 $C_{p,m}=\phi(T)$ 的系数 ||||可用的温度范围/K | $C_{p,m}$ | $\Delta_f H_m^\ominus$ | $\Delta_f G_m^\ominus$ | $S_m^\ominus$ |
	a $\mathrm{J\cdot mol^{-1}\cdot K^{-1}}$	$b\times 10^3$ $\mathrm{J\cdot mol^{-1}\cdot K^{-2}}$	$c'\times 10^{-5}$ $\mathrm{J\cdot mol^{-1}\cdot K}$	$c\times 10^6$ $\mathrm{J\cdot mol^{-1}\cdot K^{-3}}$		$\mathrm{J\cdot mol^{-1}\cdot K^{-1}}$	$\mathrm{kJ\cdot mol^{-1}}$	$\mathrm{kJ\cdot mol^{-1}}$	$\mathrm{J\cdot mol^{-1}\cdot K^{-1}}$
HCN(g)	37.84	12.97	−4.69	—	298~2000	35.90	130.5	120.1	201.79
HCl(g)	26.03	4.60	1.09	—	298~2000	29.12	−92.317 2	−95.265	184.81
HF(g)	26.15	3.43	—	—	273~2000	29.08	−268.6	270.7	173.51
HI(g)	26.32	5.94	0.92	—	298~2000	29.16	25.9	1.297	205.60
HNO₃(l)	−53	—	—	—	—	109.87	−173.23	−79.91	155.60
H₂O(g)	30.00	10.71	0.33	—	298~2500	33.577	−241.827	−228.597	188.724
H₂O(l)	−32	—	—	—	—	75.295	−285.84	−237.191	69.940
H₂O₂(l)	—	—	—	—	—	82.30	−189.12	−118.11	102.26
H₂S(g)	29.07	15.40	—	—	298~1800	33.97	−20.146	−33.020	205.64
H₂SO₄(l)	—	—	—	—	—	130.83	−800.8	(−687.0)	156.86
HgCl₂(S)	64.0	43.1	—	—	273~553	73.81	−223.4	−176.6	144.3
HgI₂(S)	72.84	16.74	—	—	273~403	78.28	−105.9	(−98.7)	170.7
HgO(s),红的	—	—	—	—	—	45.73	−90.71	−58.53	70.3
Hg₂Cl₂(S),红的	—	—	—	—	—	50.2	−58.16	−48.83	77.8
Hg₂Cl₂(S)	—	—	—	—	—	101.7	−246.93	−210.66	195.8
H₂SO₄(S)	—	—	—	—	—	132.01	−741.99	−623.92	200.75
KAl(SO₄)₂(S)	234.14	82.34	−58.41	—	298~1100	192.97	−2 465.38	−2 235.42	204.6
KBr(s)	48.37	13.89	—	—	298~1000	53.64	−392.17	−379.20	96.44
KCl(s)	41.38	21.76	3.22	—	298~1043	51.51	−435.89	−408.325	82.67
KClO₃(s)	—	—	—	—	—	100.25	−391.20	−289.91	142.97
KI(s)	—	—	—	—	—	55.06	−327.65	−322.29	104.35
KMnO₄(S)	—	—	—	—	—	119.2	−813.4	−713.8	171.71
KNO₃(S)	60.88	118.83	—	—	298~401	96.27	−492.71	−393.13	132.93

续表

物质	方程 $C_{p,m}=\phi(T)$ 的系数				可用的温度范围/K	$C_{p,m}$ J·mol^{-1}·K^{-3}	$\Delta_f H_m^\ominus$ kJ·mol^{-1}	$\Delta_f G_m^\ominus$ kJ·mol^{-1}	$S_m^\ominus$ J·mol^{-1}·K^{-1}
	a J·mol^{-1}·K^{-1}	$b\times10^3$ J·mol^{-1}·K^{-2}	$c'\times10^{-5}$ J·mol^{-1}·K	$c\times10^6$ J·mol^{-1}·K^{-3}					
$K_2Cr_2O_7$(s)	153.30	229.28	—	—	298~671	230	−2 043.9	—	—
K_2SO_4(S)	120.37	99.58	−17.82	—	298~856	130.1	−1 433.69	−1 316.37	175.7
$MgCO_3$·菱镁矿(S)	77.91	57.74	−41	—	298~750	75.52	−1 113	−1 029	65.7
$MgCl_2$(S)	79.08	5.94	8.62	—	298~927	71.30	−641.83	−592.33	89.5
$Mg(NO_3)_2$(S)	44.69	297.90	7.49	—	298~600	142.00	−789.60	−588.39	164.0
MgO(s)	42.59	7.28	−6.19	—	298~2 100	37.41	−601.83	−569.57	26.8
$Mg(OH)_2$(S)	43.51	112.97	—	—	273~500	77.03	−924.7	−833.75	63.14
$MgSO_4$(S)	—	—	—	—	—	96.27	−1 278.2	−1 165.2	95.4
MnO(s)	46.48	8.12	−3.68	—	298~1 800	44.10	−384.9	−362.8	59.71
MnO_2(s)	69.45	10.21	−16.23	—	298~800	54.02	−520.9	−466.1	53.1
NH_3(g)	25.895	32.999	—	−3.046	291~1 000	35.660	−46.19	−16.636	192.51
NH_4Cl(s)	49.37	133.89	—	—	298~457.7	84.1	−315.39	−203.89	94.6
NH_4NO_3(S)	—	—	—	—	—	172	−364.55	—	—
$(NH_4)_2SO_4$(S)	103.64	281.16	—	—	298~600	187.49	−1 191.85	−900.35	220.29
NO(g)	29.41	3.85	−0.59	—	298~2 500	29.861	90.37	86.688	210.618
NO_2(g)	42.63	8.54	−6.74	—	298~2 000	37.91	33.853	51.839	240.45
NOCl(g)	444.89	7.70	−6.95	—	298~2 000	38.87	52.59	66.36	263.6
N_2O(g)	45.69	8.62	−8.54	—	289~2 000	38.706	81.55	103.59	219.99
N_2O_4(g)	83.89	39.75	−14.90	—	298~2 000	79.08	9.661	98.286	304.30
N_2O_5(g)	—	—	—	—	—	107.99	2.5	(109)	343
NaCl(s)	45.94	16.32	—	—	298~1 073	49.71	−411.003	−384.028	72.38
$NaNO_3$(s)	25.69	225.94	—	—	298~583	93.05	−466.68	−365.89	116.3
NaOH(s)	80.33	—	—	—	298~593	59.45	−426.8	−380.7	64.18

续表

物质	方程 $C_{p,m}=\phi(T)$ 的系数				可用的温度范围/K	$C_{p,m}$ / J·mol⁻¹·K⁻¹	$\Delta_f H_m^\ominus$ / kJ·mol⁻¹	$\Delta_f G_m^\ominus$ / kJ·mol⁻¹	$S_m^\ominus$ / J·mol⁻¹·K⁻¹
	a / J·mol⁻¹·K⁻¹	$b\times10^3$ / J·mol⁻¹·K⁻²	$c'\times10^{-5}$ / J·mol⁻¹·K	$c\times10^6$ / J·mol⁻¹·K⁻³					
NaCO₃(s)	—	—	—	—	—	110.50	−1133.95	−1050.64	135.98
NaHCO₃(s)	—	—	—	—	—	87.61	−947.7	−851.9	102.1
Na₂SO₄·10H₂O(s)	—	—	—	—	—	587.4	−4324.08	−3643.97	587.9
Na₂SO₄(S)	—	—	—	—	—	127.61	−1384.49	−1266.83	149.49
NiCl₂(s)	54.81	54.39	—	—	298~800	71.67	−315.9	−269.93	97.61
NiO(s)	47.3	8.99	—	—	273~1273	44.35	−244.3	−216.3	38.58
PCl₃(g)	83.44	1.209	−11.322	—	298~1000	(71)	−306.35	−286.27	312.92
PCl₅(S)	19.28	449.060	—	−498.73	298~1500	(109.6)	−398.94	−324.64	352.7
PH₃(S)	18.811	60.132	—	170.37	298~1500	36.11	9.25	18.24	210.0
PbCl₂(s)	66.78	33.47	—	—	298~771	76.99	−359.20	−313.97	136.4
PbCO₃,白铅矿(S)	51.84	119.7	—	—	298~800	87.4	−699.9	−626.3	130.9
PbO(s),红的	44.35	16.74	—	—	298~900	(49.4)	−219.24	−189.33	67.8
PbO₂(s)	53.1	32.6	—	—	—	64.4	−276.65	−218.99	76.6
PbSO₄(S)	45.86	129.70	17.57	—	298~1100	104.2	−918.4	−811.24	147.3
SO₂(g)	43.42	10.63	−5.94	—	298~1800	39.79	−296.90	−300.37	248.53
SO₃(g)	57.32	26.86	−13.05	—	298~1200	50.63	−395.18	−370.37	256.23
SiO₂,α-石英(s)	46.94	34.31	−11.30	−9.12	298~848	44.43	−859.39	−805.00	41.84
ZnO(s)	48.99	5.10	—	—	298~1600	40.25	−347.98	−318.19	43.9
ZnS(s)	50.88	5.19	−5.69	—	298~1200	45.2	−202.9	−198.3	57.7
ZnSO₄(S)	71.42	87.03	—	—	298~1000	117	−978.55	−871.57	124.7
C₂H₂,乙炔(g)	50.75	16.07	−10.29	—	298~2000	43.93	226.731	−209.200	200.83
CH₄,甲烷(g)	14.318	74.63	—	−17.426	291~1500	35.715	−74.849	−50.794	186.19
C₂H₄,乙烯(g)	11.322	122.005	—	−37.903	291~1500	43.56	52.292	68.178	219.45

续表

物质	方程 $C_{p,m}=\phi(T)$ 的系数				可用的温度范围/K	$C_{p,m}$ / J·mol^{-1}·K^{-3}	$\Delta_f H_m^\ominus$ / kJ·mol^{-1}	$\Delta_f G_m^\ominus$ / kJ·mol^{-1}	$S_m^\ominus$ / J·mol^{-1}·K^{-1}
	a / J·mol^{-1}·K^{-1}	$b \times 10^3$ / J·mol^{-1}·K^{-2}	$c' \times 10^{-5}$ / J·mol^{-1}·K	$c \times 10^6$ / J·mol^{-1}·K^{-3}					
C$_2$H$_6$,乙烷(g)	5.753	175.109	—	−57.852	291~1000	52.68	−84.667	−32.886	229.49
C$_3$H$_6$,丙烯(g)	12.443	188.380	—	−47.597	270~510	63.89	20.418	62.72	266.9
C$_3$H$_8$,丙烷(g)	1.715	270.75	—	−94.483	298~1500	73.51	−103.85	−23.47	269.91
C$_4$H$_6$,丁二烯[1,3](g)	9.67	243.84	—	87.65	—	79.83	111.92	153.68	279.78
C$_4$H$_8$,丁烯[1](g)	21.472	258.404	—	−80.843	298~1500	89.33	1.17	72.05	307.44
C$_4$H$_8$,顺-丁烯[2](g)	8.565	269.077	—	82.985	298~1500	78.91	−5.690	67.15	300.83
C$_4$H$_8$,反-丁烯[2](g)	20.782	250.877	—	−75.927	298~1500	87.82	−10.042	64.06	296.48
C$_4$H$_8$,2-甲基丙烯(g)	22.305	252.070	—	−75.898	298~1500	89.12	−13.975	61.00	293.59
C$_4$H$_{10}$,正丁烷(g)	18.230	303.558	—	−92.655	298~1500	98.78	−124.725	−15.690	310.03
C$_4$H$_{10}$,异丁烷(g)	9.606	344.791	—	−162.306	298~1500	96.82	−131.587	−17.991	294.64
C$_5$H$_{22}$,2-甲基丁烷(g)	−1.184	200.564	—	−109.87	298~1500	120.62	−154.47	−14.64	343.00
C$_5$H$_{12}$,正戊烷(g)	13.138	420.626	—	−148.783	298~1500	122.59	−146.440	−8.20	348.40
C$_6$H$_6$,苯(g)	−21.09	400.12	—	−169.9	—	81.76	82.93	129.076	269.69
C$_6$H$_6$,苯(l)	—	—	—	—	—	135.1	49.036	124.139	173.264
C$_6$H$_{12}$,环己烷(g)	−32.221	525.824	—	−173.987	298~1500	106.27	−123.14	31.76	298.24
C$_6$H$_{12}$,环己烷(l)	—	—	—	—	—	156.5	−156.23	24.73	204.35
C$_6$H$_{14}$,正己烷(g)	30.5588	438.927	—	−135.549	298~1500	146.69	−167.19	0.209	386.81
C$_7$H$_8$,甲苯(g)	19.83	474.72	—	−195.4	—	103.76	49.999	122.30	319.74
C$_7$H$_8$,甲苯(l)	—	—	—	—	—	156.1	12.01	114.27	219.24
C$_7$H$_{16}$,正庚烷(g)	22.598	570.24	—	−203.87	298~1500	170.79	−187.82	8.74	425.26
C$_8$H$_8$,苯乙烯(g)	−13.10	545.6	—	−221.3	—	122.09	146.90	213.8	345.10
C$_8$H$_{10}$,乙苯(l)	—	—	—	—	—	186.44	−12.47	119.75	255.01
C$_8$H$_{10}$,乙苯(g)	—	—	—	—	—	129.2	29.79	130.574	360.45

续表

物质	方程 $C_{p,m}=\phi(T)$ 的系数				可用的温度范围/K	$C_{p,m}$ /J·mol⁻¹·K⁻³	$\Delta_f H_m^\ominus$ /kJ·mol⁻¹	$\Delta_f G_m^\ominus$ /kJ·mol⁻¹	$S_m^\ominus$ /J·mol⁻¹·K⁻¹
	a /J·mol⁻¹·K⁻¹	$b\times 10^3$ /J·mol⁻¹·K⁻²	$c'\times 10^{-5}$ /J·mol⁻¹·K	$c\times 10^6$ /J·mol⁻¹·K⁻³					
C_8H_{10}, 邻二甲苯(g)	19.259	437.128	—	−140.649	298~1500	133.26	19.00	122.09	325.75
C_8H_{10}, 邻二甲苯(l)	—	—	—	—	—	187.9	−24.43	110.42	246.0
C_8H_{10}, 间二甲苯(g)	8.184	456.671	—	−148.879	298~1500	127.57	17.24	118.87	357.69
C_8H_{10}, 间二甲苯(l)	—	—	—	—	—	183.3	−25.44	107.32	253.1
C_8H_{10}, 对二甲苯(g)	7.724	454.357	—	−147.277	298~1500	126.86	17.95	121.13	352.42
C_8H_{10}, 对二甲苯(l)	—	—	—	—	—	183.7	−24.43	109.91	247.7
C_8H_{10}, 萘(s)	—	—	—	—	—	165.3	75.44	198.7	166.9
$C_{12}H_{10}$, 联苯(s)	—	—	—	—	—	197.1	102.63	258.2	205.9
$C_{12}H_{10}$, 蒽(s)	—	—	—	—	—	207.9	70.7	228.0	207.5
$C_4H_8O_2$, 乙酸乙酯(l)	—	—	—	—	—	169.0	−470.99	−324.68	259.4
$CHCl_3$, 三氯甲烷(g)	29.506	148.942	—	−90.734	273~773	65.39	−100	67	295.47
CH_3Cl, 氯甲烷(g)	14.903	96.224	—	−31.552	273~773	40.79	−82.01	−58.6	234.18
$CO(NH_2)_2$, 尿素(s)	—	—	—	—	—	93.14	−333.189	−197.15	104.60
C_2H_5Cl, 氯乙烷(g)	—	—	—	—	—	63	−105.02	−53.1	275.73
C_2H_3Cl, 氯乙烯(g)	—	—	—	—	—	—	37.2	53.6	263.72
C_6H_5Cl, 氯苯(l)	—	—	—	—	—	145.6	116.32	203.8	197.5
C_3H_5N, 丙烯腈(g)	—	—	—	—	—	63.76	184.26	194.6	273.93
C_5H_7N, 苯胺(l)	—	—	—	—	—	190.8	35.3	153.22	191.6
$C_6H_5NO_2$, 硝基苯(l)	—	—	—	—	—	185.8	22.2	146.23	1 224.3
C_6H_6O, 苯酚(s)	—	—	—	—	—	134.7	−155.89	−40.75	142.3
$C_6H_{12}O_6$, 葡萄糖(s)	—	—	—	—	—	234.3	111.50	—	212.1
$C_{14}H_{10}$, 菲(s)	—	—	—	—	—	—	—	267.8	211.7
CH_4O, 甲醇(l)	—	—	—	—	—	81.6	−238.57	−166.23	126.8

续表

物质	方程 $C_{p,m}=\phi(T)$ 的系数			可用温度范围/K	$C_{p,m}$ / J·mol^{-1}·K^{-1}	$\Delta_f H_m^\ominus$ / kJ·mol^{-1}	$\Delta_f G_m^\ominus$ / kJ·mol^{-1}	$S_m^\ominus$ / J·mol^{-1}·K^{-1}
	a / J·mol^{-1}·K^{-1}	$b\times 10^3$ / J·mol^{-1}·K^{-2}	$c'\times 10^{-5}$ / J·mol^{-1}·K	$c\times 10^6$ / J·mol^{-1}·K^{-3}				
CH$_4$O,甲醇(g)	20.42	103.68	—	−24.640	300~700	45.2	−201.17	−161.88	237.7
C$_2$H$_6$O,甲醇(l)	—	—	—	—	—	111.46	−277.634	−174.77	160.7
C$_2$H$_6$O,乙醇(g)	14.970	208.560	—	71.090	300~1000	73.60	−235.31	−168.6	282.0
C$_3$H$_8$O,丙醇(g)	−2.59	312.42	—	105.52	—	146.0	261.5	−171.1	192.9
C$_3$H$_8$O,异丙醇(l)	—	—	—	—	—	163.2	−319.7	−184.1	179.9
C$_3$H$_8$P,异丙醇(g)	—	—	—	—	—	—	−268.6	−175.35	306.3
C$_4$H$_{10}$O,乙醚(l)	—	—	—	—	—	168.2	−272.50	−118.4	253.1
C$_4$H$_{10}$O,乙醚(g)	—	—	—	—	—	—	−190.8	−117.6	—
CH$_2$O,甲醛(g)	18.820	58.379	—	−15.606	298~1500	35.35	−115.9	−110.0	220.1
C$_2$H$_4$O,乙醛(g)	31.054	121.475	—	−36.577	298~1500	62.8	−166.36	−133.72	265.7
C$_2$H$_4$O,环氧乙烷(g)	—	—	—	—	—	64.60	71.1	−11.67	242.42
C$_2$H$_4$O$_2$,甲酸甲酯(g)	—	—	—	—	—	121.3	−387.2	—	—
C$_2$H$_6$O$_2$,乙二醇(l)	—	—	—	—	—	78.7	−388.3	−299.24	323.55
C$_2$H$_6$O$_2$,乙二醇(g)	—	—	—	—	—	149.4	−454.30	−322.75	166.9
C$_7$H$_8$O,苯甲醛(l)	—	—	—	—	—	169.5	−82.0	—	206.7
C$_3$H$_6$O,丙酮(g)	22.472	201.782	—	−63.521	298~1500	76.90	−216.69	−152.7	304.2
CH$_2$O$_2$,甲酸(l)	—	—	—	—	—	99.04	−409.2	−346.0	128.95
CH$_2$O$_2$,甲酸(g)	30.67	89.20	—	−34.539	300~700	54.22	−362.63	−335.72	246.06
C$_2$H$_4$O$_2$,乙酸(l)	—	—	—	—	—	123.4	−487.0	−392.5	159.8
C$_2$H$_4$O$_2$,乙酸(g)	21.67	193.13	—	−76.78	300~700	72.4	−436.4	−381.6	293.3
C$_2$H$_2$O$_4$,乙二酸(s)	—	—	—	—	—	109	−826.8	−679.9	120.1
C$_2$H$_6$O$_2$,苯甲酸(s)	—	—	—	—	—	145.2	−384.55	−245.60	170.7

数据来源：Lewis G N, Randall M, Pitzer K S et al. Thermodynamics. 2nd ed. New York: McGraw-Hill Book Co., Inc., 1961. 表中数据已经单位换算。

附表 13　标准电极电势

序号(No.)	电极过程(Electrode process)	$E^{\ominus}/V$
1	$Ag^+ + e^- \longrightarrow Ag$	0.799 6
2	$Ag^{2+} + e^- \longrightarrow Ag^+$	1.980
3	$AgBr + e^- \longrightarrow Ag + Br^-$	0.071 3
4	$AgBrO_3 + e^- \longrightarrow Ag + BrO_3^-$	0.546
5	$AgCl + e^- \longrightarrow Ag + Cl^-$	0.222
6	$AgCN + e^- \longrightarrow Ag + CN^-$	-0.017
7	$Ag_2CO_3 + 2e^- \longrightarrow 2Ag + CO_3^{2-}$	0.470
8	$Ag_2C_2O_4 + 2e^- \longrightarrow 2Ag + C_2O_4^{2-}$	0.465
9	$Ag_2CrO_4 + 2e^- \longrightarrow 2Ag + CrO_4^{2-}$	0.447
10	$AgF + e^- \longrightarrow Ag + F^-$	0.779
11	$Ag_4[Fe(CN)_6] + 4e^- \longrightarrow 4Ag + [Fe(CN)_6]^{4-}$	0.148
12	$AgI + e^- \longrightarrow Ag + I^-$	-0.152
13	$AgIO_3 + e^- \longrightarrow Ag + IO_3^-$	0.354
14	$Ag_2MoO_4 + 2e^- \longrightarrow 2Ag + MoO_4^{2-}$	0.457
15	$[Ag(NH_3)_2]^+ + e^- \longrightarrow Ag + 2NH_3$	0.373
16	$AgNO_2 + e^- \longrightarrow Ag + NO_2^-$	0.564
17	$Ag_2O + H_2O + 2e^- \longrightarrow 2Ag + 2OH^-$	0.342
18	$2AgO + H_2O + 2e^- \longrightarrow Ag_2O + 2OH^-$	0.607
19	$Ag_2S + 2e^- \longrightarrow 2Ag + S^{2-}$	-0.691
20	$Ag_2S + 2H^+ + 2e^- \longrightarrow 2Ag + H_2S$	$-0.036\ 6$
21	$AgSCN + e^- \longrightarrow Ag + SCN^-$	0.089 5
22	$Ag_2SeO_4 + 2e^- \longrightarrow 2Ag + SeO_4^{2-}$	0.363
23	$Ag_2SO_4 + 2e^- \longrightarrow 2Ag + SO_4^{2-}$	0.654
24	$Ag_2WO_4 + 2e^- \longrightarrow 2Ag + WO_4^{2-}$	0.466
25	$Al_3 + 3e^- \longrightarrow Al$	-1.662
26	$AlF_6^{3-} + 3e^- \longrightarrow Al + 6F^-$	-2.069
27	$Al(OH)_3 + 3e^- \longrightarrow Al + 3OH^-$	-2.31
28	$AlO_2^- + 2H_2O + 3e^- \longrightarrow Al + 4OH^-$	-2.35
29	$Am^{3+} + 3e^- \longrightarrow Am$	-2.048
30	$Am^{4+} + e^- \longrightarrow Am^{3+}$	2.60
31	$AmO_2^{2+} + 4H^+ + 3e^- \longrightarrow Am^{3+} + 2H_2O$	1.75
32	$As + 3H^+ + 3e^- \longrightarrow AsH_3$	-0.608
33	$As + 3H_2O + 3e^- \longrightarrow AsH_3 + 3OH^-$	-1.37
34	$As_2O_3 + 6H^+ + 6e^- \longrightarrow 2As + 3H_2O$	0.234
35	$HAsO_2 + 3H^+ + 3e^- \longrightarrow As + 2H_2O$	0.248
36	$AsO_2^- + 2H_2O + 3e^- \longrightarrow As + 4OH^-$	-0.68

续表

序号(No.)	电极过程(Electrode process)	$E^{\ominus}/V$
37	$H_3AsO_4 + 2H^+ + 2e^- \rightleftharpoons HAsO_2 + 2H_2O$	0.560
38	$AsO_4^{3-} + 2H_2O + 2e^- \rightleftharpoons AsO_2^- + 4OH^-$	−0.71
39	$AsS_2^- + 3e^- \rightleftharpoons As + 2S^{2-}$	−0.75
40	$AsS_4^{3-} + 2e^- \rightleftharpoons AsS_2^- + 2S^{2-}$	−0.60
41	$Au^+ + e^- \rightleftharpoons Au$	1.692
42	$Au^{3+} + 3e^- \rightleftharpoons Au$	1.498
43	$Au^{3+} + 2e^- \rightleftharpoons Au^+$	1.401
44	$AuBr_2^- + e^- \rightleftharpoons Au + 2Br^-$	0.959
45	$AuBr_4^- + 3e^- \rightleftharpoons Au + 4Br^-$	0.854
46	$AuCl_2^- + e^- \rightleftharpoons Au + 2Cl^-$	1.15
47	$AuCl_4^- + 3e^- \rightleftharpoons Au + 4Cl^-$	1.002
48	$AuI + e^- \rightleftharpoons Au + I^-$	0.50
49	$Au(SCN)_4^- + 3e^- \rightleftharpoons Au + 4SCN^-$	0.66
50	$Au(OH)_3 + 3H^+ + 3e^- \rightleftharpoons Au + 3H_2O$	1.45
51	$BF_4^- + 3e^- \rightleftharpoons B + 4F^-$	−1.04
52	$H_2BO_3^- + H_2O + 3e^- \rightleftharpoons B + 4OH^-$	−1.79
53	$B(OH)_3 + 7H^+ + 8e^- \rightleftharpoons BH_4^- + 3H_2O$	−.0481
54	$Ba^{2+} + 2e^- \rightleftharpoons Ba$	−2.912
55	$Ba(OH)_2 + 2e^- \rightleftharpoons Ba + 2OH^-$	−2.99
56	$Be^{2+} + 2e^- \rightleftharpoons Be$	−1.847
57	$Be_2O_3^{2-} + 3H_2O + 4e^- \rightleftharpoons 2Be + 6OH^-$	−2.63
58	$Bi^+ + e^- \rightleftharpoons Bi$	0.5
59	$Bi^{3+} + 3e^- \rightleftharpoons Bi$	0.308
60	$BiCl_4^- + 3e^- \rightleftharpoons Bi + 4Cl^-$	0.16
61	$BiOCl + 2H^+ + 3e^- \rightleftharpoons Bi + Cl^- + H_2O$	0.16
62	$Bi_2O_3 + 3H_2O + 6e^- \rightleftharpoons 2Bi + 6OH^-$	−0.46
63	$Bi_2O_4 + 4H^+ + 2e^- \rightleftharpoons 2BiO^+ + 2H_2O$	1.593
64	$Bi_2O_4 + H_2O + 2e^- \rightleftharpoons Bi_2O_3 + 2OH^-$	0.56
65	$Br_2(水溶液,aq) + 2e^- \rightleftharpoons 2Br^-$	1.087
66	$Br_2(液体) + 2e^- \rightleftharpoons 2Br^-$	1.066
67	$BrO^- + H_2O + 2e^- \rightleftharpoons Br^- + 2OH$	0.761
68	$BrO_3^- + 6H^+ + 6e^- \rightleftharpoons Br^- + 3H_2O$	1.423
69	$BrO_3^- + 3H_2O + 6e^- \rightleftharpoons Br^- + 6OH^-$	0.61
70	$2BrO_3^- + 12H^+ + 10e^- \rightleftharpoons Br_2 + 6H_2O$	1.482
71	$HBrO + H^+ + 2e^- \rightleftharpoons Br^- + H_2O$	1.331
72	$2HBrO + 2H^+ + 2e^- \rightleftharpoons Br_2(水溶液,aq) + 2H_2O$	1.574

续表

序号(No.)	电极过程(Electrode process)	$E^{\ominus}/V$
73	$CH_3OH + 2H^+ + 2e^- \rightleftharpoons CH_4 + H_2O$	0.59
74	$HCHO + 2H^+ + 2e^- \rightleftharpoons CH_3OH$	0.19
75	$CH_3COOH + 2H^+ + 2e^- \rightleftharpoons CH_3CHO + H_2O$	−0.12
76	$(CN)_2 + 2H^+ + 2e^- \rightleftharpoons 2HCN$	0.373
77	$(CNS)_2 + 2e^- \rightleftharpoons 2CNS^-$	0.77
78	$CO_2 + 2H^+ + 2e^- \rightleftharpoons CO + H_2O$	−0.12
79	$CO_2 + 2H^+ + 2e^- \rightleftharpoons HCOOH$	−0.199
80	$Ca^{2+} + 2e^- \rightleftharpoons Ca$	−2.868
81	$Ca(OH)_2 + 2e^- \rightleftharpoons Ca + 2OH^-$	−3.02
82	$Cd^{2+} + 2e^- \rightleftharpoons Cd$	−0.403
83	$Cd^{2+} + 2e^- \rightleftharpoons Cd(Hg)$	−0.352
84	$Cd(CN)_4^{2-} + 2e^- \rightleftharpoons Cd + 4CN^-$	−1.09
85	$CdO + H_2O + 2e^- \rightleftharpoons Cd + 2OH^-$	−0.783
86	$CdS + 2e^- \rightleftharpoons Cd + S^{2-}$	−1.17
87	$CdSO_4 + 2e^- \rightleftharpoons Cd + SO_4^{2-}$	−0.246
88	$Ce^{3+} + 3e^- \rightleftharpoons Ce$	−2.336
89	$Ce^{3+} + 3e^- \rightleftharpoons Ce(Hg)$	−1.437
90	$CeO_2 + 4H^+ + e^- \rightleftharpoons Ce^{3+} + 2H_2O$	1.4
91	$Cl_2(气体) + 2e^- \rightleftharpoons 2Cl^-$	1.358
92	$ClO^- + H_2O + 2e^- \rightleftharpoons Cl^- + 2OH^-$	0.89
93	$HClO + H^+ + 2e^- \rightleftharpoons Cl^- + H_2O$	1.482
94	$2HClO + 2H^+ + 2e^- \rightleftharpoons Cl_2 + 2H_2O$	1.611
95	$ClO_2^- + 2H_2O + 4e^- \rightleftharpoons Cl^- + 4OH^-$	0.76
96	$2ClO_3^- + 12H^+ + 10e^- \rightleftharpoons Cl_2 + 6H_2O$	1.47
97	$ClO_3^- + 6H^+ + 6e^- \rightleftharpoons Cl^- + 3H_2O$	1.451
98	$ClO_3^- + 3H_2O + 6e^- \rightleftharpoons Cl^- + 6OH^-$	0.62
99	$ClO_4^- + 8H^+ + 8e^- \rightleftharpoons Cl^- + 4H_2O$	1.38
100	$2ClO_4^- + 16H^+ + 14e^- \rightleftharpoons Cl_2 + 8H_2O$	1.39
101	$Cm^{3+} + 3e^- \rightleftharpoons Cm$	−2.04
102	$Co^{2+} + 2e^- \rightleftharpoons Co$	−0.28
103	$[Co(NH_3)_6]^{3+} + e^- \rightleftharpoons [Co(NH_3)_6]^{2+}$	0.108
104	$[Co(NH_3)_6]^{2+} + 2e^- \rightleftharpoons Co + 6NH_3$	−0.43
105	$Co(OH)_2 + 2e^- \rightleftharpoons Co + 2OH^-$	−0.73
106	$Co(OH)_3 + e^- \rightleftharpoons Co(OH)_2 + OH^-$	0.17
107	$Cr^{2+} + 2e^- \rightleftharpoons Cr$	−0.913
108	$Cr^{3+} + e^- \rightleftharpoons Cr^{2+}$	−0.407

续表

序号(No.)	电极过程(Electrode process)	$E^{\ominus}/V$
109	$Cr^{3+} + 3e^- \rightleftharpoons Cr$	-0.744
110	$[Cr(CN)_6]^{3-} + e^- \rightleftharpoons [Cr(CN)_6]^{4-}$	-1.28
111	$Cr(OH)_3 + 3e^- \rightleftharpoons Cr + 3OH^-$	-1.48
112	$Cr_2O_7^{2-} + 14H^+ + 6e^- \rightleftharpoons 2Cr^{3+} + 7H_2O$	1.232
113	$CrO_2^- + 2H_2O + 3e^- \rightleftharpoons Cr + 4OH^-$	-1.2
114	$HCrO_4^- + 7H^+ + 3e^- \rightleftharpoons Cr^{3+} + 4H_2O$	1.350
115	$CrO_4^{2-} + 4H_2O + 3e^- \rightleftharpoons Cr(OH)_3 + 5OH^-$	-0.13
116	$Cs^+ + e^- \rightleftharpoons Cs$	-2.92
117	$Cu^+ + e^- \rightleftharpoons Cu$	0.521
118	$Cu^{2+} + 2e^- \rightleftharpoons Cu$	0.342
119	$Cu^{2+} + 2e^- \rightleftharpoons Cu(Hg)$	0.345
120	$Cu^{2+} + Br^- + e^- \rightleftharpoons CuBr$	0.66
121	$Cu^{2+} + Cl^- + e^- \rightleftharpoons CuCl$	0.57
122	$Cu^{2+} + I^- + e^- \rightleftharpoons CuI$	0.86
123	$Cu^{2+} + 2CN^- + e^- \rightleftharpoons [Cu(CN)_2]^-$	1.103
124	$CuBr_2^- + e^- \rightleftharpoons Cu + 2Br^-$	0.05
125	$CuCl_2^- + e^- \rightleftharpoons Cu + 2Cl^-$	0.19
126	$CuI_2^- + e^- \rightleftharpoons Cu + 2I^-$	0.00
127	$Cu_2O + H_2O + 2e^- \rightleftharpoons 2Cu + 2OH^-$	-0.360
128	$Cu(OH)_2 + 2e^- \rightleftharpoons Cu + 2OH^-$	-0.222
129	$2Cu(OH)_2 + 2e^- \rightleftharpoons Cu_2O + 2OH^- + H_2O$	-0.080
130	$CuS + 2e^- \rightleftharpoons Cu + S^{2-}$	-0.70
131	$CuSCN + e^- \rightleftharpoons Cu + SCN^-$	-0.27
132	$Dy^{2+} + 2e^- \rightleftharpoons Dy$	-2.2
133	$Dy^{3+} + 3e^- \rightleftharpoons Dy$	-2.295
134	$Er^{2+} + 2e^- \rightleftharpoons Er$	-2.0
135	$Er^{3+} + 3e^- \rightleftharpoons Er$	-2.331
136	$Es^{2+} + 2e^- \rightleftharpoons Es$	-2.23
137	$Es^{3+} + 3e^- \rightleftharpoons Es$	-1.91
138	$Eu^{2+} + 2e^- \rightleftharpoons Eu$	-2.812
139	$Eu^{3+} + 3e^- \rightleftharpoons Eu$	-1.991
140	$F_2 + 2H^+ + 2e^- \rightleftharpoons 2HF$	3.053
141	$F_2O + 2H^+ + 4e^- \rightleftharpoons H_2O + 2F^-$	2.153
142	$Fe^{2+} + 2e^- \rightleftharpoons Fe$	-0.447
143	$Fe^{3+} + 3e^- \rightleftharpoons Fe$	-0.037
144	$[Fe(CN)_6]^{3-} + e^- \rightleftharpoons [Fe(CN)_6]^{4-}$	0.358

续表

序号(No.)	电极过程(Electrode process)	$E^\ominus$/V
145	$[Fe(CN)_6]^{4-} + 2e^- = Fe + 6CN^-$	-1.5
146	$FeF_6^{3-} + e^- = Fe^{2+} + 6F^-$	0.4
147	$Fe(OH)_2 + 2e^- = Fe + 2OH^-$	-0.877
148	$Fe(OH)_3 + e^- = Fe(OH)_2 + OH^-$	-0.56
149	$Fe_3O_4 + 8H^+ + 2e^- = 3Fe^{2+} + 4H_2O$	1.23
150	$Fm^{3+} + 3e^- = Fm$	-1.89
151	$Fr^+ + e^- = Fr$	-2.9
152	$Ga^{3+} + 3e^- = Ga$	-0.549
153	$H_2GaO_3^- + H_2O + 3e^- = Ga + 4OH^-$	-1.29
154	$Gd^{3+} + 3e^- = Gd$	-2.279
155	$Ge^{2+} + 2e^- = Ge$	0.24
156	$Ge^{4+} + 2e^- = Ge^{2+}$	0.0
157	$GeO_2 + 2H^+ + 2e^- = GeO(棕色) + H_2O$	-0.118
158	$GeO_2 + 2H^+ + 2e^- = GeO(黄色) + H_2O$	-0.273
159	$H_2GeO_3 + 4H^+ + 4e^- = Ge + 3H_2O$	-0.182
160	$2H^+ + 2e^- = H_2$	0.0000
161	$H_2 + 2e^- = 2H^-$	-2.25
162	$2H_2O + 2e^- = H_2 + 2OH^-$	-0.8277
163	$Hf^{4+} + 4e^- = Hf$	-1.55
164	$Hg^{2+} + 2e^- = Hg$	0.851
165	$Hg_2^{2+} + 2e^- = 2Hg$	0.797
166	$2Hg^{2+} + 2e^- = Hg_2^{2+}$	0.920
167	$Hg_2Br_2 + 2e^- = 2Hg + 2Br^-$	0.1392
168	$HgBr_4^{2-} + 2e^- = Hg + 4Br^-$	0.21
169	$Hg_2Cl_2 + 2e^- = 2Hg + 2Cl^-$	0.2681
170	$2HgCl_2 + 2e^- = Hg_2Cl_2 + 2Cl^-$	0.63
171	$Hg_2CrO_4 + 2e^- = 2Hg + CrO_4^{2-}$	0.54
172	$Hg_2I_2 + 2e^- = 2Hg + 2I^-$	-0.0405
173	$Hg_2O + H_2O + 2e^- = 2Hg + 2OH^-$	0.123
174	$HgO + H_2O + 2e^- = Hg + 2OH^-$	0.0977
175	$HgS(红色) + 2e^- = Hg + S^{2-}$	-0.70
176	$HgS(黑色) + 2e^- = Hg + S^{2-}$	-0.67
177	$Hg_2(SCN)_2 + 2e^- = 2Hg + 2SCN^-$	0.22
178	$Hg_2SO_4 + 2e^- = 2Hg + SO_4^{2-}$	0.613
179	$Ho^{2+} + 2e^- = Ho$	-2.1
180	$Ho^{3+} + 3e^- = Ho$	-2.33

续表

序号(No.)	电极过程(Electrode process)	$E^{\ominus}/V$
181	$I_2 + 2e^- = 2I^-$	0.535 5
182	$I_3^- + 2e^- = 3I^-$	0.536
183	$2IBr + 2e^- = I_2 + 2Br^-$	1.02
184	$ICN + 2e^- = I^- + CN^-$	0.30
185	$2HIO + 2H^+ + 2e^- = I_2 + 2H_2O$	1.439
186	$HIO + H^+ + 2e^- = I^- + H_2O$	0.987
187	$IO^- + H_2O + 2e^- = I^- + 2OH^-$	0.485
188	$2IO_3^- + 12H^+ + 10e^- = I_2 + 6H_2O$	1.195
189	$IO_3^- + 6H^+ + 6e^- = I^- + 3H_2O$	1.085
190	$IO_3^- + 2H_2O + 4e^- = IO^- + 4OH^-$	0.15
191	$IO_3^- + 3H_2O + 6e^- = I^- + 6OH^-$	0.26
192	$2IO_3^- + 6H_2O + 10e^- = I_2 + 12OH^-$	0.21
193	$H_5IO_6 + H^+ + 2e^- = IO_3^- + 3H_2O$	1.601
194	$In^+ + e^- = In$	−0.14
195	$In^{3+} + 3e^- = In$	−0.338
196	$In(OH)_3 + 3e^- = In + 3OH^-$	−0.99
197	$Ir^{3+} + 3e^- = Ir$	1.156
198	$IrBr_6^{2-} + e^- = IrBr_6^{3-}$	0.99
199	$IrCl_6^{2-} + e^- = IrCl_6^{3-}$	0.867
200	$K^+ + e^- = K$	−2.931
201	$La^{3+} + 3e^- = La$	−2.379
202	$La(OH)_3 + 3e^- = La + 3OH^-$	−2.90
203	$Li^+ + e^- = Li$	−3.040
204	$Lr^{3+} + 3e^- = Lr$	−1.96
205	$Lu^{3+} + 3e^- = Lu$	−2.28
206	$Md^{2+} + 2e^- = Md$	−2.40
207	$Md^{3+} + 3e^- = Md$	−1.65
208	$Mg^{2+} + 2e^- = Mg$	−2.372
209	$Mg(OH)_2 + 2e^- = Mg + 2OH^-$	−2.690
210	$Mn^{2+} + 2e^- = Mn$	−1.185
211	$Mn^{3+} + 3e^- = Mn$	1.542
212	$MnO_2 + 4H^+ + 2e^- = Mn^{2+} + 2H_2O$	1.224
213	$MnO_4^- + 4H^+ + 3e^- = MnO_2 + 2H_2O$	1.679
214	$MnO_4^- + 8H^+ + 5e^- = Mn^{2+} + 4H_2O$	1.507
215	$MnO_4^- + 2H_2O + 3e^- = MnO_2 + 4OH^-$	0.595
216	$Mn(OH)_2 + 2e^- = Mn + 2OH^-$	−1.56

续表

序号(No.)	电极过程(Electrode process)	$E^{\ominus}/V$
217	$Mo^{3+}+3e^-\rightleftharpoons Mo$	-0.200
218	$MoO_4^{2-}+4H_2O+6e^-\rightleftharpoons Mo+8OH^-$	-1.05
219	$N_2+2H_2O+6H^++6e^-\rightleftharpoons 2NH_4OH$	0.092
220	$2NH_3OH^++H^++2e^-\rightleftharpoons N_2H_5^++2H_2O$	1.42
221	$2NO+H_2O+2e^-\rightleftharpoons N_2O+2OH^-$	0.76
222	$2HNO_2+4H^++4e^-\rightleftharpoons N_2O+3H_2O$	1.297
223	$NO_3^-+3H^++2e^-\rightleftharpoons HNO_2+H_2O$	0.934
224	$NO_3^-+H_2O+2e^-\rightleftharpoons NO_2^-+2OH^-$	0.01
225	$2NO_3^-+2H_2O+2e^-\rightleftharpoons N_2O_4+4OH^-$	-0.85
226	$Na^++e^-\rightleftharpoons Na$	-2.713
227	$Nb^{3+}+3e^-\rightleftharpoons Nb$	-1.099
228	$NbO_2+4H^++4e^-\rightleftharpoons Nb+2H_2O$	-0.690
229	$Nb_2O_5+10H^++10e^-\rightleftharpoons 2Nb+5H_2O$	-0.644
230	$Nd^{2+}+2e^-\rightleftharpoons Nd$	-2.1
231	$Nd^{3+}+3e^-\rightleftharpoons Nd$	-2.323
232	$Ni^{2+}+2e^-\rightleftharpoons Ni$	-0.257
233	$NiCO_3+2e^-\rightleftharpoons Ni+CO_3^{2-}$	-0.45
234	$Ni(OH)_2+2e^-\rightleftharpoons Ni+2OH^-$	-0.72
235	$NiO_2+4H^++2e^-\rightleftharpoons Ni^{2+}+2H_2O$	1.678
236	$No^{2+}+2e^-\rightleftharpoons No$	-2.50
237	$No^{3+}+3e^-\rightleftharpoons No$	-1.20
238	$Np^{3+}+3e^-\rightleftharpoons Np$	-1.856
239	$NpO_2+H_2O+H^++e^-\rightleftharpoons Np(OH)_3$	-0.962
240	$O_2+4H^++4e^-\rightleftharpoons 2H_2O$	1.229
241	$O_2+2H_2O+4e^-\rightleftharpoons 4OH^-$	0.401
242	$O_3+H_2O+2e^-\rightleftharpoons O_2+2OH^-$	1.24
243	$Os^{2+}+2e^-\rightleftharpoons Os$	0.85
244	$OsCl_6^{3-}+e^-\rightleftharpoons Os^{2+}+6Cl^-$	0.4
245	$OsO_2+2H_2O+4e^-\rightleftharpoons Os+4OH^-$	-0.15
246	$OsO_4+8H^++8e^-\rightleftharpoons Os+4H_2O$	0.838
247	$OsO_4+4H^++4e^-\rightleftharpoons OsO_2+2H_2O$	1.02
248	$P+3H_2O+3e^-\rightleftharpoons PH_3(g)+3OH^-$	-0.87
249	$H_2PO_2^-+e^-\rightleftharpoons P+2OH^-$	-1.82
250	$H_3PO_3+2H^++2e^-\rightleftharpoons H_3PO_2+H_2O$	-0.499
251	$H_3PO_3+3H^++3e^-\rightleftharpoons P+3H_2O$	-0.454
252	$H_3PO_4+2H^++2e^-\rightleftharpoons H_3PO_3+H_2O$	-0.276

续表

序号(No.)	电极过程(Electrode process)	$E^\ominus$/V
253	$PO_4^{3-} + 2H_2O + 2e^- = HPO_3^{2-} + 3OH^-$	−1.05
254	$Pa^{3+} + 3e^- = Pa$	−1.34
255	$Pa^{4+} + 4e^- = Pa$	−1.49
256	$Pb^{2+} + 2e^- = Pb$	−0.126
257	$Pb^{2+} + 2e^- = Pb(Hg)$	−0.121
258	$PbBr_2 + 2e^- = Pb + 2Br^-$	−0.284
259	$PbCl_2 + 2e^- = Pb + 2Cl^-$	−0.268
260	$PbCO_3 + 2e^- = Pb + CO_3^{2-}$	−0.506
261	$PbF_2 + 2e^- = Pb + 2F^-$	−0.344
262	$PbI_2 + 2e^- = Pb + 2I^-$	−0.365
263	$PbO + H_2O + 2e^- = Pb + 2OH^-$	−0.580
264	$PbO + 4H^+ + 2e^- = Pb + H_2O$	0.25
265	$PbO_2 + 4H^+ + 2e^- = Pb^{2+} + 2H_2O$	1.455
266	$HPbO_2^- + H_2O + 2e^- = Pb + 3OH^-$	−0.537
267	$PbO_2 + SO_4^{2-} + 4H^+ + 2e^- = PbSO_4 + 2H_2O$	1.691
268	$PbSO_4 + 2e^- = Pb + SO_4^{2-}$	−0.359
269	$Pd^{2+} + 2e^- = Pd$	0.915
270	$PdBr_4^{2-} + 2e^- = Pd + 4Br^-$	0.6
271	$PdO_2 + H_2O + 2e^- = PdO + 2OH^-$	0.73
272	$Pd(OH)_2 + 2e^- = Pd + 2OH^-$	0.07
273	$Pm^{2+} + 2e^- = Pm$	−2.20
274	$Pm^{3+} + 3e^- = Pm$	−2.30
275	$Po^{4+} + 4e^- = Po$	0.76
276	$Pr^{2+} + 2e^- = Pr$	−2.0
277	$Pr^{3+} + 3e^- = Pr$	−2.353
278	$Pt^{2+} + 2e^- = Pt$	1.18
279	$[PtCl_6]^{2-} + 2e^- = [PtCl_4]^{2-} + 2Cl^-$	0.68
280	$Pt(OH)_2 + 2e^- = Pt + 2OH^-$	0.14
281	$PtO_2 + 4H^+ + 4e^- = Pt + 2H_2O$	1.00
282	$PtS + 2e^- = Pt + S^{2-}$	−0.83
283	$Pu^{3+} + 3e^- = Pu$	−2.031
284	$Pu^{5+} + e^- = Pu^{4+}$	1.099
285	$Ra^{2+} + 2e^- = Ra$	−2.8
286	$Rb^+ + e^- = Rb$	−2.98
287	$Re^{3+} + 3e^- = Re$	0.300
288	$ReO_2 + 4H^+ + 4e^- = Re + 2H_2O$	0.251

序号(No.)	电极过程(Electrode process)	$E^{\ominus}/V$
289	$ReO_4^- + 4H^+ + 3e^- \rightleftharpoons ReO_2 + 2H_2O$	0.510
290	$ReO_4^- + 4H_2O + 7e^- \rightleftharpoons Re + 8OH^-$	−0.584
291	$Rh^{2+} + 2e^- \rightleftharpoons Rh$	0.600
292	$Rh^{3+} + 3e^- \rightleftharpoons Rh$	0.758
293	$Ru^{2+} + 2e^- \rightleftharpoons Ru$	0.455
294	$RuO_2 + 4H^+ + 2e^- \rightleftharpoons Ru^{2+} + 2H_2O$	1.120
295	$RuO_4 + 6H^+ + 4e^- \rightleftharpoons Ru(OH)_2^{2+} + 2H_2O$	1.40
296	$S + 2e^- \rightleftharpoons S^{2-}$	−0.476
297	$S + 2H^+ + 2e^- \rightleftharpoons H_2S(水溶液, aq)$	0.142
298	$S_2O_6^{2-} + 4H^+ + 2e^- \rightleftharpoons 2H_2SO_3$	0.564
299	$2SO_3^{2-} + 3H_2O + 4e^- \rightleftharpoons S_2O_3^{2-} + 6OH^-$	−0.571
300	$2SO_3^{2-} + 2H_2O + 2e^- \rightleftharpoons S_2O_4^{2-} + 4OH^-$	−1.12
301	$SO_4^{2-} + H_2O + 2e^- \rightleftharpoons SO_3^{2-} + 2OH^-$	−0.93
302	$Sb + 3H^+ + 3e^- \rightleftharpoons SbH_3$	−0.510
303	$Sb_2O_3 + 6H^+ + 6e^- \rightleftharpoons 2Sb + 3H_2O$	0.152
304	$Sb_2O_5 + 6H^+ + 4e^- \rightleftharpoons 2SbO^+ + 3H_2O$	0.581
305	$SbO_3^- + H_2O + 2e^- \rightleftharpoons SbO_2^- + 2OH^-$	−0.59
306	$Sc^{3+} + 3e^- \rightleftharpoons Sc$	−2.077
307	$Sc(OH)_3 + 3e^- \rightleftharpoons Sc + 3OH^-$	−2.6
308	$Se + 2e^- \rightleftharpoons Se^{2-}$	−0.924
309	$Se + 2H^+ + 2e^- \rightleftharpoons H_2Se(水溶液, aq)$	−0.399
310	$H_2SeO_3 + 4H^+ + 4e^- \rightleftharpoons Se + 3H_2O$	−0.74
311	$SeO_3^{2-} + 3H_2O + 4e^- \rightleftharpoons Se + 6OH^-$	−0.366
312	$SeO_4^{2-} + H_2O + 2e^- \rightleftharpoons SeO_3^{2-} + 2OH^-$	0.05
313	$Si + 4H^+ + 4e^- \rightleftharpoons SiH_4(气体)$	0.102
314	$Si + 4H_2O + 4e^- \rightleftharpoons SiH_4 + 4OH^-$	−0.73
315	$SiF_6^{2-} + 4e^- \rightleftharpoons Si + 6F^-$	−1.24
316	$SiO_2 + 4H^+ + 4e^- \rightleftharpoons Si + 2H_2O$	−0.857
317	$SiO_3^{2-} + 3H_2O + 4e^- \rightleftharpoons Si + 6OH^-$	−1.697
318	$Sm^{2+} + 2e^- \rightleftharpoons Sm$	−2.68
319	$Sm^{3+} + 3e^- \rightleftharpoons Sm$	−2.304
320	$Sn^{2+} + 2e^- \rightleftharpoons Sn$	−0.138
321	$Sn^{4+} + 2e^- \rightleftharpoons Sn^{2+}$	0.151
322	$SnCl_4^{2-} + 2e^- \rightleftharpoons Sn + 4Cl^- (1\ mol/L\ HCl)$	−0.19
323	$SnF_6^{2-} + 4e^- \rightleftharpoons Sn + 6F^-$	−0.25
324	$Sn(OH)_3^- + 3H^+ + 2e^- \rightleftharpoons Sn^{2+} + 3H_2O$	0.142

续表

序号(No.)	电极过程(Electrode process)	$E^{\ominus}/V$
325	$SnO_2 + 4H^+ + 4e^- = Sn + 2H_2O$	-0.117
326	$Sn(OH)_6^{2-} + 2e^- = HSnO_2^- + 3OH^- + H_2O$	-0.93
327	$Sr^{2+} + 2e^- = Sr$	-2.899
328	$Sr^{2+} + 2e^- = Sr(Hg)$	-1.793
329	$Sr(OH)_2 + 2e^- = Sr + 2OH^-$	-2.88
330	$Ta^{3+} + 3e^- = Ta$	-0.6
331	$Tb^{3+} + 3e^- = Tb$	-2.28
332	$Tc^{2+} + 2e^- = Tc$	0.400
333	$TcO_4^- + 8H^+ + 7e^- = Tc + 4H_2O$	0.472
334	$TcO_4^- + 2H_2O + 3e^- = TcO_2 + 4OH^-$	-0.311
335	$Te + 2e^- = Te^{2-}$	-1.143
336	$Te^{4+} + 4e^- = Te$	0.568
337	$Th^{4+} + 4e^- = Th$	-1.899
338	$Ti^{2+} + 2e^- = Ti$	-1.630
339	$Ti^{3+} + 3e^- = Ti$	-1.37
340	$TiO_2 + 4H^+ + 2e^- = Ti^{2+} + 2H_2O$	-0.502
341	$TiO^{2+} + 2H^+ + e^- = Ti^{3+} + H_2O$	0.1
342	$Tl^+ + e^- = Tl$	-0.336
343	$Tl^{3+} + 3e^- = Tl$	0.741
344	$Tl^{3+} + Cl^- + 2e^- = TlCl$	1.36
345	$TlBr + e^- = Tl + Br^-$	-0.658
346	$TlCl + e^- = Tl + Cl^-$	-0.557
347	$TlI + e^- = Tl + I^-$	-0.752
348	$Tl_2O_3 + 3H_2O + 4e^- = 2Tl^+ + 6OH^-$	0.02
349	$TlOH + e^- = Tl + OH^-$	-0.34
350	$Tl_2SO_4 + 2e^- = 2Tl + SO_4^{2-}$	-0.436
351	$Tm^{2+} + 2e^- = Tm$	-2.4
352	$Tm^{3+} + 3e^- = Tm$	-2.319
353	$U^{3+} + 3e^- = U$	-1.798
354	$UO_2 + 4H^+ + 4e^- = U + 2H_2O$	-1.40
355	$UO_2^+ + 4H^+ + e^- = U^{4+} + 2H_2O$	0.612
356	$UO_2^{2+} + 4H^+ + 6e^- = U + 2H_2O$	-1.444
357	$V^{2+} + 2e^- = V$	-1.175
358	$VO^{2+} + 2H^+ + e^- = V^{3+} + H_2O$	0.337
359	$VO_2^+ + 2H^+ + e^- = VO^{2+} + H_2O$	0.991
360	$VO_2^+ + 4H^+ + 2e^- = V^{3+} + 2H_2O$	0.668

续表

序号(No.)	电极过程(Electrode process)	$E^\ominus$/V
361	$V_2O_5 + 10H^+ + 10e^- = 2V + 5H_2O$	−0.242
362	$W^{3+} + 3e^- = W$	0.1
363	$WO_3 + 6H^+ + 6e^- = W + 3H_2O$	−0.090
364	$W_2O_5 + 2H^+ + 2e^- = 2WO_2 + H_2O$	−0.031
365	$Y^{3+} + 3e^- = Y$	−2.372
366	$Yb^{2+} + 2e^- = Yb$	−2.76
367	$Yb^{3+} + 3e^- = Yb$	−2.19
368	$Zn^{2+} + 2e^- = Zn$	−0.7618
369	$Zn^{2+} + 2e^- = Zn(Hg)$	−0.7628
370	$Zn(OH)_2 + 2e^- = Zn + 2OH^-$	−1.249
371	$ZnS + 2e^- = Zn + S^{2-}$	−1.40
372	$ZnSO_4 + 2e^- = Zn + SO_4^{2-}$	−0.799

附表 14 某些有机化合物的标准摩尔燃烧焓(298.15 K)

化合物	$\dfrac{-\Delta_c H_m^\ominus}{kJ \cdot mol^{-1}}$	化合物	$\dfrac{-\Delta_c H_m^\ominus}{kJ \cdot mol^{-1}}$
CH_4 甲烷(g)	−890.31	CH_3COCH_3 丙酮(l)	−1802.9
C_2H_2 乙炔(g)	−1299.63	$CH_3COOC_2H_5$ 乙酸乙酯(l)	−2254.21
C_2H_4 乙烯(g)	−1410.97	$(C_2H_5)_2O$ 乙醚(l)	−2730.9
C_2H_6 乙烷(g)	−1559.88	$HCOOH$ 甲酸(l)	−269.9
C_3H_6 丙烯(g)	−2058.5	CH_3COOH 乙酸(l)	−871.5
C_3H_8 丙烷(g)	−2220.0	$(COOH)_2$ 乙二酸(结晶)	−246.0
C_4H_{10} 正丁烷(g)	−2878.51	C_6H_5COOH 苯甲酸(结晶)	−3227.5
C_4H_{10} 异丁烷(g)	−2871.65	$C_{17}H_{35}COOH$ 硬脂酸(结晶)	−11274.6
C_4H_8 丁烯(g)	−2718.583	CCl_4 四氯化碳(l)	−156.1
C_5H_{12} 戊烷(g)	−3536.15	$CHCl_3$ 三氯甲烷(l)	−373.2
C_6H_6 苯(l)	−3267.7	CH_3Cl 氯甲烷(g)	−689.1
C_6H_{12} 环己烷(l)	−3919.91	C_6H_5Cl 氯苯(l)	−3140.9
C_7H_6 甲苯(l)	−3909.9	COS 氧硫化碳(g)	−553.1
C_8H_{10} 对二甲苯(l)	−4552.86	CS_2 二硫化碳(l)	−1075
$C_{10}H_6$ 萘(结晶)	−5153.9	C_2N_2 氰(g)	−1087.8
CH_3OH 甲醇(l)	−726.64	$CO(NH_2)_2$ 尿素(结晶)	−631.99
C_2H_5OH 乙醇(l)	−1366.75	$C_6H_5NO_2$ 硝基苯(l)	−3092.8
$(CH_2OH)_2$ 乙二醇(l)	−1192.9	$C_6H_5NH_2$ 苯胺(l)	−3397.0
$C_5H_8O_3$ 甘油(l)	−1664.4	$C_6H_{12}O_6$ 葡萄糖(结晶)	−2815.8

续表

化合物	$-\Delta_c H_m^\ominus$ / kJ·mol^{-1}	化合物	$-\Delta_c H_m^\ominus$ / kJ·mol^{-1}
C_6H_5OH 苯酚(结晶)	$-3\,063$	$C_{12}H_{22}O_{11}$ 蔗糖(结晶)	$-5\,643$
HCHO 甲醛(g)	-563.6	$C_{10}H_{16}O$ 樟脑(结晶)	$-5\,903.6$
CH_3CHO 乙醛(g)	$-1\,192.4$		

数据来源:Lewis G N, Randall M, Pitzer K S et al. Thermodynamics. 2nd ed. New York:McGraw-Hill BookCo.,Inc.,1961. 表中数据已经过单位换算。

附表 15 某些物质的熔点、沸点、转换点、熔化热、蒸发热及转换热

物质	熔点/K	沸点/K	转换点/K	$\Delta_{fus}H_m^\ominus$ / (kJ·mol^{-1})	$\Delta_{vap}H_m^\ominus$ / (kJ·mol^{-1})	$\Delta_{trs}H_m^\ominus$ / (kJ·mol^{-1})	附注
Ag(s)	1 233.95	2 420.15	—	11.09	257.7	—	
Al(s)	932.15	2 723.15	—	10.5	290.8	—	
As(s)	升华	895.15	—	—	28.6(升华)	—	
Ca(s)	1 116.15	1 756.15	737.15	8.4	150.6	0.25	
Cd(s)	594.15	1 038.15	—	6.40	100.0	~	
Co(s)	1 768.15	3 203.15	703.15	15.48		0.46	α→β
Cr(s)	2 130.15	2 963.15	—	20.9	341.8		
Cu(s)	1 356.15	2 843.15	—	13.0	306.7		
Fe(s)	1 809.15	3 343.15	1 187.15 1 664.15	13.77	340.2	5.10;0.67;0.84	α,δ,γ
Mg(s)	923.15	1 378.15	—	8.8	127.6	—	
Mn(s)	1 517.15	2 333.15	993.15 1 363.15 1 409.15	14.6	220.5	2.22 2.22 1.8	α,β,γ,δ
Mo(s)	2 893.15	4 923.15		35.6	589.9	~	
Ni(s)	1 728.15	3 193.15	631.15	17.2	374.9	0.59	
Pb(s)	600.15	2 013.15		4.81	177.8	—	
Ag(s)	1 233.95	2 420.15	—	11.09	257.7		
Al(s)	932.15	2 723.15	—	10.5	290.8		
As(s)	升华	895.15	—	—	28.6(升华)		
Sb(s)	904.15	1 713.15	—	20.08	195.25		
Si(s)	1 683.15	3 553.15	—	50.6	383.3		
Sn(s)	505.15	2 896.15	268.15	7.07	296.2	2.09	
Ta(s)	3 269.15	5 698.15	—	31.38	782.41		
Ti(s)	1 940.15	3 558.15	1 155.15	14.6	425.5	3.35	α,β
W(s)	3 603.13	5 828.15	—	33.86	730.94		
Zn(s)	692.65	1 180.15	—	7.28	114.2	—	

附表 16 水溶液中某些离子的热力学数据(标准压力 $p^\ominus = 100$ kPa, 298.15 K)

物质	$\Delta_f H_m^\ominus$/(kJ·mol^{-1})	$\Delta_f G_m^\ominus$/(kJ·mol^{-1})	$S_m^\ominus$/(J·mol^{-1}·K^{-1})	$C_{p,m}$/(J·mol^{-1}·K^{-1})
H^+	0	0	0	0
Li^+	−278.49	−293.31	13.4	68.6
Na^+	−240.12	−261.905	59.0	46.4
K^+	−252.38	−283.27	102.5	21.8
NH_4^+	−132.51	−79.31	113.4	79.9
Tl^+	5.36	−32.40	125.5	
Ag^+	105.579	77.107	72.68	21.8
Cu^+	71.67	49.98	40.6	
Hg_2^{2+}	172.4	153.52	84.5	
Mg^{2+}	−466.85	−454.8	−138.1	
Ca^{2+}	−542.83	−553.58	−53.1	
Ba^{2+}	−537.64	−560.77	9.6	
Zn^{2+}	−153.89	−147.06	−112.1	46
Cd^{2+}	−75.90	−77.612	−73.2	
Pb^{2+}	−1.7	−24.43	10.5	
Hg^{2+}	171.1	164.40	−32.2	
Cu^{2+}	64.77	65.49	−99.6	
Fe^{2+}	−89.1	−78.90	−137.7	
Ni^{2+}	−54.0	−45.6	−128.9	
Co^{2+}	−58.2	−54.4	−113	
Mn^{2+}	−220.75	−228.1	−73.6	50
Al^{3+}	−531	−485	−321.7	
Fe^{3+}	−48.5	−4.7	−315.9	
La^{3+}	−707.1	−683.7	−217.6	
Ce^{3+}	−696.2	−672.0	−205	
Ce^{4+}	−537.2	−503.8	−301	
Th^{4+}	−769.0	−705.1	−422.6	
VO^{2+}	−486.6	−446.4	−133.9	
$[Ag(NH_3)_2]^+$	−111.29	−17.12	245.2	
$[Co(NH_3)]^{2+}$	−145.2	−92.4	13	
$[Co(NH_3)_6]^{3+}$	−584.9	−157.0	14.6	
$[Cu(NH_3)]^{2+}$	−38.9	15.60	12.1	
$[Cu(NH_3)_2]^{2+}$	−142.3	−30.66	111.3	
$[Cu(NH_3)_3]^{2+}$	−245.6	−72.97	199.6	
$[Cu(NH_3)_4]^{2+}$	−348.5	−111.07	273.6	
F^-	−332.63	−278.79	−13.8	−106.7

续表

物质	$\Delta_f H_m^\ominus$/(kJ·mol^{-1})	$\Delta_f G_m^\ominus$/(kJ·mol^{-1})	$S_m^\ominus$/(J·mol^{-1}·K^{-1})	$C_{p,m}$/(J·mol^{-1}·K^{-1})
Cl$^-$	−167.159	−131.228	56.5	−136.4
Br$^-$	−121.55	−103.96	82.4	−141.8
I$^-$	−55.19	−51.57	111.3	−142.3
S^{2-}	33.1	85.8	−14.6	
OH$^-$	−229.994	−157.244	−10.75	−148.5
ClO$^-$	−107.1	−36.8	42	
ClO$_2^-$	−66.5	17.2	101.3	
ClO$_3^-$	−103.97	−7.95	162.3	
ClO$_4^-$	−129.33	−8.52	182.0	
SO$_3^{2-}$	−635.5	−486.5	−29	
SO$_4^{2-}$	−909.27	−744.53	20.1	−293
S$_2$O$_3^{2-}$	−648.5	−522.5	67	
HS$^-$	−17.6	12.08	62.8	
HSO$_3^-$	−626.22	−527.73	139.7	
NO$_2^-$	−104.6	−32.2	123.0	−97.5
NO$_3^-$	−205.0	−108.74	146.4	−86.6
PO$_4^{3-}$	−1 277.4	−1 018.7	−222	
CO$_3^{2-}$	−677.14	−527.81	−56.9	
HCO$_3^-$	−691.99	−586.77	91.2	
CN$^-$	150.6	172.4	94.1	
SCN$^-$	76.44	92.71	144.3	−40.2
HC$_2$O$_4^-$	−818.4	−698.34	149.4	
C$_2$O$_4^{2-}$	−825.1	−673.9	45.6	
HCO$_2^-$	−425.55	−351.0	92	−87.9
CH$_3$COO$^-$	−486.01	−369.31	86.6	−6.3

附表 17 某些物质的自由能函数 $-[G_m^\ominus(T)-H_m^\ominus(0\ K)]/T$ 和 $\Delta H_m^\ominus(0\ K)$

物质	$-[G_m^\ominus(T)-H_m^\ominus(0\ K)]/(J·K^{-1}·mol^{-1})$					$\Delta_f H_m^\ominus$(298.15 K)/(kJ·mol^{-1})	$\Delta H_m^\ominus$(298.15 K) $-H_m^\ominus$(0 K)/(kJ·mol^{-1})	$\Delta H_m^\ominus$(0 K)/(kJ·mol^{-1})
	298 K	500 K	1 000 K	1 500 K	2 000 K			
Br(g)	154.14	164.89	179.28	187.82	193.97	—	6.197	112.93
Br$_2$(g)	212.76	230.08	254.39	269.07	279.62	—	9.728	35.02
Br$_2$(l)	104.6	—	—	—	—	—	13.556	0
C(石墨)	2.22	4.85	11.63	17.53	22.51	—	1.050	0
Cl(g)	144.06	155.06	170.25	179.20	185.52	—	6.272	119.41
Cl$_2$(g)	192.17	208.57	231.92	246.23	256.65	—	9.180	0

续表

物质	$-[G_m^\ominus(T)-H_m^\ominus(0K)]/(J\cdot K^{-1}\cdot mol^{-1})$					$\Delta_f H_m^\ominus$ (298.15 K)/ (kJ·mol^{-1})	$\Delta H_m^\ominus$(298.15 K) $-H_m^\ominus$/ (kJ·mol^{-1})	$\Delta H_m^\ominus$ (0 K)/ (kJ·mol^{-1})
	298 K	500 K	1 000 K	1 500 K	2 000 K			
F(g)	136.77	148.16	163.43	172.21	178.41	—	6.519	77.0±4
F$_2$(g)	173.09	188.70	211.04	224.85	235.02	—	8.828	0
H(g)	93.81	104.56	118.99	127.40	133.39	—	6.197	215.98
H$_2$(g)	102.17	117.13	136.98	148.91	157.61	—	8.468	0
I(g)	159.91	170.62	185.06	193.47	199.46	—	6.197	107.15
I$_2$(g)	226.69	244.60	269.45	284.34	295.06	—	8.987	65.52
I$_2$(S)	71.88	—	—	—	—	—	13.196	0
N$_2$(g)	162.42	177.49	197.95	210.37	219.58	—	8.669	0
O$_2$(g)	175.98	191.31	212.13	225.14	234.72	—	8.660	0
S(斜方)	17.11	27.11	—	—	—	—	4.406	0
CO(g)	168.41	183.51	204.05	216.65	225.93	−110.525	8.673	−113.81
CO$_2$(g)	182.26	199.45	226.40	244.68	258.80	−393.514	9.364	−393.17
CS$_2$(g)	202.00	221.92	253.17	273.80	289.11	115.269	10.669	114.60±8
CH$_4$(g)	152.55	170.50	199.37	221.08	238.91	−74.852	10.029	−66.90
CH$_3$Cl(g)	198.53	217.82	250.12	274.22	—	−82.0	10.414	−74.1
CHCl$_3$(g)	248.07	275.35	321.25	352.96	—	−100.42	14.184	−96
CCl$_4$(g)	251.67	285.01	340.62	376.39	—	−106.7	17.200	−104
COCl$_2$(g)	240.58	264.97	304.55	331.08	351.12	−219.53	12.866	−217.82
CH$_3$OH(g)	210.38	222.34	257.65	—	—	−201.17	11.427	−190.25
CH$_2$O(g)	185.14	203.09	230.58	250.25	266.02	−115.9	10.012	−112.13
HCOOH(g)	212.21	232.63	267.73	293.59	314.39	−378.19	10.883	−370.91
HCN(g)	170.79	187.65	213.43	230.75	243.97	130.5	9.25	130.1
C$_2$H$_2$(g)	167.28	186.23	217.61	239.45	256.60	226.73	10.008	227.32
C$_2$H$_4$(g)	34.01	203.93	239.70	267.52	290.62	52.30	10.565	60.75
C$_2$H$_6$(g)	189.41	212.42	255.68	290.62	—	−84.68	11.950	−69.12
C$_2$H$_5$OH(g)	235.14	262.84	314.97	356.27	—	−236.92	14.18	−219.28
CH$_3$CHO(g)	221.12	245.48	288.82	—	—	−165.98	12.845	−155.44
CH$_3$COOH(g)	236.40	264.60	317.65	357.10	—	−434.3	13.81	−420.5
C$_3$H$_6$(g)	221.54	248.19	299.45	340.70	—	20.42	13.544	35.44
C$_3$H$_8$(g)	220.62	250.25	310.03	359.24	—	−103.85	14.694	−81.50
(CH$_3$)$_2$CO(g)	240.37	272.09	331.46	378.82	—	−216.40	16.272	−199.74
正-C$_4$H$_{10}$(g)	244.93	284.14	362.33	426.56	—	−126.15	19.435	−99.04
异-C$_4$H$_{10}$(g)	234.64	271.94	348.86	412.71	—	−134.52	17.891	−105.86
正-C$_5$H$_{12}$(g)	269.95	317.73	413.67	492.54	—	−146.44	13.162	−113.93
异-C$_5$H$_{12}$(g)	269.28	314.97	409.86	488.61	—	−154.47	12.083	−120.54

续表

物质	$-[G_m^\ominus(T)-H_m^\ominus(0\text{ K})]/(\text{J}\cdot\text{K}^{-1}\cdot\text{mol}^{-1})$					$\Delta_f H_m^\ominus$ (298.15 K)/ (kJ·mol^{-1})	$\Delta H_m^\ominus$(298.15 K) $-H_m^\ominus$/ (kJ·mol^{-1})	$\Delta H_m^\ominus$ (0 K)/ (kJ·mol^{-1})
	298 K	500 K	1 000 K	1 500 K	2 000 K			
C_6H_6(g)	221.46	252.04	320.37	378.4	—	82.93	14.230	100.42
环-C_6H_{12}(g)	238.78	277.78	371.29	455.2	—	−123.14	17.728	−83.72
Cl_2O(g)	228.11	248.91	280.50	300.87	—	75.7	11.380	77.86
ClO_2(g)	215.10	234.72	264.72	284.30	—	104.6	10.782	107.07
HF(g)	144.85	159.79	179.91	191.92	200.62	−268.6	8.598	−268.6
HCl(g)	157.82	172.84	193.13	205.35	214.35	−92.312	8.640	−92.127
HBr(g)	169.58	184.60	204.97	217.41	226.53	−36.24	8.650	−33.9
HI(g)	177.44	192.51	213.02	225.57	2 433.82	25.9	8.659	28.0
HClO(g)	201.84	220.05	246.92	264.20	269.0	—	10.220	—
PCl_3(g)	258.05	288.22	335.09	—	—	−278.7	16.07	−275.8
H_2O(g)	155.56	172.80	196.74	211.76	223.41	−241.885	9.910	−238.93
H_2S(g)	172.30	189.75	214.65	230.84	243.1	−20.151	9.981	16.36
NH_3(g)	158.99	176.94	203.52	221.93	236.70	−46.20	9.92	−39.21
NO(g)	179.87	195.69	217.03	230.01	239.55	90.40	9.182	89.89
N_2O(g)	187.86	205.53	233.36	252.23	—	81.57	9.588	85.00
NO_2(g)	205.86	224.32	252.06	270.27	284.08	33.861	10.316	36.33
SO_2(g)	212.68	231.77	260.64	279.64	293.8	−296.97	10.542	−294.46
SO_3(g)	217.16	239.13	276.54	302.99	322.7	−395.27	11.59	−389.46

数据来源：Lewis G N, Randall M, Pitzer K S et al. Thermodynamics. 2nd ed. New York: McGraw-Hill Book Co., Inc., 1961. 袁中数据已经~一位换算。

附表 18　不同温度下水的饱和蒸汽压

温度/K	蒸汽压/kPa	温度/K	蒸汽压/kPa	温度/K	蒸汽压/kPa	温度/K	蒸汽压/kPa
259	0.208 0	293	2.338	327	15.00	361	64.94
261	0.244 5	295	2.644	329	16.51	363	70.10
263	0.286 5	297	2.983	331	18.14	365	75.59
265	0.335 2	299	3.361	333	19.92	367	81.45
267	0.390 8	301	3.784	335	21.83	369	87.67
269	0.454 6	303	4.243	337	23.91	371	94.30
271	0.527 4	305	4.755	339	26.14	373	101.325
273	0.610 5	307	5.319	341	28.55	375	108.0
275	0.705 8	309	5.941	343	31.16	377	116.7
277	0.813 4	311	6.625	345	33.94	379	125.0
279	0.935 0	263	7.376	347	36.96	381	133.9

续表

温度/K	蒸汽压/kPa	温度/K	蒸汽压/kPa	温度/K	蒸汽压/kPa	温度/K	蒸汽压/kPa
281	1.072 6	265	8.199	349	40.18	383	143.3
283	1.227 8	317	9.101	351	43.64	385	153.1
285	1.402 3	319	10.09	353	47.34	387	163.6
287	1.598 1	321	11.16	355	51.32	389	174.6
289	1.817 7	323	12.33	357	55.57		

附表 19 某些物质的临界参数

物质		临界温度 t_c/℃	临界压力 p_c/MPa	临界密度 ρ_c/(kg·m^{-3})	临界压缩因子 Z_c
He	氦	−267.96	0.227	69.8	0.301
Ar	氩	−122.4	4.87	533	0.291
H_2	氢	−239.9	1.297	31.0	0.305
N_2	氮	−147.0	3.39	313	0.290
O_2	氧	−118.57	5.043	436	0.288
F_2	氟	−128.84	5.215	574	0.288
Cl_2	氯	144	7.7	573	0.275
Br_2	溴	311	10.3	1260	0.270
H_2O	水	373.91	22.05	320	0.23
NH_3	氨	132.33	11.313	236	0.242
HCl	氯化氢	51.5	8.31	450	0.25
H_2S	硫化氢	100.0	8.94	346	0.284
CO	一氧化碳	−140.23	3.499	301	0.295
CO_2	二氧化碳	30.98	7.375	468	0.275
SO_2	二氧化硫	157.5	7.884	525	0.268
CH_4	甲烷	−82.62	4.596	163	0.286
C_2H_6	乙烷	32.18	4.872	204	0.283
C_3H_8	丙烷	96.59	4.254	214	0.285
C_2H_4	乙烯	9.19	5.039	215	0.281
C_3H_6	丙烯	91.8	4.62	233	0.275
C_2H_2	乙炔	35.18	6.139	231	0.271
$CHCl_3$	氯仿	262.9	5.329	491	0.201
CCl_4	四氯化碳	283.15	4.558	557	0.272
CH_3OH	甲醇	239.43	8.10	272	0.224
C_2H_5OH	乙醇	240.77	6.148	276	0.240
C_6H_6	苯	288.95	4.898	306	0.268
$C_6H_5CH_3$	甲苯	318.57	4.109	290	0.266

附表 20　某些气体的 van der Waals 常量

气体		$10^3 a/(\text{Pa} \cdot \text{m}^6 \cdot \text{mol}^{-2})$	$10^6 b/(\text{m}^3 \cdot \text{mol}^{-1})$
Ar	氩	136.3	32.19
H_2	氢	24.76	26.61
N_2	氮	140.8	39.13
O_2	氧	137.8	31.83
Cl_2	氯	657.9	56.22
H_2O	水	553.6	30.49
NH_3	氨	422.5	37.07
HCl	氯化氢	371.6	40.81
H_2S	硫化氢	449.0	42.87
CO	一氧化碳	150.5	39.85
CO_2	二氧化碳	364.0	42.67
SO_2	二氧化硫	680.3	56.36
CH_4	甲烷	228.3	42.78
C_2H_6	乙烷	556.2	63.80
C_3H_8	丙烷	877.9	84.45
C_2H_4	乙烯	453.0	57.14
C_3H_6	丙烯	849.0	82.72
C_2H_2	乙炔	444.8	51.36
$CHCl_3$	氯仿	1 537	102.2
CCl_4	四氯化碳	2 066	138.3
CH_3OH	甲醇	964.9	67.02
C_2H_2OH	乙醇	1 218	84.07
$(C_2H_5)_2O$	乙醚	1 761	134.4
$(CH_3)_2CO$	丙酮	1 409	99.4
C_6H_6	苯	1 824	115.4

"十二五"江苏省高等学校重点教材

编号：2013-2-051

物理化学 下册

总主编　姚天扬　孙尔康

主　编　柳闽生　王南平

副主编　王　坚　周　泊　张贤珍

编　委　(按姓氏笔画为序)

　　　　王新红　孙冬梅　宋　洁

　　　　单　云　葛　明

主　审　沈文霞

南京大学出版社

图书在版编目(CIP)数据

物理化学(全2册) / 柳闽生,王南平主编. —南京:
南京大学出版社,2014.5
 高等院校化学化工教学改革规划教材
 ISBN 978-7-305-13220-9

Ⅰ. ①物… Ⅱ. ①柳… ②王… Ⅲ. ①物理化学—高
等学校—教材 Ⅳ. ①O64

中国版本图书馆 CIP 数据核字(2014)第 100559 号

出版发行	南京大学出版社		
社　　址	南京市汉口路 22 号	邮编	210093
出 版 人	金鑫荣		
丛 书 名	高等院校化学化工教学改革规划教材		
书　　名	物理化学(下册)		
总 主 编	姚天扬　孙尔康		
主　　编	柳闽生　王南平		
责任编辑	贾　辉　吴　汀	编辑热线	025-83686531
照　　排	江苏南大印刷厂		
印　　刷	常州市武进第三印刷有限公司		
开　　本	787×960　1/16　印张 20　字数 437 千		
版　　次	2014 年 5 月第 1 版　2014 年 5 月第 1 次印刷		
ISBN	978-7-305-13220-9		
总 定 价	75.00 元(上、下册)		

　　网　　址:http://www.njupco.com
　　官方微博:http://weibo.com/njupco
　　官方微信号:njupress
　　销售咨询热线:(025)83594756

＊版权所有,侵权必究
＊凡购买南大版图书,如有印装质量问题,请与所购
　图书销售部门联系调换

前　言

　　物理化学是化学科学的一个重要分支,对本科化学学科各专业前期所学的基础知识的深入理解和后续课程的知识点的构建,起着中间桥梁作用。物理化学主要是研究化学变化和相变化的平衡规律、变化的速率规律以及物质的微观结构与性能的关系,其课程内容富有严密的系统性和逻辑性,注重培养学生的科学思维能力和运用基础知识分析与解决实际问题的能力,是化学化工、轻工食品、生物制药、材料科学和化学教育等专业的一门必修专业基础课,也是研究生入学必考的课程之一。通过完整的物理化学理论体系的学习,学生不仅可以掌握物理化学的基本理论和研究方法,还能学习到科学的思维方法,培养创新思维和创新能力。

　　本教材的编写目标是更新教学理念,体现近年来物理化学课程教学改革的成就,编写以应用型本科为主的基础化学理论教材,实现理论教学方法的讨论与交流,以适应高校教学改革的需求。编写本教材的总体指导思想是培养基础厚、知识新、素质高、能力强的创新型人才。内容体现"重视基础、淡化专业、强调综合、因材施教"的一体化原则,其特点如下:

　　1. 按照应用型本科院校实用、适用、够用的特点,并结合化学化工、环境工程、生物制药、材料化学和化学教育等专业对物理化学知识的不同需要,强化与有关专业相关的基本理论、基本概念、基本方法的知识介绍,适当删减复杂的数学推导和论证。

　　2. 突破历来《无机化学》和《物理化学》教材中分别讲述相同内容的重复编排模式,在保证所授知识的系统性与完整性的基础上,从高起点讲述物理化学内容体系,减少不必要的重复,以达到知识点的有机融合与提升。

　　3. 创新教学理念的实际应用,将相平衡、电极过程热力学和界面现象等看作是化学热力学的具体应用来组织教材的编写,以强化本教材相关章节之间的联系,使学生易于理解,善于应用。本书在内容的取舍、深度与广度,以及教学学时数方面根据大专业(化学类专业和近化学类专业)的要求作了全面的考虑,但不包括结构化学部分。

　　4. 教材的编写注重适应以课堂讲授和专题讨论相结合,传统教学和多媒体教学相结合等方式组织教学。在教学中可以采取教师讲授、学生自学及学生进行探究性学习相结合的教学方法,各章中较复杂的内容(如各种复杂的公式推导等)以及需要相应扩展的新知识、新技术和新进展均列入到课外参考读物中去,便于学生在其他专业书刊和期刊网上查阅,积极开展课堂讨论,拓展学生学习的知识范围,提升学生的学习兴趣。

　　5. 本书在例题和习题的选编上力求避免简单化,注重启发性。对于基本规律的进一步扩充及应用性、综合性例题及习题给予较大的重视，以提高学生分析问题、解决问题的能力，启发学生的创新思维。本书于每章末列出引用的主要参考资料和易于查找的课外阅读资料，以期活跃思维、开阔思路，扩大学生的知识面和反映本学科的新进展。

考虑到"理工兼用"的目的，本书包含的物理化学体系与知识点比较系统和完整，这对某些工科专业的教学来说可能显得内容较多。使用本书的教师可根据相关专业的教学要求酌情选择内容，教材中涉及到的有关高等数学知识，以应用为主，适当删减复杂的数学推导和论证。建议教师多引导学生了解理论公式推导的前提，理解和掌握由理论公式所得出的结论，不要过多地讲授推导细节。可以结合学生身边熟悉与常见的生产例子，积极开展课堂讨论，开阔学生的眼界，扩充学生的知识面，调动学生深入研究的积极性。

本书力求简单明了地阐述物理化学的重要定律、基本概念、基本原理和方法及其应用；限于篇幅，课外参考读物统一列于附录之前。全书尽量采用以国际单位制（SI）为基础的国家法定计量单位和国家标准所规定的符号。

全书共12章，是参编各院校长期从事物理化学教学的教师集体智慧的结晶，参与本书编写的有南京师范大学周泊、孙冬梅，南京晓庄学院柳闽生、单云，南通大学王南平、葛明，九江学院张贤珍，盐城师范学院王坚、王新红和淮阴师范学院宋洁，全书由柳闽生教授、王南平教授统稿和定稿。

本书在编写过程中得到了南京大学物理化学教学的前辈姚天扬教授和孙尔康教授的大力支持与帮助，尤其是南京大学沈文霞教授对本书进行了通审，提出了许多宝贵的意见和建议。此外，本书编写过程中还参考了部分国内外物理化学教材和相关资料。在此，编者谨向所有支持者表示衷心的感谢！

编者真诚欢迎读者对书中存在的不当甚至错误之处提出批评和指正，以利进一步改进和提高。

编　者

2014年5月

目 录

第7章 电极过程热力学 ··· 1

§7.1 离子的迁移 ·· 2
  7.1.1 电解质溶液 ·· 2
  7.1.2 Faraday 定律 ·· 4
  7.1.3 离子的电迁移现象 ·· 6

§7.2 电解质溶液的电导 ··· 10
  7.2.1 电导、电导率、摩尔电导率 ··· 10
  7.2.2 电导的测定* ··· 12
  7.2.3 电导率、摩尔电导率与浓度的关系 ······························· 14
  7.2.4 离子独立移动定律和离子的摩尔电导率 ························ 15
  7.2.5 电导测定的一些应用 ·· 18
  7.2.6 强电解质溶液理论 ·· 22

§7.3 可逆电池 ·· 31
  7.3.1 可逆电池 ··· 31
  7.3.2 可逆电池的表示式 ·· 36

§7.4 可逆电池热力学 ··· 38
  7.4.1 Nernst 方程 ·· 38
  7.4.2 由电池电动势计算电池反应的热力学函数 ··················· 39
  7.4.3 浓差电池 ··· 42

§7.5 电动势与电极电势 ··· 43
  7.5.1 电池电动势来源 ·· 43
  7.5.2 电池电动势的产生 ·· 44
  7.5.3 电极电势 ··· 45
  7.5.4 电池电动势的计算 ·· 47

§7.6 电池电动势的应用 ··· 49
  7.6.1 求电解质溶液的平均活度因子 ····································· 49
  7.6.2 求难溶盐的活度积 ·· 50
  7.6.3 测量溶液的 pH ··· 51

7.6.4　判断氧化还原的方向 ……………………………………………… 53
　　7.6.5　电势滴定 …………………………………………………………… 54
　　7.6.6　电势-pH 图 ………………………………………………………… 55
§7.7　化学电源 …………………………………………………………………… 58
　　7.7.1　锌-锰电池(干电池) ………………………………………………… 59
　　7.7.2　蓄电池 ……………………………………………………………… 60
　　7.7.3　锂离子电池 ………………………………………………………… 60
　　7.7.4　燃料电池 …………………………………………………………… 61
　　7.7.5　铝-空气-海水电池 …………………………………………………… 63
§7.8　电解与极化 ………………………………………………………………… 63
　　7.8.1　分解电压 …………………………………………………………… 63
　　7.8.2　电极的极化 ………………………………………………………… 66
　　7.8.3　电解时电极反应 …………………………………………………… 71
　　7.8.4　电解的应用 ………………………………………………………… 72
§7.9　金属的电化学腐蚀、防腐与金属的钝化 ………………………………… 74
　　7.9.1　金属的电化学腐蚀 ………………………………………………… 74
　　7.9.2　金属的防腐 ………………………………………………………… 76

第8章　宏观反应动力学 ……………………………………………………… 83
§8.1　化学反应动力学的任务和目的 …………………………………………… 83
§8.2　化学反应速率的表示法 …………………………………………………… 86
§8.3　化学反应的速率方程 ……………………………………………………… 89
　　8.3.1　基元反应和非基元反应 …………………………………………… 89
　　8.3.2　反应的级数、反应分子数和反应的速率常数 …………………… 91
§8.4　具有简单级数的反应 ……………………………………………………… 92
　　8.4.1　一级反应 …………………………………………………………… 92
　　8.4.2　二级反应 …………………………………………………………… 94
　　8.4.3　三级反应 …………………………………………………………… 99
　　8.4.4　零级反应和准级反应 ……………………………………………… 101
　　8.4.5　反应级数的测定法 ………………………………………………… 104
§8.5　几种典型的复杂反应 ……………………………………………………… 110
　　8.5.1　对峙反应 …………………………………………………………… 110
　　8.5.2　平行反应 …………………………………………………………… 113
　　8.5.3　连续反应 …………………………………………………………… 115

- §8.6 基元反应的微观可逆性原理* ……………………………………………… 117
- §8.7 温度对反应速率的影响 ……………………………………………………… 118
  - 8.7.1 速率常数与温度的关系——Arrhenius 经验式 …………………… 118
  - 8.7.2 反应速率与温度关系的几种类型 …………………………………… 121
  - 8.7.3 反应速率与活化能之间的关系* ……………………………………… 122
- §8.8 关于活化能* …………………………………………………………………… 124
  - 8.8.1 活化能概念的进一步说明 …………………………………………… 124
  - 8.8.2 活化能与温度的关系 ………………………………………………… 126
  - 8.8.3 活化能的估算 ………………………………………………………… 127
- §8.9 链反应 ………………………………………………………………………… 128
  - 8.9.1 直链反应（H_2 和 Cl_2 反应的历程）——稳态近似法 ………… 128
  - 8.9.2 支链反应——H_2 和 O_2 反应的历程 …………………………… 131
- §8.10 拟定反应历程的一般方法* ………………………………………………… 133

第9章 微观反应动力学 ………………………………………………………… 143

- §9.1 碰撞理论 ……………………………………………………………………… 143
  - 9.1.1 双分子互碰频率和速率常数的推导 ………………………………… 144
  - 9.1.2 硬球碰撞模型——碰撞截面与反应阈能* …………………………… 146
  - 9.1.3 反应阈能与实验活化能的关系* ……………………………………… 150
  - 9.1.4 概率因子 ……………………………………………………………… 151
- §9.2 过渡态理论 …………………………………………………………………… 152
  - 9.2.1 势能面 ………………………………………………………………… 153
  - 9.2.2 由过渡态理论计算反应速率常数 …………………………………… 155
  - 9.2.3 实验活化能 E_a 和指前因子 A 与诸热力学函数之间的关系* … 161
- §9.3 单分子反应理论 ……………………………………………………………… 162
- §9.4 分子反应动态学简介* ………………………………………………………… 165
  - 9.4.1 研究分子反应的实验方法 …………………………………………… 166
  - 9.4.2 分子碰撞与态-态反应 ………………………………………………… 168
  - 9.4.3 直接反应碰撞和形成络合物的碰撞 ………………………………… 169
- §9.5 在溶液中进行的反应 ………………………………………………………… 170
  - 9.5.1 溶剂对反应速率的影响——笼效应 ………………………………… 170
  - 9.5.2 原盐效应 ……………………………………………………………… 172
  - 9.5.3 由扩散控制的反应 …………………………………………………… 173
- §9.6 快速反应的几种测试手段* …………………………………………………… 175

9.6.1 弛豫法 ··· 176
9.6.2 闪光光解 ··· 178
§9.7 光化学反应 ··· 178
9.7.1 光化学反应与热化学反应的区别 ··································· 178
9.7.2 光化学反应的初级过程和次级过程 ································ 180
9.7.3 光化学最基本定律 ··· 181
9.7.4 量子产率 ··· 181
9.7.5 光化学反应动力学 ··· 182
9.7.6 光化学平衡和热化学平衡 ··· 184
9.7.7 感光反应、化学发光 ··· 186
§9.8 化学激光简介* ·· 187
§9.9 催化反应动力学 ·· 189
9.9.1 催化剂与催化作用 ··· 189
9.9.2 均相酸碱催化 ··· 192
9.9.3 络合催化 ··· 193
9.9.4 酶催化反应 ··· 195
9.9.5 自催化反应和化学振荡 ·· 199

第10章 界面现象 ··· 204

§10.1 表面张力和表面自由能 ··· 207
10.1.1 表面张力 ··· 207
10.1.2 表面热力学的基本公式 ·· 209
10.1.3 表面张力的影响因素 ·· 210
§10.2 弯曲液面的附加压力及蒸气压 ······································ 214
10.2.1 附加压力 ··· 214
10.2.2 Laplace 方程 ··· 215
10.2.3 毛细现象 ··· 216
10.2.4 开尔文方程 ·· 218
10.2.5 亚稳态 ··· 221
§10.3 液-固界面与液-液界面 ·· 223
10.3.1 接触角 ··· 223
10.3.2 固体表面的润湿 ··· 224
10.3.3 润湿的应用 ·· 227
10.3.4 液-液界面 ·· 227

§10.4 固体表面 ………………………………………………………………… 229
 10.4.1 物理吸附与化学吸附 ……………………………………………… 230
 10.4.2 吸附曲线 …………………………………………………………… 232
 10.4.3 吸附焓 ……………………………………………………………… 233
 10.4.4 固体表面吸附的影响因素 ………………………………………… 234
 10.4.5 吸附等温式 ………………………………………………………… 234
 10.4.6 多相催化反应动力学 ……………………………………………… 239
 10.4.7 固体在溶液中的吸附 ……………………………………………… 244

§10.5 溶液表面的吸附 …………………………………………………………… 245
 10.5.1 溶液表面的吸附现象 ……………………………………………… 245
 10.5.2 Gibbs 吸附等温式 ………………………………………………… 247
 10.5.3 分子在界面上的定向排列 ………………………………………… 250

§10.6 表面活性剂 ………………………………………………………………… 251
 10.6.1 表面活性剂的结构 ………………………………………………… 251
 10.6.2 表面活性剂的分类 ………………………………………………… 252
 10.6.3 表面活性剂的主要性能参数 ……………………………………… 254
 10.6.4 表面活性剂的作用 ………………………………………………… 257

§10.7 表面分析技术* …………………………………………………………… 262

第11章 胶体与分散系统 268

§11.1 分散系统的分类及胶体的基本特性 ……………………………………… 269
 11.1.1 分散系统的分类 …………………………………………………… 269
 11.1.2 胶体的基本特征及胶团的结构 …………………………………… 270

§11.2 溶胶的光学性质 …………………………………………………………… 272
 11.2.1 Tyndall 效应和 Rayleigh 公式 …………………………………… 272
 11.2.2 超显微镜的原理和应用* ………………………………………… 274

§11.3 溶胶的动力性质 …………………………………………………………… 275
 11.3.1 布朗运动 …………………………………………………………… 275
 11.3.2 扩散作用 …………………………………………………………… 276
 11.3.3 沉降和沉降平衡 …………………………………………………… 276

§11.4 溶胶的电学性质 …………………………………………………………… 278
 11.4.1 电动现象 …………………………………………………………… 278
 11.4.2 电泳 ………………………………………………………………… 279
 11.4.3 电渗 ………………………………………………………………… 281

  11.4.4 沉降电势和流动电势 ······ 281
  11.4.5 双电层理论及 ξ 电势 ······ 282
§ 11.5 溶胶的流变性质 ······ 285
§ 11.6 溶胶的制备与净化 ······ 286
  11.6.1 溶胶的制备 ······ 286
  11.6.2 溶胶的净化 ······ 288
§ 11.7 溶胶的稳定性和聚沉 ······ 290
  11.7.1 溶胶的稳定性 ······ 290
  11.7.2 影响聚沉的一些因素 ······ 291
  11.7.3 溶胶稳定性的 DLVO 理论大意 ······ 292
§ 11.8 凝胶 ······ 293
  11.8.1 凝胶的类型 ······ 293
  11.8.2 凝胶的性质 ······ 293
§ 11.9 大分子溶液 ······ 294
  11.9.1 大分子溶液的界定 ······ 294
  11.9.2 大分子的平均摩尔质量* ······ 295
§ 11.10 Donnan 平衡和聚电解质溶液的渗透压 ······ 296
  11.10.1 Donnan 平衡 ······ 296
  11.10.2 聚电解质溶液的渗透压 ······ 297
§ 11.11 胶体化学与纳米科技* ······ 299
  11.11.1 纳米科技简介 ······ 299
  11.11.2 纳米材料的应用范围 ······ 300
  11.11.3 碳纳米溶胶 ······ 302

习题参考答案 ······ 306

第7章 电极过程热力学

本章基本要求

1. 了解迁移数的意义及常用的测定迁移数的方法;了解离子独立移动定律。
2. 理解电导率、摩尔电导率的意义及它们与溶液浓度的关系;掌握电导的测定及其应用;理解电解质活度和离子平均活度系数的概念;了解德拜-休克尔极限公式。
3. 明确电动势与 $\Delta_r G_m^\ominus$ 的关系;掌握能斯特(Nernst)方程及其计算;掌握可逆电池的电动势与参加反应物质活度的关系,可逆电池电动势与平衡常数的关系;会写出电极反应和电池反应,并能计算电池的电动势;熟悉标准电极电势的应用。
4. 能根据简单的化学反应设计电池;理解温度对电动势的影响及了解 $\Delta_r H_m$ 和 $\Delta_r S_m$ 的计算;了解电动势产生的机理及电动势测定法的一些应用。
5. 理解电解和极化现象;了解电解池的极化曲线及化学电源的极化曲线;了解分解电压的意义;理解产生极化作用的原因及了解超电势在电解中的作用。
6. 理解电解时电极上的反应;掌握电解时电极反应,金属的析出,金属离子的分离和共同沉淀,电解还原与氧化;了解金属腐蚀的原因和各种防腐的方法。

关键词:电极过程;电解质;可逆电池;电解;极化

  电化学主要是研究电能和化学能之间的互相转化以及转化过程中相关规律的科学。
  电化学的发展历史可以追溯到人们对电的认识。1799 年,伏特(Volta)从银片、锌片交替的叠堆中成功地产生了可见火花,才提供了用直流电源进行广泛研究的可能性。1807 年,戴维(Davy)用电解成功地从钠、钾的氢氧化物中分离出了金属钠和钾。1833 年,法拉第(Faraday)根据多次实验结果归纳出了著名的 Faraday 定律,为电化学的定量研究和以后的电解工业奠定了理论基础。但直到 1870 年以后,人们发明了发电机,电解才被广泛地应用于工业中。
  1893 年,能斯特(Nernst)根据热力学的理论提出了可逆电池电动势的计算公式,即 Nernst 方程,表示电池的电动势与参与电池反应的各种物质的性质、浓度以及外在条件(温度、压力等)的关系,为电化学的平衡理论的发展做出了突出的贡献。
  电化学工业在今天已成为国民经济中的重要组成部分。许多有色金属以及稀有金属的冶炼和精炼都采用电解的方法,如铝、钛、镁、钠、钾等。利用电解的方法也可以制备许多化工产品,如氢氧化钠、氯气、氯酸钾、过氧化氢以及一些有机化合物等。材料科学在当今新技术开发中占有极其重要的位置,用电化学方法可以生产各种金属复合结构材料或表层具有特殊功能的材料。

电镀工业与机械工业、电子工业和人们日常生活都有密切的关系,许多金属容易生锈,采用电镀的方法镀上锌、铜、镍、铬等金属,不但可以起到装饰的作用,也可以达到防腐、增强抗磨能力和便于焊接等作用。此外,工业上发展很快的电解加工、电铸、电抛光、铝的氧化保护、电着色以及电泳喷漆法等等也都是采用电化学方法。

化学电源如锌锰干电池、铅酸蓄电池等以其稳定又便于移动等特点在日常生活和汽车工业等方面已起到了重要作用,随着尖端科学技术的迅速发展,高效能的电池如燃料电池、锂离子电池等研制、开发,在照明、宇航、通讯、生化、医学等方面得到了越来越广泛的应用。

电化学无论在理论上还是在实际应用中都有十分丰富的内涵,在本书中把其内容分成三部分学习:

第一,研究能量的转变需要的介质——电解质;

第二,研究化学能转变成电能的过程——电池;

第三,研究电能转变为化学能的过程——电解。

§7.1 离子的迁移

7.1.1 电解质溶液

电解质溶液是依靠正负离子向相反方向的迁移而导电的第二类导体,为离子导体,例如电解质溶液或熔融的电解质等。当温度升高时,由于溶液的黏度降低,离子运动速度加快,在水溶液中离子水化作用减弱等原因,电阻下降,导电能力增强。第一类导体——金属、石墨及某些金属的化合物(如 WC)等,它是靠自由电子的定向运动而导电的,在导电过程中自身不发生化学变化。当温度升高时由于导电物质内部质点的热运动加剧,阻碍自由电子的定向运动,因而电阻增大,导电能力降低。

今将一个外加电源的正、负极用导线分别与两个电极相连,然后插入电解质溶液中,就构成了电解池,如图 7.1 所示。溶液中的正离子(cation)将向阴极(cathode)迁移,在阴极上发生还原作用;而负离子(anion)将向阳极(anode)迁移,并在阳极上发生氧化作用。图 7.2 是原电池装置,发生氧化反应的电极,失去电子,电子经导线流向正极,正极得到电子发生还原反应,溶液中则由离子的迁移完成导电任务,形成闭合回路。

图 7.3 所示是 Daniell(丹尼尔)电池,是一种最简单的原电池。在 Zn 电极上发生氧化反应,故 Zn 电极是阳极。在 Cu 电极上自动

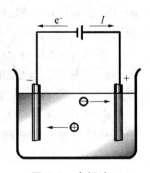

图 7.1 电解池

发生还原反应，故 Cu 电极是阴极，其反应为：

阳极发生氧化作用：Zn(s) ⟶ Zn^{2+}(aq) + 2e^-

阴极发生还原作用：Cu^{2+}(aq) + 2e^- ⟶ Cu(s)

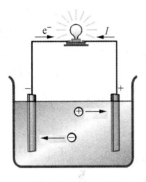 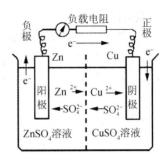

图 7.2　原电池　　　　图 7.3　Daniell(丹尼尔)电池

无论是电解池还是原电池，在讨论其中单个电极时，都把发生氧化作用的电极称为阳极，把发生还原作用的电极称为阴极，这是在电化学中公认的约定。但是在电极上究竟发生什么反应，这与电解质的种类、溶剂的性质、电极材料、外加电源的电压、离子浓度以及温度等有关。

例如，若用惰性电极电解 Na_2SO_4 溶液，则

在阴极(还原作用)：2H^+(aq) + 2e^- ⟶ H_2(g)

在阳极(氧化作用)：2OH^-(aq) ⟶ H_2O(l) + $\frac{1}{2}O_2$(g) + 2e^-

因为溶液中的正离子 H^+ 较 Na^+ 更易于在阴极放电，Na^+ 只是移向阴极但并不在阴极放电。同样，在阳极上起作用的是水中的 OH^-，而不是 SO_4^{2-}，但 SO_4^{2-} 也移向阳极而参与导电。又如在用惰性电极电解 $FeCl_3$ 溶液时，在阴极上 Fe^{3+} 也可以进行 $Fe^{3+} + e^- ⟶ Fe^{2+}$ 的还原反应。在电解 $CuCl_2$ 溶液时，若溶液浓度很稀，阳极上可能发生 OH^- 的氧化而不是 Cl^- 的氧化；若用 Cu 为电极，则在阳极可能发生下述反应：

Cu(电极材料) ⟶ Cu^{2+}(aq) + 2e^-

综上所述，通过电化学装置可以实现电能和化学能的相互转化。在此过程中，电解质溶液中离子的定向迁移以及电极与溶液界面上发生的氧化还原反应，是实现电能和化学能相互转化的必要条件。

根据电化学中公认的约定，有下列命名：① 电势较低的电极为负极，电势较高的电极为正极；② 发生氧化反应的电极为阳极，发生还原反应的电极为阴极；③ 对于原电池，常用正极和负极来命名；对于电解池，常用阴极和阳极来命名。

7.1.2 Faraday 定律

法拉第(Faraday)在研究电解作用时,根据多次实验的结果,于 1833 年总结出了一条基本定律,称为 Faraday 电解定律:当电流通过电解质溶液时,通过每个电极的电量与发生在该电极上电极反应的物质的量成正比。

即通电于电解质溶液之后,在电极上(即两相界面上)物质发生化学变化的物质的量与通入的电荷量成正比;若将几个电解池串联,通入一定的电荷量后,在各个电解池的电极上发生化学变化的物质的量都相等。电流流过电极是通过氧化还原反应实现的,通过的电量越多,说明电极与溶液界面得失电子的数目越多,参与氧化还原反应的物质的量必然越多,因为电子所输送的电量是一定值。

若在电解池中发生如下的反应:

$$M^{z+} + z_+ e^- \rightarrow M(s)$$

式中:e^-代表电子;z_+为电极反应中电子转移的计量系数。当反应进度为ξ时,通过电极的元电荷的物质的量为$z\xi$,通过的电荷数为$zL\xi$(L为阿伏伽德罗常数),因每个元电荷的电量为e,故通过的电量为

$$Q = zLe\xi$$

$F = Le$ 称为 Faraday 常数,即

$$F = Le = 6.022 \times 10^{23} \text{ mol}^{-1} \times 1.6022 \times 10^{-19} \text{C}$$
$$= 96\,484.5 \text{ C} \cdot \text{mol}^{-1} \approx 96\,500 \text{ C} \cdot \text{mol}^{-1}$$

根据 Faraday 定律,通过分析电解过程中反应物(或生成物)在电极上物质的量的变化,就可求出通入电荷的数值。

此外,如果在电流恒定为I,通电时间为t时,参加电极反应的物质的摩尔质量为M_B,则参加电极反应物质的质量为

$$m = \frac{ItM_B}{zF}$$

在实际电解时,电极上常发生副反应和次级反应。因此要析出一定数量的某一物质时,实际上所消耗的电量要比按照法拉第定律计算所需的理论电量多一些,两者的比值称为电流效率,用百分数表示,即

$$电流效率 = \frac{按法拉第定律计算所需的电量}{实际所消耗的电量} \times 100\%$$

或者当一定电量通过电解质溶液后:

$$电流效率 = \frac{电极上产物的实际质量}{按法拉第定律计算应得的产物质量} \times 100\%$$

通常是在电路中串联一个电解池,根据电解池中在阴极上析出金属的物质的量来计算通入的电荷量,这种装置就称为电量计或库仑计。常用的有铜电量计、银电量计和气体电量计等。

【例 7.1】 两个电解池串联如图,分别写出(A)、(B)两电解池的电极反应。现以 0.250 A 通电 0.5 h,问:

(1) 电解池(A)的阴极增重多少?

(2) 电解池(B)的阴极释放气体的体积是多少(标准状况)?

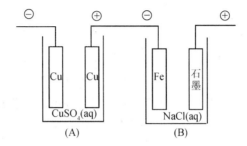

解:电解池(A)的电极反应为

阳极:$\frac{1}{2}Cu(s) \longrightarrow \frac{1}{2}Cu^{2+}(aq) + e^-$ 阴极:$\frac{1}{2}Cu^{2+}(aq) + e^- \longrightarrow \frac{1}{2}Cu(s)$

电解池(B)的电极反应为

阳极:$Cl^-(aq) \longrightarrow \frac{1}{2}Cl_2(g) + e^-$ 阴极:$H^+(aq) + e^- \longrightarrow \frac{1}{2}H_2(g)$

通电 0.5 h 所耗电量为

$$Q = 0.250 \text{ A} \times 1\,800 \text{ s} = 4.50 \times 10^2 \text{ C}$$

由法拉第定律:各电极上发生变化的物质其物质的量(以元电荷为基本单元时)为

$$n = \frac{4.50 \times 10^2 \text{ C}}{96\,500 \text{ C} \cdot \text{mol}^{-1}} = 4.66 \times 10^{-3} \text{ mol}$$

(1) 电解池(A)的阴极增重为

$$\begin{aligned}
m &= n_{Cu} \times (6.35 \times 10^{-2} \text{ kg} \cdot \text{mol}^{-1}) \\
&= \frac{1}{2} n_{\frac{1}{2}Cu} \times (6.35 \times 10^{-2} \text{ kg} \cdot \text{mol}^{-1}) \\
&= \frac{1}{2} n \times (6.35 \times 10^{-2} \text{ kg} \cdot \text{mol}^{-1}) \\
&= \frac{1}{2} \times (4.66 \times 10^{-3} \text{ mol}) \times (6.35 \times 10^{-2} \text{ kg} \cdot \text{mol}^{-1}) \\
&= 1.48 \times 10^{-4} \text{ kg}
\end{aligned}$$

(2) 电解池(B)的阴极增重为所释放的气体体积，即

$$V_{H_2} = \frac{n_{H_2}RT}{p} = \frac{\frac{1}{2}n_{\frac{1}{2}H_2}RT}{p} = \frac{\frac{1}{2}nRT}{p}$$

$$= \frac{\frac{1}{2} \times (4.66 \times 10^{-3}\text{ mol}) \times (8.314\text{ J}\cdot\text{mol}^{-1}\cdot\text{K}^{-1}) \times 273.2\text{ K}}{101\ 325\text{ Pa}}$$

$$= 5.22 \times 10^{-5}\text{ m}^3$$

7.1.3 离子的电迁移现象

1. 离子的电迁移率和迁移数

离子在外电场的作用下发生定向运动称为离子的电迁移(electromigration)。当通电于电解质溶液之后，溶液中承担导电任务的阴、阳离子在外电场的作用下分别向阳、阴两极移动，并在相应的两电极界面上发生氧化或还原作用，从而两极周围溶液的浓度也发生变化。在同一时间间隔内，任一截面上所通过的电量是相等的。即通过金属导线的电量，等于通过任一电极表面的电量，也就是任一电极反应得失电子的电量。

假定有 $1F$ 电量通过 HCl 溶液，则在阴极有 1 mol H^+ 还原成 0.5 mol H_2，同时在阳极有 1 mol Cl^- 氧化成 0.5 mol Cl_2，两电极上均有 $1F$ 电量通过。

由于电路中各个截面上所通过的电荷量一定相等，所以在电解质溶液中，与电流方向垂直的任何一个截面上通过的电量必然也是 $1F$。而这 $1F$ 电量是由于在电场力作用下向阴极方向迁移的 H^+ 和向阳极方向迁移的 Cl^- 共同传输的。因此通过该截面的 H^+ 和 Cl^- 都不是 1 mol，而是两者之和为 1 mol。这就是说，通过电极的电荷量与通过溶液任一垂直截面的电荷量是相等的，但在电极上放电的某种离子的数量与在该溶液中通过某截面的该种离子的数量是不相同的。

每一种离子所传输的电荷量在通过溶液的总电荷量中所占的分数，称为该种离子的迁移数，用符号 t 表示。对于最简单的，只含有正、负离子各一种的电解质溶液：

$$\text{正离子的迁移数 } t_+ = \frac{\text{正离子传输的电荷 } Q_+}{\text{总电荷量 } Q}$$

$$\text{负离子的迁移数 } t_- = \frac{\text{负离子传输的电荷 } Q_-}{\text{总电荷量 } Q}$$

而 $t_+ + t_- = 1, Q = Q_+ + Q_-$。

离子的迁移数主要取决于溶液中阴、阳离子的运动速度，而离子在电场中运动的速率除了与离子的本性(包括离子半径、离子水化程度、所带电荷等)以及溶剂的性质(如黏度等)有关以外，还与电场强度 E 有关，显然电位梯度越大，离子运动的推动力也越大，因此离子的

运动速率可以写作：

$$r_+ = u_+ \frac{dE}{dl}, \quad r_- = u_- \frac{dE}{dl} \tag{7.1}$$

式(7.1)中的比例系数 u_+ 和 u_- 相当于单位电场强度($1\text{ V}\cdot\text{m}^{-1}$)时离子的运动速率，称为离子电迁移率(又称为离子淌度，ionic rnobility)，单位为 $\text{m}^2\cdot\text{s}^{-1}\cdot\text{V}^{-1}$。

离子电迁移率的大小与温度、浓度等因素有关，它的数值可用界面移动实验来测定。表 7.1 列出了在 298.15 K 无限稀释时几种离子的电迁移率。

表 7.1　298.15 K 时一些离子在无限稀释水溶液中的离子电迁移率

阳离子	$u^\infty/\text{m}^2\cdot\text{V}^{-1}\cdot\text{s}^{-1}$	阴离子	$u^\infty/\text{m}^2\cdot\text{V}^{-1}\cdot\text{s}^{-1}$
H^+	36.30×10^{-8}	OH^-	20.52×10^{-8}
K^+	7.62×10^{-8}	SO_4^{2-}	8.27×10^{-8}
Ba^{2+}	6.59×10^{-8}	Cl^-	7.91×10^{-8}
Na^+	5.19×10^{-8}	NO_3^-	7.40×10^{-8}
Li^+	4.01×10^{-8}	HCO_3^-	4.61×10^{-8}

根据迁移数的定义，则正、负离子的迁移数分别为

$$t_+ = \frac{u_+}{u_+ + u_-}, \quad t_- = \frac{u_-}{u_+ + u_-} \tag{7.2}$$

2. 离子迁移数的测定

迁移数的测定最常用的方法有：希托夫(Hittorf)法，界面移动法，电动势法等(电动势法将在后面章节中讨论)。

(1) Hittorf 法

图 7.4 是 Hirttorf 法的实验装置示意图。在管内装有已知浓度的电解质溶液，接通电源，适当控制电压，让很小的电流通过电解质溶液，这时正、负离子分别向阴、阳两极迁移，同时在电极上有反应发生，致使电极附近的溶液浓度不断改变，而中部溶液的浓度基本不变。通电一段时间后，把阴极部(或阳极部)的溶液小心放出，进行称量和分析，从而根据阴极部(或阳极部)溶液中电解质含量的变化及串联在电路中的电荷量计上测出的通过的总电荷量，就可算出离子的迁移数。若有的离子只发生迁移而并不在电极界面上反应，则其迁移数的计算就更为简单。通过下面的例题可以了解迁移数的计算方法。

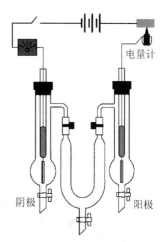

图 7.4　Hittorf 法测定迁移数的装置

【例 7.2】 用金属铂作电极在希托夫管中电解 HCl 溶液。阴极区一定量的溶液中在通电前后含 Cl^- 的质量分别为 1.770×10^{-4} kg 和 1.630×10^{-4} kg，在串联的银库仑计中有 2.508×10^{-4} kg Ag 析出。试求 H^+、Cl^- 的迁移数。

解：在阴极发生的反应是：

$$H^+(aq) + e^- \longrightarrow \frac{1}{2}H_2(g)$$

阴极部 H^+ 的改变由 H^+ 迁入和 H^+ 在电极上还原引起。

$$n_{终} = n_{始} + n_{迁移} - n_{电解}$$

$$n_{终} = \frac{1.630 \times 10^{-4} \text{ kg}}{35.5 \times 10^{-3} \text{ kg} \cdot \text{mol}^{-1}} = 4.592 \times 10^{-3} \text{ mol}$$

$$n_{始} = \frac{1.770 \times 10^{-4} \text{ kg}}{35.5 \times 10^{-3} \text{ kg} \cdot \text{mol}^{-1}} = 4.986 \times 10^{-3} \text{ mol}$$

$$n_{电解} = \frac{2.508 \times 10^{-4} \text{ kg}}{108 \times 10^{-3} \text{ kg} \cdot \text{mol}^{-1}} = 2.322 \times 10^{-3} \text{ mol}$$

$$n_{迁移} = n_{终} - n_{始} + n_{电解} = 1.982 \times 10^{-3} \text{ mol}$$

$$t_+ = \frac{n_{迁移}}{n_{电解}} = \frac{1.982 \times 10^{-3} \text{ mol}}{2.322 \times 10^{-3} \text{ mol}} = 0.830$$

$$t_- = 1 - t_+ = 1 - 0.830 = 0.170$$

也可以先求出 t_-。在阴极区，Cl^- 因迁出而减少，所以

$$n_{终} = n_{始} - n_{迁移}$$

$$n_{迁移} = n_{始} - n_{终} = 0.394 \times 10^{-3} \text{ mol}$$

故

$$t_- = \frac{0.394 \times 10^{-3} \text{ mol}}{2.322 \times 10^{-3} \text{ mol}} = 0.170$$

$$t_+ = 1 - t_- = 0.830$$

Hittorf 法的原理简单，但在实验过程中很难避免由于对流、扩散、振动等引起溶液相混，所以不易获得准确结果。另外，在计算时没有考虑水分子随离子的迁移，这样得到的迁移数常称为表观迁移数(apparent transference number 或称 Hittorf 迁移数)。

(2) 界面移动法

界面移动法简称界移法(boundary moving method)，此法能获得较为精确的结果。它是直接测定溶液中离子的移动速率(或淌度)。这种方法所使用的两种电解质溶液具有一种共同的离子，它们被小心地放在一个垂直的细管内，利用溶液密度的不同，使这两种溶液之间形成一个明显的界面(通常可以借助于溶液的颜色或折射率的不同使界面清晰

可见)。如图 7.5 所示。在管中先放 $CdCl_2$ 溶液,然后再小心放入 HCl 溶液,形成 BB' 界面。在通电过程中,Cd 从阳极上溶解下来,$H_2(g)$ 在上面阴极上放出,溶液中 H^+ 向上移动。BB' 界面也上移。由于 Cd^{2+} 的淌度比 H^+ 小,Cd^{2+} 跟在 H^+ 之后向上移动,所以不会产生新的界面。根据管子的横截面积、在通电的时间内界面移动的距离及通过该电解池的电荷量就可计算出离子的迁移数。

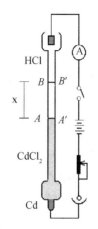

图 7.5 界面移动法测定迁移数装置

在图 7.5 中,$CdCl_2$ 溶液的作用是作为指示溶液,Cd^{2+} 的移动速率不能大于 H^+ 的移动速率,否则会使界面模糊不清。要使界面清晰,两种离子的移动速率应尽可能接近。

表 7.2 是在 298.15 K 时用界移法测得的正离子在各种物质不同浓度时的迁移数。

表 7.2 在 298.15 K 时在水溶液中一些正离子的迁移数

电解质	$c/(mol \cdot dm^{-3})$				
	0.01	0.02	0.05	0.10	0.20
HCl	0.825	0.827	0.829	0.831	0.834
KCl	0.490	0.490	0.490	0.490	0.489
NaCl	0.392	0.390	0.388	0.385	0.382
LiCl	0.329	0.326	0.321	0.317	0.311
NH_4Cl	0.491	0.491	0.491	0.491	0.491
KBr	0.483	0.483	0.483	0.483	0.484
KI	0.488	0.488	0.488	0.488	0.489
$AgNO_3$	0.465	0.465	0.466	0.468	
KNO_3	0.508	0.509	0.509	0.510	0.512
NaAs	0.554	0.555	0.557	0.559	0.561

从表 7.2 中可见,浓度对离子的迁移数有影响,在较浓的溶液中,离子间相互引力较大,正、负离子的速率均减慢,若正、负离子的价数相同,则所受影响也大致相同,迁移数的变化不大。若价数不同,则价数大的离子的迁移数减小比较明显。

除了浓度之外,温度对离子的迁移也有影响,这主要是影响离子的水合程度。当温度升高,正、负离子的迁移速率均加快,两者的迁移数趋于相等。而外加电压的大小,一般不影响迁移数,因随外加电压增加时,正、负离子的速率成比例地增加,而迁移数则基本不变。

§7.2 电解质溶液的电导

7.2.1 电导、电导率、摩尔电导率

1. 电导

物体导电的能力通常用电阻 R(单位为欧姆,Ω)来表示,而对于电解质溶液,其导电能力则用电阻的倒数即电导 G 来表示,即

$$G = \frac{1}{R}$$

电导的单位为 S(西门子)或 Ω^{-1}。根据欧姆(Obm)定律,电压、电流和电阻三者之间的关系为

$$R = \frac{U}{I} \tag{7.3}$$

式中:U 为外加电压(单位为伏特,用 V 表示);I 为电流强度(单位为安培,用 A 表示)。又因 $G = R^{-1}$,所以

$$G = R^{-1} = \frac{1}{U} \tag{7.4}$$

导体的电阻与其长度 l 成正比,而与其截面积 A 成反比,用公式表示为

$$R \propto \frac{1}{A} \text{ 或 } R = \rho \frac{1}{A} \tag{7.5}$$

式中 ρ 是比例系数,称为电阻率,单位是 $\Omega \cdot m$。

2. 电导率

电导率 κ 是电阻率的倒数,即

$$\kappa = \frac{1}{\rho}$$

则

$$G = \kappa \frac{A}{l} \tag{7.6}$$

κ 也是比例系数,是指单位长度(1 m)、单位截面积(1 m²)导体的电导,其单位是 $S \cdot m^{-1}$(或 $\Omega^{-1} \cdot m^{-1}$),它也是一种表示导电性能的物理量。如图 7.6,应用电导率的概念去衡量溶液的导电性能,显得很方便,它不需考虑电极面积和距离等具体情况。例如 298 K 时,0.1 $mol \cdot m^{-3}$ 的 KCl 溶液的电导率为 1.288 6 $S \cdot m^{-1}$,0.1 $mol \cdot dm^{-3}$ 的 HCl 液的电导率

为 $3.92\ \text{S}\cdot\text{m}^{-1}$。由此可知，后者的导电性能比前者的好。若使用电导时，就不能简单地说某一溶液的电导等于多少，因为电导的数值与浓度、电极的面积、距离等有关。

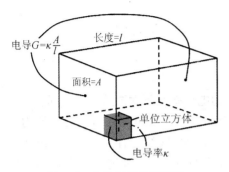

图 7.6　电导率定义示意图

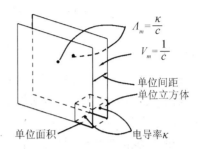

图 7.7　摩尔电导率定义示意图

3. 摩尔电导率

电导率只是指定溶液的体积为 $1\ \text{m}^3$，没有限定溶液中含有的溶质的数量，因此从溶质的数量来考虑时，则需要引入摩尔电导率的概念。

摩尔电导率 Λ_m 是指把含有 1 mol 电解质的溶液置于相距为单位距离（1 m）的电导池的两个平行电极之间，这时所具有的电导。这里溶质的数量为 1 mol，而其体积却未限定，它可因溶液的浓度的不同而变化，见图 7.7。前后两块互相平行、相距 1 m 的电极。把含有 1 mol 的溶质倒入其中，所测出的电导便是摩尔电导率。显然，摩尔电导率是指溶液中所含电荷携带体（离子）的数目，而不是以溶液的体积去衡量电导的。它和溶液体积的关系为

$$\text{摩尔电导率}\ \Lambda_\text{m} = (\text{电导率}\ \kappa) \times (1\ \text{mol 溶质的溶液的体积}\ V_\text{m})$$

设 c 是电解质溶液的浓度（单位为 $\text{mol}\cdot\text{m}^{-3}$），而含 1 mol 电解质的溶液的体积 V_m 应等于 $1/c$，则摩尔电导率 Λ_m 与电导率 κ 之间的关系为

$$\Lambda_\text{m} = \kappa V_\text{m} = \frac{\kappa}{c} \tag{7.7}$$

因为 κ 的单位是 $\text{S}\cdot\text{m}^{-1}$，$c$ 的单位为 $\text{mol}\cdot\text{m}^{-3}$，所以摩尔电导率 Λ_m 的单位为 $\text{S}\cdot\text{m}^2\cdot\text{mol}^{-1}$。

在应用上式时，注意单位的统一。在使用摩尔电导率时，应注意浓度的基本单位。例如在 298 K 时，若浓度为 $10\ \text{mol}\cdot\text{m}^{-3}$ 的 CuSO_4 溶液的电导率为 $0.143\ 4\ \text{S}\cdot\text{m}^{-1}$，则摩尔电导率 $\Lambda_\text{m}(\text{CuSO}_4)$ 和摩尔电导率 $\Lambda_\text{m}\left(\dfrac{1}{2}\text{CuSO}_4\right)$ 是不相同的。

因为 $\Lambda_\text{m}(\text{CuSO}_4) = \dfrac{\kappa}{c(\text{CuSO}_4)}$

$$= \frac{0.143\ 4\ \text{S}\cdot\text{m}^{-1}}{10\ \text{mol}\cdot\text{m}^{-3}} = 14.34\times 10^{-3}\ \text{S}\cdot\text{m}^2\cdot\text{mol}^{-1}$$

而 $\Lambda_m\left(\frac{1}{2}CuSO_4\right) = \dfrac{\kappa}{c\left(\frac{1}{2}CuSO_4\right)}$

$= \dfrac{0.1434\ S\cdot m^{-1}}{2\times 10\ mol\cdot m^{-3}} = 7.17\times 10^{-3}\ S\cdot m^2\cdot mol^{-1}$

显然，$\Lambda_m(CuSO_4) = 2\Lambda_m\left(\frac{1}{2}CuSO_4\right)$。

引入摩尔电导率的概念是很有用的。一般电解质的电导率在不太浓的情况下都随着浓度的增高而变大，因为导电粒子数增加了。为了便于对不同类型的电解质进行导电能力的比较，人们常选用摩尔电导率，因为这时不但电解质有相同的量（都含有 1 mol 的电解质），而且电极间距离也都是单位距离。当然，在比较时所选取的电解质基本粒子的荷电荷量应相同。

7.2.2 电导的测定*

电导的测定实际上是测定电阻。随着实验技术的不断发展，目前已有不少测定电导、电导率的仪器，并可把测出的电阻值换算成电导的数值在仪器上反映出来。其测量原理和物理学上测电阻用的惠斯顿（Wheatstone）电桥类似。

图 7.8 是实验室中常用的几种电导池，其内盛放电解质溶液，电导池中的电极一般用铂片制成，为了增加电极面积，一般在铂片上镀上铂黑。

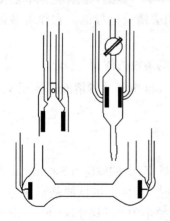

图 7.8　几种常用的电导池示意图

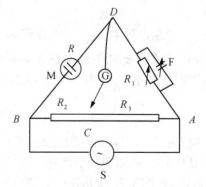

图 7.9　测电导用的 Wheatstone 电桥

图 7.9 是测电导用的 Wheatstone 电桥装置示意图。图中 AB 为均匀的滑线电阻；R_1 为可变电阻；M 为放有待测溶液的电导池，设其电阻为 R；S 是具有一定频率的交流电源，通常取其频率为 1 000 Hz 左右为宜，因为如果采用支流电压进行电阻测定，将产生电解或者使电极的表面发生变化。用交流电，前半周期的电极反应可被后半周期的作用相抵消，因此

测量较为准确。

在可变电阻 R_1 上并联了一个可变电容 F，这是为使与电导池实现阻抗平衡；G 为耳机（或阴极示波器）。接通电源后，移动接触点 C，直到耳机中声音最小（或示波器中无电流通过）为止。这时 D、C 两点的电位降相等，DGC 线路中电流几乎为零，这时电桥已达平衡，并有如下的关系：

$$\frac{R_1}{R} = \frac{R_3}{R_2}$$

$$G = \frac{1}{R} = \frac{R_3}{R_1 R_2} = \frac{AC}{BC} \cdot \frac{1}{R_1}$$

式中：R_3、R_2 分别为 AC、BC 段的电阻；R_1 为可变电阻器的电阻，均可从实验中测得，从而可以求出电导池中溶液的电导（即电阻 R 的倒数）。若知道电极间的距离和电极面积及溶液的浓度，原则上就可求得 κ、Λ_m 等物理量。

对于电导池，电导池中两极之间的距离 l 及涂有铂黑的电极面积 A 是很难测量的。通常是用已知电导率的溶液（常用一定浓度的 KCl 溶液）注入电导池，在指定温度下测定其电导，根据式(7.6)就可确定 $\frac{l}{A}$ 值，这个值称为电导池常数，用 K_{cell} 表示，单位是 m^{-1}，即

$$R = \rho \frac{l}{A} = \rho K_{cell}$$

$$K_{cell} = \frac{1}{\rho} R = \kappa R \tag{7.8}$$

KCl 溶液的电导率前人已精确测出，见表 7.3。

表 7.3　在 298 K 和标准压力下几种浓度 KCl 水溶液的 κ

$c/(\text{mol} \cdot \text{dm}^{-3})$	1 000 g 水中 KCl 的质量（单位为 g）	电导率 $\kappa/(\text{S} \cdot \text{m}^{-1})$		
		0 ℃	18 ℃	25 ℃
0.01	0.746 3	0.077 4	0.122 1	0.141 1
0.10	7.479	0.713 8	1.117	1.286
1.00	76.63	6.518	9.784	11.13

【例 7.3】　298 K 时，在一电导池中盛以 0.01 $\text{mol} \cdot \text{dm}^{-3}$ 的 HCl 溶液，测得电阻为 150.00 Ω；盛以 0.01 $\text{mol} \cdot \text{dm}^{-3}$ 的 HCl 溶液，电阻为 51.40 Ω，试求 HCl 溶液的电导率和摩尔电导率。

解：从表 7.3 查得：298 K 时，0.01 $\text{mol} \cdot \text{dm}^{-3}$ 的 HCl 溶液的电导率为 0.141 1 $\text{S} \cdot \text{m}^{-1}$。

$$K_{cell} = \kappa R$$
$$= 0.141\ 1\ \text{S} \cdot \text{m}^{-1} \times 150.00\ \Omega = 21.17\ \text{m}^{-1}$$

则 298 K 时，0.01 mol·dm^{-3} 的 HCl 溶液的电导率和摩尔电导率分别为

$$\kappa = \frac{1}{R} K_{cell}$$

$$= \frac{1}{51.40\ \Omega} \times 21.17\ \mathrm{m^{-1}} = 0.4119\ \mathrm{S \cdot m^{-1}}$$

$$\Lambda_m = \frac{\kappa}{c}$$

$$= \frac{0.4119\ \mathrm{S \cdot m^{-1}}}{0.01 \times 10^3\ \mathrm{mol \cdot m^{-3}}} = 4.119 \times 10^{-2}\ \mathrm{S \cdot m^2 \cdot mol^{-1}}$$

7.2.3 电导率、摩尔电导率与浓度的关系

电解质溶液是靠离子传导电流的，显然，其导电能力将决定于离子的数目、离子的电荷和移动速率。

强电解质溶液的电导率随浓度的增加（即导电粒子数的增多）而升高，但当浓度增加到一定程度以后，由于正、负离子之间的相互作用力增大，因而使离子的运动受到了牵制，其速率降低，甚至会产生缔合，这使单位体积内的离子数目减少，表现为电导率反而下降。所以，在电导率与浓度的关系曲线上可能会出现最高点。弱电解质溶液的电导率随浓度的增加而增加，但变化不显著，因为浓度增加使其电离度减小，所以溶液中离子数目变化不大。见图 7.10。

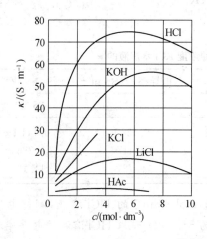
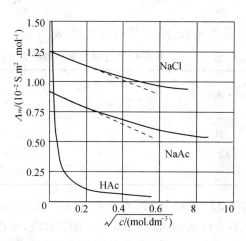

图 7.10　一些电解质的电导率随浓度的变化情况

与电导率不同，无论是强电解质还是弱电解质，溶液的摩尔电导率 Λ_m 均随浓度的减小而增大，这是因为浓度减小，强电解质溶液冲淡，离子间的相互作用力减弱，离子运动速率增加，摩尔电导率增大；而对于弱电解质，浓度减小，其解离度增加，参加导电的离子

数目增加,故摩尔电导率增加。一些电解质的摩尔电导率随浓度变化的规律如图 7.10 所示。从图 7.10 可以看出,强电解质与弱电解质的摩尔电导率随浓度变化的规律也是不同的。

摩尔电导率随浓度的变化与电导率的变化不同,因溶液中能导电的物质的物质的量已经给定,都为 1 mol,当浓度降低时,由于粒子之间相互作用力减弱,正、负离子的运动速率因而增加,故摩尔电导率增加。当浓度降低到一定程度之后,强电解质的摩尔电导率值几乎保持不变。强电解质的摩尔电导率 Λ_m 与 $\sqrt{c}$ 有下列经验关系:

$$\Lambda_m = \Lambda_m^\infty(1-\beta\sqrt{c}) \tag{7.9}$$

其中 β 为常数。

但对弱电解质来说,在溶液稀释过程中,Λ_m 的变化比较剧烈,即使在浓度已很稀时,摩尔电导率 Λ_m 仍与 Λ_m^∞ 相差甚远,其无限稀释摩尔电导率 Λ_m^∞ 不可用实验外推法得到。摩尔电导率与浓度的关系服从 Ostwald 稀释定律。

7.2.4 离子独立移动定律和离子的摩尔电导率

电解质无限稀释时的摩尔电导率是电解质的重要性质之一,它反映了离子之间没有引力时电解质所具有的导电能力。Λ_m^∞ 的数值无法由实验直接测定。对强电解质来说,可依据(7.9)式,将 Λ_m 对 c 作图得直线外推至 $c=0$ 时所得截距即为 Λ_m^∞。但对弱电解质来说,一是由于 Λ_m 与 c 的关系不符合(7.9)式,二是在极稀浓度范围内,Λ_m 变化甚剧,因此不能用外推法求得。那么弱电解质的 Λ_m 如何求得呢?

科尔劳许(Kohlrausch)在研究极稀溶液的摩尔电导率时得出离子独立运动定律:在无限稀释时,所有电解质都全部电离,而且离子间一切相互作用均可忽略,因此离子在一定电场作用下的迁移速度只取决于该种离子的本性而与共存的其他离子的性质无关(见表 7.4)。如 HCl 与 HNO_3,KCl 与 KNO_3,LiCl 与 $LiNO_3$ 三对电解质的 Λ_m^∞ 的差值相等,而与正离子的本性(即不论是 H^+,K^+ 还是 Li^+)无关。同样,具有相同负离子的三组电解质,其 Λ_m^∞ 差值也是相等的,与负离子本性无关。

无论在水溶液还是非水溶液中都发现了这个规律。Kohlrausch 认为在无限稀释时,每一种离子是独立移动的,不受其他离子的影响,每一种离子对 Λ_m^∞ 都有恒定的贡献。由于通电于溶液后,电流的传递分别由正、负离子共同分担。因而电解质的 Λ_m^∞ 可认为是两种离子的摩尔电导率之和,这就是离子独立移动定律。

对不同的电解质,其一般式为

$$\Lambda_m^\infty = \nu_+ \Lambda_{m,+}^\infty + \nu_- \Lambda_{m,-}^\infty \tag{7.10}$$

式(7.10)中,$\Lambda_{m,+}^\infty$,$\Lambda_{m,-}^\infty$ 分别表示正、负离子在无限稀释时的摩尔电导率。

表 7.4　在 298 K 时一些强电解质的无限稀释摩尔电导率 Λ_m^∞

电解质	$\Lambda_m^\infty \times 10^4 /$ S·m²·mol⁻¹	差值	电解质	$\Lambda_m^\infty \times 10^4 /$ S·m²·mol⁻¹	差值
KCl	149.9		HCl	426.2	
LiCl	115.0	34.9×10^{-4}	HNO₃	421.3	4.9×10^{-4}
KNO₃	145.0		KCl	149.9	
LiNO₃	110.1	34.9×10^{-4}	KNO₃	145.0	4.9×10^{-4}
KOH	271.5		LiCl	115.0	
LiOH	236.7	34.9×10^{-4}	LiNO₃	110.1	4.9×10^{-4}

根据离子独立移动定律，在极稀的 HCl 溶液和极稀的 HAc 溶液中，氢离子的无限稀释摩尔电导率 Λ_{m,H^+}^∞ 是相同的。也就是说，凡在一定的温度和一定的溶剂中，只要是极稀溶液，同一种离子的摩尔电导率都是同一数值，而不论另一种离子是何种离子。表 7.5 列出了一些离子在无限稀释水溶液中的离子摩尔电导率。

表 7.5　在 298 K 时一些离子的无限稀释摩尔电导率

正离子	$\Lambda_{m,+}^\infty /(10^{-2} S \cdot m^2 \cdot mol^{-1})$	负离子	$\Lambda_{m,-}^\infty /(10^{-2} S \cdot m^2 \cdot mol^{-1})$
H^+	3.498 2	OH^-	1.98
Tl^+	0.747	Br^-	0.784
K^+	0.735 2	I^-	0.768
NH_4^+	0.734	Cl^-	0.763 4
Ag^+	0.619 2	NO_3^-	0.714 4
Na^+	0.501 1	ClO_4^-	0.68
Li^+	0.386 9	ClO_3^-	0.64
Cu^{2+}	1.08	MnO_4^-	0.62
Zn^{2+}	1.08	$HClO_3^-$	0.444 8
Cd^{2+}	1.08	Ac^-	0.409
Mg^{2+}	1.061 2	$C_2O_4^{2-}$	0.480
Ca^{2+}	1.190	SO_4^{2-}	1.596
Ba^{2+}	1.272 8	CO_3^{2-}	1.66
Sr^{2+}	1.189 2	$Fe(CN)_6^{3-}$	3.030
La^{3+}	2.088	$Fe(CN)_6^{4-}$	4.420

这样，弱电解质的无限稀释摩尔电导率 Λ_m^∞ 就可从强电解质的无限稀释摩尔电导率 Λ_m^∞ 求算，或从离子的无限稀释摩尔电导率求得。而离子的无限稀释摩尔电导率值可从离子的电迁移率求得。

例如，$\Lambda_m^\infty(\text{HAc}) = \Lambda_m^\infty(\text{H}^+) + \Lambda_m^\infty(\text{Ac}^-)$
$$= [\Lambda_m^\infty(\text{H}^+) + \Lambda_m^\infty(\text{Cl}^-)] + [\Lambda_m^\infty(\text{Na}^+) + \Lambda_m^\infty(\text{Ac}^-)] -$$
$$[\Lambda_m^\infty(\text{Na}^+) + \Lambda_m^\infty(\text{Cl}^-)]$$
$$= \Lambda_m^\infty(\text{HCl}) + \Lambda_m^\infty(\text{NaAc}) - \Lambda_m^\infty(\text{NaCl})$$

上式表明醋酸(HAc)的无限稀释摩尔电导率 $\Lambda_m^\infty(\text{HAc})$ 可由强电解质 HCl，NaAc 和 NaCl 的无限稀释摩尔电导率的数据来求得。

电解质的摩尔电导率是正、负离子的离子电导率贡献的总和，所以离子的迁移数也可以看作是某种离子的离子摩尔电导率占电解质的摩尔电导率的分数。

对于 1-1 价型的电解质，在无限稀释时，则
$$\Lambda_m^\infty = \Lambda_{m,+}^\infty + \Lambda_{m,-}^\infty$$
$$t_+ = \frac{\Lambda_{m,+}^\infty}{\Lambda_m^\infty}, \quad t_- = \frac{\Lambda_{m,-}^\infty}{\Lambda_m^\infty} \tag{7.11}$$

对于浓度不太大的强电解质溶液，设其完全解离，可近似有：
$$\Lambda_m = \Lambda_{m,+} + \Lambda_{m,-}$$
$$t_+ = \frac{\Lambda_{m,+}}{\Lambda_m}, \quad t_- = \frac{\Lambda_{m,-}}{\Lambda_m}$$

t_+，t_- 和 Λ_m 的值都可以由实验测得，从而就可以计算离子的摩尔电导率。

大多数离子的极限摩尔电导率都接近 $60 \times 10^{-4} \text{S} \cdot \text{m}^2 \cdot \text{mol}^{-1}$（荷电单元取 1 价），根据这个规律，可以研究络合物中是以共价键还是离子键的结合等问题。例如，某铂氨络离子的氯合盐，因不知其电解质电离出的离子数，故不能确定其络合的分子式。现把该氯合盐配成溶液，实验测定其极限摩尔电导率（1 mol 电解质）。已知三种铂氨络离子氯合盐的极限摩尔电导率分别为 $260 \times 10^{-4} \text{S} \cdot \text{m}^2 \cdot \text{mol}^{-1}$、$116 \times 10^{-4} \text{S} \cdot \text{m}^2 \cdot \text{mol}^{-1}$ 及 $0 \times 10^{-4} \text{S} \cdot \text{m}^2 \cdot \text{mol}^{-1}$，已知三种盐各自可能的结构(已知铂的配位数为 4。由题目信息可推测三种盐分别对应的一价荷电单元数目为 260/60、116/60 和 0/60，即 4、2 和 0。因此其结构分别为 $[\text{Pt}(\text{NH}_3)_4]\text{Cl}_2$、$[\text{Pt}(\text{NH}_3)_3\text{Cl}]\text{Cl}$ 和 $[\text{Pt}(\text{NH}_3)_2\text{Cl}_2]$。

【**例 7.4**】 有一电导池，电极的有效面积 A 为 $2 \times 10^{-4} \text{ m}^2$，两极片间的距离为 0.10 m，电极间充以 1-1 价型的强电解质 MN 的水溶液，浓度为 30 mol·m^{-3}。两电极间的电势差 E 为 3 V，电流强度 I 为 0.003 A。已知正离子 M$^+$ 的迁移数 t_+=0.4。试求：(1) MN 的摩尔电导率；(2) M$^+$ 离子的离子摩尔电导率；(3) M$^+$ 离子在上述电场中的移动速率。

解：(1) $\Lambda_m = \dfrac{\kappa}{c} = \dfrac{1}{c} \cdot G \cdot \dfrac{l}{A} = \dfrac{1}{c} \cdot \dfrac{I}{E} \cdot \dfrac{l}{A}$

$= \dfrac{1}{30 \text{ mol} \cdot \text{m}^{-3}} \times \dfrac{0.003 \text{ A}}{3 \text{ V}} \times \dfrac{0.10 \text{ m}}{2 \times 10^{-4} \text{ m}^2}$

$= 1.67 \times 10^{-2} \text{ S} \cdot \text{m}^2 \cdot \text{mol}^{-1}$

(2) $\Lambda_{m,+} = t_+ \Lambda_m = 0.4 \times 1.67 \times 10^{-2} \text{ S} \cdot \text{m}^2 \cdot \text{mol}^{-1}$

$= 6.67 \times 10^{-3} \text{ S} \cdot \text{m}^2 \cdot \text{mol}^{-1}$

(3) $r_+ = u_+ \dfrac{\mathrm{d}E}{\mathrm{d}l} = \dfrac{\Lambda_{m,+}}{F} \cdot \dfrac{E}{l}$

$= \dfrac{6.67 \times 10^{-3} \text{ S} \cdot \text{m}^2 \cdot \text{mol}^{-1}}{96\,500 \text{ C} \cdot \text{mol}^{-1}} \times \dfrac{3 \text{ V}}{0.10 \text{ m}}$

$= 2.07 \times 10^{-6} \text{ m} \cdot \text{s}^{-1} \ (S = \Omega^{-1} = \dfrac{A}{V}, A = C \cdot s^{-1})$

对于常见离子的无限稀释摩尔电导率 Λ_m^∞：离子水合半径越大，迁移率越小，Λ_m^∞ 也越小。影响离子的摩尔电导率的因素还有温度、溶剂等。一般地，温度升高，离子迁移速率增大，而且离子溶剂化作用减弱，黏度减小，Λ_m 增大；溶剂不同，Λ_m 不同，由于溶剂的介电常数不同，离子相互作用力不同。

由表 7.5 可见，在水溶液中，H^+ 和 OH^- 的电迁移率比其他离子大几倍，这说明水溶液中 H^+ 和 OH^- 在电场力的作用下运动速率特别快。H^+ 和 OH^- 的这种异常现象只在水溶液（或含有 OH^- 基的溶剂，例如 ROH）中显现。

有人认为在水溶液中单个的溶剂化的质子的传导是通过一种质子传递机理，而并不是质子本身从溶液的一端迁向另一端，如图 7.11 所示。因为质子可以在水分子间转移，所以随着质子从一个水分子传给另一个水分子，电流就很快沿着氢键被传导。

OH^- 的摩尔电导率也很大，传导机理与上述类似，只是质子从 H_2O 上转移到 OH^- 上，这个过程与 OH^- 在反方向的运动等价。

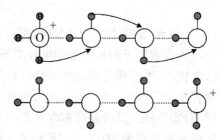

图 7.11 质子传递机理示意图

7.2.5 电导测定的一些应用

1. 检验水的纯度

普通蒸馏水的电导率约为 $1 \times 10^{-3} \text{ S} \cdot \text{m}^{-1}$，重蒸馏水（蒸馏水经用 $KMnO_4$ 和 KOH 溶液处理以除去 CO_2 及有机杂质，然后在石英器皿中重新蒸馏 1~2 次）和去离子水的电导率可小于 $1 \times 10^{-4} \text{ S} \cdot \text{m}^{-1}$。由于水本身有微弱的解离，故虽经反复蒸馏，仍有一定的电导。理论计算纯水的电导率应为 $5.5 \times 10^{-6} \text{ S} \cdot \text{m}^{-1}$。在半导体工业上或涉及电导测量的研究中，需要高纯度的水,即所谓"电导水",水的电导率要求在 $1×10^{-4} S·m^{-1}$ 以下。

电导率是一个与离子浓度呈线性关系的物理量,利用电导率仪测定或监测系统的电导率,就可以知道系统的离子浓度随时间的变化情况。在海洋考察中利用电导率仪快速测定海水的电导率,电导率愈大,说明海水中总的含盐量愈高。根据含盐量的大小,可提供给开发盐场(希望含盐量高)和选择埋设海底电缆(希望含盐量低,减少腐蚀)的工程作参考。

2. 计算弱电解质的解离度和解离常数

对于弱电解质溶液中,在无限稀释的溶液中可认为弱电解质已全部解离,此时溶液的摩尔电导率为 Λ_m^∞,可用离子的无限稀释摩尔电导率相加而得。而一定浓度下电解质的摩尔电导率 Λ_m 与无限稀释溶液中的摩尔电导率 Λ_m^∞ 是有差别的,这是由两个因素造成的,一是电解质的不完全解离,二是离子间存在着相互作用力。所以弱电解质的解离度 α 可表示为

$$\frac{\Lambda_m}{\Lambda_m^\infty} = \alpha \tag{7.12}$$

设电解质为 AB 型(即 1-1 价型),若 c 为电解质的起始浓度,则解离平衡常数为

$$K^\ominus = \frac{\frac{c}{c^\ominus}\alpha^2}{1-\alpha}$$

将式(7.12)代入后,得

$$K^\ominus = \frac{\frac{c}{c^\ominus}\left(\frac{\Lambda_m}{\Lambda_m^\infty}\right)^2}{1-\frac{\Lambda_m}{\Lambda_m^\infty}} = \frac{\frac{c}{c^\ominus}\Lambda_m^2}{\Lambda_m^\infty(\Lambda_m^\infty - \Lambda_m)} \tag{7.13}$$

上式还可以写作:

$$\frac{1}{\Lambda_m} = \frac{1}{\Lambda_m^\infty} + \frac{\frac{c}{c^\ominus}\Lambda_m}{K^\ominus(\Lambda_m^\infty)^2}$$

以 $\frac{1}{\Lambda_m} \sim c\Lambda_m$ 作图,从截距和斜率求得 Λ_m^∞ 和 $K^\ominus$ 值。这就是德籍俄国物理化学家奥斯特瓦尔德(Ostwald)提出的定律,称为 Ostwald 稀释定律。

【例 7.5】 把浓度为 $15.81 mol·m^{-3}$ 的醋酸溶液注入电导池,已知电导池常数 K_{cell} 是 $13.7 m^{-1}$,此时测得电阻为 655Ω。运用表 7.5 的数值计算醋酸的 Λ_m^∞,以及求出在给定条件下醋酸的解离度 α 和解离常数 $K_c^\ominus$。

解:因为 $\kappa = \frac{K_{cell}}{R} = \frac{13.7 m^{-1}}{655 \Omega} = 2.09 \times 10^{-2} S·m^{-1}$

$$\Lambda_m = \frac{\kappa}{c} = \frac{2.09 \times 10^{-2}\ \text{S} \cdot \text{m}^{-1}}{15.81\ \text{mol} \cdot \text{m}^{-3}} = 1.32 \times 10^{-3}\ \text{S} \cdot \text{m}^2 \cdot \text{mol}^{-1}$$

$$\Lambda_m^\infty = \Lambda_m^\infty(\text{H}^+) + \Lambda_m^\infty(\text{Ac}^-)$$
$$= (349.82 + 40.9) \times 10^{-4}\ \text{S} \cdot \text{m}^2 \cdot \text{mol}^{-1}$$
$$= 3.91 \times 10^{-2}\ \text{S} \cdot \text{m}^2 \cdot \text{mol}^{-1}$$

$$\alpha = \frac{\Lambda_m}{\Lambda_m^\infty} = \frac{1.32 \times 10^{-3}\ \text{S} \cdot \text{m}^2 \cdot \text{mol}^{-1}}{3.907 \times 10^{-2}\ \text{S} \cdot \text{m}^2 \cdot \text{mol}^{-1}} = 3.38 \times 10^{-2}$$

$$K_c^\ominus = \frac{\frac{c}{c^\ominus}\alpha^2}{1-\alpha} = \frac{\frac{15.81\ \text{mol} \cdot \text{m}^{-3}}{1\ \text{mol} \cdot \text{dm}^{-3}} \times (3.38 \times 10^{-2})^2}{1 - 3.38 \times 10^{-2}} = 1.87 \times 10^{-5}$$

3. 测定难溶盐的溶解度

$BaSO_4(s)$，$AgCl(s)$ 等难溶盐在水中的溶解度很小，其浓度不能用普通的滴定方法测定，但可用电导法来求得。以 $AgCl$ 为例，先测定其饱和溶液的电导率 κ（溶液）。由于溶液极稀，水的电导率已占一定比例，不能忽略，所以必须从中减去水的电导率才能得到 $AgCl$ 的电导率，即

$$\kappa(\text{AgCl}) = \kappa(\text{溶液}) - \kappa(\text{H}_2\text{O})$$

摩尔电导率的计算公式为：

$$\Lambda_m(\text{AgCl}) = \frac{\kappa(\text{AgCl})}{c(\text{AgCl})}$$

由于难溶盐的溶解度很小，溶液极稀，所以可以认为 $\Lambda_m \approx \Lambda_m^\infty$，而 Λ_m^∞ 的值可由离子无限稀释摩尔电导率相加而得，因此可根据上式求得难溶盐的饱和溶液浓度 c（单位是 $\text{mol} \cdot \text{m}^{-3}$），要注意所取粒子的基本单元在 Λ_m 和 c 中应一致。例如 $BaSO_4$，可取 $\Lambda_m(BaSO_4)$ 和 $c(BaSO_4)$，或 $\Lambda_m\left(\frac{1}{2}BaSO_4\right)$ 和 $c\left(\frac{1}{2}BaSO_4\right)$，从而可计算难溶盐的溶解度。

【例7.6】 在 298 K 时，测量 $BaSO_4$ 饱和溶液在电导池中的电阻，得到这个溶液的电导率为 $4.20 \times 10^{-4}\ \text{S} \cdot \text{m}^{-1}$。已知在该温度下，水的电导率为 $1.05 \times 10^{-4}\ \text{S} \cdot \text{m}^{-1}$。试求 $BaSO_4$ 在该温度下饱和溶液的浓度。

解： $\kappa(BaSO_4) = \kappa(\text{溶液}) - \kappa(\text{H}_2\text{O})$
$$= (4.20 - 1.05) \times 10^{-4}\ \text{S} \cdot \text{m}^{-1} = 3.15 \times 10^{-4}\ \text{S} \cdot \text{m}^{-1}$$

$$\Lambda_m\left(\frac{1}{2}BaSO_4\right) \approx \Lambda_m^\infty\left(\frac{1}{2}BaSO_4\right) = \Lambda_m^\infty\left(\frac{1}{2}\text{Ba}^{2+}\right) + \Lambda_m^\infty\left(\frac{1}{2}\text{SO}_4^{2-}\right)$$
$$= (63.64 + 79.8) \times 10^{-4}\ \text{S} \cdot \text{m}^2 \cdot \text{mol}^{-1}$$
$$= 1.434 \times 10^{-2}\ \text{S} \cdot \text{m}^{-2} \cdot \text{mol}^{-1}$$

$$c\left(\frac{1}{2}\text{BaSO}_4\right) = \frac{\kappa(\text{BaSO}_4)}{\Lambda_m^\infty\left(\frac{1}{2}\text{BaSO}_4\right)}$$

$$= \frac{3.15 \times 10^{-4}\ \text{S} \cdot \text{mol}^{-1}}{1.434 \times 10^{-2}\ \text{S} \cdot \text{m}^2 \cdot \text{mol}^{-1}}$$

$$= 2.197 \times 10^{-2}\ \text{mol} \cdot \text{m}^{-3}$$

$$c(\text{BaSO}_4) = \frac{1}{2}c\left(\frac{1}{2}\text{BaSO}_4\right) = 1.099 \times 10^{-2}\ \text{mol} \cdot \text{m}^{-3}$$

$$= 1.099 \times 10^{-5}\ \text{mol} \cdot \text{dm}^{-3}$$

所以，$BaSO_4$ 在该温度下饱和溶液的浓度为 $1.099 \times 10^{-2}\ \text{mol} \cdot \text{m}^{-3}$ 或 $1.099 \times 10^{-5}\ \text{mol} \cdot \text{dm}^{-3}$。

4. 电导滴定

在化学分析的滴定过程中，溶液的组成不断在改变，溶液的电导也随着改变，若将滴定与电导测定相结合，就可以利用滴定过程中溶液电导变化的转折来确定滴定的终点，该方法称为电导滴定。电导滴定主要用于酸碱中和、生成沉淀、氧化还原等反应。

如图 7.12 所示，用 NaOH 溶液滴定 HCl 溶液，以电导率为纵坐标，加入的 NaOH 的体积为横坐标。在加入 NaOH 前，溶液中只有 HCl 一种电解质，因为 H^+ 的离子电导率很大，所以 H^+ 溶液的电导率也很大。当逐渐滴入 NaOH 后，溶液中 H^+ 与加入的 OH^- 结合生成 H_2O。这个过程可以看作是电导率较小的 Na^+ 取代了电导率很大的 H^+，因此整个溶液的电导率逐渐变小，见图 7.12 中的 AB 段。当加入的 NaOH 恰与 HCl 的物质的量相等时溶液的电导率最小，见图 7.12 中的 B 点，即为滴定终点。当 NaOH 加入过量后，由于 OH^- 离子电导率很大，所以溶液的电导率又增加了，见图 7.12 中的 BC 段。根据 B 点所对应的横坐标上所用 NaOH 溶液的体积就可计算未知 HCl 溶液的浓度。

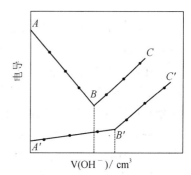

图 7.12 酸碱电导滴定

如以强碱(如 NaOH)滴定弱酸(如 HAc)，开始时溶液的电导率很低，加入图 7.12 电导滴定曲线 NaOH 后，弱酸变成盐类(NaAc)，电导率沿图 7.12 中的 $A'B'$ 增加，超过终点后，过量的 NaOH 使溶液的电导率沿 $B'C'$ 较快地增大。转折点 B' 即为滴定的终点。在 B' 点附近由于盐的水解作用，可能使终点不甚明确，但可通过两条直线的交点来求得。这种滴定只需测定若干个实验点，然后将各个点连贯求两条直线的交点。

电导滴定不需要指示剂，故适用于颜色较深或混浊的溶液。对于一些沉淀反应，也可以使用电导滴定。例如氯化钾与硝酸银溶液的反应，在滴定过程中，起初溶液的电导率变化不大或几乎不变。超过终点后，由于溶液中有过量的盐存在，电导率很快地增大。如果反应后的两种产物都是微溶性的盐,如以 $BaCl_2$ 溶液滴定 Tl_2SO_4 溶液,产物 $TlCl$ 和 $BaSO_4$ 均为沉淀,则终点前后电导率的变化就更大。

5. 动力学参数的测定

在有离子参加的反应中,反应前后溶液的电导率一般会发生变化,电导率的变化量与反应进度间存在比例关系,于是通过测量不同时间溶液的电导率,即可得到反应的动力学信息。例如,乙酸乙酯皂化反应,此反应为二级反应,通过溶液体系电导率的测定和二级反应的特点,就可以求得该反应的速率常数及其他相关的量。

7.2.6 强电解质溶液理论

当电解质溶于溶剂后,就会完全或部分解离(或称电离)成离子而形成电解质溶液。若溶质在溶剂中几近完全解离,则该电解质就称为强电解质。若仅是部分解离,则称该电解质为弱电解质。其实两者无严格的区别,因为这与溶液的浓度有关,通常在极稀的溶液中,弱电解质也可以认为是全部解离的。

1. 电解质的平均活度和平均活度因子

活度和活度因子的概念是在定义非理想稀溶液中溶质的化学势时引出的,因此首先从电解质溶液中离子的化学势表达加以讨论。

在前面章节中讨论非理想溶液中组分的化学势时,以活度代替浓度,将其化学势表示为 $\mu_B = \mu_B^\ominus + RT\ln a_B$。这一原理同样适用于电解质溶液。但是在电解质溶液中,由于离子间存在相互作用,故而情况要比非电解质溶液复杂得多。特别是在强电解质的溶液中,溶质几乎全部解离成离子,分子已不复存在。在电解质溶液中,正、负离子共存并且相互吸引,而不能自由地单独存在,故常需考虑正、负离子相互作用和相互影响的平均值。

按照上述原理,正、负离子的化学势可以分别表示为:

$$\mu_+ = \mu_+^\ominus + RT\ln a_+ \qquad \mu_- = \mu_-^\ominus + RT\ln a_-$$

其中,$a_+ = \gamma_+ m_+ / m^\ominus$,$a_- = \gamma_- m_- / m^\ominus$(因电化学中用质量摩尔浓度居多,故以下均以质量摩尔浓度为例讨论,并略去"m"下标)。

对于任一强电解质 B,设其化学式为 $M_{\nu_+} A_{\nu_-}$,则应有

$$M_{\nu_+} A_{\nu_-} \longrightarrow \nu_+ M^{z+} + \nu_- A^{z-}$$

式中 z^+ 和 z^- 代表正、负离子的价数。依据电解质的化学势可用各个离子的化学势之和来表示,则

$$\begin{aligned}\mu &= \nu_+ \mu_+ + \nu_- \mu_- = \nu_+ \mu_+^\ominus + \nu_- \mu_-^\ominus + RT\ln a_+^{\nu_+} a_-^{\nu_-} \\ &= \mu^\ominus + RT\ln a\end{aligned}$$

所以 $\qquad \mu^\ominus = \nu_+ \mu_+^\ominus + \nu_- \mu_-^\ominus \qquad a = a_+^{\nu_+} \cdot a_-^{\nu_-}$ (7.14)

这就是电解质的活度 a 与正、负离子的活度 a_+、a_- 之间的关系。但是正、负离子的活度 a_+、a_- 无法单独由实验测量。实验测量得到的只是离子的平均活度 $a_\pm$、平均活度因子 $\gamma_\pm$ 及与之有关的质量摩尔浓度 $m_\pm$。

对于强电解质 $M_{\nu_+}A_{\nu_-}$,其离子平均活度 $a_\pm$、离子平均活度因子 $\gamma_\pm$ 和离子平均质量摩尔浓度 $m_\pm$ 分别定义为

$$a_\pm^\nu = a_+^{\nu_+} a_-^{\nu_-} \tag{7.15}$$

$$\gamma_\pm^\nu = \gamma_+^{\nu_+} \gamma_-^{\nu_-} \tag{7.16}$$

$$m_\pm^\nu = m_+^{\nu_+} m_-^{\nu_-} \tag{7.17}$$

式中 $\nu = \nu_+ + \nu_-$,而离子平均活度 $a_\pm$、离子平均活度因子 $\gamma_\pm$ 和离子平均质量摩尔浓度 $m_\pm$ 三者的关系为

$$a_\pm = \gamma_\pm m_\pm / m^\ominus \tag{7.18}$$

所以 $$a = a_+^{\nu_+} \cdot a_-^{\nu_-} = a_\pm^\nu \tag{7.19}$$

$$m_+ = \nu_+ m \qquad m_- = \nu_- m$$

$$m_\pm = (m_+^{\nu_+} m_-^{\nu_-})^{\frac{1}{\nu}} = (\nu_+^{\nu_+} \nu_-^{\nu_-})^{\frac{1}{\nu}} m$$

例如,对于 1-2 价型电解质 Na_2SO_4 的水溶液,当其质量摩尔浓度为 m 时,$\nu_+ = 2$,$\nu_- = 1$,则

$$m_\pm = \sqrt[3]{4} m \qquad \gamma_\pm = (\gamma_+^2 \gamma_-)^{\frac{1}{3}} \qquad a_\pm = \gamma_\pm \sqrt[3]{4} m/m^\ominus$$

$$a = a_\pm^3 = 4\gamma_\pm^3 (m/m^\ominus)^3$$

$\gamma_\pm$ 值的大小反映了电解质水溶液与理想行为偏差的程度。对于电解质溶液来说,活度与活度因子的概念特别重要,因为即使浓度很稀,离子间的静电作用仍然不可忽略,还是要用活度因子来校正浓度。$\gamma_\pm$ 可以由实验直接测量,常用的实验方法有蒸气压法、冰点降低法以及电动势法等,也可以通过德拜-休克尔公式进行计算。采用各种不同的实验方法测定强电解质的离子 $\gamma_\pm$,一般所得的结果均能吻合得较好。表 7.6 中列出了一些离子的平均活度因子。

从表 7.6 可以看出:① 离子平均活度因子的值随浓度的降低而增加(无限稀释时达到极限值 1),而一般情况下总是小于 1,但当浓度增加到一定程度时,$\gamma_\pm$ 值可能随浓度的增加而变大,甚至大于 1。这是由于离子的水化作用使较浓溶液中的许多溶剂分子被束缚在离子周围的水化层中不能自由行动,相当于使溶剂量相对下降而造成的。② 对于相同价型的电解质来说,例如 NaCl 和 KCl,在稀溶液中,当浓度相同时,其离子平均活度因子 $\gamma_\pm$ 的值相差不大。③ 对不同价型的电解质来说,当浓度 m 相同时,正、负离子价数的乘积越高,$\gamma_\pm$ 偏离 1 的程度也越大,即与理想溶液的偏差越大。

表 7.6　298 K 时几种类型强电解质的平均活度因子

$m/(\text{mol} \cdot \text{kg}^{-1})$	HCl	NaCl	KCl	CaCl$_2$	ZnSO$_4$
0.001	0.966	0.966	0.966	0.888	0.734
0.01	0.906	0.903	0.902	0.732	0.387
0.10	0.798	0.778	0.770	0.524	0.148
1.00	0.811	0.656	0.607	0.725	0.044
2.00	1.011	0.670	0.577	0.554	0.035
3.00	1.31	0.719	0.572	0.384	0.041

上述事实说明在稀溶液中，影响离子平均活度因子 $\gamma_\pm$ 的主要因素是离子的浓度和价数，而且离子价数比浓度的影响还要大些，且价型愈高，影响也愈大。据此，在 1921 年，Lewis 提出了离子强度的概念。

【例 7.7】 设下列四种水溶液的质量摩尔浓度 m_B，离子平均活度因子 $\gamma_\pm$ 为已知值，如何求出 $m_\pm$、$a_\pm$ 和 a_B？

(1) KNO$_3$；(2) K$_2$SO$_4$；(3) FeCl$_3$；(4) Al$_2$(SO$_4$)$_3$

解：(1) KNO$_3$，$\nu_+ = \nu_- = 1$

$$m_\pm = m_B, \quad a_\pm = \gamma_\pm \frac{m_B}{m^\ominus}, \quad a_B = a_\pm^2 = \gamma_\pm^2 \left(\frac{m_B}{m^\ominus}\right)^2$$

(2) K$_2$SO$_4$，$\nu_+ = 2, \nu_- = 1$

$$m_\pm = \sqrt[3]{4}\, m_B, \quad a_\pm = \gamma_\pm \left(\sqrt[3]{4}\, \frac{m_B}{m^\ominus}\right), \quad a_B = a_\pm^3 = 4\gamma_\pm^3 \left(\frac{m_B}{m^\ominus}\right)^3$$

(3) FeCl$_3$，$\nu_+ = 1, \nu_- = 3$

$$m_\pm = \sqrt[4]{27}\, m_B, \quad a_\pm = \gamma_\pm \left(\sqrt[4]{27}\, \frac{m_B}{m^\ominus}\right), \quad a_B = a_\pm^4 = 27\gamma_\pm^4 \left(\frac{m_B}{m^\ominus}\right)^4$$

(4) Al$_2$(SO$_4$)$_3$，$\nu_+ = 2, \nu_- = 3$

$$m_\pm = \sqrt[5]{108}\, m_B, \quad a_\pm = \gamma_\pm \left(\sqrt[5]{108}\, \frac{m_B}{m^\ominus}\right), \quad a_B = a_\pm^5 = 108\gamma_\pm^5 \left(\frac{m_B}{m^\ominus}\right)^5$$

2. 离子强度

离子强度（ionic strength）定义为溶液中每种离子 B 的质量摩尔浓度 m_B 乘以该离子的价数 z_B 的平方所得的诸项之和的一半。用公式表示为

$$I = \frac{1}{2} \sum_B m_B z_B^2 \tag{7.20}$$

式中：I 为离子强度；m_B 为 B 离子的真实质量摩尔浓度，若是弱电解质，其真实浓度用它的浓度与解离度相乘而得。

路易斯根据实验进一步指出，活度因子和离子强度的关系在稀溶液范围内符合如下的经验公式：

$$\ln\gamma_\pm = -A'\sqrt{I} \tag{7.21}$$

在指定的温度和溶剂时，A' 为常数。由上式可以看出，在稀溶液中，影响电解质离子平均活度因子的，不是该电解质离子的本性，而是与溶液中所有离子的浓度和价数有关的离子强度。若某电解质处于离子强度相同的不同溶液中，尽管该电解质在各个溶液中的浓度可能不一样，但其 $\gamma_\pm$ 却相同。强电解质离子平均活度因子的这一重要特性，得到了人们的普遍重视和应用。

经验式(7.21)与后来根据 Debye-Hückel 理论所导出的计算 $\gamma_\pm$ 的极限公式是一致的。

3. Debye-Hückel 极限公式

Debye-Hückel 极限公式是在 Debye 和 Hückel 提出的强电解质离子互吸理论的基础上导出的。

德拜(Debye)-休克尔(Hückel)于 1923 年提出了强电解质溶液的理论：强电解质在低浓度溶液中完全解离，并认为强电解质与理想溶液的偏差主要是由离子之间的静电引力所引起的。因此，他们的理论也称为离子互吸理论(ion-attraction theory)。

(1) 离子氛(ionic atmosphere)

Dehye-Hückel 认为在溶液中每一个离子都被电荷符号相反的离子所包围，由于离子间的相互作用，使得离子的分布不均匀，从而形成了离子氛(图 7.13)。假定在大量的离子中间选择某一个离子，例如某一个正离子(中心离子)，由于正离子吸引负离子，排斥别的正离子，因此在中心离子的周围分布着的电荷平均值是负的。可以设想为中心离子被一层异性电荷包围，形成了一个电场。统计地看，这层异性电荷是球形对称的，因此就得到一个带负电的离子氛。也就是说，由于静电作用力的影响，在中心正离子的周围，距离中心离子越近，正电荷的密度越大。结果在中心正离子的周围，大部分正负电荷互相抵消，但却不能完

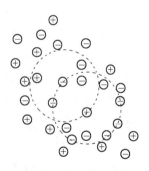

图 7.13 离子氛示意图

全抵消，其净结果就如在周围分布着一个大小相等而符号相反的电荷，即离子氛。

离子氛可以看成是球形对称的。根据这种图像，就可以形象化地把离子间的静电作用归结为中心离子与离子氛之间的作用。这样就使所研究的问题大大地简化了。离子氛的性质决定于离子的价数、溶液的浓度、温度和介电常数等。在无限稀释的情况下，离子间的距离大，离子间的引力可略去不计，故离子氛的影响可略而不计，离子的行动就不

受其他离子的影响。而在平常低浓度的溶液中,由于离子氛的存在,影响着中心离子的行动。

(2) Debye-Hückel 极限公式

Debye-Hückel 通过上述的离子氛模型,成功地把电解质溶液中众多离子之间复杂的相互作用归结为各中心离子与其周围离子氛的静电引力作用,并引入了一些适当的假设,推导出了稀溶液中单个离子平均活度因子的计算公式。这些假定是:

① 离子在静电引力下的分布可以使用玻耳兹曼(Boltzmann)公式,并且电荷密度与电位之间的关系遵从静电学中的泊松(Poisson)公式。

② 离子是带电荷的圆球,离子电场是球形对称的,离子不极化,在极稀的溶液中可看成是点电荷。

③ 离子之间的作用力只存在库仑引力,其相互吸引而产生的吸引能小于它的热运动能量。

④ 溶液的介电常数与溶剂的介电常数相差不大,可忽略加入电解质后溶液介电常数的变化。

根据以上假定,导出了稀溶液中离子活度因子公式:

$$\lg \gamma_i = -Az_i^2 \sqrt{I} \tag{7.22}$$

及平均离子活度因子公式:

$$\lg \gamma_\pm = -A|z_+ z_-|\sqrt{I} \tag{7.23}$$

式(7.22)与式(7.23)称为 Debye-Hückel 的极限定律(Debye-Hückel's limiting law)。基于前面的假定,Debye-Hückel 极限公式只有在溶液非常稀时才能成立。式中,z 是离子价数,I 是离子强度,A 是与温度 T 及溶剂介电常数 D 有关的常数。在指定溶剂和温度后,A 为常数。在 298 K 的水溶液中,A 值取 $0.509 (\text{mol} \cdot \text{kg}^{-1})^{-\frac{1}{2}}$。

按照 Debye-Hückel 的推证过程,式中的活度因子是 γ_x(即浓度用摩尔分数表示),而通常用的是 γ_m(浓度用质量摩尔浓度表示)。但在极稀溶液的情况下,各种活度因子之间的差异可以忽略不计。

按照 Debye-Hückel 极限公式,$\lg \gamma_\pm$ 与 $\sqrt{I}$ 应呈直线关系,并且直线斜率应等于 $-A|z_+ z_-|$。图 7.14 给出了 $ZnSO_4$、$CaCl_2$、KCl 溶液的 $\lg \gamma_\pm$ 与 $\sqrt{I}$ 的关系。图中虚线为 Debye-Hückel 极限公式所预期的结果,实线是实验的结果。从图中可以看出,当溶液浓度趋向于无限稀释时,实验结果趋于理论曲线,且离子价数与 $\sqrt{I}$ 对活度因子关系的影响(根据拜德-休克尔公式,表现在直线的斜率上),也符合实验的结果。由此可见,拜德-休克尔的观点能够正确反映出强电解质稀溶液的情况。

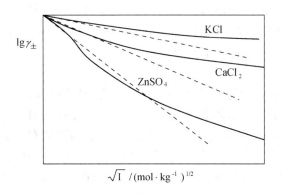

图 7.14 298 K 时一些电解质的 $\lg\gamma_\pm$ 与 $\sqrt{I}$ 的关系

极限公式的适用范围是离子强度大约为 0.01 mol·kg⁻¹ 以下的稀溶液。当溶液的离子强度增大时,虚线与实线偏离渐趋明显,这时需要对拜德-休克尔公式加以修正。

【例 7.8】 用 Debye-Hückel 极限公式,计算 298 K 时 0.01 mol·kg⁻¹ 的 $NaNO_3$ 和 0.001 mol·kg⁻¹ 的 $Mg(NO_3)_2$ 混合溶液中,$Mg(NO_3)_2$ 的平均活度因子 $\gamma_\pm$。

解:$I = \dfrac{1}{2}\sum_B m_B z_B^2$

$= \dfrac{1}{2}[0.01 \times 1^2 + 0.001 \times 2^2 + (0.01 + 2 \times 0.001) \times 1^2]\,\text{mol·kg}^{-1}$

$= 0.013\,\text{mol·kg}^{-1}$

$\lg\gamma_\pm = -0.509(\text{mol·kg}^{-1})^{-\frac{1}{2}} \times |z_+ z_-|\sqrt{I}$

$= -0.509(\text{mol·kg}^{-1})^{-\frac{1}{2}} \times |2\times(-1)| \times \sqrt{0.013\,\text{mol·kg}^{-1}}$

$= -0.116\,1$

$$\gamma_\pm = 0.765$$

计算中应注意,$\gamma_\pm$ 和 z_+,z_- 是对某一电解质而言的,而离子强度则要考虑溶液中的所有电解质。

4. Debye-Hückel-Onsager(拜德-休克尔-昂萨格)电导理论

1927 年,昂萨格(Onsager),将 Debye-Hückel 理论应用到有外加电场作用的电解质溶液,把 Kohlrausch 对于摩尔电导率与浓度平方根呈线性函数的经验公式提高到理论阶段,对公式(7.9) $\Lambda_m = \Lambda_m^\infty(1-\beta\sqrt{c})$ 作出了理论的解释,从而形成了 Debye-Hückel-Onsager 电导理论。

前已指出,在强电解质溶液中,任一中心离子都被带相反电荷的离子氛所包围。在平衡情况下,离子氛是对称的,此时符号相反的电荷平均分配于中心离子的周围。在无限稀释的溶液中,离子与离子间的距离大,库仑作用可忽略不计,故可以忽略离子氛的影响,即认为离子的行动不受其他离子的影响,这时的摩尔电导率为 Λ_m^∞。但是在一般情况下,离子氛的存在影响着中心离子的行动,使其在电场中运动的速率降低,摩尔电导率降为 Λ_m。离子氛对中心离子运动的影响是由下述两个原因引起的。

(1) 弛豫效应(relaxation effect)

取中心为正离子和外围为负离子氛者为例。在外加电场的作用下,中心正离子向阴极移动,外围离子氛的平衡状态受到损坏。但由于存在库仑作用力,离子要重建新的离子氛,同时原有的离子氛要拆散。但无论建立一个新离子氛或拆散一个旧离子氛都需要一定时间,这个时间称为弛豫时间(relaxation time)。因为离子一直在运动,中心离子的新的离子氛尚未能完全建立,而旧的离子氛也未能完全拆散,这就形成了不对称的离子氛,见图 7.15。这种不对称的离子氛对中心离子在电场中的运动产生

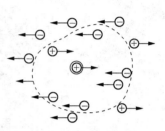

图 7.15　不对称的离子氛

了一种阻力,通常称为弛豫力。它使得离子的运动速率降低,因而使摩尔电导率降低。

(2) 电泳效应(electrophoresis effect)

在外加电场的作用下,中心离子同其溶剂化分子同时向某一方向移动,而带有相反电荷的离子氛则携同溶剂化分子一起向相反方向移动,从而增加了粘滞力,阻滞了离子在溶液中的运动,这种影响称为电泳效应。它降低了离子运动的速率,因而也使摩尔电导率降低。

考虑到上述两种因素,可以推算出在某一浓度的摩尔电导率 Λ_m 和无限稀释时的摩尔电导率 Λ_m^∞ 差值的定量关系,即 Debye-Hückel-Onsager 电导公式,对于 1-1 价型电解质为

$$\Lambda_m = \Lambda_m^\infty - (p + q\Lambda_m^\infty)\sqrt{c} \tag{7.24}$$

括号中第一项 $p = [z^2 eF^2/(3\pi\eta)][2/(\varepsilon RT)]^{1/2}$,是由于电泳效应使摩尔电导率的降低值,它与介质的介电常数(ε)和黏度(η)有关。括号中第二项是由于弛豫效应引起的 Λ_m 下降值,其中 $q = b[z^2 eF^2/(24\pi\varepsilon RT)][2/(\pi\varepsilon RT)]^{1/2}$,$b$ 为与电解质类型有关的常数,对 1-1 价型电解质 $b = 0.50$。可见这两种效应都与溶剂的性质和温度有关。当溶剂的介电常数较大且溶液比较稀时,用式(7.4)计算的结果与实验值颇为接近。

在稀溶液中,当温度、溶剂一定时,p 和 q 有定值,故式(7.24)可写成

$$\Lambda_m = \Lambda_m^\infty - A\sqrt{c}$$

式中 A 为常数,这就是 Kohlrausch 的 Λ_m 与 $\sqrt{c}$ 的经验公式。

进一步对电解质浓溶液活度因子的处理,主要表现在如下几个方面。

一种是修改 Debye-Hückel 的计算公式,例如增加一些调节参数,得出一些经验公式,以期能用于较浓的溶液,并更能符合于实验事实。例如戴维斯(Davies)就曾于 1961 年提出过如下的经验公式:

$$\lg \gamma_{\pm} = -0.50 \mid z_+ z_- \mid \left[\frac{\sqrt{I}}{1+\sqrt{I}} - 0.30 I \right]$$

又例如迈耶(Meyer)和泊西亚(Poisier)曾改进 Debye 的计算方法,采用严格的统计力学理论来处理离子之间的作用。处理电解质溶液的另一条途径是采用新的物理模型,例如罗宾逊-斯托克斯(Rob-inson-Stockes)的离子水化理论(1948)和布耶伦(Bjerrum)的离子缔合理论。前者根据水合作用提出了包含离子水合数在内的计算活度因子的公式,后者则提出了"离子对"(ion pair)的概念,这种概念在电解质溶液理论的发展中起着非常重要的作用。

电解质溶液经过许多年的研究和发展,已经涉及到化工、冶金、环境、食品、医药等重要的行业。电解质的研究重点在于活度的研究,而活度的研究又在于活度因子的研究。德拜-休克尔离子互吸理论的提出,基本解决了单一电解质溶液的活度及活度因子问题。混合电解质溶液的活度及活度因子也有进一步的发展。在化工生产过程中,对活度因子的研究在于首先建立模型,然后推广到理论和实际研究。目前模型研究比较成功的是:① 平均球近似(MSA)的模型,该模型提出了阳离子的有效直径随溶液中离子浓度变化的关系式,既可以解决单一电解质溶液的活度问题,也可以对某些因子如阳离子的有效直径、溶剂和离子的偏摩尔体积、渗透压等参数的扩展后应用于混合电解质溶液的活度问题计算。② Bromly 模型,该模型是在完善德拜-休克尔理论的基础上提出的,其活度的应用范围远超过德拜-休克尔理论模型。在具体计算时,需要每种电解质的 Bromly 参数。③ 半理论半经验模型,通过实验数据进行逆合,再根据各影响因素的实际影响对逆合的模型进行校正后得到的。这种方法虽然不能明确那些参数的物理意义,但确有重要的实用价值。人们利用这些溶液离子活度模型已经应用在金属的冶炼上,取得了突破。

最后,有必要指出,通常把电解质溶液分为"强电解质"和"弱电解质"两种,都是针对水溶液而言的。事实上,同一种溶质在不同溶剂中可以表现出完全不同的性质。例如 LiCl 和 KI 都是离子晶体,在水溶液中表现出强电解质的性质,而当溶解在醋酸或丙酮中时却变成了弱电解质,并服从质量作用定律。因此弱电解质与强电解质并不能作为物质自身的一种分类,而仅仅是电解质所处状态的分类。

有些作者认为:溶剂对电解质的影响如解离、电导、扩散等都与电解质本来所处的状态有关。据此可把物质分为两大类,一类称为离子载体(ionophores)或称为真实电解质(true elec-trolytes)。KCl 就是这一类的典型,它在固态时就是以 K^+ 和 Cl^- 离子而存在。在不同的溶剂中可以形成能自由运动的离子,也可以形成离子和离子对之间的平衡:

$$K^+ + Cl^- \Longleftrightarrow K^+ \cdot Cl^-$$

另一类则称为可离子化的基团(ionogens)或称为潜在电解质(potential electrolytes)。CH_3COOH 就是这一类的典型,它是共价键分子,在水中既可形成分子 $CH_3COOH \cdot H_2O$,

又可形成离子对 $CH_3COO^- \cdot H_3O^+$，离子对只可解离为相对自由的离子 CH_3COO^- 和 H_3O^+。

有些溶液理论工作者常把电解质溶液分为"缔合式"溶液和"非缔合式"溶液。在非缔合式电解质溶液中，溶质是简单的正、负离子（可能是水合的），既没有溶质的共价分子，也没有正、负离子的缔合。若以水为溶剂，则许多金属的过氯酸盐及碱金属、碱土金属的卤化物等都属于这一类。一些在溶液很浓时才产生缔合作用的电解质如过氯酸、卤酸等也归于此类。非缔合式电解质的理论就是强电解质离子互吸理论（包括 Debye-Hückel 和 Onsager 理论等）。非缔合式电解质实际上并不很多，但其理论却非常重要，因为近代的电解质溶液理论都是从这里发展出来的。而实际上大多数电解质都是缔合式电解质，其中又可细分为"弱电解质"溶液、"离子对电解质"溶液和"簇团电解质"溶液等。弱电解质在溶液中除正、负离子之外，还有以共价键结合起来的分子。很多酸和碱都属于这一类，例如盐酸和硫酸只有在稀溶液中才是强电解质，在浓溶液中则是弱电解质。$10 \text{ mol} \cdot \text{dm}^{-3}$ 的盐酸通过蒸气压的测定知道其中约有 0.3% 是共价分子，因此该盐酸溶液中 HCl 是弱电解质（分子的存在可以由蒸气压的测定以及综合散射光谱的频率等来测定）。通常当溶质中以分子状态存在的部分少于千分之一时，常可认为是强电解质。当然在这里"强"、"弱"之间并没有严格的界限。关于"离子对电解质"的概念是 Bjerrum 首先提出来的。如前所述，在溶液中正、负离子通过纯净的静电引力而形成离子对。它可以是二离子对（$M^+ A^-$），也可以是三离子对，如：

$$M^+ A^- + A^- \rightleftharpoons M^+ A_2^-$$
$$M^+ A^- + M^+ \rightleftharpoons M_2 A^+$$

很多无机盐属于这一类，特别是在浓溶液的情况下，有离子对存在。这表明当不同电荷的离子相互靠近到某一临界距离时，离子间的静电作用能量可能大于它们热运动的能量，因而正、负离子可能缔合成一个新单元，作为一个整体在溶液中运动（它和分子不同，分子是靠化学键结合，而离子对则靠库仑力结合）。这种新单元可以是两个离子、三个离子或更多离子缔合而成的离子簇团（cluster）。在溶液中每一瞬间都有许多离子缔合物分解，同时又有许多离子缔合物生成。从统计的观点，溶液中总是有一定数量的离子缔合物存在，所以在一定浓度的溶液中，强电解质的每个离子并不都能独立运动，即虽完全离子化但并非完全解离，这种缔合作用显然会降低电导和平均活度因子。

上述关于电解质溶液的分类，只是为理论上研究问题的方便，并不是十分严格的，如果企图在它们之间机械地划分一条明确的界限，是没有必要的。

§7.3 可逆电池

所谓电池就是使化学能转变为电能的装置。若转变过程是以热力学可逆方式进行的，则称为可逆电池，此时电池是在平衡态或无限接近于平衡态的情况下工作。因此，在等温、等压条件下，当系统发生变化时，系统 Gibbs 自由能的减少等于对外所做的最大非膨胀功，用公式表示为

$$(\Delta_r G)_{T,p} = W_{f,\max} \tag{7.25}$$

如果非膨胀功只有电功（在本章中只讨论这种情况），而电功等于电动势 E 和通过电池的电量 Q 的乘积，即 $W_{f,\max} = EQ$。若 1 mol 反应转移的电量为 nF，所以 $Q = nF$。于是，式 (7.25) 又可写为

$$(\Delta_r G)_{T,p} = -nEF \tag{7.26}$$

式中：n 为电池输出电荷的物质的量，单位为 mol；E 为可逆电池的电动势，单位为伏特 (V)；F 是 Faraday 常数。如果可逆电动势为 E 的电池按电池反应式，当反应进度 $\xi = 1$ mol 的 Gibbs 自由能的变化值可表示为

$$(\Delta_r G_m)_{T,p} = \frac{-nEF}{\xi} = -zEF \tag{7.27}$$

式中：z 为按所写的电池反应，在反应进度为 1 mol 时，反应式中电子的计量系数，其单位为 1；$\Delta_r G_m$ 的单位为 J·mol^{-1}。显然，当电池中的化学能以不可逆的方式转变成电能时，两电极间的不可逆电势差一定小于可逆电动势 E。

式 (7.27) 是一个十分重要的关系式，它是联系热力学和电化学的主要桥梁，可以通过可逆电池电动势 E 的测定求得对应反应的 $\Delta_r G_m$，并进而解决 $\Delta_r S_m$、$\Delta_r H_m$ 等热力学函数。可见，研究可逆电池具有重要的理论意义。

7.3.1 可逆电池

将化学反应转变为一个能够产生电能的电池，首要条件是组成电池必须有两个电极以及能与电极建立电化反应平衡的相应电解质。如果两个电极插在同一个电解质溶液中，则为单液电池（图 7.16）。若两个电极插在不同的电解质溶液中，则为双液电池，两个电解质溶液之间可用膜或素瓷烧杯分开（图 7.17）。也可把两个电解质溶液放在不同的容器中，中间用盐桥

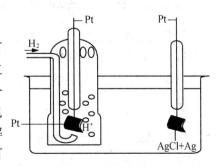

图 7.16 单液电池

(salt bridge)相连(图 7.18)。

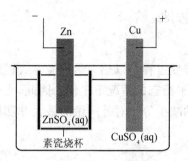

图 7.17 用膜或素瓷烧杯分开双液电池

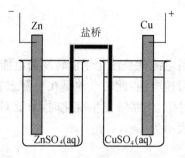

图 7.18 用盐桥连接的双液电池

因为只有可逆电池的电动势才能和热力学相联系,所以本章中只讨论可逆电池。

1. 可逆电池的条件

可逆电池(reversible cell),是指电池在充、放电时进行的任何反应与过程都必须是可逆的。

可逆电池一方面要求电池在作为原电池或电解池时总反应必须是可逆的,另一方面要求电极上的反应(无论是正向或是反向)都是在平衡情况下进行的,即电流应该是无限小的。

例如,以 Zn(s)及 Ag(s)|AgCl(s)为电极,插到 $ZnCl_2$ 的溶液中,用导线连接两极,则将有电子自 Zn 极经导线流向 Ag(s)|AgCl(s)电极。若将两电极的导线分别接至另一电池 $E_{外}$,使电池的负极与外加电池的负极相接,正极与正极相接,并设 $E>E_{外}$,且 $E-E_{外}=\delta E$。此时虽然电流强度很小,但电子流仍可自 Zn 极经过 $E_{外}$ 流到 Ag(s)|AgCl(s)电极。若有 1 mol 元电荷的电荷量通过,则电极上的反应为

负极(Zn 极)　　　　　$\frac{1}{2}Zn(s) \longrightarrow \frac{1}{2}Zn^{2+} + e^-$

正极[Ag(s)|AgCl(s)电极]　　　$Ag(s) + e^- \longrightarrow Ag(s) + Cl^-$

电池的净反应为　$\frac{1}{2}Zn(s) + AgCl \longrightarrow \frac{1}{2}Zn^{2+} + Cl^- + Ag(s)$ 　　(7.28)

倘若使外加电池的 $E_{外}$ 比电池的 E 稍大,即 $E_{外}>E, E-E_{外}=\delta E$,则电池内的反应恰好逆向进行。此时电池变为电解池,有电子自外电源流入锌极,在锌极上起还原作用,故锌极称为阴极。而在 Ag(s)|AgCl(s)电极上则起氧化作用,故 Ag(s)|AgCl(s)电极称为阳极。

阴极(Zn 极)　　$\frac{1}{2}Zn^{2+} + e^- \longrightarrow \frac{1}{2}Zn(s)$

阳极(Ag(s)|AgCl(s)电极)　　$Ag(s) + Cl^- \longrightarrow Ag(s) + e^-$

电池的净反应为　$\frac{1}{2}Zn^{2+} + Cl^- + Ag(s) \longrightarrow \frac{1}{2}Zn(s) + AgCl$ 　　(7.29)

由式(7.28)、式(7.29)所代表的两个净反应恰恰相反,而且在充放电时电流都很小,所以上述电池是一个可逆电池,但并不是所有反应可逆的电池都是可逆电池,假如上面的电池,在充电时施以较大的外加电压,虽然电池中的反应仍可依式(7.28)进行,但就能量而言却是不可逆的,所以仍是不可逆电池。

Daniell 电池实际上并不是可逆电池。当电池工作时,除了在负极进行 Zn(s) 的氧化和在正极上进行 Cu^{2+} 的还原反应以外,在 $ZnSO_4$ 与 $CuSO_4$ 溶液的接界处,还要发生 Zn^{2+} 向 $CuSO_4$ 溶液中扩散的过程。而当有外界电流反向流入 Daniell 电池中时,电极反应虽然可以做到逆向进行(利用 H_2 在金属上有超电势,使 H_2 不能从阴极析出),但是在两溶液接界处离子的扩散与原来不同,是 Cu^{2+} 向 $ZnSO_4$ 溶液中迁移,因此整个电池的反应实际上是不可逆的。但是如果在 $CuSO_4$ 和 $ZnSO_4$ 溶液间插入盐桥(其构造与作用见后),则可近似地当作可逆电池来处理。但严格地说,凡是具有两个不同电解质溶液接界的电池都是热力学不可逆的。

应该清楚:只有同时满足能量可逆和电池在近平衡条件下工作(电流无限小)两个条件时,电池才是可逆电池。不能满足上述两个条件则为不可逆电池。不可逆电池两个电极之间的电势差 E' 将视具体的工作条件而定,但均小于可逆电池的电动势 E,此时

$$-(\Delta_r G_m)_{T,p} = zEF > zE'F$$

研究可逆电池电动势的意义在于两个方面:一是指示化学能转化为电能的最高极限;二是为解决热力学问题提供了电化学的手段和方法。

2. 可逆电极

构成可逆电池的电极也必须是可逆电极。可逆电极主要有以下三种类型:

(1) 第一类电极

第一类电极是由金属浸在含有该金属离子的溶液中构成。如 Zn(s) 插在 $ZnSO_4$ 溶液中:

当 Zn(s) 起氧化作用,为负极

$$Zn(s) \longrightarrow Zn^{2+} + 2e^-$$

当 Zn(s) 起还原作用,为正极

$$Zn^{2+} + 2e^- \longrightarrow Zn(s)$$

则该 Zn(s) 电极相应的书面表示为

作负极时为　　　$Zn(s) \mid ZnSO_4(aq)$

作正极时为　　　$ZnSO_4(aq) \mid Zn(s)$

这样的 Zn(s) 电极的氧化和还原作用恰好互为逆反应。属于第一类电极的除金属电极外,还有氢电极、氧电极、卤素电极和汞齐电极等。由于气态物质是非导体,故借助于铂或其

他惰性物质起导电作用。将导电用的金属片浸入含有该气体所对应的离子的溶液中,使气流冲击金属片。例如图 7.16 左边的电极,就是氢电极的结构示意图。氢电极和氧电极在酸性或碱性介质中,其电极表示式、电极反应和电极电势的值均有所不同,如:

电极	电极反应
$H^+ \mid H_2(g) \mid Pt$	$2H^+ + 2e^- \longrightarrow H_2(g)$
$OH^- \mid H_2(g) \mid Pt$	$2H_2O + 2e^- \longrightarrow H_2(g) + 2OH^-$
$H^+ \mid O_2(g) \mid Pt$	$O_2 + 4H^+ + 4e^- \longrightarrow 2H_2O$
$OH^- \mid O_2(g) \mid Pt$	$O_2 + 2H_2O + 4e^- \longrightarrow 4OH^-$

又如 Na(Hg)齐电极,其电极表示式和电极反应为

$$Na^+(a_+) \mid Na(Hg)(a) \qquad Na^+(a_+) + Hg(l) + e^- = Na(Hg)(a)$$

Na(Hg)齐中 Na 的活度 a 随着 Na(s)在 Hg(l)中的浓度而变化。

(2) 第二类电极

第二类电极是由金属及其表面覆盖一薄层该金属的难溶盐,然后浸入含有该难溶盐的负离子的溶液中所构成,故又称难溶盐电极(或微溶盐电极),例如银-氯化银电极和甘汞电极就属于这一类,其作为正极的电极表示式和还原电极反应分别为:

$$Cl^-(a_-) \mid AgCl(s) \mid Ag(s) \qquad AgCl(s) + e^- \longrightarrow Ag(s) + Cl^-(a_-)$$
$$Cl^-(a_-) \mid Hg_2Cl_2(s) \mid Hg(l) \qquad Hg_2Cl_2(s) + 2e^- \longrightarrow 2Hg(l) + 2Cl^-(a_-)$$

属于第二类电极的还有难溶氧化物电极,即是在金属表面覆盖一薄层该金属的氧化物,然后浸在含有 H^+ 或 OH^- 的溶液中构成电极,例如:

$$OH^-(a_-) \mid Ag_2O(s) \mid Ag(s) \qquad Ag_2O(s) + H_2O + 2e^- \Longleftrightarrow 2Ag(s) + 2OH^-(a_-)$$
$$H^+(a_+) \mid Ag_2O(s) \mid Ag(s) \qquad Ag_2O(s) + 2H^+(a_+) + 2e^- \Longleftrightarrow 2Ag(s) + H_2O$$

(3) 第三类电极

又称氧化-还原电极,由惰性金属(如铂片)插入含有某种离子的不同氧化态的溶液中构成电极。这里金属只起导电作用,而氧化-还原反应是溶液中不同价态的离子在溶液与金属的界面上进行。例如:

电极 $\qquad Fe^{3+}(a_1), Fe^{2+}(a_2) \mid Pt(s)$

电极反应为 $\qquad Fe^{3+}(a_1) + e^- \Longleftrightarrow Fe^{2+}(a_2)$

类似的电极还有 Sn^{4+} 与 Sn^{2+},$[Fe(CN)_6]^{3-}$ 与 $[Fe(CN)_6]^{4-}$ 等,醌-氢醌电极也属于这一类。

3. 电动势的测定*

电池的电动势不能直接用伏特计来测量。因为当把伏特计与电池接通后,必须有适量的电流通过才能使伏特计显示,这样电池中就发生化学反应,溶液的浓度就会不断改变。同时,

电池本身也有内阻会产生电压降,所测得电池电动势不是可逆电池的电动势,因而伏特计不可能有稳定的数值。所以测量可逆电池的电动势必须在几乎没有电流通过的情况下进行。

一般采用对消法(或称补偿法)测电池电动势,常用的仪器为电位差计。设 E 为电池的可逆电动势,U 为两电极间的电势差,即伏特计的读数,R_0 为导线上的电阻(即外阻),R_i 为电池的内阻,I 为电流,则根据欧姆定律:

$$E = (R_0 + R_i)I$$

若只考虑外电路时,则

$$U = R_0 I$$

两式中的 I 值相等,所以

$$\frac{U}{E} = \frac{R_0}{R_0 + R_i}$$

若 R_0 很大,R_i 值与之相比可忽略不计,则 $U \approx E$。

在外电路上加一个方向相反而电动势几乎相同的电池,以对抗原电池的电动势。此时,外电路上差不多没有电流通过,相当于在 R_0 为无限大的情形下进行测定。如图 7.19,AB 为均匀的电阻线,工作电池(E_w)经 AB 构成一个通路,在 AB 线上产生了均匀的电位降。D 是双臂电钥,当 D 向下时与待测电池(E_x)相通,待测电池的负极与工作电池的负极并联,正极则经过检流计(G)接到滑动接头 C 上。这样就等于在电池的外电路上加上一个方向相反的电位差,它的大小由滑动点的位置来决定。移动滑动点

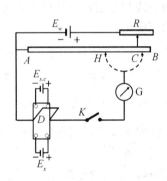

图 7.19 对消法测电动势的示意图

的位置就会找到某一点(例如 C 点),当电钥闭合时,检流计中没有电流通过,此时电池的电动势恰好和 AC 线所代表的电位差在数值上相等而方向相反。

为了求得 AC 线段的电位差,可以将 D 向上掀,在 E_x 的位置上换以标准电池(standard cell,缩写为 s.c.)。标准电池的电动势是已知的,而且在一定温度下能保持恒定,设为 $E_{s.c.}$,用同样的方法可以找出另一点 H,使检流计中没有电流通过。AH 线段的电位差就等于 $E_{s.c.}$。因为电位差与电阻线的长度成正比,故待测电池的电动势为

$$E_x = E_{s.c.} \frac{AC}{AH}$$

4. 标准电池

在测定电池的电动势时,需要一个电动势为已知的并且稳定不变的辅助电池,此电池称为标准电池。常用的标准电池是 Weston(韦斯顿)标准电池。其装置如图 7.20。

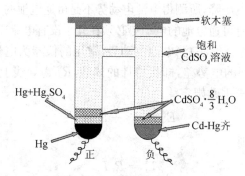

图 7.20 韦斯顿标准电池

电池的负极为镉汞齐(含 Cd 的质量分数为 0.05～0.14)，正极是 $Hg(l)$ 与 $Hg_2SO_4(s)$ 的糊状体，在糊状体和镉汞齐上面均放有 $CdSO_4 \cdot \frac{8}{3}H_2O(s)$ 的晶体及其饱和溶液。为了使引入的导线与正极糊体接触得更紧密，在糊状体的下面放进少许 $Hg(l)$。当电池作用时所进行的反应是：

正极 $Hg_2SO_4(s) + 2e^- \longrightarrow 2Hg + SO_4^{2-}$

负极 $Cd(Hg)(a) \longrightarrow Cd^{2+} + 2e^- + nHg$

净反应 $Cd(Hg)(a) + Hg_2SO_4(s) + \frac{8}{3}H_2O \longrightarrow CdSO_4 \cdot \frac{8}{3}H_2O(s) + nHg$

电池内的反应是可逆的，并且电动势很稳定。因为根据电池的净反应，标准电池的电动势只与镉汞齐的活度有关。从 Hg-Cd 相图可知，在室温下，镉汞齐中镉含量在 0.05～0.14 之间时，系统处于熔化物和固溶体两相平衡区，镉汞齐活度有定值，而标准电池电动势只与镉汞齐的活度有关，所以也有定值。所以在 293.15 K 时，$E = 1.01845$ V；298.15 K 时，$E = 1.01832$ V。

在其他温度时的电动势可由下式求得：

$$E_T/V = 1.01845 - 4.05 \times 10^{-5}(T/K - 293.15) - 9.5 \times 10^{-7}(T/K - 293.15)^2 + 1 \times 10^{-8}(T/K - 293.15)^3 \tag{7.30}$$

我国在 1975 年提出的公式为：

$$E_T/V = E(293.15K)/V - [39.94(T/K - 293.15) + 0.929(T/K - 293.15)^2 - 0.009(T/K - 293.15)^3 + 0.00006(T/K - 293.15)^4] \times 10^{-6} \tag{7.31}$$

从上式可知，Weston 标准电池的电动势与温度的关系很小。

7.3.2 可逆电池的表示式

一个电池的组成与结构，用电池的示意图表示出来，虽比较直观，但太过麻烦。书面上的表示常常采用一些规范的表达方式。本书采用一般的惯例如下：

（1）用化学式表示电池中各物质的组成，要注明温度和压力（如不写明，一般指 298.15 K 和标准压力 $p^{\ominus}$）。要标明电极的物态，若是气体要注明压力和依附的不活泼金属。对电解质溶液，要注明活度。

（2）用"|"表示不同物相的界面，有界面电势存在。这界面包括电极与溶液的界面，电极与气体的界面，两种固体之间的界面。用"‖"表示盐桥，表示溶液与溶液之间的接界电势（junction potential）通过盐桥已经降低到可以略而不计。

（3）负极写在左边，正极写在右边。

（4）对于已经消除接界电势差的电池，电池的电动势可用右边正极的还原电极电势减去左边负极的还原电极电势。对于一个电池的表示式，若计算出的电动势 $E>0$，则表明该电池表示式确实代表一个电池，否则，左右两极互换位置后，才能表示一个电池。

按照以上的惯例，可以把所给的化学反应设计成电池。电池设计好后务必写出它的电极反应和电池反应，以核对与原来所给的化学反应是否相符。例如，若将下列化学反应设计成电池：

（1）$Zn(s) + H_2SO_4(aq) == H_2(p^{\ominus}) + ZnSO_4(aq)$

（2）$Ag^+(a_{Ag^+}) + Cl^-(a_{Cl^-}) == AgCl(s)$

则所设计的电池为

$$Zn(s) | ZnSO_4(aq) \| H_2SO_4(aq) | H_2(p^{\ominus}) | Pt$$

$$Ag(s) | AgCl(s) | HCl(aq) \| AgNO_3(aq) | Ag(s)$$

读者应能写出电极和电池的反应式并进行核对。

【例 7.9】 将下列化学反应设计成电池：

（1）$Zn(s) + Cd^{2+} \longrightarrow Zn^{2+} + Cd(s)$

（2）$Pb(s) + HgO(s) \longrightarrow Hg(l) + PbO(s)$

（3）$H^+ + OH^- \longrightarrow H_2O(l)$

解：（1）反应中既有离子又有相应的金属，可选择第一类电极。反应中 Zn 化合价升高被氧化，作为电池负极，Cd 化合价降低被还原，作为电池正极。设计的电池为

$$Zn(s) | Zn^{2+}(a_1) \| Cd^{2+}(a_2) | Cd(s)$$

将设计成的电池进行核对，则

负极　　$Zn(s) \longrightarrow Zn^{2+} + 2e^-$

正极　　$Cd^{2+} + 2e^- \longrightarrow Cd(s)$

总反应　　$Zn(s) + Cd^{2+} \longrightarrow Zn^{2+} + Cd(s)$　　与给定的反应一致

（2）该反应中没有离子，但有金属及金属氧化物，可选择第二类电极。反应中 Pb 氧化成 PbO，为电池负极，HgO 还原成 Hg，作为电池正极。这类电极对 OH^- 可逆，电池设计为

$$\text{Pb(s)} \mid \text{PbO(s)} \mid \text{OH}^-(a) \parallel \text{HgO(l)} \mid \text{Hg(l)}$$

将设计成的电池进行核对,则

负极 $\text{Pb} + 2\text{OH}^- \longrightarrow \text{PbO} + \text{H}_2\text{O} + 2\text{e}^-$

正极 $\text{HgO} + 2\text{H}_2\text{O} + 2\text{e}^- \longrightarrow \text{Hg} + 2\text{OH}^-$

总反应 $\text{Pb(s)} + \text{HgO(s)} \longrightarrow \text{Hg(l)} + \text{PbO(s)}$ 与给定的反应一致

(3) 该反应中有离子,电解质溶液比较易于确定,但是没有氧化-还原反应,电极选择不明显。氢电极对 H^+ 和 OH^- 均能可逆,可选择第三类电极做固体电极。

$$\text{Pt} \mid \text{H}_2(g, p^{\ominus}) \mid \text{OH}^-(a) \parallel \text{H}^+(a) \mid \text{H}_2(g, p^{\ominus}) \mid \text{Pt}$$

将设计成的电池进行核对,则

负极 $\text{H}_2 + 2\text{OH}^- \longrightarrow 2\text{H}_2\text{O(l)} + 2\text{e}^-$

正极 $2\text{H}^+ + 2\text{e}^- \longrightarrow \text{H}_2$

总反应 $\text{H}^+ + \text{OH}^- \longrightarrow \text{H}_2\text{O(l)}$ 与给定的反应一致

§7.4 可逆电池热力学

如果一个化学反应设计成电池,则设计成的电池可以提供多少电能?提供的电能与参加反应的各物质的性质、浓度以及反应温度之间的关系如何?提供的电能与化学反应的热力学函数之间的关系又如何呢?这些都是可逆电池的热力学要讨论的问题。式子 $(\Delta_r G)_{T,p} = -nEF$ 是讨论可逆电池电动势与浓度关系的基本关系式。

7.4.1 Nernst方程

举下面的单液电池为例:

$$\text{Pt} \mid \text{H}_2(p_1) \mid \text{HCl}(a) \mid \text{Cl}_2(p_2) \mid \text{Pt}$$

设此电池的电极反应为

负极(氧化) $\text{H}_2(p_1) \longrightarrow 2\text{H}^+(a_{\text{H}^+}) + 2\text{e}^-$

正极(还原) $\text{Cl}_2(p_2) + 2\text{e}^- \longrightarrow 2\text{Cl}^-(a_{\text{Cl}^-})$

电池净反应 $\text{H}_2(p_1) + \text{Cl}_2(p_2) \Longrightarrow 2\text{H}^+(a_{\text{H}^+}) + 2\text{Cl}^-(a_{\text{Cl}^-})$

根据化学反应等温式,上述反应的 $\Delta_r G_m$ 为

$$\Delta_r G_m = \Delta_r G_m^{\ominus} + RT \ln \frac{a_{\text{H}^+}^2 a_{\text{Cl}^-}^2}{a_{\text{H}_2} a_{\text{Cl}_2}} \tag{7.32}$$

将式(7.27)代入,得

$$E = E^{\ominus} - \frac{RT}{zF}\ln\frac{a_{H^+}^2 a_{Cl^-}^2}{a_{H_2} a_{Cl_2}} \tag{7.33}$$

式中 $E^{\ominus}$ 为所有参加反应的组分都处于标准状态时的电动势，z 为电极反应中电子的计量系数，在本例中 $z=2$。当涉及纯液体或固态纯物质时，其活度为 1；当涉及气体时，$a=\frac{f}{p^{\ominus}}$，f 为气体的逸度。若气体可看作理想气体，则 $a=\frac{p}{p^{\ominus}}$。

若电池净反应为：$0=\sum\limits_{B}\nu_B B$，或写成如下更具体的形式：

$$cC + dD \Longrightarrow gG + hH$$

则

$$E = E^{\ominus} - \frac{RT}{zF}\ln\frac{a_G^g a_H^h}{a_C^c a_D^d}$$

$$= E^{\ominus} - \frac{RT}{zF}\ln\prod_B a_B^{\nu_B} \tag{7.34}$$

由于 $E^{\ominus}$ 在给定温度下有定值，所以式(7.34)表明了电池的电动势 E 与各参加电池反应的组分活度之间的关系，称为电池 Nernst 方程。

例如，电池 $Zn|Zn^{2+}(a_{Zn^{2+}}) \parallel H^+(a_{H^+})|H_2, Pt$

电池反应为 $Zn + 2H^+ \longrightarrow H_2 + Zn^{2+}$

则电池电动势与各物质活度之间的关系，可由(7.34)写为

$$E = E^{\ominus} - \frac{RT}{zF}\ln\frac{a_{Zn^{2+}} \cdot p_{H_2}/p^{\ominus}}{a_{H^+}^2}$$

此外，根据 E 的符号可以判断电池反应的方向，当 $E>0$ 时，$\Delta_r G_m < 0$，说明该反应在所给的条件下可以自发进行；当 $E<0$ 时，$\Delta_r G_m > 0$，说明该反应在所给条件下不能自发进行。

7.4.2 由电池电动势计算电池反应的热力学函数

1. 由标准电动势 $E^{\ominus}$ 求电池反应的平衡常数

若电池反应中各参加反应的物质都处于标准状态，则式(7.27)可写为

$$\Delta_r G_m^{\ominus} = -zE^{\ominus}F \tag{7.35}$$

已知 $\Delta_r G_m^{\ominus}$ 与反应的标准平衡常数 $K_a^{\ominus}$ 的关系为

$$\Delta_r G_m^{\ominus} = -RT\ln K^{\ominus} \tag{7.36}$$

从式(7.35)和式(7.36)，可以得到

$$E^{\ominus} = \frac{RT}{zF}\ln K^{\ominus} \tag{7.37}$$

标准电动势 $E^\ominus$ 的值可以通过标准电极电势表（见附表）获得，从而可通过式(7.37)计算反应的平衡常数 $K^\ominus$。

【例7.10】 某电池的电池反应可用如下两个方程表示，分别写出其对应的 $\Delta_r G_m$、$K^\ominus$ 和 E 的表示式，并找出两组物理量之间的关系。

(1) $\frac{1}{2}H_2(p_{H_2}) + \frac{1}{2}Cl_2(p_{Cl_2}) == H^+(a_{H^+}) + Cl^-(a_{Cl^-})$

(2) $H_2(p_{H_2}) + Cl_2(p_{Cl_2}) == 2H^+(a_{H^+}) + 2Cl^-(a_{Cl^-})$

解： $E_1 = E_1^\ominus - \frac{RT}{F}\ln\frac{a_{H^+}a_{Cl^-}}{a_{H_2}^{1/2}a_{Cl_2}^{1/2}}$ $E_2 = E_2^\ominus - \frac{RT}{2F}\ln\frac{a_{H^+}^2 a_{Cl^-}^2}{a_{H_2}a_{Cl_2}}$

因为是同一电池，故 $E_1^\ominus = E_2^\ominus$，所以 $E_1 = E_2$，即电动势的值是电池本身的性质，与电池反应的写法无关。

$$\Delta_r G_{m,1} = -zE_1F = -E_1F \qquad \Delta_r G_{m,2} = -2E_2F$$

因为 $E_1 = E_2$，所以 $\Delta_r G_{m,2} = 2\Delta_r G_{m,1}$

$$K_2^\ominus = (K_1^\ominus)^2$$

2. 由电动势 E 及其温度系数求反应的 $\Delta_r H_m$、$\Delta_r S_m$ 和 Q_R

根据热力学基本公式

$$dG = -SdT + Vdp$$

$$\left(\frac{\partial G}{\partial T}\right)_p = -S \qquad \left[\frac{\partial(\Delta G)}{\partial T}\right]_p = -\Delta S$$

已知 $\Delta_r G_m = -zEF$，代入上式，得

$$\left[\frac{\partial(-zEF)}{\partial T}\right]_p = -\Delta_r S_m$$

所以 $$\Delta_r S_m = zF\left(\frac{\partial E}{\partial T}\right)_p \tag{7.38}$$

在等温情况下，可逆反应的热效应为

$$Q_R = T\Delta_r S_m = zFT\left(\frac{\partial E}{\partial T}\right)_p \tag{7.39}$$

从 $\left(\frac{\partial E}{\partial T}\right)_p$ 的数值为正或为负，可确定可逆电池在工作时是吸热还是放热。应注意，可逆电池因为做了电功，此时 $Q_p \neq \Delta H$。

从热力学函数之间的关系知道，在等温条件下 $\Delta G = \Delta H - T\Delta S$，所以

$$\Delta_r H_m = \Delta_r G_m + T\Delta_r S_m = -zEF + zFT\left(\frac{\partial E}{\partial T}\right)_p \tag{7.40}$$

从实验测得电池的可逆电动势 E 和温度系数 $\left(\dfrac{\partial E}{\partial T}\right)_p$,就可求出反应的 $\Delta_r H_m$ 和 $\Delta_r S_m$ 的值。由于电动势能够测得很精确,故从式(7.40)所得到的 $\Delta_r H_m$ 值常比用热化学方法得到的 $\Delta_r H_m$ 值要精确一些。

【例 7.11】 (1) 求 298 K 时,下列电池的温度系数:
$$\text{Pt} \mid \text{H}_2(p^\ominus) \mid \text{H}_2\text{SO}_4(0.01\ \text{mol}\cdot\text{kg}^{-1}) \mid \text{O}_2(p^\ominus) \mid \text{Pt}$$
已知该电池的电动势 $E=1.228\ \text{V}$,$\text{H}_2\text{O}(l)$ 的标准摩尔生成焓 $\Delta_f H_m^\ominus = -285.83\ \text{kJ}\cdot\text{mol}^{-1}$。

(2) 求 273 K 时,该电池的电动势 E,设在 273~298 K 之间,$\text{H}_2\text{O}(l)$ 的生成焓不随温度而改变,电动势随温度的变化率是均匀的。

解:(1) 电极与电池反应为

负极 $\quad \text{H}_2(p^\ominus) \longrightarrow 2\text{H}^+(a_{\text{H}^+}) + 2e^-$

正极 $\quad \dfrac{1}{2}\text{O}_2(p^\ominus) + 2\text{H}^+(a_{\text{H}^+}) + 2e^- \longrightarrow \text{H}_2\text{O}(l)$

电池净反应 $\quad \text{H}_2(p^\ominus) + \dfrac{1}{2}\text{O}_2(p^\ominus) =\!=\!= \text{H}_2\text{O}(l)$

$$\Delta_r G_m = -zEF$$
$$= -2 \times 1.228\ \text{V} \times 96\,500\ \text{C}\cdot\text{mol}^{-1} = -237.0\ \text{kJ}\cdot\text{mol}^{-1}$$

因为 $\quad \Delta_r H_m = \Delta_r G_m + T\Delta_r S_m = \Delta_r G_m + zFT\left(\dfrac{\partial E}{\partial T}\right)_p$

所以 $\quad \left(\dfrac{\partial E}{\partial T}\right)_p = \dfrac{\Delta_r H_m - \Delta_r G_m}{zFT}$

$$= \dfrac{(-285.83 + 237.0)\ \text{kJ}\cdot\text{mol}^{-1}}{2 \times 96\,500\ \text{C}\cdot\text{mol}^{-1} \times 298\ \text{K}} = -8.49 \times 10^{-4}\ \text{V}\cdot\text{K}^{-1}$$

(2) $\left(\dfrac{\partial E}{\partial T}\right)_p \approx \dfrac{\Delta E}{\Delta T} = \dfrac{E(298\ \text{K}) - E(273\ \text{K})}{(298-273)\ \text{K}} = -8.49 \times 10^{-4}\ \text{V}\cdot\text{K}^{-1}$

从上式可求得 $\quad E(273\ \text{K}) = 1.249\ \text{V}$

【例 7.12】 在 298 K 和 313 K 分别测定 Daniell 电池的电动势,得到 $E_1(298\ \text{K}) = 1.103\,0\ \text{V}$,$E_2(313\ \text{K}) = 1.096\,1\ \text{V}$,设 Daniell 电池的反应为
$$\text{Zn}(s) + \text{CuSO}_4(a=1) =\!=\!= \text{Cu}(s) + \text{ZnSO}_4(a=1)$$
并设在上述温度范围内,E 随 T 的变化率保持不变,求 Daniell 电池在 298 K 时,反应的 $\Delta_r G_m$、$\Delta_r H_m$、$\Delta_r S_m$ 和可逆热效应 Q_R。

解: $\left(\dfrac{\partial E}{\partial T}\right)_p = \dfrac{E_2 - E_1}{T_2 - T_1} = \dfrac{(1.096\,1 - 1.103\,0)\ \text{V}}{(313-298)\ \text{K}} = -4.6 \times 10^{-4}\ \text{V}\cdot\text{K}^{-1}$

$$\Delta_r G_m = -zEF = -2 \times 1.103\,0\ \text{V} \times 96\,500\ \text{C}\cdot\text{mol}^{-1}$$
$$= -212.9\ \text{kJ}\cdot\text{mol}^{-1}$$

$$\Delta_r S_m = zF\left(\frac{\partial E}{\partial T}\right)_p$$
$$= 2 \times 96\,500 \text{ C} \cdot \text{mol}^{-1} \times (-4.6 \times 10^{-4} \text{ V} \cdot \text{K}^{-1})$$
$$= -88.78 \text{ J} \cdot \text{K}^{-1} \cdot \text{mol}^{-1}$$
$$\Delta_r H_m = \Delta_r G_m + T\Delta_r S_m$$
$$= -212.9 \text{ kJ} \cdot \text{mol}^{-1} + 298 \text{ K} \times (-88.78 \times 10^{-3}) \text{kJ} \cdot \text{K}^{-1} \cdot \text{mol}^{-1}$$
$$= -239.4 \text{ kJ} \cdot \text{mol}^{-1}$$
$$Q_R = T\Delta_r S_m = 298 \text{ K} \times (-88.78 \text{ J} \cdot \text{K}^{-1} \cdot \text{mol}^{-1})$$
$$= -24.46 \text{ J} \cdot \text{K}^{-1} \cdot \text{mol}^{-1}$$

7.4.3 浓差电池

1. 电极浓差电池

由于正、负两极上参与反应的物质的浓度(或者活度、压力等)不同组成的电池。例如：

$$\text{Pt} \mid H_2(p_1) \mid \text{HCl}(a) \mid H_2(p_2) \mid \text{Pt}$$

负极　　$H_2(p_1) \longrightarrow 2H^+(a_{H^+}) + 2e^-$

正极　　$2H^+(a_{H^+}) + 2e^- \longrightarrow H_2(p_2)$

电池总反应　　$H_2(p_1) \longrightarrow H_2(p_2)$

根据 Nernst 方程，电池电动势 $E = \frac{RT}{2F}\ln\frac{p_1}{p_2}$。

2. 溶液浓差电池

由于正、负两极的电解质溶液的浓度不同组成的电池。例如：

$$\text{Pt} \mid H_2(p) \mid (\text{HCl})(a_1) \parallel \text{HCl}(a_2) \mid H_2(p) \mid \text{Pt}$$

负极　　$\frac{1}{2}H_2(p) \longrightarrow H^+(a_1) + e^-$

正极　　$H^+(a_2) + e^- \longrightarrow \frac{1}{2}H_2(p)$

电池总反应　　$H^+(a_2) \longrightarrow H^+(a_1)$

电池电动势为 $E = -\frac{RT}{F}\ln\frac{(a_1)}{(a_2)}$。

浓差电池的特点：

(1) 电池标准电动势 $E^\ominus = 0$；

(2) 电池总反应不是化学反应，仅仅是某物质在不同的压力或浓度之间迁移；

(3) 只有某物质从高压到低压或从高浓度向低浓度的迁移，才是自发的，电动势大于零。

§7.5 电动势与电极电势

一个电池的总的电动势可能由下列几种电势差所构成,即电极与电解质溶液之间的电势差、导线与电极之间的接触电势差以及由于不同的电解质溶液之间或同一电解质溶液但浓度不同而产生的液接电势差等所构成。

7.5.1 电池电动势来源

1. 电极-溶液界面间电势差

前已述及,电池电动势的产生是由于电池内发生了自发的化学反应。电池是由电解质溶液和电极组成,那么在电极和溶液界面处究竟是如何产生电势差的呢?

以金属电极为例,例如铁片插入水中,由于极性很大的水分子与铁片中构成晶格的铁离子相互吸引而发生水合作用,结果一部分铁离子与金属中其他铁离子间的键力减弱,甚至可以离开金属而进入与铁片表面接近的水层之中。金属因失去铁离子而带负电荷,溶液因有铁离子进入而带正电荷。这两种相反的电荷彼此又互相吸引,以致大多数铁离子聚集在铁片附近的水层中而使溶液带正电,对金属离子有排斥作用,阻碍了金属的继续溶解。已溶入水中的铁离子仍可再沉积到金属的表面上。当溶解与沉积的速度相等时,达到一种动态平衡。这样在金属与溶液之间由于电荷不均等便产生了电势差。

如果金属带负电荷,则溶液中金属附近的正离子就会被吸引而集中在金属表面附近,负离子则被金属所排斥,以致它在金属附近的溶液中浓度较低。结果金属附近的溶液所带的电荷与金属本身的电荷恰恰相反。这样由电极表面上的电荷层与溶液中多余的反号离子层就形成了双电层(double layer)。又由于离子的热运动,带有相反电荷的离子并不完全集中在金属表面的液层中,而逐渐扩散远离金属表面,溶液层中与金属靠得较紧密的一层称为紧密层(contact double layer),其余扩散到溶液中去的称为扩散层(diffused double layer)。紧密层的厚度一般只有 0.1 nm 左右,而扩散层的厚度与溶液的浓度、金属的电荷以及温度等有关,其变动范围通常从 $10^{-10} \sim 10^{-6}$ m。双电层电势示意图如图 7.21 所示。

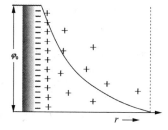

图 7.21 双电层电势示意图

2. 接触电势

因为不同金属的电子逸出功不同,当相互接触时,将发生电子由一种金属向另一种金属转移,使得其中一种金属带正电,另一种金属带负电,因此在界面上形成了电势差。这个电势差的电场阻止电子的进一步转移,最后在界面上形成一种动态平衡,这时两金属间便有一个固定的电势差,即金属间的接触电势。

3. 液体接界电势及消除

在两种不同溶液的界面上,电荷的迁移由离子向相反方向移动来完成,由于正、负离子的浓度不等、迁移速率不等,在溶液的界面上产生电势差,这就是液接电势。

它是由于溶液中离子扩散速度不同而引起的。它的大小一般不超过 0.03 V。例如,在两种浓度不同的 HCl 溶液的界面上,HCl 将从浓的一边向稀的一边扩散。因为 H^+ 的运动速度比 Cl^- 快,所以在稀的一边将出现过剩的 H^+ 而带正电;在浓的一边由于有过剩的 Cl^- 而带负电,它们之间产生了电势差。电势差的产生使 H^+ 的扩散速度减慢,同时加快了 Cl^- 的扩散速度,最后到达平衡状态。此时,两种离子以恒定的速度扩散,电势差就保持恒定。

由于扩散过程是不可逆的,所以如果电池中包含有液体接界电势,实验测定时就难以得到稳定的数值。影响液接电势值的因素很多,所以有液接电势存在的电池很难测得稳定的可重复的电动势值。因此,在实际工作中,如果不能完全避免两溶液的接触,也一定要设法将液接电势减少到可以忽略不计的程度。减小的方法是在两个溶液之间插入一个盐桥。一般是在两个溶液之间放置一个倒置的 U 形管,管内装满正、负离子运动速率相近的电解质溶液(用琼胶固定),常用的是浓 KCl 溶液。在盐桥和两溶液的接界处,因为 KCl 的浓度远大于两溶液中电解质的浓度,界面上主要是 K^+ 和 Cl^- 同时向溶液扩散。又因 K^+ 和 Cl^- 的运动速率很接近,迁移数几乎相同,液接电势就接近于零。因为整个电池的电动势由两部分组成,经推导,1-1 价电解质的液接电势为

$$E_j = (t_+ - t_-) \frac{RT}{F} \ln \frac{a_1}{a_2}$$

若使用了盐桥,$t_+ \approx t_-$,即 $E_j = 0$。

若组成电池中的电解质含有能与盐桥中电解质发生反应或生成沉淀的离子,如含有 Ag^+、Hg_2^{2+} 等,就不能用 KCl 盐桥,而要改用浓 NH_4NO_3 或 KNO_3 溶液作盐桥。盐桥只能降低液接电势,而不能完全消除液接电势。

7.5.2 电池电动势的产生

前面章节中,对消法所测原电池电动势实际上等于构成电池的各相界面上所产生的电势差的代数和。如以铜导线连接的丹尼尔电池为例,电池可以写成:

$$(-)Cu|Zn|ZnSO_4(a_1)|CuSO_4(a_2)|Cu(+)$$

$$\varphi_{接触} \quad \varphi_- \quad \varphi_{扩散} \quad \varphi_+$$

式中:$\varphi_{接触}$ 为接触电势差;$\varphi_{扩散}$ 为液体接界电势;φ_-,φ_+ 为正极与负极电势差,它们的绝对值是无法求得的。

整个电池的电动势 E 为

$$E = \varphi_+ + \varphi_- + \varphi_{接触} + \varphi_{扩散} \tag{7.41}$$

应该指出,电动势的大小是受电池反应的化学能的大小制约的,促使电子在电池内定向流动的动力,不在于各个界面的电势差本身,而在于电池内部的化学反应,也即电池输出电功的能量来源是化学反应的化学能。

7.5.3 电极电势

1. 标准电极电势——标准氢电极

原电池是由两个相对独立的电极所组成,但是到目前为止,单个电极的电极电势差的绝对值从实验上或从理论上无法获得,于是人们提出了电极电势的概念,它是一个相对于某一选定的作为标准电极的电势。在实际应用中,只要知道与某一选定的作为标准电极相比较时的相对电动势就够了。如果知道了两个半电池的这些数值,就可以求出由它们所组成的电池的电动势。

最常用、最重要的标准电极就是标准氢电极。它的结构是:把镀铂黑的铂片(用电镀法在铂片的表面上镀一层呈黑色的铂微粒铂黑)插入含有氢离子活度为1的溶液中,并不断用标准压力的纯净氢气冲打到铂片上。图7.22是氢电极的一种形式,该电极的表示式为

$$\text{Pt}, \text{H}_2(p^{\ominus}) \mid \text{H}^+ (a = 1)$$

在氢电极上所进行的反应为

$$\frac{1}{2}\text{H}_2(\text{g}, p_{\text{H}_2}) \longrightarrow \text{H}^+(a_{\text{H}^+}) + \text{e}^-$$

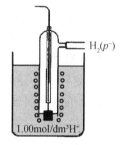

图 7.22 标准氢电极

根据以上规定,自然得出标准氢电极的电极电势等于零。对于任意给定的电极,使其与标准氢电极组合为原电池:

$$\text{标准氢电极} \parallel \text{给定电极}$$

若 $\varphi_{扩散}$ 已消除或可以忽略,则此原电池的电动势为

$$E = \varphi_{给定} - \varphi_{氢标} = \varphi_{给定}$$

这就是作为该给定电极的氢标电极电势,简称为电极电势,并用 φ 来表示。本书采用 IU-PAC 推荐的惯例:把标准氢电极放在电池表示式的左边,作阳极,发生氧化反应;把任一给定电极放在右边,作阴极,发生还原反应。因此氢标电极电势称为氢标还原电极电势,简称还原电势。为了防止发生混淆,氢标还原电极电势符号后面需依次注明氧化态与还原态,即 $\varphi(\text{Ox}/\text{Red})$。若该给定电极实际上进行的是还原反应,即组成的电池是自发的,则 $\varphi(\text{Ox}/\text{Red})$ 为正值。反之,若给定电极实际上进行的是氧化反应,与标准氢电极组成的电池是非

自发的,则 $\varphi(\text{Ox/Red})$ 为负值。

以铜电极为例:

$$\text{Pt} \mid \text{H}_2(p^\ominus) \mid \text{H}^+(a_{\text{H}^+}=1) \parallel \text{Cu}^{2+}(a_{\text{Cu}^{2+}}) \mid \text{Cu}(s)$$

负极氧化　　$\text{H}_2(p^\ominus) \longrightarrow 2\text{H}^+(a_{\text{H}^+}=1) + 2e^-$

正极还原　　$\text{Cu}^{2+}(a_{\text{Cu}^{2+}}) + 2e^- \longrightarrow \text{Cu}(s)$

净反应　　$\text{H}_2(p^\ominus) + \text{Cu}^{2+}(a_{\text{Cu}^{2+}}) =\!=\!= \text{Cu}(s) + 2\text{H}^+(a_{\text{H}^+}=1)$

电池的电动势　　$E = \varphi_+ - \varphi_-$

即

$$E = \varphi_{\text{Cu}^{2+}\mid\text{Cu}} - \varphi^\ominus_{\text{H}^+\mid\text{H}_2} = \varphi_{\text{Cu}^{2+}\mid\text{Cu}}$$

根据以上规定,该电池的电动势就是铜电极的氢标还原电极电势。当铜电板的 Cu^{2+} 的活度 $a_{\text{Cu}^{2+}}=1$ 时,实验测得的电池电动势为 0.337 V,所以 $\varphi_{\text{Cu}^{2+}\mid\text{Cu}}=0.337$ V。用同样的方法,可得到其他电极的标准还原电极电势值。

标准电极电势表是以人为规定标准氢电极的电极电势为零,把各种标准电极电势 ($\varphi^\ominus_{\text{Ox}\mid\text{Red}}/\text{V}$) 按数值大小排成的序列表。它反映了在电极上可能发生电化学反应的序列,即进行反应时,在电极上得、失电子的能力。电极电势越负,越容易失去电子;反之,电极电势越正,越容易得到电子。在电极上进行的反应都是氧化还原反应,因此也反映了某一电极相对于另一电极的氧化还原能力大小的次序,即电动次序。电极电势相对较负的金属,是较强的还原剂;电极电势相对较正的金属,则是较强的氧化剂。因此,标准电极电势越负的金属被腐蚀的可能性越大(例如在空气或稀酸溶液中,Zn,Fe 等都易于被腐蚀,而 Au,Ag 等就不易被腐蚀;又例如在 Cu 制的器件上镀上一层 Ag 的薄膜,就可以保护 Cu 不受侵蚀)。

利用标准电动序可以估计在电解过程中,溶液里的各种金属离子在电极上发生还原反应先后的次序。还可以判断氧化还原反应自发进行的方向,以及可以求出反应的焓变、熵变、平衡常数及研究其对反应速率的影响等。

例如,电极 $\text{Cl}^-(a_{\text{Cl}^-})\mid\text{AgCl}(s)\mid\text{Ag}(s)$,其电极的还原反应为

$$\text{AgCl}(s) + e^- \longrightarrow \text{Ag}(s) + \text{Cl}^-(a_{\text{Cl}^-})$$

则电极电势的计算式为

$$\varphi_{\text{Cl}^-\mid\text{AgCl}\mid\text{Ag}} = \varphi^\ominus_{\text{Cl}^-\mid\text{AgCl}\mid\text{Ag}} - \frac{RT}{zF}\ln\frac{a_{\text{Ag}}a_{\text{Cl}^-}}{a_{\text{AgCl}}}$$

$$= \varphi^\ominus_{\text{Cl}^-\mid\text{AgCl}\mid\text{Ag}} - \frac{RT}{zF}\ln a_{\text{Cl}^-}$$

一些常用的电极在 298.15 K 时,以水为溶剂的标准(还原)电极电势 ($\varphi^\ominus_{\text{Ox}\mid\text{Red}}/\text{V}$) 值列于附表中。

2. 参比电极

以氢电极作为标准电极测定电动势时，在正常情形下，电动势可达到很高的精确度(±0.000 001 V)。但它对使用时的条件要求十分严格，而且它的制备和纯化也比较复杂，在一般的实验室中难以有这样的设备，故在实验测定时，往往采用二级标准电极——参比电极。甘汞电极(calomel electrode)就是其中最常用的一种参比电极，它的电极电势可以和标准氢电极相比而精确测定，在定温下它具有稳定的电极电势，并且容易制备，使用方便。其构造如图7.23所示。将少量汞放在容器底部，加少量由甘汞[$Hg_2Cl_2(s)$]、汞及氯化钾溶液制成的糊状物，再用饱和了甘汞的氯化钾溶液将器皿装满。

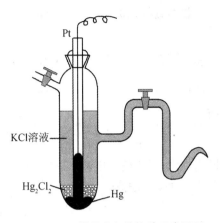

图 7.23 甘汞电极的构造示意图

甘汞电极的电极电势与 Cl^- 的活度有关，由于所用 KCl 溶液的浓度不同，甘汞电极的电极电势也不同，表 7-7 中列出了常用的三种甘汞电极的数据。

表 7.7 常用甘汞电极的数据(298.15 K)

电极类型	E/V	$(\partial E/\partial T)_p$/V·K^{-1}
(Pt)Hg|Hg_2Cl_2,KCl(0.1 mol·dm^{-3})	0.333 8	−0.000 07
(Pt)Hg|Hg_2Cl_2,KCl(1 mol·dm^{-3})	0.280 0	−0.000 24
(Pt)Hg|Hg_2Cl_2,KCl(饱和)	0.244 4	−0.000 76

7.5.4 电池电动势的计算

1. 从电极电势计算电池的电动势

设有电池：
(1) Pt\|$H_2(p^\ominus)$\|$H^+(a_{H^+}=1)$ ‖ $Cu^{2+}(a_{Cu^{2+}})$\|Cu(s)
(2) Pt\|$H_2(p^\ominus)$\|$H^+(a_{H^+}=1)$ ‖ $Zn^{2+}(a_{Zn^{2+}})$\|Zn(s)
(3) Zn(s)\|$Zn^{2+}(a_{Zn^{2+}})$ ‖ $Cu^{2+}(a_{Cu^{2+}})$\|Cu(s)

三个电池的电池反应分别为
(1) $H_2(p^\ominus)+Cu^{2+}(a_{Cu^{2+}})=\!=\!=Cu(s)+2H^+(a_{H^+}=1)$
(2) $H_2(p^\ominus)+Zn^{2+}(a_{Zn^{2+}})=\!=\!=Zn(s)+2H^+(a_{H^+}=1)$
(3) $Zn(s)+Cu^{2+}(a_{Cu^{2+}})=\!=\!=Cu(s)+Zn^{2+}(a_{Zn^{2+}})$

显然，反应(3)=(1)-(2)，则

$$\Delta_r G_m(3) = \Delta_r G_m(1) - \Delta_r G_m(2)$$

因为 $\Delta_r G_m(1) = -2E_1 F, \quad E_1 = \varphi_{Cu^{2+}|Cu}$

$\Delta_r G_m(2) = -2E_2 F, \quad E_2 = \varphi_{Zn^{2+}|Zn}$

而 $\Delta_r G_m(3) = -2E_1 F - (-2E_2 F) = -2E_3 F$

所以 $E_3 = E_1 - E_2 = \varphi_{Cu^{2+}|Cu} - \varphi_{Zn^{2+}|Zn}$

推而广之，对于任一电池，其电动势等于两个电极电势之差值。根据本书所采用的惯例，电动势 E 的计算式为

$$E = \varphi_{Ox|Red(右)} - \varphi_{Ox|Red(左)} \tag{7.42}$$

例如，对电池(3)，则

右边电极的还原反应为 $Cu^{2+}(a_{Cu^{2+}}) + 2e^- \rightleftharpoons Cu(s)$

左边电极的还原反应为 $Zn^{2+}(a_{Zn^{2+}}) + 2e^- \rightleftharpoons Zn(s)$

则电动势 E 为

$$E_3 = \varphi_{Cu^{2+}|Cu} - \varphi_{Zn^{2+}|Zn}$$

$$= \left(\varphi^{\ominus}_{Cu^{2+}|Cu} - \frac{RT}{2F} \ln \frac{a_{Cu}}{a_{Cu^{2+}}}\right) - \left(\varphi^{\ominus}_{Zn^{2+}|Zn} - \frac{RT}{2F} \ln \frac{a_{Zn}}{a_{Zn^{2+}}}\right) \tag{7.43}$$

2. 从电池的总反应式直接用 Nernst 方程计算电池的电动势

仍以上面电池(3)为例：

电池净反应 $Zn(s) + Cu^{2+}(a_{Cu^{2+}}) \rightleftharpoons Zn^{2+}(a_{Zn^{2+}}) + Cu(s)$

$$E = E^{\ominus} - \frac{RT}{zF} \ln \prod_B a_B^{\nu_B} = E^{\ominus} - \frac{RT}{2F} \ln \frac{a_{Zn^{2+}} a_{Cu}}{a_{Cu^{2+}} a_{Zn}} \tag{7.44}$$

式中 $E^{\ominus} = \varphi^{\ominus}_{右} - \varphi^{\ominus}_{左}$。不难发现，两种计算电池电动势的方法实际上是等同的。

【例 7.13】 写出下述电池的电极和电池反应，并计算 298 K 时电池的电动势。设 $H_2(g)$ 可看作理想气体。

$$Pt | H_2(90.0\ kPa) | H^+(a_{H^+} = 0.01) \| Cu^{2+}(a_{Cu^{2+}} = 0.10) | Cu(s)$$

解：负极，氧化 $H_2(90.0\ kPa) \longrightarrow 2H^+(a_{H^+} = 0.01) + 2e^-$

正极，还原 $Cu^{2+}(a_{Cu^{2+}} = 0.10) + 2e^- \longrightarrow Cu(s)$

电池净反应 $H_2(90.0\ kPa) + Cu^{2+}(a_{Cu^{2+}} = 0.10) \longrightarrow Cu(s) + 2H^+(a_{H^+} = 0.01)$

已知：$a(Cu, s) = 1, a(H_2, g) \approx \dfrac{p(H_2)}{p^{\ominus}} = \dfrac{90.0\ kPa}{100\ kPa} = 0.90$

从电极电势附表查得 $\varphi^{\ominus}_{Cu^{2+}|Cu} = 0.337 \text{ V}$, $\varphi^{\ominus}_{H^+|H_2} = 0 \text{ V}$

方法一：

$$E = \varphi_{Ox|Red}(右) - \varphi_{Ox|Red}(左)$$

$$= \left[\varphi^{\ominus}_{Cu^{2+}|Cu} - \frac{RT}{zF}\ln\frac{1}{a_{Cu^{2+}}}\right] - \left[\varphi^{\ominus}_{H^+|H_2} - \frac{RT}{zF}\ln\frac{a_{H_2}}{a^2_{H^+}}\right]$$

$$= \left[0.337 \text{ V} - \frac{RT}{2F}\ln\frac{1}{0.10}\right] - \left[-\frac{RT}{2F}\ln\frac{0.90}{(0.01)^2}\right] = 0.424(\text{V})$$

方法二：

$$E = E^{\ominus} - \frac{RT}{zF}\ln\prod_B a_B^{\nu_B}$$

$$= (\varphi^{\ominus}_{Cu^{2+}|Cu} - \varphi^{\ominus}_{H^+|H_2}) - \frac{RT}{zF}\ln\frac{a^2_{H^+}}{a_{H_2}a_{Cu^{2+}}}$$

$$= (0.337 - 0)\text{V} - \frac{RT}{2F}\ln\frac{(0.01)^2}{0.90 \times 0.10} = 0.424(\text{V})$$

【例 7.14】 铁在酸性环境中腐蚀的反应之一是：

$$Fe + 2HCl(aq) + \frac{1}{2}O_2 \longrightarrow H_2O + FeCl_2(aq)$$

试求当 $a_{H^+} = 1$ 和 $a_{Fe^{2+}} = 1$ 时，上述反应是否自发进行？

解：本题的反应可写成：

$$\frac{1}{2}Fe + H^+ + e^- + \frac{1}{4}O_2 \Longrightarrow \frac{1}{2}H_2O + \frac{1}{2}Fe^{2+} + e^-$$

该反应可以考虑通过设计成电池，由电池的 E 去判断反应方向。

将上述反应设计如下电池，可写出正、负极反应如下：

正极 $\quad H^+ + e^- + \frac{1}{4}O_2 \Longrightarrow \frac{1}{2}H_2O, \quad \varphi^{\ominus}_+ = 1.229 \text{ V}$

负极 $\quad \frac{1}{2}Fe \Longrightarrow \frac{1}{2}Fe^{2+} + e^-, \quad \varphi^{\ominus}_- = -0.440 \text{ V}$

因此，电池电动势 $E^{\ominus} = \varphi^{\ominus}_+ - \varphi^{\ominus}_- = 1.669 \text{ V}$

因 $E > 0$，所以反应能自发地从左向右进行。

§7.6 电池电动势的应用

7.6.1 求电解质溶液的平均活度因子

以下列电池为例，可求出不同浓度时 HCl 溶液的 $\gamma_{\pm}$：

$$Pt|H_2(p^\ominus)|HCl(m_{HCl})|AgCl(s)|Ag(s)$$

该电池的电池反应为

$$\frac{1}{2}H_2(p^\ominus)+AgCl(s)\longrightarrow Ag(s)+HCl(m_{HCl})$$

电池的电动势为

$$E=(\varphi^\ominus_{Cl^-|AgCl|Ag}-\varphi^\ominus_{H^+|H_2})-\frac{RT}{F}\ln a_{H^+}a_{Cl^-}$$

对于 1-1 价型电解质,有 $a=a_\pm^2=a_+a_-=(\gamma_\pm m_\pm/m^\ominus)^2$,故

$$a_{HCl}=a_{H^+}a_{Cl^-}=\left(\gamma_\pm\frac{m_{HCl}}{m^\ominus}\right)^2$$

代入电动势的计算式,得

$$E=\varphi^\ominus_{Cl^-|AgCl|Ag}-\frac{2RT}{F}\ln\frac{m_{HCl}}{m^\ominus}-\frac{2RT}{F}\ln\gamma_\pm \tag{7.45}$$

只要从电极电势表查得 $\varphi^\ominus_{Cl^-|AgCl|Ag}$ 的值和测得不同浓度 HCl 溶液的电动势 E,就可求出不同浓度时的 $\gamma_\pm$ 值。反之,如果平均活度因子可以根据 Debye-Hückel 公式计算,则可求得 $\varphi^\ominus_{Cl^-|AgCl|Ag}$ 值。仍以上述电池为例,对于 1-1 价型电解质,有 $I=m_B, z_+=|z_-|=1$,则

$$\ln\gamma_\pm=-A'|z_+z_-|\sqrt{I}=-A'\sqrt{m_B}$$

根据式(7.45),得

$$E+\frac{2RT}{F}\ln\frac{m_{HCl}}{m^\ominus}=\varphi^\ominus_{Cl^-|AgCl|Ag}+\frac{2A'RT}{F}m_{HCl}^{1/2} \tag{7.46}$$

根据此式,以实验测得的不同浓度 m 时的 E 值,求出 $\left(E+\frac{2RT}{F}\ln\frac{m_{HCl}}{m^\ominus}\right)$ 对 $m^{1/2}$ 作图,应得一条直线,外推到 $m_{HCl}\to 0$ 时,截距应为 $\varphi^\ominus_{Cl^-|AgCl|Ag}$。

7.6.2 求难溶盐的活度积

活度积习惯上称为溶度积,用 K_{sp} 表示,它也是一种平衡常数,单位为 1。今以求 AgCl 的 K_{sp} 为例,来说明如何由标准电极电势值计算 K_{sp}。AgCl 的 K_{sp} 实际就是 AgCl(s) 的溶解反应的平衡常数:

$$AgCl(s)\rightleftharpoons Ag^+(a_{Ag^+})+Cl^-(a_{Cl^-})$$

$$K_{sp}=\frac{a_{Ag^+}a_{Cl^-}}{a_{AgCl}}=a_{Ag^+}a_{Cl^-}$$

首先设计一电池,使电池的净反应就是 AgCl(s) 的溶解反应,该电池可表示为

$$Ag(s)|Ag^+(a_{Ag^+})\|Cl^-(a_{Cl^-})|AgCl(s)|Ag(s)$$

负极　$Ag(s) \longrightarrow Ag^+(a_{Ag^+}) + e^-$
正极　$AgCl(s) + e^- \longrightarrow Ag(s) + Cl^-(a_{Cl^-})$
电池反应　$AgCl(s) \longrightarrow Ag^+(a_{Ag^+}) + Cl^-(a_{Cl^-})$

电池的标准电动势为

$$E^\ominus = \varphi_{右}^\ominus - \varphi_{左}^\ominus = (0.2224 - 0.7991)\text{V} = -0.5767 \text{ V}$$

$$\Delta_r G_m^\ominus = -zE^\ominus F = -RT \ln K_{sp}$$

$$K_{sp} = \exp\left(\frac{zE^\ominus F}{RT}\right)$$

在 298 K 时，则

$$K_{sp} = \exp\left(\frac{1 \times (-0.5767) \times 96500}{8.314 \times 298}\right) = 1.76 \times 10^{-10}$$

所设计电池的 $E^\ominus$ 为负值，是非自发电池，但这无关紧要，因为我们是通过理论计算（而并非实测）来求 K_{sp}。

7.6.3　测量溶液的 pH

溶液的 pH 就是该溶液中氢离子活度的负对数。原则上，可以采用电动势法来测量溶液的 pH。如果用某一电极与参比电极组成电池，测定其电动势，便可算出溶液中氢离子的活度，得到 pH。组成的电池通式为

电极｜待测溶液(pH = x)‖甘汞电极

1. 电极是氢电极

组成的电池为

Pt｜$H_2(p^\ominus)$｜待测溶液(pH=x)‖甘汞电极

在一定温度下，测定该电池的电动势 E 为

$$E = \varphi_{甘汞} - \varphi_{H_2} = \varphi_{甘汞} - \frac{RT}{F}\ln a_{H^+} = \varphi_{甘汞} + \frac{RT}{F} \times \text{pH}$$

在 298 K 时，则

$$\text{pH} = \frac{E - \varphi_{甘汞}}{0.05915}$$

采用该电池测量溶液的 pH，优点在于对 pH 在 0~14 的溶液均适用。缺点是在实际使用中，氢电极的要求严格，受到许多因素的限制，因此不能广泛使用。

2. 电极是醌氢醌饱和电极

组成如下电池：

$$Pt\,|\,醌氢醌饱和待测液(pH=x)\,\|\,甘汞电极$$

醌氢醌电极用来测量溶液 pH,是在待测液中加入少量的醌氢醌(因为醌氢醌溶解量很小,容易达到饱和)。醌氢醌在水中分解为

$$C_6H_4O_2 \cdot C_6H_4(OH)_2(醌氢醌) \longrightarrow C_6H_4O_2(醌) + C_6H_4(OH)_2(氢醌)$$

在含有 H^+ 的待测溶液中,插入惰性电极 Pt 丝,组成电极。在电极上发生的反应如下:

$$C_6H_4O_2 + 2H^+ + 2e^- \longrightarrow C_6H_4(OH)_2$$

已知 298 K 时,$\varphi^{\ominus}_{醌|氢醌} = 0.6995\,V$,其电极电势为

$$\varphi_{醌|氢醌} = \varphi^{\ominus}_{醌|氢醌} + \frac{RT}{2F}\ln\frac{a_{醌}\cdot a_{H^+}^2}{a_{氢醌}} = 0.6995 + \frac{RT}{2F}\ln\frac{a_{醌}}{a_{氢醌}} + \frac{RT}{F}\ln a_{H^+}$$

由于醌氢醌在水溶液中的溶解度很小,可视为稀溶液,醌和氢醌的活度因子为 1,又因为醌氢醌等分子分解为醌和氢醌,故醌和氢醌的浓度比也等于 1。

$$\varphi_{醌|氢醌} = 0.6995 + \frac{RT}{F}\ln a_{H^+} = 0.6995 - 0.05916 \times pH$$

此时,醌氢醌电极和甘汞电极组成电池后,电池的电动势表示为

$$E = \varphi_{右} - \varphi_{左} = \varphi_{甘汞} - \varphi_{醌氢醌} = \varphi_{甘汞} - 0.6995 + 0.05916 \times pH$$

$$pH = \frac{E + 0.6995 - \varphi_{甘汞}}{0.05916}$$

采用醌氢醌电极测量待测溶液的 pH,优点在于,比氢电极易于制备;缺点是醌氢醌电极只能测量 pH<8.5 的溶液。当溶液的 pH>8.5 时,氢醌酸式电离,改变了分子的状态;另外,氢醌容易氧化。这两种原因会影响测定结果。

3. 电极是玻璃电极

玻璃电极是测定 pH 最常用的一种指示电极。它是一种氢离子选择性电极(selective electrode),在一支玻璃管下端焊接一个特殊原料制成的玻璃球形薄膜,膜内盛一定 pH 的缓冲溶液,溶液中浸一根 Ag|AgCl 电极(称为内参比电极)。玻璃电极膜的组成一般是 72% SiO_2,22% Na_2O 和 6% CaO(这种玻璃电极可用于 pH 为 1~9 的范围,如改变组成,其使用范围可达 pH 为 1~14)。玻璃电极具有可逆电极的性质,其电极电势符合于

$$\varphi_{玻} = \varphi^{\ominus}_{玻} - \frac{RT}{F}\ln\frac{1}{(a_{H^+})_x} = \varphi^{\ominus}_{玻} - \frac{RT}{F}\times 2.303\,pH$$

$$= \varphi^{\ominus}_{玻} - 0.05916\,V \times pH$$

当玻璃电极与另一甘汞电极组成电池时,就能从测得的 E 值求出溶液的 pH(图 7.24)。

Ag│AgCl(s)│HCl(0.1 mol·k⁻¹)：待测溶液(pH=x)│甘汞电极
　　　玻璃电极　　　　　　　　　　　玻璃膜

在 298 K 时，电池的电动势为

$$E = \varphi_{甘汞} - \varphi_{玻}$$
$$= \varphi_{甘汞} - (\varphi_{玻}^{\ominus} - 0.059\,16\ \text{V} \times \text{pH})$$

经整理后得

$$\text{pH} = \frac{E - \varphi_{甘汞} + \varphi_{玻}^{\ominus}}{0.059\,16\ \text{V}} \quad (7.47)$$

式中 $\varphi_{玻}^{\ominus}$ 对某给定的玻璃电极为一常数，但对于不同的玻璃电极，由于玻璃膜的组成不同，制备手续不同，以及不同使用程度后表面状态的改变，致使它们的 $\varphi_{玻}^{\ominus}$ 也未尽相同。原则上

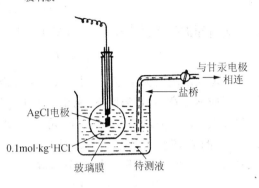

图 7.24　玻璃电极

若用已知 pH 的缓冲溶液，测得其 E 值，就能求出该电极的 $\varphi_{玻}^{\ominus}$。但实际上每次使用时，需先用已知其 pH 的标准溶液 S，在 pH 计上测定玻璃电极和甘汞电极组成的电池电动势为 E_S，然后再浸入未知液 X 中，测得 E_X。由于两个电池使用的是相同的甘汞电极和盐桥，且温度相同，如果以 pH_X 和 pH_S 分别表示待测溶液和标准溶液的 pH，则有如下关系：

$$\text{pH}_X = \text{pH}_S + \frac{E_X - E_S}{0.059\,16}$$

因为玻璃膜的电阻很大，一般可达 10 MΩ~100 MΩ，这样大的内阻要求通过电池的电流必须很小，否则由于内阻而造成的电位降就会产生不可忽视的误差。因此不能用普通的电位差计而要用带有直流(或交流)放大器的装置，此种借助于玻璃电极专门用来测量溶液 pH 的仪器就称为 pH 计。

离子选择性电极出现最早，研究得较多的是玻璃电极，除测量 pH 的电极外，改进玻璃的成分，已制成了 Na^+、K^+、NH_4^+、Ag^+、Tl^+、Li^+、Rb^+、Cs^+ 等一系列一价阳离子的选择性电极。此外还有各种膜电极出现，例如用 Ag_2S 压片可制成 S^{2-} 选择性电极。用高分子化合物如具有均匀分布微孔的聚乙烯膜，也可制成液体离子交换膜电极。

7.6.4　判断氧化还原的方向

电极电势的高低，反映了电极中反应物质得到或失去电子能力的大小。电势越低，越易失去电子，电势越高，越易得到电子。因此可以通过判断电池电动势的正负，可以判断氧化还原反应的方向，即 $E = \varphi_{右} - \varphi_{左} > 0$，电池反应自发进行；$E = \varphi_{右} - \varphi_{左} < 0$，电池反应不能自发进行，但是将正负极互换，则可以自发进行。

例如，试判断下列反应能自发进行的方向：

$$Fe^{2+} + Ag^+ \longrightarrow Fe^{3+} + Ag(s)$$

设活度均为1,可以先把上式设计成电池,使得电池的总反应就是所需要的反应,即

$$\text{Pt}|\text{Fe}^{2+},\text{Fe}^{3+} \| \text{Ag}^+|\text{Ag(s)}$$

查表可知 $E^{\ominus}(\text{Ag}^+\text{Ag})=0.799\text{ V}, E^{\ominus}(\text{Fe}^{3+},\text{Fe}^{2+})=0.771\text{ V}$,则

$$E = E^{\ominus} = 0.799\text{ V} - 0.771\text{ V} > 0$$

电池电动势大于零,说明上式反应可以自发进行。

应该注意,一定温度下,两个电极进行比较时,使用电极电势 φ 进行判断,但是 $\varphi^{\ominus}$ 值相差较大,或者活度相近的情况下,可以用 $\varphi^{\ominus}$ 数据直接判断反应方向。

【例 7.15】 25 ℃时,有溶液(1) $a(\text{Sn}^{2+})=1.0, a(\text{Pb}^{2+})=1.0$;(2) $a(\text{Sn}^{2+})=1.0, a(\text{Pb}^{2+})=0.1$。当将金属 Pb 放入溶液时,能否从溶液中置换出金属 Sn。

解:负极 $\text{Pb}-2e^- \longrightarrow \text{Pb}^{2+}$

正极 $\text{Sn}^{2+}+2e^- \longrightarrow \text{Sn}$

电池反应 $\text{Pb}+\text{Sn}^{2+} \longrightarrow \text{Pb}^{2+}+\text{Sn}$

$$E = E^{\ominus} - \frac{RT}{zF}\ln\frac{a_{(\text{Pb}^{2+})}}{a_{(\text{Sn}^{2+})}} = \varphi^{\ominus}_{(\text{Sn})} - \varphi^{\ominus}_{(\text{Pb})} - \frac{RT}{2F}\ln\frac{a_{(\text{Pb}^{2+})}}{a_{(\text{Sn}^{2+})}}$$

$$\varphi^{\ominus}_{(\text{Sn})} = -0.136\text{ V}, \quad \varphi^{\ominus}_{(\text{Pb})} = -0.126\text{ V}$$

(1) $E = (-0.136) - 0.126 - \dfrac{8.314 \times 298}{2 \times 96\,500}\ln\dfrac{1.0}{1.0} = -0.010\text{ V} < 0$

正向反应不能自发进行,而 Sn 可以置换出 Pb。

(2) $E = -0.126 - (-0.136) - \dfrac{8.314 \times 298}{2 \times 96\,500}\ln\dfrac{0.1}{1.0} = -0.020\text{ V} < 0$

正向反应不能自发进行,而 Sn 不能置换出 Pb。

7.6.5 电势滴定

电势分析时,可以在分析的溶液中放入一个对该离子可逆的电极和参比电极组成电池(图 7.25),在不断地滴加滴定液体时,记录电池电动势的变化和所加液体体积。在接近终点时,电池电动势会因少量滴定液的加入发生突变。根据电动势的突变,可以计算分析离子的浓度。

以酸碱滴定为例予以说明。如玻璃电极,其电极电势与溶液的 pH 有关,则

$$\varphi_{玻} = \varphi^{\ominus}_{玻} - 0.059\,15\text{ pH} \quad (\varphi^{\ominus}_{玻} \text{ 为常数})$$

若玻璃电极和甘汞电极组成电池,则

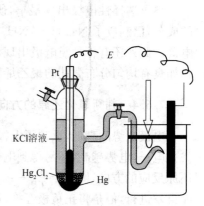

图 7.25 电势滴定实验

$$E = \varphi_{甘} - \varphi_{玻} = \varphi_{甘} - \varphi_{玻}^{\ominus} + 0.05915\,\text{pH} = E^{\ominus} + 0.05915\,\text{pH}$$

$E^{\ominus}$ 为常数,它与 pH 无关,故此电池的电动势只随 pH 而定。除了酸碱滴定外,氧化还原反应、沉淀反应等滴定也使用电势滴定分析法,此法快速、不受溶液颜色和混浊等干扰。

7.6.6 电势-pH 图

电极电势的数值反映了物质的氧化还原能力,可以判断电化学反应进行的可能性。对于有 H^+ 或 OH^- 离子参加的电极反应,其电极电势与溶液的 pH 有关(即具有函数的关系)。因此,把一些有 H^+(或 OH^-)参加的电极电势与 pH 的关系绘制电极电势随 pH 的变化曲线,这就是电势-pH 图。从图上可直接判断,在一定的 pH 范围内何种电极反应将优先进行。此类图形是 20 世纪比利时学者甫尔拜(Pourbaix M)首先绘制的,所以也称为 Pourbaix 图。当时的目的在于研究金属的腐蚀问题。以后发现此类电势-pH 图有广泛的应用。例如,从这些图中可知反应中各组分的生成条件以及某种组分稳定存在的范围,它对解决在水溶液中发生的一系列反应的化学平衡问题(例如元素的分离、湿法冶金、金属防腐等方面)都有广泛的应用。

例如,某种燃料电池

$$H_2(p_{H_2})\mid H_2SO_4(\text{pH})\mid O_2(p_{O_2})$$

对氧电极

$$O_2 + 4H^+ + 4e^- \longrightarrow 2H_2O \tag{7.48}$$

$$\varphi_{(O_2\mid H^+,H_2O)} = \varphi^{\ominus}_{(O_2\mid H^+,H_2O)} - \frac{RT}{4F}\ln\frac{1}{a_{O_2}a_{H^+}^4}$$

在 298 K 时,$\varphi^{\ominus}_{(O_2\mid H^+,H_2O)} = 1.229\,\text{V}$,则

$$\varphi_{(O_2\mid H^+,H_2O)} = 1.229\,\text{V} + \frac{RT}{4F}\ln\frac{p_{O_2}}{p^{\ominus}} - \frac{2.303RT}{F}\text{pH} \tag{7.49}$$

(1) 当 $p_{O_2} = p^{\ominus}$ 时,

$$\varphi_{(O_2\mid H^+,H_2O)} = (1.229 - 0.05916\,\text{pH})\,\text{V}$$

以 φ 为纵坐标,pH 为横坐标绘得一直线(b),见图 7.26。

(2) 当 $p_{O_2} > p^{\ominus}$,并设氧气的压力为 $\dfrac{p_{O_2}}{p^{\ominus}} = 100$,代入式(7.49),得

$$\varphi_{(O_2\mid H^+,H_2O)} = (1.259 - 0.05916\,\text{pH})\,\text{V}$$

据此在图 7.26 上可画出与(b)平行但在(b)线之上的另一直线(用 $+b$ 表示)。

(3) 同理,当 $p_{O_2} < p^{\ominus}$,并设氧气的压力为 $\dfrac{p_{O_2}}{p^{\ominus}} = 0.01$ 时,则

$$\varphi_{(O_2|H^+,H_2O)} = (1.199 - 0.05916\text{ pH})\text{V}$$

据此在图 7.26 上可画出与(b)平行但在(b)线之下的另一直线(用$-b$表示)。由此可见,当 $\varphi_{(O_2|H^+,H_2O)}$ 在(b)线之上时,平衡时的氧气分压应有 $p_{O_2} > p^\ominus$,这时水就要分解(氧化)放出氧气,以维持所需的氧气分压,故把(b)线之上的区域称为氧稳定区。反之,当 $\varphi_{(O_2|H^+,H_2O)}$ 处于(b)线之下时,平衡时的氧气分压应有 $p_{O_2} < p^\ominus$,则反应有右移的趋势,使多余的氧还原而生成水,故把(b)线以下的区域称为水稳定区。

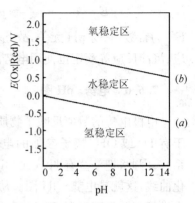

图 7.26 水的电势-pH 图

有了关于电势-pH 图的基本概念,我们再来讨论它的应用。除了(a),(b)线外,根据化学反应和电化学反应系统中反应物和生成物的种类不同,电势-pH 图总是由下列几种类型的直线构成,现以 Fe-H_2O 的电势-pH 图为例予以说明。

(1) 没有氧化还原的反应(在电势-pH 图上表现为垂直线),例如没有电子得失的反应,在定温下

$$Fe_2O_3(s) + 6H^+(a_{H^+}) = 2Fe^{3+}(a_{Fe^{3+}}) + 3H_2O(l) \quad (A)$$

反应的平衡常数为

$$K_a^\ominus = \frac{a_{Fe^{3+}}^2}{a_{H^+}^6}$$

等式双方取对数后,得

$$\lg K_a^\ominus = 2\lg a_{Fe^{3+}} + 6\text{pH}$$

反应(A)的 $\Delta_r G_m^\ominus$ 可以由热力学数据表上的标准摩尔生成 Gibbs 自由能求得:

$$\begin{aligned}\Delta_r G_m^\ominus &= 2\Delta_f G_m^\ominus(Fe^{3+}) + 3\Delta_f G_m^\ominus(H_2O,l) - \Delta_f G_m^\ominus(Fe_2O_3,s) \\ &= [2 \times (-4.7) + 3 \times (-237.1) - (-742.2)]\text{ kJ} \cdot \text{mol}^{-1} \\ &= 21.5 \text{ kJ} \cdot \text{mol}^{-1}\end{aligned}$$

由此可求得平衡常数的值为 $K_a^\ominus = 1.7 \times 10^{-4}$,故得 $\lg a_{Fe^{3+}} = -1.88 - 3\text{pH}$。此式与电极电势无关,当 pH 有定值时 $a_{Fe^{3+}}$ 也有定值,故在电势-pH 图中是一条垂直的直线。

设若 $a_{Fe^{3+}} = 10^{-6}$,则代入上式后得 pH=1.37,在图 7.27 中就是垂直线(A)。在垂直线的左方 pH<1.37,为酸性溶液,根据反应式(A),Fe^{3+} 占优势。在垂直线右方为 pH>1.37,反应(A)左移,Fe_2O_3 占优势。

(2) 有氧化还原的反应,但反应与 pH 无关(即反应式中不出现 H^+),在电势-pH 图上表现为与 pH 轴平行的直线。例如:

$$Fe^{3+}(a_{Fe^{3+}}) + e^- \Longleftrightarrow Fe^{2+}(a_{Fe^{2+}}) \quad (B)$$

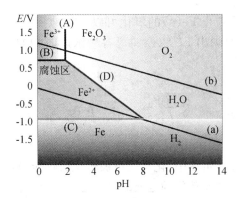

图 7.27　298 K 时 Fe–H_2O 系统的部分电势-pH 图

$$\varphi_{(Fe^{3+}|Fe^{2+})}/V = \varphi^{\ominus}_{Fe^{3+}|Fe^{2+}} - 0.059\,16\lg\frac{a_{Fe^{2+}}}{a_{Fe^{3+}}}$$

$$= 0.771 - 0.059\,16\lg\frac{a_{Fe^{2+}}}{a_{Fe^{3+}}} \tag{B'}$$

电极电势 $\varphi_{Fe^{3+}|Fe^{2+}}$ 与 pH 无关。设若 $a_{Fe^{3+}} = a_{Fe^{2+}} = 10^{-6}$，则

$$\varphi_{(Fe^{3+}|Fe^{2+})}/V = \varphi^{\ominus}_{(Fe^{3+}|Fe^{2+})} = 0.771\,V$$

此即图中平行于 pH 轴的(B)线。在(B)线以上 $\varphi_{Fe^{3+}|Fe^{2+}} > 0.771\,V$，根据式(B')，则氧化态 Fe^{3+} 应占优势；在(B)线以下，$\varphi_{Fe^{3+}|Fe^{2+}} < 0.771\,V$，则还原态 Fe^{2+} 应占优势。

对于氧化还原反应

$$Fe^{2+}(a_{Fe^{2+}}) + 2e^- \rightleftharpoons Fe(s) \tag{C}$$

同法可以得到平行于 pH 轴的(C)线，在(C)线之上氧化态 Fe^{2+} 占优势，在(C)线之下还原态 Fe(s) 占优势。

(3) 有的氧化还原反应，反应与 pH 有关，在电势-pH 图中表现为斜线。例如反应：

$$Fe_2O_3(s) + 6H^+(a_{H^+}) + 2e^- \rightleftharpoons 2Fe^{2+}(a_{Fe^{2+}}) + 3H_2O(l) \tag{D}$$

若 $a_{Fe^{2+}} = 1 \times 10^{-6}$，则

$$\varphi_{(Fe_2O_3|Fe^{2+})}/V = 1.083 - 0.177\,3\,pH$$

在图中表现为(D)线，这是一条倾斜的线，在(D)线的左下方 Fe^{2+} 占优势，右上方 $Fe_2O_3(s)$ 占优势。

在图 7.27 中同时也画出了氢、氧两电极电势随 pH 的变化，即(a),(b)线。

总之，把系统所有可能发生的重要反应的平衡关系式都可以画在一张电势-pH 图上，这些线段把整个图划分为几个区，每一个区域代表某种组分的稳定区。因为是水溶液，所以常常也画出 $O_2(g)$ 电极和 $H_2(g)$ 电极与不同 pH 的水溶液达成平衡的平衡线。根据这些线就能大致判断在水溶液中发生某些反应的可能性。Fe–H_2O 的电势-pH 图在 Fe 的防腐

蚀方面有很大的用处，为了防止 Fe(s) 的氧化可以人为地控制溶液的 pH 和电极电势。不过，实用的电势-pH 图上要画出 Fe^{3+}、Fe^{2+} 等各种浓度时的曲线，看起来要比书上的示意图复杂得多。

§7.7 化学电源

目前，在生产实践和日常生活中，化学能可被转化成热能、机械能、光能和电能等加以利用。随着科技的发展，把化学能转化为电能的方式已经逐渐占据主要地位。

化学电源的性能通常用以下几种量来表示：

(1) 电池容量：指电池所能输出的电荷量，一般以安[培][小]时为单位，用符号 A·h 表示。

(2) 储电密度（比容量）：可用单位质量的电池容量，即 $A·h·kg^{-1}$ 表示，也用单位体积的电池容量，即 $A·h·dm^{-3}$ 表示。

(3) 能量密度（比能量）：单位质量或体积的电池提供的能量，分别称为质量能量密度或体积能量密度，单位用 $W·h·kg^{-1}$ 或 $W·h·dm^{-3}$ 表示。

优良的化学电源一般需具备下列条件：能输出较大的电能，有足够的电容量，质量轻，体积小，寿命长，材料来源丰富，电池的制作和使用方便、安全等。

化学电源是将化学能转变为电能的实用装置，其品种繁多，按其使用的特点大体可分为如下两类：

(1) 一次电池，即电池中的反应物质在进行一次电化学反应放电之后就不能再次使用了，如干电池、锌-空气电池等。这种电池使用方便，但造成严重的材料浪费和环境污染。图 7.28 是两种常见的一次电池。

(a) 柱状锌-锰电池　　(b) 钮扣状 Ag_2O-Zn 电池

图 7.28　两种常见的一次电池

(2) 二次电池，是指可充电电池。电池放电后，通过充电方法使活性物质复原后能够再放电，且充、放电过程可以反复多次，循环进行，如铅蓄电池、锂离子电池等。图 7.29 是两种常见的二次电池。

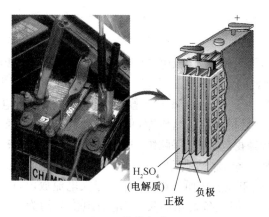

(a) 铅蓄电池

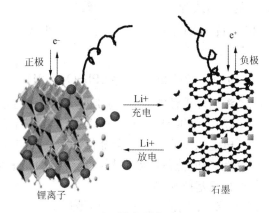

(b) 锂离子电池

图 7.29　两种常见的二次电池

7.7.1　锌-锰电池(干电池)

锌-锰电池用锌筒作负极,负极电极反应为

$$Zn + 2NH_4Cl \longrightarrow (NH_3)_2ZnCl_2 + 2H^+ + 2e^-$$

位于中央的带有铜帽顶盖的石墨作为正极,在石墨周围填充有 $ZnCl_2$、NH_4Cl 和淀粉糊作为电解质,还有二氧化锰作去极剂(吸收正极放出的 H_2,防止极化),正极电极反应为

$$2MnO_2 + 2H^+ + 2e^- \longrightarrow 2MnOOH$$

电池总反应(主要反应)为

$$Zn + 2NH_4Cl + MnO_2 \longrightarrow (NH_3)_2ZnCl_2 + 2MnOOH$$

干电池的电压通常为 1.5 V,不能充电再生。

7.7.2 蓄电池

蓄电池是二次电池,可以反复充、放电,在工业上的用途极广,如汽车、发电站、火箭等,每年均需用大量蓄电池,所以蓄电池工业是一项很大的工业。蓄电池主要有下列几类:① 酸式铅蓄电池;② 碱式 Fe-Ni 或 Cd-Ni 蓄电池;③ Ag-Zn 蓄电池。三者各具优缺点,互为补充。铅蓄电池历史最早,较成熟,价廉,但质量大,保养要求较严,易于损坏。镍蓄电池能经受剧烈振动,比较经得起放电,保藏维护要求不高,本身质量轻,低温性能好(尤其是 Cd-Ni 蓄电池),但结构复杂,制造费用较高,Cd 又会严重地污染环境和危害人体健康。Ag-Zn 蓄电池单位质量、单位容积所蓄电能力高,能大电流放电,能经受机械振动,所以特别适合于宇宙卫星的要求,但设备费用昂贵,充电放电次数约为 100~150 次,使用寿命较短,尚需进一步研究。

铅蓄电池(图 7.29(a))的表示式为

$$Pb \mid H_2SO_4(d = 1.22 \sim 1.28) \mid PbO_2$$

电池反应为

$$Pb + PbO_2 + 2H_2SO_4 \Longleftrightarrow 2PbSO_4 + 2H_2O$$

铅酸蓄电池的循环寿命、深循环等性能较差,特别是决定电池性能的关键因素——质量比能量非常低。在轻型基体材料上电镀铅锡合金,可以替代传统铅基合金作为铅酸蓄电池的板栅材料,从而提高铅酸蓄电池的比能量。铝合金作为板栅材料能够大幅度地提高铅酸蓄电池的比能量、高倍率放电性能和低温性能。另外,铝合金的铸造加工性能也非常好,因此,铝合金是一种理想的轻型板栅基体材料。

还有 Fe-Ni 蓄电池,Ag-Zn 蓄电池,这几种蓄电池以 Ag-Zn 蓄电池的电容量最大,故常被称为高能电池。老一代 Cd-Ni 高容量可充电式电池由于镉有毒性,电池的处理比较麻烦,有些国家已禁止使用。因此,金属氢化物-镍电池特别是氢化物作为负极,正极仍为 NiOOH 的氢-镍电池发展迅速。此类储氢材料主要是某些过渡金属、合金和金属间化合物。由于其特殊的晶格结构,氢原子容易渗入金属晶格的四面体或八面体间隙之中,并形成金属氢化物。金属氢化物-镍电池有许多优点,能量密度高,相同尺寸的电池,金属氢化物-镍电池的电容量是 Cd-Ni 电池的 1.5~2 倍;无污染,是绿色电池;可大电流快速放电;工作电压与 Cd-Ni 电池相同,也是 1.2 V。有人认为碳纳米管是理想的储氢材料,50 000 根碳纳米管的直径加起来也只有人的一根头发丝粗,韧性很高,并且具有金属性和半导体性,是未来储氢材料的选择之一。

7.7.3 锂离子电池

锂离子电池是在锂电池研究的基础上发展起来的的新型高能电源。其正极通常采用层状结构的复合金属氧化物,如 $LiCoO_2$、$LiNiO_2$、$LiMn_2O_2$ 等,负极则采用石墨、焦炭等材料

(图 7.29(b))。锂离子电池充放电过程实际就是锂离子在正负极材料的层间嵌入和脱嵌的过程。该电池具有 3.7 V 左右的高工作电压、比能量高、剩余电荷量容易监测、安全、环保，在手机、电脑等方面有广泛的应用。

由于离子液体固有的导电性、不挥发性、不可燃性，电化学稳定窗口比电解水大得多，可以减少自放电。用作电池电解质，不需高温，可用于制造新型高性能电池，解决了人们一直寻求的具有高锂离子导电性的固体电解质材料的问题。大部分离子液体的电化学稳定窗口在 4 V 左右，窗口较有机溶剂要宽。设计出的离子液体为塑晶网格，可将锂离子掺杂其中。由于这种晶格的旋转无序性，且存在空位，锂离子可在其中快速移动，其导电性好，使离子液体在二次电池上的应用很有前景。

上面介绍的几种电池有一个共同点，电池本身含有进行反应所必需的各种物质。电池在工作时仅和外界进行能量交换，而无物质交换，可把这些电池看成是一个封闭的化学反应器。与此不同，燃料电池则是开放的化学反应器，它工作时不仅和外界进行能量交换，而且还进行物质交换，电池本身仅是能量转换器。

7.7.4 燃料电池

以燃料作为能源，将燃料的化学能直接转换为电能的高效、低污染的电池称为燃料电池（fuel cell），它把电极上所需要的物质（即燃料和氧化剂）储存在电池的外部，它是一个敞开系统，可以根据需要连续加入，而产物也可同时排出，电极本身在工作时并不消耗和变化。燃料电池也不受 Carnot 循环的热机效率的限制，能量的转换效率高。它主要用于航天领域。它的电极材料一般为活性电极，具有很强的催化活性。电解质一般为 40% 的 KOH 或者稀 H_2SO_4 溶液。

燃料电池的发电原理：与一般化学电池一样，燃料电池的构造为

$$(-) \text{ 燃料 } \| \text{ 电解质 } \| \text{ 氧化剂 }(+)$$

要将燃料的化学能变为电能，首先应使燃料离子化，以便进行反应。由于大部分燃料为有机化合物，且为气体，这就要求电极有电催化作用，且为多孔材料，以增大燃料气、电解液和电极三相之间的接触界面，因为这界面就是电子授受的反应区。这种电极称为气体扩散电极（或三相电极），这种电极关系到催化剂的利用率、反应的速率以及产生的电流密度，因而是燃料电池，中的重要研究对象。

1. 氢-氧燃料电池

氢作为燃料的氢-氧燃料电池，当电解质是酸性介质时：

阴极反应 $O_2 + 4H^+ + 4e^- \longrightarrow 2H_2O$

阳极反应 $2H_2 \longrightarrow 4H^+ + 4e^-$

电池净反应 $O_2 + 2H_2 \longrightarrow 2H_2O$

在碱性介质中，电池的总反应依然是 $2H_2 + O_2 \Longrightarrow 2H_2O$。该电池的标准电动势为

1.299V。氢-氧燃料电池中氢阳极交换电流可以很大,但氧阴极交换电流较小,所以一般采用含有能催化该电极反应的催化剂的材料做电极,或者提高整个电池的温度以加速电极反应的进行。同时增大电极表面,以使电池使用时能通过较大的电流,所以电极常做成多孔的。图 7.30 中的氢-氧燃料电池是以覆盖着钛的铂作电极,电解质则用阴离子交换树脂。

2. 天然气燃料电池

采用金属铂片插入 KOH 溶液中作电极,在两极上通入甲烷和氧气。电极反应为

负极反应　　$CH_4 + 10OH^- \longrightarrow CO_3^{2-} + 7H_2O + 8e^-$

正极反应　　$4H_2O + 2O_2 + 8e^- \longrightarrow 8OH^-$

电池总反应　　$CH_4 + 2O_2 + 2KOH \longrightarrow K_2CO_3 + 3H_2O$

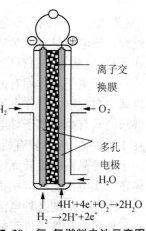

图7.30　氢-氧燃料电池示意图

3. 甲醇燃料电池

甲醇在催化剂的作用下,提供质子 H^+ 和电子,电子经外线路,质子 H^+ 经溶液到达另一极与氧气反应。电极反应为

负极反应　　$2CH_3OH + 2H_2O \longrightarrow 2CO_2 + 12H^+ + 12e^-$

正极反应　　$3O_2 + 10e^- \Longrightarrow 6O^{2-}$

电池总反应　　$2CH_3OH + 3O_2 \longrightarrow 2CO_2 + 4H_2O$

这种甲醇燃料电池的催化剂需要采用昂贵的贵金属粉末催化剂,才能使阳极与燃料充分反应,因此催化剂价格高是燃料电池广泛使用的最大障碍。目前,芬兰 Aalto 大学研究人员已经开发出一种能通过采用原子层沉积(ALD)法制取纳米粒子催化剂,使得燃料电池的阳极催化剂覆盖层可比以前薄得多,催化剂需要量减少 60%,能够显著降低成本,提高质量。研究表明,其中的燃料可使用甲醇或乙醇。醇类燃料比常用的氢燃料容易处理和存储,并且在甲醇燃料电池中也可以用钯作为催化剂。尽管燃料电池价格高,但已经用于航空航天等领域。在未来,燃料电池也是电动汽车的发展方向,提高电池安全性、一致性及容量寿命,加强燃料电池各种正负极材料、隔膜和电解质等关键零部件的可靠性、耐久性的试验研究,加强对燃料电池系统冷启动方面的研究,是首先要解决的主要问题。

燃料电池的品种很多,其分类方法也各异。以前曾按燃料的性质、工作温度、电解液的类型及结构特性等来进行分类,但目前基本上都是按燃料电池中电解质的类型来分的,大致分为下列五种类型:即磷酸型燃料电池(缩写为 PAFC),熔融碳酸盐燃料电池(MCFC),固体氧化物燃料电池(SOFC),碱性燃料电池(AFC)和质子交换膜燃料电池(PEMFC)。燃料电池的种类甚多,设备各异,其中也存在不少问题,有待于继续深入研究。

燃料电池的最佳燃料是氢,当地球上化石燃料逐渐减少时,人类赖以生存的能量将是核能和太阳能。那时可用核能和太阳能发电,以电解水的方式制取氢气,然后利用氢作为载能

体,采用燃料电池的技术与大气中的氧转化为各种用途的电能,如汽车动力、家庭用电等。那时的世界将进入氢能时代。

7.7.5 铝-空气-海水电池

1991年,我国首创以铝-空气-海水电池为能源的新型电池,目前主要用作航海标志灯。该电池以海水为电解质,靠空气中的氧使铝不断地氧化产生电流。电极反应为

负极反应 $\quad Al \longrightarrow Al^{3+} + 3e^-$

正极反应 $\quad O_2 + 2H_2O + 4e^- \longrightarrow 4OH^-$

电池总反应 $\quad 4Al + 3O_2 + 6H_2O \longrightarrow 4Al(OH)_3$

这种海水电池的能量比普通干电池高20～50倍。

§7.8 电解与极化

前面章节里已经讨论了化学能转变为电能的问题,在可逆电池里,电池反应是在近平衡的状态下进行的,电池中几乎没有电流通过。实际情况并非如此。当我们把电池作为电源使用时,必定有电流通过电池,我们才能取得电能,而有电流通过的情况下,电极会发生某种变化,使电极离开平衡状态,发生了不可逆的电极过程。

如果要使得电能转变为化学能,就必须把电流通入到电解质溶液,使它在电极上产生化学变化,即发生电解过程,在这种情况下,电极也会离开平衡状态,也发生了不可逆的电极过程。这种使电能转变成化学能的装置称为**电解池**(electrolytic cell)。只要通入电流时的外加电压大于该电池的电动势 E,电池接受外界所提供的电能,电池中的反应发生逆转,即充电过程(电解)。实际上要使电解池连续地正常工作,外加的电压往往要比电池的电动势 E 大得多,这些额外的电能部分用来克服电阻,部分消耗在克服电极的极化作用(所谓极化作用,简言之就是当有电流通过电极时,电极电势偏离其平衡值的现象)。

无论是原电池或是电解池,只要有一定量的电流通过,电极上就有极化作用发生,该过程就是不可逆过程。研究不可逆电极反应及其规律性既有理论意义,同时对电化学工业也是十分重要的。本章主要讨论电解、极化、超电势、析出电势和金属腐蚀与防护等。

7.8.1 分解电压

对于 $\Delta G > 0$ 的非自发反应,则必须对系统做功,可在电池上外加一个直流电源,并逐渐增加电压直至使电池中的物质在电极上发生化学反应,这就是电解过程。

例如用 Pt 作为电极来电解 HCl 的水溶液,如图 7.31 所示。图中 V 是伏特计,G 是安培计。将电解池接到由电源和可变电阻所组成的分压器上,逐渐增加外加电压,同时记录相应曲电流,然后绘制电流-电压曲线,如图 7.32。在开始时,外加电压很小,几乎没有电流通

过。此后电压增加,电流略有增加。但当电压增加到某一数值以后,曲线的斜率急增,继续增加电压,电流就随电压直线上升。

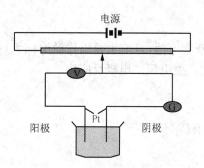

图 7.31 分解电压的测定

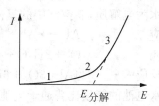

图 7.32 测定分解电压时的电流-电压曲线

在电解池中进行的反应为

阴极: $2H^+(a_{H^+}) + 2e^- \longrightarrow H_2(g, p)$

阳极: $2Cl^-(a_{Cl^-}) \longrightarrow Cl_2(g, p) + 2e^-$

当开始施加外电压时,尚没有 $H_2(g)$ 和 $Cl_2(g)$ 生成。继续增大外电压,电极表面上开始产生了少量的氢气和氯气,其压力虽小,但却构成了一个原电池,它产生了一个与外加电压方向相反的反电动势 E_b(back electromotive force)。

因为电极表面氢气和氯气的压力远远低于大气的压力,微量的气体非但不能离开电极而自由逸出,反而可能扩散到溶液中而消失。由于电极上的产物扩散掉了,需要通入极微小的电流使电极产物得到补充。继续增大外加电压,电极上就有氢气和氯气继续产生并向溶液中扩散,因而电流也有少许增加,这种情况相应于图 7.32 中曲线上的 1~2 段。当氢气和氯气的压力增加到等于外界的大气压力时,电极上就开始有气泡逸出,此时反电动势 E_b 达到最大值 $E_{b,max}$ 而不再继续增加。如果再继续增大外加电压就只增加溶液中的电位降 ($E_外 - E_{b,max} = IR$),从而使电流急增。这相当于曲线中 2~3 段的上升直线部分。

将直线向下外延到电流强度为零时所得的电压就是 $E_{b,max}$,这是使某电解质溶液能连续不断发生电解时所必需的最小外加电压,也称为电解质溶液的分解电压(decomposition potential)。从理论上讲,$E_{b,max}$ 应当等于原电池的可逆电动势 $E_{可逆}$,但实际上 $E_{b,max}$ 却大于 $E_{可逆}$,超出的部分是由于电极上的极化作用所致(实际上,图中分解电压的位置不能确定得很精确,上述的 I-E 曲线并没有十分确切的理论意义,所得到的分解电压也常不能重复,但它却很有实用价值)。

表 7.8 中列出一些实验数据。数据表明,用平滑的铂片作电极,则无论在酸或碱的溶液中,分解电压差不多都是 1.7 V。这是因为无论是酸还是碱的水溶液,在外加电压下都足以被分解,阴极上都是析出氢气,阳极上都是析出氧气。它们的理论分解电压都是 1.23 V,由此可见,即使在铂电极上,$H_2(g)$ 和 $O_2(g)$ 都有相当大的极化作用发生。

表 7.8 几种电解质水溶液的分解电压(铂电极,浓度为 1 mol·dm^{-3})

电解质	实际分解电压/V	电解产物	理论分解电压/V
HNO_3	1.69	H_2+O_2	1.23
$CH_2ClCOOH$	1.72	H_2+O_2	1.23
$HClO_4$	1.65	H_2+O_2	1.23
H_2SO_4	1.67	H_2+O_2	1.23
H_3PO_4	1.70	H_2+O_2	1.23
NaOH	1.69	H_2+O_2	1.23
KOH	1.67	H_2+O_2	1.23
NH_4OH	1.74	H_2+O_2	1.23
$N(CH_3)_4OH$	1.74	H_2+O_2	1.23

注意,在本小节中讨论电解池时用的都是阴极和阳极的名称,而在前面讨论电池时用的却是负极和正极的名称,它们的联系和区别如表 7.9 所示。

表 7.9 电池和电解池的比较

	电池	电解池
阴极	发生还原反应	
阳极	发生氧化反应	
正极	得到电子,发生还原反应,即阴极	与外电源正极相连,送出电子,即阳极
负极	失去电子,发生氧化反应,即阳极	与外电源负极相连,得到电子,即阴极

【例 7.16】 工业上目前电解食盐水制造 NaOH 的反应为

$$2NaCl + 2H_2O \longrightarrow 2NaOH + H_2(g) + Cl_2(g)$$

有人提出改进方案,改造电解池的结构,使电解食盐水的总反应为

$$2NaCl + 2H_2O + \frac{1}{2}O_2(空气) \longrightarrow 2NaOH + Cl_2(g)$$

假设 NaCl 的浓度为 6.0 mol·kg^{-1},溶液的 pH=14,活度因子均为 1,不考虑超电势,试计算改进方案在理论上可节约多少电能(百分数)?

解:此题的关键是求出两种方案下的理论分解电压,首先看电极反应。

阳极反应相同:

$$2NaCl - 2e^- \longrightarrow 2Na^+ + Cl_2(g)$$

阴极反应分别为

原方案:

$$2H_2O + 2e^- \longrightarrow H_2(g) + 2OH^-$$

改进方案:

$$H_2O + \frac{1}{2}O_2(空气) + 2e^- \longrightarrow 2OH^-$$

电极电势分别为

$$\varphi_{阳} = \varphi^{\ominus}(Cl_2 | Cl^-) - \frac{RT}{2F}\ln\frac{a_{Cl^-}}{a_{Cl_2}}$$
$$= 1.36 - 0.01284\ln 6.0$$
$$\approx 1.34(V)$$

$$\varphi_{阴,原} = \varphi^{\ominus}(H^+ | H_2) + \frac{RT}{F}\ln a_{H^+} = -0.83(V)$$

$$\varphi_{阴,改} = \varphi^{\ominus}(O_2 | OH^-) - \frac{RT}{2F}\ln\frac{a_{OH^-}^2}{a_{O_2}^{1/2}} \approx 0.40(V)$$

于是,不考虑超电势和溶液电阻等因素的理论分解电压分别为

$$E_{原} = 1.34 - (-0.83) = 2.17(V)$$
$$E_{改} = 1.34 - 0.40 = 0.94(V)$$

节约电能的百分数为

$$\frac{2.17 - 0.94}{2.17} \times 100\% = 57\%$$

7.8.2 电极的极化

1. 不可逆条件下的电极电势

根据上节内容及表7.7数据,有这样一个问题:为什么实际的分解电压大于理论的分解电压呢?这是因为可逆电极电势是在可逆地发生电极反应时电极所具有的电势,为可逆电极电势(或称平衡电极电势);而在实际的电解中,并不是在可逆的情况下实现的。当有电流流过电极时,发生的是不可逆的电极反应,此时的电极电势就偏离了可逆的电极电势,即偏离平衡值的现象,称之为电极的极化。电解过程常是在不可逆的情况下进行,即所用的电压大于自发电池的电动势。实际分解电压常超过可逆的电动势,可用式表示为

$$E_{分解} = E_{可逆} + \Delta E_{不可逆} + IR \tag{7.50}$$

式中:$E_{可逆}$为相应的原电池的电动势,也即理论分解电压;IR为电池内溶液、导线和接触点等的电阻所引起的电势降;$\Delta E_{不可逆}$则是由于电极上反应的不可逆,即电极极化效应所致。

当电极上无电流通过时,电极处于平衡状态,与之相对应的电势是电极的可逆电势$\varphi_{可逆}$,随着电极上电流密度的增加,电极反应的不可逆程度愈来愈大,其电势值对可逆电势值的偏离也愈来愈大。在有电流通过电极时,电极电势偏离可逆值的现象称为电极的极化。

设某一电流密度下的极化电极的电势为$\varphi_{不可逆}$,平衡可逆的电势为$\varphi_{可逆}$,它们之间的差值,从数值上表明了极化程度的大小,称为超电势(或过电位)。由于超电势的存在,在实际

电解时,对于阳极来说,极化电势随电流密度的增大而增大,即外加于阳极的电势必须比可逆电极的电势更正一些;对于阴极来说,极化电极电势随电流密度的增大而负值增大,要使正离子在阴极上发生还原,外加于阴极的电势必须比可逆电极的电势要更负一些。

2. 电极极化的原因

当电极上有电流流过时,在电极上发生一系列的过程,使阳极的电势升高,阴极的电势降低,其主要原因分为两类:电化学极化和浓差极化,并将与之相应的超电势称为电化学超电势和浓差超电势。除此之外,有时由于电解过程中在电极表面上生成一层氧化物的薄膜或其他物质,产生了电流通过的阻力,称为电阻超电势,在数值上就等于电流与电阻的乘积。

(1) 浓差极化

当有电流流过电极时,在电极表面发生的化学反应速度较快,而离子在溶液中的扩散速率较慢,则在电极附近溶液的浓度和本体溶液的浓度有所不同,即发生了浓差极化。

例如,当把两个银电极插到质量摩尔浓度为 m 的 $AgNO_3$ 溶液中进行电解,在阴极附近的 Ag^+ 沉积到电极上去 $[Ag^+ + e^- \longrightarrow Ag(s)]$,使得该处溶液中的 Ag^+ 不断地降低。如果本体溶液中的 Ag^+ 扩散到该处进行补充的速度赶不上沉积的速度,则在阴极附近 Ag^+ 浓度势必比本体溶液的浓度为低(这里所谓电极附近是指电极与溶液之间的界面区域,在通常搅拌的情况下其厚度不大于 $10^{-3} \sim 10^{-2}$ cm)。在一定的电流密度下,达到稳定状态后,溶液有一定的浓度梯度,此时电极附近溶液的浓度有一定的稳定值,就好像是把电极浸入一个浓度较小的溶液中一样。当没有电流通过时,电极的可逆电势由溶液的浓度 m(即本体溶液的浓度)所决定:

$$\varphi_{可逆} = \varphi^{\ominus}_{Ag^+|Ag} - \frac{RT}{F} \ln \frac{1}{m(Ag^+)} \tag{7.51}$$

当有电流通过时,电极附近的浓度为 m_e,则电极电势就由 m_e 决定,$\varphi_{不可逆}$ 可以近似地表示为

$$\varphi_{不可逆} = \varphi^{\ominus}_{Ag^+|Ag} - \frac{RT}{F} \ln \frac{1}{m_e(Ag^+)} \tag{7.52}$$

由于 $m_e(Ag^+) < m(Ag^+)$,其结果是电极电势将比按本体溶液的浓度所计算的理论电极电势要小。这两个电极电势之差即为阴极浓差超电势 $\eta_{阴}$:

$$\eta_{阴} = (\varphi_{可逆} - \varphi_{不可逆})_{阴} = \frac{RT}{F} \ln \frac{m(Ag^+)}{m_e(Ag^+)} \tag{7.53}$$

由此可见,阴极上浓差极化的结果是使阴极的电极电势变得比可逆时更小一些;同理可以证明,在阳极上浓差极化的结果是使阳极电极电势变得比可逆时更大一些。

为了使超电势都是正值,我们把阴极的超电势($\eta_{阴}$)和阳极的超电势($\eta_{阳}$)分别定义为:

$$\eta_{阴} = (\varphi_{可逆} - \varphi_{不可逆})_{阴} \tag{7.54a}$$

$$\eta_{阳} = (\varphi_{不可逆} - \varphi_{可逆})_{阳} \tag{7.54b}$$

这种由于浓差发生极化的超电势数值显然由浓差的大小来决定,而浓差大小则又与离子的扩散速率大小有关,通过搅拌、改变电流密度和改变温度,就可以改变浓差超电势的大小。离子的扩散速率与离子的种类、浓度密切相关。在同一条件下,不同离子的浓差极化程度不同,同一离子在不同浓度时的浓差极化程度也不同。极谱分析就是利用滴汞电极上所形成的浓差极化来进行分析的一种电化学分析方法。

(2) 电化学极化(活化极化)

由于电极的反应通常是分若干步进行的,这些步骤当中可能有某一步反应速率比较缓慢,这种迟缓导致极化电势偏离可逆电势的现象为电化学极化。

例如,以氢电极为例,氢电极作为阴极发生还原作用,由于 H^+ 还原成 H_2 的速率较慢。则到达阴极的电子不能被该还原反应消耗掉,致使此电极比可逆的情况带有更多的负电,即电极电势比可逆电势更低。当氢电极作为阳极发生氧化反应时,由于 H_2 被氧化成 H^+,释放电子的速率较慢,造成了该电极缺电子的程度严重,致使电极带有更多的正电,即电极电势比可逆电势更高。

在一定的电流密度下,每个电极的实际析出电势(即不可逆电极电势)等于可逆电极电势加上浓差超电势和电化学超电势,即

$$\varphi_{阳,析出} = \varphi_{阳,可逆} + \eta_{阳} \tag{7.55a}$$

$$\varphi_{阴,析出} = \varphi_{阴,可逆} - \eta_{阴} \tag{7.55b}$$

而整个电池的分解电压等于阳、阴两极的析出电势之差,即

$$\begin{aligned} E_{分解} &= \varphi_{阳,析出} - \varphi_{阴,析出} \\ &= E_{可逆} + \eta_{阳} + \eta_{阴} \end{aligned}$$

电化学极化在生产中存在有利的一面,也存在有害的一面。例如铅蓄电池在充电时,阴极上生成海绵状铅,而 H^+ 因超电势高很难析出,否则电能将消耗在 H^+ 的析出上,造成充电充不进去。但是,在电解饱和食盐水生产烧碱时,又希望 H^+ 容易析出,而 H^+ 的超电势高,增加了槽电压,增大电能的消耗,这是不利的一面。

上面讨论的两种极化,在电极上有电流时,总是同时存在的,并且随着离子的浓度、电流密度以及放电离子本性等条件的不同,两种极化占的比重不同。一般来说,电流密度低时,浓差极化较小,电化学极化相对较大;电流密度很大时,由于电极表面层物质浓度变化很大,浓差极化可能起主要作用。由实验测定的极化曲线是两种极化的综合结果。

3. 极化曲线——超电势的测定

通常将这类描述电流密度与电极电势之间关系的曲线称为极化曲线。

图 7.33 是测定超电势装置的示意图。测定超电势实际上就是测定在有电流流过电极时的电极电势,然后从电流与电极电势的关系就能得到极化曲线。

设我们要测量电极 B 的极化曲线;借助辅助电极 C,将电极 B、C 安排在一个电解池。调节外电路中的电阻,以改变通过电极中电流的大小(电流的数值可以由电流计上读出)。

当待测电极上有电流流过时,其电势偏离可逆电势。我们另用一个电极(通常用电势比较稳定的电极如甘汞电极)与待测电极组成原电池(甘汞电极的一端拉成毛细管,常称为 Luggin(鲁金)毛细管,使其靠近电极 B 的表面,以减少溶液中的欧姆降即 IR 降),用电位差计测量该电池的电动势。由于甘汞电极的电极电势是已知的,故可求出待测电极的电极电势。每改变一次电流密度 j,当待测电极的电极电势达稳定后就可以测出一个稳定的电势值。这样就得到电极 B 的稳态 j-φ 曲线,即极化曲线。同法可以测得另一电极的极化曲线。

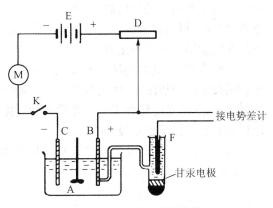

图 7.33 测定超电势的装置

实验证明,当电流密度不同时,两极的电极电势不同,因而超电势也不同。图 7.34(a) 是电解池通电时电流密度与电极电势关系的示意图(即电解池中两电极的极化曲线)。

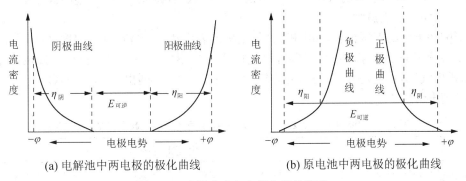

(a) 电解池中两电极的极化曲线　　(b) 原电池中两电极的极化曲线

图 7.34　电流密度与电极电势的关系

在图 7.34(a)中,$\eta_{阴}$ 是在一定电流密度下的阴极超电势,$\eta_{阳}$ 是在同一情况下的阳极超电势。由此可见,电解时电流密度愈大,超电势愈大,则外加的电压也要增大,所消耗的能量也就愈多。

对于原电池,控制其放电电流,同样可以在其放电过程中,分别测定两个电极的极化曲线。按照对阴、阳的定义,在原电池中负极起氧化作用是阳极,正极起还原作用是阴极,因此在原电池中负极的极化曲线即是阳极极化曲线,正极的极化曲线即是阴极极化曲线,如图 7.34(b)所示。当原电池放电时,有电流在电极上通过;随着电流密度增大,由于极化作用,负极(阳极)的电极电势比可逆电势值愈来愈大,正极(阴极)的电极电势比可逆电势愈来愈小,两条曲线有相互靠近的趋势,原电池的电动势逐渐减小,它所能做的电功则逐渐减小。

从图 7.34 可知,从能量消耗的角度看,无论原电池还是电解池,极化作用的存在都是不利的。为了使电极的极化减小,必须供给电极以适当的反应物质,由于这种物质比较容易在电极上反应,可以使电极上的极化减小或限制在一定程度内,这种作用称为去极化作用,这种外加的物质叫做去极化剂。

实验表明,在电解的过程中,除了 Fe、Co、Ni 等一些过渡元素的离子之外,一般金属离子在阴极上还原析出时,电化学超电势的数值都比较小。但是有气体析出时,其电化学超电势相当大,这是在电化学工业中经常遇到气体超电势的问题。氢超电势的研究是各种电极过程中研究得最早也是最多的。

1905 年,Tafel(塔菲尔)在研究氢超电势与电流密度的定量关系时,提出了一个经验式,称为 Tafel 公式:

$$\eta = a + b\ln(j/[j]) \tag{7.56}$$

式中:j 为电流密度;$[j]$ 是 j 的单位,这样表示使对数项中为纯数;a,b 为常数。常数 a 是电流密度 j 等于单位电流密度时的超电势值,它与电极材料、电极表面状态、溶液组成以及实验温度等有关。b 的数值对于大多数的金属来说却相差不多,在常温下接近于 0.050 V(如用以 10 为底的对数,b 约为 0.116 V)。这就意味着,电流密度增加 10 倍,则超电势约增加 0.116 V。氢超电势的大小基本上取决于 a 的数值,因此 a 的数值愈大,氢超电势也愈大,其不可逆程度也愈大。

影响超电势的因素很多,如电极材料、电极的表面状态、电流密度、温度、电解质的性质、浓度及溶液中的杂质等,因此,超电势测定的重现性不好。一般说来析出金属的超电势较小,而析出气体,特别是氢、氧的超电势较大。在表 7.10 中列出了 $H_2(g)$,$O_2(g)$ 在不同金属上的超电势值。

表 7.10 298.15 K 时,$H_2(g)$ 和 $O_2(g)$ 在不同金属上的超电势值(单位 V)

电极	电流密度 $j/(A \cdot m^{-2})$				
H_2(1 mol·dm^{-3} H_2SO_4 溶液)	10	100	1 000	10 000	50 000
Ag	0.097	0.13	0.3	0.48	0.69
Al	0.3	0.83	1.00	1.29	—
Au	0.017	—	0.1	0.24	0.33
Fe	—	0.56	0.82	1.29	—
石墨	0.002	—	0.32	0.60	0.73
Hg	0.8	0.93	1.03	1.07	—
Ni	0.14	0.3	—	0.56	0.71
Pb	0.40	0.4	—	0.52	1.06
Pt(光滑)	0.000	0.16	0.29	0.68	—
Pt(镀黑)	0.000	0.03	0.041	0.048	0.051
Zn	0.48	0.75	1.06	1.23	—

(续表)

电极	电流密度 $j/(\text{A} \cdot \text{m}^{-2})$				
O_2(1 mol·dm^{-3} KOH 溶液)	10	100	1 000	10 000	50 000
Ag	0.58	0.73	0.98	1.13	—
Au	0.67	0.96	1.24	1.63	—
Cu	0.42	0.58	0.66	0.79	—
石墨	0.53	0.90	1.06	1.24	—
Ni	0.36	0.52	0.73	0.85	—
Pt(光滑)	0.72	0.85	1.28	1.49	—
Pt(镀黑)	0.40	0.52	0.64	0.77	—

7.8.3 电解时电极反应

因离子析出时的电势不同,电解反应就有次序问题。比如电解食盐水时,电极上只有 Cl_2 和 H_2 析出。因为在电解时,溶液中的某些离子都将在电极上发生得失电子的反应,究竟哪些离子先析出呢?

离子析出的次序可以用离子析出电势的大小判断。离子的析出电势就是离子在电极上放电析出时的电极电势。如果存在超电势,可用(7.56)式计算析出电势:

$$\varphi_{阳,析出} = \varphi_{阳,可逆} + \eta_{阳} \quad (7.56a)$$

$$\varphi_{阴,析出} = \varphi_{阴,可逆} - \eta_{阴} \quad (7.56b)$$

计算出析出电势后,可进行比较,阳极首先进行的氧化反应是对应电极电势的负绝对值较大的反应,电极电势正值较大的反应则首先在阴极发生还原反应。例如,在 208 K 时,用惰性电极来电解 $AgNO_3$ 溶液(设活度均为 1)。在阳极放出氧气,在阴极可能析出氢或金属银。因为现在只讨论阴极上的情况,所以氧在阳极上的超电势可视为定值而暂不考虑。

阴极反应: $$Ag^+ + e^- \longrightarrow Ag(s)$$

$$H^+ + e^- \longrightarrow \frac{1}{2}H_2(g, p^\ominus)$$

计算两个反应的析出电势:

$$\varphi_{(Ag^+|Ag)} = \varphi^\ominus_{(Ag^+|Ag)} = 0.799 \text{ V}$$

$$\varphi_{(H^+|H_2)} = -\frac{0.059\ 15}{1} \lg \frac{1}{10^{-7}} = -0.414(\text{V})$$

显而易见,即使氢没有超电势,银的析出也比较容易。实际上,氢在银上还有超电势(电极电势还要更负些),析出氢当然更困难。因此,在阴极上,(还原)电势愈正者,其氧化态愈先还原而析出；同理，在阳极上，(还原)电势愈负者其还原态愈先氧化而析出。利用超电势的存在，可以使得某些本来在 H^+ 之后在阴极上还原的反应，也能顺利地先在阴极上进行。例如，可以在阴极上镀 Zn, Cd, Ni 等而不会有氢气析出。在金属活动次序中氢以上的金属即使是 Na，也可以用汞作为电极使 Na^+ 在电极上放电，生成钠汞齐而不会放出氢气(因为氢气在汞上有很大的超电势)。

【例 7.17】 在 298 K 和标准压力下，用 Fe(s) 为阴极，C(石墨) 为阳极，电解 $6.0\ mol \cdot kg^{-1}$ 的 NaCl 水溶液。若 $H_2(g)$ 在铁阴极上的超电势为 0.20 V，$O_2(g)$ 在石墨阳极上的超电势为 0.60 V，$Cl_2(g)$ 的超电势可忽略不计。试用计算说明两极上首先发生的反应，并计算使电解池发生反应至少所需加的外加电压。已知 $E^\ominus_{Cl^-|Cl_2} = 1.360\ V$，$E^\ominus_{O_2|OH^-} = 0.401\ V$，$E^\ominus_{Na^+|Na} = -2.71\ V$，设活度因子均为 1。

解：由于 Na^+ 还原成 Na(s) 的析出电势很小，而且在水溶液中不可能有 Na(s) 析出，所以不考虑 Na(s) 的析出，在铁阴极上析出的是 $H_2(g)$，其析出电势为

$$E_{H^+|H_2} = E^\ominus_{H^+|H_2} - \frac{RT}{F} \ln \frac{1}{a_{H^+}} - \eta_{H_2}$$

$$= \frac{RT}{F} \ln 10^{-7} - 0.20 = -0.613\ (V)$$

阳极上可能发生氧化的离子有 Cl^- 和 OH^-，它们的析出电势分别为

$$E_{O_2|OH^-} = E^\ominus_{O_2|OH^-} - \frac{RT}{F} \ln a_{OH^-} + \eta_{O_2}$$

$$= 0.401 - \frac{RT}{F} \ln 10^{-7} + 0.6 = 1.415\ (V)$$

$$E_{Cl^-|Cl_2} = E^\ominus_{Cl^-|Cl_2} - \frac{RT}{F} \ln a_{Cl^-}$$

$$= 1.360 - \frac{RT}{F} \ln 6.0 = 1.314\ (V)$$

所以阳极上发生的反应是 Cl^- 氧化为 $Cl_2(g)$。最小的外加分解电压为

$$E_{分解} = E_{阳} - E_{阴} = 1.314\ V - (-0.613\ V) = 1.927\ V$$

这里利用 C(石墨) 为阳极，就是因为氧气在石墨阳极上析出有超电势，而氯气没有，从而电解 NaCl 浓的水溶液在石墨阳极上获得氯气作为化工原料。

7.8.4 电解的应用

1. 去极化剂

电解时阴极上的反应当然并不限于金属离子的析出，任何能从阴极上取得电子的还原反应都可能在阴极上进行；同样，在阳极上也并不限于阴离子的析出或阳极的溶解，任何放

出电子的氧化反应都能在阳极上进行。若溶液中含有某些离子,具有比 H^+ 较正的还原电势,则氢气就不再逸出,而发生该种物质的还原,这种物质通常就称为阴极去极化剂。同理,若要减弱因阳极上析出 O_2 或 Cl_2 等所引起的极化作用,则可以加入还原电势较负的某种物质,使其比 OH^- 先在阳极氧化,这种物质就称为阳极去极化剂。

去极化剂在电化工业中应用得很广泛。例如电镀工艺中为了使金属沉积的表面既光滑又均匀,常加入一定的去极化剂,以防止因氢气的析出而使表面有孔隙或疏松现象。

2. 电解精炼与制备

把含有杂质的不纯金属作阳极,通过电解在阴极制得纯金属,这种方法叫做电解精炼。在电解精炼时,阴极(还原析出)和阳极(氧化溶解)反应是同一反应的正反应和逆反应,因此理论分解电压为零伏,槽电压非常小。例如在铜的电解精炼中,电势比铜正的杂质金属 Au、Ag 和 Pt 不会发生溶解,只会从电极表面脱落至槽底,从而可以回收贵金属。而电势比铜负的金属 Pb、Sn、Ni、Co、Fe、Zn 等均发生氧化成离子溶解进入溶液,但因它们的析出电势比铜负,所以不会在阴极还原析出。As、Sb、Bi 的析出电势与铜接近,当电流密度较高时,控制条件,可以使铜离子析出,从而得到高纯度的金属铜。

上述用电解法提纯金属,电解在工业上也常用于电解制备,如电解食盐水制备氢气、氯气和 NaOH 的氯碱工业;电解水以制备纯净的氢气和氯气,电解法制取双氧水等,有机物的电解制备在近年来也研究得很多,如硝基苯电解制苯胺,其主要步骤为

$$C_6H_5NO_2 \longrightarrow C_6H_5NO \longrightarrow C_6H_5NHOH \longrightarrow C_6H_5NH_2$$
硝基苯　　　　亚硝基苯　　　　苯胺　　　　　　苯胺

如果用氢超电势较高的阴极如 Pb、Zn、Cu 或 Sn,不管溶液是碱性或酸性,电解产物都是苯胺。

电解制备的产物比较纯净,易于提纯。用电解法进行氧化和还原时不需要另外加入氧化剂或还原剂,可以减少污染。适当选择电极材料、电流密度和溶液的组成,可以扩大电解还原法的适用范围。通过控制反应条件还可以使原来在化学方法中是一步完成的反应,控制反应停止在某一中间步骤上,有时又可以把多步骤的化学反应在电解槽内一次完成,从而得到所要的产物。

3. 电镀

通过电解在金属制品表面覆盖一层致密、牢固、光滑、均匀的镀层,借以达到防护装饰等目的。电镀时,把待镀零件和直流电源的负极相连,把金属(一般是与镀层相同的金属)和直流电源的正极相连,两者一起放入到镀槽中,槽中盛放含有欲镀金属离子的盐溶液。接通电源,就可以在一定的电流密度、温度、pH 等条件下进行操作。

为了节约金属,减轻产品重量和降低成本,目前在建筑业、汽车制造业及人们日常生活中越来越多地采用塑料来代替金属。但是绝大多数塑料有不能导电,没有金属光泽等不足之处,为了改进其性能,可以在 ABS、尼龙、聚四氟乙烯等各种塑料上进行电镀,首先是先将塑料表面去油、粗化及各种表面活性处理,然后用化学沉积法在其表面形成很薄的导电层,再把塑料镀

件置于电镀槽的阴极,镀上各种所需的金属。电镀后的塑料制品能够导电、导磁,有金属光泽,也提高了焊接性能,而且其机械性能、热稳定性和防老化能力等都有所提高。

§7.9 金属的电化学腐蚀、防腐与金属的钝化

7.9.1 金属的电化学腐蚀

金属表面与周围介质发生化学及电化学作用而遭受破坏,统称为金属腐蚀。金属表面与介质如气体或非电解质液体等因发生化学作用而引起的腐蚀,叫做化学腐蚀。化学腐蚀作用进行时没有电流产生。金属表面与介质如潮湿空气、电解质溶液等接触时,因形成微电池而发生电化学作用而引起的腐蚀,叫做电化学腐蚀。

由于金属腐蚀而遭受到的损失是非常严重的。据统计,全世界每年由于腐蚀而报废的金属设备和材料的量约为金属年产量的 20%～30%,因此研究金属的腐蚀和防腐是一项很重要的工作。在腐蚀作用中又以电化学腐蚀情况最为严重。

当两种金属或者两种不同的金属制成的物体相接触,同时又与其他介质(如潮湿空气、其他潮湿气体、水或电解质溶液等)相接触时,就形成了一个原电池,并进行原电池的电化学作用。例如在一铜板上有一些铁的铆钉(如图 7.35),长期暴露在潮湿的空气中,在铆钉与铜板接触的部位就特别容易生锈。

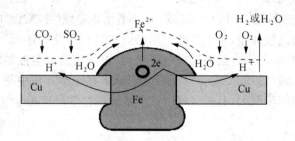

图 7.35 铁的电化学腐蚀示意图

这是因为铜板暴露在潮湿空气中时表面上会凝结一层薄薄的水膜,空气里的 CO_2,工厂区的 SO_2 废气,沿海地区潮湿空气中的 NaCl 都能溶解到这一薄层水膜中形成电解质溶液,于是就形成了原电池。其中铁是阳极(即负极),铜是阴极(即正极)。在阳极上一般都是金属的溶解过程(即金属被腐蚀过程),如 Fe 发生氧化作用后生成 Fe^{2+}。在阴极上,由于条件不同可能发生不同的反应,如在阴极(Cu)上可发生析氢腐蚀和吸氧腐蚀。

(1) 氢离子还原成 H_2 析出(亦称为析氢腐蚀),即

$$2H^+ + 2e^- \longrightarrow H_2(g) \tag{1}$$

$$\varphi_1 = -\frac{RT}{2F}\ln\frac{a_{H_2}}{a_{H^+}^2}$$

(2) 在酸性气氛中,大气中的氧气在阴极上取得电子,而发生还原反应(亦称为吸氧腐蚀),即

$$O_2(g) + 4H^+ + 4e^- \longrightarrow 2H_2O \tag{2}$$

$$\varphi_2 = \varphi^{\ominus}_{(O_2|H^+,H_2O)} - \frac{RT}{4F}\ln\frac{1}{a_{O_2} \cdot a_{H^+}^4}$$

$\varphi^{\ominus}_{(O_2|H^+,H_2O)} = 1.229\ V$,在空气中 $p_{O_2} = 21\ kPa$,显然 φ_2 比 φ_1 大得多,即反应(2)比反应(1)容易发生,也就是说 $\varphi_{(Fe^{2+}|Fe)}$ 与 $\varphi_{(H^+|H_2)}$ 组成电池的电动势比 $\varphi_{(Fe^{2+}|Fe)}$ 与 $\varphi_{(O_2|H^+,H_2O)}$ 组成电池的电动势小得多,所以当有氧气存在时 Fe 的腐蚀就更严重,在图 7.35 中,由于两种金属紧密连接,电池反应不断地进行,Fe 就变成 Fe^{2+} 而进入溶液,多余的电子移向铜极,在铜极上氧气和氢离子被消耗掉,生成水,Fe^{2+} 就与溶液中的 OH^- 结合,生成氢氧化亚铁 $Fe(OH)_2$,然后又和潮湿空气中的水分和氧发生作用,最后生成铁锈(铁锈是铁的各种氧化物和氢氧化物的混合物),结果铁就受到了腐蚀。

工业上使用的金属不可能是非常纯净的,常存在一些杂质。在表面上金属的电势和杂质的电势不尽相同,就构成了以金属和杂质为电极的许许多多微电池(或局部电池)。在锌电极中含有的铁杂质就与锌形成了微电池,氢离子在铁阴极上放电,锌作为阳极不断溶解而受到腐蚀。所以,含铁杂质的粗锌在酸性溶液中,既有化学腐蚀,又有电化学腐蚀,要比纯锌腐蚀得更快。

有时,在金属表面上形成浓差电池也能构成电化学腐蚀。例如把两个铁电极放在稀的 NaCl 溶液中,在一个电极(A)上通以空气,另一电极(B)上通以富氮空气(其含氧量较一般空气少),由于两电极附近含氧的浓度不同,因而就构成了浓差电池。电极(A)成为阴极,电极(B)成为阳极,在电极上所进行的反应为

阳极(B)　　$Fe^- \longrightarrow Fe^{2+} + 2e^-$

阴极(A)　　$\frac{1}{2}O_2(g) + H_2O + 2e^- \longrightarrow 2OH^-$

同一根铁管,如有局部处于氧浓度较低处(例如裂缝处或螺纹联结处),就能构成浓差电池,使作为阳极的部分受到腐蚀。

金属的电化学腐蚀,实际上是形成了许多微电池,它和前章所述的原电池,并没有本质上的区别。

腐蚀电池电动势的大小影响腐蚀的倾向和速度。当两种金属一旦构成微电池之后,由于有电流产生,电极就要发生极化,而极化作用的结果会改变腐蚀电池的电动势,因而需要研究极化对腐蚀的影响,特别是研究金属在各种介质中的极化曲线有重要的意义。

7.9.2 金属的防腐

1. 非金属保护层

将耐腐蚀的物质如油漆、喷漆、搪瓷、陶瓷、玻璃、沥青、高分子材料(如塑料、橡胶、聚酯等)等紧密包裹在要保护的金属表面,使金属与腐蚀介质隔开。当这些保护层完整时能起保护的作用。

2. 金属保护层

用耐腐蚀性较强的金属或合金覆盖在被保护的金属表面,就是金属保护层,覆盖的主要方法是电镀。按防腐蚀的性质来说,保护层可分为阳极保护层和阴极保护层。前者是镀上去的金属比被保护的金属有较负的电极电势,例如把锌镀在铁上(一旦发生电化腐蚀时锌为阳极,铁为阴极);后者是镀上去的金属有较正的电极电势,例如把锡镀在铁上(此时锡为阴极,铁为阳极)。就保护层把被保护的金属与外界介质隔开这两点来说,两种保护层的作用并无原则上的区别。但当保护层受到损坏而变得不完整时,情况就完全不同。阴极保护层就失去了保护作用,它和被保护的金属形成原电池,由于被保护的金属是阳极,阳极要氧化,所以保护层的存在反而加速了被保护金属的腐蚀。但阳极保护层则不然,即使保护层被破坏,出于被保护的金属是阴极,所以受腐蚀的是保护层本身,而被保护的金属则不受腐蚀。

3. 电化保护

(1) 保护器保护:将电极电势较低的金属和被保护的金属连接在一起,构成原电池,电极电势较低的金属作为阳极而溶解,被保护的金属作为阴极就可以避免腐蚀。例如海上航行的船舶,在船底四周镶嵌锌块,此时,船体是阴极受到保护,锌块是阳极代替船体而受腐蚀,所以有时将锌块称为保护器。这种保护法是保护了阴极,牺牲了阳极,所以也称为牺牲阳极保护法。

(2) 阴极电保护:利用外加直流电,把负极接到被保护的金属上,让它成为阴极,正极接到一些废铁上成为阳极,使它受到腐蚀,那些废铁实际上也是牺牲性阳极,它保护了阴极,只不过它是在外加电流下的阴极保护。在化工厂中一些装有酸性溶液的容器或管道,水中的金属闸门以及地下的水管或输油管常用这种方法防腐。

(3) 阳极电保护:把被保护的金属接到外加电源的正极上,使被保护的金属进行阳极极化,电极电势向正的方向移动,使金属"钝化"而得到保护。金属可以在氧化剂的作用下钝化,也可以在外电流的作用下钝化(参阅下节)。

4. 加缓蚀剂保护

由于缓蚀剂(inhibitor)的用量少,方便而且经济,故是一种最常用的方法。缓蚀剂种类很多,可以是无机盐类(如硅酸盐、正磷酸盐、亚硝酸盐、铬酸盐等),也可以是有机缓蚀剂(一般是含有 N,S,O 和叁键的化合物如胺类、吡啶类等)。在腐蚀性的介质中只要加少量缓蚀剂,就能改变介质的性质,从而大大降低金属腐蚀的速度。其缓蚀机理一般是减慢阴极(或阳极)过程的速度,或者是覆盖电极表面从而防止腐蚀。

阳极缓蚀剂的作用是直接阻止阳极表面的金属进入溶液,或者是在金属表面上形成保护膜,使阳极免于腐蚀(但应注意,如果加入缓蚀剂的量不足,阳极表面覆盖不完全,反而导致阳极的电流密度增加使腐蚀加快,因此,有时也把阳极缓蚀剂称为危险性缓蚀剂)。

阴极缓蚀剂主要也在于抑制阴极过程的进行,增大阴极极化,有时也可在阴极上形成保护膜。阴极缓蚀剂不具有"危险性"。

有机缓蚀剂可以是阴极缓蚀剂也可以是阳极缓蚀剂,它主要是被吸附在阴极表面而增加了氢超电势,妨碍氢离子放电过程的进行,从而使金属溶解速度减慢。金属器件在储存或运输过程中可能经历温度和湿度的变化,表面上凝有很薄的水膜,易于引起锈蚀。如果在仓库内或包装上加有某种易于挥发但又不是挥发很快的物质(如亚硝酸二环己烷基胺等),这种物质将溶解在金属表面的湿膜中,改变介质的性质,起到缓蚀的作用。此种缓蚀剂则称为气相缓蚀剂。

防止金属腐蚀的方法根据具体情况可以采用多种方法,下节所介绍的金属钝化,也是一种防止腐蚀的方法,但是最根本的还是研究制成新的耐腐蚀材料如特种合金或特种陶瓷高聚物材料等。

5. 金属的钝化

一块普通的铁片,在稀硝酸中很容易溶解,但在浓硝酸中则几乎不溶解。经过浓硝酸处理后的铁片,即使再把它放在稀硝酸中,其腐蚀速度也比原来未处理前有显著的下降或甚至不溶解,这种现象叫做化学钝化,此时的金属则处于钝态。除了硝酸之外,其他一些试剂(通常是强氧化剂)例如 $HClO_3$,$K_2Cr_2O_7$,$KMnO_4$ 等都可使金属钝化。金属变成钝态之后,其电极电势向正的方向移动,甚至可以升高到接近于贵金属(如 Au,Pt)的电极电势。由于电极电势升高,钝化后的金属失去了它原来的特性,例如钝化后的铁在铜盐溶液中不能将铜取代出来。

金属除了用氧化剂处理可使之变成钝态外,用电化学的方法也可使之成钝态。例如,将 Fe 置于 H_2SO_4 溶液中作为阳极,用外加电流使之阳极极化。采用一定的设备使铁的电势逐步升高,同时观察其相应的电流变化,就可得到如图 7.36 的极化曲线。当铁的电势增加时,极化曲线沿 AB 线变化,此时铁处于活化区。铁以低价 Fe^{2+} 转入溶液,当电势到达 B 点时,表面开始钝化。此时电流密度随着电势的增加而迅速降低到很低的数值,B 点所对应的电势则称为钝化电势,与 B 点所对应的电流密度则称为临界钝化电流密度。当电势到达 E 点时,金属处于稳定的钝态。当进一步使电

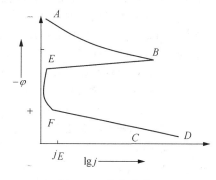

图 7.36 钝化曲线

势逐步上升时,在曲线 EF 段,电流密度仍然保持很小的数值,此时的电流则称为钝态电流。在 EF 区间,金属处于稳定钝化区。只要维持金属的电势在 EF 之间,金属就处于稳定的钝化状态。过了 F 点,曲线又变得重新倾斜起来,电流密度又开始增加,表示阳极又发生了氧化过程。FC 段则称为过钝化区,铁以高价离子而转入溶液,在这一段中如果达到了氧的析出电势,则阴极上就发生氧气被还原成 H_2O 的反应。

由此可见,用外加电源使被保护的金属作为阳极,并维持其电势在 EF 的钝化区就能防止金属的腐蚀。在化肥厂的碳化塔上就常利用这种方法以防止碳化塔的腐蚀。

关于金属钝化的理论很多,其中重要的有成相理论与吸附理论,大体上前者认为是在表面上形成了一层致密的氧化膜,其厚度约为 1~0.1 nm,而后者则认为在表面上形成了氧的吸附层。

课外参考读物

1. 侯满州,李成容,王英利,等. 强电解质溶液黏度的研究. 化学通报,2011,74(4):356~361.
2. 王聪玲,楼台芳,刘馨,马海瑛. 环己烷-乙醇体系活度系数的测定. 大学化学,2005,1:39.
3. 高颖. 邸冲主编. 电化学基础. 北京:化学工业出版社,2004.
4. 张树本,牛林,努丽燕娜. 可逆电极分类刍议. 大学化学,2003,18(3):50.
5. 刘振琪,许越. 电极电势 φ 对电化学反应速率的影响. 大学化学,2003,18(1):46.
6. 吴浩青,李永舫. 电化学动力学. 北京:高等教育出版社,1998.
7. 刘伟,童汝亭,王孟歌. 铅酸蓄电池的发展. 大学化学,1997,3:25.
8. 王敏明,王坚. 高能电池——当代化学电源. 大学化学,2000,13:2.
9. 袁华堂,焦丽芳,曹建胜,刘秀生,赵明,王永梅. 离子液体在电池中的应用进展. 电池,2005,35(2):144~145.
10. YasushiK,IsamuK,Takashi M,et al1Redox react ion in 1-ethy-l,3-methylimidazolium－iron chloridesmolt en salt syst em f or bat t ery appl icat ion. J Power Sources,2002,109(2):327~3 321.
11. 肖利芬,艾新平,杨汉西,等. 锂离子电池多元电解质溶液的电导行为研究. 电池,2004,34(4):270—272. 12. Yasuhiko I,T oshiyuki N1 Non－conventional electrolytes for electrochemical applications. Elect rochimica Acta,2000,45(15—16):2 611~26 221.
12. 衣宝廉. 燃料电池. 北京:化学工业出版社,2000.
13. 李涛,周春兰,刘振刚,等. 晶体硅太阳能电池双层电极优化分析与实验研究. 物理学报,2012,61(3):1~7.
14. 聂洋洲,杨国华,顾玉宗. 染料敏化太阳能电池中 CuO/TiO_2 薄膜制备及应用. 功能材料与器件学报,2012,18(3):247~254.
15. 欧萌,靳志强. 太阳能电池埋栅电极制造新技术. 电子工业专用设备,2010,4:4~6.
16. 徐强,于紫阳,常林荣,等. 电镀铝基负极板栅铅酸蓄电池的研究. 电源技术,2011,35(9):1 086~1 089.
17. 倪迎瑞,李中玺,李海涛,等. 高银合质金快速电解精炼工艺. 黄金,2013,34(1):52~54.

18. 陈红辉,刘晓艳,廖丽军,等. 锡基复合镀层材料制备工艺的研究. 电镀与环保,2010,30(6): 21~23.
19. 曹楚南. 腐蚀电化学原理. 北京:化学工业出版社,2004:4~14.
20. 朱祖芳. 铝合金阳极氧化与表面处理技术. 北京:化学工业出版社,2004,7~14.

思考题

1. 为什么要引进离子强度的概念？离子强度对电解质的平均活度因子有什么影响？
2. 不论是离子的电迁移率还是摩尔电导率,氢离子和氢氧根离子都比其他与之带相同电荷的离子要大得多,试解释这是为什么？
3. 影响难溶盐的溶解度主要有哪些因素？试讨论 AgCl 在下列电解质溶液中的溶解度大小,按由小到大的次序排列出来(除水外,所有的电解质的浓度都是 $0.1\ \mathrm{mol\cdot dm^{-3}}$)。
   (1) $NaNO_3$　(2) $NaCl$　(3) H_2O　(4) $CuSO_4$　(5) $NaBr$
4. 用 Pt 电极电解一定浓度的 $CuSO_4$ 溶液,试分析阴极部、中部和阳极部溶液的颜色在电解过程中有何变化？若都改用 Cu 电极,三部溶液颜色变化又将如何？
5. 电解质溶液的导电能力与哪些因素有关？在表示溶液导电能力方面,已经有了电导率的概念,为什么还要提出摩尔电导率的概念？
6. 为什么不能用普通电压表直接测量可逆电池的电动势？
7. 电化学和热力学的联系桥梁是什么？如何用电动势法测定下述热力学数据？试写出对应的电池,并说明应测的数据及计算公式。
   (1) $H_2O(l)$ 的标准摩尔生成 Gibbs 自由能 $\Delta_f G_m^{\ominus}(H_2O, l)$;
   (2) $H_2O(l)$ 的离子积常数 $K_w^{\ominus}$;
   (3) $Hg_2SO_4(s)$ 的溶度积常数 $K_{sp}^{\ominus}$;
   (4) 反应 $Ag(s) + \frac{1}{2}Hg_2Cl_2(s) \longrightarrow AgCl(s) + Hg(l)$ 的标准摩尔反应焓变 $\Delta_r H_m^{\ominus}$;
   (5) 稀的 HCl 水溶液中,HCl 的平均活度因子 $\gamma_\pm$;
   (6) $Ag_2O(s)$ 的标准摩尔生成焓 $\Delta_f H_m^{\ominus}$ 和分解压;
   (7) 反应 $Hg_2Cl_2(s) + H_2(g) \longrightarrow 2HCl(aq) + 2Hg(l)$ 的标准平衡常数 $K_a^{\ominus}$;
   (8) 醋酸的解离平衡常数。
8. 根据公式 $\Delta_r H_m = -zEF + zEF\left(\frac{\partial E}{\partial T}\right)_p$,如果 $\left(\frac{\partial E}{\partial T}\right)_p$ 为负值,则表示化学反应的等压热效应一部分转变成电功($-zEF$),而余下部分仍以热的形式放出[因为 $zFT\left(\frac{\partial E}{\partial T}\right)_p = T\Delta S = Q_R < 0$]。这就表明在相同的始终态条件下,化学反应的 $\Delta_r H_m$ 比按电池反应进行的焓变值大(指绝对值),这种说法对不对？为什么？
9. 随意取一金属片插入电解质溶液形成电极,是否都能够测出其确定的电极电势？

10. 金属电化学腐蚀的机理是什么？为什么铁的耗氧腐蚀比析氢腐蚀要严重得多？为什么粗锌（杂质主要是 Cu,Fe 等）比纯锌在稀 H_2SO_4 溶液中反应得更快？在铁锅里放一点水，哪一个部位最先出现铁锈？为什么？为什么海轮要比江轮采取更有效的防腐措施？

习 题

1. 在 300 K 和 100 kPa 压力下，用惰性电极电解水以制备氢气。设所用直流电的强度为 5 A，电流效率为 100%。如欲获得 1 m^3 $H_2(g)$，需通电多少时间？如欲获得 1 m^3 $O_2(g)$，需通电多少时间？已知在该温度下水的饱和蒸气压为 3565 Pa。

2. 用银电极来电解 $AgNO_3$ 水溶液，通电一定时间后，在阴极上有 0.078 g 的 Ag(s) 析出。经分析知道阳极部分有水 23.14 g，$AgNO_3$ 0.236 g。已知原来所用溶液的浓度为每克水中溶有 $AgNO_3$ 0.007 39 g。试分别计算 Ag^+ 和 NO_3^- 的迁移数。

3. 在 298 K 时，用铜电极电解铜氨溶液，已知溶液中每 1 000 g 水中含 $CuSO_4$ 15.96 g，NH_3 17.0 g。当有 0.01 mol 电子的电荷量通过以后，在 103.66 g 的阳极部溶液中含有 $CuSO_4$ 2.091 g，NH_3 1.571 g。试求：

(1) $[Cu(NH_3)_x]^{2+}$ 离子中 x 的值；

(2) 该络合物离子的迁移数。

4. 在 25 ℃，101 325 Pa 时，与含有 0.05%（体积分数）CO_2 的空气成平衡的蒸馏水的电导率是多少？已知 $\Lambda_m^\infty(H_2CO_3)=394.2\times10^{-4}$ S·m^2·mol^{-1}，在 25 ℃，101 325 Pa 的 CO_2 在 1 dm^3 水中溶解 0.826 6 dm^3 的 CO_2，H_2CO_3 的一级电离常数 $K^\ominus=4.7\times10^{-7}$。

5. 用实验测定不同浓度 KCl 溶液的电导率的标准方法为：273.15 K 时，在(a),(b)两个电导池中分别盛以不同液体并测其电阻。当在(a)中盛 Hg(l)时，测得电阻为 0.998 95 Ω（1 Ω 是 273.15 K 时，截面积为 1.0 mm^2、长为 1 062.936 mm 的 Hg(l)柱的电阻）。当(a)和(b)中均盛以浓度约为 3 mol·dm^{-3} 的 H_2SO_4 溶液时，测得(b)的电阻为(a)的 0.107 811 倍。若在(b)中盛以浓度为 1.0 mol·dm^{-3} 的 KCl 溶液时，测得电阻为 17 565 Ω。试求：

(1) 电导池(a)的电导池常数；

(2) 在 273.15 K 时，该 KCl 溶液的电导率。

6. 有下列不同类型的电解质：(1) HCl；(2) $MgCl_2$；(3) $CuSO_4$；(4) $LaCl_3$；(5) $Al_2(SO_4)_3$。设它们都是强电解质，当它们的溶液浓度分别都是 0.025 mol·kg^{-1} 时，按要求计算：

(1) 离子强度 I；

(2) 离子平均质量摩尔浓度 $m_\pm$；

(3) 用 Debye-Hückel 公式计算离子平均活度因子 $\gamma_\pm$；

(4) 计算电解质的离子平均活度 $a_\pm$ 和电解质的活度 a_B。

7. 在某电导池内，装有两个直径为 0.04 m 并相互平行的圆形银电极，电极之间的距离为 0.12 m。若在电导池内盛满浓度为 0.1 mol·dm^{-3} 的 AgNO$_3$ 溶液,施以 20 V 的电压,则所得电流强度为 0.197 6 A。试计算该电导池的电导池常数、AgNO$_3$ 溶液的电导、电导率和摩尔电导率。

8. 某有机银盐 AgA(s)(A 表示弱有机酸根)在 pH=7.0 的水中,其饱和溶液的浓度为 1.0×10^{-4} mol·kg^{-1}。

(1) 计算在浓度为 0.1 mol·kg^{-1} 的 NaNO$_3$ 溶液中(设 pH=7.0),AgA(s)的饱和溶液的浓度。在该 pH 下,A$^-$ 离子的水解可以忽略。

(2) 设 AgA(s)在浓度为 0.001 mol·kg^{-1} 的 HNO$_3$ 溶液中的饱和浓度为 1.3×10^{-4} mol·kg^{-1},计算弱有机酸 HA 的解离平衡常数 $K_a^\ominus$。

9. 写出下列电池中各电极的反应和电池反应:

(1) Pt|H$_2$(p_{H_2})|HCl(a)|Cl$_2$(p_{Cl_2})|Pt

(2) Pt|H$_2$(p_{H_2})|H$^+$(a_{H^+}) ‖ Ag$^+$(a_{Ag^+})|Ag(s)

(3) Ag(s)|AgI(s)|I$^-$(a_{I^-}) ‖ Cl$^-$(a_{Cl^-})|AgCl(s)|Ag(s)

(4) Pt|Fe^{3+}(a_1),Fe^{2+}(a_2) ‖ Ag$^+$(a_{Ag^+})|Ag(s)

10. 试将下述化学反应设计成电池。

(1) AgCl(s) = Ag$^+$(a_{Ag^+}) + Cl$^-$(a_{Cl^-})

(2) H$_2$(p_{H_2}) + HgO(s) = Hg(l) + H$_2$O(l)

(3) Fe^{2+}($a_{Fe^{2+}}$) + Ag$^+$(a_{Ag^+}) = Fe^{3+}($a_{Fe^{3+}}$) + Ag(s)

(4) Cl$_2$(p_{Cl_2}) + 2I$^-$(a_{I^-}) = I$_2$(s) + 2Cl$^-$(a_{Cl^-})

11. 298 K 时,下述电池的电动势为 1.228 V。

$$\text{Pt|H}_2(p^\ominus)|\text{H}_2\text{SO}_4(0.01 \text{ mol·kg}^{-1})|\text{O}_2(p^\ominus)|\text{Pt}$$

已知 H$_2$O(l)的标准摩尔生成焓为 $\Delta_f H_m^\ominus$(H$_2$O,l) = -285.83 kJ·mol^{-1}。试求:

(1) 该电池的温度系数;

(2) 该电池在 273 K 时的电动势。设反应焓在该温度区间为常数。

12. 在 298 K 时,电池 Hg(l)|Hg$_2$Cl$_2$(s)|HCl(a)|Cl$_2$($p^\ominus$)|Pt(s)的电动势为1.092 V,温度系数为 9.427×10^{-4} V·K^{-1}。

(1) 写出有 2 个电子得失的电极反应和电池的净反应;

(2) 计算与该电池反应相应的 $\Delta_r G_m$,$\Delta_r H_m$,和 $\Delta_r S_m$ 及可逆热效应 Q_R。若只有 1 个电子得失,则这些值又等于多少?

(3) 比较该反应在可逆电池中及在通常反应(298K,$p^\ominus$)时的热效应。

13. 电池 Hg|Hg$_2$Br$_2$(s)|Br$^-$(aq)|AgBr(s)|Ag,在标准压力下,电池电动势与温度的关系是:$E=68.04/\text{mV}+0.312\times(T/\text{K}-298.15)/\text{mV}$,写出通过 1 F 电量时的电极反应与电池反应,计算 25 ℃ 时该电池反应的 $\Delta_r G_m^\ominus$,$\Delta_r H_m^\ominus$,$\Delta_r S_m^\ominus$。

14. 在 25 ℃时,下列两电池的电动势为

$H_2(p) | H^+(a=1) \| KCl(0.1\ mol \cdot dm^{-3}) | Hg_2Cl_2 | Hg$ $E = 0.3338\ V$

$H_2(p) | 胃液(pH) \| KCl(0.1\ mol \cdot dm^{-3}) | Hg_2Cl_2 | Hg$ $E = 0.420\ V$

试求胃液的 pH。

15. 在 298 K 时,分别用金属 Fe 和 Cd 插入下述溶液中,组成电池。试判断何种金属首先被氧化?

(1) 溶液中含 Fe^{2+} 和 Cd^{2+} 的活度都是 $0.1\ mol \cdot kg^{-1}$。

(2) 溶液中含 Fe^{2+} 的活度是 $0.1\ mol \cdot kg^{-1}$,而含 Cd^{2+} 的活度是 $0.0036\ mol \cdot kg^{-1}$。

16. 已知铅蓄电池 $Pb, PbSO_4(s) | H_2SO_4(37\%) | PbSO_4(s), PbO_2$ 的总反应式为

$$Pb(s) + PbO_2(s) + 2H_2SO_4 = 2PbSO_4 + 2H_2O$$

测得其 $\dfrac{dE}{dT} = 0.000398\ V \cdot K^{-1}$,试利用生成焓等数据,求此电池的电动势。

17. 298 K, $1 p^{\ominus}$ 下,用铂电极电解 H_2SO_4 水溶液,并不断搅拌。设已知电流强度为 1 mA,电极面积为 1 cm²,两极用隔膜隔开,电解池电阻为 100 Ω,而且氢和氧超电势与电流密度($i/A \cdot cm^{-2}$)的关系为

$\eta_{H_2} = 0.472 + 0.118\ lg\ i$ $\eta_{O_2} = 1.062 + 0.118\ lg\ i$

试计算槽电压等于多少?

18. 298 K 时,某钢铁容器内盛 pH=4.0 的溶液,试用计算说明,此时钢铁容器是否会被腐蚀?假定容器内 Fe^{2+} 的浓度超过 $10^{-6}\ mol \cdot dm^{-3}$ 时,则认为容器已被腐蚀。已知:$E^{\ominus}_{Fe^{2+}|Fe} = 0.440\ V$,$H_2(g)$ 在 $Fe(s)$ 上析出时的超电势为 0.40 V。

19. 在 298 K 和标准压力时,电解某含 Zn^{2+} 溶液,希望当 Zn^{2+} 浓度降至 $1 \times 10^{-4}\ mol \cdot kg^{-1}$ 时,仍不会有 $H_2(g)$ 析出,试问溶液的 pH 应控制在多少为好?已知 $E^{\ominus}_{Zn^{2+}|Zn} = 0.763\ V$,$H_2(g)$ 在 $Zn(s)$ 上的超电势为 0.72 V,并设此值与浓度无关。

第8章 宏观反应动力学

本章基本要求

1. 掌握等容反应速率的表示法及基元反应、反应级数等基本概念。
2. 了解反应速率与浓度关系的经验方程的一般形式;了解宏观反应速率系数的物理意义及其单位。
3. 对于有简单级数的反应如零级、一级、二级反应,要掌握其速率公式的各种特征并能够由实验数据确定简单反应的级数,对三级反应有一般的了解。
4. 对三种典型的复杂反应(对峙反应、平行反应和连续反应)要掌握其各自的特点,对其中比较简单的反应能写出反应速率与浓度关系的微分式。
5. 掌握通过实验建立反应速率方程的方法(尝试法、微分法、半衰期法、隔离法)。
6. 明确温度、活化能对反应速率的影响,理解 Arrhenius 经验式中各项的含义,计算 E_a、A、k 等物理量。
7. 理解复合反应速率方程的近似处理方法(稳态近似法、平衡假设近似法)的原理并掌握其应用。
8. 了解链反应的共同步骤;了解链反应的分类、链爆炸、热爆炸、爆炸界限等概念。

关键词:化学反应速率方程;反应级数;反应速率常数;活化能;Arrhenius 经验式

§8.1 化学反应动力学的任务和目的

对任何化学反应来说,都有两个最基本的问题。第一,此反应进行的方向和最大限度以及外界条件对平衡的影响;第二,此反应进行的速率和反应的历程(即机理)。人们把前者归属于化学热力学的研究范畴,把后者归属于化学动力学(chemical kinetics)的研究范畴。热力学只能预言在给定的条件下,反应发生的可能性,即在给定条件下,反应能不能发生? 发生到什么程度? 至于如何把可能性变为现实性,以及过程中进行的速率如何? 历程如何? 热力学不能给出回答。这是因为在经典热力学的研究方法中既没有考虑到时间因素,也没有考虑到各种因素对反应速率的影响以及反应进行的其他细节。例如,合成氨的反应在 3×10^7 Pa 和 773 K 左右,按热力学分析,其最大可能转化率是 26% 左右,如果不加催化剂,这个反应的速率却非常慢,根本不能应用于工业生产。因此,必须对这个反应进行化学动力学方面的研究,寻找合适的催化剂,从而加快反应速率,使反应能用于大规模工业生产。热力学计算还表明,在常温常压下就可能有氮和氢生成氨,因此如何寻找新的催化剂,选择合适的反应途径以实现热力学的预期目的是当前十分活跃的研究领域。又如:298 K 时,

$$H_2(g)+\frac{1}{2}O_2(g)\longrightarrow H_2O(l) \quad \Delta_r G_m^{\ominus}=-237.12 \text{ kJ}\cdot\text{mol}^{-1}$$

根据热力学的观点,它向右进行的趋势理应是很大的。但热力学对于这个反应需要多长时间却不能提供任何启示。实际上在通常情况下,若把氢和氧放在一起却几乎不能发生反应。如果升高温度,到 1 037 K 时,该反应却以爆炸的方式瞬时完成。如果我们选用合适的催化剂(例如用钯作为催化剂),则即使在常温常压下氢和氧也能以较快的速率化合成水,同时还可利用该反应所释放出来的能量(这个反应已成功地设计成为氢氧电池)。反应进行速率问题的重要性,在化工生产中是不言而喻的。在大多数情况下,人们希望反应的速率加快,但在另一些情况中,人们也希望能减低反应的速率。例如,防止金属的腐蚀、防止塑料老化、抑制反应中的某些副反应的发生等等。

化学动力学的基本任务之一就是要研究各种因素(如分子结构、温度、压力、浓度、介质、催化剂等)对反应速率的影响,从而给人们提供选择反应条件、掌握控制反应进行的主动权,使化学反应按我们所希望的速率进行。

化学动力学的另一个基本任务是研究反应历程(mechanism)。所谓反应历程,就是反应物究竟按什么途径,经过哪些步骤才转化为最终产物。同时,知道了这些历程,可以找出决定反应速率的关键所在,使主反应按照我们所希望的方向进行,并使副反应以最小的速率进行,从而在生产上就能达到多快好省的目的。

了解反应历程也可以帮助我们了解有关物质结构的知识,因为化学变化从根本上来说,就是旧键的破裂和新键的形成过程。反应的历程能够反映出物质结构和反应能力之间的关系,从而可以加深我们对于物质运动形态的认识。当然用已知的有关物质结构的知识也可以推测一些反应的历程,然而遗憾的是迄今为止,真正弄清楚反应历程的反应为数还不多,这方面的工作远远落后于实际。但是随着各种新型光谱仪器的出现和用激光、交叉分子束等实验手段对微观反应动力学的研究越来越深入,人们对反应机理的研究已达到一个新的高度。

在实际生产中,既要考虑热力学问题,也要考虑动力学问题。如果一个反应在热力学上判断是可能发生的,则如何使可能性变为现实性,并使这个反应能以一定的速率进行,就成为主要矛盾了。如果一个反应在热力学上判断为不可能,当然就不再需要考虑速率问题了。一个化学反应系统内的许多性质和外界条件都能影响平衡和反应速率,平衡问题和速率问题这两者是相互关联的。但限于人们目前的认识水平,迄今还没有统一的定量处理方法把它们联系起来,在很大程度上还需要分别研究化学反应的平衡和化学反应速率。

从历史上来说,化学动力学的发展比化学热力学迟,而且没有热力学那样有较完整的系统。

化学动力学是物理化学发展的四大支柱中的前沿研究领域之一，近百年来发展很迅速。回顾百年来诺贝尔化学奖的颁奖历程，其中有 13 次颁发给了 22 位直接对化学动力学发展做出巨大贡献的科学工作者，可见化学动力学在现代化学发展中的重要地位。

化学动力学作为一门独立的学科，它的发展历史始于质量作用定律的建立。宏观反应动力学阶段是研究发展的第一阶段，大体上是从 19 世纪后半叶到 20 世纪初，主要特点是改变宏观条件，如温度、压力、浓度等来研究对总反应速率的影响，其间有 3 次诺贝尔化学奖颁给了与此相关的化学家。这一阶段的主要标志是质量作用定律的确立和阿仑尼乌斯公式的提出，并由此提出了活化能的概念。由于这一时期测试手段的水平相对较低，对反应动力学的研究基本上仍然是宏观的，因而其结论也只适用于总包反应[①]。

20 世纪初至 50 年代前后，这是宏观反应动力学向微观反应动力学过渡时期。其主要贡献是反应速率理论的提出、链反应的发现、快速化学反应的研究、同位素示踪法在化学动力学研究上的广泛应用以及新研究方法和新实验技术的形成，由此促使化学动力学的发展趋于成熟。50 年代以后化学动力学又进入一个新的发展时期。这一时期最重要的特点是研究方法和技术手段的创新，特别是随着分子束技术和激光技术在研究中的应用而开创了分子反应动力学研究新领域，带来了众多的新成果。

在过渡时期，人们提出了碰撞理论和过渡态理论，并借助于量子力学计算了反应系统的势能面，指出所谓过渡态（或活化络合物）乃是势能面上的马鞍点。在这一时期中，一个重要的发现是链反应，许多常见的反应如燃烧反应、有机物的分解、烯烃的聚合等都是链反应，在反应的历程中有自由基的存在，而且总包反应是由许多基元反应组成的。链反应的发现使化学动力学的研究从总包反应深入到基元反应，即由宏观反应动力学向微观反应动力学过渡。20 世纪 50 年代后，由于分子束和激光技术的发展和应用，从而开创了分子反应动态学（或称微观反应动力学）。它深入到研究态-态反应的层次，即研究有不同量子态的反应物转化为不同量子态的产物的速率及反应的细节。物理化学家李远哲（美籍华人）由于在交叉分子束研究中做出了卓越的贡献，与赫希巴赫（Herschbach）分享了 1986 年的诺贝尔化学奖。

近百年来化学动力学进展的速度很快，这一方面应归功于相邻学科基础理论和技术上的进展，另一方面也归功于实验方法、检测手段的日新月异。例如，用磁共振谱仪可以检测自由基的存在，用闪光光解技术发现寿命特别短的自由基。又如，时间在化学动力学中是极为重要的变量，在 20 世纪 50 年代还认为 10^{-3} s 以下的快速反应是无法测量的，而到了 70 年代，时间的分辨率已达到微秒（10^{-6} s），80 年代可达到皮秒（10^{-12} s）的水平，可以直接观测化学反应的最基本的动态历程。这一变量在测试精度上的大大提高，为人们提供了许多前所未有的新信息，为深入研究反应的细节提供依据。超短脉冲激光技术的开发，更是打开

---

① 总包反应（overall reaction）又称总反应，它是化学反应按给定的计算方程从始态到终态完全进行反应，而不考虑其在反应过程中所经历的历程。例如，$2H_2(g)+O_2(g)=\!=\!=2H_2O(l)$ 就代表一个总包反应。而在反应过程中所经过的历程是很复杂的。

了进入超短时间飞秒(10^{-16} s)分辨世界的门槛。各种先进波谱学仪器的出现,使生物大分子以及纳米分子的形貌和结构清晰可见。量子化学已经能够在实验手段相形见绌时计算出化学反应的反应物过渡态、中间物和产物的结构能谱和反应通道;计算(机)化学各种方法和程序的发展,使我们能够利用有限的已知的微观和宏观参数去设计预期功能的新产物、新流程,以及进一步推测反应所经历的历程,最大限度地减少条件实验的工作量。但是也应指出,从总体上说化学动力学的发展虽相对较为迅速,但所形成的理论与经典热力学相比尚不够完善,要从定量的角度和从物质内部的结构即从原子、分子水平来说明或解决化学反应历程和相关的动力学问题,还需要继续不断的努力。

§8.2 化学反应速率的表示法

反应开始后,反应物的数量(或浓度)不断降低,生成物的数量(或浓度)不断增加,如图 8.1 所示。在大多数反应系统中,反应物(或产物)的浓度随时间的变化往往不是线性关系,开始时反应物的浓度较大,反应速率较快,单位时间内得到的产物也较多。而在反应后期,反应物的浓度变小,反应较慢,单位时间内得到的生成物的数量也较少。但也有些反应,反应开始时需要有一定的诱导时间(induction time,如链反应),反应速率极低,然后不断加快,达到最大值后才由于反应物的消耗而逐渐降低。一些

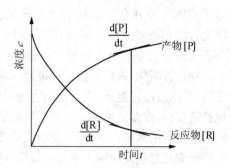

图 8.1 反应物和产物的浓度随时间的变化

自催化反应(autocatalytic reaction)也有类似的情况。因此,从浓度随时间的变化曲线可以提供反应类型的信息。

从物理学的概念"速度(velocity)"是矢量,有方向性,而"速率(rate)"是标量。本书一律采用标量"速率"来表示浓度随时间的变化率。为了描述化学反应的进展情况,可以用反应物浓度随时间的不断降低来表示,也可以用生成物浓度随时间的不断升高来表示。但由于在反应式中生成物和反应物的化学计量数不尽一致,所以用反应物或生成物的浓度变化率来表示反应速率时,其数值未必一致。但若采用反应进度(ξ)随时间的变化率来表示反应速率,则不会产生这种矛盾。

根据反应进度 ξ 的定义,设反应为

$$\alpha R \longrightarrow \beta P$$

$$t = 0 \quad n_R(0) \quad n_P(0)$$

$$t = t \quad n_R(t) \quad n_P(t)$$

若反应开始时($t=0$),反应物 R 和生成物 P 的物质的量分别为 $n_R(0)$ 和 $n_P(0)$,当反应时间为 t 时,物质的量分别为 $n_R(t)$ 和 $n_P(t)$,则反应进度为

$$\Delta\xi = \frac{n_R(t)-n_R(0)}{-\alpha} = \frac{n_P(t)-n_P(0)}{\beta} \tag{8.1}$$

对反应物的计量系数(α)取负值,生成物的计量系数(β)取正值。将上式对 t 微分,得到在某个时刻 t 时反应进度的变化率,即称为反应的转化速率(conversion rate of reaction):

$$\frac{d\xi}{dt} = \dot\xi = -\frac{1}{\alpha}\frac{dn_R(t)}{dt} = \frac{1}{\beta}\frac{dn_P(t)}{dt} \tag{8.2}$$

化学反应速率 r 可以定义为

$$r \stackrel{def}{=\!=} \frac{1}{V}\frac{d\xi}{dt} = \frac{1}{V}\dot\xi \tag{8.3}$$

式中 V 为反应系统的体积,则上述反应的反应速率为

$$r = -\frac{1}{V\alpha}\frac{dn_R(t)}{dt} = \frac{1}{V\beta}\frac{dn_P(t)}{dt} \tag{8.4}$$

如果在反应过程中体积是恒定的,则式(8.4)可写为

$$r = -\frac{1}{\alpha}\frac{[dn_R(t)/V]}{dt} = -\frac{1}{\alpha}\frac{dc_R}{dt} = -\frac{1}{\alpha}\frac{d[R]}{dt}$$
$$= \frac{1}{\beta}\frac{[dn_P(t)/V]}{dt} = \frac{1}{\beta}\frac{dc_P}{dt} = \frac{1}{\beta}\frac{d[P]}{dt}$$

式中以[R]表示反应物 R 的浓度 c_R,[P]代表生成物 P 的浓度 c_P。

对于任意反应

$$eE + fF =\!=\!= gG + hH \quad 或 \quad 0 = \sum_B v_B B$$

则有

$$r = -\frac{1}{e}\frac{d[E]}{dt} = -\frac{1}{f}\frac{d[F]}{dt} = \frac{1}{g}\frac{d[G]}{dt} = \frac{1}{h}\frac{d[H]}{dt}$$
$$= \frac{1}{\nu_B}\frac{d[B]}{dt} \tag{8.5}$$

式中 ν_B 为化学反应式中物质 B 的计量系数,对反应物取负值,对生成物取正值,r 的单位为(浓度·时间$^{-1}$)。例如,对于五氧化二氮的分解反应

$$N_2O_5(g) =\!=\!= N_2O_4(g) + \frac{1}{2}O_2(g)$$

反应速率既可以用 N_2O_5 的浓度随时间变化率表示,也可用 N_2O_4 或 O_2 的浓度随时间变化率表示,即

$$r = -\frac{d[N_2O_5]}{dt} = \frac{d[N_2O_4]}{dt} = 2\frac{d[O_2]}{dt}$$

对于气相反应,压力比浓度更容易测定,因此也可用参加反应各种物种的分压来代替浓度,对上述反应有

$$r' = -\frac{dp_{N_2O_5}}{dt} = \frac{dp_{N_2O_4}}{dt} = 2\frac{dp_{O_2}}{dt}$$

这时 r' 的单位为(压力·时间$^{-1}$)。对于理想气体,$p_B = c_B RT$,所以 $r' = rRT$。

对于多相催化反应,反应的速率可以定义为

$$r \stackrel{\text{def}}{=\!=} \frac{1}{Q}\frac{d\xi}{dt} \tag{8.6a}$$

式中 Q 代表催化剂的用量,若 Q 用质量 m 表示,则

$$r_m = \frac{1}{m}\frac{d\xi}{dt} \tag{8.6b}$$

r_m 称为在给定条件下催化剂的比活性,其单位为(mol·kg^{-1}·s^{-1})。如果 Q 用催化剂的堆体积 V(包括粒子自身的体积和粒子间的空间)表示,则

$$r_V = \frac{1}{V}\frac{d\xi}{dt} \tag{8.6c}$$

r_V 为每单位体积催化剂的反应速率,其单位为(mol·m^{-3}·s^{-1})。如果 Q 用催化剂的表面积 A 来表示,则

$$r_A = \frac{1}{A}\frac{d\xi}{dt} \tag{8.6d}$$

IUPAC 建议,称 r_A 为表面反应速率(areal rate of reaction),其单位为(mol·m^{-2}·s^{-1})。

要测定化学反应速率,必须测出在不同反应时刻的反应物(或生成物)的浓度,绘制物质浓度随时间的变化曲线(也称为动力学曲线),然后从图上求出不同反应时间的速率 $\left(\frac{dc}{dt}\right)$(即在时间 t 时作该曲线的切线),就可以知道反应在 t 时的速率。在反应开始($t=0$)时的速率 $\left(\frac{dc}{dt}\right)_{t=0}$ 称为反应的初速,在研究化学反应动力学时它是一个较为重要的参数。

测定反应物(或生成物)在不同反应时间的浓度一般可采用化学方法和物理方法。化学方法是在某一时间取出一部分物质,并设法迅速使反应停止(用骤冷、冲稀、加阻化剂或除去催化剂等方法),然后进行化学分析,这样可直接得到不同时刻某物质浓度的数值,但实验操作则往往较繁;物理方法是在反应过程中,对某一种与物质浓度有关的物理量进行连续监测,获得一些原位(in situ)反应的数据。通常利用的物理性质和方法有测定压力、体积、旋光度、折射率、吸收光谱、电导、电动势、介电常数、黏度、热导率或进行比色等。对于不同的反应可选用不同方法和仪器,如色谱、质谱、色-质谱联用、红外及磁共振谱等。由于物理方

法不是直接测量物质的浓度,所以首先要知道浓度与这些物理量之间的依赖关系,当然最好是选择与浓度变化呈线性关系的一些物理量。

对于一些反应时间很短(在秒以下)的快速反应,必须采取某些特殊的装置才能进行测量,否则在反应物尚未完全混匀之前,已混合的部分已经开始反应甚至可能已经完成或接近尾声,这给准确记录反应时间带来困难或根本无法计算反应时间。对这种快速反应常采用快速流动法进行测量,在流动法中反应物迅速混合,并在长管式反应器的一端以一定速度输入,产物在反应器的另一端流出,然后用物理方法测定在反应管不同位置上反应物的浓度,也可获得绘制浓度随时间变化曲线的必要数据,工业上常采用这种流动技术。

§8.3 化学反应的速率方程

表示反应速率与浓度等参数之间的关系,或表示浓度等参数与时间关系的方程称为化学反应的速率方程(rate equation),也称为动力学方程(kinetic equation)。速率方程可表示为微分式或积分式,其具体形式随不同反应而异,必须由实验来确定,基元反应的速率方程式是其中最为简单的。

8.3.1 基元反应和非基元反应

我们通常所写的化学方程式绝大多数并不代表反应的真正历程,而仅是代表反应的总结果,所以它只是代表反应的化学计量式(stoichiometric equation)。

例如,在气相中氢分别与三种不同的卤素元素(Cl_2,Br_2,I_2)反应,通常把反应的计量式写成:

(1) $H_2 + I_2 = 2HI$

(2) $H_2 + Cl_2 = 2HCl$

(3) $H_2 + Br_2 = 2HBr$

这三个反应的化学计量式形式相似,但他们的反应历程却大不相同。根据大量的实验结果,现在知道 H_2 和 I_2 的反应一般分两步进行:

(4) $I_2 + M \rightleftharpoons 2I\cdot + M$

(5) $H_2 + 2I\cdot \longrightarrow 2HI$

式中 M 是指反应器壁或其他第三种分子,它们是惰性物质,不参与反应而只具有传递能量的作用。

H_2 和 Cl_2 的反应由下面几步构成:

(6) $Cl_2 + M \longrightarrow 2Cl\cdot + M$

(7) $Cl\cdot + H_2 \longrightarrow HCl + H\cdot$

(8) $H\cdot + Cl_2 \longrightarrow HCl + Cl\cdot$
(9) $Cl\cdot + Cl\cdot + M \longrightarrow Cl_2 + M$

H_2 和 Br_2 的反应由如下几步构成:

(10) $Br_2 + M \longrightarrow 2Br\cdot + M$
(11) $Br\cdot + H_2 \longrightarrow HBr + H\cdot$
(12) $H\cdot + Br_2 \longrightarrow HBr + Br\cdot$
(13) $H\cdot + HBr \longrightarrow H_2 + Br\cdot$
(14) $Br\cdot + Br\cdot + M \longrightarrow Br_2 + M$

方程式(1),(2),(3)只是表示了这三个反应的总结果。

如果一个化学反应,总是经过若干个简单的反应步骤,最后才转化为产物分子,这种反应称为非基元反应。所谓简单步骤是指分子经一次碰撞后,在一次化学行为中就能完成反应,这种反应称为基元反应(elementary reaction),有时也简称为元反应。简言之,基元反应就是一步能完成的反应。上述反应(4)~(14)都是基元反应,而反应(1)~(3)是非基元反应。非基元反应是许多基元反应的总和,亦称为总包反应或简称为总反应(overall reaction)。一个复杂反应是经过若干个基元反应才能完成的反应,这些基元反应代表了反应所经过的途径,在动力学上就称其为反应机理或反应历程(reaction mechanism)。故方程(4)~(5),(6)~(9)和(10)~(14)分别代表了三种卤素与 H_2 的反应历程。

经验证明,基元反应的速率方程比较简单,即基元反应的速率与反应物浓度(含有相应的指数)的乘积成正比,其中各浓度的指数就是反应式中各反应物质的计量系数。例如对于(5)~(14)反应有:

(5) $r_5 \propto [H_2][I\cdot]^2$ 或 $r_5 = k_5[H_2][I\cdot]^2$ (8.7)

(6) $r_6 \propto [Cl_2][M]$ 或 $r_6 = k_6[Cl_2][M]$ (8.8)

⋮ ⋮

其余类推。

基元反应的这个规律称为质量作用定律(law of mass action),是19世纪中期由古德贝格(Guldberg)和瓦格(Waage)在总结前人的大量工作并结合他们自己的实验而提出来的,即"化学反应速率与反应物的有效质量成正比"(这里的质量其原意是指浓度)。质量作用定律只适用于基元反应。

从总包反应的计量式不能直接得到动力学方程。动力学方程往往是一个较复杂的函数关系,这些关系可通过实验、设计反应历程而获得。例如反应(1)~(3)的速率方程为(得到这些公式的过程,将在复杂反应一节中介绍):

$$r_1 = k_1[H_2][I_2] \tag{8.9}$$

$$r_2 = k_2[H_2][Cl_2]^{1/2} \tag{8.10}$$

$$r_3 = \frac{k[\mathrm{H_2}][\mathrm{Br_2}]^{1/2}}{1 + k'[\mathrm{HBr}]/[\mathrm{Br_2}]} \tag{8.11}$$

8.3.2 反应的级数、反应分子数和反应的速率常数

在化学反应的速率方程中,各物质浓度项的指数之代数和就称为该反应的级数(order of reaction),用 n 表示。例如,根据实验结果归纳得出的某反应的速率方程可用下式表示:

$$r = k[\mathrm{A}][\mathrm{B}]$$

则根据速率方程中各浓度项的相应指数,该反应对反应物 A 而言是一级,对反应物 B 也是一级,故总反应级数为二级。我们通常所说的该反应的级数都是指总级数而言的。例如,光气的合成反应:

$$\mathrm{CO(g) + Cl_2(g) \longrightarrow COCl_2(g)}$$

实验表明该反应的速率方程为

$$r = k[\mathrm{CO}][\mathrm{Cl_2}]^{\frac{3}{2}}$$

则该反应对 CO(g)来说是一级,对 $\mathrm{Cl_2(g)}$ 来说是 $\frac{3}{2}$ 级,总反应是 2.5 级。

又例如,上节所说的反应(3) $\mathrm{H_2 + Br_2 \Longrightarrow 2HBr}$,其反应的速率方程如式(8.11)所示,式中 k,k' 都是实验值(是经验常数),该反应对 $\mathrm{H_2}$ 是一级,而对 $\mathrm{Br_2}$ 和 HBr 就不具有简单的关系,因此该反应也就没有简单的总级数。

反应的分子数(这里所说的反应分子数实际上是指参加反应的物种粒子数,即 molecularity)与反应的级数不同,从微观的角度看,参加基元反应的分子数只可能是 1,2 或 3。对于基元反应或简单反应,通常其反应级数和反应的分子数是相同的。例如反应 $\mathrm{I_2 \longrightarrow 2I \cdot}$ 是单分子反应,也是一级反应。反应 $\mathrm{2NO_2(g) \longrightarrow 2NO(g) + O_2(g)}$ 是双分子反应,也是二级反应。但也有些基元反应表现出的反应级数与反应分子数不一致,例如,乙醚在 500 ℃ 左右的热分解反应是单分子反应,也是一级反应,但在低压下则表现为二级反应。这是实验结果,反映出该反应在不同压力下有不同的反应级数。又如双分子反应,通常情况下是二级反应,但在某种情况下也可以使其成为一级反应。

总之,反应的级数和分子数是属于不同范畴的概念,反应级数是就宏观的总包反应而言,而反应分子数则系对微观的基元反应来说。反应级数可以是整数、分数、零或负数等各种不同的形式,有时甚至无法用简单数字来表示。而反应分子数的值只能是不大于 3 的正整数。尽管在通常情况下两者常具有相同的数值,但其意义是有区别的。对于一个指定的基元反应而言,反应分子数有定值,但其反应的级数由于反应的条件不同而可能有不同。

在式(8.7)至式(8.11)中,都有一个比例系数 k,这是一个与浓度无关的量,称为速率常

数(rate constant),也称为速率系数(rate coefficient)[①]。由于在数值上它相当于参加反应的物质都处于单位浓度时的反应速率,故又称为反应的比速率(specific reaction rate)。不同反应有不同的速率常数,速率常数与反应温度、反应介质(溶剂)、催化剂等有关,甚至会随反应器的形状、性质而异。

速率常数 k 是化学动力学中一个重要的物理量,其数值直接反映了速率的快慢。要获得化学反应的速率方程,首先需要收集大量的实验数据,然后再经归纳整理而得。它是确定反应历程的主要依据,在化学工程中,它又是设计合理的反应器的重要依据。

§8.4 具有简单级数的反应

以下讨论的是具有简单级数的反应,介绍其速率方程的微分式、积分式以及它们的速率常数 k 的单位和半衰期等各自的特征。具有简单级数的反应并不一定就是基元反应,但只要该反应具有简单的级数,它就具有该级数的所有特征。

8.4.1 一级反应

凡是反应速率只与物质浓度的一次方呈正比者称为一级反应(first order reaction)。例如放射性元素镭的蜕变反应及五氧化二氮的分解反应等。

$$^{226}_{88}\text{Ra} \longrightarrow {}^{222}_{86}\text{Rn} + {}^{4}_{2}\text{He}$$

$$\text{N}_2\text{O}_5 = \text{N}_2\text{O}_4 + \frac{1}{2}\text{O}_2$$

其他如分子重排反应(例如顺丁烯二酸转化为反丁烯二酸)、蔗糖水解反应等都是一级反应(严格讲蔗糖水解是准一级反应,但可以按一级反应处理)。

设有某一级反应:

$$\text{A} \xrightarrow{k_1} \text{P}$$

$t = 0$ $c_A^0 = a$ $c_P^0 = 0$

$t = t$ $c_A = a - x$ $c_P = x$

[①] 我国国家标准 GB 3101—93 有一个附录 A,是该 GB 的参考件,其标题是:"物理量名称中所用术语的规则"。内容表明:"在一定条件,如果量 A 正比于量 B,则可以用乘积表示为 $A=kB$。如果 A 和 B 具有不同的量纲,则用系数这一术语,如果两个具有相同的量纲,则用因素或因子"。但该规则又特别申明"本规则既不企图作为硬性规定,也不企图消除已有各种学术语言融在一起的常有的分歧"。

鉴于当前国内外新出版的物理化学教材、手册以及期刊文献绝大多数仍使用速率常数一词,故本书仍暂不作修改。但读者应注意,GB 所表示的倾向也是明显的。

反应速率方程的微分式为

$$r = -\frac{dc_A}{dt} = \frac{dc_P}{dt} = k_1 c_A \tag{8.12}$$

$$-\frac{d(a-x)}{dt} = k_1(a-x) \quad \text{或} \quad \frac{dx}{dt} = k_1(a-x)$$

或

$$\frac{dx}{(a-x)} = k_1 dt \tag{8.13}$$

对式(8.13)作不定积分,则得

$$\ln(a-x) = -k_1 t + 常数 \tag{8.14}$$

若以 $\ln(a-x)$ 对时间 t 作图,应得斜率为 $-k_1$ 的直线,这是一级反应的特征。

若对式(8.13)作定积分

$$\int_0^x \frac{dx}{(a-x)} = \int_0^t k_1 dt$$

得

$$\ln\frac{a}{a-x} = k_1 t \tag{8.15}$$

$$k_1 = \frac{1}{t}\ln\frac{a}{a-x} \tag{8.16}$$

从反应物起始浓度 a 和 t 时刻的浓度 $(a-x)$ 即可算出速率常数 k_1,一级反应速率常数的单位为(时间)$^{-1}$,时间可以用秒(s)、分(min)、小时(h)、天(d)或年(a)表示。

动力学的微分式(8.12)或式(8.13)只能告诉我们反应的速率随组分浓度的递变情况。为了求得浓度和时间的函数关系,必须对微分式进行积分,从而得到速率方程的积分式,即式(8.15)。根据定积分式,在 k_1、x、t 三个变量中只要知道其中任意两个就可求出第三个量(当然反应物起始浓度 a 应是已知的)。式(8.15)也可写成

$$(a-x) = a\exp(-k_1 t) \tag{8.17}$$

反应物的浓度 c_A 随时间 t 呈指数性下降,当 $t \to \infty$,$(a-x) \to 0$,所以一级反应需用无限长的时间才能反应完全。

若令 y 为时间 t 时反应物已作用的分数,即

$$y = \frac{x}{a} \tag{8.18}$$

代入式(8.16),得

$$t = \frac{1}{k_1}\ln\frac{1}{1-y} \tag{8.19}$$

若令 $y = \frac{x}{a} = \frac{1}{2}$ 时的时间为 $t_{1/2}$,即反应物消耗一半所需的时间,这个时间称半衰期

(half life),则

$$t_{1/2} = \frac{\ln 2}{k_1} = \frac{0.6932}{k_1} \tag{8.20}$$

从式(8.20)可知,一级反应的半衰期与反应的速率常数 k_1 成反比,而与反应物的起始浓度无关。对于一个给定的一级反应,由于 k_1 有定值,所以 $t_{1/2}$ 也有定值。这是一级反应的另一特点,据此可判断一个反应是否是一级反应。

【例 8.1】 N_2O_5 分解反应 $N_2O_5 \rightleftharpoons 2NO_2 + \frac{1}{2}O_2$ 是一级反应,已知其在某温度下的速率常数 k_1 为 $4.8 \times 10^{-4} \text{s}^{-1}$,求:(1) $t_{1/2}$;(2) 若反应在密闭容器中进行,反应开始时容器中只充有 N_2O_5,其压力为 66.66 kPa,求反应开始后 10 s 和 10 min 时的压力。

解:(1) 分解反应为一级反应,将速率常数代入式(8.20),得

$$t_{1/2} = \frac{\ln 2}{k_1} = \frac{\ln 2}{4.8 \times 10^{-4}} = 1.44 \times 10^3 \text{(s)}$$

(2) 设 N_2O_5 的起始压力为 p_0,则

$$\begin{array}{cccc} & N_2O_5 \longrightarrow & 2NO_2 & + & \frac{1}{2}O_2 \\ t=0 & p_0 & 0 & 0 \\ t=t & p_t & 2(p_0-p_t) & \frac{p_0-p_t}{2} \end{array}$$

反应 t 时刻的压力为体系的总压力,即

$$p_总 = p_t + 2(p_0 - p_t) + \frac{p_0 - p_t}{2} = 2.5 p_0 - 1.5 p_t$$

根据式(8.17),有 $\quad p_t = p_0 e^{-k_A t}$

当 t=10 s 时,$p_总 = 2.5 \times 66.66 - 1.5 \times 66.66 \exp(-4.8 \times 10^{-4} \times 10) = 67.1 \text{(kPa)}$

当 $t = 10$ min 时,$p_总 = 2.5 \times 66.66 - 1.5 \times 66.66 \exp(-4.8 \times 10^{-4} \times 600) = 91.7 \text{(kPa)}$

8.4.2 二级反应

反应速率和物质浓度的二次方成正比者,称为二级反应(second order rcaction)。二级反应最为常见,例如乙烯、丙烯和异丁烯的二聚作用,乙酸乙酯的皂化,碘化氢、甲醛的热分解等都是二级反应。二级反应的通式可以写作:

(1) $A + B \longrightarrow P + \cdots \quad r = k_2 [A][B]$

(2) $2A \longrightarrow P + \cdots \quad r = k_2 [A]^2$

对于反应(1),若以 a,b 代表 A 和 B 的初浓度,经 t 时间后有浓度为 x 的 A 和等量的 B 起了作用,则在 t 时,A 和 B 的浓度分别为 $(a-x)$ 和 $(b-x)$。

$$\begin{array}{cccc} & A & + & B \xrightarrow{k_2} P + \cdots \\ t=0 & a & & b & 0 \\ t=t & a-x & & b-x & x \end{array}$$

$$-\frac{dc_A}{dt} = -\frac{dc_B}{dt} = -\frac{d(a-x)}{dt} = -\frac{d(b-x)}{dt}$$
$$= k_2(a-x)(b-x) \tag{8.21}$$

或

$$\frac{dx}{dt} = k_2(a-x)(b-x) \tag{8.22}$$

物质 A 和 B 的起始浓度可以相同也可以不相同。

(1) 若 A 和 B 的起始浓度相同，即 $a=b$，则反应(1)的速率方程可以写成

$$\frac{dx}{dt} = k_2(a-x)^2 \tag{8.23}$$

移项作不定积分：

$$\int \frac{dx}{(a-x)^2} = \int k_2 dt$$

得

$$\frac{1}{a-x} = k_2 t + 常数 \tag{8.24}$$

根据上式，若以 $\dfrac{1}{(a-x)}$ 对 t 作图，则应是一条直线，直线的斜率即为 k_2，这是利用作图法求二级反应速率常数的一种方法。

若作定积分：

$$\int_0^x \frac{dx}{(a-x)^2} = \int_0^t k_2 dt$$

则得

$$\frac{1}{(a-x)} - \frac{1}{a} = k_2 t \tag{8.25a}$$

或

$$k_2 = \frac{1}{t} \frac{x}{a(a-x)} \tag{8.25b}$$

如令 y 代表时间 t 后，原始反应物已分解的分数，即以 $y = \dfrac{x}{a}$ 代入式(8.25)，则得

$$\frac{y}{1-y} = k_2 t a \tag{8.26}$$

当原始反应物消耗一半时，$y = \dfrac{1}{2}$，则

$$t_{1/2} = \frac{1}{k_2 a} \tag{8.27}$$

二级反应的半衰期与一级反应不同,它与反应物的起始浓度成反比,二级反应的速率常数 k_2 的单位为(浓度)$^{-1}$·(时间)$^{-1}$,这是二级反应的特点之一。

由于在 SI 单位中,浓度的单位用 mol·dm^{-3},时间的单位用 s,而习惯上浓度的单位常用 mol·dm^{-3},时间的单位可用 s,min,h,d 等形式表示,所以不同的单位显然会影响 k 的数值,要注意其间的换算。例如,若 k 的单位分别用(mol·dm^{-3})$^{-1}$·min^{-1} 和用(mol·dm^{-3})$^{-1}$·s^{-1} 表示,而两者在数值上之比为 60 000。

(2) 若 A 和 B 的起始浓度不相同,即 $a \neq b$,则

$$\frac{dx}{dt} = k_2(a-x)(b-x)$$

$$\int \frac{dx}{(a-x)(b-x)} = \int k_2 dt$$

作不定积分后,得

$$\frac{1}{a-b}\ln\frac{a-x}{b-x} = k_2 t + 常数 \tag{8.28}$$

若作定积分,则得

$$k_2 = \frac{1}{t(a-b)}\ln\frac{b(a-x)}{a(b-x)} \tag{8.29}$$

因为 $a \neq b$,所以半衰期对 A 和 B 而言是不一样的,没有统一的表示式。

对于反应(2)

$$2A \xrightarrow{k_2} P$$

$$\begin{aligned} t &= 0 & a & & 0 \\ t &= t & a-2x & & x \end{aligned}$$

$$\frac{dx}{dt} = k_2(a-2x)^2$$

按照前面所述的方法进行积分,可得相应的结果。

【例 8.2】 乙醛的气相分解反应为二级反应:

$$CH_3CHO(g) \longrightarrow CH_4(g) + CO(g)$$

在定容下反应时系统压力增加。在 518 ℃时测量反应过程中不同时刻 t 定容器内的总压力,得下列数据:

t/s	0	73	242	480	840	1440
$p_总$/kPa	48.4	55.6	66.25	74.25	80.9	86.25

求此反应的速率常数 k_p。

解：(1) 计算法：设乙醛的起始压力为 p_0，则

$$CH_3CHO(g) \longrightarrow CH_4(g) + CO(g)$$

$t=0$	p_0	0	0
$t=t$	p	p_0-p	p_0-p

$$p_总 = 2p_0 - 2p + p = 2p_0 - p$$

或

$$p = 2p_0 - p_总$$

代入二级反应速率公式：

$$-\frac{dp}{dt} = k_p p^2$$

积分上式得

$$\frac{1}{p} - \frac{1}{p_0} = k_p t = \frac{1}{2p_0 - p_总} - \frac{1}{p_0}$$

代入不同 t 时刻的 $p_总$ 值，计算得的数据列成下表，其平均值 k_p（平均）$= 5.01 \times 10^{-5}$ kPa^{-1}·s^{-1}。

t/s	73	242	480	840	1 440
$p_总/\text{kPa}$	55.6	66.25	74.25	80.9	86.25
$p=(2p_0-p_总)/\text{kPa}$	41.2	30.55	22.55	15.9	10.55
$k_p/10^{-5}\text{kPa}^{-1}\cdot\text{s}^{-1}$	4.96	4.98	4.94	5.03	5.15

(2) 作图法：以 $1/p \sim t$ 作图得一直线（见图 8.2），其斜率即为 k_p。

t/s	73	242	480	840	1 440
$(1/p)/10^{-5}\text{Pa}^{-1}$	2.427	3.273	4.435	6.289	9.479

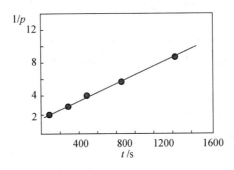

图 8.2　乙醛的气相分解数据图

从直线的斜率可知 $k_p = 5.16 \times 10^{-5}$ kPa^{-1}·s^{-1}，两种方法得到基本吻合的结果。

【例 8.3】 15.8 ℃时，乙酸乙酯在水溶液中的皂化反应为

$$CH_3COOC_2H_5 + OH^- \rightleftharpoons CHCOO^- + C_2H_5OH$$

该反应对酯(A)及碱(B)各为一级，总反应级数为 2。$a = 0.01211$ mol·dm^{-3}，$b = 0.02578$ mol·dm^{-3}。在不同时刻 t 取样，用标准酸滴定其中碱的浓度$(b-x)$，得下列数据：

t/s	224	377	629	816
$(b-x)$/mmol·dm^{-3}	22.56	21.01	19.21	18.21

(1) 求速率常数 k；
(2) 求反应进行一小时后所剩酯的浓度；
(3) 酯被消耗掉一半所需时间。

解：(1) 根据题给数据可得下列数据：

t/s	224	377	629	816
$(b-x)$/mmol·dm^{-3}	22.56	21.01	19.21	18.21
$(a-x)$/mmol·dm^{-3}	8.890	7.340	5.540	4.540
$\ln[(a-x)/(b-x)]$	-0.9313	-1.0517	-1.2434	-1.3890

以 $\ln[(a-x)/(b-x)] \sim t$ 作图应得一直线(见图 8.3)，斜率 $= k(a-b)$。
直线的斜率为 -7.71×10^{-4} s^{-1} ($r = 1.0000$)

$$k_2 = -7.71 \times 10^{-4}/(a-b)$$
$$= 5.64 \times 10^{-2} \text{ mol}^{-1} \cdot \text{dm}^3 \cdot \text{s}^{-1}$$

(2) 利用速率公式：

$$\frac{1}{a-b}\ln\frac{b(a-x)}{a(b-x)} = kt$$

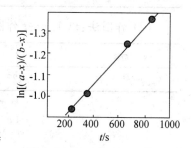

图 8.3 $CH_3COOC_2H_5$ 的水解数据图

将 $a = 0.01211$ mol·dm^3，$b = 0.02578$ mol·dm^3，$t = 3600$ s，$k_2 = 5.64 \times 10^{-2}$ mol^{-1}·dm^3·s^{-1} 代入上式，解得

$$x = 11.70 \text{ mmol·dm}^{-3}$$

则

$$c_{酯} = a - x = 0.41 (\text{mmol·dm}^{-3})$$

(3) 酯被消耗掉一半时，$x = a/2$，代入式(8.29)得

$$t = \frac{1}{k_2(a-b)}\ln\frac{b \cdot a/2}{a(b-a/2)}$$

将 $a = 0.01211$ mol·dm^3，$b = 0.02578$ mol·dm^3，$k_2 = 5.64 \times 10^{-2}$ mol^{-1}·dm^3·s^{-1} 代入可求得 $t = 552$ s。

8.4.3 三级反应

反应速率与物质浓度的 3 次方成正比者称为三级反应(third order reaction)。三级反应可有下列几种形式：

$$A + B + C \Longrightarrow 生成物 \tag{8.30}$$

$$2A + B \Longrightarrow 生成物 \tag{8.31}$$

$$3A \Longrightarrow 生成物 \tag{8.32}$$

可分以下几种情况来讨论：

(1) 在式(8.30)中，若反应物的起始浓度相同，$a=b=c$，则动力学方程可写作：

$$\frac{\mathrm{d}x}{\mathrm{d}t} = k_3(a-x)^3$$

移项作不定积分，得

$$\frac{1}{2(a-x)^2} = k_3 t + 常数$$

若作定积分，则得

$$k_3 = \frac{1}{2t}\left[\frac{1}{(a-x)^2} - \frac{1}{a^2}\right] \tag{8.33}$$

如今 y 代表原始反应物的分解分数，即 $y=\dfrac{x}{a}$，代入式(8.33)，得

$$\frac{y(2-y)}{(1-y)^2} = 2k_3 a^2 t$$

当 $y=\dfrac{1}{2}$ 时，其半衰期为

$$t_{1/2} = \frac{3}{2k_3 a^2} \tag{8.34}$$

(2) 在式(8.30)中，当 $a=b\neq c$，则其动力学方程为

$$\frac{\mathrm{d}x}{\mathrm{d}t} = k_3(a-x)^2(c-x)$$

上式作定积分后，得

$$\frac{1}{(c-a)^2}\left[\ln\frac{(a-x)c}{(c-x)a} + \frac{x(c-a)}{a(a-x)}\right] = k_3 t \tag{8.35}$$

(3) 在式(8.30)中，当 $a\neq b\neq c$，其动力学方程为

$$\frac{dx}{dt} = k_3(a-x)(b-x)(c-x)$$

上式经积分,得

$$\frac{1}{(a-b)(a-c)}\ln\frac{a}{a-x} + \frac{1}{(b-c)(b-a)}\ln\frac{b}{b-x}$$
$$+ \frac{1}{(c-a)(c-b)}\ln\frac{c}{c-x} = k_3 t \tag{8.36}$$

(4) 对于式(8.31),$2A+B \longrightarrow$ 生成物,则

$$\frac{dx}{dt} = k_3(a-2x)^2(b-x)$$

积分的结果为

$$k_3 = \frac{1}{t(2b-a)^2}\left[\frac{2x(2b-a)}{a(a-2x)} + \ln\frac{b(a-2x)}{a(b-x)}\right] \tag{8.37}$$

三级反应为数不多,在气相反应中目前仅知有五个反应是属于三级反应,而且都与 NO 有关。这五个反应分别是:两个分子的 NO 和一个分子的 Cl_2,Br_2,O_2,H_2 及 D_2 反应,即

$$2NO + H_2 \longrightarrow N_2O + H_2O$$
$$2NO + O_2 \longrightarrow 2NO_2$$
$$2NO + Cl_2 \longrightarrow 2NOCl$$
$$2NO + Br_2 \longrightarrow 2NOBr$$
$$2NO + D_2 \longrightarrow N_2O + D_2O$$

上述几个三级反应,有人认为就是三分子反应,但后来也有人认为每个反应可能是由两个连续的双分子反应所构成的。如:

$$2NO \underset{k_{-1}}{\overset{k_1}{\rightleftharpoons}} N_2O_2 \text{(很快,迅即达到平衡)}$$

$$N_2O_2 + O_2 \xrightarrow{k_2} 2NO_2 \text{(慢)}$$

整个反应的速率决定于最慢的一步,所以反应的速率为

$$\frac{dx}{dt} = k_2[N_2O_2][O_2]$$

在第一个反应中

$$\frac{[N_2O_2]}{[NO]^2} = \frac{k_1}{k_{-1}} = K$$

所以
$$[N_2O_2] = \frac{k_1}{k_{-1}}[NO]^2$$

代入上式中,得
$$\frac{dx}{dt} = \frac{k_1 k_2}{k_{-1}}[NO]^2[O_2] = k_3[NO]^2[O_2]$$

所以整个反应是三级反应。

基元反应呈三级很少见的原因是因为三个分子同时碰撞的机会不多。在气相中一些游离原子的化合可以看作是三分子反应,例如:
$$X· + X· + M \longrightarrow X_2 + M$$

式中 X· 代表 I·、Br· 或 H· 原子,M 代表杂质或器壁分子或第三种惰性分子,M 的作用只是用以吸收反应所释放的热量。由于 M 的浓度并没有发生变化,所以这些三分子反应表现为二级反应。在溶液中,由于几个双分子的连续反应,最后其速率公式也可能构成三级反应的形式。例如,在乙酸或硝基苯溶液中,含不饱和 C=C 键化合物的加成作用就常是三级反应。此外,在水溶液中 $FeSO_4$ 的氧化,Fe^{3+} 和 I^- 的作用,以及在乙醚溶液中苯酰氯与乙醇的作用,也都是三级反应。

8.4.4 零级反应和准级反应

1. 零级反应

反应速率与物质的浓度无关者称为零级反应(zeroth order reaction)。其速率可表示为
$$r = -\frac{dc_A}{dt} = k_0 \quad \text{或} \quad r = \frac{dx}{dt} = k_0 \tag{8.38}$$

上式经移项积分,得
$$x = k_0 t \tag{8.39}$$

当 $x = \dfrac{a}{2}$ 时,$t_{1/2} = \dfrac{a}{2k_0}$。

反应总级数为零的反应并不多,已知的零级反应中最多的是表面催化反应。例如,氨在金属钨上的分解反应:
$$2NH_3(g) \xrightarrow{W \text{ 催化剂}} N_2(g) + 3H_2(g)$$

由于反应只在催化剂表面上进行,反应速率只与表面状态有关。若金属 W 表面已被吸附的 NH_3 所饱和,再增加 NH_3 的浓度对反应速率不再有影响,此时反应对 NH_3 呈零级反应。

2. 准级反应

设某反应的速率方程为

$$r = kc_A^\alpha c_B^\beta$$

该反应的级数显然应是 $(\alpha+\beta)$。如果大大增加 B 的浓度,以致在反应过程中 B 的浓度变化很小或基本不变,则可把 c_B^β 当作常数并入速率常数 k 中,得

$$r = k' c_A^\alpha$$

于是该反应就变成级数为 α 级的反应,由于 $k' = kc_B^\beta$,显然 k' 与 k 的单位不同。α 级的结论是在特殊情况下形成的,故称为准 α 级的反应(pseudo α order reaction)。

例如,蔗糖转化为葡萄糖和果糖的反应:

$$\underset{\text{蔗糖}}{C_{12}H_{22}O_{11}} + H_2O \longrightarrow \underset{\text{果糖}}{C_6H_{12}O_6} + \underset{\text{葡萄糖}}{C_6H_{12}O_6}$$

该反应的速率方程早在 1850 年由 Wilhelmy 所建立,它是化学动力学中最早经过定量研究的一个反应,其速率方程为

$$r = \frac{d[S]}{dt} = k[S]$$

式中 [S] 代表蔗糖的浓度。速率方程中不出现水的浓度 $[H_2O]$,是因为在反应中水分子的消耗相对于水的浓度($[H_2O] = \dfrac{1\,000\ \text{g}\cdot\text{dm}^{-3}}{18\ \text{g}\cdot\text{mol}^{-1}} = 55.6\ \text{mol}\cdot\text{dm}^{-3}$)来说是微不足道的。设 $[S] = 0.1\ \text{mol}\cdot\text{dm}^{-3}$,即使蔗糖全部转化,水浓度的变化也只不过是 $\dfrac{0.1}{55.56}$,还不到 0.2%,水的浓度可视为不变,而已并入速率常数 k 中,所以在速率方程中只出现蔗糖的浓度 [S] 项,故当时称此类反应为准单分子反应(pseudo unimolecular reaction)。此后,在对反应的级数和反应分子数有了明确的界定之后,此类反应均称为准一级反应(pseudo first order reaction)。

后来又有人研究了蔗糖在酸性溶液中催化转化反应,其速率方程应为

$$r = -\frac{d[S]}{dt} = k[S][H_2O][H^+]$$

同样,由于反应中 $[H_2O]$ 和 $[H^+]$ 基本上不变,故得

$$r = -\frac{d[S]}{dt} = k'[S]$$

显然,在酸性溶液中的转化反应依然是准一级反应(至于某种反应物的浓度大到什么程度方可以认为其浓度不变,并没有一定的标准,通常认为,为了保证反应是准一级的,至少需要过

量 40 倍以上）。

例如，蔗糖的转化是一级反应：

$$C_{12}H_{22}O_{11} + H_2O \xrightarrow{H_3O^+} C_6H_{12}O_6 + C_6H_{12}O_6$$
$$\text{蔗糖} \qquad\qquad\qquad \text{果糖} \quad\;\; \text{葡萄糖}$$

H_2O 在反应中只起催化作用。蔗糖是右旋的，设起始右旋角为 α。水解后所得到的葡萄糖是右旋的，果糖是左旋的。由于后者的旋光角度大，所以水解后的混合物呈左旋，故蔗糖的水解作用又称为转化作用（inversion reaction）。设 α 为反应进行到 t 时混合物的旋角，α_∞ 为水解完毕时的左旋角。试根据表 8.1 所列的实验数据（一、二、三列），求该反应的速率常数及其平均值。

因在公式 (8.16) 中用到了浓度比 $\dfrac{a}{a-x}$，所以任何与浓度成正比例的量（例如旋角，分压等）均可用来代替浓度代入公式，而不会影响 k_1 的计算值。设用 $(\alpha_0 - \alpha_\infty)$ 代表蔗糖的起始量，用 $(\alpha - \alpha_\infty)$ 代表 t 时刻蔗糖的量，则代入式 (8.16)，得

$$k_1 = \frac{1}{t}\ln\frac{\alpha_0 - \alpha_\infty}{\alpha - \alpha_\infty}$$

计算结果列表于 8.1 中最后一列，其平均值为

$$k_1 = 5.357 \times 10^{-5}\ \text{min}^{-1}$$

表 8.1 298 K 时，质量分数为 0.2 的蔗糖溶液在有 0.5 mol·dm^{-3} 乳酸存在时的水解数据

t/min	$\alpha/(°)$	$\alpha-\alpha_\infty/(°)$	k（计算值）/(10^{-5}min^{-1})
0	34.50	45.27	—
1 435	31.10	41.87	5.441
1 315	25.00	35.77	5.459
7 070	20.16	30.93	5.388
11 360	13.98	24.75	5.315
14 170	10.61	21.38	5.294
16 935	7.57	18.34	5.335
19 815	5.08	15.85	5.296
29 925	−1.65	9.12	5.354
∞	−10.77	0.00	—

为了便于查阅，将上述几种具有简单级数反应的速率公式和特征列于表 8.2 中，人们常用这些特征来判别反应的级数。

表 8.2　具有简单级数反应的速率公式和特征

级数	反应类型	速率公式的定积分式	浓度与时间的线性关系	半衰期 $t_{1/2}$	速度常数 k 的单位
一级	A→产物	$\ln\dfrac{a}{a-x}=k_1 t$	$\ln\dfrac{a}{a-x}\sim t$	$\dfrac{\ln 2}{k_1}$	(时间)$^{-1}$
二级	A+B→产物 $a=b$	$\dfrac{1}{a-x}-\dfrac{1}{a}=k_2 t$	$\dfrac{1}{a-x}\sim t$	$\dfrac{1}{k_2 a}$	(浓度)$^{-1}$·(时间)$^{-1}$
二级	A+B→产物 $a\neq b$	$\dfrac{1}{a-b}\ln\dfrac{b(a-x)}{a(b-x)}=k_2 t$	$\ln\dfrac{b(a-x)}{a(b-x)}\sim t$	$t_{1/2}(A)\neq t_{1/2}(B)$	
三级	A+B+C→产物 $(a=b=c)$	$\dfrac{1}{2}\left[\dfrac{1}{(a-x)^2}-\dfrac{1}{a^2}\right]=k_3 t$	$\dfrac{1}{(a-x)^2}\sim t$	$\dfrac{3}{2}\dfrac{1}{k_3 a^2}$	(浓度)$^{-2}$·(时间)$^{-1}$
零级	表面催化反应	$x=k_0 t$	$x\sim t$	$\dfrac{a}{2k_0}$	浓度·(时间)$^{-1}$
n 级 $n\neq 1$	反应物→产物	$\dfrac{1}{n-1}\left[\dfrac{1}{(a-x)^{n-1}}-\dfrac{1}{a^{n-1}}\right]=kt$	$\dfrac{1}{(a-x)^{n-1}}\sim t$	$A\dfrac{1}{a^{n-1}}$ (A 为常数)	(浓度)$^{1-n}$·(时间)$^{-1}$

8.4.5　反应级数的测定法

动力学方程都是根据大量的实验数据或用拟合法来确定的。设化学反应的速率公式可写为如下形式：

$$r = k c_A^\alpha c_B^\beta \cdots$$

有些复杂反应有时也可简化为这样的形式。在化工生产中，在不知其准确的反应历程的情况下，也常常采用这样的形式作为经验公式用于化工设计中。确定动力学方程的关键是首要确定 $\alpha,\beta,\cdots$ 的数值，这些数值不同，其速率方程的积分形式也不同，确定级数和反应速率常数的常用方法如下。

1. 积分法

例如，一个反应的速率方程可表示为

$$r = -\dfrac{1}{a}\dfrac{d[A]}{dt} = k[A]^\alpha [B]^\beta$$

$$\dfrac{d[A]}{[A]^\alpha [B]^\beta} = -ak\,dt$$

通常可先假定一个 α 和 β 值，求出这个积分项，然后对 t 作图。例如，如果设 $\beta=0$，

$\alpha=1$,即反应为一级。根据一级反应的特征,以 $\ln\dfrac{1}{a-x}$ 对 t 作图,如果得到的是直线,则该反应就是一级反应。

如果设 $\beta=1, \alpha=1$,且 $a \neq b$,则根据二级反应的特点,以 $\ln\dfrac{b(a-x)}{a(b-x)}$ 对 t 作图,若得一直线,则该反应就是二级反应。

这种方法实际上是一个尝试的过程,所以也叫尝试法(trial method)。如果尝试成功,则所设的 α,β 值就是正确的。如果不是直线,则须重新假设 α,β 的值,重新进行尝试,直到得到直线为止。当然也可以不用作图法,而是直接进行计算,即将实验数据(各不同的时间 t 和相应的浓度 x)代入表 8.2 中速率公式的积分公式,分别按一、二、三级反应的公式计算速率常数 k。如果各组实验数据代入一级反应的方程式,得到 k 是一个常数,则该反应就是一级反应。如果代到二级的公式中得到的 k 是一个常数,则该反应就是二级反应,依此类推。如果代入表 8.2 中的积分公式,所算出的 k 都不是一个常数,或者作图时得不到直线,则该反应就不是具有简单整数级数的反应。尝试法的缺点是不够灵敏,而且实验的浓度范围不够大,则很难明显区别出究竟是几级(这种方法的计算工作量较大,但在有了计算机程序之后,也是轻而易举的事)。积分法一般对反应级数是简单的整数时其结果较好。当级数是分数时,很难尝试成功,最好用微分法。

2. 微分法

为简便,先讨论一个简单反应

$$A \longrightarrow 产物$$

在 t 时 A 的浓度为 c,该反应的速率方程设为

$$r = -\dfrac{dc}{dt} = kc^n$$

等式双方取对数后得

$$\lg r = \lg\left(-\dfrac{dc}{dt}\right) = \lg k + n \lg c \tag{8.40}$$

先根据实验数据,将浓度 c 对时间 t 作图,然后在不同的浓度 $c_1, c_2, \cdots$ 各点上求曲线的斜率 $r_1, r_2, \cdots$ 再以 $\lg r$ 对 $\lg c$ 作图。若所设速率方程式是对的,则应得一直线,该直线的斜率 n 即为反应级数。或者将一系列的 r_i, c_i 代入式(8.40),例如取 r_1, c_1 和 r_2, c_2 两组数据。可得:

$$\lg r_1 = \lg k + n \lg c_1$$

$$\lg r_2 = \lg k + n \lg c_2$$

将两式相减,得

$$n = \frac{\lg r_1 - \lg r_2}{\lg c_1 - \lg c_2}$$

用上述方法求出若干个 n，然后求出平均值。

也可先假设一个 n 值，把一系列的 r_i 和 c_i 代入式(8.40)，算出一系列的 k 值。如果假设正确，则 k 值基本上应为一差异不大的常数。

若某反应的动力学方程为

$$r = k c_A^\alpha c_B^\beta c_C^\gamma$$

双方取对数后，得

$$\lg r = \lg k + \alpha \lg c_A + \beta \lg c_B + \gamma \lg c_C$$

或

$$\lg r = \lg k + \alpha \left(\lg c_A + \frac{\beta}{\alpha} \lg c_B + \frac{\gamma}{\alpha} \lg c_C \right)$$

可以通过一组实验数据，由解联立方程式获得 α, β, γ 值。或者以 $\lg r$ 对 $\lg c$ 作图，如得一直线，则 β 和 γ 等于零，从直线斜率求出 α 值，如果得不到一直线，可以改变 $\frac{\beta}{\alpha}$ 和 $\frac{\gamma}{\alpha}$ 的比值，以 $\left(\lg c_A + \frac{\beta}{\alpha} \lg c_B + \frac{\gamma}{\alpha} \lg c_C \right)$ 对 $\lg r$ 作图。经过多次变更 $\frac{\beta}{\alpha}$ 和 $\frac{\gamma}{\alpha}$ 的值（当然这个比值只能是简单的整数或分数），直到得到直线为止，就可分别得 α, β, γ 值。这样定级数的方法如果用普通计算的方法显然是比较麻烦的，现在可借助于计算机解决问题。

由于在绘图或计算机中所用到的数据是 r（即 $-\frac{dc}{dt}$），故称为微分法。用此方法求级数，不仅可处理级数为整数的反应，也可以处理级数为分数的反应。

用微分法时，最好使用开始时的反应速率值，即用一系列不同的初始浓度 c_0，做不同的时间 t 对浓度 c 的曲线，然后在不同的初始浓度 c_0 处求出相应的斜率（$-\frac{dc}{dt}$），以后的处理方法与上面相同。采用初始浓度法的优点是可以避免反应产物的干扰。

3. 半衰期法

从半衰期与浓度的关系可知，若反应物的起始浓度都相同，则

$$t_{1/2} = A \frac{1}{a^{n-1}} \tag{8.41}$$

式中 n（$n \neq 1$）为反应级数，对同一反应 A 为常数。如以两个不同的起始浓度 a 和 a' 进行实验，则上式取对数后，得

$$\frac{t_{1/2}}{t'_{1/2}} = \left(\frac{a'}{a} \right)^{n-1}$$

$$n = 1 + \frac{\lg\left(\dfrac{t_{1/2}}{t'_{1/2}}\right)}{\lg\left(\dfrac{a'}{a}\right)}$$

由两组数据就可以求出 n,如数据较多,也可以用作图法。将式(8.41)式取对数,$\lg t_{1/2} = (1-n)\lg a + \lg A$。以 $\lg t_{1/2}$ - $\lg a$ 作图,从斜率可求出 n。

这个方法并不限于反应一定要进行到 $\dfrac{1}{2}$,也可以取反应进行到 $\dfrac{1}{4}$、$\dfrac{1}{8}$ 等的时间来计算。

4. 改变物质数量比例的方法

设速率方程式为

$$r = kc_A^\alpha c_B^\beta c_C^\gamma$$

若设法保持 A 和 C 的浓度不变,而将 B 的浓度加大一倍,若反应速率也比原来加大一倍,则可确定 c_B 的方次 $\beta=1$。同理,若保持 B 和 C 浓度不变,而把 A 的浓度加大一倍,若速率增加为原来的 4 倍,则可确定 c_A 的方次 $\alpha=2$。这种方法可应用于较复杂的反应。

【例 8.4】 草酸钾与氯化高汞的反应方程式为

$$2HgCl_2 + K_2C_2O_4 = 2KCl + 2CO_2 + Hg_2Cl_2$$

已知在 373 K 时,Hg_2Cl_2 从初始浓度不同的反应溶液中沉淀的数据如下表所示:

实验次数	$\dfrac{c_0(K_2C_2O_4)}{mol \cdot dm^{-3}}$	$\dfrac{c_0(HgCl_2)}{mol \cdot dm^{-3}}$	t/min	$\dfrac{x(Hg_2Cl_2)}{mol \cdot dm^{-3}}$
1	0.083 6	0.404	65	0.006 8
2	0.083 6	0.202	120	0.003 1
3	0.041 8	0.404	62	0.003 2

试求反应常数。

解: 设用平均速率代表瞬间速率(这只有在反应速率较慢,或者反应时间较短时才是可行的,否则误差较大),Hg_2Cl_2 的生成速率在 1,2 两次实验中分别为

$$\left(\frac{\Delta x}{\Delta t}\right)_1 = \frac{0.006\ 8}{65}\ mol \cdot dm^{-3} \cdot min^{-1}$$

和

$$\left(\frac{\Delta x}{\Delta t}\right)_2 = \frac{0.003\ 1}{120}\ mol \cdot dm^{-3} \cdot min^{-1}$$

又反应速率可写为

$$\frac{\Delta x}{\Delta t} = k[HgCl_2]^n[K_2C_2O_4]^m$$

若选择 1,2 两次试验数据,可得

$$\frac{\left(\frac{\Delta x}{\Delta t}\right)_1}{\left(\frac{\Delta x}{\Delta t}\right)_2} = \frac{k(0.083\,6)^m(0.404)^n}{k(0.083\,6)^m(0.202)^n} = \frac{\frac{0.006\,8}{65}}{\frac{0.003\,1}{120}}$$

在两次实验中反应物 $K_2C_2O_4$ 的初浓度是一样的,可以从比值中消去,由此可解得 $n=2$。同理用 1,3 两次实验数据可求得 $m=1$,故此反应是三级反应。

$$r = k_3[HgCl_2]^2[K_2C_2O_4]$$

【例 8.5】 326 ℃的密闭容器中,盛有 1,3-二丁烯,其二聚反应为:$2C_4H_6(g) \longrightarrow C_8H_{12}(g)$ 在不同时刻测得容器中压力 $p_总$ 为:

t/min	0.00	3.05	12.18	24.55	42.50	68.05
$p_总$/kPa	84.25	82.45	77.87	72.85	67.89	63.26

试用尝试法和作图法求反应级数和速率常数。

解:设为理想气体,$C_4H_6(g)$ 的压力为 p,则

$$2C_4H_6(g) \longrightarrow C_8H_{12}(g)$$

$$t=0 \quad p_0 \quad\quad\quad 0$$
$$t=t \quad p \quad\quad\quad 1/2(p_0-p)$$

则 $p_总 = \frac{1}{2}(p_0+p)$ 或 $p = 2p_总 - p_0$

(1) 尝试法,计算出 p 值列于下表:

t/min	0.00	3.05	12.18	24.55	42.50	68.05
p/kPa	84.25	80.65	71.49	61.45	51.53	43.27

试一级: $k = \frac{1}{t}\ln\frac{p_0}{p}$

得 $k = \frac{1}{3.05}\ln\frac{84.25}{80.65} = 0.014\,3(\text{min}^{-1})$

$k = \frac{1}{68.05}\ln\frac{84.25}{43.27} = 0.010(\text{min}^{-1})$

$k = \frac{1}{24.55}\ln\frac{84.25}{61.45} = 0.012\,9(\text{min}^{-1})$

k 值不同,差别较大。

试二级: $k_p = \frac{1}{t}\left(\frac{1}{p} - \frac{1}{p_0}\right)$

得
$$k_p = \frac{1}{3.05}\left(\frac{1}{80.65} - \frac{1}{84.25}\right) = 1.74 \times 10^{-4} \text{ kPa}^{-1} \cdot \text{min}^{-1}$$

$$k_p = \frac{1}{68.05}\left(\frac{1}{43.27} - \frac{1}{84.25}\right) = 1.73 \times 10^{-4} \text{ kPa}^{-1} \cdot \text{min}^{-1}$$

再试其他组,分别为 1.74×10^{-4} kPa^{-1} · min^{-1}, 1.79×10^{-4} kPa^{-1} · min^{-1}, 1.77×10^{-4} kPa^{-1} · min^{-1}。非常接近,所以为二级反应。

$$k(\text{平均}) = 1.75 \times 10^{-4} \text{ kPa}^{-1} \cdot \text{min}^{-1}$$

(2) 作图法:计算出 $\ln(p_0/p)$、$1/p$ 列于下表:

t/min	0.00	3.05	12.18	24.55	42.50	68.05
$1/p\,(\times 10^{-5}\,\text{Pa}^{-1})$	1.187	1.24	1.399	1.627	1.941	2.366
$\ln(p_0/p)/\,10^{-2}$	0	4.37	16.42	31.56	49.16	66.63

以 $1/p$ 对 t 作图,如图 8.4。

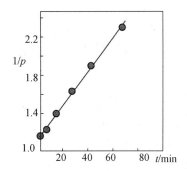

图 8.4 $1/P \sim t$ 的关系图

图中直线斜率为 1.74×10^{-4} kPa^{-1} · min^{-1} ($r = 0.9998$),而用 $\ln(p_0/p) \sim t$ 作图,斜率为 9.9×10^{-3} min^{-1} ($r = 0.9909$),所以为二级反应,速率常数 $k = 1.74 \times 10^{-4}$ kPa^{-1} · min^{-1}。

【例 8.6】 某物质在溶液中分解,330 K 时测得如下数据:

$c_0/\text{mol} \cdot \text{dm}^{-3}$	0.50	1.10	2.48
$t_{1/2}/\text{s}$	4 280	885	174

求反应级数及速率常数 k。

解:采用半衰期法

$$n = 1 - \frac{\ln(4\,280/885)}{\ln(0.5/1.10)} = 2.999 \approx 3$$

$$n = 1 - \frac{\ln(885/174)}{\ln(1.10/2.48)} = 3.0008 \approx 3$$

所以该反应为三级反应。

三级反应有

$$k = \frac{3}{2t_{1/2}c_0^2}$$

代入表中数据得

$$k = \frac{3}{2 \times 4280 \times (0.50)^2} \text{ mol}^{-2} \cdot \text{dm}^3 \cdot \text{s}^{-1} = 1.40 \times 10^{-3} (\text{mol}^{-2} \cdot \text{dm}^3 \cdot \text{s}^{-1})$$

$$k = \frac{3}{2 \times 885 \times (1.10)^2} \text{ mol}^{-2} \cdot \text{dm}^3 \cdot \text{s}^{-1} = 1.40 \times 10^{-3} (\text{mol}^{-2} \cdot \text{dm}^3 \cdot \text{s}^{-1})$$

$$k = \frac{3}{2 \times 174 \times (2.48)^2} = 1.40 \times 10^{-3} (\text{mol}^{-2} \cdot \text{dm}^3 \cdot \text{s}^{-1})$$

所以 $k_{平均} = 1.40 \times 10^{-3} (\text{mol}^{-2} \cdot \text{dm}^3 \cdot \text{s}^{-1})$。

§8.5 几种典型的复杂反应

前面讨论的都是比较简单的反应。如果一个化学反应是由两个以上的基元反应以各种方式相互联系起来的,则这种反应就是复杂反应。一个总包反应是由许多基元反应组合起来的。原则上任一基元反应的速率常数仅决定于该反应的本性与温度,不受其他组分的影响,它所遵从的动力学规律也不因其他基元反应的存在而有所不同,速率常数不变。但由于其他组分的同时存在,影响了组分的浓度,所以反应的速率会受到影响。

以下只讨论几种典型的复杂反应,即对峙反应、平行反应和连续反应,这些都是基元反应的最简单的组合。链反应也是复杂反应,由于它具有特殊的规律,留待以后讨论。

8.5.1 对峙反应

在正、反两个方向上都能进行的反应叫做对峙反应(opposing reavtion),亦称为可逆反应。例如:

$$A \underset{k_{-1}}{\overset{k_1}{\rightleftharpoons}} B$$

$$A \underset{k_{-2}}{\overset{k_2}{\rightleftharpoons}} B+C$$

$$A+B \underset{k_{-2}}{\overset{k_2}{\rightleftharpoons}} C+D$$

等等。现以最简单的对峙反应即 1-1 级对峙反应为例,讨论对峙反应的特点和处理方法。

$$A \underset{k_{-1}}{\overset{k_1}{\rightleftharpoons}} B$$

$t=0$	a	0
$t=t$	$a-x$	x
$t=t_e$	$a-x_e$	x_e

下标"e"表示平衡。

净的右向反应速率取决于正向及逆向反应速率的总结果,即

$$r = \frac{dx}{dt} = r_{正} - r_{逆} = k_1(a-x) - k_{-1}x \tag{8.42}$$

根据式(8.42),无法同时解出 k_1 和 k_{-1} 值,还需一个联系 k_1 和 k_{-1} 的公式,这可以从平衡条件得到。当达到平衡时 $r = \frac{dx}{dt} = 0$,所以

$$k_1(a-x_e) = k_{-1}x_e$$

$$\frac{x_e}{a-x_e} = \frac{k_1}{k_{-1}} = K \tag{8.43}$$

或

$$k_{-1} = k_1 \frac{a-x_e}{x_e} \tag{8.44}$$

K 就是平衡常数。将式(8.44)代入式(8.42),得

$$\frac{dx}{dt} = k_1(a-x) - \frac{k_1(a-x_e)}{x_e}x = \frac{k_1 a(x_e - x)}{x_e} \tag{8.45}$$

将式(8.45)作定积分,得

$$k_1 = \frac{x_e}{at} \ln \frac{x_e}{x_e - x} \tag{8.46}$$

求出 k_1 后再代入式(8.44),即可求出 k_{-1},或从式(8.43)已知平衡常数 K 而求出 k_{-1}。

对于 2-2 级对峙反应(或其他对峙反应),处理的方法基本相同,即

$$A + B \underset{k_{-2}}{\overset{k_2}{\rightleftharpoons}} C + D$$

$t=0$	a	b	0	0
$t=t$	$a-x$	$b-x$	x	x
$t=t_e$	$a-x_e$	$b-x_e$	x_e	x_e

设 $a=b$,则

$$r = \frac{dx}{dt} = k_2(a-x)^2 - k_{-2}x^2 \qquad (8.47)$$

平衡时：$k_2(a-x_e)^2 = k_{-2}x_e^2$，即

$$\frac{x_e^2}{(a-x_e)^2} = \frac{k_2}{k_{-2}} = K \qquad (8.48)$$

代入式(8.47)，积分

$$\int_0^x \frac{dx}{(a-x)^2 - \frac{1}{K}x^2} = \int_0^t k_2 dt$$

得

$$k_2 t = \frac{\sqrt{K}}{2a} \ln\left\{\frac{a+(\beta-1)x}{a-(\beta+1)x}\right\}$$

式中

$$\beta^2 = \frac{1}{K}$$

【例 8.7】 一定温度时，有 1-1 级对峙反应：

$$A \underset{k_{-1}}{\overset{k_1}{\rightleftharpoons}} B$$

实验测得反应在 t 时刻时，物质 B 的浓度数据如下：

t/s	0	180	300	420	1 440	∞
$[B]/\text{mol} \cdot \text{dm}^{-3}$	0	0.20	0.33	0.43	1.05	1.58

已知反应起始时物质 A 的浓度为 1.89 mol · dm^{-3}，试求正、逆反应的速率常数 k_1, k_{-1}。

解：根据题意：$a=1.89$ mol · dm^{-3}，当 $t=\infty$ 时，$[B]_\infty = x_e = 1.58$ mol · dm^{-3}。

分别将 a, x_e, x, t 数据代入公式(8.46)，得

$$k_1 = \frac{x_e}{at} \ln \frac{x_e}{x_e - x}$$

计算所得数据列于下表：

t/s	180	300	420	1 440
$x/\text{mol} \cdot \text{dm}^{-3}$	0.20	0.33	0.43	1.05
$\ln[x_e/(x_e-x)]$	0.135	0.234	0.318	1.092
$k_1/10^{-4} \text{s}^{-1}$	6.29	6.53	6.32	6.34

则 k_1(平均) $= 6.37 \times 10^{-4}$ s^{-1}，将 k_1 代入式(8.44)，得

$$k_{-1} = k_1 \frac{a - x_e}{x_e}$$

则 $k_{-1} = 1.25 \times 10^{-4}\,\mathrm{s}^{-1}$。

8.5.2 平行反应

反应物同时平行地进行不同的反应称为平行反应(parallel reaction),这种情况在有机反应中较多。通常将生成期望产物的反应称为主反应,其余为副反应。组成平行反应的几个反应的级数可以相同,也可以不相同,前者数学处理较为简单。

先考虑最简单的两个都是一级反应的平行反应,即

$$A \begin{cases} \longrightarrow B \quad (k_1) \\ \longrightarrow C \quad (k_2) \end{cases}$$

	[A]	[B]	[C]
$t = 0$	a	0	0
$t = t$	$a - x_1 - x_2$	x_1	x_2

令 $x = x_1 + x_2$。因为平行反应的总速率是两个平行反应的反应速率之和,所以

$$r = r_1 + r_2 = \frac{dx}{dt} = \frac{dx_1}{dt} + \frac{dx_2}{dt} = k_1(a-x) + k_2(a-x)$$
$$= (k_1 + k_2)(a - x) \tag{8.50}$$

对式(8.50)进行定积分

$$\int_0^x \frac{dx}{a-x} = (k_1 + k_2) \int_0^t dt$$

得

$$\ln \frac{a}{a-x} = (k_1 + k_2)t \tag{8.51}$$

由此可见,两个平行的一级反应的微分式和积分式,与简单一级反应的基本相同,仅速率常数是两个平行反应的速率常数的加和。

两个都是二级反应的平行反应的例子如氯苯的再氯化,可得对位和邻位的两种二氯苯产物。设反应开始时 C_6H_5Cl 和 Cl_2 的浓度分别为 a 和 b,且无产物存在,反应到某时刻 t 时,产物的浓度分别为 x_1 和 x_2,则

$$C_6H_5Cl + Cl_2 \begin{cases} \longrightarrow 对-C_6H_4Cl_2 + HCl \quad (k_1) \\ \longrightarrow 邻-C_6H_4Cl_2 + HCl \quad (k_2) \end{cases}$$

$$r_1 = \frac{dx_1}{dt} = k_1(a - x_1 - x_2)(b - x_1 - x_2) \tag{8.52a}$$

$$r_2 = \frac{dx_2}{dt} = k_2(a-x_1-x_2)(b-x_1-x_2) \tag{8.52b}$$

由于两个反应同时进行,反应的速率等于两个反应的速率之和,所以

$$r = r_1 + r_2 = (k_1+k_2)(a-x_1-x_2)(b-x_1-x_2)$$

令 $x = x_1 + x_2$,则

$$r = \frac{dx}{dt} = (k_1+k_2)(a-x)(b-x)$$

$a \neq b$ 时,移项作定积分,得

$$\frac{1}{a-b}\ln\frac{b(a-x)}{a(b-x)} = (k_1+k_2)t \tag{8.53}$$

若将式(8.52a)与式(8.52b)相除,则得

$$\frac{dx_1/dt}{dx_2/dt} = \frac{k_1}{k_2}$$

由于这两个反应是同时开始而分别进行的,开始时均无产物存在,因此两个反应的速率之比应等于生成物的数量之比,即

$$\frac{dx_1/dt}{dx_2/dt} = \frac{x_1}{x_2}$$

所以
$$\frac{k_1}{k_2} = \frac{x_1}{x_2} \tag{8.54}$$

只要知道起始浓度 a 和 b,再知道反应经历的时间 t,生成物的量 x_1 和 x_2,则从式(8.53)可求得 k_1+k_2,从式(8.54)可求得比值 k_1/k_2,将所得结果联立求解,就能求得 k_1 和 k_2。如果所求的 k_1 和 k_2 相差很大,则速率大的一般称为主反应,而其余的则称为副反应。

从式(8.54)可以看出,当温度一定时,比值 k_1/k_2 是一个定值,也就是说生成物中对位和邻位的比值是一定的。如果我们希望多获得某一产品,就要设法改变 k_1/k_2 的比值。一种方法是选择适当的催化剂,提高催化剂对某一反应的选择性以改变 k_1/k_2 的比值;另一种方法是通过改变温度来改变 k_1/k_2 的值。例如甲苯的氯化,可以直接在苯环上取代,也可以在甲基上取代,这两个反应可平行进行。实验表明,在低温下(300~320 K)使用 $FeCl_3$ 作为催化剂时主要是在苯环上取代;而在较高温度下(390~400 K)并用光激发,则主要是在甲基上取代。

如果两个平行反应的级数不相同,情况就复杂一些。例如两个平行反应的速率公式为

$$r_1 = kc_Ac_B \qquad r_2 = k'c_B^2$$

则
$$\frac{r_1}{r_2} = \frac{k}{k'} \cdot \frac{c_A}{c_B}$$

如果反应 1 的产物是所需要的,根据上式,为了得到更多的反应 1 的产物,并尽量抑制反应 2 的进行,显然 c_A 应控制得高些,c_B 则以较低为宜。

8.5.3 连续反应

有很多化学反应是经过连续几步才完成的,前一步的生成物就是下一步的反应物,如此依次连续进行,这种反应就称为连续反应(consecutive reaction),或称为连串反应。例如苯的氯化,苯加乙烯制乙苯等。

最简单的连续反应是两个单向连续的一级反应,可一般地写作:

$$A \xrightarrow{k_1} B \xrightarrow{k_2} C$$
$$t=0 \quad a \quad 0 \quad 0$$
$$t=t \quad x \quad y \quad z$$

反应开始时,设 A 的浓度为 a,B 与 C 的反应浓度为 0,经过时间 t 后,A,B,C 的浓度分别为 x,y,z。生成 B 的净速率等于其生成速率与消耗速率之差。

$$-\frac{dx}{dt} = k_1 x \tag{8.55}$$

$$\frac{dy}{dt} = k_1 x - k_2 y \tag{8.56}$$

$$\frac{dz}{dt} = k_2 y \tag{8.57}$$

首先对式(8.55)求解,这是一个典型的一级反应,其积分公式为

$$\int_a^x -\frac{dx}{x} = \int_0^t k_1 dt$$

积分得
$$\ln \frac{a}{x} = k_1 t \text{ 或 } x = a e^{-k_1 t} \tag{8.58}$$

将式(8.58)代入式(8.56),得

$$\frac{dy}{dt} = k_1 a e^{-k_1 t} - k_2 y$$

这是一个 $\frac{dy}{dx} + Py = Q$ 型的一次线性微分方程,该方程的解为

$$y = \frac{k_1 a}{k_2 - k_1}(e^{-k_1 t} - e^{-k_2 t}) \tag{8.59}$$

按照化学反应式,$a = x + y + z$ 或 $z = a - x - y$,将式(8.58)和式(8.59)代入后得

$$z = a\left[1 - \frac{k_2}{k_2 - k_1} e^{-k_1 t} + \frac{k_1}{k_2 - k_1} e^{-k_2 t}\right] \tag{8.60}$$

根据式(8.58),式(8.59),式(8.60)绘图,得图 8.5。由图可见,A 的浓度随时间单调减少,C 的浓度随时间单调升高,而 B 的浓度则开始增加,以后减少,中间出现极大值。

中间产物 B 的浓度在反应过程中出现极大值,是连续反应突出的特征。在反应前期,反应物 A 的浓度较大,因而生成 B 的速率较快,B 的数量不断增加。但是随着反应继续进行,A 的浓度逐渐减少,相应地使生成 B 的速率减慢。而另一方面,由于 B 的浓度增大,进一步生成最终产物的速率不断加快,使 B 大量消耗,因而 B 的数量反而下降。当生成 B 的速率与消耗 B 的速率相等时,就出现极大点。

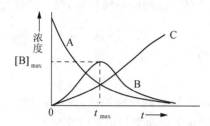

图 8.5　连续反应中浓度随时间变化的关系图

可以利用动力学方程式(8.59),求得 y 为极大值时的参数。将式(8.59)对 t 微分,当 y 有极大值时,则

$$\frac{dy}{dt} = 0$$

相应的反应时间为 t_m,则

$$\frac{dy}{dt} = \frac{k_1 a}{k_2 - k_1}[k_2 e^{-k_2 t} - k_1 e^{-k_1 t}] = 0$$

解得

$$t_m = \frac{\ln k_2 - \ln k_1}{k_2 - k_1}$$

再代入式(8.59),得

$$y_m = a\left(\frac{k_1}{k_2}\right)^{\frac{k_2}{k_2 - k_1}} \tag{8.61}$$

y_m 就是 B 处于极大值时的浓度。y_m 显然与 a 以及 k_1 和 k_2 的比值有关。如果 $k_1 \gg k_2$,y_m 出现较早,且数值也较大;如果 $k_1 \ll k_2$,则 y_m 出现较迟,而且数值较小。

对于一般的反应来讲,反应的时间长些,得到的最终产物总是多一些。但对连续反应,如果我们需要的是中间化合物 B,由于它有一个浓度最大的反应时间 t_m,超过这个时间,反而引起所需产品的浓度降低和副产品的增加。生产上如果控制反应时间使其在 t_m 附近,则可望得到中间产物浓度最高的产品,这对于产品的后处理过程是有利的。

以上讨论的是 k_1,k_2 相差不大即两个反应的速率大致相等的情况。如果第一步反应很快，$k_1 \gg k_2$，原始反应物很快就都转化为 B，则生成最终产品 C 的速率主要取决于第二步反应。另一种极端情况，如第二步反应很快，$k_1 \ll k_2$，中间产物 B 一旦生成立即转化为 C，因此反应的总速率(即生成产物 C 的速率)决定于第一步。式(8.60)中，若令 $k_1 \ll k_2$，则可简化为 $z = a(1-e^{-k_1 t})$，这相当于在始终态之间进行一个一级反应，产物的浓度与 k_1 有关，所以连续反应不论分几步进行，常是最慢的一步控制着全局，这最慢的一步就称为速率控制步骤，简称速控步，可以用它的速率近似作为整个反应的速率。

对复杂的连续反应，要从数学上严格求许多联立微分方程的解，从而求出反应过程中出现的各物浓度与时间 t 的关系是十分困难的。所以在动力学中也常采用一些近似的方法，如速控步近似法、稳态近似法等。

§8.6 基元反应的微观可逆性原理*

举简单的单分子反应(例如顺-丁烯二酸转化为反-丁烯二酸的分子重排反应)为例，其基元反应为

$$A \underset{k_{-1}}{\overset{k_1}{\rightleftharpoons}} B$$

正向反应速率 r_1 为

$$r_1 = k_1[A]$$

逆向反应速率 r_{-1} 为

$$r_{-1} = k_{-1}[B]$$

系统达到平衡时，$r_1 = r_{-1}$，所以

$$\frac{[B]}{[A]} = \frac{k_1}{k_{-1}} = K$$

推而广之，对任一对峙反应，平衡时其基元反应的正向反应速率与逆向反应速率必须相等。这一原理称为精细平衡原理(principle of detailed balance)。从理论上讲，精细平衡原理是微观可逆性(microscopic reversibility)对大量微观粒子构成的宏观系统相互制约的结果。所谓微观可逆性是指微观粒子系统具有时间反演的对称性。

分子的相互碰撞是力学行为，它服从力学中的一条规律——"时间反演对称性"，即在力学方程中，如将时间 t 用 $-t$ 代替，则对正向运动方程的解和对逆向运动方程的解完全相同，只是两者相差一个正负符号。反言之，对于化学反应而言，微观可逆性可以表述为：基元反应的逆过程必然也是基元反应。而且逆过程就按原来的路程返回，就像把电影胶片逆向倒放一遍一样。因此，从微观的角度看，若正向反应是允许的，则其逆向反应亦应该是允许的。

对含有大量分子的宏观系统而言,当分子处于各种微观状态时,分子所进行的每一个反应(或每一个规程)在正、逆两个方向进行反应时的速率相等,如前所述,这就是精细平衡原理。

根据精细平衡原理可以推出一个结论,即在复杂反应(即非基元反应)中如果有一个决速步(决定整个反应的步骤),则它必然也是逆反应的决速步骤。微观可逆性与精细平衡原理之间的关系是因果关系,但通常在化学反应动力学的讨论中往往不去区分两者之间的细微差别。

对于前面所讲的 H_2 和 Br_2 的复杂反应,是由五个基元反应构成,由于达平衡时正逆反应的速率相等,且具有微观可逆性,故而

$$Br_2 + M \underset{k_{-1}}{\overset{k_1}{\rightleftharpoons}} 2Br\cdot + M \qquad K_1 = \frac{k_1}{k_{-1}}$$

$$Br\cdot + H_2 \underset{k_{-2}}{\overset{k_2}{\rightleftharpoons}} HBr + H\cdot \qquad K_2 = \frac{k_2}{k_{-2}}$$

$$H\cdot + Br_2 \underset{k_{-3}}{\overset{k_3}{\rightleftharpoons}} HBr + Br\cdot \qquad K_3 = \frac{k_3}{k_{-3}}$$

$$H\cdot + HBr \underset{k_{-4}}{\overset{k_4}{\rightleftharpoons}} H_2 + Br\cdot \qquad K_4 = \frac{k_4}{k_{-4}}$$

$$Br\cdot + Br\cdot + M \underset{k_{-5}}{\overset{k_5}{\rightleftharpoons}} Br_2 + M \qquad K_5 = \frac{k_5}{k_{-5}}$$

总反应的平衡常数为

$$K = K_1 \cdot K_2 \cdot K_3 \cdot K_4 \cdot K_5 = \frac{k_1 k_2 k_3 k_4 k_5}{k_{-1} k_{-2} k_{-3} k_{-4} k_{-5}}$$

$$= \prod_i \frac{k_i}{k_{-i}}$$

§8.7 温度对反应速率的影响

8.7.1 速率常数与温度的关系——Arrhenius 经验式

温度可以影响反应速率,这是根据经验早已知道的事实。历史上 van't Hoff 曾根据实验事实总结出一条近似规律,即温度每升高 10 K,反应速率大约增加 2~4 倍,用公式表示为

$$\frac{k_{T+10K}}{k_T} = 2 \sim 4$$

如果不需要精确的数据或手边的数据不全,则可根据这个规律大略地估计出温度对应速率的影响,这个规律有时称为 van't Hoff 近似规则。

【例 8.8】 若某一反应 A→B,近似地满足于 van't Hoff 规则。今使这个反应在两个不同

的温度下进行,但起始浓度相同,并达到同样的反应程度(即相同的转化率)。当反应在 390 K 下进行时,需时 10 min,试估计在 300 K 进行时,需时若干?假定这个反应的速率方程式为

$$-\frac{\mathrm{d}c}{\mathrm{d}t} = kc^n$$

且假定在此温度区间内,反应的历程不变,且无副反应。

解 设在 T_1 时的速率常数为 k_1,则

$$-\int_{c_0}^{c} \frac{\mathrm{d}c}{c^n} = \int_{0}^{t_1} k_1 \mathrm{d}t$$

在 T_2 时的速率常数为 k_2,则

$$-\int_{c_0}^{c} \frac{\mathrm{d}c}{c^n} = \int_{0}^{t_2} k_2 \mathrm{d}t$$

由于初始浓度和反应程度都相同,所以上两式左方积分的数值应相同。因此得到

$$k_1 t_1 = k_2 t_2 \tag{8.62}$$

所以

$$\frac{k_{390\mathrm{K}}}{k_{300\mathrm{K}}} = \frac{t_{300\mathrm{K}}}{t_{390\mathrm{K}}}$$

若速率的温度系数取其低限,即

$$\frac{k_{T+10\mathrm{K}}}{k_T} = 2$$

则

$$\frac{k_{390\mathrm{K}}}{k_{300\mathrm{K}}} = \frac{k_{(300+10\mathrm{K}\times 9)}}{k_{300\mathrm{K}}} = 2^9 = 512$$

$$\frac{t_{300\mathrm{K}}}{t_{390\mathrm{K}}} = \frac{t_{300\mathrm{K}}}{10\ \mathrm{min}} = 512$$

$$t_{300\mathrm{K}} = 512 \times 10\ \mathrm{min} = 5\ 120\ \mathrm{min} \approx 3.6\ \mathrm{d}$$

从上面估计可以看出,在 390 K 时反应时间为 10 min,而在 300 K 却要 3.6 d,显然这样长的时间是没有工业生产价值的。反之,如果某一反应在常温下较慢,在升高温度后就有可能变得很快,甚至导致无法控制,这也是工业生产所禁忌的。由此可见,温度的控制对于研究反应速率、反应历程以及在化工生产中是极为重要的。

van't Hoff 规则只是一个近似规则。

Arrhenius 研究了许多气相反映的速率,特别是对蔗糖水溶液中的转化反应做了大量的研究工作。他提出了活化能的概念,并揭示了反应的速率常数与温度的依赖关系,即

$$k = A\mathrm{e}^{-\frac{E_a}{RT}} \tag{8.63}$$

式(8.63)称为 Arrhenius 公式。式中 k 是温度为 T 时反应的速率常数,R 是摩尔气体常数,

A 是指前因子(pre-exponential factor),E_a 是表观活化能(apparent activation energy,通常简称为活化能)。

Arrhenius 认为,并不是反应分子之间的任何一次直接接触(或碰撞)都能发生反应,只有那些能量足够高的分子之间的直接碰撞才能发生反应。那些能量高到能发生反应的分子称为"活化分子"(activated molecule)。由非活化分子变为活化分子所要的能量称为(表观)活化能。其实,Arrhenius 当时对活化能并没有给出明确的定义,他最初认为活化能和指前因子只决定于反应物质的本性而与温度无关。

对式(8.63)取对数,得到

$$\ln k = \ln A - \frac{E_a}{RT} \tag{8.64}$$

若假定 A 与 T 无关,则得到微分形式:

$$\frac{\mathrm{d}\ln k}{\mathrm{d}T} = \frac{E_a}{RT^2} \tag{8.65}$$

根据式(8.64),若以 $\ln k$ 对 $1/T$ 作图,可得一直线,由直线的斜率和截距,分别可求得 E_a 和 A。

Arrhenius 公式在化学动力学的发展过程中所起的作用是非常重要的,特别是他所提出的活化分子及活化能的概念,在反应速率理论的研究中起了很大的作用。

表 8.3 常温下一些反应的动力学参数(E_a 和 A)

反应	介质	$E_a/(\text{kJ}\cdot\text{mol}^{-1})$	$\lg[A/(\text{mol}^{-1}\cdot\text{dm}^3\cdot\text{s}^{-1})]$
$CH_3COOC_2H_5 + NaOH$	水	47.3	7.2
$n\text{-}C_5H_{11} + KI$	丙酮	77.0	8.0
CO_2	乙醇	81.6	11.4
H_2O	乙醇	89.5	11.6
$CH_3I + HI \longrightarrow CH_4 + 2I$	气相	139.7	12.2
$2HI \longrightarrow H_2 + I_2$	气相	184.1	11.2
$H_2 + I_2 \longrightarrow 2HI$	气相	165.3	11.2
$NH_4CNO \longrightarrow NH_2CONH_2$	水	97.1	12.6
$N_2O_5 \longrightarrow N_2O_4 + 1/2O_2$	气相	103.3	13.7
$CH_3H_2CH_3 \longrightarrow C_2H_6 + N_2$	气相	219.7	13.5
$CH_2\text{—}CH_2 \longrightarrow CH_3CH=CH_2$	气相	272.0	12.2
$2NO + O_2 \longrightarrow 2NO_2$	气相	-4.6	3.02
$Br + Br + M \longrightarrow Br_2 + M$	气相	0	9.60($M=H_2$)

在讨论平衡常数与温度的关系时,曾经介绍过 van't Hoff 公式:

$$\frac{\mathrm{d}\ln K^{\ominus}}{\mathrm{d}T} = \frac{\Delta_{\mathrm{r}}H_{\mathrm{m}}^{\ominus}}{RT^2}$$

这个公式和(8.65)很相似。van't Hoff 公式是从热力学角度说明温度对平衡常数的影响,而 Arrhenius 公式是从动力学的角度说明温度对反应速率常数的影响。

对于吸热反应,$\Delta_{\mathrm{r}}H_{\mathrm{m}}^{\ominus}>0$,$\frac{\mathrm{d}\ln K^{\ominus}}{\mathrm{d}T}>0$,即平衡常数 $K^{\ominus}$ 随温度的上升而增大,也就是平衡转化率随温度的升高而增加。而从 Arrhenius 公式知,当温度上升时 k 也增加,因此无论从热力学还是动力学的角度,温度升高对吸热反应有利。而对于放热反应,因为 $\Delta_{\mathrm{r}}H_{\mathrm{m}}^{\ominus}<0$,所以 $\frac{\mathrm{d}\ln K^{\ominus}}{\mathrm{d}T}<0$,从热力学角度看,升高温度对放热反应不利。而从动力学角度看,升高温度总是使反应加快。这里遇到了矛盾,因此要作具体分析。一般来说,只要一个反应的平衡转化率不要低到没有生产价值的情况下,速率因素总是矛盾的主要方面。例如,合成氨反应是一个放热反应,在常温下的转化率理应比高温时高。但在常温下,它的反应速率很慢(迄今我们还没有找到合适的催化剂,使反应速率提高到可在常温下能进行工业生产的程度)。如果适当地提高温度,平衡转化率虽然有所下降,但由于速率加快了,在短时间内总是可以得到一定数量的产品,而且没有反应掉的原料还可以循环使用。所以在工业生产中,合成氨的反应温度一般控制在 773 K。在理论上可以用对反应速率求极值的办法,求出最适宜温度 T_{m}。

实际生产中绝大部分反应都不可能达到平衡,因为达到平衡需要时间,所以实际转化率总比平衡转化率低。在平衡与速率两者之间,从提高产量的角度来看我们希望它的速率快一些,通过提高反应速率来弥补转化率低的不足。但是也不能盲目提高温度,温度过高,反应过快,甚至可能发生局部过热、燃烧和爆炸等事故。同时还要考虑到温度对副反应的影响,对催化剂的影响(例如防止催化剂燃结而丧失活性)等等一系列问题。所以在工业化生产过程中必须全面考虑问题,衡量各种利弊。

8.7.2 反应速率与温度关系的几种类型

总包反应是许多简单反应的综合,因此总包反应的反应速率与温度的关系是比较复杂的。实验表明总包反应的反应速率(r)与温度(T)之间的关系,大致可用以下几种示意图来表示。

图 8.6(a)是根据 Arrhenius 公式所得的 S 形曲线,当 $T\to 0$ 时,$r\to 0$;当 $T\to\infty$ 时,r 有定值(这是一个在全温度范围内的图形)。由于一般实验都是在常温的有限温度区间中进行,所得的曲线由(b)来表示。它实际上是(a)在有限的温度范围内(即(a)中用虚线框表示部分)的放大图。(a)和(b)都遵守 Arrhenius 公式。(c)是总包反应中含有爆炸型的反应,

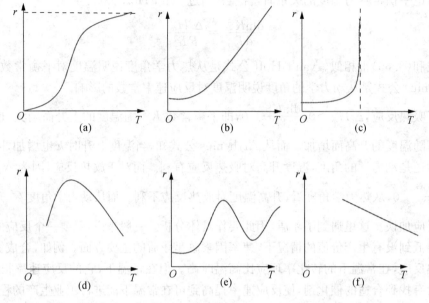

图 8.6 总包反应速率(r)与温度(T)之间的关系示意图

在低温时,反应速率较慢,基本上符合 Arrhenius 公式。但当温度升高到某一临界值时,反应速率迅速增大,甚至趋于无限,以致引起爆炸。第四种类型(d)常在一些受吸附速率控制的多相催化反应(例如加氢反应)中出现。在温度不太高的情况下,反应速率随温度增加而加速,但达到某一高度以后如再升高温度,将使反应速率下降。这可能是由于高温对催化剂的性能有不利的影响所致。由酶催化的一些反应也多属于这一类型,因为当温度升高到一定程度时,酶的活性开始丧失。第五种类型(e)是在碳的氢化反应中观察到的,当温度升高时可能有副反应发生而复杂化,曲线出现最高和最低点。也可能是总包反应中出现了(c)、(d)类型的反应所致。第六种类型(f)是反常的,温度升高,反应速率反而下降,如一氧化氮氧化成二氧化氮就属于这一类型。由于第二种类型(b)最为常见,所以通常所讨论的反应大多数是指这一类型而言的。

8.7.3 反应速率与活化能之间的关系*

反应速率 $r \propto k$。在 Arrhenius 的经验式 $k = A\exp\left(-\dfrac{E_a}{RT}\right)$ 中,把活化能 E_a 看作是与温度无关的常数,这在一定的温度范围内与实验结果基本上是相符的。

如 $\ln k$ 对 $\dfrac{1}{T}$ 作图,根据 Arrhenius 公式,直线的斜率为 $-\dfrac{E_a}{R}$。图 8.7 是一个示意图,图中纵坐标采用自然对数坐标,所以其读数就是 k 的数值。E_a 越大,则斜率(指绝对值)也越

大,所以图中Ⅰ,Ⅱ,Ⅲ,三个反应的活化能应是 $E_a(Ⅲ)>$
$E_a(Ⅱ)>E_a(Ⅰ)$。

对于一个给定的反应来说,在低温范围内反应的速率随温度的变化更敏感。例如反应Ⅱ,在温度由 376 K 增加到 463 K,即增加 87 K,k 值由 10 增加到 20,就增加一倍。而在高温范围内,若要 k 增加一倍(即由 100 增至 200),温度要由 1 000 K 变成 2 000 K(即增加 1 000 K)才行。

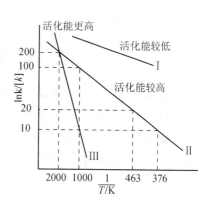

图 8.7　$\ln k$ 对 $\dfrac{1}{T}$ 作图(示意图)

对于活化能不同的反应,当温度增加时,E_a 大的反应速率增加的倍数比 E_a 小的反应速率增加的倍数大。例如反应Ⅲ和Ⅱ,因此 $E_a(Ⅲ)>E_a(Ⅱ)$,当温度从 1 000 K 变成 2 000 K 时,$k(Ⅱ)$ 从 100 增加到 200,增大一倍,而 $k(Ⅲ)$ 却从 10 变成了 200,增加了 19 倍。所以若几个反应同时发生时,升高温度对 E_a 大的反应有利。这种关系也可用如下的关系来说明,根据式(8.65),得

$$\frac{\mathrm{d}\ln k_1}{\mathrm{d}T}=\frac{E_{a,1}}{RT^2}$$

$$\frac{\mathrm{d}\ln k_2}{\mathrm{d}T}=\frac{E_{a,2}}{RT^2}$$

两式相减,得

$$\frac{\mathrm{d}\ln(k_1/k_2)}{\mathrm{d}T}=\frac{E_{a,1}-E_{a,2}}{RT^2}$$

若 $E_{a,1}>E_{a,2}$,当温度升高时,$\dfrac{k_1}{k_2}$ 的比值增加,即 k_1 随温度的增加倍数大于 k_2 的增加倍数;反之,若 $E_{a,1}<E_{a,2}$ 则温度升高时,$\dfrac{k_1}{k_2}$ 的比值减小,即 k_1 随温度的增加倍数小于 k_2 的增加倍数。由此可见,高温有利于活化能较大的反应,低温有利于活化能较低的反应。如果两个反应在系统中都可以发生,则它们可以看成是一对竞争反应。对于复杂反应,我们可以根据上述温度对竞争反应速率的影响的一般规则来寻找较适宜的操作温度。

对连续反应:

$$A\xrightarrow[E_{a,1}]{k_1}P\xrightarrow[E_{a,2}]{k_2}S$$

如果 P 是所需要的产物,而 S 是副产物,则希望 $\dfrac{k_1}{k_2}$ 的比值越大越有利于 P 的生成。因此,如 $E_{a,1}>E_{a,2}$,则宜用较高的反应温度;如 $E_{a,1}<E_{a,2}$,则宜用较低的反应温度。

对平行反应：

$$A \begin{cases} \to B & \text{反应 } 1, E_{a,1}, k_1 \\ \to C & \text{反应 } 2, E_{a,2}, k_2 \end{cases}$$

如果 $E_{a,1} > E_{a,2}$，升高温度，k_1/k_2 也升高，对反应 1 有利；如果 $E_{a,1} < E_{a,2}$，升高温度，k_1/k_2 下降，对反应 2 有利。

如果有三个平行反应，主反应的活化能又处在中间，则不能简单地升高温度或降低温度，而要寻找合适的反应温度。

§8.8 关于活化能*

8.8.1 活化能概念的进一步说明

在 Arrhenius 经验式中，把 E_a 看作是与温度无关的常数，这在一定的温度范围内与实验结果是相符的。但是，如果实验温度范围适当放宽或对于复杂的反应，则 $\ln k$ 对 $\frac{1}{T}$ 作的图就不是一条很好的直线，这表明 E_a 与温度有关，而且 Arrhenius 经验式对某些历程复杂的反应不适用。例如，烯烃在 Bi-Mo 型催化剂上的催化氧化反应，由于几个同时发生的平行反应其 E_a 相差较大，且受温度影响的程度各不相同，在平行反应之间发生竞争，因而 $\ln k$ 对 $\frac{1}{T}$ 作的图是一条折线。

对于基元反应，E_a 可赋予较明确的物理意义。分子相互作用的首要条件是它们必须"接触"，虽然分子彼此碰撞的频率很高，但并不是所有的碰撞都是有效的，只有少数能量较高的分子碰撞后才能起作用，E_a 表征了反应分子能发生有效碰撞的能量要求。Tolman 曾证明：

$$E_a = \overline{E}^* - \overline{E}_R \tag{8.66}$$

式中：$\overline{E}^*$ 表示能发生反应分子的平均能量；$\overline{E}_R$ 表示所有反应物分子的平均能量，其单位都是 $J \cdot mol^{-1}$；E_a 是这两个统计评价能量的差值。如对一个分子而言，将式(8.66)除以 Avogadro 常数，则

$$\varepsilon_a = \frac{\overline{E}^* - \overline{E}_R}{L} = \overline{\varepsilon}^* - \overline{\varepsilon}_R \tag{8.67}$$

ε_a 就是一个具有平均能量 $\overline{\varepsilon}_R$ 的反应物分子要变成具有平均能量的 $\overline{\varepsilon}^*$ 活化分子必须获得的能量，$E_a = \varepsilon_a \cdot L$，式中 E_a 称为实验活化能或简称活化能(activation energy)。

设反应为
$$A \longrightarrow P$$

反应物 A 必须获得能量 E_a 变成活化状态 A^*，才能越过能垒变成生成物 P。同理，对逆反应，P 必须获得 E'_a 的能量才能越过能垒变成 A(参阅图 8.8)。上述活化能与活化状态的概念和图示，对反应速率理论的发展起了很大的作用。

对于非基元反应，E_a 就没有明确的物理意义了，它实际上是组成该总包反应的各种基元反应活化能的特定组合。仍以如下反应为例：

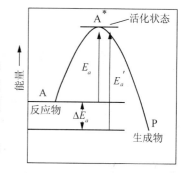

图 8.8 基元反应活化能示意图

$$H_2 + I_2 \xrightarrow{k} 2HI$$

该反应的总速率表示式为

$$r = -\frac{d[H_2]}{dt} = k[H_2][I_2]$$

$$k = A\exp\left(-\frac{E_a}{RT}\right)$$

已知其反应历程为

$$(1)\ I_2 + M \underset{k_{-1}}{\overset{k_1}{\rightleftharpoons}} 2I\cdot + M$$

$$(2)\ H_2 + 2I\cdot \xrightarrow{k_2} 2HI$$

对反应(1)，得

$$r_1 = k_1[I_2][M] \qquad k_1 = A_1\exp\left(-\frac{E_{a,1}}{RT}\right) \qquad ①$$

$$r_{-1} = k_{-1}[I\cdot]^2[M] \qquad k_{-1} = A_{-1}\exp\left(-\frac{E_{a,-1}}{RT}\right) \qquad ②$$

平衡时 $\qquad\qquad r_1 = r_{-1} \qquad [I\cdot]^2 = \dfrac{k_1[I_2]}{k_{-1}} \qquad ③$

对反应(2)，得

$$r_2 = -\frac{d[H_2]}{dt} = k_2[H_2][I\cdot]^2 \qquad k_2 = A_2\exp\left(-\frac{E_{a,2}}{RT}\right) \qquad ④$$

将③式代入速率表示式④，得

$$r_2 = \frac{k_2 k_1}{k_{-1}}[H_2][I_2]$$

$$= k[\text{H}_2][\text{I}_2] \qquad (令 \frac{k_2 k_1}{k_{-1}} = k)$$

所以，将①,②,④式的速率常数表示式代入，得

$$k = \frac{k_2 k_1}{k_{-1}} = \frac{A_2 \cdot A_1}{A_{-1}} \exp\left[-\frac{(E_{a,2} + E_{a,1} - E_{a,-1})}{RT}\right]$$

$$= A\exp\left(-\frac{E_a}{RT}\right)$$

式中 $A = \frac{A_2 A_1}{A_{-1}}$，$E_a = E_{a,2} + E_{a,1} - E_{a,-1}$。

由此可见，Arrhenius 活化能 E_a 在复杂反应中仅是各基元反应活化能的组合，没有明确的物理意义。这时 E_a 称为该总包反应的表观活化能(apparent activation energy)，A 称为表观指前因子(apparent pre-exponential factor)。

8.8.2 活化能与温度的关系

很多反应若按 Arrhenius 的经验公式，以 $\ln k$ 对 $\frac{1}{T}$ 作图，常得到图形是一根曲线，而不是直线，这表明表观活化能不是一个常数。在第 9 章讨论反应的速率理论时，将会指出 k 与 T 的关系可以写成：

$$k = A_0 T^m \exp\left(-\frac{E_0}{RT}\right) \tag{8.68}$$

式中多了一个 T^m 项，现在我们可以暂时把它看成是对 Arrhenius 经验公式的一个修正项，成为含有三个参量的经验公式。式中 A_0 是与温度无关的常数，m 的绝对值是不大于 4 的整数或半整数。上式也可以写成：

$$\ln\left(\frac{k}{T^m}\right) = \ln A_0 - \frac{E_0}{RT}$$

或

$$\ln k = \ln A_0 + m\ln T - \frac{E_0}{RT} \tag{8.69}$$

此式表明，无论以 $\ln\left(\frac{k}{T^m}\right)$ 对 $\frac{1}{T}$ 作图，或以 $\ln k$ 对 $\frac{1}{T}$ 作图都可以大致得到一条直线，只不过所得直线的截距不同而已。

Arrhenius 公式中的 E_a 应是温度的函数，考虑到温度的影响，可以将 Arrhenius 公式写成：

$$E_a = RT^2 \left(\frac{\mathrm{d}\ln k}{\mathrm{d}T}\right)$$

将式(8.69)对 T 微分后,代入上式,得到 E_a 与 T 之间关系的表达式:

$$E_a = E_0 + mRT$$

在式(8.69)中,A_0, m, E_0 都要由实验确定。式中 $\ln k$ 与 $\frac{1}{T}$ 偏离线性关系的程度决定于 $m\ln T$ 项数值的大小。由于通常一般反应的 m 值较小,所以不少系统的实验值乃与 Arrhenius 公式的经验式相符合。

8.8.3 活化能的估算

除了用各种实验方法来获得 E_a 的数值外,人们还提出了一些从理论上来预测或估计活化能的方法。一般从反应所涉及的化学键的键能来估算,这些估计方法只能是经验的,所得结果也比较粗糙,但在分析反应速率问题时,仍然是有帮助的。

(1) 对于基元反应

$$A-A+B-B \longrightarrow 2(A-B)$$

这里需要改组的化学键为 A—A(键能 ε_{A-A}) 和 B—B(键能 ε_{B-B})。分子反应的首要条件是"接触",在"接触"过程中有一部分分子取得一些能量,否则化学键的改组就不可能进行。但分子并不需要全部拆散才发生反应,而是先形成一个活化体,活化体的寿命很短,一经形成很快转化为生成物,所以通常基元反应所需要的活化能约占这些待破化学键的 30% 左右。

$$A-A+B-B \longrightarrow \begin{matrix} A\cdots A \\ \vdots\vdots \\ B\cdots B \end{matrix} \longrightarrow 2(A-B)$$

$$E_a = (\varepsilon_{A-A} + \varepsilon_{B-B}) \cdot L \times 30\%$$

(2) 对于有自由基参加的基元反应,例如

$$H\cdot + Cl-Cl \longrightarrow H-Cl + Cl\cdot$$

由于反应物中有一个活性很大的原子或自由基,正反应为放热反应,所需活化能约为需被改组化学键的 5.5%,如上述反应,则

$$E_a = \varepsilon_{Cl-Cl} \cdot L \times 5.5\%$$

(3) 分子裂解成两个原子或自由基,例如

$$Cl-Cl + M \longrightarrow 2Cl\cdot + M$$

在这样的基元反应中需要解开 Cl—Cl 键,而无需再形成新的化学键,所以 $E_a = \varepsilon_{Cl-Cl} \cdot L$。

(4) 自由基的复合反应,例如

$$Cl\cdot + Cl\cdot + M \longrightarrow Cl_2 + M$$

这类反应的 $E_a = 0$,因为自由基本来是很活泼的,复合时不需要破坏什么键,故不必吸收额

外的能量。如果自由基处于激发态,还会放出能量,使活化能出现负值。

上述的估计比较粗糙,仅能作为参考。

§8.9 链反应

在化学动力学中有一类特殊的反应,只要用热、光、辐射或其他方法使反应引发,它便能通过活性组分(自由基或原子)相继发生一系列的连续反应,像链条一样使反应自动发展下去,这类反应称之为链反应(chain reaction)。工业上很多重要的工艺过程,如橡胶的合成、塑料、高分子化合物的制备、石油的裂解、碳氢化合物的氧化等,都与链反应有关。所有的链反应,都是由下列三个基本步骤组成的:

(1) 链的开始(或链的引发,chain initiation):即开始时分子借助光、热等外因生成自由基的反应。在这个反应过程中需要断裂分子中的化学键,因此他所需要的活化能与断裂化学键所需的能量是同一个数量级。

(2) 链的传递(或增长,chain propagation):即自由原子或自由基与饱和分子作用生成新的分子和新的自由基(或原子),这样不断交替。若不受阻,反应就一直进行下去,直至反应物被消耗尽为止。由于自由原子或自由基有较强的反应能力,故所需活化能一般小于 $40 \text{ kJ} \cdot \text{mol}^{-1}$。

(3) 链的终止(chain termination):当自由基被消除时,链就终止。断链的方式可以是两个自由基结合成分子,也可以是与器壁碰撞时,器壁吸收自由基的能量而断链,如:

$$\text{Cl} \cdot + \text{器壁} \longrightarrow \text{断链}$$

因此,改变反应器的形状或表面涂料等都可能影响反应速率,这种器壁效应是链反应的特点之一。

根据链的传递方式不同,可将链反应分为直链反应(straight chain reaction)和支链反应(branched chain reaction)。

8.9.1 直链反应(H_2 和 Cl_2 反应的历程)——稳态近似法

$H_2(g)$ 和 $Cl_2(g)$ 反应的净结果是

$$H_2(g) + Cl_2(g) \longrightarrow 2HCl(g)$$

根据很多人的研究,生成 HCl 的速率既与 $[Cl_2]^{\frac{1}{2}}$ 成正比,又与 $[H_2]$ 的一次方成正比,即

$$r = \frac{1}{2}\frac{d[HCl]}{dt} = k[Cl_2]^{\frac{1}{2}}[H_2]$$

据此,人们推测反应的历程和相应的活化能如表 8.4 所示。

表 8.4　H_2 与 Cl_2 反应历程和活化能

反应	$E_a/(kJ·mol^{-1})$
(1) $Cl_2 + M \xrightarrow{k_1} 2Cl· + M$　链的引发	242
(2) $Cl· + H_2 \xrightarrow{k_2} HCl + H·$　链的增长	24
(3) $H· + Cl_2 \xrightarrow{k_3} HCl + Cl·$	13
……　……	
(4) $2Cl· + M \xrightarrow{k_4} Cl_2 + M$　链的终止	0

这个反应的速率可以用 HCl 生成的速率来表示。在(2),(3)步中都有 HCl 分子生成,所以

$$\frac{d[HCl]}{dt} = k_2[Cl·][H_2] + k_3[H·][Cl_2] \qquad ①$$

这个速率方程中不但涉及反应物 H_2 和 Cl_2 的浓度,而且涉及活性很大的自由基原子 Cl·和 H·的浓度。由于 Cl·和 H·等中间产物十分活泼,它们只要碰上任何分子或其他的自由基都将立即反应,所以在反应过程中它们的浓度很低,并且寿命很短,用一般的实验方法难以测定它们的浓度。同时,在反应过程中会出现许多中间化合物和许多复杂的连续反应,如果需严格地找出反应系统中各物种的时间与浓度的关系(即 $t-c$ 关系),则需要给出许多微分方程,然后联立求解。这是很难办到的,即使有了高速计算机也是十分麻烦而且并非是必要的。采用稳态近似法可把问题简化,它能够以少数几个代数方程代替许多微分方程。

由于自由基等中间产物极活泼,它们参加许多反应,但浓度低、寿命短,所以可以近似地认为在反应达到稳定状态后,它们的浓度基本上不随时间而变化,即

$$\frac{d[Cl·]}{dt} = 0 \qquad \frac{d[H·]}{dt} = 0$$

这样处理的方法叫做稳态近似法(steady state approximation method,简称 SS 近似法)。因为只有在流动的敞开系统中,控制必要的条件,有可能使反应系统中各种物种的浓度保持一定,不随时间而变。而在封闭系统中,由于反应物浓度的不断下降,生成物浓度的不断增高,要保持中间产物的浓度不随时间而变,严格讲是不大可能的。所以,稳态处理法只是一种近似方法,但确能解决很多问题。

根据上述 H_2 和 Cl_2 反应的历程,用稳态处理法,得

$$\frac{d[Cl·]}{dt} = 2k_1[Cl_2][M] - k_2[Cl·][H_2]$$
$$+ k_3[H·][Cl_2] - 2k_4[Cl·]^2[M] = 0 \qquad ②$$

$$\frac{d[H\cdot]}{dt} = k_2[Cl\cdot][H_2] - k_3[H\cdot][Cl_2] = 0 \qquad ③$$

将③式代入②式,得

$$2k_1[Cl_2] = 2k_4[Cl\cdot]^2$$

$$[Cl\cdot] = \left(\frac{k_1}{k_4}[Cl_2]\right)^{\frac{1}{2}} \qquad ④$$

将③,④式代入①式,得

$$\frac{d[HCl]}{dt} = 2k_2\left(\frac{k_1}{k_4}\right)^{\frac{1}{2}}[Cl_2]^{\frac{1}{2}}[H_2]$$

所以

$$\frac{1}{2}\frac{d[HCl]}{dt} = k[Cl_2]^{\frac{1}{2}}[H_2] \qquad ⑤$$

式中 $k = k_2\left(\frac{k_1}{k_4}\right)^{\frac{1}{2}}$。根据这个速率方程,$Cl_2$ 和 H_2 的反应是 1.5 级反应。根据 Arrhenius 公式:

$$k_1 = A_1 \exp\left(-\frac{E_{a,1}}{RT}\right)$$

$$k_2 = A_2 \exp\left(-\frac{E_{a,2}}{RT}\right)$$

$$k_4 = A_4 \exp\left(-\frac{E_{a,4}}{RT}\right)$$

则

$$k = A_2\left(\frac{A_1}{A_4}\right)^{\frac{1}{2}} \exp\left\{-\frac{\left[E_{a,2} + \frac{1}{2}(E_{a,1} - E_{a,4})\right]}{RT}\right\}$$

$$= A\exp\left(-\frac{E_a}{RT}\right)$$

所以 H_2 和 Cl_2 的总反应的表观指数因子和表观活化能分别为

$$A = A_2\left(\frac{A_1}{A_4}\right)^{\frac{1}{2}}$$

$$E_a = E_{a,2} + \frac{1}{2}(E_{a,1} - E_{a,4})$$

$$= \left[24 + \frac{1}{2}(242 - 0)\right] kJ \cdot mol^{-1} = 145 \text{ kJ} \cdot mol^{-1}$$

若 H_2 和 Cl_2 的反应是若干个基元反应组合而成的,而不是依照链反应的方式进行,则按照 30% 规则估计其活化能约为

$$E_a = (\varepsilon_{H-H} + \varepsilon_{Cl-Cl})L \times 30\%$$
$$= 0.3 \times (436 + 242) \text{ kJ} \cdot \text{mol}^{-1}$$
$$= 203.4 \text{ kJ} \cdot \text{mol}^{-1}$$

显然反应会选择活化能较低的链反应方式进行。又由于 $\varepsilon_{Cl-Cl} < \varepsilon_{H-H}$,故一般链引发总是从 Cl_2 开始而不是从 H_2 开始。同理,H_2 与 Br_2 或 H_2 与 I_2 的反应之所以有它们自己所特有的历程,也因为按照那种历程所需的活化能最低。在反应物分子和生成物分子之间往往可以存在若干不同的平行通道,而起主要作用的通道总是活化能最低而反应速率最快的捷径。

8.9.2 支链反应——H_2 和 O_2 反应的历程

H_2 和 O_2 的混合气在一定的条件下会发生爆炸,由于造成爆炸的原因不同,爆炸可分为两种类型,即热爆炸(thermal explosion)和支链爆炸(branched chain explosion)。

当 H_2 和 O_2 发生支链反应时

链的开始：$H_2 \longrightarrow H\cdot + H\cdot$

直链反应：$H\cdot + O_2 + H_2 \longrightarrow H_2O + OH\cdot$

$OH\cdot + H_2 \longrightarrow H_2O + H\cdot$

支链反应：$H\cdot + O_2 \longrightarrow OH\cdot + O\cdot$

$O\cdot + H_2 \longrightarrow OH\cdot + H\cdot$

链在气相中的中断：$2H\cdot + M \longrightarrow H_2 + M$

$OH\cdot + H\cdot + M \longrightarrow H_2O + M$

链在器壁上的中断：$H\cdot + 器壁 \longrightarrow 销毁$

$OH\cdot + 器壁 \longrightarrow 销毁$

在支链反应中若每一个自由原子参加反应后可以产生两个自由原子(如图 8.9 所示),而由于这些自由原子又可以再参加直链或支链的反应,所以反应的速率迅速加快,最后可以达到支链爆炸的程度。

当一个放热反应在无法散热的情况下进行时,反应热使反应系统的温度猛烈上升,而温度又使这个放热反应的速率按指数规律上升,放出的热量也跟着上升,这样的恶性循环很快使反应速率几乎毫无止境地

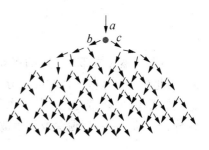

图 8.9 支链链反应

增加,最后就会发生爆炸。这样发生的爆炸就是热爆炸。

爆炸反应通常都有一定的爆炸区,当反应达到燃烧或爆炸的压力范围时,反应的速率由平稳而突然增加。图 8.10 是氢氧混合系统的爆炸界限与温度、压力的关系。

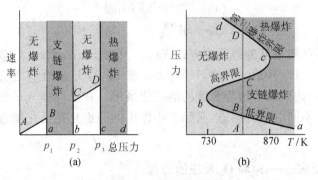

图 8.10　H_2 和 O_2 混合系统的爆炸界限与 T, p 的关系

如图 8.10(a),当总压力低于 p_1 即 AB 段,反应进行得平稳。当压力在 p_1 至 p_2 之间,反应的速率很快,自动地加速,发生爆炸后燃烧。当压力超过 p_1,一直到 p_3 阶段即 CD 段,反应速率反而减慢。当压力超过 p_3,又发生爆炸。

上述系统中两个压力限与温度的关系,可用图 8.10(b)来表示。图中 ab 为低的爆炸界限,bc 为高的爆炸界限,cd 代表第三爆炸界限,第三爆炸界限以上的爆炸是热爆炸(对 H_2 和 O_2 的反应来说,存在 cd 线,但是否所有的爆炸反应都有第三爆炸界限,则尚不能肯定)。

发生上述现象的原因,是因为在反应中有链的发展和链的中断步骤。若链中断的概率大,则链的发展就不会很快。在压力很低时,系统中自由原子很容易扩散到容器壁上而销毁,因此减少了链的传递者,反应不会进行得太快。当压力逐渐增大后,在容器中分子有效的碰撞次数增加,因此链的发展速度大大增加,直至发生爆炸。当压力超过 p_2 时,反应反而变慢,这是因为系统内分子的浓度增加,容易发生三分子的碰撞而使自由原子消失。例如:

$$O \cdot + O \cdot + M \longrightarrow O_2 + M$$
$$O \cdot + O_2 + M \longrightarrow O_3 + M$$

很多可燃气体都有一定的爆炸界限。表 8.5 列出了工业上常见的一些气体的爆炸界限,因此在适用这些气体时应十分注意。为避免发生爆炸,在化工生产过程中常在反应器的适当位置上,安装带有化学传感器的报警设备,可随时告知或自动记录反应系统中易爆物的成分、压力等参数,以避免发生事故。

表 8.5 一些可燃气体 B 在常温常压下,在空气中的爆炸界限(用体积分数 φ_B 表示)

可燃气体	爆炸界限(φ_B)	可燃气体	爆炸界限(φ_B)
H_2	0.04~0.74	CO	0.125~0.74
NH_3	0.116~0.27	CH_4	0.053~0.14
CS_2	0.013~0.44	C_2H_6	0.032~0.125
C_2H_4	0.030~0.29	C_6H_6	0.014~0.007
C_2H_2	0.025~0.80	CH_3OH	0.073~0.36
C_3H_8	0.024~0.095	C_2H_5OH	0.043~0.19
C_4H_{10}	0.019~0.084	$(C_2H_5)_2O$	0.019~0.48
C_5H_{12}	0.016~0.078	$CH_3COOC_2H_5$	0.021~0.085

§8.10 拟定反应历程的一般方法*

今以石油裂解中一个重要反应——乙烷热分解的反应历程为例。说明确定反应历程的一般过程。

乙烷的热分解反应,在 823~923 K 间,有实验室测得其主要产物是氢和乙烯(此外还有少量的甲烷)。反应方程式可以写作:

$$C_2H_6(g) \longrightarrow C_2H_4(g) + H_2(g)$$

实验得出,在较高的压力下,它是一级反应,其反应速率方程式为

$$-\frac{d[C_2H_6]}{dt} = k[C_2H_6]$$

由实验测得反应的活化能为 284.5 kJ·mol^{-1}左右,根据质谱仪(mass spectrometer)和其他实验技术证明,在乙烷的分解过程中有自由基 $CH_3·$ 和 $C_2H_5·$ 生成。根据这些实验事实,有人认为该反应是按下列的链反应机理进行的:

(1) $C_2H_6 \xrightarrow{k_1} 2CH_3·$ $E_1 = 351.5$ kJ·mol^{-1}

(2) $CH_3· + C_2H_6 \xrightarrow{k_2} CH_4 + C_2H_5·$ $E_2 = 33.5$ kJ·mol^{-1}

(3) $C_2H_5· \xrightarrow{k_3} C_2H_4 + H·$ $E_3 = 167$ kJ·mol^{-1}

(4) $H· + C_2H_6 \xrightarrow{k_4} H_2 + C_2H_5·$ $E_4 = 29.3$ kJ·mol^{-1}

(5) $H· + C_2H_5· \xrightarrow{k_5} C_2H_6$ $E_5 = 0$ kJ·mol^{-1}

在反应中，(1)是链的开始，(2)，(3)，(4)是链的传递，反应(5)是链的终止。上述乙烷热分解的链反应机理是否正确还需要予以检验。首先必须按上述反应机理找出反应速率和反应物浓度的关系，检验其是否与实验结果一致，还要根据各基元反应的活化能来估算总的活化能，看所得到的活化能是否和实验值相符。此外，如果还有其他实验事实，则所提出的机理也应能给予说明。

根据上述机理，反应的速率为

$$-\frac{d[C_2H_6]}{dt} = k_1+[C_2H_6] + k_2[CH_3\cdot][C_2H_6]$$
$$+ k_4[C_2H_6][H\cdot] - k_5[H\cdot][C_2H_5\cdot] \qquad ①$$

上式中各个自由基的浓度 $[CH_3\cdot]$，$[H\cdot]$，$[C_2H_5\cdot]$ 在反应过程中很难直接测定，可以通过稳态处理法求出它们与反应物浓度 $[C_2H_6]$ 之间的关系：

$$\frac{d[CH_3\cdot]}{dt} = 2k_1[C_2H_6] - k_2[C_2H_6][CH_3\cdot] = 0 \qquad ②$$

$$\frac{d[C_2H_5\cdot]}{dt} = k_2[CH_3\cdot][C_2H_6] - k_3[C_2H_5\cdot]$$
$$+ k_4[C_2H_6][H\cdot] - k_5[H\cdot][C_2H_5\cdot] = 0 \qquad ③$$

$$\frac{d[H\cdot]}{dt} = k_3[C_2H_5\cdot] - k_4[C_2H_6][H\cdot] - k_5[H\cdot][C_2H_5\cdot] = 0 \qquad ④$$

以上三式相加，得

$$2k_1[C_2H_6] - 2k_5[H\cdot][C_2H_5\cdot] = 0$$

所以

$$[H\cdot] = \left(\frac{k_1}{k_5}\right)\frac{[C_2H_6]}{[C_2H_5\cdot]} \qquad ⑤$$

从②式可得

$$[CH_3\cdot] = \frac{2k_1}{k_2} \qquad ⑥$$

把⑤式代入④式得

$$[C_2H_5\cdot]^2 - \left(\frac{k_1}{k_3}\right)[C_2H_6][C_2H_5\cdot] - \left(\frac{k_1k_4}{k_3k_5}\right)[C_2H_6]^2 = 0$$

这是一个以 $[C_2H_5\cdot]$ 为变数的二次方程式，其解为

$$[C_2H_5\cdot] = [C_2H_6]\left[\frac{k_1}{2k_3} \pm \sqrt{\left(\frac{k_1}{2k_3}\right)^2 + \frac{k_1k_4}{k_3k_5}}\right]$$

k_1 是链引发步骤的速率常数，一般不是很大，可略去不计。同时，负值为不合理解，也不予考虑。所以上式简化为

$$[C_2H_5\cdot] = \left(\frac{k_1 k_4}{k_3 k_5}\right)^{\frac{1}{2}}[C_2H_6] \qquad ⑦$$

再代入⑤式得

$$[H\cdot] = \left(\frac{k_1 k_3}{k_4 k_5}\right)^{\frac{1}{2}} \qquad ⑧$$

将⑥，⑦，⑧式代入①式，整理后得

$$-\frac{d[C_2H_6]}{dt} = \left[2k_1 + \left(\frac{k_1 k_3 k_4}{k_5}\right)^{\frac{1}{2}}\right][C_2H_6]$$

在括号中，相对说可以略去 k_1，故得

$$-\frac{d[C_2H_6]}{dt} = \left(\frac{k_1 k_3 k_4}{k_5}\right)^{\frac{1}{2}}[C_2H_6] = k[C_2H_6] \qquad ⑨$$

即反应对 $[C_2H_6]$ 为一级，由于反应的活化能愈大，速率常数愈小。基元反应(1)的活化能比其他几个都大，故相对来说略去 k_1 及高次方项，不致引入多大的误差。

由此可见，照上述的反应机理导出的反应速率方程式，即⑨式是一个一级反应，与实验所得结果基本上是一致的。

我们再看如何由基元反应的活化能来估计总的活化能，在⑨式中得

$$k = \left(\frac{k_1 k_3 k_4}{k_5}\right)^{\frac{1}{2}}$$

根据温度与反应速率常数的关系，$k = A\exp\left(-\frac{E_a}{RT}\right)$，可以得出：

$$A\exp\left(-\frac{E_a}{RT}\right) = \left(\frac{A_1 A_3 A_4}{A_5}\right)^{\frac{1}{2}} \exp\left[-\frac{1}{2}\left(\frac{E_1 + E_3 + E_4 - E_5}{RT}\right)\right]$$

$$E_a = \frac{1}{2}(E_1 + E_3 + E_4 - E_5)$$
$$= \frac{1}{2}(351.5 + 167 + 29.3 - 0)\text{kJ}\cdot\text{mol}^{-1}$$
$$= 274 \text{ kJ}\cdot\text{mol}^{-1}$$

这个数值与实验直接测得的表观活化能 $284.5 \text{ kJ}\cdot\text{mol}^{-1}$，也是接近的。

由于反应级数和活化能的数值都基本上与实验结果大致相符，这表明上述机理在实验的条件下基本上是合理的。关于乙烷的热分解反应有不少人进行过研究，在较低的压力和较高的温度时，实验测得反应为 2/3 级，这主要是因为当反应的条件不同时，链终止的步骤有所不同所致。

在处理复杂反应的历程时除了稳态近似法以外，还有速控步近似和平衡假设两种方法。

适当采用可以免去解复杂的联立微分方程,使稳态简化不致引入很大误差。

在一系列的连续反应中,若其中有一步反应的速率最慢,它控制了总反应的速率,使反应的速率基本等于最慢一步的速率,则这最慢的一步反应称为速控步(rate controlling step)或决速步(rate determining step)。

例如,有反应:

$$H^+ + HNO_2 + C_6H_5NH_2 \xrightarrow{Br^-} C_6H_5N_2^+ + 2H_2O$$

实验得出的速率方程为

$$r = k[H^+][HNO_2][Br^-]$$

而反应物$[C_6H_5NH_2]$对反应速率未影响,未出现在速率方程式中。因此,该反应的可能历程是

(1) $H^+ + HNO_2 \underset{k_{-1}}{\overset{k_1}{\rightleftharpoons}} H_2NO_2^+$ 快速平衡

(2) $H_2NO_2^+ + Br^- \xrightarrow{k_2} ONBr + H_2O$ 慢

(3) $ONBr + C_6H_5NH_2 \xrightarrow{k_3} C_6H_5N_2^+ + H_2O + Br^-$ 快

第(2)步是总反应的速控步,因此总反应的速率为

$$r = k_2[H_2NO_2^+][Br^-]$$

中间产物的浓度$[H_2NO_2^+]$可从快速平衡反应(1)中求得,即

$$[H_2NO_2^+] = \frac{k_1}{k_{-1}}[H^+][HNO_2] = K[H^+][HNO_2]$$

代入总反应速率公式,得

$$r = \frac{k_1 k_2}{k_{-1}}[H^+][HNO_2][Br^-] = k[H^+][HNO_2][Br^-]$$

这与实验结果一致。表观速率常数$k = \frac{k_1 k_2}{k_{-1}}$,不包括速控步以下的快反应的速率常数$k_3$,但包括了速控步及以前所有反应速率常数。由于反应物$C_6H_5NH_2$是出现在速控以后的快反应中,所以它的浓度对总反应基本无影响,故不出现在速率方程中。

从上例中可以看到,在一个含有对峙反应的连续反应中,如果存在速控步,则总反应速率及表观速率常数仅取决于速控步及它以前的平衡过程,与速控步以后的各快反应无关。另外因速控步反应很慢,假定快速平衡反应不受其影响,各正、逆向反应间的平衡关系仍然存在,从而可以利用平衡常数K及反应物浓度来求出中间产物的浓度,这种处理方法称为平衡假设(equilibrium hypothesis)。之所以称为假设是因为在化学反应进行的系统中,完全平衡是达不到的,这也仅是一种近似的处理方法。

设某总反应 A+B ⟶ P，总反应速率用 $r=\dfrac{d[P]}{dt}$ 表示，其一种反应历程为

$$A \underset{k_{-1}}{\overset{k_1}{\rightleftharpoons}} C \quad (\text{i})$$

$$C + B \overset{k_2}{\longrightarrow} P \quad (\text{ii})$$

则 $r=\dfrac{d[P]}{dt}=k_2[C][B]$。究竟用何种近似方法来消去中间产物的浓度项[C]，则要视具体情况而定，也就是说稳态近似、速控步及平衡假设的适用是有一定的前提的。

(1) 如果 $k_{-1}+k_2[B] \gg k_1$，中间产物 C 一旦产生，马上会被消耗掉，这时可以对中间产物 C 做稳态近似。

$$\dfrac{d[C]}{dt} = k_1[A] - k_{-1}[C] - k_2[B][C] = 0 \quad ①$$

$$[C] = \dfrac{k_1[A]}{k_{-1}+k_2[B]} \quad ②$$

$$r = \dfrac{k_1 k_2[A][B]}{k_{-1}+k_2[B]} \quad ③$$

如果 $k_{-1} \ll k_2[B]$，则 $k_{-1}+k_2[B] \approx k_2[B]$，则总速率

$$r = k_1[A]$$

因这时反应(i)是速控步，反应物 B 参加速控步后面的快反应，因此不影响反应速率。

(2) 如果 $k_{-1} \gg k_2[B]$，这时反应(ii)为速控步。要反应(i)的平衡能维持，还需要 $k_{-1} \gg k_1$，使平衡能很快建立，这时才能用平衡假设。当(i)处于平衡时(根据②式，略去 $k_2[B]$ 项)，得

$$[C] = \dfrac{k_1}{k_{-1}}[A] = K[A]$$

则

$$r = \dfrac{k_1 k_2[A][B]}{k_{-1}}$$

对照③式，只有在 $k_{-1} \gg k_2[B]$ 时，两式基本相等。所以，使用平衡假设是有条件的，只有第一个平衡是快速平衡，第二步是慢反应，作为速控步，这时才可以采用平衡假设这一近似方法。

有了以上三种近似处理方法，在推导复杂反应的速率方程时就要简便得多了。

化学反应的反应机理并不是凭空想象出来的，也就是先有一套假设再逐步验证，而且要首先掌握足够的实验数据，从实验中找出反应速率与浓度的关系，以及判断在分解过程中是否有自由基存在等等，然后根据这些事实来考虑其历程。而所设想的历程即使是理论上符合逻辑，也必须经过实验的检验，整个过程就是实践、认识、再实践、再认识的过程。只有这

样循环往复,逐步深入,才可能得出一个正确的结论,这就是辩证唯物主义的认识过程。

一般来说,拟定反应机理大致要经过下列几个步骤:

(1) 初步的观察和分析　根据对反应系统所观察到的现象,初步了解反应是复相还是均相反应?反应是否受光的影响?注意反应过程中有无颜色的改变?有无热量放出?有无副产物生成?以及其他可能观察到的现象。根据对现象的分析,再有计划有系统地进行实验。

(2) 收集定量的数据　如:① 测定反应速率与各个反应物浓度的关系,确定反应的总级数。② 测定反应速率与温度的关系,确定反应的活化能。③ 测定有无逆反应或其他可能的复杂反应,反应过程中的主反应是什么?副反应又是什么?④ 中间产物的寿命可能很短,数量也可能不多,因此对它们的检验常常必须用特殊的方法(如用猝冷法或原位磁共振谱、色谱-质谱联合仪、闪光光解等近代测试手段)。但是一旦检验出有某种中间化合物存在,则对于反应机理的确定往往起着很重要的作用。O_2、Cl_2O、NO 等具有未成对的电子,易于捕获自由基。在反应系统中加入这些物质,观察反应速率是否下降,以判断系统中是否有自由基存在,而自由基的存在常能导致链反应。

可以有计划地设计实验,用各种物理的或化学的测试手段来检验中间产物。

(3) 拟定反应机理　根据观察到的事实和收集到的数据,提出可能的反应步骤,然后逐步排除那些与活化能大小不相符的反应或与事实有抵触的反应步骤。对所提出的机理必须进行多方面的考验,除了根据反应级数、速率方程式、活化能之外,还可以按具体情况进行具体分析。例如可用同位素来判别机理,也可以根据我们对物质结构的已有常识来判断。如能就机理中的中间步骤单独进行实验,则更为有效。整个机理的速率方程式应经过逐步检验,必须与观测到的全部实验事实一致,这个反应机理才能初步确定下来。通过对势能面的量化计算,也可以了解反应过程中最可能经过的途径等等(但势能面的计算是相当复杂的问题)。

如果发现有新的实验事实,则所提出的反应机理必须能够说明新的实验事实,否则反应机理必须修正或者重新考虑。

以上所举的只是拟定反应机理的一般过程,并不是对任何一个反应所有的研究步骤都必须用到,也可能还有其他研究步骤需要补充,这完全要对具体问题做具体分析并从整体上综合考虑。

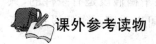

课外参考读物

1. 韩德刚,高盘良. 化学动力学基础. 北京:北京大学出版社,1987.
2. [美]穆尔 JW,皮尔逊 RG 著. 化学动力学和历程——均相化学反应的研究. 孙承鄂,王之朴译. 北京:科学出版社,1987.
3. 许越. 化学反应动力学. 北京:化学工业出版社,2005.
4. 徐正. 化学反应速率理论导论. 南京:江苏科学技术出版社,1987.

5. 王淇. 化学动力学导论. 长春:吉林人民出版社,1982.
6. 姚兰英,彭蜀晋. 化学动力学的发展与百年诺贝尔化学奖. 今日化学,2005,20(1):59.
7. 侯文华. 化学动力学的建立与发展概略. 大学化学,2007,22(3):28.
8. 何国钟. 分子反应动力学如何走向 21 世纪. 化学进展,1994,6(4):257.
9. 韩德刚,印永嘉. 关于活化能的几个问题. 化学教育增刊,1981,1:62.
10. 刘国杰,张贤俊,吕瑞东. 过渡状态理论的基本公式推导. 化学通报,1985,6:53.
11. 金家骏. 化学反应活化熵对反应速率的影响及其在推断反应机理上的应用. 化学通报,1975,6:56.
12. 许峥,张继炎,张鎏. 多相催化反应动力学的研究方法进展. 化学通报,1997,5:7.
13. 清海,路嫔. 关于动力学和热力学问题的讨论. 大学化学,2002,3:47.
14. 崔晓丽,童汝亭. 气相反应的活化参数与标准态. 大学化学,1987,2:28.
15. 邹文樵. 化学动力学中的补偿反应. 大学化学,1997,2:47.
16. 高盘良. 直链反应历程的推测. 化学通报,1986,1:47.
17. 高盘良. 非链反应历程的推测. 化学通报,1983,12:38.
18. 李学良,林建新. 气体在固体表面吸附等温式的热力学理论. 化学通报,1995,7:57.
19. 高盘良. 在物理化学课堂教学中如何加强基元反应的观点. 见:物理化学教学文集,第一集. 北京:高等教育出版社,1986:35.
20. Glassen L. The BET isotherm in 3D. Edu in Chem,1988,255:178.
21. Bluestone S,Yan K Y. A method to find the Rate constants in chemical kinetics of a Complex Reaction. J Chem Ed,1995,72:884.
22. Cellene G L. Application of kinetic approximation to the A+B=C reaction. J Chem Ed, 1995,72:196.
23. Levin E,Eberhart J G. Simplified rate law integration for reaction that are first-order in each of the two reaction. J Chem Ed, 1989,66:70.
24. Reeve J C. Some provocative opinions on the terminology of chemical kinetics. J Chem Ed,1991,68:728.
25. Spencen J N. Competitive and coupled reactions. J Chem Ed ,1992,69:281.
26. Swiegers G F. Applying the principles of chemical kinetics to population growth problems. J Chem Ed,1993,70:364.
27. Eberhardt,Levin E. A simplified integration technique for reaction rate laws of integral order in several substance. J Chem Ed,1995,72:193.
28. Tan X,Lindenbaum S,Melteer N. A unified equation for chemical kinetics. J Chem Ed, 1994,71:566.

思考题

1. 问具有下列反应机理的反应为几分子反应?

$$A \longrightarrow A^*$$
$$A^* + BC \xrightarrow{慢} AB + C$$
$$AB \longrightarrow E + D$$

2. 某反应物消耗掉 50% 和 75% 所需的时间分别为 $t_{\frac{1}{2}}$ 和 $t_{\frac{1}{4}}$，若反应对各反应物分别是一级、二级和三级，则 $t_{\frac{1}{2}} : t_{\frac{1}{4}}$ 的值分别是多少？

3. 有一平行反应：

已知 $E_1 > E_2$，若 B 是所需要的产品，从动力学的角度定性地考虑应采用怎样的反应温度？

4. Arrhenius 经验式的适用条件是什么？实验活化能 E_a 对于基元反应和复杂反应含义有何不同？

5. 某气相反应的速率表达式分别用浓度和压力表示时为：$r_c = k_c [A]^n$ 和 $r_p = k_p p_A^n$，则 k_c 与 k_p 之间的关系如何？设气体为理想气体。

6. 反应 $A_2 + B_2 \longrightarrow 2AB$ 可能有如下几种反应机理，试分别写出其动力学方程的表示式：

(1) $A_2 \xrightarrow{k_1} 2A$（慢），$B_2 \underset{k_{-2}}{\overset{k_2}{\rightleftharpoons}} 2B$（快），$A + B \xrightarrow{k_3} AB$（快）

(2) $A_2 \underset{k_{-1}}{\overset{k_1}{\rightleftharpoons}} 2A$（快），$B_2 \underset{k_{-2}}{\overset{k_2}{\rightleftharpoons}} 2B$（快），$A + B \xrightarrow{k_3} AB$（慢）

习题

1. 三聚乙醛蒸气分解为乙醛蒸气是一级反应。
$$(CH_3CHO)_3 \longrightarrow 3CH_3CHO$$
在 262 ℃ 于密闭的容器中放入三聚乙醛，其初压为 10.13 kPa，当反应进行 1 000 s 后，总压力为 23.10 kPa，试求反应的速率常数。

2. 某物质 A 与 B 混合后，两者浓度相同，1 h 后，反应掉了 75%。若(1)反应对 A 为一级，对 B 为零级；(2)反应对 A 和 B 均为一级，试问 2 h 后 A 分别还剩多少没有反应？

3. 物质 A 的热分解反应 $A(g) \longrightarrow B(g) + C(g)$ 在密闭容器中恒温进行，测得其总压力变化如下：

t/min	0	10	30	∞
$p_{总} \times 10^{-5}$/Pa	1.30	1.95	2.28	2.60

(1) 试确定反应级数；

(2) 计算速率常数 k；

(3) 计算反应经过 40 min 时的转化率。

4. 某气相反应的速率表示式分别用浓度和压力表示时为：$r_c = k_c[A]^n$ 和 $r_p = k_p p_A^n$，试求 k_c 和 k_p 之间的关系，设气体为理想气体。

5. 碳的放射性同位素 ^{14}C 在自然界树木中的分布基本保持为总碳量的 $1.10 \times 10^{-13}\%$。某考古队在一山洞中发现一些古代木头燃烧的灰烬，经分析 ^{14}C 的含量为总碳量的 $9.87 \times 10^{-14}\%$。已知 ^{14}C 的半衰期为 5 700 a，试计算这灰烬距今约有多少年？

6. 设某化合物分解反应为一级反应，若此化合物分解 30% 则无效，今测得温度 50 ℃、60 ℃ 时分解反应速率常数分别是 $7.08 \times 10^{-4}\ h^{-1}$ 与 $1.7 \times 10^{-3}\ h^{-1}$，计算这个反应的活化能，并求温度为 25 ℃ 时此反应的有效期是多少？

7. 反应 $A + 2B \longrightarrow D$ 的速率方程为

$$-\frac{dc_A}{dt} = k c_A^{0.5} c_B^{1.5}$$

(1) $c_{A,0} = 0.1\ mol \cdot dm^{-3}$，$c_{B,0} = 0.2\ mol \cdot dm^{-3}$；300 K 下反应 20 s 后 $c_A = 0.01\ mol \cdot dm^{-3}$，问继续反应 20 s 后 $c_A = ?$

(2) 初始浓度同上，恒温 400 K 下反应 20 s 后，$c_A = 0.003\ 918\ mol \cdot dm^{-3}$，求活化能。

8. 在一恒容均相反应体系中，某化合物分解 50% 所经过的时间与起始压力成反比，试推断其反应级数。在不同起始压力和温度下，测得分解反应的半衰期为：

T/K	967	1 030
p_0/kPa	39.20	48.00
$t_{1/2}$/s	1 520	212

(1) 计算两种温度时的 k 值，用 $(mol \cdot dm^{-3})^{-1} \cdot s^{-1}$ 表示；

(2) 求反应的实验活化能；

(3) 求 967 K 时 Arrhenius 公式中的指前因子。

9. 反应 $A \underset{k_{-1}}{\overset{k_1}{\rightleftharpoons}} B$，正逆反应均为一级。已知：$\lg k_1/s^{-1} = -2000/(T/K) + 4.0$，$\lg k$（平衡常数）$= 2000/(T/K) - 4.0$，反应开始时，$[A]_0 = 0.5\ mol \cdot dm^{-3}$，$[B]_0 = 0.05\ mol \cdot dm^{-3}$，试计算：

(1) 逆反应的活化能 E_{-1}？

(2) 400 K 下,反应平衡时 A 和 B 的浓度。

10. 在 294.2 K 时,一级反应 A ⟶ C,直接进行时 A 的半衰期为 1 000 min,温度升高 45.76 K,则反应开始 0.1 min 后,A 的浓度降到初始浓度的 1/1 024;若改变反应条件,使反应分两步进行:A $\xrightarrow{k_1}$ B $\xrightarrow{k_2}$ C,已知两步的活化能 $E_1 = 105.52$ kJ·mol^{-1},$E_2 = 167.36$ kJ·mol^{-1},问 500 K 时,该反应是直接进行快,还是分步进行速率快(假定频率因子不变)?两者比值是多少?

11. 在高温时,醋酸的分解反应按下列形式进行:

$$CH_3COOH \begin{array}{c} \xrightarrow{k_1} CH_4 + CO_2 \\ \xrightarrow{k_2} CH_2=CO + H_2O \end{array}$$

在 1 189 K 时,$k_1 = 3.74$ s^{-1},$k_2 = 4.65$ s^{-1}。试计算:

(1) 醋酸分解掉 99% 所需时间;

(2) 这时得到 $CH_2=CO$ 的产量(以醋酸分解的百分数表示)。

12. 恒容气相反应 A(g) ⟶ D(g) 的速率常数 k 与温度 T 具有如下关系式:

$$\ln k = -9\,622/T + 24.00 \quad (k \text{ 的单位是 s}^{-1}, T \text{ 的单位是 K})$$

(1) 确定此反应的级数;

(2) 计算此反应的活化能 E_a;

(3) 欲使 A(g) 在 10 min 内转化到 90%,则反应温度应控制在多少度?

13. 试用稳态近似法导出下面气相反应过程的速率方程:

$$A \underset{k_2}{\overset{k_1}{\rightleftharpoons}} B, \quad B+C \xrightarrow{k_3} D$$

并证明该反应在高压下呈一级反应,在低压下呈二级反应。

14. N_2O_5 反应机理如下:

① $N_2O_5 \underset{k_{-1}}{\overset{k_1}{\rightleftharpoons}} NO_2 + NO_3$

② $NO_2 + NO_3 \xrightarrow{k_2} NO + O_2 + NO_2$

③ $NO + NO_3 \xrightarrow{k_3} 2NO_2$

(1) 当用 O_2 的生成速率来表示反应速率时,试用稳态法证明:

$$r_1 = k_1 k_2/(k_{-1} + 2k_2)[N_2O_5]$$

(2) 设反应②为决速步骤,反应①为快速平衡,用平衡假设法写出反应的速率表达式 r_2;

(3) 在什么情况下,$r_1 = r_2$?

第 9 章 微观反应动力学

本章基本要求
1. 了解微观反应动力学的碰撞、过渡态和单分子反应理论的基本内容,会计算简单基元反应的速率常数,并弄清几个能量的不同物理意义及相互关系。
2. 比较简单碰撞理论和过渡状态理论的成功与不足。
3. 了解溶液中反应的特点和溶剂对反应的影响。
4. 理解光化学反应基本定律,了解量子产率,光化反应动力学,光化稳定态和温度对光化学反应的影响。
5. 了解快速反应所常用的测试方法及弛豫时间。
6. 掌握催化反应动力学,理解催化作用原理,了解均相酸碱催化,了解络合催化,了解酶催化。

关键词:碰撞理论;过渡态理论;溶液反应;光化学反应;催化反应

1889 年,阿累尼乌斯(Arrhenius)根据实验从宏观的角度总结出化学反应的动力学基本规律,即 Arrhenius 公式。这个公式所揭示的物理意义使化学动力学理论迈过了一道具有决定意义的门槛。质量作用定律的建立和 Arrhenius 指数定律的提出以及大量化学反应速率测定数据的积累,为人们从理论上阐明化学反应动力学规律和预示化学反应速率奠定了重要的基础。关于反应速率的理论主要有碰撞理论与过渡态理论。这两类反应速率理论是相辅相成、交错发展的。

在本章中将简要地介绍碰撞理论、过渡态理论和单分子反应林德曼(Lindemann)理论等。

§9.1 碰撞理论

在反应速率理论的发展过程中,先后形成了碰撞理论、过渡态理论和单分子反应理论等,这些理论都是动力学研究的基本理论。

碰撞理论是在气体分子动理论的基础上,从 20 世纪初发展起来的。该理论认为发生化学反应的先决条件是反应物分子的碰撞接触,但并非每一次碰撞都能导致反应发生。在热平衡系统中,分子的平动能符合 Boltzmann 分布。如果互碰分子对的平动能不够大,则碰撞不会导致反应发生,碰撞后随即分离。只有那些相对平动能在分子连心线上的分量超过某一临界值的分子对,才能把平动能转化为分子内部的能量,使旧键破裂而发生原子间的重新组合。这种能导致旧键破裂的碰撞称为有效碰撞(effective collision)。碰撞理论认为只要知道分子的碰撞频率(Z),再求出可导致旧键分裂的有效碰撞在总碰撞中的分数(q),则从(Z,q)的乘积即可求得反应速率(r)和速率常数(k)。

简单碰撞理论(Simple collision theory)是以硬球碰撞为模型,导出宏观反应速率常数的计算公式,故又称为硬球碰撞理论(hard-sphere collision theory)。

9.1.1 双分子互碰频率和速率常数的推导

两分子的碰撞过程实质上是在分子的作用力下,两个分子先是互相接近,接近到一定距离时,他们之间开始产生斥力,斥力随分子间距离的减小而很快增大,之后分子就改变原来的方向而相互远离,于是就完成了一次碰撞过程。两个分子的质心在碰撞时所能达到的最短距离称为有效直径(或称为碰撞直径),其数值往往稍稍大于分子本身的直径。

假定分子 A 和 B 都是硬球,所谓硬球就是指想象中的两个硬球只做弹性碰撞,且忽略分子的内部结构。设单位体积中的 A 的分子数为 n_A,B 的分子数为 n_B,则根据气体分子动理论,运动着的 A 分子和 B 分子在单位时间内的碰撞频率为

$$Z_{AB} = \pi d_{AB}^2 \sqrt{\frac{8RT}{\pi \mu}} n_A n_B \tag{9.1}$$

式中:d_{AB} 代表 A 和 B 分子的半径之和;πd_{AB}^2 称为碰撞截面(collision cross-section);μ 为折合摩尔质量(reduced molar mass)。

将单位体积中的分子数换算成物质的浓度,即

$$n_A = \frac{N_A}{V}, \quad n_B = \frac{N_B}{V}$$

则

$$c_A = \frac{n_A}{L}, \quad c_B = \frac{n_B}{L}$$

代入式(9.1),得 A 和 B 分子的碰撞频率为

$$Z_{AB} = \pi d_{AB}^2 L^2 \sqrt{\frac{8RT}{\pi \mu}} c_A c_B \tag{9.2}$$

若系统中只有一种分子,则相同 A 分子之间的碰撞频率为

$$Z_{AA} = 2\pi d_{AA}^2 \sqrt{\frac{RT}{\pi M_A}} n_A^2 \tag{9.3}$$

式中:d_{AA} 是两个 A 分子的半径之和,即 A 分子的直径;M_A 是 A 分子的摩尔质量;n_A

是单位体积中 A 分子数。若单位体积中的 A 分子数用物质的浓度表示，$c_A = \dfrac{n_A}{L}$，则式(9.3)可改写为

$$Z_{AA} = 2\pi d_{AA}^2 L^2 \sqrt{\dfrac{RT}{\pi M_A}} c_A^2 \tag{9.4}$$

若 A 和 B 分子的每次碰撞都能起反应，则反应 A+B⟶P 的反应速率为

$$-\dfrac{dn_A}{dt} = Z_{AB}$$

改用物质的浓度表示为

$$dn_A = dc_A \cdot L$$

$$-\dfrac{dc_A}{dt} = -\dfrac{dn_A}{dt} \cdot \dfrac{1}{L} = \dfrac{Z_{AB}}{L} = \pi d_{AB}^2 L \sqrt{\dfrac{8RT}{\pi \mu}} c_A c_B$$

已知 $-\dfrac{dc_A}{dt} = k c_A c_B$，则得

$$k = \pi d_{AB}^2 L \sqrt{\dfrac{8RT}{\pi \mu}} \tag{9.5}$$

这就是根据简单的碰撞理论所导出来的反应速率常数(k)。

在常温常压下，A 和 B 的碰撞频率的数值约为 $10^{35}\,\text{m}^{-3} \cdot \text{s}^{-1}$，所以按式(9.5)计算所得到的速率数值要比实验值大得多。由此可见，并不是每次碰撞都能发生反应，即 Z_{AB} 中只有一部分碰撞是能发生反应的有效碰撞。令 q 代表有效碰撞在 Z_{AB} 中所占的分数，则

$$r = -\dfrac{dc_A}{dt} = \dfrac{Z_{AB}}{L} \cdot q \tag{9.6}$$

现在只要找出有效碰撞分数 q 的表示式，就能计算出反应速率常数。

根据分子能量分布的近似公式，即 Boltzmann 公式，能量具有 E 的活性分子在总分子中所占的分数 q 为

$$q = e^{-\dfrac{E}{RT}} \tag{9.7}$$

故式(9.6)可写作

$$r = -\dfrac{dc_A}{dt} = \dfrac{Z_{AB}}{L} \cdot e^{-\dfrac{E}{RT}}$$

将式(9.2)代入后，得

$$r = \pi d_{AB}^2 L \sqrt{\dfrac{8RT}{\pi \mu}} e^{-\dfrac{E}{RT}} c_A c_B = k c_A c_B \tag{9.8}$$

碰撞理论根据气体分子动理论以及 Arrhenius 分子反应活化能的概念,导出了速率常数(k)和分子反应速率(r)的计算式。

根据式(9.8),反应的速率常数 k 应为

$$k = \pi d_{AB}^2 L \sqrt{\frac{8RT}{\pi \mu}} e^{-\frac{E}{RT}} = A e^{-\frac{E}{RT}} \tag{9.9}$$

式中 $A = \pi d_{AB}^2 L \sqrt{\frac{8RT}{\pi \mu}}$,所以将 A 称为频率因子(frequency factor)。式(9.9)也可写作

$$k = A' T^{\frac{1}{2}} e^{-\frac{E}{RT}}$$

在 A' 中已不包括温度项,对上式两边取对数后,得

$$\ln k = \ln A' + \frac{1}{2} \ln T - \frac{E}{RT}$$

将上式对温度 T 微分,得

$$\frac{d \ln k}{dT} = \frac{E + \frac{1}{2} RT}{RT^2}$$

在一般情况下,$\frac{1}{2} RT$ 比 E 要小得多,故可忽略不计,因此得

$$\frac{d \ln k}{dT} = \frac{E}{RT^2} \tag{9.10}$$

这就是 Arrhenius 经验式。因此,碰撞理论不但解释了 $\ln k - \frac{1}{T}$ 的线性关系,并指出,若以 $\ln k$ 对 $\frac{1}{T}$ 作图,则应能得到很好的直线。

9.1.2 硬球碰撞模型——碰撞截面与反应阈能*

初期的碰撞理论对碰撞过程的描述较为简单,因而后来又提出碰撞截面的概念,并对碰撞过程做较精准的描述。

设 A 和 B 为两个没有结构的硬球分子,质量分别为 m_A 和 m_B,分子折合质量为 μ,A 和 B 的运动速度分别为 u_A 和 u_B。运动着的 A 和 B 分子的总能量 E 为

$$E = \frac{1}{2} m_A u_A^2 + \frac{1}{2} m_B u_B^2$$

但总能量 E 也可以考虑为是质心整体运动的动能(ε_g)和分子之间相对运动能(ε_r)之和,即

$$E = \varepsilon_g + \varepsilon_r = \frac{1}{2}(m_A + m_B) u_g^2 + \frac{1}{2} \mu u_r^2 \tag{9.11}$$

式中：u_g 代表质心的速度；u_r 代表相对速度。质心动能 ε_g 是两个分子在空间整体运动的动能，它对发生化学反应所需的能量没有贡献。而能够精确衡量两个分子互相趋近时能量大小的是相对平动能 ε_r。

若用相对速度 u_r 代替 A 分子和 B 分子的运动速度 u_A 和 u_B，则两个硬球碰撞运动可看做一个分子不动（如 A 分子），而另一个具有相对速度 u_r 的分子（如 B 分子）向 A 分子运动，如图 9.1 所示。相对速度（u_r）与连心线 AB（即 d_{AB}）之间的夹角为 θ。通过 A、B 分子的质心分别作与相对速度 u_r 平行的线，平行线之间的距离为 b。此 b 称为碰撞参数（impact parameter），表示两个分子接近的程度。$b = d_{AB}\sin\theta$，当两个分子迎头碰撞时，$\theta = 0, b = 0$；当 $b > d_{AB}$ 时，不会发生碰撞。所以碰撞截面（collision cross section）σ_c 为

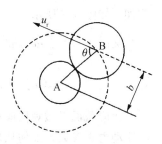

图 9.1 硬球碰撞模型示意图

$$\sigma_c = \int_0^{b_{\max}} 2\pi b\, db = \pi b_{\max}^2 = \pi d_{AB}^2 \tag{9.12}$$

凡是落在这个截面内的分子，都可能发生碰撞。

分子碰撞的相对平动能为 $\frac{1}{2}\mu u_r^2$，它在连心线上的分量为 ε_r'，可表示为

$$\varepsilon_r' = \frac{1}{2}\mu(u_r\cos\theta)^2 = \frac{1}{2}\mu u_r^2(1 - \sin^2\theta)$$

$$= \varepsilon_r\left(1 - \frac{b^2}{d_{AB}^2}\right) \tag{9.13}$$

只有当 ε_r' 的值超过某一规定值 ε_c 时，这样的碰撞才是有效的，才是能导致反应的碰撞。ε_c 称为能发生化学反应的临界能或阈能（threshold energy）。对于不同的反应，显然 ε_c 的值也是不同的。故发生反应的必要条件是 $\varepsilon_r' \geqslant \varepsilon_c$，即

$$\varepsilon_r\left(1 - \frac{b^2}{d_{AB}^2}\right) \geqslant \varepsilon_c \tag{9.14}$$

从式（9.14）可知，当碰撞参数 b 等于某一数值 b_r 时，它正好使相对动能 ε_r 在连心线上的分量 ε_r' 等于 ε_c，则

$$\varepsilon_r\left(1 - \frac{b_r^2}{d_{AB}^2}\right) = \varepsilon_c$$

或

$$b_r^2 = d_{AB}^2\left(1 - \frac{\varepsilon_c}{\varepsilon_r}\right) \tag{9.15}$$

这样，当 ε_c 值一定时，凡是碰撞参数 $b \leqslant b_r$ 的所有碰撞都是有效的。据此，反应截面定义为

$$\sigma_r \stackrel{\text{def}}{=\!=\!=} \pi b_r^2 = \pi d_{AB}^2 \left(1 - \frac{\varepsilon_c}{\varepsilon_r}\right) \qquad (9.16)$$

当 $\varepsilon_r \leqslant \varepsilon_c$ 时,$\sigma_r = 0$;当 $\varepsilon_r > \varepsilon_c$ 时,σ_r 的值随 ε_r 的增加而增加。如图 9.2 所示。

又因为 $\varepsilon_r = \frac{1}{2}\mu u_r^2$,故 σ_r 也是 u_r 的函数,即

$$\sigma_r(u_r) = \pi d_{AB}^2 \left(1 - \frac{2\varepsilon_c}{\mu u_r^2}\right) \qquad (9.17)$$

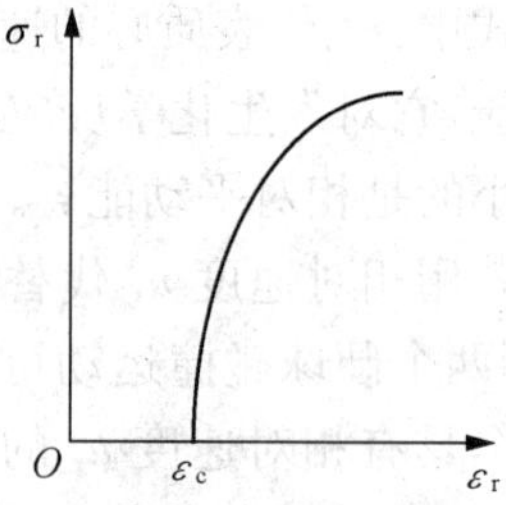

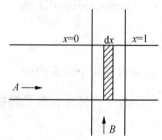

图 9.2 反应截面与阈能的关系

反应截面是微观反应动力学中的基本参数,反应速率常数 k 及实验活化能 E_a 等是宏观反应动力学参数。如何从反应截面求速率常数 k 和实验活化能 E_a,反映了微观与宏观反应之间的联系。

设 A 和 B 为两束相互垂直交叉的粒子(原子或分子)流,由于单位体积中粒子数很低,在交叉区域只发生单次碰撞,如图 9.3 所示。A 和 B 的相对速度为 u_r,A 束的强度可表示为

$$I_A = u_r \frac{N_A}{V} \qquad (9.18)$$

当 A 通过交叉区域时,由于与 B 束粒子碰撞而被散射出交叉区,使 A 束的强度 I_A 下降。通过 dx 距离以后,A 束的强度损失 $-dI_A$ 应当正比于 A 束入射的强度 $I_A(x)$、B 束的粒子密度 $\frac{N_B}{V}$ 和间距 dx。即

图 9.3 两束粒子的交叉图

$$-dI_A = \sigma_r(u_r) I_A(x) \frac{N_B}{V} dx \qquad (9.19)$$

式中比例系数 $\sigma_r(u_r)$ 与相对速度 u_r 有关,且是碰撞频率的一种量度,它具有面积的单位,也就是碰撞截面。式(9.19)中 I_A 的减少是由反应碰撞和非反应碰撞两部分造成的。如果只考虑由于反应碰撞而使 A 束的强度 I_A 下降,则用反应截面得

$$(-dI_A)_r = \sigma_r(u_r) I_A(x) \frac{N_B}{V} dx \qquad (9.20)$$

因为 $I_A = u_r \frac{N_A}{V}$,$dI_A = u_r d\left(\frac{N_A}{V}\right)$,$u_r = \frac{dx}{dt}$,代入式(9.20)后,得

$$-\frac{d\left(\frac{N_A}{V}\right)}{dt} = u_r \sigma_r(u_r) \frac{N_A}{V} \frac{N_B}{V} = k(u_r) \frac{N_A}{V} \frac{N_B}{V} \qquad (9.21)$$

从式(9.21)可知,微观反应速率常数 $k(u_r)$ 是由反应物的相对速度和反应截面所决定的。

即在式(9.21)中,得

$$k(u_r) = u_r \sigma_r(u_r) \tag{9.22}$$

在宏观反应系统中,从微观的角度看碰撞分子有各种可能的相对速度,对每个相对速度都存在着像式(9.22)所表达的微观反应速率常数,这些不同相对速度的反应碰撞以不同的权重对宏观反应有所贡献。它们的反应碰撞速率常数的加权总和构成了宏观反应速率常数 $k(T)$,即

$$\begin{aligned} k(T) &= f_1 k(u_1) + f_2 k(u_2) + f_3 k(u_3) + \cdots \\ &= \int_0^\infty f(u_r, T) u_r \sigma_r(u_r) \mathrm{d}u_r \end{aligned} \tag{9.23}$$

式中: f_1 表示具有相对速度 u_1 的碰撞分子对占总碰撞分子的分数(相当于统计权重); $f(u_r, T)$ 是相对速度的分布函数,设相对速度分布也可以用 Maxwell-Boltzmann 分布来表示:

$$f(u_r, T) = 4\pi \left(\frac{\mu}{2\pi k_B T}\right)^{\frac{3}{2}} \exp\left(-\frac{\mu u_r^2}{2 k_B T}\right) u_r^2 \tag{9.24}$$

式中 k_B 为 Boltzmann 常数。将式(9.24)代入式(9.23):

$$k(T) = 4\pi \left(\frac{\mu}{2\pi k_B T}\right)^{\frac{3}{2}} \int_0^\infty u_r^3 \exp\left(-\frac{\mu u_r^2}{2 k_B T}\right) \sigma_r(u_r) \mathrm{d}u_r \tag{9.25}$$

若用碰撞的相对动能 ε_r 来代替相对速度,则

$$\varepsilon_r = \frac{1}{2}\mu u_r^2, \quad \mathrm{d}\varepsilon_r = \mu u_r \mathrm{d}u_r$$

代入式(9.25),得

$$k(T) = \left(\frac{1}{\pi\mu}\right)^{\frac{1}{2}} \left(\frac{2}{k_B T}\right)^{\frac{3}{2}} \int_0^\infty \varepsilon_r \exp\left(-\frac{\varepsilon_r}{k_B T}\right) \sigma_r(\varepsilon_r) \mathrm{d}\varepsilon_r \tag{9.26}$$

式(9.25)或式(9.26)将微观的反应截面 σ_r 与宏观的反应速率常数 $k(T)$ 这两个基本参数联系起来了。由微观反应截面的计算和测量,可以得到宏观反应的速率常数,实现了从微观向宏观的过渡。但是我们还无法从宏观反应的速率常数去推导有关反应截面的信息。

若将硬球碰撞模型的反应截面的表示式(不同的碰撞模型,σ_r 的表示式也不同),即式(9.16)代入式(9.26),则得到简单的碰撞理论的反应速率常数 k_{SCT} 为

$$\begin{aligned} k_{SCT}(T) &= \left(\frac{1}{\pi\mu}\right)^{\frac{1}{2}} \left(\frac{2}{k_B T}\right)^{\frac{3}{2}} \int_0^\infty \varepsilon_r \exp\left(-\frac{\varepsilon_r}{k_B T}\right) \pi d_{AB}^2 \cdot \left(1 - \frac{\varepsilon_c}{\varepsilon_r}\right) \mathrm{d}\varepsilon_r \\ &= \pi d_{AB}^2 \sqrt{\frac{8 k_B T}{\pi\mu}} \exp\left(-\frac{\varepsilon_c}{k_B T}\right) \end{aligned} \tag{9.27}$$

如果式(9.21)中 $\dfrac{N_A}{V}$ 和 $\dfrac{N_B}{V}$ 也用 c_A 和 c_B 表示，则式(9.27)可写为

$$k_{\mathrm{SCT}}(T) = \pi d_{AB}^2 L \sqrt{\dfrac{8k_B T}{\pi \mu}} \exp\left(-\dfrac{\varepsilon_c}{k_B T}\right) \tag{9.28}$$

对照式(9.7)可知，有效的反应碰撞占总碰撞的分数为 $\exp\left(-\dfrac{\varepsilon_c}{k_B T}\right)$，若对 1 mol 粒子，则为 $\exp\left(-\dfrac{E_c}{RT}\right)$。根据式(9.27)或式(9.28)就可以计算宏观反应速率常数 $k(T)$ 值。对于相同分子的双分子反应，根据式(9.4)，显然 $k_{\mathrm{SCT}}(T)$ 的表示式为

$$k_{\mathrm{SCT}}(T) = \dfrac{\sqrt{2}}{2}\pi d_{AA}^2 L \sqrt{\dfrac{8RT}{\pi M_A}} \exp\left(-\dfrac{\varepsilon_c}{k_B T}\right) \tag{9.29}$$

9.1.3 反应阈能与实验活化能的关系*

根据实验活化能的定义

$$E_a = RT^2 \dfrac{\mathrm{d}\ln k(T)}{\mathrm{d}T}$$

将式(9.28)代入，得

$$E_a = RT^2\left(\dfrac{1}{2T} + \dfrac{E_c}{RT^2}\right) = E_c + \dfrac{1}{2}RT \tag{9.30}$$

如果 $E_c \gg \dfrac{1}{2}RT$，则可认为 $E_a \approx E_c$，但两者的物理意义是不同的，E_c 才是与温度无关的常数。若用 E_a 代替 E_c，则式(9.28)可改写为

$$k(T) = \pi d_{AB}^2 L \sqrt{\dfrac{8k_B Te}{\pi \mu}} \exp\left(-\dfrac{E_a}{RT}\right) \tag{9.31}$$

式中 e=2.718，是自然对数的底数。对照 Arrhenius 公式，指前因子 A 所代表的实际意义应该是

$$A = \pi d_{AB}^2 L \sqrt{\dfrac{8k_B Te}{\pi \mu}} \tag{9.32}$$

式(9.32)中的所有参数均不必从动力学实验中求得，只要利用分子的结构参数通过计算就可得到指前因子 A 的值。如果将 A 的计算值与实验结果进行比较，可以检验碰撞理论模型的适用程度。

【例 9.1】 某气相双分子反应，$2A(g) \longrightarrow B(g) + C(g)$，反应的活化能为 1.03×10^5 J·mol^{-1}。已知 A 的相对分子质量为 60，分子的直径为 0.35 nm。试计算在 300 K 时，该分解反应的速率常数 k 值。

解：$E_c = E_a - \frac{1}{2}RT$

$$= \left[1.03 \times 10^5 - \left(\frac{1}{2} \times 8.314 \times 300\right)\right] \text{J} \cdot \text{mol}^{-1} = 101.75 \text{ kJ} \cdot \text{mol}^{-1}$$

$$k(T) = 2\pi d_{AA}^2 L \sqrt{\frac{RT}{\pi M_A}} \exp\left(-\frac{E_c}{RT}\right)$$

$$= 2 \times 3.14 \times (3.5 \times 10^{-10} \text{ m})^2 \times 6.023 \times 10^{23} \text{ mol}^{-1}$$

$$\times \sqrt{\frac{8.314 \times 300 \text{ J} \cdot \text{mol}^{-1}}{3.14 \times 60 \times 10^{-3} \text{ kg} \cdot \text{mol}^{-1}}} \exp\left(\frac{-101\,750 \text{ J} \cdot \text{mol}^{-1}}{8.314 \times 300 \text{ J} \cdot \text{mol}^{-1}}\right)$$

$$= 1.02 \times 10^{-10} \text{ (mol} \cdot \text{m}^{-3})^{-1} \cdot \text{s}^{-1}$$

9.1.4 概率因子

对于一些常见的反应，用上述理论计算所得的 $k(T)$ 和 A 值与实验结果基本相符。但也有不少反应，理论计算所得的速率常数值要比实验值大，有时甚至大很多。例如，溶液中的一些反应，计算结果比实验值大 $10^5 \sim 10^6$ 倍，使碰撞理论遇到了困难。有一个时期认为这是由于溶剂的影响所致，但是后来发现有些气相反应的计算结果也偏高。为了解决这一困难，又在公式中增加一个校正因子 P，即

$$k(T) = PA \exp\left(-\frac{E_a}{RT}\right) \tag{9.33}$$

式中 P 称为概率因子(probability factor)或称为空间因子(steric factor)，P 的数值可以从 1 变到 10^{-9}，见表 9.1。P 中包括了降低分子有效碰撞的所有各种因素，例如对于复杂分子，虽已活化，但仅限于在某一定的方位上相碰才是有效的碰撞，因而降低了反应速率。又如当两个分子相互碰撞时，能量高的分子将一部分能量传给能量低的分子，这种传递作用需要一定的碰撞延续时间。虽然碰撞分子有足够的能量，但若分子碰撞的延续时间不够长，则能量来不及彼此传递，两个接触的分子就分开了，因此使能量较低的分子达不到活化，因而构成了无效的碰撞，也就不可能引起反应。或者分子碰撞后分子虽获得了能量，但需要一定时间进行内部的能量传递以使最弱的键破裂，但是在未达到这个时刻以前，分子又与其他分子互碰而失去活化能，从而也构成无效碰撞，影响了反应的速率。对于复杂的分子，化学键必须从一定的部位断裂。倘若在该键的附近有较大的原子团，则由于空间效应，一定会影响该键与其他分子相碰撞的机会，因而也降低了反应速率。以上种种理由只能说明，P 是碰撞数的一个校正项。但是为什么 P 的变化幅度有如此之大，则并无十分恰当的解释，因而使得 P 的物理意义显得并不十分明确。

表 9.1　某些双分子反应的活化能、指前因子和概率因子

反应	$\dfrac{E_a}{kJ \cdot mol^{-1}}$	lgA		概率因子
		实验值	计算值	
$2NO_2 \longrightarrow 2NO+O_2$	111.3	8.42	9.85	0.038
$2NOCl \longrightarrow 2NO+Cl_2$	107.9	9.51	9.47	1.1
$NO+O_3 \longrightarrow NO_2+O_2$	9.6	7.80	9.90	0.008
$Br+H_2 \longrightarrow HBr+H$	73.6	9.31	10.23	0.12
$CH_3+H_2 \longrightarrow CH_4+H$	41.8	7.25	10.27	9.5×10^{-4}
$CH_3+CHCl_3 \longrightarrow CH_4+CCl_3$	24.3	6.10	10.18	8.3×10^{-5}
2-环戊二烯 $\longrightarrow$ 二聚物	60.7	3.39	9.91	3×10^{-7}

在碰撞理论中,把分子看成是没有结构的刚球,模型过于简单,这也使这个理论的准确程度有一定的局限性(以后虽对碰撞的模型作了一些修正,但其基本情况仍没有多大改变)。碰撞理论对 Arrhenius 经验公式中的指数项、指数因子及阈能都提出了较明确的物理意义,但却未能提出其计算方法,因此用碰撞理论来计算速率常数 k 值时,阈能还必须由实验活化能求得,这意味着应用碰撞理论的公式时,只能以实验测定的活化能代替碰撞理论当中的活化能,而要求的实验中的活化能需先测定一系列温度下的速率常数。这是与能预言速率常数(即从理论上计算速率常数)相悖的,因此这一理论也还是半经验的。虽然如此,碰撞理论在反应理论中毕竟起了很大作用,解释了一些实验事实,它所提出的一些概念至今仍十分有用,它为我们描绘了一幅虽然粗糙但十分明确的反应图像。

§9.2　过渡态理论

碰撞理论采用硬球模型,从经典力学的角度进行理论推导。外部运动的模型清晰,但忽视了分子的内部结构和内部运动,因此所得到的结果必然过于简单。

过渡态理论(transition state theory,TST)又称为活化络合物理论,这个理论是 1935 年由埃林(Eyring)、波兰尼(Polanyi)等人在统计力学和量子力学发展的基础上提出来的。在理论形成的过程中曾引入了一些模型和假设,它的大意是:化学反应不是只通过简单碰撞就变成产物,而是要经过一个由反应物分子以一定的构型存在的过渡态,在形成过渡态的过程中要考虑分子的内部结构、内部运动,并认为反应物分子不只是在碰撞接触瞬间,而是在相互接触的全过程中都存在着相互作用,系统的势能一直在变化。要形成这个过渡态需要一定的活化能,故过渡态又称为活化络合物或活化复合物。活化络合物与反应物分子之间建立化学平衡,反应的速率由活化络合物转化成产物的速率来决定。这个理论还认为:反应物

分子之间相互作用的势能是分子间相对位置的函数,在反应物转变为产物的过程中,系统的势能不断变化。可以画出反应过程中势能变化的势能面图,从中找出最佳的反应途径。过渡态理论原则上提供了一种计算反应速率的方法,只要知道分子的某些基本物性,如振动频率、质量、核间距离等,即可计算某反应的速率常数,故这个理论也称之为绝对反应速率理论(absolute rate theory, ART)。

9.2.1 势能面

原子间相互作用表现为原子间有势能 E_p 存在,势能 E_p 的值是原子的核间距 r 的函数。

$$E_p = E_p(r) \tag{9.34}$$

势能函数的获得一般有两种方法:一是原则上可用量子力学进行理论计算,但这种方法即使是对最简单的双原子分子系统也是不容易的,对多原子系统至今尚未获得较完整的势能表达式;二是用经验公式表示,可以获得足够准确的势能数据。莫尔斯(Morse)的势能 $E_p(r)$ 公式是对双原子分子最常用的经验公式:

$$E_p(r) = D_e \{\exp[-2a(r-r_0)] - 2\exp[-a(r-r_0)]\} \tag{9.35}$$

式中:r_0 为分子中原子间的平衡核间距;D_e 为势能曲线的井深;a 为与分子结构特性有关的常数。根据 Morse 经验式可画出双原子分子的 Morse 势能曲线,如图 9.4 所示。系统的势能在平衡核间距 r_0 处有最低点。当 $r<r_0$ 时,核间有排斥力;当 $r>r_0$ 时,核间有吸引力,即化学键力。如果分子处于振动基态,即振动量子数 $v=0$ 的状态,这时要把基态分子解离为孤立原子需要的能量为 D_0,显然 $D_0=D_e-E_0$(零点能),D_0 的值可从光谱数据得到。分子中的价电子所处的能级不同,则势能曲线也不同,一般考虑的都是电子处于基态的势能曲线。

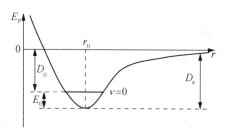

图 9.4 双原子分子的 Morse 势能曲线

现以简单的反应为例:

$$A + B\text{—}C \rightleftharpoons [A\cdots B\cdots C]^{\neq} \rightarrow A\text{—}B + C$$

式中 A 代表单原子分子,B—C 代表双原子分子。当 A 原子接近 B—C 分子时,就开始使 B—C 分子间的键减弱,同时,开始生成新的 A—B 键。而在这个过程未完成前,系统形成一个过渡态即活化络合物$[A\cdots B\cdots C]^{\neq}$,此时前一个键尚未完全断裂,后一个键又未完全形成。在这个过程中,反应系统的势能变化要用三个参数来描述,即 $E_p=E_p(r_{AB},r_{BC},r_{AC})$;也可以是 $E_p=E_p(r_{AB},r_{BC},\angle ABC)$,如图 9.5 所示。其能量图要用四维空间中一个曲面来表示,此曲面称为势能面(potential energy surface,或缩写为 PES),四维空间的图当然无法画出。如果表示势能面的三个参数中有一个被固定,设 $\angle ABC=180°$,即为通常所称的直线碰撞(collinear collision),此时活化络合物为线型分子,则势能变化可用三维空间中的曲面表示,如图 9.6 所示。随着 r_{AB} 和 r_{BC} 的不同,势能值也不同,这些不同的点在空间构成了高低不平的曲面,犹如起伏的山峰。这个势能面有两个山谷,山谷的两个低谷口分别对应于反应的初态和终态(相应于图中的 R 点和 P 点)。连接这两个山谷间的山脊顶点(即 RP 连线中的最高点 $T^{\neq}$)是势能面上的鞍点(saddle point)。反应物从左山谷的谷底,沿着山谷爬上鞍点,这时形成活化络合物,用"$T^{\neq}$"表示,然后再沿右边山谷下降到右边的谷底,形成生成物,其所经路线如图中虚线 $R\cdots T^{\neq}\cdots P$ 所示。

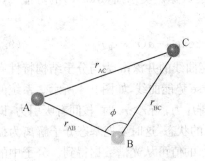

图 9.5　三原子系统的核间距

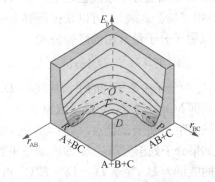

图 9.6　$A+B-C \rightarrow A-B+C$ 反应势能面示意图

这是一条最低能量的反应途径,称为反应坐标(reaction coordinate)。与坐标原点 O 点相对一侧的 D 点是势能很高的,它相应于完全解离成原子状态,即 $A+B+C$。图中 R 点代表反应的始态(即 $A+B-C$),在左前方的切面图上,R 是势能的最低点。在右前方的切面图上,P 是反应的终点(即 $A-B+C$),P 点也是该势能切面的最低点。当反应开始进行后,r_{AB} 和 r_{BC} 开始变化,物系点沿 $R\cdots T^{\neq}$ 线上升,到达 $T^{\neq}$ 点后,又沿着 $T^{\neq}\cdots P$ 线下降,直到 P 点。

如果把势能面上的等势能线(类似于地图上的等高线)投射到底面上,就得到图 9.7。图中曲线代表相同能量的投影,线上的数字表示每一条等势能曲线的能量数值,数字愈大,则势能愈高(为了比较其大小,图中的数字都是虚拟的数值),作用前系统(即 $A+B-C$)的能量处于图中的最低点 R 点,反应产物($A-B+C$)的能量处于另一最低点 P 点,$T^{\neq}$ 点相当于活化络合物所在位置,D 点或更远处代表 $A+B+C$,O 点与 D 点的能量均比 $T^{\neq}$ 点高。这个势能面模型,很像一个马鞍,原点 O 和 D 点相当于马鞍前后的两个高峰的切点,如果连接 $O\cdots T^{\neq}\cdots D$ 三点,则将是一个凹形曲线,$T^{\neq}$ 点是曲线的最低点。R 和 P 相当于两个脚蹬，$T^{\neq}$点相当于马鞍中心，倘若联结$R\cdots T^{\neq}\cdots P$线，则是一个凸形曲线，$T^{\neq}$点是该曲线的最高点，即$T^{\neq}$点在$R\cdots T^{\neq}\cdots P$线上是最高点，在$O\cdots T^{\neq}\cdots D$线上是最低点，相当于马鞍的中心，所以用"马鞍点"来表示活化络合物$T^{\neq}$是一个十分形象化的表示。

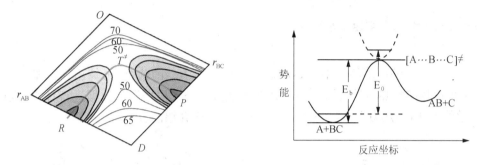

图 9.7　势能面投影示意图　　　　图 9.8　势能面的剖面图

如果以反应坐标为横坐标，势能为纵坐标，作平行于反应坐标的势能面的剖面图，得到图 9.8。从图中可以看出，从反应物 A+BC 到生成物 AB+C，沿反应坐标通过鞍点前进，这是能量最低的通道，但也必须越过势能垒 E_b，E_b 是活化络合物与反应物两者最低势能之差值，两者零点能之间的差值为 E_0。势能垒的存在从理论上表明了实验活化能 E_a 的实质。

9.2.2　由过渡态理论计算反应速率常数

过渡态理论是以反应系统的势能面为基础，并认为从反应物向生成物转化的过程中必须获得一些能量，以越过反应进程中的能垒而形成活化络合物（即过渡态），然后再通过活化络合物转化成产物。活化络合物的浓度可由它与反应物达成化学平衡的假设来求算。反应物一旦转变成活化络合物，就会向生成物转化，也就是说过渡态是处于反应物向产物转化的一个无返回点(point of no return)（对某些反应，过渡态也有可能再分解回到反应物状态，这时在计算时要乘上一个系数，本书暂不考虑这种情况）。过渡态向产物转化是整个反应的决速步骤，即活化络合物的分解速率可作为整个反应的速率。在这个基础上，再来讨论如何计算反应速率常数。仍以 A+B—C $\longrightarrow$ A—B+C 的反应为例：

$$A+B-C \xrightleftharpoons{K_c^{\neq}} [A\cdots B\cdots C]^{\neq} \longrightarrow A-B+C$$

$$K_c^{\neq} = \frac{[A\cdots B\cdots C]^{\neq}}{[A][BC]} \tag{9.36}$$

设$[A\cdots B\cdots C]^{\neq}$为线型三原子分子，它有 3 个平动自由度，2 个转动自由度，其振动自由度为 $3n-5=4$（式中 n 为分子中的原子数，$n=3$），其中有两个是稳定的弯曲振动，见图 9.9(c)和图 9.9(d)，一个对称伸缩振动，见图中 9.9(a)，这些都不会导致活化络合物的分解。而有一种不对称伸缩振动是无回收力的，如图 9.9(b)所示，它将导致络合物分解，则反应速率也就

是活化络合物的分解速率,可表示为

$$r = -\frac{d[A\cdots B\cdots C]^{\neq}}{dt} = \nu[A\cdots B\cdots C]^{\neq}$$
$$= \nu K_c^{\neq}[A][B-C] \tag{9.37}$$

又因 $r=k[A][B-C]$,则速率常数为

$$k = \nu K_c^{\neq}$$

式中 ν 为不对称伸缩振动的频率。如再知道平衡常数 $K_c^{\neq}$ 的值,就可算出速率常数 k 值。$K_c^{\neq}$ 的值可以用统计热力学所给出的计算平衡常数的公式根据微观数据进行计算,也可以用热力学的方法,用热力学函数的变化值而求得。首先介绍前者。

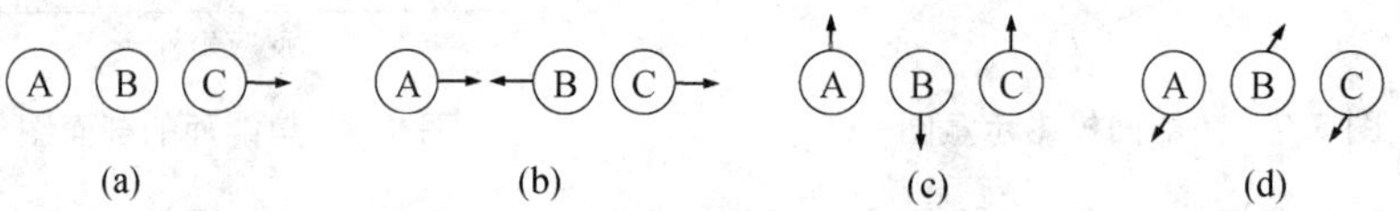

图 9.9　三原子系统的振动方式

根据统计热力学在化学平衡中的应用,已知计算平衡常数的公式为

$$K_c^{\neq} = \frac{[A\cdots B\cdots C]^{\neq}}{[A][BC]} = \frac{q^{\neq}}{q_A q_B} = \frac{f^{\neq}}{f_A f_B}\exp\left(-\frac{E_0}{RT}\right) \tag{9.38}$$

式中:q 是不包括体积项 V 的分子总配分函数;f 是不包括零点能和体积项 V 的分子配分函数;E_0 是活化络合物的零点能与反应物零点能之差。如果把过渡态中相应于不对称伸缩振动的自由度再分出来,即令

$$f^{\neq} = f^{\neq\prime}\frac{1}{1-\exp\left(\frac{-h\nu}{k_B T}\right)} \tag{9.39}$$

式中 k_B 是 Boltzmann 常数。由于不对称伸缩振动不稳定,它对应的频率比一般的振动频率低,即 $h\nu \ll k_B T$,故可作如下近似:

$$\frac{1}{1-\exp\left(-\frac{h\nu}{k_B T}\right)} \approx \frac{k_B T}{h\nu}$$

则式(9.39)为

$$f^{\neq} = f^{\neq\prime}\frac{k_B T}{h\nu} \tag{9.40}$$

将式(9.40)代入式(9.38),后再代入 $k=\nu K_c^{\neq}$ 的表达式,得

$$k = \nu K_c^{\neq} = \nu\frac{k_B T}{h\nu}\frac{f^{\neq\prime}}{f_A f_{BC}}\exp\left(-\frac{E_0}{RT}\right)$$

$$= \frac{k_B T}{h} \frac{f^{\neq\prime}}{f_A f_{BC}} \exp\left(-\frac{E_0}{RT}\right) \tag{9.41}$$

式(9.41)就是用统计热力学方法处理的过渡态理论计算速率常数的表达式,式中 $\frac{k_B T}{h}$ 在一定温度下有定值,在常温下其数量级约为 10^{13},其单位是 s^{-1}。这个公式也可以推广使用于其他基元反应,一般可写为

$$k = \frac{k_B T}{h} \frac{f^{\neq\prime}}{\prod_B f_B} \exp\left(-\frac{E_0}{RT}\right) \tag{9.42}$$

式中 $\prod_B f_B$ 表示所有反应物种 B 的配分函数 f_B 的连乘积。

任何分子都有 3 个平动自由度,双原子分子和由 n 个原子组成的线型多原子分子有 2 个转动自由度,有 $(3n-5)$ 个振动自由度。非线型多原子分子有 3 个转动自由度,$(3n-6)$ 个振动自由度。在活化络合物中,有一个不对称伸缩振动自由度用于络合物分解,则其总的振动自由度比正常分子少一个。例如对于反应

$$A(单原子) + B(单原子) \rightleftharpoons [A\cdots B]^{\neq}(双原子)$$

$$k = \frac{k_B T}{h} \frac{(f_t^3 f_r^2)^{\neq}}{(f_t^3)_A (f_t^3)_B} \exp\left(-\frac{E_0}{RT}\right) \tag{9.43}$$

$[A\cdots B]^{\neq}$ 的振动自由度 $=(3\times 2-5)-1=0$,即 $[A\cdots B]^{\neq}$ 仅有的一个振动自由度用于活化络合物的分解。若反应为

$$A(N_A,非线型多原子分子) + B(N_B,非线型多原子分子)$$
$$\rightleftharpoons [A\cdots B]^{\neq} (N_A + N_B,非线型多原子分子)$$

N_A 和 N_B 分别为 A 和 B 分子中的原子数,则

$$k = \frac{k_B T}{h} \frac{\{f_t^3 f_r^3 f_v^{3(N_A+N_B)-7}\}^{\neq}}{(f_t^3 f_r^3 f_v^{3N_A-6})_A (f_t^3 f_r^3 f_v^{3N_B-6})_B} \exp\left(-\frac{E_0}{RT}\right) \tag{9.44}$$

原则上只要知道分子的质量、转动惯量、振动频率等微观物理量(有些可从光谱数据获得),就可用统计热力学的方法求出配分函数,从而计算速率常数 k 值。但是由于还不可能直接获得过渡态的光谱数据,所以只有在准确描绘势能面的基础上,才有可能计算 $(f^{\neq})^{\prime}$ 项。式中的 E_0 值也可从势能面上势垒的值 E_b 及零点能求得:

$$E_0 = E_b + \left[\frac{1}{2}h\nu_0^{\neq} - \frac{1}{2}h\nu_0(反应物)\right]L \tag{9.45}$$

因此从式(9.43)或式(9.44),原则上可不通过动力学实验数据就能计算出反应速率常数的理论值,这就是过渡态理论又被称为绝对反应速率理论(absolute reaction rate theory)的缘故。

过渡态理论的热力学处理方法是用反应物转变成活化络合物过程中的热力学函数的变化值 $\Delta_r^{\neq} G_m^{\ominus}$、$\Delta_r^{\neq} S_m^{\ominus}$ 和 $\Delta_r^{\neq} H_m^{\ominus}$ 来计算 $K_c^{\neq}$，进而计算速率常数 k 值。仍用上述例子来说明：

$$A + B\text{—}C \rightleftharpoons [A\cdots B\cdots C]^{\neq} \longrightarrow A\text{—}B + C$$

根据过渡态理论的统计力学表达方法已得式(9.41)，式中除常数 $\dfrac{k_B T}{h}$ 外的其余部分相当于平衡常数的统计力学表示形式，仅在活化络合物的配分函数中扣除了沿反应坐标的一个振动配分函数，令

$$K_c^{\neq} = \frac{f^{\neq \prime}}{f_A f_{BC}} \exp\left(-\frac{E_0}{RT}\right) \qquad (9.46)^{①}$$

这样，式(9.41)可写成

$$k = \frac{k_B T}{h} K_c^{\neq} \qquad (9.47)$$

由此可见，只要用热力学方法求出 $K_c^{\neq}$ 的值，就可计算速率常数 k 值。现以气相双分子基元反应为例：

$$A(g) + B\text{—}C(g) \rightleftharpoons [A\cdots B\cdots C]^{\neq}(g)$$

$$K_c^{\neq} = \frac{[A\cdots B\cdots C]^{\neq}}{[A][BC]}$$

在动力学中，反应速率通常是用物质的浓度随时间的变化率来表示的，而气体的化学势一般都用压力表示，若也用浓度表示，则要做如下换算：

$$p_B = \frac{n_B RT}{V} = c_B RT$$

$$\mu_B = \mu_B^{\ominus}(T, p^{\ominus}) + RT \ln \frac{p_B}{p^{\ominus}} = \mu_B^{\ominus}(T, p^{\ominus}) + RT \ln \left(\frac{c_B RT}{p^{\ominus}}\right)$$

$$= \mu_B^{\ominus}(T, p^{\ominus}) + RT \ln \left(\frac{RT c^{\ominus}}{p^{\ominus}}\right) + RT \ln \frac{c_B}{c^{\ominus}}$$

当 $c_B = c^{\ominus} = 1\ \text{mol} \cdot \text{dm}^{-3}$ 时，则

$$\mu_B(c_B = c^{\ominus}) = \mu_B^{\ominus}(T, p^{\ominus}) + RT \ln \left(\frac{RT c^{\ominus}}{p^{\ominus}}\right)$$

$$= \mu_B^{\ominus}(T, c^{\ominus})$$

$\mu_B^{\ominus}(T, c^{\ominus})$ 是气体 B 在温度为 T、浓度为 $1\ \text{mol} \cdot \text{dm}^{-3}$ 时的化学势。代入化学势的表示式后，则用浓度表示的气体化学势的表示式一般可写作：

---

① 根据式(9.46)所计算的 $K_c^{\neq}$ 及 $\Delta^{\neq} G_m^{\ominus}$ 等值也都不考虑沿反应坐标的振动对络合物 $\Delta G_m^{\ominus}$ 的影响。

$$\mu_B = \mu_B^{\ominus}(T, c^{\ominus}) + RT \ln\left(\frac{c_B}{c^{\ominus}}\right) \tag{9.48}$$

根据热力学基本关系式,则应有

$$\sum_B \nu_B \mu_B^{\ominus}(T, c^{\ominus}) = \Delta_r G_m^{\ominus}(c^{\ominus}) = -RT \ln \prod_B \left(\frac{c_B}{c^{\ominus}}\right)_e^{\nu_B} = -RT \ln K_c^{\ominus}$$

对于上述反应

$$K_c^{\ominus} = \frac{[A\cdots B\cdots C]^{\neq}/c^{\ominus}}{\dfrac{[A]}{c^{\ominus}} \cdot \dfrac{[BC]}{c^{\ominus}}} = K_c^{\neq}(c^{\ominus})^{2-1}$$

对于一般反应,则有

$$K_c^{\ominus} = K_c^{\neq}(c^{\ominus})^{n-1}$$

式中 n 为所有反应物的计量系数之和。因此,在形成活化络合物的过程中,以浓度为标度的标准摩尔活化 Gibbs 自由能(standard molar Gibbs free energy of activation) $\Delta_r^{\neq} G_m^{\ominus}(c^{\ominus})$ 为

$$\Delta_r^{\neq} G_m^{\ominus}(c^{\ominus}) = -RT \ln[K_c^{\neq}(c^{\ominus})^{n-1}]$$

或

$$K_c^{\neq} = (c^{\ominus})^{1-n} \exp\left[-\frac{\Delta_r^{\neq} G_m^{\ominus}(c^{\ominus})}{RT}\right] \tag{9.49}$$

将式(9.49)代入式(9.47),得

$$k = \frac{k_B T}{h}(c^{\ominus})^{1-n} \exp\left[-\frac{\Delta_r^{\neq} G_m^{\ominus}(c^{\ominus})}{RT}\right] \tag{9.50}$$

根据热力学函数之间的关系,在等温时有 $\Delta G = \Delta H - T\Delta S$,代入式(9.50),得

$$k = \frac{k_B T}{h}(c^{\ominus})^{1-n} \exp\left[\frac{\Delta_r^{\neq} S_m^{\ominus}(c^{\ominus})}{RT}\right] \exp\left[-\frac{\Delta_r^{\neq} H_m^{\ominus}(c^{\ominus})}{RT}\right] \tag{9.51}$$

式中 $\Delta_r^{\neq} S_m^{\ominus}(c^{\ominus})$ 和 $\Delta_r^{\neq} H_m^{\ominus}(c^{\ominus})$ 分别为各物质用浓度表示时的标准摩尔活化熵(standard molar entropy of activation)和标准摩尔活化焓(standard molar enthalpy of activation)。式(9.50)和式(9.51)即为过渡态理论用热力学方法计算反应速率常数的公式,它能适用于任何形式的基元反应,只要能计算出活化熵、活化焓或活化 Gibbs 自由能,原则上就有可能计算反应的速率常数。从式(9.51)也可看出,反应速率不仅决定于活化焓,而且还与活化熵有关,两者对速率常数的影响刚好相反。这就是为什么有些反应虽然活化焓很大,但由于其活化熵也很大,所以仍能以较快的速率进行的缘故。例如,蛋白质的变性反应,其 $\Delta^{\neq} H_m^{\ominus}$ 值高达 420 kJ·mol^{-1},但由于活化熵也很大,所以仍能以较快的速率进行。当然也有些反应活化焓很小,但只要活化熵有一个绝对值较大的负数,其反应速率也可能很小。

如果对于上述气相反应,其化学势仍用压力表示,标准态为 $p^{\ominus} = 100$ kPa,则

$$\sum_B \nu_B \mu_B^\ominus(T, p^\ominus) = \Delta_r^{\neq} G_m^\ominus(p^\ominus) = -RT \prod_B \left(\frac{p_B}{p^\ominus}\right)_e^{\nu_B}$$

$$= -RT \ln K_p^\ominus$$

$$K_p^\ominus = \frac{p_{[ABC]}^{\neq}/p^\ominus}{\frac{p_A}{p^\ominus}\frac{p_{BC}}{p^\ominus}} = K_p^{\neq}(p^\ominus)^{n-1}$$

因为 $p_B = c_B RT$，所以

$$K_c^{\neq} = \frac{[A\cdots B\cdots C]^{\neq}}{[A][BC]} = K_p^{\neq}(RT)^{n-1} = K_p^\ominus \left(\frac{p^\ominus}{RT}\right)^{1-n}$$

$$= \left(\frac{p^\ominus}{RT}\right)^{1-n} \exp\left[-\frac{\Delta_r^{\neq} G_m^\ominus(p^\ominus)}{RT}\right]$$

代入式(9.47)，得

$$k = \frac{k_B T}{h}\left(\frac{p^\ominus}{RT}\right)^{1-n} \exp\left[-\frac{\Delta_r^{\neq} G_m^\ominus(p^\ominus)}{RT}\right] \tag{9.52}$$

$$k = \frac{k_B T}{h}\left(\frac{p^\ominus}{RT}\right)^{1-n} \exp\left[\frac{\Delta_r^{\neq} S_m^\ominus(p^\ominus)}{R}\right] \exp\left[-\frac{\Delta_r^{\neq} H_m^\ominus(p^\ominus)}{RT}\right] \tag{9.53}$$

显然，用式(9.50)、式(9.51)或用式(9.52)、式(9.53)所计算的速率常数 k 值是相同的。但是 $\Delta_r^{\neq} G_m^\ominus(c^\ominus) \neq \Delta_r^{\neq} G_m^\ominus(p^\ominus)$，$\Delta_r^{\neq} S_m^\ominus(c^\ominus) \neq \Delta_r^{\neq} S_m^\ominus(p^\ominus)$。从热力学数据表上所能找到的数值都是指标准态为 $p^\ominus = 100$ kPa 时的数值。

从以上所介绍的过渡态理论计算速率常数 k 的两种方法可以看出，这个理论一方面与物质的结构相联系，另一方面与热力学建立了联系，它明确指出反应速率不仅与活化能 E_a（E_a 与 $\Delta_r^{\neq} H_m^\ominus$ 的关系见下节）有关，而且与活化熵有关。在过渡态理论中，不需引入概率因子 P，这些都是过渡态理论比碰撞理论优越的地方。虽然过渡态理论提供了一个计算反应速率的途径和方法，但在实际运算时，除了一些极为简单的反应系统之外，一般说来还有不少困难，例如量子力学对多质点系统的能量计算问题，确定活化络合物的几何构型问题等。另外，在过渡态理论中引入了不少假定，有的还不尽合理，如活化络合物与反应物达成平衡的假设就不一定确切。原则上讲，过渡态理论根据势能面的高度可以求得活化能，并从光谱数据中求得配分函数的值，进而求得速率常数 k 值。虽然过渡态理论相对于碰撞理论有其优越性，但离准确地预言反应的速率常数 k 值尚有很大的距离。因为除极其简单的反应外，对绝大多数反应来说，很难得到其势能面，并且活化络合物的寿命很短，也很难得到它的光谱数据，因此对于活化络合物的构型常只能靠估计。同时，由于活化络合物的寿命很短，彼此碰撞的次数可能还不够多，未必能达到足以满足 Boltzmann 分布的要求。如此等等，表明过渡态理论仍要进行很多修正或补充。总之，在化学动力学的领域里还需进一步做大量的实验和理论工作，逐步寻找各种因素与反应速率的定量关系，使反应速率理论更趋完善。

9.2.3　实验活化能 E_a 和指前因子 A 与诸热力学函数之间的关系*

在上述讨论中曾引出了几个与能量有关的物理量,如 E_c, E_0, E_b 和 $\Delta_r^{\neq} H_m^{\ominus}$ 等,它们的物理意义各不相同,但数值上有一定的联系,可以通过实验活化能 E_a 或光谱数据等进行换算。

E_c 是分子发生有效碰撞时其相对动能在连心线上的分量所必须超过的临界能,故 E_c 又称为阈能(thershold energy),是与温度无关的量。E_c 与 E_a 的关系已由式(9.30)给出,为 $E_c = E_a - \dfrac{1}{2}RT$。

E_0 是活化络合物的零点能与反应物零点能之间的差值,E_b 是反应物形成活化络合物时所必须翻越的势能垒高度,E_0 与 E_b 的关系已由式(9.45)给出。如将式(9.41)代入实验活化能 E_a 的定义式,得

$$E_a = RT^2 \frac{\mathrm{d}\ln k}{\mathrm{d}T} = E_0 + mRT \tag{9.54}$$

式中 m 包含了 $\dfrac{k_B T}{h}$ 常数项及配分函数项中所有与温度 T 有关的因子,对一定的反应系统 m 有定值。

将式(9.47)代入 E_a 的定义式,得

$$E_a = RT^2 \frac{\mathrm{d}\ln k}{\mathrm{d}T} = RT^2 \left[\frac{1}{T} + \left(\frac{\partial \ln K_c^{\neq}}{\partial T} \right)_V \right] \tag{9.55}$$

根据平衡常数与温度的关系式:

$$\left(\frac{\partial \ln K_c^{\neq}}{\partial T} \right)_V = \frac{\Delta_r^{\neq} U_m^{\ominus}}{RT^2} \tag{9.56}$$

则

$$E_a = RT + \Delta_r^{\neq} U_m^{\ominus} = RT + \Delta_r^{\neq} H_m^{\ominus} - \Delta(pV)_m \tag{9.57}$$

式中 $\Delta(pV)_m$ 是反应进度为 1 mol 时由反应物形成活化络合物时系统 pV 的改变值。对凝聚相反应,$\Delta(pV)_m$ 的值很小,近似有 $\Delta_r^{\neq} U_m^{\ominus} \approx \Delta_r^{\neq} H_m^{\ominus}$,则

$$E_a = RT + \Delta_r^{\neq} H_m^{\ominus} \tag{9.58}$$

对理想气体的反应,有 $pV = nRT$ 关系式,则

$$\Delta(pV)_m = \sum_B \nu_B^{\neq} RT \tag{9.59}$$

式中 $\sum_B \nu_B^{\neq}$ 是反应物形成活化络合物时,参与反应的气态物质的计量系数的代数和。代入

式(9.57),得

$$E_a = \Delta_r^{\neq} H_m^{\ominus} + (1 - \sum_B \nu_B^{\neq})RT \tag{9.60}$$

从式(9.58)和式(9.60)可以看出,在温度不太高时,把 E_a 与 $\Delta_r^{\neq} H_m^{\ominus}$ 看作近似相等也不致引起很大的误差。

将式(9.60)代入式(9.51),得

$$k = \frac{k_B T}{h} e^n (c^{\ominus})^{1-n} \exp\left[\frac{\Delta_r^{\neq} S_m^{\ominus}(c^{\ominus})}{R}\right] \exp\left(-\frac{E_a}{RT}\right) \tag{9.61}$$

与Arrhenius经验式相比较,因为 $1 - \sum_B \nu_B^{\neq} = n$,得

$$A = \frac{k_B T}{h} e^n (c^{\ominus})^{1-n} \exp\left[\frac{\Delta_r^{\neq} S_m^{\ominus}(c^{\ominus})}{R}\right] \tag{9.62}$$

从式(9.62)可以看出,指前因子 A 与形成过渡态的熵变有关。除了单分子反应外,在由反应物形成活化络合物时,分子数总是减少的,则对熵贡献最大的平动自由度亦减少,故总熵变 $\Delta_r^{\neq} S_m^{\ominus}$ 一般是负值。

§9.3 单分子反应理论

单分子反应(unimolecular reaction)按照定义应该是由一个分子所实现的基元反应,但是一个孤立的处于基态的分子不能自发地进行反应(事实上它已处于平衡态)。实际上,为使这类反应发生,反应分子必须具有足够的能量,如果反应分子不是以其他方式(如获得辐射能等)获得能量,那只有通过分子间的碰撞来获得。碰撞理论认为每次碰撞至少要两个分子,因此严格讲它就不是单分子反应,而应称之为准单分子反应(pseudo-unimolecular reaction)。例如某些分子的分解反应或异构化反应都属于这种单分子反应。

1922年,林德曼(Lindemann)等人提出了单分子反应的碰撞理论,认为单分子反应是经过相同分子间的碰撞而达到活化状态。而获得足够能量的活化分子并不立即分解,它需要一个分子内部能量的传递过程,以便把能量集聚到要破裂的键上去。因此,在碰撞之后与进行反应之间出现一段停滞时间(time lag)。此时,活化分子可能进行反应也可能消活化(deactivation)而再变成普通分子。在浓度不是很稀的情况下,这种活化与消活化之间有一个平衡存在,如果活化分子分解或转化为产物的速率比消活化作用缓慢,则上述平衡基本上可认为不受影响。单分子反应的机理可表示如下:

总反应为 A → P

具体步骤为 （1）$A + A \underset{k_{-1}}{\overset{k_1}{\rightleftharpoons}} A^* + A$

（2）$A^* \xrightarrow{k_2} P$

式中 A^* 为活化分子，式(1)并不是化学变化，而仅是分子活化的传能过程。分子活化的速率为

$$\frac{d[A^*]}{dt} = k_1 [A]^2$$

分子消活化的速率为

$$-\frac{d[A^*]}{dt} = k_{-1}[A][A^*]$$

活化分子变为产物的速率为

$$\frac{d[P]}{dt} = k_2 [A^*]$$

则分子活化的净速率为

$$\frac{d[A^*]}{dt} = k_1 [A]^2 - k_{-1}[A][A^*] - k_2 [A^*]$$

当反应达稳态后，活化分子的数目维持不变（即产生和消耗 A^* 的速率相等），则

$$\frac{d[A^*]}{dt} = 0$$

由此解得

$$[A^*] = \frac{k_1 [A]^2}{k_{-1}[A] + k_2}$$

反应(2)的速率为产物的生成速率，也就是实验上测得的总反应速率 r，代入 $[A^*]$ 后，得

$$r = \frac{d[P]}{dt} = k_2 [A^*] = \frac{k_1 k_2 [A]^2}{k_{-1}[A] + k_2} \tag{9.63}$$

式(9.63)为 Lindemann 单分子反应理论所推出的结果，按此结果对单分子反应中所出现的不同反应级数可作如下解释。

当 A^* 变为产物的速率远大于 A^* 的消活化速率时，即 $k_2 \gg k_{-1}[A]$，则式(9.63)可近似为

$$r = k_1 [A]^2$$

反应表现为二级反应。

反之，当 A^* 变为产物的速率远小于 A^* 的消活化速率时，即 $k_2 \ll k_{-1}[A]$ 时，式(9.63)

可近似写作

$$r = \frac{k_1 k_2}{k_{-1}}[A] = k[A]$$

反应表现为一级反应。

对于某些气相反应,在高压下,[A]值很大,分子的互撞机会多,消活化的速率较快,则反应表现为一级反应。同一反应,如使之在低压下进行,由于碰撞而消活化的机会较少,相对而言,活化分子分解为产物的速率大,所以反应表现为二级。这个结论已为某些实验所证实,例如环丙烷转化为丙烯的反应以及偶氮甲烷的分解反应就是这样。式(9.63)也可写作

$$r = \frac{k_1 k_2 [A]^2}{k_{-1}[A] + k_2} = k'[A]$$

图 9.10 是 603 K 时偶氮甲烷分解反应的 k' 对偶氮甲烷的压力(p)作的图,压力相当于浓度项,在低压下为二级反应,高压下为一级反应,压力介于 1.3 kPa~26.7 kPa 之间的则为过渡区。

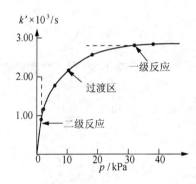

图 9.10　偶氮甲烷热分解的级数与压力的关系

Lindemann 的单分子反应理论在定性上是基本符合实际的,但在定量上往往和实验结果有偏差,后来经过不少学者进行修正,目前与实验符合得较好的单分子反应理论是 20 世纪 50 年代 RRKM(Rice-Ramsperger-Kassel-Marcus),这是 Marcus 把 30 年代的 RRK 理论与过渡态理论结合而提出的,RRKM 理论把 Lindemann 理论修正为

(1) $A + A \underset{k_{-1}}{\overset{k_1}{\rightleftharpoons}} A^* + A$

(2) $A^* \xrightarrow{k_2(E^*)} A^{\neq} \xrightarrow{k^{\neq}} P$

A^* 是 A 与 A(或与其他惰性分子 M)碰撞而生成的活化分子,但 A^* 要转变为产物,必须首先再多吸收一些能量,使分子转变为过渡态的构型 $A^{\neq}$,$A^{\neq}$ 是富能分子(energized molecular),它能克服分子中的势能垒(E_b)而开始分解。Lindermann 理论中所提及的碰撞后与反应间的停滞时间就相当于 A^* 向 $A^{\neq}$ 的转变过程。

RRKM 理论的核心是计算 k_2 的值,他认为 k_2 值是能量 E^* 的函数,A^* 所获得的能量越大,反应速率亦越大,即当 $E^*<E_b$,$k_2=0$;当 $E^*>E_b$,$k_2=k_2(E^*)$。当反应(2)达到稳定时,则

$$\frac{d[A^{\neq}]}{dt}=k_2(E^*)[A^*]-k^{\neq}[A^{\neq}]=0$$

即
$$k_2(E^*)=\frac{k^{\neq}[A^{\neq}]}{[A^*]} \tag{9.64}$$

式(9.64)是 RRKM 理论计算 $k_2(E^*)$ 的出发点,假定 $k_2(E^*)$ 与时间和活化方式无关,分子内部能量传递比 A^* 分解的速率快得多,然后才用统计力学的方法计算 $k_2(E^*)$ 的值,于是就获得了与实验值符合较好的结果。

在研究分子反应理论的过程中曾出现了许多理论,如 Hinshelwood 理论、Slater 理论、RRK 理论、RRKM 理论等,但 Lindemann 理论无疑是这些理论的基础。

§9.4 分子反应动态学简介*

20 世纪 50 年代至 80 年代,由于激光、分子束等实验技术的飞速发展,计算机的广泛应用以及反应速率理论研究的逐步深入,为从微观角度研究化学反应过程提供了良好的实验条件和一定的理论基础,使人们有可能从化学反应的宏观领域深入到微观领域,去探索分子与分子(或原子与原子)间反应的特征,研究制定能态粒子之间反应(即所谓态-态反应)的规律,揭示微观化学反应所经历的历程。

这些研究不但对化学反应动力学理论有重要的贡献,而且对应用研究也有一定的指导意义。由于微观地研究化学反应过程的实验和理论的迅速发展,从而形成反应动力学的一个新分支——分子反应动态学(molecular reaction dynamics)。它是从分子水平上来研究在一次碰撞行为中的变化,和研究基元反应的微观历程,例如分子如何碰撞,如何进行能量变换。旧键如何被破坏,新键如何形成的细节,分子彼此碰撞的角度对反应速率的影响以及分子反应产物的角分布等,进而了解化学反应过程中的各种动态性质。分子反应动态学又称为微观反应动力学(microscopic chemical kinetics)。总之,它是研究基元反应的微观历程,真正从分子水平上研究一次碰撞行为,即研究分子的态对态(state-to-state)即态-态反应行为。限于篇幅也限于对本课程的基本要求,在本节中只能对进行这方面研究所用的主要实验手段和已取得的实验结果以及一些进展概况作简单的介绍。

9.4.1 研究分子反应的实验方法

在微观化学反应研究中,极为有用的实验方法主要有交叉分子束、红外化学发光和激光诱导荧光三种。

交叉分子束(crossed molecular beam)技术是目前分子反应碰撞研究中最强有力的工具。分子束的必要条件是在所研究的系统中有足够低的背景压力,一般小于 10^{-4} Pa(相当于 1×10^{-6} torr)。因为在这样低的压力下,分子的平均自由程约为 50 m,远大于装置的尺寸,因此分子间的相互碰撞可以忽略。此时的束流是自由分子流,称为分子束(molecular beam)。分子束沿着直线方向运动,在运动过程中它的速度和内部量子态不会发生变化。来自束源的分子通过一系列狭缝,可以得到一束准直的分子束,D. R. Herschbach(赫希巴赫)和李远哲教授在分子束实验研究中曾作出了杰出的贡献,并为此而共同荣获 1986 年诺贝尔化学奖。

常用的交叉分子束装置如图 9.11 所示,它是由束源、速度选择器、散射室、检测器和产物速度分析器等几个主要部分组成。

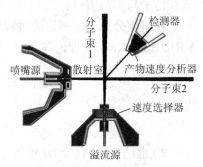

图 9.11 交叉分子束反应装置示意图

分子束是在高真空的容器中飞行的一束分子,它是由束源中发射出来的。早期使用的束源是由加热炉产生的溢流束,例如金属钾原子束是由加热炉把金属钾汽化为钾蒸气,从束源的小孔中溢出,经过几个狭缝准直地进入高真空的散射室。由于此种分子束是由分子的热运动扩散而形成的,故称为溢流束或扩散束,束中分子的速度遵循 Boltzmann 分布。产生束源的设备常简称为"炉子",一般控制炉内压力使其低于 13 Pa。以使炉内的分子平均自由程远大于炉子小孔的尺寸和狭缝的宽度,使分子无碰撞地自由流出。这种束源结构简单,易控制,适用于各种反应,但缺点是束流强度低、速度分布较宽。

近年来常使用超声喷嘴束源,源内压力可高于大气压力的几十倍,突然以超声速绝热向真空膨胀,分子由随机的热运动转变为定向的有序束流,它具有较大的平动能,同时由于绝热膨胀后温度很低可使转动和振动处于基态。这种分子束的速度分布比较窄,不需要外加速度选择器,喷嘴源本身通过压力的调节就起着速度选择作用。

速度选择器是由一系列带有齿孔的圆盘组成,这些圆盘装在一个与分子束前进方向平行的转动轴上,每个盘上刻有数目不等的齿孔。由于从溢流束源产生的分子束中的分子其速度具有 Boltzmann 分布,为了得到一个速度范围很窄的分子束,故让它在进入散射室之前先经过速度选择器,让分子束中具有所选择速度的分子恰好相继通过各个圆盘上的齿孔而到达散射室,速度不符合要求的分子都被圆盘挡掉。改变转轴速度,可以控制分子束的速度以达到选择反应分子平动能量的要求。这种速度选择器的缺点是大大降低了分子束的强度。

散射室又称主室或反应室,两束分子在那里正交发生反应散射。散射室要求保持很高的真空度,散射室周围可以设置多个窗口,以便让探测激光束进入反应散射区域进行检测,同时通过窗口接收来自产物粒子辐射的光学信号,以分析产物的量子态。

检测器的灵敏度是分子束实验成功与否的关键因素之一。因为稀薄的两束分子在散射室里交叉,只有其中一小部分发生碰撞,而反应碰撞又只是全部碰撞中的很小部分,因此在某立体角内要测量的产物强度是非常低的。正因为如此,直到20世纪后半期,当高灵敏度检测器出现后,分子束的研究才得以迅速发展。例如,电子轰击式电离四极质谱仪及速度分析器常被用来测量分子束反应产物的角分布、平动能分布以及分子内部能量的分布。

红外化学发光实验研究的开拓者是波兰尼(J. C. Polanyi)。当处于振动、转动激发态的化学反应产物向低能态跃迁时所发出的辐射即称为红外化学发光(IRC),记录分析这些光谱,可以得到初生产物在振动、转动态上的分布。分子束实验一般只能确定反应释放能量在产物平动能和内能之间的分配,而红外化学发光技术可以得到产物转动能、振动能以及平动能之间的相对分布。

常用的红外化学发光实验装置如图9.12所示。在实验装置示意图上,反应容器壁用液氮冷却,整个容器接快速抽空系统,压力维持在0.01 Pa以下。原子反应物A和分子反应物BC分别装在各自的进料器内。反应开始时,迅速打开进料口,使A和BC两束粒子流在下端喷嘴处混合,发生碰撞。所生成产物几乎来不及再次碰撞就被抽走或在冷壁上失活到基态。刚生成的处于振动和转动激发态的产物分子向低能态跃迁时会发出辐射,容器中装有若干组反射镜,用来更多地收集这种辐射,并把它聚焦到进入检测器的窗口,用光谱仪进行检测。从而可以推算出初生成物分子在转动能、振动能以及平动能之间的相对分布。

激光诱导荧光方法是后来由扎雷(R. N. Zare)发展起来的,并得到了广泛的应用。激光诱导荧光与分子束技术相结合,既可以测产物分子在振动、转动能级上的分布,又可以获得角分布的信息。实验装置如图9.13所示,主要组成:① 可调激光器,用来产生一定波长的激光;② 真空反应室,分子束在其中发生反应碰撞;③ 检测装置,用光谱仪摄谱和数据处理设备。实验时,用一束具有一定波长的激光,对初生态产物分子在电子基态各振动和转动能级上扫描,将电子激发到上一电子态的某一振动能级。然后用光谱仪拍摄电子在去激发时放出的荧光,并将荧光经滤色片至光电倍增管,输出的信号经放大器和信号平均器,在记录仪上记录或用微机进行数据处理。就可获得初生态分子在振动、转动能级上的分布和角分布信息。

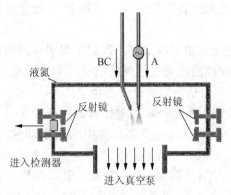
图 9.12　红外化学发光实验装置示意图

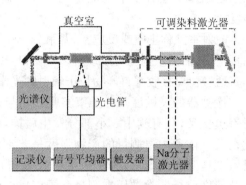
图 9.13　激光诱导荧光实验装置示意图

9.4.2　分子碰撞与态-态反应

凡涉及两个粒子间的反应必然经历碰撞过程。例如对于一个双分子基元反应 A+BC ⟶ AB+C,宏观上该反应的速率可表示为:$r=k[A][BC]$,式中速率常数 k 可用 Arrhenius 经验公式表达,即:$k=A\exp\left(-\dfrac{E_a}{RT}\right)$。

宏观动力学的主要任务之一就是在一定温度范围内,测定 k 的值并求出反应的活化能 E_a 和指前因子 A,但是所得到的结果都是在热平衡条件下的平均值。反应前 A 和 BC 分子可以各自具有各种不同的平动能、内部能量(包括振动、转动和电子的能量等)以及各种不同的方位。反应产物也经历了多次碰撞,并且有不同的能量,它们完全失去了初生时的特征和能量,因而所得结果是大量分子的平均行为和总包反应的规律。而从微观的角度去研究反应,就要知道从确定能态的反应物到确定能态的生成物的反应特征。对上述反应来说,就是要知道从量子态为 i 的 A 分子与量子态为 j 的 BC 分子发生反应,生成量子态分别为 m 和 n 的 AB 和 C 分子,可表示为

$$A(i) + BC(j) \longrightarrow AB(m) + C(n)$$

这种反应称为态-态反应(state-to-state reaction),这样的反应只能靠个别分子的单次碰撞来完成,需要从分子水平上考虑问题。

分子的碰撞可以区分为弹性碰撞、非弹性碰撞和反应碰撞。前两种碰撞不引起化学变化,后一种碰撞则引起化学反应。在弹性碰撞过程中,分子之间由于可以变换平动能,所以碰撞前后分子的速度发生了变化,但总的平动能是守恒的,且在弹性碰撞中,分子内部的能量(如转动、振动及电子能量等)保持不变。分子间平动能的交换速率很快,在大量分子的平衡中,分子的能量和速度分布遵从 Maxwell-Boltzmann 分布定律。在非弹性碰撞过程中,分子平动能可以与其内部的能量互相交换(虽然这种交换的速率是比较慢的),因而在非弹性

碰撞前后平动能不守恒,而分子的转动能之间的交换速率较快,大约在几次碰撞(甚至是每次碰撞)中就有一次碰撞有转动能的交换,因此分子的转动、振动以及电子态之间的 Boltzmann 分布靠分子的非弹性碰撞维持。在反应碰撞中,不但有平动能与内部能量的交换,同时分子的完整性也由于发生了化学反应而产生变化,如果化学反应的速率很快,系统就可能来不及维持平衡态的 Boltzmann 分布。

在微观反应动力学研究中,需要知道特定的态与态之间的反应,这在宏观动力学实验中是办不到的。因为在通常的条件下,反应物和产物的能态并不单一,而是呈 Boltzmann 平衡分布。为了选择分子的某一特定的量子态,需要一些特殊的装置(如激光、产生分子束装置),同时对于产物的能态也需要用特殊的检测器进行检测分析。

9.4.3 直接反应碰撞和形成络合物的碰撞

在分子束的实验中,主要测量的量是产物分子的角分布和速度分布,从这两个量可以得到经典动力学实验不能得到的关于基元反应的微观反应历程的信息。

实验测得的产物角分布因反应不同而不同,呈明显的特征。在质心坐标系中(所谓质心坐标系是以互撞分子的质心作为原点而作图,如果设想观察者坐在质心上观察两个分子的碰撞,则它将看到两个分子总是沿着一条通过质心的直线从相反的方向趋近),反应产物有的集中在前半球、有的集中在后半球,也有的是对称地分布在前后半球中,不同的角分布对应于不同类型的反应碰撞。

反应产物的角分布在某些方向特别集中,这是由于反应碰撞时间很短,小于转动周期(1×10^{-12} s),正在碰撞的反应物没有足够的时间完成数次转动,反应过程却早已结束,这种碰撞就是直接反应碰撞。例如:

$$K + I_2 \longrightarrow KI + I \cdot$$

金属钾和碘两束分子在反应碰撞后,产物 KI 的散射方向与原子 K 的入射方向一致,在检测器中捕捉到的产物主要分布在 K 原子前进的方向,称为向前散射。在用质心坐标的碰撞模拟图上,犹如 K 原子在前进方向上与 I_2 分子相撞时,夺取了一个碘原子后继续前进,这种向前散射的直接反应碰撞的动态模型称为抢夺模型,如图 9.14 所示。

对于反应:

$$K + CH_3I \longrightarrow KI + CH_3$$

其产物 KI 的分布却与上面的反应不同,KI 分子的散射优势方向与 K 原子入射方向相反。K 原子在前进方向上碰到碘甲烷分子,夺取碘原子后发生回弹,这是一种向后散射的直接反应模型,称为回弹模型,如图 9.15 所示。

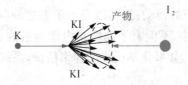
图 9.14 K+I_2 反应的散射示意图

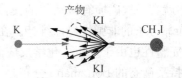
图 9.15 K+CH_3I 反应的散射示意图

还有一种形成中间络合物的反应,例如反应:

$$Cs + RbCl \longrightarrow CsCl + Rb$$

其产物的角分布前后都有,在空间中呈各向同性的散射,如图 9.16 所示。这是由于在反应过程中形成了中间络合物,它的寿命比转动的周期大好几倍。该络合物经过几次转动后失去了原来前进方向的记忆,因而分解成产物时向各个方向等概率散射,而不会形成在空间某些方向的特别优势。

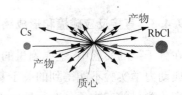
图 9.16 形成中间络合物的散射示意图

我们不可能定量地叙述反应过程的细节,仅从以上的定性叙述中,也可以看出产物的角分布与基元反应的微观历程之间是密切联系的。

§9.5 在溶液中进行的反应

溶液中的反应与气相反应相比,最大的不同是溶剂分子的存在。同一个反应在气相中进行和在溶液中进行有不同的速率,甚至有不同的历程,生成不同的产物,这些都是由于溶剂效应引起的。在溶液中,溶剂对反应物的影响大致有:解离作用、传能作用和溶剂的介电性质等的影响。在电解质溶液中,还有离子与离子、离子与溶剂分子间的相互作用等的影响,这些都属于溶剂的物理效应。溶剂也可以对反应起催化作用,甚至溶剂本身也可以参加反应,这些属于溶剂的化学反应。显然溶液中的反应要比气相反应复杂得多,现在已逐渐形成专门研究在溶液中进行反应的一个分支——溶液反应动力学。本节仅对溶剂影响中的笼效应、原盐效应以及扩散速度的影响做简要的介绍。

9.5.1 溶剂对反应速率的影响——笼效应

在均相反应中,溶液中的反应远比气相反应多得多(有人粗略估计有 90% 以上均相反应是在溶液中进行的)。但研究溶液中反应的动力学要考虑溶剂分子所起的物理的或化学的影响,另外在溶液中有离子参加的反应常常是瞬间完成的,这也造成了观测动力学数据的困难。最简单的情况是溶剂仅起介质作用的情况。

在溶液中起反应的分子要通过扩散穿过周围的溶剂分子之后,才能彼此接近而发生接触,反应后生成物分子也要穿过周围的溶剂分子通过扩散而离开。这里所谓扩散,就是对周围溶剂的反复挤撞。从微观的角度,可以把周围溶剂分子看成是形成了一个笼(cage),而反应分子则处于笼中。分子在笼中持续时间比气体分子互相碰撞的持续时间大 10~100 倍,这相当于它在笼中可以经历反复的多次碰撞。所谓笼效应(cage effect)就是指反应分子在溶剂分子形成的笼中进行的多次反复的碰撞(或"振动",这当然是指分子外部的反复移动,而不是指分子内部的振动)。这种连续重复碰撞一直持续到反应分子从笼中挤出,这种在笼中持续的反复碰撞则称为反应分子的一次遭遇(encounter)。所以溶剂分子的存在虽然限制了反应分子作远距离的移动,减少了与远距离分子的碰撞机会,但却增加了近距离反应分子的重复碰撞,总的碰撞频率并未减低。据粗略估计,在水溶液中,对于一对无相互作用的分子,在一次遭遇中它们在笼中的时间约为 $10^{-12} \sim 10^{-11}$ s。在这段时间内大约要进行 100~1 000 次的碰撞。然后,偶尔有机会跃出这个笼子,扩散到别处,又进入另一个笼中。可见溶液中分子的碰撞与气体中分子的碰撞不同,后者的碰撞是连续进行的,而前者则是间断式进行的,一次遭遇相当于一批碰撞,它包含着多次的碰撞。而就单位时间内的总碰撞次数而论,大致相同,不会有数量级上的变化。所以溶剂的存在不会使活化分子减少。A 和 B 发生反应必须通过扩散进入同一笼中,反应物分子通过溶剂分子所构成的笼所需要的活化能一般不会超过 20 kJ·mol^{-1},而分子碰撞进行反应的活化能一般在 40~400 kJ·mol^{-1} 之间。由于扩散作用的活化能小得多,所以扩散作用一般不会影响反应的速率。但也有不少反应的活化能很小,例如自由基的复合反应,水溶液中的离子反应等,反应速率取决于分子的扩散速度,即与它在笼中时间成正比。

在溶液中,溶剂对反应速率的影响也是一个极其复杂的问题,一般说来有:

(1) 溶剂的介电常数对于有离子参加的反应有影响。因为溶剂的介电常数愈大,离子间的引力愈弱,所以介电常数比较大的溶剂常不利于离子间的化合反应。

(2) 溶剂的极性对反应速率的影响。如果生成物的极性比反应物大,则在极性溶剂中反应速率比较大;反之,如反应物的极性比生成物的极性大,则在极性溶剂中的反应速率必变小。例如使反应:

$$C_2H_5I + (C_2H_5)_3N \longrightarrow (C_2H_5)_4NI$$

在各种不同的溶剂中进行,由于生成物[$(C_2H_5)_4NI$]是一种盐类,其极性远较反应物大,所以随着溶剂极性的增加,反应速率也变快。

(3) 溶剂化的影响。一般说来,作用物与生成物在溶液中都能或多或少地形成溶剂化物。这些溶剂化物若与任一种反应分子生成不稳定的中间化合物而使活化能降低,则可以使反应速率加快。如果溶剂分子与作用物生成比较稳定的化合物,则一般常能使活化能增高,而减慢反应速率。如果活化络合物溶剂化后的能量降低,因而降低了活化能,就会使反应速率加快。

(4) 离子强度的影响(亦称为原盐效应)。在稀溶液中如果作用物都是电解质,则反应的速率与溶液的离子强度有关。也就是说,第三种电解质的存在对于反应速率有影响,这种效应则称为原盐效应(primary salt effect)。

9.5.2 原盐效应

早在20世纪20年代,布耶伦(Bjerram)等人已假设,溶液中反应离子在转化为生成物之前要经过一个中间体,并导出了速率常数与离子活度因子之间的关系式。这个中间体相当于过渡态,后来用过渡态理论也导出类似的关系式。

设在溶液中离子 A^{z_A} 和 B^{z_B} 的反应为

$$A^{z_A} + B^{z_B} \rightleftharpoons [(A\cdots B)^{z_A+z_B}]^{\neq} \xrightarrow{k} P$$

式中:z_A 和 z_B 分别为离子 A,B 的电价。根据过渡态理论的热力学处理方法,则

$$k = \frac{k_B T}{h} K_c^{\neq}$$

考虑到在通常的溶液浓度范围内,$K_c^{\neq}$ 并不是常数,而 $K_a^{\neq}$ 才是常数。即

$$K_a^{\neq} = \frac{a^{\neq}}{a_A a_B} = \frac{c^{\neq}/c^{\ominus}}{\frac{c_A}{c^{\ominus}}\frac{c_B}{c^{\ominus}}} \cdot \frac{\gamma^{\neq}}{\gamma_A \gamma_B} = K_c^{\neq} \cdot (c^{\ominus})^{n-1} \frac{\gamma^{\neq}}{\gamma_A \gamma_B} \tag{9.65}$$

式中:n 为反应离子的计量系数之和。因此

$$k = \frac{k_B T}{h}(c^{\ominus})^{1-n} K_a^{\neq} \cdot \frac{\gamma_A \gamma_B}{\gamma^{\neq}} = k_0 \frac{\gamma_A \gamma_B}{\gamma^{\neq}} \tag{9.66}$$

从式(9.66)看出,速率常数 k 与活度因子有关。k_0 值一般可由实验测定,在溶液中离子反应常选无限稀释的溶液为参考态,这时,$\gamma_i=0$,$k=k_0$,$\gamma^{\neq}$ 是活化络合物的活度因子。不同的过渡态有不同的 $\gamma^{\neq}$ 值,它不能用一般的方法测定,而要与相同结构的分子进行比较而估计得到。

稀溶液中,离子强度对反应速率的影响称为原盐效应(primary salt effect)。将式(9.66)取对数,得

$$\lg \frac{k}{k_0} = \lg \gamma_A + \lg \gamma_B - \lg \gamma^{\neq} \tag{9.67}$$

根据 Debye-Huckel 极限公式，$\lg\gamma_i = -Az_i^2\sqrt{I}$，代入公式(9.67)，得

$$\lg\frac{k}{k_0} = -A[z_A^2 + z_B^2 - (z_A + z_B)^2]\sqrt{I}$$
$$= 2z_A z_B A\sqrt{I} \qquad (9.68)$$

以 $\lg k$ 或 $\lg\dfrac{k}{k_0}$ 对 $\sqrt{I}$ 绘图，则应得到直线，直线的斜率与 z_A 和 z_B 有关。在图 9.17 中直线是根据式(9.68)绘制的，图中的圆点是实验值。

从式(9.68)可知，如果作用物之一是非电解质，则 $z_A z_B = 0$，即原盐效应等于零。也就是说，非电解质之间的反应以及非电解质与电解质之间反应的速率与溶液中的离子强度无关(这个结论是由 Debye-Huckel 极限公式得来的，当浓度较浓时，这个结论就不正确了)。例如反应：

$$CH_2ICOOH + SCN^- \longrightarrow CH_2(SCN)COOH + I^-$$

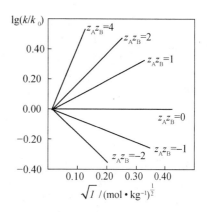

图 9.17 原盐效应

就属于这一类型。对于反应：

$$CH_2BrCOO^- + S_2O_3^{2-} \longrightarrow CH_2(S_2O_3)COO^{2-} + Br^-$$

$z_A z_B = +2$，产生正的原盐效应，即反应的速率随离子强度 I 的增加而增加。对于反应：

$$[CO(NH_3)_5Br]^{2+} + OH^- \longrightarrow [CO(NH_3)_5OH]^{2+} + Br^-$$

$z_A z_B = -2$，产生负的原盐效应，即反应的速率随离子强度 I 的增加而减小。

9.5.3 由扩散控制的反应

溶液中所进行的反应是由相互偶遇的分子进行的。反应物分子 A，B 在一定黏度的介质中作 Brown(布朗)运动，则反应速率一定与 A，B 通过扩散而形成"偶遇对"[AB]的速率有关。特别是对反应活化能不大的反应，则反应速率将受扩散的控制(例如有自由基参加的反应、酸碱中和反应等一般都受扩散的控制)。

对溶液中 A 和 B 所进行的反应，可表示为如下的机理：

$$A + B \underset{k_{-d}}{\overset{k_d}{\rightleftharpoons}} [AB] \xrightarrow{k_r} P$$

式中：[AB]表示"偶遇对"；k_d 为形成偶遇对时的速率常数；k_{-d} 是偶遇对分离为 A，B 的速率常数；k_r 为偶遇对进行反应时的速率常数。利用稳态近似处理法，即认为反应达稳态时，偶遇对的浓度不随时间而改变，即

$$\frac{d[AB]}{dt} = k_d[A][B] - k_{-d}[AB] - k_r[AB] = 0$$

解得

$$[AB] = \frac{k_d[A][B]}{k_{-d} + k_r}$$

反应的总速率取决于[AB]的分解,即

$$r = k_r[AB]$$

代入上式后得

$$r = k_r \frac{k_d[A][B]}{k_{-d} + k_r} = k[A][B]$$

式中即有

$$k = \frac{k_r k_d}{k_{-d} + k_r}$$

从上式可知,反应可能有两种情况:

(1) 若在黏度较大的溶剂中,偶遇对分离为 A 和 B 较难,或者是反应的活化能很小,此时 $k_r \gg k_{-d}$,则 $k = k_d$,即

$$k = k_d[A][B] \tag{9.69}$$

这时反应主要由扩散控制。

(2) 若偶遇对反应变为产物的活化能大,则反应由活化过程所控制,$k_r \ll k_{-d}$,即

$$k = k_r \frac{k_d}{k_{-d}} = k_r K \tag{9.70}$$

式中 K 为反应物分子形成偶遇对的平衡常数。上式表明,反应的总速率由形成偶遇对的平衡常数以及偶遇对越过反应能全变为产物的速率所决定。

现在讨论第一种情况,即反应是受扩散控制,反应的总速率等于扩散速率。根据斐克第一定律(Fick's first law),单位时间内通过单位截面的物质的流量 J 与浓度梯度成正比,即

$$J = -D_B \frac{dN_B}{dr} \tag{9.71}$$

式中:比例系数 D_B 是 B 分子的扩散系数,可以看作是单位浓度梯度时的流量;N_B 为 B 分子的浓度(单位体积中的分子数);$\frac{dN_B}{dr}$ 是在距离为 r 处的浓度梯度。式中负号表示扩散的方向与浓度增加的方向相反(即与 r 的增加方向相反)。

两种半径为 r_A 及 r_B,扩散系数为 D_A 及 D_B 的 A,B 两种球形分子进行扩散控制的溶液反应。若 A 和 B 都有明显的扩散倾向,则可以根据扩散定律推导出,该二级反应的速率常数 k 为

$$k = k_d = 4\pi(D_A + D_B)r_{AB} \tag{9.72}$$

根据斯托克斯-爱因斯坦(Stokes-Einstein)扩散系数公式:

$$D = \frac{k_B T}{6\pi \eta r} \tag{9.73}$$

式中：k_B 为 Boltzmann 常数；η 为黏度；r 为扩散粒子的半径。代入式(9.72)（式中 $r_{AB} = r_A + r_B$），得

$$k_d = 4\pi(r_A + r_B)\frac{k_B T}{6\pi \eta r}\left(\frac{1}{r_A} + \frac{1}{r_B}\right) = \frac{2k_B T}{3\eta}\frac{(r_A + r_B)^2}{r_A r_B}$$

当 $r_A \approx r_B$ 时，则

$$k_d = \frac{8k_B T}{3\eta} \tag{9.74}$$

而溶剂黏度 η 与温度的关系所遵循的公式与 Arrhenius 公式类似，即

$$\eta = A\exp\left(\frac{E_a}{RT}\right)$$

式中 E_a 是输运过程的活化能，代入式(9.74)，得

$$k_d = \frac{8k_B T}{3A}\exp\left(-\frac{E_a}{RT}\right) \tag{9.75}$$

对于大多数有机溶剂，E_a 约为 $10\ \mathrm{kJ\cdot mol^{-1}}$。显然，扩散活化能愈低，扩散控制的反应的反应速率亦愈大，低活化能是扩散控制反应的特点。

§9.6 快速反应的几种测试手段*

对单分子反应来说，速率常数的极限值可达 $10^{12} \sim 10^{14}\ \mathrm{s^{-1}}$，双分子反应的速率常数值亦可大到 $10^{11}\ \mathrm{(mol\cdot dm^{-3})^{-1}\cdot s^{-1}}$。而传统测量反应速率的物理化学方法则不能测量如此快速反应的速率，可见对于快速反应(fast reaction)要求用特殊的测量方法。随着科学技术的发展，特别是时间分辨技术的提高（目前对时间可精确测至 $10^{-15}\ \mathrm{s}$ 以下），对快速反应动力学的研究已有不少实验方法，如表 9.2 所示。

表 9.2 快速反应的试验方法及其应用范围

实验方法	适用的半衰期范围/s	实验方法	适用的半衰期范围/s
传统方法	$10^0 \sim 10^8$	流动法	$10^{-3} \sim 10^2$
弛豫法	$10^{-10} \sim 1$	跳浓弛豫法	$10^{-6} \sim 1$
跳温弛豫法	$10^{-7} \sim 1$	场脉冲法	$10^{-13} \sim 10^{-4}$
击波管法	$10^{-9} \sim 10^{-3}$	动力学波谱法	$< 10^{-10}$

我们仅对弛豫法和闪光光解法作简单介绍。

9.6.1 弛豫法

弛豫法是用来测定快速反应速率的一种特殊方法。当某快速对峙反应在一定外界条件下达成平衡,然后突然改变一个条件,给系统一个扰动,使之偏离原平衡,在新的条件下再达成平衡,这就是弛豫过程。对平衡系统施加扰动信号的方法可以是脉冲式、阶跃式或周期式。改变的条件可以是温度跃变、压力跃变、浓度跃变、电场跃变和超声吸收等多种形式。用实验求出弛豫时间,就可以计算出快速对峙反应的正、逆两个速率常数。

现以一级快速对峙反应为例,求弛豫时间与速率常数的关系。设一级快速对峙反应为

$$A \underset{k_{-1}}{\overset{k_1}{\rightleftharpoons}} P$$

令 a 是 A 的原始浓度,x 为 P 的浓度,则在时间 t 时的速率公式为

$$\frac{dx}{dt} = k_1(a-x) - k_{-1}x \tag{9.76}$$

若式(9.76)中 k_1 或 k_{-1} 是很大的,不可能用通常的方法来测定。如果先让此系统在某一温度下达到平衡,然后用特殊方法使温度发生突变(温度跳跃),原平衡被破坏,系统向新条件下的平衡转移。若在新平衡条件下的产物的平衡浓度为 x_e,则有

$$k_1(a - x_e) = k_{-1}x_e \tag{9.77}$$

系统在未发生突变前,产物的浓度 x 与新的平衡浓度 x_e 之间的差值为 Δx,则

$$\Delta x = x - x_e \quad 或 \quad x = \Delta x + x_e \tag{9.78}$$

对生成物 P 如有正的偏离,则对反应物 A 应有负的偏离,反之亦然。根据式(9.76)和式(9.78),可得

$$\begin{aligned}\frac{d(\Delta x)}{dt} &= \frac{dx}{dt} = k_1(a-x) - k_{-1}x \\ &= k_1[(a-x_e) - \Delta x] - k_{-1}(\Delta x + x_e)\end{aligned} \tag{9.79}$$

将式(9.77)代入式(9.79),整理得

$$\frac{d(\Delta x)}{dt} = -(k_1 + k_{-1})\Delta x \tag{9.80}$$

因此与新平衡的偏离值 Δx 随时间的变化率 $\dfrac{d(\Delta x)}{dt}$(即为系统向新平衡位置的转移速率)与一级对峙反应中的浓度随时间的变化规律相似。将(9.80)式移项积分,当"刺激"刚停止时,就开始计算时间,这时 $t=0$,$\Delta x = (\Delta x)_0$。显然起始时 $(\Delta x)_0$ 的值是偏离新平衡的最大值,当时间为 t 时,偏离值为 Δx,则

$$\int_{(\Delta x)_0}^{\Delta x} -\frac{\mathrm{d}(\Delta x)}{\Delta x} = (k_1 + k_{-1})\int_0^t \mathrm{d}t$$

$$\ln\frac{\Delta x_0}{\Delta x} = (k_1 + k_{-1})t \tag{9.81}$$

式中常数 (k_1+k_{-1}) 的单位是(时间)$^{-1}$，若令 $\dfrac{1}{(k_1+k_{-1})} = \tau$，则 $\ln\dfrac{(\Delta x)_0}{\Delta x} = \dfrac{t}{\tau}$。当 $\dfrac{(\Delta x)_0}{\Delta x} = \mathrm{e}$ (e 是自然对数的底数，e=2.718)，或 $\Delta x = \dfrac{(\Delta x)_0}{\mathrm{e}} = 0.3679(\Delta x)_0$ 时，则

$$\ln\frac{(\Delta x)_0}{\Delta x} = \ln\mathrm{e} = 1$$

即

$$\tau = t = \frac{1}{k_1 + k_{-1}} \tag{9.82}$$

此时的 τ 即为当 Δx(系统的浓度与平衡浓度之差)达到 $(\Delta x)_0$(起始时的最大偏离值)的 36.79% 时所需的时间，这个时间称为弛豫时间(time of relaxation)。因此，如能用实验的方法精确测定弛豫时间 τ，则可求得 $(k_1 + k_{-1})$ 的值，再结合平衡常数 $K = \dfrac{k_1}{k_{-1}}$，就能分别求得 k_1 和 k_{-1} 的值。近代的一些实验手段，例如有自动记录设备的核磁共振(NMR)、电子自旋共振(ESR)谱仪及用振荡器跟踪电导的变化等能在短时间内反映出系统发生变化的信息。

对于其他级数的快速对峙反应，可用同样的方法导出弛豫时间 τ 的表示式，现仅将其结果列于表 9.3。

表 9.3　几种简单快速对峙反应弛豫时间的表示式

对峙反应	$\dfrac{1}{\tau}$ 的表示式
$A \underset{k_{-1}}{\overset{k_1}{\rightleftharpoons}} P$	$(k_1 + k_{-1})$
$A + B \underset{k_{-2}}{\overset{k_2}{\rightleftharpoons}} P$	$k_2([A]_e + [B]_e) + k_{-1}$
$A \underset{k_{-2}}{\overset{k_1}{\rightleftharpoons}} G + H$	$k_1 + 2k_{-2}x_e$
$A + B \underset{k_{-2}}{\overset{k_2}{\rightleftharpoons}} G + H$	$k_2([A]_e + [B]_e) + k_{-2}([G]_e + [H]_e)$

【例 9.2】 醋酸的电离反应为 1～2 级对峙反应：

$$CH_3COOH \underset{k_{-2}}{\overset{k_1}{\rightleftharpoons}} CH_3COO^- + H^+$$

若醋酸浓度为 $0.1\ \mathrm{mol \cdot dm^{-3}}$，$k_1 = 7.8 \times 10^5\ \mathrm{s^{-1}}$，$k_{-2} = 4.5 \times 10^{10}\ (\mathrm{mol \cdot dm^{-3}})^{-1} \cdot \mathrm{s^{-1}}$，试求弛豫时间。

解：
$$K = \frac{k_1}{k_{-2}} = \frac{7.8 \times 10^5}{4.5 \times 10^{10}} = 1.73 \times 10^{-5} (\text{mol} \cdot \text{dm}^{-3})$$

$$K = \frac{x_e^2}{0.1 - x_e}$$

得 $x_e = 1.31 \times 10^{-3}$ mol·dm^{-3}，即

$$\tau = \frac{1}{k_1 + 2k_{-2}x_e} = \frac{1}{7.8 \times 10^5 + 2 \times 4.5 \times 10^{10} \times 1.31 \times 10^{-3}}$$
$$= 8.43 \times 10^{-9} (\text{s})$$

9.6.2 闪光光解法

闪光光解(flash photolysis)技术自从 20 世纪 40 年代末问世以来，已经发展成为一种测定快速反应的十分有效的手段。实验装置的基本原理是：将反应物放在一长石英管中(一般可长至 1 m)，管两端有平面窗口，与反应管平行有一石英制闪光管，它能产生能量高、持续时间很短的强烈闪光。当这种闪光被反应物吸收的瞬间，会引起电子激发，发生化学反应。对这种光解产物(主要是自由原子或自由基碎片)通过窗口用光谱技术(如紫外、可见吸收光谱、磁共振谱等)进行测定，并监测这些碎片随时间的衰变行为。由于所用的闪光强度很高，可以产生比一般反应历程中生成的碎片浓度高得多的自由基，所以闪光光解技术对鉴别寿命极短的自由基特别有用。

闪光光解的时间分辨率取决于闪光灯的闪烁时间，若闪烁时间为 20 μs 左右，则测一级反应的半衰期可达 10^{-6} s。如果用激光器(用超短脉冲激光)代替闪光管，则可产生持续时间在 10^{-9} s 甚至 10^{-15} s 的激光脉冲，可以大大提高测量时间的分辨率。

闪光光解法的主要优点是可以利用闪烁时间要比检测的物种的寿命短得多的强闪光灯，因而曾发现了许多反应的中间产物(自由基)，并能有效地研究反应极快的原子复合反应动力学。另外所用反应管较长，也为光谱检测提供了一个很长的光程。

§9.7 光化学反应

9.7.1 光化学反应与热化学反应的区别

只有在光的作用下才能进行的化学反应或由于反应产生的激发态粒子在跃迁到基态时能放出光辐射的反应都称为光化学反应(photochamical reaction)。光化学现象虽早为人们所知，但光化学(photochenmistry)成为有理论基础的科学还只是近几十年的事。

光是一种电磁辐射，具有波动和微粒的二重性。光化学既与电磁辐射有关，又与物质的

相互作用有关,所以光化学处于化学和物理的交会点,在讨论光化学过程的同时,有必要简单介绍一些光的吸收和发射等物理过程。

可见光的波长范围是 400～750 nm,紫外光波长为 150～400 nm,近红外光的波长为 750 nm～$3×10^{-5}$ m。在光化学中,人们关注的是波长在 100～1 000 nm 的光波(其中包括紫外、可见和红外线)。光子能量随波长的增大而下降,因为一个光子的能量 ε 为

$$\varepsilon = h\nu$$

而波长

$$\lambda = \frac{c}{\nu}$$

则

$$\varepsilon = h\frac{c}{\lambda}$$

式中:h 为 Planck 常数;c 为光速;ν 为频率。在光谱学习中习惯用波数(wave number)即波长的倒数 $\left(\sigma = \frac{1}{\lambda}\right)$ 来表示光子的能量。对光化学有效的光是可见光和紫外光,红外光由于能量较低,不足以引发化学反应(但红外激光是可以引发化学反应的)。

相对于光化学反应来讲,平常的那些反应称之为热反应。光化学反应与热反应有许多不同的地方。例如在恒温恒压下,热反应总是向系统的 Gibbs 自由能降低的地方进行。但有许多光化学反应(并不是所有的光化学反应)却能使系统的 Gibbs 自由能增加,如在光的作用下氧转化成臭氧、氨的分解,植物中 CO_2(g) 和 H_2O 合成碳水化合物并放出氧气等,都是 Gibbs 自由能增加的例子。但如果把辐射的光源切断,则该反应仍旧向 Gibbs 自由能减少的方向进行,而力图恢复原来的状态。但这个反应在寻常的温度下,有可能进行得很慢,以致察觉不出。例如碳水化合物和氧在同样的条件下变为 CO_2(g) 和 H_2O 的反应就是如此。

热反应的活化能来源于分子碰撞,而光化学反应的活化能来源于光子的能量(光化学反应的活化能通常在 30 kJ·mol^{-1} 左右,小于一般热化学的活化能)。热反应的反应速率受温度影响大,而光化学反应的温度系数较小。这些都是热化学与光化学反应的主要不同之处。但初始光化学过程的速率常数也随温度而变,且也遵从 Arrhenius 方程。这和普通的化学反应是一致的。

当系统吸收了光子的能量而成为激发态后,激发态的寿命是很短暂的(一般约在 10^{-7} s 左右),在此期间激发态的变化有两种可能:① 进行后续的光化学反应;② 激发态的自我衰变,如以辐射方式放出荧光或磷光等。这两种可能形成竞争形式,因此只有活化能较小、反应速率快者才能取得优势,并按第一种可能进行光化学反应。这也是我们所察觉到的光化学反应其活化能均较小的原因。而热化学反应的初始过程,反应分子都处于基态,能量较低,具有较高的活化能,反应速率相对较慢。

光化学反应和热化学反应之间的主要区别,即在光作用下的反应是激发态分子的反应,

而在非光作用下的化学反应通常是基态分子的反应(有时也称为暗反应,即一般的热化学反应)。因此,用"光催化"一词来描述光化学反应,是不确切的。催化剂在反应结束后,催化剂的化学组成没有发生变化,而光化学反应后,光却被吸收掉了,两者有本质上的不同。

研究光化学的重要性是不言而喻的,植物的叶绿素能利用日光把 $CO_2(g)$ 和 H_2O 变成碳水化合物和氧气。这种光合作用是绿色植物的特有本领,人类和整个生物界的生存全仰仗于它。人类当今的重要能源(煤、石油、天然气)则是古代光合作用留给我们的遗产。地球上一切生命必需的氧,追根究底也是光合作用的产物。随着粮食、能源、污染问题的日益尖锐,对光合作用的研究不仅有重要的科学意义而且有巨大的经济意义。例如结合太阳能的利用,人们在进行着光电转换以及光化学能转化的研究。

有些自发反应,在光的照射下能加速进行。由于光活化分子的数目比例于光的强度,所以在足够强的光源下,常温就能达到热反应在高温才能达到的速率。反应温度的降低,往往能有效地抑制副反应的发生。若能再选用波长适当的光,则可进一步提高反应的选择性。

由于光化学反应比热反应具有许多独特的优点,所以在科学研究、医学、化工生产和军事应用等方面都得到广泛的应用。

9.7.2 光化学反应的初级过程和次级过程

光化学反应是从物质(即反应物)吸收光子开始的,此过程统称为是光化反应的初级过程,它使反应物的分子或原子中的电子能态由基态跃迁到较高能量的激发态(在式中右上角打"*"表示激发态)。若光子能量很高也可使分子解离,如:

$$Hg(g) + h\nu \longrightarrow Hg^*(g)$$

$$Br_2(g) + h\nu \longrightarrow 2Br^*(g)$$

这两个过程都是初级过程(primary process),初级过程的产物还可以进行一系列的次级过程(secondary process),如发生猝灭(quenching)、荧光(fluorescence)或磷光(phosphorescence)等。猝灭是激发分子(A^*)与其他分子或器壁碰撞后失去能量。猝灭使次级反应停止。

原子或分子吸收光子后,被激发到较高能级的激发态,由于激发态不稳定而进行辐射跃迁,直接回到基态时所发出的光称为荧光,激发态的寿命是很短的。一般只有 10^{-8} s,由于寿命很短,所以切断光源,荧光立即停止。但也有一些被光照射的物质,在切断光源后,仍能继续发光,可延续到若干秒,甚至更长,此种光称为磷光。其原因是激发态分子在跃迁回到基态时,常须经过介稳状态之故。

激发态分子与其他分子碰撞,可能将过剩的能量传给被碰撞的分子,使其激发甚至解离,也可能与相碰的分子发生反应等,如:

$$Hg^* + Tl \longrightarrow Hg + Tl^*$$

$$Hg^* + H_2 \longrightarrow Hg + 2H^*$$
$$Hg^* + O_2 \longrightarrow HgO + O^*$$

这些都是激发态分子（或原子）的次级过程。

9.7.3 光化学最基本定律

只有被分子吸收的光才能引起分子的光化学反应，这是 19 世纪由格罗特斯(Grotthus)和德拉波(Draper)总结出来的，故称为 Grotthus-Draper 定律，又称为光化学第一定律。根据这个定律在进行光化学反应研究时要注意光源、反应器材料及溶剂等的选择。

光化学第二定律是指：在初级反应中，一个反应分子吸收一个光子而被活化。这是 20 世纪初由斯塔克(Stark)和 Einstein 提出来的，故称为 Stark-Einstein 定律，又称为光化学第二定律(在大多数光化学反应中，光源强度范围是 $10^{14} \sim 10^{18}$ 光子·s^{-1}，这时该定律是有效的。但激光被使用后，由于光强度超过了上述范围，发现有的分子可吸收 2 个或更多的光子，故光化学第二定律对光强度很大、激发态分子寿命较长的情况不适用)。根据该定律，如要活化 1 mol 分子则要吸收 1 mol 光子，1 mol 光子的能量称为摩尔光量子能量，用符号 E_m 表示，即

$$E_m = Lh\nu = \frac{Lhc}{\lambda}$$
$$= \frac{6.02 \times 10^{23} \text{ mol}^{-1} \times 6.63 \times 10^{-34} \text{ J} \cdot \text{s} \times 3.0 \times 10^8 \text{ m} \cdot \text{s}^{-1}}{\lambda}$$
$$= \frac{0.1197}{\lambda} \text{ J} \cdot \text{m} \cdot \text{mol}^{-1}$$

平行的单色光通过一均匀吸收介质时，未被吸收的透射光强度 I_t 与入射光强度 I_0 的关系为

$$I_t = I_0 \exp(-\kappa dc) \tag{9.76}$$

式中：d 为介质厚度；c 为吸收质的浓度（用 mol·dm^{-3} 表示）；κ 为摩尔吸收系数，其值与入射光的波长、温度、溶剂等性质有关。式(9.76)就称为朗伯-比尔(Lambert-Beer)定律。

9.7.4 量子产率

光化学反应是从物质（即反应物）吸收光子开始的，所以光的吸收过程是光化学反应的初级过程。光化学第二定律只适用于初级过程，该定律也可用下式表示：

$$A + h\nu \longrightarrow A^*$$

A^* 为 A 的电子激发态，即活化分子。其活化分子有可能直接变为产物，也可能和低能量分子相撞而失活，或者引发其他次级反应（如引发一个链反应等）。为了衡量光化学反应的效

率,引入量子产率(quantun yield)的概念,用 ϕ 表示。对一指定的反应,则

$$\phi = \frac{\text{反应物分子消失数目}}{\text{吸收光子数目}} = \frac{\text{反应物消失的物质的量}}{\text{吸收光子物质的量}} \tag{9.83a}$$

由上式所定义的 ϕ 是反应物消失的量子产率。也可能根据产物生成的分子数目来定义量子产率:

$$\phi' = \frac{\text{产物分子生成数目}}{\text{吸收光子数目}} = \frac{\text{产物生成的物质的量}}{\text{吸收光子物质的量}} \tag{9.83b}$$

由于受化学反应式中计量系数的影响,ϕ 和 ϕ' 的数值很可能是不等的,例如:

$$2HBr + h\nu(\lambda = 200 \text{ nm}) \longrightarrow H_2 + Br_2$$

显然 $\phi=2$,而 $\phi'=1$。但如用反应速率(r)和吸收光子的速率(I_a)来定义量子产率(ϕ),并令

$$\phi = \frac{r}{I_a} \tag{9.83c}$$

则不会引起混淆[①]。反应速率(r)可用任何动力学方法测量,吸收光速率(I_a)可用化学露光计(chenmical actionmeter)测量,因此量子产率可由实验测定。如果一个光化学过程只包含初级过程,则问题较为简单。如果初级过程之后接着进行次级过程,则由于活化分子所进行的次级过程不同,ϕ 值可以小于 1,也可以大于 1。若引发一个链反应,则 ϕ 值甚至可达 10^6。

初级反应的量子产率在理论上具有重要意义,但是当初级反应的生成物是自由基或自由原子时,它们的浓度难以测定,量子产率就难以估算。所以最常采用的是求总量子产率,因为稳定的最终生成物其浓度是可以测定的。例如 HI(g)的光解反应:

初级过程(光化学反应): $\quad HI + h\nu \longrightarrow H\cdot + I\cdot$

次级过程(热反应):$\quad \begin{cases} H\cdot + HI \longrightarrow H_2 + I\cdot \\ I\cdot + I\cdot \longrightarrow I_2 \end{cases}$

总过程:$\quad 2HI \xrightarrow{h\nu} H_2 + I_2$

即一个光子可使两个 HI 分子分解,故 $\phi=2$。若次级反应为链反应,则 ϕ 可能很大。例如 H_2+Cl_2 的反应,ϕ 值可高达 $10^4 \sim 10^6$。若次级反应中包括消活化作用,则 ϕ 可以小于 1,例如 CH_3I 的光解反应,$\phi=0.01$。

9.7.5 光化学反应动力学

光化学反应的速率公式较热反应复杂一些,它的初级反应与入射光的频率、强度(I_0)有关。因此首要要了解其初级反应,然后还要知道哪几步是次级反应。要确定反应历程,仍然

---

① 有些作者将由式(9.77a)所定义的 ϕ 称为量子效率(quantum efficiency),而将由式(9.77b)所定义的 ϕ' 称为量子产率,如能严格区分,亦未尝不可,但是不如取式(9.77c)所定义的为好。

要依靠实验数据,测定某些物质的生成速率或某些物质的消耗速率。各种分子光谱在确定初级反应过程时常是有力的实验工具。

举简单反应 $A_2 \longrightarrow 2A$ 为例。设其历程为

(1) $A_2 + h\nu \xrightarrow{I_a} A_2^*$ （激发活化） 初级过程

(2) $A_2^* \xrightarrow{k_2} 2A$ （解离） 次级过程

(3) $A_2^* + A_2 \xrightarrow{k_3} 2A_2$ （能量转移而失活） 次级过程

产物 A 的生成速率为

$$\frac{d[A]}{dt} = 2k_2[A_2^*] \tag{9.84}$$

光化学反应的初级反应速率一般只与入射光的强度有关,而与反应物浓度无关。因为反应物一般总是过量的,所以初级光化学反应对反应物呈零级反应。根据光化学第二定律,则初级反应的速率就等于吸收光子的速率(即单位时间、单位体积中吸收光子的数目或物质的量)。若入射光没有完全被吸收,而有一部分变成透射(或反射)光,设吸收光占入射光的分数为 $a(a = I_a/I_0)$,则 $I_a = aI_0$。对于上例,根据反应(1),A_2^* 的生成速率就等于 I_a,而 A_2^* 的消失速率则由(2)、(3)反应决定。对 A_2^* 作稳定态近似,则

$$\frac{d[A_2^*]}{dt} = I_a - k_2[A_2^*] - k_3[A_2^*][A_2] = 0$$

$$[A_2^*] = \frac{I_a}{k_2 + k_3[A_2]} \tag{9.85}$$

将(9.85)式代入(9.84)式,得

$$\frac{d[A]}{dt} = \frac{2k_2 I_a}{k_2 + k_3[A_2]} \tag{9.86}$$

该反应的量子效率为

$$\phi = \frac{r}{I_a} = \frac{\frac{1}{2}\frac{d[A]}{dt}}{I_a} = \frac{k_2}{k_2 + k_3[A_2]}$$

【例 9.3】 乙醛的光解机理拟定如下：

(1) $CH_3CHO + h\nu \xrightarrow{I_a} CH_3 + CHO$

(2) $CH_3 + CH_3CHO \xrightarrow{k_2} CH_4 + CH_3CO$

(3) $CH_3CO \xrightarrow{k_3} CO + CH_3$

(4) $CH_3 + CH_3 \xrightarrow{k_4} C_2H_6$

试推导出 CO 的生成速率表达式和 CO 的量子产率表达式。

解：(1) 对反应过程中产生的 CH_3CO, CH_3 作稳态近似，即

$$\frac{d[CH_3CO]}{dt} = k_2[CH_3][CH_3CHO] - k_3[CH_3CO] = 0$$

$$\frac{d[CH_3]}{dt} = I_a - k_2[CH_3][CH_3CHO] + k_3[CH_3CO] - 2k_4[CH_3]^2 = 0$$

上两式相加得

$$[CH_3] = \left(\frac{I_a}{2k_4}\right)^{\frac{1}{2}} \quad \text{①}$$

在反应(3)中有 CO 的生成，所以

$$\frac{d[CO]}{dt} = k_3[CH_3CO] = k_2[CH_3][CH_3CHO] \quad \text{②}$$

将①代入②得

$$\frac{d[CO]}{dt} = k_2\left(\frac{I_a}{2k_4}\right)^{\frac{1}{2}}[CH_3CHO]$$

(2) $\phi_{CO} = \left(\frac{d[CO]}{dt}\right)/I_a = \frac{k_2[CH_3CHO]}{(2k_4 I_a)^{\frac{1}{2}}}$

9.7.6 光化学平衡和热化学平衡

设反应物 A, B 在吸收光能的条件下进行如下反应：

$$A + B \xrightarrow{h\nu} C + D$$

若产物对光不敏感，则它将按热反应又回到原态，即

$$A + B \underset{\text{热反应}}{\overset{h\nu}{\rightleftharpoons}} C + D \quad \text{①}$$

当正、逆反应的速率相等时，达到稳态，称为光稳定态（photo stationary state）。如果在没有光的存在下，上述反应也能达到平衡。

$$A + B \underset{\text{热反应}}{\overset{\text{热反应}}{\rightleftharpoons}} C + D \quad \text{②}$$

则这样的平衡就是热力学平衡。光稳定态和热力学平衡态是不同的，光稳定态的平衡常数（有时称为光化学平衡常数）与热力学平衡常数也是不同的。如果反应①已达平衡，当移去光源后，系统将重新建立②式的平衡。

以蒽的双聚为例：

$$2C_{14}H_{10}(蒽) \underset{热}{\overset{光}{\rightleftharpoons}} C_{28}H_{20}(二聚体)$$

这个反应的机理其实并不如此简单,但为了简化,用上式来讨论,并简写为

$$2A \underset{k_{-1}}{\overset{I_a}{\rightleftharpoons}} A_2$$

正向反应速率 $\qquad r_f = I_a$

逆向反应速率 $\qquad r_b = k_{-1}[A_2]$

平衡时,$r_f = r_b$ $\qquad I_a = k_{-1}[A_2]$

或 $\qquad [A_2] = I_a / k_{-1}$

平衡浓度$[A_2]$决定于吸收光的强度I_a,即与吸收光的强度I_a成正比。当I_a一定时,则蒽的浓度为一常数(即光化学平衡常数),而与反应物的浓度无关。

也有些光化学反应,其正、逆反应都对光敏感,例如:

$$2SO_3 \underset{h\nu'}{\overset{h\nu}{\rightleftharpoons}} 2SO_2 + O_2$$

热力学的计算表明,在 900 K 和大气压力下,平衡时只有 30% 的 SO_3 分解。但在光化学反应的情况下,在 318 K 时,就有 35% 的 SO_3 分解,而且当强度一定时,温度在 323~1 073 K 的范围内其平衡常数都不会改变。

通常的化学反应,温度每增加 10 K,反应速率大约增加 2~4 倍。而温度对光化学反应的速率影响一般都不大,这是由于光化学的初级反应与吸收光的强度有关,而次级反应中又常涉及到自由基的反应,这些反应的活化能不大,所以温度对反应速率影响不大。但也有些光化学反应其温度系数很大,也有的甚至可为负值,这是由于有次级反应存在,在总的速率常数中包含着某一步骤的速率常数 k_1 和平衡常数 $K^\ominus$,并设有如下的关系:

$$k = k_1 K^\ominus$$

则 $\qquad \dfrac{\mathrm{d}\ln k}{\mathrm{d}T} = \dfrac{\mathrm{d}\ln k_1}{\mathrm{d}T} + \dfrac{\mathrm{d}\ln K^\ominus}{\mathrm{d}T} = \dfrac{E_a}{RT^2} + \dfrac{\Delta_r H_m^\ominus}{RT^2} = \dfrac{E_a + \Delta_r H_m^\ominus}{RT^2}$

如果 $\Delta_r H_m^\ominus$ 为负值,且其绝对值大于 E_a,则 $\dfrac{\mathrm{d}\ln k}{\mathrm{d}T} < 0$,即增加温度反应速率反而降低,苯的氯化反应就属于这一类型。

总之,光化学反应与热反应的主要区别可归纳为如下几点:

(1) 在热反应中,反应分子靠频繁的相互碰撞而获得克服能垒所需要的活化能,而光化学反应中,分子靠吸收外来光能后激发而克服能垒。

(2) 在定温定压下,自发进行的热反应必是 $(\Delta_r G)_{T,P} \leqslant 0$ 的反应,但光化学反应可以是

$(\Delta_r G)_{T,P} \leqslant 0$ 的反应,也可以是 $(\Delta_r G)_{T,P} > 0$ 的反应。例如,$CO_2(g)$ 及 H_2O 在阳光的照射下,借助于叶绿素作催化剂而合成糖类的反应就是 $(\Delta_r G)_{T,P} > 0$ 的反应。

$$6CO_2(g) + 6H_2O \xrightarrow[\text{阳光}]{\text{叶绿素}} C_6H_{12}O_6 + 6O_2(g)$$

(3) 热反应的反应速率受温度的影响比较明显。在光化学反应中,分子吸收光子而激发的步骤,其速率与温度无关,而受激发后的反应步骤,又常是活化能很小的步骤,故一般说来,光化学反应速率常数的温度系数较小。

(4) 在对峙反应中,在正、逆方向中只要有一个是光化学反应,则当正逆反应的速率相等时就建立了"光稳态"(也称为"光化平衡态")。同一对峙反应,若既可按热反应方式进行,又可按光化学反应进行,则热反应的平衡常数及平衡组成与光化学反应的"平衡常数"及光稳态的组成并不相同。对于光化学反应,并不存在 $\Delta_r G_m^\ominus = -RT\ln K^\ominus$ 的关系。

9.7.7 感光反应、化学发光

有些物质不能直接吸收某些波长的光而进行光化学反应,即对光不敏感。但如在系统中加入另外一种物质,它能吸收这样的辐射,然后把光能传递给反应物,使反应物发生作用,而本身在反应的前后并不发生变化,则这样的外加物质就叫做感光剂(或光敏剂,photosensitizer),这样的反应就是感光反应(或光敏反应,photosensitized reaction)。

例如,用波长为 253.7 nm 的紫外光照射氢气时,氢气并不解离。该紫外光 1 mol 光子的能量为

$$E_m = \frac{Lhc}{\lambda}$$

$$= \frac{6.02 \times 10^{23} \text{ mol}^{-1} \times 6.63 \times 10^{-34} \text{ J} \cdot \text{s} \times 3.0 \times 10^8 \text{ m} \cdot \text{s}^{-1}}{253.7 \times 10^{-9} \text{ m}}$$

$$= 472 \text{ kJ} \cdot \text{mol}^{-1}$$

而 1 mol $H_2(g)$ 分子的解离能为 436 kJ·mol^{-1},照理反应应该可以发生,但实际上 $H_2(g)$ 并不解离。只有 $H_2(g)$ 中混入少量汞蒸气后,$Hg(g)$ 受光活化成为 $Hg^*(g)$,它能使氢分子立即分解,则汞蒸气就是该反应的感光剂。可定性地表示为

$$Hg(g) + h\nu \longrightarrow Hg^*(g)$$

$$Hg^*(g) + H_2(g) \longrightarrow Hg(g) + H_2^*(g)$$

$$H_2^*(g) \longrightarrow 2H \cdot$$

另一个常见的例子是植物的光合作用(photosynthesis)。$CO_2(g)$ 及 H_2O 都不能直接吸收阳光($\lambda = 400 \sim 700$ nm),而叶绿素却能吸收阳光并使 $CO_2(g)$ 和 H_2O 合成糖类:

$6CO_2(g) + 6H_2O \xrightarrow[h\nu]{叶绿素} C_6H_{12}O_6 + 6O_2(g)$，因此叶绿素就是植物光合作用的感光剂。

卤化银能吸收可见光里的短波辐射(绿光、紫光、紫外光)而发生分解，如

$$AgBr \xrightarrow{h\nu} Ag + Br \cdot$$

这个反应是照相技术的基础。但卤化银却不受长波辐射(红光、荧光)的影响，故洗相片的暗房里可用红灯照射。如果在 AgBr 中加入某种染料，则它在红光下也会分解，这种染料也就是感光剂。

选择对不同波长的光所产生的光敏感反应，可以设计测定不同波长强度的仪器，这种设备称为化学露光计(chemical actinometer)。例如，二氧铀草酸盐露光计，由于仪器中含有一定浓度的对紫外光敏感的 UO_2SO_4 和草酸溶液，可以用来测定紫外光的强度。

化学发光(chemiluminescence)是化学反应过程中发出的光，可看成是光化学反应的逆过程。光化学反应是分子吸收光子变为激发态后再进行以后的反应，而化学发光则由于在化学反应过程中产生了激发分子，当这些激发分子回到基态的同时放出了辐射。由于产生化学发光的温度一般在 800 K 以下，故有时又称化学冷光(cold light)。例如 CO(g) 燃烧时能形成激发态的 $CO_2^*(g)$ 和 $O_2^*(g)$，这些激发态能放出光：

$$O_2^*(g) \longrightarrow O_2 + h\nu$$
$$CO_2^* \longrightarrow CO_2 + h\nu'$$

其他如细菌对朽木的氧化，萤火虫的发光以及黄磷的发光等，所发的光都是可见的(当然也有些只是在夜间可见)。也有些化学发光是肉眼不可见的，如红外化学发光。例如热反应：

$$H + X_2 \longrightarrow X + HX^*$$

激发态 HX^* 可以放出红外辐射，在化学反应动态学中，人们通过研究这种红外辐射，可以了解能量在初生态产物中的分配。

§9.8 化学激光简介*

化学激光(chemical laser)就是通过化学反应，直接产生非 Boltzmann 分布的激发态工作粒子(原子、分子、自由基等)，构成粒子数反转从而得到的激光。或者说化学激光是指：激活介质的粒子数反转是通过化学反应的热效应，把能量转变为粒子的振动能和转动能而实现的激光系统。产生化学激光必须具备的条件是：

(1) 在化学反应中一定要释放出能量，这是化学激光的能源；
(2) 化学反应所释放的能量要能转化为反应产物分子的热力学能，使其形成激发态粒子；
(3) 要求化学反应达到特定能级的反应速率快(即泵浦速率快)，使生成的激发态粒子

不致在发生激光之前由于自发辐射衰减或分子间碰撞传能而消耗掉,这样才能保证达到上、下能级粒子数的反转(即粒子能在高能级上发生积累);

(4) 要求激发态粒子自发辐射的寿命极短,有足够的跃迁概率。

第一台化学激光器是氯化氢化学激光器,是在 1965 年由美国加州大学伯克利分校的 J. Kasper(当时他是研究生)与他的导师 G. Pimentel 共同研制的,他们利用光引发 $H_2(g)$ 与 $Cl_2(g)$ 的混合气体爆炸而获得激光,其反应机理如下:

(1) $Cl_2(g) + h\nu \longrightarrow 2Cl \cdot$ 光解引发链反应

(2) $Cl \cdot + H_2 \longrightarrow HCl(\nu=0) + H \cdot$ $E_a = 23$ kJ·mol^{-1}, $\Delta_r H_m = 4.18$ kJ·mol^{-1}

(3) $H \cdot + Cl_2 \longrightarrow HCl^*(\nu=n) + Cl \cdot$ $E_a = 7.5$ kJ·mol^{-1}, $\Delta_r H_m = -188.5$ kJ·mol^{-1}

(4) $HCl^*(\nu=n) \longrightarrow HCl(\nu=0) + h\nu$ ($\lambda = 3.7 \sim 3.8\ \mu m$)

由于反应(2)的活化能较高而又不是放热反应,所以相对而言反应速率偏小,产生的 HCl 粒子都处于振动的基态(振动量子数 $\nu=0$),因此这一步不可产生激光。而反应(3)的活化能小,而又放出大量的热,反应速率极快,成为产生激光的泵浦反应,使能级上粒子反转。受激粒子中的振动量子数 ν 值在 $1\sim 6$ 之间,产生的激光波长为 $\lambda = 3.7 \sim 3.8\ \mu m$。

这是第一台化学激光器,也是第一台运转在振动量子数由 2—1 和由 1—0 的化学激光器,这样的反应机理对以后其他化学激光的研制产生了极大的影响和指导作用。但由于反应(2)中产生的处于基态的 HCl 会将(3)中产生的激发态的 HCl* "稀释",所以希望在反应中有更多的 H 原子,但 H_2 的解离能大,至今无很好的办法解决。另外,该激光器在反应气 $H_2(g)$ 与 $Cl_2(g)$ 的预混时,见光容易发生爆炸,所以后来这类激光器逐渐被 HF/DF 化学激光器代替。

HF/DF 化学激光器是将分别注入的氧化剂和燃料,经过超音速混合喷管进入光腔,与反应物一旦混合就产生一个快速强放能的泵浦反应,产生处于振动激发态的 HF$^*(\nu)$;当粒子形成部分反转时,就会发射出波长在 $2.7 \sim 3.1\ \mu m$ 的激光。

在 20 世纪 70 时年代,激光技术已开始用于工业加工,当时主要用 $CO_2(g)$ 激光器和钕玻璃固体激光器,它们的能源都是电能,操作比较简单,而化学激光器的操作相对比较复杂。但当需要高功率激光时,由于化学激光器的放大性能好,可放大至几十万甚至百万瓦以上,可以用来切割钢板、铝板等,不但切割速度快而且质量好,所以化学激光器就优于电能激光器。另外,氧碘化学激光的波长为 $1.315\ \mu m$,很适合用光纤传输,便于用作远距离操作。如对核反应堆的检修和拆除等,再加上氧碘化学激光器的波长短,光束发射角仅是 $CO_2(g)$ 激光器的 $1/8$,所以可以聚焦成很小的光斑,提高加工精度。

由于化学激光是利用化学反应释放的能量而产生的激光,所以不受电源的限制,可以制备成由飞机运载的机载激光器,或制备成卫星运载的星载激光器,以及其他高功率的车载、舰载激光武器等,所以化学激光器在军事工业上将备受重视。

激光作为一种特殊的光源,其用途非常广泛。激光光源具有单色性好、亮度高、方向性强和相干性高等特点,是用来研究光与物质的相互作用,从而辨认物质及其所在系统的结构、组成、状态及其变化的较理想的光源。激光的出现,使原有的光谱技术在灵敏度和分辨率方面得到很大的提高。激光光谱已经成为和物理、化学、生物学及材料科学等密切相关的新领域。

激光可用于同位素的分离。人们早已知道可以利用单色光对准一种同位素的谱线位置,将它光解离或激励至激发态进行反应,而其余的同位素不被光解或激发而留存于原料之中,达到同位素分离的目的。用激光的方法已经成功地分离了氢、硼、氮、碳、氯、硫、钠、锂、溴、钙、钡、铁等的同位素,难度最大的 ^{235}U 和 ^{238}U 的分解也获得了成功。

在常温常压不能进行的反应,在激光的照射下也可诱发使之发生反应,开拓了激光诱导化学反应的新领域。例如激光法生产氯乙烯:

$$C_2H_4Cl_2 \xrightarrow{h\nu} C_2H_4Cl \cdot + Cl \cdot$$
$$C_2H_4Cl_2 + Cl \cdot \longrightarrow C_2H_3Cl_2 \cdot + HCl$$
$$C_2H_3Cl_2 \cdot \xrightarrow{M} C_2H_3Cl + Cl \cdot$$

化学激光是直接利用化学反应实现粒子数反转所产生的激光,这类激光是由化学能转化为分子的振动能,它们的激光跃迁也是振动-转动型的,相应的波长在 $8\sim10~\mu m$ 之间,也属于红外范围。化学工作者对这类激光特别感兴趣,因为它们提供了由化学能转变为辐射能的实例,同时也因为化学反应可供利用的能量很大,这类激光可望获得高功率。

总之,在 20 世纪 60 年代初出现的激光技术发展迅速,正影响着人类生活的各个方面。最早的固体激光器是以电能为能源的,使用激光时必须携带笨重的发电设备,制约着这类激光器的使用范围。在 60 年代末出现的第一台 HF/DF 化学激光器,是将化学反应的能量转变为激光能,其工程放大性能非常好,输出功率可达百万瓦水平,光束质量可达近衍射极限,这种高亮度化学激光器不需要携带发电设备,使它在化工、医疗、野外作业和军事等方面有着广阔的应用前景。

§9.9 催化反应动力学

9.9.1 催化剂与催化作用

如果把某种物质(可以是一种到几种)加到化学反应系统中,可以改变反应的速率(即反应趋向平衡的速率)而本身在反应前后没有数量上的变化,同时也没有化学性质的改变,则该种物质称为催化剂(catalyst),这种作用则称为催化作用(catalysis)。当催化剂的作用是加快反应速率时,称为正催化剂(positive catalyst),当催化剂的作用是减慢反应速率时,称为负催化剂(negative catalyst)或阻化剂。通常由于正催化剂用得比较多,所以一般如不特别说明,都是指正催化剂而言。

催化剂在现代工业中的作用是毋庸赘述的。尤其是在化工、医药、农药、染料等工业中,80%以上的产品在生产过程中都需要催化剂。许多熟知的工业反应如氮氢合成氨、$SO_2(g)$氧化制$SO_3(g)$、氨氧化制硝酸、尿素的合成、合成橡胶、高分子的聚合反应等等,都是采用催化剂的。在生命现象中大量存在着催化作用,例如植物对$CO_2(g)$的光合作用,有机体内的新陈代谢,蛋白质、碳水化合物和脂肪的分解作用等基本上都是酶催化作用。在人体内酶催化作用的终止意味着生命的终止。

化学工业的发展和国民经济上的需要都推动着对催化作用的研究,生命科学的研究同样需要了解各种酶催化作用的机理。但是由于涉及的问题比较复杂,催化理论的进展远远落后于生产实际。

催化反应通常可以分为均相催化和多相催化,前者催化剂和反应物质处于同一相,如均为气态或液态,后者则不是同一相,这时反应在两相界面上进行。工业上的许多重要的催化反应大多是多相催化反应,且以催化剂是固态物质,反应是气态或液态者居多。

催化剂所以能改变反应速率,是由于改变了反应的活化能,并改变了反应历程的缘故。如图9.18所示,在有催化剂存在的情况下,反应沿着活化能较低的新途径进行。图中的最高点相当于反应过程的中间状态。

设催化剂 K 能加速反应 $A+B \xrightarrow{K} AB$,设其机理为

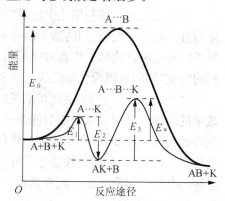

图 9.18 催化反应的活化能与反应的途径

(1) $\quad A + K \underset{k_2}{\overset{k_1}{\rightleftharpoons}} AK$

(2) $\quad AK + B \xrightarrow{k_3} AB + K$

若第一个反应能很快达到平衡,则用平衡假设近似法,从反应(1)得

$$k_1 c_K \cdot c_A = k_2 c_{AK}$$

或

$$c_{AK} = \frac{k_1}{k_2} c_K \cdot c_A$$

但总反应速率由反应(2)决定,为

$$r = k_3 c_{AK} \cdot c_B = k_3 \frac{k_1}{k_2} c_B c_K c_A = k c_A c_B$$

在上式中,k 称为表观速率常数(apparent rate constant),$k = k_3 \frac{k_1}{k_2} c_K$。上述各基元反应的速率常数可以用 Arrhenius 公式表示,于是

$$k = \frac{A_1 A_3}{A_2} c_K \exp\left(-\frac{E_1 + E_3 - E_2}{RT}\right)$$

故催化反应的表现活化能 E_a 为：$E_a = E_1 + E_3 - E_2$。能峰的示意图如图 9.18 所示。而非催化反应(图中用上面的一条曲线表示)要克服一个活化能为 E_0 的较高的能峰，而在催化剂的存在下，反应的途径改变，只需要克服两个较小的能峰(E_1 和 E_3)。

活化能的降低对于反应速率的影响是很大的。如 HI 的分解(503 K)，在没有催化剂时活化能为 184.1 kJ·mol^{-1}，若以 Au 为催化剂，活化能降为 104.6 kJ·mol^{-1}，则

$$\frac{k_{催}}{k_{非催}} = \frac{A\exp\left(-\dfrac{104.6 \times 10^3}{RT}\right)}{A'\exp\left(-\dfrac{184.1 \times 10^3}{RT}\right)}$$

假定催化反应和非催化反应的指数因子 A 相等，则

$$\frac{k_{催}}{k_{非催}} = 1.8 \times 10^8$$

也曾经发现有某些催化反应，活化能降低得不多，而反应速率却改变很大。有时也发现同一反应在不同的催化剂上反应，其活化能相差不大，而反应速率相差很大，这种情况可由活化熵的改变来解释。

$$\begin{aligned} k_{(r)} &= \frac{k_B T}{h}(c^{\ominus})^{1-n}\exp\left(\frac{\Delta_r^{\neq} S_m^{\ominus}}{R}\right)\exp\left(-\frac{\Delta_r^{\neq} H_m^{\ominus}}{RT}\right) \\ &= A\exp\left(-\frac{E_a}{RT}\right) \end{aligned}$$

式中 $\Delta_r^{\neq} H_m^{\ominus}$ 近似为反应的活化能，若活化熵 $\Delta_r^{\neq} S_m^{\ominus}$ 改变较大，也能强烈地影响速率常数 $k_{(r)}$。例如，乙烯的加氢反应，在金属 W 和 Pt 催化剂上活化能相同，可是由于在 Pt 上的活化熵增大，导致指前因子 A 增加，所以反应速率加快。

综上所述可知：

(1) 催化剂能加快反应到达平衡的速率，是由于改变了反应历程，降低了活化能。至于怎样降低了活化能，机理如何，对大部分催化反应来说，了解得还很有限。

(2) 催化剂在反应前后，其化学性质没有改变，但在反应过程中由于参与了反应(可与反应物生成某种不稳定的中间化合物)，所以在反应前后，催化剂本身的化学性质虽不变，但常有物理形状的改变。例如，催化 $KClO_3$ 分解的 MnO_2 催化剂，在作用进行后，从块状变为粉末。催化 NH_3 氧化的铂网，经过几个星期，表面就变得比较粗糙。

(3) 催化剂不影响化学平衡。从热力学的观点来看，催化剂不能改变反应系统的 $\Delta_r^{\neq} G_m^{\ominus}$。催化剂只能缩短达到平衡所需的时间，而不能移动平衡点。对于既已平衡的反应，不可能借加入催化剂以增加产物的比例。催化剂对正、逆两个方向都发生同样的影响，所以

对正方向反应的优良催化剂也应为逆反应的催化剂。例如,苯在 Pt 和 Pd 上容易氢化生成环己烷(473～513 K),而在 533～573 K 环己烷也能在上述催化剂上脱氢。同样,在相同条件下,水合反应的催化剂同时也是脱水反应的催化剂,这个原则很有用。例如以 CO 和 H_2 为原料合成 CH_3OH 是一个很有经济价值的反应,在常压下寻找甲醇分解反应的催化剂就可作为高压下合成甲醇的催化剂。而直接研究高压反应,实验条件要麻烦得多。

催化剂不能实现热力学上不能发生的反应,因此我们在寻找催化剂时,首先要尽可能根据热力学的原则,核算一下某种反应在该条件下发生的可能性。

(4) 催化剂有特殊的选择性,某一类的反应只能用某些催化剂来进行催化(例如,环己烷的脱氢作用,只能用 Pt,Pd,Ir,Rh,Cu,CO,Ni 等来催化)。又例如某一物质只在某一固定类型的反应中,才可以作为催化剂。例如新鲜沉淀的氧化铝,对一般有机化合物的脱水都具有催化作用。又如 C_2H_5OH 在不同的催化剂上能得到不同的产品,在 473～523 K 的金属铜上得到 $CH_3CHO + H_2$;在 623～633 K 的 Al_2O_3(或 TiO_2)上得到 $C_2H_4 + H_2O$;在 673～723 K 的 ZnO,Cr_2O_3 上得到丁二烯等。

(5) 有些反应其速率和催化剂的浓度成正比,这可能是催化剂参加了反应成为中间化合物。对于气-固相催化反应,若增加催化剂的用量或增加催化剂的比表面,都将增加单位时间内的反应量。

(6) 在催化剂或反应系统内加入少量的杂质常可以强烈地影响催化剂的作用,这些杂质既可成为助催化剂也可成为反应的毒物(poison)。这表明催化剂的表面并不全是等效的,存在着具有一定结构的表面活性中心。

9.9.2 均相酸碱催化

酸碱催化可分为均相与多相两种。在历史上对均相的酸碱催化研究得较多,而对于复相的酸碱催化如前所述,由于对表面的吸附态以及表面的活性中心研究得还很不充分,所以其理论没有前者成熟。但均相催化的某些机理,也可供复相催化参考。

在酸催化反应中包含了催化剂分子把质子转移给反应物,因此催化剂的效率常与酸催化剂的酸强度有关。在酸催化时,酸失去质子的趋势可用它的解离常数 K 来衡量:

$$HA + H_2O \Longleftrightarrow H_3O^+ + A^-$$

酸催化反应的速率常数 k_a 应与酸的解离常数 K_a 成比例。实验表明两者有如下的关系:

$$k_a = G_a K_a^\alpha$$

或
$$\lg k_a = \lg G_a + \alpha \lg K_a \tag{9.87}$$

式中 G_a, α 均为常数,它决定于反应的种类和反应条件。

对于碱催化的反应,碱的催化作用速率常数 k_b 同样与它的解离常数 K_b 有如下的关系:

$$k_{\mathrm{b}} = G_{\mathrm{b}} K_{\mathrm{b}}^{\beta} \tag{9.88}$$

式中 G_{b},β 均为常数,也由反应的种类和反应条件决定。这两个式子中的 α,β 均为正值,其值介于 0~1 之间。

在碱性溶液中

$$B + H_2O \Longrightarrow BH^+ + OH^-$$

碱的解离常数

$$K_{\mathrm{b}} = \frac{[BH^+][OH^-]}{[B]} \tag{9.89}$$

式(9.87)和式(9.88)有时称为布朗斯特德(Bronsted)关系式或 Bronsted 定律。如果催化剂是多元酸(或碱),它能解离(或接受)多于一个质子,例如丙二酸 $CH_2(COOH)_2$ 或 PO_4^{2-} 等,则 Bronsted 关系式应稍加修正。Bronsted 关系式对均相反应能相当好地符合,有时也可适用于非均相的反应。

酸或碱催化反应常被解释为经过离子型的中间化合物,即经过碳正离子或碳负离子而进行的。例如:

$$S(反应物) + HA(酸催化剂) \longrightarrow SH^+ + A^-$$
$$SH^+ + A^- \longrightarrow 产物 + HA$$

或

$$S(反应物) + B(碱催化剂) \longrightarrow S^- + HB^+$$
$$S^- + HB^+ \longrightarrow 产物 + B$$

9.9.3 络合催化

络合催化(coordination catalysis)又称为配位催化,其含义是泛指在反应过程中,催化剂与反应基团直接形成中间络合物,使反应基团活化,因此称为络合催化。如果反应基团与催化剂形成的络合物中,确定具有配键的则称为配位催化。当前络合催化和配位催化二词并用。

络合催化是均相催化进展的主流,自 20 世纪 50 年代初期 Ziegler-Natta(齐格勒-纳塔)型催化剂[1]出现以来,以金属络合物为基础的催化剂研究有了很大的发展。现在一些过渡金属络合物已成为加氢、脱氢、氧化、异构化、水合、羰基合成、高分子聚合等类型反应过程的催化活化中间物。通过对这些催化过程的研究,络合物催化剂的活性、选择性、稳定性等特点,已经逐渐在工业应用上显示出来。

络合活化催化作用(简称为络合催化)吸取了近代络合物化学和化学键理论方面的成

---

[1] 由四氯化钛-三乙基铝$[TiCl_4 - Al(C_2H_5)_3]$组成的催化剂,适用于常压下催化乙烯聚合,所得聚乙烯具有良好的性能。此类催化剂是 Ziegler 和 Natta 在 20 世纪 50 年代发明的,故被称为 Ziegler-Natta 催化剂。以后人们把这一概念扩大,凡催化剂中有一种过渡元素,可提供 π 络合空位,而另一种金属起还原性烷基化作用,把起这两种作用的金属配对的催化剂统称为 Ziegler-Natta 型催化剂。

就,并随着这些科学理论和研究方法的发展而兴盛起来。它在化学工业中的重大作用,又促进了络合物化学键理论的进一步的发展。尤其重要的是发现许多具有催化性能的络合物还可以作为反应的中间体被分离出来。通过对这些分离出来的中间体的性质、结构等方面的研究,可以更深入地理解催化反应中的机理,这对了解催化作用的本质是非常重要的,从而也对制备和筛选催化剂提供更多的科学依据。

金属特别是过渡金属具有很强的络合能力(过渡金属元素的价电子层有 5 个 $(n-1)$d,1 个 ns 和 3 个 np,共有九个能量相近的原子轨道,容易组合成 d,s,p 的杂化轨道。这些杂化轨道可以与配体以配键的方式结合形成络合物。凡是含有两个或两个以上孤对电子或 π 键的分子或离子都可以作为配体),能生成多种类型的络合物,其催化活性都与过渡金属原子或离子的化学特性有关,也就是与过渡金属原子(或离子)的电子结构、成键结构有关。同一类催化剂,有时既可在溶液中起均相催化作用,也可以使之成为固体催化剂在多相催化中起作用。例如有人用 $PdCl_2$ 为催化剂,在异辛烷溶液中通过均相催化过程将乙烯合成醋酸乙烯。如把 $PdCl_2$ 负载于 Al_2O_3 上也可以产生非均相催化过程,且都是形成 $PdCl_2 - C_2H_4$ 中间络合物,其催化活性也几乎相等。因此,对于络合催化的研究,往往可以通过均相催化反应来认识多相催化活性中心的本质和催化作用的机理。

络合催化是 20 世纪中期以后发展起来的,特别是近几年中有很大的进展,它是以化学键理论作为考虑问题的出发点,并在多相催化中同时考虑一些物理因素的影响。因此,目前认为络合物催化是极有前途的一个催化理论。

由于近代石油化工中的基本有机原料合成和材料合成工业(包括高分子材料、复合材料、新型功能材料等),主要是建立在炔轻、烯轻化学的基础上,并广泛地使用了络合催化。所以,随着我国石油化学工业的发展,络合催化剂必将获得大量的使用。

络合催化的机理,一般可表示为

$$\underset{\text{空位中心}}{-\overset{|}{\underset{|}{M}}-Y} + X \xrightleftharpoons{\text{配位}} -\overset{|}{\underset{X}{M}}-Y \xrightarrow{\text{插入反应}} \underset{\text{空位中心}}{-\overset{|}{\underset{|}{M}}-X-Y}$$

式中:M 代表中心金属原子;Y 代表配体;X 代表反应分子。

首先,反应分子可与配位数不饱和的络合物直接配合,然后配体(即反应分子 X)随即转移插入相邻的 M—Y 键中,形成 M—X—Y 键(M—Y 键属于不稳定的配键),插入反应又使空位恢复,然后又可重新进行络合和插入反应。所以络合催化过程中的这种"空位中心"和固体催化剂的"表面活性中心"具有相同的作用。在解释催化的活性机理和中毒效应时都可以使用这种概念。

乙烯在氯化钯及氯化铜溶液中氧化成乙醛的方法,在 1959 年已用于生产,是典型的络合催化反应,至今仍不失为生产乙醛的好方法。此外,还有一些重要的络合催化作用,有些已用于工业生产,如烯烃氢甲酰化反应(以钴或铑含膦配位体的羰基化合物为催化剂)、α-烯烃配位聚合[以 $TiCl_4/Al(C_2H_5)_3$ 为催化剂的乙烯聚合反应,以及以 $TiCl_4/MgCl_2$ 为催化剂的丙烯聚合反应]、烯烃氧化取代反应(以 $PdCl_2/HCl$ 为催化剂的乙烯氧化反应)、烯烃歧化反应[一般用 Ziegler-Natta 型均相催化剂,如 $WCl_6/C_2H_5AlCl_2/C_2H_5OH$,$MoCl_2(NO_2)_2(Ph)_3/(CH_3)_3Al_2Cl_3$]、甲醇羰基化和甲酯羰基化反应(催化剂都是铑的络合物)等等。

总之,在络合催化过程中,或者催化剂本身是络合物,或者是反应历程中催化剂与反应物生成了络合物,因此在研究催化反应的历程时,需要充分考虑到络合物的结构特点。

络合反应可以在单相中进行,也可以在复相中进行。在单相中粒子的接触多,因此在不太高的温度下就具有较高的活性,所以单相络合在化工生产中广泛地应用于加氢、脱氢、异构化羟基合成、聚合反应等。其缺点是催化剂与反应混合物的分离问题,这在络合催化中即使在一般的均相催化中都存在这一问题。因此,如何使固体催化剂单相化,是需要进一步研究的问题。

9.9.4 酶催化反应

在生物体进行的各种复杂的反应,如蛋白质、脂肪、碳水化合物的合成、分解等基本上都是酶催化作用(enzyme catalysis)。绝大部分已知的酶本身也是一种蛋白质,其质点的直径范围在 10~100 nm 之间。因此酶催化作用可看作是介于均相与非均相催化之间,既可以看成是反应物与酶形成了中间化合物,也可以看成是在酶的表面上首先吸附了底物(在讨论酶催化作用时常将反应物叫做底物,substrate),而后再进行反应。

实验证明,酶催化作用的速率与酶、底物、温度、pH 以及其他干扰物质有关。在定温下,对于某一特定的酶催化作用来说,典型曲线如图 9.19 所示(图中纵坐标为反应速率,横坐标为底物的浓度[S])。当底物的浓度[S]很大时,反应速率 $\left(-\dfrac{d[S]}{dt}\right)$ 与[S]无关(水平线段),只与酶的总浓度成正比。而当[S]的数值较小时,反应速率与[S]呈线性关系,且与酶的总浓度也成正比。

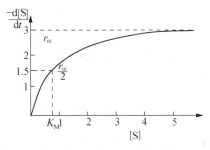

图 9.19 典型的酶催化反应速率曲线

米恰利(Michaelis)和门顿(Menten)先后研究了酶催化反应动力学,提出了酶催化反应的历程,即 Michaelis-Menten 机理,指出酶(E)与底物(S)先形成中间化合物(ES),然后中间化合物(ES)再进一步分解为产物,并释放出酶(E):

$$S + E \underset{k_{-1}}{\overset{k_1}{\rightleftharpoons}} ES \overset{k_2}{\longrightarrow} E + P$$

ES 分解为产物(P)的速率很慢,它控制着整个反应的速率。采用稳态近似法处理:

$$\frac{d[ES]}{dt} = k_1[S][E] - k_{-1}[ES] - k_2[ES] = 0$$

所以

$$[ES] = \frac{k_1[E][S]}{k_{-1} + k_2} = \frac{[E][S]}{K_M} \tag{9.90}$$

式中 $K_M = \dfrac{k_{-1} + k_2}{k_1}$ 称为米氏常数(Michaelis constant),这个公式也叫米氏式。所以,反应速率为

$$r = \frac{d[P]}{dt} = k_2[ES] \tag{9.91}$$

将[ES]的表示式代入后,得

$$r = k_2[ES] = \frac{k_2[E][S]}{K_M} \tag{9.92}$$

式中,$K_M = \dfrac{[E][S]}{[ES]}$,所以米氏常数实际上相当于反应:$E + S \rightleftharpoons ES$ 的不稳定常数。

若令酶的原始浓度为$[E_0]$,反应达稳态后,一部分变为中间化合物[ES],另一部分仍处于游离状态。所以

$$[E_0] = [E] + [ES]$$

或

$$[E] = [E_0] - [ES]$$

代入式(9.90)后,得

$$[ES] = \frac{[E_0][S]}{K_M + [S]} \tag{9.93}$$

将式(9.93)代入式(9.91)可得

$$r = \frac{d[P]}{dt} = \frac{k_2[E]_0[S]}{K_M + [S]} \tag{9.94}$$

如以反应速率 r 为纵坐标,以底物浓度[S]为横坐标,按式(9.94)作图,则得图 9.19。当[S]很大时 $K_M \ll [S]$,$r = k_2[E_0]$,即反应速率与酶的总浓度成正比,而与[S]的浓度无关,对[S]来说是零级反应。

当[S]很小时，$K_M+[S]\approx K_M$，反应对[S]来说是一级反应。这一结论与实验事实是一致的。

当$[S]\to\infty$时，速率趋于极大(r_m)，即$r_m=k_2[E_0]$，代入式(9.94)，得

$$\frac{r}{r_m}=\frac{[S]}{K_M+[S]} \tag{9.95}$$

当$r=\frac{r_m}{2}$时，$K_M=[S]$，也就是说当反应速率达到最大速率的一半时，底物的浓度就等于米氏常数。

将式(9.95)重排后，可得

$$\frac{1}{r}=\frac{K_M}{r_m}\cdot\frac{1}{[S]}+\frac{1}{r_m} \tag{9.96}$$

如将$\frac{1}{r}$对$\frac{1}{[S]}$作图，从直线的斜率可得$\frac{K_M}{r_m}$，从直线的截距可求得$\frac{1}{r_m}$，两者联立从而可解出K_M和r_m。

许多酶催化反应都能满足式(9.93)，但这并不能作为中间化合物存在的绝对证明。以后用吸收光谱的方法，曾经证明了对于一些酶催化反应在反应过程中确实存在着中间化合物。

研究酶的抑制机理，对于医药、生理有重要的意义，通过对抑制作用的研究可以了解一些生理过程，以及药物的作用（在人体内的化学反应，绝大多数都是酶催化反应）。

抑制作用有很多种，其中一种叫做竞争性抑制作用(competitive inhibition)。这类抑制剂与底物的分子结构及大小相似，它也可以占据酶上的活动位置，因而与底物发生竞争。如以I代表抑制剂，则

$$E+S\underset{k_{-1}}{\overset{k_1}{\rightleftharpoons}}ES\xrightarrow{k_2}E+P$$

$$E+I\underset{k_{-3}}{\overset{k_3}{\rightleftharpoons}}EI$$

$$[E]=[E_0]-[ES]-[EI] \tag{9.97}$$

令

$$K_M=\frac{[E][S]}{[ES]},K_I=\frac{[E][I]}{[EI]}$$

则

$$[E]=\frac{K_M[ES]}{[S]},[EI]=\frac{[E][I]}{K_I}$$

代入式(9.97)，整理后得

$$[ES]=\frac{[E_0]}{\frac{K_M}{[S]}+1+\frac{K_M[I]}{K_I[S]}}$$

反应速率为

$$r = k_2[\text{ES}] = \frac{k_2[\text{E}_0]}{\frac{K_M}{[S]} + 1 + \frac{K_M[\text{I}]}{K_I[S]}}$$

当[S]很大时，$r=k_2[\text{E}_0]$，这和没有抑制作用时是一样的。上式也可以写作：

$$r = \frac{r_m[S]}{[S] + K_M\left(1 + \frac{[\text{I}]}{K_I}\right)}$$

或

$$\frac{1}{r} = \frac{K_M}{r_m}\left(1 + \frac{[\text{I}]}{K_I}\right)\frac{1}{[S]} + \frac{1}{r_m} \tag{9.98}$$

如将 $\frac{1}{r}$ 对 $\frac{1}{[S]}$ 作图，与式(9.96)相比较，其截距与没有抑制作用时是一致的，但直线的斜率却不同。

酶催化反应有以下突出的特点：

(1) 高度的选择性和单一性。一种酶通常只能催化一种反应，而对其他反应不具有活性(例如脲酶只能将尿素转化为氨及 CO_2)。

(2) 酶催化反应的催化效率非常高，比一般的无机或有机催化剂可高出 $10^8 \sim 10^{12}$ 倍。例如一个过氧化氢分解酶的分子，能在 1 s 分解 10^5 个 H_2O_2 分子。而石油裂解所使用的硅酸铝催化剂，在 773 K 条件下，约 4 s 才分解一个烃分子。

(3) 酶催化反应所需的条件温和，一般在常温常压下即可进行。例如，合成氨工业需高温(~770 K)高压(~3×10^6 Pa)，且需特殊设备。而某些植物茎中的固氮生物酶，非但能在常温常压下固定空气中的氮，而且能将它还原成氨。

(4) 酶催化反应同时具有均相反应和多相反应的特点。酶本身是呈胶体状态而又分散的，接近于均相，但是酶催化的反应过程是反应物聚集(或被吸附)在酶的表面上进行的，这又与多相反应类似。

(5) 酶催化反应的历程复杂(从而速率方程复杂)。酶反应受 pH、温度以及离子强度的影响较大，酶本身的结构也极其复杂，而且酶的活性也是可以调节的，如此等等，这就增加了研究酶催化反应的难度。

酶催化反应越来越多地受到人们的重视，不仅仅是由于发酵化工生产及污水处理等过程中需要借助于酶来完成，更重要的是它在生物学中的重要性。没有酶的存在，几乎所有的生理反应和生命过程均将停止，许多疾病的发生也源于酶反应的失调。人们需要深入研究酶反应的机理，以解决许多疑难病症，为人类造福。

酶反应的高效性和专一性是由酶分子本身的结构所决定的。在生物体内的酶是由 20

种氨基酸以不同的方式(即双螺旋结构)所组成的大分子,它盘旋、折叠构成了极其复杂的空间结构,酶催化的活性中心一般就位于表面具有特定的空间结构之中。

9.9.5 自催化反应和化学振荡

在给定条件下的反应系统,反应开始后逐渐形成并积累了某种产物或中间体(如自由基),这些产物具有催化功能,使反应经过一段诱导期后出现反应大大加速的现象,这种作用称为自(动)催化作用(autocatalysis)。

简单的自(动)催化反应,常包含三个连续进行的动力学步骤,例如:

(1) $A \xrightarrow{k_1} B+C$

(2) $A+B \xrightarrow{k_2} AB$

(3) $AB \xrightarrow{k_3} 2B+C$

在式(1)中,起始反应物较缓慢地分解为B和C,产物中B具有催化功能,与反应物A络合,如式(2)所示。然后,AB络合体再分解为产物C,同时释放出B来,如反应(3)所示。在反应过程中,一旦有B生成,反应就自动加速。自催化反应多见于均相催化,其特征之一是存在初始的诱导期。

实践证明,少量的抑制剂(inhibitor)就能有效地使自动催化受到抑制。但是,当抑制剂消耗完,解除了抑制效应后,自动催化作用仍能继续进行。

油脂腐败、橡胶变质以及塑料制品的老化等均属包含链反应的自动氧化过程,反应开始进行很慢,但都能被其自身所产生的自由基所加速,因此大多数自动氧化过程存在着自催化作用。

自催化反应在工业上有时也有实用价值,可以不断地添加原料,使产物与新添加的原料充分混合,保持添加物的比例,并控制一定的反应条件,以使反应系统处于稳态而反应速率则始终保持最大。

有些自催化反应有可能使反应系统中某些物质的浓度随时间(或空间)发生周期性的变化,即发生化学振荡(chemical oscillation),而化学振荡反应的必要条件之一是该反应必须是自催化反应。

自从1958年别诺索夫(Belousov)首次报道,在以金属铈离子作催化剂时,柠檬酸被$HBrO_3$氧化可呈现化学振荡现象之后,柴波廷斯基(zhabotinskii)等人已报道了有些反应系统可呈现空间有序。在这之后,又发现了一批溴酸盐的类似反应。由于历史上的原因,人们将此类反应统称为B-Z反应,它们都是自催化反应。关于B-Z反应的机理,虽然已经做了大量的研究,提出了一些机理,其中有些机理已为人们所接受,但总的说来,对于产生时空有序现象的详细机理,还需要做进一步研究。

当前的研究发现,振荡现象的发生必须满足如下几个条件:① 反应必须是敞开系统,且远离平衡态;② 反应历程中应包含有自催化的步骤;③ 系统必须能有两个稳态存在,即具有双稳定性(bistability)(可形象化的用钟摆比喻,在给定条件下,当钟摆摆动到右方最高点后,它就会自动地摆向左方的最高点;当化学反应中红色的组分增加到一定程度后,它就会自动地向产生蓝色组分的方向变化)。

振荡现象在生物化学中可以有很多例子,如动物心脏的有节律的跳动;在新陈代谢过程中占重要地位的糖酵解反应中,许多中间化合物和酶的浓度是随时间而周期性变化的(振荡周期约为几分钟的数量级)。所谓的生物钟(biologicalbell)也是一种生物振荡现象。

生物的有序不仅表现在时间上,也表现在空间特性上。例如,许多树叶的形状、蝴蝶翅膀上的花纹,动物的皮毛等都呈现出很漂亮的规则图案,这些现象是无法用 Boltzmann 的有序原理来解释的,甚至可以说是背道而驰的。按照达尔文的生物进化论以及社会学家关于人类社会的进化学说,发展过程趋向于种类繁多,结构和功能变得复杂。但无论是生物系统还是社会系统总是趋于更加有序,更加有组织,而不像物理学家和化学家所预言的总是趋向于平衡和无序。这两种观念是截然不同的,直到 20 世纪 60 年代末,Prigogine 学派对不可逆过程热力学取得重大成就后才有所了解。振荡反应必然是耗散结构,化学振荡的动力学具有非线性的微分速率公式。Prigogine 把那种在开放和远离平衡的条件下,在与外界环境交换物质和能量的过程中,通过采用适当的有序结构状态来耗散环境传来的能量与物质(由于它是敞开系统,因此不能像封闭系统那样采取无序的结构来耗散环境传来的能量),在耗散过程中,以内部的非线性动力学机制来形成和维持的宏观时空有序结构称之为"耗散结构"(dissipative structure)。

课外参考读物

1. 韩德刚,高盘良.化学动力学基础.北京:北京大学出版社,1987.
2. 许越.化学反应动力学.北京:化学工业出版社,2005.
3. 唐有祺.化学动力学和反应器原理,北京:科学出版社,1974.
4. 杜梅希克 JA(美)著.多相催化微观动力学.沈俭一译.北京:国防工业出版社,1998.
5. 邓景发.催化作用原理导论.长春:吉林科学技术出版社,1984.
6. Emmett P H(美)主编.催化——基本原理(第一卷).南京大学化学系物理化学教研组译.上海:上海科学技术出版社,1965.
7. 王开辉,万惠林.催化原理.北京:科学出版社,1983.
8. 沈文霞.过渡状态理论的发展过程.见:物理化学教学文集(二).北京:高等教育出版社,1991.
9. 姚兰英,彭蜀晋.化学动力学的发展与百年诺贝尔化学奖.今日化学,2005,20(1):59.
10. 侯文华.化学动力学的建立与发展概略.大学化学,2007,22(3):28.
11. 韩世纲.过渡态速率理论中的标准态.化学通报,1991,4:42.
12. 王贵昌,赵学庄.一种估算置换反应活化能的简便方法.大学化学,1997,12:1.

13. 高盘良,赵新生.过渡态实验研究的进展.大学化学,1993,8(4):1.
14. 吕日昌.化学动力学发展的前言与展望.物理化学学报,1991,7(3):379.
15. 刘若庄,于建国.化学反应势能面理论研究及其新发展——Ⅰ、Ⅱ.化学通报,1985,7:60.
16. 陈嘉相,秦起宗.单分子反应理——RRKM理论.化学通报,1982,10:32.
17. 李智瑜,王益,沈俭一.表面反应动力学机理研究新进展.化学通报,1998,8:11.
18. 唐睿康.分子间选择性作用力和控制论化学——金松寿教授研究简介.化学进展,2009,21(6):1080.
19. 汪海有,蔡启瑞.同位素方法在催化反应研究中的应用.化学通报,1997,9:1.
20. 许海涵.化学振荡.化学通报,1984,1:26.
21. 刘君利.化学混沌与其他现象的差异及关系.大学化学,1989,2:30.
22. 吴越.酶和催化.化学通报,1981,8(4):486.
23. 李大东.基础研究在炼油工业和加氢精制催化剂开发中的作用.大学化学,1995,10(2):6.
24. Oyama S T, Samorjai G A. Homogeneous and enzymatic catalysis. J. Chem. Ed., 1988, 65:765.
25. Soltzberg L J. Self—organization in chemistry. J. Chem. Ed., 1989, 66:187.
26. Noyes R M. Some models of chemicaloscillation. J. Chem. Ed., 1989, 66:190.
27. Mata-Perez F, Perez-Benito J F. The kinetic rate law for autocatalytic reactions. J. Chem. Ed., 1987, 64:925.
28. Hughes E, Jr. Solving differential equation in kinetics byusing power series. J. Chem. Ed., 1989, 66:46.

思考题

1. 碰撞理论中阈能 E_c 的物理意义是什么？与 Arrhenius 活化能 E_a 在数值上有何关系？

2. 过渡态理论中的活化焓 $\Delta_r^{\neq} H_m^{\ominus}$ 与 Arrhenius 活化能 E_a 在物理意义和数值上各有何不同？如有一气相反应 $A(g)+BC(g) \longrightarrow AB(g)+C(g)$，试导出 $\Delta_r^{\neq} H_m^{\ominus}$ 和 E_a 之间的关系。若反应为 $A(g)+B(l) \longrightarrow P(g)$，则 $\Delta_r^{\neq} H_m^{\ominus}$ 和 E_a 之间的关系又将如何？

3. 溶剂对反应速率影响主要表现在哪些方面（包括物理方面和化学方面）？原盐效应与离子所带电荷及离子强度有何关系？

4. 常用的测试快速反应的方法有哪些？用弛豫法测定快速反应的速率常数，实验中主要是测定什么数据？弛豫时间的含义是什么？

5. 何谓量子产率？光化学反应与热反应相比有哪些不同之处？有一光化学初级反应为 $A+h\nu \longrightarrow P$。设单位时间、单位体积吸光的强度为 I_a，试写出该初级反应的速率表示式。若 A 的起始浓度增加一倍，速率表示式有何变化？荧光和磷光有何不同？

6. 某一反应在一定条件下的平衡转化率为 35.1%，当有某催化剂存在时，反应速率增加了 20 倍。若保持其他条件不变，问转化率为多少？催化剂能加速反应的本质是什么？酶催化反应有什么特点？

习题

1. 将 1.0 g 氧气和 0.1 g 氢气于 300 K 时在 1 dm³ 的容器内混合，试计算每秒钟内单位体积内分子的碰撞数为多少？设 O_2 和 H_2 为硬球分子，其直径分别为 0.339 nm 和 0.247 nm。

2. 乙炔气体的热分解是二级反应，其临界能为 190.4 kJ·mol^{-1}，分子直径为 0.5 nm，试计算：

(1) 800 K，101.325 kPa 时单位时间、单位体积内的碰撞数；

(2) 上述反应条件下的速率常数；

(3) 上述反应条件下的初始反应速率。

3. 实验测得丁二烯的气相二聚反应其速率常数 k 与温度 T 的关系式为

$$k = (9.2 \times 10^9 \times e^{-12058/(T/K)}) \text{mol}^{-1} \cdot \text{cm}^3 \cdot \text{s}^{-1}$$

(1) 此反应的 $\Delta_r^{\neq} S_m^{\ominus} = -60.79$ J·mol^{-1}·K^{-1}，试用过渡态理论公式求此反应在 600 K 时的指前因子 A；

(2) 丁二烯的碰撞直径为 5.00×10^{-10} m，试用简单碰撞理论公式求此反应在 600 K 时的指前因子 A；

(3) 讨论两个计算结果。

4. NH_2SO_2OH 在 363 K 时水解反应速率常数 $k = 1.16 \times 10^{-3}$ dm³·mol^{-1}·s^{-1}，活化能 $E_a = 127.6$ kJ·mol^{-1}，试由过渡态理论计算水解反应的 $\Delta_r^{\neq} G_m^{\ominus}$，$\Delta_r^{\neq} S_m^{\ominus}$，$\Delta_r^{\neq} H_m^{\ominus}$。已知玻尔兹曼常数 $k_B = 1.3806 \times 10^{-23}$ J·K^{-1}，普朗克常数 $h = 6.6262 \times 10^{-34}$ J·s。

5. 双环戊烯单分子气相热分解反应，在 483 K 时，$k_1 = 2.05 \times 10^{-4}$ s^{-1}；545 K 时，$k_2 = 186 \times 10^{-4}$ s^{-1}，试计算：

(1) 反应的活化能；

(2) 反应在 483 K 时的活化焓 $\Delta_r^{\neq} H_m^{\ominus}$ 和活化熵 $\Delta_r^{\neq} S_m^{\ominus}$。

6. 有一酸催化反应 $A + B \xrightarrow{H^+} C + D$，已知该反应的速率公式为

$$\frac{d[C]}{dt} = k[H^+][A][B]$$

当 $[A]_0 = [B]_0 = 0.01$ mol·dm^{-3} 时，在 pH = 2 的条件下，在 298 K 时的反应的半衰期为 1 h，若其他条件不变，在 288 K 时 $t_{1/2}$ 为 2 h，试计算：

(1) 在 298 K 时反应的速率常数 k 值；

(2) 在 298 K 时反应的活化吉布斯自由能、活化焓、活化熵（设 $\frac{k_B T}{h} = 10^{13}$ s^{-1}）。

7. 298 K 时,化学反应:

$$[CO(NH_3)_5(H_2O)]^{3+} + Br^- \underset{k_{-2}}{\overset{k_2}{\rightleftharpoons}} [CO(NH_3)_5Br]^{2+} + H_2O$$

的平衡常数 $K=0.37$, $k_{-2}=6.3\times10^{-6}\,\text{s}^{-1}$。试计算:

(1) 在低离子强度介质中正向反应速率常数 k_2;

(2) 在 $0.1\,\text{mol}\cdot\text{dm}^{-3}\,\text{NaClO}_4$ 溶液中正向反应速率常数 k_2。

8. 用汞灯照射溶解在 CCl_4 溶液中的氯气和正庚烷,由于 Cl_2 吸收了 $I_a(\text{mol}\cdot\text{dm}^{-3}\cdot\text{s}^{-1})$ 的辐射引起链反应:

$$Cl_2 + h\nu \longrightarrow 2Cl$$
$$Cl + C_7H_{16} \longrightarrow HCl + C_7H_{15}$$
$$C_7H_{15} + Cl_2 \longrightarrow C_7H_{15}Cl + Cl$$
$$C_7H_{15} \longrightarrow 断裂$$

试写出 $-d[Cl_2]/dt$ 的速率表达式。

9. 在波长为 214 nm 的光照射下,发生下列反应:

$$HN_3 + H_2O + h\nu \longrightarrow N_2 + NH_2OH$$

当吸收光的强度 $I_a=1.00\times10^{-7}$ 爱因斯坦 $\cdot\text{dm}^{-3}\cdot\text{s}^{-1}$,照射 39.38 min 后,测得 $[N_2]=[NH_2OH]=24.1\times10^{-5}\,\text{mol}\cdot\text{dm}^{-3}$,试求量子效率 φ。

10. 乙酸乙酯(E)水解反应能被盐酸催化,且反应能进行到底,速率方程可以表示为 $r=k[E][HCl]$,当 $[E]=0.10\,\text{mol}\cdot\text{dm}^{-3}$,$[HCl]=0.01\,\text{mol}\cdot\text{dm}^{-3}$,在 298 K 时,测得 $k=2.80\times10^{-5}\,\text{mol}^{-1}\cdot\text{dm}^{3}\cdot\text{s}^{-1}$,求该反应的半衰期。

11. 某均相酶催化反应的机理可表示为 $E+S \underset{k_{-1}}{\overset{k_1}{\rightleftharpoons}} X \overset{k_2}{\longrightarrow} E+P$,式中 E 为酶催化剂,S 为底物,已知 $[S]_0 \gg [E]_0$,试导出用 $[E]_0$ 和 $[S]_0$ 表示的反应起始速率表达式 $r=\dfrac{d[P]}{dt}$。

12. 用温度突跃法研究反应 $H_2O \rightleftharpoons H^+ + OH^-$,25 ℃ 时弛豫时间 $\tau=40\,\mu S$,$K_w=c_{H^+}\cdot c_{OH^-}=10^{-14}\,(\text{mol}\cdot\text{dm}^{-3})^2$,计算此反应的正逆向反应速率常数 k_1 和 k_2。

第 10 章 界面现象

本章基本要求

1. 理解表面 Gibbs 自由能、表面张力的概念,了解表面张力与温度的关系。
2. 理解弯曲表面的附加压力产生的原因及与曲率半径的关系,了解弯曲表面上的蒸汽压与平面相比有何不同,会使用 Kelvin 公式来解释人工降雨、毛细凝聚等常见的表面现象。
3. 了解液-液、液-固界面的铺展与湿润情况,了解润湿、接触角和 Young T 方程。
4. 了解吸附等温线的主要类型,掌握 Langmuir 单分子层吸附模型和吸附等温式,了解 BET 多分子层吸附等温式,能解释简单的多相催化表面反应动力学。
5. 了解溶液界面上的吸附现象,Gibbs 模型及表面过剩的概念。理解 Gibbs 吸附等温式的表示形式和各项的物理意义,并能应用及做简单计算。
6. 理解表面活性物质的定义,了解它在表面上作定向排列及降低表面 Gibbs 自由能的情况,了解表面活性剂的几种重要作用。

关键词:表面张力;Kelvin 方程;润湿;吸附;表面活性剂

为什么水珠在荷叶上是球形存在的,而在桌面上是平铺的?为什么水银在桌面上就是球形液滴而不是平铺呢?纯净的水在加热时为什么会出现暴沸,而家里做饭用的水就不会出现暴沸现象?活性炭为什么能产生吸附作用?洗衣粉又为何能把油渍溶解下来?工业上生产的表面活性剂结构如何,有什么用途?

这些现象都和界面相关,通过本章的学习,大家会对这些现象产生的原因有一个深入的了解,那么什么是界面呢?自然界的物质一般以气、液、固三种相态存在。三种相态相互接触可以产生五种界面(interface):气-液、气-固、液-液、液-固和固-固界面。一般常把物质与气体接触的界面称为表面(surface),如气-液界面常称为液体表面,气-固界面常称为固体表面。界面的含义较广泛些,但通常把它们看作是等同的,故本章也不作严格的限定和区分。

界面即两相的接触面,大约几个分子厚度(<10 nm)的过渡区。界面层与体相所处的环境不同,在组成、结构、分子所处的能量状态和受力状况等方面有明显的差别。现以简单的液体表面为例,如图 10.1 所示。

处在液体内部的分子与近距离的前后、左右、上下的相邻分子之间相互作用的短程力都是对称的,可以彼此抵消。所以处于液体内部(本体)的分子可以自由移动,而不需要对其做功。但是,处在表面层的分子则不同,由于液体的密度远高于气体的密度,界面上下分子之间的作用力不等,每一个界面上的分子都受到一种拉入体相内部的力。若要将处于体相中的分子拉到表面上来,则必须对它做功。对于单组分系统,这种不平衡的力来自于该组分在两相中的密度不同;对于多组分系统,这种力来自于表面层的组成与任一相的组成均不同。

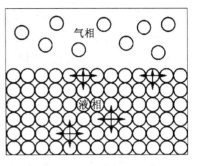

图 10.1 液相表面分子受力情况

这种不平衡力的存在导致了各种物理和化学现象的产生,统称为界面现象。例如,小气泡和液滴都呈球状,液体在毛细管中会自动上升(或下降),鸭子可以浮在水面而鸡却不能,过饱和度很高的云层却不一定能下雨等。自然界中许多"新相难成"的过饱和现象,发生在固体界面的催化反应,多孔的固体有吸附性能以及表面活性剂的各种作用等都与这个界面上存在的不平衡力有关。

界面现象的研究是从力学开始的。大约 19 世纪中期或更早的时候,科学家就开始注意到界面区是具有特殊性质的部位,不均匀系统的许多行为都取决于界面性质的变化。这时,许多科学家对界面现象的研究开始重视。托马斯·杨(Young T)在 1805 年指出:系统中两个相接触的均匀流体,从力学的观点来看就像是被一张无限薄的弹性膜分开,界面张力则存在于这一弹性膜中。他还将界面张力概念推广应用于有固体的系统,导出了联系气-液、液-固、气-固界面张力和接触角的著名的杨氏方程。1906 年,拉普拉斯(Laplace)导出了弯曲界面两边压力差与界面张力和界面曲率的关系,可以解释毛细管中液体上升或下降的重要现象。1869 年,都普里(Dupre A)研究了润湿和黏附现象,将黏附功和结合功与界面张力联系起来。界面热力学的奠基人是吉布斯(Gibbs),他在为化学热力学建立框架时同时也包括了对界面层的贡献。1875~1878 年,吉布斯总结并发展了前人的研究工作,采用数学推理的方法,指出界面区的物质浓度一般不同于各本体相中的浓度,从而奠定了表面物理化学的理论基础。另一个对界面热力学做出重大贡献的是开尔文(Kelvin)。他在 1859 年将界面扩展时伴随的热效应与界面张力随温度的变化联系起来。1871 年又导出蒸气压随界面曲率的变化,被称为开尔文方程。1893 年,范德华(van der Waals)认识到在界面层中密度实际上是连续变化的,有一个分布。他应用了局部自由能(Helmholtz 函数)密度的概念,结合范德华方程,并引入半经验修正,从理论上研究了决定于分子间力的状态方程参数与界面张力的关系。范德华的研究可以看作是用统计力学研究界面现象的前奏。另外许多科学家特别是美国科学家朗格缪尔(Langmuir)对黏附、摩擦、润滑、吸附等表面现象做了大量的研究工作。他于 1913~1943 年间,在表面物理化学领域中有着重要的发现与杰出的发明。尤其是他对蒸发、凝聚、吸附、单分子膜等表面现象的研究。因为这方面的成就,他于 1932 年荣获诺贝尔奖,且被誉为表面物理化学的先驱者,新领域的开拓者。

在20世纪前40年内,表面物理化学迅速发展,大量的研究成果被广泛地应用于生产,例如食品、涂料、造纸、橡胶、建材、能源工业、冶金、土壤化学、材料化学和多相催化等。Polany、Langmuir、Rideal、Taylar和Emmett等著名的物理学家和化学家对表面吸附及表面基元反应机理做了许多开创性的研究,且创建了一些表面分析技术。到了50年代,各种光谱技术和微观测试技术的不断出现,使得化学领域中的许多研究工作可以深入到微观水平上进行,即从基本的分子结构来探讨化学过程的机理。但是这些先进的测试技术在当时还不能很成功地使用于表面现象的研究工作中。因为大多数的微观测试技术都是采用电磁辐射的原理来研究分子的结构,一般适用于气态或固态,而表面现象的研究则要求在一个厚度仅几个分子层的准三维区域内进行,被扫描的横截面积太小,不一定能满足这些测试技术的要求。其次,当采用红外光谱、核磁共振、X射线衍射等进行表面现象研究时(如表面吸附等),为获得足够数量的可靠信号,要求对较大表面积进行测试。为了比较各种不同测试技术所得的结果,常常还需要将样品从一个设备送到另一个设备,因此样品的表面清洁度及复制性不可忽视,另外还要求有高真空技术。60年代初开始,由于航天技术和电子工业的发展,表面物理化学发展缓慢的局面有所改善。电子和航天技术要求所有的部件尺寸要尽可能地缩小,增大表面积与体积的比值,而且材料的表面性质在一定程度上支配着半导体技术和航空工业的发展。这方面的要求需要微观测试手段来对表面现象进行研究,促使超高真空设备不断完善,其真空度高达10^{-6}Pa。另外,电子计算机和新的表面测试技术的不断引进,出现了低能电子衍射仪、俄歇电子能谱仪、X射线光电子能谱仪等,它们只要在面积很小的表面(一般为1 cm^2)上即可进行测试,并能获得可鉴别的信号。这些新的表征手段促进了表面物理化学研究新局面的形成。60年代末至70年代初,表面科学已经进入从微观水平上研究表面现象的阶段,表面科学得到了飞速发展,表面科学成为了一门独立的学科。

目前,科学家已经能够在低于微米级的表面上,获得小于1%原子单层(10^3原子/cm^2)的原子信息,于是可在优于10^{-7}Pa的超高真空下,从分子水平上研究表面现象。不少科学家致力于催化剂和多相催化过程,有关表面的组成、结构和吸附态对表面反应的影响及表面机理的研究,从而寻找有实用价值的高效催化剂。2007年,德国科学家Gerhard Ertl因"固气界面基本分子过程的研究"获得诺贝尔化学奖。他的主要研究成果包括利用铁催化剂表面使氨合成反应的效率大大提高,以及利用金属铂表面的氧化处理汽车尾气中的一氧化碳等。

界面现象在自然界中随处可见,并且与生命现象息息相关。系统的界面性质会影响到系统的整体性质,特别是当系统分散程度很高时,界面现象是不能忽视的。人们把物质分散成细小微粒的程度称为分散度(dispersion degree)。物体的表面积随着粒子的变小、分散度的增加而迅速增大,表面现象越显著。为了便于比较不同物质的表面性质,分散程度通常用比表面(specific surface)来表示,即单位质量或单位体积的物质具有的表面积。比表面常作

为衡量吸附剂或固体催化剂的一个指标。其定义式为

$$A_V = \frac{A_S}{V} \quad \text{或} \quad A_m = \frac{A_S}{m} \tag{10.1}$$

式中:A_S 是体积为 $V(\text{m}^3)$ 或质量为 $m(\text{kg})$ 的物质所具有的总表面积;A_V 为体积比表面积;A_m 为质量比表面积,显然其数值随着物质分散程度的增大而增大。如果粒子是球形的,设粒子的半径为 r,则一个粒子的表面积为 $4\pi r^2$,体积为 $\frac{4}{3}\pi r^3$。相同质量的物质,分散成的粒子越小,总的表面积就越大,其比表面也越大,呈现的表面现象就越显著。如把边长为 1 cm 的立方体 1 cm³ 逐渐分割成小立方体时,比表面积增长情况列于表 10.1。

表 10.1　比表面与分散度的关系

边长 l/m	立方体	比表面 $A_V/(\text{m}^2/\text{m}^3)$
1×10^{-2}	1	6×10^2
1×10^{-3}	10^3	6×10^3
1×10^{-5}	10^9	6×10^5
1×10^{-7}	10^{15}	6×10^7
1×10^{-9}	10^{21}	6×10^9

衡量固体催化剂的催化活性,其质量(或体积)比表面的大小是重要的指标之一,如活性炭的质量比表面可高达 10^6 m²·kg^{-1};硅胶或活性氧化铝的质量比表面也可高达 5×10^5 m²·kg^{-1};叶绿素具有较大的质量比表面,从而可以提供较多的活性点,提高光合作用的量子效率;纳米材料具有非常大的比表面,因而具有宏观物体所没有的一些独特性质。如纳米级超细颗粒的活性氧化锌由于具有巨大的质量比表面而可作为隐形飞机的表面涂层;胶体系统的粒子尺度大约在 $10^{-9}\sim 10^{-7}$ m 之间,具有很大的比表面积,也突出地表现出表面效应。

§10.1　表面张力和表面自由能

10.1.1　表面张力

如果从力的角度研究表面现象,可以觉察到界面上处处存在着一种张力,液膜自动收缩,液滴自动成球形和毛细现象,这些现象都是人们确信有一种作用在液体表面的力。这种力使液体表面层分子总是有向内部移动的趋向,力图缩小液体表面积,人们把这种液体表面

上存在使液面绷紧的张力,称为表面张力。

如图10.2,将一金属丝环上系一丝线圈,把金属丝环同丝线圈一起浸在皂液中,然后取出,环中就形成一层液膜,丝线圈可在液膜上自由移动。若将线圈内液膜刺破,丝线圈即被弹开形成圆形,就好像液面对丝线圈沿着环的半径方向有向外的拉力一样。由此可推知,液膜未被刺破时,丝线也受到同样的拉力,只是净力为零。由于表面上存在着这种张力,所以要增加表面积,就必须克服张力,对系统做非体积功 W'。

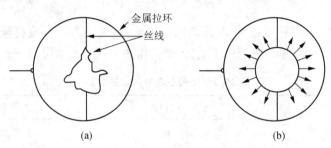

图 10.2　表面张力的作用

如图10.3,将一含有一个活动边框的金属线框架放在肥皂液中,然后取出悬挂,活动边框在下面。由于金属框上的肥皂膜的表面张力作用,可滑动的边会被向上拉,液膜的面积会自动缩小。如果在活动边框上挂一重物,使重物质量 m_2 与可滑动金属框的质量 m_1 所产生的重力之和 $F(F=(m_1+m_2)g)$ 与向上的膜的收缩力相同,则金属丝不再滑动。这时 $F=\gamma 2l$,l 是滑动边的长度,因膜有两个面(肥皂膜虽然很薄,但从微观上看已经足够厚了,由许多层分子组成,具有两个表面与空气接触),所以边界总长度为 $2l$,系数 γ 就是作用于单位边界上的表面张力。

当两种力平衡时,应有 $F=(m_1+m_2)g=\gamma 2l$,于是

$$\gamma = \frac{F}{2l} \tag{10.2}$$

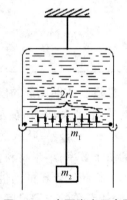

图 10.3　表面张力示意图

式中 γ 为比例系数,称为界面张力(interface tension),其物理意义是界面单位长度的收缩力,此力沿界面切线方向作用于边界上,并垂直于边界,与界面相切并指向液膜。由于是气-液界面,此处肥皂液膜的界面张力也叫表面张力(surface tension),表面张力的单位为 $N \cdot m^{-1}$。

在此可逆过程中,可移动的金属框运动了 dx 的距离,则液膜相应增加的面积为 $dA=2ldx$。环境对系统所做的非体积功为 $\delta W'_r = Fdx$。这也是增加系统表面所做的非体积功,据式(10.2)可得:

$$\delta W'_r = Fdx = \gamma 2ldx = \gamma dA \tag{10.3}$$

式中 $\delta W'_r$ 称为表面功,由于收缩过程中液膜的体积几乎不变,所以这种可逆功是非体积功,其大小取决于表面张力和表面积的变化值。

根据热力学知识,等温等压下,组成恒定的封闭系统得到的可逆的表面功应等于其 Gibbs 自由能的增加量,即 $\delta W'_r = \mathrm{d}G$。因此式(10.3)可表示为

$$\mathrm{d}G = \gamma \mathrm{d}A \quad \text{或} \quad \gamma = \left(\frac{\mathrm{d}G}{\mathrm{d}A}\right)_{T,p,n} \tag{10.4}$$

由此可知 γ 的物理意义是温度、压力及组成不变的条件下,增加单位表面积时系统的 Gibbs 自由能的增量,称为比表面 Gibbs 自由能或比表面自由能(surface free energy),简称表面能,单位 $\mathrm{J \cdot m^{-2}}$。由于形成新表面时,环境对系统所做的表面功转化为表面层分子的 Gibbs 自由能,因此表面层分子比体相内分子具有更高的能量。特别是多孔固体的表面,当固体或液体被高度分散时,表面能将相当可观。例如,将 1 g 水可分散成 2.40×10^{24} 个半径为 10^{-9} m 的小水滴时,所得总表面积为 3.00×10^3 m^2,已知 20 ℃ 时水的比表面能为 0.07288 $\mathrm{J \cdot m^{-2}}$,所以表面能约为 $(3.00 \times 10^3 \times 0.07288)\mathrm{J} \approx 219$ J。例如,固体粉尘爆炸,就是由于表面能过高使得系统处于极不稳定状态所致。所有表面都有自动收缩的趋势以减小总的表面能,使系统更加稳定。相同体积的各种形状物体中,以球形的表面积最小,所以液滴、气泡都呈球状。固体由于结构所限,无法收缩,只能靠吸附来降低自身的表面自由能。表面 Gibbs 自由能的概念是用热力学的原理和方法处理界面问题,不仅适用于液体表面,也适用于所有两相界面。

表面自由能和表面张力是从不同的角度反映和衡量表面上存在的不对称的力。它们虽然名称不同,表达的方式不同,使用的单位不同,物理意义不同,但数值和量纲是相同的,$1 \mathrm{J \cdot m^{-2}} = 1 \mathrm{N \cdot m^{-1}}$,所以采用同一符号 γ 来表示(有的教材用 σ 表示),今后在使用上也不严格加以区分。

通常有多种方法来测定表面张力,如毛细管上升法、滴重法、吊环法、最大压力气泡法、吊片法和静液法等,这些方法的具体操作和计算方法均可在一些实验教材或专著中找到。

10.1.2 表面热力学的基本公式

在多组分系统热力学这章中曾推导出单相多组分系统的四个热力学基本公式。这四个公式的变量除了 T,p,S,V 外,只有各个相中各物质的量 $n_{B(\alpha)}$,没有考虑表面层的分子,只考虑系统本体情况,而事实上在两相之间必然存在一个表面区,这不是一个几何面,而是两相之间的过渡区,所以对需要考虑表面区的系统,必须考虑到系统做非膨胀功——表面功,其公式则应相应增加 $\gamma \mathrm{d}A$ 一项,所以热力学基本方程式应为

$$\mathrm{d}U = T\mathrm{d}S - p\mathrm{d}V + \gamma \mathrm{d}A_S + \sum_B \mu_B \mathrm{d}n_B \tag{10.5}$$

$$\mathrm{d}H = T\mathrm{d}S + V\mathrm{d}p + \gamma \mathrm{d}A_S + \sum_B \mu_B \mathrm{d}n_B \tag{10.6}$$

$$dA = -SdT - pdV + \gamma dA_S + \sum_B \mu_B dn_B \qquad (10.7)$$

$$dG = -SdT + Vdp + \gamma dA_S + \sum_B \mu_B dn_B \qquad (10.8)$$

由上述关系式可得:

$$\gamma = \left(\frac{\partial U}{\partial A_S}\right)_{S,V,n_B} = \left(\frac{\partial H}{\partial A_S}\right)_{S,p,n_B} = \left(\frac{\partial A}{\partial A_S}\right)_{T,V,n_B} = \left(\frac{\partial G}{\partial A_S}\right)_{T,p,n_B} \qquad (10.9)$$

由式(10.9)可得,γ 是在指定相应变量和组成不变的条件下,增加单位表面积时系统相应的热力学函数的增量,称为广义的表面自由能。狭义地说是当以可逆方式形成新表面时,环境对系统所做的表面功变成了单位表面层分子的 Gibbs 自由能。298 K、$p^{\ominus}$ 下水的表面张力为 $7.20 \times 10^{-3} \text{N} \cdot \text{m}^{-1}$,这也是指在此温度和压力下水的比表面吉布斯能为此值,并非在此条件下比表面热力学能、比表面焓和比表面亥姆霍兹能也为此值,后三者须在各自条件(定熵定容/定熵定压/定温定容)下才为此值。

10.1.3 表面张力的影响因素

表面张力是强度性质,是物质的特性,其与系统所处的温度、压力、组成以及共同存在的另一个相的性质等因素有关。

1. 与物质的本性有关

在一定温度、压力下,纯物质的表面张力主要取决于分子间的作用力,组成物质的原子或分子间的相互作用力越大,表面张力也越大,一般规律为:具有金属键的物质表面张力最大,其次是具有离子键的物质及具有极性共价键的物质,具有非极性共价键的物质表面张力最小。一般情况下,金属键>离子键>极性共价键>非极性共价键。具体表现在沸点高或熔点高的物质,分子间作用力较大,其界面张力相应较大。这可从表 10.2 中的界面张力数据得以说明。例如,沸点次序有汞>水>苯>乙醚,所以表面张力有汞>水>苯>乙醚。

表 10.2 293 K 时一些液-气界面张力

液体	$10^3 \gamma / \text{N} \cdot \text{m}^{-1}$	液体	$10^3 \gamma / \text{N} \cdot \text{m}^{-1}$	液体	$10^3 \gamma / \text{N} \cdot \text{m}^{-1}$
乙醚	17.01	氯仿	19.14	氯	18.4
乙酸	27.8	甲醇	22.61	甲苯	28.5
乙醇	22.75	苯	28.89	丙酮	23.70
吡啶	38.0	乙酸乙酯	23.9	苯酸	40.9
正丁醇	24.6	溴	41.5	环己烷	25.5
水	72.75	四氯化碳	26.95	汞	435

2. 与接触相的性质有关

在相同条件下,同种物质与不同性质的其他物质接触时,表面分子所受到的作用力也不相同,γ 也会不同。一种液体与不互溶的其他液体形成液-液界面时,因界面层分子所处的力场取决于两种液体,故不同的液-液界面的界面张力也有所不同。例如,20 ℃时,纯水的表面张力为 0.072 75 N·m^{-1},苯的表面张力为 0.028 88 N·m^{-1},水与苯接触时的界面张力为 0.035 0 N·m^{-1},处于水和苯的表面张力之间。

3. 与温度有关

一般而言,温度升高,表面张力减小。这是因为:① 温度升高,体积增大,分子间距增大,体内分子对表面层分子的作用力减小;② 温度升高,气相蒸气压变大,密度增大,气相分子对液体表面分子的作用力增强。

这也可用热力学公式说明,因为

$$dG = -SdT + Vdp + \gamma dA_S + \sum_B \mu_B dn_B$$

运用全微分的性质,可得:

$$\left(\frac{\partial S}{\partial A_S}\right)_{T,V,n_B} = -\left(\frac{\partial \gamma}{\partial T}\right)_{A_S,p,n_B} \tag{10.10}$$

等式左方为正值,因为表面积增加,熵总是增加的。所以,γ 随 T 的增加而下降(如图 10.4),即表面张力温度系数 dγ/dT 为负值。同时在图中可以看到,虽然各种液体的表面张力相差很大,各自的 γ-T 直线的斜率却相差不大。不过需要注意的是,液体的表面张力与温度的线性关系并不严格成立。一方面,液体在达到它的临界温度以前(约相差 30 K 以内),表面张力随温度的变化已明显偏离线性关系;另一方面,即使在一般温度下也非准确的线性关系。个别液体的表面张力温度系数甚至为正值,如钢铁、铜合金以及一些硅酸盐和炉渣,其表面张力随温度升高而增加。其原因尚无定论,有人认为:① 对于钢液,温度上升时,

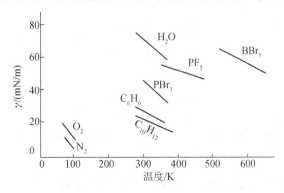

图 10.4 一些液体的表面张力-温度关系

一方面分子间距增大,作用力减弱;但另一方面,钢水中所吸附的使表面张力降低的表面活性物质减少,后者作用大于前者,所以,表面张力随温度升高而增加。② 对于炉渣,温度升高时,复合离子离解为简单离子,使粒子数目增加,且简单离子半径减小,引力大,所以表面张力增大。

1886年,约特弗斯(Eotvos)提出:

$$\gamma V_m^{2/3} = k(T_c - T) \tag{10.11}$$

式中:V_m为液体摩尔体积;T_c为临界温度;k为常量,对一般非极性物质或非缔合液体来说,$k = 2.1 \times 10^{-7}$ J/K,对于具有缔合性的液体,k小于此数。当温度升至临界温度时,气-液界面消失,表面张力为零。实际上,温度还没有降到临界温度时,表面张力就为零了。

因此,1893年,兰姆赛-希尔茨(Ramsay-Sheilds)对上式进行了修正:

$$\gamma V_m^{2/3} = k(T_c - T - 6.0 \text{ K}) \tag{10.12}$$

式(10.12)是求界面张力与温度间关系的较常用的公式。

表10.3 一些系统的表(界)面张力

系统	$t/℃$	$\gamma/\text{N} \cdot \text{m}^{-1}$	系统	$t/℃$	$\gamma/\text{N} \cdot \text{m}^{-1}$
水	20	0.072 75	Fe(l)	1 500	0.950
苯	20	0.028 88	Cu(l)	1 200	1.160
甲苯	20	0.028 52	水-正丁醇	20	0.001 8
氯仿	25	0.026 67	水-乙酸乙酯	20	0.006 8
乙醚	25	0.020 14	水-苯	20	0.035 0
四氯化碳	25	0.026 43	水-乙醚	20	0.010 7
甲醇	20	0.022 50	水-正庚烷	20	0.050 2
乙醇	20	0.022 39	水-丁苯	25	0.040 6
辛烷	20	0.021 62	汞-水	20	0.375
Hg(l)	20	0.486 5	汞-乙醇	20	0.389
Ag(l)	1 373	0.878 5	汞-苯	20	0.357
Sn(l)	605	0.543 3			

4. 与压力有关

物质的表面张力与压力也有关,一般随压力增加而下降。因为压力增加,气相密度增加,表面分子受到的合力减小,液体表面分子受力不对称程度减小,故表面张力下降;另外,如果气相中有其他的物质,则压力增加,促使表面吸附增加,气体溶解度增加,也使表面张力下降。一般来说,压力变化不大时,压力对表面张力的影响不大。通常每增加 1 MPa 的压力,表面张力约降低 $1\ \mathrm{mN\cdot m^{-1}}$。

5. 分散度

系统分散度对表面张力的影响不大,只有分散度达到分子大小时其影响才较明显。

【例 10.1】 已知汞溶胶中胶粒(设为球形)的直径为 22 nm,在 $1.0\ \mathrm{dm^3}$ 的溶胶中含 Hg 为 $8\times10^{-5}\mathrm{kg}$,试计算:(1) 在 $1.0\ \mathrm{cm^3}$ 的溶胶中的胶粒数;(2) 胶粒的总表面积;(3) 若把质量为 $8\times10^{-5}\mathrm{kg}$ 的汞滴,分散成上述溶胶粒子,则表面 Gibbs 自由能增加多少?已知汞的密度为 $13.6\ \mathrm{kg\cdot dm^{-3}}$,汞-水界面张力为 $0.375\ \mathrm{N\cdot m^{-1}}$。

解:(1) 设 Hg 胶粒的体积为 V,则

$$V = \frac{4}{3}\pi r^3 = \frac{4}{3}\pi \times \left(\frac{22}{2}\times 10^{-9}\ \mathrm{m}\right)^3$$
$$= 5.575\times 10^{-24}\ \mathrm{m^3}$$

设 $1.0\ \mathrm{m^3}$ 的溶胶中的胶粒数为 N,则

$$N = \frac{W}{\rho V}$$
$$= \frac{8\times 10^{-5}\ \mathrm{kg\cdot dm^{-3}}\times (1.0\times 10^{-3}\ \mathrm{dm^3})}{13.6\ \mathrm{kg\cdot dm^{-3}}\times (5.575\times 10^{-24}\ \mathrm{m^3})}$$
$$= 1.055\times 10^{12}$$

(2) 胶粒的总面积为 A,则

$$A = N\cdot 4\pi r^2$$
$$= 1.055\times 10^{12}\times 4\pi\times \left(\frac{22}{2}\times 10^{-9}\ \mathrm{m}\right)^2$$
$$= 1.064\times 10^{-3}\ \mathrm{m^2}$$

(3) 设质量为 $8\times 10^{-5}\mathrm{kg}$ 的汞滴半径为 r_0,则

$$\frac{4}{3}\pi r_0^3 = \frac{8\times 10^{-5}\ \mathrm{kg}}{13.6\ \mathrm{kg\cdot dm^{-3}}}$$

$$r_0 = 1.12\times 10^{-3}\ \mathrm{m}$$

$$\Delta G_A = \gamma \Delta A = \gamma(A - 4\pi r_0^2)$$
$$= 0.375\ \mathrm{N\cdot m^{-1}}\times [1.064\times 10^{-3}\ \mathrm{m^2} - 4\pi\times (1.12\times 10^{-3}\ \mathrm{m})^2]$$
$$= 5.96\times 10^{-4}\ \mathrm{J}$$

§10.2 弯曲液面的附加压力及蒸气压

10.2.1 附加压力

液面有平液面,亦有弯曲液面,平静的湖面是水平的,但水滴、小量筒中的液面是弯曲的,称为曲面,曲面可以是凹的,也可以是凸的,如气相中的液滴为凸液面,液体中的气泡为凹液面(见图10.5)。其弯曲程度可用曲率半径 r 衡量,r 越小弯曲程度越大。

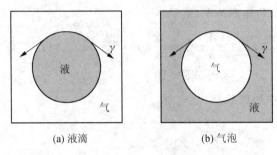

(a) 液滴　　　　　(b) 气泡

图 10.5　弯曲液面

如图 10.6(a)所示,平液面上的分子受力情况比较简单,在任意指定的边界上的一点周围,表面张力平行于液面大小相等、方向相反,即沿着平面作用,并向四方伸开而相互抵消,对界面两侧都无作用,不会产生附加压力 Δp,故其 $\Delta p=0$。当平衡时,平液面上液体表面内外的压力相等。图 10.6 中,p_l 和 p_g 分别代表弯曲液面的液相一侧和气相一侧所受的压力。

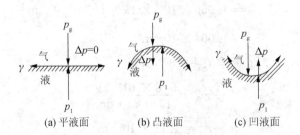

(a) 平液面　　(b) 凸液面　　(c) 凹液面

图 10.6　各类液面的附加压力

而弯曲液面的分子受力情况则相对复杂一些。如图 10.6(b)所示,在凸液面上任意一点,表面张力 γ 方向切于该点的液面,总是力图收缩液体的表面积。在凸液面上代表表面张力的切线不在同一个平面上,无法抵消,于是产生一个指向凸面中心的合力。在凸面上的每一点均会产生这种力,这种力的累加称为附加压力(excess pressure),用 Δp 表示。力的方向指向曲面圆心，与蒸气压力 p_g 方向一致，所以凸液面上受到的总压力为 $p_g + \Delta p$。凸液面平衡时有 $p_l = p_g + \Delta p$。显然，在其他条件相同的情况下，凸面上所受的压力大于平面上的压力。

如图 10.6(c)所示，在凹液面上任意一点，表面张力方向切于该点的液面。在凹液面上代表表面张力的切线不在同一个平面上，也无法抵消，于是产生一个指向凹面中心的合力，所有合力的累加也称为附加压力，用 Δp 表示。Δp 的方向与蒸气压力 p_g 方向相反，所以凹液面上受到的总压力为 $p_g - \Delta p$。凹液面平衡时有 $p_l = p_g - \Delta p$。显然，凹形液面上所受的压力小于平面上的压力。

总之，由于表面张力的作用，弯曲液面会受到附加压力，附加压力 Δp 的方向总是指向曲面的曲率中心。

10.2.2 Laplace 方程

弯曲液面的附加压力与液体的表面张力和曲率半径有关。下面以球形液滴为例推导附加压力的关系式。

设球形液滴的半径为 r，考虑球形液面的某一圆形截面 AB 的受力情况，见图 10.7。圆形截面的半径为 r_1。截面圆周界线上表面张力在水平方向的分力，相互抵消；而在垂直方向的分力为 $\gamma\cos\alpha$。因此，在垂直方向的这些分力的合力为

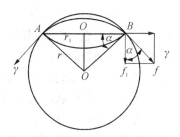

图 10.7 弯曲液面的 Δp 与液面曲率半径的关系

$$F = \gamma\cos\alpha \times 截面圆周长 = \gamma\cos\alpha \times 2\pi r_1$$

由于
$$\cos\alpha = r_1/r$$

所以
$$F = 2\pi\gamma r_1^2/r$$

于是附加压力（即压强）为

$$\Delta p = \frac{F}{截面积} = \frac{2\pi\gamma r_1^2/r}{\pi r_1^2}$$

整理得
$$\Delta p = \frac{2\gamma}{r} \tag{10.13}$$

式(10.13)称为拉普拉斯(Laplace)方程，拉普拉斯方程表明弯曲液面的附加压力 Δp 的大小与表面张力成正比，与弯曲液面的曲率半径成反比，曲率半径越小，附加压力越大。

为了体现附加压力的方向，通常将曲率半径用不同的正、负号表示。因为凸面（曲面圆心在液相内部）的附加压力与蒸气压的方向一致，这里的取号仅是为了表示力的方向而已。但是，就附加压力的绝对值而言，附加压力总是与曲率半径成反比。对凸液面，r 取正值，

$\Delta p > 0$,附加压力的方向指向液体;对于凹液面,r 取负值,$\Delta p < 0$,附加压力的方向指向气体;对于平液面,$r = \infty$,$\Delta p = 0$。

对于空气中的气泡如肥皂泡有两个液膜,均会产生指向球心的附加压力,因此附加压力为 $\Delta p = \dfrac{4\gamma}{r}$。

式(10.13)仅适用于球形小液滴或球形小气泡的情况。若液滴不是球形,而是由两个曲率半径 r_1,r_2 确定的曲面,可推导出附加压力为

$$\Delta p = \gamma(1/r_1 + 1/r_2) \tag{10.14}$$

该式称为杨-拉普拉斯(Young-Laplace)方程。对于球形情况,$r_1 = r_2$,该式与式(10.13)相同。

在了解弯曲表面上具有附加压力以及其大小与表面形状的关系之后,可以解释如下常见的现象。例如自由液滴或气泡(在不受外加力场影响时)通常都呈球形。因为假若液滴具有不规则的形状,则在表面上的不同部位曲面弯曲方向及其曲率不同,所具有的附加压力的方向和大小也不同,在凸面处附加压力指向液滴的内部,而凹面的部位则指向相反的方向,这种不平衡的力,必将迫使液滴呈现球形。因为只有在球面上各点的曲率相同,各处的附加压力也相同,液滴才会呈稳定的形状。另外,相同体积的物质,球形的表面积最小,则表面总的 Gibbs 自由能最低,所以变成球状就最稳定。自由液滴如此,分散在水中的油滴或气泡也是如此。

【例 10.2】 298 K 时,将一根半径为 $R = 1.0 \times 10^{-3}$ m 的洁净玻璃管垂直放置,使下端的管口刚好与液面相切。玻璃管中间与一压力计相连,在管的另一端慢慢通入惰性气体。当在液面下形成的气泡半径等于玻璃管半径时,压力计上的读数为 40 Pa,试计算液体的表面张力。

解:本题即为用气泡法测定液体的表面张力,当气泡的半径等于玻璃管半径时,气泡半径最小,附加压力最大。

利用 Laplace 公式: $\Delta p = \dfrac{2\gamma}{r} = \dfrac{2\gamma}{R}$。

其中 r 为气泡的曲率半径,R 为玻璃管半径,则

$$\gamma = \dfrac{\Delta p \cdot R}{2} = \dfrac{40 \text{ Pa} \times 1.0 \times 10^{-3} \text{ m}}{2} = 0.02 \text{ N} \cdot \text{m}^{-1}$$

10.2.3 毛细现象

将毛细管插入液体中,管中的液面会上升或下降,这种现象就属于毛细现象(如图 10.8)。产生这类现象的实质是弯曲液面上有附加压力存在,使毛细管内的液体自发地流动,以达到新的力的平衡。在所用毛细管相同的情况下,管中液体是上升还是下降以及上升或下降的高度主要取决于液体的性质。

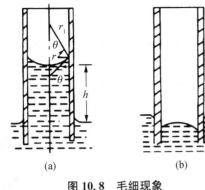 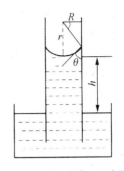

图 10.8 毛细现象   图 10.9 毛细现象（凹液面）

同时，利用毛细管上升法测定液体的表面张力也是拉普拉斯公式的应用之一，其原理如下：

以水溶液形成凹液面（图 10.9）为例，将玻璃毛细管插入水中，由于水能润湿毛细管表面，所以管中水柱表面呈凹面。因为凹面下液体所受到的压力小于平面下液体所受的压力，致使管外平面液体被压入管内，并上升至一定高度 h，直到水平面以上液柱所产生的静压力等于凹面的附加压力时，才达到平衡，即

$$\Delta p = \frac{2\gamma}{r} = \Delta \rho \cdot g \cdot h \tag{10.15}$$

式中：$\Delta \rho = \rho_l - \rho_g$，是管内液体密度与管外气体密度之差，一般 $\rho_l \gg \rho_g$；r 为弯曲液面的曲率半径，可从毛细管半径 R 求得。

如果液体能完全润湿毛细管即液体与管壁之间的接触角 θ 为零（接触角的概念在本章第 3 节介绍），则形成的液面是半球面，$r=R$。式（10.15）可表示为

$$h = \frac{2\gamma}{\rho_l g R} \tag{10.16}$$

如果液体不能完全润湿毛细管，即液体与管壁之间的接触角 $0°<\theta<90°$，则形成的液面不是半球面，$r \neq R$，由几何关系可得 $R = r\cos\theta$，所以

$$h = \frac{2\gamma \cos\theta}{\Delta \rho R g} \tag{10.17}$$

如果液体不能润湿毛细管，即液体与管壁之间的接触角 $\theta>90°$，则管内液面呈凸面，管内液面将低于管外，如毛细管插入汞中时液面会下降，液面下降的高度 h 亦可由式（10.17）求得，只不过求得的 h 为负值。

根据式（10.16）和式（10.17），如果测出毛细管半径 R 和液体在毛细管内上升的高度 h，就可求出液体的表面张力 γ。这就是毛细管上升法测定液体表面张力的基本原理。

掌握这些知识有利于对表面效应的深入理解，如在土壤中存在许多毛细管，水在其中呈

凹形液面。天旱时,农民通过锄地来保持土壤的水分。这是由于锄地切断了地表土壤间隙(即毛细管),可防止土壤水分沿毛细管上升而蒸发。

【例 10.3】 在炼钢工业上用能透气的多孔耐火砖制成的容器来盛熔融的钢液,若容器中的钢液厚度为 2.0 m,底部的毛细孔半径应控制为多少才能使钢液不漏? 已知钢液的表面张力 $\gamma=1.3$ N·m^{-1},密度 $\rho=7.0\times10^3$ kg·m^{-3},钢液对耐火材料的接触角 $\theta=150°$。

解: 钢液不能润湿耐火砖,在毛细孔中形成凸面,因为在容器的底部,所以钢液在毛细孔中的形状如图所示。

由于在凸面上的附加压力指向曲面圆心,是指向容器内部的,使得毛细孔中的液面与平面(虚线)相比要高一点,所以 Laplace 公式中的密度差应该等于 $\Delta\rho=\rho_{空气}-\rho_{钢液}\approx-\rho_{钢液}$,利用 Laplace 公式:

$$\Delta p = \frac{2\gamma\cos\theta}{R} = \Delta\rho gh \approx -\rho gh$$

$$R = -\frac{2\gamma\cos\theta}{\rho gh}$$

$$= -\frac{2\times 1.3 \text{ N}\cdot\text{m}^{-1}\times\cos 150°}{7.0\times 10^3 \text{ kg}\cdot\text{m}^{-3}\times 9.8 \text{ m}\cdot\text{s}^{-2}\times 2.0 \text{ m}} = 1.64\times 10^{-5} \text{ m}$$

底部的毛细孔半径应小于 1.64×10^{-5} m 才能使钢液不漏。

10.2.4 开尔文方程

在一个密闭容器中放入同种纯液体不同半径的液滴(如图 10.10),保持 T、p 不变,经一段时间后,半径较小的液滴消失而半径较大的液滴稍有长大。根据气-液平衡原理,是因为小液滴的饱和蒸汽压大于大液滴,而在大液滴上凝结。为何同温下同种液体的饱和蒸汽压不同呢? 还如,小晶核的溶解度大于大晶核,小晶核不断溶解,沉淀在大晶核的表面,这种溶解-生长过程被称为奥斯瓦尔德熟化,其中大粒子生长以小粒子为代价。这些都可用热力学原理予以解释。平液面的饱和蒸气压与物质的性质、温度和外压有关,最常用的关系式是随温度而变的克劳修斯-克拉佩龙(Clausius-Clapeyron)方程。弯曲液面的饱和蒸气压不但与上述因素有关,同时亦与曲率半径 r 有关,下面将推导其关系式。

图 10.10 液滴蒸气压实验

在温度 T 时,将 1 mol 平液面的液体分散为半径为 r 的小液滴(小液滴的表面张力为

γ),设平液面和小液滴的饱和蒸气压分别为 p 和 p_r,可有以下两种途径:

1. 直接法

将 1 mol 压力为 p 的平液面液体直接分散为半径为 r 的小液滴。

由于附加压力的作用,此过程为恒温变压过程,液面承受压力由 p 变化至 p_r,则

$$\Delta G_m = \int_p^{p_r} V_m dp$$

对于凝聚相,压力变化不大时(几个大气压),可以忽略 V 的变化,则

$$\Delta G_m = V_m(p_r - p) = V_m \Delta p = \frac{M}{\rho}\Delta p = \frac{M}{\rho}\frac{2\gamma}{r} = \frac{2\gamma M}{\rho r}$$

2. 可逆途径

$$\begin{array}{ccc}
1\text{ mol 平液面液体}(p) & \xrightarrow{\Delta G_m} & 1\text{ mol 半径 }r\text{ 的液滴}(p_r) \\
\downarrow {\scriptstyle \Delta G_1,(1)} & & \downarrow {\scriptstyle \Delta G_3,(3)} \\
1\text{ mol 饱和蒸汽}(p) & \xrightarrow{\Delta G_2,(2)} & 1\text{ mol 饱和蒸汽}(p_r)
\end{array}$$

因为,第一步和第三步分别为恒温恒压下平面液体和小液滴的平衡相变,所以

$$\Delta G_1 = \Delta G_3 = 0$$

第二步为理想气体恒温变压,所以

$$\Delta G_m = \Delta G_2 = \int_p^{p_r} V_m dp = \int_p^{p_r} \frac{RT}{p} dp = RT \ln \frac{p_r}{p}$$

两种途径不同,但始末态相同,所以

$$\frac{2\gamma M}{\rho r} = RT\ln\frac{p_r}{p} \quad \text{或} \quad \frac{2\gamma V_m}{r} = RT\ln\frac{p_r}{p} \tag{10.18}$$

式中:ρ、M 和 V_m 分别为液体的密度、摩尔质量和摩尔体积。此式称为开尔文公式(Kelvin formula),它反映了弯曲液面和平液面蒸气压的差别。对温度一定的某液态物质,式中的 T, M, γ 和 ρ 皆为定值,此时 p_r 只是 r 的函数。如果要比较同一液体在不同曲率半径下的弯曲液面的蒸气压,可从式(10.14)得到

$$RT\ln\frac{p_2}{p_1} = \frac{2\gamma M}{\rho}\left(\frac{1}{r_2} - \frac{1}{r_1}\right) \tag{10.19}$$

其中 p_1, p_2 分别对应曲率半径为 r_1, r_2 时的饱和蒸气压。

对于凸液面(如小液滴),由于 $r > 0$,则 $p_r > p$,即凸液面的饱和蒸气压大于通常平液面的蒸气压,且 r 越小,p_r 就越大。对于凹液面(如小气泡),$r < 0$,则 $p_r < p$,即凹液面的饱和蒸气压小于平液面的蒸气压,且 r 越小,p_r 就越小(如图10.11)。对于平液面,由于 $r = \infty$,

故 $p_r = p$，p 即为从手册中查到的液体的饱和蒸气压。所以，同一液体温度相同时其蒸气压有如下关系：

$$p_r(凸液面) > p(平液面) > p_r(凹液面)$$

计算不同温度下弯曲液面的饱和蒸气压，需先使用克劳修斯-克拉佩龙方程 $\ln \dfrac{p_2}{p_1} = -\dfrac{\Delta H}{R}\left(\dfrac{1}{T_2} - \dfrac{1}{T_1}\right)$ 计算指定温度时平液面的蒸气压，再利用开尔文公式即式 (10.18) 计算同温度时弯曲液面的蒸气压。

Kelvin 公式无疑是正确的，但目前还难以用实验来验证，因为蒸气压虽然与弯曲液面的曲率半径有关，但受温度的影响更大。当平面液体变为半径为 1 mm 的液滴时，蒸气压仅改变 0.1%。而温度相差 0.1 K 时，蒸气压可以改变 1%。要准确测定蒸气压变化范围在 0.1% 左右，则温度必须长时间准确控制在 0.01 K，这样的实验是不容易做到的。

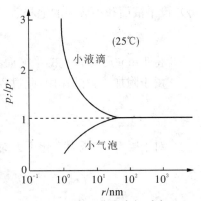

图 10.11 表面曲率半径对水的蒸气压的影响

运用开尔文公式可以说明许多表面现象。例如在毛细管内，某液体若能润湿管壁，管内液面将呈凹面，在某温度下，蒸气对平液面尚未达到饱和，但对毛细管内凹液面来讲，可能已经达到饱和，此时蒸气在毛细管内凝结为液体，这种现象称为毛细管凝结 (capillary condensation)。开尔文公式也可用于固体，在结晶操作中，一般物质沉淀析出时粒子有大有小，经过一定时间后，小粒子会逐渐溶解而消失，大粒子会逐渐长大，使粒子大小趋于一致。这种现象称为晶体的老化或陈化，这是由于在指定温度时，晶体颗粒越小其溶解度越大。

【例 10.4】 水蒸气骤冷会发生过饱和现象。在夏天的乌云中，用飞机撒干冰微粒，使气温骤降至 293 K，水气的过饱和度 (p_r/p) 达 4。已知在 293 K，水的表面张力为 0.072 88 N·m^{-1}，密度为 997 kg·m^{-3}，试计算：

(1) 开始形成雨滴的半径；
(2) 每一雨滴中所含水的分子数。

解：(1) 由开尔文公式：

$$\frac{2\gamma M}{\rho r} = RT \ln \frac{p_r}{p}$$

$$r = \frac{2\gamma M}{\rho RT \ln(p_r/p)}$$

$$= \frac{2 \times 0.072\,88 \text{ N} \cdot \text{m}^{-1} \times 18.0 \text{ g} \cdot \text{mol}^{-1}}{997 \text{ kg} \cdot \text{m}^{-3} \times 8.314 \text{ J} \cdot \text{K}^{-1} \cdot \text{mol} \times 298 \text{ K} \times \ln 4}$$

$$= 7.79 \times 10^{-10} \text{ m}$$

(2) 每一雨滴中所含水的分子数为

$$N = \frac{V\rho}{M}L = \frac{\frac{4}{3}\pi r^3 \rho}{M} \times L$$

$$= \frac{\frac{4}{3}\pi \times (7.79 \times 10^{-10} \text{ m})^3 \times 997 \text{ kg} \cdot \text{m}^{-3}}{18.0 \times 10^{-3} \text{ kg} \cdot \text{mol}^{-1}} \times 6.023 \times 10^{23} \text{ mol}^{-1}$$

$$= 66$$

10.2.5 亚稳态

我们在日常生活和科学研究中,经常会碰到系统都处于一种不稳定状态,这种状态的存在主要是因为在新相的形成过程中,若没有其他杂质的存在,总是先形成小的分子团簇,再由这种分子集团生长变成小晶体、小液滴或小气泡。这些分子集团或小晶粒、小液滴、小气泡的比表面积很大,有很高的表面能,因此新相的形成极为困难,常会产生过饱和溶液、过饱和蒸气、过热液体、过冷液体等状态。这些状态是热力学上的非稳定态,但在一定条件下能稳定存在一段时间,称为亚稳态。新相形成后,亚稳态失去稳定性,最终形成稳定的新相态。我们用 Kelvin 公式可以对这些过饱和现象进行定性解释。

下面将介绍一些与新相形成过程有关的亚稳态现象。

1. 过饱和蒸气

过饱和蒸气是指在一定温度下,蒸气压大于正常的饱和蒸气压而不凝结的蒸气。根据 Kelvin 公式,液滴的半径越小,其饱和蒸气压越大,如果在蒸气中不存在任何可以作为凝结中心的粒子,则系统可以达到很高的过饱和度而不会凝结,这是因为,此时蒸气的压力虽然对于平面液体来说已经为过饱和状态,但对于将要形成的小液滴来说尚未达到饱和,所以小液滴难以形成(如图 10.12)。如果蒸气中有微小粒子(作为凝聚中心)存在,则使凝聚液滴的初始曲率半径加大,蒸气就可以在过饱和度较小的情况下在这些微粒表面凝结

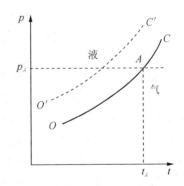

图 10.12 产生蒸气过饱和现象示意图

出来。人工降雨的基本原理就是当云层中的水蒸气达到饱和或过饱和的状态时,向云层中喷洒干冰或 AgI 颗粒,为过饱和水蒸气提供聚集中心,使之凝结成雨滴落下。

2. 过热液体

当液体加热到正常沸点时,本应该沸腾但没有沸腾,这种现象称为过热现象,相应的液体称为过热液体。其原因主要是液体沸腾时,不仅在液体表面汽化,同时在液体内部也要不

断生成微小的气泡。气泡内的气体受到的压力除了外压,还有弯曲液面的附加压力和液体的静压力,即

$$p_{气泡} = p_{大气压} - \Delta p + p_{静压力} \tag{10.20}$$

式中,气泡(凹液面)的半径取负值。根据开尔文公式(10.18),气泡内的饱和蒸气压 p_r 比同温下平液面的蒸气压 p 要低。所以液体达到正常沸点时,气泡内的蒸气压远未达到气泡所承受的压力,因此气泡无法逸出,液体不能汽化而出现过热现象。这时需进一步提高温度,使气泡内的蒸气压 p_r 等于或大于气泡承受的压力 $p_{气泡}$,液体才能沸腾(如图 10.13)。

过热液体容易产生暴沸,即液体随气泡往上冲的现象。暴沸不但损失产品,而且比较危险,所以应该尽可能避免。在实际过程中,为了避免产生液体的暴沸现象,常在液体中加入少量沸石、素烧陶瓷、短小毛细管等多孔性物质。这些多孔性物质保留有少量气体,可作为新相的中心,这样初生气泡的半径较大,其蒸气压接近平液面的蒸气压,所以大大降低了液体的过热程度。

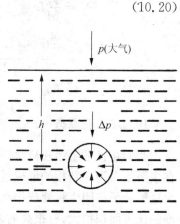

图 10.13 产生过热液体示意图

3. 过冷液体

在一定温度下,微小晶体的饱和蒸气压恒大于普通晶体的饱和蒸气压,这是液体产生过冷现象的主要原因。这可以通过图 10.14 来说明,曲线 CD 线为平面液体的饱和蒸气压曲线,曲线 AO 为普通晶体的饱和蒸气压曲线。由于微小晶体的饱和蒸气压恒高于普通晶体的饱和蒸气压,因此,微小晶体的饱和蒸气压曲线 BD 一定在 AO 线的上边。微小晶体的熔点 t' 低于普通晶体的 $t_{熔}$。当液体冷却时,其饱和蒸气压沿 CD 线下降到 O 点时,这时与普通晶体的蒸气压相等,按照相平衡条件,应当有晶体析出。但由于新生成的晶粒(新相)极微小,此时对微小晶体还未达到饱和状态,所以,不会有晶体析出。温度必须继续下降到正常熔点以下的 D 点,才能达到微小晶体的饱和状态而开始凝固。这种按相平衡条件应当凝固而未凝固的液体,称为过冷液体(supercooling liquid)。

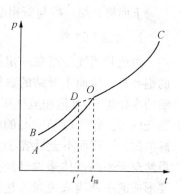

图 10.14 产生过冷液体示意图

例如,纯水可以冷到 $-40\ ℃$ 不结冰,在过冷水中加入一点冰,则很快结晶。在过冷的液体中加入一点小晶体作为新相种子,即"晶种",则能绕开形成微小晶体的过程,使过冷液体迅速凝固成晶体。

4. 过饱和溶液

Kelvin 公式对于溶质的溶解度同样适用,只要将式中的蒸气压改为溶质的溶解度即

可,即微小颗粒晶体的溶解度大于同温下较大颗粒晶体的溶解度。其公式为

$$RT\ln\frac{c_r}{c} = \frac{2\gamma_{(s-l)}M}{r\rho_{(s)}} \quad (10.21)$$

由相平衡原理可知,溶液结晶的条件是固态溶质的饱和蒸气压与溶液中该溶质的蒸气压相等。图 10.15 中,曲线 OA 和 $O'A'$ 分别表示溶质大晶体和微小晶体的饱和蒸气压随温度的变化曲线。c_1、c_2、c_3、c_4 是四条不同溶解度的溶质蒸气压随温度的变化曲线。蒸气压与溶解度成正比的关系,显然是 $c_4 > c_3 > c_2 > c_1$。在恒定温度 T 下,蒸发溶液使溶质的溶解度达到 B_2 点(即 c_2 线与 OA 线的交点时),溶质应该开始析出。但由于新生成溶质微小晶体的蒸气压高于溶液中溶质的蒸气压,因而晶体不能析出。只有继续蒸发,使溶质的溶解度达到 B_3 点(即 c_3 线与 $O'A'$ 的交点)时,溶质晶体的蒸气压与溶液中溶质的蒸气压才

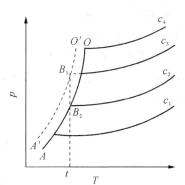

图 10.15 过饱和溶液示意图

相等,晶体才能析出。这种按相平衡条件应该析出晶体而未析出的溶液,称为过饱和溶液。

在结晶过程中,若过饱和程度太大,将会生成细小的晶粒,不利于过滤或洗涤,因而影响产品质量。因此,生产中常常向结晶容器中投入少量晶种,以防止过饱和程度太高。冷却速度、溶解度和晶种的加入与否都能影响结晶的形状和质量。

上述"四过"所处的状态称为亚稳状态,它与热力学平衡态不同,虽然能稳定存在一段时间,但不能长久稳定。亚稳态之所以能存在的根本原因是其都涉及从原来的旧相中产生新相的过程,而新相核心的形成速率与新相核心的半径有关,新相的半径 r 越小,形成新相所需时间越长,亚稳态越稳定。但有时则需要保存这种亚稳态的存在,如金属的淬火,就是将金属制品加热到较高的温度,保持一段时间后将其置于水、油或其他介质中迅速冷却,保持其在高温时的某种结构,这种结构的物质在室温下,虽属亚稳结构,却不易转变。所以经过淬火可以改变金属制品的性能,从而达到制品所要求的质量。

§10.3 液-固界面与液-液界面

10.3.1 接触角

平常生活中大家常见到这些现象:水滴在荷叶上是呈球形的;水银在玻璃管中呈球形凸面;鸭子可以浮在水面而鸡则不能;洁净的玻璃器皿上不挂水珠,只有薄薄的水膜。这些都和固体表面的润湿现象有关。润湿是生产实践和日常生活中经常遇到的现象,没有润湿就

没有生命,而且润湿还是近代很多工业技术的基础。例如,机械的润滑、矿物浮选、注水采油、农药、油漆、印染、洗涤、焊接等都离不开润湿作用。

通常用接触角来反映润湿的程度。图 10.16 是两种比较典型的液滴在固体上的形状。在液、固、气三相的交界点 O 处,作代表液-气和液-固界面张力的切线 OB 和 OA,在直线 OB 与 OA 之间的夹角 θ 称为接触角。液滴的形状取决于 θ 的大小,θ 的大小取决于三种界面张力的相对数值。当 $0°<\theta<90°$ 时,液体在固体表面上扩展,则该液体能部分润湿该固体表面;$\theta=0°$ 时,表明该液体能完全润湿该固体表面;当 $\theta>90°$ 时,液体表面收缩而不扩展,该液体不能润湿该固体表面,简称不润湿;当 $\theta=180°$ 时,称为完全不润湿。

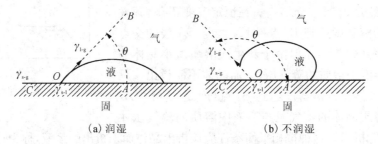

(a) 润湿　　　　　　　　　　(b) 不润湿

图 10.16　接触角与各表面张力的关系

对于一给定的液体-固体-大气三相系统,在一定温度下接触角应为一特定的值,它是由三相之间的相互作用决定的,是系统本身追求最低总能量的结果。

由图 10.16 可以看出,在 O 点处有三个力同时作用于液体上,这三个力实质上就是三个界面上的界面张力:$\gamma_{s\text{-}g}$ 力图把液体分子拉向左方,以覆盖更多的气-固界面;$\gamma_{s\text{-}l}$ 则力图把 O 点处的液体分子拉向右方,以缩小固-液界面;$\gamma_{l\text{-}g}$ 则力图把 O 点处的液体分子拉向液面的切线方向,以缩小气-液界面。在光滑的水平面上,当上述三种力处于平衡状态时,合力为零,液滴保持一定形状,并存在下列关系:

$$\gamma_{s\text{-}g} = \gamma_{s\text{-}l} + \gamma_{g\text{-}l}\cos\theta \quad \text{或} \quad \cos\theta = (\gamma_{s\text{-}g} - \gamma_{s\text{-}l})/\gamma_{g\text{-}l} \tag{10.22}$$

1805 年杨氏(T. Young)曾导出上式,故称其为杨氏方程。在一定的温度压力下,由杨氏方程可知:

(1) 当 $\gamma_{s\text{-}l} > \gamma_{s\text{-}g}$ 时,$\cos\theta<0$,$\theta>90°$,液体对固体表面不润湿,θ 愈大,就愈不能润湿。当 θ 大到接近于 180° 时,则称为完全不润湿。

(2) 当 $\gamma_{s\text{-}l} < \gamma_{s\text{-}g}$ 时,$\cos\theta>0$,$\theta<90°$,液体对固体表面润湿,θ 愈小,润湿的程度就愈高。当 θ 小到趋近于 0° 时,液体几乎完全平铺在固体表面上,这种情况称为完全润湿。

接触角可以在 0~180° 变化,它的大小可以用接触角仪测定。

10.3.2　固体表面的润湿

液体表面与固体表面的亲和性是随物质的不同而变化的。例如水的表面对玻璃表面的亲和性较强,两者接触后形成的液-固界面结合得较牢固,人们就称水对玻璃润湿。反之,若液体表面和固体表面亲和性较差,如水和石蜡,则称水对石蜡不润湿。

广义上讲,液体在固体表面的润湿(wetting)是指固体表面上一种流体(一般为空气,或其他气体,也可以是液体)被另一种流体(常见为水或水溶液)取代的过程。润湿的热力学定义:若固体与液体接触后,系统(固体+液体)的 Gibbs 自由能降低,则固体能被液体润湿。根据润湿程度不同可分为三类:沾湿、浸湿和铺展(见图 10.17)。

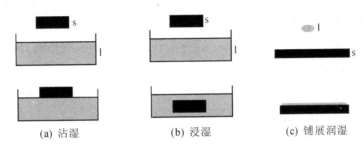

(a) 沾湿　　　　(b) 浸湿　　　　(c) 铺展润湿

图 10.17　液体在固体上的润湿过程

1. 沾湿过程(adhesional wetting)

这是将气-液界面与气-固界面变为液-固界面的过程,即固体和液体接触形成液-固界面的过程,如图 10.17(a)所示。如果假设各个界面均为单位界面,则在恒温、恒压条件下,沾湿过程的 Gibbs 自由能变化值为

$$\Delta G_a = \gamma_{s\text{-}l} - \gamma_{s\text{-}g} - \gamma_{g\text{-}l} \tag{10.23}$$

式中:$\gamma_{s\text{-}l}$、$\gamma_{s\text{-}g}$、$\gamma_{g\text{-}l}$ 分别表示液-固、气-固、气-液界面的界面张力(界面 Gibbs 函数)。若沾湿过程为自发的,则有 $\Delta G_a < 0$。

沾湿过程的逆过程,即把单位面积已被沾湿的液-固界面分开形成气-固界面和气-液界面过程所需的功,称为沾湿功。显然

$$W'_a = -\Delta G_a \tag{10.24}$$

此功是系统得到的最小功。W'_a 越大,表示固-液界面结合越牢,亦即沾湿效果越强。农药喷雾能否有效地附着在植物树叶上,雨滴会不会黏在衣服上,都与沾湿过程能否自动进行有关。

2. 浸湿过程(immersional wetting)

这是固体浸入液体形成液-固界面的过程。如将纸、布或其他物质浸入液体。此过程中,气-固界面完全为液-固界面所代替,而气-液界面没有变化,如图 10.17(b)。设界面均为单位面积,在恒温、恒压条件下,浸湿过程的 Gibbs 函数变化为

$$\Delta G_i = \gamma_{s\text{-}l} - \gamma_{s\text{-}g} \tag{10.25}$$

浸湿过程的逆过程,即把单位面积已被浸湿的液-固界面分开形成气-固界面过程所需的功,称为浸湿功。显然,此功是系统得到的最小功。W'_i 反映了液体在固体表面上取代气体的能力。

$$W'_i = -\Delta G_i \tag{10.26}$$

3. 铺展过程(spreading wetting)

少量液体铺展在固体表面上形成薄膜的过程。如图 10.17(c),它实际上是液-固界面取代气-固界面,同时又增大气-液界面的过程。若少量液体在铺展前以小液滴存在的表面积与其铺展后的面积相比可以忽略不计。设界面均为单位面积,在恒温、恒压条件下,铺展过程的 Gibbs 函数变化为

$$\Delta G_s = \gamma_{s\text{-}l} + \gamma_{g\text{-}l} - \gamma_{s\text{-}g} \tag{10.27}$$

若铺展过程自发进行,则需满足

$$\Delta G_s < 0$$

令

$$S = -\Delta G_s = \gamma_{s\text{-}g} - \gamma_{s\text{-}l} - \gamma_{g\text{-}l} \tag{10.28}$$

S 称为铺展系数。可见,液体在固体表面铺展的必要条件是 $S>0$。S 越大,铺展性能越好;若 $S<0$,则不能铺展。

目前,$\gamma_{g\text{-}l}$ 可以通过实验测定,而 $\gamma_{s\text{-}g}$ 和 $\gamma_{s\text{-}l}$ 还无法直接测定。因此上面有些公式都只是理论上的分析。人们发现润湿现象还与接触角有关,而接触角可由实验测定,因此,根据上述理论分析,结合实验测定的 $\gamma_{g\text{-}l}$ 和接触角等数据,常作为解释各种润湿现象的依据。

将式(10.22)代入式(10.23)、式(10.25)、式(10.27)得

沾湿过程: $\quad\quad\quad\quad\quad \Delta G_a = -\gamma_{g\text{-}l}(\cos\theta + 1) \tag{10.29}$

浸湿过程: $\quad\quad\quad\quad\quad \Delta G_i = -\gamma_{g\text{-}l}\cos\theta \tag{10.30}$

铺展过程: $\quad\quad\quad\quad\quad \Delta G_s = -\gamma_{g\text{-}l}(\cos\theta - 1) \tag{10.31}$

某一润湿过程可以进行,此过程必有 $\Delta G<0$。因 $\gamma_{g\text{-}l}>0$,这时接触角需满足下列条件:

沾湿过程: $\quad\quad\quad\quad\quad \theta < 180°;$

浸湿过程: $\quad\quad\quad\quad\quad \theta < 90°;$

铺展过程: $\quad\quad\quad\quad\quad \theta = 0°,$ 或不存在。

上式表明,只要 $\theta<180°$,沾湿过程即可进行。由于任何液体在固体表面上的接触角总是小于 $180°$,所以沾湿过程是任何液体和固体间都能进行的过程。因铺展是三种润湿方式中要求最苛刻的,因此常把铺展说成是"最高层次的润湿"。

习惯上,人们常用接触角来判断液体对固体润湿:$\theta<90°$液体可润湿固体,$\theta>90°$液体不可以润湿固体;$\theta=0°$或不存在,液体完全润湿固体;$\theta=180°$,液体完全不润湿固体。

能被液体润湿的固体,称为亲液性固体,如玻璃、石英、硫酸盐等;不被液体所润湿者称为憎液性固体,如石蜡、某些植物的叶和石墨等。

10.3.3 润湿的应用

润湿的应用较广,喷洒农药、机械润滑、矿物浮选、注水采油、金属焊接、印染、洗涤、化妆品等均涉及润湿问题。例如喷洒农药时为了提高除虫杀菌药效,需使用对植物叶片和虫体润湿或铺展效果好的溶剂进行溶解或分散。在机械相互接触的表面上加入润滑油,能够润滑表面,降低摩擦力,因此可节省机械动力。在矿物浮选中,金属矿物能被水润湿且密度比水大,通常沉于水中,当加入表面活性剂(称为捕集剂)时,在矿粉表面被吸附形成极性基团朝向矿物表面、非极性基团朝向水的膜,使水不再润湿矿物表面;当水底部通气泡时,矿物随气泡浮至水面流走,实现与石头等非矿物的分离。在开采石油时,石油深藏在地下几千米并且存在石油分散在水中的乳化现象,通常采用注入大量的水产生大的压力,并加入少量的破乳剂使石油不被水润湿,密度比水小的石油被自动挤出获得开采。在金属焊接中,金属表面加入表面活性物质(称为助焊剂)后能润湿金属,使金属间焊接变得容易和牢固。在纺织、印染中,天然棉花纤维因含脂而不能被水润湿,因此需进行脱脂处理,使棉花能被水和染料润湿。制成的这种棉布易被水润湿,若涂上一层表面张力小的有机物(称为蜡),使水与布的接触角大于90°,便可作雨衣布料。在洗涤液中,通常加入表面活性剂,降低油污在衣物上的表面张力并且使油污从润湿衣物变成不润湿衣物,经手工或机械达到去除衣物油污的作用。在化妆品方面,根据人类皮肤是油性还是水性,选用对皮肤润湿性能好的物质,达到化妆和保护皮肤的作用。

【例 10.5】 氧化铝瓷件上需要镀银,当加热至 1 273 K 时,试用计算接触角的方法判断液态银能否润湿氧化铝瓷件表面。已知该温度下固体 $Al_2O_3(s)$ 的表面张力 $\gamma_{s-g}=1.0$ N·m^{-1},液态银表面张力 $\gamma_{l-g}=0.88$ N·m^{-1},液态银与固态 $Al_2O_3(s)$ 的界面张力 $\gamma_{s-l}=1.77$ N·m^{-1}。

解:利用杨氏方程

$$\cos\theta = \frac{\gamma_{s-g}-\gamma_{s-l}}{\gamma_{l-g}} = \frac{1.0-1.77}{0.88} = -0.85$$

$$\theta = 151°$$

所以液态银不能润湿 Al_2O_3 表面。

10.3.4 液-液界面

将苯倒入水中,由于苯不溶于水,所以浮在水上,苯与水分成两层。两种不能互溶的液体之间形成液-液界面。由于液-液界面两侧液体的分子间作用力不同,界面层中的分子也是处于不对称力场之中,因而产生液-液界面张力。液-液界面张力的大小与构成界面的两种液体的性质、组成及温度等因素有关。表 10.4 为 20 ℃时不同液体与水的界面张力。

表 10.4　293 K 时一些液-液界面张力

表面	$10^3 \gamma/\text{N} \cdot \text{m}^{-1}$	表面	$10^3 \gamma/\text{N} \cdot \text{m}^{-1}$
水-正辛醇	8.5	水-四氯化碳	45
水-乙醇	10.7	水-正辛烷	50.8
水-硝基苯	25.66	水-正己烷	51.1
水-氯仿	32.8	水-汞	375
水-苯	35.00	苯-汞	472

一种液体在另一种不互溶的液体表面自动展开成膜的过程也称为铺展(spreading)。某液体 A 能否在不互溶的液体 B 上铺展,取决于各液体的表面张力 γ_A 和 γ_B 以及两液体之间的界面张力 γ_{A-B} 的大小。图 10.18 是液滴 A 在另一液体 B 上的情况。考虑三个相接界 O 点处,γ_A 和 γ_{A-B} 的作用是力图维持液滴成球形(由于地心引力球形可能形成透镜形状),而 γ_B 的作用则是力图使液滴铺展开来。因此,如果

$$\gamma_B > \gamma_A + \gamma_{A-B} \tag{10.32}$$

那么,液体 A 可以在液体 B 上铺展开来,否则,不能铺展。例如,B 为水,A 为有机液体,γ_B 一般很大,在水的界面上,大多数有机液体 A 都可铺展成薄膜。

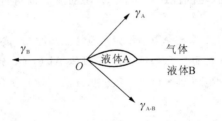

图 10.18　液滴 A 与液体 B 的表(界)面张力

一种不溶性液体滴在另一种液体上能否铺展也可用铺展系数来判别。A 和 B 为两种不互溶的纯液体,如 A 的密度较小,称为轻液(light liquid);B 的密度较大,称为重液(heavy liquid)。将 A 滴到 B 的液面上,液体 A 在液体 B 上的铺展系数以 $S_{A/B}$ 表示,定义为:

$$S_{A/B} = \gamma_B - \gamma_A - \gamma_{A-B} \tag{10.33}$$

式中:γ_A 和 γ_B 分别为纯液体 A 和纯液体 B 的表面张力;γ_{A-B} 为液体 A 与液体 B 之间的界面张力。等温、等压下液体 A 可在液体 B 的液面上铺展的条件为:

$$S_{A/B} > 0$$

表 10.4　20 ℃时一些轻液 A 在重液 B 上的铺展系数

轻液 A	重液 B	$S_{A/B}$	轻液 A	重液 B	$S_{A/B}$
己烷	水	3.4	二碘甲烷	水	−26.5
异戊醇	水	44.0	水	汞	−3.0
正辛醇	水	35.7	己烷	汞	79
庚醇	水	32.2	碘乙烷	汞	135
油醇	水	24.6	丙酮	汞	60
苯	水	8.8	正辛醇	汞	102
硝基苯	水	3.8	油酸	汞	122
邻溴甲苯	水	−3.3	苯	汞	99
二硫化碳	水	−8.2	二硫化碳	汞	108

由于两种液体不可能绝对不互溶,所以液-液界面现象会变得比较复杂,下面举一个这方面的例子。讨论将正己醇(h)滴到水面上的情况(见图 10.19),已知正己醇的表面张力 $\gamma_{g-h}=24.8\times 10^{-3} \text{N}\cdot\text{m}^{-1}$、水的表面张力 $\gamma_{g-w}=72.8\times 10^{-3} \text{N}\cdot\text{m}^{-1}$、正己醇与水之间的界面张力 $\gamma_{w-h}=6.8\times 10^{-3} \text{N}\cdot\text{m}^{-1}$、水的正己醇饱和溶液的表面张力 $\gamma_{g-wh}=28.5\times 10^{-3} \text{N}\cdot\text{m}^{-1}$、正己醇的水饱和溶液的表面张力 $\gamma_{g-hw}=24.7\times 10^{-3} \text{N}\cdot\text{m}^{-1}$。当将正己醇滴到水面的初期,由于

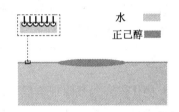

图 10.19　液体在液体上的润湿

$$S = \gamma_{g-w} - \gamma_{g-h} - \gamma_{w-h}$$
$$= (72.8 - 24.8 - 6.8)\times 10^{-3} \text{N}\cdot\text{m}^{-1}$$
$$= 41.2\times 10^{-3} \text{N}\cdot\text{m}^{-1} > 0$$

故正己醇可在水面展开。但在展开过程中互溶开始,当正己醇与水相互溶解达到饱和之后,则

$$S = \gamma_{g-wh} - \gamma_{g-hw} - \gamma_{w-h} = (28.5 - 24.7 - 6.8)\times 10^{-3} \text{N}\cdot\text{m}^{-1} = -3.0\times 10^{-3} \text{N}\cdot\text{m}^{-1} < 0$$

显然最后正己醇在水面铺展无法继续,最终导致展开的正己醇膜会轻微收缩而形成扁平的"液镜",其余水面上将只留下正己醇的单分子膜。

§10.4　固体表面

固体表面是不均匀的,通常不是理想的晶面,而是有各种缺陷,它存在着平台、台阶、台阶拐弯处的扭折、错位、多层原子所形成的峰与谷以及表面杂质等。因而固体表面与液体表

面有一重要的共同点，即表面层质点受力是不对称的，这使固体表面具有表面张力和过剩的表面 Gibbs 函数。但固体表面与液体表面有一重要的区别，即固体表面上质点几乎是不能移动的，这使得固体不能像液体那样通过收缩表面来降低表面 Gibbs 函数，不过固体可以从表面的外部吸引气体分子到表面，以减小表面层质点受力不对称程度，降低表面 Gibbs 函数。在恒温恒压条件下，Gibbs 函数降低的过程是自发过程。所以固体表面自发地将气体富集到其表面，使气体在固体表面的浓度不同于气相中的浓度。这种在相界面上某种物质的浓度不同于其体相浓度的现象称为吸附（adsorption）。具有吸附能力的固体称为吸附剂（adsorbent）。吸附剂一般具有大的比表面和一定的吸附选择性。被吸附的物质称为吸附质（adsorbate）。例如，通常用作干燥剂的硅胶，让它吸附空气中的水分，硅胶就是吸附剂，水蒸气就是吸附质。

物质在固体表面上的吸附按吸附质的相态不同，可分为气体在固体表面上的吸附和液体在固体界面上的吸附，其吸附规律基本类似。吸附是固体的界面现象，是气体分子停留在凝聚相表面，不同于渗入固体内部（体相）的吸收。吸收是整体现象，例如，合金吸氢，水气可渗入无水氯化钨固体中形成水合物，二氧化碳渗入碳酸钠水溶液生成碳酸氢钠。

固体表面的吸附现象很早就被人们所发现和利用。例如，在制糖工业中用活性炭来处理糖液，以吸附其中的杂质来得到洁白的产品，此法至少已经有上百年的历史；工业上分子筛富氧就是利用某些分子筛优先吸附氮气的性质来提高空气中氧的浓度；防毒面具中的活性炭优先吸附氯气、二氧化硫等有害气体，从而达到净化空气、防毒的目的；在催化领域中，固体表面的吸附是多相催化反应的必经步骤；此外，贵金属、天然产物的分离、提纯，药物有效成分的吸附和控制释放、污水处理、细胞膜的吸氧作用等，都与吸附作用有关。因此，讨论固体表面上的吸附及其规律具有特别重要的意义。

10.4.1 物理吸附与化学吸附

按吸附剂与吸附质分子间吸附作用力的不同，吸附分为物理吸附（physisorption）和化学吸附（chemisorption）。

固体表面与被吸附分子之间由于范德华力（定向力、诱导力和色散力的总称）而产生吸附称为物理吸附。物理吸附的实质是一种物理作用，在吸附过程中没有电子转移，不发生化学键的生成与断裂，也没有原子重排等，类似于气体的液化和蒸气的凝聚。由于范德华力很弱，所以吸附焓绝对值较小，与气体的液化热相近，一般小于 40 kJ·mol^{-1}。物理吸附可以是单分子层也可以是多分子层的，因为分子间范德华力普遍存在，所以物理吸附一般没有选择性，即一种吸附剂可以吸附许多不同种类的气体。此外，物理吸附基本不需要活化能（即使需要也很小）。因此物理吸附的吸附速率和解吸速率都很快，且一般不受温度的影响，也就是说，吸附在低温下即可发生，其吸附是可逆的。

固体表面与被吸附分子之间由于化学键力的作用而产生的吸附称为化学吸附。与物理吸附不同,在化学吸附过程中,可以发生电子转移、原子重排或化学键的断裂与形成等过程。化学吸附因为靠的是化学键力,吸满单分子层后固体表面原子的剩余价力就达饱和了,不再与其他分子成键,故化学吸附是单分子层的。化学吸附过程发生键的断裂与形成,因此化学吸附焓绝对值的数量级与化学反应热相近。化学吸附由于在吸附剂和吸附质之间形成化学反应,因此,化学吸附具有很强的选择性,即一种吸附剂只对某些物质才会发生吸附作用。此外,化学吸附的吸附与解吸速率都较小,温度升高时吸附速率和解吸速率均增加,表明与化学反应一样,化学吸附需要一定的活化能,在较高温度下吸附才能发生,其吸附是不可逆的。可见,化学吸附实质上可以看成是固体表面上的化学反应,其原动力来自于固体表面上的原子与气体分子间的化学键力。为了便于比较,将两种吸附的特点列于表 10.5。

表 10.5 物理吸附和化学吸附的区别

性质	物理吸附	化学吸附
吸附力	范德华力	化学键力
吸附焓	小,近于液化焓	大,近于反应焓
吸附层	单分子层或多分子层	单分子层
选择性	无或很差	较强
稳定性	不稳定,易解吸	比较稳定,不易解吸较慢
吸附速度	较快,不受温度影响,故一般不需要活化能,易达平衡	温度升高则速率加快,故需活化能,不易达平衡

物理吸附与化学吸附之间没有严格的界限,并不是截然分开的。实际上两类吸附既有区别又有联系,在一定条件下两者往往可以同时发生。当条件变化时,两种吸附还可以互相转化。典型的实例是氧在金属钨上的吸附,可同时出现三种情况:氧以原子状态被吸附,这是纯粹的化学吸附;氧以分子状态被吸附,这是纯粹的物理吸附;还有一些氧分子被吸附在已被钨吸附的氧原子上,这就既有化学吸附又有物理吸附。在不同条件下,起主导作用的吸附类型还可以发生变化。图 10.20 为等压(20 kPa)下 Pd 吸附 CO 的吸附等压线。纵坐标为单位质量吸附剂所吸附的 CO 体积(吸附量),横坐标为温度。在低温 73~173 K 下,主要是物理吸附,随着温度的升高,被吸附的 CO 减少。温度进一步升高,化学吸附的速率加快,在 173~273 K 期间,发生从物理吸附为主向以化学吸附为主的转化。273K 以上,则化学吸附为主。由于吸附是放热过程,所以随着温度的升高,吸附平衡向解吸方向移动,

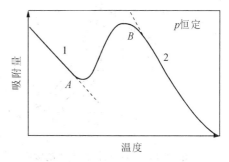

1-物理吸附 2-化学吸附
图 10.20 Pd 对 CO 的吸附等压线

等压线随着温度的升高而下降。

用吸收光谱可以鉴别分子在固体表面发生物理吸附还是化学吸附,即在紫外及红外光谱区,出现新的特征吸收带,说明存在化学吸附。而物理吸附只能使原吸附分子的特征吸收带有某些位移或者在强度上有所改变,但不会产生新的特征谱带。

10.4.2 吸附曲线

描述吸附系统中吸附能力的大小,往往采用吸附平衡时的吸附量(Γ)来表示。吸附量的定义是:在一定 T,p 下,气体在固体表面达到吸附平衡时,单位质量的固体所吸附的气体体积 V(一般换算成 273.15 K、101.325 kPa 下的体积)或物质的量 n。

$$\Gamma_V = \frac{V}{m} \text{ 或 } \Gamma_n = \frac{n}{m} \tag{10.34}$$

实验表明,对于一个给定的吸附系统,其吸附量与温度、气体压力有关。即 $\Gamma=f(T,p)$。式中因有三个变量,常固定一个变量,测出其他两个变量间关系,则可绘得相应吸附曲线。当 T 恒定时,则 $\Gamma=f(p)$,获得吸附等温线;当 p 恒定时,则 $\Gamma=f(T)$,获得吸附等压线;当 Γ 恒定时,则 $p=f(T)$,获得吸附等量线。图 10.21～图 10.23 分别为 NH_3 在活性炭上的等温、等压、等量吸附曲线图。显见三种吸附曲线互为关联,从一种曲线可转化为另一种曲线。

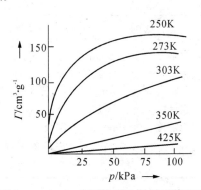

图 10.21 NH_3 在活性炭上的吸附等温线

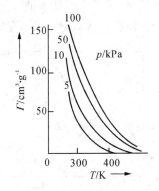

图 10.22 NH_3 在活性炭上的吸附等压线

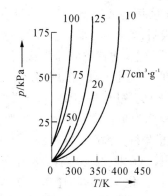

图 10.23 NH_3 在活性炭上的吸附等量线

最常用的是吸附等温曲线,Brunaur 将吸附等温线区分为五种类型,从吸附等温线可以反映出吸附剂的表面性质、孔分布以及吸附剂与吸附质之间的相互作用等有关信息。常见的吸附等温线有如下五种类型,如图 10.24 所示。图中横坐标为比压 p/p_s,p_s 表示在该温度下被吸附物质的饱和蒸气压。纵坐标代表吸附量,p 为吸附质的压力。

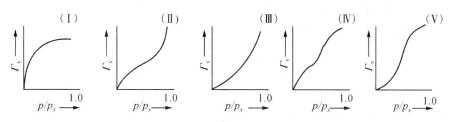

图 10.24　五种类型的吸附等温线

Ⅰ类　吸附出现饱和值。这类吸附表现为吸附量随压力的升高很快达到一个极限值,这种类型称为 Langmuir 型(简称 L 型)。L 型吸附一般为单分子层吸附。表明以单分子盖满了固体吸附表面后,吸附量不再增加。对于具有很小外表面积的微孔吸附剂,其吸附表现为Ⅰ型吸附等温线,例如 78 K 时 N_2 在活性炭上的吸附及水和苯蒸气在分子筛上的吸附。

Ⅱ类　常称为 S 形等温线,其特点是不出现饱和值。它通常是由无孔或大孔吸附剂所引起的不严格的单层到多层吸附。拐点的存在表明单层吸附到多层吸附的转变,如 78 K 时氮在催化剂上的吸附。

Ⅲ类　这种类型较少见。当吸附剂和吸附质相互作用很弱时会出现这种等温线。曲线下凹是因为单分子层内分子间互相作用,使第一层的吸附焓比冷凝焓小,以致吸附质较易吸附。而协同效应导致在均匀的单一吸附层尚未完成之前形成了多层吸附,故引起吸附容量随着吸附的进行而迅速提高,如 352 K 时 Br_2 在硅胶上的吸附。

Ⅳ类　能形成有限的多层吸附。开始吸附量随着气体中组分分压的增加迅速增大,曲线凸起,吸附剂表面形成易于移动的单分子层吸附,而后一段凸起的曲线表示由于吸附剂表面建立了类似液膜层的多层分子吸附;两线段间的突变,说明有毛细孔的凝结现象。例如 323 K 时,苯在氧化铁上的吸附。

Ⅴ类　发生多分子层吸附,有毛细凝聚现象。例如 373 K 时,水汽在活性炭上的吸附。

10.4.3　吸附焓

吸附过程中产生的热效应称为吸附焓。由于吸附是自发过程,因此在等温等压条件下吸附过程的 Gibbs 自由能减少($\Delta G<0$);而当气体分子在固体表面上吸附后,气体分子从原来的三维空间自由运动变成限制在表面层上的二维运动,运动的自由度减少了,因而熵也减少($\Delta S<0$),根据热力学基本公式 $\Delta G=\Delta H-T\Delta S$,可以推知 $\Delta H<0$,即等温等压条件下,吸附通常都是放热的。

吸附焓通常分为积分吸附焓和微分吸附焓两种。在固体表面上恒温地吸附某一定量的气体时所放出的热量,称为积分吸附焓;而在已经吸附了一定量的气体(Γ)以后,表面上再

吸附少量的气体 $d\Gamma$，所放出的热量为 δQ，则 $(\partial Q/\partial\Gamma)_T$ 称为吸附量为 Γ 时的微分吸附焓。

吸附焓可以直接用量热计来测定（即直接测定吸附时所放出的热量，这样所得到的是积分吸附焓），也可以通过测量吸附等量线来计算（这样求得的是等量吸附焓，与微分吸附焓相差不大，通常忽略两者的差别）。近年来还有人采用气相色谱技术来测定吸附焓。不过，由于实验技术上的困难及其他种种原因，吸附焓的测定数据常不易重复。

吸附焓也可以根据吸附系统的结构从理论上计算，为此有人提出了各种计算吸附焓的公式，但目前无统一的公式，而且计算结果也不能令人满意。

吸附焓的大小反映了被吸附的气体分子与固体表面分子之间作用力的大小，因此可以衡量吸附的强弱程度，一般吸附焓越大，吸附越强。

实验发现，吸附焓通常与吸附剂表面被吸附气体覆盖的分数（称为覆盖度）有关，并且随覆盖度增加而下降，这可能是由于固体表面的不均匀性所引起的，因此根据吸附焓随覆盖度的变化情况，可以了解固体表面的不均匀状况，这在选择固体吸附剂和固体催化剂时非常有用。

10.4.4　固体表面吸附的影响因素

影响气-固界面吸附的主要因素有温度、压力以及吸附剂和吸附质的性质。前已述及，气体吸附是放热过程，因此无论物理吸附还是化学吸附，温度升高时吸附量都会减少。在物理吸附中，要发生明显的物理吸附作用，一般来说温度要控制在液体的沸点附近。无论是物理吸附还是化学吸附，压力增加，吸附量和吸附速率皆增大。极性吸附剂易于吸附极性吸附质，非极性吸附剂则易于吸附非极性物质。无论是极性吸附剂还是非极性吸附剂，一般吸附质分子的结构越复杂，沸点越高，被吸附的能力越强，这是因为分子结构越复杂，van der Waals 引力越大，沸点越高，气体的凝结能力才越大，这些都有利于吸附。酸性吸附剂易吸附碱性吸附质，反之亦然。像 Pt 催化剂（如 Pt/Al_2O_3），在使用过程中极易被 H_2S 或 AsH_3 所中毒，这也是因为这些气体分子中的 As 或 S 均有孤对电子，它容易纳入 Pt 的"空轨道"而形成配位键，这是一种很强的吸附，故使催化剂中毒。在许多情况下，吸附剂的孔结构和孔径大小，不仅对吸附速率有很大的影响，而且还直接影响吸附量。

10.4.5　吸附等温式

1. 弗罗因德利希吸附等温式

通过研究木炭等吸附剂对气体（吸附质）的吸附，总结出一个等温下吸附量 Γ 与吸附质压力 p 的经验公式：

$$\Gamma = kp^{1/n} \tag{10.35}$$

此式称为弗罗因德利希吸附等温式（Freundlich adsorption isothermal formula）。k 和 n 为

经验常数,叫做弗罗因德利希常数(Freundlich constant)。n 在 0～1 之间,其值越大,表示压力对吸附量的影响越显著;常数 k 为单位压力时的吸附量,与温度有关,温度越高,k 越小。

对式(10.35)取对数,则得:

$$\lg\{\Gamma\} = \lg\{k\} + n\lg\{p\} \tag{10.36}$$

可见,以 $\lg\{\Gamma\}$ 对 $\lg\{p\}$ 作图应得直线,其斜率是 n,由截距可得 k。若由实验数据作图得不到直线,则表明吸附系统的行为不符合弗罗因德利希吸附等温式。通常弗罗因德利希吸附等温式不适用于气体的压力很低或很高的情况。该式应用于广阔的物理吸附或化学吸附的中压部分,所得结果能很好地与实验数据相符。如 CO 在炭上的吸附定温线能很好地符合 Freundlich 定温式(图 10.25)。

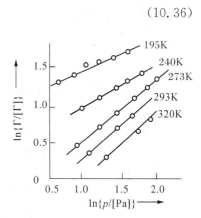

图 10.25　CO 在炭上的吸附

2. 朗缪尔吸附等温式

1916 年朗缪尔根据大量吸附实验数据,从动力学观点出发,提出固体对气体的吸附理论,一般称为单分子层吸附理论(theory of adsorption of unimolecularlayer),其基本假设是:

(1) 固体表面对气体分子的吸附是单分子层吸附。由于固体表面原子力场不饱和,有剩余价力,即固体表面有吸附力场存在。只要气体分子碰撞至固体的空白表面上,进入到此力场作用的范围内(大约相当于分子的直径大小),就有可能被吸附;当固体表面覆盖一层吸附分子后,固体表面由于力场得到饱和便不能再吸附其他分子。因此吸附是单分子层的。

(2) 固体表面是均匀的。固体表面各处的吸附能力相同,吸附焓是常数,不随覆盖程度而改变。

(3) 被吸附在固体表面上的分子之间无相互作用力。因此气体的吸附和脱附(解吸)不受周围被吸附分子的影响。

(4) 吸附平衡是吸附和脱附的动态平衡。达到平衡时吸附速率和脱附速率相等。

一定温度下,用 θ 表示固体表面被覆盖的分数,称为覆盖率,即

$$\theta = \frac{已被吸附质覆盖的固体表面积}{固体总的表面积}$$

$(1-\theta)$ 则表示尚未被覆盖的分数。达到吸附平衡时,应有如下关系:

$$吸附速率 = k_1 p(1-\theta)N$$

$$脱附速率 = k_{-1}\theta N$$

式中:k_1 和 k_{-1} 分别代表吸附和脱附的速率系数;N 代表表面活性中心起吸附作用的总

位置数。

吸附达到平衡时,这两个吸附速率相当,即

$$k_1 p(1-\theta)N = k_{-1}\theta N \quad \theta = \frac{k_1 p}{k_{-1} + k_1 p}$$

令 $\frac{k_1}{k_{-1}} = b$,则得

$$\theta = \frac{bp}{1+bp} \tag{10.37}$$

式中,b 为吸附平衡常数(equilibrium constant of adsorption),b 值越大代表固体表面对气体的吸附能力越强。式(10.37)称为朗格缪尔吸附等温式(Langmuir adsorption isothermal formula)。

现以 Γ_∞ 代表当单分子层饱和时的吸附量。Γ 代表压力为 p 时的实际吸附量,则表面覆盖率 $\theta = \frac{\Gamma}{\Gamma_\infty}$,代入式(10.37)得

$$\frac{\Gamma}{\Gamma_\infty} = \frac{bp}{1+bp} \quad \text{或} \quad \Gamma = \Gamma_\infty \frac{bp}{1+bp} \tag{10.38}$$

Langmuir 吸附等温式只适用于单分子层吸附,它能较好地描述图 10.24 中 I 型吸附等温线在不同压力范围的吸附特征。由式(10.38)可以看到:

(1) 当压力足够低或吸附很弱时,$bp \ll 1$,则 $\Gamma = \Gamma_\infty bp$,即 Γ 与吸附气体压力 p 成正比关系,这与图 10.26 中的低压部分相符。

(2) 当压力足够高或吸附很强时,$bp \gg 1$,则 $\Gamma \approx \Gamma_\infty$,表明吸附量为一常数,不随压力而变化,这反映了单分子层吸附达到饱和的极限情况,这与图 10.26 中的高压部分相符。

(3) 当压力适中时或吸附中等强度时,满足 $\theta = \frac{bp}{1+bp}$ 关系式,这与图 10.26 中的中压部分相符。

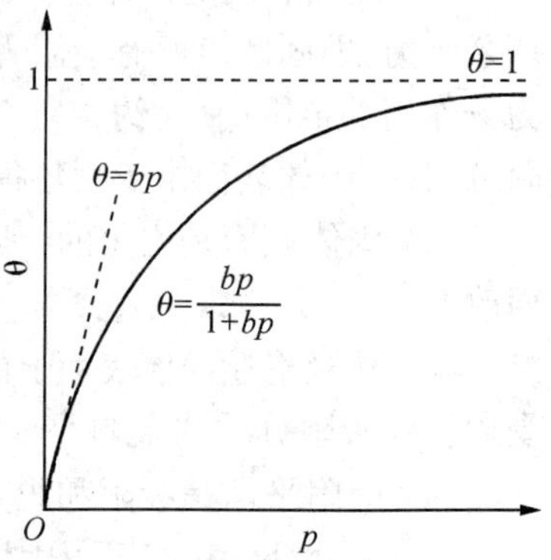

将式(10.38)重排后得

$$\frac{1}{\Gamma} = \frac{1}{\Gamma_\infty} + \frac{1}{\Gamma_\infty bp} \tag{10.39}$$

图 10.26 Langmuir 吸附等温线

这是 Langmuir 吸附等温式的另一种写法。以 $\frac{1}{\Gamma}$ 对 $\frac{1}{p}$ 作图得一直线,斜率为 $\frac{1}{\Gamma_\infty b}$,截距为 $\frac{1}{\Gamma_\infty}$,由斜率与截距可求出 Γ_∞ 和 b 的数值。

如果已知饱和吸附量 Γ_∞ 及每个被吸附分子的截面积 a，便可用下式来计算吸附剂的表面积 A_S。

$$A_S = \frac{\Gamma_\infty}{V_{STP}} La \tag{10.40}$$

式中：V_{STP} 为 1 mol 气体在标准状况下的体积；L 为阿伏伽德罗常数。反之，若已知 Γ_∞ 及 A_S 也可由上式求每个吸附分子的截面积 a。

如果是气体混合物在固体表面上发生竞争吸附，则 Langmuir 吸附等温式可以写成通式如下：

$$\theta_i = \frac{\Gamma_i}{\Gamma_{\infty,i}} = \frac{b_i p_i}{1 + \sum_i b_i p_i} \tag{10.41}$$

例如，气体 A 和 B 混合物在固体表面上的混合吸附，对组分 A 来说，应有

$$\theta_A = \frac{\Gamma_A}{\Gamma_{\infty,A}} = \frac{b_A p_A}{1 + b_A p_A + b_B p_B}$$

对组分 B 来说，应有

$$\theta_B = \frac{\Gamma_B}{\Gamma_{\infty,B}} = \frac{b_B p_B}{1 + b_A p_A + b_B p_B}$$

式中，P_i（如 P_A 和 P_B）是组分 i 的平衡分压。

应该指出，Langmuir 在导出吸附等温式中所作的假定大多数是不符合实际情况的。大多数固体表面是不均匀的，脱附速率与被吸附分子所处的位置有关。被吸附分子间的相互作用力一般是较大的，这表现在吸附焓与覆盖度 θ 有关。大量实验事实证明，被吸附分子可以在固体表面上移动，特别是在高温下的物理吸附表现得更为明显。其只是一个理想的吸附公式，它在吸附理论中所起到的作用类似于气体动理论中的理想气体定律。人们往往以 Langmuir 公式作为一个最基本公式，先考虑理想情况，找出某些规律，然后针对具体系统对这些规律再予以修正或补充。

【例 10.6】 设 $CHCl_3(g)$ 在活性炭上的吸附服从 Langmuir 吸附等温式。在 298 K 时，当 $CHCl_3(g)$ 的压力为 5.2 kPa 及 13.5 kPa 时，平衡吸附量分别为 0.069 2 $m^3 \cdot kg^{-1}$ 和 0.082 6 $m^3 \cdot kg^{-1}$（已换算成标准状态），求：

(1) $CHCl_3(g)$ 在活性炭上的吸附系数 b，活性炭的饱和吸附量 Γ_∞；

(2) 若 $CHCl_3(g)$ 分子的截面积为 0.32 nm^2，求活性炭的表面积。

解：(1) 由 Langmuir 吸附等温式，得

$$\frac{\Gamma}{\Gamma_\infty} = \frac{bp}{1 + bp}$$

$$\frac{0.0692\ \text{m}^3 \cdot \text{kg}^{-1}}{\Gamma_\infty} = \frac{5200\ \text{Pa} \times b}{1 + 5200\ \text{Pa} \times b}$$

$$\frac{0.0826\ \text{m}^3 \cdot \text{kg}^{-1}}{\Gamma_\infty} = \frac{13500\ \text{Pa} \times b}{1 + 13500\ \text{Pa} \times b}$$

以上两式联立可解得

$$b = 5.36 \times 10^{-4}\ \text{Pa}^{-1}$$

$$\Gamma_\infty = 0.0940\ \text{m}^3 \cdot \text{kg}^{-1}$$

(2) 活性炭的表面积为

$$A_S = \frac{\Gamma_\infty}{V_{\text{STP}}} La$$

$$= \frac{0.0940\ \text{m}^3 \cdot \text{kg}^{-1}}{0.02224\ \text{m}^3 \cdot \text{mol}^{-1}} \times 6.023 \times 10^{23}\ \text{mol}^{-1} \times 32 \times 10^{-20}\ \text{m}^2$$

$$= 8.09 \times 10^5\ \text{m}^2 \cdot \text{kg}^{-1}$$

3. BET 等温式

Langmuir 单分子层理论的局限性在于它假设固体表面是均匀的,固体表面分子的剩余价力所及范围只相当于一个分子直径的距离,只能形成单分子层,这些假设都与实际不符。实验表明,大多数固体对气体的吸附都不是单分子层吸附,特别是当吸附质的温度接近于正常沸点时,往往发生多分子层吸附。为了解释此类吸附等温线,1938 年,Brunauer, Emmett, Teller 在 Langmuir 理论的基础上,提出了多分子层吸附理论,并推导出著名的吸附等温式,简称 BET 公式。

BET 多分子层吸附理论是在 Langmuir 理论的基础上提出来的,它接受了 Langmuir 理论中关于吸附作用是吸附和解吸两个相反过程达到平衡的概念,以及固体表面是均匀的,吸附分子的解吸不受四周其他分子的影响等观点,它们的改进之处主要有:

(1) 吸附是多分子层的,固体表面吸附了第一层气体分子后,已被吸附的气体分子还可以通过 van der Waals 力吸附其他的气体分子,所以在第一层之上还可以发生第二层、第三层吸附等等,形成多分子层吸附(图 10.27)。

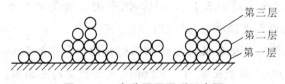

图 10.27 多分子层吸附示意图

(2) 第一层吸附与以后各层的吸附有着本质的区别。第一层是气体分子与固体表面分子之间的作用力引起的吸附,而第二层以后则是气体分子间相互作用产生的吸附,因此第一层的吸附热也与以后各层不同,而第二层以后各层的吸附焓都相同,接近于气体凝聚焓。

(3) 第一层吸附和以后各层的吸附是同时进行的,气体分子的吸附和解吸只发生于暴露在气相的表面上,即吸附层的顶部,在一定温度下,当吸附达到平衡时,气体的吸附量 Γ 等于各层吸附量的总和。

根据上述观点,经过复杂的数学处理,BET 推出等温下、吸附平衡时,吸附量 Γ 与气体压力之间有如下关系:

$$\Gamma = \frac{\Gamma_\infty Cp}{(p_s - p)\left[1 + (C-1)\frac{p}{p_s}\right]} \quad \text{或} \quad \frac{p}{\Gamma(p_s - p)} = \frac{1}{\Gamma_\infty C} + \frac{(C-1)p}{\Gamma_\infty Cp_s} \quad (10.42)$$

式中:Γ 为平衡压力为 p 时的吸附量;Γ_∞ 为固体表面覆盖满单分子层时的吸附量;p_s 为实验温度下吸附质的饱和蒸气压;C 为与吸附热有关的常数,它反映了固体表面和气体分子间作用力的强弱程度。式(10.42)称为 BET 吸附等温式,因其中包含两个常数 C 和 Γ_∞,所以又叫做 BET 二常数公式。

BET 公式对图 10.24 中的 I、II、III 类吸附等温线都能给予说明,并可用于测定和计算固体吸附剂的质量比表面。

以实验测定的 $\dfrac{p}{\Gamma(p_s - p)}$ 对 $\dfrac{p}{p_s}$ 作图,应得一直线,直线的斜率是 $\dfrac{C-1}{\Gamma_\infty C}$,截距是 $\dfrac{1}{\Gamma_\infty C}$,由此得 $\Gamma_\infty = \dfrac{1}{斜率 + 截距}$。

从 Γ_∞ 值可以计算铺满单分子层时的分子个数。若已知每个吸附质分子所占面积为 a,就可求出吸附剂的表面积 A_s 及比表面积,同式(10.40)。

比表面对于固体吸附剂和催化剂来说是一个很重要的物理量,它能很好地衡量固体的吸附能力和催化性能,因而测定固体比表面是一项很重要的工作。

用 BET 法测定固体比表面应在低温下进行,常用的吸附质是 N_2,N_2 所占面积为 16.2×10^{-20} m^2。最好在接近液态氮沸腾时的温度(78 K)下进行,BET 二常数公式的应用范围约在 p/p_s 为 0.05~0.35 之间,否则会产生较大偏差。相对压力低时,表面的不均匀性显得突出,而相对压力过高时,吸附分子间的相互作用不能忽略,以及在压力较高时多孔性吸附剂的孔径因吸附多分子层而变细后,易于发生蒸气在毛细管中的凝聚现象,亦使结果产生偏差。

虽然 BET 公式考虑了多分子层吸附,比 Langmuir 吸附理论进了一步,但是由于 BET 理论没有考虑固体的不均匀性以及同层分子间的相互作用,因此应用时要严格遵守使用条件。

10.4.6 多相催化反应动力学

多相催化反应是指气态或液态反应物与固态催化剂不在同一相而在两相界面上进行的

催化反应。例如,用铁催化剂使 N_2 和 H_2 反应合成 NH_3,用 SiO_2-Al_2O_3 催化裂化石油制汽油,用 Pt 或 V_2O_5 催化氧化 SO_2 制硫酸,用硅藻土负载 H_3PO_4 催化烯烃的聚合反应等。本节主要对气-固相表面催化反应作简单介绍。

由于反应是在两相界面上进行的,因此气-固相催化反应的反应速率与界面性质紧密相关。固相催化剂的表面并不是均匀的,其中只有某些部位具有催化活性,称为活性中心,这种活性中心仅占催化剂表面积的一小部分。当一种或几种反应物在固相催化剂表面上发生吸附后,在活性中心生成活性中间物,使反应的活化能降低,改变了反应途径,使反应更容易正向进行,发生脱附后获得产物。例如,$2HI \longrightarrow H_2 + I_2$ 反应,若为无催化剂的均相反应,其活化能为 $184.1 \text{ kJ} \cdot \text{mol}^{-1}$;若以 Au 为催化剂催化反应,其活化能为 $104.6 \text{ kJ} \cdot \text{mol}^{-1}$;若以 Pt 催化此反应,反应的活化能为 $58.6 \text{ kJ} \cdot \text{mol}^{-1}$。

催化剂表面积的大小直接影响反应速率。为了增加催化剂的表面积,提高催化活性,人们常常把催化剂分布在一些多孔性载体上,如硅胶、氧化铝、硅藻土、分子筛等。载体一方面可以增加催化剂的表面积,提高催化剂的机械强度,改善其导热点,防止催化剂因局部烧结而失活;另一方面,载体还有可能与催化剂的活性组分相互作用,改善催化剂的性能。

吸附是气-固相催化反应的必要步骤,吸附的强弱对于产物的获得十分重要。如果催化剂对反应物的吸附太强,使反应物不易发生化学反应,甚至会由于占据了活性中心而导致催化剂失活,这种被强吸附的物质即成为"毒物"。如果反应物吸附太弱,被吸附的粒子数太少,也不利于产物的生成。因此,只有在催化剂表面上吸附强度适中的物质才有利于多相催化反应正向进行。

1. 气-固反应的基本步骤

一般而言,气-固表面催化反应包括以下五个基本步骤:
(1) 气体反应物向固体催化剂表面扩散;
(2) 反应物(至少一种)在表面上被吸附;
(3) 反应物在催化剂表面上进行化学反应;
(4) 产物从催化剂表面上解吸;
(5) 产物从表面(附近)扩散到体相中去。

以上五个步骤有物理变化也有化学变化,其中(1)、(5)是物理扩散过程,(2)、(4)是吸附和脱附过程,(3)是表面化学反应过程,总反应速率则由其中最慢的一步控制。譬如表面反应步骤相对于其他步骤为最慢时,即为表面反应控制。此时,吸附可认为达到平衡,扩散阻力可忽略,反应物在固体表面附近的浓度或分压与体相中的浓度或分压相等。通常把吸附控制、表面反应控制及解吸控制统称为动力学控制。若扩散步骤最慢时即为扩散控制。工业上进行生产一般都希望避免这种扩散控制的情况。进行动力学研究时,也必须设法消除扩散的影响。一般情况下,采用足够大的气体流速和足够小的催化剂颗粒粒度,则扩散作用的影响基本上可以忽略。

2. 气-固催化反应动力学

通常,属于动力学控制的多相催化反应主要是表面反应控制这种类型。这时,反应物在表面上的吸附应达平衡,表面上吸附分子的浓度则可由吸附等温式来表达。根据表面反应的不同历程,我们分以下几种情况来讨论反应速率方程。

(1) 单分子反应

设反应为一种气体 A 在催化剂表面上通过如下途径进行,生成 B,即

$$A + -S- \underset{k_{-1}}{\overset{k_1}{\rightleftharpoons}} -\overset{A}{S}- \overset{k_2}{\longrightarrow} -\overset{B}{S}- \underset{k_{-3}}{\overset{k_3}{\rightleftharpoons}} -S- + B$$

这里 S 表示催化剂表面上的反应活性中心。由于吸附和解吸的速率都很快,而表面反应的速率较慢,总反应速率取决于 A 的表面浓度亦即催化剂被覆盖的百分数 θ。

① 若不考虑产物的吸附,则由 Langmuir 等温式可知

$$r = k_2 \theta = \frac{k_2 b_A p_A}{1 + b_A p_A} \tag{10.43}$$

式中:k_2、b_A 都是常数;p_A 可以通过测量获得,所以反应速率可由上式计算。根据具体情况又可作如下简化:

(a) 压力很低或表面与 A 吸附很弱,$b_A p_A \ll 1$,则

$$r = -\frac{dp_A}{dt} = k_2 b_A p_A = k p_A \tag{10.44}$$

式中 $k_2 b_A = k$,此时反应表现为一级。例如,1 173 K 时 N_2O 在 Au 表面上的分解反应属此类型。

(b) 压力很高或表面与 A 吸附很强,$b_A p_A \gg 1$,则

$$r = k_2 \tag{10.45}$$

即表现为零级反应。例如 NH_3 在 W、Mo 或表面氧(O)上的分解都符合此式。

(c) 压力适中或表面与 A 吸附强度适中,则

$$r = k p_A^n \quad (0 < n < 1) \tag{10.46}$$

表现为分数级反应。例如 298 K 时锑化氢在 Sb 表面上的分解反应级数 $n = 0.6$。

② 当产物(或其他局外物质)也被催化剂表面吸附时,产物(或其他局外物质)所起的作用相当于毒物。因为它占据了一部分表面,使得催化剂表面活性中心数目减少,抑制了反应,并改变了动力学公式。因为混合吸附时

$$\theta_A = \frac{b_A p_A}{1 + b_A p_A + b_B p_B}$$

则反应速率为

$$r = -\frac{dp_A}{dt} = k_2 \frac{b_A p_A}{1 + b_A p_A + b_B p_B} \qquad (10.47)$$

上式分母中存在着 $b_B p_B$ 项，表示产物或其他局外物质吸附时具有抑制作用。式(10.47)也可以在不同条件下予以简化。

(a) 若反应物 A 的吸附很弱，而产物 B 的吸附很强（或在反应的末期），$b_B p_B \gg 1 + b_A p_A$，则

$$r \approx \frac{k_2 b_A p_A}{b_B p_B} = k \frac{p_A}{p_B} \qquad (10.48)$$

例如，在温度范围为 1 206～1 488 K、压力范围 13 kPa～26 kPa 时，NH_3 在 Pt 表面上的分解反应速率公式为

$$r = k \frac{p_{NH_3}}{p_{H_2}}$$

NH_3 分解的产物 H_2 以原子状态强吸附在 Pt 表面上，对反应起阻抑作用。

(b) 当反应物和产物都强烈地被吸附时，会有

$$r = \frac{k_2 b_A p_A}{b_A p_A + b_B p_B} \qquad (10.49)$$

例如 C_2H_5OH 在 Cu 催化剂上的脱水反应，反应物 C_2H_5OH 和产物 H_2O 均在催化剂表面发生强吸附。

(2) 双分子反应

研究表明双分子反应有两种可能的机理。一种是在表面邻近位置上，两种被吸附的粒子之间的反应，称为 Langmuir-Hinshelwood 机理（简称 L-H 机理），双分子表面反应大多数属于这种机理。另一种是吸附在表面上的粒子和气态分子之间进行的反应，通常称为 Rideal 机理。

① L-H 机理

吸附态的 A 与吸附态的 B 反应时，则

$$r = k_r \theta_A \theta_B = \frac{k p_A p_B}{(1 + b_A p_A + b_B p_B)^2} \qquad (10.50)$$

式中 $k = k_r b_A b_B$。请注意以下几种情况：

(a) A 和 B 都是弱吸附时，则

$$r = k p_A p_B \qquad (10.51)$$

这类似于气相二级反应，但反应速率常数与吸附系数有关。

(b) 若气体 A 是弱吸附，气体 B 是强吸附时，$b_B p_B \gg 1 + b_A p_A$，则

$$r = k' \frac{p_A}{p_B} \tag{10.52}$$

其中，$k' = k/b_B^2$。可见，过强的吸附反而阻抑反应。

从方程式(10.50)可知，如果保持反应物之一 p_B（或 p_A）恒定而改变另一反应物 p_A（或 p_B），则速率变化会出现一极大值（如图10.28所示）。

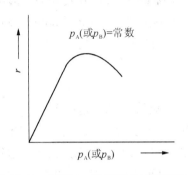
图10.28 服从 L-H 机理的反应速率与反应物分压关系示意图

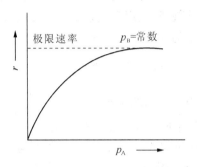
图10.29 Rideal 机理的反应速率与分压的关系

② Rideal 机理

设吸附态的 A 与气相中的 B 反应（B 未必不吸附，只是吸附着的 B 不与吸附的 A 起反应而已），则反应速率为

$$r = k_r p_B \theta_A = \frac{k_r b_A p_A p_B}{1 + b_A p_A + b_B p_B} \tag{10.53}$$

若保持 p_B 恒定而改变 p_A，反应速率将如图10.29所示的那样趋向于一极限值。

另外，当 A 吸附很强时，$b_A p_A \gg 1 + b_B p_B$，则

$$r = k_r p_B \tag{10.54}$$

而如果 A、B 吸附都很弱时，则

$$r = k p_A p_B \tag{10.55}$$

此时动力学的表现与 L-H 机理相同。

对于表面反应为速率控制步骤的双分子反应，如果在速率与某一反应物分压的曲线中有极大值出现，基本上就可以确定这一双分子反应是 L-H 历程而不是 Rideal 历程。因此速率与分压的曲线形状可以作为判别双分子反应历程的一种依据。

由于速率控制步骤不同，速率公式也不同，上面只讨论了由表面反应控制速率的情况。表面反应也可能是受其他步骤所控制，例如可以是吸附或解吸是速率控制步骤或扩散是速率控制步骤等，反应也可以是没有速率控制步骤的，这些情况的速率表示式可参阅有关专著。

10.4.7　固体在溶液中的吸附

1. 吸附等温线

固体在溶液中的吸附较为复杂,迄今尚未有完满的理论。原因是吸附剂除了吸附溶质之外还可以吸附溶剂。由于溶液中的吸附具有重要的实际意义,人们在长期的实践中也获得了一些规律,发现有些系统可以使用某些气-固吸附的等温式,其中 Freundlich 公式在溶液中吸附的应用往往比其在气相中吸附的应用更为广泛。此时,该式可表示为

$$\Gamma_n = \frac{n}{m} = kc^n \tag{10.56}$$

式中:c 为吸附平衡时溶质的浓度。固体在溶液中的吸附量(Γ_n)是指单位质量的固体在溶液中吸附溶质的量。吸附量 Γ_n 可以通过实验测定,由浓度的改变求出,具体方法是:在一定温度下,将一定量的固体吸附剂与一定量已知浓度的溶液相混合,充分振荡使达到吸附平衡后,再测定溶液的浓度,从吸附前后溶液浓度的改变可求出固体对溶质的吸附量。即

$$\Gamma_n = \frac{n}{m} = \frac{V(c_0 - c)}{m} \tag{10.57}$$

式中:m 为吸附剂的质量;V 为溶液的体积;c_0 和 c 分别为溶质的起始配制浓度和吸附平衡后的浓度。由于固体在溶液中既吸附溶质,又吸附溶剂,因此计算所得到的 Γ_n 实际上是固体吸附溶质、溶剂的总结果,通常称为表观吸附量或相对吸附量。目前还无法测定溶质的实际吸附量,但是如果溶液很稀,少量溶剂被吸附对浓度的影响较小,可以忽略,这时就可以近似地把表观吸附量看作是固体对溶质的实际吸附量。如果溶液浓度较大,则两者相差较大,必须同时考虑溶质和溶剂的吸附。

除 Freundlich 公式以外,Langmuir 或 BET 公式有时也可以应用于溶液中的吸附。但应该指出的是:这些公式在溶液中的应用纯粹是经验性的,此时,公式中常数项的含义不甚明确,尚不能从理论上导出这些公式。

在固-液界面上非电解质的吸附可以从两种有些不同的物理图像来看。第一种是将吸附看作主要是发生在紧挨表面的单分子层中的,这意味着单分子层以上的各层实际上是正常的体相溶液,这个图像与化学吸附气体的相似,这也是与溶质-固体相互作用随距离的增加迅速减弱的假设一致。但是,与气体的化学吸附不同,自溶液中吸附的吸附焓一般很小,其值远低于化学键能,约略与溶解焓相近。第二种图像是将界面看作是多分子层的(可能达 10 nm 厚),通过此层存在着随距离的增加而缓慢减弱的吸附质与固体之间的相互作用势。这种情形更近于蒸气的物理吸附,在物理吸附中,接近饱和蒸气压时,吸附就变成多分子层的。由此观点看,溶液吸附相当于在本相与界面相之间的分配。自溶液中吸附非电解质的研究大多是关于有机物的吸附,其中包括脂肪酸、芳香酸、酯和其他只带一个功能基的化合

物,还有更复杂的化合物,如卟啉、胆汁色素、类胡萝卜素、类脂和燃料。但是,这类较为复杂的化合物的吸附研究往往只限于色谱中的行为。虽然由此可得到这些化合物的相对吸附能力的定性知识,但往往不知道它们的吸附等温线。

假如吸附是在电解质溶液中发生,将使固体表面吸附离子而带电,或固体表面吸附所形成的双电层中的组分发生变化,或溶液的某些离子被交换吸附到固体表面上,而固体表面的离子进入了溶液,即产生所谓离子交换作用等。显然,如此情况会比上述复杂得多。吸附剂与电解质的相互作用可以取几种形式之一,电解质可以作为整体被吸附,这种情形和分子的吸附相似,但是更经常出现的真实情况是某种离子被强烈吸附,而另一种符号相反的离子形成扩散(或次要)层。Weiser 研究硫酸钡对各种离子的吸附,结论是影响吸附的主要因素是离子所成钡盐的浓度而不是离子的电荷。Panech,Hahn 和 Fajans 研究这类吸附得出的结论是:若离子能与晶体点阵中相反符号的离子形成难溶或弱解离的化合物,则此种离子易为此晶体强烈吸附。在离子表面上的吸附常因陈化效应而复杂化。通常新生沉淀的表面积随时间的延长而逐渐缩小,这是和边、角及其他高能点数目减少所引起的比表面能降低相一致的。其次,即使在特殊的化学相互作用不重要时,中性分子也可因双电层而被吸附。在两个荷电板之间溶剂的渗透压会降低。因此,与体相溶液的平衡可通过外边的离子强度而变化。倘若特殊的化学相互作用不占支配地位,则离子的吸附很大程度上将取决于其电荷。

2. 影响溶液中吸附的一些因素

讨论影响因素时应该同时考虑溶剂、溶质和吸附剂三方面的效应,有如下经验规律:

(1) 使固-液表面张力降低得愈多,则溶质被吸附得愈多。

(2) 极性吸附剂易于吸附极性溶质,非极性的吸附剂易于吸附非极性溶质。例如非极性的木炭对苯的吸附能力强于对乙醇的吸附。

(3) 溶解度愈小的溶质愈易被吸附。例如苯甲酸在四氯化碳中的溶解度比在苯中小,若分别用硅胶从四氯化碳和苯溶液中吸附苯甲酸时,在相同的平衡浓度下,在前者中吸附的量大于在后者中吸附的量。

(4) 溶液中的吸附为放热过程,故一般情况下,温度越高吸附量越小。

§10.5 溶液表面的吸附

10.5.1 溶液表面的吸附现象

1. 溶液表面的吸附

在等温、等压条件下,系统的总 Gibbs 自由能越低,系统越稳定。所以纯液体会自动收缩,以求降低表面积,少量纯液体会收缩成表面积最小的球形,使表面上总的表面能最低。而溶液为了降低系统 Gibbs 自由能除自动收缩外,还可以调节表面层的浓度,使表面层浓度与本体浓度不同,以达到使系统的表面能降到最低的目的,这种表面浓度与本体浓度不等的现象称为溶液表面的吸附。

在一定温度、压力下,水的表面张力是一定值。如果在水中加入溶质形成溶液,则其表面张力会随加入溶质的种类和溶液的浓度而变化。在水溶液中,表面张力随溶质浓度的变化规律一般有三种类型,如图 10.30 所示。

第一类,如图 10.30 中曲线 I,随着溶质浓度的增加,溶液的表面张力逐渐升高,如无机盐、非挥发性的酸或碱、蔗糖和甘露醇等多羟基有机物。这类物质(如 NaCl、KOH)在水中电离为正、负离子,与水分子发生强烈的水合作用,趋向于把水分子拖入溶液内部,这些

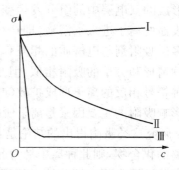

图 10.30 溶液表面张力与浓度的关系

分子与水分子之间的作用力比水分子与水分子之间的大,此时如果要把分子移到表面上,除了要克服水分子的引力,还必须克服静电引力,因此溶液的表面张力升高。这些物质通常称为非表面活性物质或表面惰性物质。

第二类,随着溶质浓度的增加,溶液的表面张力不断下降,且开始降得较快,之后随着浓度增加此趋势减少,如图 10.30 中曲线 II,属于这一类的物质有短链醇、醛、酮、酸和胺等有机物。这类物质的分子是由较小的非极性基团与极性基团或离子所组成,如正丁醇。它们和水的作用较弱,所以很容易吸附到表面上去,从而使溶液表面张力下降,$\Delta G<0$,系统更稳定。这类物质称为表面活性物质。

第三类,加入少量的溶质就能显著地降低溶液的表面张力,到一定浓度后,表面张力基本不变,如图 10.30 中曲线 III。属于这类的物质一般为碳原子数在八个以上的直长链有机酸的碱金属盐、磺酸盐、硫酸酯盐、伯胺盐和季铵盐等。这些物质的分子在结构上有共同的特点,即分子都有两个性质不同的基团,一端是极性基团,和水分子的作用较强,称为亲水基,另一端是非极性基团,和"油"容易接近,称为亲油基,又称为憎水基或疏水基,它与水分子不容易接近,这种分子通常称为两亲分子。例如硬脂酸钠 $C_{17}H_{35}COONa$,其 $C_{17}H_{35}$—为亲油基团,—COO^- 为亲水基团。当我们把两亲性分子溶于水中时,分子中亲水基团与水亲和,有进入水中的趋势,而亲油基团则相反,它阻止分子在水中溶解,有逃出水面的趋势,因此这种分子就有集中到表面上的趋势。由于憎水基团企图离开水而移向表面,所以扩展单位表面积所需表面功必定远小于纯水,溶液的表面张力明显降低,这类物质当然也是表面活性物质,但通常把这些在很低的浓度时就能显著降低水的表面张力的物质称为表面活性剂。

当溶剂中加入表面惰性物质时,这些分子趋于进入溶剂中,使这类物质在表面的浓度小于溶液内部(亦称本体或相内)。而表面活性物质分子与水分子间的作用力较弱,亲油基团的存在趋于逃离溶液本体,但亲水基团的存在又不至于自成一相,因此使表面活性分子富集在表面上,即表面浓度高于本体浓度。溶质在溶液表面的浓度与溶液本体浓度不同的现象称为溶液表面的吸附现象。其中,表面惰性物质引起的表面浓度低于本体浓度,这种吸附称为负吸附;表面活性物质引起的表面浓度高于本体浓度,这类吸附称为正吸附。

由于溶液的表面层与体相之间无明显的界限,不可分离,所以溶液表面的吸附现象既难于观察也难于测量。但有两个著名实验能直接证明溶液的表面吸附确实存在。

(1) McBain 的"刮皮实验":英国著名胶体与表面化学家 McBain 及其学生用薄刀片向发生正吸附的水溶液表面上飞快地刮下一薄层液体,收集起来分析浓度,结果确实高于原溶液的浓度。

(2) 泡沫法:向表面活性剂水溶液中通入气体,冒出大量泡沫,收集分析其浓度,也的确高于体相内的浓度。此法后来被发展为具有实用价值的矿物的泡沫分离法、浮选法。

2. 表面吸附量

为了考察溶液表面的吸附情况,引入表面吸附量即表面超额(surface excess,亦称表面过剩),用 Γ_B 表示,定义为

$$\Gamma_B = \frac{n_B^S - n_B^0}{A_S} \quad (10.58)$$

式中:n_B^S 表示溶质 B 在表面层(几个分子厚度)的物质的量;n_B^0 表示与表面同量的溶剂在溶液本体中所含溶质 B 的物质的量,A_S 为表面积。表面超额实际上就是单位面积的表面层中所含溶质的量所超出溶液本体中同量溶剂所溶解的溶质的量,单位为 $mol \cdot m^{-2}$。根据这个定义,$\Gamma_B > 0$ 为正吸附;$\Gamma_B < 0$ 为负吸附;$\Gamma_B = 0$ 为无吸附。

10.5.2 Gibbs 吸附等温式

若系统由 α 和 β 两个相以及两相之间的表面层组成,由于表面层只有几个分子层厚,所以 Gibbs 假定表面层没有厚度,是一个二维表面,称为表面相 s。若 Gibbs 几何分界面选在不同位置上,如图 10.31 中的 s_1 或 s_2 位置,表面过剩量将具有不同值。所以为解决这个问题,Gibbs 规定将几何界面选在图 10.31 中 ss 的位置上,使两块阴影区的面积相等,这样可使组分的表面过剩量为零。在溶液中,通常将几何表面选在溶剂的表面过剩量为零的地方。

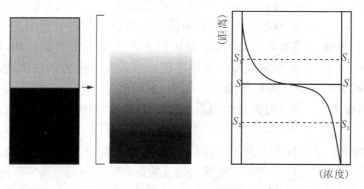

图 10.31 Gibbs 几何分界面的选定

考虑由溶剂 A 和溶质 B 组成的二组分气-液系统，在气-液交界处存在一个几个分子厚度的薄层，该薄层即可当作一个表面相处理。表面相的 Gibbs 函数变化符合式(10.59)，即

$$dG^S = -S^S dT + V^S dp + \mu_A^S dn_A^S + \mu_B^S dn_B^S + \gamma dA_S \tag{10.59}$$

在恒温恒压下变化时

$$dG^S = \mu_A^S dn_A^S + \mu_B^S dn_B^S + \gamma dA_S$$

式中：n_A^S 和 n_B^S 分别为表面相中溶剂和溶质的物质的量；μ_A^S 和 μ_B^S 分别为表面相中溶剂和溶质的化学势，吸附平衡时同一物质在表面相与本体的化学势相等，所以有 $\mu_A^S = \mu_A^l = \mu_A$，$\mu_B^S = \mu_B^l = \mu_B$，即

$$dG^S = \mu_A dn_A^S + \mu_B dn_B^S + \gamma dA_S \tag{10.60}$$

在恒定 T, p, μ_A, μ_B 及 γ 下，对式(10.60)进行积分，可得

$$G^S = \mu_A n_A^S + \mu_B n_B^S + \gamma A_S \tag{10.61}$$

此式反映出表面 Gibbs 函数的各项贡献。由于表面 Gibbs 函数是状态函数，所以可对式(10.61)进行全微分，得

$$dG^S = \mu_A dn_A^S + n_A^S d\mu_A + \mu_B dn_B^S + n_B^S d\mu_B + \gamma dA_S + A_S d\gamma \tag{10.62}$$

将式(10.62)与式(10.60)相减，得

$$n_A^S d\mu_A + n_B^S d\mu_B + A_S d\gamma = 0 \tag{10.63}$$

此式是恒温恒压下表面组成发生变化时服从的关系式，实际上是恒温恒压下表面相的吉布斯-杜亥姆公式。对于溶液本体，根据已学的吉布斯-杜亥姆公式可得

$$n_A^0 d\mu_A + n_B^0 d\mu_B = 0$$

式中：n_A^0 和 n_B^0 分别为溶液本体相中溶剂和溶质的物质的量。移项得

$$d\mu_A = -(n_B^0/n_A^0) d\mu_B \tag{10.64}$$

代入式(10.63)整理得

$$-\mathrm{d}\gamma/\mathrm{d}\mu_B = [n_B^S - (n_B^0/n_A^0)n_A^S]/A_S \tag{10.65}$$

该式等号右边即为表面超额定义式(10.58)的具体化,故

$$\Gamma = -\mathrm{d}\gamma/\mathrm{d}\mu \tag{10.66}$$

溶质的化学势可写为

$$\mu_B = \mu_B^\ominus + RT\ln a_B$$

恒温恒压下微分得

$$\mathrm{d}\mu_B = RT\mathrm{d}\ln a_B \tag{10.67}$$

代入式(10.66)并略去溶质 B 的标识,得

$$\Gamma = -\frac{\mathrm{d}\gamma}{RT\mathrm{d}\ln a} = -\frac{a}{RT}\left(\frac{\mathrm{d}\gamma}{\mathrm{d}a}\right)_T \tag{10.68a}$$

对于理想稀溶液,可用溶质浓度 c 代替活度 a,上式变为

$$\Gamma = -\frac{c}{RT}\left(\frac{\mathrm{d}\gamma}{\mathrm{d}c}\right)_T \tag{10.68b}$$

该式称为吉布斯(Gibbs)吸附等温式。

尚需指出,Γ 是一个相对值,其相对于溶剂水在表面层中的超额等于零,并非是溶液表面浓度,而是溶液单位表面上与溶液内部相比时溶质的过剩量。但对表面活性物质,溶液的 c 较小,Γ 与 c 相比大得多,这时 Γ 可近似看作其表面浓度。Γ 的值可正可负:

(1) $\left(\dfrac{\mathrm{d}\gamma}{\mathrm{d}a}\right)_T < 0$,$\Gamma > 0$,正吸附,即在等温下加入表面活性物质,随着溶质活度(或浓度)的增加,溶液的表面张力下降,溶质的表面浓度大于本体浓度。

(2) $\left(\dfrac{\mathrm{d}\gamma}{\mathrm{d}a}\right)_T > 0$,$\Gamma < 0$,负吸附,即在等温下加入非表面活性物质(表面惰性物质),随着溶质活度(或浓度)的增加,溶液的表面张力也增加,溶质的表面浓度小于本体浓度。

Gibbs 在推导式(10.68a)时,除了假设溶剂的表面超额为零以外,没有引入其他附加条件,所以原则上该吸附等温式适用于任何两相的系统。但是,固-气吸附系统一般不会出现负吸附的情况。

在求界(表)面吸附量时,通常都是先从实验测得不同浓度 c 的溶液界(表)面张力 γ,以 γ 对 c 作图,然后用图解法分别求得 $\gamma - c$ 曲线上某指定浓度 c 的切线斜率 $\left(\dfrac{\mathrm{d}\gamma}{\mathrm{d}c}\right)_T$,代入式(10.68b),便可计算出浓度 c 时的溶质的表面超额 Γ,并由此得到 $\Gamma - c$ 吸附等温曲线。

【例 10.7】 292.15 K 时,丁酸水溶液的表面张力可以表示为 $\gamma = \gamma_0 - a\ln(1+bc)$,其中 γ_0 为纯水的表面张力,a 和 b 皆为常数。求:(1) 该溶液中丁酸的表面超额 Γ 和浓度 c 的关

系;(2) 若已知 $a=13.1\ \text{mN}\cdot\text{m}^{-1}$, $b=19.62\ \text{dm}^3\cdot\text{mol}^{-1}$, 计算当浓度 $c=0.200\ \text{mol}\cdot\text{dm}^{-3}$ 时的吸附量 Γ;(3) 当丁酸浓度足够大, 达到 $bc\gg1$ 时, 计算饱和超额量 Γ_∞。

解:(1) 利用 Gibbs 吸附等温式

$$\Gamma = -\frac{c}{RT}\cdot\frac{d\gamma}{dc} = -\frac{c}{RT}\left(-a\cdot\frac{b}{1+bc}\right) = \frac{abc}{RT(1+bc)}$$

(2) 当浓度 $c=0.200\ \text{mol}\cdot\text{dm}^{-3}$ 时, 则

$$\Gamma = \frac{abc}{RT(1+bc)}$$

$$= \frac{13.1\times10^{-3}\ \text{N}\cdot\text{m}^{-1}\times19.62\times10^{-3}\ \text{m}^3\cdot\text{mol}^{-1}\times0.200\times10^3\ \text{mol}\cdot\text{m}^{-3}}{8.314\ \text{J}\cdot\text{mol}^{-1}\cdot\text{K}^{-1}\times292.15\ \text{K}\times(1+19.62\times10^{-3}\ \text{m}^3\cdot\text{mol}^{-1}\times0.200\times10^3\ \text{mol}\cdot\text{m}^{-3})}$$

$$= 4.29\times10^{-6}\ \text{mol}\cdot\text{m}^{-2}$$

(3) 当 $bc\gg1$ 时, 则

$$\Gamma_\infty = \frac{abc}{RT(1+bc)} \approx \frac{a}{RT}$$

$$= \frac{13.1\times10^{-3}\ \text{N}\cdot\text{m}^{-1}}{8.314\ \text{J}\cdot\text{mol}^{-1}\cdot\text{K}^{-1}\times292.15\ \text{K}} = 5.393\times10^{-6}\ \text{mol}\cdot\text{m}^{-2}$$

10.5.3 分子在界面上的定向排列

表面活性剂分子具有两亲特性, 分子的一端是亲水的极性基团, 另一端是亲油的非极性基团, 亲水基团趋向于进入水中, 而亲油基团(疏水基团)力图离开水相而指向空气(图 10.32)。由于加入的表面活性剂能降低溶液的表面张力, 所以表面活性剂分子开始几乎都定向排列在表面上, 表面吸附量是正值, 而且表面吸附量随着活性剂浓度的增加而增加。图 10.33 是表面吸附量随浓度的变化曲线, 也称为溶液表面的吸附等温线。从图 10.33 可以看到, 开始时表面吸附量随溶质浓度的增大而增大, 当加入的表面活性剂浓度达到一定值时, 溶液表面已被活性剂分子挤满, 表面吸附达到了饱和, 形成一层单分子膜, 溶液的表面张力降低也达到了极限, 表面吸附量达到一个极大值, 其数值不再随活性剂浓度的增大而增大, 如图 10.33 中后半段所示。

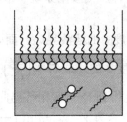

图 10.32 表面活性剂分子在界面定向排列

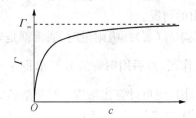

图 10.33 表面吸附量和浓度的关系

当表面吸附达到饱和时,表面活性剂在表面层的浓度远大于体相的浓度,因此饱和吸附量 Γ_∞ (mol·m^{-2})可以近似看成是分子紧密排列时单位表面上溶质分子的总物质的量,如果表面活性物质分子的截面积为 a(m^2),则有

$$a = \frac{1}{L\Gamma_\infty} \tag{10.69}$$

式中:L 为阿伏伽德罗常数。实验表明:C$_{14}$~C$_{18}$ 之间的直链脂肪酸 RCOOH 的 Γ_∞ 大致相同,由此算出分子截面积也是相同的,均为 0.20 nm^2 左右,与碳氢链长度基本无关,这就证明了饱和吸附时,表面活性物质分子是垂直于液面定向排列的。另外,对直链的脂肪族醇和脂肪族胺以及难溶的高级脂肪酸、醇、胺在溶液表面形成单分子膜的研究,也都证实了表面活性分子定向排列的结论。当然由于热运动,分子并不是绝对整齐地排列的,特别是在温度比较高的情况下。此外,在饱和吸附层中也不会全是表面活性物质而没有溶剂分子的存在。

§10.6 表面活性剂

表面活性剂(surfactant)是一类结构特殊、应用广泛的物质,当它们以低浓度存在于某系统中时,就会因吸附在系统的界面上而改变其界面组成与结构,极大地降低界面的张力,是改变界面性质以适应各种要求的重要手段,在食品、医药、农药、洗涤剂、纺织、石油、采矿等领域中广泛用作乳化剂、起泡剂、润湿剂、分散剂、铺展剂、增溶剂等。由于实际应用中较多的是改变水的表面张力,因此通常所说的表面活性剂是指在很低浓度时就能显著降低水的表面张力的一类物质。

10.6.1 表面活性剂的结构

表面活性剂在结构上的特点是具有两亲性质,即分子都可分为两部分:一部分是具有亲水性的极性基团,如羧基、磺酸基等,称为亲水基(hydrophilic group);另一部分是具有憎水性的非极性基团,一般是碳氢链,称为疏水基(hydrophobic group)或亲油基(lipophilic group),其在结构上不对称,又称为两亲(amphiphilic)分子。例如,肥皂的亲水基是羧酸钠(—COONa),洗衣粉(烷基苯磺酸钠)的亲水基是磺酸钠(—SO$_3$Na),见图 10.34。

表面活性剂分子吸附在水表面时采取极性基团向着水,非极性基团远离水而指向气相(或油相)的表面定向排列方式。这种在界面层的定向排列,使表面上不饱和力场得到某种程度上的平衡,从而降低了表面张力。

值得注意的是,并不是具有两亲结构的化合物都是表面活性剂,只有那些亲油基团主链足够长的两亲结构有机化合物才能作为表面活性剂。如脂肪酸钠,只有碳链中碳原子数达

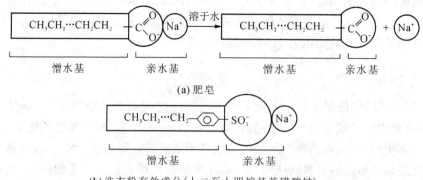

图 10.34　肥皂和洗衣粉有效成分的亲油基和亲水基示意图

到一定程度,才能表现出明显的表面活性(如硬脂酸钠是表面活性剂,而乙酸钠就不是表面活性剂)。碳原子数越多,去污作用越强;碳原子数为 12~14,起泡效果最好;碳原子数很大时,分子不溶于水,就不是表面活性剂了。

表面活性剂的亲水基通常是羧基、磺酸基、羟基等基团。亲水基常连接在分子中亲油基的另一端或中间,有时亲水基团为多元官能团,如甘油、山梨醇、季戊四醇等中的多元醇基团。表面活性剂的亲油基通常是脂肪烃基、烷基苯基、聚硅氧烷基等基团,其亲油基多来自天然动植物油脂及合成化学品,其化学结构比较相似,但碳原子数和端基结构有别。

10.6.2　表面活性剂的分类

表面活性剂用途广泛、体系庞杂、种类繁多,但按照科学的方法分类能给出清晰的轮廓。

1. 按组成与结构分类

(1) 按亲水基团分类

分类依据是表面活性剂溶于水后能否电离及电离生成的活性基团是阳离子还是阴离子。

① 阴离子型表面活性剂　若表面活性剂在水中溶解并电离,起表面活性作用的是电离出的阴离子,这类表面活性剂称为阴离子表面活性剂(anionic surfactant)。这类表面活性剂常作为洗涤剂、起泡剂、润湿剂、乳化剂、分散剂和增溶剂等使用,是最常见、用途最广的一类。

常见的阴离子表面活性剂有脂肪酸盐型(通式为 $RCOOM_{1/n}$,M 为金属离子或铵离子,属于活性离子的反离子,n 为反离子的价数)、硫酸酯型(通式为 $ROSO_3M$)、磺酸盐型(通式为 $RSO_3M_{1/n}$,R 为 $C_{12}\sim C_{20}$ 的烷基)和磷酸酯型几类。

② 阳离子型表面活性剂　若表面活性剂在水中溶解并电离,起表面活性作用的是电离出的阳离子,这类表面活性剂称为阳离子表面活性剂(cationic surfactant),这类表面活性剂

主要作为杀菌剂、防腐剂、柔软剂和抗静电剂等使用。通常分为五种类型：铵盐型，一般以胺与卤素（氯）形成的盐为主，通式为 $[RNH_3]Cl$；季铵盐型，如十六烷基三甲基卤化铵 $[C_{16}H_{33}N(CH_3)_3]^+X^-$、十二烷基二甲基苯甲基溴化铵 $[C_{12}H_{25}N(CH_3)_2CH_2ph]^+Br^-$；吡啶盐型，一般为吡啶的氯或溴盐，如溴化十六烷基吡啶 $[C_{16}H_{33}C_5H_5N]^+Br^-$ 等；多乙烯多胺型，如分子式为 $RNH(CH_2CH_2NH)_nH_mCl$ 的一类化合物；胺氧化物型，如分子式为 $RN(CH_3)_2O$ 的一类化合物。

③ 两性型表面活性剂　两性型表面活性剂(amphoteric surfactant)是指分子中同时含有潜在正、负电荷活性基团的一类表面活性剂，将它溶于水后，在水溶液偏碱性时，表现出阴离子活性，呈阴离子表面活性剂特性；在水溶液偏酸性时，表现出阳离子活性，呈阳离子表面活性剂特性。主要有氨基丙酸型、咪唑啉型、甜菜碱型和牛磺酸型等。氨基丙酸型，如十二烷基氨基丙酸盐 $(C_{12}H_{25}N+H_2CH_2CH_2COO^-)$；甜菜碱型，如十八烷基二甲基甜菜碱 $[C_{18}H_{37}N+(CH_3)_2CH_2COO^-]$；牛磺酸型，如 $RN+(CH_3)_2(CH_2)XSO_3^-$。这类表面活性剂有杀菌和金属缓蚀等作用，对人体的毒性和刺激性都小。

④ 非离子型表面活性剂　非离子型表面活性剂(nonionic surfactant)是指溶于水后分子不发生电离的表面活性剂。其水溶液不带电，但分子中有亲水的极性基团，如氧乙烯基（—CH_2CH_2O—）、醚基（—O—）、羟基（—OH）、酰胺基（—$CONH_2$）等；也有亲油的非极性基团，如烃基—R等。该类表面活性剂在水和有机溶剂中均可溶解；性能稳定，不易受无机酸、碱、盐影响；与其他类型表面活性剂相容性好；因在水溶液中不电离，故其固体表面不会发生强烈吸附。非离子型表面活性剂在应用数量上是仅次于阴离子型表面活性剂的又一大类表面活性剂，它主要分为如下五种类型：酯型，这类表面活性剂是油溶性的，主要有失水山梨糖醇脂肪酸酯类（商品名为 Span 系列）；醚型，主要有聚氧乙烯烷基醇醚 $[RO(CH_2\cdot CH_2O)_nH]$ 类和聚氧乙烯烷基苯酚醚 $[RphO(CH_2\cdot CH_2O)_nH]$ 类；胺型，主要有聚氧乙烯脂肪胺 $[RN(CH_2\cdot CH_2O)_nH\cdot(CH_2\cdot CH_2O)_mH]$ 类；酰胺型，主要有聚氧乙烯烷基酰胺 $[RCON(CH_2\cdot CH_2O)_nH\cdot(CH_2\cdot CH_2O)_mH]$ 类；糖酯与糖醚型，主要为烷基多苷类。这是一类天然"绿色"表面活性剂，无毒、对皮肤无刺激作用，易生物降解，很有发展前途。

⑤ 混合型表面活性剂　混合型表面活性剂是指分子中亲水部分既有聚氧乙烯链，又有离子基团的一类表面活性剂。它的分子中在亲油基和亲水基之间键合了聚氧乙烯链，故兼有阴离子和非离子表面活性剂的性质。主要有脂肪醇聚氧乙烯醚羧酸盐和硫酸盐，醇醚或酚醚的磷酸酯盐等。

(2) 按疏水基团分类

① 含碳氢链表面活性剂　以烃链为疏水基的表面活性剂。

② 含氧丙烯基表面活性剂　由环氧丙烷参加低聚生成的以聚氧丙烯为疏水基的表面活性剂。

③ 含氟表面活性剂　含碳氟链并以其为疏水基的表面活性剂。如全氟辛酸钾 $CF_3(CF_2)_6COOK$，全氟癸基磺酸钠 $CF_3(CF_2)_8CF_2SO_3Na$。

④ 含硅表面活性剂　分子中含硅氧烷链（—O—SiRR′—）并以其为疏水基的一类表面活性剂。常见的是二甲硅烷的聚合物，其表面活性仅次于氟表面活性剂。

⑤ 含硼表面活性剂　分子中含有—B—O—链，如 $[RCOOCH_2CH(OH)—CH_2—O—B(OH)]_2$（硼酸单甘油酯）。

(3) 按分子量分类

① 高分子表面活性剂　一般将摩尔质量大于 10 000 g·mol^{-1} 的表面活性剂称为高分子表面活性剂(macromolecular surfactant)。分为天然型、改性天然型和合成型三种类型，也有阴、阳离子型与非离子型、两性型之分。高分子表面活性剂的性质与构成它的单体组成及分子量等有关。非离子型的如聚乙烯醇、淀粉衍生物；聚氧丙烯二醇醚；阳离子型的如聚-4-乙烯溴代十二烷基吡啶；阴离子型的如褐藻酸钠、羧甲基纤维素钠、聚丙烯酸钠；两性型的如水溶性蛋白质（明胶、大豆分离蛋白）。

② 中分子表面活性剂　摩尔质量在 1 000～10 000 g·mol^{-1} 的表面活性剂称为中分子表面活性剂。如聚醚型表面活性剂，即聚氧丙烯与聚氧乙烯缩合的表面活性剂。中分子表面活性剂与高分子表面活性剂并没有明显界限和本质区别，许多教科书或专著对此不加细分，有些将摩尔质量大于 1 000 g·mol^{-1} 的表面活性剂都定义为高分子表面活性剂等。

③ 低分子表面活性剂　摩尔质量在 100～1 000 g·mol^{-1} 的表面活性剂称为低分子表面活性剂，一般不加特殊说明，所谓的表面活性剂都指此类。

2. 按用途分类

按表面活性剂用途不同，可将其分为如下类型：① 表面张力降低剂；② 渗透剂；③ 润湿剂；④ 乳化剂；⑤ 增溶剂；⑥ 分散剂；⑦ 絮凝剂；⑧ 起泡剂；⑨ 消泡剂；⑩ 杀菌剂；⑪ 抗静电剂；⑫ 缓蚀剂；⑬ 柔软剂；⑭ 防水剂；⑮ 织物整理剂；⑯ 匀染剂等。

10.6.3　表面活性剂的主要性能参数

表面活性剂种类繁多，性质差异较大，应用很广，在实际中如何选择表面活性剂才能达到预期的效果是经常遇到的问题。尽管目前表面活性剂的选择很大程度上还依赖于实践，不能从理论上确定，但是了解表面活性剂的性能参数对表面活性剂的选择还是很有帮助的。表面活性剂的性能参数主要包括表面活性剂的有效值和效率、HLB 值以及 CMC 值。

1. 表面活性剂的有效值和效率

表面活性剂的有效值是指表面活性剂能够把水的表面张力降低到的最小值，而表面活性剂的效率则是指使水的表面张力降低一定值所需要的表面活性剂的浓度。两者都决定于表面活性剂的分子结构及其与水分子之间的相互作用,在选择表面活性剂时非常有用。

2. 表面活性剂的 HLB 值

表面活性剂分子都具有两亲性质,因此影响其性质的主要因素是亲水基的亲水性和亲油基的亲油性,但是亲水基和亲油基是两类性质不同的基团,很难用相同的单位来衡量。Griffin 根据实验发现表面活性剂分子中的亲水基对亲油基具有一定的平衡作用,即亲水基的强亲水性可以抵消部分亲油基的亲油性,由此他提出一个衡量表面活性剂亲水性的参数,称为亲水亲油平衡值(Hydrophile-Lipophile Balance),简称 HLB 值。

HLB 值是相对值,通常以完全没有亲水基、亲油性很强的石蜡 HLB=0,亲水性很强的十二烷基硫酸钠的 HLB=40 作标准,其他物质与其对比可以相对地确定出 HLB 值。HLB 值介于 0~40 之间,可以表示物质的亲水性,数值越大,亲水性越强。实际应用中可根据 HLB 值选择合适的表面活性剂。常用表面活性剂的 HLB 值与应用的对应关系如图 10.35。

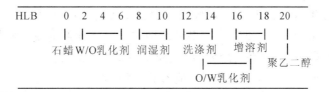

图 10.35 常用表面活性剂的 HLB 值

HLB 值的测定或计算目前还都是经验性的,并且对于不同种类的表面活性剂,还没有统一的测定方法和计算公式,因此在选择表面活性剂时,HLB 值只能作为参考,不能作为唯一的依据。

3. 表面活性剂的 CMC 值及胶束

表面活性剂分子是两亲性分子。其亲水基有进入水中的趋势,而亲油基则有逃离水面的趋势,因此当少量的表面活性剂加入溶液中时,表面活性剂分子主要是以单个分子的形式存在于溶液的表面上,少量分布在溶液本体中,溶液的表面张力显著降低;如果增加表面活性剂浓度,则表面上的分子数增多,表面吸附量增大,表面张力继续下降;当浓度增大到一定值时,溶液表面被一层表面活性剂分子所覆盖而形成单分子层,此时吸附量达到最大。表面张力降到最低,此后如果继续增加浓度,表面上已不能再容纳更多的表面活性剂分子,这时增加的分子只能进入溶液内部。由于表面活性剂的亲油基与水分子之间有很强的排斥作用,为降低系统的能量,处于溶液内的分子就会以亲油基相互靠拢,聚集在一起形成亲油基向内、亲水基向外指向水相的聚集体(如图 10.36),称为胶束(micelle)。胶束的形状很多,可以是球状、棒状或层状(如图 10.37),这主要取决于表面活性剂的结构和形成胶束时的浓度。

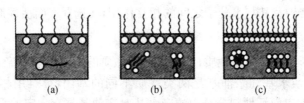

图 10.36 胶束与临界胶束浓度

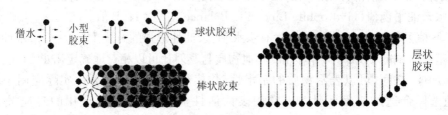

图 10.37 胶束形成模型

表面活性剂在溶液内部开始形成胶束的最低浓度称为临界胶束浓度(critical micelle concentration,CMC),超过 CMC 后,如果继续增加表面活性剂的量,则只能增加溶液中胶束的数量和体积。CMC 的存在,已经被 X 射线衍射图谱所证实。

CMC 值是表面活性剂的一个重要性能参数,表面活性剂溶液的很多物理、化学性质在 CMC 附近有明显的突变现象,如表面张力、渗透压、去污作用等(图 10.38)。

CMC 值可以用多种方法测定,原则上说,一切随胶束形成而发生突变的溶液性质都可被用来测定溶液的临界胶束浓度,不过由于各种性质随浓度的变化率不同,测定方法有简繁难易之分,因此各种方法的实用性不同,常用的有表面张力法、电导法、光谱法和光散射法等。采用的方法不同,测得的 CMC 值也有些差别,因此临界胶束浓度通常是一个不大的浓度区域(如图 10.38 中的虚线之间)。

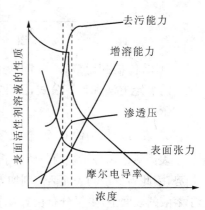

图 10.38 十二烷基硫酸钠的性质与浓度的关系

CMC 值主要取决于表面活性剂的分子结构。一般情况下,对于不同类型的表面活性剂,在亲油基相同时,离子型表面活性剂的 CMC 值比非离子型的大,大约相差两个数量级。对于表面活性剂同系物,通常碳链越长,其 CMC 值越小。另外,CMC 值还受到外界环境的影响,如温度、外加电解质、极性有机物等。温度变化对离子型和非离子型表面活性剂的 CMC 值影响不同,通常离子型表面活性剂的 CMC 值受温度影响较小,非离子型表面活性剂的 CMC 值随温度变化较大,温度升高,CMC 值下降。

10.6.4 表面活性剂的作用

表面活性剂的应用非常广泛,在实际中可以起多种作用,如润湿、起泡、乳化、去污、增溶等,下面具体介绍几种重要的作用。

1. 润湿作用

表面活性剂能够显著改变液体的表面张力和液-固之间的界面张力,因此在实际中广泛使用表面活性剂来改变液-固之间的润湿程度,实现不同的目的(如图 10.39)。通常把表面活性剂所起的改变液-固之间润湿性能的作用称为润湿作用,具有润湿作用的表面活性剂称为润湿剂。

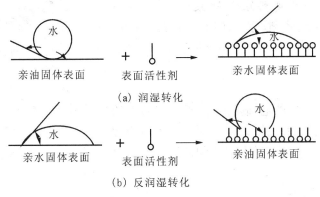

图 10.39 润湿与反润湿

(1) 农药

大多数的作物茎叶表面、害虫体表常有一层疏水性很强的蜡质层,水很难润湿。而且大多数化学农药本身难溶于水,因此在农药加工和使用过程中,必须加入少量表面活性剂作为润湿剂(如烷基硫酸盐、烷基苯磺酸盐等阴离子表面活性剂和烷基酚聚氧乙烯醚、脂肪醇聚氧乙烯醚等)来改进药液对作物表面的润湿程度,使药液在枝叶表面上易于铺展,待水分蒸发后,叶面上能留下均匀的一薄层农药。否则,润湿性不好,枝叶表面上的药液会聚成液滴状,就很容易滚落下来,或待水分蒸发后,在叶面上留下若干断断续续的药剂斑点,直接影响杀虫效果。

(2) 防水

塑料薄膜和油布制成的雨衣不透气,穿久了很不舒服。普通的棉布因纤维中有醇羟基而呈亲水性,所以很容易被水润湿,不能防雨。若用表面活性剂处理棉布,使其极性基与醇羟基结合,而非极性基伸向空气,使接触角 θ 增大而变原来的润湿为不润湿,从而制成既能防水又可透气的轻便雨衣。实验证明,用季铵盐类和含氟表面活性剂处理过的棉布可经大雨冲淋七天而不湿透。

在建筑行业中,常常加入防水剂(如高级脂肪酸酯、硅酮、油酸盐、合成树脂等)以改变混凝土的润湿性能而提高防水的效果。

(3) 泡沫浮选

该法是重金属冶炼前在矿石中富集、提高其品位的常用方法。将原矿石粉碎成细粉末,加入水中,再加入黄原酸盐等促集剂(表面活性剂),它易被吸附在重金属硫化物(重金属Mo、Cu等在矿脉中的常见存在形式)矿粉上,使矿粉表面亲油,鼓入空气后液体中形成大量气泡,矿粉附在气泡上与气泡一起浮出水面被捕集,不含硫化物的矿渣则沉在水底(如图10.40)。用不同的促集剂,采取这种方法可将含不同重金属的矿粉分离,捕集有用的重金属矿粉,表面活性剂作为促集剂,它的作用是改变矿粉的表面性质,其极性基团吸附在矿粉上,非极性基团指向水中,矿粉表面由亲水性变为亲油性。

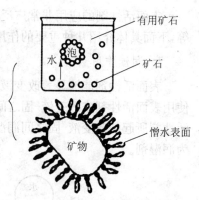

图 10.40 泡沫浮选的基本原理

(4) 采油

原油储于地下砂岩的毛细孔中,由于油与砂岩的接触角通常都大于水和砂岩的接触角,因此,在生产油井附近钻一些注水井,注入有表面活性剂的"活性水"以改变岩层的润湿特性,以便于原油被泵入岩层中的水置换出来,从而提高注水的驱油效率,增加原油产量。

2. 起泡和消泡作用

"泡"是由液体薄膜包围着的气体,泡沫则是由液体薄膜所隔开的很多气泡的聚集物。实际中很多情况下需要起泡,如泡沫浮选、泡沫灭火、去污作用等。由于泡沫具有很大的表面积和表面能,因此泡沫是热力学上不稳定的系统,要使泡沫稳定,必须加入稳定剂,这种能够稳定泡沫的物质称为起泡剂,最常用的起泡剂就是表面活性剂。起泡剂所起的作用随系统不同而不同,主要有以下几种:

(1) 降低表面张力　泡沫的热力学不稳定性主要源于系统的界面很大,界面自由能很高,由于起泡剂分子能吸附在气-液界面上,降低界面张力,因而可以降低系统的界面自由能,降低气泡之间自发合并的趋势,因此能增加泡沫的稳定性。

(2) 增加泡沫膜的机械强度和弹性　表面活性剂吸附在泡沫膜的表面上,增加了膜的机械强度和弹性,使泡沫膜牢固,不易破裂。为增加膜的机械强度和弹性,起泡剂分子中亲水基和亲油基的比例要大致相当。此外,明胶、蛋白质这一类物质,虽然降低界面张力不多,但形成的膜很牢固,所以也是很好的起泡剂。

(3) 形成具有适当表面黏度的泡沫膜　由于泡沫膜内包含的液体受到重力作用和曲面压力,会自动从膜间排走,使膜变薄然后导致破裂,如果液膜具有适当的黏度,膜内的液体就不易流走,从而增加了泡沫的稳定性。表面活性剂能够使形成的膜具有适当的表面黏度,因而对泡沫具有稳定作用。

此外,对于离子型表面活性剂作起泡剂,由于形成的液膜常常带有电荷,因此双电层的排斥作用能阻碍气泡之间的合并,增加泡沫的稳定性。

在实际中,除了需要起泡外,有时泡沫的存在又会妨碍生产操作,如精制食糖、抗生素生产等,这时就需要对泡沫进行破坏或防止其产生,即进行消泡。消泡方法除了搅拌、交替加热与降温、加压或减压等物理方法外,常用的是加入少量物质来破坏泡沫或防止其生成,这类物质称为消泡剂,消泡剂大多数也是表面活性剂,消泡作用主要是通过吸附到膜的表面但又不能形成牢固的保护膜,从而破坏膜的稳定性来实现的。

3. 增溶作用

在表面活性剂水溶液的浓度达到或超过临界胶束浓度时,它能溶解相当量的几乎不溶于水的非极性有机化合物,形成完全透明、外观与真溶液相似的溶液。例如,100 mL 10%的油酸钠水溶液中可以溶解 10 mL 苯而不呈现浑浊。这种由于表面活性剂的存在而使本来不溶或微溶于溶剂的物质溶解或使其溶解度增大的现象称为增溶作用(solubilization)。

(1) 增溶方式

大量研究结果证明,随着表面活性剂和有机增溶物的性质不同,增溶方式亦不相同,分为以下几种方式:

① 非极性增溶:油性物质溶于胶束内部的疏水基团。

② 极性-非极性增溶:像醇那样两亲结构的有机物穿插到原胶束的离子或分子之间形成混合胶束。

③ 吸附增溶:胶束的亲水基和水的界面上,像通常的吸附那样吸附高分子物质。

(2) 增溶作用的特点

增溶作用既不同于溶解作用又不同于乳化作用,它具有下列几个显著特点:

① 表面活性剂浓度高于其临界胶束浓度,即可发生增溶作用,而且浓度越高,胶束数量越多,增溶效果越显著。

② 增溶的发生是一个自发过程,增溶后被增溶物的化学势降低,使系统更趋向稳定。

③ 无论是采用什么方法,达到平衡后的增溶结果都是一样的。例如一种物质在肥皂溶液中的饱和溶液可从两个方向得到:从过饱和溶液稀释或从物质的逐渐被增溶而达到饱和,实验证明所得结果完全相同。

4. 乳化作用

两种互不相溶的液体,其中一种液体以极细小的液滴(一般直径约 $10^{-6} \sim 10^{-5}$ m)均匀分散到另一种液体里的过程,称为乳化作用。所形成的多相分散系统称为乳状液。若仅仅是两种互不相溶的纯液体组成的这种分散系统,则是不稳定的,很容易分层。要使系统具有一定的稳定度,必须加入稳定剂,稳定剂通常称为乳化剂。乳化剂多是些表面活性物质或固体粉末等。牛奶是典型的乳状液,它是由微小的脂肪液滴分散在水中形成的分散系统,牛奶中的蛋白质起了乳化剂的作用。

在乳状液中,以极细珠滴存在的那个相是不连续的相,称为分散相或内相;而与之不溶的另一液相则是连续的,称为分散介质或外相。通常组成乳状液的其中一种液体是水,另一种则是不溶于水的有机液体,习惯上称之为"油"。这样,乳状液就可以分为两类:一类是油分散在水中,简称水包油型,用 O/W 表示。如牛奶、豆浆、农药乳剂等;另一类是水分散在油中即油包水型,用 W/O 表示。如原油、人造黄油等。两种液体乳化后生成何种类型的乳状液,不仅与两液相的相对量有关,更重要的还决定于乳化剂的性质。如乳化剂是水溶性的(HLB 值在 8~15 之间,强钠肥皂、钾肥皂),则易形成 O/W 型乳状液,如图 10.41(a)所示;若乳化剂是油溶性的(HLB 值在 3~6 之间,如钙肥皂、铝肥皂等),则形成 W/O 型,如图 10.41(b)所示。

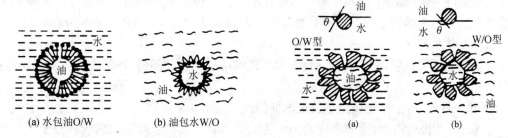

图 10.41　乳状液示意图　　　图 10.42　固体粉末乳化剂的乳状液示意图

当乳化剂是固体粉末时,乳状液类型决定于水及油对该粉末的润湿性强弱。如水对固体润湿性强(θ<90°),则固体粉末必凸向水相,形成 O/W 型,如图 10.42(a);相反,如油对固体的润湿性强,便形成 W/O 型的乳状液,如图 10.42(b)。

乳状液是热力学不稳定的系统,分散相的水液滴有聚结为大液滴而最后分层的自发趋势。之所以乳状液中分散相的液滴大小可以在一定条件下具有保持不变的相对稳定性,是因为加入乳化剂后,使得:① 分散相液滴周围形成坚固的保护膜;② 降低了界面张力;③ 相界面上形成了双电层使液滴带相同的电荷。

乳化作用被广泛应用于工农业生产过程和日常生活等领域。如金属切削要用 O/W 型乳状液作润滑冷却剂。不溶于水的农药杀虫剂被制成乳状液,这样不仅使用方便,节省用量,而且还能充分发挥其药效。在合成高分子中常常采用乳液聚合法可以有效控制聚合物的相对分子质量和副反应的进行。此外,人们食用的脂肪,在体内先要乳化,使油的界面增大才便于被肠壁吸收。

另一方面,如何破坏乳状液,在实际应用中也是很重要的。如原油是 W/O 型乳状液,其分散相水会严重腐蚀石油设备。洗羊毛的废液是 O/W 型乳状液,含有 0.5%~4.0%的羊毛蜡,应予以回收利用。

目前,破坏乳状液的方法有以下几种:

(1) 用不能生成牢固保护膜的表面活性物质来代替原有乳化剂。常用的顶替剂是异戊醇,它的表面活性很大,但其碳链太短,不能形成坚固的保护膜。

(2) 加入试剂破坏乳化剂。例如以肥皂作乳化剂时可加入酸使脂肪酸析出,导致乳状液分层。

(3) 加入电解质以压缩双电层,有利于聚结作用发生。一般带有与内相表面电荷符号相反的高价离子有较好的破乳效果。

(4) 外加电场法。在高电压作用下,分子发生极化,一端带正电,另一端带负电,便能使分子间彼此相互联结形成大的液滴而聚沉。

此外,还有其他一些方法,如加热、加压、过滤、离心分离等。

5. 洗涤作用

表面活性剂的去污作用(decontamination)是一个非常重要而又被广泛应用的性能。去污是涉及润湿、渗透、乳化、分散、增溶等诸多方面的复杂过程。表面活性剂的去污效果与污物性质、污物附着面性状、表面活性剂性质以及外力和温度等诸多因素有关。

可以作为洗涤剂使用的具有优良去污作用的表面活性剂必须具备如下性质:① 润湿性好,能与被清洗物表面充分接触;② 渗透能力好,能快速达到污物附着面,并使该面发生润湿反转,将污垢从附着面上顶下来;③ 有强的分散与增溶能力;④ 可防止污物再附着或沉积在被清洗物表面上或漂浮液面上。

好的洗涤剂应该在被清洗物-水界面上和污物-水界面吸附,而不是在水-空气界面吸附。前者能反映洗涤效果,后者只能反映起泡效果,与洗涤作用没有本质联系。一般洗涤剂起泡效果差一些更有利于实际应用。图 10.43 揭示了油污从固体表面被洗涤剂清除的过程。水-油界面张力大,水不能润湿油污,无法达到去污目的,如图 10.43(a),当加入洗涤剂后,洗涤剂的亲油基指向油污表面或固体表面并吸附于其上,在机械力作用下油污从固体表面被"拉"下来,当然也有洗涤剂分子渗透到油污-固体表面的界面处"顶"起油污,如图 10.43(b),洗涤剂分子在固体表面和油污表面形成吸附层,进入水相中的油污被分散或增溶,最后油污在机械力作用下均匀地悬浮(或乳化)在水相中,或被水冲走,如图 10.43(c)。

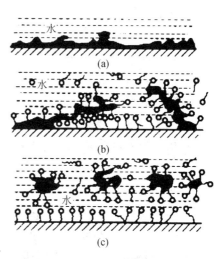

图 10.43 表面活性剂的去污原理

§10.7 表面分析技术*

表面分析技术是建立在超高真空、电子离子光学、微弱信号检测、计算机技术等基础上的一门综合性技术。表面分析技术通过用一束"粒子"或某种手段作为探针来探测样品表面，这些探针可以是电子、离子、光子、电场和热，在探针的作用下，从样品表面发射或散射粒子或波，它们可以是电子、离子、中性粒子或光子，这些粒子携带着表面的信息。检测这些粒子的能量、动量分布、荷质比、束流强度等特征，或波的频率、方向、强度、偏振等情况，就可得到有关表面的信息。

现代表面分析技术已发展出数十种，而且新的分析方法仍在不断出现。其中主要有场致发射显微技术、电子能谱、电子折射、离子质谱、离子和原子散射以及各种脱附谱等。20世纪70年代后期建立的同步辐射装置能提供能量从红外到硬X射线区域内连续可调的偏振度高和单色性好的强辐射源，又大大增强了光（致）发射电子能谱用于研究固体表面电子态的能力，开发了光电子衍射和表面X射线吸收边精细结构谱。此外，电子顺磁共振、红外反射、增强拉曼散射、穆斯堡尔谱、非弹性电子隧道谱、椭圆偏振等也用于某些表面分析场合。

常见的表面分析技术有以下几种：

1. 低能电子衍射（low energy electron diffraction，LEED）

将能量在 10～500 eV 范围内的低能电子束入射到待研究表面，这种低能电子的德布罗意波长与表面原子的间距有相似数量级，表面的点阵结构对入射电子束能产生衍射作用。由于入射电子能量低，只有表面层内的原子才对入射电子起散射作用，而且散射截面很大。用荧光屏观察背向衍射束斑的分布，可得有关表面原胞的几何信息。另一方面，对任一衍射束，其束斑强度随电子束的能量（或电子波长）而变，这种变化关系可用 I-V 曲线表示出来（I 为表征衍射束强度的电流，V 为入射电子束的加速电压），该曲线称为低能电子衍射谱。LEED谱与表面原子的种类及其空间结构有关。LEED一直是最为有效的表面结构分析手段之一。

2. 反射高能电子衍射（reflection high energy electron diffraction，RHEED）

RHEED装置由高能电子枪和荧光屏两部分组成，从电子枪发射出来的具有一定能量（通常为 10～30 keV）的电子束以 1°～2° 的掠射角射到样品表面，那么，电子垂直于样品表面的动量分量很小，又受到库仑场的散射，所以电子束的透入深度仅 1～2 个原子层，因此RHEED所反映的完全是样品表面的结构信息，并且其在研究晶体生长、吸附、表面缺陷等方面也取得了很大的进展，它是当今表面科学和原子级的人工合成材料工程中的强有力的原位分析与监控的手段。特别是在分子束外延技术中,利用 RHEED 进行原位监测是一个重要手段。

3. 俄歇电子能谱(Auger electron spectroscopy,AES)

以能量约为数千电子伏的电子束入射到晶体表面,把处于原子 K 壳层上的电子电离并留下一个空位。L 壳层上的电子向下跃迁填补这个空位,同时释放出多余能量。这个跃迁过程可能是无辐射跃迁,所释放出的能量使壳层 $L_{2,3}$ 上的电子激发成自由态,这种二次电子称为俄歇电子。上述过程称为俄歇过程,由法国物理学家 P. V. 俄歇于 1925 年发现。俄歇电子数按能量的统计分布称为俄歇电子谱,每种元素有各自的特征俄歇电子谱,故可用来确定化学成分。俄歇电子谱常被用来分析和鉴定固体表面的吸附层、杂质偏析及催化机制研究等。

俄歇电子能谱可以分析除氢、氦以外的所有元素。它是当今对表面元素定性、半定量分析,以及元素深度分布分析和微区分析的重要手段。AES 的应用领域早已突破传统的金属和合金范围,扩展到现代迅猛发展的纳米薄膜技术、微电子技术和光电子技术领域。目前,它的真空系统、电子束激发源系统、数据采集和处理系统等都有了极大的发展,达到了很高的水平,其分析室真空度可达 10^{-9} Pa 量级,电子束的最小直径可达 20 nm,AES 的微区分析能力和图像分辨率等都得到了很大提高。

4. X 射线或紫外线光电子能谱(X-ray or ultraviolet photoelectron spectroscopy,XPS 或 UPS)

根据入射光子的波长可分为 X 射线光电子能谱(XPS)和紫外线光电子能谱(UPS)两类。用 X 射线或紫外线入射到固体表面,表面原子的内层电子吸收入射光子的能量后逸出表面成为自由电子,这实际上是一种光电效应。光电子可来源于原子的不同壳层,其动能包含了原子内层电子所处能量状态的信息。光电子数按其动能的统计分布称光电子能谱,它携带了原子内有关电子状态的丰富信息。利用光电子能谱可判别表面原子的种类和决定表面电子态。自同步辐射源出现后,光电子能谱分析法更得到了迅速发展。

其中,X 射线光电子谱的最显著特点是它不仅能测定表面的组成元素,而且能测定各元素的化学状态。此外,由于 XPS 在实验时样品表面受辐照损伤小,它能检测除 H、He 以外周期表中所有的元素,且具有很高的绝对灵敏度。因此,XPS 是当前表面分析中使用最广泛的谱仪之一。

5. 出现电势谱(appearance potential spectroscopy,APS)

以一定能量的电子束入射到固体表面,入射电子使原子的内层电子激发而出现空位,测量产生空位所需的最低能量(对应入射电子的最低加速电势)。空位的产生可通过填补这个空位所涉及的俄歇过程或发射软 X 射线过程来探测,前者称俄歇出现电势谱,后者称软 X 射线出现电势谱。俄歇电子或软 X 光子的能量与原子的壳层结构有关,并因元素而异,故利用出现电势谱可鉴别原子种类。

6. 电子能量损失谱（electron energy loss spectroscopy，EELS）

以数百电子伏的电子束入射到表面，由于入射电子与表层内各种元激发（如声子、激子等各类准离子）的相互作用而引起能量损失，这种能量损失携带了各类元激发的有关信息。利用能量损失谱可获得关于表面原子振动模式、等离子振荡、能带间跃迁等多方面的信息。

7. 离子中和谱（ion neutralizing spectroscopy，INS）

当正离子接近固体表面时，固体内的电子可借助于隧道效应，穿越表面势垒跃入正离子的空电子态而使正离子中和。此过程所释放的能量可将固体中其他电子激发到自由空间。分析这些发射出来的电子的能量分布可了解表面电子态的分布，以及确定由于吸附外来原子而引起的表面电子态的变化等。隧道效应只发生在表面的单原子层，故 INS 是各种谱带中取样深度最浅的一种。

8. 二次离子质谱（secondary ion mass spectroscopy，SIMS）

当一束加速的离子轰击真空中的待分析样品表面时，会引起表面的原子或分子溅射，其中的带电离子称为二次离子。将二次离子按质荷比分开并采用探测器将其记录，便得到二次离子强度按质量（质荷比）分布的二次离子质谱。二次离子质谱可以鉴别包括氢及其同位素在内的所有元素。并且二次离子来自样品表面，所以是一种有效地用于成分分析的表面和微区分析技术。

二次离子质谱探测灵敏度高，在适当的条件下（灵敏度强烈依赖于样品的组成和实验条件），探测极限可以达到百万甚至十几亿分之几的元素质量分数。加上可以分析所有元素，这就构成了二次离子质谱分析方法的优势。二次离子质谱也有其缺点，其分析对样品是破坏的，而且进行定量分析也十分复杂。

9. 扫描隧道显微镜（scanning tunneling microscope，STM）

以很细的金属探针接近固体表面时，固体中的电子借助于隧道效应克服表面势垒到达探针，从而形成隧道电流。隧道电流的大小取决于针尖至表面原子的距离，距离近时电流大，距离远时电流小。令探针在固体表面上扫描，扫描时针尖与表面间保持一极小的距离，根据隧道电流的变化就可显示出表面层中的原子排列情况。STM 的最大优点是不需任何外来粒子束或射线束，因而不会破坏样品表面，也不存在由于入射线的波动性而造成的对分辨率的限制。STM 是新发展起来的能直接观察表面结构的新技术。

10. 原子力显微镜（atom force microscope，AFM）

1986 年 G. Binning 提出了原子力显微镜的概念。当探针尖和试件表面的距离缩小到纳米数量级时，探针尖端原子和试件表面原子间的相互作用力就显示出来。由于原子间距离缩小产生相互作用，造成原子间的高度势垒降低，使系统的总能量降低，于是两者之间产生吸引力(范德华力)。如果两原子间距离继续减小接近到原子直径量级时,由于两原子间的电子云的不相容性,两原子间的相互作用为排斥力(库仑力)。原子力显微镜就是通过检测探针尖和试件表面原子间的相互作用力而进行测量的。

AFM 克服了 STM 的不足,它可以用于导体、半导体和绝缘体。AFM 利用了 STM 技术,也可测量材料的表面形貌。它的横向分辨率可达 0.15 nm,而纵向分辨率可达 0.005 nm,AFM 最大的特点是可以测量表面原子之间的力。AFM 可测量的最小力的量级为 $10^{-14} \sim 10^{-16}$ N。AFM 还可以测量表面的弹性、塑性、硬度、黏着力等性质。与 STM 一样,AFM 还可以在真空、大气或溶液下工作,也具有仪器结构简单的特点,在材料研究中获得了广泛的应用。

11. 表面增强拉曼散射(surface enhanced Raman scattering,SERS)

1974 年,Fleischmann 等人对银电极进行电化学氧化还原粗糙化处理后,获得了吡啶吸附在粗糙银电极表面的高质量拉曼光谱,随后经过 Van Duyne 和 Creighton 等人详细的实验和理论计算后发现,吡啶分子在粗糙银电极表面信号产生了 10^6 倍的增强,远远大于粗糙电极表面积增加所引起的信号增强,他们认为在电极粗糙化的表面必然存在某种效应,之后被称为表面增强拉曼散射(Surface enhanced Raman Scattering,SERS)效应,基于此效应的光谱技术称为表面增强拉曼光谱技术。

SERS 技术主要是研究与吸附分子有关的表面现象,是确定吸附分子的种类、测定吸附分子在基体表面的取向、研究吸附分子的表面反应、研究分子的共吸附现象等强有力的工具。

目前,普遍认同的 SERS 增强机理主要包括电磁场增强(EM)和电荷转移增强(CT)。前者主要考虑金属表面局域电场的增强,后者主要考虑金属与分子间的化学作用所导致的极化率变化的增强。电磁场增强机理的实验和理论研究均远多于电荷转移增强机理,故电磁场增强机理的发展和应用也更为广泛。

课外参考读物

[1] 段世铎,谭逸玲.界面化学.北京:高等教育出版社,1990.
[2] 秦玉明.弯曲液面饱和蒸气压的研究.大学物理,2007,26(2):13~16.
[3] 赵振国.接触角及其在表面化学研究中的应用.化学研究与应用,2000,12(4):370~374.
[4] 石辉,王会霞,李秋秋.植物叶表面的润湿性及其生态学意义.生态学报,2011,31(15):4287~4298.
[5] 郭子成,罗青枝,荣杰.润湿现象和毛细现象的热力学描述.大学物理,2000,19(6):19~21.
[6] 章燕豪.吸附作用.上海:上海科学技术文献出版社,1989.
[7] 赵振国.Gibbs 吸附公式在固-气和固-液界面吸附中的应用.大学化学,2001,16(2):56~60.
[8] 吕庆,李林,刘鸣华.双头基两亲分子在气液界面的 Langmuir 铺展膜结构.物理化学学报,2001,17(8):765~768.

[9] 赵国玺,朱珧瑶.表面活性剂作用原理.北京:中国轻工业出版社,2003.
[10] 李文安.绿色表面活性剂的应用及研究进展.安徽农业科学,2007,35(19):5691~5692.
[11] 夏志国,刘云.表面活性剂在纳米材料科学中的应用.化学试剂,2005,27(4):207~211.
[12] 赵成英,王利民.表面活性剂在制药工业中的应用.日用化学工业,2007,37(6):389~392.
[13] 刘方,高正松,缪鑫才.表面活性剂在石油开采中的应用.精细化工,2000,17(12):696~699.
[14] 刘旭峰.表面活性剂在纺织工业中的应用.日用化学工业,2006,36(2):99~102.
[15] 张群,罗立强,丁亚萍.表面活性剂在电化学分析中的应用.化学世界,2008,(9):567~569.
[16] 龚宁,李玉平,杨公明.表面活性剂对食品安全的影响.环境与健康杂志,2007,24(9):747~750.
[17] 黄惠忠,等.表面化学分析.上海:华东理工大学出版社,2007.
[18] 戴达煌,等.现代材料表面技术科学.北京:冶金工业出版社,2004.
[19] 朱自莹,顾仁敖,陆天虹.拉曼光谱在化学中的应用.沈阳:东北大学出版社,1998.

思考题

1. 纯液体、溶液和固体,它们各采用什么方法来降低表面能以达到稳定状态?这种现象在日常生活中有何应用?
2. 常见的亚稳状态有哪些?为什么会产生亚稳状态?如何防止亚稳状态的产生?
3. 什么叫做吸附作用?物理吸附和化学吸附有何异同点?两者的根本区别是什么?
4. 在一定温度、压力下,为什么物理吸附都是放热过程?
5. 用学到的关于界面现象的知识解释以下几种做法或现象的基本原理:
(1) 人工降雨;
(2) 多孔固体吸附蒸气时的毛细凝聚;
(3) 重量分析中的"陈化"过程;
(4) 喷洒农药时常常要在药液中加少量表面活性剂。
6. 为什么在相同的风力下,海面的浪会比湖面大?用泡沫护海堤的原理是什么?

习题

1. 在 293.15 K 及 101.325 kPa 下,把半径为 1×10^{-3} m 的汞滴分散成半径为 1×10^{-9} m 的小汞滴。试求此过程系统的表面吉布斯函数变为若干?已知 293.15 K 汞的表面张力为 0.470 N·m^{-1}。

2. 求在 283 K 时,可逆地使纯水表面增加 1.0 m^2 的面积,吸热 0.04 J。求该过程的 ΔG、W、ΔU、ΔH、ΔS 各为多少?已知该温度下纯水的表面吉布斯函数为 0.074 J·m^{-2}。

3. 室温下假设树根的毛细管直径为 2.00×10^{-6} m,水渗入与根壁交角为 30°,求其产生的附加压力,并求水可输送的高度。(设 25 ℃时,水的 $\gamma=75.2\times 10^{-3}$ N·m^{-1},$\rho=999.7$

kg·m^{-3})

4. 已知水-石墨系统的下述数据：在 298 K 时，水的表面张力 $\gamma_{l-g}=0.072$ N·m^{-1}，水与石墨的接触角测得为 90°，求水和石墨的沾湿功、浸湿功和铺展系数。

5. 将正丁醇($M=74$)蒸气骤冷至 273 K，发现其过饱和度(即 p/p^*)约达到 4，方能自行凝结为液滴，若在 273 K 时，正丁醇的表面张力为 0.026 N·m^{-1}，密度为 1 000 kg·m^{-3}，试计算：

(1) 在此过饱和度下开始凝结的液滴的半径；

(2) 每一液滴中所含正丁醇的分子数。

6. 在 240 K 时，用活性炭吸附 CO(g)，实验测得饱和吸附量为 $V_m=4.22\times10^{-2}$ m^3·kg^{-1}。在 CO(g)的分压 $p_{CO,1}=13.466$ kPa 时，吸附量为 $V_1=8.54\times10^{-3}$ m^3·kg^{-1}。设吸附服从 Langmuir 吸附等温式，试计算：

(1) 表面覆盖度 θ 和 Langmuir 吸附等温式中的吸附系数 b；

(2) CO(g)的分压 $p_{CO,2}=25.0$ kPa 时的平衡吸附量和表面覆盖度。

7. 在 298 K 时，用刀片切下稀肥皂水的极薄表面层 0.03 m^2，得到 2×10^{-3} dm^3 溶液，发现其中含肥皂为 4.013×10^{-5} mol，而其同体积的本体溶液中含肥皂为 4.00×10^{-5} mol，试计算该溶液的表面张力。已知 298 K 时，纯水的表面张力为 0.072 N·m^{-1}，设溶液的表面张力与肥皂活度呈线性关系，$\gamma=\gamma_0-Aa$，活度系数为 1。

8. 在液氮温度时，N$_2$(g)在 ZrSO$_4$(s)上的吸附符合 BET 公式，今取 17.52 g 样品进行吸附测定，N$_2$(g)在不同平衡压力下的被吸附体积如表所示(所有吸附体积都已换算成标准状况)，已知饱和压力 $p_s=101.325$ kPa。试计算：

p/kPa	1.39	2.77	10.13	14.93	21.01	25.37	34.13	52.16	62.82
$V/(10^{-3}\text{dm}^3)$	8.16	8.96	11.04	12.16	13.09	13.73	15.10	18.02	20.32

(1) 形成单分子层所需 N$_2$(g)的体积；

(2) 每克样品的表面积，已知每个 N$_2$(g)分子的截面积为 0.162 nm^2。

9. 某气态物质 A(g)在固体催化剂上发生异构化反应，其机理如下：

$$A(g)+[K] \underset{}{\overset{a_A}{\rightleftharpoons}} [AK] \xrightarrow{k_2} B(g)+[K]$$

式中[K]为催化剂的活性中心，设表面反应为速控步，假定催化剂表面均匀。

(1) 导出反应的速率方程；

(2) 在 373 K 时测得，高压下的速率常数 $k_{高压}=500$ kPa·s^{-1}，低压下的速率常数 $k_{低压}=10$ kPa·s^{-1}，求 a_A 的值和该温度下，当反应速率 $r=-\dfrac{dp}{dt}=250$ kPa·s^{-1} 时 A(g)的分压。

第 11 章 胶体与分散系统

本章基本要求
1. 了解分散系统的定义、分类及基本特征。
2. 了解溶液,缔合胶束溶液及大分子溶液的主要特征。
3. 理解胶体分散系统在动力性质、光学性质、电学性质等各方面的特点。
4. 了解溶胶在稳定性方面的特点及电解质对溶胶稳定性的影响,会判断电解质聚沉能力的大小。
5. 理解胶团的结构和扩散双电层概念,理解双电子层结构、区分热力学电势、斯特恩电势及电动电势,了解其电势的应用。
6. 了解大分子溶液与溶胶的异同点及聚合反应的机理。
7. 对天然大分子、凝胶的特点等有初步的了解。
8. 了解纳米材料的基本性质及应用。
9. 了解聚合物相对分子质量的种类及其测定方法。

关键词:胶体分散系统;溶胶性质;大分子溶液;纳米材料

"胶体"的概念最早由格雷厄姆(Graham)在 1861 年提出。他在研究不同介质在水中的扩散能力时,认为可以将物质区分为两类:一类如蔗糖,食盐、硫酸镁及其无机盐等易扩散物质,这类物质能通过半透膜,且当水分蒸去后,此类物质能析出晶体;而另一类如蛋白质、$Al(OH)_3$、$Fe(OH)_3$ 及其他大分子化合物等难扩散物质,这类物质不能通过半透膜,当水分蒸去后,此类物质得到胶状物。Graham 将前一类物质称为为晶体,后一类物质称为胶体。后来,俄国学者维伊曼(BenMaph)用将近 200 种化合物进行实验,结果证明任何典型的晶体物质都可以用降低其溶解度或选用适当的分散介质而制成溶胶(例如把 NaCl 分散在苯中就可以形成溶胶)。由此人们才进一步认识到胶体只是物质以一定分散程度而存在的一种状态,而不是一种特殊类型的物质的固有状态。

目前,胶体化学作为物理化学的一个重要分支,它研究的领域是化学、物理学、材料学及生物学等诸学科的交叉与重叠,它已成为这些学科的重要基础学科。

另一方面,胶体化学原理已广泛应用于农业生物科学、土壤与环境科学、食品及农产品加工、农药制备及应用等领域。尤其是近年来发展起来的超微技术、纳米材料的制备已成为化学与物理学的新热点。掌握胶体化学知识对指导工农业生产和农业生物科学研究具有重要意义。

§11.1 分散系统的分类及胶体的基本特性

11.1.1 分散系统的分类

把一种或几种物质分散在另一种物质中就构成分散系统。在分散系统中,被分散的物质就叫分散相(disperse phase),另一种物质叫做分散介质(disperse medium)。按分散相粒子的大小,常把分散系统区分为分子(或离子)分散系统(粒子半径 $r<1$ nm)、胶体分散系统(1 nm$<r<$100 nm)和粗分散系统($r>$100 nm)等几种。

通过对胶体溶液的稳定性和胶体粒子(colloid particle)结构的研究,人们发现胶体系统至少包含了性质颇不相同的两大类:

(1) 由难溶物分散在分散介质中所形成的憎液溶胶(lyophobic),简称溶胶,其中的粒子都是由很大数目的分子(各粒子中所含分子的数目并不相同)构成。这种系统具有很大的表面 Gibbs 自由能,很不稳定,极易被破坏而聚沉(coagulation),聚沉之后往往不能恢复原态,因而是热力学中的不稳定和不可逆系统。

(2) 大(高)分子化合物的溶液,其分子的大小已经达到胶体的范围,具有胶体的一些特性,例如扩散慢,不能透过半透膜,有 Tyndall(丁达尔)效应等等。但是,它却是分子分散的真溶液。大分子化合物在适当的介质中可以自动溶解而形成均相溶液。若设法蒸去溶剂使它沉淀,不是加沉淀剂,而是蒸去溶剂,重新再加入溶剂后大分子化合物又可以自动再分散,因而它是热力学中稳定、可逆的系统。由于被分散物和分散介质之间的亲和能力很强,过去曾被称为亲液溶胶,显然,使用大分子溶胶这个名词应更能反映其实际情况。至今憎液溶胶这个名词被保留下来,而亲液溶胶则逐渐被大分子溶液一词所代替。

当然,这种分类并不是截然的,在两者之间还存在一些具有过渡性质的系统,对于那些从多相变到均相的过渡部分迄今尚未彻底了解。由于大分子溶液和憎液溶胶在性质上有显著不同,而大分子物质在实用及理论上又具有重要的意义,因此近几十年来,大分子化合物已经逐渐形成一个独立的学科。于是,胶体化学所研究的内容就只是超微不均匀系统的物理化学了。

胶体系统也可以按分散相和分散介质的聚集状态进行分类。如表 11.1 和表 11.2 所示。

表 11.1 按分散相的分散程度分类

分散相的半径 r	分散系统类型	特性
<1 nm	分子(离子)溶液、混合气体	离子能通过滤纸,扩散快,能渗透,在普通显微镜和超显微镜下都看不见
1~100 nm	胶体	离子能通过滤纸,扩散极慢,在普通显微镜下看不见,在超显微镜下能看见
r>100 nm	粗分散系统,如乳浊液、悬浮液等	粒子不能通过滤纸,不扩散,不渗透,在普通显微镜下能看见,目测就是浑浊的

表 11.2 按分散相和分散介质的聚集状态分类

分散相	分散介质	名称	实例
气	液	液溶胶(sol)	泡沫(如灭火泡沫)
液			乳状液(如牛奶、石油)
固			悬浮液(如油漆、泥浆)
气	固	固溶胶(solidsoll)	浮石,泡沫塑料
液			珍珠,某些宝石
固			某些合金,有色玻璃
气	气	气溶胶(aerosol)	—
液			雾
固			烟,尘

根据聚集状态分类法,常按分散介质的聚集状态来命名,如分散介质为气态者则称为气溶胶,其余类推。从表 11.1 和表 11.2 得知,除气-气所构成的系统不属于胶体研究的范围之外,其他各类分散系统中都有胶体研究的对象。其中,泡沫(foam)和乳状液(emulsion)就粒子大小而言虽然已属于粗分散系统,但由于他们的许多性质特别是表面性质与胶体分散系统有着密切的关系,所以通常也归并在胶体分散系统中来讨论。

11.1.2 胶体的基本特征及胶团的结构

1. 胶体的基本特征

只有典型的憎液溶胶才能全面地表现出胶体的特性,总括起来,其基本特性可以归纳为:特有的分散程度,不均匀(多相)性和易聚结的不稳定性等。

溶胶中粒子的大小约在 1~100 nm 之间,溶胶(sol)的许多性质,例如扩散作用慢、不能透过半透膜、渗透压低、动力稳定性强、乳光亮度强等等,都与其特有的分散程度密切相关。

应该指出,溶胶和其他分散系统的差异不仅只是粒子大小不同,还必须注意到溶胶中粒子构造的复杂性。在真溶液中,分子或离子一般说来是比较简单的个体,而溶胶中胶团的结构则比较复杂。从真溶液到溶胶是从均相到开始具有相界面的超微不均匀相,且由于分散相的颗粒小,表面积大,其表面能也高,这就使得胶粒处于不稳定状态,它们有相互聚结起来变成较大的粒子而聚沉的趋势。因此,胶体溶液中除了分散相和分散介质以外,还需要第三种物质即稳定剂(stabilizing agent)存在,通常是少量的电解质。

2. 胶团的结构

任何溶胶粒子的表面上总是带有电荷(或是正电荷或是负电荷)。其实不仅是溶胶,凡是与极性介质(如水)相接触的界面上总是带点的。例如,用 $AgNO_3$ 的稀溶液和 KI 的稀溶液反应生成 AgI 为例,此反应生成的 AgI 形成非常小的不溶性微粒,称为胶核(colloidal nucleus),它是胶体颗粒的核心,具有一定的晶体结构,表面积也很大。

胶粒的结构比较复杂,先有一定量的难溶物分子聚结形成胶粒的中心,称为胶核;然后胶核选择性地吸附稳定剂中的一种离子,形成紧密吸附层;由于正、负电荷相吸,在紧密层外形成反号离子的包围圈,从而形成了带与紧密层相同电荷的胶粒;胶粒与扩散层中的反号离子,形成一个电中性的胶团。

如图 11.1 所示,m 表示胶核中所含 AgI 的分子数,通常是一个很大的数值(约在 10^3 左右)。若制备 AgI 时 KI 是过剩的,则 I^- 在胶核表面上优先被吸附。n 表示胶核所吸附的 I^- 的数目,因此胶核带负电(n 的数值比 m 的数值要小得多)。溶液中的 K^+ 又可以部分地吸附在其周围,$(n-x)$ 为吸附层中的带相反电荷的离子数(此处为 K^+),x 是扩散层中的反号离子数,胶核连同吸附在其上面的离子,包括吸附层中的相反电荷离子,称为胶粒(colloidal particle)。胶粒连同周围介质中的相反电荷离子则构成胶团(也称为胶束,micelle)。由于离子的溶剂化,因此胶粒和胶团也是溶剂化的。在溶胶中胶粒是独立运动单位。通常所说溶胶带正电或负电系指胶粒而言,整个胶团总是电中性的。胶团没有固定的直径和质量,同一种溶胶的 m 值也不是一个固定的数值。

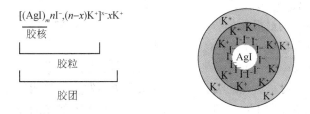

图 11.1 碘化银胶团的构造示意图(KI 是稳定剂)

不同溶胶的胶团可有各种不同的形状,例如聚苯乙烯溶胶的胶团接近球状,而 $Fe(OH)_3$ 溶胶为针状,V_2O_5 溶胶为带状等。在讨论溶胶特性时除注意其高度分散性外,还应该注意到结构上的这种复杂性,由于胶粒比分散介质的分子大得多,而且由难溶物构成的胶核又保持其原有的结构(从 X 射线分析可以证明大多数憎液溶胶的粒子确具有晶体的结构),所以尽管表面看来溶胶是貌似均匀的溶液,而实际上粒子和介质之间存在着明显的物理分界面,是超微不均匀的系统。由于高度分散而又系多相,所以从热力学的角度来看是不稳定系统。胶粒有互相聚结而降低其表面积的趋势,即具有易聚结的不稳定性,这就是形成溶胶时必须有稳定剂存在的原因(有时不需外加稳定剂,溶胶也可以很稳定,参看下节中凝聚法制备溶胶)。

讨论胶体系统时必须综合考虑上述三方面基本特性(即胶粒的分散程度、多相性以及稳定性)才会得到正确的概念。如果只是以这些基本特性中的一个或两个作为鉴定胶体系统的根据,则其结果将会是不全面或甚至是错误的。

§11.2 溶胶的光学性质

溶胶的光学性质是其高度分散性和不均匀性特点的反应。通过光学性质的研究,不仅可以解释溶胶系统的一些光学现象,而且在观察胶体粒子的运动时,可以研究它们的大小和形状,以及其他应用。

11.2.1 Tyndall 效应和 Rayleigh 公式

1. Tyndall 效应

若令一束会聚光通过溶胶,从侧面(即与光束垂直的方向)可以看到一个发光的圆锥体,这种现象是 1869 年丁达尔(Tyndall)首次发现,称为 Tyndall 效应。其他分散系统也会产生一点散射光,但远不如溶胶显著。Tyndall 效应实际上已成为判别溶胶与分子溶液的最简便的方法。图 11.2 中显示的是会聚光通过溶胶和分子溶液后的情况。

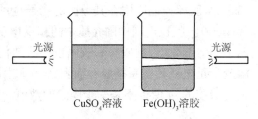

图 11.2　Tyndall 效应示意图

光线投射到分散系统上,可以发生光的吸收、反射、散射或透过。当入射光的频率与分子的固有频率相同时,则发生光的吸收;当光束与系统不发生任何相互作用时,则可透过;当入射光的波长小于分散粒子的尺寸时,则发生光的反射;若入射光的波长大于分散相粒子的尺寸时,则发生光的散射现象。可见光的波长在 400~760 nm 的范围,一般溶胶粒子的尺寸在 1~100 nm,小于可见光的波长,所以,当可见光束投射到溶胶系统时,会发生光散射作用而出现 Tyndall 效应。

光是一种电磁波,其振动的频率高达 10^{15} Hz 的数量级,光的照射相当于外加电磁场作用于溶胶粒子,使围绕分子或原子运动的电子产生被迫振动,这样被光照射的微小晶体上的每个分子,便以一个次级光源的形式向四面八方辐射出与入射光有相同频率的次级光波,由此可知,产生 Tyndall 效应的实质是光的散射。其散射光的强度,可用 Rayleigh(瑞利)公式计算。

2. Rayleigh(瑞利)公式

Raileigh 研究散射作用得出,单位体积的被研究系统所散射出的光能总量为

$$I = \frac{24\pi^2 A^2 \nu V^2}{\lambda^4} \left(\frac{n_1^2 - n_2^2}{n_1^2 + 2n_2^2} \right)^2 \tag{11.1}$$

式中:A 为入射光的振幅;λ 为入射光的波长;ν 为单位体积中的粒子数;V 为每个粒子的体积;n_1 和 n_2 分别为分散相和分散介质的折射率。这个公式称为 Raileigh 公式,它适用于不导电粒子并且半径≤47 nm 的系统,对于分散程度更高的系统,该公式的应用不受限制。

从式(11.1)可以得到如下几点结论:

(1) 散射光的总能量与入射光波长的四次方成反比。因此入射光的波长愈短,散射愈多。若入射光为白光,则其中的蓝色与紫色部分的散射作用最强。这可以解释为什么当用白光照射有适当分散程度的溶胶时,从侧面看到的散射光呈蓝紫色,而透射光则呈橙红色,这种情况在硫或乳香的溶胶中都可以清楚地看到。由此可以预计,若要观察散射光,光源的波长以短者为宜;而观察透过光时,则以较长的波长为宜。例如在测定多糖、蛋白质之类物质的旋光度时多采用钠光,其原因之一即由于黄色光的散射作用较弱。

(2) 分散介质与分散相之间折射率相差愈显著,则散射作用也愈显著。溶胶系统的分散相与介质之间有明显的相界面存在,其折射率相差较大,Tyndall 效应很强。而高分子真溶液是均相系统,Tyndall 效应较弱。

(3) 当其他条件均相同时,式(11.1)可以写成

$$I = K \frac{\nu V^2}{\lambda^4}$$

式中 $K = 24\pi^2 A^2 \left(\frac{n_1^2 - n_2^2}{n_1^2 + 2n_2^2} \right)^2$。若分散相粒子的密度为 ρ,浓度为 c(以 kg·dm^{-3} 表示),则 $\nu = \frac{c}{V\rho}$;若再假定粒子为球形,即 $V = \frac{4}{3}\pi r^3$,代入上式,得

$$I = K \frac{cV}{\lambda^4 \rho} = \frac{Kc}{\lambda^4 \rho} \cdot \frac{4}{3}\pi r^3 = K'cr^3 \tag{11.2}$$

即在 Rayleigh 公式适用的范围之内($r \leqslant 47$ nm),散射光的强度和 r^3 及粒子的浓度 c 成正比。因此,若有两个浓度相同的溶胶,则从式(11.2)可得

$$\frac{I_1}{I_2} = \frac{r_1^3}{r_2^3} \tag{11.3a}$$

如果溶胶粒子大小相同而浓度不同,则从式(11.2)可得

$$\frac{I_1}{I_2} = \frac{c_1}{c_2} \tag{11.3b}$$

因此,当在上述条件下比较两份相同物质所形成的溶胶的散射光强度时,就可以得知其粒子的大小或浓度的相对比值。如果其中一份溶胶的粒子大小或浓度为已知,则可以求出另一份溶胶的粒子大小或浓度。用于进行这类测定的仪器称为乳光计,其原理与比色计相似,所不同者在于乳光计中光源是从侧面照射溶胶,因此观察到的是散射光的强度。

分散系统的光散射能力也常用浊度(turbidity)表示,浊度的定义为

$$\frac{I_t}{I_0} = e^{-\tau l} \tag{11.4}$$

式中:I_t 和 I_0 分别表示透射光和入射光的强度;l 是样品池的长度;τ 就是浊度。它表示在光源、波长、粒子大小相同的情况下,通过不同浓度的分散系统时,其透射光的强度将不同。当 $I_t/I_0 = 1/e$ 时,$\tau = 1/l$。

对于半径大于波长的粒子及大分子化合物在对光的吸收和反射的同时,也会发生散射现象,不过这种散射不遵守 Rayleigh 公式,而要用 Mei(马埃)散射理论或者 Debye 散射理论进行研究,由于这些理论要考虑光的干涉,较为复杂,本书从略。

11.2.2 超显微镜的原理和应用*

高度分散的溶胶从外观上看是完全透明的,一般显微镜也不能看到胶体粒子的存在。这主要是因为一般显微镜是在入射光的反射方向上观察,散射角为 $\alpha = 180°$,这时的散射光受到透射光强烈的干扰,而且又是在光亮的背景上观察,这如同白天看星星,一无所见。根据 Tyndall 效应设计出的超显微镜,可以看到胶体粒子的存在及运动。超显微镜的原理是,在暗室里,将一束强光侧向射入观察系统内,在入射光的垂直方向上用显微镜观察胶体粒子的运动情况,可以观察到胶体粒子因光散射而呈现的闪烁的亮点,好像是黑夜里看星星。根据超显微镜下视野中粒子的运动,可以计算溶胶系统中单位体积粒子的个数,推断胶体粒子的形状。超显微镜在胶体化学的发展史上曾起到很大的作用,在研究胶体分散系统的性质方面,是十分有用的工具。

超显微镜的光路原理图如图 11.3 所示。

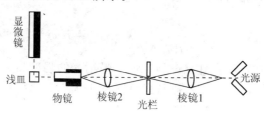

图 11.3　超显微镜光路原理

§11.3 溶胶的动力性质

溶胶的动力性质主要讨论胶体粒子在分散介质中的热运动和在重力场或离心力场作用下的运动。粒子的热运动在微观上表现为布朗运动，而在宏观上表现为扩散和渗透，两者有密切的联系且与粒子的性质有关。重力或离心力作用为粒子在沉降中的推动力。通过对胶体系统动力性质的研究，可以说明胶粒不会因重力作用而聚沉下来的原因，也可以求得胶粒的大小和形状，并科学地证明分子运动论的正确性。

11.3.1 布朗运动

1827 年，植物学家布朗(Brown)将花粉撒在水面上，他用显微镜观察到浮在水中的花粉颗粒作无秩序的曲折运动，后来又发现许多其他物质如煤、化石、金属等的粉末也有这种类似现象。人们把这种现象称为 Brown 运动。布朗运动在理论上的解释，直到 19 世纪末，应用分子运动学说以后才完成。1903 年，齐格蒙第(Zsigmondy)发明了超显微镜，用超显微镜可以观察到胶粒不断地做不规则"之"字形的连续运动，即布朗运动。齐格蒙第观察了一系列的溶胶，得出结论：① 胶粒越小，布朗运动越剧烈；② 布朗运动的剧烈程度随温度的升高而增加。

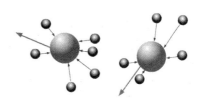

图 11.4 布朗运动　　　　　图 11.5 液体分子对胶体粒子的冲击

1905 年和 1906 年爱因斯坦(Einstein)和斯莫鲁霍夫斯基(Smoluchowski)分别推导了布朗运动扩散方程。其基本假定是认为布朗运动与分子运动完全类似，即溶胶中每个胶粒的平均动能和液体介质分子的一样，都等于 $3/2kT$。利用分子运动论的一些基本概念和公式，并假设胶粒是球形的，从而推导出布朗运动扩散方程为

$$\bar{x} = \sqrt{\frac{RT}{L} \cdot \frac{t}{3\pi\eta r}}$$

式中：$\bar{x}$ 是在观察时间 t 内胶粒沿 x 轴方向的平均位移；r 为胶粒半径；η 为介质黏度；L 为阿伏伽德罗常数。这个公式也称为 Einstein-Brown 公式。此公式对研究胶体分散系统

的动力性质、确定胶粒的大小与扩散系数等都具有重要应用意义。Perrin(珀林)在1908年用实验证实了爱因斯坦公式,Svedberg于1911年在超显微镜下用单分散金溶胶做实验得到 $L=6.09\times10^{23}\,\mathrm{mol}^{-1}$,与阿伏伽德罗常数的测定值非常相似,这为分子运动论提供了有力的实验证据,从此以后,分子运动论成为被普遍接受的理论,这在科学发展史上是具有重大意义的贡献。

布朗运动是胶体系统动力学稳定性的一个原因。由于布朗运动的存在,胶粒从周围介质分子不断获得动能,从而抗衡重力作用而不发生聚沉。另一方面,布朗运动同时有可能使胶粒因相互碰撞而聚集,颗粒由小变大而沉淀。

布朗运动能使胶粒扩散而不至于沉降于底部,但布朗运动又容易使胶粒相互碰撞聚结而变大。胶粒的变大必然导致胶体的不稳定性增强,故布朗运动对胶体的稳定性起着双重作用。

11.3.2 扩散作用

布朗运动会引起溶胶的扩散现象,即与稀溶液一样,在有浓度差的情况下,胶粒会由高浓度区向低浓度区扩散。但由于胶粒远比分子大,其扩散也慢得多,所以,不能制成高浓度的溶胶,其扩散与渗透也表现得不那么显著。

溶胶的扩散量遵循菲克第一定律和第二定律,爱因斯坦曾导出关于扩散作用的公式为

$$D=\frac{\overline{x^2}}{2t}=\frac{RT}{L}\frac{1}{6\pi\eta r}$$

此式也称为 Einstein-Brown 位移公式。式中 D 为扩散系数,可以从布朗运动试验值求得;r 是胶粒半径。若已知胶粒密度,可求得胶粒的摩尔质量为

$$M=\frac{4}{3}\pi r^3\rho L$$

11.3.3 沉降和沉降平衡

若分散相的密度大于分散介质的密度,则分散相粒子受重力作用而下沉,这一过程称为沉降。沉降的结果将使底部胶粒浓度大于上部,即造成上、下浓度差,而扩散将促使浓度趋于均匀。可见,沉降作用与扩散作用效果相反。当这两种效果相反的作用相等时,胶粒随高度的分布形成一稳定的浓度梯度,达到平衡态,即容器底部胶粒浓度较大,随着高度的增加,胶粒浓度逐渐减小,且不同高度处胶粒浓度恒定,不随时间改变。这种状态称为沉降平衡。

胶粒越大、分散相与分散介质的密度差别越大,温度越低,达到沉降平衡时胶粒团浓度梯度也越大。例如,胶粒直径为 8.35 nm 的金溶胶,高度每增加 0.025 nm,胶粒浓度减小一

半；而胶粒直径为 1.86 nm 的高分散的金溶胶，高度每增加 2.15 nm，胶粒浓度才减小一半。

对于高分散的胶体，由于胶粒的沉降与扩散速率都很慢，要达到沉降平衡往往需要很长时间。在通常条件下，温度波动引起的对流和由于机械振动而引起的混合等，都妨碍了沉降平衡的建立。因此，很难看到高分散的胶体的沉降平衡。

胶粒在重力场中随高度分布的关系可以从玻兹曼能量分布定律简单地导出。设胶粒的半径为 r，在高度 h_1 和 h_2 处的胶粒浓度分别为 n_1 和 n_2（个数/体积），则根据玻兹曼公式，可得

$$\frac{n_2}{n_1} = \exp\left(-\frac{\varepsilon_2 - \varepsilon_1}{k_B T}\right)$$

式中：ε_1 和 ε_2 分别为胶粒在 h_1 和 h_2 处的能量，显然与重力有关。胶粒在分散介质中的沉降力应该等于其本身所受的重力与所受浮力之差，即

$$F = \frac{4}{3}\pi r^3(\rho - \rho_0)g$$

式中：g 为重力加速度；ρ、ρ_0 为胶粒与介质的密度。胶粒在 h_i 处的势能 $\varepsilon_i = gh_i$，故有

$$\frac{n_2}{n_1} = \exp\left[-\frac{4}{3}\pi r^3(\rho - \rho_0)g(h_2 - h_1)/(k_B T)\right]$$

此即为胶粒的高度分布公式，这个公式与气体随高度分布公式完全相同。这也表明气体分子的热运动与胶体粒子的 Brown 运动本质是相同的。由式可知，胶粒的质量越大，则其平衡浓度随高度的降低程度越大。表 11.3 列出了一些分散系统中胶粒半浓度高（胶粒浓度降低二分之一时所需高度）的数据。可以看出，胶粒半径越大，半浓度高越小。但藤黄溶胶的半浓度高反而比半径小的粗分散金溶胶的大许多，这是由其相对密度比金溶胶小得多而引起的。

表 11.3 不同分散系的半浓度高

分散系统	胶粒直径 d/nm	胶粒半浓度高
氧气	0.27	5 000
高度分散的金溶液	1.86	2.15
金溶液	8.36	2.5×10^{-2}
粗分散金溶液	1.86	2×10^{-7}
藤黄悬浮体	230	3×10^{-5}

应该指出，胶粒的高度分布公式所表示的是已达平衡时的分布情况，这对于胶粒不太小的系统，能够较快地达到平衡，一些溶胶甚至可以维持几年仍然不会沉降。

如果沉降现象是明显的，还可以通过测定沉降速率来进行沉降分析，估算胶粒的大小。即在重力场较大而忽略布朗运动的情况下，胶粒在沉降过程中，受到摩擦力的阻碍，当重力

与摩擦力相等时,沉降为等速运动。根据 Stokes(斯托克斯)定律:胶粒所受摩擦力与其运动速率 $\mathrm{d}x/\mathrm{d}t$ 成正比,即

$$F = 6\pi\eta r \frac{\mathrm{d}x}{\mathrm{d}t}$$

可得

$$r = \sqrt{\frac{9\eta \mathrm{d}x/\mathrm{d}t}{2(\rho-\rho_0)g}}$$

由上式可知,若已知密度和黏度 η,测定胶粒的沉降速率,便可计算出胶粒的半径;反之,若已知胶粒的大小,则可通过测定沉降速率而求出溶液的黏度。落球式黏度计就是根据这个原理设计而成的。

胶体分散系统由于分散相的胶粒很小,且重力场中沉降速率极为缓慢以致实际上无法测定其沉降速率,此时可以利用超离心机(其离心力可达重力的百万倍)测定溶胶团的摩尔质量。计算公式为

$$M = \frac{2RT\ln(c_1/c_2)}{(1-\rho_0/\rho)\bar{\omega}^2(x_2^2-x_1^2)}$$

式中:c_1 和 c_2 分别为从旋转轴到溶胶平面距离为 x_1 和 x_2 处的胶粒浓度;ω 为超离心机旋转的角速度。

§11.4 溶胶的电学性质

11.4.1 电动现象

由于胶粒是带电的,实验发现,在外电场作用下,固、液两相可发生相对运动;另一方面,在外力作用下,迫使固、液两相进行相对移动时,又可产生电势差。这两类相反的过程,皆与电势差的大小及两相的相对移动有关,故称为电动现象,这是溶胶的电学性质。

电泳、电渗、流动电势和沉降电势均属于电动现象。

溶胶电动现象的存在,说明溶胶粒子表面带有电荷,溶胶带电是溶胶能够稳定存在相当长时间的一个重要原因。

一般来说,在溶胶的固-液界面处,固体表面上与其附近的液体内通常会分别带有电性相反、电荷量相同的两层离子,从而形成双电层。在固体表面的带点离子称为定位离子,在固体表面附着的液体中,存在与定位离子电荷相反的离子,称为反离子。固体表面上产生定位离子的原因,可归纳为如下几个方面原因。

1. 吸附

固体表面可以从溶液中有选择性地吸附某种离子而带电。例如，当用 $AgNO_3$ 与 KI 作用制备 AgI 溶胶时，如 $AgNO_3$ 过量，则所得胶粒表面由于吸附了过量的 Ag^+ 而带正电荷。若 KI 过量，则胶粒由于吸附过量的 I^- 而带负电荷。实验表明，凡是与溶胶粒子中某一种组成相同的离子则被优先吸附。在没有与溶胶粒子组成相同的离子存在时，则胶粒一般优先吸附水化能力较弱的阴离子，而使水化能力较强的阳离子留在溶液中，所以通常带负电荷的胶粒居多。

2. 电离

固体表面上的某些分子、原子，在溶液中发生电离，也可以导致固体表面带点。例如蛋白质中的氨基酸分子，在 pH 低时，氨基形成 $—NH_3^+$ 而带正电；在 pH 高时羧基形成 $—COO^-$ 而带负电。当蛋白质分子所带的净电荷为零时，这时介质的 pH 称为蛋白质的等电点。

3. 同晶置换

黏土矿物中，如高岭土，主要由铝氧四面体和硅氧四面体组成，而 Al^{3+} 与周围 4 个氧的电荷不平衡，要由 H^+ 或 Na^+ 等正电荷来平衡电荷。这些正离子在介质中会电离并扩散，所以使黏土微粒带负电。如果 Al^{3+} 被 Mg^{2+} 或 Ca^{2+} 同晶置换，则黏土微粒带的负电更多。

4. 溶解量的不均衡

离子型固体物质如 AgI，在水中会有微量的溶解，所以水中会有少量的 Ag^+ 和 I^-。由于一般正离子半径较小，负离子半径较大，所以，半径较小的 Ag^+ 扩散比 I^- 快，因而易于脱离固体表面而进入溶液，所以 AgI 微粒带负电。

11.4.2 电泳

带电胶粒或大分子在外加电场的作用下向带相反电荷的电极作定向移动的现象称为电泳。

图 11.6 是一种测定电泳速度的实验装置。以 $Fe(OH)_3$ 溶胶为例，实验时先在 U 形管中装入适量的 NaCl 溶液（或 $Fe(OH)_3$ 溶胶的超离心滤液），再通过支管从 NaCl 溶液的下面缓慢地压入棕红色的 $Fe(OH)_3$ 溶胶，使其与 NaCl 溶液之间有清晰的界面存在，通入直流电后可以观察到电泳管中阳极一端界面下降，阴极一端界面上升，$Fe(OH)_3$ 溶胶向阴极方向移动，这说明 $Fe(OH)_3$ 溶胶粒子带正电。

图 11.6 电泳装置

在电泳实验中，如被测系统是有色溶胶，可直接观察到界面的移动。若试样是无色溶胶，则可在仪器的侧面用光照射，通过所产生的 Tyndall 现象，以判定胶粒的移动方向和速度。实验证明 $Fe(OH)_3$、$Al(OH)_3$ 等碱性溶胶带正电，而金、银、铝、As_2S_3、硅酸等溶胶以及淀粉颗粒、微生物等带负电。

电泳现象说明胶粒是带电的。实验还证明，若在溶胶中加入电解质，则对电泳会有显著影响。随着外加电解质的加入，电泳速度常会降低甚至变成零，外加电解质还能够改变胶粒带电的符号。

电泳的应用相当广泛，在生物化学中常用电泳法分离和区别各种氨基酸和蛋白质。在医学中利用血清在纸上的电泳，在纸上可以得到不同蛋白质前进的次序，反映了其运动速度，以及从谱带的宽度反映其中不同蛋白质含量的差别，其结果类似于色谱分析法，医生可以利用这种图谱作为诊断的依据。最初的纸上电泳非常简单，在一条滤纸上先用缓冲溶液润湿，然后滴一滴待测的样品（如血清等），将滤纸水平放置，并将纸的两端各浸在含有缓冲溶液和电极的容器中，如图 11.7 所示。通电后，不同组分开始作定向移动，由于不同溶胶所带电荷不同，运动速度不同，所以通电一定时间后，各组分将呈谱带的形式而分开。然后，将滤纸干燥后再浸入染料溶液中着色，由于不同组分的选择吸附不同，因而显出不同的颜色，如图 11.8 显示了健康人和肝硬变患者的血清蛋白的电泳图。最初使用的纸上电泳，对人体血清只能区分出 5 种蛋白质。图 11.9 是人体血清和血浆的电泳图，图中主要有白蛋白 A、球蛋白（α_1，α_2，β，γ）和纤维蛋白原（φ）等，α_1，α_2，β，γ 是不同的球蛋白。

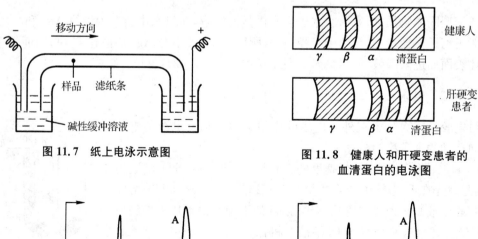

图 11.7　纸上电泳示意图　　　图 11.8　健康人和肝硬变患者的血清蛋白的电泳图

(a) 血清　　　(b) 血浆

图 11.9　人体血清和血浆的电泳图

11.4.3 电渗

在外加电场作用下,带电的介质通过多孔膜或半径为 1~10 nm 的毛细管作定向移动,这种现象称为电渗。在电渗中固相不动而液相移动。用图 11.10 中的仪器可以观察到电渗现象。图中 3 为多孔膜,可以用滤纸、玻璃或棉花等构成;也可以用氧化铝、碳酸钡、AgI 等物质构成。在 U 型管 1,2 中盛电解质溶液,将电极 5,6 接通直流电后,可从有刻度的毛细管 4 中,准确地读出液面的变化。如果多孔膜吸附阴离子,则介质带正电,通电时向阴极移动;反之,多孔膜吸附阳离子,带负电的介质向阳极移动。

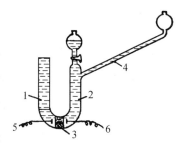

1,2-盛液管;3-多孔膜;
4-毛细管;5,6-电极
图 11.10 电渗管

和电泳一样,外加电解质对电渗速度的影响很显著,随电解质浓度的增加,电渗速度降低,甚至会改变液体流动的方向。

液体运动的原因是在多孔性固体和液体的界面上有双电层存在。在外电场的作用下,与表面结合不牢固的扩散层离子向带反号电荷的电极方向移动,而与表面结合的较紧的 Stern 层则是不动的,扩散层中的离子移动时带动分散介质一起运动。

电渗方法有许多实际应用,如溶胶净化、海水淡化、泥炭和染料的干燥等。

11.4.4 沉降电势和流动电势

在重力场或离心场的作用下,分散相粒子在分散介质中迅速沉降,则在液体介质的表面层与其内层之间会产生电势差,称为沉降电势。显然,它是与电泳现象相反的过程,是因胶粒移动而产生的电。贮油罐中的油内常有水滴,水滴的沉降常形成很高的沉降电势,甚至达到危险的程度。通常解决的办法是加入有机电解质,以增加介质的电导,降低沉降电势。

含有离子的液体在加压或重力等外力的作用下,流经多孔膜或毛细管时会产生电势差,这种因流动而产生的电势称为流动电势。它是电渗作用的伴随现象。

如图 11.11 所示,因为毛细管管壁会吸附某种离子,使固体表面带电,电荷从固体到液体有一个分布梯度。当外力迫使扩散层移动时,流动层与固体表面之间会产生电势差,当流速很快时,有时会产生电火花。

在用泵输送原油或易燃化工原料时,要使管道接地或加入油溶性电解质,增加介质电导,防止流动电势可能引发事故。

在四种电动现象中,以电泳和电渗最为重要。通过电动现象的研究,可以进一步了解胶体粒子的结构以及外加电解质对溶胶稳定性的影响。电泳还有许多实际的应用。

流动电势和沉降电势相对研究得较少,尤其是沉降电势,其研究方法较为复杂,非一般常规实验所能胜任。

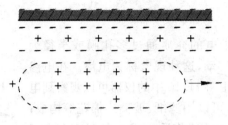

图 11.11 电渗作用示意图

11.4.5 双电层理论及 ξ 电势

当固体与液体接触时,可以是固体从溶液中选择性吸附某种离子,也可以是固体分子本身发生电离作用而使离子进入溶液,以致使固液两相分别带有不同符号的电荷,在界面上形成了双电层的结构。

对于双电层的具体结构,一百多年来不同学者提出了不同的看法。最早于 1879 年亥姆霍兹(Helmholtz)提出平板型模型;1910 年古埃(Gouy)和 1913 年查普曼(Chapman)修正了平板型模型,提出了扩散双电层模型;后来 Stern 又提出了 Stern 模型。

1. 平板型模型

Helmholtz 认为固体的表面电荷与溶液中带相反电荷的离子(即反离子)构成平行的两层,如同一个平板电容器,如图 11.12 所示。整个双电层厚度为 δ,固体表面与液体内部的总的电位差即等于热力学电势 φ_0,在双电层内,热力学电势呈直线下降。在电场作用下,带电质点和溶液中的反离子分别向相反方向运动。这种模型虽然对电动现象给予了说明,但是过于简单,忽略了离子的热运动。离子在溶液中的分布,不仅决定于固体表面上定位离子的静电吸引,同时也决定于力图使离子均匀分布的热运动,这两种相反的作用力,使离子在固液界面附近建立了一定的分布平衡,因而它不可能形成完整的平板式的电容器。

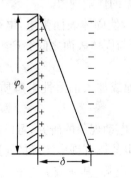

图 11.12 Helmholtz 平板双电层模型

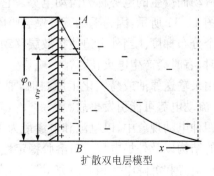

扩散双电层模型

图 11.13 Gouy 扩散双电层模型

2. 扩散双电层模型

Gouy 和 Chapman 修正了上述模型,提出了扩散双电层模型,如图 11.13 所示。他们认为,由于正、负离子静电吸引和热运动两种效应的结果,溶液中的反离子只有一部分紧密地排在固体表面附近,相距约 1~2 个离子厚度称为紧密层;另一部分离子按一定的浓度梯度扩散到本体溶液中,离子的分布可用玻兹曼公式表示,称为扩散层。双电层由紧密层和扩散层构成。当在电场作用下,固液之间发生电动现象时,移动的切动面为 AB 面。相对运动边界处与溶液本体之间的电势差则称为电动电势,或称为 ξ 电势。显然,表面电势 φ_0 与 ξ 电势是不同的。随着电解质浓度的增加,或电解质价型增加,双电层厚度减小,ξ 电势也减小。

Gouy 和 Chapman 的模型虽然克服了 Helmholtz 模型的缺陷,但也有许多不能解释的实验事实。例如,他们虽然提出了扩散层的概念,提出了表面电势 φ_0 与 ξ 电势的不同,但对于 ξ 电势并没有赋予明确的物理意义。根据 Gouy 和 Chapman 的模型,ξ 电势随着离子浓度的增加而减少,但永远与表面电势同号,其极限值为零。但是实验时发现,有时 ξ 电势会随离子浓度的增加而增加。甚至有时可以与 φ_0 反号等,Gouy-Chapman 模型对此无法解释。

3. Stern 模型

斯特恩(Stern)作了进一步的修正,得到 Stern 模型,如图 11.14 所示。他认为:吸附在固体表面的紧密层约有 1~2 个分子层的厚度,后被称为 Stern 层。这种吸附称为特性吸附,它相当于 Langmuir 的单分子吸附层。吸附在表面上的这层离子称为特性离子。在紧密层中,反离子的电性中心构成了所谓的 Stern 平面。在 Stern 层内电势的变化情形与 Helmholtz 的平板模型一样。从固体表面到 Stern 平面,电位从 φ_0 直线下降为 φ_δ。由于离子的溶剂化作用,紧密层会结合一定数量的溶剂分子,在电场作用下,它和固体质点作为一个整体一起移动,所以滑移的切动面由比 Stern 层略右的曲线表示。ξ 电势也相应略低于 φ_δ (如果离子浓度不太高,则可认为两者是相等的,一般不会引起很大的误差)。

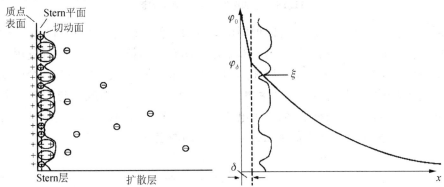

图 11.14 双电层的 Stern 模型

当某些高价反离子或大的反离子由于具有较高的吸附能而大量进入紧密层时,则可能使 φ_δ 反号。若同号大离子因强烈的 ver der Waals 引力可能克服静电排斥而进入紧密层时,可使 φ_δ 电势高于 φ_0。

综上所述,可见任何物理模型总是在不断修正的过程中得以逐步完善。Stern 模型显然能解释更多的事实。但是由于定量计算的困难,所以通常其理论处理仍然可以采用 Gouy-Chapman 的方法,只是将 φ_0 换为 φ_δ 而已。

ξ 电势与热力学电势 φ_0 不同,φ_0 的数值主要取决于总体上溶液中与固体成平衡的离子浓度。而 ξ 电势则随着溶剂化层中离子的浓度而改变,少量外加电解质对 ξ 电势的数值会有显著的影响。随着电解质浓度的增加,ξ 电势的数值降低,甚至可以改变符号。图 11.15 表示了外加电解质对 ξ 电势的影响。图中 δ 为固体表面所束缚的溶剂化层的厚度,d 为没有外加电解质时扩散双电层的厚度,其大小与电解质的浓度、价数及温度均有关系。随着外加电解质浓度的增加,有更多与固体表面离子符号相反的离子进入溶剂化层,同时双电层的厚度变薄(从 d 变到 d',…),ξ 电势下降(从 ξ 变成 ξ',…)。当双电层被压缩到与溶剂化层叠合时,ξ 电势可降低到以零为极限。如果外加电解质中异电性离子的价数很高,或者其吸附能力特别强,则在溶剂化层内可能吸附了过多的异电性离子,这样就使 ξ 电势改变符号。

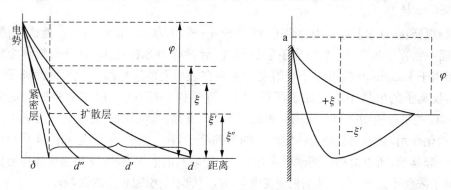

图 11.15　外加电解质对 ξ 电势的影响

利用双电层和 ξ 电势的概念,可以说明电动现象。例如前述中图 11.11 所示对电渗作用的解释。在对电泳现象的解释中,可将双电层结构在胶体粒子表面上进行应用。溶胶中独立运动单位是胶粒,它实际上就是固相连同其溶剂化层所构成的,胶粒与其余的处于扩散层中的导电性离子之间的电位降即为 ξ 电势。因此在外电场之下,胶粒与扩散层中的其余异电性离子彼此向相反方向移动,而发生电泳作用。在电泳时,胶粒移动的速度 u 与热力学电势 φ 无直接关系,而与 ξ 电势直接相关。它们之间的定量关系式为

$$\xi = \frac{\eta \cdot u}{\varepsilon_0 D_r E}$$

式中:u 为电泳速率($m \cdot s^{-1}$);ξ 为 ξ 电势(V);D_r 为介质相对于真空的介电常数(水:

$D_r=80$);ε_0 为真空的介电常数($8.85\times10^{-12}\mathrm{F\cdot m^{-1}}$);$\eta$ 为介质的黏度($\mathrm{Pa\cdot s}$);E 为电势梯度($\mathrm{V\cdot m^{-1}}$)。

Stern 模型虽能解释一些事实,但在理论处理上遇到了一些困难,于是又有人对 Stern 模型中所提出的 Stern 层的结构作了更为详尽的描述,有代表性的理论是由 Bockers、Devana 和 Muller 提出的被称为 BDM 理论。主要是对 Stern 模型的紧密层作了补充。具体的内容,有兴趣的同学可以参考有关参考书。但是,不管怎样,到目前为止,各种关于双电层的理论尚未到达尽善尽美的程度,仍需要不断地补充和充实。

§11.5 溶胶的流变性质

流变性质是指物质(液体或固体)在外力作用下流动与变形的性质。研究流变性质的科学称为流变学。胶体分散系统的流变性质不仅是单个粒子性质的反映,也是粒子与粒子之间以及粒子与溶剂之间相互作用的结果,因此,研究溶胶的流变性质首先要明确胶体系统各种力学性质的概念。

黏度是液体流动时所表现出来的内摩擦。假设在两平行板间盛以某种液体,一块是静止的,另一块板以速度 v 向 x 方向做匀速运动。如果将液体沿 y 方向分成许多薄层,则各液层向 x 方向的流速随 y 值的不同而变化。如图 11.16 所示。用长短不等带箭头且相互平行的线段表示各层液体的速度。流体的这种形变称为切变。流体流动时有速度梯度 $\mathrm{d}v/\mathrm{d}y$(也称为切速率)存在,运动较慢的液层阻滞较快层的运动,因此产生流动阻力。为了维持稳定的流动,保持速度梯度不变,则要对上面的平板施加恒定的力 F,此力称为切力。若平板的面积是 A,则切力 F 和 $\mathrm{d}v/\mathrm{d}y$ 应服从如下公式:

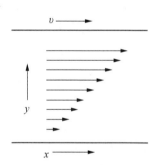

图 11.16 两平行板间的黏性流动

$$\frac{F}{A}=\eta\frac{\mathrm{d}v}{\mathrm{d}y}$$

此式称为牛顿黏度公式,η 为该液体的黏度,它反映液体流动时所受到的黏性阻力,单位为 $\mathrm{Pa\cdot s}$。服从牛顿黏度公式的流体称为牛顿液体,其特点是 η 只与温度有关。温度升高,η 下降,对于给定的液体,在定温下有定值。溶胶仅在分散相浓度很稀时,才符合牛顿黏度公式。

如果某一流体的黏度随外加切力的增加而变化,称这种流体为非牛顿流体。有些系统的黏度随切力的增加而变大,这种现象称为切变稠化;有些系统的黏度随切力的增加而变小,称为切变稀化。在流变学中以切力对切速率作图,得到的曲线称为流变曲线。不同系统有不同的流变曲线。如图 11.17 所示,a 为牛顿型,b 为塑性型,c 为假塑性型,d 为胀性型系统。曲线上任何一点的黏度是这一点上的切力与切速率的比值,这种黏度称为视黏度。

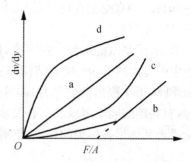

图 11.17 流变曲线的基本类型

塑性系统和假塑性系统具有切稀作用,随切力的增加,黏度降低。原因是这种系统中分散相粒子以聚集态存在,形成结构,当切力超过一定值后,结构破坏,自由移动的粒子增加,因此黏度下降而具有切稀作用。属于假塑性系统的有高分子溶液、淀粉溶液、乳状液等。塑性系统的切力必须超过某一数值后才会发生切稀作用,能使系统开始流动的那一点切力称为"屈服值"。属于塑性系统的有油漆、牙膏、泥浆等。胀性系统具有切稠作用,其原因是静止时系统中的质点是分散的,流动时质点相碰而形成结构,因而黏度增加。例如揉面,刚揉时面团很软,但越揉越硬。若将已经揉硬了的面团静置一段时间,再揉就没有以前结实了,但是再揉几下又硬了。许多颜料在水中或有机溶剂中都有这种现象。

黏度是血液学中一项重要指标,若血液黏度异常,导致微循环障碍,会引起血栓病。

§11.6 溶胶的制备与净化

11.6.1 溶胶的制备

要形成溶胶必须使分散相粒子的大小落在胶体分散系统的范围之间,同时,系统中应有适当的稳定剂存在才能使其有足够的稳定性。因此,制备溶胶的方法大致可分为两类:一是分散法,即直接将大块物质粉碎为小颗粒,并使之分散于介质中;二是凝聚法,即将分子或离子凝聚成胶体颗粒。

1. 分散法

(1) 机械研磨法

研磨法是用机械粉碎的方法将固体磨细。这种方法适用于脆而易碎的物质,对于柔韧性的物质必须先硬化后再粉碎。例如,将废轮胎粉碎,先用液氮处理,硬化后再研磨。常用的设备有球磨机和胶体磨。胶体磨有两片靠得很近的由坚硬耐磨的合金或金刚砂制成的磨盘,当上下磨盘以约 5 000~10 000 r/min 的转速反向转动时,粗粒子就被磨细,由于颗粒磨得越细越容易聚集,常加入丹宁或明胶等物质作稳定剂。胶体磨已被广泛应用于工业生产,它可以用来研磨颜料、药物、干血浆和大豆等。例如,铂重整催化剂载体 Al_2O_3 在成球前必须将它的滤饼磨成胶浆。

(2) 胶溶法

又称解胶法,它是将新生成的并经过洗涤的沉淀,加入少量适当的电解质(稳定剂),经过搅拌,沉淀再重新分散成溶胶。所加稳定剂又称胶溶剂。根据胶核所能吸附的离子而选用合适的电解质作胶溶剂。例如,将新生成的 $Fe(OH)_3$ 沉淀,加入少量的 $FeCl_3$ 溶液,经搅拌后,就制得红棕色的氢氧化铁溶胶。

(3) 超声分散法

该法是用超声波(频率大于 16 000 Hz)所产生的能量来进行分散。一般使用超声波发生器,将近 100 000 r/min 左右的高频电流通过两个电极,此时,两极间的石英片发生相同频率的机械振动,由此产生的高频机械波传递给被分散系统,对被分散物质产生很大的撕碎力,从而使分散相均匀分散。

(4) 电分散法

主要用于制备金属溶胶。将欲分散的金属作为电极,浸入水中,通入直流电,调节两电极间的距离,使其产生电弧。在电弧作用下,电极表面上的金属原子蒸发,但立即被水冷却而凝聚成胶体粒子,在制备时,如果先加入少量的碱作为稳定剂,可得到稳定的水溶胶。此法实际上包括了分散和凝聚两个过程。

(5) 气相沉积法

在惰性气氛中,用电加热、高频感应、电子束或激光等热源,将要制备成纳米级粒子的材料汽化,处于气态的分子或原子,按照一定规律共聚或发生化学反应,形成纳米级粒子,再将它用稳定剂保护(此法是先分散,在聚合,故也可归为凝聚法)。

2. 凝聚法

这个方法的一般特点是先制成难溶物的分子(或离子)的过饱和溶液,再使之相互结合成胶体粒子而得到溶胶。通常分为以下两种方法:

(1) 物理凝聚法

利用适当的物理过程(如蒸气骤冷)可以使某些物质凝聚成胶体粒子的大小。根据所用物理方法的不同,可以分为以下两种方法:

① 更换溶剂法。如将硫黄的酒精溶液倒入水中,由于硫黄在水中的溶解度很低,以胶粒大小析出,形成硫黄的水溶胶。这种方法是利用一种物质在不同溶剂中的溶解度悬殊的特性来制备溶胶。

② 蒸气骤冷法。将汞的蒸气通入冷水中就可以得到汞的水溶胶,此时高温下的汞蒸气与水接触时生成的少量氧化物起稳定剂的作用。

罗金斯基等人利用图 11.18 所示装置,制备碱金属的苯溶胶。以制备钠的苯溶胶为例,先在 4 和 2 中分别放入金属钠和苯,将整个容器放在液态空气中,将系统抽真空后取出,在 5 中放液态空气。然后适当加热管 2 和管 4,使钠和苯的蒸气同时在管 5 外壁凝聚。再除去管 5 中的液态空气,温度升高后,凝聚在外壁的混合蒸气融化,在管 3 中获得钠的苯溶胶。此处作为稳定剂的组分可能是金属的离子或其氧化物。

(2) 化学凝聚法

利用各种化学反应生成不溶性产物,在不溶性产物从溶液中析出时,使之停留在胶粒大小阶段。因为胶体粒子的成长决定于两个因素:晶核生成速度和晶体生长速度。那些有利于晶核大量生成而减慢晶体生长速度的因素,都有利于溶胶的形成,

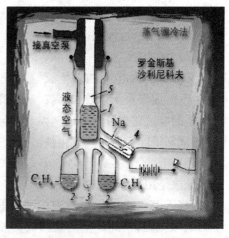

2-苯;4-金属钠;5-液氮

图 11.18　罗金斯基所用仪器示意图

如较大的过饱和度、较低的温度等。可以利用的化学反应有复分解、水解和氧化还原等反应。例如:

① 复分解反应制硫化砷溶胶

$$2H_3AsO_3(稀) + 3H_2S \longrightarrow As_2S_3(溶胶) + 6H_2O$$

② 水解反应制氢氧化铁溶胶

$$FeCl_3(稀) + 3H_2O(热) \longrightarrow Fe(OH)_3(溶胶) + 3HCl$$

③ 氧化还原反应制备硫溶胶

$$2H_2S(稀) + SO_2(g) \longrightarrow 2H_2O + 3S(溶胶)$$

$$Na_2S_2O_3 + 2HCl \longrightarrow 2NaCl + H_2O + SO_2 + S(溶胶)$$

11.6.2　溶胶的净化

在制备溶胶的过程中,常生成一些多余的电解质,如制备 $Fe(OH)_3$ 溶胶时生成的 HCl。少量电解质可以作为溶胶的稳定剂,但是过多的电解质存在会使溶胶不稳定,容易聚沉,所以必须除去,称为溶胶的净化。目前净化溶胶的方法都利用了溶胶粒子不能透过半透膜而一般低分子杂质及电解质能透过半透膜的性质。

1. 渗析法

最经典的方法是格雷姆(Grahane)提出的"渗析法",方法是将待净化的溶胶与溶剂用半透膜隔开,利用浓差因素,溶胶一侧的杂质就穿过半透膜进入溶剂一侧,不断地更换新鲜溶剂,即可达到净化目的。常用的半透膜有牛膀胱等动物膜、羊皮纸及低氮硝化纤维薄膜等

等。如图 11.19 所示,此渗析法虽然简单,但是费时太长,往往需要数十小时或数十天,如将装有溶胶的半透膜容器不断旋转,可以加快渗析速度。目前医院为治疗肾衰竭患者的血液透析仪就是使血液在体外经过循环渗析除去血液中的代谢废物,然后,再输入人体内。

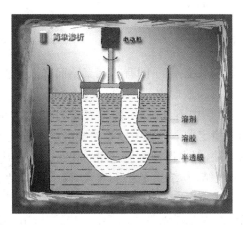

图 11.19　溶胶渗析装置示意图

另外,工业上为了提高渗析速度,可以增加半透膜的面积或使膜两边的液体有很高的浓度梯度,或者在高温下渗析(但是,高温会破坏溶胶的稳定性,因此升高的温度应有一定的限制)。若为了加快渗析速度,在装有溶胶的半透膜两侧外加一个电场,使多余的电解质离子向相应的电极作定向移动。溶剂水不断自动更换,这样可以提高净化速度。这种方法称为电渗析法。

应该注意,采用渗析法净化溶胶时不宜持续过久,否则电解质除去过多,反而影响溶胶的稳定性。

2. 超过滤法

用孔径细小的半透膜(约 10~300 nm)在加压吸滤的情况下,使胶粒与介质分开,这种方法称为超过滤法,可溶性杂质能透过滤板而被除去。有时可将第一次超过滤得到的胶粒再加到纯的分散介质中,再加压过滤。如此反复进行,也可以达到净化的目的。最后所得的胶粒,应立即分散在新的分散介质中,以免聚结成块。如果超过滤时在半透膜的两边安放电极,加上一定的电压,则称为电超过滤法。即电渗析和超过滤两种方法合并使用,这样可以降低超过滤的压力,而且可以较快地除去溶胶中的多余电解质。图 11.20 是一种电超过滤的示意图。

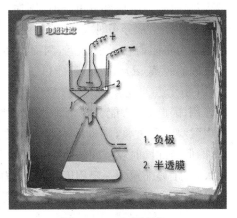

图 11.20　电超过滤

§11.7 溶胶的稳定性和聚沉

11.7.1 溶胶的稳定性

溶胶是热力学上的不稳定系统,粒子间有相互聚结而降低其表面能的趋势,即具有易于聚沉的不稳定性,因此,在制备溶胶时必须有稳定剂存在。另一方面,由于溶胶的粒子小,Brown 运动剧烈,因此在重力场中不易沉降,即具有动力稳定性。稳定的溶胶必须同时兼具不易聚沉的稳定性和动力稳定性。但其中以不易聚沉的稳定性更为重要,因为 Brown 运动固然使溶胶具有动力稳定性,但也促使粒子之间的相互碰撞,如果粒子一旦失去抗聚沉的稳定性,则互碰后就会引起聚结,其结果是粒子增大,Brown 运动速度降低,最终也会成为动力不稳定的系统。粒子聚集由小变大的过程称为聚集过程,由胶体粒子聚集而成的大粒子称为聚集体。如聚集的最终结果导致粒子从溶液中沉淀析出,则称为聚沉过程。为了加速聚沉,可以外加其他物质作为聚沉剂,如电解质等。此外,某些物理因素也有可能促使溶胶聚沉,如光、电和热等效应。

为了讨论溶胶的稳定性,必须考虑促使其相互聚沉的粒子间相互吸引的能量(V_a)和阻碍其聚沉的相互排斥的能量(V_r)两方面的总效应。溶胶粒子间的吸引力在本质上和分子间的 van der Waals 引力相同,但是此处是由许多分子组成的粒子之间的相互吸引,其吸引力是各个分子所贡献的总和。可以证明,这种作用力不是与分子间距离的六次方成反比,而是与距离的三次方成反比,因此这是一种远程作用力。溶胶粒子间的排斥力起源于胶粒表面的双电层结构。当粒子间距离较大,其双电层未重叠时,排斥力不发生作用。而当粒子靠得很近,以致双电层部分重叠时,则在重叠部分中,离子的浓度比正常分布时大,这些过剩的离子所具有的渗透压力将阻碍粒子的靠近,因而产生排斥作用,粒子之间的距离(d)和总作用能(V_a+V_r)的关系如图11.21 所示。当距离较大时,双电层未重叠,吸引力起作用,因此,总势能为负值。当粒子靠近到一定距离以致双电层重叠,则排斥力起主要作用,势能显著增加,但与此同时粒子间的吸引力也随距离的缩短而增大,当距离缩短到一定程度后,吸引力又占优势,势

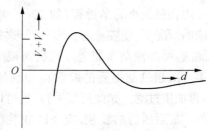

图 11.21 离子间作用能与其距离的关系曲线

能又随之下降。从图中可以看出粒子要相互聚集到一起,必须克服一定的势垒,这是稳定的溶胶中粒子不相互聚沉的原因。在这种情况下,尽管 Brown 运动使粒子相碰,但当粒子靠近到双电层重叠时,随即发生排斥作用又使其分开,就不会引起聚沉。但是,如果由于某些

原因使得吸引的效应足以抵消排斥效应，则溶胶就将表现出不稳定状态。在这种情况下，碰撞将导致粒子的结合，先是系统的分散度降低，最后，所有的分散相都变成沉淀析出。这种过程称为聚沉作用。

一般外界因素如分散系统中的电解质的浓度等，对 van der Waals 引力影响较小，但是能强烈影响胶粒之间的排斥能量 V_r。

研究溶胶的稳定性问题的另一个要考虑的因素是溶剂化层的影响。因为胶粒表面因吸引某种离子而带电，并且此种离子及反离子都是溶剂化的，这样，在胶粒周围就好像形成了一个溶剂化膜（水化膜）。许多实验表明水化膜中的水分子是比较定向排列的，当胶粒彼此接近时，水化膜就被挤压变形，而引起定向排列的引力，力图恢复水化膜中水分子原来的定向排列，这样就使水化膜表现出弹性，成为胶粒彼此接近时的机械阻力。另外，水化膜中的水较之系统中的"自由水"还有较高的黏度，这也成为胶粒相互接近时的机械障碍。总之，胶粒外的这部分水化膜客观上起了排斥作用，所以也常称为"水化膜斥力"。胶粒外水化膜的厚度应该与扩散双电层的厚度相当，估计约为 $1\sim10$ nm。水化膜的厚度受系统中电解质浓度的影响，当电解质浓度增大时，扩散双电层的厚度减小，故水化膜变薄。

11.7.2 影响聚沉的一些因素

影响溶胶稳定性的因素是多方面的，例如电解质的作用、胶体系统的相互作用、溶胶的浓度和温度等。其中，溶胶浓度和温度的增加均将使粒子的互碰更为频繁，因而降低其稳定性。在这些影响因素中，以电解质的作用研究得最多。

1. 电解质对于溶胶聚沉作用的影响

电解质对溶胶稳定性的影响具有两重性。当电解质浓度较小时，有助于胶粒带电形成 ξ 电势，使粒子之间因同性电荷的斥力而不易聚沉，因此电解质对溶胶起稳定作用。但是，当电解质浓度足够大时，使扩散层变薄，ξ 电势下降，因此能引起溶胶聚沉。所以，外加电解质需要达到一定浓度方能使溶胶发生明显聚沉。使溶胶发生明显聚沉所需电解质的最低浓度称为"聚沉值"。聚沉值是电解质对溶胶聚沉能力的衡量，聚沉能力越强，聚沉值越小，反之亦然。聚沉率是聚沉值的倒数。

根据一系列实验结果，可以总结出如下一些规律：

(1) 聚沉能力主要决定于与胶粒带相反电荷的离子的价数。聚沉值与异电性离子价数的六次方成反比，这就是舒尔茨-哈代(Schulze-Hardy)规则。也即与胶粒带相反电荷的离子的价数影响最大，价数越高，聚沉能力越强。

(2) 与胶粒带相反电荷的离子就是价数相同，其聚沉能力也有差异。例如，对胶粒带负电的溶胶，一价阳离子硝酸盐的聚沉能力次序为：$H^+>Cs^+>Rb^+>NH_4^+>K^+>Na^+>Li^+$。

对带正电的胶粒，一价阴离子的钾盐的聚沉能力次序为：$F^->Cl^->Br^->NO_3^->I^-$。

同价离子聚沉能力的这一次序称为感胶离子序。

(3) 有机化合物的离子都有很强的聚沉能力,这可能与其具有强吸附能力有关。

(4) 当与胶体带相反电荷的离子相同时,则另一同性离子的价数也会影响聚沉值,价数愈高,聚沉能力愈低。这可能与这些同性离子的吸附作用有关。

因此,只有在与溶胶同电性离子的吸附作用极弱的情况下,才能近似地认为溶胶的聚沉作用是异电性离子单独作用的结果。

(5) 不规则聚沉。在溶胶中加入少量的电解质可以使溶胶聚沉,电解质浓度稍高,沉淀又重新分散成溶胶,并使溶胶所带电荷改变符号。如果电解质的浓度再升高,可以使新形成的溶胶再次沉淀,这种现象称为不规则聚沉。

从上述讨论可以看出,电解质对溶胶的聚沉作用的影响是相当复杂的。其共同点是不论何种电解质,只要浓度达到一定数值,都会引起聚沉作用。

2. 胶体之间的相互作用

将胶粒带相反电荷的溶胶互相混合,也会发生聚沉。与加入电解质情况不同的是,当两种溶胶的用量恰能使其所带电荷的量相等时,才会完全聚沉,否则会不完全聚沉,甚至不聚沉。产生相互聚沉现象的原因是:可以把溶胶粒子看成是一个巨大的离子,所以溶胶的混合类似于加入电解质的一种特殊情况。

若在憎液溶胶中加入足够数量的某些大分子化合物的溶液,则由于高分子化合物吸附在憎液的胶粒表面,使其对介质的亲和力增加,从而起到防止聚沉的保护作用。在憎液溶胶中加入某些大分子溶液,加入的量不同,会出现两种情况:

(1) 当憎液溶胶中加入足量大分子溶液后,大分子吸附在胶粒周围起到保护溶胶的作用。用"金值"作为大分子化合物保护金溶胶能力的一种量度,金值越小,保护剂的能力越强。齐格蒙弟提出的金值含义:为了保护 10 cm³ 0.006% 的金溶胶,在加入 1 cm³ 10% NaCl 溶液后不致聚沉,所需高分子的最少质量称为金值,一般用 mg 表示。

(2) 当加入的大分子物质的量不足时,憎液溶胶的胶粒黏附在大分子上,大分子起了一个桥梁作用,把胶粒联系在一起,使之更容易聚沉。例如,对 SiO_2 进行重量分析时,在 SiO_2 的溶胶中加入少量明胶,使 SiO_2 的胶粒黏附在明胶上,便于聚沉后过滤,减少损失,使分析更准确。

11.7.3 溶胶稳定性的 DLVO 理论大意

胶体系统是具有一定分散度的多相系统,有巨大的表面和表面能,因而从热力学上来说,它是不稳定系统,粒子之间有相互聚沉而降低其表面能的趋势。另外一方面,由于粒子很小,有强烈的 Brown 运动,能阻止其在重力场中的沉降,因而,系统又具有动力学稳定性。热力学上的不稳定性和动力学的稳定性二者兼备,但何者更为重要?学者们认为前者更为重要。因为一旦失去热力学的稳定性,粒子相互聚结变大,最终将导致失去动力学的稳定性。因此,研究溶胶的聚沉不稳定性的原因,对于了解胶体系统的基本特征是十分有用的。胶体的稳定性问题一直是胶体化学中的一个重要研究问题。在 20 世纪 40 年代,苏联学者捷亚金(Derjaguin)和兰道(Landau)与荷兰学者维韦(Verwey)和欧弗比克(Overbeek)分别提出了(当时正值第二次世界大战,学术交流受阻)关于各种形状粒子之间在不同情况下相互吸引能与双电层排斥能的计算方法。他们处理问题的方法与结论大致相同,因此,以他们姓名的第一个字母简称为 DLVO 理论。

在胶粒之间存在着使其相互聚结的吸引能量,同时又有阻碍其聚结的相互排斥的能量。胶体的稳定性就取决于胶粒之间这两种能量的相对大小,而这两个作用能量都与质点的距离有关。在适当的条件下,当质点接近时,排斥能大于吸引能,从而在总作用能与距离的关系曲线上出现势垒。当势垒足够大时,就能阻止质点的聚集和聚沉作用的进行,并使胶体系统趋于稳定。外加电解质的性质与浓度可以影响系统的稳定性。胶体质点表面溶剂化层有利于阻止聚沉,提高系统的稳定性。DLVO 理论给出了计算胶体质点间排斥能与吸引能的方法,并据此对憎液胶体的稳定性进行了定量处理,得出了聚沉值与反号离子电价之间的关系式,从理论上阐明了 Schulze-Hardy 规则,这就是关于胶体稳定性的 DLVO 理论的大意。

关于 DLVO 理论的推导过程,本书不再赘述。

§11.8 凝胶

在一定条件下,高分子溶液(如琼脂、明胶等)或溶胶[如 $Fe(OH)_3$、硅酸等]的分散质颗粒在某些部位上相互联结,构成一定的空间网状结构,分散介质(液体或气体)充斥其间,整个系统失去流动性,这种系统成为凝胶(gel)。其性质介于固体和液体之间,从外表看,它成固体状或半固体状,有弹性,但又和真正的固体不完全一样,其内部结构的强度往往有限,易于破坏。凝胶的特殊结构和性能决定了它在农业、食品和生命科学中具有重要意义。

11.8.1 凝胶的类型

凝胶是个总的名称,根据分散相质点的性质(刚性还是柔性)和形成结构时质点间连接的性质(结构的强度),可分为刚性凝胶与弹性凝胶两大类。多数的无机凝胶,如二氧化硅、三氧化二铁、二氧化钛、五氧化二钒等属于前者;而柔性的线型高聚物分子形成的凝胶,如橡胶、明胶、琼脂等属于后者。也可将凝胶分为可逆凝胶与不可逆凝胶两大类。

11.8.2 凝胶的性质

1. 凝胶的膨胀作用

弹性凝胶由线型高分子构成,因分子链有柔性,故吸收或释放出液体时很易改变自身的体积,其吸收液体使自身体积增大的现象称为膨胀作用。这种作用具有选择性,只能吸收对它来讲是亲合性很强的液体。其膨胀可以是有限的,也可以是无限的,与其内部结构连接的强度有关,改变条件也可使有限膨胀变成无限膨胀,即膨胀的结果是完全溶解和形成均相溶液。

根据膨胀机理的研究,可以认为膨胀过程分为两个阶段:第一阶段是溶剂分子钻入凝胶中与大分子相互作用形成溶剂化层,此过程时间很短,速度快;第二阶段是液体的渗透作用,此过程中凝胶吸收大量液体,体积大大增加。在膨胀过程中由于溶剂分子进入凝胶结构中的速度远大于大分子扩散到液体中的速度,使凝胶内外溶液浓度有很大差值,即溶剂的活度有很大差异,产生膨胀压。此值很可观,例如明胶浓度为 50% 时,膨胀压为 13 kgf/cm^2,66% 时为 45 kgf/cm^2。古代埃及人曾利用木头吸水时产生很大的膨胀压来开采建造金字塔的石料,即所谓湿木裂石。

2. 凝胶的脱水收缩作用

凝胶在老化过程中会发生特殊的分层现象,称为脱水收缩作用或离浆作用,但析出的一层仍为凝胶,只是浓度比原先的大,而另一层也不是纯溶剂,是稀溶胶或高分子稀溶液。一般来说,弹性凝胶的离浆作用是个可逆过程,它是膨胀作用的逆过程;刚性凝胶的离浆作用是不可逆的。

脱水收缩现象的实际例子很多,如人体衰老时皮肤的变皱、面制食品的变硬、淀粉浆糊的"干落"等。

3. 凝胶中的扩散与化学反应

凝胶和液体一样,作为一种介质,各种物理过程和化学过程都可在其中进行。物理过程主要是电导和扩散作用,当凝胶浓度低时,电导值与扩散速度和纯液体几乎没有区别,随着凝胶浓度的增加,两者的值都降低。利用凝胶骨架空隙的类似分子筛的作用,可以达到分离不同大小分子的目的,这就是近年来发展很快的凝胶电泳与凝胶色谱法。凝胶中的化学反应进行时因没有对流存在,生成的不溶物在凝胶内具有周期性分布的特点。自然界中有许多类似的现象,如玛瑙和玉石的周期性结构;植物体与动物体中也常遇到,如胆结石。

§11.9 大分子溶液

11.9.1 大分子溶液的界定

一般的有机化合物的相对分子质量约在 500 以下,可是有些有机化合物如橡胶、蛋白质和纤维素等的相对分子质量很大,有的甚至可以达到几百万。斯陶丁格(Staudinger)把相对分子质量大于 10^4 的物质称为大分子。这种物质的分子比较大,单个分子的大小就能达到胶体颗粒大小的范围,并表现出胶体的一些性质。因此研究大分子化合物的许多方法也和研究溶胶的方法有许多相似之处。但由于大分子在溶液中是以单分子存在的,其结构与胶体颗粒不同,其性质也不同于胶体而类似于相对分子质量较低的溶质。大分子的概念既包含合成的高聚物,也包含天然的大分子。

在胶体化学中,按其粒子与介质(溶剂)亲和力的大小,分为憎液胶体和亲液胶体,于是,历史上曾经认为大分子溶液应属于亲液胶体。而实际上,大分子溶液与胶体有着本质上的区别。大分子溶液是真溶液,是热力学稳定系统,其粒子与溶剂之间没有界面。但它又不同于小分子溶液,如不能通过半透膜、扩散速度较小,及具有一定的黏度等。因此大分子溶液也具有一定的双重性。

憎液胶体、大分子溶液和小分子溶液三者性质的粗略比较列于表 11.5 中。

表 11.5 憎液胶体、大分子溶液和小分子溶液三者性质比较

	憎液溶胶	大分子溶液	小分子溶液
胶粒大小	1~100 nm	1~100 nm	<1 nm
分散相存在的单元	许多分子组成的胶粒	单分子	单分子
能否通过半透膜	不能	不能	能
是否热力学稳定系统	不是	是	是
丁达尔效应强弱	强	微弱	微弱
黏度大小	小,与分散介质相似	大	小,与溶剂相似
对外加电解质的敏感程度	敏感,加入少量电解质就会聚沉	不太敏感,加入大量电解质会盐析	不敏感
聚沉后再加分散介质是否可逆复原	不可逆	可逆	可逆

大分子化合物中有天然大分子,如淀粉、蛋白质、纤维素、核酸和各种生物大分子等。也有人工合成的大分子,如合成橡胶、聚烯烃、树脂和合成纤维等。还有些合成的功能高分子材料,包括光敏高分子、导电高分子、医用高分子和高分子膜等。

聚合物的分类按不同的角度,可有多种分类方法,例如:① 按来源分类,有天然的、半天然的和合成的;② 按聚合反应的机理和反应类型分,有连锁聚合(加聚)和逐步聚合(缩聚);③ 按高分子主链结构分,有碳链、杂链和元素有机高分子等;④ 按聚合物性能和用途分,有塑料、橡胶、纤维和黏合剂等;⑤ 按高分子形状分,有线型、支链型、交联型等。

11.9.2 大分子的平均摩尔质量*

高分子化合物的相对分子质量不仅远大于小分子化合物,且由于聚合过程中,每个分子的聚合程度不一样,同一高分子化合物所包含的高分子大小不等,所以聚合物的摩尔质量只能是一个平均值。而且,测定平均值的方法不同,得到的平均摩尔质量也不同。常用的有四

种平均方法,因而有四种表示法:

1. 数均摩尔质量 $\overline{M}_n$

有一高分子溶液,各组分的分子数分别为 $N_1, N_2, \cdots, N_B$,其对应的摩尔质量为 $M_1, M_2, \cdots, M_B$。则数均摩尔质量的定义为

$$\langle M_n \rangle = \frac{N_1 M_1 + N_2 M_2 + \cdots + N_B M_B}{N_1 + N_2 + \cdots + N_B} = \frac{\sum N_B M_B}{\sum N_B}$$

数均摩尔质量可以用端基分析法和渗透压法测定。

2. 质均摩尔质量 $\langle M_m \rangle$

设 B 组分的分子质量为 m_B,则质均摩尔质量的定义为

$$\langle M_m \rangle = \frac{\sum m_B M_B}{\sum m_B}$$

质均摩尔质量可以用光散射法测定。

3. Z 均摩尔质量 $\langle M_Z \rangle$

在光散射法中利用 Zimm 图计算的高分子摩尔质量称为 Z 均摩尔质量,它的定义为

$$\langle M_Z \rangle = \frac{\sum Z_B M_B}{\sum Z_B}$$

式中:$Z_B = m_B M_B$。Z 均摩尔质量可以用超离心法测定。

4. 黏均摩尔质量 $\langle M_v \rangle$

用黏度法测定的摩尔质量称为黏均摩尔质量。它的定义为

$$\langle M_v \rangle = \left[\frac{\sum N_B M_B^{(\alpha+1)}}{\sum N_B M_B} \right]^{\frac{1}{\alpha}} = \left[\frac{\sum m_B M_B}{\sum m_B} \right]^{\frac{1}{\alpha}}$$

式中:α 为与溶剂、大分子化合物和温度有关的经验常数;$m_B = N_B M_B$,为分子的质量。一般用黏度法测定黏均摩尔质量。

§11.10 Donnan 平衡和聚电解质溶液的渗透压

11.10.1 Donnan 平衡

前面所讨论渗透压,只限于高分子化合物是不带电的。如果是带电的聚电解质,情况就

有所不同了。天然的生物聚合物,如所有的蛋白质、核酸等都是聚电解质,所以研究聚电解质的渗透现象十分重要。

通常大分子电解质中常含有少量电解质杂质,即使低至 0.1% 以下,按离子数目计,杂质的数目也相当可观。在半透膜两边,一边放大分子电解质,一边放纯水。电解质都是小离子,能自由透过半透膜,大分子离子不能透过半透膜,而离解出的小离子和杂质电解质离子可以。但当达到平衡时,小离子在膜两边的分布不均等。唐南(Donnan)从热力学的角度,分析了小离子的膜平衡情况,并得到了满意的解释,故这种平衡称为 Donnan 平衡。

由于离子分布的不平衡会造成额外的渗透压,影响大分子摩尔质量的测定,所以又称之为唐南效应,要设法消除。

11.10.2 聚电解质溶液的渗透压

可以分如下几种情况讨论:

1. 不电离的大分子溶液

若右室中为纯水,左室中为不带电的大分子 P 的水溶液,参阅图 11.22(a)。

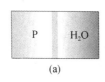 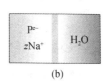

(a)   (b)

图 11.22 测蛋白质溶液渗透压的两种不同情况

由于大分子 P 不能透过半透膜,而 H_2O 分子可以,所以在膜两边会产生渗透压。渗透压可以用不带电粒子的范霍夫公式计算,即

$$\pi_1 = c_2 RT$$

其中 c_2 是大分子溶液的浓度。

用此式测定了渗透压 π_1 后,就能计算出大分子 P 的摩尔质量。但由于大分子物质的浓度不能配得很高,否则易发生凝聚,如等电点时的蛋白质,所以产生的渗透压很小,用这种方法测定大分子的摩尔质量误差太大。

2. 能电离的大分子溶液

参阅图 11.22(b)。以蛋白质的钠盐为例,它在水中发生如下离解:

$$Na_zP \longrightarrow zNa^+ + P^{z-}$$

蛋白质离子 P^{z-} 不能透过半透膜,而 Na^+ 可以,但为了保持溶液的电中性,Na^+ 也必须留在 P^{z-} 的同一侧。这种 Na^+ 在膜两边浓度不等的状态就是 Donnan 平衡。因为渗透压只与粒子的数量有关,所以

$$\pi_2 = (z+1)c_2 RT$$

由于大分子中 z 的数值不确定，就是测定了 π_2，也无法正确地计算大分子的摩尔质量。

3. 外加电解质时的大分子溶液

在蛋白质钠盐的另一侧加入浓度为 c_1 的小分子电解质，如图 11.23(a)。达到膜平衡时，如图 11.23(b)，为了保持电中性，有相同数量的 Na^+ 和 Cl^- 扩散到了左边。

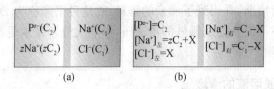

图 11.23　膜平衡前后的离子浓度

虽然膜两边 NaCl 的浓度不等，但达到膜平衡时 NaCl 在两边的化学势应该相等，即 $\mu(NaCl,左)=\mu(NaCl,右)$，所以

$$a(NaCl,左) = a(NaCl,右)$$

即

$$(a_{Na^+} \times a_{Cl^-})_{左} = (a_{Na^+} \times a_{Cl^-})_{右}$$

设活度系数均为 1，得：$[Na^+]_{左}[Cl^-]_{左} = [Na^+]_{右}[Cl^-]_{右}$，即

$$(zc_2+x)x = (c_1-x)^2$$

解得：$x = \dfrac{c_1^2}{zc_2+2c_1}$

由于渗透压是膜两边的粒子数不同而引起的，所以

$$\pi_3 = [(c_2 + zc_2 + 2x) - 2(c_1 - x)]RT$$

将 x 代入 π_3 计算式得：$\pi_3 = \dfrac{zc_2^2 + 2c_2 c_1 + z^2 c_1^2}{zc_2 + 2c_1} RT$

(1) 当加入电解质太少，$c_1 \ll c_2$，与(2)的情况类似：

$$\pi_3 \approx (c_2 + zc_2)RT = (z+1)c_2 RT$$

(2) 当加入的电解质足够多，$c_1 \gg c_2$，则与(1)的情况类似：

$$\pi_3 \approx c_2 RT$$

此式与不电离的大分子溶液的渗透压公式相同，也即是蛋白质在等电点时的情况。从以上分析可以知道，若在测定电离的聚电解质渗透压时，在另一边加较多的小分子电解质，可以用不电离物质的渗透压公式计算大分子物质的平均摩尔质量而不致引入较大的误差。

这就是加入足量的小分子电解质，消除了 Donnan 效应的影响，使得用渗透压法测定大分子的摩尔质量比较准确。

§11.11 胶体化学与纳米科技*

11.11.1 纳米科技简介

纳米级结构材料简称为纳米材料(nanometer material),是指其结构单元的尺寸介于 1~100 nm 范围之间。由于它的尺寸已经接近电子的相干长度,它的性质因为强相干所带来的自组织使得性质发生很大变化。并且,其尺度已接近光的波长,加上其具有大表面的特殊效应,因此其所表现的特性,例如熔点、磁性、光学、导热、导电特性等,往往不同于该物质在整体状态时所表现的性质。

纳米技术的广义范围可包括纳米材料技术及纳米加工技术、纳米测量技术、纳米应用技术等方面。其中纳米材料技术着重于纳米功能性材料的生产(超微粉、镀膜、纳米改性材料等)和性能检测技术(化学组成、微结构、表面形态、物、化、电、磁、热及光学等性能);纳米加工技术包含精密加工技术(能量束加工等)和扫描探针技术。

1861 年,随着胶体化学的建立,科学家们开始了对直径为 1~100 nm 的粒子系统的研究工作。真正有意识地研究纳米粒子可追溯到 20 世纪 30 年代,日本为了军事需要开展"沉烟试验",但受到当时试验水平和条件限制,虽用真空蒸发法制成了世界第一批超微铅粉,但光吸收性能很不稳定。

到了 20 世纪 60 年代人们开始对纳米粒子进行研究。1963 年,Uyeda 用气体蒸发冷凝法制得了金属纳米微粒,并对其进行了电镜和电子衍射研究。1984 年德国萨尔兰大学(Saarland University)的 Gleiter 以及美国阿贡实验室的 Siegal 相继成功地制得了纯物质的纳米细粉。Gleiter 在高真空的条件下将粒子直径为 6 nm 的铁粒子原位加压成形,烧结得到了纳米微晶体块,从而使得纳米材料的研究进入了一个新阶段。

1990 年 7 月在美国召开了第一届国际纳米科技技术会议(International Conference on Nanoscience & Technology),正式宣布纳米材料科学为材料科学的一个新分支。

自 20 世纪 70 年代纳米颗粒材料问世以来,从研究内涵和特点大致可划分为三个阶段:

第一阶段(1990 年以前):主要是在实验室探索用各种方法制备各种材料的纳米颗粒粉体或合成块体,研究评估表征的方法,探索纳米材料不同于普通材料的特殊性能;研究对象一般局限在单一材料和单相材料,国际上通常把这种材料称为纳米晶或纳米相材料。

第二阶段(1990~1994 年):人们关注的热点是如何利用纳米材料已发掘的物理和化学特性,设计纳米复合材料,复合材料的合成和物性探索一度成为纳米材料研究的主导方向。

第三阶段(1994 年至今):纳米组装体系、人工组装合成的纳米结构材料系统正在成为纳米材料研究的新热点。国际上把这类材料称为纳米组装材料体系或者纳米尺度的图案材料。它的基本内涵是以纳米颗粒以及它们组成的纳米丝、管为基本单元在一维、二维和三维空间组装排列成具有纳米结构的体系。

11.11.2 纳米材料的应用范围

1. 天然纳米材料

海龟在美国佛罗里达州的海边产卵,但出生后的幼小海龟为了寻找食物,却要游到英国附近的海域,才能得以生存和长大。最后,长大的海龟还要再回到佛罗里达州的海边产卵。如此来回约需 5~6 年,为什么海龟能够进行几万千米的长途跋涉呢? 它们依靠的是头部内的纳米磁性材料,为它们准确无误地导航。

生物学家在研究鸽子、海豚、蝴蝶、蜜蜂等生物为什么从来不会迷失方向时,也发现这些生物体内同样存在着纳米材料为它们导航。

2. 纳米磁性材料

在实际中应用的纳米材料大多数都是人工制造的。纳米磁性材料具有十分特别的磁学性质,纳米粒子尺寸小,具有单磁畴结构和矫顽力很高的特性,用它制成的磁记录材料不仅音质、图像和信噪比好,而且记录密度比 $\gamma\text{-}Fe_2O_3$ 高几十倍。超顺磁的强磁性纳米颗粒还可制成磁性液体,用于电声器件、阻尼器件、旋转密封及润滑和选矿等领域。

3. 纳米陶瓷材料

传统的陶瓷材料中晶粒不易滑动,材料质脆,烧结温度高。纳米陶瓷的晶粒尺寸小,晶粒容易在其他晶粒上运动,因此,纳米陶瓷材料具有极高的强度和高韧性以及良好的延展性,这些特性使纳米陶瓷材料可在常温或次高温下进行冷加工。如果在此高温下将纳米陶瓷颗粒加工成形,然后做表面退火处理,就可以使纳米材料成为一种表面保持常规陶瓷材料的硬度和化学稳定性,而内部仍具有纳米材料的延展性的高性能陶瓷。

4. 纳米传感器

纳米二氧化锆、氧化镍、二氧化钛等陶瓷对温度变化、红外线以及汽车尾气都十分敏感。因此,可以用它们制作温度传感器、红外线检测仪和汽车尾气检测仪,检测灵敏度比普通的同类陶瓷传感器高得多。

5. 纳米倾斜功能材料

在航天用的氢氧发动机中,燃烧室的内表面需要耐高温,其外表面要与冷却剂接触。因此,内表面要用陶瓷制作,外表面则要用导热性良好的金属制作。但块状陶瓷和金属很难结合在一起。如果制作时在金属和陶瓷之间使其成分逐渐地连续变化,让金属和陶瓷"你中有我、我中有你",最终便能结合在一起形成倾斜功能材料,它的意思是其中的成分变化像一个倾斜的梯子。当用金属和陶瓷纳米颗粒按其含量逐渐变化的要求混合后烧结成形时,就能达到燃烧室内侧耐高温、外侧有良好导热性的要求。

6. 纳米半导体材料

将硅、砷化镓等半导体材料制成纳米材料,具有许多优异性能。例如,纳米半导体中的量子隧道效应使某些半导体材料的电子输运反常、导电率降低,电导热系数也随颗粒尺寸的减小而下降,甚至出现负值。这些特性在大规模集成电路器件、光电器件等领域发挥重要的作用。

利用半导体纳米粒子可以制备出光电转化效率高的、即使在阴雨天也能正常工作的新型太阳能电池。由于纳米半导体粒子受光照射时产生的电子和空穴具有较强的还原和氧化能力,因而它能氧化有毒的无机物,降解大多数有机物,最终生成无毒、无味的二氧化碳、水等,所以,可以借助半导体纳米粒子利用太阳能催化分解无机物和有机物。

7. 纳米催化材料

纳米粒子是一种极好的催化剂,这是由于纳米粒子尺寸小、表面的体积分数较大、表面的化学键状态和电子态与颗粒内部不同、表面原子配位不全,导致表面的活性位置增加,使它具备了作为催化剂的基本条件。

镍或铜锌化合物的纳米粒子对某些有机物的氢化反应是极好的催化剂,可替代昂贵的铂或钯催化剂。纳米铂黑催化剂可以使乙烯的氧化反应的温度从 600 ℃ 降低到室温。

8. 医疗上的应用

血液中红血球的大小为 6 000~9 000 nm,而纳米粒子只有几个纳米大小,实际上比红血球小得多,因此它可以在血液中自由活动。如果把各种有治疗作用的纳米粒子注入到人体各个部位,便可以检查病变和进行治疗,其作用要比传统的打针、吃药的效果好。

使用纳米技术能使药品生产过程越来越精细,并在纳米材料的尺度上直接利用原子、分子的排布制造具有特定功能的药品。纳米材料粒子将使药物在人体内的传输更为方便,用数层纳米粒子包裹的智能药物进入人体后可主动搜索并攻击癌细胞或修补损伤组织。使用纳米技术的新型诊断仪器只需检测少量血液,就能通过其中的蛋白质和 DNA 诊断出各种疾病。通过纳米粒子的特殊性能在纳米粒子表面进行修饰形成一些具有靶向、可控释放、便于检测的药物传输载体,为身体的局部病变的治疗提供新的方法,为药物开发开辟了新的方向。

9. 纳米计算机

世界上第一台电子计算机诞生于 1945 年,它是由美国的大学和陆军部共同研制成功的,一共用了 18 000 个电子管,总重量 30 t,占地面积约 170 m²,可以算得上一个庞然大物了,可是它在 1 s 内只能完成 5 000 次运算。

经过了半个世纪,由于集成电路技术、微电子学、信息存储技术、计算机语言和编程技术的发展,使计算机技术有了飞速的发展。今天的计算机小巧玲珑,可以摆在一张电脑桌上,它的重量只有老祖宗的万分之一,但运算速度却远远超过了第一代电子计算机。如果采用纳米技术来构筑电子计算机的器件,那么这种未来的计算机将是一种"分子计算机",其袖珍的程度又远非今天的计算机可比,而且在节约材料和能源上也将给社会带来十分可观的效益。计算机在普遍采用纳米材料后,可以缩小成为"掌上电脑"。

10. 碳纳米管

1991年,日本电气公司的专家制备出了一种称为"碳纳米管"的材料,它是由许多六边形的环状碳原子组合而成的一种管状物,也可以是由同轴的几根管状物套在一起组成的。这种单层和多层的管状物的两端常常都是封死的,如图11.24所示。

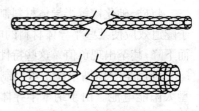

图11.24 纳米碳管

这种由碳原子组成的管状物的直径和管长的尺寸都是纳米量级的,因此被称为碳纳米管。它的抗张强度比钢高出100倍,电导率比铜还要高。在空气中将碳纳米管加热到700 ℃左右,使管子顶部封口处的碳原子因被氧化而破坏,成了开口的碳纳米管。然后用电子束将低熔点金属(如铅)蒸发后凝聚在开口的碳纳米管上,由于虹吸作用,金属便进入碳纳米管中空的芯部。由于碳纳米管的直径极小,因此管内形成的金属丝也特别细,被称为纳米丝,它产生的尺寸效应具有超导性。因此,碳纳米管加上纳米丝可能成为新型的超导体。

此外,用纳米材料制成的多功能材料还广泛地应用于家电、环保、机械加工等领域。例如,纳米多功能塑料具有抗菌、除味、防腐、抗老化、抗紫外线等作用,可用作电冰箱、空调外壳里的抗菌除味塑料;环境科学领域的功能独特的纳米膜,能够探测到由化学和生物制剂造成的污染,并能够对这些制剂进行过滤,从而消除污染;在合成纤维树脂中添加纳米 SiO_2、纳米 ZnO、纳米 TiO_2 复配粉体材料,经抽丝、织布,可制成杀菌、防霉、除臭和抗紫外线辐射的内衣和服装,可用于制造抗菌内衣、用品,可制得满足国防工业要求的抗紫外线辐射的功能纤维;采用纳米材料技术对机械关键零部件进行金属表面纳米粉涂层处理,可以提高机械设备的耐磨性、硬度和使用寿命。

11.11.3 碳纳米溶胶

碳纳米溶胶是碳纳米材料的一种类型。碳纳米材料是指分散相尺度至少有一维小于100 nm的碳材料。分散相既可以由碳原子组成,也可以由异种原子(非碳原子)组成,甚至可以是纳米孔。碳纳米溶胶,采用凝聚相电解生成法和其他先进的工艺制备而成。如图11.25所示,这种工艺制成的碳纳米溶胶具有优异的纳米特性和广泛的用途,可用于二次电池、超级电容器、橡胶、航天工业、太能电池等领域。

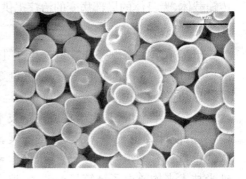

图11.25 碳纳米溶胶扫描电镜图

1. 碳纳米溶胶的特性

碳纳米溶胶的碳粒径为 10~100 nm,呈球状分散体,具有极大的比表面积和极高的比表面能、表面选择吸附性和优异的导电性,具有量子尺寸效应和宏观量子隧道效应,具有优良的环境稳定性,在高温条件下仍具有高强、高韧等奇异性,亲水性极强,在水中的分散性极好,在常温常压下存放三年不发生团聚。

2. 碳纳米溶胶的应用

(1) 铅酸蓄电池

添加碳纳米溶胶电池活化剂的铅酸电池,在电场的作用下,活化剂中的碳颗粒均匀地吸附在极板表面形成保护膜,防止极板活性物质脱落和极板硫化、极化、铅枝晶化的形成;降低电池内阻;提高铅酸蓄电池活性物质的利用率;提高电池能量密度等各项蓄电池性能。

经筛选的废旧铅酸电池,添加碳纳米溶胶电池活化剂后,在电场的作用下,活化剂的活性成分能固化极板,崩解不可逆硫酸盐结晶,打通隔膜离子通道,激活电池的活性物质,降低电池内阻,增进电池电化学反应。

(2) 锂离子电池

碳纳米溶胶电池活化剂中碳颗粒具有极大的比表面积和选择吸附性,对碱金属如锂离子有强的相互作用。添加碳纳米溶胶电池活化剂的电池,其电容量显著提高,充放电循环性能好。用作负极材料做成锂电池的首次放电容量高达 1 800 mAh/g,可逆容量为 800 mAh/g。

(3) 超级电容器

碳纳米溶胶中碳颗粒导电性能好,比表面积大,比表面利用率可达 100%,加入电容器使极限容量上升 3~4 个数量级,循环寿命在万次以上(使用年限超过 5 年)。具有快速充放电特性,还可应用于大功率超级电容器,用作车辆的启动、加速、爬坡时提高功率和刹车时回收能量的重要器件。

(4) 橡胶

橡胶是一种伸缩性优异的弹性体,但其综合性能并不令人满意。在普通橡胶中添加碳纳米溶胶,橡胶的强度、耐磨性和抗老化性等性能均超过高档橡胶制品,如轮胎侧面胶的抗折性能由原来的 10 万次提高到 50 万次以上。

碳纳米溶胶是一种新型的碳纳米材料,因有优异的碳纳米颗粒特性和溶胶的稳定性,将会在石化、医药、环保、防毒防护、催化剂等领域得到广泛应用。

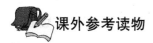
课外参考读物

[1] 傅献彩,沈文霞,姚天扬,侯文华编. 物理化学(第五版). 北京:高等教育出版社,2005.

[2] 沈文霞编. 物理化学核心教程. 北京：科学出版社，2004.
[3] 印永嘉，奚正楷，张树永等编. 物理化学简明教程. 北京：高等教育出版社，2007.
[4] 周鲁等编. 物理化学教程（第二版）. 北京：科学出版社，2010.
[5] 董元彦，路福绥，唐树戈等编. 物理化学（第四版）. 北京：科学出版社，2008.
[6] 孙德坤，姚天扬，沈文霞等编. 物理化学学习指导. 北京：高等教育出版社，2007.
[7] 沈文霞编. 物理化学学习及考研指导. 北京：科学出版社，2007.

思考题

1. 憎液溶胶有哪些特征？
2. 为什么晴天的天空是蓝色？为什么日出日落时云特别红？
3. 为什么危险信号灯用红色？为什么车辆在雾天行驶时雾灯规定用黄色？
4. 为什么输油管和运送有机液体的管道要接地？
5. 用电解质把豆浆点成豆腐，有三种盐：$NaCl$，$MgCl_2$，$CaSO_4 \cdot 2H_2O$，哪种聚沉能力最强？

习题

1. 在碱性溶液中用 HCHO 还原 $HAuCl_4$ 以制备金溶胶，反应可表示为

$$HAuCl_4 + 5NaOH \longrightarrow NaAuO_2 + 4NaCl + 3H_2O$$

$$2NaAuO_2 + 3HCHO + NaOH \longrightarrow 2Au + 3HCOONa + 2H_2O$$

此处 $NaAuO_2$ 是稳定剂，试写出胶团结构式，并标出胶核、胶粒和胶团。

2. 某溶胶中粒子的平均直径为 4.2 nm，设其黏度和纯水相同，$\eta = 0.001$ Pa·s。试计算：

(1) 298 K 时，胶体的扩散系数 D；

(2) 在 1 s 的时间里，由于 Brown 运动，粒子沿 x 轴方向的平均位移 $\overline{x}$。

3. 已知某溶胶的黏度 $\eta = 0.001$ Pa·s，其粒子的密度近似为 $= 1$ mg·m^{-3}，在 1 s 时间内粒子在 x 轴方向的平均位移 $\overline{x} = 1.4 \times 10^{-5}$ m。试计算：

(1) 298 K 时，胶体的扩散系数 D；

(2) 胶团的平均直径 d；

(3) 胶团的摩尔质量 M。

4. 设某溶胶中的胶粒是大小均一的球形粒子，已知在 298 K 时胶体的扩散系数 $D = 1.04 \times 10^{-10}$ m^2·s^{-1}，其黏度 $\eta = 0.001$ Pa·s。试计算：

(1) 该胶粒的半径 r；

(2) 由于 Brown 运动,粒子沿 x 轴方向的平均位移 $\bar{x} = 1.44 \times 10^{-5}$ m 时所需的时间;

(3) 318 K 时胶体的扩散系数 D',假定该胶粒的黏度不受温度的影响。

5. 某金溶胶在 298 K 时达沉降平衡,在某一高度时粒子的密度为 8.89×10^8 m^{-3},再上升 0.001 m 粒子的密度为 1.08×10^8 m^{-3}。设粒子为球形,已知金的密度为 $\rho_{Au} = 1.93 \times 10^3$ kg·m^{-3},分散介质水的密度为 $\rho_{介} = 1.0 \times 10^3$ kg·m^{-3}。试求:

(1) 胶粒的平均半径 r,及平均摩尔质量 M;

(2) 使粒子的密度下降一半,需上升的高度。

6. 在三个烧瓶中同样盛有 0.02 dm^3 的 Fe(OH)$_3$ 溶胶,分别加入 NaCl、Na$_2$SO$_4$ 和 Na$_3$PO$_4$ 溶液使其聚沉,实验测得至少需加电解质的数量分别为:① 浓度为 1.0 mol·dm^{-3} 的 NaCl 0.021 dm^3;② 浓度为 0.005 mol·dm^{-3} 的 Na$_2$SO$_4$ 0.125 dm^3;③ 浓度为 0.003 3 mol·dm^{-3} 的 Na$_3$PO$_4$ 0.007 4 dm^3。试计算各电解质的聚沉值和它们的聚沉能力之比,并判断胶粒所带的电荷。

7. 已知在二氧化硅溶胶的形成过程中,存在下列反应:

$$SiO_2 + H_2O \longrightarrow H_2SiO_3 \longrightarrow SiO_3^{2-} + 2H^+$$

(1) 试写出胶团的结构式,并注明胶核、胶粒和胶团;

(2) 指明二氧化硅胶团电泳的方向;

(3) 当溶胶中分别加入 NaCl、MgCl$_2$、K$_3$PO$_4$ 时,哪种物质的聚沉值最小?

8. 把 1.0 g 的聚苯乙烯(已知其 $\overline{M}_n = 200$ kg·mol^{-1})溶在 0.1 dm^3 苯中,试计算所形成溶液在 293 K 时的渗透压。

9. 298 K 时,在某半透膜的两边分别放浓度为 0.1 mol·dm^{-3} 的大分子有机物 RCl 和浓度为 0.50 mol·dm^{-3} 的 NaCl 溶液,设有机物 RCl 能全部解离,但 R$^+$ 离子不能透过半透膜。计算达膜平衡后,两边各种离子的浓度和渗透压。

习题参考答案

第7章

1. 414.5 h；829.0 h

2. $t(Ag^+)=0.47$；$t(NO_3^-)=0.53$

3. (1) 4.00 (2) 0.379

4. $1.02\times10^{-4}\,S\cdot m^{-1}$

5. (1) $1.146\times10^5\,m^{-1}$ (2) $6.524\,S\cdot m^{-1}$

6. (1) $0.025\,mol\cdot kg^{-1}$ (2) $0.025\,mol\cdot kg^{-1}$ (3) 0.831 (4) 4.316×10^{-4}

7. $95.54\,m^{-1}$；$9.88\times10^{-3}\,S$；$0.944\,S\cdot m^{-1}$；$9.44\times10^{-3}\,S\cdot m^2\cdot mol^{-1}$

8. (1) $1.45\times10^{-4}\,mol\cdot dm^{-3}$ (2) 1.65×10^{-3}

9. (1) 负极：$H_2 \longrightarrow 2H^+ + 2e^-$，正极：$Cl_2 + 2e^- \longrightarrow 2Cl^-$，

    电池反应：$Cl_2(p_{Cl_2}) + H_2(p_{H_2}) \longrightarrow 2HCl(a)$

    (2) 负极：$\frac{1}{2}H_2 \longrightarrow H^+ + e^-$，正极：$Ag^+ + e^- = Ag$，

    电池反应：$Ag^+(a_{Ag^+}) + \frac{1}{2}H_2(p_{H_2}) \longrightarrow Ag(s) + H^+(a_{H^+})$

    (3) 负极：$Ag + I^- \longrightarrow AgI + e^-$，正极：$AgCl + e^- \longrightarrow Cl^- + Ag$，

    电池反应：$AgCl(s) + I^-(a_r) = AgI(s) + Cl^-(a_{Cl^-})$

    (4) 负极：$Fe^{2+} \longrightarrow Fe^{3+} + e^-$，正极：$Ag^+ + e^- = Ag$，

    电池反应：$Fe^{2+}(a_2) + Ag^+(a_{Ag^+}) = Fe^{3+}(a_1) + Ag(s)$

10. (1) $Ag(s)|Ag^+(a_{Ag^+})\parallel Cl^-(a_{Cl^-})|AgCl(s)|Ag(s)$；

    (2) $Pt|H_2(p_{H_2})|OH^-\parallel HgO(s)|Hg(l)$；

    (3) $Pt|Fe^{3+}(a_1),Fe^{2+}(a_2)\parallel Ag^+(a_{Ag^+})|Ag(s)$；

    (4) $Pt|I(s)|I^-(a_r)\parallel Cl^-(a_{Cl^-})|Cl_2(p_{Cl_2})|Pt$

11. (1) $-8.54\times10^{-4}\,V\cdot K^{-1}$ (2) $1.249\,V$

12. (1) 略 (2) $\Delta_r G_m = -216.76\,kJ\,mol^{-1}$；$\Delta_r H_m = -156.54\,kJ\,mol^{-1}$；$\Delta_r S_m = 181.94\,J\,mol^{-1}\,K^{-1}$；$Q_R = 54.22\,kJ\,mol^{-1}$ (3) 焓为状态函数，$\Delta_r H_m = -156.54\,kJ\,mol^{-1}$

13. $\Delta_r G_m^\ominus = -6.565 \text{ kJ mol}^{-1}$; $\Delta_r H_m^\ominus = 2.410 \text{ kJ mol}^{-1}$; $\Delta_r S_m^\ominus = 30.103 \text{ J mol}^{-1}\text{K}^{-1}$
14. 1.457
15. (1) Fe 先氧化成 Fe^{2+} (2) Cd 先氧化成 Cd^{2+}
16. 2.109 V
17. 2.16 V
18. 不会被腐蚀
19. pH 应大于 2.72

第 8 章

1. $1.022 \times 10^{-3} \text{s}^{-1}$
2. (1) 6.25% (2) 14.3%
3. (1) 二级 (2) $k = 7.8 \times 10^{-7} \text{Pa}^{-1} \cdot \text{min}^{-1}$ (3) $y = 80\%$
4. $k_p = k_c(RT)^{1-n}$ 或 $k_p/k_c = (RT)^{1-n}$
5. 891a
6. $78.33 \text{ kJ} \cdot \text{mol}^{-1}$; 5 815.5 h
7. (1) $c_A = 0.005\ 26 \text{ mol} \cdot \text{dm}^{-3}$ (2) $9.99 \text{ kJ} \cdot \text{mol}^{-1}$
8. (1) $k(967\text{ K}) = 0.135 (\text{mol} \cdot \text{dm}^{-3})^{-1} \cdot \text{s}^{-1}$; $k(1\ 030\text{ K}) = 0.842 (\text{mol} \cdot \text{dm}^{-3})^{-1} \cdot \text{s}^{-1}$

    (2) $240.6 \text{ kJ} \cdot \text{mol}^{-1}$

    (3) $1.34 \times 10^{12} (\text{mol} \cdot \text{dm}^{-3})^{-1} \cdot \text{s}^{-1}$

9. (1) $76.59 \text{ kJ} \cdot \text{mol}^{-1}$ (2) $[A] = 0.05 \text{ mol} \cdot \text{dm}^{-3}$, $[B] = 0.5 \text{ mol} \cdot \text{dm}^{-3}$
10. 两步进行的速率快；$k'/k = 2.2 \times 10^4$
11. (1) 0.55 s (2) 54.87%
12. (1) 一级 (2) $78 \text{ kJ} \cdot \text{mol}^{-1}$ (3) 325.5 K
13. $r = \dfrac{k_1 k_3}{k_2 + k_3[C]}[A][C]$
14. (1)
$$r_1 = d[O_2]/dt = k_2[NO_2][NO_3] \tag{1}$$
$$d[NO_3]/dt = k_1[N_2O_5] - k_{-1}[NO_2][NO_3] - k_2[NO_2][NO_3] - k_3[NO][NO_3] = 0 \tag{2}$$
$$d[NO]/dt = k_2[NO_2][NO_3] - k_3[NO][NO_3] \tag{3}$$

以(3)代入(2)得：
$$[NO_3] = \dfrac{k_1[N_2O_5]}{[2k_2 + k_{-1}][NO_2]} \tag{4}$$

以(4)代入(1)得：

$$r_1 = \frac{k_1 k_2}{2k_2 + k_{-1}}[N_2O_5]$$

(2) 第二步为决速步,第一步是快平衡

$$r_2 = d[O_2]/dt = k_2[NO_2][NO_3] \tag{5}$$

$$K = \frac{k_1}{k_{-1}} = \frac{[NO_2][NO_3]}{[N_2O_5]} \tag{6}$$

以(6)代入(5)得:

$$r_2 = \frac{k_1 k_2}{k_{-1}}[N_2O_5]$$

(3) 要使 $r_1 = r_2$,则必须有:

$$k_1 k_2/(2k_2 + k_{-1}) = k_1 k_2/k_{-1}$$

第9章

1. $2.77 \times 10^{35} \text{m}^{-3} \cdot \text{s}^{-1}$

2. (1) $3.77 \times 10^{34} \text{m}^{-3} \cdot \text{s}^{-1}$ (2) $9.96 \times 10^{-5} \text{mol}^{-1} \cdot \text{m}^3 \cdot \text{s}^{-1}$ (3) $0.023 \text{ mol} \cdot \text{m}^{-3} \cdot \text{s}^{-1}$

3. (1) $A = 6.17 \times 10^{10} \text{mol}^{-1} \cdot \text{cm}^3 \cdot \text{s}^{-1}$ (2) $A = 2.67 \times 10^{14} \text{mol}^{-1} \cdot \text{cm}^3 \cdot \text{s}^{-1}$
   (3) 略

4. $\Delta_r^{\neq} H_m = 124.6 \text{ kJ} \cdot \text{mol}^{-1}$; $\Delta_r^{\neq} G_m = 89.05 \text{ kJ} \cdot \text{mol}^{-1}$;
   $\Delta_r^{\neq} S_m = 97.8 \text{ J} \cdot \text{K}^{-1} \cdot \text{mol}^{-1}$ (注意 $C^{\ominus} = 1 \text{mol} \cdot \text{dm}^{-3}$)

5. (1) $E_a = 159.12 \text{ kJ} \cdot \text{mol}^{-1}$;
   (2) $\Delta_r^{\neq} H_m = 155.1 \text{ kJ} \cdot \text{mol}^{-1}$; $\Delta_r^{\neq} S_m = 1.56 \text{ J} \cdot \text{K}^{-1} \cdot \text{mol}^{-1}$

6. (1) $k_{(298\text{K})} = 2.778 (\text{mol} \cdot \text{dm}^{-3})^{-2} \cdot \text{s}^{-1}$
   (2) $\Delta_r^{\neq} G_m = 71.631 \text{ kJ} \cdot \text{mol}^{-1}$; $\Delta_r^{\neq} H_m = 46.98 \text{ kJ} \cdot \text{mol}^{-1}$; $\Delta_r^{\neq} S_m = -82.7 \text{ J} \cdot \text{K}^{-1} \cdot \text{mol}^{-1}$

7. (1) $2.33 \times 10^{-6} \text{dm}^3 \cdot \text{mol}^{-1} \cdot \text{s}^{-1}$ (2) $2.5 \times 10^{-7} \text{dm}^3 \cdot \text{mol}^{-1} \cdot \text{s}^{-1}$

8. $-\dfrac{d[Cl_2]}{dt} = I_a(1 + 2k_3/k_4 \times [Cl_2])$

9. $\varphi = 1.02$

10. $t_{1/2} = 2.48 \times 10^5 \text{ s}$

11. $r = \dfrac{d[P]}{dt} = \dfrac{k_1 k_2 [E]_0 [S]_0}{k_{-1} + k_2 + k_1 [S]_0}$

12. $k_1 = 2.30 \times 10^{-5} \text{s}^{-1}$; $k_2 = 1.25 \times 10^{11} \text{dm}^3 \cdot \text{mol}^{-1} \cdot \text{s}^{-1}$

第 10 章

1. $\Delta G = 0.509$ J
2. $\Delta G = 0.074$ J; $W = 0.074$ J; $\Delta U = 0.114$ J; $\Delta H = 0.114$ J; $\Delta S = 1.41 \times 10^{-4}$ J·K^{-1}
3. 1.302×10^5 Pa; 13.29 m
4. $W_a = 0.072$ N·m^{-1}; $W_i = 0$; $S = -0.072$ N·m^{-1}
5. (1) 1.23×10^{-9} m (2) 63 个
6. (1) $b = 1.86 \times 10^{-5}$ Pa^{-1} (2) $\theta = 0.32$; $V = 1.35 \times 10^{-2}$ m^3·kg^{-1}
7. 0.0617 N·m^{-1}
8. (1) $V_m = 1.06 \times 10^{-2}$ dm^{-3} (2) 2.63 m^2·g^{-1}
9. (1) $r = k_2 \theta_A = \dfrac{k_2 a_A p_A}{1 + a_A p_A}$ (2) $a_A = 0.02$ kPa^{-1}; $p_A = 50$ kPa

第 11 章

1.

2. (1) $D = 1.04 \times 10^{-10}$ m^2·s^{-1} (2) $\bar{x} = 1.44 \times 10^{-5}$ m
3. (1) $D = 9.8 \times 10^{-11}$ m^2·s^{-1} (2) $d = 4.45 \times 10^{-9}$ m (3) $M = 27.8$ kg·mol^{-1}
4. (1) $r = 2.1 \times 10^{-9}$ m (2) $t = 1.0$ s (3) $D' = 1.11 \times 10^{-10}$ m^2·s^{-1}
5. (1) $r = 2.26 \times 10^{-8}$ m; $M = 5.62 \times 10^{-5}$ kg·mol^{-1} (2) $x = 3.29 \times 10^{-4}$ m
6. 1∶119∶575; 胶粒带正电
7. (1) $[(SiO_2)_m \cdot n SiO_3^{2-} \cdot 2(n-x)H^+]^{2x-} \cdot xH^+$

   (2) 胶粒带负电,电泳向正极

   (3) $MgCl_2$ 的聚沉值最小
8. $\Pi = 121.8$ Pa
9. 膜左边：$[Cl^-] = 0.327$ mol·dm^{-3} $[Na^+] = 0.227$ mol·dm^{-3}

   膜右边：$[Cl^-] = [Na^+] = 0.273$ mol·dm^{-3}

   $\Pi = 2.676 \times 10^5$ Pa